Lineare Algebra

Peter Knabner · Wolf Barth

Lineare Algebra

Grundlagen und Anwendungen

2., überarbeitete und erweiterte Auflage

Springer Spektrum

Peter Knabner
Lehrstuhl Angewandte Mathematik 1
Universität Erlangen-Nürnberg
Department Mathematik
Erlangen, Deutschland

Wolf Barth†
Erlangen, Deutschland

ISBN 978-3-662-55599-6 ISBN 978-3-662-55600-9 (eBook)
https://doi.org/10.1007/978-3-662-55600-9

Die Deutsche Nationalbibliothek verzeichnet diese Publikation in der Deutschen Nationalbibliografie; detaillierte bibliografische Daten sind im Internet über http://dnb.d-nb.de abrufbar.

Springer Spektrum

Verantwortlich im Verlag: Annika Denkert

Springer Spektrum ist ein Imprint der eingetragenen Gesellschaft Springer-Verlag GmbH, DE und ist ein Teil von Springer Nature
Die Anschrift der Gesellschaft ist: Heidelberger Platz 3, 14197 Berlin, Germany

Vorwort zur zweiten Auflage

Trotz seines Umfangs hat dieses umfassende Lehr-, Lern- und Referenzbuch der Linearen Algebra eine sehr freundliche Aufnahme und vielfältige Benutzung auch über den universitären Bereich hinaus erfahren. Anscheinend wird gerade da eine Darstellung der Linearen Algebra geschätzt, die sich nicht im Glasperlenspiel erschöpft, sondern eine rigorose Darstellung der Grundlagen mit belastbaren Anwendungen verknüpft. Damit ist eine zweite Auflage überfällig. Dies umso mehr, da uns leider mittlerweile eine Reihe von Schreib- und Druckfehlern bekannt geworden sind. Diese sind zwar mit minimalen Ausnahmen orthographischer und selbstkorrigierender Natur, dennoch gerade für die lesenden Anfänger hinderlich. Sie sind hier sämtlich korrigiert. Im Bestreben, die erste Auflage weiterhin vollwertig nutzbar zu halten, sind diese Korrekturen in entsprechenden Listen (1 bis 3) dokumentiert. Diese finden sich auf der Website

http://www.math.fau.de/knabner/LA.

Dort finden sich auch, nach Eingabe des entsprechenden Passworts, die ergänzenden Aufgaben und Lösungen zum zugehörigen Aufgabenband

Lineare Algebra - Aufgaben und Lösungen, Springer Verlag, 2017.

Trotz des schon bestehenden Umfangs konnte ich[1] der Versuchung nicht widerstehen, den Text zu ergänzen. Dabei handelt es sich um (hoffentlich) verbesserte Darstellungen oder auch um neue Begrifflichkeiten und alternative Herleitungen dargestellter Sachverhalte im Bestreben auch nicht verfolgte Darstellungslinien zu Wort kommen zu lassen. Für Benutzer der ersten Auflage finden sich diese Ergänzungen und weitere nicht übernommene als Liste 4 am genannten Ort.

Um eine weitere parallele Nutzung der ersten Auflage zu ermöglichen wurde in die bestehende Nummerierungsstruktur nicht eingegriffen: Ergänzungen setzen i. Allg. bestehende Bemerkungen fort. Nur in Ausnahmefällen wurden Inhalte ausgetauscht und neue Nummern (mit Zusatz a) eingefügt. Um auch nach diesen Ergänzungen die magische Grenze von 1000 Seiten nicht zu überschreiten, wurden die Anhänge auf die genannte Website ausgelagert und sind dort abrufbar (der für Ansicht und Download benötigte Benutzername lautet *LA-Auf2* und das dazugehörige Passwort *LA2+online*).

Ich danke allen, die diese neue Version unterstützt haben: Neben den schon im Vorwort zur ersten Auflage genannten Mitarbeitern sind besonders Dr. Philipp Wacker und Balthasar Reuter, M.Sc. hervorzuheben, bei den studentischen Hilfskräften ist Robert Ternes hinzugekommen. Ohne den Überblick und die Detailgenauigkeit von Frau Cornelia Weber wäre diese zweite Auflage nicht Zustande gekommen. In der Endphase wurde ihre Arbeit mit gleicher Präzision und Einsatz von Herrn Sebastian Czop übernommen. Frau Dr. Annika Denkert und Herrn Clemens Heine danke ich für ihre fortwährende Unterstützung.

Erlangen, im Juli 2018

Peter Knabner

---

[1] Leider muss dieses Vorwort vom erstgenannten Autor allein verfasst werden: Wolf Barth ist 2016 verstorben.

Vorwort zur ersten Auflage

Jedes neue Lehrbuch der Linearen Algebra muss sich angesichts einer Vielzahl hervorragender, auch aktueller Lehrbücher über dieses Gebiet, insbesondere im deutschen Sprachraum, nach seiner Existenzberechtigung fragen lassen. Warum wir der Meinung sind, dass dies für das hier vorgelegte Werk durchaus der Fall ist, trotz seines Umfangs und trotz seines an einigen Stellen nicht geringen Anspruchs, ergibt sich aus unserem Verständnis des Gebiets und der heutigen Lehrsituation an den deutschen Universitäten, insbesondere im Rahmen einer durch Bachelor und Master strukturierten Ausbildung: Für uns ist das Ziel der Linearen Algebra die Einübung in die Theorie linearer Strukturen. Dabei liegt der Schwerpunkt auf endlichdimensionalen $\mathbb{R}$-Vektorräumen, aber auch K-Vektorräume über allgemeinen Körper K sollen dabei weitgehend behandelt werden. Auch unendlichdimensionale Vektorräume in Theorie und Anwendung sollen soweit wie möglich eine Rolle spielen. Angesichts der heutigen Bedeutung der Linearen Algebra als grundlegendes Werkzeug und Sprache für im Wesentlichen alle Teile der Mathematik, insbesondere auch die der Angewandten Mathematik und die darauf fußenden Ausstrahlungen in Naturwissenschaften, Ingenieurwissenschaften und Wirtschaftswissenschaften, sehen wir in der Linearen Algebra nicht primär eine Ausbildung in Algebra und auch nicht ausschließlich in Geometrie, wobei Letztere ein sehr wesentliches Anwendungs- und Beispielfeld darstellt.

Die Klientel in einer Linearen-Algebra-Vorlesung an einer deutschen Universität ist heute typischerweise sehr differenziert, mit zum Teil auch sehr unterschiedlichen Ansprüchen an Inhalt und Rigorosität ihrer Mathematikausbildung. Trotz dieser immer größer werdenden Spannbreite sind wir nicht den Weg des kleinsten gemeinsamen Nenners gegangen und haben ein möglichst elementares und möglichst kompaktes Lehrbuch vorgelegt, sondern haben darauf bestanden ein, wie wir finden, vernünftiges Abstraktionsniveau zu bewahren. Das Abstraktionsniveau des Buches besteht durchgängig aus endlichdimensionalen $\mathbb{K}$-Vektorräumen, $\mathbb{K} \in \{\mathbb{R}, \mathbb{C}\}$, bis hin zu unendlichdimensionalen $\mathbb{K}$-Vektorräumen und auch soweit wie möglich K-Vektorräumen. Die Beispielebenen des Buches sind der Tupelraum $\mathbb{R}^n$, der Matrizenraum und lineare Gleichungssysteme. Um dennoch die Zugänglichkeit zu erleichtern, sind wir von einem strikten deduktiven Aufbau der Theorie abgewichen und haben induktive Elemente in die Darstellung eingebaut. Die maßvolle Mischung aus induktivem und deduktivem Vorgehen wird in dem Anfangskapitel auch durch die Randmarkierungen RLGS (Rückführung auf lineare Gleichungssysteme), bei Entwicklung der Theorie durch Rückgriffe auf Parametrisierung und Fragen von Lösungsmengen linearer Gleichungssysteme, bzw. beim deduktiven Schritt durch ALGS (Anwendung auf lineare Gleichungssysteme) bei der Spezialisierung allgemeiner Theorie auf diesen Fall angedeutet. Insgesamt wird eine (sehr gemäßigte) Redundanz in Kauf genommen, insofern zum Teil Sachverhalte alternativ mit verschiedenen Beweismethoden beleuchtet werden.

Ausgangspunkt des ersten Kapitels ist der $\mathbb{R}^n$, woraus aber schnell der allgemeine Begriff des $\mathbb{R}$-Vektorraums entwickelt wird und auch noch weitere, insbesondere endlichdimensionale, Beispiele behandelt werden. Um dieses minimale Maß an Konkretheit zu bewahren, werden in Kapitel 1 und 2 nur $\mathbb{R}$-Vektorräume bzw. ihre Konkretisierungen behandelt. Die Erweiterung der Theorie auf allgemeine K-Vektorräume, d. h. insbesondere auch die Bereitstellung der Theorie für $\mathbb{C}$-Vektorräume, erfolgt dann erst in einem zweiten Schritt in Kapitel 3. Ab Kapitel 4 werden dann entweder allgemeine K-Vektorräume oder (bei unitärer Struktur) $\mathbb{K}$-Vektorräume einheitlich zugrunde gelegt.

Um darüber hinaus für die Studierenden aus verschiedenen Fachrichtungen ansprechende Anwendungsbezüge aufweisen zu können, sind Inhalte aufgenommen worden, die zum Teil über den Standardkanon Lineare Algebra hinausgehen (und durchaus als Vorschlag zu dessen Reform gesehen werden sollen):

Für Lehramtsstudierende Mathematik (aber nicht nur für diese) werden ausführlich verschiedene Aspekte der Analytischen Geometrie betrachtet, entweder in Form von immer wieder eingestreuten „Beispielen (Geometrie)“, oder aber in durchgängigen Abschnitten oder ganzen Kapiteln. Dazu gehört eine Behandlung der Affinen Geometrie (Abschnitte 1.7, 2.8), eine ausführliche Behandlung der Quadriken (Abschnitt 5.3) und insbesondere der Polyedertheorie mit Zielrichtung Lineare Optimierung (Kapitel 6).

Für Mathematikstudierende mit einer möglichen Vertiefung Analysis oder auch Physikstudierende wird Wert gelegt auf unendlichdimensionale Vektorräume und auf Spektralanalyse, wobei die SCHUR- und ebenso die JORDAN-Normalform auch in ihren reellen Varianten einen breiten Teil einnehmen. Auch wird den Querverbindungen zur Analysis große Bedeutung beigemessen, um den Übergang in eine (auch nicht-lineare) Funktionalanalysis möglichst einfach zu gestalten (Abschnitte 4.4, 4.5, 4.7.3, Kapitel 7). Dazu gehört auch eine durchgängige Behandlung von Systemen linearer Differentialgleichungen mit konstanten Koeffizienten mit vollständigen Lösungsdarstellungen.

Für Mathematikstudierende mit einer möglichen Vertiefung Algebra werden neben der allgemeinen K-Vektorraum-Theorie auch algebraische Strukturen allgemein und als Anwendung die Kodierungstheorie angesprochen. Dieser Anwendungsaspekt wird insofern nicht vertieft, als hier ein hervorragendes aktuelles Lehrbuch (HUPPERT und WILLEMS 2006) vorliegt, das speziell diese Anwendungen pflegt.

Für Studierende der Wirtschaftsmathematik wurden Inhalte aufgenommen, wie die Anfangsgründe der linearen und quadratischen Optimierung (Abschnitte 4.7.2, 6.4–6.7) oder auch eine durchgehende Behandlung linearer Differenzengleichungen.

Für Studierende der Mathematik mit möglicher Vertiefung Numerische Mathematik oder Optimierung und insbesondere Studierende der Technomathematik wurden Inhalte wie LR-Zerlegung, Pseudoinverse, Singulärwertzerlegung und auch quadratische und lineare Optimierung einbezogen (Abschnitt 2.4.2–2.4.3, 2.5.2, 4.6, 4.7.2, 6.6, 6.7, aber auch Kapitel 7).

Der Text baut (auch) auf algorithmische Zugänge auf und behandelt algorithmische Fragen ohne ein Lehrbuch der Numerischen Linearen Algebra zu sein. Immerhin werden aber einige Verfahren bis hin zum MATLAB Code entwickelt, darunter 4 der 10 als wichtigste Algorithmen des 20ten Jahrhunderts ausgewählten Verfahren (DONGARRA und SULLIVAN 2000).

Durchgängig wurde großer Wert darauf gelegt, die erarbeitete Theorie und Algorithmik nicht nur mit möglichen innermathematischen Weiterentwicklungen zu verknüpfen, sondern insbesondere auch den in keiner Weise einfachen oder gar selbstverständlichen Schritt der Anwendung auf Fragen der Realwissenschaften einzuüben. Dazu dient früh der Abschnitt 1.6, durchgängig nummerierte Abschnitte zur Mathematischen Modellierung und drei durchgehende, immer weiter entwickelte Beispiele aus der Mechanik, der

Elektrizitätslehre und der Ökonomie (zusätzlich gibt es ein durchgängiges Beispiel, das historische Fragestellungen behandelt).

Die gerade angesprochene „Zergliederung“ soll andeuten, dass trotz des hohen Umfangs des Textes eine Ausgliederung einer in zwei Semestern lehrbaren Teilmenge leicht möglich sein sollte, widerspricht aber doch in gewisser Weise der Intention der Autoren. Wir verstehen einen (mathematischen) Text im lateinischen Wortsinn als ein dicht zusammengefügtes Gewebe, das erst durch seine „Verwebung“ seine Tragweite eröffnet. Andererseits ist uns die Notwendigkeit einer Auswahl bewusst, auch die Gefahr, dass sich gerade ein Studienanfänger in einem solch umfangreichen Text „verlieren“ kann. Daher haben wir versucht durch eine Reihe von Satzhilfsmitteln Hilfestellung zu leisten (s. Hinweise zum Gebrauch des Buchs). Eine mehrfach erprobte, weitgehend vollständige Behandlung des Textes in einem ersten Studienjahr ist etwa dadurch möglich, dass in den Vorlesungen die „Anwendungsteile“ ausgeklammert werden, diese dann allerdings den Gegenstand eines begleitenden Proseminars bilden. Andererseits können auch diese Teile Inhalt einer auf eine Grundvorlesung aufbauende „Angewandten Linearen Algebra“ sein.

Wir sehen es nicht als die Aufgabe eines Lehrbuchs an, die existierende Lehrbuchliteratur zu referieren oder gar zu bewerten. Gewiss haben wir in viele der existierenden Lehrbücher geschaut und sind in vielen Aspekten beeinflusst worden. Der erstgenannte Autor möchte seine Wertschätzung speziell für STRANG 2003, HUPPERT und WILLEMS 2006, und LAX 2007 nicht verleugnen. Dort, wo wir uns eng an eine Vorlage gehalten haben, ist dies vermerkt. Sollte es einmal versäumt worden sein, da die Lektüre über die Jahre „vergessen“ wurde, bitten wir dies zu entschuldigen. Selbstverständlich stehen wir auf den Schultern unserer Vorgänger, auch der vielen nicht zitierten Lehrbücher.

Das Buch ist hervorgegangen aus einer Vielzahl von Vorlesungen, die insbesondere der zweitgenannte Autor an der Friedrich-Alexander-Universität Erlangen-Nürnberg seit 1990 sehr regelmäßig durchgeführt hat. Hinzu kamen wiederkehrend entsprechende Lehrveranstaltungen für Studierende in der nicht-vertieften Lehramtsausbildung. So entstand auch ein Großteil der Aufgabensammlung. Auf diesen „Urtext“ aufbauend, der an sich schon das Ergebnis eines jahrelangen Weiterentwicklungsprozesses war, hat dann der erstgenannte Autor in einer ganzen Reihe von Erweiterungs- und Umarbeitungsschritten, die aber den Kerntext inhaltlich unberührt gelassen haben, den vorliegenden Text entwickelt.

Allein dieser Prozess hat sich mit Unterbrechung über die letzten fünf Jahre hingezogen und wäre ohne die umfangreiche Unterstützung durch eine Vielzahl von Personen nicht möglich gewesen, denen an dieser Stelle herzlich gedankt sei. Der vielschichtige Umarbeitungsprozess des TeX-Textes wurde von den Sekretärinnen des Lehrstuhls Angewandte Mathematik über die Jahre durchgeführt, wobei hier neben Frau Astrid Bigott und Frau Silke Berghof insbesondere Frau Cornelia Kloß hervorgehoben sei. Ohne ihre immerwährende Genauigkeit, Schnelligkeit und die Ruhe bewahrende Übersicht wäre die Erstellung dieses Textes nicht möglich gewesen. Bei fortschreitend komplexer werdendem Umarbeitungsprozess war es auch notwendig weitere Hilfspersonen einzubinden. Deren Anleitung und Koordinierung wurden von Herrn Dipl.-Math. Florian Frank durchgeführt, einer weiteren tragenden Säule des Unternehmens unterstützt durch Herrn Dipl.-Math. Fabian Klingbeil. Als studentische Hilfskräfte waren u. a. beteiligt: Ludwig Dietel, Jasmin Gressmann, Fabian Langer, Benjamin Steber und Alexander Vibe. Wesentliche inhaltliche Hilfestellung kam durch die Assistenten der jeweiligen Lehrveranstaltungen:

Dipl.-Technomath. Fabian Brunner, Dr. Volker Grimm, Dr. Joachim Hoffmann, Dr. Tycho van Noorden und Dr. Alexander Prechtel. Schließlich wurden wichtige Korrekturarbeiten durchgeführt in großem Umfang von Dipl.-Math. Matthias Herz, aber auch von Dr. Vadym Aizinger, Dr. Serge Kräutle, Dipl.-Biomath. Torsten Müller, Dr. Maria Neuss-Radu, Dipl.-Math. Nadja Ray, Dr. Raphael Schulz und Dr. Nicolae Suciu.

Zwischenstadien des Textes wurden von den Professoren Günter Leugering, Alexander Martin und Karl-Hermann Neeb benutzt und hilfreich kommentiert.

Erlangen, im Juli 2012

Peter Knabner, Wolf P. Barth

Hinweise zur Benutzung des Buchs

Gerade ein so umfangreicher Text kann einem Studienanfänger Schwierigkeiten bereiten, wenn er sich aus zeitlichen Gründen nicht in der Lage sieht, den Text vollständig seinem Aufbau gemäß durchzuarbeiten, was die optimale Situation wäre. Daher sind einige satztechnische Strukturierungshilfsmittel eingebaut worden, die es zum einen erleichtern sollen den Kerntext zu erkennen und zum anderen die Teile zu identifizieren, die für die spezifische Studienrichtung von hervorgehobener Bedeutung sind.

Der Kerntext Lineare Algebra ist, wie bei jedem Mathematiklehrbuch, der durch „Definition“ und „Satz/Beweis“ formalisierte Teil des Textes. Auch hier gibt es eine, auch durch unterschiedliche Umrahmungen ersichtliche Strukturierung, durch (in aufsteigender Wichtigkeit) „Lemma“ oder „Korollar“, „Satz“, „Theorem“ und schließlich „Hauptsatz“. Diese höchste Stufe wird auch in den umfangreichen Index aufgenommen.

Jeder Abschnitt (bis auf die Abschnitte aus Kapitel 8) wird von einer Zusammenfassung abgeschlossen, die noch einmal auf die wesentlichen Begriffe, Zusammenhänge und Beispiele hinweist.

Viele über den Kerntext hinausgehende Überlegungen finden sich in den „Bemerkungen“. Dabei handelt es sich entweder um Erläuterungen oder aber um Erweiterungen und Ausblicke. Für deren Beweis, oder auch in den laufenden Text eingeschobene Beweisüberlegungen, wird Kleindruck verwendet. Dies heißt nicht, dass der Kerntext nicht auf die Bemerkungen zurückgreift, bedeutet aber, dass ihre Erarbeitung auch auf den „Bedarfsfall“ eingeschränkt werden kann. Auch auf der Ebene der Bemerkungen oder im Fließtext werden manche Begriffe (ohne die Definitionsumgebung) definiert. Dies ist dann durch *Kursivdruck* des Begriffs zu erkennen. Auch auf Aussagen die dort entwickelt werden, kann (immer wieder) zurückgegriffen werden. Solche Situationen werden durch kleine Umrahmungen leichter auffindbar gemacht.

Textteile, die eher isoliert stehen und daher ohne Nachteil für das weitere Verständnis übergangen werden können, sind mit * gekennzeichnet. Aussagen, die aufgrund des induktiven Aufbaus direkte Weiterentwicklungen (von $\mathbb{R}$ nach $\mathbb{C}$ oder von $\mathbb{C}$ nach $\mathbb{R}$) sind, tragen die gleiche Nummer mit einer hochgestellten I. Eine Sonderstellung hat Hauptsatz 1.85, der ständig erweitert wird (zusätzliche Versionen I bis IV).

Die verschiedenen Textteile sind durch unterschiedliche Schlusszeichen gekennzeichnet: Beweise durch $\square$, Bemerkungen durch $\triangle$, Beispiele durch $\circ$.

Der Text enthält drei durchgängige Beispiele („Beispiel 2(1)“ etc.), die sich an verschiedene Anwendungsinteressen richten und darüber hinaus eine Vielzahl von Geometrieanwendungen („Beispiel (Geometrie)“) bzw. Abschnitte, die sich schwerpunktmäßig auf geometrische Inhalte konzentrieren. Je nach Interessenlage können diese Beispiele betont oder übergangen werden, das theoretische Verständnis wird daduch nicht berührt. Einige der „Stories“, die das Buch erzählen möchte, erschließen sich aber gerade über diese Beispiele.

Die Anhänge stellen verschiedene Hilfsmittel bereit, die zum Teil zur mathematischen Propädeutik gehören, wie Anhang A über Logisches Schließen und Mengenlehre oder Anhang B.1 über das Zahlensystem, oder die den Umgang mit den Notationen erleichtern sollen (Anhang B.2). Hilfsmittel über Polynome (Anhang B.3) oder eine Zusammenfassung der Analysis (Anhang C), wie sie zum Ende eines ersten Studiensemesters bekannt sein sollte, werden ebenfalls angeboten.

Die Aufgaben sind in die (offensichtlichen) Kategorien (K(alkül)), (T(heorie)) und (G(eometrie)) unterteilt.

Weitere aktuelle Informationen finden sich auf http://www.math.fau.de/knabner/LA .

Voraussichtlich zu Beginn 2013 erscheint ein Aufgabenband, der für die meisten hier abgedruckten Aufgaben Musterlösungen enthält und darüberhinaus eine Vielzahl weiterer Aufgaben. Insbesondere liefert er einen Leitfaden durch den hiesigen Text anhand von Aufgaben.

Seitenliste der Beispiele 1, 2, 3 und 4

Beispiel 1

(1) Seite 1
(2) Seite 60
(3) Seite 83
(4) Seite 456
(5) Seite 466

Beispiel 2

(1) Seite 1
(2) Seite 134
(3) Seite 241
(4) Seite 243
(5) Seite 365
(6) Seite 804

Beispiel 3

(1) Seite 2
(2) Seite 22
(3) Seite 132
(4) Seite 224
(5) Seite 249
(6) Seite 426
(7) Seite 434
(8) Seite 435
(9) Seite 801
(10) Seite 868
(11) Seite 920
(12) Seite 959
(13) Seite 962

Beispiel 4

(1) Seite 8
(2) Seite 69
(3) Seite 225
(4) Seite 920

Inhaltsverzeichnis

Kapitel 1
Der Zahlenraum $\mathbb{R}^n$ und der Begriff des reellen Vektorraums

1.1 Lineare Gleichungssysteme

1.1.1 Beispiele und Spezialfälle

Lineare Gleichungssysteme sind die einzige Art von Gleichungen in der Mathematik, welche wirklich exakt lösbar sind. Wir beginnen mit einem Beispiel, wie es schon aus der Antike überliefert ist.

Beispiel 1(1) – Historische Probleme In einem Käfig seien Hasen und Hühner. Die Anzahl der Köpfe sei insgesamt 4, die Anzahl der Beine sei insgesamt 10. Frage: Wieviele Hasen und wieviele Hühner sind es?

Lösung: Es sei x die Anzahl der Hasen und y die Anzahl der Hühner. Dann gilt also

$$\begin{aligned} x + y &= 4\,, \\ 4x + 2y &= 10\,. \end{aligned}$$

Dies ist ein System aus zwei *linearen* Gleichungen in zwei Unbekannten x und y. Wir können mittels der ersten Gleichung $x = 4 - y$ eliminieren, in die zweite einsetzen und die folgenden äquivalenten Umformungen machen:

$$\begin{aligned} 4(4 - y) + 2y &= 10\,, \\ 16 - 2y &= 10\,, \\ -2y &= -6\,, \\ y &= 3\,. \end{aligned}$$

Durch Einsetzen von y in eine der beiden Gleichungen erhält man schließlich $x = 1$. ◇

Beispiel 1 ist eines von vier Beispielen, welche immer wieder aufgegriffen werden. Dabei erscheinen die Nummern der Teile in nachgestellten Klammern.

Beispiel 2(1) – Elektrisches Netzwerk Es sei ein elektrisches Netzwerk, wie in Abbildung 1.1 dargestellt, gegeben. Dabei seien die angelegte Spannung U und die Widerstände R_1, R_2, R_3[1] gegeben, die Stromstärken I_1, I_2 und I_3 an den Widerständen sind gesucht.

Lösung: Nach den sogenannten KIRCHHOFF[2]*schen Gesetzen* der Physik hat man die Gleichungen

---

[1] Hier und im Folgenden wird intensiv von der *Indexschreibweise* (siehe Anhang B.2) Gebrauch gemacht.

[2] Gustav Robert KIRCHHOFF ∗12. März 1824 in Königsberg †17. Oktober 1887 in Berlin

P. Knabner und W. Barth, *Lineare Algebra*,
https://doi.org/10.1007/978-3-662-55600-9_1

$$I_1 = I_2 + I_3 \,, \qquad R_2 I_2 = R_3 I_3 \qquad \text{und} \qquad R_1 I_1 + R_2 I_2 = U \qquad \text{(MM.1)}$$

(das ist die stattfindende *mathematische Modellierung* des betrachteten Problems, in Abschnitt 1.6 werden wir dazu genauere Überlegungen anstellen). Wir schreiben sie als ein System aus drei linearen Gleichungen in den drei Unbekannten I_1, I_2 und I_3.

Wir können hier etwa $I_1 = I_2 + I_3$ eliminieren, um folgendes System aus zwei linearen Gleichungen in den Unbekannten I_2 und I_3 zu erhalten, nämlich die zum Ausgangssystem äquivalenten Gleichungen:

$$\begin{aligned} R_2 I_2 - R_3 I_3 &= 0 \,, \\ (R_1 + R_2) I_2 + R_1 I_3 &= U \,. \end{aligned}$$

Hier eliminieren wir $I_2 = \frac{R_3}{R_2} I_3$ (da gemäß seiner Bedeutung im Modell $R_2 \neq 0$!) und erhalten schließlich eine Gleichung, die sich wie nachfolgend äquivalent umschreiben lässt:

$$\begin{aligned} (R_1 + R_2)\frac{R_3}{R_2} I_3 + R_1 I_3 &= U \,, \\ (R_1 R_2 + R_1 R_3 + R_2 R_3) I_3 &= R_2 U \,, \\ I_3 &= \frac{R_2 U}{R_1 R_2 + R_1 R_3 + R_2 R_3} \end{aligned}$$

(Division erlaubt, siehe oben). Aus den Eliminationsgleichungen für I_2 und I_1 erhalten wir

$$I_2 = \frac{R_3 U}{R_1 R_2 + R_1 R_3 + R_2 R_3} \,, \qquad I_1 = \frac{(R_2 + R_3) U}{R_1 R_2 + R_1 R_3 + R_2 R_3} \,.$$

Dieses Beispiel wird in weiteren Abschnitten immer wieder aufgegriffen werden. ◇

Beispiel 3(1) – Massenkette Als Nächstes beschreiben wir ein einfaches mechanisches Beispiel, eine *Massenkette*: Gegeben seien $n - 1$ Massen $M_1, \ldots, M_{n-1}$ (als Punkte aufgefasst, die im folgenden *Knoten* heißen), die durch Federn $F_2, \ldots, F_{n-1}$ miteinander verbunden sind. Die Feder F_i ist zwischen den Massen M_{i-1} und M_i eingespannt. Zusätzlich sind vorerst die Massen M_1 und M_{n-1} durch Federn F_1 bzw. F_n mit einem festen Knoten M_0 bzw. M_n verbunden. Man kann sich (muss aber nicht) die Massenketten als senkrecht (d. h. in Gravitationsrichtung) eingespannt denken (siehe Abbildung 1.2). Ohne Einwirkung irgendwelcher Kräfte (also auch ohne Gravitationskraft) nehmen die Massen eine feste Position an, aus der sie durch an ihnen einwirkende Kräfte $b_1, \ldots, b_{n-1}$ ausgelenkt werden. Um die Kräfte durch Zahlen beschreiben zu können, nehmen wir an, dass alle Kräfte in eine ausgezeichnete Richtung wirken, etwa in Gravitationsrichtung. Das Vorzeichen der Kraft b_i gibt dann an, ob diese in die ausgezeichnete Richtung ($b_i > 0$) oder entgegen wirkt ($b_i < 0$). Das Gleiche gilt für die durch die Kraftwirkung erzeugte *Auslenkung* (oder *Verschiebung*) $x_0, \ldots, x_n$ der (Masse-)Punkte $0, \ldots, n$. Diese Auslenkungen sind zu bestimmen. Die

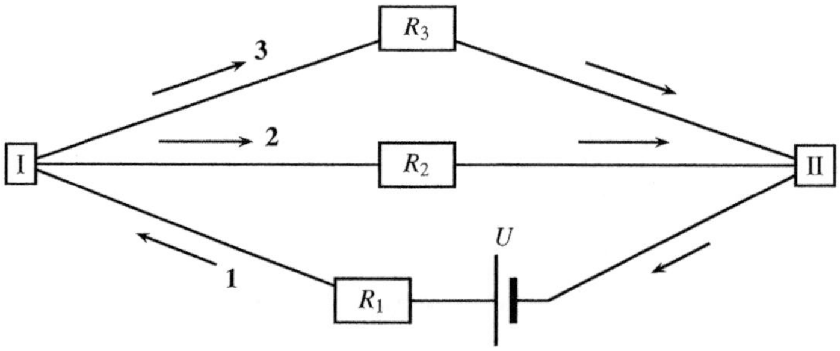

Abb. 1.1: Ein einfaches elektrisches Netzwerk.

feste Einspannung von M_0 und M_n bedeutet

$$x_0 = x_n = 0 \,.$$

Für $x_1, \ldots, x_{n-1}$ ergibt sich ein System aus linearen Gleichungen aus zwei wesentlichen Bausteinen:

1) *Kräftebilanz*: Die in jedem Knoten wirkenden Kräfte (äußere: b_i und innere) addieren sich zu 0.
2) HOOKE[3]*sches Gesetz* (als konstitutives Gesetz): Die innere Kraft einer Feder ist proportional zur Dehnung (Proportionalitätsfaktor $c_i > 0$).

Dies liefern die Bestimmungsgleichungen (siehe Abschnitt 1.6) für $i = 1, \ldots, n-1$:

$$-c_i x_{i-1} + (c_i + c_{i+1})x_i - c_{i+1}x_{i+1} = b_i \,. \tag{MM.2}$$

In der ersten und letzten Gleichung fallen x_0 bzw. x_n wegen der obigen Bedingung weg. Sind alle *Federkonstanten* c_i gleich (etwa c), so vereinfachen sich die Gleichungen zu

$$\begin{aligned} 2x_1 - x_2 &= b_1/c \,, \\ -x_{i-1} + 2x_i - x_{i+1} &= b_i/c \quad \text{für } i = 2, \ldots, n-2 \,, \\ -x_{n-2} + 2x_{n-1} &= b_{n-1}/c \,. \end{aligned} \tag{MM.3}$$

Variieren wir das Problem dadurch, dass Feder F_1 entfernt wird (die Massenkette hängt „frei"), ändert sich die erste Gleichung zu

$$\begin{aligned} c_2x_1 - c_2x_2 &= b_1 \\ \text{bzw.} \quad x_1 - x_2 &= b_1/c \,. \end{aligned} \tag{MM.4}$$

Da dieses Beispiel schon allgemein ist (n kann sehr groß sein), muss die obige Vorgehensweise systematisiert werden, um auch hier die Lösungen des linearen Gleichungssystems zu bestimmen. ◇

Beispiel 1 ist im Wesentlichen die einfachste Erscheinungsform eines linearen Gleichungssytems (im Folgenden immer kurz: LGS)[4]. Die Beispiele 2 bis 4 (siehe unten) geben aber einen ersten Eindruck davon, wie lineare Gleichungssysteme Fragen aus Naturwissenschaften und Technik, aber auch aus der Ökonomie modellieren. Schon deswegen ist es wichtig, sie mathematisch zu untersuchen. Dabei stellen sich zwei wesentliche mathematische Fragen:

A) Das Existenzproblem: Hat ein vorgelegtes LGS (mindestens) eine Lösung? Diese Frage kann man positiv entscheiden durch:

a) Konkrete Angabe einer Lösung. Das geht allerdings nur bei einem konkreten Beispiel, und klärt i. Allg. nicht eine allgemeine Situation. Es bleibt dann auch die Frage, woher eine solche Lösung kommt.
b) Abstrakte Argumentation, z. B. durch einen Widerspruchsbeweis. Aus der Annahme, es gebe keine Lösung, folgert man logisch einen Widerspruch. Eine Lösung wird dadurch aber nicht bekannt.
c) Angabe, bzw. Herleitung eines Algorithmus (Rechenvorschrift) zur Bestimmung einer Lösung. Wenn dieser nur endlich viele Rechenschritte erfordert, dann erhält man damit bei (exakter) Durchführung des Algorithmus eine (exakte) Lösung.

---

[3] Robert HOOKE ∗28. Juli 1635 in Freshwater (Isle of Wight) †14. März 1703 in London

[4] Die Abkürzung LGS schließt alle Deklinationsformen des Substantivs mit ein. Das gilt auch für weitere Abkürzungen.

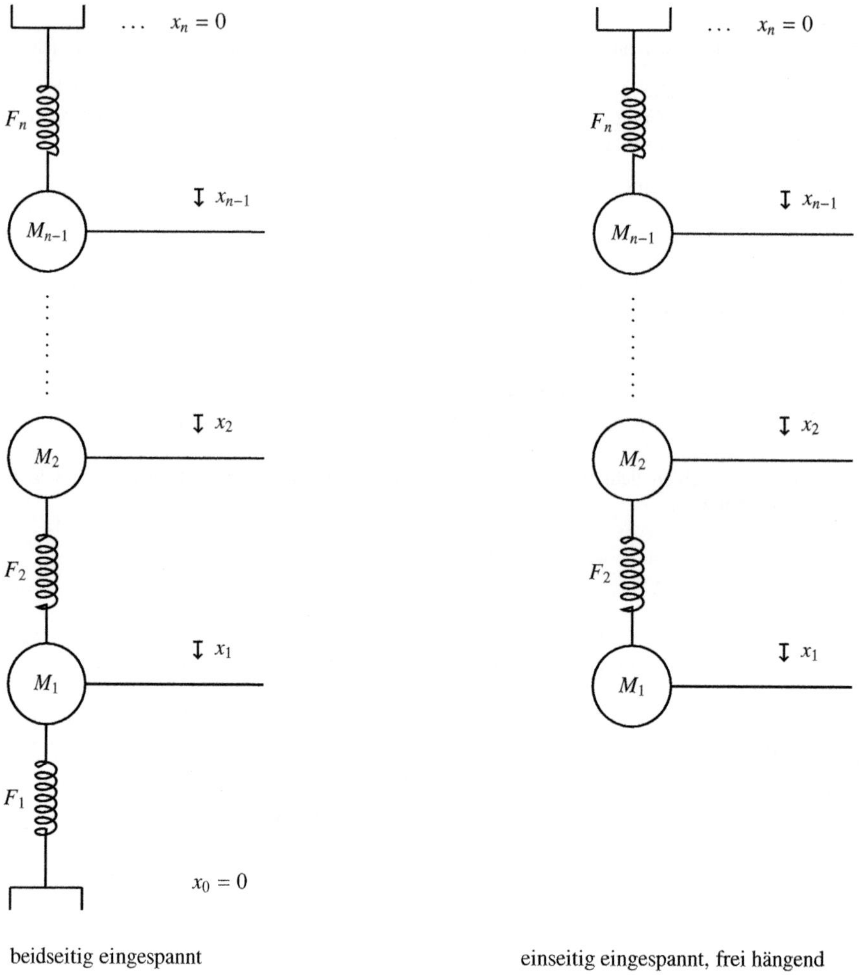

Abb. 1.2: Zwei verschiedene Konfigurationen einer Massenkette.

Die Sprechweise bei positiver Beantwortung der Frage ist somit:

Das LGS hat mindestens eine Lösung.

B) Das Eindeutigkeitsproblem: Ist die Lösung des vorgelegten LGS eindeutig bestimmt? Das heißt konkret: Wenn x und y Lösungen sind, gilt dann $x = y$? Dies ist nur durch abstrakte Argumentation zu klären. Die Sprechweise bei positiver Beantwortung der Frage ist:

Das LGS hat höchstens eine Lösung.

Die Fragen A) und B) sind i. Allg. unabhängig voneinander. Wenn beide positiv zu beantworten sind, dann sagt man:

Es gibt *genau eine Lösung.*

Da LGS aus der Anwendung im Allgemeinen sehr groß sind (10^3 bis 10^8 Unbekannte bzw. Gleichungen), ist Handrechnen (wie oben) nicht mehr möglich und die Frage nach (effizienten) Algorithmen wird besonders wichtig. Wir wollen diese Frage, die dann in der *Numerischen Mathematik* vertieft wird, so weit wie möglich hier mitbehandeln. Im Zentrum steht aber die Theorie von linearen Strukturen (was das ist, werden wir später genauer erklären). Die LGS sind dabei so wichtig, da sie der Anlass für die Entwicklung dieser Strukturen sind, mit denen wir mehr über LGS erfahren.

Eine solche Situation wird im Folgenden mit *ALGS* (Anwendung auf LGS) gekennzeichnet.

Darüber hinaus werden wir aber auch sehen, dass sich „abstraktere" Fragestellungen auf solche über LGS zurückführen lassen.

Eine solche Situation wird im Folgenden mit *RLGS* (Rückführung auf LGS) gekennzeichnet.

Das erste Ziel ist also ein Zugang zur *Gesamtheit aller Lösungen* eines *allgemeinen LGS.* Die gegebenen Faktoren *(die Koeffizienten)* und die Unbekannten sollen dabei reelle Zahlen sein. Die Menge der reellen Zahlen wird (wie immer) mit $\mathbb{R}$ bezeichnet und in der *Analysis* detailliert eingeführt. Von den Eigenschaften, die $\mathbb{R}$ bezüglich

- Addition „ + ": $a + b$,
- Multiplikation „ · ": $a \cdot b$ bzw. kurz ab ,
- Ordnung: $a \leq b$,
- Abstandsmessung: $|a - b|$,

wobei $a, b \in \mathbb{R}$, hat, werden im Folgenden nur die bezüglich $+$ und $\cdot$ (siehe Anhang B.1 zur Erinnerung) benötigt. Dies erlaubt später die folgenden Überlegungen zu verallgemeinern (zu LGS in Körpern).

Wir diskutieren jetzt den Allgemeinfall eines LGS, wobei wir besonders darauf achten müssen, welche Spezialfälle und Ausnahmen auftreten können:

Spezialfall 1: Eine Gleichung

Eine *lineare Gleichung* ist eine Gleichung der Art

$$a_1 x_1 + a_2 x_2 + \ldots + a_n x_n = b \, , \tag{1.1}$$

wobei $a_1, a_2, \ldots, a_n, b$ gegebene reelle Zahlen sind, und die reellen Zahlen $x_1, x_2, \ldots, x_n$ unbekannt und gesucht sind. Die geometrische Interpretation als Gerade, Ebene, Raum, usw. werden wir später besprechen.

Wir müssen verschiedene Fälle unterscheiden:

A: Nicht alle Koeffizienten $a_1, \ldots, a_n$ sind 0. Dann sei etwa a_m, $1 \leq m \leq n$, der erste von 0 verschiedene Koeffizient. Die Gleichung sieht so aus:

$$0x_1 + \ldots + 0x_{m-1} + a_m x_m + a_{m+1}x_{m+1} + \ldots + a_n x_n = b \, .$$

Wir können also $x_1, \ldots, x_{m-1}$ beliebig wählen, denn auf die Gültigkeit der Gleichung hat dies keinen Einfluss. Ebenso können wir $x_{m+1}, \ldots, x_n$ beliebig wählen. Anschließend setzen wir

$$\boxed{x_m := (b - a_{m+1}x_{m+1} - \ldots - a_n x_n)/a_m \, .^5} \tag{1.2}$$

Damit haben wir für jede Wahl der $x_1, \ldots, x_{m-1}, x_{m+1}, \ldots, x_n$ die Gleichung gelöst. Dies ist auf diese Weise nur möglich, da $a_m \neq 0$. Wir sagen: Die Menge aller Lösungen von (1.1) hat $n-1$ *Freiheitsgrade* (diesen Begriff werden wir später präzisieren).

B: Alle Koeffizienten $a_1, \ldots, a_n$ sind 0, aber es ist $b \neq 0$. Das Gleichungssystem hat dann die merkwürdige Form

$$0x_1 + \ldots + 0x_n = b. \tag{1.3}$$

Egal, wie man auch die Unbekannten $x_1, \ldots, x_n$ wählt, ist diese Gleichung nie zu erfüllen. Sie ist *unlösbar.*

C: Alle Koeffizienten $a_1, \ldots, a_n$ sind 0 und auch $b = 0$. In diesem reichlich uninteressanten Fall ist die Gleichung stets erfüllt, sie stellt keinerlei Bedingungen an die Unbekannten:

$$0x_1 + \ldots + 0x_n = 0 \, . \tag{1.4}$$

Ein *lineares Gleichungssystem* ist allgemein ein System

$$\begin{array}{ccccccccc} a_{1,1}x_1 & + & a_{1,2}x_2 & + & \cdots & + & a_{1,n}x_n & = & b_1 \\ a_{2,1}x_1 & + & a_{2,2}x_2 & + & \cdots & + & a_{2,n}x_n & = & b_2 \\ \vdots & & \vdots & & & & \vdots & & \vdots \\ a_{m,1}x_1 & + & a_{m,2}x_2 & + & \cdots & + & a_{m,n}x_n & = & b_m \end{array}$$

aus mehreren linearen Gleichungen. Hierbei sind die *Koeffizienten* $a_{j,k} \in \mathbb{R}$, $j = 1, \ldots, m$, $k = 1, \ldots, n$ gegeben und die Unbekannten x_k, $k = 1, \ldots, n$ gesucht. Ein solches Gleichungssystem lässt sich kürzer schreiben als

---

[5] Mit := wird keine Identität, die richtig oder falsch sein kann, bezeichnet, sondern eine Definition, insbesondere bei Einführung eines neuen Symbols (siehe Anhang A.1).

$$a_{\mu,1}x_1 + a_{\mu,2}x_2 + \ldots + a_{\mu,n}x_n = b_\mu \quad \text{für alle } \mu = 1, \ldots, m\,,$$

(μ-te *Zeile* des Gleichungssystems) oder kürzer

$$a_{\mu,1}x_1 + a_{\mu,2}x_2 + \ldots + a_{\mu,n}x_n = b_\mu, \quad \mu = 1, \ldots, m\,,$$

und schließlich mit der *Notation* (siehe Anhang B.2) $\sum_{\nu=1}^{n} c_\nu = c_1 + \ldots + c_n$ für $c_\nu \in \mathbb{R}$ in Kurzform:

$$\boxed{\sum_{\nu=1}^{n} a_{\mu,\nu}x_\nu = b_\mu \quad \text{für alle } \mu = 1, \ldots, m\,.} \tag{LG}$$

Genaueres zum Umgang mit indizierten (reellen) Größen, Summen (und Produkten) findet sich im Anhang B.2. Aus mnemotechnischen Gründen wird auch bei den Indizes im Folgenden eine gewisse Einheitlichkeit gewahrt, mit regelmäßigen Wechseln, um die Inhalte nicht nur in einer Notation zu verstehen: „Laufindizes" in Summen werden etwa mit i, j, k oder alternativ mit kleinen griechischen Buchstaben wie μ, ν bezeichnet.

Definition 1.1

Das System (LG) heißt ein *lineares Gleichungssystem* (kurz: LGS) mit n *Unbekannten* x_k und m *Gleichungen*. Die Elemente $a_{j,k}$ heißen die *Koeffizienten*, und die Elemente b_j *rechte Seiten*. Das System heißt *homogen*, wenn $b_j = 0$ für alle $j = 1, 2, \ldots, m$ gilt; sonst heißt es *inhomogen*. Die stets existierende Lösung $x_1 = x_2 = \cdots = x_n = 0$ des homogenen Systems heißt *triviale*[6] *Lösung*.

Die Zahlen $x_1, \ldots, x_n$ mit $x_k \in \mathbb{R}, k = 1, \ldots, n$ (etwa eine Lösung von (LG)), fassen wir zusammen zu

$$\boldsymbol{x} := \begin{pmatrix} x_1 \\ \vdots \\ x_n \end{pmatrix} = (x_\nu)_{\nu=1,\ldots,n} = (x_\nu)_\nu \tag{1.5}$$

und nennen $\boldsymbol{x}$ ein *n-Tupel (über $\mathbb{R}$)*. Alle n-Tupel zusammen bilden den *Zahlenraum* $\mathbb{R}^n$. $x_\nu \in \mathbb{R}$ heißt *ν-te Komponente* von $\boldsymbol{x}$. Es handelt sich dabei also um eine geordnete Menge ($n = 2$: Paare, $n = 3$: Tripel, ...) von Elementen aus $\mathbb{R}\times\ldots\times\mathbb{R}$ (n-mal) (siehe Anhang A.4), statt in der Form

$$\left(x_1, \ldots, x_n\right), \qquad \text{das heißt als } Zeile$$

[6] „trivial" bedeutet in der Mathematik im weitesten Sinn „einfach", bei einer Aussage („Diese Aussage ist trivial") also durch einfache Überlegungen einsehbar. Da dies offensichtlich kontextabhängig ist, sollte man als ernsthafte(r) Leser(in) sich immer darüber Rechenschaft ablegen, dass man diese Überlegungen nachvollzogen hat. Unter dem „Trivium" verstand man im Mittelalter die ersten drei der sieben freien Künste (Grammatik, Rhetorik und Dialektik), im Gegensatz zum „Quadrivium" (Arithmetik, Geometrie, Musik und Astronomie).

in der Form (1.5) (als *Spalte*) geschrieben.

Wir haben zur besseren Unterscheidung von Zahlentupeln (egal ob als Zeilen oder Spalten) und Zahlen begonnen, die ersteren im *Fettdruck* darzustellen.

Wir suchen folglich alle $\boldsymbol{x} = (x_\nu)_\nu \in \mathbb{R}^n$, die (LG) erfüllen. Dazu führen wir die folgende formale Schreibweise ein:

Definition 1.2

Die *Koeffizientenmatrix* des Gleichungssystems ist das rechteckige Zahlenschema

$$A := \begin{pmatrix} a_{1,1} & a_{1,2} & \cdots & a_{1,n} \\ a_{2,1} & a_{2,2} & \cdots & a_{2,n} \\ \vdots & \vdots & & \vdots \\ a_{m,1} & a_{m,2} & \cdots & a_{m,n} \end{pmatrix} . \qquad (1.6)$$

Wenn wir hieran die rechten Seiten der Gleichungen anfügen

$$(A, \boldsymbol{b}) := \left(\begin{array}{cccc|c} a_{1,1} & a_{1,2} & \cdots & a_{1,n} & b_1 \\ a_{2,1} & a_{2,2} & \cdots & a_{2,n} & b_2 \\ \vdots & \vdots & & \vdots & \vdots \\ a_{m,1} & a_{m,2} & \cdots & a_{m,n} & b_m \end{array} \right) ,$$

so nennen wir dies *erweiterte Koeffizientenmatrix*.

$a_{\mu,1}, \ldots, a_{\mu,n}$ heißt die *μ-te Zeile* von A ($\mu = 1, \ldots, m$) und wird als n-Tupel mit $\boldsymbol{a}_{(\mu)}$ abgekürzt.

$a_{1,\nu}, \ldots, a_{m,\nu}$ heißt die *ν-te Spalte* von A ($\nu = 1, \ldots, n$) und wird als m-Tupel mit $\boldsymbol{a}^{(\nu)}$ abgekürzt.

Damit können wir das LGS – vorerst als rein symbolische Abkürzung – schreiben als:

$$A\boldsymbol{x} = \boldsymbol{b} . \qquad (1.7)$$

Die μ-te Zeile von A gibt somit die Koeffizienten der μ-ten Gleichung an. Die ν-te Spalte gibt über alle Gleichungen die Koeffizienten der Unbekannten x_ν an. Analog kann man auch von den Zeilen und Spalten von $(A, \boldsymbol{b})$ sprechen. Bei den Spalten kommt also noch als $(n+1)$-te Spalte

$$\boldsymbol{b} := \begin{pmatrix} b_1 \\ \vdots \\ b_m \end{pmatrix} = (b_\mu)_\mu ,$$

also die *rechte Seite* des Gleichungssystems hinzu.

Beispiel 4(1) – Input-Output-Analyse In diesem Beispiel, das sich wie seine Vorgänger durch das gesamte Buch ziehen wird, soll als Anwendung aus den Wirtschaftswissenschaften die *Input-Output-Analyse* angesprochen werden, für deren Entwicklung W. LEONTIEF[7] 1973 der Nobelpreis für Wirtschaftswissenschaften verliehen worden ist.

In der Terminologie orientieren wir uns im Folgenden an SCHUMANN 1968. Wir beginnen, wie auch in den Beispielen 2 und 3, mit *statischen* Modellen, in denen die Zeit nicht explizit auftritt. Wir können uns dazu eine gewisse Wirtschaftsperiode vorstellen, in der sich die betrachteten Größen nicht ändern bzw. Mittelwerte darstellen. Eine Volkswirtschaft wird unterteilt in n *Sektoren* oder *Industrien*, die Güter herstellen und damit eine *exogene* (äußere) Nachfrage befriedigen. Diese Endnachfrage kann durch private *Haushalte* (für Konsum oder Investition), den *Staat* oder auch durch *Exporte* stattfinden und wird zunächst zu einer Größe F zusammengefasst. Es gibt auch eine *endogene* (innere) Nachfrage, insofern der Sektor i zur Herstellung seines Produkts einen Teil selbst verbraucht (z. B. Energiewirtschaft) und Zulieferung aus anderen Sektoren braucht. Man spricht hier von *laufenden Inputs*. Im zuerst zu besprechenden *(statischen) offenen Input-Output-Modell* werden weitere Rückkopplungen der Endnachfragen wie der Zurverfügungstellung von Arbeit und Kapital durch die privaten Haushalte nicht berücksichtigt (*primäre Inputs*).

Eine wesentliche erste Frage ist: Welchen *Output* müssen n Industrien produzieren, um eine vorgegebene Nachfrage zu erfüllen? Ausgangspunkt dafür kann eine Bestandsaufnahme in Form einer *Input-Output-Tabelle* sein, wie sie in Tabelle 1.1 schematisch angegeben ist. Dabei sind alle Größen in (fiktiven)

	belieferte Industrie $1, \dots, j, \dots, n$	Endnachfrage	Summe
liefernde Industrie			
1	$X_{1,1} \dots X_{i,j} \dots X_{1,n}$	F_1	X_1
$\vdots$			
i	$X_{i,1} \dots X_{i,j} \dots X_{i,n}$	F_i	X_i
$\vdots$			
n	$X_{n,1} \dots X_{n,j} \dots X_{n,n}$	F_n	X_n

Tabelle 1.1: Input-Output-Tabelle.

Mengeneinheiten zu verstehen. X_i bezeichnet die Gesamtproduktion des Sektors i, F_i die Endnachfrage nach Produkten des Sektors i und $X_{i,j}$ den Fluss von Produkten des Sektors i in den Sektor j als laufenden Input. Es gilt folglich für alle $i = 1, \dots, n$:

$$\sum_{j=1}^{n} X_{i,j} + F_i = X_i \,. \tag{MM.5}$$

Alle Größen $X_{i,j}$, F_i, X_i, $i, j = 1, \dots, n$ sind nicht negativ. Wesentlich für das Folgende ist die *Grundannahme*, dass unabhängig von den aktuellen Größen $X_{i,j}$ und X_j eine Proportionalität zwischen ihnen in der Form

$$X_{i,j} = a_{i,j} X_j \quad \text{für } i, j = 1, \dots, n \tag{MM.6}$$

mit Proportionalitätsfaktoren $a_{i,j} \geq 0$, den LEONTIEF-*Koeffizienten*, besteht. Ein Mehr an Output des Sektors j braucht also ein Mehr in fester Proportion des jeweiligen laufenden Inputs, wobei eine Unabhängigkeit in Form von $a_{i,j} = 0$ zugelassen ist.

[7] Wassily LEONTIEF ∗5. August 1905 in München †5. Februar 1999 in New York

Schreibt man (MM.5) mittels (MM.6) zu

$$X_i - \sum_{j=1}^{n} a_{i,j} X_j = F_i \quad \text{für } i, j = 1, \ldots, n$$

um, sieht man, dass es sich dabei um ein LGS

$$B\overline{\boldsymbol{x}} = \overline{\boldsymbol{f}}$$

handelt, wobei

$$B := \begin{pmatrix} 1 - a_{1,1} & -a_{1,2} & \cdots & \cdots & -a_{1,n} \\ \vdots & \ddots & & & \vdots \\ \vdots & & 1 - a_{i,i} & & \vdots \\ \vdots & & & \ddots & \vdots \\ -a_{n,1} & \cdots & \cdots & \cdots & 1 - a_{n,n} \end{pmatrix}, \quad \overline{\boldsymbol{x}} := \begin{pmatrix} X_1 \\ \vdots \\ X_n \end{pmatrix}, \quad \overline{\boldsymbol{f}} := \begin{pmatrix} F_1 \\ \vdots \\ F_n \end{pmatrix}.$$

Um die gegebenen Daten der Input-Output-Tabelle zu erfüllen, muss natürlich

$$a_{i,j} = X_{i,j}/X_j$$

gelten. Die obige Grundannahme macht aber dieses $a_{i,j}$ allgemeingültig, d. h. auch für andere Endnachfragen $\boldsymbol{f}$ und sich dazu ergebende *Outputs* $\boldsymbol{x}$. Die oben gestellte Frage lautet also: Was ist der Output $\boldsymbol{x}$ für eine gegebene beliebige Nachfrage $\boldsymbol{f}$, so dass

$$B\boldsymbol{x} = \boldsymbol{f} \tag{MM.7}$$

erfüllt ist? Dabei ist $\boldsymbol{f} \in \mathbb{R}^n$, $\boldsymbol{f} \geq \boldsymbol{0}$ in dem Sinn

$$f_i \geq 0 \quad \text{für alle } i = 1, \ldots, n$$

und ebenso wird

$$\boldsymbol{x} \geq \boldsymbol{0}$$

erwartet. Wenn solche Lösungen immer existieren, heißt das Input-Output-Modell *zulässig*. Anders als in den Beispielen 2 und 3 wird also nicht nur zu beliebigen rechten Seiten eine Lösung gesucht, sondern zu $\boldsymbol{f} \geq \boldsymbol{0}$ eine Lösung $\boldsymbol{x} \geq \boldsymbol{0}$. Dies braucht spezielle Eigenschaften der Matrix B. Diese werden in voller Allgemeinheit schließlich in Abschnitt 8.5 untersucht werden.

Augenfällige Eigenschaften von B sind:

$$b_{i,j} \leq 0 \quad \text{für } i, j = 1, \ldots, n,\ i \neq j\,. \tag{MM.8}$$

Auch kann angenommen werden, dass

$$b_{i,i} > 0 \quad \text{für } i = 1, \ldots, n\,, \tag{MM.9}$$

denn sonst würde ein Sektor schon mindestens seine ganze Produktion als laufenden Input benötigen. Dass diese Eigenschaften nicht für die Zulässigkeit reichen, zeigt das kleine Beispiel (Übung)

$$B = \begin{pmatrix} 1 & -1 \\ -2 & 1 \end{pmatrix} .$$

Wenn das Problem (MM.7) aus einer Input-Output-Tabelle herrührt, heißt das, dass für mindestens ein $\overline{\boldsymbol{f}} \geq \boldsymbol{0}$ eine Lösung $\overline{\boldsymbol{x}} \geq \boldsymbol{0}$ existiert, von der wir

$$\overline{\boldsymbol{x}} > \boldsymbol{0}$$

annehmen können. Dabei bedeutet für $\boldsymbol{x} \in \mathbb{R}^n$:

$$\boldsymbol{x} > \boldsymbol{0} \Leftrightarrow x_i > 0 \quad \text{für alle } i = 1, \ldots, n .$$

Später werden wir sehen (in Abschnitt 8.5), dass dies äquivalent zur Zulässigkeit des Input-Output-Modells ist, wenn noch eine Zusatzbedingung wie z. B. $\boldsymbol{f} > \boldsymbol{0}$ gilt. Sei

$$A := (a_{i,j}) \in \mathbb{R}^{(n,n)} ,$$

dann gibt also die j-te Spalte die für eine erzeugte Einheit des Sektors j nötigen laufenden Inputs der Sektoren i, $i = 1, \ldots, n$, an. Werden alle Sektoren in der gleichen (Mengen-)Einheit gemessen, bedeutet also

$$\sum_{i=1}^{n} a_{i,j} < 1 , \tag{MM.10}$$

dass der Sektor j keinen „Verlust" erleidet. Später werden wir sehen, dass die Gültigkeit von (MM.10) hinreichend für die Zulässigkeit des Input-Output-Modells ist. ◇

Wir kehren zurück zur Betrachtung von Spezialfällen eines allgemeinen LGS. Den Fall $m = 1, n \in \mathbb{N}$ (d. h. eine Gleichung) haben wir schon in (1.2)–(1.4) behandelt. Für beliebige m gibt es einen Spezialfall, in welchem auch kein Gleichungssystem im eigentlichen Sinn auftritt:

Spezialfall 2: Das Diagonalsystem

$$A = \begin{pmatrix} a_{1,1} & 0 & \cdots & \cdots & \cdots & 0 \\ 0 & \ddots & & & & \vdots \\ \vdots & & a_{r,r} & & & \vdots \\ \vdots & & & 0 & & \vdots \\ \vdots & & & & \ddots & \vdots \\ 0 & \cdots & \cdots & \cdots & & 0 \end{pmatrix} . \tag{1.8}$$

Also existieren ein $r \in \{1, \ldots, \min(m, n)\}$, so dass $a_{\mu,\mu} \neq 0$ für $\mu = 1, \ldots, r$, aber alle anderen $a_{\mu,\nu}$ *verschwinden* (d. h. $a_{\mu,\nu} = 0$ für $\mu = 1, \ldots, m$, $\nu = 1 \ldots, n$ mit $\mu \neq \nu$ oder $\mu = \nu > r$). Eine Koeffizientenmatrix wie (1.8), bei der höchstens $a_{\mu,\nu} \neq 0$, wenn $\mu = \nu$, heißt *Diagonalmatrix*.

Immer wenn $r < m$ gilt (also immer bei $n < m$) treten Nullzeilen in A auf (das sind Zeilen $\boldsymbol{a}_{(\mu)} = (0, \ldots, 0)$). Nach (1.3), (1.4) ist das System unlösbar, falls $b_\mu \neq 0$ für eine solche

Nullzeile, sonst haben die Nullzeilen keine Aussage. Die Zeilen $\mu = 1, \ldots, r$ legen x_μ fest durch

$$\boxed{x_\mu := b_\mu / a_{\mu,\mu}\,, \quad \mu = 1, \ldots, r\,.}$$

Die weiteren $x_{r+1}, \ldots, x_n$ sind frei wählbar (falls nicht der unlösbare Fall vorliegt), d. h. es gibt $n - r$ Freiheitsgrade in der Lösungsmenge. Da hier gar keine Kopplungen zwischen den Unbekannten vorliegen, handelt es sich um kein „richtiges" System. Das ist ebenso der Fall bei folgendem Spezialfall, bei dem auch die Lösungsmenge explizit angegeben werden kann und der den Spezialfall 2 verallgemeinert:

Spezialfall 3: Das Staffelsystem

$$A = \begin{pmatrix} a_{1,1} & \cdots & \cdots & \cdots & a_{1,n} \\ 0 & \ddots & & & \vdots \\ \vdots & & a_{r,r} & \cdots & a_{r,n} \\ \vdots & & & & \vdots \\ 0 & \cdots & \cdots & \cdots & 0 \end{pmatrix}. \tag{1.9}$$

Also existiere ein $r \in \{1, \ldots \min(m, n)\}$, so dass

- $a_{\mu,\mu} \neq 0$ für $\mu = 1, \ldots r$,
- das *untere Dreieck* der Matrix verschwindet, d. h. $a_{\mu,\nu} = 0$ für $\mu > \nu$, wobei $\mu = 1, \ldots, m$, $\nu = 1, \ldots, n$,
- ab der $(r + 1)$-ten Zeile (falls es sie gibt) verschwinden die ganzen Zeilen, d. h. $a_{\mu,\nu} = 0$ für $\mu = r + 1, \ldots, m$, $\nu = 1, \ldots, n$.

Eine Koeffizientenmatrix wie (1.9) ist eine spezielle *obere Dreiecksmatrix* .

Wieder entscheiden im Fall $r < m$ die b_μ für $\mu = r + 1, \ldots, m$ darüber, ob das System lösbar ist oder nicht. Im lösbaren Fall sind die letzten $m - r$ Zeilen aussagelos und, sofern $r < n$, die Lösungskomponenten $x_{r+1}, \ldots, x_n$ frei wählbar. Dann ist die r-te Zeile nach x_r auflösbar (da $a_{r,r} \neq 0$):

$$x_r = \frac{1}{a_{r,r}} \left(b_r - \sum_{\nu=r+1}^{n} a_{r,\nu} x_\nu \right). \tag{1.10}$$

Bei $r = n$ reduziert sich die Beziehung auf

$$x_r = \frac{1}{a_{r,r}} b_r\,.$$

Mit bekanntem x_r kann dann x_{r-1} aus der $(r - 1)$-ten Zeile bestimmt werden etc. Diesen Prozess nennt man *Rückwärtssubstitution*.

$$x_\mu := \frac{1}{a_{\mu,\mu}}\left(b_\mu - \sum_{\nu=\mu+1}^{n} a_{\mu,\nu}\cdot x_\nu\right) \quad \text{für } \mu = r, r-1, \ldots, 1\,. \tag{1.11}$$

Dabei ist

$$\sum_{\nu=n+1}^{n} (\,) := 0$$

(oder allgemeiner jede Summe über einem leeren Indexbereich). Dies tritt für $r = n$, d. h. den Fall ohne Freiheitsgrade, für $\mu = r$ auf. Bei einigen Unterfällen lässt sich Genaueres über die Lösungsmenge sagen:

Spezialfall 3a: Wenn $r = n$ (und notwendigerweise $m \geq n$), sowie $b_\mu = 0$ ist für $\mu > n$, dann ist das System lösbar. Aber keine der Unbekannten ist frei wählbar. Die Lösung ist eindeutig bestimmt.

Spezialfall 3b: Wenn $m > r$ ist und ein $b_\mu \neq 0$ für $\mu > r$, so ist das System unlösbar.

Was nützen die besprochenen Fälle im Allgemeinen? Solange man dabei die Lösungsmenge nicht verändert, kann man versuchen, allgemeine LGS auf obige Formen umzuformen. Offensichtlich zulässig als Umformung ist die Vertauschung zweier Zeilen im Gleichungssystem. Dies entspricht der *Vertauschung zweier Zeilen in der erweiterten Koeffizientenmatrix $(A, \boldsymbol{b})$*.

Es ist etwas umständlich, alle LGS zu beschreiben, die sich auf diese Weise auf (1.9) transformieren lassen. Dies muss auch nicht wirklich durchgeführt werden, es genügt, wenn die Nichtnullzeilen in der Reihenfolge, die entstehen würde, in (1.11) durchlaufen werden.

Eine weitere Umformung ist die Umnummerierung der Komponenten der Lösungstupel (die am Schluss wieder rückgängig gemacht werden muss!). Diese entspricht der *Vertauschung zweier Spalten der Koeffizientenmatrix A*. Der folgende allgemeine Fall kann durch Spaltenvertauschung auf den Fall (1.9) zurückgeführt werden.

Spezialfall 4: Die Zeilenstufenform

Die Koeffizientenmatrix hat eine Art zerpflückte Staffelform:

$$\begin{pmatrix} \overbrace{0 \cdots 0}^{n_0} \# \overbrace{* \cdots *}^{n_1} * & \cdots & \overbrace{* * \cdots *}^{n_r} \\ \vdots \quad 0\,0 \cdots 0 \# & \cdots & * * \cdots * \\ & \ddots & \\ \vdots \quad \vdots \quad \vdots & 0 \cdots 0 \# & * \cdots * \\ \vdots \quad \vdots \quad \vdots \quad \vdots \quad \vdots & & 0\,0 \cdots 0 \\ 0 \cdots 0\,0\,0 \cdots 0\,0\,0 \cdots 0\,0\,0 \cdots 0 & & \end{pmatrix} . \tag{1.12}$$

Dabei bezeichnet „#" Koeffizienten ungleich 0 und „$*$" beliebige Koeffizienten. Die *Stufenlängen* $n_0, n_1, \ldots, n_r$ können eventuell auch 0 sein, und r mit $1 \leq r \leq \min(m, n)$, die *Anzahl der Stufen*, kann mit der Gesamtzahl m aller Zeilen übereinstimmen, sodass also keine Nullzeilen am unteren Ende der Matrix auftreten.

Ein Staffelsystem nach (1.9) ist also der Spezialfall von (1.12), der sich für

$$n_0 = n_1 = \ldots = n_{r-1} = 0 , \quad n_r = n - r$$

ergibt. Andererseits kann die Form (1.12) in die Form (1.9) gebracht werden, indem die $(n_0 + 1)$-te Spalte, die $(n_0 + 1 + n_1 + 1)$-te Spalte usw., also die, in denen sich die mit „#" gekennzeichneten, von Null verschiedenen Koeffizienten befinden, auf die erste, zweite usw. Position getauscht werden. Für $\mu = 1, \ldots, m$ definieren wir den Index $j(\mu)$ durch

$$j(\mu) := \begin{cases} \min\{\nu \in \{1, \ldots, n\} : a_{\mu,\nu} \neq 0\} , & \text{falls } \mu \leq r , \\ n + 1 , & \text{falls } \mu > r . \end{cases}$$

Für $\mu = 1, \ldots, r$ ist also

$$a_{\mu,\nu} = 0 , \quad \text{wenn } \nu \leq j(\mu) - 1 , \quad a_{\mu,j(\mu)} \neq 0 \quad \text{sowie} \quad j(1) < j(2) < \ldots < j(r) .$$

Die $j(\mu)$-te Spalte wird auch (μ-te) *Pivotspalte* genannt. Sie ist also dadurch gekennzeichnet, dass auf der $j(\mu)$-ten Position ein Element # steht, das sicher ungleich 0 ist, das *Pivotelement*, und auf den Positionen $k > j(\mu)$ nur Nullen. Die Stufenlängen sind

$$n_0 = j(1) - 1 , \quad n_i = j(i + 1) - j(i) - 1 \quad \text{für } i = 1, \ldots, r .$$

Falls $b_{r+1} = \ldots = b_m = 0$, ist das System lösbar, und auch hier lässt sich die Lösungsgesamtheit angeben: Wir beginnen in der r-ten Zeile mit der r-ten Unbekannten. Entsprechend der Länge n_r der letzten Stufe sind die n_r Unbekannten $x_n, \ldots, x_{j(r)+1}$ frei wählbar. Zur Verdeutlichung nennen wir diese frei wählbaren Komponenten des Lösungsvektors *Parameter* und bezeichnen sie mit λ_ν:

$$\begin{aligned} x_n &:= \lambda_n \\ &\vdots \qquad\qquad \lambda_\nu \in \mathbb{R} . \\ x_{j(r)+1} &:= \lambda_{j(r)+1} \end{aligned}$$

Es steht jedoch bei $x_{j(r)}$ ein Koeffizient #, der ungleich 0 ist. Deswegen ist diese Unbekannte durch die r-te Zeile des Gleichungssystems und durch die bereits gewählten Parameter eindeutig bestimmt. Weiter sind die Parameter

$$\left.\begin{array}{rcl} x_{j(r)-1} & := & \lambda_{j(r)-1} \\ & \vdots & \\ x_{j(r-1)+1} & := & \lambda_{j(r-1)+1} \end{array}\right. \quad \lambda_\nu \in \mathbb{R}$$

frei wählbar. Und $x_{j(r-1)}$ ist wieder durch die $r-1$-te Zeile des Gleichungssystems und die bisher gewählten Parameter eindeutig bestimmt. Dieses Verfahren kann man iterieren, so dass man somit nach r Schritten eine Darstellung aller Lösungen mit Parametern

$$(\lambda_1), \ldots, \lambda_{j(1)-1}, \lambda_{j(1)+1}, \ldots, \lambda_{j(r)-1}, \lambda_{j(r)+1}, \ldots, (\lambda_n),$$

also mit $\overline{n} = n - r$ vielen Parametern bekommt (Die Klammern deuten an, dass diese Elemente eventuell nicht zu den Parametern gehören). Daher gilt für den Spezialfall 4 (und damit für alle):

$$\boxed{\text{Anzahl der Freiheitsgrade} + \text{Stufenanzahl} = n\,.}$$

Diese Formel (wobei r eine von der Darstellung (1.12) unabhängige Bedeutung gegeben werden muss) wird später allgemein exakt nachgewiesen (siehe unten: Abschnitt 1.4.2). Kombiniert man Zeilen- und Spaltenvertauschungen, ergeben sich weitere Fälle. Als Beispiel sei der Fall der *unteren Dreiecksmatrix* genannt:

$$A = \begin{pmatrix} a_{1,1} & 0 & \cdots & \cdots & 0 \\ \vdots & \ddots & \ddots & & \vdots \\ \vdots & & \ddots & \ddots & \vdots \\ \vdots & & & \ddots & 0 \\ a_{n,1} & \cdots & \cdots & \cdots & a_{n,n} \end{pmatrix}$$

mit $a_{\mu,\mu} \neq 0$ für $\mu = 1, \ldots, n$. Hier wird aus der Rückwärts- eine *Vorwärtssubstitution* :

$$\boxed{x_\mu := \frac{1}{a_{\mu,\mu}} \left(b_\mu - \sum_{\nu=1}^{\mu-1} a_{\mu,\nu} x_\nu \right) \quad \text{für } \mu = 1, \ldots, n\,,} \tag{1.13}$$

wobei die Lösung eindeutig ist.

1.1.2 Die Eliminationsverfahren von Gauss und Gauss-Jordan

Schließlich kann man ein allgemeines LGS durch weitere Umformungen in die Form (1.12) bzw. (1.9) bringen. Diese sind:

Definition 1.3

Unter einer *elementaren Umformung (GAUSS[8]-Schritt)* eines linearen Gleichungssystems mit erweiterter Koeffizientenmatrix $(A, \boldsymbol{b})$ versteht man eine der folgenden Operationen:

Die *Zeilenumformungen*

(I) Zwei Zeilen von $(A, \boldsymbol{b})$ werden vertauscht: $\boxed{Z_j \leftrightarrow Z_k\,.}$

(II) Multiplikation einer Zeile von $(A, \boldsymbol{b})$ mit einer Zahl $c \neq 0$: $\boxed{c\,Z_j \to Z_j\,.}$
Darunter versteht man die Multiplikation jeder Komponente mit c.

(III) Zu einer Zeile von $(A, \boldsymbol{b})$ wird das Vielfache einer anderen Zeile addiert: $\boxed{Z_j + c\,Z_k \to Z_j \text{ für } j \neq k\,.}$
Darunter versteht man die Multiplikation jeder Komponente von Z_k mit c und dann die Addition zu der jeweiligen Komponente von Z_j.

(IV) Zwei Spalten von (A) werden vertauscht. Dadurch ändert sich die Nummerierung der Unbekannten.

Es ist dabei zu überprüfen, dass die Lösungsmenge dadurch nicht verändert wird. Es gilt:

Satz 1.4: LGS und Elementarumformung

Die Lösungsmenge eines linearen Gleichungssystems wird durch elementare Umformungen (I)–(III) nicht verändert, bei (IV) werden die Lösungskomponenten umnummeriert. Jede elementare Umformung kann durch eine solche gleichen Typs umgekehrt werden.

Beweis: Dies ist klar bei Umformungen vom Typ (I) bzw. (IV) oder (II). (I) bzw. (IV) sind ihre eigenen Umkehrungen. Bei (II) mit dem Faktor c erfolgt die Umkehrung durch (II) mit dem Faktor $\frac{1}{c}$. Zu zeigen ist die Aussage für GAUSS-Schritte vom Typ (III). Es gelte $\boxed{Z_l + c\,Z_i \to Z_l}$. Ist $(p_1, p_2, \ldots, p_n)$ eine Lösung von (LG) vor der Umformung, so gilt insbesondere

$$\sum_{k=1}^{n} a_{i,k} p_k = b_i\,, \quad \sum_{k=1}^{n} a_{l,k} p_k = b_l\,. \tag{1.14}$$

Daraus folgt mit den Rechenregeln in $\mathbb{R}$ (insbesondere Distributivgesetze):

[8] Johann Carl Friedrich GAUSS $*$30. April 1777 in Braunschweig †23. Februar 1855 in Göttingen

$$\sum_{k=1}^{n} a_{i,k} p_k = b_i \, , \quad \sum_{k=1}^{n} (a_{l,k} + c a_{i,k}) p_k = b_l + c b_i \, . \tag{1.15}$$

Das heißt, $(p_1, p_2, \ldots, p_n)$ ist auch eine Lösung des transformierten Systems. Sei nun umgekehrt $(p_1, p_2, \ldots, p_n)$ eine Lösung des transformierten Systems, so gelangt man durch den Schritt $\boxed{Z_l - cZ_i \to Z_l}$ mit demselben c wieder von (1.15) zurück zum Ausgangssystem (1.14). Man erkennt, dass $(p_1, p_2, \ldots, p_n)$ auch eine Lösung des Ausgangssystems ist. □

Jedes LGS kann man mit einem Eliminationsverfahren behandeln, so, wie wir es an dem obigen einfachen Beispiel 1(1) gesehen haben. Wir beschreiben diese Elimination jetzt in einer etwas formaleren Weise, um die Übersicht nicht zu verlieren.

Wenn alle Koeffizienten $a_{1,1}, \ldots, a_{m,1}$ in der ersten Spalte 0 sind, stellt das System keine Bedingung an die Unbekannte x_1. Die Komponente $x_1 \in \mathbb{R}$ kann also beliebig gewählt werden und die Frage nach der Auflösung, d. h. der Lösbarkeit und der Lösungsmenge des LGS neu gestellt werden für das modifizierte LGS $\overline{A}\tilde{\boldsymbol{x}} = \boldsymbol{b}$, bestehend aus m Zeilen und $n - 1$ Spalten, wobei $\overline{A}$ aus A durch Streichen der ersten Spalte entsteht und $\tilde{\boldsymbol{x}}$ die Komponenten $x_2, \ldots, x_n$ hat. Ist dieses LGS lösbar, so ergibt sich die Lösungsmenge des Ausgangs-LGS, indem $x_1 \in \mathbb{R}$ beliebig hinzugenommen wird. Ist es nicht lösbar, ist auch das Ausgangssystem nicht lösbar.

Ist aber einer der Koeffizienten $a_{1,1}, \ldots, a_{m,1}$ aus der ersten Spalte ungleich 0, so sei etwa $a_{p,1}$ einer davon. Wir *vertauschen* die erste und die p-te Zeile (Umformung (I)). Dabei ändern sich die Lösungen des Systems nicht. Aber danach haben wir $a_{1,1} \neq 0$, das dann *Pivotelement* heißt. Deswegen können wir die erste Zeile *durch* $a_{1,1}$ *dividieren* (Umformung (II)), wieder ändern sich die Lösungen nicht und das Pivotelement verändert sich zu 1. Eine Spalte, in der ein Pivotelement auftritt, heißt auch *Pivotspalte*. Dann sieht die erste Zeile folgendermaßen aus:

$$x_1 + \frac{a_{1,2}}{a_{1,1}} x_2 + \ldots + \frac{a_{1,n} x_n}{a_{1,1}} = \frac{b_1}{a_{1,1}} \, .$$

Wir eliminieren nun x_1, allerdings ohne die Eliminationsgleichung explizit hinzuzuschreiben, aus den restlichen Gleichungen, indem wir von der zweiten, ..., m-ten Zeile $a_{2,1}$-mal, ..., $a_{m,1}$-mal die erste Zeile *subtrahieren* (Umformung (III)). Dadurch ändern sich auch hier die Lösungen nicht, und unser Gleichungssystem nimmt die Form

$$\begin{array}{ccccccc} x_1 & + & a'_{1,2} x_2 & + \cdots + & a'_{1,n} x_n & = & b'_1 \\ & & a'_{2,2} x_2 & + \cdots + & a'_{2,n} x_n & = & b'_2 \\ & & \vdots & & \vdots & & \vdots \\ & & a'_{m,2} x_2 & + \cdots + & a'_{m,n} x_n & = & b'_m \end{array}$$

an, mit neuen Koeffizienten $a'_{1,2}, \ldots, a'_{m,n}$ und neuen rechten Seiten $b'_1, \ldots, b'_m$. Jetzt kommt es nur noch darauf an, die letzten $m - 1$ Gleichungen aufzulösen. Gelingt dies, so setzen wir deren Lösungen $x_2, \ldots, x_n$ in die erste Gleichung ein und berechnen daraus x_1. Die Lösung der letzten $m - 1$ Gleichungen geschieht dadurch, dass die obigen Überlegungen auf das reduzierte LGS $\hat{A}\tilde{\boldsymbol{x}} = \hat{\boldsymbol{b}}$ angewendet werden, bestehend aus $m - 1$ Zeilen und $n - 1$

Spalten, wobei $a'_{j+1,k+1}$ der j,k-te Eintrag von $\hat{A}$ und b'_{j+1} der j-te Eintrag von $\hat{b}$ ist. Durch diese sukzessive Wiederholung eines GAUSS- oder *Eliminationsschrittes* können wir das Gleichungssystem mit Umformungen der Gleichungen, die genau den elementaren *Zeilenumformungen* (I), (II), (III) aus Definition 1.3 entsprechen, auf den Spezialfall 4 bzw. wenn wir auch Umformungen (IV) anwenden, sogar auf den Spezialfall 3, zurückführen, wofür Lösbarkeit und Bestimmung der Lösungsmenge geklärt sind.

Anschaulich gesprochen können wir mit den elementaren Zeilenumformungen, links beginnend, die Einträge einer Spalte, eine Spalte nach der anderen ab einer gewissen Position eliminieren. Dabei betrachten wir ein immer weiter reduziertes LGS, so dass sich aus dessen Lösungsmenge $x_k, \ldots, x_n$ direkt die weiteren Lösungskomponenten ergeben. Das aktuelle Restsystem wird wie folgt behandelt:

- Sind alle Koeffizienten in der ersten Spalte 0, so ändern wir nichts, sondern reduzieren durch Streichen der ersten Spalte.
- Sind Koeffizienten in der Spalte ungleich 0, davon einer etwa in der p-ten Zeile (am „stabilsten" ist es, den betragsgrößten als Pivotelement zu wählen), so vertauschen wir diese p-te Zeile mit der ersten (Umformung vom Typ I). Anschließend multiplizieren wir die erste Zeile, wenn wir wollen, mit dem Kehrwert dieses Koeffizienten durch (Typ II), um zu erreichen, dass in dieser ersten Zeile der erste Koeffizient 1 ist. Schließlich addieren wir ein geeignetes Vielfaches der ersten Zeile zu jeder der folgenden Zeilen (Typ III), um dort den Koeffizienten aus der ersten Spalte zu beseitigen.
- Dann reduzieren wir das System durch Streichen der ersten Zeile und Spalte.

Das Verfahren heißt *GAUSSsches Eliminationsverfahren* (kurz: *GAUSS-Verfahren*).

Dieses Verfahren lässt sich also elegant (aber nicht unbedingt effizient) als rekursive Prozedur formulieren (hier ohne Transformation der Pivotelemente auf 1). Dazu nutzen wir, dass eine Matrix mit ihren Zeilen geschrieben werden kann als

$$A = \begin{pmatrix} \boldsymbol{a}_{(1)} \\ \vdots \\ \boldsymbol{a}_{(m)} \end{pmatrix}$$

bzw. mit ihren Spalten als

$$A = \left(\boldsymbol{a}^{(1)}, \ldots, \boldsymbol{a}^{(n)}\right) .$$

Wenn wir aus einer Matrix (durch Streichen von Zeilen oder Spalten) eine neue Matrix erhalten, so hat diese ihre eigene, mit jeweils 1 beginnende Indizierung.

Die Prozedur hat als *Eingabegrößen* die Matrix A, die rechte Seite $\boldsymbol{b}$, die Zeilenzahl m, die Spaltenanzahl n und als *Ausgabegrößen* die Matrix in Zeilenstufenform R und die umgeformte rechte Seite $\boldsymbol{d}$. Eine Spalte, die nur aus Komponenten 0 besteht, wird kurz auch mit $\boldsymbol{0}$ bezeichnet.

$[R, \boldsymbol{d}] := \textbf{gauss}(A, \boldsymbol{b}, m, n)$

falls $\boldsymbol{a}^{(1)} = \mathbf{0}$ (falls erste Spalte von A nur Nulleinträge besitzt)

falls $n = 1$

$R := A(= 0), \qquad \boldsymbol{d} := \boldsymbol{b}$
return[9]

sonst

$\overline{A} := (\boldsymbol{a}^{(2)}, \ldots, \boldsymbol{a}^{(n)})$

$\left[\overline{R}, \boldsymbol{d}\right] := \text{gauss}\left(\overline{A}, \boldsymbol{b}, m, n-1\right)$

$R := \left(\mathbf{0} \,|\, \overline{R}\right)$
return

sonst

falls $m = 1$ (also A nur aus einer Zeile besteht)

$R := A \ (= \boldsymbol{a}_{(1)}), \qquad \boldsymbol{d} := \boldsymbol{b} \ (= b_1)$
return

sonst

führe folgenden Eliminationsschritt aus:

$$(A, \boldsymbol{b}) = \left(\begin{array}{cccc|c} a_{1,1} & a_{1,2} & \ldots & a_{1,n} & b_1 \\ a_{2,1} & a_{2,2} & \ldots & a_{2,n} & b_2 \\ \vdots & & \vdots & \vdots & \\ a_{m,1} & a_{m,2} & \ldots & a_{m,n} & b_m \end{array}\right) \longrightarrow \left(\begin{array}{cccc|c} a'_{1,1} & a'_{1,2} & \ldots & a'_{1,n} & b'_1 \\ 0 & a'_{2,2} & \ldots & a'_{2,n} & b'_2 \\ \vdots & \vdots & & \vdots & \vdots \\ 0 & a'_{m,2} & \ldots & a'_{m,n} & b'_m \end{array}\right) =: \left(\begin{array}{c|c|c} \multicolumn{2}{c|}{\boldsymbol{a}'_{(1)}} & b'_1 \\ \hline \mathbf{0} & \widetilde{A} & \tilde{\boldsymbol{b}} \end{array}\right)^{10}$$

falls $n = 1$ (also $\widetilde{A}$ nicht auftritt bzw. A nur aus einer Spalte besteht)

$$R := \begin{pmatrix} a'_{1,1} \\ 0 \\ \vdots \\ 0 \end{pmatrix}, \qquad \boldsymbol{d} := \begin{pmatrix} b'_1 \\ \vdots \\ b'_m \end{pmatrix}$$

return

sonst

$\left[\widetilde{R}, \tilde{\boldsymbol{d}}\right] := \text{gauss}\left(\widetilde{A}, \tilde{\boldsymbol{b}}, m-1, n-1\right)$

$$R := \left(\begin{array}{c|c} \multicolumn{2}{c}{\boldsymbol{a}'_{(1)}} \\ \hline \mathbf{0} & \widetilde{R} \end{array}\right), \qquad \boldsymbol{d} := \begin{pmatrix} b'_1 \\ \tilde{\boldsymbol{d}} \end{pmatrix}$$

return

---

[9] Mit „return“ wird symbolisch die Beendigung der Prozedur gekennzeichnet.

[10] Die hier intuitiv benutzte Partionierung einer Matrix wird in (1.32) ff. genauer betrachtet.

Gleichwertig lässt sich das Verfahren auch nicht-rekursiv auffassen, indem die jeweiligen elementaren Zeilenumformungen nicht auf ein Restsystem, sondern auf die volle erweiterte Koeffizientenmatrix angewendet wird. Es ergibt sich die gleiche Zeilenstufenform, da die Umformungen die „weggelassenen" Matrixanteile nicht verändern. Dies kann man wie folgt einsehen, wobei wir uns auf Skizzen der jeweiligen Situation beschränken:

$$\begin{pmatrix} \boxed{0 \cdots 0\ 0\ \ast \cdots \ast} \\ \vdots \quad \vdots\ \vdots \quad\quad \vdots \\ \vdots \quad \vdots\ 0 \quad\quad \vdots \\ \boxed{0 \cdots 0\ \#\ \ast \cdots \ast} \\ \vdots \quad \vdots\ \ast \quad\quad \vdots \\ \vdots \quad \vdots\ \vdots \quad\quad \vdots \\ 0 \cdots 0\ \ast \cdots\cdots \ast \end{pmatrix} \underset{\text{(I)}}{\longrightarrow} \begin{pmatrix} \boxed{0 \cdots 0\ \#\ \ast \cdots \ast} \\ \vdots \quad \vdots\ \vdots \quad\quad \vdots \\ \vdots \quad \vdots\ 0 \quad\quad \vdots \\ \boxed{0 \cdots 0\ 0\ \ast \cdots \ast} \\ \vdots \quad \vdots\ \ast \quad\quad \vdots \\ \vdots \quad \vdots\ \vdots \quad\quad \vdots \\ 0 \cdots 0\ \ast \cdots\cdots \ast \end{pmatrix}$$

für Vertauschungsschritt in der ersten Pivotspalte. Für die r-te Pivotspalte, $r > 1$, ist die Situation analog, da die Zeilen 1 bis $r - 1$ unverändert bleiben.

$$\begin{pmatrix} \boxed{0 \cdots 0\ \#\ \ast \cdots \ast} \\ \vdots \quad \vdots\ \ast\ \ast \cdots \ast \\ \vdots \quad \vdots\ \vdots\ \vdots \quad \vdots \\ 0 \cdots 0\ \ast\ \ast \cdots \ast \end{pmatrix} \underset{\text{(II)}}{\longrightarrow} \begin{pmatrix} \boxed{0 \cdots 0\ 1\ \ast \cdots \ast} \\ \vdots \quad \vdots\ \ast\ \ast \cdots \ast \\ \vdots \quad \vdots\ \vdots\ \vdots \quad \vdots \\ 0 \cdots 0\ \ast\ \ast \cdots \ast \end{pmatrix}$$

$$\begin{pmatrix} 0 \cdots 0\ 1\ \ast \cdots \ast \\ \boxed{0 \quad\ 0\ \ast\ \ast \cdots \ast} \\ \vdots \quad \vdots\ \ast\ \vdots \quad \vdots \\ \vdots \quad \vdots\ \vdots\ \vdots \quad \vdots \\ 0 \cdots 0\ \ast\ \ast \cdots \ast \end{pmatrix} \underset{\text{(III)}}{\longrightarrow} \begin{pmatrix} 0 \cdots 0\ 1\ \ast \cdots \ast \\ \boxed{0 \cdots 0\ 0\ \ast \cdots \ast} \\ \vdots \quad \vdots\ \ast\ \vdots \quad \vdots \\ \vdots \quad \vdots\ \vdots\ \vdots \quad \vdots \\ 0 \cdots 0\ \ast\ \ast \cdots \ast \end{pmatrix}$$

und damit insgesamt für den Eliminationsschritt für die erste Pivotspalte. Für die r-te Pivotspalte, $r > 1$, ist die Situation analog, da die Zeilen 1 bis $r - 1$ unverändert bleiben.

Fassen wir also die bisher gewonnenen Ergebnisse zusammen:

Hauptsatz 1.5: GAUSSsche Elimination zur Zeilenstufenform

Jede Matrix lässt sich durch das GAUSSsche Eliminationsverfahren mittels elementarer Zeilenumformungen auf eine Zeilenstufenform (1.12) bringen. Bei Anwendung auf eine erweiterte Koeffizientenmatrix $(A, \boldsymbol{b})$ liefert dies ein LGS in Zeilenstufenform mit gleicher Lösungsmenge. Es kann durch r weitere Schritte (II) erreicht werden, dass die Pivotelemente alle 1 werden.

Werden auch Spaltenvertauschungen zugelassen, so kann (bei Umnummerierung der Lösungskomponenten) auch das Staffelsystem (1.9) erreicht werden. Die Stufenanzahl r heißt auch *Rang* der Koeffizientenmatrix.

Kurz spricht man vom GAUSS-*Verfahren* .

Wenn die Koeffizientenmatrix z. B. quadratisch ist, und die Zeilenstufenform so aussieht

$$Z = \left(\begin{array}{cccc|c} 1 & z_{1,2} & \cdots & z_{1,n} & b'_1 \\ 0 & 1 & \ddots & \vdots & \vdots \\ \vdots & & \ddots & z_{n-1,n} & b'_{n-1} \\ 0 & & 0 & 1 & b'_n \end{array}\right),$$

also eindeutige Lösbarkeit vorliegt, kann man die Umformungen noch etwas weiter treiben:

$$\begin{array}{ll} \text{Vorletzte Zeile} & - z_{n-1,n}\text{-mal die letzte Zeile,} \\ (n-2)\text{-te Zeile} & - z_{n-2,n}\text{-mal die letzte Zeile,} \\ & \vdots \\ \text{erste Zeile} & - z_{1,n}\text{-mal die letzte Zeile.} \end{array}$$

Damit hat man erreicht, dass in der letzten Spalte alle Einträge verschwinden, bis auf den Eintrag 1 in der letzten Zeile. Mit einem analogen Verfahren kann man auch alle Einträge in der vorletzten Spalte auf 0 bringen, bis auf den vorletzten Eintrag, der 1 bleibt. Man muss dazu von jeder Zeile geeignete Vielfache der vorletzten Zeile abziehen. Die erzeugten Nullen der letzten Spalte bleiben dabei erhalten. Wenn man dies von rechts nach links mit allen Spalten macht, hat die erweiterte Koeffizientenmatrix am Ende folgende Gestalt:

$$\left(\begin{array}{cccc|c} 1 & 0 & \cdots & 0 & b''_1 \\ 0 & 1 & & \vdots & b''_2 \\ \vdots & \ddots & \ddots & \vdots & \vdots \\ 0 & \cdots & 0 & 1 & b''_n \end{array}\right).$$

Damit ist das LGS auf Spezialfall 2 eines Diagonalsystems zurückgeführt worden mit der direkt gegebenen Lösung

$$x_1 = b''_1, \quad \ldots, \quad x_n = b''_n .$$

Dieses Verfahren lässt sich auch auf die allgemeine Situation übertragen. Sei also eine Matrix $A \in \mathbb{R}^{(m,n)}$ in Zeilenstufenform (1.12) und die dort mit # gekennzeichneten *Pivotelemente* seien durch weitere elementare Umformungen vom Typ II auf 1 ohne Veränderung der Matrixstruktur transformiert. Das oben beschriebene Vorgehen ist dann, bei der letzten Spalte beginnend, jeweils in einer Spalte mit Pivotelement möglich und führt dazu, dass in diesen Spalten über dem Pivotelement nur Nullen stehen. Man beachte dabei, dass das Pivotelement der erste von Null verschiedene Eintrag seiner Zeile ist und so durch die Umformung nur noch Spalten mit höherem Index betroffen sind und Nulleinträge in Pivotspalten mit höherem Spaltenindex (oberhalb von Pivotelementen) nicht verändert werden. Auf diese Weise entsteht der:

Spezialfall 5: Die reduzierte Zeilenstufenform

$$\begin{pmatrix} \overbrace{0 \cdots 0}^{n_0} & 1 & \overbrace{* \cdots *}^{n_1} & 0 & \cdots & 0 & \overbrace{* \cdots *}^{n_r} \\ \vdots & & 0\,0 \cdots 0 & 1 & \cdots & 0 & \\ \vdots & \vdots & \vdots & 0 & \vdots & 1 & * \cdots * \\ \vdots & \vdots & \vdots & \vdots & \vdots & 0 & 0 \cdots 0 \\ 0 \cdots 0 & 0 & 0 \cdots 0 & 0 & 0 \cdots 0 & 0 & 0 \cdots 0 \end{pmatrix} . \tag{1.16}$$

Die Darstellung für die Lösungsmenge des LGS von Spezialfall 4 vereinfacht sich insofern, dass in den Darstellungen nach (1.11) für die nicht frei wählbaren Komponenten

$$x_{j(r)}, x_{j(r-1)}, \ldots, x_{j(1)}$$

(zur Notation siehe Spezialfall 4) nur freie Variablen auftreten:

$$x_{j(\mu)} = b_{j(\mu)} - \sum_{\substack{\nu=j(\mu)+1 \\ \nu \neq j(\mu+1),\ldots,j(r)}}^{n} a_{j(\mu),\nu}\lambda_\nu \quad \text{für } \mu = 1, \ldots, r \tag{1.17}$$

bei frei gewählten λ_ν. Hier spricht man vom GAUSS-JORDAN-Verfahren[11].

Satz 1.6: GAUSS-JORDAN-Verfahren

Jede Matrix lässt sich mit dem GAUSS-JORDAN-Verfahren auf eine reduzierte Zeilenstufenform (1.16) bringen. Bei Anwendung auf eine erweiterte Koeffizientenmatrix (A, b) liefert dies ein LGS mit gleicher Lösungsmenge.

Beispiel 3(2) – Massenkette Wir wenden das GAUSS-Verfahren auf die beiden in (MM.3) bzw. (MM.4) entwickelten LGS (mit $c = 1$ zur Vereinfachung der Notation) an, d. h. auf

[11] Wilhelm JORDAN ∗1. März 1842 in Ellwangen †17. April 1899 in Hannover

$$A = \begin{pmatrix} 2 & -1 & & & \text{\Large 0} \\ -1 & 2 & -1 & & \\ & \ddots & \ddots & \ddots & \\ & & \ddots & \ddots & -1 \\ \text{\Large 0} & & & -1 & 2 \end{pmatrix} \tag{MM.11}$$

und auf

$$A = \begin{pmatrix} 1 & -1 & & & \text{\Large 0} \\ -1 & 2 & -1 & & \\ & \ddots & \ddots & \ddots & \\ & & \ddots & \ddots & -1 \\ \text{\Large 0} & & & -1 & 2 \end{pmatrix} . \tag{MM.12}$$

In den Gleichungen vom zugehörigen LGS werden jeweils wenige, nämlich 2 bzw. 3 Unbekannte miteinander gekoppelt, unabhängig von der Zeilen- und Spaltenanzahl $m = n - 1$ (n bezeichnet hier also *nicht* die Spaltenanzahl). In der Matrix ist das dadurch ersichtlich, dass nur auf der Diagonalen (Indizes $\mu = \nu$) und den beiden *Nebendiagonalen* ($\mu = \nu + 1$ bzw. $\mu = \nu - 1$) von Null verschiedene Einträge stehen: Die Matrix ist *tridiagonal* . Dennoch sind alle Unbekannten miteinander verknüpft: x_1 über Gleichung 1 mit x_2, das über Gleichung 2 mit x_3 usw. bis zu x_m (A ist *irreduzibel*: siehe Definition 2.71 und Abschnitt 8.4). Führt man das GAUSS-Verfahren aus für (MM.11), so stellt man fest, dass keine Zeilenvertauschung nötig ist, weil das erste Diagonalelement der jeweiligen Restmatrix immer ungleich 0 ist.

Es ergibt sich

$$A = \begin{pmatrix} 2 & -1 & & & \text{\Large 0} \\ -1 & \ddots & \ddots & & \\ & \ddots & \ddots & \ddots & \\ & & \ddots & \ddots & -1 \\ \text{\Large 0} & & & -1 & 2 \end{pmatrix} \underset{\substack{\text{Typ (III)} \\ c = \frac{1}{2}}}{\longrightarrow} \begin{pmatrix} 2 & -1 & & & & \text{\Large 0} \\ 0 & \frac{3}{2} & -1 & & & \\ & -1 & 2 & -1 & & \\ & & \ddots & \ddots & \ddots & \\ & & & \ddots & \ddots & -1 \\ \text{\Large 0} & & & & -1 & 2 \end{pmatrix} \underset{\substack{\text{Typ (III)} \\ c = \frac{2}{3}}}{\longrightarrow}$$

$$\begin{pmatrix} 2 & -1 & & & & & \text{\Large 0} \\ 0 & \frac{3}{2} & -1 & & & & \\ & 0 & \frac{4}{3} & -1 & & & \\ & & -1 & 2 & -1 & & \\ & & & \ddots & \ddots & \ddots & \\ & & & & \ddots & \ddots & -1 \\ \text{\Large 0} & & & & & -1 & 2 \end{pmatrix} ,$$

woraus sich erkennen lässt (Aufgabe 1.7), dass nach $m - 1$ Schritten die Matrix

$$R = \begin{pmatrix} 2 & -1 & & & \mathbf{0} \\ & \frac{3}{2} & \ddots & & \\ & & \frac{4}{3} & \ddots & \\ & & & \ddots & \ddots \\ & & & & \ddots & -1 \\ \mathbf{0} & & & & & \frac{m+1}{m} \end{pmatrix} \tag{MM.13}$$

entsteht. Für spätere Verwendung notieren wir noch, dass die *Multiplikatoren*, d. h. die Faktoren mit denen die k-ten Zeilen multipliziert werden müssen, um die Einträge der $(k+1)$-ten Zeilen in den k-ten Spalten zu eliminieren (weitere gibt es nicht), folgende sind:

$$\frac{1}{2}, \frac{2}{3}, \ldots, \frac{m-1}{m}\,. \tag{MM.14}$$

Hier sind also alle Stufenlängen 0 und da Spalten- und Zeilenanzahl gleich sind, liegen LGS vor, die für beliebige rechte Seiten eindeutig lösbar sind. Dies kann als eine erste Verifikation einer korrekten Modellierung der oben beschriebenen mechanischen Situation angesehen werden. Solche Matrizen werden später *nichtsingulär* heißen (siehe unten: Abschnitt 2.3.3). Dass beim GAUSS-Verfahren keine Zeilenvertauschungen nötig sind, ist eine weitergehende Eigenschaft. In Abschnitt 2.6 wird sie charakterisiert werden.

Betrachten wir die zweite Variante aus Beispiel 3(1), so ergibt sich noch einfacher

$$A = \begin{pmatrix} 1 & -1 & & & \mathbf{0} \\ -1 & 2 & \ddots & & \\ & \ddots & \ddots & \ddots & \\ & & \ddots & \ddots & -1 \\ \mathbf{0} & & & -1 & 2 \end{pmatrix} \underset{\substack{\text{Typ (III)} \\ c=1}}{\longrightarrow} \begin{pmatrix} 1 & -1 & & & & \mathbf{0} \\ 0 & 1 & -1 & & & \\ & -1 & 2 & \ddots & & \\ & & \ddots & \ddots & \ddots & \\ & & & \ddots & \ddots & -1 \\ \mathbf{0} & & & & -1 & 2 \end{pmatrix}$$

$$\underset{\substack{\text{Typ (III)} \\ c=1}}{\longrightarrow} \begin{pmatrix} 1 & -1 & & & \mathbf{0} \\ & \ddots & \ddots & & \\ & & \ddots & \ddots & \\ & & & \ddots & -1 \\ \mathbf{0} & & & & 1 \end{pmatrix} =: R$$

mit den Multiplikatoren $1, 1, \ldots, 1$, so dass somit die obigen Bemerkungen unverändert gelten. Modifizieren wir A aber noch einmal zu

$$A = \begin{pmatrix} 1 & -1 & & & \mathbf{0} \\ -1 & 2 & \ddots & & \\ & \ddots & \ddots & \ddots & \\ & & \ddots & 2 & -1 \\ \mathbf{0} & & & -1 & 1 \end{pmatrix}, \tag{MM.15}$$

so entsteht bei der gleichen Umformung eine Nullzeile:

$$R = \begin{pmatrix} 1 & -1 & & & \mathbf{0} \\ & \ddots & \ddots & & \\ & & \ddots & \ddots & \\ & & & 1 & -1 \\ \mathbf{0} & \dots & \dots & \dots & 0 \end{pmatrix} .$$

Das LGS ist folglich nur für solche rechte Seiten möglich, für die die n-te Komponente nach der Umformung verschwindet (*Kompatibilitätsbedingung*). Wegen der speziellen Umformungen (nur Typ (III) mit $c = 1$) ist

$$b' = \begin{pmatrix} b_1 \\ b_1 + b_2 \\ \vdots \\ \sum_{k=1}^{m} b_k \end{pmatrix}$$

und damit lautet die Lösbarkeitsbedingung:

$$\sum_{k=1}^{m} b_k = 0 . \qquad \text{(MM.16)}$$

Ist sie erfüllt, hat die Lösung einen Freiheitsgrad. Für die modellierte mechanische Situation bedeutet dies, dass sich die angreifenden Kräfte aufheben müssen (d. h. nicht nur Gravitationskräfte sein können). Die Modifikation in (MM.15) bedeutet gerade, dass auch die Feder F_n entfernt wird, die Massenkette also „frei schwebend" wird. ◇

Wir schließen mit einigen einfachen allgemeinen Folgerungen aus der bisherigen Analyse.

Lemma 1.7: Mehr Unbekannte als Gleichungen

Das homogene lineare Gleichungssystem

$$\sum_{\nu=1}^{n} a_{\mu,\nu} x_\nu = 0 , \quad \mu = 1, \dots, m ,$$

habe n Unbekannte und $m < n$ Zeilen. Dann können in den Lösungen $(x_1, \dots, x_n)$ mindestens $n - m$ Parameter frei gewählt werden.

Beweis: Die Anzahl der Stufen in einer Matrix mit n Spalten und m Zeilen ist höchstens m. Wegen $n > m$ gibt es mindestens $n - m$ Spalten, in denen kein Pivotelement steht, und in denen die Unbekannte beliebig gewählt werden kann. □

Theorem 1.8: Struktursatz

Ist eine *spezielle Lösung* $(y_1, \dots, y_n)$ des inhomogenen Systems

$$\sum_{\nu=1}^{n} a_{\mu,\nu} x_\nu = b_\mu \,, \quad \mu = 1, \ldots, m$$

bekannt, so erhält man daraus alle Lösungen des inhomogenen Systems durch komponentenweise Addition aller Lösungen des zugehörigen homogenen Systems.

Beweis: Nach Annahme ist für $\mu = 1, \ldots, m$

$$\sum_{\nu=1}^{n} a_{\mu,\nu} y_\nu = b_\mu \,.$$

Dann folgt für eine beliebige Lösung $\boldsymbol{x}$ wegen

$$\sum_{\nu=1}^{n} a_{\mu,\nu} x_\nu = b_\mu \qquad \text{auch} \qquad \sum_{\nu=1}^{n} a_{\mu,\nu}(x_\nu - y_\nu) = 0 \,,$$

d. h. $\boldsymbol{h} = (h_1, \ldots, h_n) := (x_1 - y_1, \ldots, x_n - y_n)$ ist eine Lösung des homogenen Systems.

Bei beliebig, fest gewählter Lösung $\boldsymbol{y} \in \mathbb{R}^n$ des inhomogenen Systems (sofern eine existiert!), kann somit jede Lösung $\boldsymbol{x} \in \mathbb{R}^n$ geschrieben werden als

$$\boldsymbol{x} = \boldsymbol{y} + \boldsymbol{h} \tag{1.18}$$

und $\boldsymbol{h}$ ist eine Lösung des homogenen Systems (bei komponentenweiser Addition). Hat andererseits $\boldsymbol{x} \in \mathbb{R}^n$ die Form (1.18), dann ist wegen

$$\sum_{\nu=1}^{n} a_{\mu,\nu} y_\nu = b_\mu \,, \quad \sum_{\mu=1}^{n} a_{\mu,\nu} h_\nu = 0, \quad \mu = 1, \ldots, m$$

und damit

$$\sum_{\nu=1}^{n} a_{\mu,\nu}(y_\nu + h_\nu) = b_\mu \,, \quad \mu = 1, \ldots, m$$

auch $\boldsymbol{x}$ Lösung des inhomogenen Systems. □

Bemerkungen 1.9

1) Homogene Systeme werden durch elementare Umformungen in homogene Systeme überführt. Der Spezialfall 3b kann also nicht auftreten und damit ist ein homogenes System immer lösbar (auch direkt einsehbar: Es gibt immer die triviale Lösung $\boldsymbol{x} = \boldsymbol{0} = (0, \ldots, 0)$).

2) Bei Systemen vom Spezialfall 3a (eindeutiger Typ) hat das homogene System nur die triviale Lösung.

3) Ist $(h_1, h_2, \ldots, h_n)$ eine Lösung des homogenen Systems (LG), so ist eine weitere Lösung gegeben durch $c \cdot (h_1, h_2, \ldots, h_n) := (ch_1, ch_2, \ldots, ch_n)$ mit jeder Zahl $c \in \mathbb{R}$. Das

heißt, hat das homogene System (LG) eine nicht triviale Lösung, so hat es auch unendlich viele Lösungen. Ist darüber hinaus das inhomogene System lösbar, so hat auch dieses unendlich viele Lösungen nach Theorem 1.8.

4) Die Stufenzahl r wurde in Hauptsatz 1.5 als Rang bezeichnet. Dies ist nur sinnvoll, wenn es sich ausschließlich um eine Eigenschaft der Matrix handelt, die nicht durch verschiedene Varianten im Gauss-Verfahren (verschiedene zum Tausch ausgewählte Zeilen) beeinflusst ist. Dass dies so ist, wird in Bemerkungen 1.79, 6) bewiesen werden. △

Es ist noch unklar,

- wie der Begriff „Freiheitsgrad" exakt zu fassen ist (als *Dimension* eines Vektorraums),
- wie direkter die Anzahl der Freiheitsgrade abzulesen ist,
- wie direkter die Frage der Lösbarkeit entschieden werden kann.

Dazu wird unter anderem die Lineare Algebra entwickelt.

Was Sie in diesem Abschnitt gelernt haben sollten

Begriffe:

- Lineares Gleichungssystem (LGS)
- (Erweiterte) Koeffizienten(matrix), (in)homogenes LGS
- Lösbarkeit (Existenz von Lösungen), Eindeutigkeit, eindeutige Existenz von Lösungen (eines LGS)
- Freiheitsgrad, Parameter
- Diagonalsystem
- Staffelsystem, Rückwärtssubstitution
- Zeilenstufenform, Stufenanzahl, Pivotspalte
- Elementare Umformung
- Gausssches Eliminationsverfahren
- Reduzierte Zeilenstufenform

Zusammenhänge:

- Lösungsdarstellung für Staffelsystem und (reduzierte) Zeilenstufenform ((1.9), (1.12), (1.16))
- Elementare Umformungen verändern nicht die Lösungsmenge eines LGS (Satz 1.4)
- Gauss-Verfahren transformiert auf Zeilenstufenform (Staffelsystem) (Hauptsatz 1.5)
- Gauss-Jordan-Verfahren transformiert auf reduzierte Zeilenstufenform (Satz 1.6)
- Struktursatz für LGS (Theorem 1.8)

Aufgaben

Aufgabe 1.1 (K) Wenn fünf Ochsen und zwei Schafe acht Taels Gold kosten, sowie zwei Ochsen und acht Schafe auch acht Taels, was ist dann der Preis eines Tieres? (Chiu-Chang Suan-Chu, ~300 n.Chr.)

Aufgabe 1.2 (T) Für ein LGS in zwei Variablen der Form

$$a_{1,1}x_1 + a_{1,2}x_2 = b_1 \,, \qquad (1)$$
$$a_{2,1}x_1 + a_{2,2}x_2 = 0 \qquad (2)$$

ist seit mindestens 3650 Jahren die *Methode der falschen Annahme* bekannt:
Sei $a_{2,2} \neq 0$ und (1), (2) eindeutig lösbar.

Sei $x_1^{(1)} \neq 0$ eine beliebige „Schätzung" für x_1. Aus (2) berechne man $x_2^{(1)}$, so dass $\left(x_1^{(1)}, x_2^{(1)}\right)$ die Gleichung (2) erfüllen. Die Gleichung (1) wird i. Allg. nicht richtig sein, d. h.

$$a_{1,1}x_1^{(1)} + a_{1,2}x_2^{(1)} =: \tilde{b_1} \neq b_1 \,.$$

Korrigiere $x_1^{(1)}$ durch $x_1^{(2)} := x_1^{(1)} b_1/\tilde{b_1}$. Bestimme wieder $x_2^{(2)}$, so dass $\left(x_1^{(2)}, x_2^{(2)}\right)$ die Gleichung (2) erfüllen. Zeigen Sie: $(x_1, x_2) = \left(x_1^{(2)}, x_2^{(2)}\right)$.

Aufgabe 1.3 (K) Lösen Sie die folgenden Gleichungssysteme mit Hilfe des Gaussschen Eliminationsverfahrens:

a)

$$\begin{aligned}
-2x_1 + x_2 + 3x_3 - 4x_4 &= -12\\
-4x_1 + 3x_2 + 6x_3 - 5x_4 &= -21\\
- x_2 + 2x_3 + 2x_4 &= -2\\
-6x_1 + 6x_2 + 13x_3 + 10x_4 &= -22
\end{aligned}$$

b)

$$\begin{aligned}
x_1 + x_2 + 2x_3 &= 3\\
2x_1 + 2x_2 + 5x_3 &= -4\\
5x_1 + 5x_2 + 11x_3 &= 6
\end{aligned}$$

c)

$$\begin{aligned}
x_1 + x_2 &= 0\\
x_2 + x_3 &= 0\\
&\vdots\\
x_{n-1} + x_n &= 0\\
x_n + x_1 &= 0
\end{aligned}$$

Aufgabe 1.4 (K)

a) Bestimmen Sie in Abhängigkeit von $\alpha, \beta \in \mathbb{R}$ die Lösungsmenge aller $\boldsymbol{x} = (x_\nu)_{\nu=1,\ldots,4}$ mit $A\boldsymbol{x} = \boldsymbol{b}$, wobei

$$A = \begin{pmatrix} 1 & 2 & 3 & -1 \\ 1 & 3 & 0 & 1 \\ 2 & 4 & \alpha & -2 \end{pmatrix}, \quad b = \begin{pmatrix} 5 \\ 9 \\ \beta \end{pmatrix}.$$

b) Bestimmen Sie weiterhin die Lösungsmenge des zugehörigen homogenen Gleichungssystems $A\boldsymbol{x} = \boldsymbol{0}$.

Aufgabe 1.5 (T) Ein 9-Tupel $(x_1, \ldots, x_9)$ heiße *magisches Quadrat* der Ordnung 3, wenn

$$\begin{aligned} x_1 + x_2 + x_3 = x_4 + x_5 + x_6 = x_7 + x_8 + x_9 = x_1 + x_4 + x_7 \\ = x_2 + x_5 + x_8 = x_3 + x_6 + x_9 = x_1 + x_5 + x_9 = x_3 + x_5 + x_7 \end{aligned}$$

gilt. Stellen Sie ein lineares Gleichungssystem auf, das zu diesen sieben Bedingungen äquivalent ist, und bestimmen Sie den Lösungsraum (mit reellen Komponenten). Wie sieht der Lösungsraum mit rationalen Komponenten aus? Was lässt sich über ganzzahlige Lösungen sagen? Gibt es auch eine Lösung, für die $x_i \in \mathbb{N}$, $i = 1, \ldots, 9$? (siehe J. W. VON GOETHE [12]: Faust. Der Tragödie erster Teil, Hexenküche).

Aufgabe 1.6 (K) Bringen Sie die folgenden Matrizen durch elementare Zeilenumformungen auf Zeilenstufenform:

a)

$$\begin{pmatrix} 1 & 2 & 2 & 3 \\ 1 & 0 & -2 & 0 \\ 3 & -1 & 1 & -2 \\ 4 & -3 & 0 & 2 \end{pmatrix}.$$

b)

$$\begin{pmatrix} 2 & 1 & 3 & 2 \\ 3 & 0 & 1 & -2 \\ 1 & -1 & 4 & 3 \\ 2 & 2 & -1 & 1 \end{pmatrix}.$$

Aufgabe 1.7 (T) Zeigen Sie, dass die Elementarumformung (II) die Lösungsmenge eines LGS nicht verändert.

Aufgabe 1.8 (T) Zeigen Sie (durch vollständige Induktion) die Behauptungen (MM.13) und (MM.14).

[12] Johann Wolfgang VON GOETHE *28. August 1749 in Frankfurt am Main †22. März 1832 in Weimar

1.2 Vektorrechnung im $\mathbb{R}^n$ und der Begriff des $\mathbb{R}$-Vektorraums

1.2.1 Vektoren im $\mathbb{R}^n$, Hyperebenen und Gleichungen

Unter einem *Vektor* verstehen wir vorerst ein n-Tupel

$$\boldsymbol{x} = \begin{pmatrix} x_1 \\ \vdots \\ x_n \end{pmatrix} \tag{1.19}$$

reeller Zahlen $x_1, \ldots, x_n$. Es ist üblich, sich Vektoren als derartige Spaltenvektoren vorzustellen, während es aus schreibtechnischen Gründen besser wäre, Zeilenvektoren

$$\boldsymbol{x} = (x_1, \ldots, x_n) \tag{1.20}$$

zu benutzen. Der Übergang von Zeile zu Spalte (und umgekehrt) soll durch das hochgestellte Symbol t (sprich: *transponiert)* gekennzeichnet werden, also für $\boldsymbol{x}$ nach (1.19) ist

$$\boldsymbol{x}^t = (x_1, \ldots, x_n)$$

bzw. für $\boldsymbol{x}$ nach (1.20) ist

$$\boldsymbol{x}^t = \begin{pmatrix} x_1 \\ \vdots \\ x_n \end{pmatrix}$$

und allgemein gilt für Zeilen- und Spaltenvektoren

$$\boldsymbol{x}^{tt} = \boldsymbol{x} .$$

Wir wollen Zahlenvektoren als Spalten auffassen, sie aber auch als transponierte Zeilen aus schreibtechnischen Gründen notieren. Zur Verdeutlichung werden wie gewohnt Elemente des $\mathbb{R}^n$ in *Fettdruck* dargestellt.

Das n-Tupel $(x_1, \ldots, x_n)$ ist etwas anderes als die Menge $\{x_1, \ldots, x_n\}$, da es bei einem n-Tupel auf die Reihenfolge der Einträge ankommt und bei einer Menge nicht (siehe Anhang A.2). Mengentheoretisch genau aufgebaut auf $\mathbb{R}$ ist $\mathbb{R}^n$ das n-fache kartesische Produkt von $\mathbb{R}$ mit sich (siehe Anhang A.4):

$$\mathbb{R}^n := \underbrace{\mathbb{R} \times \ldots \times \mathbb{R}}_{n\text{-mal}} .$$

Genaugenommen ist $\mathbb{R}^n$ also die Menge aller Abbildungen von $\{1, \ldots, n\}$ nach $\mathbb{R}$ (vgl. Definition 1.31):

$$\mathbb{R}^n = \text{Abb}\,(\{1, \ldots, n\}, \mathbb{R}) .$$

Definition 1.10

Der *n-dimensionale Zahlenraum* ist die Menge

$$\mathbb{R}^n := \{(x_1, \dots, x_n)^t \ : \ x_1, \dots, x_n \in \mathbb{R}\} \tag{1.21}$$

aller als Spalten geschriebenen *n-Tupel* oder *Zahlenvektoren*.

Beispiele 1.11 $n = 1$. $\mathbb{R}^1 = \mathbb{R}$ ist die Zahlengerade.

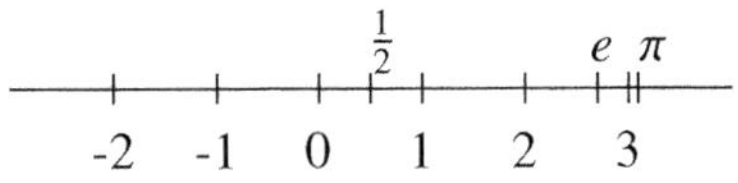

$n = 2$. Seit R. DESCARTES[13] ist es üblich, nach Wahl eines Koordinatensystems, die Punkte der Ebene durch Zahlenpaare (x_1, x_2) zu parametrisieren. Umgekehrt gibt die Ebene eine Veranschaulichung der Zahlenpaare (x_1, x_2) und damit des Raums $\mathbb{R}^2$. Man „identifiziert" den Zahlenraum $\mathbb{R}^2$ mit der Ebene.

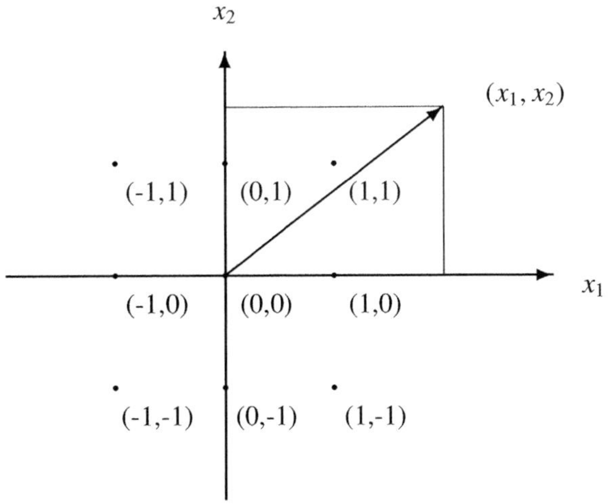

$n = 3$. Ebenso wie die Punkte der Ebene mit den Zahlenpaaren $(x_1, x_2)^t \in \mathbb{R}^2$ identifiziert werden können, können nach Wahl eines Koordinatensystems die Punkte des Anschauungsraums mit Zahlentripeln $(x_1, x_2, x_3)^t \in \mathbb{R}^3$ identifiziert werden.

[13] René DESCARTES ∗31. März 1596 in La Haye en Touraine †11. Februar 1650 in Stockholm

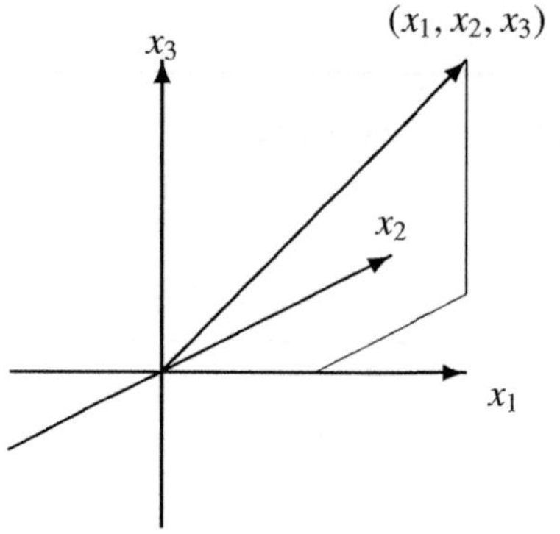

$n = 4$. Zu Beginn des 20. Jahrhunderts schlug A. EINSTEIN[14] den vierdimensionalen Zahlenraum $\mathbb{R}^4$ in seiner speziellen Relativitätstheorie als geometrisches Modell für den uns umgebenden Raum vor, wobei die Zeit als vierte Koordinate interpretiert wird. Erst wenige Jahre vorher war es in der Mathematik üblich geworden, geometrische Betrachtungen auch in mehr als drei Dimensionen durchzuführen. Die italienischen Geometer hatten diese Zahlenräume höherer Dimension, welche sie zunächst „Hyperräume" nannten, in die Mathematik eingeführt. ◦

Bei einem LGS mit n Unbekannten und m Zeilen treten n-Tupel auf

- durch den Lösungvektor $\boldsymbol{x} = (x_1, \ldots, x_n)^t$,
- die Transponierten der m Zeilen der Koeffizientenmatrix $\boldsymbol{a}_{(\mu)} = (a_{\mu,1}, \ldots, a_{\mu,n})^t$, $\mu = 1, \ldots, m$,[15]

bzw. m-Tupel

- durch die rechte Seite $\boldsymbol{b} = (b_1, \ldots, b_m)^t$,
- durch die n Spalten $\boldsymbol{a}^{(\nu)} = (a_{1,\nu}, \ldots, a_{m,\nu})^t$, $\nu = 1, \ldots, n$.

Für die Menge der Lösungsvektoren hat Theorem 1.8 gezeigt, dass eine *komponentenweise definierte Addition* sinnvoll ist. Wir wollen dieses und für eine Multiplikation mit $\lambda \in \mathbb{R}$ allgemein tun.

Für die Vektoren des Zahlenraums $\mathbb{R}^n$ kann man die folgenden beiden Rechenoperationen definieren:

---

[14] Albert EINSTEIN ∗14. März 1879 in Ulm †18. April 1955 in Princeton

[15] Man beachte, dass also ab hier anders als in Abschnitt 1.1 $\boldsymbol{a}_\mu$, die μ-te Zeile, als Element von $\mathbb{R}^n$, d.h. als Spalte geschrieben wird.

Definition 1.12

1) Die *Addition* $+ : \mathbb{R}^n \times \mathbb{R}^n \to \mathbb{R}^n$ ist erklärt durch die Vorschrift

$$\boldsymbol{x} + \boldsymbol{y} := \begin{pmatrix} x_1 \\ x_2 \\ \vdots \\ x_n \end{pmatrix} + \begin{pmatrix} y_1 \\ y_2 \\ \vdots \\ y_n \end{pmatrix} := \begin{pmatrix} x_1 + y_1 \\ x_2 + y_2 \\ \vdots \\ x_n + y_n \end{pmatrix} \quad \text{für alle } \boldsymbol{x}, \boldsymbol{y} \in \mathbb{R}^n .$$

Der Vektor $\boldsymbol{x} + \boldsymbol{y}$ heißt die *Summe* von $\boldsymbol{x}$ und $\boldsymbol{y}$.

2) Die *Multiplikation mit Skalaren* $\cdot : \mathbb{R} \times \mathbb{R}^n \to \mathbb{R}^n$, auch *$\lambda$-Multiplikation* genannt, ist erklärt gemäß

$$\lambda \cdot \boldsymbol{x} := \lambda \boldsymbol{x} := \lambda \begin{pmatrix} x_1 \\ x_2 \\ \vdots \\ x_n \end{pmatrix} := \begin{pmatrix} \lambda x_1 \\ \lambda x_2 \\ \vdots \\ \lambda x_n \end{pmatrix} \quad \text{für alle } \lambda \in \mathbb{R} \text{ und } \boldsymbol{x} \in \mathbb{R}^n .$$

Der Vektor $\lambda \boldsymbol{x}$ heißt *skalares Vielfaches* von $\boldsymbol{x}$.

Dabei bezeichnet $\mathbb{R}^n \times \mathbb{R}^n$ bzw. $\mathbb{R} \times \mathbb{R}^n$ das jeweilige kartesische Produkt (siehe Anhang A.4), bestehend aus geordneten Paaren aus der jeweiligen Menge.

Es werden also keine neuen Symbole (z. B. $\oplus$, $\odot$) für die neu definierten Operationen eingeführt, sondern die für $\mathbb{R}$ etablierten *mit neuer (erweiterter) Bedeutung* benutzt. Dies wird auch im Folgenden wenn möglich so gehandhabt. Den Programmierkundigen ist dies als *Operator Overloading* bekannt.

Bemerkungen 1.13

1) Die elementaren Umformungen (II) und (III) sind also eine Skalarmultiplikation der Zeile bzw. eine solche kombiniert mit einer Addition zweier Zeilen (jeweils als Tupel in $\mathbb{R}^{n+1}$ aufgefasst).

2) Das Theorem 1.8 lässt sich sodann kurz so schreiben: Ist das LGS $A\boldsymbol{x} = \boldsymbol{b}$ lösbar, d. h. $L := \{\boldsymbol{x} \in \mathbb{R}^n : A\boldsymbol{x} = \boldsymbol{b}\} \neq \emptyset$, sei $\boldsymbol{y} \in L$, dann gilt:

$$L = \{\boldsymbol{y} + \boldsymbol{h} : \boldsymbol{h} \in \mathbb{R}^n \text{ und } A\boldsymbol{h} = \boldsymbol{0}\} .$$

*3) Um im Folgenden Vorgehensweisen (z. B. das GAUSS-Verfahren) bewerten zu können, ist es nützlich jeder Operation mit n-Tupeln (und später Matrizen) ein *Aufwandsmaß* zuzuordnen. Hier soll dazu folgende Vorstellung zugrunde gelegt werden: Addition/-Subtraktion und Multiplikation/Division werden gleich als *Elementaroperation* gewertet, Datenzugriffe werden nicht berücksichtigt. Im Hinblick auf moderne Computer ist diese

Vorstellung nicht sehr exakt, gibt aber eine erste Orientierung. In diesem Sinne benötigen sowohl Addition als auch Skalarmultiplikation im $\mathbb{R}^n$ n Operationen. △

Beide Rechenoperationen sind komponentenweise nichts anderes als das übliche Addieren und Multiplizieren reeller Zahlen. Deswegen gelten auch hier die wohlbekannten Rechenregeln:

Wir setzen $V := \mathbb{R}^n$. Dann gelten in $(V, +, \cdot)$ die folgenden Rechengesetze:

(A) Für die *Addition*:

(A.V1) $\boldsymbol{x} + \boldsymbol{y} = \boldsymbol{y} + \boldsymbol{x}$, *(Kommutativgesetz)*

(A.V2) $\boldsymbol{x} + (\boldsymbol{y} + \boldsymbol{z}) = (\boldsymbol{x} + \boldsymbol{y}) + \boldsymbol{z}$, *(Assoziativgesetz)*

(A.V3) Es gibt genau ein $\boldsymbol{0} \in V$, so dass $\boldsymbol{x} + \boldsymbol{0} = \boldsymbol{x}$ für alle $\boldsymbol{x} \in V$ (konkret: $\boldsymbol{0} := (0, \ldots, 0)^t$). *(neutrales Element)*

(A.V4) Zu $\boldsymbol{x} \in V$ gibt es genau ein $-\boldsymbol{x} \in V$, so dass $\boldsymbol{x} + -\boldsymbol{x} = \boldsymbol{0}$ (konkret: $-\boldsymbol{x} := (-x_1, \ldots, -x_n)^t$). *(inverses Element)*

(M) Für die *Multiplikation mit Skalaren* (λ-Multiplikation):

(M.V1) $(\lambda + \mu)\boldsymbol{x} = \lambda\boldsymbol{x} + \mu\boldsymbol{x}$, *(1. Distributivgesetz)*

(M.V2) $\lambda(\boldsymbol{x} + \boldsymbol{y}) = \lambda\boldsymbol{x} + \lambda\boldsymbol{y}$, *(2. Distributivgesetz)*

(M.V3) $(\lambda\mu)\boldsymbol{x} = \lambda(\mu\boldsymbol{x})$, *(Assoziativgesetz)*

(M.V4) $1 \cdot \boldsymbol{x} = \boldsymbol{x}$. *(neutrales Element)*

jeweils für beliebige $\boldsymbol{x}, \boldsymbol{y}, \boldsymbol{z} \in V$ und $\lambda, \mu \in \mathbb{R}$.

Bemerkung 1.14 Die Eigenschaften (A.V3) und (A.V4) sind allgemein unter Voraussetzung von (A.V1) und (A.V2) (d. h. unabhängig von $\mathbb{R}^n$) hinreichend für

(A.V5) $\boldsymbol{a} + \boldsymbol{x} = \boldsymbol{b}$ besitzt für jede Vorgabe $\boldsymbol{a}, \boldsymbol{b} \in V$ genau eine Lösung $\boldsymbol{x} \in V$, (nämlich die *Differenz* von $\boldsymbol{b}$ und $\boldsymbol{a}$, $\boldsymbol{x} := -\boldsymbol{a} + \boldsymbol{b}$).

△

Weiter folgt aus den obigen Eigenschaften:

$$\begin{aligned} 0\boldsymbol{x} &= \boldsymbol{0}\,, \\ -\boldsymbol{x} &= (-1)\boldsymbol{x}\,, \\ \lambda\boldsymbol{0} &= \boldsymbol{0}\,, \\ \lambda\boldsymbol{x} = \boldsymbol{0} \;&\Leftrightarrow^{16}\; \lambda = 0 \text{ oder } \boldsymbol{x} = \boldsymbol{0}\,. \end{aligned} \tag{1.22}$$

Wir benutzen folgende *Kurzschreibweise*:

[16] Für die (nur sparsam) verwendeten logischen Operationen konsultiere man Anhang A.1, Anhang A.3

$$\boldsymbol{a} - \boldsymbol{b} := \boldsymbol{a} + (-\boldsymbol{b}) ,$$

d. h. konkret in $\mathbb{R}^n$

$$\boldsymbol{a} - \boldsymbol{b} = (a_1 - b_1, \dots, a_n - b_n)^t$$

für die Lösung der Gleichung in (A.V5).

Definition 1.15

Mit den obigen Verknüpfungen + und · versehen, heißt $\mathbb{R}^n$ nach (1.21) *n-dimensionaler Skalarenvektorraum* über $\mathbb{R}$. $\boldsymbol{x} = (x_1, \dots, x_n)^t \in \mathbb{R}^n$ heißt *Vektor* oder auch *Punkt* im $\mathbb{R}^n$, x_k, $k = 1, \dots, n$, k-te *Komponente* von $\boldsymbol{x}$.

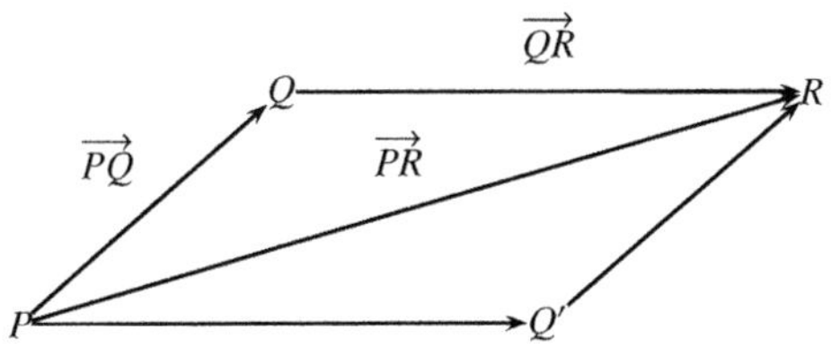

Abb. 1.3: Kommutativität der Pfeiladdition: „Parallelogramm der Kräfte".

Bemerkung 1.16 (Geometrie) Kennt man schon einen Vektorbegriff aus der Physik oder der Geometrie, wird man vielleicht stutzig, insbesondere durch die in Definition 1.15 vorgenommene Identifikation von Vektoren und Punkten. In der Physik ist ein Vektor eine Größe in Ebene oder Raum, die *Länge* und *Richtung* hat, kurz eine *gerichtete Größe* wie zum Beispiel Kraft oder elektrische Stromstärke (siehe Beispiele 2 und 3: dort konnte mit Zahlen modelliert werden, da nur eine Richtung möglich und diese festgelegt ist). Bezeichnet werden diese Vektoren durch *Pfeile* $\overrightarrow{AB}$ in Ebene oder Raum, wobei parallelverschobene Pfeile identifiziert werden. Man spricht daher manchmal auch von *freien Vektoren*. Analoges gilt für die Geometrie. Addiert werden solche Pfeile durch Aneinanderlegen (siehe Abbildung 1.3):

$$\overrightarrow{PQ} + \overrightarrow{QR} = \overrightarrow{PR} .$$

Das „Parallelogramm der Kräfte" besagt, dass auch gilt

$$\overrightarrow{PQ'} + \overrightarrow{Q'R} = \overrightarrow{PR} ,$$

wobei $\overrightarrow{PQ'}$ gerade das parallel-verschobene $\overrightarrow{QR}$ mit „Anfangspunkt“ P ist und analog $\overrightarrow{Q'R}$ zu verstehen ist. Dies ist genau die Kommutativität der Addition, das Distributivgesetz folgt zum Beispiel aus dem Strahlensatz. Insgesamt lassen sich Eigenschaften (A) und (M) für die Menge der „Pfeilklassen“ elementargeometrisch begründen. Der Zusammenhang zur Definition 1.15 für $n = 2$ oder 3 wird durch Wahl eines kartesischen Koordinatensystems in Ebene oder Raum hergestellt. Versteht man den $\mathbb{R}^n$ als *Punktraum*, so ist es geometrisch sinnlos, von der Addition von Punkten zu sprechen, da bei Definition 1.12 die Summe vom Koordinatenursprung abhängt. Dagegen ist es geometrisch sinnvoll, von der Differenz von Punkten (als einem neuen Objekt) zu sprechen, da

$$\overrightarrow{PQ} := Q - R \tag{1.23}$$

unabhängig von einer Verschiebung des Ursprungs ist. Auf $\mathbb{R}^n$ können also die „freien Vektoren“ gefasst werden als eine *Translation* des $\mathbb{R}^n$, d. h. eine bijektive Abbildung (siehe Definition A.14), die definiert ist durch

$$T := \mathbb{R}^n \to \mathbb{R}^n, \quad \boldsymbol{x} \mapsto \boldsymbol{x} + \boldsymbol{a}$$

für ein fest vorgegebenes $\boldsymbol{a} \in \mathbb{R}^n$, das in diesem Sinn diesen „freien Vektor“ $\overrightarrow{PQ}$ darstellt: $\boldsymbol{a} = \overrightarrow{PQ}$. Eine Translation, d. h. das zugehörige $\boldsymbol{a} \in \mathbb{R}^n$, wird eindeutig festgelegt durch Kenntnis eines Paares $(\boldsymbol{x}, T\boldsymbol{x})$ (hier: $(P, T(P))$), also ist $\overrightarrow{PQ}$ der eindeutige „freie Vektor“, der für die Punkte P, Q die Beziehung

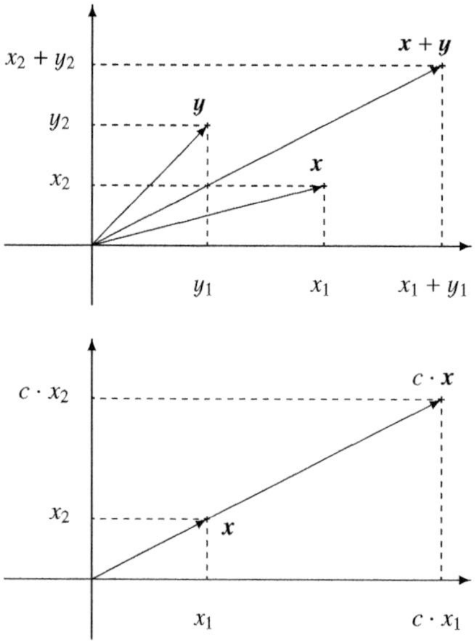

Abb. 1.4: Veranschaulichung von Addition und Skalarmultiplikation in $\mathbb{R}^n$.

$$P + \overrightarrow{PQ} = Q$$

erfüllt im Sinne von $T(P) = Q$. Eine solche Unterscheidung zwischen Punkten und Vektoren wird im Begriff des *affinen Raumes* als Grundlage der affinen Geometrie vorgenommen (siehe Abschnitt 1.7). Auf dem Vektorraum $\mathbb{R}^n$ (im Sinn von Definition 1.15) kann man einen affinen Raum aufbauen, wenn die $\boldsymbol{x} \in \mathbb{R}^n$ die Rolle der „Punkte" und die Differenzen $\boldsymbol{y} - \boldsymbol{x}$ die Rolle der „Vektoren" spielen. Um also anschaulich Punkte und Vektoren identifizieren zu können, müssen wir uns auf *Ortsvektoren*, im Koordinatenursprung O beginnende Pfeile, beschränken, d. h. wir identifizieren P mit $\overrightarrow{OP}$. In diesem Sinn, für $n = 2$ und 3 interpretiert als Ebene bzw. Anschauungsraum, entspricht die komponentenweise Addition der Addition nach dem „Kräfteparallelogramm", die Multiplikation stellt eine *Streckung* ($|\lambda| > 1$) bzw. *Stauchung* ($|\lambda| < 1$) mit Richtungsumkehr für $\lambda < 0$ dar. Andererseits führen Operatoren mit dieser Interpretation, die die Rechengesetze (A) und (M) erfüllen, notwendigerweise auf die komponentenweise Definition. △

Wir möchten im Folgenden an einem ganz einfachen Beispiel einen Wesenszug der Linearen Algebra demonstrieren, der darin besteht, Algebra auf geometrische Sachverhalte anzuwenden, bzw. umgekehrt, intuitive Methoden aus der Geometrie für algebraische Anwendung zu abstrahieren. Als Beispiel diskutieren wir Geraden (in der Ebene und allgemein).

Eine *Gerade* L im Zahlenraum $\mathbb{R}^n$ wird gegeben durch einen *Anfangsvektor* $\boldsymbol{v}$ und einen *Richtungsvektor* $\boldsymbol{0} \neq \boldsymbol{w} \in \mathbb{R}^n$ (siehe Abbildung 1.5). Sie ist die Menge

$$L := \{\boldsymbol{v} + t\boldsymbol{w} \in \mathbb{R}^n \; : t \in \mathbb{R}\} =: \boldsymbol{v} + \mathbb{R}\boldsymbol{w} \, .$$

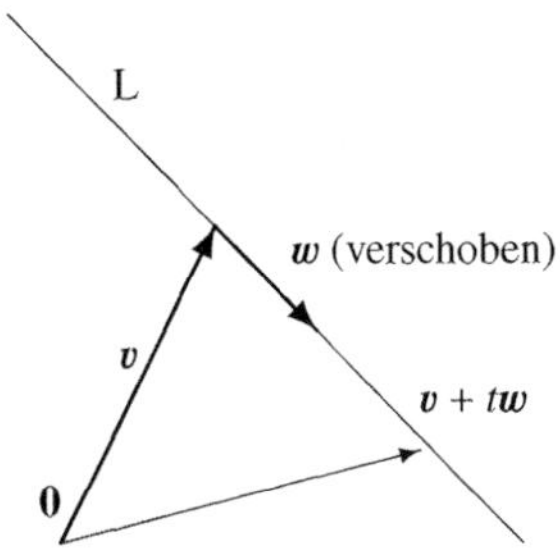

Abb. 1.5: Gerade L mit Anfangsvektor $\boldsymbol{v}$ und Richtungsvektor $\boldsymbol{w}$.

Lemma 1.17: Geradendarstellung

Die Gerade L stimmt mit einer zweiten Geraden $L' := \{\boldsymbol{v}' + s\boldsymbol{w}' : s \in \mathbb{R}\}$ genau dann überein, wenn $\boldsymbol{v}' \in L$ und $\boldsymbol{w}' = c \cdot \boldsymbol{w}$ mit $0 \neq c \in \mathbb{R}$.

Beweis: [17]„⇒“: Wenn die Mengen $L = \{\boldsymbol{v} + t\boldsymbol{w} : t \in \mathbb{R}\}$ und $L' = \{\boldsymbol{v}' + s\boldsymbol{w}' : s \in \mathbb{R}\}$ übereinstimmen, dann ist insbesondere (für $s = 0$) der Vektor $\boldsymbol{v}'$ ein Vektor aus L, also von der Form $\boldsymbol{v}' = \boldsymbol{v} + t_0\boldsymbol{w}$. Ebenso ist (für $s = 1$) auch $\boldsymbol{v}' + \boldsymbol{w}' \in L$, somit $\boldsymbol{v} + t_0\boldsymbol{w} + \boldsymbol{w}' = \boldsymbol{v}' + \boldsymbol{w}' = \boldsymbol{v} + t\boldsymbol{w}$ für ein $t \in \mathbb{R}$. Daraus folgt $\boldsymbol{w}' = c\boldsymbol{w}$ mit $c = t - t_0$. Wegen $\boldsymbol{w}' \neq \boldsymbol{0}$ muss auch $c \neq 0$ sein.
„⇐“: Sei $\boldsymbol{v}' = \boldsymbol{v} + t_0\boldsymbol{w} \in L$ und $\boldsymbol{w}' = c\boldsymbol{w}$. Dann ist

$$L' = \{\boldsymbol{v}' + s\boldsymbol{w}' : s \in \mathbb{R}\} = \{\boldsymbol{v} + (t_0 + sc)\boldsymbol{w} : s \in \mathbb{R}\} = \{\boldsymbol{v} + t\boldsymbol{w} : t \in \mathbb{R}\},$$

denn wegen $c \neq 0$ durchläuft mit s auch $t = t_0 + sc$ alle reellen Zahlen. □

Satz 1.18

Durch je zwei Vektoren $\boldsymbol{x} \neq \boldsymbol{y}$ des $\mathbb{R}^n$ gibt es genau eine Gerade L.

Beweis: Existenz: Wir wählen $\boldsymbol{v} := \boldsymbol{x}$ und $\boldsymbol{w} := \boldsymbol{y} - \boldsymbol{x}$. Dann enthält die Gerade L, die gegeben ist duch $L = \{\boldsymbol{v} + t\boldsymbol{w} : t \in \mathbb{R}\} = \{\boldsymbol{x} + t(\boldsymbol{y} - \boldsymbol{x}) : t \in \mathbb{R}\}$ beide Vektoren $\boldsymbol{x}$ (für $t = 0$) und $\boldsymbol{y}$ (für $t = 1$).
Eindeutigkeit: Sei $L' = \{\boldsymbol{v}' + t\boldsymbol{w}' : t \in \mathbb{R}\}$ eine Gerade, welche die Vektoren $\boldsymbol{x}$ und $\boldsymbol{y}$ enthält. Wegen Lemma 1.17 können wir diese Gerade auch schreiben als $L' = \{\boldsymbol{x} + t\boldsymbol{w}' : t \in \mathbb{R}\}$. Da $\boldsymbol{y} = \boldsymbol{x} + t_0\boldsymbol{w}'$ mit $t_0 \neq 0$ (wegen $\boldsymbol{x} \neq \boldsymbol{y}$), ist der Richtungsvektor $\boldsymbol{w}' = \frac{1}{t_0}(\boldsymbol{y} - \boldsymbol{x})$ ein Vielfaches des Richtungsvektors $\boldsymbol{y} - \boldsymbol{x}$ von L. Nach Lemma 1.17 ist somit $L' = L$. □

Die Gerade durch $\boldsymbol{x}$ und $\boldsymbol{y}$ lässt sich etwas anders schreiben:

$$L = \{\boldsymbol{x} + t(\boldsymbol{y} - \boldsymbol{x}) : t \in \mathbb{R}\} = \{(1 - t)\boldsymbol{x} + t\boldsymbol{y} : t \in \mathbb{R}\} = \{s\boldsymbol{x} + t\boldsymbol{y} : s, t \in \mathbb{R},\ s + t = 1\}.$$

Die Gerade durch $\boldsymbol{x}$ und $\boldsymbol{y}$ ist nicht dasselbe, wie die *Strecke zwischen* $\boldsymbol{x}$ und $\boldsymbol{y}$, die definiert ist als

$$S := \{s\boldsymbol{x} + t\boldsymbol{y} : 0 \leq s, t \leq 1, s + t = 1\} = \{s\boldsymbol{x} + (1 - s)\boldsymbol{y} :\ 0 \leq s \leq 1\}.$$

Für $s = t = \frac{1}{2}$ erhält man den *Mittelpunkt* $\frac{1}{2}(\boldsymbol{x} + \boldsymbol{y})$ dieser Strecke.

[17] Für die logischen Grundlagen mathematischer Beweisführung konsultiere man die Anhänge A.1 und A.3. Die Aussage hat hier die Struktur $A \Leftrightarrow B$. „⇒“ symbolisiert den Beweis der Teilaussage $A \Rightarrow B$ und analog ist „⇐“ zu verstehen.

Nach diesen einfachen Tatsachen, welche in jedem Zahlenraum $\mathbb{R}^n$ richtig sind, betrachten wir jetzt den Zusammenhang von Geraden im $\mathbb{R}^2$ mit linearen Gleichungen in zwei Unbekannten.

Satz 1.19

Für eine Teilmenge $L \subset \mathbb{R}^2$ sind folgende Eigenschaften äquivalent:

(i) L ist eine Gerade *durch den Nullpunkt* ($\mathbf{0} \in L$).

(ii) L ist Lösungsmenge einer *homogenen* linearen Gleichung

$$a_1x_1 + a_2x_2 = 0$$

mit Koeffizienten a_1, a_2, die nicht beide 0 sind, d. h. $(a_1, a_2)^t \neq \mathbf{0}$.

Beweis: „(i)⇒(ii)": Als Anfangsvektor für L nehmen wir den Nullvektor und beschreiben unsere Gerade als

$$L = \{t\boldsymbol{w} \ : t \in \mathbb{R}\} = \{(tw_1, tw_2)^t \ : t \in \mathbb{R}\}$$

mit Koeffizienten w_1, w_2, die nicht beide 0 sind. Für unsere homogene Gleichung brauchen wir Koeffizienten a_1, a_2 mit der Eigenschaft $a_1w_1 + a_2w_2 = 0$. Die Zahlen

$$a_1 := w_2, \ a_2 := -w_1$$

haben diese Eigenschaft, d. h. wir behaupten, dass L übereinstimmt mit der Menge, die gegeben ist durch $\{(x_1, x_2)^t \in \mathbb{R}^2 \ : \ w_2x_1 - w_1x_2 = 0\}$. Wegen $w_2 \cdot tw_1 - w_1 \cdot tw_2 = 0$ ist klar, dass L in dieser Menge enthalten ist. Umgekehrt ist diese Menge aber, wie wir im nächsten Beweisschritt sehen werden, eine Gerade. Da sie $\mathbf{0}$ und $\boldsymbol{w}$ enthält, stimmt sie nach Satz 1.18 mit L überein.
„(ii)⇒(i)": Falls $a_1 \neq 0$, so erfüllt $\boldsymbol{x} = (x_1, x_2)^t$ die Gleichung $a_1x_1 + a_2x_2 = 0$ genau dann, wenn $x_1 = -\frac{a_2}{a_1}x_2$, das heißt, wenn $\boldsymbol{x} = x_2 \cdot (-\frac{a_2}{a_1}, 1)^t$ auf der Geraden durch $\mathbf{0}$ mit dem Richtungsvektor $\boldsymbol{w} = (-\frac{a_2}{a_1}, 1)^t$ liegt. Wenn aber $a_1 = 0$, so lautet die Gleichung $a_2x_2 = 0$. Da nun nach Voraussetzung $a_2 \neq 0$, ist dies äquivalent mit $x_2 = 0$. Diese Menge ist die Gerade durch den Nullpunkt mit Richtungsvektor $(1, 0)^t$. □

Bemerkung 1.20 Der Vektor $\boldsymbol{a} = (w_2, -w_1)^t$ ist nicht die einzige Wahl. Genauso hätten wir $\boldsymbol{a}' = (-w_2, w_1)^t$ oder allgemeiner jedes Vielfache von $\boldsymbol{a}$ wählen können. Allen diesen Vektoren ist gemein, dass sie senkrecht auf $\boldsymbol{w}$ stehen. Es ist spezifisch für die Ebene $\mathbb{R}^2$, dass es keine weiteren solche Vektoren gibt. Dies wird später präzisiert werden (siehe Skalarprodukt, orthogonal, Dimension, Dimensionsformel). △

Satz 1.21: Gerade in $\mathbb{R}^2$ = eine lineare Gleichung

Für eine Teilmenge $L \subset \mathbb{R}^2, L \neq \emptyset$ sind äquivalent:

(i) L ist eine Gerade *nicht durch den Nullpunkt* (nicht $\mathbf{0} \in L$).

(ii) L ist Lösungsmenge einer *inhomogenen* linearen Gleichung $a_1x_1 + a_2x_2 = b$, wobei $(a_1, a_2)^t \neq \mathbf{0}$ und $b \neq 0$.

Beweis: „(i)⇒(ii)“: Wir schreiben $L = \{\boldsymbol{v} + t\boldsymbol{w} \ : \ t \in \mathbb{R}\}$ mit $\boldsymbol{v} \neq \mathbf{0}$ und betrachten die Gerade $L_0 := \{t\boldsymbol{w} \ : \ t \in \mathbb{R}\}$ mit demselben Richtungsvektor durch den Nullpunkt. Nach Satz 1.19 ist L_0 Lösungsmenge einer homogenen linearen Gleichung $a_1x_1 + a_2x_2 = 0$. Demnach ist

$$L = \{\boldsymbol{v} + \boldsymbol{x} \ : \ \boldsymbol{x} \in L_0\} = \{\boldsymbol{v} + \boldsymbol{x} \ : \ a_1x_1 + a_2x_2 = 0\} = \{\boldsymbol{y} \in \mathbb{R}^2 \ : \ a_1y_1 + a_2y_2 = a_1v_1 + a_2v_2\}\,.$$

Da L nicht durch den Nullpunkt geht, liegt $\boldsymbol{v}$ nicht auf L_0, und es ist $b := a_1v_1 + a_2v_2 \neq 0$.
„(ii)⇒(i)“: Sei nun

$$L = \{\boldsymbol{x} \in \mathbb{R}^2 \ : \ a_1x_1 + a_2x_2 = b\} = \{\boldsymbol{v} + \boldsymbol{y} \in \mathbb{R}^2 \ : \ a_1y_1 + a_2y_2 = 0\}\,,$$

wobei $\boldsymbol{v}$ eine spezielle Lösung der inhomogenen linearen Gleichung $a_1v_1 + a_2v_2 = b$ ist (man beachte $L \neq \emptyset$ und Theorem 1.8). Nach Satz 1.19 beschreibt die homogene lineare Gleichung $a_1y_1 + a_2y_2 = 0$ eine Gerade $L_0 = \{t\boldsymbol{w} \ : t \in \mathbb{R}\}$ durch den Nullpunkt. Somit ist $L = \{\boldsymbol{v} + t\boldsymbol{w} \ : t \in \mathbb{R}\}$ eine Gerade, die wegen $b \neq 0$ nicht durch den Nullpunkt verläuft. □

Beispiel 1.22 (Geometrie) Wir sahen, dass die Lösungsmenge einer linearen Gleichung in zwei Unbekannten, deren Koeffizienten nicht beide 0 sind, eine Gerade in der Zahlenebene $\mathbb{R}^2$ ist. Die Lösungsmenge eines Systems von zwei derartigen linearen Gleichungen

$$\begin{aligned} a_{1,1}x_1 + a_{1,2}x_2 &= b_1 \quad (\text{Lösungsmenge } L_1)\,, \\ a_{2,1}x_1 + a_{2,2}x_2 &= b_2 \quad (\text{Lösungsmenge } L_2) \end{aligned}$$

ist deswegen der Durchschnitt $L_1 \cap L_2$ der beiden Geraden. Für diesen Durchschnitt gibt es folgende Möglichkeiten:

1) $L_1 = L_2$:		$L_1 \cap L_2$ ist die Gerade $L_1 = L_2$,
2) $L_1 \neq L_2$,	$L_1 \cap L_2 \neq \emptyset$:	$L_1 \cap L_2$ ist ein Punkt,
3) $L_1 \neq L_2$,	L_1 und L_2 parallel :	$L_1 \cap L_2$ ist leer .

Zu diesen drei Möglichkeiten gehören die folgenden drei Stufenformen der Koeffizientenmatrix:

$$1)\ \left(\begin{array}{cc|c} 1 & * & * \\ 0 & 0 & 0 \end{array}\right) \text{oder} \left(\begin{array}{cc|c} 0 & 1 & * \\ 0 & 0 & 0 \end{array}\right), \quad 2)\ \left(\begin{array}{cc|c} 1 & * & * \\ 0 & 1 & * \end{array}\right), \quad 3)\ \left(\begin{array}{cc|c} 1 & * & * \\ 0 & 0 & 1 \end{array}\right) \text{oder} \left(\begin{array}{cc|c} 0 & 1 & * \\ 0 & 0 & 1 \end{array}\right).$$ ○

Eine analoge Situation ergibt sich in $\mathbb{R}^3$: Eine Ebene wird beschrieben durch

Definition 1.23

Seien $\boldsymbol{v}, \boldsymbol{w}_1, \boldsymbol{w}_2 \in \mathbb{R}^n$, $\boldsymbol{w}_1, \boldsymbol{w}_2 \neq \boldsymbol{0}$ und es gebe kein $c \in \mathbb{R}$, so dass $\boldsymbol{w}_1 = c\boldsymbol{w}_2$.

Dann heißt

$$E = \{\boldsymbol{v} + t\boldsymbol{w}_1 + s\boldsymbol{w}_2 : t, s \in \mathbb{R}\} =: \boldsymbol{v} + \mathbb{R}\boldsymbol{w}_1 + \mathbb{R}\boldsymbol{w}_2$$

Ebene in $\mathbb{R}^n$.

Analog zu Satz 1.19, 1.21 gilt:

Satz 1.24: Ebene in $\mathbb{R}^3$ = eine lineare Gleichung

Die Lösungsmenge einer linearen Gleichung

$$a_1 x_1 + a_2 x_2 + a_3 x_3 = b$$

mit Koeffizientenvektor $\boldsymbol{a} = (a_1, a_2, a_3)^t \neq \boldsymbol{0}$ sei nicht leer. Dann ist sie eine Ebene in $\mathbb{R}^3$. Dabei ist $b = 0$ genau dann, wenn $\boldsymbol{0}$ zur Ebene gehört.

Beweis: Wegen Theorem 1.8 genügt es, den homogenen Fall $b = 0$ zu betrachten. Es sei $L_0 \subset \mathbb{R}^3$ Lösungsmenge obiger Gleichung. Wegen $\boldsymbol{a} \neq \boldsymbol{0}$ gibt es ein $a_i \neq 0$. Nach Vertauschung der Koordinaten können wir $a_1 \neq 0$ annehmen. Dann ist die allgemeine Lösung der Gleichung

$$\boldsymbol{x} = \left(-\frac{a_2}{a_1}x_2 - \frac{a_3}{a_1}x_3, x_2, x_3\right)^t = x_2\boldsymbol{v}_1 + x_3\boldsymbol{v}_2$$

mit $x_2, x_3 \in \mathbb{R}$ und

$$\boldsymbol{v}_1 = \left(-\frac{a_2}{a_1}, 1, 0\right)^t, \quad \boldsymbol{v}_2 = \left(-\frac{a_3}{a_1}, 0, 1\right)^t.$$

Offensichtlich sind $\boldsymbol{v}_1$ und $\boldsymbol{v}_2$ keine Vielfachen voneinander, somit ist diese Menge eine Ebene E_0. Ist $\boldsymbol{x} \in E_0$, dann erfüllt es auch die lineare Gleichung, also $L_0 = E_0$. □

Beispiel 1.25 (Geometrie) Auch die Umkehrung, dass nämlich eine Ebene die Lösungsmenge einer solchen linearen Gleichung ist, gilt wie zu erwarten, ist aber mit unserem noch geringem Kenntnisstand etwas schwerfällig zu beweisen (siehe Bemerkungen 1.27, 3)). Bei Annahme der Gültigkeit der Entsprechung von Ebene und Gleichung in drei Unbekannten ergibt sich folglich: Der Durchschnitt $S = E_1 \cap E_2$ zweier Ebenen $E_i \subset \mathbb{R}^3$ wird infolgedessen durch ein LGS mit drei Unbekannten und zwei Gleichungen beschrieben. Dabei gibt es die Möglichkeiten

	S
$E_1 = E_2$	Ebene
$E_1 \nparallel E_2$	Gerade
$E_1 \parallel E_2, E_1 \neq E_2$	$\emptyset$

Dementsprechend wird der Durchschnitt von drei Ebenen durch ein LGS mit drei Unbekannten und drei Gleichungen beschrieben. Es gibt die weitere Möglichkeit

	S
$E_i \nparallel E_j; i, j = 1, 2, 3; i \neq j$	Punkt

In diesem Fall ist das Gleichungssystem eindeutig lösbar. Es ist eine Möglichkeit, dass S nur aus einem Punkt besteht, der Schnitt kann aber auch eine Gerade sein. ◦

$E_i \| E_j$ bzw. $E_i \nparallel E_j$ steht hier als Kurzschreibweise für E_i *ist (nicht) parallel zu* E_j und appelliert vorerst an eine elementargeometrische Anschauung. Eine exakte Definition von Parallelität findet sich in Definition 1.117 (siehe auch Beispiel 1.67). Schließlich können wir in $\mathbb{R}^n$ allgemein definieren:

Definition 1.26

Sei $\boldsymbol{a} \in \mathbb{R}^n, \boldsymbol{a} \neq \boldsymbol{0}, b \in \mathbb{R}$.

$$H := \left\{ \boldsymbol{x} \in \mathbb{R}^n : \sum_{\nu=1}^{n} a_\nu x_\nu = b \right\}$$

heißt *Hyperebene* in $\mathbb{R}^n$.

Eine Hyperebene im $\mathbb{R}^n$ ist demnach die Lösungsmenge einer *einzigen* linearen Gleichung in n Unbekannten. Im $\mathbb{R}^n$ mit $n = 2$ bzw. $= 3$ ist eine Hyperebene eine Gerade bzw. Ebene. Jede Zeile eines LGS beschreibt eine Hyperebene. Die Lösungsmenge des LGS ist der Durchschnitt all dieser Hyperebenen. Das ist die *zeilenweise Interpretation* eines LGS. Die Hyperebene H enthält genau dann den Nullvektor $\boldsymbol{0}$, wenn $b = 0$ ist. Deswegen enthält die Lösungsmenge eines LGS genau dann den Nullvektor, wenn das LGS homogen ist. Noch einmal, weil es so wichtig ist:

Eine Zeile eines LGS definiert eine Hyperebene. Die Lösungsmenge des LGS ist der Schnitt aller dieser Hyperebenen.

Bemerkungen 1.27

1) Die Beschreibung $L = \{\boldsymbol{v} + t\boldsymbol{w} : t \in \mathbb{R}\} = \boldsymbol{v} + \mathbb{R}\boldsymbol{w}$ heißt *Parametrisierung* oder *explizite Beschreibung* der Geraden L. Die Beschreibung $a_1x_1 + a_2x_2 = b$ heißt *implizit.*

2) Wenn $c \neq 0$, so ist $ca_1x_1 + ca_2x_2 = cb$ eine implizite Beschreibung der gleichen Geraden (Zeilenumformung vom Typ II). Wählt man, im Falle $b \neq 0$, $a_1 \neq 0$ und $a_2 \neq 0$, $c = \frac{1}{b}$, dann erhält man die *Achsenabschnittsform*

$$\frac{1}{p}x_1 + \frac{1}{q}x_2 = 1 ,$$

so dass also $(p, 0)^t$ und $(0, q)^t$ auf der Gerade liegen.

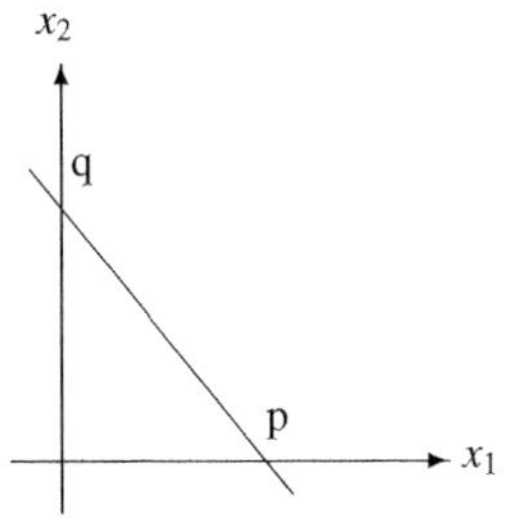

Abb. 1.6: Gerade in Achsenabschnittsform.

3) Auch in Satz 1.24 gilt analog zu Satz 1.19, 1.21 die Äquivalenz zwischen Ebene und Lösungsmenge einer Gleichung mit Koeffizienten $\boldsymbol{a} \neq \boldsymbol{0}$, d. h. es gilt zusätzlich:

a) Sei $E = \{t\boldsymbol{w}_1 + s\boldsymbol{w}_2 : s, t \in \mathbb{R}\}$ und $\boldsymbol{w}_i \neq \boldsymbol{0} \in \mathbb{R}^3$, so dass nicht gilt $\boldsymbol{w}_1 = c\boldsymbol{w}_2$ für ein $c \in \mathbb{R}$, dann ist E die Lösungsmenge $\overline{L}$ einer Gleichung, wobei o. B. d. A.[18] $\boldsymbol{0} \in E$ angenommen wird.

Das kann man wie folgt einsehen: Man betrachte das homogene LGS aus zwei Gleichungen in drei Variablen zu

$$A := \begin{pmatrix} \boldsymbol{w}_1^t \\ \boldsymbol{w}_2^t \end{pmatrix} .$$

Nach Lemma 1.7 hat dieses mindestens eine Lösung $\boldsymbol{a} \neq \boldsymbol{0}$. *Also gilt*

$$\begin{aligned} a_1 w_{1,1} + a_2 w_{1,2} + a_3 w_{1,3} &= 0 , \\ a_1 w_{2,1} + a_2 w_{2,2} + a_3 w_{2,3} &= 0 , \end{aligned}$$

wobei $\boldsymbol{w}_i = (w_{i,j})_{j=1,2,3}$. *Damit gilt auch für* $\boldsymbol{x} = t\boldsymbol{w}_1 + s\boldsymbol{w}_2$ *nach Multiplikation der 1. bzw. 2. Gleichung mit* t *bzw.* s *und anschließender Addition*

$$a_1x_1 + a_2x_2 + a_3x_3 = 0 .$$

Demnach gibt es ein $\boldsymbol{a} \in \mathbb{R}^3$, $\boldsymbol{a} \neq \boldsymbol{0}$, *so dass*

$$\boldsymbol{x} \in E \Rightarrow \sum_{i=1}^{3} a_i x_i = 0 \Leftrightarrow: \boldsymbol{x} \in \overline{L} .$$

Es könnte immer noch sein, dass eine Ebene E *nur echte Teilmenge der Lösungsmenge* $\overline{L}$ *einer linearen Gleichung ist. Da aber immer die Beziehung gilt*

18 „ohne Beschränkung der Allgemeinheit", abgekürzt „o. B. d. A." bedeutet, dass nur ein Spezialfall explizit behandelt wird, da die verbleibenden Fälle auf den behandelten zurückgeführt oder anderweitig leicht untersucht werden können („trivial" sind). Ein(e) ernsthafte(r) Leser(in) überprüft immer ein o. B. d. A. durch Vervollständigung der Überlegung.

$$E \subset \overline{L} \subset \overline{E}\,, \text{ wobei die letzte Beziehung aus Satz 1.24 für eine Ebene } \overline{E}$$

folgt, ergibt sich jeweils die Identität, da zusätzlich gilt:

b) Seien E_1, E_2 Ebenen (in $\mathbb{R}^n$), so dass $E_1 \subset E_2$. Dann gilt $E_1 = E_2$.

Zur Verdeutlichung der Gültigkeit dieser Aussage kann wieder o. B. d. A. angenommen werden, dass $\mathbf{0} \in E_1$ *und* $\mathbf{0} \in E_2$, *d. h.*

$$\begin{aligned} E_1 &= \{t\boldsymbol{v}_1 + s\boldsymbol{v}_2 : t, s \in \mathbb{R}\}\,, \\ E_2 &= \{\lambda\boldsymbol{w}_1 + \mu\boldsymbol{w}_2 : \lambda, \mu \in \mathbb{R}\}\,. \end{aligned}$$

Dabei sind $\boldsymbol{v}_1, \boldsymbol{v}_2 \neq \mathbf{0}$ *so, dass es kein* $c \in \mathbb{R}$ *gibt mit* $\boldsymbol{v}_1 = c\boldsymbol{v}_2$ *und analog für* $\boldsymbol{w}_1, \boldsymbol{w}_2$. *Um* $E_2 \subset E_1$ *zu zeigen, reicht* $\boldsymbol{w}_1, \boldsymbol{w}_2 \in E_1$, *d. h. die Existenz von* $t_i, s_i \in \mathbb{R}$, $i = 1, 2$, *so dass*

$$\boldsymbol{w}_i = t_i\boldsymbol{v}_1 + s_i\boldsymbol{v}_2 \text{ für } i = 1, 2\,. \tag{1.24}$$

Nach Voraussetzung ist $\boldsymbol{v}_i \in E_2$, $i = 1, 2$, *d. h. es gibt* $\lambda_i, \mu_i \in \mathbb{R}$, *so dass*

$$\begin{aligned} \boldsymbol{v}_1 &= \lambda_1\boldsymbol{w}_1 + \mu_1\boldsymbol{w}_2\,, \\ \boldsymbol{v}_2 &= \lambda_2\boldsymbol{w}_1 + \mu_2\boldsymbol{w}_2\,. \end{aligned}$$

Notwendigerweise ist

$$\alpha := \lambda_1\mu_2 - \mu_1\lambda_2 \neq 0,$$

denn wäre $\alpha = 0$, *dann wäre*

$$\begin{aligned} \lambda_1\boldsymbol{v}_2 &= \lambda_1\lambda_2\boldsymbol{w}_1 + \lambda_1\mu_2\boldsymbol{w}_2 \\ &= \lambda_2(\lambda_1\boldsymbol{w}_1 + \mu_1\boldsymbol{w}_2) = \lambda_2\boldsymbol{v}_1\,. \end{aligned}$$

Da nach Voraussetzung $\boldsymbol{v}_1, \boldsymbol{v}_2$ *nicht Vielfache voneinander sind, ist dieser Fall unmöglich. Setzt man*

$$\begin{aligned} t_1 &:= \mu_2/\alpha, & s_1 &:= -\mu_1/\alpha\,, \\ t_2 &:= -\lambda_2/\alpha, & s_2 &:= \lambda_1/\alpha\,, \end{aligned}$$

so ergibt sich (1.24) *durch direktes Nachrechnen.*

Der Beweis ist hier recht schwerfällig geworden und bietet auch keine Verallgemeinerungsmöglichkeiten. Wir werden bald über Instrumente verfügen, solche Fragen (auch in $\mathbb{R}^n$) direkter bearbeiten zu können. △

1.2.2 Tupel-Vektorräume und der allgemeine $\mathbb{R}$-Vektorraum

Wir haben verschiedene *Stufen der Abstraktion* kennengelernt:

- $\mathbb{R}^2$ bzw. $\mathbb{R}^3$ als Darstellung von Anschauungsebene und -raum,
- $\mathbb{R}^n$ *definiert* durch Definition 1.10 und Definition 1.12 (und für $n = 1, 2, 3$ geometrisch vorstellbar) und dementsprechend,
- Aussagen in $\mathbb{R}^2$ (Satz 1.19, 1.21) mit geometrischer Interpretation, aber hergeleitet aus Definition 1.10 und Definition 1.12 (und darauf aufbauenden Aussagen),

- Aussagen in $\mathbb{R}^n$, hergeleitet aus Definition 1.10 und Definition 1.12.

In diesem Abschnitt verallgemeinern wir die Rechenstrukturen „+“ und „·“ vom $\mathbb{R}^n$ auf allgemeinere Räume. Dies tun wir in zwei Schritten: Zunächst betrachten wir Räume, die sich vom Zahlenraum $\mathbb{R}^n$ nur unwesentlich unterscheiden, d. h. nur in der Art, wie wir ihre Elemente notieren.

Definition 1.28

Ein *Polynom vom Grad* $\leq n$ ist eine Funktion auf $\mathbb{R}$ der Form

$$f(x) = \sum_{\nu=0}^{n} a_\nu x^\nu, \quad a_0, \ldots, a_n \in \mathbb{R}.$$

Mit $\mathbb{R}_n[x]$ bezeichnen wir die Menge aller dieser Polynome vom Grad $\leq n$. Ist $a_n \neq 0$, so heißt f ein *Polynom vom Grad* n. Auch in diesem Raum sind Addition „+“ und Multiplikation „·“ mit Skalaren definiert:

1) *Addition*: Sind

$$f(x) = \sum_{\nu=0}^{n} a_\nu x^\nu \quad \text{und} \quad g(x) = \sum_{\nu=0}^{n} b_\nu x^\nu \quad \in \mathbb{R}_n[x]$$

solche Polynome, so ist ihre Summe für alle x aus dem Definitionsgebiet

$$(f+g)(x) := f(x) + g(x)\,, \tag{1.25}$$

also

$$(f+g)(x) = \sum_{\nu=0}^{n} a_\nu x^\nu + \sum_{\nu=0}^{n} b_\nu x^\nu = \sum_{\nu=0}^{n} (a_\nu + b_\nu) x^\nu.$$

2) *Skalarmultiplikation*: Ist $f(x) \in \mathbb{R}_n[x]$ und $c \in \mathbb{R}$, so ist deren Produkt

$$(c \cdot f)(x) = c \cdot f(x) \quad \text{für alle } x \text{ aus dem Definitionsgebiet,} \tag{1.26}$$

also

$$(c \cdot f)(x) = \sum_{\nu=0}^{n} c \cdot a_\nu x^\nu.$$

Ein Polynom $f(x) \in \mathbb{R}_n[x]$ ist durch seinen Koeffizientenvektor $(a_0, \ldots, a_n)^t \in \mathbb{R}^{n+1}$ eindeutig bestimmt. Und umgekehrt können wir von einem Polynom eindeutig auf diesen Koeffizientenvektor zurückschließen. Die so definierte Abbildung

$$\mathbb{R}_n[x] \to \mathbb{R}^{n+1}$$

ist bijektiv (siehe Anhang A.4). Den Beweis dafür werden wir später führen (Bemerkungen 1.63, 2)). Unter dieser Zuordung entspricht die Addition zweier Polynome der Addition ihrer Koeffizientenvektoren, die Multiplikation eines Polynoms mit einem Skalar der Multiplikation seines Koeffizientenvektors mit diesem Skalar. Deswegen gelten in $\mathbb{R}_n[x]$ genau die gleichen Rechenregeln wie im Zahlenraum $\mathbb{R}^{n+1}$.

Ein analoges Beispiel ist die Menge der (verallgemeinerten) *Histogramme* oder *Treppenfunktionen*:

Definition 1.29

Sei $[a, b]$ ein abgeschlossenes Intervall in $\mathbb{R}$ und

$$\varDelta : a = x_0 < x_1 < \ldots < x_{n-1} < x_n = b$$

eine feste *Zerlegung* für ein festes $n \in \mathbb{N}$ (z. B. *äquidistant*: $x_i = a + ih$ mit *Schrittweite* $h := (b - a)/n$). Seien $f_0, \ldots, f_{n-1} \in \mathbb{R}$, dann ist ein *Histogramm* oder eine *Treppenfunktion* definiert durch

$$\begin{aligned} f(x) &= f_i \quad \text{für } x \in [x_i, x_{i+1})\,,\ i = 0, \ldots, n-2\,, \\ f(x) &= f_{n-1} \quad \text{für } x \in [x_{n-1}, b]\,. \end{aligned} \tag{1.27}$$

Wir bezeichnen diese Menge mit $S_0(\varDelta)$.

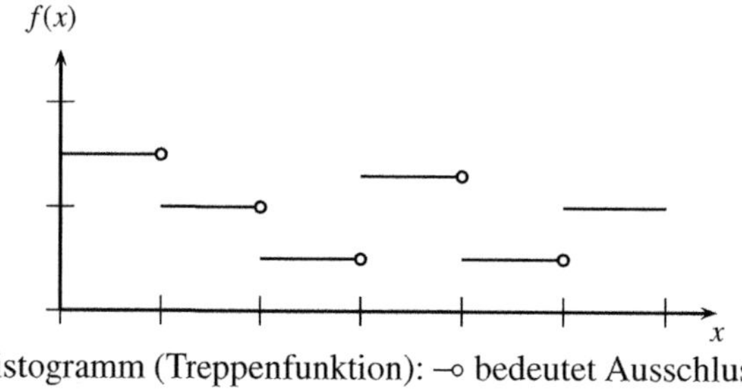

Abb. 1.7: Histogramm (Treppenfunktion): –o bedeutet Ausschluss des Randwertes.

Wieder wird die Funktion f durch das n-Tupel $(f_0, \ldots, f_{n-1})^t$ beschrieben, d. h. die Abbildung von $S_0(\varDelta) \to \mathbb{R}^n$, die durch

$$f \mapsto (f_0, \ldots, f_{n-1})^t$$

definiert wird, ist bijektiv und die durch (1.25) und (1.26) punktweise definierte Addition und Skalarmultiplikation entsprechen genau den Verknüpfungen in $\mathbb{R}^n$.

Anscheinend haben bei den bisherigen Überlegungen nur die Rechenregeln für Addition und Skalarmultiplikation eine Rolle gespielt (vgl. (A), (M)), so dass wir allgemein definieren:

Definition 1.30

Auf einer Menge $V \neq \emptyset$ sei eine innere Verknüpfung (*Addition*) $+$, d. h. eine Abbildung $+ : V \times V \to V$ und eine Verknüpfung mit Elementen aus $\mathbb{R}$ (*Skalarmultiplikation*), d. h. eine Abbildung $\cdot : \mathbb{R} \times V \to V$ gegeben, so dass die Eigenschaften (A.V1-A.V4) und (M.V1-M.V4) gelten. Dann heißt $(V, +, \cdot)$ ein $\mathbb{R}$-*Vektorraum*. Die Elemente $\boldsymbol{x} \in V$ heißen *Vektoren*. Das neutrale Element wird mit $\mathbf{0}$ und das zu $\boldsymbol{x}$ inverse Element wird mit $-\boldsymbol{x}$ bezeichnet.

Zur *Notation*: Bei allgemeinen $\mathbb{R}$-Vektorräumen behalten wir den Fettdruck zur Verdeutlichung des Unterschiedes zwischen Vektor und Skalar bei. Bei konkreten Funktionenräumen V (s.o.) verzichten wir darauf. Wichtig ist dann, zwischen Skalaren $\lambda \in \mathbb{R}$ und Vektoren $f \in V$ zu unterscheiden. Die Aussage (1.22) gilt auch allgemein in einem beliebigen $\mathbb{R}$-Vektorraum $(V, +, \cdot)$. Seien $\lambda \in \mathbb{R}, \boldsymbol{x} \in V$ beliebig:

Rechenregel	Begründung
$0\boldsymbol{x} = \mathbf{0}$	$0\boldsymbol{x} = (0 + 0)\boldsymbol{x} = 0\boldsymbol{x} + 0\boldsymbol{x}$, also $\mathbf{0} = 0\boldsymbol{x} + 0\boldsymbol{x} + (-0\boldsymbol{x})$
$-\boldsymbol{x} = (-1)\boldsymbol{x}$	$\boldsymbol{x} + (-1)\boldsymbol{x} = 1 \cdot \boldsymbol{x} + (-1)\boldsymbol{x} = (1 + (-1))\boldsymbol{x} = 0\boldsymbol{x} = \mathbf{0}$
$\lambda\mathbf{0} = \mathbf{0}$	$\lambda\mathbf{0} = \lambda(\mathbf{0} + \mathbf{0}) = \lambda\mathbf{0} + \lambda\mathbf{0}$
$\lambda\boldsymbol{x} = \mathbf{0} \Leftrightarrow \lambda = 0$ oder $\boldsymbol{x} = \mathbf{0}$	Es ist nur noch "$\Rightarrow$" zu zeigen: Angenommen, es ist $\lambda \neq 0$, dann: $\boldsymbol{x} = 1\boldsymbol{x} = (\frac{1}{\lambda}\lambda)\boldsymbol{x} = \frac{1}{\lambda}(\lambda\boldsymbol{x}) = \frac{1}{\lambda}\mathbf{0} = \mathbf{0}$.

Die Definition einer Gerade $L = \boldsymbol{v} + \mathbb{R}\boldsymbol{w}$ und einer Ebene $E = \boldsymbol{v} + \mathbb{R}\boldsymbol{w}_1 + \mathbb{R}\boldsymbol{w}_2$ in Definition 1.23 (für $\boldsymbol{w}_1, \boldsymbol{w}_2 \neq 0$, so dass $\boldsymbol{w}_1 \neq c\boldsymbol{w}_2$ für alle $c \in \mathbb{R}$) kann direkt für allgemeine $\mathbb{R}$-Vektorräume (d. h. $\boldsymbol{v}, \boldsymbol{w}_1, \boldsymbol{w}_2 \in V$) übertragen werden.

Beispiele für $\mathbb{R}$-Vektorräume sind (neben $(\mathbb{R}^n, +, \cdot)$) mit $+, \cdot$ definiert in Definition 1.28:

- $(\mathbb{R}_n[x], +, \cdot)$,
- $(S_0(\Delta), +, \cdot)$.

Das neutrale Element $\mathbf{0}$ dieser Räume ist in beiden Fällen ein Element f, so dass

$$f(x) = 0 \text{ für alle } x\,, \tag{1.28}$$

d. h. es gilt für die Koeffizientenvektoren

$$(a_0, \ldots, a_n)^t = (0, \ldots, 0)^t \qquad \text{bzw.} \qquad (f_0, \ldots, f_{n-1})^t = (0, \ldots, 0)^t\,.$$

Das inverse Element $-f$ zu f ist

$$(-f)(x) := -f(x) \text{ für alle } x \text{ aus dem Definitionsgebiet,} \tag{1.29}$$

d. h. z. B. für

$$f(x) = \sum_{\nu=0}^{n} a_\nu x^\nu \qquad \text{ist} \quad (-f)(x) = \sum_{\nu=0}^{n} (-a_\nu) x^\nu \text{ für alle } x\,.$$

Ein mit $S_0(\Delta)$ verwandtes Beispiel eines $\mathbb{R}$-Vektorraums ist, mit ebenfalls nach (1.25) und (1.26) definierter Operation, der Raum

$$S_1(\Delta) := \{f : [a,b] \to \mathbb{R} \; : \; f \text{ ist eine Gerade auf } [x_i, x_{i+1}] \text{ für } i = 0, \ldots, n-1 \text{ und stetig an den Übergangsstellen } x_i,\; i = 1, \ldots, n-1\} . \tag{1.30}$$

Dabei ist $\Delta : a = x_0 < x_1 < \ldots < x_{n-1} < x_n = b$ eine fest zugrunde gelegte Zerlegung von $[a, b]$. Die Elemente von $S_1(\Delta)$ sind also die (stetigen) Polygonzüge auf Δ. Man spricht auch von *linearen Splines*.

Die Beispiele aus Definition 1.28, Definition 1.29 oder (1.30) lassen sich noch einmal verallgemeinern zu:

Definition 1.31

Sei $M \neq \emptyset$ eine Menge und

$$\mathrm{Abb}(M, \mathbb{R}) := \{f : f \text{ ist Abbildung von } M \text{ nach } \mathbb{R}\}.$$

Auf $\mathrm{Abb}(M, \mathbb{R})$ wird eine Addition und eine Multiplikation mit Zahlen aus $\mathbb{R}$ eingeführt durch (1.25) bzw. (1.26), d. h. punktweise

$$(f + g)(x) := f(x) + g(x) \text{ für alle } x \in M, \quad \text{für alle } f, g \in \mathrm{Abb}(M, \mathbb{R}) ,$$
$$(c \cdot f)(x) := c \cdot f(x) \text{ für alle } x \in M, \quad \text{für alle } c \in \mathbb{R}, f \in \mathrm{Abb}(M, \mathbb{R}) .$$

Satz 1.32

Sei $M \neq \emptyset$ eine Menge. $(\mathrm{Abb}(M, \mathbb{R}), +, \cdot)$ ist ein $\mathbb{R}$-Vektorraum, mit dem neutralen Element nach (1.28) und den inversen Elementen nach (1.29) definiert.

Beweis: Anders als bei Definition 1.28 oder 1.29 kann hier nicht auf eine operationsverträgliche Bijektion zu $\mathbb{R}^n$ zurückgegriffen werden. Vielmehr müssen alle Eigenschaften eines $\mathbb{R}$-Vektorraums durch die punktweise Definition darauf zurückgeführt werden, dass $\mathbb{R}$ ein $\mathbb{R}$-Vektorraum ist. Als Beispiel sei (A.V4) bewiesen:

$$(f + (-f))(x) = f(x) + (-f)(x) = f(x) - f(x) = 0 = \mathbf{0}(x) \text{ für alle } x \in M ,$$

wobei $\mathbf{0}$ wie üblich das neutrale Element bezeichnet. □

Zu diesen abstrakteren Beispielen gehört auch der Vektorraum

$$\boxed{\mathbb{R}[x] := \{f : \text{ ist Polynom von Grad } \leq d \text{ für ein } d \in \mathbb{N}_0\}\ ,}$$

dabei werden + und · wieder durch (1.25), (1.26) (bei Gültigkeit von (1.28), (1.29)) definiert. Es gilt:

$$\mathbb{R}_n[x] \subset \mathbb{R}[x] \subset \mathrm{Abb}(\mathbb{R}, \mathbb{R}) \text{ für } n \in \mathbb{N}_0\ ,$$

wobei die beiden letzten Vektorräume „viel größer" in dem Sinn sind, dass sie nicht durch m-Tupel egal für welches $m \in \mathbb{N}$ beschrieben werden können.

Für $M = \mathbb{N}$ wird $\mathrm{Abb}(M, \mathbb{R})$ zur Menge aller *Folgen* in $\mathbb{R}$:

$$\mathbb{R}^{\mathbb{N}} := \mathrm{Abb}(\mathbb{N}, \mathbb{R}) \tag{1.31}$$

und die punktweise definierten Verknüpfungen nehmen für $(a_\nu)_{\nu\in\mathbb{N}}, (b_\nu)_{\nu\in\mathbb{N}} \in \mathbb{R}^{\mathbb{N}}$ bzw. kurz $(a_\nu), (b_\nu) \in \mathbb{R}^{\mathbb{N}}$ die Form

$$(a_\nu) + (b_\nu) = (a_\nu + b_\nu),\ \ c \cdot (a_\nu) = (ca_\nu) \quad \text{für } c \in \mathbb{R}$$

an.

Statt $\mathbb{N}$ kann zur Indizierung von Folgen auch eine andere Menge M gewählt werden, die sich als Bild einer injektiven Abbildung von $\mathbb{N}$ nach M ergibt. Die abkürzende Bezeichnung ist dann $\mathbb{R}^M$, was manchmal auch allgemein für $\mathrm{Abb}(M, \mathbb{R})$ benutzt wird. Häufig ist z. B. $\mathbb{R}^{\mathbb{N}_0}$.

Die Sätze 1.17, 1.18 gelten nicht nur in $\mathbb{R}^n$, sondern in jedem $\mathbb{R}$-Vektorraum. Somit macht es Sinn, von Geraden bzw. Strecken im Vektorraum z. B. in $\mathrm{Abb}(\mathbb{R}, \mathbb{R})$ zu sprechen. Damit sind dann folglich gewisse Mengen von Funktionen gemeint, i. Allg. nicht nur die speziellen Funktionen der Form $f(x) = ax + b$.

Die in Definition 1.2 eingeführten Zahlenschemata, bisher nur Kurzschreibweise für (erweiterte) Koeffizientenmatrizen, kann man ebenso allgemein betrachten. Dann handelt es sich beispielsweise bei (1.6) nur um „seltsam aufgeschriebene" Elemente des $\mathbb{R}^{m \cdot n}$. Insofern ist durch die komponentenweise Definition (siehe Definition 1.12) eine Addition und eine Skalarmultiplikation definiert, so dass diese Menge dadurch zum $\mathbb{R}$-Vektorraum wird.

Definition 1.33

Seien $n, m \in \mathbb{N}$. Ein rechteckiges Skalarenschema

$$A := \begin{bmatrix} a_{1,1} & a_{1,2} & \cdots & a_{1,n} \\ a_{2,1} & a_{2,2} & \cdots & a_{2,n} \\ \vdots & \vdots & \ddots & \vdots \\ a_{m,1} & a_{m,2} & \cdots & a_{m,n} \end{bmatrix}$$

mit *Koeffizienten* oder *Einträgen* $a_{j,k} \in \mathbb{R}$ heißt eine $m \times n$*-Matrix über* $\mathbb{R}$. Dabei heißt m die *Zeilenzahl* und n die *Spaltenzahl*. Matrizen A, B, C schreibt man häufig in Kurzform

$$A = \left(a_{j,k}\right)_{\substack{j=1,\dots,m \\ k=1,\dots,n}} = (a_{j,k}), \quad B = (b_{j,k}), \quad C = (c_{j,k}).$$

Dabei heißt j der *Zeilenindex* und k der *Spaltenindex*, $1 \le j \le m,\ \ 1 \le k \le n$. Mit $\mathbb{R}^{(m,n)}$ wird die Menge aller $m \times n$–Matrizen über $\mathbb{R}$ bezeichnet.

Auf $\mathbb{R}^{(m,n)}$ wird eine Addition und eine Skalarmultiplikation komponentenweise eingeführt, d. h. für $A, B \in \mathbb{R}^{(m,n)}, A = (a_{j,k}), B = (b_{j,k}), \lambda \in \mathbb{R}$:

$$\begin{aligned} A + B &: = C := (c_{j,k}) \in \mathbb{R}^{(m,n)}, \text{ wobei} \\ c_{j,k} &: = a_{j,k} + b_{j,k} \text{ für alle } j = 1, \dots, m,\ k = 1, \dots, n \\ \lambda A &: = C := (c_{j,k}) \in \mathbb{R}^{(m,n)}, \text{ wobei} \\ c_{j,k} &: = \lambda a_{j,k} \text{ für alle } j = 1, \dots, m,\ k = 1, \dots, n\,. \end{aligned}$$

Hierbei ist das neutrale Element (bezüglich der Addition) definiert durch

$$0 \in \mathbb{R}^{(m,n)},\ 0 = (a_{j,k}),\ a_{j,k} := 0 \text{ für alle } j = 1, \dots, m,\ k = 1, \dots, n\,,$$

auch *Nullmatrix* genannt.

Das inverse Element (bezüglich Addition) zu $A = (a_{j,k}) \in \mathbb{R}^{(m,n)}$ ist definiert durch

$$-A = (b_{j,k}) \in \mathbb{R}^{(m,n)},\ b_{j,k} := -a_{j,k} \text{ für alle } j = 1, \dots, m,\ k = 1, \dots, n\,.$$

Satz 1.34: Vektorraum der Matrizen

$\left(\mathbb{R}^{(m,n)}, +, \cdot\right)$ nach Definition 1.33 bildet einen $\mathbb{R}$-Vektorraum.

Beweis: Klar bzw. Bemerkungen 1.35, 2). □

Bemerkungen 1.35

1) a) $\mathbb{R}^{(n,1)}$ entspricht $\mathbb{R}^n$ als Spalten aufgefasst.

b) $\mathbb{R}^{(1,n)}$ entspricht $\mathbb{R}^n$ als Zeile aufgefasst.

c) $\mathbb{R}^{(1,1)}$ entspricht $\mathbb{R}$.

Der Terminus „entspricht" wird später mit dem Isomorphiebegriff (Definition 2.4) genau gefasst.

2) $\mathbb{R}^{(m,n)}$ kann aufgefasst werden als $\mathrm{Abb}(\{1,\ldots,m\}\times\{1,\ldots,n\},\mathbb{R})$, wobei die Abbildung f durch alle ihre Bilder $f(j,k)$ dargestellt wird und $f(j,k)$ in die j-te Zeile und k-te Spalte einer Matrix geschrieben wird.

3) $\mathbb{R}^{(m,n)}$ ist nach 2) somit hinsichtlich seiner Vektorraumstruktur nur eine neue Schreibweise für $\mathbb{R}^{m\cdot n}$.

4) Seien $(V,+,\cdot),(W,+,\cdot)$ $\mathbb{R}$-Vektorräume, dann wird das Produkt $V\times W$ (siehe Anhang A.4) zu einem $\mathbb{R}$-Vektorraum durch die Verknüpfungen

$$\begin{aligned}(\boldsymbol{v},\boldsymbol{w})+(\boldsymbol{v}',\boldsymbol{w}') &:= (\boldsymbol{v}+\boldsymbol{v}',\boldsymbol{w}+\boldsymbol{w}')\\ \lambda(\boldsymbol{v},\boldsymbol{w}) &:= (\lambda\boldsymbol{v},\lambda\boldsymbol{w})\end{aligned}$$

für $\boldsymbol{v},\boldsymbol{v}'\in V,\boldsymbol{w},\boldsymbol{w}'\in W,\lambda\in\mathbb{R}$. In diesem Sinn entspricht $\mathbb{R}^n$ dem fortgesetzten Produkt des $\mathbb{R}$-Vektorraums $\mathbb{R}$. △

Manchmal ist es nützlich, Matrizen in kleinere Teilmatrizen zu *zerlegen*, auch *partitionieren* genannt, z. B. für $A\in\mathbb{R}^{(m,n)}, m=m_1+m_2,\ n=n_1+n_2$:

$$A=\begin{pmatrix}A_1\\ \hline A_2\end{pmatrix} \text{ mit } A_1\in\mathbb{R}^{(m_1,n)},\ A_2\in\mathbb{R}^{(m_2,n)} \tag{1.32}$$

oder

$$A=\begin{pmatrix}A_1 \,|\, A_2\end{pmatrix} \text{ mit } A_1\in\mathbb{R}^{(m,n_1)},\ A_2\in\mathbb{R}^{(m,n_2)}$$

oder entsprechend fortgesetzt.

Dabei treten i. Allg. nur „verträgliche" *Zerlegungen* bzw. *Partitionierungen* auf wie

$$A=\left(\begin{array}{c|c}A_{1,1}&A_{1,2}\\ \hline A_{2,1}&A_{2,2}\end{array}\right)$$

mit $A_{1,1}\in\mathbb{R}^{(m_1,n_1)},\ A_{1,2}\in\mathbb{R}^{(m_1,n_2)},\ A_{2,1}\in\mathbb{R}^{(m_2,n_1)},\ A_{2,2}\in\mathbb{R}^{(m_2,n_2)}$.

Diese kann insbesondere auch auf Zahlenvektoren in Spalten- oder Zeilenform angewendet werden. In der rekursiven Beschreibung des Gauss-Verfahrens sind Zerlegungen schon benutzt worden.

Mit solchen *Blockmatrizen* kann gerechnet werden wie mit kleinen Matrizen, bei denen die Einträge Matrizen sind anstelle von Zahlen, also z. B. seien

$$A, B \in \mathbb{R}^{(m,n)} \qquad \text{und} \qquad A = \left(\frac{A_1}{A_2}\right), \quad B = \left(\frac{B_1}{B_2}\right)$$

miteinander verträglich zerlegt, d. h. die Zeilenzahlen von A_1 und B_1 sind gleich, dann

$$A + B = \left(\frac{A_1 + B_1}{A_2 + B_2}\right) .$$

Mit Partitionierungen lassen sich die mit dem GAUSS-JORDAN-Verfahren in Zusammenhang stehende Grundformen kompakter darstellen.

- Staffelsystem (1.9):

$$A = \left(\begin{array}{c|c} R & F \\ \hline 0 & 0 \end{array}\right) \in \mathbb{R}^{(m,n)},$$

  wobei $R \in \mathbb{R}^{(r,r)}$ eine obere Dreiecksmatrix ist, $F \in \mathbb{R}^{(r,n-r)}$ und die Dimensionen der Nullmatrizen sind $(m-r, r)$ bzw. $(m-r, n-r)$, wobei die letzten drei nicht alle auftreten müssen.
- Zeilenstufenform (1.10): wie (1.9), mit

$$R = \begin{pmatrix} 0 & \cdots & \cdots & 0 & \sharp & * & \cdots & \cdots & \cdots & \cdots & * \\ \vdots & \ddots & & \vdots & 0 & \cdots & 0 & \sharp & * & \cdots & \vdots \\ \vdots & & \ddots & \vdots & \vdots & \cdots & \cdots & \cdots & \cdots & \cdots & \vdots \\ 0 & \cdots & \cdots & 0 & 0 & \cdots & \cdots & \cdots & \cdots & \cdots & * \end{pmatrix} \in \mathbb{R}^{(r,\tilde{n})}$$

  $\tilde{n} = \sum_{i=0}^{r-1} n_i$, $F \in \mathbb{R}^{(r,n_r)}$ mit den Stufenlängen $n_0, \ldots, n_r$.
- reduzierte Zeilenstufenform (1.16): wie in (1.10) mit

$$R = \begin{pmatrix} 0 & \cdots & \cdots & \cdots & 0 & 1 & * & \cdots & \cdots & 0 & * & \cdots & * & 0 \\ \vdots & \ddots & & & \vdots & 0 & \cdots & \cdots & 0 & 1 & * & \cdots & \cdots & \vdots \\ \vdots & & \ddots & & \vdots & \vdots & \cdots & \cdots & \cdots & \cdots & \cdots & \cdots & \cdots & \vdots \\ \vdots & & & \ddots & \vdots & 0 & \cdots & \cdots & \cdots & \cdots & \cdots & \cdots & \cdots & 0 \\ 0 & \cdots & \cdots & \cdots & 0 & 0 & \cdots & \cdots & \cdots & \cdots & \cdots & \cdots & \cdots & 1 \end{pmatrix}.$$

Wenn nach Spaltenumordnung die r Pivotspalten auf den ersten Positionen stehen, dann schließlich

$$A = \left(\begin{array}{c|c} \mathbb{1}_r & F \\ \hline 0 & 0 \end{array}\right),$$

mit $F \in \mathbb{R}^{(r,n-r)}$.

Mathematische Modellierung 1 Bei einer konkreten Anwendung können Zahlen bzw. Komponenten eins n-Tupels (oder die Einträge einer Matrix) verschiedenste Bedeutungen haben: Sie sind *dimensionsbehaftet*. Aber nicht bei allen Größen ist es sinnvoll sie zu addieren. In einer technischen Anwendung können n Körper betrachtet werden mit *Massen* m_i, *Volumina* V_i und *Dichten* $\rho_i, i = 1, \ldots, n$. Zwar ist es sinnvoll, die *Gesamtmasse* m bzw. das *Gesamtvolumen* V zu bilden

$$m := \sum_{i=1}^{n} m_i\,, \quad V := \sum_{i=1}^{n} V_i\,,$$

nicht aber die Summe der Dichten. Man spricht auch von *extensiven* gegenüber *intensiven* Größen. Ein Tupelraum aus Massen oder Volumina ist infolgedessen sinnvoll, jedoch nicht aus Dichten. Analog können in einer ökonomischen Anwendung n Produkte betrachtet werdem mit *Erträgen* e_i, *Stückzahlen* S_i und *Preisen* $p_i, i = 1, \ldots, n$. Analog sind hier *Gesamterträge* e und *Gesamtstückzahlen* S

$$e := \sum_{i=1}^{n} e_i\,, \quad S := \sum_{i=1}^{n} S_i$$

sinnvoll, nicht aber die Summe der Preise; analog sind Tupelräume aus Erträgen oder Stückzahlen sinnvoll. ◇

Was Sie in diesem Abschnitt gelernt haben sollten

Begriffe:

- Tupelraum $\mathbb{R}^n$, Addition und Skalarmultiplikation
- Gerade, Ebene, Hyperebene
- $\mathbb{R}$-Vektorraum
- Funktionenräume
- Rechnen mit partitionierten Matrizen

Zusammenhänge:

- Geraden und Ebenen in Parameter- und Gleichungsdarstellung (Satz 1.19, 1.21, 1.24)
- Hyperebenen und LGS
- Funktionenräume als $\mathbb{R}$-Vektorräume

Beispiele:

- Polynome (höchstens n-ten Grades) $\mathbb{R}(x)$ (bzw. $\mathbb{R}_n(x)$)
- Treppenfunktionen $S_0(\Delta)$
- lineare Splines $S_1(\Delta)$
- Matrizenraum $\mathbb{R}^{(m,n)}$

Aufgaben

Aufgabe 1.9 (K) Zeigen Sie:

a) Die drei Geraden im $\mathbb{R}^2$

$$L_1 := \begin{pmatrix} -7 \\ 0 \end{pmatrix} + \mathbb{R}\begin{pmatrix} 2 \\ 1 \end{pmatrix}, \quad L_2 := \begin{pmatrix} 5 \\ 0 \end{pmatrix} + \mathbb{R}\begin{pmatrix} -1 \\ 1 \end{pmatrix}, \quad L_3 := \begin{pmatrix} 0 \\ 8 \end{pmatrix} + \mathbb{R}\begin{pmatrix} -1 \\ 4 \end{pmatrix}$$

schneiden sich in einem Punkt.

b) Die drei Punkte $(10, -4)^t$, $(4, 0)^t$ und $(-5, 6)^t$ liegen auf einer Geraden.

Aufgabe 1.10 (K) Es sei $L \subset \mathbb{R}^2$ die Gerade durch die Punkte $(-1, 3)^t$ und $(5, -2)^t$, sowie $M \subset \mathbb{R}^2$ die Gerade durch die Punkte $(-2, -2)^t$ und $(1, 6)^t$. Berechnen Sie den Schnittpunkt von L und M.

Aufgabe 1.11 (K) Zeigen Sie, dass die drei Geraden im $\mathbb{R}^2$ mit den Gleichungen

$$x + 2y - 1 = 0, \quad 3x + y + 2 = 0, \quad -x + 3y - 4 = 0$$

durch einen Punkt verlaufen und berechnen Sie diesen Punkt.

Aufgabe 1.12 (G) Es seien L_1, L_2, L_3 und L_4 vier verschiedene Geraden in der Ebene $\mathbb{R}^2$ derart, dass sich je zwei dieser Geraden in einem Punkt treffen. $S_{i,j}$ bezeichne den Schnittpunkt der Geraden L_i und L_j, $(1 \leq i < j \leq 4)$. Die sechs Schnittpunkte $S_{i,j}$, $1 \leq i < j \leq 4$ seien alle verschieden. Dann liegen die Mittelpunkte der drei Strecken $\overline{S_{1,2}S_{3,4}}$, $\overline{S_{1,3}S_{2,4}}$ und $\overline{S_{1,4}S_{2,3}}$ auf einer Geraden. Beweisen Sie diese Aussage für den Spezialfall, dass die Geraden durch die Gleichungen

$$y = 0, \quad x = 0, \quad x + y = 1, \quad \frac{x}{\lambda} + \frac{y}{\mu} = 1$$

gegeben sind. Der allgemeine Fall folgt dann durch Koordinatentransformation (siehe Aufgabe 4.46).

Aufgabe 1.13 (T) Sei $M \neq \emptyset$ eine Menge, $(W, +, \cdot)$ ein $\mathbb{R}$-Vektorraum.
Zeigen Sie: Auf Abb(M, W) wird durch $+$ und $\cdot$ wie in Definition 1.31 eine $\mathbb{R}$-Vektorraumstruktur eingeführt.

1.3 Lineare Unterräume und das Matrix-Vektor-Produkt

1.3.1 Erzeugendensystem und lineare Hülle

Im Folgenden sei $(V, +, \cdot)$ ein $\mathbb{R}$-Vektorraum im Sinn von Definition 1.30.

Sei U eine Gerade oder Ebene durch $\mathbf{0}$ in $\mathbb{R}^n$ (nach Definition 1.23) oder einem allgemeinen Vektorraum, etwa $U = \mathbb{R}\boldsymbol{v} + \mathbb{R}\boldsymbol{w}$. Seien $\boldsymbol{x}_i = \lambda_i \boldsymbol{v} + \xi_i \boldsymbol{w} \in U, i = 1, 2$ für $\lambda_i, \xi_i \in \mathbb{R}$ beliebige Elemente in U, seien $s, t \in \mathbb{R}$, dann gilt:

$$\begin{aligned} s\boldsymbol{x}_1 + t\boldsymbol{x}_2 &= s(\lambda_1 \boldsymbol{v} + \xi_1 \boldsymbol{w}) + t(\lambda_2 \boldsymbol{v} + \xi_2 \boldsymbol{w}) \\ &= (s\lambda_1 + t\lambda_2)\boldsymbol{v} + (s\xi_1 + t\xi_2)\boldsymbol{w} \in U\,. \end{aligned}$$

Es gilt also:

$$\text{Aus} \quad \boldsymbol{x}, \boldsymbol{y} \in U\,,\ s, t \in \mathbb{R} \quad \text{folgt} \quad s\boldsymbol{x} + t\boldsymbol{y} \in U \qquad \text{(LIN)}\,.$$

Diese Eigenschaft (LIN) kann auch in zwei Teilen geschrieben werden:

Additivität: Aus	$\boldsymbol{x}, \boldsymbol{y} \in U$	folgt $\boldsymbol{x} + \boldsymbol{y} \in U$	(LIN, add) ,
Homogenität: Aus	$\boldsymbol{x} \in U,\ c \in \mathbb{R}$	folgt $c\boldsymbol{x} \in U$	(LIN, mul) .

Sie ist für die Lineare Algebra so wichtig, dass wir sie durch eine Definition hervorheben:

Definition 1.36

Eine nicht leere Teilmenge $U \subset V$ heißt *linearer Unterraum* oder *Untervektorraum* von V, wenn sie die Eigenschaft (LIN) besitzt.

Bevor wir weitere Beispiele angeben, notieren wir, dass jeder lineare Unterraum U den Nullvektor enthält: Denn weil U nicht leer ist, enthält U mindestens einen Vektor $\boldsymbol{x}$, und dann wegen (LIN, mul) auch den Nullvektor $\mathbf{0} = 0 \cdot \boldsymbol{x}$.

Die Bezeichnung ist berechtigt, da die auf $U \times U$ bzw. $\mathbb{R} \times U$ eingeschränkten Verknüpfungen der Addition in V und der Skalarmultiplikation nach (LIN) wieder Verknüpfungen, d. h. Abbildungen nach U sind und $(U, +, \cdot)$ ein $\mathbb{R}$-Vektorraum ist (Übung).

Beispiele 1.37

1) Offensichtlich sind der *Nullraum* $\{\mathbf{0}\}$, der nur den Nullvektor enthält, und der ganze Raum V lineare Unterräume von V.

2) Sind $U_1, U_2 \subset V$ zwei lineare Unterräume, so ist auch ihr Durchschnitt $U_1 \cap U_2$ ein linearer Unterraum. Die Vereinigung $U_1 \cup U_2$ ist i. Allg. kein linearer Unterraum. ○

Definition 1.38

Sei $A \subset V$ eine beliebige (endliche oder unendliche) nicht leere Teilmenge. Jede endliche Summe

$$\boldsymbol{x} = \sum_{\nu=1}^{k} c_\nu \boldsymbol{a}_\nu \,, \qquad k \in \mathbb{N},\ c_\nu \in \mathbb{R},\ \boldsymbol{a}_\nu \in A,\ \nu = 1, \ldots, k$$

nennen wir eine *Linearkombination* von Vektoren aus A. Die Menge aller Linearkombinationen von Vektoren aus A

$$\operatorname{span}(A) := \left\{ \sum_{\nu=1}^{k} c_\nu \boldsymbol{a}_\nu \ : k \in \mathbb{N},\ c_\nu \in \mathbb{R},\ \boldsymbol{a}_\nu \in A,\ \nu = 1, \ldots, k \right\}$$

heißt *der von A aufgespannte Unterraum* oder die *lineare Hülle*. A heißt auch *Erzeugendensystem* von $\operatorname{span}(A)$.

Für endliche Mengen $A = \{\boldsymbol{a}_1, \ldots, \boldsymbol{a}_k\}$ benutzen wir dabei immer die Abkürzung

$$\operatorname{span}(\boldsymbol{a}_1, \ldots, \boldsymbol{a}_k) := \operatorname{span}(\{\boldsymbol{a}_1, \ldots, \boldsymbol{a}_k\}) \,.$$

Schließlich treffen wir noch eine Vereinbarung, die an dieser Stelle überperfektionistisch erscheinen mag. Wenn die Menge A leer ist, so vereinbaren wir: $\operatorname{span}(A)$ soll der Nullraum sein, d. h. $\operatorname{span}(\emptyset) := \{\boldsymbol{0}\}$.

Satz 1.39: Eigenschaften der linearen Hülle

1) $\operatorname{span}(A)$ ist der kleinste lineare Unterraum von V, der die Menge A enthält, d. h. :
   a) $\operatorname{span}(A)$ ist ein linearer Unterraum,
   b) jeder lineare Unterraum $U \subset V$, der A enthält, enthält auch $\operatorname{span}(A)$.
2) Sind $A_1 \subset A_2 \subset V$ beliebige nicht leere Mengen, dann gilt: $\operatorname{span}(A_1) \subset \operatorname{span}(A_2)$.
3) Seien $A_1, A_2 \subset V$ beliebige nicht leere Mengen, so gilt:

$$\operatorname{span}(A_1 \cup A_2) = \operatorname{span}(A_1) + \operatorname{span}(A_2) \,,$$

wobei für zwei Teilmengen U_1, U_2 von V definiert wird

$$U_1 + U_2 := \{u_1 + u_2 : u_1 \in U_1, u_2 \in U_2\} \,.$$

Insbesondere ist somit für lineare Unterräume U_1, U_2:

$$U_1 + U_2 = \operatorname{span}(U_1 \cup U_2) \,.$$

Beweis: Zu 1): Beweis von a): Seien $\boldsymbol{x} = \sum_1^k c_\mu \boldsymbol{a}_\mu$ und $\boldsymbol{y} = \sum_1^l d_\nu \boldsymbol{a}'_\nu$ Elemente in span(A). Dann ist auch der Vektor $s\boldsymbol{x} + t\boldsymbol{y} = \sum_1^k sc_\mu \boldsymbol{a}_\mu + \sum_1^l td_\nu \boldsymbol{a}'_\nu$ eine Linearkombination von Vektoren $\boldsymbol{a}_\mu, \boldsymbol{a}'_\nu \in A$ und gehört zu span(A). Beweis von b): Enthält der lineare Unterraum $U \subset V$ die Menge A, so wegen wiederholter Anwendung von (LIN) auch jede endliche Linearkombination von Vektoren aus A, und damit die Menge span(A) .
Zu 2): Es ist $A_1 \subset A_2 \subset \text{span}(A_2)$ und span(A_2) ein linearer Unterraum, demnach folgt die Behauptung aus 1).
Zu 3): Weil $A_1 \cup A_2$ in dem linearen Unterraum $\text{span}(A_1) + \text{span}(A_2)$ enthalten ist, folgt die Inklusion $\text{span}(A_1 \cup A_2) \subset \text{span}(A_1) + \text{span}(A_2)$ aus 1). Wegen $A_1 \subset (A_1 \cup A_2)$ ist $\text{span}(A_1) \subset \text{span}(A_1 \cup A_2)$ nach 2). Analog gilt $\text{span}(A_2) \subset \text{span}(A_1 \cup A_2)$. Weil $\text{span}(A_1 \cup A_2) \subset V$ ein linearer Unterraum ist, ist dann auch jede Summe von Vektoren daraus in diesem Unterraum enthalten. Insbesondere gilt auch die Inklusion $\text{span}(A_1) + \text{span}(A_2) \subset \text{span}(A_1 \cup A_2)$. Sind $A_1 = U_1$ und $A_2 = U_2$ lineare Unterräume, so ist $\text{span}(U_1) = U_1$ und $\text{span}(U_2) = U_2$. Nach dem Bewiesenen ist folglich

$$\text{span}(U_1 \cup U_2) = U_1 + U_2 \,. \qquad \square$$

Wir betrachten Spezialfälle für derart aufgespannte lineare Unterräume.

Bemerkung 1.40 (Geometrie)
Eine Gerade $\mathbb{R}\boldsymbol{w}$ durch $\boldsymbol{0}$ ist span$(\boldsymbol{w})$. Eine Ebene $\mathbb{R}\boldsymbol{w}_1 + \mathbb{R}\boldsymbol{w}_2$ durch $\boldsymbol{0}$ ist span$(\boldsymbol{w}_1, \boldsymbol{w}_2)$. Sind $\boldsymbol{w}_1, \boldsymbol{w}_2 \in V$, so dass $\boldsymbol{w}_1 = c\boldsymbol{w}_2$ für ein $c \in \mathbb{R}$, dann ist $\text{span}(\boldsymbol{w}_1, \boldsymbol{w}_2) = \text{span}(\boldsymbol{w}_1)$, also eine Gerade und keine Ebene. △

Bemerkungen 1.41

1) Mit $\boldsymbol{e}_\nu \in \mathbb{R}^n$ werden wir stets den Vektor bezeichnen, der an der ν-ten Stelle den Eintrag 1 enthält und sonst lauter Nullen:

$$\boldsymbol{e}_\nu = (\underset{\substack{\uparrow\\1}}{0}, \ldots, 0, \underset{\substack{\uparrow\\\nu}}{1}, 0, \ldots, \underset{\substack{\uparrow\\n}}{0})^t \,.$$

Die $\boldsymbol{e}_\nu$ heißen *Einheitsvektoren* von $\mathbb{R}^n$.

Für $k = 1, \ldots, n$ ist dann

$$\begin{aligned} \text{span}(\boldsymbol{e}_1, \ldots, \boldsymbol{e}_k) &= \left\{ \boldsymbol{x} = \sum_1^k c_\nu \boldsymbol{e}_\nu \right\} \\ &= \{\boldsymbol{x} = (c_1, \ldots, c_k, 0, \ldots, 0)\} \\ &= \{\boldsymbol{x} \in \mathbb{R}^n : x_{k+1} = \ldots = x_n = 0\} \,. \end{aligned}$$

2) Staffelsysteme nach (1.9) sind spezielle *obere Dreiecksmatrizen* in $\mathbb{R}^{(m,n)}$, wobei:

$A = (a_{j,k}) \in \mathbb{R}^{(m,n)}$ heißt *obere Dreiecksmatrix*, wenn

$$a_{j,k} = 0 \quad \text{für } j > k\ ,\ j = 1, \ldots, m\ ,\ k = 1, \ldots, n\ .$$

$U := \{A \in \mathbb{R}^{(m,n)} : A \text{ ist obere Dreiecksmatrix}\}$ ist ein Unterraum von $\mathbb{R}^{(m,n)}$. Analoges gilt für die *unteren Dreiecksmatrizen*.

3) Betrachte in $(\mathbb{R}[x], +, \cdot)$ die Elemente $f_i, i = 0, \ldots, n$, definiert durch $f_i(x) = x^i$, die *Monome*, dann ist

$$\operatorname{span}(f_0, \ldots, f_n) = \mathbb{R}_n[x]\ . \tag{1.33}$$

4) Betrachte in $(\mathbb{R}[x], +, \cdot)$ die Elemente $f_i, i = 0, 1, 2$ wie in 4) und $g(x) := (1 - x)^2$, dann ist $\operatorname{span}(f_0, f_1, f_2, g) = \operatorname{span}(f_0, f_1, f_2) = \mathbb{R}_2[x]$.

5) Betrachte in $S_0(\Delta)$ (siehe (1.27)) auf der Zerlegung $\Delta : a = x_0 < x_1 < \ldots < x_{n-1} < x_n = b$,

$$\begin{aligned} f_i(x) &:= \begin{cases} 1\ , & x \in [x_i, x_{i+1})\ , \\ 0\ , & \text{sonst}, \end{cases} \qquad \text{für } i = 0, \ldots, n-2\ , \\ f_{n-1}(x) &:= \begin{cases} 1\ , & x \in [x_{n-1}, x_n]\ , \\ 0\ , & \text{sonst}, \end{cases} \end{aligned} \tag{1.34}$$

dann ist

$$\operatorname{span}(f_0, \ldots, f_{n-1}) = S_0(\Delta)\ .$$

*6) Sei Δ eine Zerlegung von $[a, b]$ und zur Abkürzung

$$h_i := x_i - x_{i-1}\ , \quad I_i := [x_{i-1}, x_i] \quad \text{für } i = 1, \ldots, n\ , \tag{1.35}$$

so wird $S_1(\Delta)$ (nach (1.30)) aufgespannt von:

$$f_0(x) := \begin{cases} (x_1 - x)/h_1 , & x \in I_1 , \\ 0 , & \text{sonst}, \end{cases} \tag{1.36}$$

$$f_i(x) := \begin{cases} (x - x_{i-1})/h_i , & x \in I_i , \\ (x_{i+1} - x)/h_{i+1} , & x \in I_{i+1} , \\ 0 . & \text{sonst} \end{cases} \qquad \text{für } i = 1, \ldots, n-1 , \tag{1.37}$$

$$f_n(x) := \begin{cases} (x - x_{n-1})/h_n , & x \in I_n , \\ 0 & \text{sonst.} \end{cases}$$

Das *KRONECKER-Symbol*[19] sei folgende Abkürzung:

$$\delta_{i,j} = \begin{cases} 1 & \text{für } i = j \\ 0 & \text{für } i \neq j . \end{cases} \tag{1.38}$$

Dabei durchlaufen i bzw. j je nach Zusammenhang eventuell auch verschiedene Teilmengen von $\mathbb{N}$. Wegen

$$f_i(x_j) = \delta_{i,j} \quad \text{für } i, j = 0, \ldots, n$$

gilt dann für $f \in S_1(\Delta)$:

$$f(x) = \sum_{i=0}^{n} \lambda_i f_i(x) \quad \text{für alle } x \in [a, b] \text{ genau dann, wenn } \lambda_i = f(x_i),\ i = 0, \ldots, n . \tag{1.39}$$

Das kann man folgendermaßen einsehen:

„⇒“: *Man wähle* $x = x_j$, $j = 0, \ldots, n$, *dann*

$$\sum_{i=0}^{n} \lambda_i f(x_j) = \sum_{i=0}^{n} \lambda_i \delta_{i,j} = \lambda_j .$$

„⇐“ : *Auf* I_j *wird eine Gerade durch ihre Werte bei* x_{j-1} *und* x_j *festgelegt, also für* $x \in I_j$

$$\begin{aligned} f(x) &= f(x_{j-1})\frac{x_j - x}{h_j} + f(x_j)\frac{x - x_{j-1}}{h_j} = f(x_{j-1})f_{j-1}(x) + f(x_j)f_j(x) \\ &= \sum_{i=0}^{n} \lambda_i f_i(x) , \quad \text{da } f_i|_{I_j} = 0 \text{ für } i \neq j,\ i \neq j-1 . \end{aligned}$$

Die f_i heißen wegen ihrer Gestalt auch *Hutfunktionen* (siehe Abbildung 1.8). △

[19] Leopold KRONECKER *7. Dezember 1823 in Liegnitz †29. Dezember 1891 in Berlin

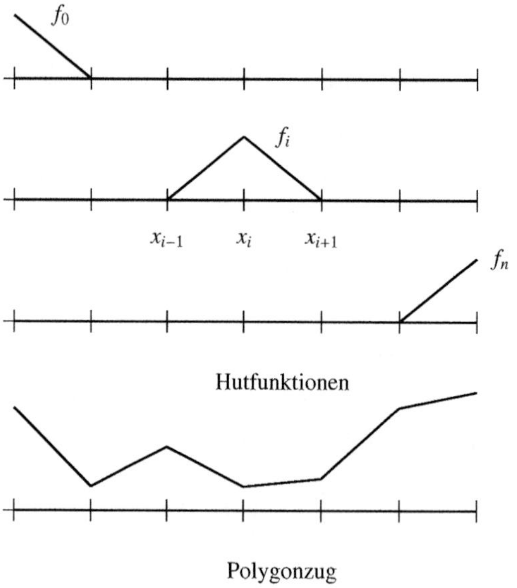

Abb. 1.8: Hutfunktionen und Polygonzug.

Beispiel 1(2) – Historische Probleme Im Jahr 1202 formulierte LEONARDO DA PISA[20], genannt FIBONACCI, ein Modell für das Wachstum einer Kaninchenpopulation durch die folgende rekursiv definierte Folge, die *FIBONACCI-Folge* :

$$f_1 := 0, \qquad f_2 := 1 \tag{MM.17}$$

$$f_{n+2} := f_{n+1} + f_n \quad \text{für } n \in \mathbb{N} . \tag{MM.18}$$

Dadurch sind die $f_n \in \mathbb{N}$ eindeutig bestimmt bzw. allgemeiner wird durch die Vorgabe von $f_1, f_2 \in \mathbb{R}$ durch (MM.18) eindeutig eine Folge in $\mathbb{R}^{\mathbb{N}}$ festgelegt, die (MM.17) und (MM.18) erfüllt. Sei

$$V := \{(a_n)_n \in \mathbb{R}^{\mathbb{N}} : (a_n) \text{ erfüllt (MM.18)} \} .$$

Dann ist V ein linearer Unterraum von $\mathbb{R}^{\mathbb{N}}$. Das kann man wie folgt einsehen: Seien $(a_n)_n, (b_n)_n \in V$, dann gilt

$$a_{n+2} + b_{n+2} = a_{n+1} + a_n + b_{n+1} + b_n = (a_{n+1} + b_{n+1}) + (a_n + b_n)$$

und analog für das skalare Vielfache. Die Aussage gilt auch, wenn (MM.18) verallgemeinert wird zu

$$f_{n+2} := a^{(1)} f_{n+1} + a^{(0)} f_n \tag{MM.19}$$

für beliebige feste $a^{(0)}, a^{(1)} \in \mathbb{R}$, oder auch für $m \in \mathbb{N}$ bei Vorgabe von

$$f_1, f_2, \ldots, f_m \in \mathbb{R} \tag{MM.20}$$

und

---

[20] Leonardo DA PISA (FIBONACCI) ∗um 1180 in Pisa †nach 1241 in Pisa

$$f_{n+m} := \sum_{i=0}^{m-1} a^{(i)} f_{n+i} \quad \text{für } n \in \mathbb{N} \tag{MM.21}$$

für beliebige feste $a^{(0)}, \ldots, a^{(m-1)} \in \mathbb{R}$, $a^{(0)} \neq 0$. (MM.20), (MM.21) heißen auch *(Anfangswertprobleme für) lineare Differenzengleichungen m-ter Ordnung*. Die *Anfangswerte* f_1, f_2 (bzw. $f_1, \ldots, f_m$) sind anscheinend die Freiheitsgrade der Elemente von V. Dies drückt sich aus durch:

Lemma 1.42

Sei V definiert durch (MM.21). Seien $\boldsymbol{a}^i \in \mathbb{R}^m, i = 1, \ldots, m$, so gewählt, dass $\operatorname{span}(\boldsymbol{a}^1, \ldots, \boldsymbol{a}^m) = \mathbb{R}^m$. Seien $(\boldsymbol{a}_n^i)_n \in \mathbb{R}^{\mathbb{N}}$ die durch (MM.21) jeweils mit den Vorgaben $a_1^i, \ldots a_m^i$ ausgewählten Folgen in V. Dann gilt:

$$V = \operatorname{span}((a_n^1)_n, \ldots, (a_n^m)_n) .$$

Beweis:
Sei $(c_n)_n \in V$, dann gibt es $\gamma_1, \ldots, \gamma_m \in \mathbb{R}$, sodass

$$(c_1, \ldots, c_m)^t = \sum_{i=1}^{m} \gamma_i \boldsymbol{a}^i . \tag{MM.22}$$

Betrachtet man die zu diesen γ_i gehörige Linearkombination der $(a_n^i) \in V$, dann ist diese auch in V und erfüllt die gleichen Anfangswerte wie $(c_n)_n$, also

$$(c_n)_n = \sum_{i=1}^{m} \gamma_i (a_n^i)_n . \tag{MM.23}$$

□
◇

Satz 1.43: Direkte Summe ↔ eindeutige Darstellung

Sei V ein $\mathbb{R}$-Vektorraum, U_1, U_2 lineare Unterräume von V. Es sei $U = U_1 + U_2$. Dann gibt es zu jedem $\boldsymbol{u} \in U$ eine Darstellung

$$\boldsymbol{u} = \boldsymbol{u}_1 + \boldsymbol{u}_2 \quad \text{mit } \boldsymbol{u}_1 \in U_1, \boldsymbol{u}_2 \in U_2 .$$

Diese Darstellung ist für alle $\boldsymbol{u} \in U$ eindeutig genau dann, wenn $U_1 \cap U_2 = \{\boldsymbol{0}\}$. In diesem Fall heißt die Summe $U_1 + U_2$ bzw. die *Zerlegung* von U in U_1 und U_2 *direkt*, geschrieben

$$U = U_1 \oplus U_2 .$$

Beweis: Sei die Darstellung eindeutig. Für jeden Vektor $\boldsymbol{u} \in U_1 \cap U_2$ hat man sodann aber zwei Darstellungen

$$\begin{aligned} \boldsymbol{u} &= \boldsymbol{u}_1 + \boldsymbol{0} \quad \text{mit } \boldsymbol{u}_1 = \boldsymbol{u} \in U_1 \\ &= \boldsymbol{0} + \boldsymbol{u}_2 \quad \text{mit } \boldsymbol{u}_2 = \boldsymbol{u} \in U_2 \,. \end{aligned}$$

Aus der Eindeutigkeit der Darstellung folgt $\boldsymbol{u} = \boldsymbol{u}_1 = \boldsymbol{0}$. Also ist $U_1 \cap U_2$ der Nullraum. Sei umgekehrt $U_1 \cap U_2 = \{\boldsymbol{0}\}$. Der Vektor $\boldsymbol{u}$ habe die Darstellungen

$$\boldsymbol{u} = \boldsymbol{u}_1 + \boldsymbol{u}_2 = \boldsymbol{u}_1' + \boldsymbol{u}_2' \quad \text{mit } \boldsymbol{u}_1, \boldsymbol{u}_1' \in U_1,\ \boldsymbol{u}_2, \boldsymbol{u}_2' \in U_2 \,.$$

Daraus folgt

$$\boldsymbol{u}_1 - \boldsymbol{u}_1' = \boldsymbol{u}_2' - \boldsymbol{u}_2 \in U_1 \cap U_2 = \{\boldsymbol{0}\} \,,$$

also $\boldsymbol{u}_1 = \boldsymbol{u}_1'$ und $\boldsymbol{u}_2 = \boldsymbol{u}_2'$. □

Ist $U_1 = \mathbb{R}\boldsymbol{v}, U_2 = \mathbb{R}\boldsymbol{w}$ für $\boldsymbol{v}, \boldsymbol{w} \in V$ und einen $\mathbb{R}$-Vektorraum V, so bedeutet die Eindeutigkeit der Darstellung von $\boldsymbol{x} \in U = \mathbb{R}\boldsymbol{v} + \mathbb{R}\boldsymbol{w}$, d. h. die Eindeutigkeit der Darstellung

$$\boldsymbol{x} = c\boldsymbol{v} + d\boldsymbol{w} \quad \text{mit } c, d \in \mathbb{R} \,,$$

dass gilt:

$$\lambda\boldsymbol{v} + \mu\boldsymbol{w} = \boldsymbol{0} \Rightarrow \lambda = \mu = 0 \quad \text{für alle } \lambda, \mu \in \mathbb{R} \,.$$

Im folgenden Abschnitt wird diese Eigenschaft von $\{\boldsymbol{v}, \boldsymbol{w}\}$ als *lineare Unabhängigkeit* bezeichnet werden. Sie sorgt dafür, dass $U = \mathbb{R}\boldsymbol{v} + \mathbb{R}\boldsymbol{w}$ eine Ebene und keine Gerade ist (siehe Bemerkung 1.40).

1.3.2 Das Matrix-Vektor-Produkt

Mit dem Begriff des „aufgespannten Unterraums“ können wir die Lösbarkeitsbedingung für ein lineares Gleichungssystem

$$\sum_{\nu=1}^{n} a_{\mu,\nu} x_\nu = b_\mu, \quad \mu = 1, \ldots, m$$

anders formulieren. Wir bezeichnen mit $\boldsymbol{a}^{(\nu)} \in \mathbb{R}^m$ die Spaltenvektoren der Koeffizientenmatrix und mit $\boldsymbol{b}$ den Vektor auf der rechten Seite des Gleichungssystems:

$$\boldsymbol{a}^{(\nu)} = \begin{pmatrix} a_{1,\nu} \\ \vdots \\ a_{m,\nu} \end{pmatrix}, \quad \boldsymbol{b} = \begin{pmatrix} b_1 \\ \vdots \\ b_m \end{pmatrix}.$$

Mit diesen Vektoren kann man das Gleichungssystem in Vektorschreibweise als

$$\sum_{\nu=1}^{n} x_\nu \boldsymbol{a}^{(\nu)} = \boldsymbol{b}$$

notieren. Man sieht:

Satz 1.44: Lösbarkeit LGS

Sei $A = \left(\boldsymbol{a}^{(1)}, \ldots, \boldsymbol{a}^{(n)}\right) \in \mathbb{R}^{(m,n)}$, $\boldsymbol{b} \in \mathbb{R}^m$. Das Gleichungssystem $A\boldsymbol{x} = \boldsymbol{b}$ ist genau dann lösbar, wenn die rechte Seite $\boldsymbol{b}$ eine Linearkombination der Spaltenvektoren $\boldsymbol{a}^{(1)}, \ldots, \boldsymbol{a}^{(n)}$ ist, d. h. , wenn ALGS

$$\boldsymbol{b} \in \operatorname{span}\left(\boldsymbol{a}^{(1)}, \ldots, \boldsymbol{a}^{(n)}\right) \quad \text{bzw.} \quad \operatorname{span}\left(\boldsymbol{a}^{(1)}, \ldots, \boldsymbol{a}^{(n)}\right) = \operatorname{span}\left(\boldsymbol{a}^{(1)}, \ldots, \boldsymbol{a}^{(n)}, \boldsymbol{b}\right) .$$

Demnach lautet die zeilenweise Sicht eines LGS mit n Unbekannten und m Gleichungen:

- Finde den Schnitt von m Hyperebenen in $\mathbb{R}^n$,

Entsprechend lautet die *spaltenweise Sicht*:

- Finde eine Linearkombination aus den n Spalten aus $\mathbb{R}^m$, die die rechte Seite $\boldsymbol{b}$ darstellt.

Andersherum gesehen haben wir ein Verfahren gefunden, um zu prüfen, ob ein $\boldsymbol{b} \in \mathbb{R}^n$ Linearkombination von gegebenem $\boldsymbol{a}_1, \ldots \boldsymbol{a}_k \in \mathbb{R}^n$ ist: Man definiere eineKoeffizientenmatrix $A \in \mathbb{R}^{(n,k)}$ mit den $\boldsymbol{a}_\nu$ als Spalten und prüfe mit dem GAUSSschen Eliminationsverfahren das durch $(A, \boldsymbol{b})$ gegebene LGS auf Lösbarkeit. Auf der Basis der obigen Beobachtung führen wir ein Produkt zwischen einer Matrix $A \in \mathbb{R}^{(m,n)}$ und einem Zahlenvektor $\boldsymbol{x} \in \mathbb{R}^n$ ein: RLGS

Definition 1.45

Seien $m, n \in \mathbb{N}$. Weiter sei $A = (\boldsymbol{a}^{(1)}, \ldots, \boldsymbol{a}^{(n)}) \in \mathbb{R}^{(m,n)}$ eine Matrix mit den Spalten $\boldsymbol{a}^{(\nu)} \in \mathbb{R}^m$, $\nu = 1, \ldots, n$ und es sei $\boldsymbol{x} = (x_\nu)_\nu \in \mathbb{R}^n$. Dann wird das *Matrix-Vektor-Produkt* $A\boldsymbol{x} \in \mathbb{R}^m$ als Linearkombination der $\boldsymbol{a}^{(\nu)}$ mit den Skalaren x_ν definiert, d. h.

$$A\boldsymbol{x} := \sum_{\nu=1}^{n} x_\nu \boldsymbol{a}^{(\nu)} .$$

Ein LGS mit Koeffizientenmatrix $A \in \mathbb{R}^{(m,n)}$ und rechter Seite $\boldsymbol{b} \in \mathbb{R}^m$ kann also kurz durch die folgende Vektorgleichung bezeichnet werden:

Gesucht ist $\boldsymbol{x} \in \mathbb{R}^n$, so dass $A\boldsymbol{x} = \boldsymbol{b}$.

Damit hat die nur abkürzende Schreibweise aus (1.7) eine Bedeutung erhalten. Analog hat span $(\boldsymbol{a}_1, \ldots, \boldsymbol{a}_k)$ für $\boldsymbol{a}_\nu \in \mathbb{R}^n, \nu = 1, \ldots, n$, eine Darstellung als Matrix-Vektorprodukt mit beliebigen $\boldsymbol{x} \in \mathbb{R}^k$. Dazu setzen wir $A := (\boldsymbol{a}_1, \ldots, \boldsymbol{a}_k) \in \mathbb{R}^{(n,k)}$, d. h. A hat die $\boldsymbol{a}_\nu$ als Spalten. Dann gilt:

$$\boxed{\operatorname{span}(\boldsymbol{a}_1, \ldots, \boldsymbol{a}_k) = \{\boldsymbol{y} = A\boldsymbol{x} : \boldsymbol{x} \in \mathbb{R}^k\}\,.} \tag{1.40}$$

Hierfür gibt es folgende Rechenregeln:

Theorem 1.46: Linearität Matrix-Vektor-Produkt

Seien $m, n \in \mathbb{N},\ A, B \in \mathbb{R}^{(m,n)},\ \boldsymbol{x}, \boldsymbol{y} \in \mathbb{R}^n,\ \lambda \in \mathbb{R}$. Dann gilt:

1) $A(\boldsymbol{x} + \boldsymbol{y}) = A\boldsymbol{x} + A\boldsymbol{y}$,

2) $A(\lambda\boldsymbol{x}) = \lambda A\boldsymbol{x}$,

3) $(A + B)\boldsymbol{x} = A\boldsymbol{x} + B\boldsymbol{x}$,

4) $(\lambda A)\boldsymbol{x} = \lambda A\boldsymbol{x}$.

Die Eigenschaften 1) und 2) heißen auch die *Linearität* des *Matrix-Vektor-Produkts* bezüglich $\boldsymbol{x}$.

Beweis: Sei $A = (\boldsymbol{a}^{(1)}, \ldots, \boldsymbol{a}^{(n)})$ die Spaltendarstellung von A, dann ist

$$\begin{aligned} A(\boldsymbol{x} + \boldsymbol{y}) = \sum_{\nu=1}^{n} (x_\nu + y_\nu)\boldsymbol{a}^{(\nu)} \qquad &= \sum_{\nu=1}^{n} x_\nu \boldsymbol{a}^{(\nu)} + y_\nu \boldsymbol{a}^{(\nu)} \\ = \sum_{\nu=1}^{n} x_\nu \boldsymbol{a}^{(\nu)} + \sum_{\nu=1}^{n} y_\nu \boldsymbol{a}^{(\nu)} &= A\boldsymbol{x} + A\boldsymbol{y}\,, \end{aligned}$$

d. h. 1) gilt und 3) ergibt sich analog.

Weiterhin ist wegen $\lambda A = (\lambda\boldsymbol{a}^{(1)}, \ldots, \lambda\boldsymbol{a}^{(n)})$

$$(\lambda A)\boldsymbol{x} = \sum_{\nu=1}^{n} x_\nu \lambda \boldsymbol{a}^{(\nu)} = \lambda \sum_{\nu=1}^{n} x_\nu \boldsymbol{a}^{(\nu)}.$$

Mithin haben wir 4), 2) ergibt sich analog. □

Betrachten wir speziell ein homogenes LGS mit n Unbekannten und m Gleichungen, das bedeutet die Lösungsmenge

$$U := \{\boldsymbol{x} \in \mathbb{R}^n : A\boldsymbol{x} = \boldsymbol{0}\} \ , \tag{1.41}$$

dann zeigt Theorem 1.46 1), 2), dass U ein linearer Unterraum von $\mathbb{R}^n$ ist.

Ist $A \in \mathbb{R}^{(m,n)}$ als Blockmatrix geschrieben und $\boldsymbol{x}$ verträglich partitioniert, so überträgt sich dies auf das Matrix-Vektor-Produkt. Sind z. B.

$$A = \left(A_1 \middle| A_2\right) \quad \text{mit}\, A_1 \in \mathbb{R}^{(m,n_1)},\ A_2 \in \mathbb{R}^{(m,n_2)}, \quad \boldsymbol{x} = \begin{pmatrix} \boldsymbol{x}_1 \\ \hline \boldsymbol{x}_2 \end{pmatrix} \quad \text{mit}\, \boldsymbol{x}_1 \in \mathbb{R}^{n_1}, \boldsymbol{x}_2 \in \mathbb{R}^{n_2} \ ,$$

dann gilt

$$A\boldsymbol{x} = A_1\boldsymbol{x}_1 + A_2\boldsymbol{x}_2 \ , \tag{1.42}$$

wie sich sofort aus der Definition als Linearkombination ergibt, und analog

$$A = \begin{pmatrix} A_1 \\ \hline A_2 \end{pmatrix} : \quad A\boldsymbol{x} = \begin{pmatrix} A_1\boldsymbol{x} \\ \hline A_2\boldsymbol{x} \end{pmatrix} ,$$

$$A = \left(\begin{array}{c|c} A_{1,1} & A_{1,2} \\ \hline A_{2,1} & A_{2,2} \end{array}\right), \ \boldsymbol{x} = \begin{pmatrix} \boldsymbol{x}_1 \\ \hline \boldsymbol{x}_2 \end{pmatrix} : \quad A\boldsymbol{x} = \begin{pmatrix} A_{1,1}\boldsymbol{x}_1 + A_{1,2}\boldsymbol{x}_2 \\ \hline A_{2,1}\boldsymbol{x}_1 + A_{2,2}\boldsymbol{x}_2 \end{pmatrix} .$$

Solange dementsprechend die Teile in der Anzahl der Komponenten zusammenpassen, kann wie mit kleinen (hier $(2, 2)$-) Matrizen gerechnet werden.

Bemerkung 1.47 Zu den einfachsten Matrizen gehören die *Diagonalmatrizen* $D \in \mathbb{R}^{(m,n)}$, die höchstens bei gleichem Zeilen- und Spaltenindex, d. h. auf der *Diagonalen*, einen Eintrag haben:

$$D = (d_{j,k})_{j,k} \quad \text{und} \quad d_{j,k} = d_j\delta_{j,k} \quad \text{für } j = 1, \ldots, m,\ k = 1, \ldots, n \ .$$

Dabei sind $d_1, \ldots, d_{\min(m,n)}$ also die Diagonaleinträge, die formal mit 0 bis zum Index $\max(m, n)$ aufgefüllt werden. Als Kurzschreibweise verwenden wir

$$\boxed{D = \operatorname{diag}(d_1, \ldots, d_{\min(m,n)}) \ .}$$

Für das Matrix-Vektor-Produkt ist also für $i = 1, \ldots, m$:

$$(D\boldsymbol{x})_i = \begin{cases} d_i x_i & \text{für } i = 1, \ldots, \min(m, n) \ , \\ 0 \ , & \text{sonst} \ . \end{cases}$$

△

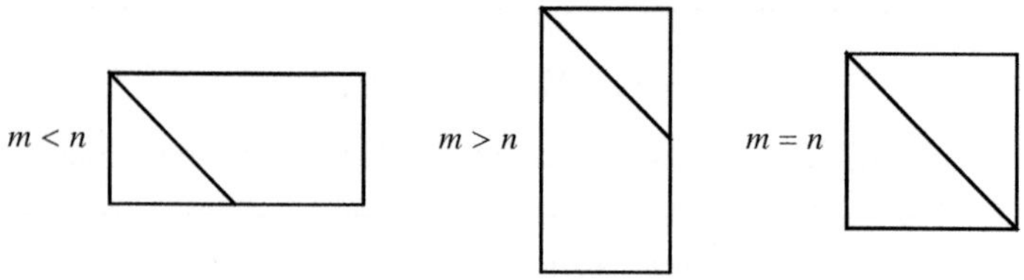

Abb. 1.9: Mögliche Diagonalmatrizen.

Ein Spezialfall einer Diagonalmatrix für $m = n$ ist die *Einheitsmatrix* $\mathbb{1}_n$, bei der für die Diagonaleinträge $d_1 = \ldots = d_n = 1$ gilt:

$$\mathbb{1}_n := (\delta_{j,k})_{j,k} .$$

Ist die Zeilen- und Spaltenzahl klar, wird auch kurz $\mathbb{1}$ geschrieben.

$\mathbb{1}_n$ hat gerade die Einheitsvektoren in $\mathbb{R}^n$ als Spalten (und auch als Zeilen):

$$\mathbb{1}_n = (\boldsymbol{e}_1, \ldots, \boldsymbol{e}_n) .$$

In Abschnitt 1.2.1, Seite 30 wurde die Operation $.^t$ zum Übergang von Zeile, d. h. von $\boldsymbol{x} \in \mathbb{R}^{(1,n)}$, zu Spalte, d. h. zu $\boldsymbol{y} \in \mathbb{R}^{(n,1)}$, und umgekehrt definiert. Allgemein bedeutet dies eine Vertauschung von Spalten- und Zeilenpositionen:

Definition 1.48

Sei $A = (a_{i,j}) \in \mathbb{R}^{(m,n)}$. Die *transponierte Matrix* $A^t \in \mathbb{R}^{(n,m)}$ ist somit definiert durch

$$A^t = (b_{k,l}) \quad \text{und} \quad b_{k,l} := a_{l,k},\ k = 1, \ldots, n,\ l = 1, \ldots, m .$$

Ist speziell $m = 1$, also $A \in \mathbb{R}^{(1,n)}$ eine Zeile, so ist für $\boldsymbol{b} \in \mathbb{R}^n$ dann $A\,\boldsymbol{b} \in \mathbb{R}^1$ eine reelle Zahl. Sind daher $\boldsymbol{a}, \boldsymbol{b} \in \mathbb{R}^n$, $\boldsymbol{a} = (a_\nu)_\nu$, $\boldsymbol{b} = (b_\nu)_\nu$, d. h. $\boldsymbol{a}, \boldsymbol{b} \in \mathbb{R}^{(n,1)}$ und so $\boldsymbol{a}^t \in \mathbb{R}^{(1,n)}$, gilt für das Matrix-Vektor-Produkt

$$\boldsymbol{a}^t \boldsymbol{b} = \sum_{\nu=1}^{n} a_\nu b_\nu \in \mathbb{R} .$$

Definition 1.49

Seien $\boldsymbol{a}, \boldsymbol{b} \in \mathbb{R}^n$. Das (*euklidische*)[21] *Skalarprodukt* von $\boldsymbol{a}$ und $\boldsymbol{b}$ ist die reelle Zahl

$$(\boldsymbol{a} \,.\, \boldsymbol{b}) := \boldsymbol{a}^t \boldsymbol{b} = \sum_{\nu=1}^{n} a_\nu b_\nu \,.$$

Beispiele 1.50 (Geometrie)

1) Das Skalarprodukt ist uns schon im Begriff der Hyperebene begegnet, die in Definition 1.26 definiert wurde als

$$H = \{\boldsymbol{x} \in \mathbb{R}^n : (\boldsymbol{a} \,.\, \boldsymbol{x}) = b\} \,. \tag{1.43}$$

Ist $\boldsymbol{v} \in H$ beliebig fest gewählt, so ist (1.43) äquivalent zu

$$H = \{\boldsymbol{x} \in \mathbb{R}^n : (\boldsymbol{a} \,.\, \boldsymbol{x} - \boldsymbol{v}) = 0\} \,. \tag{1.44}$$

Hierbei geht die Rechenregel

$$(\boldsymbol{a} \,.\, \lambda \boldsymbol{x} + \mu \boldsymbol{y}) = \lambda (\boldsymbol{a} \,.\, \boldsymbol{x}) + \mu (\boldsymbol{a} \,.\, \boldsymbol{y})$$

ein, die sofort aus Theorem 1.46, 1) und 2) folgt, aber auch, und analog für die erste Komponente, direkt mit der Summendarstellung verifiziert werden kann. Insbesondere kann $\boldsymbol{a}$ in (1.44) auch durch jedes Vielfache ungleich $\boldsymbol{0}$ ersetzt werden. Die geometrische Bedeutung dieser Vektoren wird in Abschnitt 1.5 untersucht.

2) Den möglichen Schnittpunkt einer Hyperebene H nach (1.43) und einer Gerade g gegeben durch $g : \boldsymbol{c} + \mathbb{R}\boldsymbol{w}$ kann man einfach durch Einsetzen der Geradengleichung in (1.43) gewinnen und erhält: Ist $(\boldsymbol{a} \,.\, \boldsymbol{w}) = 0$ und $b \neq (\boldsymbol{a} \,.\, \boldsymbol{c})$, so gibt es keinen Schnittpunkt, die Gerade ist „parallel" zu H. Ist $(\boldsymbol{a} \,.\, \boldsymbol{w}) = 0$ und $b = (\boldsymbol{a} \,.\, \boldsymbol{c})$, so verläuft die Gerade ganz in H. Ist $(\boldsymbol{a} \,.\, \boldsymbol{w}) \neq 0$, ist der eindeutige Schnittpunkt

$$\boldsymbol{v} = \boldsymbol{c} + \overline{\lambda}\boldsymbol{w}, \quad \overline{\lambda} = (b - (\boldsymbol{a} \,.\, \boldsymbol{c})) \,/\, (\boldsymbol{a} \,.\, \boldsymbol{w}) \,.$$

Man beachte dazu

$$0 = (\boldsymbol{a} \,.\, \boldsymbol{c} + \lambda \boldsymbol{w}) - b = (\boldsymbol{a} \,.\, \boldsymbol{c}) + \lambda (\boldsymbol{a} \,.\, \boldsymbol{w}) - b \,,$$

als zu erfüllende Gleichung für λ.

○

Will man ein Matrix-Vektor-Produkt von $A = (a_{\mu,\nu})_{\mu,\nu} \in \mathbb{R}^{(m,n)}$ und $\boldsymbol{x} = (x_\nu)_\nu \in \mathbb{R}^n$ per Hand ausrechnen, also

$$(A\boldsymbol{x})_\mu = \sum_{\nu=1}^{n} a_{\mu,\nu} x_\nu$$

bilden, geht man meist folgendermaßen vor: Die Spalte $\boldsymbol{x}$ wird über die μ-te Zeile $\boldsymbol{a}^t_{(\mu)}$ von A „gelegt", komponentenweise multipliziert und dann aufaddiert, d. h. gerade

---

[21] Euklid von Alexandria ∗um 360 v. Chr. vermutlich in Athen †ca. 280 v. Chr.

$$Ax = \begin{bmatrix} (a_{(1)} \, . \, x) \\ \vdots \\ (a_{(m)} \, . \, x) \end{bmatrix} \tag{1.45}$$

(*„Zeile mal Spalte“*) gebildet.

Bei dieser *zeilenweisen Sicht* des Matrix-Vektor-Produkts (im Vergleich zur *spaltenweisen* Definition) sind also m Skalarprodukte im $\mathbb{R}^n$ zu berechnen.

***Bemerkungen 1.51**

1) Ein Skalarprodukt im $\mathbb{R}^n$ benötigt $n + n - 1 = 2n - 1$ Operationen. Interessant ist diese Aussage für große n, wobei die führende Potenz k in n (hier $k = 1$) die wesentliche Information darstellt (d. h. die niedrigen n-Potenzen, hier $-1 = -1n^0$ und der Vorfaktor in der höchsten Potenz werden als Information vernachlässigt). Die Notation dafür ist

$$\mathrm{O}(n^k) \quad \text{(sprich: Groß O von } n^k) \, .$$

Ein Skalarprodukt in $\mathbb{R}^n$ benötigt demnach

$$\mathrm{O}(n) \text{ Operationen.}$$

Die Kombination aus Skalarmultiplikation und Addition $ax + y$, eine SAXPY-*Operation*, benötigt also auch

$$\mathrm{O}(n) \text{ Operationen.}$$

2) Da ein Matrix-Vektor-Produkt durch m Skalarprodukte in $\mathbb{R}^n$ bestimmt wird, bzw. es sich um n SAXPY-Operationen in $\mathbb{R}^m$ handelt, benötigt es somit

$$\mathrm{O}(nm) \text{ Operationen.}$$

Im Folgenden betrachten wir solche $A \in \mathbb{R}^{(n,n)}$, für die das GAUSS-Verfahren nur Stufenlängen 0 erzeugt, dementsprechend den eindeutig lösbaren Fall.

3) Die Rückwärtssubstitution (für ein Staffelsystem nach (1.9) mit $r = n = m$) benötigt

$$\mathrm{O}(n^2) \text{ Operationen,}$$

nämlich n Divisionen und $\sum_{\nu=1}^{n}(n - \nu) = \mathrm{O}(n^2)$ Multiplikationen und analog $\mathrm{O}(n^2)$ Additionen.

4) Das GAUSS-Verfahren, d. h. die Überführung einer Matrix in Staffelform (1.9), benötigt

$$\mathrm{O}(n^3) \text{ Operationen}$$

(siehe Aufgabe 1.17). Die Lösung eines Staffelsystems ist damit demgegenüber vernachlässigbar.

5) Bei der obigen Überlegung wurde vorausgesetzt, dass die Einträge i. Allg. von Null verschieden sind, die Matrix also *vollbesetzt* ist. Wenn andererseits klar ist, dass z. B. die betrachteten Matrizen in jeder Zeile nur höchstens k ($< n$) Einträge haben (im Beispiel 3 ist $k = 3$), benötigt das Matrix-Vektor-Produkt nur

$$\mathrm{O}(km) \text{ Operationen.} \tag{1.46}$$

Ist k konstant (und klein) auch bei wachsenden n und m, reduziert sich (1.46) auf $\mathrm{O}(m)$ Operationen. △

Mathematische Modellierung 2 Mit dem Skalarprodukt, und damit mit dem Matrix-Vektor-Produkt (wegen (1.45)), lassen sich *Mittelungsprozesse* ausdrücken: Anknüpfend an Mathematische Modellierung 1 lassen sich also Gesamtmassen m und Gesamtvolumen V schreiben als

$$m = (\mathbf{1} \,.\, \boldsymbol{m}) \,, \quad V = (\mathbf{1} \,.\, \boldsymbol{V}) \,,$$

wobei $\boldsymbol{m} = (m_i)_i, \boldsymbol{V} = (V_i)_i$ und $\mathbf{1} = (1)_i$ jeweils Elemente von $\mathbb{R}^n$ sind. Analog lässt sich auch m ausdrücken als

$$m = (\boldsymbol{\rho} \,.\, \boldsymbol{V}) \,,$$

wobei $\boldsymbol{\rho} = (\rho_i)_i$ aus den (Einzel-)Dichten gebildet wird. Ein ähnliches Vorgehen in einer ökonomischen Anwendung liefert die Darstellung für Gesamterträge und Gesamtstückzahl S, wie etwa

$$e = (\boldsymbol{p} \,.\, \boldsymbol{s}) \,, \tag{MM.24}$$

wobei $\boldsymbol{s} = (s_i)_i$ und $\boldsymbol{p} = (p_i)_i$ aus den (Einzel-)Stückzahlen und (Einzel-)Preisen gebildet wird. Die Zuordnung von Einzelstückzahlen zu Gesamtstückzahl und Gesamtertrag ist von daher durch folgendes Matrix-Vektor-Produkt gegeben:

$$\begin{pmatrix} S \\ e \end{pmatrix} = \begin{pmatrix} 1 & \dots & 1 \\ p_1 & \dots & p_n \end{pmatrix} \boldsymbol{s} \,.$$

◇

Beispiel 4(2) – Input-Output-Analyse Wir kehren zurück zur Input-Output-Analyse, mit einem Input-Output-Modell nach (MM.7), dem LGS

$$B\boldsymbol{x} = (\mathbb{1} - A)\boldsymbol{x} = \boldsymbol{f} \,. \tag{MM.25}$$

Dabei bedeutet Zulässigkeit, dass zu jedem $\boldsymbol{f} \geq \mathbf{0}$ eine Lösung $\boldsymbol{x} \geq \mathbf{0}$ existiert. Notwendigerweise muss dann für jedes beliebige $\boldsymbol{f} \in \mathbb{R}^n$ eine Lösung $\boldsymbol{x} \in \mathbb{R}^n$ von (MM.25) existieren. Eine beliebige rechte Seite $\boldsymbol{f}$ kann nämlich zerlegt werden in

$$\boldsymbol{f} = \boldsymbol{f}^+ - \boldsymbol{f}^- \,,$$

wobei

$$f_i^+ := \max(f_i, 0) \geq 0 \,, \quad f_i^- := \max(-f_i, 0) \geq 0 \quad \text{für alle } i = 1, \dots, n \,.$$

Aufgrund der Zulässigkeit existieren demnach Lösungen $\boldsymbol{x}^+ (\geq \mathbf{0})$, $\boldsymbol{x}^- (\geq \mathbf{0})$ zu $\boldsymbol{f}^+$ bzw. $\boldsymbol{f}^-$ und somit nach Theorem 1.46, 1) für $\boldsymbol{x} := \boldsymbol{x}^+ - \boldsymbol{x}^-$

$$B\boldsymbol{x} = B\boldsymbol{x}^+ - B\boldsymbol{x}^- = \boldsymbol{f}^+ - \boldsymbol{f}^- = \boldsymbol{f} \,.$$

Schreiben wir die Matrix A mit Hilfe ihrer Zeilen $(\boldsymbol{a}_{(i)})$, dann lässt sich (MM.25) formulieren als

$$(\boldsymbol{e}_i^t - \boldsymbol{a}_{(i)}{}^t)\boldsymbol{x} = f_i \quad \text{für } i = 1, \ldots, n$$

bzw.

$$x_i - (\boldsymbol{a}_{(i)} \, . \, \boldsymbol{x}) = f_i \, .$$

Summation über i liefert die folgende Darstellung des *Gesamterlöses*:

$$\sum_{i=1}^{n} f_i = \sum_{i=1}^{n} x_i - \sum_{i=1}^{n} (\boldsymbol{a}_{(i)} \, . \, \boldsymbol{x}) \, . \tag{MM.26}$$

Ergänzen wir die Input-Output-Tabelle nach Tabelle 1.1 um die primären Inputs $L_1, \ldots, L_n$ (etwa als $(n+1)$-te Zeile), so können die *Kosten* (in Mengeneinheiten) des Sektors j durch die Spaltensumme

$$\sum_{i=1}^{n} X_{i,j} + L_j$$

und damit der Gewinn Q_j durch

$$Q_j := X_j - \sum_{i=1}^{n} X_{i,j} - L_j$$

ausgedrückt werden, also

$$\sum_{i=1}^{n} X_{i,j} + L_j + Q_j = X_j \, , \quad j = 1, \ldots, n \, .$$

Unter *Schattenpreisen* versteht man Preise, die sich unter idealer Konkurrenz einstellen würden, definiert dadurch, dass kein Sektor Gewinn (oder Verlust) macht, folglich

$$Q_j = 0 \quad \text{für alle } j = 1, \ldots, n \, .$$

Mit solchen Preisen $P_1, \ldots, P_n$ für die Produkte der n Sektoren und $\widehat{P}_1, \ldots, \widehat{P}_n$ für die primären Inputs gilt dann

$$\sum_{i=1}^{n} X_{i,j} P_i + L_j \widehat{P}_j = X_j P_j \, , \quad j = 1, \ldots, n$$

und dadurch bei Annahme von $X_j > 0$ für alle $j = 1, \ldots, n$:

$$\sum_{i=1}^{n} a_{i,j} P_i + \frac{L_j \widehat{P}_j}{X_j} = P_j \, , \quad j = 1, \ldots, n \, .$$

Für $\overline{\boldsymbol{p}}, \overline{\boldsymbol{g}} \in \mathbb{R}^n$, definiert durch $\overline{p}_i := P_i$ und $\overline{g}_i := \frac{L_i \widehat{P}_i}{X_i}$, gilt darum $(\mathbb{1} - A^t)\overline{\boldsymbol{p}} = \overline{\boldsymbol{g}}$. Hiermit sind wir beim zum Mengenmodell (MM.7) dualen *Preismodell* angelangt. Das Input-Output-Modell heißt *profitabel*, wenn zu jedem $\boldsymbol{g} \in \mathbb{R}^n$, $\boldsymbol{g} \geq \boldsymbol{0}$ ein $\boldsymbol{p} \in \mathbb{R}^n$, $\boldsymbol{p} \geq \boldsymbol{0}$ existiert, so dass

$$(\mathbb{1} - A^t)\boldsymbol{p} = \boldsymbol{g} \, . \tag{MM.27}$$

Die obigen Überlegungen zeigen, dass dafür (MM.27) notwendigerweise für jedes $\boldsymbol{g} \in \mathbb{R}^n$ lösbar sein muss. Seien $\boldsymbol{f}, \boldsymbol{g} \in \mathbb{R}^n$, $\boldsymbol{f}, \boldsymbol{g} \geq \boldsymbol{0}$ und $\boldsymbol{x}, \boldsymbol{p} \in \mathbb{R}^n$ zugehörige Lösungen von (MM.7) bzw. (MM.27). Dann ist infolgedessen (siehe auch Mathematische Modellierung 2)

- das *Volkseinkommen* durch

$$(g \,.\, x) ,$$

- die *Nettowertschöpfung der Gesamtwirtschaft* durch

$$(p \,.\, f)$$

ausdrückbar. Die Schattenpreise sind gerade derart, dass hier Gleichheit gilt, wie folgende Rechnung (unter Vorwegnahme von (2.85)) zeigt:

$$(g \,.\, x) = \left((\mathbb{1} - A^t)p \,.\, x\right) = (p \,.\, (\mathbb{1} - A)x) = (p \,.\, f) .$$

Bisher wurde die Endnachfrage (etwa der Konsum der privaten Haushalte) und die primären Inputs (etwa die Arbeitsleistung der privaten Haushalte) als nicht rückgekoppelte, exogene Größen betrachtet. Wir beziehen nun diese als $(n + 1)$-ten Sektor mit ein und nehmen eine Proportionalität analog zu (MM.6) an,

$$F_i = a_{i,n+1} X_{n+1} , \; i = 1, \ldots , n ,$$

mit $a_{i,n+1} > 0$, wobei X_{n+1} als ein Maß für Beschäftigung interpretiert werden kann, was einen proportionalen Konsum bewirkt. Mit den primären Inputs steht X_{n+1} über

$$X_{n+1} = \sum_{i=1}^{n+1} L_i$$

in Verbindung, wobei noch L_{n+1} aufgenommen wurde und für den Sektor Arbeit die gleiche Rolle spielt wie $X_{i,i}$ für den Sektor i. Bei erweiterter Annahme

$$L_i = a_{n+1,i} X_i , \quad i = 1, \ldots , n + 1$$

mit Proportionalitätsfaktoren $a_{n+1,i} > 0$ geht dann das offene in das *geschlossene Input-Output-Modell* über, was – wenn wieder n statt $n + 1$ die Dimension bezeichnet – die Form annimmt:

$$\begin{gathered} \text{Sei } A \in \mathbb{R}^{n,n}, \; A \geq 0 . \\ \text{Gesucht ist } x \in \mathbb{R}^n, \; x \geq 0, \; x \neq 0, \text{ so dass} \\ Bx := (\mathbb{1} - A)x = 0 . \end{gathered} \tag{MM.28}$$

Die Eigenschaften (MM.8) und auch (MM.9) bleiben bei analogen Begründungen erhalten, und ähnlich zur Eigenschaft (MM.10) ist auch die etwaige Annahme

$$\sum_{i=1}^{n} a_{i,j} \leq 1 \tag{MM.29}$$

zu rechtfertigen. Der wesentliche Unterschied liegt offensichtlich darin, dass hier das homogene System nicht triviale Lösungen haben muss.

Definition 1.52

Ein Vektor $x \in \mathbb{R}^n$, so dass $x > 0$ und (MM.28) gilt, heißt ein *Output-Gleichgewichtsvektor* des geschlossenen Input-Output-Modells.

Für ein $x \in \mathbb{R}^n, x \geq 0$ ist Ax der Vektor der laufenden Inputs. Eine notwendige Bedingung für die Existenz eines Output-Gleichgewichtsvektors ist also die Bedingung

$$Ax \leq x \quad \text{für ein } x \in \mathbb{R}^n, x > 0 , \tag{MM.30}$$

die sicherstellt, dass das System überhaupt „operieren“ kann.

Definition 1.53

Ein $\boldsymbol{x} \in \mathbb{R}^n$ mit (MM.30) heißt *zulässige Outputlösung*. Existiert eine solche, heißt das geschlossene Input-Output-Modell *zulässig*.

◇

Manchmal bezeichnet man auch Lösungsmengen inhomogener Gleichungssysteme als Unterräume. Diese besitzen dann natürlich nicht die Eigenschaft (LIN). Es handelt sich um Unterräume im Sinn der affinen Geometrie, die hier im Vorfeld definiert werden.

Definition 1.54

Sei $(V, +, \cdot)$ ein $\mathbb{R}$-Vektorraum, $U \subset V$ ein linearer Unterraum und $\boldsymbol{v} \in V$. Dann heißt

$$A = \{\boldsymbol{x} = \boldsymbol{v} + \boldsymbol{u} \ : \boldsymbol{u} \in U\} =: \boldsymbol{v} + U$$

affiner Unterraum von V.

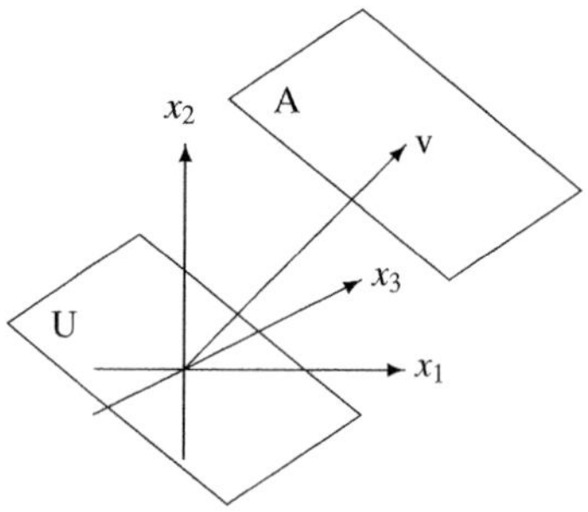

Abb. 1.10: Linearer und affiner Unterraum.

Korollar 1.55

Die Lösungsmenge U eines LGS mit n Unbekannten ist im Fall der Lösbarkeit ein affiner Unterraum von $\mathbb{R}^n$.

U ist ein linearer Unterraum genau dann, wenn das LGS homogen ist.

Beweis: Übung. □

Seien $A_1 = \boldsymbol{v}_1 + U_1, A_2 = \boldsymbol{v}_2 + U_2$ affine Unterräume von $\mathbb{R}^n$, wobei $U_1 = \operatorname{span}(\boldsymbol{a}_1, \ldots, \boldsymbol{a}_k)$, $U_2 = \operatorname{span}(\boldsymbol{a}_{k+1}, \ldots, \boldsymbol{a}_m)$ für gewisse $\boldsymbol{a}_\nu \in \mathbb{R}^n$, $\nu = 1, \ldots, m$. Für den Schnitt $A = A_1 \cap A_2$ gilt dann:

$$\begin{aligned} \boldsymbol{v} \in A \;\Leftrightarrow\; & \text{es gibt } x_1, \ldots, x_m \in \mathbb{R}\,, \text{ so dass } \boldsymbol{v}_1 + \sum_{i=1}^{k} x_i \boldsymbol{a}_i = \boldsymbol{v}_2 + \sum_{i=k+1}^{m} x_i \boldsymbol{a}_i \\ \Leftrightarrow\; & \sum_{i=1}^{k} x_i \boldsymbol{a}_i + \sum_{i=k+1}^{m} x_i(-\boldsymbol{a}_i) = \boldsymbol{v}_2 - \boldsymbol{v}_1\,. \end{aligned}$$

Dies bedeutet, alle Lösungen $\boldsymbol{x} = (x_1, \ldots, x_m)^t$ des LGS mit rechter Seite $\boldsymbol{b} = \boldsymbol{v}_2 - \boldsymbol{v}_1$ und $A = (\boldsymbol{a}_1, \ldots, \boldsymbol{a}_k, -\boldsymbol{a}_{k+1}, \ldots, -\boldsymbol{a}_m) \in \mathbb{R}^{(n,m)}$ zu bestimmen, was wieder mit dem GAUSSschen Eliminationsverfahren möglich ist. RLGS

Lemma 1.56

1) Sei $A = \boldsymbol{v} + U$ ein affiner Unterraum, dann gilt für beliebige $\boldsymbol{w} \in A$ auch $A = \boldsymbol{w} + U$.
2) Sind ebenso $A_1 = \boldsymbol{v}_1 + U_1, A_2 = \boldsymbol{v}_2 + U_2$ affine Unterräume, dann gilt für $A := A_1 \cap A_2$: Die Menge A ist leer oder der affine Unterraum

$$A = \boldsymbol{a} + U_1 \cap U_2$$

mit einem beliebigen $\boldsymbol{a} \in A$.

Beweis: Übung. □

Es gibt lineare Unterräume verschiedener Größe:

$\{\mathbf{0}\}$	Gerade	Ebene	...
0-dimensional	1-dimensional	2-dimensional	...

Diese Größe nennt man „Dimension“ eines linearen Unterraums. Der folgende Abschnitt dient u. a. der präzisen Definition des Dimensionsbegriffs.

Was Sie in diesem Abschnitt gelernt haben sollten

Begriffe:

- Linearer Unterraum
- Linearkombination, lineare Hülle, Erzeugendensystem
- Summe von linearen Unterräumen, direkte Summe
- Matrix-Vektor-Produkt

- Diagonalmatrizen, Einheitsmatrix
- Transponierte Matrix
- Euklidisches Skalarprodukt (SKP) in $\mathbb{R}^n$
- Aufwand von Operationen*
- Affiner Unterraum

Zusammenhänge:

- span und Matrix-Vektor-Produkt (1.40)
- Linearität des Matrix-Vektor-Produkts (Theorem 1.46)
- Lösungsmenge eines homogenen LGS als linearer Unterraum (1.41)
- Lösungsmenge eines inhomogenen LGS als affiner Unterraum (Korollar 1.55)

Beispiele:

- Einheitsvektoren in $\mathbb{R}^n$
- Erzeugendensystem in $\mathbb{R}_n(x)$, $S_0(\Delta)$, $S_1(\Delta)$ (Hutfunktionen)

Aufgaben

Aufgabe 1.14 (K) Betrachten Sie die acht Mengen von Vektoren $\boldsymbol{x} = (x_1, x_2)^t \in \mathbb{R}^2$ definiert durch die Bedingungen

a) $x_1 + x_2 = 0$,
b) $(x_1)^2 + (x_2)^2 = 0$,
c) $(x_1)^2 - (x_2)^2 = 0$,
d) $x_1 - x_2 = 1$,
e) $(x_1)^2 + (x_2)^2 = 1$,
f) Es gibt ein $t \in \mathbb{R}$ mit $x_1 = t$ und $x_2 = t^2$,
g) Es gibt ein $t \in \mathbb{R}$ mit $x_1 = t^3$ und $x_2 = t^3$,
h) $x_1 \in \mathbb{Z}$.

Welche dieser Mengen sind lineare Unterräume?

Aufgabe 1.15 (K) Liegt der Vektor $(3, -1, 0, -1)^t \in \mathbb{R}^4$ im Unterraum, der von den Vektoren $(2, -1, 3, 2)^t$, $(-1, 1, 1, -3)^t$ und $(1, 1, 9, -5)^t$ aufgespannt wird?

Aufgabe 1.16 (T) Es seien $U_1, U_2 \subset V$ lineare Unterräume eines $\mathbb{R}$-Vektorraums V. Zeigen Sie: $U_1 \cup U_2$ ist genau dann ein linearer Unterraum, wenn $U_1 \subset U_2$ oder $U_2 \subset U_1$.

Aufgabe 1.17 (K) Beweisen Sie Bemerkungen 1.51, indem Sie jeweils die genaue Anzahl von Additionen und Multiplikationen bestimmen.

Aufgabe 1.18 (T) Beweisen Sie Korollar 1.55.

Aufgabe 1.19 (T) Beweisen Sie Lemma 1.56.

1.4 Lineare (Un-)Abhängigkeit und Dimension

1.4.1 Lineare (Un-)Abhängigkeit und Dimension

Beispiel 1.57 Die beiden Vektoren $\boldsymbol{e}_1 = (1,0,0)^t$ und $\boldsymbol{e}_2 = (0,1,0)^t \in \mathbb{R}^3$ spannen die Ebene $\{\boldsymbol{x} \in \mathbb{R}^3 : x_3 = 0\}$ auf. Dieselbe Ebene wird aber auch von den drei Vektoren

$$\boldsymbol{e}_1,\ \boldsymbol{e}_2,\ \boldsymbol{e}_1 + \boldsymbol{e}_2 = (1,1,0)^t$$

aufgespannt (vgl. Abbildung 1.11). Jeden dieser drei Vektoren könnte man weglassen, die restlichen beiden spannen diese Ebene immer noch auf. Wir sagen: Diese drei Vektoren sind *linear abhängig*. ○

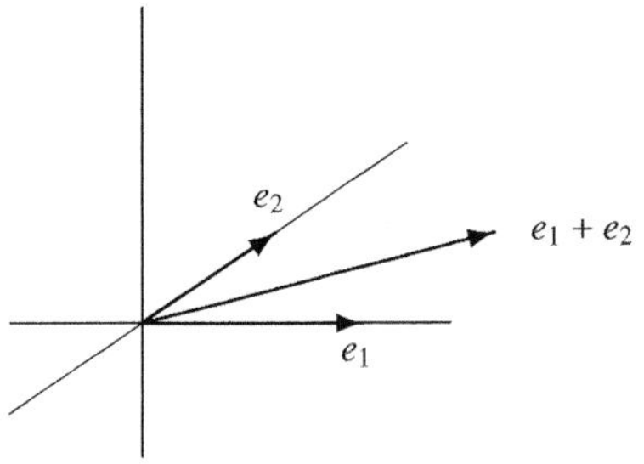

Abb. 1.11: Verschiedene aufspannende Vektoren.

Definition 1.58

Eine Menge $A \subset V$ heißt *linear abhängig*, wenn es eine echte Teilmenge A', d. h. $A' \subset A$, $A' \neq A$ gibt mit $\mathrm{span}(A') = \mathrm{span}(A)$. Sonst heißt A *linear unabhängig*.

Im Folgenden sei $(V, +, \cdot)$ ein beliebiger $\mathbb{R}$-Vektorraum.

Beispiele 1.59

1) Die oben betrachtete Menge $A = \{\boldsymbol{e}_1, \boldsymbol{e}_2, \boldsymbol{e}_1 + \boldsymbol{e}_2\} \subset \mathbb{R}^3$ ist linear abhängig, denn für $A' = \{\boldsymbol{e}_1, \boldsymbol{e}_2\} \subset A$ gilt $A' \neq A$ und $\mathrm{span}(A') = \mathrm{span}(A)$.

2) Die Menge $A = \{\boldsymbol{e}_1, \boldsymbol{e}_2\}$ enthält die folgenden echten Teilmengen:

$$\begin{aligned} A' = \{\boldsymbol{e}_1\} \text{ mit } \mathrm{span}(\boldsymbol{e}_1) &= \text{Gerade } \mathbb{R}\boldsymbol{e}_1, \\ A' = \{\boldsymbol{e}_2\} \text{ mit } \mathrm{span}(\boldsymbol{e}_2) &= \text{Gerade } \mathbb{R}\boldsymbol{e}_2, \\ A' = \emptyset \text{ mit } \mathrm{span}(\emptyset) &= \text{Nullraum}. \end{aligned}$$

Für keine davon gilt $\mathrm{span}(A') = \mathrm{span}(A) = \text{Ebene } \{x_3 = 0\}$. Also ist A linear unabhängig. ○

Bemerkungen 1.60

1) Jede Menge in V, die den Nullvektor enthält, ist linear abhängig.
Denn wenn $\mathbf{0} \in A$ *und* $A' = A \setminus \{\mathbf{0}\}$, *dann ist* $A' \neq A$, *aber* $\operatorname{span}(A') = \operatorname{span}(A)$.

2) Enthält $A \subset V$ einen Vektor $\boldsymbol{a}$ mit $\boldsymbol{a} \in \operatorname{span}(A \setminus \{\boldsymbol{a}\})$, dann ist A linear abhängig.
Denn für $A' := A \setminus \{\boldsymbol{a}\}$ *gilt* $A \neq A'$, *aber wegen* $\boldsymbol{a} = \sum_{j=1}^{l} d_j \boldsymbol{a}_j, \boldsymbol{a}_j \in A'$,

$$\begin{aligned}\operatorname{span}(A) &= \{c_0 \boldsymbol{a} + \textstyle\sum_{m=1}^{k} c_m \boldsymbol{b}_m \ : k \in \mathbb{N}, c_0, c_1, \ldots, c_k \in \mathbb{R}, \boldsymbol{b}_m \in A'\} \\ &= \{c_0(\textstyle\sum_{j=1}^{l} d_j \boldsymbol{a}_j) + \sum_{m=1}^{k} c_m \boldsymbol{b}_m \ : \ \boldsymbol{a}_j, \boldsymbol{b}_m \in A'\} \\ &\subset \operatorname{span}(A')\end{aligned}$$

und damit $\operatorname{span}(A) = \operatorname{span}(A')$.

Es gilt auch die Umkehrung der Aussage: Ist A linear abhängig, d. h. es gibt eine echte Teilmenge $A' \subset A$ mit $\operatorname{span}(A) = \operatorname{span}(A')$, dann kann $\boldsymbol{a} \in A \setminus A'$ gewählt werden und damit gilt: $\boldsymbol{a} \in \operatorname{span}(A') \subset \operatorname{span}(A \setminus \{\boldsymbol{a}\})$.

3) a) Jede Obermenge einer linear abhängigen Menge ist linear abhängig.

b) Jede Teilmenge einer linear unabhängigen Menge ist linear unabhängig.

Diese beiden Aussagen sind jeweils Kontrapositionen zueinander. 3)a) folgt sofort aus 2), da es sich dabei sogar um eine Charakterisierung von linearer Abhängigkeit handelt, wie aus Lemma 1.61 ersichtlich.

4) Wenn (voneinander verschiedene) Vektoren $\boldsymbol{v}_1, \ldots, \boldsymbol{v}_k \in A \subset V$ existieren und

> Zahlen $c_1, \ldots, c_k \in \mathbb{R}$, so dass nicht $c_1 = \ldots = c_k = 0$, mit
> $\sum_{m=1}^{k} c_m \boldsymbol{v}_m = \mathbf{0}$ (nicht triviale lineare Relation),

dann ist A linear abhängig.

Da nicht alle $c_m = 0$ *sind, können wir nach Vertauschen der Indizes* $c_1 \neq 0$ *annehmen und nachfolgend schreiben*

$$c_1 \boldsymbol{v}_1 = -\textstyle\sum_{m=2}^{k} c_m \boldsymbol{v}_m \quad \text{bzw.} \quad \boldsymbol{v}_1 = \sum_{m=2}^{k} \left(-\frac{c_m}{c_1}\right) \boldsymbol{v}_m ,$$

so dass die Aussage nach 2) folgt.

△

Diese Beispiele sollten zunächst den Sachverhalt der linearen Abhängigkeit verdeutlichen. Das letzte Beispiel ist bereits typisch dafür, wie wir künftig lineare Un-/Abhängigkeit überprüfen werden:

Lemma 1.61: Test auf lineare Abhängigkeit

Eine Teilmenge $A \subset V$ ist genau dann linear abhängig, wenn es eine nicht triviale lineare Relation zwischen (voneinander verschiedenen) Vektoren aus A gibt.

Hauptsatz 1.62: Test auf lineare Unabhängigkeit

Eine Teilmenge $A \subset V$ ist genau dann linear unabhängig, wenn sie folgende Eigenschaft besitzt:

Sind $\boldsymbol{v}_1, \ldots, \boldsymbol{v}_k$ endlich viele (voneinander paarweise verschiedene) Vektoren in A und $c_1, \ldots, c_k$ Zahlen in $\mathbb{R}$ mit

$$\sum_{m=1}^{k} c_m \boldsymbol{v}_m = \mathbf{0}\,,$$

dann ist $c_1 = \ldots = c_k = 0$.

Hauptsatz 1.62 ist nur eine Umformulierung von Lemma 1.61 durch Verneinung der äquivalenten Aussagen. Deswegen genügt es, Lemma 1.61 zu beweisen.

Beweis (von Lemma 1.61): „$\Leftarrow$“ : Diese Beweisrichtung wurde oben schon als Bemerkungen 1.60, 4) behandelt.

„$\Rightarrow$“ : Sei A linear abhängig, d. h. es gibt eine Teilmenge $A' \subset A$ mit $\operatorname{span}(A') = \operatorname{span}(A)$ und $A' \neq A$. Dann gibt es also einen Vektor $\boldsymbol{v} \in A$, der nicht zur Teilmenge A' gehört. Wegen $\boldsymbol{v} \in A \subset \operatorname{span}(A) = \operatorname{span}(A')$ ist $\boldsymbol{v}$ eine Linearkombination $\boldsymbol{v} = \sum_{\nu=1}^{k} c_\nu \boldsymbol{v}_\nu$ von Vektoren $\boldsymbol{v}_\nu \in A'$. Insbesondere können $\boldsymbol{v}, \boldsymbol{v}_i, i = 1, \ldots, k$ paarweise voneinander verschieden gewählt werden. So ist

$$1 \cdot \boldsymbol{v} - \sum_{\nu=1}^{k} c_\nu \boldsymbol{v}_\nu = \mathbf{0}$$

eine nicht triviale (da $\boldsymbol{v}$ einen Koeffizienten verschieden von 0 hat) lineare Relation zwischen Vektoren aus A. □

Nach Hauptsatz 1.62 ist somit lineare Unabhängigkeit von A äquivalent mit:

Prinzip des Koeffizientenvergleichs
Seien $\boldsymbol{v}_1, \ldots, \boldsymbol{v}_k \in A$ paarweise verschieden, $c_1, \ldots, c_k \in \mathbb{R}$ und $d_1, \ldots, d_k \in \mathbb{R}$, dann:

$$\sum_{m=1}^{k} c_m \boldsymbol{v}_m = \sum_{m=1}^{k} d_m \boldsymbol{v}_m \quad \Leftrightarrow \quad c_m = d_m \text{ für alle } m = 1, \ldots, k\,. \tag{1.47}$$

Weitere Beispiele:

Bemerkungen (Bemerkungen 1.60)

5) Sei $A \subset \mathbb{R}^n$ eine Teilmenge, die mehr als n Vektoren enthält. Dann ist A linear abhängig.

Das kann man sich folgendermaßen klarmachen: A enthält mindestens $n+1$ paarweise verschiedene Vektoren $\boldsymbol{v}_1, \ldots, \boldsymbol{v}_{n+1}$ mit $\boldsymbol{v}_j = (v_{k,j})_k$. Das homogene lineare Gleichungssystem

$$\begin{aligned} c_1 v_{1,1} + \ldots + c_{n+1} v_{1,n+1} &= 0 \\ \vdots \qquad\qquad \vdots \quad &\ \ \vdots \\ c_1 v_{n,1} + \ldots + c_{n+1} v_{n,n+1} &= 0 \end{aligned}$$

RLGS

aus n Gleichungen in den $n+1$ Unbekannten $c_1, \ldots, c_{n+1}$ hat nach Lemma 1.7 eine Lösung $(c_1, \ldots, c_{n+1}) \neq (0, \ldots, 0)$. Damit haben wir eine nicht triviale lineare Relation $\sum_{\nu=1}^{n+1} c_\nu \boldsymbol{v}_\nu = \boldsymbol{0}$ zwischen $\boldsymbol{v}_1, \ldots, \boldsymbol{v}_{n+1}$. Nach Lemma 1.61 ist A linear abhängig.

6) Es seien

$$\begin{aligned} z_1 &= (0, \ldots, 0, 1, \ldots \quad \ldots \quad \ldots)^t , \\ z_2 &= (0, \ldots, 0, 0, \ldots, 0, 1, \ldots \quad \ldots)^t , \\ &\vdots \\ z_r &= (0, \ldots, 0, 0, \ldots, 0, 0, \ldots, 0, 1, \ldots)^t \end{aligned}$$

die ersten r Zeilen aus einer Matrix in Zeilenstufenform (in Spaltenschreibweise), wobei r den Rang, d. h. die Anzahl der Zeilenstufen der Matrix darstellt. Diese Vektoren sind linear unabhängig.

Das lässt sich mit folgender Überlegung einsehen: Die Zeile z_k^t habe ihren ersten Eintrag ungleich 0 in der $j(k)$-ten Spalte, $k = 1, \ldots, r$. Da die Matrix Zeilenstufenform hat, ist

$$1 \leq j(1) < j(2) < \ldots < j(r) \leq n .$$

Wir testen auf lineare Unabhängigkeit: Sei eine Linearkombination $\sum_{k=1}^{r} c_k z_k = \boldsymbol{0}$ gegeben. Da nur die erste Zeile z_1^t in der $j(1)$-ten Spalte einen Eintrag ungleich 0 besitzt, folgt hieraus $c_1 = 0$. Von den übrigen Zeilen hat nur z_2^t einen Eintrag ungleich 0 in der $j(2)$-ten Spalte, was $c_2 = 0$ zur Folge hat, usw.

Die Aussage von 5) lässt sich auf beliebige $\mathbb{R}$-Vektorräume V übertragen:

7) Sei V ein $\mathbb{R}$-Vektorraum, der von $\boldsymbol{v}_1, \ldots, \boldsymbol{v}_n \in V$ aufgespannt wird. Seien für ein $k \in \mathbb{N}$ weitere Vektoren $\boldsymbol{w}_1, \ldots, \boldsymbol{w}_{n+k} \in V$ gegeben. Dann sind $\boldsymbol{w}_1, \ldots, \boldsymbol{w}_{n+k}$ linear abhängig.

Dies kann man wie folgt einsehen: Die $\boldsymbol{w}_i$ lassen sich mittels $\boldsymbol{v}_1, \ldots, \boldsymbol{v}_n$ darstellen:

$$\boldsymbol{w}_i = \sum_{j=1}^{n} a_{j,i} \boldsymbol{v}_j \quad \text{für } i = 1, \ldots, n+k$$

für geeignete $a_{j,i} \in \mathbb{R}$ (man beachte die vertauschten Indizes). Betrachte die $(n, n+k)$-Matrix

$$A := (a_{\mu,\nu})_{\substack{\mu=1,\ldots,n \\ \nu=1,\ldots,n+k}} ,$$

RLGS

die so aus den Koeffizienten der $\boldsymbol{w}_i$ bezüglich der $\boldsymbol{v}_j$ als Spalten gebildet wird. Nach Lemma 1.7 (wie in 5)) existiert ein $\boldsymbol{c} \in \mathbb{R}^{n+k}$, $\boldsymbol{c} \neq \boldsymbol{0}$, so dass $\boldsymbol{d} := A\boldsymbol{c} = \boldsymbol{0} \in \mathbb{R}^n$. Folglich ist auch

$$\sum_{j=1}^{n} d_j \boldsymbol{v}_j = 0 ,$$

weiterhin

$$0 = \sum_{j=1}^{n} \left(\sum_{i=1}^{n+k} a_{j,i} c_i \right) \boldsymbol{v}_j = \sum_{i=1}^{n+k} c_i \sum_{j=1}^{n} a_{j,i} \boldsymbol{v}_j = \sum_{i=1}^{n+k} c_i \boldsymbol{w}_i$$

und damit folgt die Behauptung.

△

Bemerkungen 1.60, 5) (und auch 7)) ist ein Auftreten des Prinzips *RLGS*: Eine Aussage über allgemeine Vektorräume wird durch die Benutzung eines „Koordinatensystems" $\boldsymbol{v}_1, \ldots, \boldsymbol{v}_n$ auf eine Aussage in $\mathbb{R}^n$ und infolgedessen für ein LGS zurückgeführt.

Allgemein haben wir in Erweiterung von Bemerkungen 1.60, 5) ein Prüfverfahren für eine endliche Teilmenge $\widetilde{A} = \{\boldsymbol{v}_1, \ldots, \boldsymbol{v}_l\}$ in $\mathbb{R}^n$ *auf lineare Unabhängigkeit:* Man bilde die Matrix $A = (\boldsymbol{v}_1, \ldots, \boldsymbol{v}_l) \in \mathbb{R}^{(n,l)}$ mit den Elementen von $\widetilde{A}$ als Spalten und prüfe das homogene LGS zu A mit dem GAUSSschen Eliminationsverfahren auf Eindeutigkeit. RLGS

Über den $\mathbb{R}^n$ hinaus kennen wir schon folgende Beispiele:

Bemerkungen 1.63

1) Die in (1.34) definierten Funktionen $f_0, \ldots, f_{n-1}$, die $S_0(\Delta)$ aufspannen, sind linear unabhängig.

Denn sei $\sum_{i=0}^{n-1} c_i f_i = 0$, *d. h.* $\sum_{i=0}^{n-1} c_i f_i(x) = 0$ *für alle* $x \in [a, b]$. *Sei also* Δ *die zugrunde gelegte Zerlegung von* $[a, b]$. *Für* $x = x_0$ *(zum Beispiel) folgt*

$$0 = \sum_{i=0}^{n-1} c_i f_i(x) = c_0 \cdot 1 = c_0$$

und weiter für $x = x_1$, *dass* $c_1 = 0$ *etc., bis für* $x = x_{n-1}$ *auch* $c_{n-1} = 0$ *folgt.*

Analog sind die Hutfunktionen $f_0, \ldots, f_n$ nach (1.37) linear unabhängig.

Das ist gerade die Richtung „$\Rightarrow$" der Aussage (1.39), angewandt auf $f = 0$.

2) Die Monome f_i aus (1.33) für $i = 0, \ldots, n$ sind linear unabhängig in $\mathbb{R}_n[x]$.

Es muss also gezeigt werden, dass ein Polynom $f(x) = \sum_{i=0}^{n} c_i x^i$ *nur dann für alle* $x \in \mathbb{R}$ *verschwinden kann, wenn* $c_0 = \ldots = c_n = 0$. *Der Nachweis braucht Kenntnisse aus der Algebra oder Analysis. Entweder nutzt man, dass ein Polynom* n*-ten Grades (für das also* $c_n \neq 0$*) höchstens* n *(reelle) Nullstellen hat (siehe Anhang B.3, Satz B.21) oder man berechnet sukzessive die Ableitungen von* f, *die auch alle verschwinden müssen und erhält bei* $x = 0$:

$$\begin{aligned} 0 &= f(0) &&= c_0\,, \\ 0 &= f'(0) &&= c_1\,, \\ 0 &= f''(0) &&= 2c_2\,, \quad \text{etc.} \end{aligned}$$

Ein Polynom $f(x) = \sum_{i=0}^{n} c_i x^i$ *wird sodann nicht nur eindeutig durch den Koeffizientenvektor* $(c_0, \ldots, c_n)^t$ *festgelegt, sondern bestimmt auch diesen eindeutig. Damit ist die schon nach Definition 1.28 erwähnte Bijektivität der Abbildung*

$$\begin{aligned} \Phi : \mathbb{R}^{n+1} &\to \mathbb{R}_n[x]\,, \\ (a_0, \ldots, a_n)^t &\mapsto f\,, \\ \text{wobei } f(x) &= \textstyle\sum_{\nu=0}^{n} a_\nu x^\nu \end{aligned}$$

bewiesen.

3) Sei $A \in \mathbb{R}^{(m,n)}$ eine beliebige Matrix mit den Spalten $\boldsymbol{a}^{(1)}, \ldots, \boldsymbol{a}^{(n)}$.

Dann sind äquivalent:

(i) $\boldsymbol{a}^{(1)}, \dots, \boldsymbol{a}^{(n)}$ sind linear unabhängig.

(ii) Das homogene LGS

$$A\boldsymbol{x} = \boldsymbol{0}$$

hat nur die triviale Lösung $\boldsymbol{x} = \boldsymbol{0}$.

(iii) Das inhomogene LGS

$$A\boldsymbol{x} = \boldsymbol{b}$$

hat für beliebige $\boldsymbol{b} \in \mathbb{R}^n$ höchstens eine Lösung.

Das lässt sich so zeigen: (ii) ist nur die Matrixschreibweise von (i) in Form des Tests auf lineare Unabhängigkeit

$$\textstyle\sum_{i=1}^{n} c_i \boldsymbol{a}^{(i)} = \boldsymbol{0} \Rightarrow c_1 = \ldots = c_n = 0 \,,$$

daher „(i)⇔(ii)". Aus dem Theorem 1.8 folgt „(ii)⇒(iii)" und schließlich „(iii)⇔(ii)" ergibt sich, da auch für $\boldsymbol{b} = \boldsymbol{0}$ die Lösung eindeutig ist.

△

Gelegentlich haben wir es nicht mit einer *Menge* $\{\boldsymbol{v}_1, \boldsymbol{v}_2, \ldots\}$ von Vektoren zu tun, sondern mit einer *Folge* $\boldsymbol{v}_1, \boldsymbol{v}_2, \ldots$, in der etwa Vektoren auch mehrmals vorkommen können. Eine solche (endliche oder unendliche) Folge werden wir auch *System* von Vektoren nennen. Für ein System schreiben wir auch $[\boldsymbol{v}_1, \boldsymbol{v}_2, \ldots]$ bzw. genauer:

$[\boldsymbol{v}_1, \ldots, \boldsymbol{v}_n]$ für ein endliches bzw.
$[\boldsymbol{v}_i : i \in I]$ für ein unendliches System z. B. $I = \mathbb{N}$, aber auch
$[\boldsymbol{v}_i : i \in I]$ für eine beliebige Indexmenge.

Die Zeilenvektoren einer Matrix sind z. B. so ein System. Die Definition 1.58 kann wörtlich auf Systeme übertragen werden (siehe Bemerkungen 1.60, 2)):

Definition 1.64

Ein System $[\boldsymbol{v}_i : i \in I]$ in V heißt *linear abhängig* , wenn ein $k \in I$ existiert, so dass

$$\boldsymbol{v}_k \in \operatorname{span}\{\boldsymbol{v}_i : i \in I \setminus \{k\}\} \;.$$

Alle obigen Überlegungen übertragen sich folglich auf Systeme, insbesondere ist der Test auf lineare Unabhängigkeit für ein System

$$\sum_{1}^{k} c_\nu \boldsymbol{v}_\nu = \boldsymbol{0} \quad \overset{?}{\Rightarrow} \quad c_1 = \ldots = c_k = 0$$

für alle $k \in \mathbb{N}$. Ein System, in dem derselbe Vektor mehrmals vorkommt, ist somit stets linear abhängig.

Definition 1.65

Sei $U \subset V$ ein linearer Unterraum. Eine *Basis* von U ist eine Menge $\mathcal{B}$ von Vektoren aus U mit

(i) $U = \text{span}(\mathcal{B})$,
(ii) $\mathcal{B}$ ist linear unabhängig.

Ist $\mathcal{B} = \{\boldsymbol{v}_1, \ldots, \boldsymbol{v}_r\}$, so heißt die Zahl r *Länge der Basis*.

Zur Unterscheidung der in Definition 7.67 einzuführenden SCHAUDER-Basis wird hier auch von einer HAMEL-Basis[22] gesprochen.

Bemerkungen 1.66

1) Sei $\boldsymbol{v} \in V$, $\boldsymbol{v} \neq \boldsymbol{0}$. Für eine Gerade $\mathbb{R}\boldsymbol{v}$ bildet der Vektor $\boldsymbol{v}$ eine Basis.

2) Seien $\boldsymbol{v}, \boldsymbol{w} \in V$, $\boldsymbol{v} \neq \boldsymbol{0}$, $\boldsymbol{w} \neq \boldsymbol{0}$. Die Definition einer Ebene durch $\boldsymbol{0}$ aus Definition 1.23

$$E = \mathbb{R}\boldsymbol{v} + \mathbb{R}\boldsymbol{w}$$

setzt also die lineare Unabhängigkeit von $\boldsymbol{v}, \boldsymbol{w}$ voraus. Damit bilden $\boldsymbol{v}, \boldsymbol{w}$ eine Basis von E. Sind $\boldsymbol{v}, \boldsymbol{w}$ linear abhängig, dann ist $E = \mathbb{R}\boldsymbol{v} = \mathbb{R}\boldsymbol{w}$ eine Gerade.

3)

Die Vektoren $\boldsymbol{e}_1, \ldots, \boldsymbol{e}_n$, bilden eine Basis des $\mathbb{R}^n$. Wir nennen sie die *Standardbasis*, die Vektoren nennen wir *Koordinatenvektoren*.

Weiter bilden $\boldsymbol{e}_1, \ldots, \boldsymbol{e}_k \in \mathbb{R}^n$ für $k = 1, \ldots, n$ eine Basis von

$$\{\boldsymbol{x} \in \mathbb{R}^n : \boldsymbol{x} = (x_i)_i, x_i = 0 \text{ für } i = k+1, \ldots, n\} .$$

4) Der Nullvektorraum $\{\boldsymbol{0}\}$ hat die leere Menge $\emptyset$ als Basis.

5) Sei $M \neq \emptyset$ eine Menge, $V := \text{Abb}(M, \mathbb{R})$. Die Verallgemeinerung der Einheitsvektoren $\boldsymbol{e}_i$ sind die Abbildungen

[22] Georg Karl Wilhelm HAMEL ∗12. September 1877 in Düren †4. Oktober 1954 in Landshut

$$e_p(q) = \begin{cases} 1, & \text{falls } q = p \text{ für } p \in M \\ 0, & \text{sonst} \end{cases} .$$

Diese sind linear unabhängig (vergleiche (1.39)), aber nur eine Basis von

$$\mathrm{Abb}_0(M, \mathbb{R}) := \{f \in \mathrm{Abb}(M, \mathbb{R}) : f(p) \neq 0 \text{ gilt nur für endlich viele } p \in M\}.$$

Nur wenn M endlich ist, ist auch

$$\mathrm{Abb}_0(M, \mathbb{R}) = \mathrm{Abb}(M, \mathbb{R}).$$

6) Sei V ein $\mathbb{R}$-Vektorraum, $\mathcal{B} \subset V$. Nach Definition Definition 1.65 und (1.47) gilt also: $\mathcal{B}$ ist Basis von V genau dann, wenn eine der folgenden äquivalenten Aussagen gilt:

(i) $V = \mathrm{span}(\mathcal{B})$, $\mathcal{B}$ ist linear unabhängig.

(ii) Jedes $\boldsymbol{v} \in V$ lässt sich in eindeutiger Weise (d. h. (1.47) gilt) als Linearkombination von Vektoren aus $\mathcal{B}$ schreiben.

Diese Äquivalenzliste lässt sich ergänzen um:

(iii) $\mathcal{B}$ ist linear unabhängig und bezüglich dieser Eigenschaft und der Ordnung „$\subset$ " auf $\mathcal{P}(V)$ maximal (siehe Definition A.24).

(iv) $\mathcal{B}$ ist Erzeugendensystem von V und bezüglich dieser Eigenschaft und der Ordnung „$\subset$ " auf $\mathcal{P}(V)$ minimal.

Das kann man wie folgt einsehen:

„(i) ⇒ (iii)" *Sei $\mathcal{B}' \subset V$ linear unabhängig und $\mathcal{B} \subset \mathcal{B}'$, zu zeigen ist: $\mathcal{B} = \mathcal{B}'$. Wäre $\mathcal{B}$ echte Teilmenge von $\mathcal{B}'$, dann wäre wegen $V = \mathrm{span}(\mathcal{B}) \subset \mathrm{span}(\mathcal{B}') = V$ (nach Satz 1.39, 2)) $\mathrm{span}(\mathcal{B}) = \mathrm{span}(\mathcal{B}')$ und damit nach Definition $\mathcal{B}'$ linear abhängig, im Widerspruch zur Annahme.*

„(iii) ⇒ (i)" *Sei $\mathcal{B} \subset V$ linear unabhängig und diesbezüglich maximal, zu zeigen ist $\mathrm{span}(\mathcal{B}) = V$. Sei $\boldsymbol{v} \in V$, dann gilt $\boldsymbol{v} \in \mathrm{span}(\mathcal{B})$ oder nicht. Im letzten Fall ist aber (nach Bemerkungen 1.74, 8)) $\mathcal{B} \cup \{\boldsymbol{v}\}$ linear unabhängig, im Widerspruch zur Maximalität von $\mathcal{B}$. Also gilt $V = \mathrm{span}(\mathcal{B})$.*

„(i) ⇒ (iv)" *Sei $\mathcal{B}' \subset V$ und $\mathrm{span}(\mathcal{B}') = V$, $\mathcal{B}' \subset \mathcal{B}$, zu zeigen ist: $\mathcal{B} = \mathcal{B}'$. Wäre $\mathcal{B}'$ echte Teilmenge, dann wäre wegen $\mathrm{span}(\mathcal{B}') = \mathrm{span}(\mathcal{B})$ $\mathcal{B}$ linear abhängig, ein Widerspruch zur Basiseigenschaft.*

„(iv) ⇒ (i)" *Sei $\mathcal{B} \subset V$, $\mathrm{span}(\mathcal{B}) = V$ und $\mathcal{B}$ diesbezüglich minimal, zu zeigen ist: $\mathcal{B}$ ist linear unabhängig. Wäre $\mathcal{B}$ linear abhängig, dann existierte eine echte Teilmenge $\mathcal{B}'$ von $\mathcal{B}$ und $\mathrm{span}(\mathcal{B}') = \mathrm{span}(\mathcal{B})$, im Widerspruch zur Minimalität von $\mathcal{B}$.*

△

Beispiel 1.67 (Geometrie) Mit den eingeführten Begriffen lassen sich elementargeometrische Beziehungen beschreiben: Sei V ein $\mathbb{R}$-Vektorraum, $g_1 : \boldsymbol{a} + \mathbb{R}\boldsymbol{p}$ und $g_2 : \boldsymbol{b} + \mathbb{R}\boldsymbol{q}$, wobei $\boldsymbol{p}, \boldsymbol{q} \neq \boldsymbol{0}$, seien Geraden in V. g_1 und g_2 sind *parallel* , wenn $\boldsymbol{p}, \boldsymbol{q}$ linear abhängig sind, d. h. o. B. d. A. $\boldsymbol{p} = \boldsymbol{q}$, aber $\boldsymbol{a} - \boldsymbol{b} \notin \mathrm{span}(\boldsymbol{p})$. Ohne die letzte Bedingung wären g_1 und g_2 identisch. g_1 und g_2 *schneiden* sich, wenn $\boldsymbol{p}, \boldsymbol{q}$ linear unabhängig sind und $\lambda, \mu \in \mathbb{R}$

existieren, so dass

$$a + \lambda p = b + \mu q \qquad \text{d. h. genau dann, wenn } a - b \in \operatorname{span}(p, q)\,. \tag{1.48}$$

Der *Schnittpunkt* ist somit im Falle der Existenz eindeutig. Zwei nicht identische, nicht parallele Geraden heißen *windschief*, wenn sie sich nicht schneiden, d. h. genau in diesem Fall: $\boldsymbol{p}, \boldsymbol{q}$ sind linear unabhängig und

$$a - b \notin \operatorname{span}(p, q)\,, \quad \text{d. h. genau dann, wenn } p, q, a - b \text{ linear unabhängig sind.}$$

Sei $g : \boldsymbol{a} + \mathbb{R}\boldsymbol{p},\ \boldsymbol{p} \neq \boldsymbol{0}$ eine Gerade, $E : \boldsymbol{b} + \operatorname{span}(\boldsymbol{q}, \boldsymbol{r})$ eine Ebene, wobei $\boldsymbol{q}, \boldsymbol{r}$ linear unabhängig sind. g und E *schneiden* sich, wenn

$$a - b \in \operatorname{span}(p, q, r)\,. \tag{1.49}$$

Sind also $\boldsymbol{p}, \boldsymbol{q}, \boldsymbol{r}$ linear unabhängig, dann ist der Schnittpunkt eindeutig. Ist zusätzlich $\dim V = 3$, dann liegt (1.49) immer vor. Ist $\dim V \geq 4$, ist es möglich dass $\boldsymbol{p}, \boldsymbol{q}, \boldsymbol{r}$ linear unabhängig sind, ohne dass (1.49) gilt: g und E sind dann nicht parallel, ohne sich zu schneiden. Sind $\boldsymbol{p}, \boldsymbol{q}, \boldsymbol{r}$ linear abhängig und gilt (1.49), so ist $g \subset E$. Sind $\boldsymbol{p}, \boldsymbol{q}, \boldsymbol{r}$ linear abhängig und trifft (1.49) nicht zu, so sind g und E *parallel*, d. h. $g \cap E = \emptyset$, aber für die jeweils in den Nullpunkt verschobene Gerade bzw. Ebene $g_0 : \mathbb{R}\boldsymbol{p}$ und $E_0 : \operatorname{span}(\boldsymbol{q}, \boldsymbol{r})$ gilt: $g_0 \subset E_0$. ○

Beispiel 1(3) – Historische Probleme Wir setzen die Diskussion der Fibonacci-Folge fort, indem wir allgemein den Lösungsraum V der Differenzengleichung nach (MM.21) betrachten. Es gilt:

Satz 1.68

Unter den Voraussetzungen von Lemma 1.42 gilt:

1) Wenn zusätzlich $\boldsymbol{a}^1, \ldots, \boldsymbol{a}^m$ linear unabhängig sind, d. h. eine Basis von $\mathbb{R}^m$ bilden, dann ist auch

$$(a_n^1)_n, \ldots, (a_n^m)_n$$

eine Basis von V.

2) Sind $(a_n^1)_n, \ldots, (a_n^m)_n$ eine Basis von V, dann sind auch $\boldsymbol{a}^1, \ldots, \boldsymbol{a}^m$ eine Basis von $\mathbb{R}^m$.

Beweis: Zu 1): Sei $\sum_{i=1}^n c_i (a_n^i)_n = (0)_n$ für $c_i \in \mathbb{R}, i = 1, \ldots, m$, dann gilt also insbesondere (Einschränkung auf die Indizes $n = 1, \ldots, m$):

$$\sum_{i=1}^n c_i \boldsymbol{a}^i = \boldsymbol{0} \quad \text{und somit} \quad c_1 = \ldots = c_m = 0\,.$$

Diese Aussage gilt folglich allgemein für beliebige Folgen und ihre „Anfangs-“vektoren, bestehend aus einer festen Anzahl der ersten Folgenglieder.
Zu 2): Sei $\sum_{i=1}^m c_i \boldsymbol{a}^i = \boldsymbol{0}$, dann gilt für $(b_n)_n := \sum_{i=1}^m c_i (a_n^i)_n \in V$: $b_1 = \ldots = b_m = 0$ und wegen der Eindeutigkeit der (MM.20) und (MM.21) erfüllenden Folgen sind damit

$$\sum_{i=1}^{m} c_i (a_n^i)_n = (0)_n \, .$$

Nach Voraussetzung an die $(a_n^i)_n$ folgt also

$$c_1 = \ldots = c_m = 0 \, . \tag{MM.31}$$

Zusammen mit den Aussagen von Lemma 1.42 ergeben sich die jeweiligen Behauptungen. □

Konkretisieren wir die Betrachtung wieder auf (MM.17), (MM.18), kann eine Basis von V dadurch angegeben werden, dass zwei Folgen mit linear unabhängigen Anfangsvektoren gewählt werden. Neben $(f_n)_n$ könnte diese $(g_n)_n \in V$ zu

$$g_1 := 1 \, , \qquad g_2 := 0$$

sein, wodurch eine Folge entsteht, für die

$$g_n = f_{n-1} \quad \text{für } n \in \mathbb{N} \, , \; n \geq 2$$

gilt. Insofern ist $(f_n)_n$ „typisch" für V. Eine Basis von V, die explizit angegeben werden kann, ergibt sich durch den Ansatz

$$a_n = \xi^n \quad \text{für ein } \xi \in \mathbb{R} \, . \tag{MM.32}$$

Finden sich $\xi_1 \neq \xi_2$, sodass (MM.32), (MM.18) erfüllt sind, dann haben wir eine Basis von V, da $(1, \xi_1)^t, (1, \xi_2)^t$ eine Basis von $\mathbb{R}^2$ darstellen. Einsetzen von (MM.32) in (MM.18) ergibt die äquivalente Umformung für $\xi \neq 0$:

$$\xi^{n+2} = \xi^{n+1} + \xi^n \quad \Leftrightarrow \quad \xi^2 - \xi - 1 = 0 \quad \Leftrightarrow \quad \xi_{1,2} = \frac{1 \pm \sqrt{5}}{2} \, ,$$

d. h. ξ_1 ist die *Zahl des goldenen Schnitts*. Wegen $\xi_1 > 1$ und $-1 < \xi_2 < 0$ ist sodann mit

$$a_n^1 := \xi_1^n$$

eine monoton wachsende, unbeschränkte Lösung gefunden, wie $(f_n)_n$, mit

$$a_n^2 := \xi_2^n$$

einer oszillierenden Nullfolge. Für große n ist demnach in jeder Darstellung $(a_n^1)_n$ das beherrschende Basiselement, auch für $(f_n)_n$. Wegen (MM.22), (MM.23) ist folglich nur der Anfangsvektor der FIBONACCI-Folge $(0, 1)^t$ als Linearkombination von $(1, \xi_1)^t, (1, \xi_2)^t$ darzustellen. Die Lösung des LGS

$$\begin{aligned} c_1 + c_2 &= 0 \\ \xi_1 c_1 + \xi_2 c_2 &= 1 \end{aligned}$$

ist $c_1 = \frac{1}{\sqrt{5}}, c_2 = -\frac{1}{\sqrt{5}}$, also ergibt sich die explizite Darstellung für die FIBONACCI-Folge:

$$f_n = \frac{1}{\sqrt{5}} \left[\left(\frac{1 + \sqrt{5}}{2} \right)^n - \left(\frac{1 - \sqrt{5}}{2} \right)^n \right] .$$

Es ist erstaunlich, dass diese Kombination irrationaler Zahlen immer eine natürliche Zahl ergibt. Der beherrschende Summand ist der erste, insofern sich der Quotient f_{n+1}/f_n immer mehr ξ_1 annähert (dagegen konvergiert). Die FIBONACCI-Folge ist ein Beispiel *exponentiellen Wachstums* zur Basis ξ_1.

Für die allgemeine Gleichung (MM.21) sind bei gleichem Ansatz (MM.32) die Nullstellen des Polynoms m-ten Grades

$$p(x) := x^m - \sum_{i=0}^{m-1} a^{(i)} x^i$$

zu untersuchen. Liegen m verschiedene reelle Nullstellen vor, so ist auch hier eine explizit dargestellte Basis von V gefunden. Der Fall mehrfacher Nullstellen (vgl. Anhang B.3) kann erst später behandelt werden. ◇

Korollar 1.69: Basis-Satz

Jeder lineare $\mathbb{R}$-Vektorraum, der *endlich erzeugt* ist, d. h. $\boldsymbol{v}_1, \ldots, \boldsymbol{v}_r \in V$ für ein $r \in \mathbb{N}$ besitzt, so dass $V = \text{span}(\boldsymbol{v}_1, \ldots, \boldsymbol{v}_r)$, hat eine endliche Basis.

Dies ist ein Spezialfall ($W = \{\boldsymbol{0}\}$) des folgenden Satzes 1.70, so dass wir nur diesen Satz 1.70 zu beweisen brauchen.

Satz 1.70: Basis-Ergänzungs-Satz

Es seien $W \subset U \subset V$ lineare Unterräume, U sei durch eine endliche Menge erzeugt und $\boldsymbol{v}_1, \ldots, \boldsymbol{v}_r$ sei eine Basis von W. Dann gibt es Vektoren $\boldsymbol{u}_1, \ldots, \boldsymbol{u}_s \in U$ so, dass das System $\boldsymbol{v}_1, \ldots, \boldsymbol{v}_r, \boldsymbol{u}_1, \ldots, \boldsymbol{u}_s$ eine Basis von U ist. Insbesondere gibt es also zum linearen Unterraum $W \subset U$ einen linearen Unterraum

$$\widehat{W}(= \text{span}(\boldsymbol{u}_1, \ldots, \boldsymbol{u}_s)), \text{ so dass } W \oplus \widehat{W} = U\,.$$

$\widehat{W}$ heißt ein *Komplement* von W.

Beweis: U sei durch n Vektoren erzeugt. Wenn $W = U$ ist, dann ist nichts zu beweisen ($s = 0$). Wenn $W \neq U$ ist, dann existiert ein $\boldsymbol{u} \in U$, das nicht $\in W$ ist. Wir behaupten, das System $\boldsymbol{v}_1, \ldots, \boldsymbol{v}_r, \boldsymbol{u}$ ist linear unabhängig und verwenden den Test aus Hauptsatz 1.62. Sei nun

$$\sum_{\nu=1}^{r} c_\nu \boldsymbol{v}_\nu + c\boldsymbol{u} = \boldsymbol{0}$$

eine lineare Relation. Dann muss $c = 0$ gelten, denn sonst würde $\boldsymbol{u} = -\frac{1}{c} \sum_{\nu=1}^{r} c_\nu \boldsymbol{v}_\nu$ zu W gehören. Weil nun $c = 0$, so lautet die lineare Relation nur noch

$$\sum_{\nu=1}^{r} c_\nu \boldsymbol{v}_\nu = \boldsymbol{0}\,.$$

Weil die $\boldsymbol{v}_1, \ldots, \boldsymbol{v}_r$ eine Basis von W bilden, sind sie insbesondere linear unabhängig. Deswegen folgt jetzt auch $c_1 = \ldots = c_r = 0$ und $\boldsymbol{v}_1, \ldots, \boldsymbol{v}_r, \boldsymbol{u}$ sind linear unabhängig. Wir setzen $\boldsymbol{u}_1 := \boldsymbol{u}$ und $U_1 := \text{span}(\boldsymbol{v}_1, \ldots, \boldsymbol{v}_r, \boldsymbol{u}_1)$. Dann bilden die Vektoren $\boldsymbol{v}_1, \ldots, \boldsymbol{v}_r, \boldsymbol{u}_1$ eine Basis von U_1. Wenn $U_1 = U$ ist, dann sind wir fertig. Andernfalls wiederholen wir diese

Konstruktion immer wieder. Wir erhalten dann für alle $k \geq 1$ Untervektorräume $U_k \subset U$ mit einer Basis $\boldsymbol{v}_1, \ldots, \boldsymbol{v}_r, \boldsymbol{u}_1, \ldots, \boldsymbol{u}_k$. Spätestens wenn $r + k = n + 1$ ist, können die $n + 1$ Vektoren $\boldsymbol{v}_1, \ldots, \boldsymbol{v}_r, \boldsymbol{u}_1, \ldots, \boldsymbol{u}_k$ nicht mehr linear unabhängig sein (Bemerkungen 1.60, 7)). Es muss daher vorher schon einmal ein $k = s$ gegeben haben mit $U_s = U$. Für den Zusatz beachte man:

$$W + \widehat{W} = U$$

ist nur eine Umformulierung von

$$\operatorname{span}(\boldsymbol{v}_1, \ldots, \boldsymbol{v}_r, \boldsymbol{u}_1, \ldots, \boldsymbol{u}_s) = U .$$

Die Summe ist direkt, da $\boldsymbol{v} \in W \cap \widehat{W}$ impliziert[23]

$$\begin{aligned} &\boldsymbol{v} = \textstyle\sum_{\nu=1}^r c_\nu \boldsymbol{v}_\nu = \sum_{\mu=1}^s d_\mu \boldsymbol{u}_\mu \quad \Rightarrow \sum_{\nu=1}^r c_\nu \boldsymbol{v}_\nu - \sum_{\mu=1}^s d_\mu \boldsymbol{u}_\mu = \mathbf{0} \\ &\Rightarrow c_1 = \ldots = c_r = 0 \; (d_1 = \ldots d_\mu = 0) \quad \Rightarrow \boldsymbol{v} = \mathbf{0} \end{aligned}$$

wegen der linearen Unabhängigkeit von $\{\boldsymbol{v}_1, \ldots, \boldsymbol{v}_r, \boldsymbol{u}_1, \ldots, \boldsymbol{u}_s\}$. □

Satz 1.71: Basis-Auswahl-Satz

Sei $U = \operatorname{span}(\boldsymbol{v}_1, \ldots, \boldsymbol{v}_k) \subset V$ ein linearer Unterraum. Dann gibt es unter den Vektoren $\boldsymbol{v}_1, \ldots, \boldsymbol{v}_k$ eine Basis $\boldsymbol{v}_{i_1}, \ldots, \boldsymbol{v}_{i_r}$ für U.

Beweis: Wenn $\boldsymbol{v}_1, \ldots, \boldsymbol{v}_k$ linear unabhängig sind, dann bilden sie eine Basis von U und wir sind fertig. Andernfalls gibt es unter ihnen einen Vektor $\boldsymbol{v}_j$ der eine Linearkombination $\sum_{i \neq j} c_i \boldsymbol{v}_i$ der anderen Vektoren ist. Dann wird U auch schon von den $k - 1$ Vektoren $\boldsymbol{v}_1, \ldots, \boldsymbol{v}_{j-1}, \boldsymbol{v}_{j+1}, \ldots, \boldsymbol{v}_k$ aufgespannt. Spätestens nachdem wir diesen Schritt $k - 1$-mal wiederholt haben, gelangen wir zu einem linear unabhängigen Teilsystem der $\boldsymbol{v}_1, \ldots, \boldsymbol{v}_k$, welches U aufspannt. □

Satz 1.72: Invarianz der Basis-Länge

Die Länge einer Basis für einen endlich erzeugten linearen Unterraum $U \subset V$ hängt nur von U ab und nicht von der gewählten Basis.

Beweis: Seien $\boldsymbol{v}_1, \ldots, \boldsymbol{v}_r$ und $\boldsymbol{w}_1, \ldots, \boldsymbol{w}_s$ zwei Basen für U. Wir haben $s \leq r$ zu zeigen. Nach Bemerkungen 1.60, 7) bedeutet $s > r$, da die $\boldsymbol{v}_1, \ldots, \boldsymbol{v}_r$ U aufspannen, dass $\boldsymbol{w}_1, \ldots, \boldsymbol{w}_s$

[23] Die in Anhang A.1, A.3 eingeführten Symbole der Aussagen- und Prädikatenlogik werden weitgehend vermieden und i. Allg. durch die äquivalenten sprachlichen Formulierungen ersetzt. An wenigen Stellen wird von ihnen als Kurzschreibweise Gebrauch gemacht.

linear abhängig sind, im Widerspruch zur Annahme, so dass infolgedessen $s \leq r$ gelten muss. Vertauschung der Rollen von r und s liefert $r = s$. □

Die Sätze 1.69 und 1.72 ermöglichen folgende Definition:

Definition 1.73

Die *Dimension* eines endlich erzeugten linearen Unterraums U – in Zeichen $\dim U$ – ist die Länge einer Basis für U. Für $U = \{\mathbf{0}\}$ setzt man $\dim U = 0$. Statt $\dim U$ wird auch, besonders bei zusammengesetzten Bezeichnungen, $\dim(U)$ benutzt.

Bemerkungen 1.74

1) Da $\boldsymbol{e}_1, \ldots, \boldsymbol{e}_n \in \mathbb{R}^n$ eine Basis bilden, ist

$$\boxed{\dim(\mathbb{R}^n) = n\,.}$$

2) Gerade und Ebene in V haben die Dimension 1 bzw. 2.

3) $\dim(\mathbb{R}^{(m,n)}) = m \cdot n$, da $A^{(i,j)} \in \mathbb{R}^{(m,n)}$, die gerade an der Position (i, j) den Eintrag 1, sonst aber nur 0 haben, eine Basis bilden.

4) Der Raum der Histogramme $S_0(\varDelta)$ bei einer Zerlegung $\varDelta : a = x_0 < \ldots < x_n = b$ hat nach Bemerkungen 1.41, 5) und Bemerkungen 1.63, 1) die dort angegebene Basis $f_0, \ldots, f_{n-1}$ und damit

$$\boxed{\dim(S_0(\varDelta)) = n\,.}$$

Analog hat $S_1(\varDelta)$ die Basis der Hutfunktionen $f_0, \ldots, f_n$ nach (1.36), (1.37) (siehe (1.39)), so dass

$$\dim(S_1(\varDelta)) = n + 1\,.$$

5) Analog zu 4) gilt

$$\dim(\mathbb{R}_n[x]) = n + 1\,.$$

6) Der Vektorraum aller Polynome $\mathbb{R}[x]$ ist nicht endlich erzeugbar, da mit jeder endlichen Teilmenge nur ein Maximalgrad durch die Linearkombinationen möglich wäre, also hat er auch keine endliche Basis. Es ist aber offensichtlich, dass die unendliche Menge der Monome (siehe (1.33)) $\{f_i : i \in \mathbb{N}_0\}$ eine Basis bilden.

7) Der Begriff der Anzahl der Freiheitsgrade bei einem homogenen LGS kann nunmehr als $\dim U$ für

$$U := \{\boldsymbol{x} \in \mathbb{R}^n : A\boldsymbol{x} = \boldsymbol{0}\}$$

konkretisiert werden.

8) Die wesentliche Argumentation am Beginn des Beweises von Satz 1.70 kann als folgende Aussage geschrieben werden: Sei V ein $\mathbb{R}$-Vektorraum, $A \subset V$ linear unabhängig, $\boldsymbol{v} \in V \setminus A$. Dann gilt:

$$\boldsymbol{v} \in \operatorname{span}(A) \text{ oder } A \cup \{\boldsymbol{v}\} \text{ ist linear unabhängig.}$$

9) Für die Invarianz der Basislänge wird oft alternativ auf das *Austauschlemma von* STEINITZ[24] zurückgegriffen:

> Sei V ein $\mathbb{R}$-Vektorraum, $\mathcal{B}$ eine Basis von V, $\boldsymbol{w} \in V, \boldsymbol{w} \neq 0$. Dann gibt es ein $\boldsymbol{v} \in \mathcal{B}$, so dass $\mathcal{B}' := \mathcal{B} \setminus \{\boldsymbol{v}\} \cup \{\boldsymbol{w}\}$ eine Basis von V darstellt.

Dies kann man wie folgt einsehen: Es gibt $\boldsymbol{v}_1, \ldots, \boldsymbol{v}_n \in \mathcal{B}$ und (eindeutige) $c_i \in \mathbb{R}, c_i \neq 0, i = 1, \ldots, n$, so dass

$$\boldsymbol{w} = \sum_{j=1}^{n} c_j \boldsymbol{v}_j .$$

Jedes dieser $\boldsymbol{v}_j$ kann als $\boldsymbol{v}$ gewählt werden, da wegen

$$\boldsymbol{v}_i = \frac{1}{c_i}\Big(\sum_{j \neq i} c_j \boldsymbol{v}_j - \boldsymbol{w}\Big)$$

gilt

$$\boldsymbol{v}_i \in \operatorname{span}(\mathcal{B}')$$

und so $V = \operatorname{span}(\mathcal{B}) \subset \operatorname{span}(\mathcal{B}')$. Außerdem ist $\mathcal{B}'$ linear unabhängig, denn o. B. d. A. ist jede endliche Auswahl $\boldsymbol{v}^{(1)}, \ldots, \boldsymbol{v}^{(k)}, \boldsymbol{w}$ linear unabhängig nach 8), da $\boldsymbol{w} \notin \operatorname{span}(\boldsymbol{v}^{(1)}, \ldots, \boldsymbol{v}^{(k)})$, denn diese können nicht $\boldsymbol{v}_i$ enthalten.

Die Aussage kann verallgemeinert werden zu:

> Sei V ein $\mathbb{R}$-Vektorraum, $\mathcal{B}$ eine Basis von V, $\widetilde{\mathcal{B}} \subset V$ sei linear unabhängig und endlich, $\#(\widetilde{\mathcal{B}}) = n$. Dann gibt es ein $\widehat{\mathcal{B}} \subset \mathcal{B}$, $\#(\widehat{\mathcal{B}}) = n$, so dass $\mathcal{B} \setminus \widehat{\mathcal{B}} \cup \widetilde{\mathcal{B}}$ eine Basis von V ist.

Der Beweis kann mit vollständiger Induktion über n erfolgen:

$n = 1$ *: Das ist die obige Aussage.*

[24] Ernst STEINITZ ∗13. Juni 1871 in Laurahütte, Oberschlesien †29. September 1928 in Kiel

$n \to n+1$ *: Sei* $\widetilde{\mathcal{B}} := \widetilde{\widetilde{\mathcal{B}}} \cup \{\boldsymbol{w}\}, \#(\widetilde{\widetilde{\mathcal{B}}}) = n$*, dann gibt es nach Induktionsvoraussetzung ein* $\widehat{\widehat{\mathcal{B}}} \subset \mathcal{B}, \#(\widehat{\widehat{\mathcal{B}}}) = n$*, so dass*

$$\mathcal{B}'' := \mathcal{B} \setminus \widehat{\widehat{\mathcal{B}}} \cup \widetilde{\widetilde{\mathcal{B}}}$$

eine Basis von V ist. Mit $\boldsymbol{w} \neq \boldsymbol{0}$ *wird nach der obigen Aussage genauso verfahren, was möglich ist, da in der Darstellung von* $\boldsymbol{w}$ *durch* $\mathcal{B}''$ *nicht nur Elemente von* $\widetilde{\widetilde{\mathcal{B}}}$ *auftreten können, wegen der linearen Unabhängigkeit von* $\widetilde{\mathcal{B}}$.

△

Für allgemeine, nicht endlich erzeugbare Vektorräume ließen wir bis jetzt die Frage nach der Existenz einer Basis unberührt. Wenn man das *Auswahlaxiom*, bzw. äquivalent dazu das *ZORN*[25]*sche Lemma* akzeptiert - wogegen nichts spricht (P.K.), wofür allerdings auch nichts (W.B.) - kann man für jeden Vektorraum die Existenz einer Basis beweisen. Dieser Beweis ist allerdings nicht konstruktiv und wird in Bemerkungen 1.77, 5) angedeutet. Aber:

Dass die in Bemerkungen 1.74, 6) gegebene Basis von $\mathbb{R}[x]$ abzählbar ist (indizierbar mit $i \in \mathbb{N}_0$), liegt daran, dass es sich immer noch um recht „spezielle" Funktionen handelt. Schon bei

$$\boxed{C([a,b],\mathbb{R}) := \{f : [a,b] \to \mathbb{R} \ : \ f \text{ ist stetig}\}} \tag{1.50}$$

als linearem Unterraum von Abb$([a,b],\mathbb{R})$ kann es eine abzählbare Basis nicht geben (ohne Beweis). Für den größeren Raum Abb$([a,b],\mathbb{R})$ ist dies offensichtlich, da die Menge $\{\boldsymbol{e}_p : p \in [a,b]\}$ (nach Bemerkungen 1.66, 5)) linear unabhängig und überabzählbar wegen der Überabzählbarkeit von $[a,b]$ ist. Der Begriff der Basis wird für solche Räume unhandlich und durch einen anderen ersetzt, (später in Abschnitt 7.3.2). Daher definieren wir nur als Sprechweise:

Definition 1.75

Sei V ein nicht endlich erzeugbarer $\mathbb{R}$-Vektorraum. Dann heißt V *unendlichdimensional*, kurz $\dim V = \infty$.

Für die in Definition 1.54 eingeführten affinen Unterräume eines Vektorraums übertragen wir den Dimensionsbegriff in folgender Weise:

Definition 1.76

Sei V ein $\mathbb{R}$-Vektorraum und U ein linearer Unterraum. Für den affinen Unterraum $A = \boldsymbol{a} + U,\ \boldsymbol{a} \in V$ wird gesetzt:

[25] Max August ZORN ∗6. Juni 1906 in Krefeld †9. März 1993 in Bloomington

$$\dim A := \dim U\,.$$

Dadurch sind Punkte 0-dimensional, Geraden eindimensional usw.

Bemerkungen 1.77 Seien U, V zwei $\mathbb{R}$-Vektorräume.

1) $U \subset V \Rightarrow \dim U \leq \dim V$.

Für $\dim V = \infty$ *ist nichts zu zeigen, sonst folgt die Aussage sofort aus Satz 1.70.*

2) $U \subset V$ und $\dim U = \dim V = n < \infty \Rightarrow U = V$.

Wäre nämlich $U \subsetneq V$, *d. h. gibt es ein* $\boldsymbol{v} \in V$ *mit* $\boldsymbol{v} \notin U$, *dann ist*

$$\dim U + \mathbb{R}\boldsymbol{v} = n + 1$$

genau wie beim Beweis von Satz 1.70, aber $U + \mathbb{R}\boldsymbol{v} \subset V$ *im Widerspruch zu 1).*

3) Die Aussage 2) ist falsch, wenn $\dim V = \infty$.

Betrachte zum Beispiel $V = C(\mathbb{R}, \mathbb{R})$ *(analog zu (1.50)) und* $U = \mathbb{R}[x]$.

4) Der Begriff der Anzahl der Freiheitsgrade bei einem LGS kann jetzt somit als $\dim L$ für den affinen Raum

$$L := \{\boldsymbol{x} \in \mathbb{R}^n : A\boldsymbol{x} = \boldsymbol{b}\}$$

konkretisiert werden.

5) Es gilt unter der Annahme der Gültigkeit des Auswahlaxioms: Jeder $\mathbb{R}$-Vektorraum besitzt mindestens eine Basis $\mathcal{B}$.

Als äquivalente Voraussetzung zur Gültigkeit des Auswahlaxioms benutzen wir das Lemma von Zorn *(siehe z. B.* Jech *1973): Sei* $(\mathcal{M}, \leq)$ *eine geordnete Menge mit der Eigenschaft: Jede totalgeordnete Teilmenge* $\mathcal{N}$ *besitzt eine obere Schranke. Dann existiert mindestens ein maximales Element. (Für die Begriffe siehe Definition A.20, Definition A.24). Für die Anwendung dieses Axioms setzen wir*

$$\mathcal{M} := \{A \subset V : A \text{ ist linear unabhängig}\}.$$

Wegen $\emptyset \in \mathcal{M}$ *ist* $\mathcal{M} \neq \emptyset$ *und als Ordnung wird die Teilmengenbeziehung gewählt. Sei* $\mathcal{N} \subset \mathcal{M}$ *totalgeordnet.* $\mathcal{N}$ *hat eine obere Schranke* $S \in \mathcal{M}$, *denn sei*

$$S := \bigcup_{A \in \mathcal{N}} A$$

dann ist $S \subset V$ *und auch linear unabhängig, denn nach Hauptsatz 1.62 ist zu prüfen: Seien* $\boldsymbol{v}_1, \ldots, \boldsymbol{v}_n$ *endlich viele Vektoren in* S *und* $c_i \in \mathbb{R}$, *für die* $\sum_{i=1}^n c_i \boldsymbol{v}_i = \boldsymbol{0}$ *gilt. Zu zeigen ist:* $c_1 = \ldots = c_n = 0$.
Es gibt mindestens ein $A_i \in \mathcal{N}$, *so dass* $\boldsymbol{v}_i \in A_i$. *Wegen der Totalordnung von* $\mathcal{N}$ *existiert ein* $k \in \{1, \ldots, n\}$, *so dass* $A_i \subset A_k$ *für alle* $i \in \{1, \ldots, n\}$.

Diese Behauptung lässt sich nun mit vollständiger Induktion zeigen:

$n = 2$: *Bei* $A_1 \subset A_2$ *wähle* $k = 2$, *bei* $A_2 \subset A_1$ $k = 1$.

$n \to n+1$: *Nach Induktionsvoraussetzung existiert ein* $k' \in \{1, \ldots, n\}$, *so dass* $A_i \subset A_{k'}, i = 1, \ldots, n$, *so dass bei* $A_{n+1} \subset A_{k'}$ $k = k'$, *bei* $A_{k'} \subset A_{n+1}$ $k = n+1$ *gewählt werden kann.*

Insbesondere ist also $v_i \in A_k$ für $i = 1, \dots, n$ und wegen dessen linearen Unabhängigkeit $c_1 = \dots = c_n = 0$. Also gibt es eine maximale linear unabhängige Menge $\mathcal{B}$, die damit nach Bemerkungen 1.66, 5) eine Basis bildet.

Die Aussage kann verschärft werden zur Verallgemeinerung von Satz 1.70: Sei $\tilde{\mathcal{B}} \subset V$ linear unabhängig. Dann gibt es eine Basis $\mathcal{B}$ von V, so dass $\tilde{\mathcal{B}} \subset \mathcal{B}$

Man wiederhole den obigen Beweis für

$$\mathcal{M} := \{A \subset V : \tilde{\mathcal{B}} \subset A \text{ und } A \text{ ist linear unabhängig}\}$$

6) In Definition 1.75 wird nicht zwischen abzählbar unendlichen und überabzählbaren Basen unterschieden (siehe Definition A.19). Die Aussage von Satz 1.72 gilt aber auch in der Form:

Sei V ein $\mathbb{R}$-Vektorraum mit abzählbarer unendlicher Basis $\mathcal{B}$. Sei $\mathcal{B}'$ eine weitere Basis, dann ist $\mathcal{B}'$ auch abzählbar unendlich.

Es gilt nämlich: Nach Satz 1.72 kann $\mathcal{B}'$ nicht endlich sein. Jedes $v \in \mathcal{B}$ lässt sich mit endlich vielen Vektoren aus $\mathcal{B}'$ darstellen. Die abzählbare Vereinigung dieser endlichen Mengen ergibt ein abzählbar unendliches $\mathcal{B}'' \subset \mathcal{B}'$, das auch ein Erzeugendensystem ist. Nach Bemerkungen 1.66, 6), (iv) muss also $\mathcal{B}'' = \mathcal{B}'$ gelten.

7) Wegen $\dim(\mathrm{Abb}_0(M, \mathbb{R})) = \#(M)$ (nach Bemerkungen 1.66, 5)) gibt es zu jeder Mächtigkeit einen Vektorraum dieser Dimension. Genauer gibt es zu jeder Menge M egal welcher Mächtigkeit einen Vektorraum mit M als Basis: Nach der Identifikation von M mit $\{e_p : p \in M\} \subset \mathrm{Abb}_0(M, \mathbb{R})$ ist dies $\mathrm{Abb}_0(M, \mathbb{R})$. △

1.4.2 Lineare Gleichungssysteme und ihre Unterräume I: Dimensionsformeln

Mit einer Matrix $A \in \mathbb{R}^{(m,n)}$ lassen sich zwei lineare Unterräume in $\mathbb{R}^m$ bzw. $\mathbb{R}^n$ verbinden:

$$\mathrm{span}\left(a^{(1)}, a^{(2)}, \dots, a^{(n)}\right) \subset \mathbb{R}^m ,$$

der von den Spalten aufgespannte Unterraum $S(A)$ *(der Spaltenraum)* und

$$\mathrm{span}\left(a_{(1)}, a_{(2)}, \dots, a_{(m)}\right) \subset \mathbb{R}^n ,$$

der von den Zeilen aufgespannte Unterraum $Z(A)$ *(der Zeilenraum).*

Definition 1.78

Sei $A \in \mathbb{R}^{(m,n)}$ für $m, n \in \mathbb{N}$.

1) Der *Spaltenrang* von A ist die Dimension des zugehörigen Spaltenraums in $\mathbb{R}^m$, d. h. $\in \{0, \ldots, m\}$. Ist der Spaltenrang n, hat die Matrix *vollen* (oder *maximalen*) *Spaltenrang*.

2) Der *Zeilenrang* von A ist die Dimension des zugehörigen Zeilenraums in $\mathbb{R}^n$, d. h. $\in \{0, \ldots, n\}$. Ist der Zeilenrang m, hat die Matrix *vollen* (oder *maximalen*) *Zeilenrang*.

Der Spalten- bzw. Zeilenrang ist also genau dann voll, wenn alle Spalten bzw. Zeilen linear unabhängig sind und meint i. Allg. nicht die Übereinstimmung von $S(A)$ mit $\mathbb{R}^m$ bzw. $Z(A)$ mit $\mathbb{R}^n$). Über den Zeilenrang können wir schon etwas aussagen:

Bemerkungen 1.79

1) Der Zeilenraum von $A \in \mathbb{R}^{(m,n)}$ ändert sich nicht bei elementaren Zeilenumformungen und damit auch nicht der Zeilenrang.

Bei Umformungen vom Typ (I) und (II) ist dies klar. Bei Typ (III) sieht man es wie folgt ein: Die Zeilenvektoren seien $z_1, \ldots, z_m$ und $z'_k := z_k + c\,z_l, k \neq l$, sei eine derartige Zeilenumformung. Sei $Z := \text{span}(z_1^t, \ldots, z_m^t) \subset \mathbb{R}^n$ und $Z' := \text{span}(z_1^t, \ldots, z_{k-1}^t, z_k'^t, z_{k+1}^t, \ldots, z_m^t)$. Wegen $z'_k \in Z$ ist $Z' \subset Z$. Wegen $z_k = z'_k - c\,z_l$ ist auch $Z \subset Z'$. Es ist damit $Z = Z'$ und $\dim(Z) = \dim(Z')$.

Folglich ändert sich der Zeilenrang auch nicht, wenn wir eine Matrix durch elementare Zeilenumformungen auf Zeilenstufenform bringen.

2) Bei einer Matrix in Zeilenstufenform ist der Zeilenrang nach Bemerkungen 1.60, 6) gerade die Anzahl der Stufen r. Wir könnten den Zeilenrang einer Matrix also auch definieren als die Anzahl der Zeilen $\neq 0$ in ihrer Zeilenstufenform.

3) Der Spaltenrang einer Matrix $A \in \mathbb{R}^{(m,n)}$ in Zeilenstufenform ist r, die Anzahl der Stufen.

Der Spaltenrang bleibt bei Spaltenvertauschungen gleich, so dass es reicht, ein Staffelsystem (1.9) zu betrachten. Die ersten r Spalten $\boldsymbol{a}^{(1)}, \ldots, \boldsymbol{a}^{(r)}$ sind linear unabhängig, da aus $\sum_{i=1}^r c_i\,\boldsymbol{a}^{(i)} = \boldsymbol{0}$ sukzessive aus der ersten Komponente $c_1 = 0$, aus der zweiten dann auch $c_2 = 0$ usw. folgt. $\boldsymbol{a}^{(1)}, \ldots, \boldsymbol{a}^{(r)}$ spannen aber auch den Unterraum $U := \{\boldsymbol{x} \in \mathbb{R}^m : x_i = 0 \text{ für } i = r+1, \ldots, m\}$ auf, da das entsprechende LGS durch Rückwärtssubstitution (eindeutig) lösbar ist (für ein reduziertes Staffelsystem reicht Bemerkungen 1.66, 3)), so dass alle weiteren Spalten durch sie linear kombinierbar werden.

4) Sei $A \in \mathbb{R}^{(m,n)}$, $U := \{\boldsymbol{x} \in \mathbb{R}^n : A\boldsymbol{x} = \boldsymbol{0}\}$ der Lösungsraum des homogenen LGS zu A, dann gelten:

a) Hat A vollen Zeilenrang, d. h. ist $m = r$, dann hat eine Zeilenstufenform A keine Nullzeilen und das LGS der Form $A\boldsymbol{x} = \boldsymbol{b}$ ist immer lösbar.

b) Hat A vollen Spaltenrang, d. h. ist $n = r$, dann hat die allgemeine Lösung von $A\boldsymbol{x} = \boldsymbol{b}$ keine Freiheitsgrade bzw. $\dim U = 0$ (wie schon aus Bemerkungen 1.63, 3) bekannt).

5) Für Matrizen in Zeilenstufenform gilt also

$$\boxed{\text{Zeilenrang} = \text{Spaltenrang} = \text{Stufenanzahl } r.}$$

6) Der Rang einer Matrix $A \in \mathbb{R}^{(m,n)}$, definiert als Anzahl der Stufen r (nach Satz 1.4) ist nur eine Eigenschaft von A, unabhängig vom Ablauf des GAUSS-Verfahrens.

Der Zeilenrang r von A überträgt sich nach 1) auch auf jede aus A nach dem GAUSS-Verfahren entstehende Matrix A' oder A'' in Zeilenstufenform. Also gilt für deren Stufenanzahl r' bzw. r'' nach 5):

$$r' = r = r'' .$$

△

Die letzte Aussage können wir auch als allgemein gültig nachweisen:

Hauptsatz 1.80: Zeilenrang = Spaltenrang

Sei $A \in \mathbb{R}^{(m,n)}$ eine beliebige Matrix. Zeilenrang und Spaltenrang ändern sich nicht unter elementaren Zeilenumformungen. Für eine Matrix in Zeilenstufenform sind sie jeweils r, die Anzahl der Stufen. Insbesondere gilt somit immer:

$$\boxed{\text{Zeilenrang} = \text{Spaltenrang} .}$$

Beweis: Nach den Überlegungen von Bemerkungen 1.79 ist nun noch zu zeigen: Elementare Zeilenumformungen verändern den Spaltenrang nicht. Das kann man wie folgt einsehen: Der Spaltenrang von A sei r. Nach Satz 1.71 (Basis-Auswahl-Satz) gibt es r linear unabhängige Spalten $\boldsymbol{b}_1 := \boldsymbol{a}^{(\nu_1)}, \ldots, \boldsymbol{b}_r = \boldsymbol{a}^{(\nu_r)}$ der Matrix A. Weil die Spalten der damit gebildeten $m \times r$-Matrix $B := (\boldsymbol{b}_1, \ldots, \boldsymbol{b}_r)$ linear unabhängig sind, hat das LGS mit dieser Matrix $B\boldsymbol{x} = \boldsymbol{0}$ nur die Null-Lösung. Die Matrix A werde durch eine elementare Zeilenumformung in die Matrix A' übergeführt. Dabei wird auch die Teilmatrix B von A in eine Matrix B' übergeführt. Bei dieser Zeilenumformung der Matrix B ändert sich der Lösungsraum des Gleichungssytems $B\boldsymbol{x} = \boldsymbol{0}$ nicht. Folglich hat auch das LGS der Form $B'\boldsymbol{x} = \boldsymbol{0}$ nur die Null-Lösung. Deswegen sind die r Spalten der Matrix B' linear unabhängig (nach Bemerkungen 1.63, 3)). Diese sind auch Spalten der Matrix A'. Also gilt für den Spaltenrang r' von A', dass $r' \geq r$. Demnach kann der Spaltenrang durch elementare Zeilenumformungen höchstens wachsen. Weil man die durchgeführte Zeilenumformung durch eine Umformung vom gleichen Typ wieder rückgängig machen kann, gilt auch $r \geq r'$. □

Definition 1.81

Der *Rang* einer Matrix A ist der gemeinsame Wert r ihres Zeilen- und Spaltenrangs. Wir setzen $\text{Rang}(A) := r$.

Außerdem haben wir ein allgemeines *Bestimmungsverfahren für den Rang (=Zeilenrang)* einer Matrix: Man transformiere mit dem GAUSSschen Eliminationsverfahren (ohne Spaltenvertauschung) auf Zeilenstufenform und lese die Anzahl der Stufen ab.

RLGS

Analog gilt: Sei $\boldsymbol{v}_1, \dots, \boldsymbol{v}_k \in \mathbb{R}^n$. Eine Basis für $U := \text{span}(\boldsymbol{v}_1, \dots, \boldsymbol{v}_k)$ kann man wie folgt bestimmen: Man betrachte die Matrix $A \in \mathbb{R}^{(k,n)}$ mit $\boldsymbol{v}_1^t, \dots, \boldsymbol{v}_k^t$ als Zeilen und transformiere mit Zeilenumformungen auf Zeilenstufenform $\widetilde{A} = (\tilde{\boldsymbol{v}}_1^t, \dots, \tilde{\boldsymbol{v}}_k^t)$, was nach Bemerkungen 1.79, 1) den aufgespannten Raum nicht ändert. Wie in Bemerkungen 1.60, 6) sehen wir, dass die ersten r Zeilen eine Basis von U darstellen: $U = \text{span}(\tilde{\boldsymbol{v}}_1, \dots, \tilde{\boldsymbol{v}}_r)$.

RLGS

Weiter kann man ein $W := \text{span}(\boldsymbol{w}_{r+1}, \dots, \boldsymbol{w}_n)$ bestimmen, so dass

RLGS

$$U \oplus W = \mathbb{R}^n .$$

Man wähle nämlich aus dem Einheitsvektor $\boldsymbol{e}_i \in \mathbb{R}^n$ die $i \in \{1, \dots, n\} \backslash \{j(1), \dots, j(r)\}$ aus, wobei die $j(\mu)$ die Zeilenstufenindizes in $\widetilde{A}$ sind.

Dies kann man folgendermaßen einsehen: Ergänzt man $\widetilde{A}$ mit den Zeilen $\boldsymbol{e}_1^t, \dots, \boldsymbol{e}_n^t \in \mathbb{R}^n$ zur Matrix $\hat{A} \in \mathbb{R}^{(k+n,n)}$, so dass die Zeilen $\mathbb{R}^n$ aufspannen, und transformiert man $\hat{A}$ auf Zeilenstufenform, so sieht man: Ist die zu betrachtende Zeile eine der $\tilde{\boldsymbol{v}}_1^t, \dots, \tilde{\boldsymbol{v}}_k^t$, und ist die aktuelle Diagonalposition $\nu \in \{1, \dots, n\}$ ein Pivotelement, so eliminiert dies die Zeile, die durch $\boldsymbol{e}_\nu^t$ gebildet wird. Ist es kein Pivotelement, so wird mit $\boldsymbol{e}_\nu^t$ getauscht. Daraus kann durch weitere Vertauschungen ein Einschieben von $\boldsymbol{e}_\nu^t$ gemacht werden, so dass im nächsten Schritt wieder eine der $\tilde{\boldsymbol{v}}_1^t, \dots, \tilde{\boldsymbol{v}}_k^t$ zu betrachten ist. Insgesamt entsteht dadurch auf den ersten n Zeilen eine Basis des $\mathbb{R}^n$ (die letzten k Zeilen sind Nullzeilen), in der die $\tilde{\boldsymbol{v}}_1^t, \dots, \tilde{\boldsymbol{v}}_k^t$ auftreten, ergänzt um die $\boldsymbol{e}_i^t$ für $i \in \{1, \dots, n\} \backslash \{j(1), \dots, j(r)\}$.

Bemerkung 1.81a Für $A, B \in \mathbb{R}^{(m,n)}$ gilt:

$$\text{Rang}(A + B) \leq \text{Rang}(A) + \text{Rang}(B) .$$

Sei nämlich $k := \text{Rang}(A)$, $l := \text{Rang}(B)$, dann gibt es $r_1, \dots, r_k \in \{1, \dots, n\}$, $s_1, \dots, s_l \in \{1, \dots n\}$, so dass die so ausgewählten Spalten von $A = (\boldsymbol{a}^{(1)}, \dots, \boldsymbol{a}^{(n)})$ bzw. $B = (\boldsymbol{b}^{(1)}, \dots, \boldsymbol{b}^{(n)})$ eine Basis des jeweiligen Spaltenraums darstellen, d. h. für $i = 1, \dots, n$ gibt es Koeffizienten $c_{j,i}, d_{j,i} \in \mathbb{R}$, so dass

$$\boldsymbol{a}^{(i)} = \sum_{j=1}^{k} c_{j,i} \boldsymbol{a}^{(r_j)} ,$$

$$\boldsymbol{b}^{(i)} = \sum_{j=1}^{l} d_{j,i} \boldsymbol{b}^{(r_j)} .$$

Fasst man die beiden Indexmengen zusammen zu $t_1, \dots, t_p$, d. h. $p \leq m + n$ und ergänzt für die jeweils in die Summen neu hinzukommenden Indizes die Koeffizienten 0, folgt dann

$$\boldsymbol{a}^{(i)} + \boldsymbol{b}^{(i)} = \sum_{j=1}^{p} (c_{j,i} + d_{j,i})(\boldsymbol{a}^{(t_j)} + \boldsymbol{b}^{(t_j)}) ,$$

d. h. für den Spaltenraum von $A + B$ gibt es ein Erzeugendensystem mit p Elementen und damit

$$\text{Rang}(A + B) \leq p \leq m + n\,.$$

△

Bei der Betrachtung des zugehörigen LGS

$$A\boldsymbol{x} = \boldsymbol{b}$$

sind zwei weitere lineare Unterräume von Bedeutung: Der Lösungsraum U des homogenen LGS

$$U = \{\boldsymbol{x} \in \mathbb{R}^n : A\boldsymbol{x} = \boldsymbol{0}\}$$

und später

$$\widetilde{U} := \{\boldsymbol{y} \in \mathbb{R}^m : \left(\boldsymbol{y}\,.\,\boldsymbol{a}^{(i)}\right) = 0 \quad \text{für alle } i = 1, \ldots, n\}\,.$$

Wir wenden unseren Dimensionsbegriff jetzt noch auf lineare Gleichungssysteme an:

Theorem 1.82: Dimensionsformel I

Seien $m, n \in \mathbb{N}$, $A \in \mathbb{R}^{(m,n)}$. Betrachtet werde das homogene LGS

$$A\boldsymbol{x} = \boldsymbol{0} \text{ mit dem Lösungsraum } U \subset \mathbb{R}^n\,.$$

Für die Zahlen

$$\begin{aligned} d &:= \text{Dimension des Lösungsraums } U,\\ r &:= \text{(Zeilen-) Rang von } A \end{aligned}$$

gilt dann die Beziehung

$$\boxed{d + r = n\,.}$$

Beweis: Bei elementaren Zeilenumformungen der Koeffizientenmatrix ändern sich weder U noch der Zeilenraum und damit auch nicht ihre Dimensionen d bzw. r. Wir können daher o. B. d. A. annehmen, die Koeffizientenmatrix habe Zeilenstufenform. Die Zahl der Stufen ist dann r. Es gibt also $n - r$ Spalten ohne Stufe in der Koeffizientenmatrix. An diesen $n - r$ Stellen können die Unbekannten beliebig gewählt werden, die anderen r werden dann daraus berechnet, wie die Lösungsdarstellung nach (1.12) zeigt. Da auch Spaltenvertauschungen die Dimension von U und die Stufenanzahl nicht verändern, reicht es das Staffelsystem (1.9) mit seiner Lösungsdarstellung (1.11) zu betrachten. Gehen wir noch zur reduzierten Zeilenstufenform (1.16) über, so erhält die Matrix die Gestalt

$$A = \left(\begin{array}{c|c} \mathbb{1} & \widetilde{A} \\ \hline 0 & 0 \end{array}\right).$$

Dabei ist $\mathbb{1} \in \mathbb{R}^{(r,r)}$ die Einheitsmatrix, $\widetilde{A} \in \mathbb{R}^{(r,n-r)}$ und die Nullmatrizen haben eine entsprechende Dimensionierung. Für $r = n$ reduziert sich U auf $U = \{\mathbf{0}\}$ und der Beweis ist beendet. Für $r < n$ denken wir uns ein $\boldsymbol{x} \in \mathbb{R}^n$ zerlegt in ein $\boldsymbol{x}' \in \mathbb{R}^r$ und $\boldsymbol{x}'' \in \mathbb{R}^{n-r}$:

$$\boldsymbol{x} = \left(\frac{\boldsymbol{x}'}{\boldsymbol{x}''}\right).$$

$\boldsymbol{x}''$ umfasst also die freien Parameter, $\boldsymbol{x}'$ die dadurch festgelegten Komponenten. Wegen

$$A\boldsymbol{x} = \mathbf{0} \Leftrightarrow \boldsymbol{x}' + \widetilde{A}\boldsymbol{x}'' = \mathbf{0}$$

hat der Lösungsraum mithin die Form

$$U := \left\{\boldsymbol{x} \in \mathbb{R}^n : \boldsymbol{x} = \left(\frac{\boldsymbol{x}'}{\boldsymbol{x}''}\right),\ \boldsymbol{x}' = -\widetilde{A}\boldsymbol{x}''\right\}.$$

Wir setzen $\boldsymbol{v}_i = \left(\frac{\boldsymbol{v}_i'}{\boldsymbol{v}_i''}\right)$ mit

$$(\boldsymbol{v}_i'')_k := \delta_{i,k}, \quad \boldsymbol{v}_i' := -\widetilde{A}\boldsymbol{v}_i''$$

für $k = 1, \ldots, n-r$ und $i = 1, \ldots, n-r$. Dann bilden die $\boldsymbol{v}_1, \ldots, \boldsymbol{v}_{n-r}$ eine Basis von U. Dabei ergibt sich die lineare Unabhängigkeit daraus, dass schon die $\boldsymbol{v}_1'', \ldots, \boldsymbol{v}_{n-r}''$ linear unabhängig sind. Ein Erzeugendensystem liegt vor, denn für $\boldsymbol{x} \in U$ gilt offensichtlich

$$\boldsymbol{x}'' = \sum_{i=1}^{n-r} x_{i+r}\boldsymbol{v}_i''$$

und damit nach Theorem 1.46

$$\boldsymbol{x}' = -\widetilde{A}\boldsymbol{x}'' = -\sum_{i=1}^{n-r} x_{i+r}\widetilde{A}\boldsymbol{v}_i'' = \sum_{i=1}^{n-r} x_{i+r}\boldsymbol{v}_i',$$

d. h. insgesamt $\boldsymbol{x} = \sum_{i=1}^{n-r} x_{i+r}\boldsymbol{v}_i$. Folglich ist $d = n - r$. □

Korollar 1.83

Jeder lineare Unterraum $U \subset \mathbb{R}^n$ ist der Lösungsraum eines homogenen linearen Gleichungssystems. Das LGS kann mit $n - \dim U$ Zeilen und vollem Zeilenrang gewählt werden.

Beweis: Sei $\dim U = k$ und $\boldsymbol{u}_1, \ldots, \boldsymbol{u}_k \in U$ eine Basis. Sei

$$B = \begin{pmatrix} \boldsymbol{u}_1^t \\ \vdots \\ \boldsymbol{u}_k^t \end{pmatrix} \in \mathbb{R}^{(k,n)} ,$$

d. h. die $\boldsymbol{u}_i^t$ bilden die Zeilen von B. Damit ist der Zeilenrang von B gleich k. Sei $W \subset \mathbb{R}^n$ der Lösungsraum von $B\boldsymbol{y} = \boldsymbol{0}$. Also gilt (siehe zeilenweise Sicht von „Matrix mal Vektor")

$$\boldsymbol{a} \in W \Leftrightarrow (\boldsymbol{u}_i \,.\, \boldsymbol{a}) = 0 \quad \text{für alle } i = 1, \ldots, k .$$

Nach Theorem 1.82 ist $\dim W = n - k$. Sei also $\boldsymbol{a}_1, \ldots, \boldsymbol{a}_{n-k} \in \mathbb{R}^n$ eine Basis von W und

$$A = \begin{pmatrix} \boldsymbol{a}_1^t \\ \vdots \\ \boldsymbol{a}_{n-k}^t \end{pmatrix} \in \mathbb{R}^{(n-k,n)},$$

d. h. die $\boldsymbol{a}_i^t$ bilden die Zeilen von A. Der Zeilenrang von A ist deswegen $n - k$. Sei $\widetilde{U} \subset \mathbb{R}^n$ der Lösungsraum von $A\boldsymbol{u} = \boldsymbol{0}$, also

$$\boldsymbol{u} \in \widetilde{U} \quad \Leftrightarrow \quad (\boldsymbol{a}_i \,.\, \boldsymbol{u}) = (\boldsymbol{u} \,.\, \boldsymbol{a}_i) = 0 \text{ für alle } i = 1, \ldots, n-k \quad \Leftrightarrow \quad A\boldsymbol{u} = \boldsymbol{0} .$$

Daraus folgt $U \subset \widetilde{U}$, und wegen

$$\dim \widetilde{U} = n - \operatorname{Rang} A = n - (n - \dim U) = \dim U$$

auch $U = \widetilde{U}$ aus Bemerkungen 1.77, 2). □

Bemerkungen 1.84

1) Ein k-dimensionaler Unterraum U von $\mathbb{R}^n$ lässt sich somit durch $n - k$ lineare Gleichungen beschreiben. Sei allgemein V ein n-dimensionaler $\mathbb{R}$-Vektorraum und $U \subset V$ ein k-dimensionaler linearer Unterraum. Man setzt dann

$$\boxed{\operatorname{codim} U := n - k} \tag{1.51}$$

und spricht von der *Kodimension* von U. Es ist dementsprechend

$$\dim U + \operatorname{codim} U = n .$$

2) Jede Hyperebene durch $\boldsymbol{0}$ hat in einem n-dimensionalen Raum Dimension $n - 1$ und damit Kodimension 1.

3) Sei U die Lösungsmenge eines homogenen LGS $A\boldsymbol{x} = \boldsymbol{0}$, dann ist nach Theorem 1.82 die Anzahl der Freiheitsgrade $n - r$ und damit

$$\operatorname{codim} U = r ,$$

wobei r der (Zeilen-)rang von A ist. Die Kodimension ist also hier nach Korollar 1.83 allgemein bei jeden Unterraum U von $\mathbb{R}^n$ die Anzahl der linear unabhängigen Gleichungen, die nötig sind, um U als Lösungsmenge eines homogen LGS zu beschreiben. △

Der folgende Satz fasst das bisher erarbeitete strukturelle Wissen über LGS zusammen:

Hauptsatz 1.85: Lösbarkeit und Eindeutigkeit bei LGS

Seien $m, n \in \mathbb{N}$, $A \in \mathbb{R}^{(m,n)}$, $\boldsymbol{b} \in \mathbb{R}^m$. Wir betrachten das LGS

$$Ax = \boldsymbol{b} .$$

Dann sind die folgenden Aussagen äquivalent:

(i) Bei jeder Wahl der $b_1, \ldots, b_m$ auf der rechten Seite ist das Gleichungssystem lösbar *(universelle Existenz)*.

(ii) Der Zeilenrang der Koeffizientenmatrix ist voll, d. h. gleich m.

Auch folgende Aussagen sind äquivalent:

(iii) Bei jeder Wahl der $b_1, \ldots, b_m$ auf der rechten Seite gibt es *höchstens* eine Lösung des Systems *(Eindeutigkeit)*.

(iv) Das zugehörige homogene System

$$Ax = \mathbf{0}$$

hat nur die Null-Lösung *(Eindeutigkeit im homogenen Fall)*.

(v) Der Spaltenrang der Koeffizientenmatrix ist voll, d. h. gleich n.

Im Fall $m = n$, eines *quadratischen* LGS mit genauso vielen Gleichungen wie Unbekannten sind alle Aussagen (i)-(v) miteinander und außerdem mit folgendem äquivalent:

(vi) Durch elementare Zeilenumformungen kann A auf die Form einer oberen Dreiecksmatrix mit nichtverschwindenden Diagonalelementen (bzw. = 1) gebracht werden:

$$\begin{pmatrix} 1 & & & * \\ & \ddots & & \\ & & \ddots & \\ 0 & & & 1 \end{pmatrix} . \tag{1.52}$$

Beweis: Eindeutigkeit: (iii) ist äquivalent mit dem Prinzip des Koeffizientenvergleichs, d. h. mit der linearen Unabhängigkeit der n Spalten von A, d. h. mit (v). (iv) ist der Test auf lineare Unabhängigkeit nach Hauptsatz 1.62, folglich äquivalent mit (iii).
Existenz: Die Implikation „(ii)⇒(i)" ist der Inhalt von Bemerkungen 1.79, 1), 4a). Dass auch „(i)⇒(ii)" gilt, kann man folgendermaßen einsehen: Aus (i) folgt, dass die Spalten von A den ganzen $\mathbb{R}^m$ aufspannen, also ist nach Hauptsatz 1.80

$$m = \text{Spaltenrang von } A = \text{Zeilenrang von } A\,.$$

Sei nun $n = m$, dann gilt zusätzlich: Die Dimensionsformel I (Theorem 1.82) liefert

$$\text{(ii)} \Leftrightarrow r = m = n \Leftrightarrow d = 0 \Leftrightarrow \text{(iv)}\,.$$

Nach Bemerkungen 1.79, 1) ist (ii) damit äquivalent, dass für die Zeilenstufenform $\widetilde{A}$ von A, die durch das GAUSS-Verfahren ohne Spaltenvertauschung entsteht, der Zeilenrang (und nach Bemerkungen 1.79, 5) bzw. Hauptsatz 1.80 auch der Spaltenrang) gleich n ist. Dies ist für eine quadratische Matrix in Zeilenstufenform äquivalent zur Form (1.52), d. h. zu (vi) (siehe Bemerkungen 1.79, 2)). □

Im Allgemeinen sind die Eigenschaften

(i)⇔(ii) (universelle Existenz)

auf der einen Seite und

(iii)⇔(iv)⇔(v) (Eindeutigkeit)

unabhängig voneinander. Nur für die Lösungen eines quadratischen LGS gilt:

Universelle Existenz ⇔ Eindeutigkeit ⇔ eindeutige universelle Existenz.

Satz 1.86: Dimensionsformel II

Für je zwei endlichdimensionale lineare Unterräume $U_1, U_2 \subset V$ gilt

$$\dim(U_1 \cap U_2) + \dim(U_1 + U_2) = \dim(U_1) + \dim(U_2)\,.$$

Beweis: Sei $\boldsymbol{u}_1, \ldots, \boldsymbol{u}_d$ eine Basis von $U_1 \cap U_2$. Wir ergänzen diese Basis zu einer Basis von U_1 durch $\boldsymbol{u}_1, \ldots, \boldsymbol{u}_d, \boldsymbol{v}_1, \ldots, \boldsymbol{v}_r$ und zu einer Basis $\boldsymbol{u}_1, \ldots, \boldsymbol{u}_d, \boldsymbol{w}_1, \ldots, \boldsymbol{w}_s$ von U_2. Wir testen das System von Vektoren $\boldsymbol{u}_1, \ldots, \boldsymbol{u}_d, \boldsymbol{v}_1, \ldots, \boldsymbol{v}_r, \boldsymbol{w}_1, \ldots, \boldsymbol{w}_s$ auf lineare Unabhängigkeit. Sei etwa die lineare Relation

$$\underbrace{a_1\boldsymbol{u}_1 + \ldots + a_d\boldsymbol{u}_d + b_1\boldsymbol{v}_1 + \ldots + b_r\boldsymbol{v}_r}_{\in U_1} + \underbrace{c_1\boldsymbol{w}_1 + \ldots + c_s\boldsymbol{w}_s}_{\in U_2} = \boldsymbol{0}$$

zwischen diesen Vektoren vorgelegt. Dann ist

$$c_1\boldsymbol{w}_1 + \ldots + c_s\boldsymbol{w}_s = -(a_1\boldsymbol{u}_1 + \ldots + a_d\boldsymbol{u}_d + b_1\boldsymbol{v}_1 + \ldots + b_r\boldsymbol{v}_r) \in U_1 \cap U_2\,,$$

also

$$c_1\boldsymbol{w}_1 + \ldots + c_s\boldsymbol{w}_s = \alpha_1\boldsymbol{u}_1 + \ldots + \alpha_d\boldsymbol{u}_d \quad \text{mit } \alpha_1, \ldots, \alpha_d \in \mathbb{R}.$$

Da aber $\boldsymbol{u}_1, \ldots, \boldsymbol{u}_d, \boldsymbol{w}_1, \ldots, \boldsymbol{w}_s$ als Basis von U_2 linear unabhängig waren, folgt hieraus $c_1 = \ldots = c_s = 0$. Ganz analog folgt $b_1 = \ldots = b_r = 0$, so dass die lineare Relation schließlich $a_1\boldsymbol{u}_1 + \ldots + a_d\boldsymbol{u}_d = \boldsymbol{0}$ lautet. Hieraus folgt dann noch $a_1 = \ldots = a_d = 0$. Da $\boldsymbol{u}_1, \ldots, \boldsymbol{u}_d, \boldsymbol{v}_1, \ldots, \boldsymbol{v}_r, \boldsymbol{w}_1, \ldots, \boldsymbol{w}_s$ den Unterraum $U_1 + U_2$ aufspannen, haben wir bewiesen, dass sie eine Basis von $U_1 + U_2$ bilden. Somit ist

$$\begin{aligned} &\dim(U_1) = d + r\,, && \dim(U_2) = d + s\,, \\ &\dim(U_1 \cap U_2) = d\,, && \dim(U_1 + U_2) = d + r + s\,, \\ &\dim(U_1) + \dim(U_2) = 2d + r + s\,, && \dim(U_1 \cap U_2) + \dim(U_1 + U_2) = 2d + r + s\,. \end{aligned}$$

Damit ist die Formel bewiesen. □

Bemerkung 1.87 Ist $U = U_1 \oplus U_2$, so ist nach Satz 1.86 insbesondere

$$\dim U = \dim U_1 + \dim U_2.$$

Ist die Summe direkt, ergänzen sich vor diesem Hintergrund die Basen von U_1 und U_2 zu einer Basis von U. Ihre Vereinigung bildet nämlich immer ein Erzeugendensystem und nach der Dimensionsformel ist die Anzahl in der Vereinigung genau $\dim U$ (siehe Aufgabe 1.20). Für ein Komplement U_2 zu U_1 ist daher $\dim U_2 (= \dim U - \dim U_1)$ unabhängig von der Wahl des Komplements (vgl. Satz 1.70). Wie aber schon $V = \mathbb{R}^2$ und $U = \mathbb{R}(1,0)^t$ zeigt, gibt es i. Allg. unendlich viele Komplemente. △

Was Sie in diesem Abschnitt gelernt haben sollten

Begriffe:

- Linear (un-)abhängig
- Basis
- Dimension, unendliche Dimension

Zusammenhänge:

- Test auf lineare (Un-)Abhängigkeit (Lemma 1.61, Hauptsatz 1.62)
- Prinzip des Koeffizientenvergleichs (1.47)
- Stufenanzahl = Zeilenrang = Spaltenrang bei Zeilenstufenform (Bemerkungen 1.60, 6), Bemerkungen 1.79, 3)
- Basis-Ergänzung-Satz (Satz 1.70)
- Basis-Auswahl-Satz (Satz 1.71)
- Zeilenrang = Spaltenrang allgemein (Hauptsatz 1.80)
- Dimensionsformel I (Theorem 1.82)
- Dimensionsformel II (Satz 1.86)
- Charakterisierung von Eindeutigkeit und universeller Lösbarkeit bei LGS (Hauptsatz 1.85)

Beispiele:

- Basen in $S_0(\Delta)$, $S_1(\Delta)$, $\mathbb{R}_n[x]$, $\mathbb{R}[x]$
- Standardbasis in $\mathbb{R}^n$

Aufgaben

Aufgabe 1.20 (T) Es sei $U \subset V$ ein k-dimensionaler Untervektorraum. Zeigen Sie, dass für jede Teilmenge $M \subset U$ die folgenden Eigenschaften äquivalent sind:

(i) M ist eine Basis von U,

(ii) M ist linear unabhängig und besteht aus k Vektoren,

(iii) M spannt U auf und besteht aus k Vektoren.

Aufgabe 1.21 (K) Berechnen Sie den Zeilenrang der Matrizen

$$A = \begin{pmatrix} 1 & 3 & 6 & 10 \\ 3 & 6 & 10 & 15 \\ 6 & 10 & 15 & 21 \\ 10 & 15 & 21 & 28 \end{pmatrix}, \quad B = \begin{pmatrix} 1 & 3 & 6 & 10 \\ 3 & 6 & 10 & 1 \\ 6 & 10 & 1 & 3 \\ 10 & 1 & 3 & 6 \end{pmatrix}.$$

Aufgabe 1.22 (K) Es seien

$$U := \{\boldsymbol{x} \in \mathbb{R}^4 : x_1 + 2x_2 = x_3 + 2x_4\}, \quad V := \{\boldsymbol{x} \in \mathbb{R}^4 : x_1 = x_2 + x_3 + x_4\}.$$

Bestimmen Sie Basen von $U, V, U \cap V$ und $U + V$.

Aufgabe 1.23 (T) Seien $n, k \in \mathbb{N}$, seien $\boldsymbol{v}_1, \boldsymbol{v}_2, \ldots, \boldsymbol{v}_n \in \mathbb{R}^k$ Vektoren, und sei $\boldsymbol{w}_i := \sum_{j=1}^{i} \boldsymbol{v}_j$ für $i = 1, \ldots, n$. Man zeige, dass das System $(\boldsymbol{v}_1, \boldsymbol{v}_2, \ldots, \boldsymbol{v}_n)$ genau dann linear unabhängig ist, wenn das System $(\boldsymbol{w}_1, \boldsymbol{w}_2, \ldots, \boldsymbol{w}_n)$ linear unabhängig ist.

Aufgabe 1.24 (K) Im reellen Vektorraum $\mathbb{R}^5$ seien folgende Vektoren gegeben:

$$\boldsymbol{u}_1 = (-1, 4, -3, 0, 3)^t, \ \boldsymbol{u}_2 = (2, -6, 5, 0, -2)^t, \ \boldsymbol{u}_3 = (-2, 2, -3, 0, 6)^t.$$

Sei U der von $\boldsymbol{u}_1, \boldsymbol{u}_2, \boldsymbol{u}_3$ aufgespannte Unterraum im $\mathbb{R}^5$. Bestimmen Sie ein reelles lineares Gleichungssystem, dessen Lösungsraum genau U ist.

Aufgabe 1.25 (T) Für eine fest gegebene Zerlegung Δ von $[a, b]$ definiere man

$$S_1^{-1}(\Delta) := \{f : f : [a, b] \to \mathbb{R} \text{ ist eine Gerade auf } [x_i, x_{i+1}), i = 0, \ldots, n-2 \\ \text{bzw. auf } [x_{n-1}, x_n]\}.$$

Gegenüber $S_1(\Delta)$ wird also der stetige Übergang bei $x_i, i = 1, \ldots, n-1$ nicht gefordert. Man zeige: $S_1^{-1}(\Delta)$ mit den punktweise definierten Operationen ist ein $\mathbb{R}$-Vektorraum und $S_1(\Delta)$ ein linearer Unterraum. Man gebe eine Basis von $S_1^{-1}(\Delta)$ an und verifiziere

$$\dim S_1^{-1}(\Delta) = 2n.$$

Aufgabe 1.26 (K) Welche der folgenden Systeme von Funktionen $f_\nu, \nu \in \mathbb{N}$, sind linear unabhängig (als Vektoren im Vektorraum $C(\mathbb{R}, \mathbb{R})$)?

a) $f_\nu(x) = e^{\nu x}$,
b) $f_\nu(x) = x^2 + 2\nu x + \nu^2$,
c) $f_\nu(x) = \frac{1}{\nu + x^2}$,

jeweils für $x \in \mathbb{R}$.

1.5 Das euklidische Skalarprodukt im $\mathbb{R}^n$ und Vektorräume mit Skalarprodukt

1.5.1 Skalarprodukt, Norm und Winkel

In diesem Abschnitt sollen zwei Begriffe betrachtet werden, die über die Vektorraumstruktur hinausgehen und die eng zusammenhängen: Längenmessung und Winkelbestimmung. Wir erinnern zunächst an den elementargeometrischen Begriff der Länge in $n = 1, 2$ und 3 Dimensionen:

$n = 1$: Für $x \in \mathbb{R}$ ist

$$|x| := \sqrt{x^2}$$

der *Betrag* der Zahl x.

$n = 2$: Die Länge eines Vektors $\boldsymbol{x} = (x_1, x_2)^t \in \mathbb{R}^2$ ist

$$\|\boldsymbol{x}\| := \sqrt{x_1^2 + x_2^2}\,.$$

Dies ist der Inhalt des elementargeometrischen Satzes von PYTHAGORAS[26], für $\boldsymbol{x}$ als Ortsvektor aufgefasst.

$n = 3$: Die Länge eines Vektors $\boldsymbol{x} = (x_1, x_2, x_3)^t \in \mathbb{R}^3$ ist

$$\|\boldsymbol{x}\| := \sqrt{x_1^2 + x_2^2 + x_3^2}\,.$$

Dies ergibt sich nach zweimaligem Anwenden des Satzes von PYTHAGORAS.

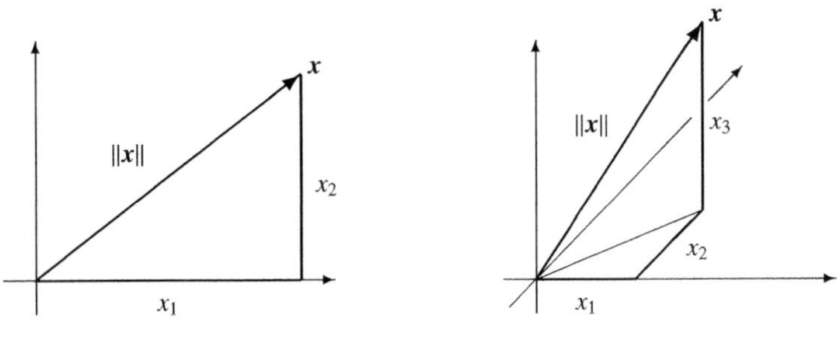

Abb. 1.12: Euklidische Länge in $\mathbb{R}^2$ und $\mathbb{R}^3$.

Es liegt nahe, wie dieser Längenbegriff für beliebige Dimension zu verallgemeinern ist:

[26] PYTHAGORAS VON SAMOS *um 570 v. Chr. auf Samos †nach 510 v. Chr. in Metapont in der Basilicata

Definition 1.88

Sei $\boldsymbol{x} = (x_1, \ldots, x_n)^t \in \mathbb{R}^n$. Dann heißt

$$\|\boldsymbol{x}\| := \sqrt{x_1^2 + x_2^2 + \ldots + x_n^2}$$

die *euklidische Länge* oder *Norm* von $\boldsymbol{x}$.

Mit dem in Definition 1.49 eingeführten (euklidischen) Skalarprodukt lässt sich die Norm ausdrücken durch:

$$\|\boldsymbol{x}\| = \sqrt{(\boldsymbol{x} \,.\, \boldsymbol{x})} \,. \tag{1.53}$$

Das Skalarprodukt $(\boldsymbol{x} \,.\, \boldsymbol{y})$ hat folgende offensichtliche Eigenschaften in $V := \mathbb{R}^n$:

(i) *Bilinearität:*

$$\begin{aligned} (c_1\boldsymbol{x}_1 + c_2\boldsymbol{x}_2 \,.\, \boldsymbol{y}) &= c_1\,(\boldsymbol{x}_1 \,.\, \boldsymbol{y}) + c_2\,(\boldsymbol{x}_2 \,.\, \boldsymbol{y}), \quad \boldsymbol{x}_1, \boldsymbol{x}_2, \boldsymbol{y} \in V,\ c_1, c_2 \in \mathbb{R}\,, \\ (\boldsymbol{x} \,.\, c_1\boldsymbol{y}_1 + c_2\boldsymbol{y}_2) &= c_1\,(\boldsymbol{x} \,.\, \boldsymbol{y}_1) + c_2\,(\boldsymbol{x} \,.\, \boldsymbol{y}_2), \quad \boldsymbol{x}, \boldsymbol{y}_1, \boldsymbol{y}_2 \in V,\ c_1, c_2 \in \mathbb{R}\,. \end{aligned} \tag{1.54}$$

(ii) *Symmetrie:*

$$(\boldsymbol{x} \,.\, \boldsymbol{y}) = (\boldsymbol{y} \,.\, \boldsymbol{x}), \quad \boldsymbol{x}, \boldsymbol{y} \in V\,. \tag{1.55}$$

(iii) *Definitheit:*

$$\begin{aligned} &(\boldsymbol{x} \,.\, \boldsymbol{x}) \geq 0 \ \text{ für alle } \ \boldsymbol{x} \in V\,, \\ &(\boldsymbol{x} \,.\, \boldsymbol{x}) = 0 \quad \Leftrightarrow \quad \boldsymbol{x} = \boldsymbol{0}\,. \end{aligned} \tag{1.56}$$

Eigenschaften der Norm, die nur aus (1.54)-(1.56) folgen, sind:

(iv) *Definitheit:*

$$\text{Es ist stets } \|\boldsymbol{x}\| \geq 0 \text{ und } \|\boldsymbol{x}\| = 0 \text{ nur dann, wenn } \boldsymbol{x} = \boldsymbol{0}\,. \tag{1.57}$$

(v) *Homogenität:*
Für $c \in \mathbb{R}$ und $\boldsymbol{x} \in V$ ist

$$\|c\boldsymbol{x}\| = |c|\,\|\boldsymbol{x}\|\,. \tag{1.58}$$

Den Zusammenhang zwischen Skalarprodukt und Norm beschreibt:

(vi) *CAUCHY-SCHWARZ*[27][28]*-Ungleichung* (C.S.U.):

$$|\,(\boldsymbol{x} \,.\, \boldsymbol{y})\,| \leq \|\boldsymbol{x}\| \cdot \|\boldsymbol{y}\|\,. \tag{1.59}$$

---

[27] Augustin Louis CAUCHY *21. August 1789 in Paris †23. Mai 1857 in Sceaux

[28] Hermann Amandus SCHWARZ *25. Januar 1843 in Hermsdorf †30. November 1921 in Berlin

Beweis aus (1.54) - (1.56): Für alle $a, b \in \mathbb{R}$ ist

$$0 \le \|a\boldsymbol{x} - b\boldsymbol{y}\|^2 = (a\boldsymbol{x} - b\boldsymbol{y} \, . \, a\boldsymbol{x} - b\boldsymbol{y}) = a^2\|\boldsymbol{x}\|^2 - 2ab\,(\boldsymbol{x} \, . \, \boldsymbol{y}) + b^2\|\boldsymbol{y}\|^2,$$

oder äquivalent damit

$$2ab\,(\boldsymbol{x} \, . \, \boldsymbol{y}) \le a^2\|\boldsymbol{x}\|^2 + b^2\|\boldsymbol{y}\|^2.$$

Setzen wir $a = \|\boldsymbol{y}\|$ und $b = \|\boldsymbol{x}\|$, so erhalten wir

$$2\|\boldsymbol{x}\| \cdot \|\boldsymbol{y}\|\,(\boldsymbol{x} \, . \, \boldsymbol{y}) \le 2\|\boldsymbol{x}\|^2 \cdot \|\boldsymbol{y}\|^2.$$

Da die Behauptung für $\boldsymbol{x} = \boldsymbol{0}$ oder $\boldsymbol{y} = \boldsymbol{0}$ richtig ist, können wir o. B. d. A. $\boldsymbol{x} \neq \boldsymbol{0} \neq \boldsymbol{y}$ annehmen. Dann dürfen wir in der letzten Gleichung wegen (1.57) kürzen und erhalten

$$(\boldsymbol{x} \, . \, \boldsymbol{y}) \le \|\boldsymbol{x}\| \cdot \|\boldsymbol{y}\| \, .$$

Für $-\boldsymbol{x}$ statt $\boldsymbol{x}$ gilt dieselbe Ungleichung, so dass also auch

$$-(\boldsymbol{x} \, . \, \boldsymbol{y}) = (-\boldsymbol{x} \, . \, \boldsymbol{y}) \le \|\boldsymbol{x}\| \cdot \|\boldsymbol{y}\|$$

gilt. Daraus folgt schließlich

$$|(\boldsymbol{x} \, . \, \boldsymbol{y})| = \max\{(\boldsymbol{x} \, . \, \boldsymbol{y}), -(\boldsymbol{x} \, . \, \boldsymbol{y})\} \le \|\boldsymbol{x}\| \cdot \|\boldsymbol{y}\| \, .$$

Aus der C.S.U. folgt eine weitere wichtige Eigenschaft der Norm:

(vii) *Dreiecksungleichung:*

$$\|\boldsymbol{x} + \boldsymbol{y}\| \le \|\boldsymbol{x}\| + \|\boldsymbol{y}\| \text{ für } \boldsymbol{x}, \boldsymbol{y} \in V. \tag{1.60}$$

Beweis aus (1.54), (1.55), (1.59):

$$\begin{aligned} \|\boldsymbol{x} + \boldsymbol{y}\|^2 &= (\boldsymbol{x} + \boldsymbol{y} \, . \, \boldsymbol{x} + \boldsymbol{y}) = \|\boldsymbol{x}\|^2 + 2\,(\boldsymbol{x} \, . \, \boldsymbol{y}) + \|\boldsymbol{y}\|^2 \\ &\le \|\boldsymbol{x}\|^2 + 2\|\boldsymbol{x}\| \cdot \|\boldsymbol{y}\| + \|\boldsymbol{y}\|^2 \\ &= (\|\boldsymbol{x}\| + \|\boldsymbol{y}\|)^2. \end{aligned}$$

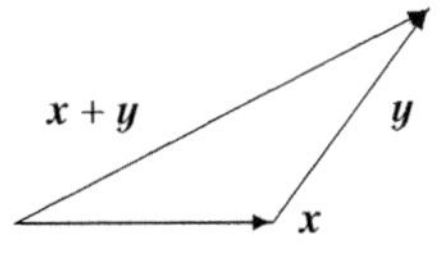

Abb. 1.13: Elementargeometrische Interpretation der Dreiecksungleichung.

Die geometrische Bedeutung des Skalarprodukts in $\mathbb{R}^2$, und dann übertragen auf $\mathbb{R}^n$, werden wir später untersuchen. Erst ist die Verallgemeinerbarkeit der Begriffe Skalarprodukt und Norm zu untersuchen.

Die Eigenschaften (iv)–(vii) beruhen nur auf den Eigenschaften (i)-(iii) des Skalarprodukts und der Definition in (1.53). Das legt folgende Definition nahe:

Definition 1.89

Sei V ein $\mathbb{R}$-Vektorraum. Eine Abbildung $(\,.\,)\colon V \times V \to \mathbb{R}$ heißt *Skalarprodukt* (SKP) auf V, wenn sie bilinear, symmetrisch und definit ist (d. h. (1.54), (1.55), (1.56) erfüllt). Für das Bild von $\boldsymbol{x}, \boldsymbol{y} \in V$ schreibt man $(\boldsymbol{x} \,.\, \boldsymbol{y})$. Der Raum $(V, +, \cdot, (\,.\,))$ bzw. kurz $(V, (\,.\,))$ heißt *Vektorraum mit SKP.*

Es ist nicht selbstverständlich, dass auf einem $\mathbb{R}$-Vektorraum ein SKP existiert, wenn dann aber unendlich viele, da jedes positive Vielfache eines SKP wieder ein SKP ist.

Bemerkung 1.90 Auf dem Vektorraum $C([a, b], \mathbb{R})$ (siehe (1.50)) kann ein SKP eingeführt werden durch

$$(f \,.\, g) := \int_a^b f(x)\, g(x)\, dx \,. \tag{1.61}$$

Für die Eigenschaften der Bilinearität und Symmetrie wird auf Schulkenntnisse bzw. die Analysis verwiesen, in der auch die Definitheit bewiesen wird. Auf den linearen Unterräumen $S_1(\varDelta)$ bzw. $\mathbb{R}_n[x]$ ist damit auch ein SKP definiert, aber auch auf linearen Unterräumen wie etwa $S_0(\varDelta)$ kann mit der gleichen Definition ein SKP eingeführt werden. Für $S_0(\varDelta)$ nimmt dies nachfolgend für die Zerlegung $\varDelta : a = x_0 < \ldots < x_n = b$ die folgende spezielle Form an:

Seien f_i bzw. g_i, $i = 0, \ldots, n-1$, die konstanten Werte von $f, g \in S_0(\varDelta)$, dann ist

$$(f \,.\, g) = \sum_{i=0}^{n-1} (x_{i+1} - x_i) f_i\, g_i \,.$$

Für eine äquidistante Zerlegung mit $x_{i+1} - x_i = h$ ergibt sich so

$$(f \,.\, g) = h \sum_{i=0}^{n-1} f_i\, g_i \,.$$

Bis auf den Faktor h ist das somit das euklidische SKP der darstellenden n-Tupel. △

Die Eigenschaften (iv), (v), (vii) der euklidischen Norm erscheinen als wesentliche Eigenschaften einer Längenmessung auf einem $\mathbb{R}$-Vektorraum. Daher:

Definition 1.91

Sei $(V, +, \cdot)$ ein $\mathbb{R}$-Vektorraum. Eine Abbildung $\|\,.\,\| : V \to \mathbb{R}$ heißt *Norm* auf V, wenn sie definit und homogen ist und die Dreiecksungleichung erfüllt (d. h. (1.57),(1.58),(1.60) gelten). Für das Bild von $\boldsymbol{x} \in V$ schreibt man $\|\boldsymbol{x}\|$. Dann heißt $(V, +, \cdot, \|\,.\,\|)$ bzw. kurz $(V, \|\,.\,\|)$ *normierter ($\mathbb{R}$-Vektor-)Raum.*

Da die obigen Beweise von (1.57), (1.58), (1.60) für $V = \mathbb{R}^n$ nur die SKP Eigenschaften (1.54)–(1.56) ausgenutzt haben, gilt demnach:

Satz 1.92

Sei $(V, (\,.\,))$ ein $\mathbb{R}$-Vektorraum mit SKP. Dann wird durch (1.53) eine Norm $\|\,.\,\|$ definiert, die die CAUCHY-SCHWARZ-Ungleichung (1.59) erfüllt. $\|\,.\,\|$ heißt auch *vom SKP* $(\,.\,)$ *erzeugt.*

Bemerkungen 1.93

1) Jede Norm $\|\,.\,\|$ auf einem $\mathbb{R}$-Vektorraum V definiert eine *Abstandsmessung (Metrik)* durch

$$d(\boldsymbol{x}, \boldsymbol{y}) := \|\boldsymbol{x} - \boldsymbol{y}\| \quad \text{für } \boldsymbol{x}, \boldsymbol{y} \in V\,.$$

2)

Eine Norm, die durch ein SKP erzeugt wird, erfüllt die *Parallelogrammgleichung*:

$$\|\boldsymbol{x} + \boldsymbol{y}\|^2 + \|\boldsymbol{x} - \boldsymbol{y}\|^2 = 2\left(\|\boldsymbol{x}\|^2 + \|\boldsymbol{y}\|^2\right) \quad \text{für } \boldsymbol{x}, \boldsymbol{y} \in V\,. \tag{1.62}$$

3) Auf dem $\mathbb{R}^n$ lassen sich auch andere SKP definieren. Sei $\boldsymbol{r} = (r_i)_i \in \mathbb{R}^n$ und $r_i > 0$ für alle $i = 1, \ldots, n$, ein Vektor von *Gewichten*. Dann ist

$$(\boldsymbol{x}\,.\,\boldsymbol{y})_r := \sum_{i=1}^{n} r_i x_i y_i \tag{1.63}$$

ein SKP auf $\mathbb{R}^n$.

4) Berücksichtigt man, dass der Matrizenraum $\mathbb{R}^{(m,n)}$ nur ein „seltsam“ aufgeschriebener $\mathbb{R}^{m\cdot n}$ ist, so liefert das euklidische SKP auf $\mathbb{R}^{m\cdot n}$ ein SKP auf $\mathbb{R}^{(m,n)}$:

$$A : B := \sum_{j=1}^{m} \sum_{k=1}^{n} a_{j,k} b_{j,k} \text{ für } A = (a_{j,k}), B = (b_{j,k}) \in \mathbb{R}^{(m,n)}$$

mit der erzeugten (FROBENIUS-)Norm[29]

$$\|A\|_F := \left(\sum_{j=1}^{m} \sum_{k=1}^{n} |a_{j,k}|^2 \right)^{1/2} .$$

5) Die von (.) nach (1.61) auf $C([a,b],\mathbb{R})$ erzeugte Norm ist

$$\|f\|_2 := \left(\int_a^b |f(x)|^2 dx\right)^{1/2} \tag{1.64}$$

bzw. die Abstandsmessung

$$\|f-g\|_2 := \left(\int_a^b |f(x)-g(x)|^2 dx\right)^{1/2}$$

für $f,g \in C([a,b],\mathbb{R})$. Man spricht auch von Abstandsmessung im *quadratischen Mittel.*

6) Es gibt auf $\mathbb{R}^n$ eine Vielzahl von Normen, die nicht durch ein SKP erzeugt werden, z. B.

$$\|\boldsymbol{x}\|_1 := \sum_{i=1}^n |x_i| \quad \text{oder} \tag{1.65}$$

$$\|\boldsymbol{x}\|_\infty := \max\{|x_i| : i = 1,\dots,n\}\ , \quad \text{die } \textit{Maximumsnorm}\ . \tag{1.66}$$

7) Auf $C([a,b],\mathbb{R})$ lassen sich zu (1.65), (1.66) analoge Normen definieren durch

$$\|f\|_1 := \int_a^b |f(x)|dx\ , \tag{1.67}$$

$$\|f\|_\infty := \max\{|f(x)| : x \in [a,b]\}\ . \tag{1.68}$$

△

Mathematische Modellierung 3 Auch in Anwendungen treten andere als das euklidische SKP auf: Anknüpfend an (MM.24) werde bei der Berechung des Gesamtertrags ein *Rabatt* r_i berücksichtigt (wobei $1-r_i \in [0,1)$ der Rabattsatz sei). Dann ergibt sich der Gesamtertrag nach (MM.24) und (1.63) aus

$$e = (\boldsymbol{p}\,.\,\boldsymbol{S})_r\ .$$

◇

Wir kehren vorerst wieder zur Betrachtung des $\mathbb{R}^2$ zurück. Nicht nur die Norm eines Vektors, auch das Skalarprodukt zweier Vektoren hat eine geometrische Bedeutung. Dazu betrachten wir zunächst zwei *Einheitsvektoren* (= Vektoren der Länge 1) im $\mathbb{R}^2$, die mit der x-Achse (gegen den Uhrzeigersinn) einen Winkel von α bzw. β einschließen. Dann gilt nach der elementargeometrischen Definition ($\sin\alpha$ = „Gegenkathete/Hypothenuse" etc.) und wegen $\sin^2\alpha + \cos^2\alpha = 1$ für alle α:

$$\begin{aligned}
\boldsymbol{x} &= (\cos(\alpha), \sin(\alpha))^t\ ,\\
\boldsymbol{y} &= (\cos(\beta), \sin(\beta))^t\ ,\\
(\boldsymbol{x}\,.\,\boldsymbol{y}) &= \cos(\alpha)\cos(\beta) + \sin(\alpha)\sin(\beta)\\
&= \cos(\alpha-\beta)
\end{aligned}$$

[29] Ferdinand Georg FROBENIUS *26. Oktober 1849 in Berlin †3. August 1917 in Charlottenburg

aus dem Additionstheorem für die cos-Funktion. Es folgt also, dass das Skalarprodukt $(\boldsymbol{x} \,.\, \boldsymbol{y})$ zweier Einheitsvektoren der Cosinus des Winkels zwischen beiden Vektoren ist. Für zwei beliebige Vektoren $\boldsymbol{x} \neq \boldsymbol{0} \neq \boldsymbol{y}$ definieren wir zunächst die Einheitsvektoren

$$\hat{\boldsymbol{x}} := \frac{1}{\|\boldsymbol{x}\|}\boldsymbol{x}\,, \qquad \hat{\boldsymbol{y}} := \frac{1}{\|\boldsymbol{y}\|}\boldsymbol{y}$$

und erhalten in der Folge für den Cosinus des Winkels zwischen $\boldsymbol{x}$ und $\boldsymbol{y}$

$$(\hat{\boldsymbol{x}} \,.\, \hat{\boldsymbol{y}}) = \frac{(\boldsymbol{x} \,.\, \boldsymbol{y})}{\|\boldsymbol{x}\| \, \|\boldsymbol{y}\|}\,.$$

Aus der CAUCHY-SCHWARZ-Ungleichung folgt

$$-1 \leq \frac{(\boldsymbol{x} \,.\, \boldsymbol{y})}{\|\boldsymbol{x}\| \, \|\boldsymbol{y}\|} \leq 1\,.$$

Da die Cosinus-Funktion das Intervall $[0, \pi]$ bijektiv auf das Intervall $[-1, 1]$ abbildet, gibt es genau ein $\alpha \in [0, \pi]$ mit

$$\cos(\alpha) = \frac{(\boldsymbol{x} \,.\, \boldsymbol{y})}{\|\boldsymbol{x}\| \, \|\boldsymbol{y}\|}\,.$$

Dies nehmen wir zum Anlass für die entsprechende allgemeine Definition:

Definition 1.94

Sei $(V, (\,.\,))$ ein $\mathbb{R}$-Vektorraum mit SKP. Seien $\boldsymbol{x} \neq \boldsymbol{0} \neq \boldsymbol{y}$ Vektoren in V. Sei $\alpha \in [0, \pi]$ der eindeutig existierende Wert, für den gilt

$$\cos(\alpha) = \frac{(\boldsymbol{x} \,.\, \boldsymbol{y})}{\|\boldsymbol{x}\| \, \|\boldsymbol{y}\|}\,.$$

Wir nennen diesen Winkel α den *Winkel zwischen den Vektoren $\boldsymbol{x}$ und $\boldsymbol{y}$*.

Dieser Winkel hat also kein Vorzeichen, d. h. er hängt nicht von der Reihenfolge der Vektoren $\boldsymbol{x}$ und $\boldsymbol{y}$ ab.

Hier haben wir ziemlich großzügig Gebrauch von den Eigenschaften der Cosinus-Funktion aus der Analysis gemacht. Die Beziehung zwischen Skalarprodukt und Cosinus des Zwischenwinkels ist für das Verständnis und die Anwendungen (z. B. in der analytischen Geometrie) von großer Bedeutung. Im weiteren Aufbau der Linearen Algebra selbst werden wir aber von dieser Tatsache keinen Gebrauch machen, sondern nur um den Bezug zur Anschauung aufrecht zu erhalten. In diesem Sinn sollte uns deswegen die Anleihe bei der Analysis erlaubt sein.

1.5.2 Orthogonalität und orthogonale Projektion

Definition 1.95

Sei $(V, (\,.\,))$ ein $\mathbb{R}$-Vektorraum mit SKP. Zwei Vektoren $\boldsymbol{x}, \boldsymbol{y} \in V$ heißen *orthogonal* oder *senkrecht aufeinander*, in Zeichen $\boldsymbol{x} \perp \boldsymbol{y}$, wenn sie den Winkel $\frac{\pi}{2}$ einschließen, folglich wenn $(\boldsymbol{x} \,.\, \boldsymbol{y}) = 0$ ist. (Hier ist auch $\boldsymbol{x} = \boldsymbol{0}$ oder $\boldsymbol{y} = \boldsymbol{0}$ zugelassen.)

Satz 1.96: Abstrakter Satz von Pythagoras

Sei $(V, (\,.\,))$ ein $\mathbb{R}$-Vektorraum mit SKP. Es seien $\boldsymbol{v}_1, \ldots, \boldsymbol{v}_r \in V$ Vektoren, die paarweise aufeinander senkrecht stehen:

$$(\boldsymbol{v}_k \,.\, \boldsymbol{v}_l) = 0 \qquad \text{für alle } k \neq l\,.$$

Dann gilt

$$\|\boldsymbol{v}_1 + \boldsymbol{v}_2 + \ldots + \boldsymbol{v}_r\|^2 = \|\boldsymbol{v}_1\|^2 + \|\boldsymbol{v}_2\|^2 + \ldots + \|\boldsymbol{v}_r\|^2\,.$$

Beweis: Aus der Voraussetzung folgt, dass die linke Seite gleich

$$(\boldsymbol{v}_1 + \ldots + \boldsymbol{v}_r \,.\, \boldsymbol{v}_1 + \ldots + \boldsymbol{v}_r) = \sum_{k,l=1}^{r} (\boldsymbol{v}_k \,.\, \boldsymbol{v}_l) = \sum_{k=1}^{r} (\boldsymbol{v}_k \,.\, \boldsymbol{v}_k)$$

ist. □

Definition 1.97

Sei $(V, (\,.\,))$ ein $\mathbb{R}$-Vektorraum mit SKP. Ist $A \subset V$ eine beliebige Menge, so sei

$$A^\perp := \{\boldsymbol{x} \in V : (\boldsymbol{x} \,.\, \boldsymbol{a}) = 0 \text{ für alle } \boldsymbol{a} \in A\}$$

die Menge der Vektoren $\boldsymbol{x}$, die auf allen Vektoren aus A senkrecht stehen. Ist insbesondere $A = U \subset V$ ein linearer Unterraum, so nennen wir $U^\perp$ das *orthogonale Komplement* zu U in V.

Für $\{\boldsymbol{a}\}^\perp$ schreiben wir kurz $\boldsymbol{a}^\perp$, falls $\boldsymbol{a} \in V$.

Die $\boldsymbol{a}^\perp$ für $\boldsymbol{a} \neq \boldsymbol{0}$ sind also (vorerst im $\mathbb{R}^n$) die Hyperebenen durch $\boldsymbol{0}$.

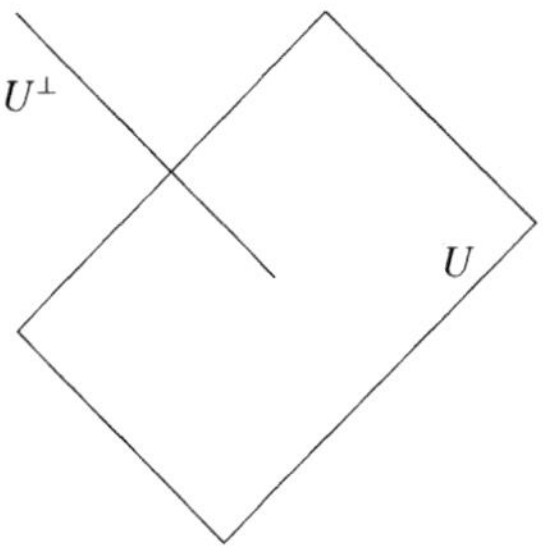

Abb. 1.14: Unterraum und orthogonales Komplement.

Bemerkungen 1.98 Sei V ein $\mathbb{R}$-Vektorraum mit SKP.

1) Für Teilmengen A bzw. A_i von V gilt:

$$\begin{aligned} &A \cap A^\perp \subset \{0\}\,,\\ &U \cap U^\perp = \{0\}\,,\ \text{wenn } U \text{ linearer Unterraum ist.}\\ &A \subset (A^\perp)^\perp\,,\\ &A_1 \subset A_2 \Rightarrow A_2^\perp \subset A_1^\perp\,. \end{aligned} \tag{1.69}$$

2) Sei $A \subset V$ beliebig, dann ist $A^\perp$ ein linearer Unterraum von V.

3) Sei $A \subset V$, dann gilt

$$A^\perp = \operatorname{span}(A)^\perp\,.$$

4) Es seien $\boldsymbol{a}_{(1)}, \ldots, \boldsymbol{a}_{(m)} \in \mathbb{R}^n$ beliebig. Sei $A \in \mathbb{R}^{(m,n)}$ durch die Vektoren als Zeilen gegeben.

Man betrachte das homogene LGS $A\boldsymbol{x} = \boldsymbol{0}$ mit dem Lösungsraum U und dem Zeilenraum $Z(A) = \operatorname{span}(\boldsymbol{a}_{(1)}, \ldots, \boldsymbol{a}_{(m)})$, dann folgt

$$Z(A)^\perp = \{\boldsymbol{a}_{(1)}, \ldots, \boldsymbol{a}_{(m)}\}^\perp = U\,. \tag{1.70}$$

Sei $\tilde{A} = \{\boldsymbol{a}_{(1)}, \ldots, \boldsymbol{a}_{(m)}\} \subset \mathbb{R}^n$. Dann ist also nach 3) $Z(A)^\perp = \tilde{A}^\perp$ und

$$\begin{aligned} \boldsymbol{x} \in \tilde{A}^\perp &\Leftrightarrow (\boldsymbol{a}_{(1)} \,.\, \boldsymbol{x}) = \ldots = (\boldsymbol{a}_{(m)} \,.\, \boldsymbol{x}) = 0\\ &\Leftrightarrow \sum_{\nu=1}^{n} a_{1,\nu} x_\nu = \ldots = \sum_{\nu=1}^{n} a_{m,\nu} x_\nu = 0\\ &\Leftrightarrow \sum_{\nu=1}^{n} a_{\mu,\nu} x_\nu = 0 \quad \text{für } \mu = 1, \ldots, m\,. \end{aligned}$$

RLGS *Die Vektoren $x \in \{a_{(1)}, \dots, a_{(m)}\}^\perp$ sind somit genau die Lösungen des homogenen LGS, dessen Koeffizientenmatrix aus den Zeilenvektoren $a^t_{(1)}, \dots, a^t_{(m)}$ zusammengesetzt ist.*

Die $a^t_{(1)}, \dots, a^t_{(m)}$ werden als Zeilen einer Matrix A eines homogenen LGS interpretiert. Damit gilt für beliebige $a_{(1)}, \dots, a_{(m)} \in \mathbb{R}^n$ und $U = \text{span}(a_{(1)}, \dots, a_{(m)})$:

$$\dim U^\perp = n - \dim U \,. \tag{1.71}$$

Theorem 1.82 zeigt in dieser Situation:

$$\dim \{a_{(1)}, \dots, a_{(m)}\}^\perp = \dim Z(A)^\perp = n - \dim \text{span}(a_{(1)}, \dots, a_{(m)}) \,.$$

Damit gilt: In einem endlichdimensionalen Vektorraum V mit SKP und $\dim V = n$, ist für einen linearen Unterraum U

$$\dim U^\perp = n - \dim U \quad \text{bzw.} \quad U \oplus U^\perp = V.$$

Für $U = Z(A)$ und damit für einen beliebigen linearen Unterraum in einem endlichdimensionalen Vektorraum V mit SKP lässt sich das jetzt schon verifizieren.
Sei W der Lösungsraum von $Ax = 0$, dann gilt nach 4)

$$U^\perp = W$$

und nach Theorem 1.82

$$\dim(W) + \dim(U) = \dim(V).$$

Wegen Bemerkungen 1.98, 1) und Bemerkung 1.87 gilt auch $\dim(U + W) = \dim(U) + \dim(W) = \dim(V)$ *und nach Bemerkungen 1.77, 2) also* $U \oplus U^\perp = U + W = V$.

Infolgedessen sind $\dim U^\perp$ und die Kodimension von U nach Bemerkungen 1.84, 1) gleich.

Für allgemeine Vektorräume V mit SKP und einem endlichdimensionalen Unterraum erfolgt der Beweis in Satz 1.105.

5) Ist $U = \text{span}(v_1, \dots, v_r) \subset V$ in einem $\mathbb{R}$-Vektorraum V mit SKP, dann gilt

$$x \in U^\perp \overset{3)}{\Leftrightarrow} (x \,.\, v_i) = 0 \quad \text{für } i = 1, \dots, r \,.$$

Sei nun V endlichdimensional, d. h. $V = \text{span}(u_1, \dots, u_n)$. Ist also $x = \sum_{\nu=1}^n \alpha_\nu u_\nu \in U^\perp$, $\alpha_\nu \in \mathbb{R}$ gesucht, dann ist das äquivalent mit: Gesucht ist $\alpha = (\alpha_1, \dots, \alpha_n)^t \in \mathbb{R}^n$, so dass

$$\sum_{\nu=1}^n \left(u_\nu \,.\, v_\mu\right) \alpha_\nu = 0 \quad \text{für} \quad \mu = 1, \dots, r \,.$$

Folglich erfüllt α ein homogenes LGS mit Koeffizientenmatrix

RLGS

$$A = \left(u_\nu \,.\, v_\mu\right)_{\mu,\nu} \in \mathbb{R}^{(r,n)} \,.$$

6) Seien $\boldsymbol{u}_1, \ldots, \boldsymbol{u}_k \in V$ und $\boldsymbol{v}_1, \ldots, \boldsymbol{v}_l \in V$ gegeben, so dass

$$\left(\boldsymbol{u}_i \,.\, \boldsymbol{v}_j\right) = \mathbf{0} \quad \text{für alle } i = 1, \ldots, k,\ j = 1, \ldots, l,\ i \neq j\,. \tag{1.72}$$

Dann heißen $\boldsymbol{u}_1, \ldots, \boldsymbol{u}_k$ und $\boldsymbol{v}_1, \ldots, \boldsymbol{v}_l$ *biorthogonal* . Die Vektoren $\boldsymbol{u}_1, \ldots, \boldsymbol{u}_k$ und $\boldsymbol{v}_1, \ldots, \boldsymbol{v}_l$ heißen *orthogonal,* wenn (1.72) auch für $i = j$ erfüllt ist. Dann gilt: Seien $U := \text{span}(\boldsymbol{u}_1, \ldots, \boldsymbol{u}_k)$ und $W := \text{span}(\boldsymbol{w}_1, \ldots, \boldsymbol{w}_l)$ orthogonal, so ist

$$U \subset W^\perp \text{ und } W \subset U^\perp\,.$$

Ist $\dim V$ endlich und $\dim V = \dim U + \dim W$, dann gilt sogar

$$U = W^\perp\,, \qquad W = U^\perp\,.$$

Das kann man folgendermaßen einsehen: Es ist $U \subset \boldsymbol{w}_j^\perp$ für alle $j = 1, \ldots, l$ und damit $U \subset W^\perp$. Vertauschen der Rollen liefert $W \subset U^\perp$. Die Zusatzbehauptung wird in Bemerkungen 1.110, 3) bewiesen.

△

Lineare Unabhängigkeit lässt sich auch durch die Eigenschaften einer mit dem SKP gebildeten Matrix ausdrücken.

Definition 1.99

Sei V ein $\mathbb{R}$-Vektorraum mit SKP (.) und $\boldsymbol{u}_1, \ldots, \boldsymbol{u}_r \in V$. Dann heißt die $r{\times}r$-Matrix des Skalarproduktes

$$G(\boldsymbol{u}_1, \ldots \boldsymbol{u}_r) := \left(\left(\boldsymbol{u}_j \,.\, \boldsymbol{u}_i\right)\right)_{i,j=1,\ldots,r}$$

die GRAM[30]sche Matrix der Vektoren $\boldsymbol{u}_1, \ldots, \boldsymbol{u}_r$.

Satz 1.100

In der Situation von Definition 1.99 sind die Vektoren $\boldsymbol{u}_1, \ldots, \boldsymbol{u}_r$ genau dann linear unabhängig, wenn

$$\text{Rang}\,(G(\boldsymbol{u}_1, \ldots, \boldsymbol{u}_r)) = r.$$

Beweis: „⇒“: Es reicht, eine der äquivalenten Bedingungen aus Hauptsatz 1.85, etwa (iv), zu zeigen. Sei $G := G(\boldsymbol{u}_1, \ldots, \boldsymbol{u}_r), \boldsymbol{x} \in \mathbb{R}^r$ und $G\boldsymbol{x} = \mathbf{0}$. Es ist $\boldsymbol{x} = \mathbf{0}$ zu zeigen. Ausgeschrieben lautet die Voraussetzung

[30] Jørgen Pedersen GRAM ∗27. Juni 1850 in Nustrup bei Haderslev †29. April 1916 in Kopenhagen

$$\sum_{j=1}^{r} \left(\boldsymbol{u}_j \,.\, \boldsymbol{u}_i\right) x_j = 0 \quad \text{für } i = 1, \ldots, r$$

und damit für die erzeugte Norm $\|\,.\,\|$:

$$\|\sum_{i=1}^{r} x_i \boldsymbol{u}_i\|^2 = \left(\sum_{j=1}^{r} x_j \boldsymbol{u}_j \,.\, \sum_{i=1}^{r} x_i \boldsymbol{u}_i\right) = \sum_{i=1}^{r} \left(\sum_{j=1}^{r} \left(\boldsymbol{u}_j \,.\, \boldsymbol{u}_i\right) x_j\right) x_i = 0\,,$$

also $\sum_{j=1}^{r} x_j \boldsymbol{u}_j = \boldsymbol{0}$ und damit auch $x_1 = \ldots = x_r = 0$.

„$\Leftarrow$“: Seien $x_i \in \mathbb{R}$ und $\sum_{j=1}^{r} x_j \boldsymbol{u}_j = \boldsymbol{0}$. Also ist auch

$$0 = \left(\sum_{j=1}^{r} x_j \boldsymbol{u}_j \,.\, \boldsymbol{u}_i\right) = (G\boldsymbol{x})_i \quad \text{für alle } i = 1, \ldots, n\,.$$

Nach Hauptsatz 1.85 („(v) $\Rightarrow$ (iv)“) folgt $x_1 = \ldots = x_r = 0$. □

Sei V ein $\mathbb{R}$-Vektorraum, der auch unendlichdimensional sein kann, mit SKP (.). Sei $\|\,.\,\|$ die davon erzeugte Norm. Sei $U \subset V$ ein endlichdimensionaler Unterraum mit Basis $\boldsymbol{u}_1, \ldots, \boldsymbol{u}_r$. Eine ubiquitäre Aufgabe besteht darin, beliebige Elemente aus V durch ein Element

$$\boldsymbol{u} \in U\,, \quad \boldsymbol{u} = \sum_{i=1}^{r} \alpha_i \boldsymbol{u}_i \quad \text{mit } \boldsymbol{\alpha} = (\alpha_1, \ldots, \alpha_r)^t \in \mathbb{R}^r$$

zu approximieren. Ein Beispiel ist die Approximation von allgemeinen Funktionen, z. B. durch stetige Polygonzüge oder Polynome festen Grades, also z. B. $V = C([a,b],\mathbb{R})$ und $U = S_1(\Delta)$ oder $U = \mathbb{R}_n[x]$ (eingeschränkt auf $[a,b]$). Das führt zu:

Definition 1.101

Die Aufgabe, den Vektorraum V (mit SKP (.) und erzeugter Norm $\|\,.\,\|$) durch einen linearen Unterraum U zu approximieren, lautet:
Sei $\boldsymbol{x} \in V$. Finde $\boldsymbol{u} \in U$, so dass für das *Fehlerfunktional*

$$\varphi(\boldsymbol{v}) := \|\boldsymbol{x} - \boldsymbol{v}\| \quad (\boldsymbol{v} \in U)$$

gilt

$$\varphi(\boldsymbol{u}) = \min\left\{\varphi(\boldsymbol{v}) : \boldsymbol{v} \in U\right\}\,. \tag{1.73}$$

Der Vektor $\boldsymbol{u}$ heißt *orthogonale Projektion* von $\boldsymbol{x}$ auf U.

Hauptsatz 1.102: Eindeutige Existenz der orthogonalen Projektion

Sei V ein $\mathbb{R}$-Vektorraum mit SKP $(\,.\,)$, $U \subset V$ ein linearer Unterraum. Für $\boldsymbol{u} \in U$ und $\boldsymbol{x} \in V$ gilt:

1) Es sind äquivalent:

(i) $\boldsymbol{u}$ ist orthogonale Projektion von $\boldsymbol{x}$ auf U.

(ii) $\boldsymbol{x} - \boldsymbol{u} \in U^{\perp}$ *(Fehlerorthogonalität)*

Ist U endlichdimensional mit Basis $\boldsymbol{u}_1, \ldots, \boldsymbol{u}_r$ und $\boldsymbol{\alpha} \in \mathbb{R}^r$ der Koordinatenvektor von $\boldsymbol{u}$, d. h. $\boldsymbol{u} = \sum_{i=1}^{r} \alpha_i \boldsymbol{u}_i$, dann ist außerdem äquivalent:

(iii)

$$A\boldsymbol{\alpha} = \boldsymbol{\beta}, \tag{1.74}$$

mit $A = \left(\boldsymbol{u}_j \,.\, \boldsymbol{u}_i\right)_{i,j} \in \mathbb{R}^{(r,r)}$, die *GRAMsche Matrix* und $\boldsymbol{\beta} = (\boldsymbol{x} \,.\, \boldsymbol{u}_i)_i \in \mathbb{R}^r$.

2) Ist U endlichdimensional, so existiert die orthogonale Projektion $\boldsymbol{u}$ von $\boldsymbol{x} \in V$ eindeutig und wird mit $P_U(\boldsymbol{x})$ bezeichnet.

Beweis: Zu 1): Sei $\boldsymbol{x} \in V$ und $\boldsymbol{u} \in U$, sei $\boldsymbol{v} \in U$, $\boldsymbol{v} \neq \boldsymbol{0}$ beliebig. Wir betrachten die reelle Funktion, die dadurch entsteht, dass das Fehlerfunktional nur auf der Geraden $\boldsymbol{u} + \mathbb{R}\boldsymbol{v}$ in U betrachtet wird:

$$g(t) := \varphi(\boldsymbol{u} + t\boldsymbol{v})^2 = \|\boldsymbol{x} - (\boldsymbol{u} + t\boldsymbol{v})\|^2 = \|\boldsymbol{x} - \boldsymbol{u}\|^2 + 2\,(\boldsymbol{x} - \boldsymbol{u} \,.\, \boldsymbol{v})\,t + \|\boldsymbol{v}\|^2\, t^2$$

Also ist g die quadratische Funktion

$$g(t) = a + 2bt + ct^2 \tag{1.75}$$

mit

$$a = \|\boldsymbol{x} - \boldsymbol{u}\|^2\,, \quad b = (\boldsymbol{x} - \boldsymbol{u} . \boldsymbol{v})\,, \quad c = \|\boldsymbol{v}\|^2 > 0\,.$$

Die Funktion g beschreibt demnach eine nach oben geöffnete Parabel. Es folgen: „(i)⇒(ii)“: Ist $\boldsymbol{u}$ eine orthogonale Projektion von $\boldsymbol{x}$, also eine Minimalstelle von φ, dann hat g ein Minimum bei $t = 0$ (das auch das einzige ist). Somit gilt

$$(\boldsymbol{x} - \boldsymbol{u} \,.\, \boldsymbol{v}) = b = 0$$

für alle $\boldsymbol{v} \in V$ (der Fall $\boldsymbol{v} = \boldsymbol{0}$ ist klar) und damit (ii).
„(ii)⇒(i)“: Wegen $b = 0$ hat g die Form

$$g(t) = a + ct^2 .$$

Wegen $c > 0$ ist

$$g(0) < g(t) \quad \text{für alle } t \in \mathbb{R}, t \neq 0.$$

Sei $\boldsymbol{w} \in V$ beliebig und $\boldsymbol{v} := \boldsymbol{w} - \boldsymbol{u} \in U$, dann folgt für diese Wahl von $\boldsymbol{v}$

$$\varphi(\boldsymbol{u})^2 = g(0) < g(1) = \|\boldsymbol{x} - (\boldsymbol{u} + \boldsymbol{w} - \boldsymbol{u})\|^2 = \varphi^2(\boldsymbol{w}) ,$$

so dass also $\boldsymbol{u}$ eine (sogar eindeutige) Minimalstelle von φ ist.
„(ii)⇔(iii)": $\boldsymbol{u} - \boldsymbol{x} \in U^\perp$ ⇔ Für $\boldsymbol{u} = \sum_{i=1}^r \alpha_i \boldsymbol{u}_i \in U$ gilt

$$\begin{aligned}(\boldsymbol{u} - \boldsymbol{x} \,.\, \boldsymbol{u}_i) = 0 \ &\Leftrightarrow \left(\sum_{j=1}^r \alpha_j \boldsymbol{u}_j \,.\, \boldsymbol{u}_i\right) = (\boldsymbol{x} \,.\, \boldsymbol{u}_i) \quad \text{für alle } i = 1, \ldots, r \\ &\Leftrightarrow A\boldsymbol{\alpha} = \boldsymbol{\beta}\end{aligned}$$

und damit die Behauptung (In die erste Äquivalenz gehen Bemerkungen 1.98, 3) ein).
Zu 2): Dies folgt aus 1) (i) ⇔ (iii) und der eindeutigen Lösbarkeit von (1.74) nach Hauptsatz 1.102 und Hauptsatz 1.85. □

Beispiel 1.103 (Geometrie) Sei $V = \mathbb{R}^n$ und $U_k := \{\boldsymbol{x} = (x_i)_i \in \mathbb{R}^n : x_k = 0\}$ für $k = 1, \ldots, n$. Dann gilt $P_{U_k}(\boldsymbol{x}) = (x_1, \ldots, x_{k-1}, 0, x_k, \ldots, x_n)^t$, da $\boldsymbol{x} - P_{U_k}(\boldsymbol{x})$ die Orthogonalitätsbedingung Hauptsatz 1.102, 1) erfüllt. Für $n = 3$ heißt P_{U_k} die *Normalprojektion*, für $k = 1$ spricht man von *Seitenansicht*, für $k = 2$ von *Vorderansicht*, für $k = 3$ von *Draufsicht*. Es handelt sich um im Bauwesen oft verwendete Projektionen. Bei allgemeinem U (Projektionsebene) spricht man von orthogonaler *Parallelprojektion*. Man kann sich dies durch ein „im Unendlichen" befindliches Projektionszentrum (was approximativ auf die Sonne zutrifft) und durch parallele Projektionsstrahlen veranschaulichen. ○

Bemerkungen 1.104

1) Führt man den Beweis von Hauptsatz 1.102 für endlichdimensionales U im Koordinatenvektor $\boldsymbol{\alpha}$ durch, so erhält man

$$\begin{aligned}\varphi(\boldsymbol{v})^2 = (\boldsymbol{x} - \boldsymbol{v} \,.\, \boldsymbol{x} - \boldsymbol{v}) &= \left(\boldsymbol{x} - \sum_{i=1}^r \alpha_i \boldsymbol{u}_i \,.\, \boldsymbol{x} - \sum_{j=1}^r \alpha_j \boldsymbol{u}_j\right) \\ &= (\boldsymbol{x} \,.\, \boldsymbol{x}) - 2\sum_{i=1}^r \alpha_i (\boldsymbol{x} \,.\, \boldsymbol{u}_i) + \sum_{i,j=1}^r \alpha_i \left(\boldsymbol{u}_i \,.\, \boldsymbol{u}_j\right) \alpha_j \\ &= \|\boldsymbol{x}\|^2 - 2(\boldsymbol{\alpha} \,.\, \boldsymbol{\beta}) + (A\boldsymbol{\alpha} \,.\, \boldsymbol{\alpha}) .\end{aligned}$$

Die *Minimalstellen* von φ (d. h. die $\boldsymbol{u}$, für die das Minimum in (1.73) angenommen wird), stimmen mit denen von $\frac{1}{2}(\varphi(\,.\,)^2 - \|\boldsymbol{x}\|^2)$ überein, so dass wir äquivalent das folgende Minimierungsproblem auf $\mathbb{R}^r$ betrachten können: Finde $\hat{\boldsymbol{\alpha}} \in \mathbb{R}^r$, so dass

$$f(\hat{\boldsymbol{\alpha}}) = \min\{f(\boldsymbol{\alpha}) : \boldsymbol{\alpha} \in \mathbb{R}^r\} \quad \text{mit } f(\boldsymbol{\alpha}) := \frac{1}{2}(A\boldsymbol{\alpha} \,.\, \boldsymbol{\alpha}) - (\boldsymbol{\alpha} \,.\, \boldsymbol{\beta}) .$$

Im Beweis von Hauptsatz 1.102 wurde also wesentlich ausgenutzt, dass das Minimierungsproblem (1.73) für $\boldsymbol{u} = \sum_{i=1}^{r} \alpha_i \boldsymbol{u}_i$ äquivalent ist zum *quadratischen Optimierungsproblem* auf $\mathbb{R}^r$:

$$f(\alpha) := \frac{1}{2}(A\alpha \,.\, \alpha) - (\alpha \,.\, \boldsymbol{\beta}) \longrightarrow \min$$

für $A, \boldsymbol{\beta}$ wie in (1.74). Das wird wiederum als äquivalent mit dem LGS (1.74) nachgewiesen. Wir werden dies allgemeiner wieder aufgreifen in Abschnitt 4.7.2.

Dabei hat die GRAMsche Matrix A spezielle, durch das SKP und die lineare Unabhängigkeit der $\boldsymbol{u}_i$ erzeugte, Eigenschaften. Der reellen Funktion g entspricht

$$g(t) := f(\hat{\alpha} + t\gamma) \qquad \text{für } t \in \mathbb{R}\,,$$

wobei $\hat{\alpha} \in \mathbb{R}^r$ und $\gamma \in \mathbb{R}^r, \gamma \neq \mathbf{0}$, beliebig. Die Funktion g hat die folgende Gestalt

$$\begin{aligned} g(t) &= \frac{1}{2}(A(\hat{\alpha} + t\gamma) \,.\, \hat{\alpha} + t\gamma) - (\hat{\alpha} + t\gamma \,.\, \boldsymbol{\beta}) \\ &= \frac{1}{2}(A\hat{\alpha} \,.\, \hat{\alpha}) - (\hat{\alpha} \,.\, \boldsymbol{\beta}) + (A\hat{\alpha} - \boldsymbol{\beta} \,.\, \gamma)\, t + \frac{1}{2}(A\gamma \,.\, \gamma)\, t^2\,. \end{aligned}$$

Hierbei wurde die Linearität des Matrix-Vektor-Produkts, die Bilinearität und die Symmetrie des SKP ausgenutzt und auch, dass für die spezielle Matrix A gilt:

$$(A\gamma \,.\, \hat{\alpha}) = (A\hat{\alpha} \,.\, \gamma)\,. \tag{1.76}$$

Wesentlich dabei ist (1.76). In Abschnitt 2.3.5 werden wir sehen, dass dies allgemein eine Folge von

$$A^t = A\,,$$

der *Symmetrie* von A, ist. Die entscheidende Tatsache, dass die Parabel nach oben geöffnet ist, die im Beweis der offensichtlichen Aussage $c = \|\boldsymbol{v}\|^2 > 0$ entspricht, ist hier

$$c = \frac{1}{2}(A\gamma \,.\, \gamma) > 0\,,$$

wobei $\gamma \neq \mathbf{0}$ beliebig ist. Wegen der Definitheit des SKP gilt dies:

$$2c = \left(\left(\sum_{j=1}^{r} \left(\boldsymbol{u}_j \,.\, \boldsymbol{u}_i\right) \gamma_j \right)_i \,.\, \gamma \right) = \left(\left(\sum_{j=1}^{r} \gamma_j \boldsymbol{u}_j \,.\, \boldsymbol{u}_i \right)_i \,.\, \gamma \right) = \left(\sum_{j=1}^{r} \gamma_j \boldsymbol{u}_j \,.\, \sum_{i=1}^{r} \gamma_i \boldsymbol{u}_i \right) > 0\,.$$

2) Das Approximationsproblem aus Definition 1.101 kann auch allgemein betrachtet werden, wenn V nur mit einer Norm versehen wird. Da dann der Zusammenhang zur quadratischen Optimierung wegfällt, wird das Problem schwieriger. Beispiele sind $V = \mathbb{R}^n$ mit $\|\,.\,\| = \|\,.\,\|_1$ oder $\|\,.\,\| = \|\,.\,\|_\infty$ oder $V = C([a,b], \mathbb{R})$ mit den analog bezeichneten Normen.

3) Für $U = V$ ist $P_U = id$, so dass aus diesem Grund für eine Basis $\boldsymbol{u}_1, \ldots, \boldsymbol{u}_n$ von U gilt:

$$\boldsymbol{x} = \sum_{i=1}^{n} \alpha_i \boldsymbol{u}_i \quad \Leftrightarrow \quad A\boldsymbol{\alpha} = \boldsymbol{\beta} \,,$$

wobei $A = \left(\left(\boldsymbol{u}_j \,.\, \boldsymbol{u}_i\right)\right)_{i,j}$, $\boldsymbol{\beta} = ((\boldsymbol{x} \,.\, \boldsymbol{u}_i))_i$, $\boldsymbol{\alpha} = (\alpha_1, \ldots, \alpha_n)^t$, was sich auch direkt durch SKP-Bildung von $\boldsymbol{x}$ mit $\boldsymbol{u}_j$ ergibt.

4) Sei $V = \mathbb{R}^n$, $U = \text{span}(\boldsymbol{v}_1, \ldots, \boldsymbol{v}_k)$ und $U^{(1)} := (\boldsymbol{v}_1, \ldots, \boldsymbol{v}_k) \in \mathbb{R}^{(n,k)}$. Dann läßt sich die orthogonale Projektion P_U darstellen als

$$P_U = U^{(1)} \left(U^{(1)t} U^{(1)}\right)^t U^{(1)t} \,.$$

Denn nach Hauptsatz 1.102 gilt für $\boldsymbol{u} := P_U \boldsymbol{x}$:

$$\boldsymbol{u} = U^{(1)} \boldsymbol{\alpha}$$

und

$$\boldsymbol{\alpha} = A^{-1} \boldsymbol{\beta}$$

nach (1.74), $A = U^{(1)t} U^{(1)}, \boldsymbol{\beta} = U^{(1)t} \boldsymbol{x}$.

5) Die Beschränkung auf endlichdimensionales U ist nicht zwingend. In Hauptsatz 7.50 erfolgt eine Verallgemeinerung. △

Satz 1.105: Orthogonale Zerlegung

Ist V ein $\mathbb{R}$-Vektorraum mit SKP (.), dann gilt:

1) Sei $V = U \oplus W$ eine *orthogonale Zerlegung*, d. h. die Unterräume U und W seien orthogonal, dann gilt

$$W = U^\perp .$$

Sei V n-dimensional, dann gilt weiter

2) $U \oplus U^\perp = V$ (gilt auch für $\dim V = \infty$ und U endlichdimensional) und $\dim(U^\perp) = n - \dim U$,

3) $P_{U^\perp}(\boldsymbol{x}) = \boldsymbol{x} - P_U(\boldsymbol{x})$ für $\boldsymbol{x} \in V$,

4) $(U^\perp)^\perp = U$.

Beweis: Zu 1): Es seien U und W orthogonal, d. h. $(\boldsymbol{u}.\boldsymbol{w}) = 0$ für alle $\boldsymbol{u} \in U, \boldsymbol{w} \in W$ und damit $W \subset U^\perp$. Sei $\boldsymbol{x} \in U^\perp$ und $\boldsymbol{x} = \boldsymbol{u} + \boldsymbol{w}$ die (eindeutige) Zerlegung in $\boldsymbol{u} \in U, \boldsymbol{w} \in W$. Dann ist $\boldsymbol{x} - \boldsymbol{w} \in U^\perp$ und andererseits $\boldsymbol{u} = \boldsymbol{x} - \boldsymbol{w} \in U$, also $\boldsymbol{u} = \boldsymbol{0}$ und damit $\boldsymbol{x} \in W$.

Zu 2): Um die Existenz der orthogonalen Projektion zu benutzen, ist die Endlichdimensionalität von U vorausgesetzt. Dann folgt 2) allgemein wegen $\boldsymbol{x} = P_U(\boldsymbol{x}) + \boldsymbol{x} - P_U(\boldsymbol{x})$

sofort aus Hauptsatz 1.102, 1) und (1.69). Die Dimensionsformel folgt bei $\dim V = n$ aus Bemerkung 1.87.

Zu 3): Auch $P_{U^\perp}(\boldsymbol{x})$ ist wohldefiniert, denn es gilt

$$\begin{gathered}\boldsymbol{x} = P_U(\boldsymbol{x}) + \boldsymbol{x} - P_U(\boldsymbol{x}), \text{ wobei} \\ \boldsymbol{x} - P_U(\boldsymbol{x}) \in U^\perp \text{ und } \boldsymbol{x} - (\boldsymbol{x} - P_U(\boldsymbol{x})) = P_U(\boldsymbol{x}) \in U \subset U^{\perp\perp} .\end{gathered}$$

Somit ist $P_{U^\perp}(\boldsymbol{x}) = \boldsymbol{x} - P_U(\boldsymbol{x})$ für $\boldsymbol{x} \in V$ die Orthogonalprojektion von $\boldsymbol{x}$ auf $U^\perp$.

Zu 4): Aus 2): $U^\perp \oplus U = V$, $U^\perp$ und U sind orthogonal, und aus 1) folgt $U = (U^\perp)^\perp$. □

Bemerkungen 1.106

1) Wir betrachten die Situation von Hauptsatz 1.102. Ist $A = \boldsymbol{a} + U$ ein affiner Unterraum, dann existiert auch eindeutig eine orthogonale Projektion P_A auf A. Und zwar ist

$$P_A(\boldsymbol{x}) = P_U(\boldsymbol{x} - \boldsymbol{a}) + \boldsymbol{a} \tag{1.77}$$

wegen $\|\boldsymbol{x} - (\boldsymbol{a} + \boldsymbol{u})\| = \|\boldsymbol{x} - \boldsymbol{a} - \boldsymbol{u}\|$ für $\boldsymbol{x} \in V, \boldsymbol{u} \in U$.

$P_A(\boldsymbol{x})$ ist also der *Lotfußpunkt* des *Lotvektors* $P_A(\boldsymbol{x}) - \boldsymbol{x}$ von $\boldsymbol{x}$ nach $P_A(\boldsymbol{x})$. Es gilt nach Satz 1.105, 3)

$$\begin{aligned} P_A(\boldsymbol{x}) - \boldsymbol{x} &= P_U(\boldsymbol{x} - \boldsymbol{a}) - (\boldsymbol{x} - \boldsymbol{a}) \\ &= P_{U^\perp}(\boldsymbol{a} - \boldsymbol{x}) . \end{aligned} \tag{1.78}$$

Die Zahl $d(\boldsymbol{x}, A) := \min\{\|\boldsymbol{x} - \boldsymbol{v}\| : \boldsymbol{v} \in A\}$ wird der *Abstand von* $\boldsymbol{x}$ *zu* A genannt. Daher ist

$$\begin{aligned} d(\boldsymbol{x}, A) &= \|\boldsymbol{x} - P_A(\boldsymbol{x})\| \\ &= \|P_{U^\perp}(\boldsymbol{x} - \boldsymbol{a})\| . \end{aligned}$$

2) In der Situation von 1) gilt

$$\boldsymbol{y} = P_A(\boldsymbol{x}) \Leftrightarrow \boldsymbol{x} - \boldsymbol{y} \in U^\perp .$$

Nach 1) und Hauptsatz 1.102 ist $\boldsymbol{y} = P_A(\boldsymbol{x})$ *äquivalent mit*

$$\boldsymbol{y} - \boldsymbol{a} = P_U(\boldsymbol{x} - \boldsymbol{a}) \Leftrightarrow \boldsymbol{x} - \boldsymbol{a} - (\boldsymbol{y} - \boldsymbol{a}) \in U^\perp .$$

3) Man sieht aus dem Beweis von Satz 1.105, 3): Ist der Unterraum U so, dass P_U existiert, dann existiert auch $P_{U^\perp}$ und

$$P_{U^\perp}(\boldsymbol{x}) = \boldsymbol{x} - P_U(\boldsymbol{x}) \quad \text{für } \boldsymbol{x} \in V .$$

4) Die Aussagen von Satz 1.105, 2) - 4) brauchen nur die Existenz von P_U und werden in Bemerkungen 7.51, 2) verallgemeinert. △

Beispiel 1.107 (Geometrie) Sei V ein $\mathbb{R}$-Vektorraum mit SKP $(\, . \,)$ und erzeugter Norm $\| \, . \, \|$. Weiter seien $g_1 : \boldsymbol{a} + \mathbb{R}\boldsymbol{p}$ und $g_2 : \boldsymbol{b} + \mathbb{R}\boldsymbol{q}$ windschiefe Geraden. Dann gibt es eindeutig $\overline{\boldsymbol{x}} \in g_1, \overline{\boldsymbol{y}} \in g_2$, so dass

$$\|\overline{\boldsymbol{x}} - \overline{\boldsymbol{y}}\| = d(g_1, g_2) := \inf \{ \, \|\boldsymbol{x} - \boldsymbol{y}\| : \boldsymbol{x} \in g_1, \boldsymbol{y} \in g_2 \} \ .$$

Und es ist $\overline{\boldsymbol{x}} = \boldsymbol{a} + \overline{\lambda}\boldsymbol{p}, \overline{\boldsymbol{y}} = \boldsymbol{b} + \overline{\mu}\boldsymbol{q}$ mit den Lösungen $\overline{\lambda}, \overline{\mu}$ von

$$\begin{pmatrix} -(\boldsymbol{p} \, . \, \boldsymbol{p}) & (\boldsymbol{q} \, . \, \boldsymbol{p}) \\ -(\boldsymbol{q} \, . \, \boldsymbol{p}) & (\boldsymbol{q} \, . \, \boldsymbol{q}) \end{pmatrix} \begin{pmatrix} \overline{\lambda} \\ \overline{\mu} \end{pmatrix} = \begin{pmatrix} (\boldsymbol{a} - \boldsymbol{b} \, . \, \boldsymbol{p}) \\ (\boldsymbol{a} - \boldsymbol{b} \, . \, \boldsymbol{q}) \end{pmatrix} .$$

$\overline{\boldsymbol{x}}$ und $\overline{\boldsymbol{y}}$ sind auch dadurch charakterisiert, dass $\overline{\boldsymbol{x}} - \overline{\boldsymbol{y}}$ auf $\boldsymbol{p}$ und $\boldsymbol{q}$ senkrecht steht.

Wegen

$$d(g_1, g_2) = \inf\{\|\boldsymbol{a} + \lambda\boldsymbol{p} - \boldsymbol{b} - \mu\boldsymbol{q}\| : \lambda, \mu \in \mathbb{R}\}$$

existieren $\overline{\lambda}, \overline{\mu}$, so dass dort das Infimum angenommen wird, nach Hauptsatz 1.102 eindeutig, denn es gilt

$$-\overline{\lambda}\boldsymbol{p} + \overline{\mu}\boldsymbol{q} = P_{\mathrm{span}(\boldsymbol{p},\boldsymbol{q})}(\boldsymbol{a} - \boldsymbol{b})$$

und damit folgt auch die Charakterisierung aus (1.74). $(\overline{\boldsymbol{x}} - \overline{\boldsymbol{y}} \, . \, \boldsymbol{p}) = (\overline{\boldsymbol{x}} - \overline{\boldsymbol{y}} \, . \, \boldsymbol{q}) = 0$ charakterisiert also nach Hauptsatz 1.102 die obige Minimalstelle. Da das obige LGS eindeutig lösbar ist, ist nicht nur $\overline{\boldsymbol{x}} - \overline{\boldsymbol{y}}$, sondern auch $\overline{\boldsymbol{x}} \in g_1, \overline{\boldsymbol{y}} \in g_2$ dadurch charakterisiert.

○

Beispiele 1.108 Bei 1) bis 3) wird $V = C([a, b], \mathbb{R})$ mit dem SKP nach (1.61) zugrunde gelegt. Es geht folglich darum, stetige Funktionen f im Sinne der Abweichung im quadratischen Mittel bestens durch spezielle Funktionen aus einem linearen Unterraum U zu approximieren.

1) $U = S_0(\Delta)$:

Hier muss das (formale) Problem geklärt werden, dass $S_0(\Delta)$ kein Unterraum von dem Raum $C([a, b], \mathbb{R})$ ist. Es ist darum ein größerer $\mathbb{R}$-Vektorraum $\widetilde{V}$ als Grundraum nötig, der beide Räume umfasst. Dieser wird unten angegeben. Das LGS nach (1.74) (hier mit der Indizierung von 0 bis $n-1$) ist hier besonders einfach, da diagonal. Die Basisfunktionen $f_0, \ldots, f_{n-1}$ nach (1.37) erfüllen nämlich

$$f_i(x) f_j(x) = 0 \text{ für } i \neq j \text{ und } x \in [a, b] \ .$$

Also

$$A = \mathrm{diag}(a_{i,i})_{i=0,\ldots,n-1}$$

und

$$\alpha_{i,i} = \int_a^b |f_i(x)|^2\, dx = \int_{x_i}^{x_{i+1}} 1\, dx = x_{i+1} - x_i\,,$$
$$\beta_i = \int_a^b f(x) f_i(x)\, dx = \int_{x_i}^{x_{i+1}} f(x)\, dx$$

und damit

$$\alpha_i = \frac{1}{(x_{i+1} - x_i)} \int_{x_i}^{x_{i+1}} f(x) dx \quad \text{für } i = 0, \dots, n-1\,. \tag{1.79}$$

Die Werte der approximierenden Treppenfunktion auf den Teilintervallen $I_{i+1} = [x_i, x_{i+1})$ sind demnach die Mittelwerte der Funktion nach (1.79).

*2) $\underline{U = S_1(\Delta)}$:
Da die f_i außerhalb der Teilintervalle I_i und I_{i+1} verschwinden, sind die Produkte $f_i f_j$ dann identisch Null, wenn der Abstand von i und j mehr als 1 beträgt: $|i - j| > 1$. Die Matrix A nach (1.74) ist also tridiagonal. Die elementare Berechnung ihrer Einträge (Integration von Parabeln) liefert (Übung):

$$A = (a_{j,k})_{j,k=0,\dots,n} = \begin{pmatrix} \frac{1}{3}h_1 & \frac{1}{6}h_1 & & & & & 0 \\ \frac{1}{6}h_1 & \frac{1}{3}(h_1+h_2) & \frac{1}{6}h_2 & & & & \\ & \ddots & \ddots & \ddots & & & \\ & & \frac{1}{6}h_i & \frac{1}{3}(h_i+h_{i+1}) & \frac{1}{6}h_{i+1} & & \\ & & & \ddots & \ddots & \ddots & \\ 0 & & & & \frac{1}{6}h_n & \frac{1}{3}h_n & \frac{1}{6}h_n \end{pmatrix}. \tag{1.80}$$

3) $\underline{U = \mathbb{R}_n[x]}$:
Mit den Monomen $f_i, i = 0, \dots, n$ ergibt sich hier für A die vollbesetzte Matrix mit den Einträgen für $j, k = 0, \dots, n$:

$$a_{j,k} = \int_a^b f_j(x) f_k(x)\, dx = \int_a^b x^j x^k\, dx = \frac{1}{j+k+1}\left(b^{j+k+1} - a^{j+k+1}\right). \tag{1.81}$$

Das in 1) angesprochene Problem eines größeren Grundraums $\widetilde{V}$ kann wie folgt gelöst werden: Da $S_0(\Delta)$ und $C([a,b],\mathbb{R})$ lineare Unterräume von Abb $([a,b],\mathbb{R})$ *sind, kann*

$$\widetilde{V} := S_0(\Delta) + C([a,b],\mathbb{R}) \quad (\textit{in } \mathrm{Abb}\,([a,b],\mathbb{R}))$$

gewählt werden. Die Funktionen f in $\widetilde{V}$ sind gerade so, dass für eine (funktionsabhängige) Zerlegung Δ die Funktion f auf jedem abgeschlossenen Teilintervall von Δ stetig (fortsetzbar) ist, aber Sprünge in den $x_i, i = 1, \dots, n-1$, aufweisen kann, d. h. in diesem Sinn stückweise stetig *ist. Mit $f, g \in \widetilde{V}$ gilt auch*

$fg \in \widetilde{V}$ und Funktionen aus $\widetilde{V}$ sind integrierbar, so dass auch auf $\widetilde{V}$ das Skalarprodukt (1.61) *wohldefiniert ist. Auch bei 2) und 3) könnte $\widetilde{V}$ als Grundraum gewählt werden.*

*4) Hier handelt es sich um ein grundlegendes Approximationsverfahren (*Finite-Element-Methode*) für eine Funktion $u : [a, b] \to \mathbb{R}$, die durch eine Differentialgleichung mit Randbedingungen, eine *Randwertaufgabe*, (implizit) festgelegt ist. Als Beispiel diene

$$\begin{aligned} -u''(x) &= r(x), x \in [a, b] \\ u(a) &= u(b) = 0 \end{aligned} \tag{1.82}$$

für eine gegebene rechte Seite $r(\in C([a, b], \mathbb{R}))$. Die anschließenden Ausführungen sind als einführende Skizze zu verstehen:

Anstatt nach einer zweimal (stetig) differenzierbaren Funktion u mit (1.82) zu suchen, sucht man nach einer stetigen, stückweise differenzierbaren Funktion u, die auch die Randvorgaben erfüllt, und für die gilt

$$(u' \, . \, v') = (r \, . \, v) \quad \text{für } v \in V \, . \tag{1.83}$$

Hier ist $(\, . \,)$ das SKP nach (1.61) und

$$\begin{aligned} V := \{f : f \in C([a, b], \mathbb{R}) &\text{ und es gibt eine Zerlegung } \Delta \text{ (abhängig von } f) \\ &\text{von } [a, b], \text{ so dass } f \text{ auf den abgeschlossenen Teilintervallen} \\ &\text{differenzierbar ist und } f(a) = f(b) = 0\} \, . \end{aligned} \tag{1.84}$$

$f \in V$ hat also bis auf endlich viele $x_i \in [a, b]$, an denen die Funktion einen Knick haben darf, eine Ableitung f', die insbesondere integrierbar ist.

Ein Näherungsverfahren für (1.83) entsteht dadurch, dass ein $u_\Delta \in S_1(\Delta)$ mit $u_\Delta(a) = u_\Delta(b) = 0$ gesucht wird, das erfüllt:

$$(u'_\Delta \cdot v') = (r \, . \, v) \quad \text{für alle } v \in S_1(\Delta) \text{ mit } v(a) = v(b) = 0 \, . \tag{1.85}$$

Dies kann auch verstanden werden als die beste Approximation der Lösung $u \in V$ von (1.83) (Existenz vorausgesetzt) mit einem Element aus

$$\overline{S}_1(\Delta) := \{f : f \in S_1(\Delta), f(a) = f(b) = 0\} = \operatorname{span}(f_1, \ldots, f_{n-1}) \, ,$$

wobei die f_i die Basisfunktionen von $S_1(\Delta)$ nach (1.36), (1.37) bezeichnen. Dabei wird V aber mit folgendem SKP versehen (Gültigkeit der SKP-Bedingungen: Übung):

$$\langle f \, . \, g \rangle := \int_a^b f'(x) g'(x) \, dx \quad \text{für } f, g \in V \, . \tag{1.86}$$

Die Fehlerorthogonalität nach Hauptsatz 1.102, 1) ist äquivalent zu

$$\langle u_\Delta \, . \, v \rangle = \langle u \, . \, v \rangle \quad \text{für } v \in \overline{S_1}(\Delta) \, .$$

(1.83) schreibt sich als

$$\langle u \,.\, v\rangle = (r \,.\, v) \quad \text{für } v \in \overline{S_1}(\Delta)$$

und damit

$$\langle u_\Delta \,.\, v\rangle = (r \,.\, v) \quad \text{für } v \in \overline{S_1}(\Delta)\,,$$

Folglich gilt (1.85). Zur Bestimmung der Koeffizienten $\alpha_i, i = 1, \ldots, n-1$ für

$$u_\Delta = \sum_{i=1}^{n-1} \alpha_i f_i$$

ist sodann das LGS nach (1.74) (in der Nummerierung $1, \ldots, n-1$) zu lösen. Dabei ist $A = (a_{j,k})_{j,k=1,\ldots,n-1}$ mit

$$a_{j,k} = \left\langle f_k \,.\, f_j\right\rangle = \int_a^b f_j'(x) f_k'(x) dx\,.$$

Somit ist analog zu 2) die Matrix tridiagonal. Da nach (1.37) f_i' auf I_i (ohne Eckpunkte) den konstanten Wert $1/h_i$ und auf I_{i+1} (ohne Eckpunkte) den konstanten Wert $-1/h_{i+1}$ hat, ergibt sich (Übung):

$$A = \begin{pmatrix} h_1^{-2}+h_2^{-2} & -h_2^{-2} & & & & & 0 \\ -h_2^{-2} & \ddots & \ddots & & & & \\ & \ddots & \ddots & \ddots & & & \\ & & -h_i^{-2} & h_i^{-2}+h_{i+1}^{-2} & -h_{i+1}^{-2} & & \\ & & & \ddots & \ddots & \ddots & \\ & & & & \ddots & \ddots & -h_{n-1}^{-2} \\ 0 & & & & & -h_{n-1}^{-2} & h_{n-1}^{-2}+h_n^{-2} \end{pmatrix}\,. \tag{1.87}$$

Für eine äquidistante Zerlegung ($h_i = h = (b-a)/n$) vereinfacht sich die Matrix zu

$$A = \frac{1}{h^2} \begin{pmatrix} 2 & -1 & & & 0 \\ -1 & \ddots & \ddots & & \\ & \ddots & \ddots & \ddots & \\ & & \ddots & \ddots & -1 \\ 0 & & & -1 & 2 \end{pmatrix},$$

die schon in (MM.11) aufgetreten ist. Dieser Zusammenhang ist nicht zufällig und wird in Abschnitt 8.6.4 aufgegriffen werden. ○

Das LGS in (1.74) wird besonders einfach, wenn es ein Diagonalsystem ist, d. h. wenn die betrachtete Basis $\boldsymbol{u}_1, \dots, \boldsymbol{u}_r$ von U erfüllt:

$$(\boldsymbol{u}_k \,.\, \boldsymbol{u}_l) = 0 \quad \text{falls } k \neq l \text{ (Orthogonalität)}.$$

Definition 1.109

Sei V ein $\mathbb{R}$-Vektorraum mit SKP $(\,.\,)$.

1) Die Menge $A \subset V$ heißt *orthogonal*, wenn ihre Elemente paarweise aufeinander senkrecht stehen, d. h. für $\boldsymbol{u}, \boldsymbol{v} \in A, \boldsymbol{u} \neq \boldsymbol{v}$, gilt

$$(\boldsymbol{u} \,.\, \boldsymbol{v}) = 0 .$$

Eine Basis $\mathcal{B}$ heißt *Orthogonalbasis*, wenn $\mathcal{B}$ orthogonal ist.

2) Gilt zusätzlich

$$\|\boldsymbol{u}\| = 1 \quad \text{für } \boldsymbol{u} \in B \text{ (Normalität)},$$

dann heißt die Basis *Orthonormalbasis* (ONB) von V.

Bemerkungen 1.110

1) Der Unterraum U habe die Orthogonalbasis $\boldsymbol{u}_1, \dots, \boldsymbol{u}_r$. So gilt:

$$P_U(\boldsymbol{x}) = \sum_{i=1}^{r} \alpha_i \boldsymbol{u}_i \quad \text{mit } \alpha_i = \frac{(\boldsymbol{x} \,.\, \boldsymbol{u}_i)}{(\boldsymbol{u}_i \,.\, \boldsymbol{u}_i)}, i = 1, \dots, r . \tag{1.88}$$

Die α_i sind die sog. (verallgemeinerten) FOURIER-*Koeffizienten*[31] von $\boldsymbol{x}$.

[31] Jean-Baptiste-Joseph FOURIER ∗21. März 1768 in Auxerre †16. Mai 1830 in Paris

Ist also $\dim V = n < \infty$, so folgt speziell für $U = V$ (siehe auch Bemerkungen 1.104, 3)) wegen $P_U(\boldsymbol{x}) = \boldsymbol{x}$:

$$\boldsymbol{x} = \sum_{i=1}^{n} \alpha_i \boldsymbol{u}_i \Leftrightarrow \alpha_i = \frac{(\boldsymbol{x} \,.\, \boldsymbol{u}_i)}{(\boldsymbol{u}_i \,.\, \boldsymbol{u}_i)} \quad \text{für } i = 1, \ldots, n\,.$$

Für die Länge von $P_U(\boldsymbol{x})$ gilt immer

$$\|P_U(\boldsymbol{x})\|^2 = \sum_{i,j=1}^{r} \alpha_i \alpha_j \left(\boldsymbol{u}_i \,.\, \boldsymbol{u}_j\right) = \sum_{i=1}^{r} \alpha_i^2 \left(\boldsymbol{u}_i \,.\, \boldsymbol{u}_i\right) = \sum_{i=1}^{r} \frac{(\boldsymbol{x} \,.\, \boldsymbol{u}_i)^2}{(\boldsymbol{u}_i \,.\, \boldsymbol{u}_i)}\,.$$

Speziell für $U = V$ und $\boldsymbol{x} = \sum_{i=1}^{n} \alpha_i \boldsymbol{u}_i$ ist darum

$$\|x\|^2 = \sum_{i=1}^{n} \alpha_i^2 \left(\boldsymbol{u}_i \,.\, \boldsymbol{u}_i\right)\,.$$

Für eine ONB wird

$$\|\boldsymbol{x}\|^2 = \sum_{i=1}^{n} \alpha_i^2 = \|(\alpha_1, \ldots, \alpha_n)^t\|^2 \tag{1.89}$$

mit der euklidischen Norm auf $\mathbb{R}^n$,

d. h. bei einer ONB sind Vektornorm und euklidische Norm des Koeffizientenvektors gleich (siehe auch Mathematische Modellierung 4, S. 126).

2) Sei $A \subset V$ orthogonal, $\boldsymbol{0} \notin A$, dann ist A linear unabhängig.

Das kann man sich folgendermaßen klarmachen: Seien $\boldsymbol{u}_1, \ldots, \boldsymbol{u}_k \in A$ mit $\sum_{i=1}^{k} \alpha_i \boldsymbol{u}_i = \boldsymbol{0}$. Dann ist auch für alle $j = 1, \ldots, k$

$$0 = \left(\sum_{i=1}^{k} \alpha_i \boldsymbol{u}_i \,.\, \boldsymbol{u}_j\right) = \sum_{i=1}^{k} \alpha_i \left(\boldsymbol{u}_i \,.\, \boldsymbol{u}_j\right) = \alpha_j \left(\boldsymbol{u}_j \,.\, \boldsymbol{u}_j\right)$$

und damit $\alpha_j = 0$.

3) Es seien V ein $\mathbb{R}$-Vektorraum, $U = \text{span}(\boldsymbol{u}_1, \ldots, \boldsymbol{u}_k)$ und $W := \text{span}(\boldsymbol{v}_1, \ldots, \boldsymbol{v}_l)$ Unterräume von V mit $\dim V = \dim U + \dim W$. Sind $\{\boldsymbol{u}_1, \ldots, \boldsymbol{u}_k\}$ und $\{\boldsymbol{v}_1, \ldots, \boldsymbol{v}_l\}$ orthogonal, dann ist

$$U = W^{\perp} \quad \text{und} \quad W = U^{\perp}\,,$$

Dies folgt aus Satz 1.105, 1).

4) Sei $A \in \mathbb{R}^{(m,n)}$ mit den Zeilen $\boldsymbol{a}_{(1)}, \ldots, \boldsymbol{a}_{(m)} \in \mathbb{R}^n$ gegeben und $\boldsymbol{u}_1, \ldots, \boldsymbol{u}_k$ eine Basis des Lösungsraums des homogenen LGS, d. h. von

$$U = \{\boldsymbol{x} \in \mathbb{R}^n \ : \ A\boldsymbol{x} = \boldsymbol{0}\} .$$

Dann sind $\boldsymbol{a}_{(1)}, \ldots, \boldsymbol{a}_{(m)}$ und $\boldsymbol{u}_1, \ldots, \boldsymbol{u}_k$ orthogonal und die Dimensionen von U und dem Zeilenraum ergänzen sich zu n, somit ist U das orthogonale Komplement des Zeilenraums und umgekehrt (was schon aus (1.70) bekannt ist). △

Beispiel 1.111 (Geometrie) Sei V ein $\mathbb{R}$-Vektorraum mit SKP (.) und $g : \boldsymbol{a} + \mathbb{R}\boldsymbol{w}$ eine Gerade in V. Da $\widetilde{\boldsymbol{w}} := \boldsymbol{w}/\|\boldsymbol{w}\|$ eine ONB von $\mathbb{R}\boldsymbol{w}$ darstellt, ist für $\boldsymbol{x} \in V$:

$$P_g(\boldsymbol{x}) = \boldsymbol{a} + \frac{(\boldsymbol{x} - \boldsymbol{a} \,.\, \boldsymbol{w})}{\|\boldsymbol{w}\|^2}\boldsymbol{w}$$

nach Bemerkungen 1.106, 1) und 1.110, 1). Deshalb gilt $\boldsymbol{x} \in g$ genau dann, wenn

$$\boldsymbol{x} - \boldsymbol{a} = \frac{(\boldsymbol{x} - \boldsymbol{a} \,.\, \boldsymbol{w})}{\|\boldsymbol{w}\|^2}\boldsymbol{w} .$$

Also gilt

$$P_g(\boldsymbol{x}) = \boldsymbol{a} + \frac{(\boldsymbol{x} - \boldsymbol{a} \,.\, \boldsymbol{w})\,\|\boldsymbol{x} - \boldsymbol{a}\|}{\|\boldsymbol{w}\|\,\|\boldsymbol{x} - \boldsymbol{a}\|\,\|\boldsymbol{w}\|}\boldsymbol{w} = \boldsymbol{a} + \cos(\alpha)\frac{\|\boldsymbol{x} - \boldsymbol{a}\|}{\|\boldsymbol{w}\|}\boldsymbol{w},$$

wobei $\alpha \in [0, \pi]$ der Winkel zwischen $\boldsymbol{x} - \boldsymbol{a}$ und $\boldsymbol{w}$ ist. Nach (1.77) ist also

$$P_{\mathbb{R}\boldsymbol{w}}(\boldsymbol{x} - \boldsymbol{a}) = P_g(\boldsymbol{x}) - \boldsymbol{a} = \cos(\alpha)\frac{\|\boldsymbol{x} - \boldsymbol{a}\|}{\|\boldsymbol{w}\|}\boldsymbol{w}.$$

Andererseits gilt für den Lotvektor $P_g(\boldsymbol{x}) - \boldsymbol{x}$ nach (1.78) und Satz 1.105

$$\begin{aligned}\left\|P_g(\boldsymbol{x}) - \boldsymbol{x}\right\|^2 &= \|P_{\boldsymbol{w}^\perp}(\boldsymbol{a} - \boldsymbol{x})\|^2 = \|P_{\boldsymbol{w}^\perp}(\boldsymbol{x} - \boldsymbol{a})\|^2 = \|\boldsymbol{x} - \boldsymbol{a}\|^2 - \|P_{\mathbb{R}\boldsymbol{w}}(\boldsymbol{x} - \boldsymbol{a})\|^2 \\ &= \|\boldsymbol{x} - \boldsymbol{a}\|^2\,(1 - \cos^2(\alpha)) = \|\boldsymbol{x} - \boldsymbol{a}\|^2 \sin^2(\alpha),\end{aligned}$$

also

$$\left\|P_g(\boldsymbol{x}) - \boldsymbol{x}\right\| = \sin(\alpha)\,\|\boldsymbol{x} - \boldsymbol{a}\| .$$ ○

Mathematische Modellierung 4 Das namensgebende klassische Beispiel für Bemerkungen 1.110, 1) ist die FOURIER-Analyse einer Funktion in einer Variablen t: Sei $V := C([-\pi, \pi], \mathbb{R})$ mit dem in (1.61) definierten SKP (.), sei $f(t) := \sin(kt)$, $g(t) := \cos(kt)$, $k = 0, 1, \ldots, n$ und $U := U_n := \text{span}(g_0, f_1, g_1, \ldots, f_n, g_n)$. Mit elementaren Integrationsregeln lässt sich nachweisen, dass

$$g_0, f_1, g_1, \ldots, f_n, g_n \text{ orthogonal bezüglich } (.) \text{ sind}$$

(genauer in Satz 7.74 ff.). Für eine beliebige Funktion $f \in C([-\pi, \pi], \mathbb{R})$ ist demnach die orthogonale Projektion $F_n(f)$ von f in U_n definiert durch (1.88), konkret

$$F_n(f) = \frac{(f \,.\, 1)}{2\pi} + \sum_{k=1}^{n} \frac{(f \,.\, f_k)}{(f_k \,.\, f_k)} f_k + \frac{(f \,.\, g_k)}{(g_k \,.\, g_k)} g_k .$$

Also

$$F_n(f)(t) = \frac{1}{2\pi}\int_{-\pi}^{\pi} f(s)\,ds + \sum_{k=1}^{n} \frac{\int_{-\pi}^{\pi} f(s)\sin(ks)\,ds}{\int_{-\pi}^{\pi}\sin(ks)\sin(ks)\,ds}\sin(kt) + \frac{\int_{-\pi}^{\pi} f(s)\cos(ks)\,ds}{\int_{-\pi}^{\pi}\cos(ks)\cos(ks)\,ds}\cos(kt)\,.$$

In der Akustik beschreibt U_n den Raum der durch Überlagerung der harmonischen Obertöne bis zur Frequenz 20 kHz entstehenden Schwingungen. Durch immer höherfrequente harmonische Obertöne kann ein allgemeines, periodisches Signal schrittweise angenähert werden (vgl. Abbildung 1.15). ◇

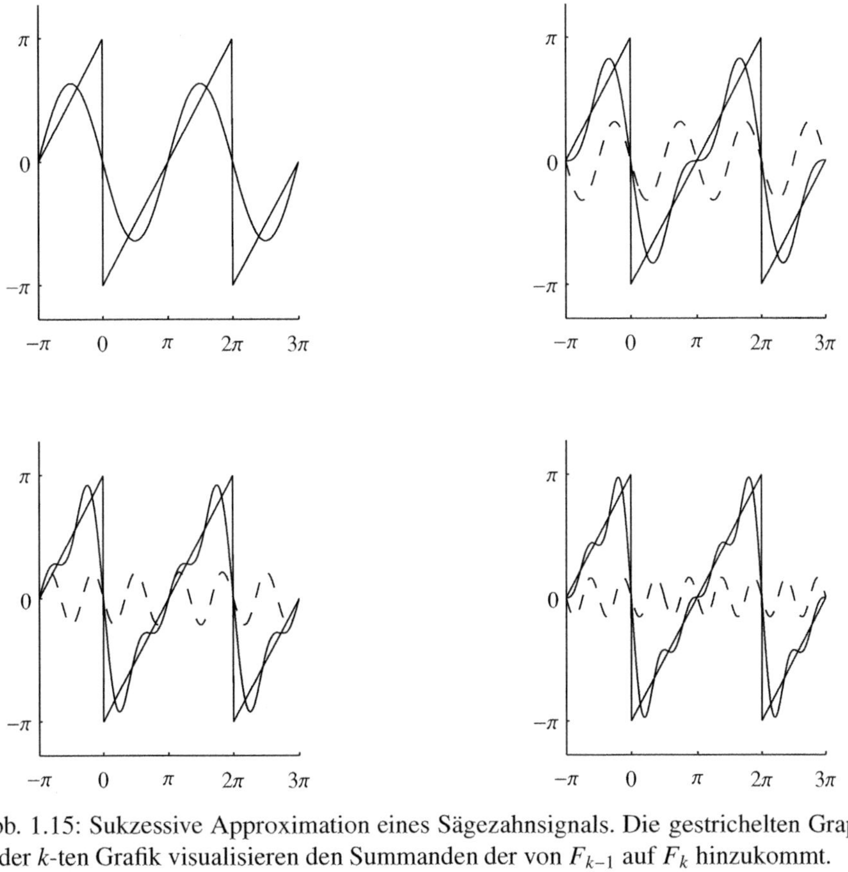

Abb. 1.15: Sukzessive Approximation eines Sägezahnsignals. Die gestrichelten Graphen in der k-ten Grafik visualisieren den Summanden der von F_{k-1} auf F_k hinzukommt.

Jeder endlichdimensionale Vektorraum V mit SKP $(\,.\,)$ kann mit einer ONB versehen werden, z. B. mit Hilfe des im Folgenden beschriebenen *SCHMIDT*[32]*schen Orthonormalisierungsverfahrens.* Sei dazu $\boldsymbol{v}_1, \ldots, \boldsymbol{v}_m$ eine Basis von V mit dadurch definierten ineinander geschachtelten Unterräumen

$$V_i := \operatorname{span}(\boldsymbol{v}_1, \ldots, \boldsymbol{v}_i), \qquad i = 1, \ldots, m\,.$$

[32] Erhard SCHMIDT *13. Januar 1876 in Dorpat †6. Dezember 1959 in Berlin

Als Erstes normalisieren wir $\boldsymbol{v}_1$:

$$\boldsymbol{u}_1 := \frac{1}{\|\boldsymbol{v}_1\|}\boldsymbol{v}_1 .$$

Dann setzen wir $U_1 := \mathrm{span}(\boldsymbol{u}_1) = V_1$, das also mit $\boldsymbol{u}_1$ eine ONB hat. Weiter ersetzen wir $\boldsymbol{v}_2$ durch

$$\boldsymbol{u}_2' := \boldsymbol{v}_2 - (\boldsymbol{u}_1 \,.\, \boldsymbol{v}_2)\,\boldsymbol{u}_1 .$$

Folglich ist

$$\boldsymbol{u}_2' = \boldsymbol{v}_2 - P_{U_1}(\boldsymbol{v}_2) = P_{U_1^\perp}(\boldsymbol{v}_2) \quad \text{nach Bemerkungen 1.110, 1).}$$

Somit erhalten wir

$$(\boldsymbol{u}_1 \,.\, \boldsymbol{u}_2') = 0 .$$

Als Nächstes normieren wir $\boldsymbol{u}_2'$

$$\boldsymbol{u}_2 := \frac{1}{\|\boldsymbol{u}_2'\|}\boldsymbol{u}_2'$$

und setzen $U_2 := \mathrm{span}(\boldsymbol{u}_1, \boldsymbol{u}_2)$. So hat U_2 mit $\boldsymbol{u}_1, \boldsymbol{u}_2$ eine ONB und wegen $U_2 \subset V_2$ und $\dim U_2 = \dim V_2$ ist

$$U_2 = V_2 .$$

Dieses Verfahren können wir mit jedem der Vektoren $\boldsymbol{v}_{k+1}$ wiederholen: Haben wir für ein $k \leq m$ schon erreicht, dass

$$\left(\boldsymbol{u}_j \,.\, \boldsymbol{u}_l\right) = 0 \text{ für } j \neq l \leq k \quad \text{und} \quad \|\boldsymbol{u}_j\| = 1 \text{ für } j = 1, \ldots, k ,$$

wobei $\boldsymbol{u}_1, \ldots, \boldsymbol{u}_k \in V$ Linearkombinationen der Vektoren $\boldsymbol{v}_1, \ldots, \boldsymbol{v}_k$ sind, d. h.

$$U_k := \mathrm{span}(\boldsymbol{u}_1, \ldots, \boldsymbol{u}_k) = V_k ,$$

so definieren wir

$$\begin{aligned} \boldsymbol{u}_{k+1}' &:= \boldsymbol{v}_{k+1} - (\boldsymbol{u}_1 \,.\, \boldsymbol{v}_{k+1})\,\boldsymbol{u}_1 - \ldots - (\boldsymbol{u}_k \,.\, \boldsymbol{v}_{k+1})\,\boldsymbol{u}_k = \boldsymbol{v}_{k+1} - P_{U_k}(\boldsymbol{v}_{k+1}) = P_{U_k^\perp}(\boldsymbol{v}_{k+1}) , \\ \boldsymbol{u}_{k+1} &:= \frac{1}{\|\boldsymbol{u}_{k+1}'\|}\boldsymbol{u}_{k+1}' . \end{aligned}$$

Dann ist $\boldsymbol{u}_{k+1}$ orthogonal zu U_k, also hat

$$\begin{aligned} &U_{k+1} := U_k + \mathrm{span}(\boldsymbol{u}_{k+1}) \quad \text{die ONB } \boldsymbol{u}_1, \ldots, \boldsymbol{u}_{k+1} \text{ und} \\ &U_{k+1} = V_{k+1} . \end{aligned}$$

Endlich viele derartige Schritte führen zu einer Orthonormalbasis für V. Damit gilt:

Theorem 1.112: SCHMIDTsche Orthonormalisierung

Sei V ein endlichdimensionaler $\mathbb{R}$-Vektorraum mit SKP $(\,.\,)$. Dann kann mit dem SCHMIDTschen Orthonormalisierungsverfahren aus jeder Basis eine ONB erzeugt werden. Darüber hinaus gilt: Ist $\mathcal{B} := [\boldsymbol{v}_1, \ldots, \boldsymbol{v}_n]$ die Ausgangsbasis und $\mathcal{B}' := [\boldsymbol{u}_1, \ldots, \boldsymbol{u}_n]$ die erzeugte ONB, dann

$$\operatorname{span}(\boldsymbol{v}_1, \ldots, \boldsymbol{v}_i) = \operatorname{span}(\boldsymbol{u}_1, \ldots, \boldsymbol{u}_i), \quad i = 1, \ldots, n.$$

Bemerkungen 1.113

1) Bei Beschränkung auf ein endlichdimensionales $V(\dim V = n)$ kann alternativ zum Beweis von Hauptsatz 1.102 auch

$$U \oplus U^{\perp} = V \tag{1.90}$$

als Ausgangspunkt genommen werden.

Die Direktheit der Summe folgt aus Bemerkungen 1.98, 1), die Existenz der Zerlegung kann folgendermaßen eingesehen werden: Sei $\boldsymbol{u}_1, \ldots, \boldsymbol{u}_r$ eine ONB von U (siehe Theorem 1.112). Diese ergänze mit $\tilde{\boldsymbol{u}}_{r+1}, \ldots, \tilde{\boldsymbol{u}}_n$ zu einer Basis von V. Mit dem SCHMIDTschen Orthonormalisierungsverfahren wird diese Basis von V zu einer ONB $\boldsymbol{u}_1, \ldots, \boldsymbol{u}_r, \boldsymbol{u}_{r+1}, \ldots, \boldsymbol{u}_n$ von V. Mit $\widetilde{U} := \operatorname{span}(\boldsymbol{u}_{r+1}, \ldots, \boldsymbol{u}_n)$ ist

$$U + \widetilde{U} = V \quad \text{und} \quad \widetilde{U} \subset U^{\perp}$$

und damit folgt die Behauptung. Mit (1.90) kann für $\boldsymbol{x} = \boldsymbol{u} + \tilde{\boldsymbol{u}}$, $\boldsymbol{u} \in U$, $\tilde{\boldsymbol{u}} \in U^{\perp}$ definiert werden

$$P_U(\boldsymbol{x}) = \boldsymbol{u}$$

und somit gilt die Fehlerorthogonalität

$$\boldsymbol{x} - \boldsymbol{u} = \tilde{\boldsymbol{u}} \in U^{\perp}\,.$$

Wir haben den Weg von Hauptsatz 1.102 gewählt, denn mit Kenntnissen der mehrdimensionalen Analysis verkürzt sich dieser erheblich und eröffnet dann wesentliche Verallgemeinerungsmöglichkeiten, die in Abschnitt 4.7.2 und 6.7 behandelt werden.

2) Das SCHMIDTsche Orthonormalisierungsverfahren ist als numerisches Verfahren nur bedingt tauglich, da es rundungsfehleranfällig ist. Alternativen ergeben sich durch andere Formen der *QR-Zerlegung* (siehe Abschnitt 4.8). Abhilfe schafft auch eine Umgruppierung der Rechenoperationen, was das *modifizierte* SCHMIDTsche Orthonormalisierungsverfahren ergibt: Der Schritt 1 bleibt unverändert und im $(k + 1)$-ten Schritt werden alle Vektoren mit den schon berechenbaren Projektionsanteilen korrigiert, d. h.

$$u'_i := v_i \, , \, i = 1, \ldots, m \, ,$$
$$u_1 := \frac{1}{\|u'_1\|} u'_1$$

und für $k = 2, \ldots, m$, $l = k, \ldots, m$:

$$u'_l \leftarrow u'_l - (u_{k-1} \, . \, v_l) \, u_{k-1} \, ,$$
$$u_k := \frac{1}{\|u'_k\|} u'_k \, . \qquad \triangle$$

Was Sie in diesem Abschnitt gelernt haben sollten

Begriffe:

- Euklidische Norm und Norm allgemein
- Euklidisches Skalarprodukt (SKP) und SKP allgemein
- Winkel zwischen Vektoren
- Orthogonalität, orthogonales Komplement
- orthogonale Projektion
- Orthonormalbasis (ONB)
- SCHMIDTsches Orthonormalisierungsverfahren (Theorem 1.112)
- FOURIER-Koeffizient

Zusammenhänge:

- SKP erzeugt Norm, aber nicht jede Norm wird von einem SKP erzeugt (Satz 1.92, Bemerkungen 1.93, 6), 7))
- Von SKP erzeugte Norm erfüllt CAUCHY-SCHWARZ-Ungleichung (Satz 1.92)
- Satz von PYTHAGORAS (Satz 1.96)
- Eindeutige Existenz der orthogonalen Projektion auf endlichdimensionale (affine) Unterräume, Charakterisierung durch Fehlerorthogonalität (Hauptsatz 1.102, Bemerkungen 1.106)

Beispiele:

- SKP auf $C([a, b], \mathbb{R})$ oder $S_0(\Delta)$ nach (1.61)
- SKP auf $\mathbb{R}^n$ nach (1.63)
- Normen auf $\mathbb{R}^n$ nach (1.65), (1.66)
- Normen auf $C([a, b], \mathbb{R})$ nach (1.67), (1.68)
- Orthogonale Projektion auf $S_0(\Delta)$ nach (1.79)
- Orthogonale Projektion auf $S_1(\Delta)$ in verschiedenen SKP
- FOURIER-Analyse

Aufgaben

Aufgabe 1.27 (K)
Es sei $U \subset \mathbb{R}^5$ der von den Vektoren $(1,2,0,2,1)^t$ und $(1,1,1,1,1)^t$ aufgespannte Unterraum. Bestimmen Sie eine Orthonormalbasis von U und von $U^\perp$.

Aufgabe 1.28 (T) Es seien $\boldsymbol{x}, \boldsymbol{y}, \boldsymbol{z} \in V$ für einen $\mathbb{R}$-Vektorraum V mit SKP und erzeugter Norm $\|\,.\,\|$. Zeigen Sie:

a) $|\,\|\boldsymbol{x}\| - \|\boldsymbol{y}\|\,| \leq \|\boldsymbol{x} - \boldsymbol{y}\|$,
b) $\|\boldsymbol{x}\| = \|\boldsymbol{y}\| \quad \Leftrightarrow \quad (\boldsymbol{x} - \boldsymbol{y}) \perp (\boldsymbol{x} + \boldsymbol{y})$,
c) ist $\boldsymbol{x} \neq \boldsymbol{0}$ und $\boldsymbol{y} \neq \boldsymbol{0}$, so gilt

$$\left\| \frac{\boldsymbol{x}}{\|\boldsymbol{x}\|^2} - \frac{\boldsymbol{y}}{\|\boldsymbol{y}\|^2} \right\| = \frac{\|\boldsymbol{x} - \boldsymbol{y}\|}{\|\boldsymbol{x}\| \cdot \|\boldsymbol{y}\|},$$

d) $\|\boldsymbol{x} - \boldsymbol{y}\| \cdot \|\boldsymbol{z}\| \leq \|\boldsymbol{y} - \boldsymbol{z}\| \cdot \|\boldsymbol{x}\| + \|\boldsymbol{z} - \boldsymbol{x}\| \cdot \|\boldsymbol{y}\|$.

Interpretieren Sie b) geometrisch.

Aufgabe 1.29 (T) Zeigen Sie, dass $\langle\,.\,\rangle$ nach (1.86) ein SKP auf V ist nach (1.84), dass dies aber falsch ist, wenn die Bedingung

$$f(a) = f(b) = 0$$

gestrichen wird.

Aufgabe 1.30 (T) Man zeige: Eine zweimal stetig differenzierbare Funktion u, die (1.82) erfüllt (klassische Lösung der Randwertaufgabe), erfüllt auch (1.83) (schwache Lösung der Randwertaufgabe).
Hinweis: Partielle Integration.

Aufgabe 1.31 (T) Sei V ein $\mathbb{R}$-Vektorraum mit SKP $(\,.\,)$ und Basis $\boldsymbol{u}_1, \ldots, \boldsymbol{u}_n$. Seien $\boldsymbol{u} = \sum_{i=1}^n \alpha_i \boldsymbol{u}_i$, $\boldsymbol{v} = \sum_{i=}^n \beta_i \boldsymbol{u}_i$ beliebige Elemente in V. Zeigen Sie

$$(\boldsymbol{u}\,.\,\boldsymbol{v}) = \sum_{i,j=1}^{n} \alpha_i \big(\boldsymbol{u}_i\,.\,\boldsymbol{u}_j\big) \beta_j\,.$$

Schreiben Sie die Definitheit von $(\,.\,)$ als Bedingung an die GRAMsche Matrix.

1.6 Mathematische Modellierung: Diskrete lineare Probleme und ihre Herkunft

Wir greifen die Beispiele 2 und 3 wieder auf, um genauer die für die entstehenden LGS verantwortlichen Prinzipien kennenzulernen und erste Aussagen über ihre Lösungen zu machen.

Beispiel 3(3) – Massenkette Neben den knotenbezogenen Variablen $\boldsymbol{x} = (x_1, \ldots, x_m)^t$ der Auslenkung, wobei $m = n - 1$, gibt es auch federbezogene Variable, nämlich

- die *Kräfte in den Federn* y_j, $j = 1, \ldots, n$, zusammengefasst zum Kraftvektor $\boldsymbol{y} = (y_1, \ldots, y_n)^t$,
- die *Dehnung* der Federn e_j, $j = 1, \ldots, n$, zusammengefasst zum Dehnungsvektor $\boldsymbol{e} = (e_1, \ldots, e_n)^t$,
- die an den Federn von außen wirkenden Kräfte (z. B. die Gravitationskraft) f_j, $j = 1, \ldots, n$, zusammengefasst zum *Lastvektor* $\boldsymbol{f} = (f_1, \ldots, f_n)^t$.

Das HOOKEsche Gesetz, d. h. die Annahme der Federn als linear elastisch, lautet damit

$$y_i = c_i e_i \quad \text{für} \quad i = 1, \ldots, n$$

bzw.

$$\boldsymbol{y} = C\boldsymbol{e} \tag{MM.33}$$

mit der Diagonalmatrix

$$C := \begin{pmatrix} c_1 & & 0 \\ & \ddots & \\ 0 & & c_n \end{pmatrix} = \mathrm{diag}(c_1, \ldots, c_n)\,.$$

Die Dehnung an der Feder F_i ist

$$e_i = x_i - x_{i-1}\,,$$

denn die Bewegungen von M_i und M_{i-1} tragen in entgegengesetzter Weise zur Dehnung der Feder F_i bei. In Matrix-Vektorschreibweise bedeutet dies

$$\boldsymbol{e} = B\boldsymbol{x}\,, \tag{MM.34}$$

wobei $B \in \mathbb{R}^{(n,m)}$ definiert ist durch

$$B = \begin{pmatrix} 1 & & 0 \\ -1 & \ddots & \\ & \ddots & 1 \\ 0 & & -1 \end{pmatrix} \tag{MM.35}$$

im Fall der eingespannten Kette, bzw.

$$B = \begin{pmatrix} -1 & 1 & & & \\ & \ddots & \ddots & 0 & \\ & & \ddots & \ddots & \\ & 0 & & \ddots & 1 \\ & & & & -1 \end{pmatrix} \in \mathbb{R}^{(m,m)} \tag{MM.36}$$

im frei hängenden Fall, da hier $\boldsymbol{e} = (e_2, \ldots, e_n)^t$ durch den Wegfall der ersten Feder. Das *Prinzip des Kräftegleichgewichts*, das gerade einer Erhaltung des Impulses entspricht, lautet:

In jedem Knoten ist die Summe der angreifenden Kräfte gleich Null.

Da die Kette mit einer Richtung versehen worden ist und die Federn F_i und F_{i+1} den Knoten i als jeweils anderen Endpunkt haben, erzeugen ihre inneren Kräfte im Sinn des NEWTON[33]schen Gesetzes „Actio=Reactio" im Knoten jeweils eine (entgegengesetzte) Kraft, mit verschiedenen Vorzeichen. Mit der äußeren Kraft zusammen ergibt das

$$y_i - y_{i+1} = f_i \quad \text{für } i = 1, \ldots, n-1 \; .$$

Im frei hängenden Fall ist die erste Gleichung zu modifizieren zu

$$-y_2 = f_1 \; ,$$

da sich auch der Kraftvektor verkürzt auf $\boldsymbol{y} = (y_2, \ldots, y_n)^t$. In Matrix-Vektorschreibweise bedeutet das

$$\begin{pmatrix} 1 & -1 & & 0 \\ & \ddots & \ddots & \\ 0 & & 1 & -1 \end{pmatrix} \boldsymbol{y} = \boldsymbol{f} \tag{MM.37}$$

bzw.

$$\begin{pmatrix} -1 & & & 0 \\ 1 & \ddots & & \\ & \ddots & \ddots & \\ 0 & & 1 & -1 \end{pmatrix} \boldsymbol{y} = \boldsymbol{f} \; .$$

Die hier auftretenden Matrizen entstehen also dadurch, dass wir die Zeilen von B als Spalten einer neuen Matrix aus $\mathbb{R}^{(m,n)}$ anordnen. Wir bezeichnen diese mit B^t (sprich: B transponiert), wie schon in Definition 1.48. Sei $B = (b_{i,j}) \in \mathbb{R}^{(n,m)}$, dann wird $B^t \in \mathbb{R}^{(m,n)}$ definiert durch

$$B^t = (c_{j,i}) \; , \quad c_{j,i} = b_{i,j} \quad \text{für } j = 1, \ldots, m, \; i = 1, \ldots, n$$

und damit lautet die Kräftebilanz

$$B^t \boldsymbol{y} = \boldsymbol{f} \; . \tag{MM.38}$$

Zusammengefasst lautet demnach der Satz linearer Gleichungen

$$B\boldsymbol{x} = \boldsymbol{e} \; , \quad C\boldsymbol{e} = \boldsymbol{y} \; , \quad B^t \boldsymbol{y} = \boldsymbol{f} \; . \tag{MM.39}$$

Daraus lässt sich $\boldsymbol{e}$ eliminieren und mit der Diagonalmatrix

$$A = \operatorname{diag}\left(\frac{1}{c_1}, \ldots, \frac{1}{c_n} \right) ,$$

für die gilt

$$\boldsymbol{e} = A\boldsymbol{y} \; ,$$

erhalten wir

[33] Isaac NEWTON ∗4. Januar 1643 in Woolsthorpe-by-Colsterworth †31. März 1727 in Kensington

$$\begin{aligned} Ay - Bx &= \mathbf{0}\,, \\ B^t y &= f \end{aligned} \qquad \text{(MM.40)}$$

als ein quadratisches LGS mit $n + m$ Variablen. Alternativ lässt sich aber die Elimination noch weiter treiben und durch sukzessives Einsetzen der Vektorgleichungen (MM.39) ineinander erhalten wir

$$B^t(C(Bx)) = f\,.$$

In Abschnitt 2.3 werden wir sehen, dass wir dies auch mit einer neuen Matrix B^tCB als LGS

$$B^tCBx = f \qquad \text{(MM.41)}$$

nun nur in der Variablen x schreiben können. Das ist gerade das LGS (MM.3) bzw. (MM.4) mit den Matrizen nach (MM.11) und (MM.12) (bei gleichen Federkonstanten). ◇

Wir wenden uns nun wieder dem Beispiel elektrischer Netzwerke (mit OHM[34]schen Widerstand und Spannungsquellen) zu, um zu sehen, aus welchen Prinzipien LGS mit welchen Strukturen entstehen und was über ihre Lösungen (sicher) ausgesagt werden kann. Es wird sich eine starke Analogie zu Beispiel 3 ergeben.

Beispiel 2(2) – Elektrisches Netzwerk (Weitergehende Ausführungen und Beispiele finden sich in ECK, GARCKE und KNABNER 2011, Abschnitt 2.1.) Orientiert am sehr einfachen Beispiel aus Abbildung 1.1 sehen wir, dass ein (elektrisches) Netzwerk im Wesentlichen besteht aus

- *Kanten* (in Form von elektrischen Leitungen), im Allgemeinen $n \in \mathbb{N}$ (Beispiel: $n = 3$)
- *Knoten* (Verbindungspunkte von zwei oder mehr Leitungen), im Allgemeinen $m \in \mathbb{N}$ (Beispiel: $m = 2$).

Was soweit (unabhängig von der Elektrotechnikanwendung) beschrieben ist, ist mathematisch ein *Graph*. Die Kanten des Graphen sollen (beliebig) mit einer Richtung versehen werden (die Pfeile in Abbildung 1.1), wodurch eine Kante einen *Ausgangs*- und einen *Zielknoten* bekommt. Dieser *gerichtete Graph* wird dadurch zu einem elektrischen Netzwerk, indem die Kanten mit elektrischen Bauteilen „besetzt" werden. Wir beschränken uns auf einen OHMschen Widerstand und eventuell eine Stromquelle. Die Richtung einer Kante gibt nicht an, in welche Richtung der (noch unbekannte) Strom fließt, sondern dass ein in diese Richtung stattfindender Strom mit einer positiven, in der Gegenrichtung mit einer negativen Zahl beschrieben wird. Die Physik fließender Ströme wird bestimmt durch:

- *Das KIRCHHOFFsche Stromgesetz:* Die Summe der Ströme in jedem Knoten ist Null. Dies entspricht einem *Erhaltungsprinzip* für die elektrische Ladung: Elektronen wandern durch das Netzwerk, werden aber in den Knoten nicht „erzeugt" oder „vernichtet".
- *Das KIRCHHOFFsche Spannungsgesetz:* Die Summe der Spannungen (genauer Spannungsabfälle) über jeder geschlossenen Leiterschleife ist Null.
- *Das OHMsche Gesetz*: Der Spannungsabfall U am stromdurchflossenen Widerstand R mit Stromstärke I ist $U = RI$.

Das Netzwerk habe eine festgelegte Nummerierung der Kanten (im Beispiel (**1** , **2**, **3**)) und der Knoten (im Beispiel I, II). Es treten also folgende *Kantenvariable* auf:

- Die *Ströme* („I") y_j, $j = 1, \ldots, n$, zusammengefasst zum Stromvektor $\boldsymbol{y} = (y_1, \ldots, y_n)^t$,
- die *Spannungen* („U"), zusammengefasst zum Spannungsvektor $\boldsymbol{e} = (e_1, \ldots, e_n)^t$.

Der Spannungsabfall in einem Leiterstück i ohne Spannungsquelle ist einfach e_i, bei einer Spannungsquelle kommt noch deren Stärke b_i dazu. Ergänzen wir im ersten Fall $b_i = 0$ und fassen diese Quellstärken zum Vektor $\boldsymbol{b}$ zusammen, so lautet das OHMsche Gesetz

$$R_i y_i = e_i + b_i \quad \text{für } i = 1, \ldots, n$$

[34] Georg Simon OHM ∗16. März 1789 in Erlangen †6. Juli 1854 in München

bzw. mit der Diagonalmatrix $A := \mathrm{diag}(R_1, \ldots, R_n)$

$$Ay = e + b\,, \tag{MM.42}$$

oder alternativ mit der Matrix der *Leitwerte*

$$C := \mathrm{diag}(\frac{1}{R_1}, \ldots, \frac{1}{R_n})\,,$$

$$y = C(e + b)\,. \tag{MM.43}$$

Im Beispiel ist $b = (U, 0, 0)^t$.

Zur Umsetzung der KIRCHHOFFschen Gesetze brauchen wir eine algebraische Beschreibung des Graphen. Dies soll durch eine *Inzidenzmatrix* $B = (b_{i,j}) \in R^{(n,m)}$ erfolgen, in der folglich die Zeile i die Kante i über ihren Ausgangs- und Zielknoten beschreibt:

$$b_{i,j} = \begin{cases} 1\,, & j \text{ ist die Nummer des Zielknotens} \\ -1\,, & j \text{ ist die Nummer des Ausgangsknotens} \\ 0\,, & \text{sonst}\,. \end{cases} \tag{MM.44}$$

Im Beispiel ist

$$B = \begin{pmatrix} 1 & -1 \\ -1 & 1 \\ -1 & 1 \end{pmatrix},$$

was erneut die Einfachheit des Beispiels unterstreicht. B^t ist also die Matrix, in der die k-te Zeile für den Knoten k die „eingehenden" Kanten mit 1, die „ausgehenden" Kanten mit -1 und die restlichen mit 0 vermerkt. Im Beispiel ist

$$B^t = \begin{pmatrix} 1 & -1 & -1 \\ -1 & 1 & 1 \end{pmatrix}.$$

Das Stromgesetz bedeutet gerade

$$B^t y = \mathbf{0}\,, \tag{MM.45}$$

somit im Beispiel

$$\begin{aligned} y_1 - y_2 - y_3 &= 0\,, \\ -y_1 + y_2 + y_3 &= 0\,. \end{aligned}$$

Das ist mithin nur eine lineare Gleichung, die als erste Gleichung in (MM.1) auftritt. Um das Spannungsgesetz analog zu (MM.45) umzusetzen, braucht man eine algebraische Beschreibung von „genügend vielen" Schleifen. Das Beispiel hat die Schleifen **1** und **2**, **2** und **3**, **1** und **3**. Und das Spannungsgesetz dafür lautet

$$\begin{aligned} e_1 + e_2 &= 0\,, \\ e_2 - e_3 &= 0\,, \\ e_1 + e_3 &= 0\,, \end{aligned} \tag{MM.46}$$

wobei sich die dritte Gleichung aus den ersten beiden linear kombinieren lässt, da sich auch die dritte Schleife aus den ersten beiden „zusammensetzen" lässt. Die ersten beiden Gleichungen zusammen mit dem OHMschen Gesetz $e = Ay - b$ ergeben die restlichen Gleichungen in (MM.1). Analog zu (MM.46) müssen also k Schleifen durch eine Matrix $D \in \mathbb{R}^{(k,m)}$ beschrieben werden, so dass

$$|d_{i,j}| = 1 \Leftrightarrow \text{Kante } j \text{ gehört zu Schleife } i \text{ und } d_{i,j} = 0 \text{ sonst},$$

und nach Festlegung einer Durchlaufrichtung ist

$$\begin{aligned} d_{i,j} &= 1 \text{ , falls Kante } j \text{ in Durchlaufrichtung ausgerichtet ist,} \\ d_{i,j} &= -1 \text{ , falls Kante } j \text{ gegen Durchlaufrichtung ausgerichtet ist.} \end{aligned}$$

Im Beispiel, bei Beschränkung auf die ersten beiden Schleifen ($k = 2$), ist also

$$D = \begin{pmatrix} 1 & 1 & 0 \\ 0 & 1 & -1 \end{pmatrix}.$$

Das Spannungsgesetz hat dann deswegen die Form

$$D\boldsymbol{e} = \boldsymbol{0}$$

bzw. mit dem OHMschen Gesetz

$$D(A\boldsymbol{y} - \boldsymbol{b}) = \boldsymbol{0} \Leftrightarrow D(A\boldsymbol{y}) = D\boldsymbol{b} . \tag{MM.47}$$

Bei (MM.47) handelt es sich wieder um lineare Gleichungen für $\boldsymbol{y}$, tatsächlich kann das zweifache Matrix-Vektor-Produkt mit einer neuen Matrix DA als ein Matrix-Vektor-Produkt ausgedrückt werden (siehe Abschnitt 2.3.1). Ein allgemeiner Satz linearer Gleichungen zur Bestimmung der Ströme $\boldsymbol{y}$ könnte somit bestehen aus

$$\begin{aligned} B^t\boldsymbol{y} &= \boldsymbol{0} , \\ DA\boldsymbol{y} &= D\boldsymbol{b} . \end{aligned} \tag{MM.48}$$

Für das Beispiel wurde schon klar, dass aus $B^t\boldsymbol{y} = \boldsymbol{0}$ eine Gleichung wegen linearer Abhängigkeit von den (hier: der) anderen wegfällt. Das lässt sich für viele Netzwerke allgemein einsehen:

Satz 1.114

Der Graph des Netzwerkes sei *zusammenhängend*, d. h. je zwei Knoten können durch einen Weg aus Kanten verbunden werden. Dann gilt

1) $U := \{\boldsymbol{x} \in \mathbb{R}^m : B\boldsymbol{x} = \boldsymbol{0}\} = \text{span}(\boldsymbol{1})$, wobei $\boldsymbol{1} = (1, \dots, 1)^t \in \mathbb{R}^m$,
2) B^t hat genau $m - 1$ linear unabhängige Zeilen.

Beweis: Zu 1): Da die Zeilensummen von B immer Null sind, gilt

$$\boldsymbol{1} \in U \quad \text{und damit} \quad \text{span}(\boldsymbol{1}) \subset U .$$

Sei andererseits $\boldsymbol{x} \in U$ sowie $p \in \{1, \dots, m\}$. Knoten 1 ist über einen Weg $i_1(= 1), i_2, \dots, i_{l-1}, i_l(= p)$ mit Knoten p verbunden. Die Zeile von B, die der Kante $i_1 i_2$ entspricht liefert also $x_{i_1} = x_{i_2}$ und so weiter bis schließlich $x_p = x_1$. Alle Komponenten in $\boldsymbol{x}$ sind darum gleich, d. h. $\boldsymbol{x} \in \text{span}(\boldsymbol{1})$.
Zu 2): Insbesondere ist damit $\dim U = 1$. Nach Theorem 1.82 folgt

$$\dim Z(B) = m - \dim U = m - 1 .$$

Die Behauptung folgt schließlich mit Hauptsatz 1.80. Alternativ können wir auch direkt den Spaltenrang r von B betrachten, so dass $m - r$ die Anzahl der Freiheitsgrade in der allgemeinen Lösung von $B\boldsymbol{x} = \boldsymbol{0}$ ist, nach 1) demnach

$$m - r = 1, \quad \text{d. h. } r = m - 1 . \qquad \square$$

Um also in (MM.48) n linear unabhängige Gleichungen für die n Unbekannten in $\boldsymbol{y}$ zu erhalten, benötigen wir noch $n - m + 1$ Schleifen (in Beispiel: 2), die sich nicht „auseinander zusammensetzen" lassen. Da wir dies hier nicht untersuchen können, wollen wir einen alternativen Weg in der Umsetzung des Spannungsgesetzes beschreiten: Das Spannungsgesetz ist äquivalent mit der Existenz eines *Potentials*, d. h. einer knotenbezogenen Größe x_j, $j = 1, \ldots, m$, so dass sich die Spannung e_i auf einer Kante i aus der Differenz des Potentials am Ausgangsknoten und des Potentials am Zielknoten ergibt. Ist $\boldsymbol{x} = (x_1, \ldots, x_m)^t$ der Potentialvektor, so bedeutet dies in Matrix-Vektorschreibweise (siehe (MM.44)):

$$\boldsymbol{e} = -B\boldsymbol{x} . \tag{MM.49}$$

Die erwähnte Äquivalenz kann man folgendermaßen einsehen: Gibt es ein Potential, so ist die Summe von Spannungen über eine Schleife eine Summe von Potentialwerten, die immer doppelt mit wechselndem Vorzeichen auftreten. Andereseits kann an einem Knoten l der Wert von x_l fixiert und dann (MM.49) zur Definition der weiteren x-Komponenten benutzt werden. Das Spannungsgesetz sorgt gerade dafür, dass durch verschiedene Kanten zu einem Knoten nicht Widersprüche entstehen: Im Beispiel ist

$$e_1 = -x_1 + x_2 , \quad e_2 = x_1 - x_2 , \quad e_3 = x_1 - x_2 .$$

Nach Fixierung von x_2 ist sodann

$$x_1 = -e_1 + x_2 ,$$

aber auch $x_1 = e_2 + x_2$ und $x_1 = e_3 + x_2$. Die Schleifengleichungen (MM.46) zeigen gerade, dass alle Gleichungen identisch sind. Die Kombination von (MM.49) mit dem OHMschen Gesetz in der Form (MM.42) liefert

$$A\boldsymbol{y} + B\boldsymbol{x} = \boldsymbol{b} , \tag{MM.50}$$

so dass mit (MM.45) für $m + n$ Unbekannte in $\boldsymbol{y}$ und $\boldsymbol{x}$ folgendes LGS vorliegt:

$$\begin{aligned} A\boldsymbol{y} + B\boldsymbol{x} &= \boldsymbol{b} , \\ B^t\boldsymbol{y} &= \boldsymbol{0} . \end{aligned} \tag{MM.51}$$

Man beachte die Analogie zu (MM.40). Das System (MM.51) ist zumindest ein quadratisches LGS, aber wir erwarten, dass $\boldsymbol{x}$ nicht eindeutig festgelegt ist, da nach (MM.49) und Satz 1.114 der Vektor $\boldsymbol{x}$ um ein Element aus span($\boldsymbol{1}$) verändert werden kann. Dadurch kann ein $x_l = 0$ gesetzt werden. Der Knoten x_l wird also *geerdet*. Die Diskussion dieses Beispiels wird in Abschnitt 2.3.5 wieder aufgegriffen, wenn mehr Matrixtheorie zur Verfügung steht. ◇

Zusammenfassend für Beispiel 3 und Beispiel 2 können wir aber schon festhalten, dass wesentlich für die Beschreibung in Form eines LGS sind:

- Ein Erhaltungsgesetz als Aussage über „Flüsse" (Kantenvariablen): siehe (MM.38) Kräftebilanz bzw. (MM.45) KIRCHHOFFsches Stromgesetz;
- ein *konstitutives Gesetz*, dass einen „Fluss" (Kantenvariable) mit einem „Potential" (Knotenvariable) verknüpft: siehe (MM.33) und (MM.34), das HOOKEsche Gesetz mit Auslenkung-Dehnungsbeziehung bzw. siehe (MM.50), das OHMsche Gesetz mit KIRCHHOFFschem Spannungsgesetz;
- ein „dualer" Zusammenhang dazwischen (Auftreten von B und B^t).

Man beachte aber, dass in Beispiel 2 die äußere Einwirkung über das konstitutive Gesetz, in Beispiel 3 über das Erhaltungsgesetz erfolgt.

Ein LGS, das beides beinhaltet, kann also die Form haben

$$\begin{aligned} A\boldsymbol{y} + B\boldsymbol{x} &= \boldsymbol{b} , \\ B^t\boldsymbol{y} &= \boldsymbol{f} . \end{aligned} \tag{1.91}$$

Was Sie in diesem Abschnitt gelernt haben sollten

Begriffe:

- Netzwerk, Graph
- Kantenbezogene Variable
- Knotenbezogene Variable
- Konstitutives Gesetz
- Erhaltungsgesetz

Zusammenhänge:

- Modelle der Form (MM.40) bzw. (MM.51) bzw. (1.91)
- Modelle der Form (MM.41)

Aufgaben

Aufgabe 1.32 Bestimmen Sie Ströme und Spannungen in folgendem Netzwerk:

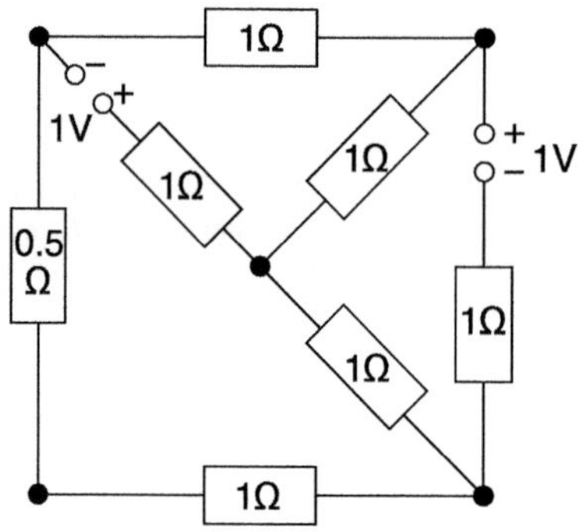

Aufgabe 1.33 Gegeben ist das folgende Netzwerk mit einer Spannungsquelle und einer Stromquelle:

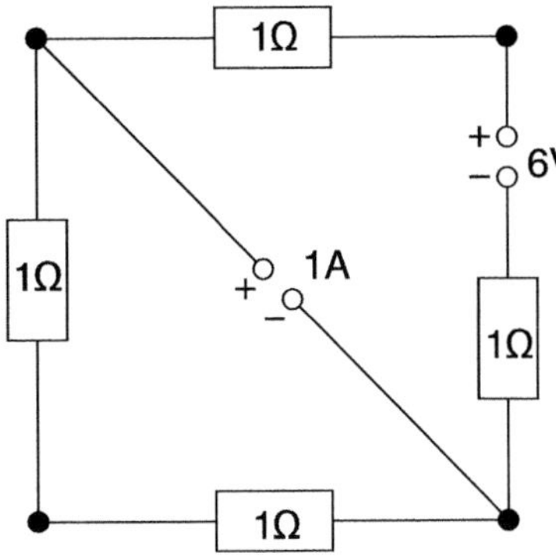

a) Wie können Sie die Stromquelle in das Netzwerkmodell einbauen?
b) Berechnen Sie die Spannungen und Ströme im Netzwerk.

Aufgabe 1.34 Gegeben ist ein Gleichstromnetzwerk mit Inzidenzmatrix A, Leitwertmatrix C, Vektoren $\boldsymbol{x}$ der Potentiale, $\boldsymbol{y}$ der Ströme, $\boldsymbol{e}$ der Spannungen und $\boldsymbol{b}$ der Spannungsquellen.

a) Die an einem Widerstand dissipierte Leistung ist bekanntlich $P = U\,I$, wenn U der Spannungsabfall am Widerstand und I der Strom ist. Stellen Sie eine Formel für die gesamte im Netzwerk dissipierte Leistung auf.
b) Die von einer Spannungsquelle zur Verfügung gestellte Leistung ist ebenfalls $P = U\,I$, wobei U die Spannung der Quelle und I die Stärke des entnommenen Stromes ist. Stellen Sie eine Formel für die von allen Spannungsquellen erbrachte Leistung auf.
c) Zeigen Sie, dass die Größen aus a) und b) identisch sind.

1.7 Affine Räume I

Mit dem Begriff des Vektorraum allein sind wir, wie schon aus der Schule vertraut und in einigen Beispielen wieder angeklungen, in der Lage Geometrie zu betreiben. Die (abstrakten) Vektoren des Vektorraums haben dabei eine Doppelfunktion von „Punkten" und „Verbindungsvektoren". Konkret in $\mathbb{R}^n$ bedeutet dies, *analytische Geometrie* zu betreiben. Dafür muss also für die Ebene oder den (Anschauungs-)Raum ein Koordinatensystem und damit insbesondere ein Bezugspunkt (der Nullpunkt) festgelegt werden. Es scheint wünschenswert, Geometrie auch „bezugspunktfrei" betreiben zu können. Geeignete Strukturen dafür sind affine Räume, die nach Definition 1.54 von der Form

$$A = \boldsymbol{a} + U$$

sind, wobei $\boldsymbol{a} \in V$ und $U \subset V$ ein linearer Unterraum ist in einem $\mathbb{R}$-Vektorraum V. Sie sind geeignet, die für geometrische Überlegungen nötige Unterscheidung zwischen „Punkten" und „Vektoren" vorzunehmen ohne einen fest gewählten Bezugspunkt (siehe (1.23)), und zwar werden die Elemente $b \in a + U$ als *Punkte* aufgefasst (und daher in diesem Abschnitt nicht fett gedruckt); insbesondere ist folglich a ein Punkt, (*Verbindungs-*)*Vektoren* sind die Elemente $\boldsymbol{u} \in U$. Zu $b \in a + U$ existiert eindeutig ein $\boldsymbol{u} \in U$, so dass

$$b = a + \boldsymbol{u} .$$

Dieses $\boldsymbol{u}$ wird hier suggestiv mit

$$\overrightarrow{ab}$$

bezeichnet, also

$$b = a + \overrightarrow{ab} ,$$

und damit ist auf der Basis von $(V, +)$ eine Verknüpfung von Punkten und Vektoren definiert (wieder mit + geschrieben), die einen Punkt liefert. Aus den Rechenregeln von $(V, +)$ (siehe S. 34) folgt:

$$\begin{aligned} \overrightarrow{aa} &= \boldsymbol{0} && \text{für alle Punkte } a , \\ \overrightarrow{ab} + \overrightarrow{bc} &= \overrightarrow{ac} && \text{für alle Punkte } a, b, c , \\ \overrightarrow{ab} &= -\overrightarrow{ba} && \text{für alle Punkte } a, b . \end{aligned}$$

Weiter ist

$$U = \{\overrightarrow{bc} : b, c \in a + U\} =: \overrightarrow{a + U}$$

und

$$a + U = b + U \quad \text{für alle } b \in a + U .$$

Dadurch werden Formulierungen unabhängig vom gewählten *Anfangspunkt* oder *Ursprung* a (siehe Lemma 1.56). Wird a als fest aufgefasst, liegt eine Bijektion zwischen

$$\text{den Punkten } b = a + \overrightarrow{ab} \text{ und den } \textit{Ortsvektoren } \overrightarrow{ab}$$

vor. Der beschriebene Sachverhalt lässt sich formal durch folgende Definition fassen:

Definition 1.115

Sei A eine Menge, V ein $\mathbb{R}$-Vektorraum, so dass eine Abbildung

$$+ : A \times V \to A, \quad (a, \boldsymbol{v}) \mapsto a + \boldsymbol{v}$$

gegeben ist mit den Eigenschaften:

(1) $a + \boldsymbol{0} = a$.
(2) $a + (\boldsymbol{u} + \boldsymbol{v}) = (a + \boldsymbol{u}) + \boldsymbol{v}$ für alle $a \in A$, $\boldsymbol{u}, \boldsymbol{v} \in V$.
(3) Zu beliebigen $a, b \in A$ gibt es genau ein $\boldsymbol{v} \in V$, so dass $a + \boldsymbol{v} = b$ ist. $\overrightarrow{ab} := \boldsymbol{v}$ heißt der Verbindungsvektor von a und b.

A heißt *affiner Raum zu* V und

$$\overrightarrow{A} := \{\overrightarrow{ab} : \ a, b \in A\}$$

heißt der *Verbindungsraum von* A. Ist $A \neq \emptyset$, so heißt

$$\dim A := \dim V$$

die *Dimension von* A.

Bemerkungen 1.116

1) Für $A \neq \emptyset$ ist $\overrightarrow{A} = V$.

2) Ist $\dim A = 0$, d. h. $V = \{\boldsymbol{0}\}$, so können in A nach (3) in Definition 1.115 alle Punkte miteinander identifiziert werden und A heißt daher ein *Punkt*.

3) Sei $\dim A = 1$, d. h. $V = \operatorname{span}(\boldsymbol{v})$. Seien $a, b \in A$, $a \neq b$, dann ist $b = a + \lambda \boldsymbol{v}$ für ein $\lambda \in \mathbb{R}$, also $A = a + \mathbb{R}\boldsymbol{v}$, eine *Gerade*, die mit ab bezeichnet wird. Analog ist für $\dim A = 2$

$$A = a + \mathbb{R}\boldsymbol{u} + \mathbb{R}\boldsymbol{v}$$

mit beliebigem $a \in A$ und linear unabhängigen $\boldsymbol{u}, \boldsymbol{v} \in V$, d. h. A ist eine *Ebene*.

4) Die obige Ausgangssituation erhält man für $A = V$ und $+$, d. h. die Addition auf V. Dann ist $\overrightarrow{ab} = b - a$ für $a, b \in A = V$. Insbesondere entsteht so aus dem $\mathbb{R}$-Vektorraum $\mathbb{R}^n$ der affine *Koordinatenraum* $\mathbb{A}^n$.

5) Für $A = V$ gibt es einerseits Punkte mit Koordinaten aus dem Koordinatenraum $\mathbb{A}^n$ und andererseits Verbindungsvektoren aus dem Verbindungsraum $\mathbb{R}^n$. Zur besseren Unterscheidung zwischen Punkten und Vektoren kann eine 1 bzw. 0 als $n+1$-te Komponente hinzugefügt werden, d. h.

$$\begin{aligned} \Psi : \mathbb{A}^n &\to \widetilde{\mathbb{A}^n} := \left\{ \begin{pmatrix} a \\ 1 \end{pmatrix} : a \in \mathbb{A}^n \right\} \subset \mathbb{R}^{n+1} , \\ \Phi : \mathbb{R}^n &\to \widetilde{\mathbb{R}^n} := \left\{ \begin{pmatrix} \boldsymbol{v} \\ 0 \end{pmatrix} : \boldsymbol{v} \in \mathbb{R}^n \right\} \subset \mathbb{R}^{n+1} . \end{aligned} \tag{1.92}$$

Ψ und Φ sind injektiv, d. h. Einbettungen, Φ ist offensichtlich linear. Dies gibt Hinweise, welche Operationen definiert sind, nämlich Punkt + Vektor, Vektor + Vektor, aber nicht Punkt + Punkt. △

Der Begriff des affinen Unterraums (Definition 1.54) gilt wörtlich weiter.

Definition 1.117

Sei A ein affiner Raum zum $\mathbb{R}$-Vektorraum V, $B \subset A$ heißt *affiner Unterraum*, wenn B die Gestalt $B = a + \overrightarrow{B}$ für ein $a \in A$ hat. Man setzt

$$\dim B := \dim \overrightarrow{B} .$$

Ist $\dim V < \infty$, so heißt

$$\operatorname{codim} B := \dim V - \dim \overrightarrow{B}$$

die *Kodimension von* B. Ist $\operatorname{codim} B = 1$, so heißt B *(affine) Hyperebene in* A. Sind $B_i = a_i + \overrightarrow{B_i}$ affine Unterräume, so heißen sie *parallel*, $B_1 \parallel B_2$, wenn $\overrightarrow{B_1} \subset \overrightarrow{B_2}$ oder $\overrightarrow{B_2} \subset \overrightarrow{B_1}$.

Ein ein-dimensionaler affiner Unterraum (bei $A = V$) enthält außer einem Punkt $\boldsymbol{a}$ noch einen Punkt $\boldsymbol{b}$, sowie alle Vektoren

$$\boldsymbol{a} + t\overrightarrow{ab} = \boldsymbol{a} + t \cdot (\boldsymbol{b} - \boldsymbol{a}) = (1 - t)\boldsymbol{a} + t\boldsymbol{b} , \quad t \in \mathbb{R} .$$

Es handelt sich um eine Gerade, mit Anfangspunkt $\boldsymbol{a}$ und Richtungsvektor $\boldsymbol{b} - \boldsymbol{a}$. Die Parametrisierung $(1 - t)\boldsymbol{a} + t\boldsymbol{b}$ kann man etwas symmetrischer schreiben als

$$s \cdot \boldsymbol{a} + t \cdot \boldsymbol{b} \quad \text{mit } s, t \in \mathbb{R},\ s + t = 1 .$$

Im allgemeinen Fall sind $a, b \in A$ Punkte, für die durch

$$c := s \cdot a + t \cdot b \quad \text{mit } s, t \in \mathbb{R},\ s + t = 1$$

wieder ein Punkt und mit der Gesamtheit dieser Punkte eine *Gerade* definiert wird. Dabei ist demnach c durch den Vektor

$$\overrightarrow{a_0c} := s\,\overrightarrow{a_0a} + t\,\overrightarrow{a_0b}$$

eindeutig festgelegt. Hier ist $a_0 \in A$ ein beliebiger Bezugspunkt, von dessen Wahl die Definition unabhängig ist. Im Fall $A = V$ ist somit

$$\overrightarrow{ab} = \boldsymbol{b} - \boldsymbol{a} = 1\boldsymbol{b} + (-1)\boldsymbol{a}\,,$$

d. h. eine Linearkombination von Punkten mit verschwindenden Koeffizientensummen ergibt einen Vektor.

Dies ist der einfachste nicht triviale Spezialfall in folgender Definition:

Definition 1.118

Sei V ein $\mathbb{R}$-Vektorraum.

1) Es seien $\boldsymbol{y}_1, \ldots, \boldsymbol{y}_l \in V$. Eine *Affinkombination* dieser Vektoren ist eine Linearkombination

$$t_1\boldsymbol{y}_1 + \ldots + t_l\boldsymbol{y}_l$$

mit $t_1, \ldots, t_l \in \mathbb{R}$ und $t_1 + \ldots + t_l = 1$.

Sei A ein affiner Raum zu V mit $a_1, \ldots, a_n \in A$.

2) Eine *Affinkombination* dieser Punkte ist

$$a := \sum_{i=1}^{n} t_i a_i \in A \quad \text{mit } t_i \in \mathbb{R}\,,\ i = 1, \ldots, n\,,\ \sum_{i=1}^{n} t_i = 1\,,$$

definiert durch

$$\overrightarrow{a_0a} := \sum_{i=1}^{n} t_i\,\overrightarrow{a_0a_i}\ (\in V)$$

und $a = a_0 + \overrightarrow{a_0a}$, unabhängig von dem beliebig gewählten Bezugspunkt a_0.

3) Eine *Vektorkombination* dieser Punkte ist

$$\boldsymbol{v} := \sum_{i=1}^{n} t_i a_i \in V \quad \text{mit } t_i \in \mathbb{R}\,,\ i = 1, \ldots, n\,,\ \sum_{i=1}^{n} t_i = 0\,,$$

definiert durch

$$\boldsymbol{v} := \sum_{i=1}^{n} t_i \overrightarrow{a_0 a_i} \; (\in V) ,$$

unabhängig von dem beliebig gewählten Bezugspunkt a_0.

Satz 1.119: affiner Raum ↔ Affinkombination

Sei A ein affiner Raum zum $\mathbb{R}$-Vektorraum V. Für eine nicht leere Teilmenge $B \subset A$ sind äquivalent:

(i) B ist ein affiner Unterraum;

(ii) mit endlich vielen Punkten $a_1, \ldots, a_l \in B$ gehört auch jede Affinkombination dieser Punkte zu B.

Beweis: „(i)⇒(ii)“: Sei $B = a + U$ mit einem Untervektorraum $U \subset V$. Sei $l \in \mathbb{N}$,

$$b_i = a + \boldsymbol{u}_i \quad \text{mit } \boldsymbol{u}_i \in U , \; i = 1, \ldots, l$$

und $t_i \in \mathbb{R}$ so, dass $\sum_{i=1}^{l} t_i = 1$. Dann ist

$$\sum_{i=1}^{l} t_i b_i = a + \sum_{i=1}^{l} t_i \boldsymbol{u}_i \quad \in B .$$

„(ii)⇒(i)“: Sei $a \in B$ ein fester Punkt. Es genügt zu zeigen, dass die Menge

$$U := \{\boldsymbol{u} \in V \; : \; b := a + \boldsymbol{u} \in B\} \subset V$$

einen Untervektorraum bildet. Seien also $\boldsymbol{u}_1, \boldsymbol{u}_2 \in U$ und $s_1, s_2 \in \mathbb{R}$. Dann ist

$$(1 - s_1 - s_2)a + s_1(a + \boldsymbol{u}_1) + s_2(a + \boldsymbol{u}_2) =: c$$

eine Affinkombination der Punkte $a, a + \boldsymbol{u}_1, a + \boldsymbol{u}_2 \in B$ und gehört nach Voraussetzung zu B. Es ist

$$a + s_1\boldsymbol{u}_1 + s_2\boldsymbol{u}_2 = c \in B ,$$

folglich liegt $s_1\boldsymbol{u}_1 + s_2\boldsymbol{u}_2$ in U. □

Definition 1.120

Sei A ein affiner Raum zum $\mathbb{R}$-Vektorraum V und $M \subset A$ eine beliebige Menge. Dann heißt die Menge B aller Affinkombinationen von endlich vielen Vektoren aus M der von M *aufgespannte affine Unterraum* oder die *affine Hülle* von M, geschrieben als

$$B = \mathrm{span}_a(M) .$$

Also

$$\mathrm{span}_a(M) := \left\{ a \in A : a = \sum_{i=1}^{k} t_i a_i \,,\ a_i \in M \,,\ t_i \in \mathbb{R} \,,\ \sum_{i=1}^{k} t_i = 1 \text{ für ein } k \in \mathbb{N} \right\} .$$

Das einfachste Beispiel für einen solchen aufgespannten affinen Unterraum ist die Gerade

$$a + t\overrightarrow{ab} = (1 - t)a + tb \,, \quad t \in \mathbb{R} \,,$$

die von zwei Punkten $a \neq b \in A$ aufgespannt wird, d. h. $ab = \mathrm{span}_a(a, b)$ für $a, b \in A$, $a \neq b$.

Satz 1.121: Eigenschaften der affinen Hülle

Sei A ein affiner Raum zum $\mathbb{R}$-Vektorraum V, $M \subset A$. Dann gilt:

1) $M \subset \mathrm{span}_a(M)$.
2) $\mathrm{span}_a(M)$ ist der kleinste affine Unterraum von A, der M enthält, d. h.:
   a) $\mathrm{span}_a(A)$ ist ein affiner Unterraum.
   b) Ist C ein affiner Unterraum und $M \subset C$, dann gilt auch $\mathrm{span}_a(M) \subset C$.
3) Für $M_1 \subset M_2 \subset A$ gilt

$$\mathrm{span}_a(M_1) \subset \mathrm{span}_a(M_2) .$$

Beweis: Zu 1): Klar, da $1a$ eine Affinkombination für $a \in A$ ist.
Zu 2): $\mathrm{span}_a(M)$ ist ein affiner Unterraum nach Satz 1.119, da eine Affinkombination aus Affinkombinationen wieder eine Affinkombination ist. Auch die zweite Aussage folgt aus Satz 1.119.
Zu 3): $\mathrm{span}_a(M_2)$ ist ein affiner Unterraum der $M_2 \supset M_1$ enthält, also folgt die Aussage aus 2). □

Sei $a \in A$ eine Affinkombination von $a_0, \ldots, a_m$, d. h.

$$a = \sum_{i=0}^{m} t_i a_i \quad \text{mit} \sum_{i=0}^{m} t_i = 1 . \tag{1.93}$$

Für jedes $j \in \{0, \ldots, m\}$ ist also

$$a = a_j + \sum_{\substack{i=0 \\ i \neq j}}^{m} t_i \overrightarrow{a_j a_i} \quad \text{mit } t_i \in \mathbb{R} . \tag{1.94}$$

Aus (1.94) folgt auch (1.93) mit $t_j = 1 - \sum_{\substack{i=0 \\ i\neq j}}^{m} t_i$, da eine für einen Bezugspunkt geltende Beziehung auch für einen allgemeinen Bezugspunkt gilt. Darum kann jede Affinkombination aus $\{a_0, \ldots, a_m\}$ geschrieben werden als Summe aus einem fest gewählten Punkt a_j aus $\{a_0, \ldots, a_m\}$ und einer Linearkombination der Richtungen von a_j zu a_i, $i \in \{0, \ldots, m\} \backslash \{j\}$.

Daher gilt

$$\operatorname{span}_a(a_0, \ldots, a_m) = a_0 + \operatorname{span}(\overrightarrow{a_0 a_1}, \ldots, \overrightarrow{a_0 a_m}) . \tag{1.95}$$

Definition 1.122

Sei V ein $\mathbb{R}$-Vektorraum. $M \subset V$ heißt *affin unabhängig*, wenn für eine beliebige Anzahl $m \in \mathbb{N}$ und $\boldsymbol{a}_0, \ldots, \boldsymbol{a}_m \in M$ die m Vektoren

$$\boldsymbol{v}_1 := \boldsymbol{a}_1 - \boldsymbol{a}_0 , \ldots, \boldsymbol{v}_m := \boldsymbol{a}_m - \boldsymbol{a}_0$$

linear unabhängig sind. Sei A ein affiner Raum zum $\mathbb{R}$-Vektorraum V, $M \subset A$ heißt *affin unabhängig*, wenn für eine beliebige Anzahl $m \in \mathbb{N}$ und Punkte $a_0, \ldots, a_m \in M$ die m Vektoren $\overrightarrow{a_0 a_1}, \ldots, \overrightarrow{a_0 a_m}$ linear unabhängig sind.

Die Punkte $a_0, \ldots, a_m$ sind demnach genau dann affin unabhängig, wenn sie einen m-dimensionalen affinen Unterraum aufspannen. Deswegen spielt der Punkt a_0 in dieser Definition nur scheinbar eine Sonderrolle. Ist a_i einer dieser affin unabhängigen Punkte, so sind auch die Differenzen $\overrightarrow{a_i a_j}$, $j \neq i$, linear unabhängig (siehe Übung). Aus der Äquivalenz von (1.94) und (1.93) folgt also

$$
\begin{gathered}
a_0, \ldots, a_m \in A \text{ sind affin abhängig} \\
\Leftrightarrow \\
\text{Es gibt ein } j \in \{1, \ldots, m\}, \text{ so dass } \overrightarrow{a_0 a_j} = \sum_{\substack{i=1 \\ i \neq j}}^{m} t_i \overrightarrow{a_0 a_i} \quad \text{für gewisse } t_i \in \mathbb{R} \\
\Leftrightarrow \\
a_j = \sum_{\substack{i=0 \\ i \neq j}}^{m} s_i a_i \quad \text{für gewisse } s_i \in \mathbb{R} \text{ mit } \sum_{\substack{i=0 \\ i \neq j}}^{m} s_i = 1\,.
\end{gathered}
\tag{1.96}
$$

Sind deshalb $a_0, \ldots, a_m$ affin abhängig, ist ein a_j eine Affinkombination der anderen a_i (und auch umgekehrt), bzw. äquivalent für lineare bzw. affine Unabhängigkeit formuliert:

$$
\begin{gathered}
a_0, \ldots, a_m \in A \text{ sind affin unabhängig} \\
\Leftrightarrow \\
\left(\sum_{i=1}^{m} t_i \overrightarrow{a_0 a_i} = \mathbf{0} \quad \Rightarrow \quad t_i = 0 \text{ für alle } i = 1, \ldots, m \right) \\
\Leftrightarrow \\
\left(\sum_{i=0}^{m} t_i a_i = a_0 \text{ und } \sum_{i=0}^{m} t_i = 1 \quad \Rightarrow \quad t_0 = 1\,, t_i = 0\,,\ i = 1, \ldots, m \right).
\end{gathered}
\tag{1.97}
$$

In Übereinstimmung mit Bemerkungen 1.116, 5) sieht man also für $A = \mathbb{A}^m$

$$
\begin{gathered}
a_0, \ldots, a_m \quad \text{sind affin unabhängig in } \mathbb{A}^m \\
\Leftrightarrow \\
\begin{pmatrix} a_0 \\ 1 \end{pmatrix}, \ldots, \begin{pmatrix} a_m \\ 1 \end{pmatrix} \quad \text{sind linear unabhängig in } \mathbb{R}^{m+1} \\
\Leftrightarrow \\
\begin{pmatrix} a_0 & \cdots & a_m \\ 1 & \cdots & 1 \end{pmatrix} \in \mathbb{R}^{m+1,m+1} \quad \text{hat Rang} = m + 1.
\end{gathered}
$$

Beispiel 1.123 (Geometrie) Im $\mathbb{A}^n$ sind folglich zwei verschiedene Punkte immer affin unabhängig, drei Punkte aber genau dann, wenn sie nicht auf einer Gerade liegen, d. h. ein Dreieck bilden. Im $\mathbb{A}^2$ sind vier Punkte immer affin abhängig. Im $\mathbb{A}^3$ sind vier Punkte genau dann affin unabhängig, wenn sie nicht auf einer Ebene liegen, d. h. einen Tetraeder bilden (Für die Begriffe Dreieck und Tetraeder siehe Beispiel 1.127). Bei $n + 1$ affin unabhängigen Punkten in $\mathbb{A}^n$ spricht man auch von *allgemeiner Lage*. ◦

Satz 1.124: affin unabhängig ↔ Koeffizientenvergleich

Sei A ein affiner Raum zum $\mathbb{R}$-Vektorraum V. Es seien $a_0, \ldots, a_m \in A$ und $B \subset A$ der von diesen Punkten aufgespannte affine Unterraum. Dann sind äquivalent:

(i) Die Punkte $a_0, \ldots a_m$ sind affin unabhängig;

(ii) jeder Punkt $a \in B$ ist eine Affinkombination der $a_0, \ldots, a_m$, in der die Koeffizienten durch a eindeutig bestimmt sind.

Beweis: „(i)⇒(ii)“: Jeder Punkt $a \in B$ ist eine Affinkombination

$$a = t_0 a_0 + \ldots + t_m a_m \, , \quad t_0 + \ldots + t_m = 1 \, .$$

Wir beweisen die Aussage durch Widerspruch und nehmen an, die Koeffizienten t_i seien durch a nicht eindeutig bestimmt. Dann gibt es eine weitere Darstellung

$$a = s_0 a_0 + \ldots + s_m a_m \, , \quad s_0 + \ldots + s_m = 1 \, ,$$

wobei nicht alle $s_i = t_i$ sind. Subtrahieren wir beide Darstellungen, erhalten wir die Vektorkombination

$$(t_0 - s_0) a_0 + \ldots + (t_m - s_m) a_m = \mathbf{0} \, .$$

Sei o. B. d. A. $t_0 \neq s_0$. Dann kann diese nach $\overrightarrow{q a_0}$ aufgelöst werden bei Benutzung des beliebigen Bezugspunktes q, was die folgende Affinkombination ergibt:

$$a_0 = \frac{s_1 - t_1}{t_0 - s_0} a_1 + \ldots + \frac{s_m - t_m}{t_0 - s_0} a_m \, ,$$

denn

$$\begin{aligned} \frac{s_1 - t_1}{t_0 - s_0} + \ldots + \frac{s_m - t_m}{t_0 - s_0} &= \frac{1}{t_0 - s_0}(s_1 + \ldots + s_m - t_1 - \ldots - t_m) \\ &= \frac{1}{t_0 - s_0}(1 - s_0 - 1 + t_0) = 1 \, . \end{aligned}$$

Der Punkt a_0 ist eine Affinkombination der anderen m Punkte, und damit können die Punkte nach (1.97) $a_0, \ldots, a_m$ nicht affin unabhängig gewesen sein.
„(ii)⇒(i)“(durch Kontraposition): Wenn die Punkte $a_0, \ldots, a_m$ nicht affin unabhängig sind, ist nach (1.96) einer von ihnen eine Affinkombination der anderen. O. B. d. A. nehmen wir an, dies sei a_0. Dann ist also

$$a_0 = t_1 a_1 + \ldots + t_m a_m \, , \quad t_1 + \ldots + t_m = 1 \, .$$

Dies ist eine weitere Affinkombination von a_0 aus $a_0, \ldots, a_m$, zusätzlich zu $a_0 = 1 \cdot a_0$, so dass diese Darstellung mithin nicht eindeutig ist. □

Definition 1.125

Sei A ein affiner Raum zum $\mathbb{R}$-Vektorraum V, $M \subset A$ heißt *affine Basis* von A, wenn gilt:

1) M ist affin unabhängig.
2) $\text{span}_a(M) = A$.

Auch hier lassen sich die äquivalenten Formulierungen aus Abschnitt 1.4.1 übertragen (etwa Satz 1.71).

Bemerkung 1.126 Man beachte dabei aber: Ist M endlich, dann gilt

$$\text{Anzahl der Elemente von } M = \dim A + 1 \; .$$

Genauer ist nämlich:

$$a_0, \dots, a_m \text{ ist eine affine Basis von } A$$
$$\Leftrightarrow$$
$$\overrightarrow{a_0 a_1}, \dots, \overrightarrow{a_0 a_m} \text{ ist eine Basis von } V \; .$$

Das kann man wie folgt einsehen:

$$a_0, \dots, a_m \text{ affin unabhängig } \Leftrightarrow \overrightarrow{a_0 a_i},\; i = 1, \dots, m, \text{ linear unabhängig.}$$

$$\text{span}_a(M) = a_0 + \text{span}(\overrightarrow{M}) \; ,$$

wobei

$$\overrightarrow{M} := \left\{ \overrightarrow{a_0 a_i} : i = 1, \dots, m \right\}$$

nach (1.95), *also wegen* $A = a_0 + V$

$$A = \text{span}_a(M) \Leftrightarrow V = \text{span}(\overrightarrow{M}) \; .$$

△

Als Beispiel für einen „koordinatenfreien" Beweis einer elementargeometrischen Aussage sei erwähnt:

Beispiel 1.127 (Geometrie)
Seien $a_1, a_2 \in \mathbb{A}^n$ affin unabhängig. Dann heißt

$$\overline{a_1 a_2} := \{ a \in \mathbb{A}^n : a = s a_1 + (1 - s) a_2 \text{ für } s \in [0, 1] \}$$

die *Strecke* mit Eckpunkten a_1, a_2. Offensichtlich ist $\overline{a_1 a_2} \subset a_1 a_2$. Seien $a_1, a_2, a_3 \in \mathbb{A}^n$, $n \geq 2$, affin unabhängig und

$$\Delta := \left\{ a \in \mathbb{A}^n : a = \sum_{i=1}^{3} t_i a_i \ , \ 0 \le t_i \le 1 \ , \ \sum_{i=1}^{3} t_i = 1 \right\}$$

das durch die Eckpunkte a_i gegebene *Dreieck* . Offensichtlich ist $\Delta \subset \mathrm{span}_a(a_1, a_2, a_3)$, die durch a_1, a_2, a_3 gegebene Ebene. Die *Seiten* von Δ sind die Strecken $S_1 := \overline{a_1 a_2}$, $S_2 := \overline{a_2 a_3}$ und $S_3 := \overline{a_3 a_1}$ mit den Seitenmittelpunkten m_i für S_i, gegeben etwa durch $m_1 = \frac{1}{2}a_1 + \frac{1}{2}a_2$. Der *Schwerpunkt* von Δ ist

$$s := \frac{1}{3}a_1 + \frac{1}{3}a_2 + \frac{1}{3}a_3 \ .$$

Die *Seitenhalbierenden* sind die Strecken $\overline{m_1 a_3}$, $\overline{m_2 a_1}$ und $\overline{m_3 a_2}$. Es gilt der *Schwerpunktsatz*, d. h. die Seitenhalbierenden eines Dreiecks schneiden sich im Schwerpunkt.

Das kann man folgendermaßen einsehen: Zu zeigen ist, dass s zu allen Seitenhalbierenden gehört. Dies folgt aber sofort aus

$$s = \frac{1}{3}a_3 + \frac{2}{3}\left(\frac{1}{2}a_1 + \frac{1}{2}a_2\right) = \frac{1}{3}a_1 + \frac{2}{3}\left(\frac{1}{2}a_2 + \frac{1}{2}a_3\right) = \frac{1}{3}a_2 + \frac{2}{3}\left(\frac{1}{2}a_1 + \frac{1}{2}a_3\right) .$$

Analog wird in $\mathbb{A}^n$, für $n \ge 3$, ein *Tetraeder* durch die affin unabhängigen Punkte a_i, $i = 1, \ldots, 4$, definiert durch

$$\Delta := \left\{ a \in \mathbb{A}^n \ : \ a = \sum_{i=1}^{4} t_i a_i \ , \ 0 \le t_i \le 1 \ , \ \sum_{i=1}^{4} t_i = 1 \right\}$$

○

Was Sie in diesem Abschnitt gelernt haben sollten

Begriffe:

- Affiner Raum, Verbindungsraum
- Dimension, Kodimension affiner Räume
- Affinkombination, affine Hülle
- Affin unabhängig, affine Basis

Zusammenhänge:

- Affinkombination affin unabhängiger Punkte ist eindeutig (Satz 1.124).

Aufgaben

Aufgabe 1.35 (K, nach FISCHER 1978, S. 27) Der affine Unterraum $A \subset \mathbb{A}^3$ sei gegeben durch die Gleichung

$$2x_1 + x_2 - 3x_3 = 1.$$

a) Geben Sie drei affin unabhängige Punkte $a_1, a_2, a_3 \in A$ an.
b) Stellen Sie $\boldsymbol{x} = (x_1, x_2, x_3)^t \in A$ als Affinkombination von a_1, a_2 und a_3 dar.

Aufgabe 1.36 (K, nach Fischer 1978, S. 27)

a) Zeigen Sie, dass die Punkte

$$p_1 = (1,0,1)^t, \quad p_2 = (0,3,1)^t, \quad p_3 = (2,1,0)^t \in \mathbb{A}^3$$

affin unabhängig sind.
b) Stellen Sie jeden der Punkte

$$a_1 = (2,5,-1)^t, \quad a_2 = (-2,5,2)^t, \quad a_3 = (-5,2,5)^t \in \mathbb{A}^3$$

als Affinkombination von p_1, p_2, p_3 dar.

Aufgabe 1.37 (K) Die Punkte

$$p = (p_1, p_2)^t, \quad q = (q_1, q_2)^t, \quad r = (r_1, r_2)^t \in \mathbb{A}^2$$

seien affin unabhängig. Bestimmen Sie Gleichungen

$$\begin{aligned} \alpha(x) &= a_1x_1 + a_2x_2 + a = 0 \quad \text{der Seite } \overline{pq} \\ \beta(x) &= b_1x_1 + b_2x_2 + b = 0 \quad \text{der Seite } \overline{qr} \\ \gamma(x) &= c_1x_1 + c_2x_2 + c = 0 \quad \text{der Seite } \overline{rp} \end{aligned}$$

im Dreieck $\triangle$ zu den Ecken p, q, r.

Aufgabe 1.38 (T) Sei A ein affiner Raum zum $\mathbb{R}$-Vektorraum V, $a_0, \ldots, a_m \in A$, $i \in \{1, \ldots, m\}$. Dann gilt

$$\begin{gathered} \overrightarrow{a_0a_1}, \ldots, \overrightarrow{a_0a_m} \text{ sind linear unabhängig} \\ \Leftrightarrow \\ \overrightarrow{a_ia_0}, \ldots, \overrightarrow{a_ia_{i-1}}, \overrightarrow{a_ia_{i+1}}, \ldots, \overrightarrow{a_ia_m} \text{ sind linear unabhängig.} \end{gathered}$$

Aufgabe 1.39 (G)

a) Beweisen Sie, dass sich die drei Mittelsenkrechten eines Dreiecks in einem Punkt schneiden.
b) Beweisen Sie, dass sich die drei Höhen eines Dreiecks in einem Punkt schneiden.

Aufgabe 1.40 (G) Beweisen Sie: Bei einem Tetraeder schneiden sich die Verbindungsgeraden der Mitten gegenüberliegender Kanten in einem Punkt.

Aufgabe 1.41 (G) Die Standardbasisvektoren $\boldsymbol{e}_1 = (1,0,0)^t$, $\boldsymbol{e}_2 = (0,1,0)^t$, $\boldsymbol{e}_3 = (0,0,1)^t$ des $\mathbb{R}^3$ spannen ein Dreieck D auf. Finden Sie einen 2-dimensionalen Unterraum E des $\mathbb{R}^3$ und eine orthogonale Projektion π auf E, so dass $\pi(D)$ ein gleichseitiges Dreieck ist.

Kapitel 2
Matrizen und lineare Abbildungen

2.1 Lineare Abbildungen

2.1.1 Allgemeine lineare Abbildungen

Das Studium der Beispiele 2 und 3 hat gezeigt, dass der jetzige Kenntnisstand über Matrizen nicht ausreichend ist: Bei gegebenem $A \in \mathbb{R}^{(m,n)}$ muss nicht nur $\boldsymbol{y} := A\boldsymbol{x} \in \mathbb{R}^m$ für festes $\boldsymbol{x} \in \mathbb{R}^n$ betrachtet werden, sondern auch die Aktion, die beliebige $\boldsymbol{x} \in \mathbb{R}^n$ in gewisse $\boldsymbol{y} \in \mathbb{R}^m$ überführt, d. h. die durch A vermittelte Abbildung.

Wir betrachten also hier Abbildungen $\Phi : \mathbb{R}^n \to \mathbb{R}^m$ und allgemeiner $\Phi : V \to W$, wobei V, W zwei $\mathbb{R}$-Vektorräume sind. Eine derartige Abbildung ordnet jedem Vektor $\boldsymbol{x} \in V$ einen Bildvektor $\Phi(\boldsymbol{x}) \in W$ zu.

Im Folgenden werden die Begriffe Abbildung, injektiv, surjektiv, bijektiv, Umkehrabbildung, Komposition von Abbildungen und einige elementare Eigenschaften vorausgesetzt. Wir erinnern daran in Anhang A.4. Besonders wichtig werden hier lineare Abbildungen:

Definition 2.1

Seien V, W zwei $\mathbb{R}$-Vektorräume. Eine Abbildung $\Phi : V \to W$ heißt *linear*, wenn

$$\Phi(c_1\boldsymbol{x}_1 + c_2\boldsymbol{x}_2) = c_1\Phi(\boldsymbol{x}_1) + c_2\Phi(\boldsymbol{x}_2) \text{ für alle } c_1, c_2 \in \mathbb{R}, \boldsymbol{x}_1, \boldsymbol{x}_2 \in V . \tag{2.1}$$

Wenn keine Mehrdeutigkeit entsteht, wird die Argumentklammer weggelassen, d. h. $\Phi\boldsymbol{x}$ statt $\Phi(\boldsymbol{x})$ geschrieben.

Statt linearer Abbildung spricht man auch von einem *linearen Operator*.

Analog zu vorigen Überlegungen ist (2.1) äquivalent einerseits zu

P. Knabner und W. Barth, *Lineare Algebra*,
https://doi.org/10.1007/978-3-662-55600-9_2

$$
\begin{array}{llr}
\Phi(c\boldsymbol{x}) = c\Phi(\boldsymbol{x}) & \text{für } \boldsymbol{x} \in V,\ c \in \mathbb{R} & \text{(Homogenität)}, \\
\Phi(\boldsymbol{x}+\boldsymbol{y}) = \Phi(\boldsymbol{x}) + \Phi(\boldsymbol{y}) & \text{für } \boldsymbol{x},\boldsymbol{y} \in V & \text{(Additivität)}
\end{array}
$$

und andererseits zu

$$
\Phi\left(\sum_{1}^{n} c_\nu \boldsymbol{u}_\nu\right) = \sum_{1}^{n} c_\nu \Phi \boldsymbol{u}_\nu \tag{2.2}
$$

für jede endliche Wahl von $c_\nu \in \mathbb{R}$, $\boldsymbol{u}_\nu \in V$. Aus (2.2) sieht man auch, dass für einen linearen Unterraum U von V das Bild $\Phi(U)$ (siehe Anhang A, Definition A.11) ein linearer Unterraum von W ist. Außerdem folgt sofort für jede lineare Abbildung:

$$
\boxed{\Phi \boldsymbol{0} = \boldsymbol{0}\,,} \tag{2.3}
$$

denn $\Phi(\{\boldsymbol{0}\})$ ist ein einelementiger linearer Unterraum von W, der somit nur der triviale Unterraum sein kann. Damit folgt auch für beliebiges $\boldsymbol{x} \in V$:

$$
\boxed{-\Phi(\boldsymbol{x}) = \Phi(-\boldsymbol{x})\,,}
$$

denn $\Phi(\boldsymbol{x}) + \Phi(-\boldsymbol{x}) = \Phi(\boldsymbol{x} + (-\boldsymbol{x})) = \Phi(\boldsymbol{0}) = \boldsymbol{0}$.

Eine weitere unmittelbare Eigenschaft ist:

Seien U, V, W drei $\mathbb{R}$-Vektorräume, $\Phi : V \to W$, $\Psi : U \to V$ linear, dann ist auch

$$
\Phi \circ \Psi \quad \text{linear.} \tag{2.4}
$$

Nach Theorem 1.46 1), 2) definiert eine Matrix $A \in \mathbb{R}^{(m,n)}$ eine lineare Abbildung von $\mathbb{R}^n$ nach $\mathbb{R}^m$:

$$
\Phi : \mathbb{R}^n \to \mathbb{R}^m,\ \boldsymbol{x} \mapsto A\boldsymbol{x}\,, \tag{2.5}
$$

d. h. durch das Matrix-Vektor-Produkt. Später werden wir sehen, dass alle linearen Abbildungen von $\mathbb{R}^n$ nach $\mathbb{R}^m$ diese Gestalt haben.

Bei einem LGS

$$
A\boldsymbol{x} = \boldsymbol{b}
$$

sucht man demnach (alle) Urbilder unter der Abbildung Φ nach (2.5) zu $\boldsymbol{b}$. Für eine nach (2.5) gegebene lineare Abbildung gilt

$$
\Phi \boldsymbol{e}_i = \boldsymbol{a}^{(i)}, \quad i = 1, \ldots, n\,,
$$

wobei $\boldsymbol{a}^{(i)}$ die Spalten von A sind:

$$\Phi x = Ax = \sum_{i=1}^{n} x_i \Phi e_i \quad \text{für } x \in \mathbb{R}^n .$$

Damit ist Φ schon durch die Vorgabe der Bilder der Einheitsvektoren festgelegt.

Mit den neuen Begriffsbildungen lässt sich Hauptsatz 1.85 wie folgt erweitern:

Hauptsatz 1.85[1] Lösbarkeit und Eindeutigkeit bei LGS

Es seien $m, n \in \mathbb{N}$, $A \in \mathbb{R}^{(m,n)}$, $b \in \mathbb{R}^n$ und Φ die durch (2.5) definierte lineare Abbildung. Wir betrachten das LGS

$$Ax = b .$$

Dann sind die folgenden Aussagen äquivalent:

(a) Φ ist surjektiv.

(i) Bei jeder Wahl der $b_1, \ldots, b_n$ auf der rechten Seite ist das Gleichungssystem lösbar *(universelle Existenz)*.

(ii) Der Zeilenrang der Koeffizientenmatrix ist voll, d. h. gleich m.

Auch folgende Aussagen sind äquivalent:

(b) Φ ist injektiv.

(iii) Bei jeder Wahl der $b_1, \ldots, b_n$ auf der rechten Seite gibt es *höchstens* eine Lösung des Systems *(Eindeutigkeit)*.

(iv) Das zugehörige homogene System

$$Ax = 0$$

hat nur die Null-Lösung *(Eindeutigkeit im homogenen Fall)*.

(v) Der Spaltenrang der Koeffizientenmatrix ist voll, d. h. gleich n.

Im Fall $m = n$, d. h. eines quadratischen LGS mit genauso vielen Gleichungen wie Unbekannten sind alle Aussagen (i) – (v), (a), (b) miteinander äquivalent und zusätzlich mit

(c) Φ ist bijektiv.

(vi) Durch elementare Zeilenumformungen kann A auf die Form einer oberen Dreiecksmatrix mit nichtverschwindenden Diagonalelementen (bzw. = 1) gebracht werden:

$$\begin{pmatrix} 1 & & & * \\ & \ddots & & \\ & & \ddots & \\ & & & \ddots \\ 0 & & & 1 \end{pmatrix}.$$

Für jeden endlichdimensionalen Vektorraum V ergibt sich nach Festlegung einer Basis $\mathcal{B} = [\boldsymbol{v}_1, \ldots, \boldsymbol{v}_n]$ eine natürliche lineare Abbildung,

die *Koordinatenabbildung*

$$\begin{aligned} \Psi_{\mathcal{B}} : V &\to \mathbb{R}^n \\ \boldsymbol{v} = \sum_{i=1}^{n} \alpha_i \boldsymbol{v}_i &\mapsto (\alpha_1, \ldots, \alpha_n)^t \,. \end{aligned}$$

Hier ist es wichtig $\mathcal{B}$ als System, d. h. als *geordnete Basis* zu betrachten, da sonst die Reihenfolge der Koordinaten nicht festgelegt wäre.
Die Tatsache, dass $\mathcal{B}$ eine Basis ist, sichert die Wohldefinition dieser Abbildung, die dann auch bijektiv ist. Wir hätten auch mit

der Umkehrabbildung, dem linearen

$$\begin{aligned} \widetilde{\Psi}_{\mathcal{B}} : \mathbb{R}^n &\to V \\ (\alpha_1, \ldots, \alpha_n)^t &\mapsto \boldsymbol{v} = \sum_{i=1}^{n} \alpha_i \boldsymbol{v}_i \end{aligned}$$

beginnen können. Die Abbildung $\widetilde{\Psi}_{\mathcal{B}}$ ist immer wohldefiniert und zudem injektiv, wenn $\mathcal{B}$ linear unabhängig ist bzw. surjektiv, wenn $\operatorname{span}(\mathcal{B}) = V$ ist.

Ist V unendlichdimensional, hat aber eine abzählbare Basis, kann entsprechend definiert werden. Dabei wird $\mathbb{R}^n$ durch den Vektorraum $\mathbb{R}^{\mathbb{N}}_f$ ersetzt, wobei (siehe (1.31)):

$$\mathbb{R}^{\mathbb{N}}_f := \operatorname{Abb}_0(\mathbb{N}, \mathbb{R}) = \{(a_n)_n \in \mathbb{R}^{\mathbb{N}} : a_n \neq 0 \text{ für höchstens endlich viele } n \in \mathbb{N}\} \,.$$

Für darüberhinausgehende unendlichdimensionale Vektorräume wird der Basis- und Koordinatenbegriff so unhandlich, dass er i. Allg. nicht benutzt wird, ist aber prinzipiell möglich: Die Koordinaten liegen dann im Raum $\operatorname{Abb}_0(\mathcal{B}, \mathbb{R})$, wobei $\mathcal{B}$ die festgelegte, geordnete Basis sei.

$$\text{Für } V = \mathbb{R}^n \text{ und } \mathcal{B} = \{\boldsymbol{e}_1, \ldots, \boldsymbol{e}_n\} \text{ ist } \Psi_{\mathcal{B}} = \mathrm{id} \,,$$

d. h. Koordinaten und Komponenten sind identisch.

Eigenschaften linearer Abbildungen lassen sich daher schon aus ihrem Wirken auf Basen ablesen. So gilt:

Satz 2.2: injektive/surjektive lineare Abbildung

Es sei $\Phi : V \to W$ eine lineare Abbildung zwischen $\mathbb{R}$-Vektorräumen V, W. Weiter sei $\mathcal{B} \subset V$ ein System von Vektoren.

1) Φ ist genau dann injektiv, wenn für jedes System von Vektoren $\mathcal{B} \subset V$ gilt: Sind die Vektoren $\boldsymbol{v}_i \in \mathcal{B}$ linear unabhängig, so sind auch die Bildvektoren $\Phi\boldsymbol{v}_i \in \Phi(\mathcal{B})$ linear unabhängig.

2) Spannt $\mathcal{B}$ den Raum V auf, dann spannt $\Phi(\mathcal{B})$ den Raum $\Phi(V)$ auf.

3) Φ ist genau dann surjektiv, wenn für jedes System von Vektoren $\mathcal{B} \subset V$ gilt: Spannen die Vektoren $\boldsymbol{v}_i \in \mathcal{B}$ den Raum V auf, so spannen ihre Bilder $\Phi\boldsymbol{v}_i \in \Phi(\mathcal{B})$ den Raum W auf.

Für die Rückrichtung bei 1) oder 3) reicht, dass die Voraussetzung für eine Basis erfüllt ist.

Beweis: Übung. □

Satz 2.3: Bild-Satz

Seien V, W zwei $\mathbb{R}$-Vektorräume. Sei $\Phi : V \to W$ linear und $U \subset V$ ein linearer Unterraum. Dann gilt für den linearen Unterraum $\Phi(U)$:

$$\dim \Phi(U) \leq \dim U .$$

Ist Φ injektiv, dann gilt sogar $\dim \Phi(U) = \dim U$.

Beweis: Sei $\dim U = k < \infty$, da sonst die Aussage trivial ist. Ist $\boldsymbol{u}_1, \ldots, \boldsymbol{u}_k$ eine Basis von U, so spannen die Vektoren $\Phi\boldsymbol{u}_1, \ldots, \Phi\boldsymbol{u}_k \in W$ den linearen Unterraum $\Phi(U)$ auf. Nach dem Basisauswahlsatz (Satz 1.71) ist deswegen $\dim \Phi(U) \leq \dim U$. Ist Φ injektiv und $\dim U = \infty$, dann hat auch $\Phi(U)$ nach Satz 2.2, 1) beliebig viele linear unabhängige Elemente, also $\dim \Phi(U) = \infty$. Im endlichdimensionalen Fall sei $\boldsymbol{u}_1, \ldots, \boldsymbol{u}_k$ eine Basis von U. Dann gilt nach Satz 2.2, 1) $\dim \Phi(U) \geq k = \dim U$. □

Im Folgenden seien V und W allgemeine $\mathbb{R}$-Vektorräume. Wir stellen einige einfache Eigenschaften von linearen Abbildungen zusammen.

Definition 2.4

Sei $\Phi : V \to W$ eine lineare Abbildung. Alle linearen $\Phi : V \to W$ werden zur Menge $\mathrm{Hom}(V, W)$ zusammengefasst und heißen auch *Homomorphismus*. Für $V = W$ spricht man auch von *Endomorphismen*. Ist Φ surjektiv bzw. injektiv, heißt Φ auch *Epimorphismus* bzw. *Monomorphismus*, ist Φ bijektiv, dann heißt Φ *Isomorphismus*. Ist $V = W$ und Φ bijektiv, so heißt Φ auch *Automorphismus*.
Gibt es zwischen V und W einen Isomorphismus, heißen V und W *isomorph*, in Zeichen: $V \cong W$ und ein Isomorphismus wird durch $V \xrightarrow{\sim} W$ gekennzeichnet. Weiter sei

$$\mathrm{Bild}\, \Phi := \{\boldsymbol{w} \in W : \boldsymbol{w} = \Phi \boldsymbol{v} \ \text{ für ein } \boldsymbol{v} \in V\}$$

und

$$\mathrm{Kern}\, \Phi := \{\boldsymbol{v} \in V : \Phi \boldsymbol{v} = \boldsymbol{0}\} .$$

Mit *Defekt* wird $\dim(\mathrm{Kern}\, \Phi)$ bezeichnet. Zur Vermeidung von Missverständnissen wird auch $\mathrm{Bild}(\Phi)$ bzw. $\mathrm{Kern}(\Phi)$ verwendet.

Satz 2.5: injektiv ↔ Kern trivial

Sei $\Phi \in \mathrm{Hom}(V, W)$.

1) Bild Φ ist ein linearer Unterraum von W und Kern Φ ein linearer Unterraum von V.

2) Φ ist injektiv genau dann, wenn

$$\mathrm{Kern}\, \Phi = \{\boldsymbol{0}\} .$$

3) Ist Φ ein Isomorphismus von V nach W, so ist Φ^{-1} ein Isomorphismus von W nach V.

Beweis: Zu 1): Dies ist ein Spezialfall ($U = V$) der schon nach (2.2) erwähnten Aussage. Nochmal:
Es ist $\Phi \boldsymbol{v}_1 + \Phi \boldsymbol{v}_2 = \Phi(\boldsymbol{v}_1 + \boldsymbol{v}_2) \in \mathrm{Bild}\, \Phi, \gamma \Phi \boldsymbol{v}_1 = \Phi(\gamma \boldsymbol{v}_1) \in \mathrm{Bild}\, \Phi$, und damit die Abgeschlossenheit gemäß Definition 1.36 gesichert. Für Kern Φ (für Φ nach (2.5)) argumentiert man ähnlich, wie dies schon bei (1.41) geschehen ist.
Zu 2): Wie schon oben mehrfach verwendet, gilt wegen der Linearität

$$\Phi \boldsymbol{v}_1 = \Phi \boldsymbol{v}_2 \Leftrightarrow \Phi(\boldsymbol{v}_1 - \boldsymbol{v}_2) = \boldsymbol{0} \Leftrightarrow \boldsymbol{v}_1 - \boldsymbol{v}_2 \in \mathrm{Kern}\, \Phi ,$$

woraus „⇐“ folgt. Für „⇒“ beachte man wegen (2.3):

$$\boldsymbol{v} \in \operatorname{Kern} \Phi \Leftrightarrow \Phi\boldsymbol{v} = \mathbf{0} = \Phi\mathbf{0} \Leftrightarrow \boldsymbol{v} = \mathbf{0} .$$

Zu 3): Es bleibt zu zeigen, dass Φ^{-1} linear ist. Seien $\boldsymbol{w}_1, \boldsymbol{w}_2 \in W$ und dazu $\boldsymbol{v}_1, \boldsymbol{v}_2 \in V$ eindeutig bestimmt durch

$$\boldsymbol{w}_i = \Phi\boldsymbol{v}_i \quad \text{für } i = 1, 2 .$$

Dann ist

$$\Phi^{-1}(\boldsymbol{w}_1 + \boldsymbol{w}_2) = \Phi^{-1}(\Phi\boldsymbol{v}_1 + \Phi\boldsymbol{v}_2) = \Phi^{-1}(\Phi(\boldsymbol{v}_1 + \boldsymbol{v}_2)) = \boldsymbol{v}_1 + \boldsymbol{v}_2 = \Phi^{-1}\boldsymbol{w}_1 + \Phi^{-1}\boldsymbol{w}_2 ,$$

und analog für das skalare Vielfache. □

Bemerkungen 2.6

1) Beide Aussagen aus Satz 2.5, 2) sind äquivalent mit:
Es gelte für ein $\boldsymbol{z} \in \operatorname{Bild} \Phi$, d. h. $\boldsymbol{z} = \Phi\boldsymbol{x}$: Aus $\Phi\boldsymbol{x} = \Phi\boldsymbol{y}$ folgt $\boldsymbol{x} = \boldsymbol{y}$.

Dies kann man wie folgt einsehen: Die Zusatzaussage ist eine Abschwächung der Injektivität, andererseits folgt aus ihr

$$\operatorname{Kern} \Phi = \{\mathbf{0}\} .$$

Denn ist $\boldsymbol{a} \in \operatorname{Kern} \Phi$, *d. h.* $\Phi\boldsymbol{a} = \mathbf{0}$, *dann auch* $\Phi\boldsymbol{x} = \Phi\boldsymbol{x} + \Phi\boldsymbol{a} = \Phi(\boldsymbol{x} + \boldsymbol{a})$, *also*

$$\boldsymbol{x} = \boldsymbol{x} + \boldsymbol{a} \text{ und damit } \boldsymbol{a} = \mathbf{0} .$$

2) Für $V = \mathbb{R}^n$, $W = \mathbb{R}^m$ und $\Phi\boldsymbol{x} = A\boldsymbol{x}$ mit $A \in \mathbb{R}^{(m,n)}$ ist folglich nach Satz 2.2, 2)

$$\operatorname{Bild} \Phi = \operatorname{span}(\boldsymbol{a}^{(1)}, \ldots, \boldsymbol{a}^{(n)}) ,$$

wobei $\boldsymbol{a}^{(1)}, \ldots, \boldsymbol{a}^{(n)}$ die Spalten von A sind, und damit

$$\dim \operatorname{Bild} \Phi = \operatorname{Rang} A .$$

Entsprechend ist

$$\operatorname{Kern} \Phi = U ,$$

der Lösungsraum des homogenen LGS mit Matrix A.

3) Für einen $\mathbb{R}$-Vektorraum V mit $\dim V = n$ und gegebener Basis ist die Koordinatenabbildung ein Isomorphismus von V nach $\mathbb{R}^n$.

4) Die Isomorphiebeziehung definiert eine Äquivalenzrelation auf der „Menge“ der $\mathbb{R}$-Vektorräume[1]. Diese ist nämlich reflexiv, da $\mathrm{id} : V \to V$ gewählt werden kann, symmetrisch nach Satz 2.5, 3) und transitiv, da die Komposition bijektiver Abbildungen bijektiv (siehe Anhang Satz A.16) und die linearer linear ist (siehe (2.4)). Ihre Äquivalenzklassen, d. h. die zueinander isomorphen Vektorräume werden in Abschnitt 2.2.2 untersucht.

---

[1] Genauer handelt es sich um eine etwas andere Konstruktion, nämlich eine „Kategorie“

5) Für allgemeine lineare Abbildungen ist nach Satz 2.5 und 1) die Eindeutigkeit der Lösung für die Gleichung

$$\boldsymbol{\Phi v} = \boldsymbol{w} \tag{2.6}$$

mit $\boldsymbol{w} \in W$ gegeben, $\boldsymbol{v} \in V$ gesucht

– entweder für alle $\boldsymbol{w} \in W$ bzw. nach 1) für ein $\boldsymbol{w} \in \text{Bild}\, \Phi$ –

äquivalent mit der Eindeutigkeit für die homogene Gleichung

$$\boldsymbol{\Phi v} = \boldsymbol{0} ,$$

was wir schon für LGS wissen. Genau wie dort gilt allgemein auch hier für die Lösungsmenge U von (2.6) und Kern Φ bei Existenz eines $\boldsymbol{u} \in U$:

$$U = \boldsymbol{u} + \text{Kern}\, \Phi .$$

allg. Lösung inhomogen = spezielle Lösung inhomogen + allg. Lösung homogen.

6) Hat $A \in \mathbb{R}^{(m,n)}$ die reduzierte Zeilenstufenform mit den Pivotspalten auf den ersten r Positionen, d. h.

$$A = \left(\begin{array}{c|c} \mathbb{1}_r & F \\ \hline 0 & 0 \end{array}\right),$$

dann ist Kern(A) der Spaltenraum von

$$A = \left(\begin{array}{c} -F \\ \hline \mathbb{1}_{n-r} \end{array}\right),$$

also dim(Kern(A)) $= n - r$, was natürlich aus Theorem 1.82 bekannt ist und so bewiesen wurde.

△

Bemerkung 2.7 In der Situation von Hauptsatz 1.102 ist die orthogonale Projektion P_U auf einem linearen r-dimensionalen Unterraum linear:

Sind $\boldsymbol{x}_1, \boldsymbol{x}_2 \in V$ und $A \in \mathbb{R}^{(r,r)}$ nach (1.74), sowie $\boldsymbol{\beta}^k := (\boldsymbol{x}_k \,.\, \boldsymbol{u}_i)_i$ und $\boldsymbol{\alpha}^k \in \mathbb{R}^r$ für $k = 1,2$ die eindeutige Lösung von $A\boldsymbol{\alpha}^k = \boldsymbol{\beta}^k$, so dass

$$P_U(\boldsymbol{x}_k) = \sum_{i=1}^{r} \alpha_i^k \boldsymbol{u}_i .$$

Dann ist also

$$A(\boldsymbol{\alpha}^1 + \boldsymbol{\alpha}^2) = \boldsymbol{\beta}^1 + \boldsymbol{\beta}^2 =: \boldsymbol{\beta} = (\boldsymbol{x}_1 + \boldsymbol{x}_2 \,.\, \boldsymbol{u}_i)_i$$

und diese Lösung ist eindeutig, somit

$$P_U(\boldsymbol{x}_1 + \boldsymbol{x}_2) = \sum_{i=1}^{r} \left(\alpha_i^1 + \alpha_i^2\right) \boldsymbol{u}_i = P_U(\boldsymbol{x}_1) + P_U(\boldsymbol{x}_2).$$

Analog zeigt man

$$P_U(\lambda \boldsymbol{x}) = \lambda P_U(\boldsymbol{x}) \qquad \text{für } \lambda \in \mathbb{R}\,.$$

Anstelle eines solchen „koordinatenbezogenen“ Beweises ist auch ein „koordinatenfreier“ Beweis möglich:

$$\boldsymbol{u} := P_U(\boldsymbol{x}_1) + P_U(\boldsymbol{x}_2) \in U \quad \text{und} \quad (\boldsymbol{x}_1 + \boldsymbol{x}_2 - (P_U(\boldsymbol{x}_1) + P_U(\boldsymbol{x}_2))\,.\,\boldsymbol{v}) = 0 \quad \text{für alle} \quad \boldsymbol{v} \in U\,,$$

somit erfüllt $\boldsymbol{u}$ die die Orthogonalprojektion charakterisierende Fehlerorthogonalität für $\boldsymbol{x}_1 + \boldsymbol{x}_2$, d. h.

$$P_U(\boldsymbol{x}_1 + \boldsymbol{x}_2) = \boldsymbol{u} = P_U(\boldsymbol{x}_1) + P_U(\boldsymbol{x}_2)$$

und analog für das skalare Vielfache.

Die Alternative zwischen einem „koordinatenbezogenen“ und einem „koordinatenfreien“ Beweis wird im Folgenden regelmäßig entstehen. △

Bemerkungen 2.8 Seien U, V, W drei $\mathbb{R}$-Vektorräume.

1) Sind $\Phi : V \to W$ und $\Psi : V \to U$ linear, dann ist auch

$$\Phi \times \Psi : V \to W \times U, \text{ definiert durch } v \mapsto (\Phi v, \Psi v),$$

linear.

*2) Nach 1) ist also insbesondere für jedes $\Phi \in \operatorname{Hom}(V, W)$ auch $\operatorname{id} \times \Phi \in \operatorname{Hom}(V, V \times W)$, die *Graphen-Abbildung*, linear.
Ist $\dim V = n$ und $\boldsymbol{v}_1, \ldots, \boldsymbol{v}_n$ eine Basis von V, dann ist auch $(\boldsymbol{v}_i, \Phi \boldsymbol{v}_i)$, $i = 1, \ldots, n$, eine Basis von $\operatorname{Bild}(\operatorname{id} \times \Phi)$:

Ist $\boldsymbol{v} = \sum_{i=1}^{n} \alpha_i \boldsymbol{v}_i$, dann auch $(\boldsymbol{v}, \Phi \boldsymbol{v}) = \sum_{i=1}^{n} \alpha_i (\boldsymbol{v}_i, \Phi \boldsymbol{v}_i)$, folglich ist die angegebene Menge ein Erzeugendensystem von $\operatorname{Bild}(\operatorname{id} \times \Phi)$ und damit ist nach Satz 1.71 schon $\dim \operatorname{Bild}(\operatorname{id} \times \Phi) \leq n = \dim V$. Sie ist auch linear unabhängig, da sogar ihre „Verkürzung“ $\boldsymbol{v}_i, i = 1, \ldots, n$, linear unabhängig ist:

$$\sum_{i=1}^{n} \alpha_i (\boldsymbol{v}_i, \Phi \boldsymbol{v}_i) = \boldsymbol{0} \Rightarrow \sum_{i=1}^{n} \alpha_i \boldsymbol{v}_i = 0 \Rightarrow \alpha_1 = \ldots = \alpha_n = 0\,.$$

Insbesondere ist somit

$$\dim \operatorname{Bild}(\operatorname{id} \times \Phi) = \dim V\,.$$

*3) Sei $U \subset \mathbb{R}^n$ ein linearer Unterraum der Dimension k.

Nach Korollar 1.83 lässt sich U durch eine durch Matrix $A \in \mathbb{R}^{(r,n)}$ gegebene lineare Abbildung schreiben als

$$U = \operatorname{Kern}(A)\,, \tag{2.7}$$

wobei $r = \operatorname{Rang}(A) = n - k$, d. h. $\operatorname{codim}(U) = n - k$. Durch elementare Zeilenumformungen und Spaltenvertauschungen kann A umgeformt werden zu

$$A \to A' = \left(-\widetilde{A} | \mathbb{1}\right)\,,$$

wobei $\widetilde{A} \in \mathbb{R}^{(r,n-r)}$, *so dass bis auf Umordnung von Komponenten gilt*

$$\text{Kern}(A) = \text{Kern}(A')$$

(siehe Beweis von Theorem 1.82).
Sei nun $x = \begin{pmatrix} x' \\ x'' \end{pmatrix} \in \mathbb{R}^n$ *mit* $x' \in \mathbb{R}^{n-r}$ *und* $x'' \in \mathbb{R}^r$. *Wegen*

$$x \in \text{Kern}(A') \Leftrightarrow \widetilde{A}x' = x'' \qquad d.\,h. \qquad x \in \text{Kern}(A') \Leftrightarrow x = \begin{pmatrix} x' \\ \widetilde{A}x' \end{pmatrix}$$

folgt daher

$$\text{Kern}(A') = \text{Bild}(\text{id} \times \widetilde{A}) ,$$

wobei wegen $n - r = k$

$$\text{id} : \mathbb{R}^k \to \mathbb{R}^k,\ \widetilde{A} : \mathbb{R}^k \to \mathbb{R}^r \text{ und } k + r = n .$$

Damit wurde gezeigt:

Nach eventueller Umordnung von Komponenten lässt sich U mit der Identität id : $\mathbb{R}^k \to \mathbb{R}^k$ schreiben als

$$U = \text{Bild}(\text{id} \times \widetilde{A}) , \quad \widetilde{A} \in \mathbb{R}^{(n-k,k)} . \tag{2.8}$$

Es ist also (2.7) die implizite Darstellung von U als Lösung eines homogenen LGS und (2.8) eine explizite Darstellung. Eine Gerade in $\mathbb{R}^2$ durch $\mathbf{0}$ (d. h. $n = 2, k = 1$) ist infolgedessen ein eindimensionaler Unterraum und in impliziter Darstellung die Lösung einer Gleichung ($n - k = 1$) in zwei Variablen bzw. in expliziter Darstellung der Graph einer linearen Abbildung von $\mathbb{R}$ nach $\mathbb{R}$ ($n - k = k = 1$), gegeben durch ein $a \in \mathbb{R} = \mathbb{R}^{(1,1)}$. △

Lineare Abbildungen treten auch in der Geometrie auf:

2.1.2 Bewegungen und orthogonale Transformationen

Sei V ein $\mathbb{R}$-Vektorraum mit SKP (.) und erzeugter Norm $\|\,.\,\|$.

Definition 2.9

Eine *Bewegung* in V ist eine Abbildung $\Phi : V \to V$, die den Abstand erhält, d. h. eine Abbildung mit der Eigenschaft

$$\|\Phi(x) - \Phi(y)\| = \|x - y\| \text{ für alle } x, y \in V .$$

Eine Bewegung (insbesondere für $V = \mathbb{R}^2$) wird auch *Kongruenz*(abbildung) genannt. Fasst man V als affinen Raum über sich selbst auf, erhält eine Bewegung daher die Länge der Verbindungsvektoren.

Wenn man einen „starren Körper“ bewegt, ändern sich die Abstände von Punkten in seinem Inneren nicht. Bei einer Bewegung des $\mathbb{R}^n$ im eben definierten Sinn stellt man sich vor, den ganzen $\mathbb{R}^n$ so zu bewegen wie einen starren Körper.

Beispiele 2.10

1) Die *Translation* um einen festen Vektor $\boldsymbol{a}$

$$T : \boldsymbol{x} \mapsto \boldsymbol{x} + \boldsymbol{a}$$

ist eine Bewegung wegen

$$\|T(\boldsymbol{x}) - T(\boldsymbol{y})\| = \|\boldsymbol{x} + \boldsymbol{a} - (\boldsymbol{y} + \boldsymbol{a})\| = \|\boldsymbol{x} - \boldsymbol{y}\| .$$

2) Die *Punktspiegelung* am Ursprung

$$\Phi : \boldsymbol{x} \mapsto -\boldsymbol{x}$$

ist eine Bewegung, weil

$$\|\Phi(\boldsymbol{x}) - \Phi(\boldsymbol{y})\| = \| - \boldsymbol{x} + \boldsymbol{y}\| = \|\boldsymbol{x} - \boldsymbol{y}\| .$$

3) Es sei $\boldsymbol{a} \neq \boldsymbol{0}$ gegeben. Wir betrachten die erzeugte Hyperebene

$$\boldsymbol{a}^\perp = \{\boldsymbol{x} \in \mathbb{R}^n : (\boldsymbol{a} \,.\, \boldsymbol{x}) = 0\} .$$

Dabei können wir $\boldsymbol{a}$ als normiert annehmen: $\|\boldsymbol{a}\| = 1$. In diesem Fall hat die Abbildung

$$\Phi_1 : \boldsymbol{x} \mapsto \boldsymbol{x} - (\boldsymbol{x} \,.\, \boldsymbol{a})\, \boldsymbol{a}$$

die Eigenschaften

$$\Phi_1(\boldsymbol{x}) \in \boldsymbol{a}^\perp , \quad (\Phi_1(\boldsymbol{x}) - \boldsymbol{x}) \perp \boldsymbol{a}^\perp ,$$

d. h. Φ_1 ist die Orthogonalprojektion auf $\boldsymbol{a}^\perp$. Wenn wir von $\boldsymbol{x}$ nicht nur einmal $(\boldsymbol{x} \,.\, \boldsymbol{a})\, \boldsymbol{a}$ abziehen, sondern zweimal, so ist dies die *Spiegelung an der Hyperebene* $\boldsymbol{a}^\perp$:

$$\Phi : \boldsymbol{x} \mapsto \boldsymbol{x} - 2\, (\boldsymbol{x} \,.\, \boldsymbol{a})\, \boldsymbol{a} . \tag{2.9}$$

Auch diese Abbildung ist eine Bewegung.

Φ_1 und auch Φ sind linear, also gilt

$$\|\Phi(\boldsymbol{x}) - \Phi(\boldsymbol{y})\| = \|\Phi(\boldsymbol{x} - \boldsymbol{y})\| ,$$

und es genügt somit, zu zeigen $\|\Phi(\boldsymbol{x})\| = \|\boldsymbol{x}\|$. Aber dies folgt aus

$$\|\Phi(\boldsymbol{x})\|^2 = (\boldsymbol{x} - 2\, (\boldsymbol{x} \,.\, \boldsymbol{a})\, \boldsymbol{a} \,.\, \boldsymbol{x} - 2\, (\boldsymbol{x} \,.\, \boldsymbol{a})\, \boldsymbol{a}) = \|\boldsymbol{x}\|^2 - 4\, (\boldsymbol{x} \,.\, \boldsymbol{a})\, (\boldsymbol{a} \,.\, \boldsymbol{x}) + 4\, (\boldsymbol{x} \,.\, \boldsymbol{a})^2 = \|\boldsymbol{x}\|^2 .$$

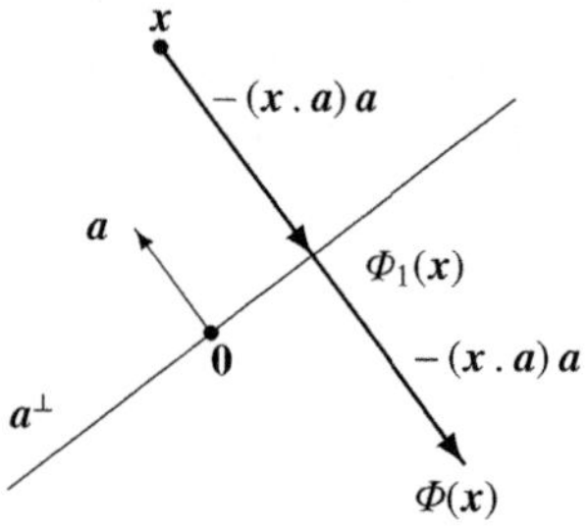

Abb. 2.1: Orthogonalprojektion und Spiegelung bezüglich einer Hyperebene.

4) Sind Φ_1 und Φ_2 Bewegungen, so ist auch $\Phi_1 \circ \Phi_2$ eine Bewegung,

$$\text{denn} \quad \|\Phi_1(\Phi_2(\boldsymbol{x})) - \Phi_1(\Phi_2(\boldsymbol{y}))\| = \|\Phi_2(\boldsymbol{x}) - \Phi_2(\boldsymbol{y})\| = \|\boldsymbol{x} - \boldsymbol{y}\| . \qquad \circ$$

Sei Φ eine beliebige Bewegung in V und $\boldsymbol{a} := \Phi(\boldsymbol{0}) \in V$. Sei T die Translation $\boldsymbol{x} \mapsto \boldsymbol{x} - \boldsymbol{a}$. Dann ist auch $T \circ \Phi$ eine Bewegung (Beispiele 1) und 4)), und sie hat die Eigenschaft

$$(T \circ \Phi)(\boldsymbol{0}) = T(\Phi(\boldsymbol{0})) = T(a) = \boldsymbol{a} - \boldsymbol{a} = \boldsymbol{0} .$$

Zu jeder Bewegung Φ gibt es darum eine Translation T mit $(T \circ \Phi)(\boldsymbol{0}) = \boldsymbol{0}$.

Definition 2.11

Eine Bewegung in V, die den Nullvektor fest lässt, heißt *orthogonale Transformation*.

Satz 2.12

Jede Bewegung Φ in V ist ein Produkt $\Phi = T \circ \Psi$ einer Translation T mit einer orthogonalen Transformation Ψ.

Beweis: Sei die Bewegung Φ gegeben. Ist T irgendeine Translation, so ist $\Psi := T^{-1} \circ \Phi$ orthogonal genau dann, wenn $\Psi(\boldsymbol{0}) = \boldsymbol{0}$, d. h. $T(\boldsymbol{0}) = \Phi(\boldsymbol{0})$. Wir definieren also ganz einfach $T : \boldsymbol{x} \mapsto \boldsymbol{x} + \Phi(\boldsymbol{0})$. Dann ist $\Psi := T^{-1} \circ \Phi$ eine orthogonale Transformation mit $\Phi = T \circ \Psi$. □

Orthogonale Transformationen Φ haben folgende Eigenschaften:

- $\Phi(\boldsymbol{0}) = \boldsymbol{0}$ (nach Definition),

- $\|\Phi(\boldsymbol{x}) - \Phi(\boldsymbol{y})\| = \|\boldsymbol{x} - \boldsymbol{y}\|$ (nach Definition einer Bewegung),
- $\|\Phi(\boldsymbol{x})\| = \|\boldsymbol{x}\|$ (vorige Eigenschaft mit $\boldsymbol{y} = \boldsymbol{0}$).

Satz 2.13: SKP-Erhaltung

Eine orthogonale Transformation erhält das Skalarprodukt zweier Vektoren, d. h. für alle $\boldsymbol{x}, \boldsymbol{y} \in V$ gilt

$$(\Phi(\boldsymbol{x}) \,.\, \Phi(\boldsymbol{y})) = (\boldsymbol{x} \,.\, \boldsymbol{y}) \,.$$

Beweis: Es ist

$$\|\Phi(\boldsymbol{x}) - \Phi(\boldsymbol{y})\|^2 = (\Phi(\boldsymbol{x}) - \Phi(\boldsymbol{y}) \,.\, \Phi(\boldsymbol{x}) - \Phi(\boldsymbol{y})) = \|\Phi(\boldsymbol{x})\|^2 + \|\Phi(\boldsymbol{y})\|^2 - 2\,(\Phi(\boldsymbol{x}) \,.\, \Phi(\boldsymbol{y})) \,.$$

Mit $\|\Phi(\boldsymbol{x})\| = \|\boldsymbol{x}\|$, $\|\Phi(\boldsymbol{y})\| = \|\boldsymbol{y}\|$ und $\|\Phi(\boldsymbol{x}) - \Phi(\boldsymbol{y})\| = \|\boldsymbol{x} - \boldsymbol{y}\|$ folgt

$$\begin{aligned}(\Phi(\boldsymbol{x}) \,.\, \Phi(\boldsymbol{y})) &= -\frac{1}{2}(\|\Phi(\boldsymbol{x}) - \Phi(\boldsymbol{y})\|^2 - \|\Phi(\boldsymbol{x})\|^2 - \|\Phi(\boldsymbol{y})\|^2) \\ &= -\frac{1}{2}(\|\boldsymbol{x} - \boldsymbol{y}\|^2 - \|\boldsymbol{x}\|^2 - \|\boldsymbol{y}\|^2) \\ &= (\boldsymbol{x} \,.\, \boldsymbol{y}) \,.\end{aligned}$$

□

Definition 2.14

Sei $\Phi = T \circ \Psi$ eine Bewegung, wobei T eine Translation, Ψ eine orthogonale Transformation sei. Der *(nichtorientierte) Winkel* zwischen $\Phi(\boldsymbol{x}_2) - \Phi(\boldsymbol{x}_1)$ und $\Phi(\boldsymbol{y}_2) - \Phi(\boldsymbol{y}_1)$ sofern $\overline{\boldsymbol{x}} \neq \boldsymbol{0} \neq \overline{\boldsymbol{y}}$ für $\overline{\boldsymbol{x}} := \boldsymbol{x}_2 - \boldsymbol{x}_1$, $\overline{\boldsymbol{y}} := \boldsymbol{y}_2 - \boldsymbol{y}_1$ wird definiert durch das eindeutig existierende $\alpha \in [0, \pi)$, für das

$$\cos(\alpha) = \frac{(\Psi(\overline{\boldsymbol{x}}) \,.\, \Psi(\overline{\boldsymbol{y}}))}{\|\Psi(\overline{\boldsymbol{x}})\| \, \|\Psi(\overline{\boldsymbol{y}})\|} \,.$$

Bemerkungen 2.15

1) Unter Translationen bleiben Skalarprodukte nicht erhalten und daher auch nicht unter Bewegungen. Sei $\Phi = T \circ \Psi$ die Zerlegung einer Bewegung in eine orthogonale Transformation Ψ und eine Translation $T(\boldsymbol{x}) = \boldsymbol{x} + \boldsymbol{a}$, dann ist

$$\Phi(\boldsymbol{x}) - \Phi(\boldsymbol{y}) = \Psi(\boldsymbol{x}) + \boldsymbol{a} - (\Psi(\boldsymbol{y}) + \boldsymbol{a}) = \Psi(\boldsymbol{x} - \boldsymbol{y}) \,.$$

Daher gilt: Eine Bewegung erhält die Skalarprodukte von Vektordifferenzen, d. h. wenn man V als affinen Raum über sich selbst auffasst, von Verbindungsvektoren.

2) Sei V endlichdimensional, so dass eine ONB $\boldsymbol{u}_1, \dots, \boldsymbol{u}_n \in V$ existiert. Deren Bilder $\boldsymbol{v}_1 := \Phi(\boldsymbol{u}_1), \dots, \boldsymbol{v}_n := \Phi(\boldsymbol{u}_n)$ unter einer orthogonalen Transformation Φ haben wegen Satz 2.13 dieselben Skalarprodukte:

$$(\boldsymbol{v}_k \,.\, \boldsymbol{v}_l) = (\boldsymbol{u}_k \,.\, \boldsymbol{u}_l) = \begin{cases} 1 & \text{falls } k = l, \\ 0 & \text{falls } k \neq l\,. \end{cases}$$

Daraus folgt nach Bemerkungen 1.110, 2), dass die Vektoren $\boldsymbol{v}_1, \dots, \boldsymbol{v}_n$ linear unabhängig sind und außerdem:

Das Bild der ONB $\boldsymbol{u}_1, \dots, \boldsymbol{u}_k$ unter einer orthogonalen Transformation ist wieder eine ONB. (2.10)

Wir haben Bewegungen und damit orthogonale Abbildungen durch die Eigenschaft der *Abstandstreue* definiert. Satz 2.13 sagt, dass aus der Abstandstreue die *Winkeltreue* folgt, wobei hier Winkel als Winkel zwischen den Verbindungsvektoren verstanden wird.

3) Das Bild $\Phi(z)$ eines Vektors z ist $\Phi(z) = \sum_{\nu=1}^{n} d_\nu \boldsymbol{v}_\nu$, wobei nach Bemerkungen 1.110, 1)

$$d_\nu = (\Phi(z) \,.\, \boldsymbol{v}_\nu) = (\Phi(z) \,.\, \Phi(\boldsymbol{u}_\nu)) = (z \,.\, \boldsymbol{u}_\nu)\ ,$$

und diese Koeffizienten sind eindeutig. Also gilt für $\boldsymbol{x}, \boldsymbol{y} \in V$, $c_1, c_2 \in \mathbb{R}$:

$$\begin{aligned} c_1 \Phi(\boldsymbol{x}) + c_2 \Phi(\boldsymbol{y}) &= \sum_{\nu=1}^{n} (c_1\,(\boldsymbol{x} \,.\, \boldsymbol{u}_\nu) + c_2\,(\boldsymbol{y} \,.\, \boldsymbol{u}_\nu))\boldsymbol{v}_\nu = \sum_{\nu=1}^{n} (c_1 \boldsymbol{x} + c_2 \boldsymbol{y} \,.\, \boldsymbol{u}_\nu)\, \boldsymbol{v}_\nu \\ &= \Phi(c_1 \boldsymbol{x} + c_2 \boldsymbol{y})\ . \end{aligned}$$

Eine orthogonale Abbildung Φ ist somit linear. (2.11)

Die Linearität von Φ aus Beispiele 2.10, 3) ist also kein Zufall. △

Diese Eigenschaft der *Linearität einer Abbildung* hat der Linearen Algebra ihren Namen gegeben. Die fundamentalen Beziehungen in der Linearen Algebra werden durch lineare Abbildungen vermittelt.

Satz 2.16

Sei V endlichdimensional und $\Phi : V \to V$ eine Bewegung. Dann ist Φ bijektiv.

Beweis: Wegen Satz 2.12 reicht es orthogonale Transformationen Φ zu betrachten. Wegen $x = \boldsymbol{0} \Leftrightarrow \|\boldsymbol{x}\| = 0 \Leftrightarrow \|\Phi(\boldsymbol{x})\| = 0 \Leftrightarrow \Phi(\boldsymbol{x}) = 0$ und Satz 2.5, 2) ist Φ injektiv.

Seien $\boldsymbol{v}_1, \dots, \boldsymbol{v}_r \in V$, so dass $\operatorname{span}(\boldsymbol{v}_1, \dots, \boldsymbol{v}_r) = V$ und daraus (bei gleicher Bezeichnung) eine Basis ausgewählt. Nach Theorem 1.112 gibt es eine ONB $\boldsymbol{u}_1, \dots, \boldsymbol{u}_r$, so dass $\mathrm{span}(\boldsymbol{u}_1, \ldots, \boldsymbol{u}_r) = V$ und damit sind die $\boldsymbol{u}_k$ jeweils Linearkombinationen der $\boldsymbol{v}_1, \ldots, \boldsymbol{v}_r$. Damit sind auch die $\Phi(\boldsymbol{u}_k)$ Linearkombinationen der $\Phi(\boldsymbol{v}_1), \ldots, \Phi(\boldsymbol{v}_r)$. Da die $\Phi(\boldsymbol{u}_1), \ldots, \Phi(\boldsymbol{u}_r)$ als ONB den Raum V aufspannen, tun dies auch die $\Phi(\boldsymbol{v}_1), \ldots, \Phi(\boldsymbol{v}_r)$. Nach Satz 2.2, 3) ist demnach Φ surjektiv.

In Abschnitt 2.3.5 werden wir sehen, dass allgemein für lineare $\Phi : V \to V$ bei endlichdimensionalem V aus der Injektivität schon Surjektivität folgt (was im Spezialfall schon aus Hauptsatz 1.85[I] ersichtlich ist). □

Theorem 2.17: orthogonal ↔ ONB auf ONB

Sei V endlichdimensional, $\dim V = n$. Eine Abbildung $\Phi : V \to V$ ist orthogonal genau dann, wenn sie folgende beiden Eigenschaften hat:

1) Φ ist linear.

2) Es gibt eine ONB $\boldsymbol{u}_1, \ldots, \boldsymbol{u}_n \in V$, welche unter Φ wieder auf eine ONB $\Phi(\boldsymbol{u}_1), \ldots, \Phi(\boldsymbol{u}_n)$ abgebildet wird.

Beweis: „$\Rightarrow$": Nach (2.10) bildet eine orthogonale Abbildung jede (nicht nur eine einzige) ONB auf eine ONB ab. Dass die Linearität eine Konsequenz der Orthogonalität ist, haben wir soeben in (2.11) gesehen.
„$\Leftarrow$": Aus der Linearität folgt $\|\Phi(\boldsymbol{x}) - \Phi(\boldsymbol{y})\| = \|\Phi(\boldsymbol{x} - \boldsymbol{y})\|$ für alle Vektoren $\boldsymbol{x}, \boldsymbol{y} \in V$. Es genügt deswegen $\|\Phi(\boldsymbol{x})\| = \|\boldsymbol{x}\|$ für jeden Vektor $\boldsymbol{x} \in V$ zu zeigen. Wir schreiben den Vektor $\boldsymbol{x}$ in unserer ONB als $\boldsymbol{x} = \sum_1^n c_\nu \boldsymbol{u}_\nu$. Aus der Linearität folgt $\Phi(\boldsymbol{x}) = \sum_1^n c_\nu \Phi(\boldsymbol{u}_\nu)$. Und da sowohl die $\boldsymbol{u}_\nu$ als auch ihre Bilder $\Phi(\boldsymbol{u}_\nu)$ eine ONB bilden, ist nach PYTHAGORAS (Satz 1.96, siehe auch (1.89))

$$\|\Phi(x)\|^2 = \sum_{\nu=1}^n c_\nu^2 = \|\boldsymbol{x}\|^2 . \qquad \square$$

Bemerkung 2.18 Sei V ein endlichdimensionaler $\mathbb{R}$-Vektorraum mit SKP, sowie $\mathcal{B} \subset V$ eine ONB und $\Psi_\mathcal{B} : V \to \mathbb{R}^n$ die Koordinatenabbildung. Da die Elemente von $\mathcal{B}$ auf die Standardbasis abgebildet werden, ist $\Psi_\mathcal{B}$ nach Theorem 2.17 eine orthogonale Transformation. Also gilt mit Satz 2.13

$$(\boldsymbol{v} \,.\, \boldsymbol{w}) = (\Psi_\mathcal{B}\boldsymbol{v} \,.\, \Psi_\mathcal{B}\boldsymbol{w}) \quad \text{für} \quad \boldsymbol{v}, \boldsymbol{w} \in V ,$$

wobei das rechte SKP das euklidische SKP auf $\mathbb{R}^n$ darstellt. Insbesondere ist damit für die jeweils erzeugte Norm

$$\|\boldsymbol{v}\| = \|\Psi_\mathcal{B}\boldsymbol{v}\| ,$$

wie schon in (1.89) gesehen. △

Beispiel 2.19 Drehung (Rotation) im $\mathbb{R}^2$ um einen Winkel φ. Rotiert man die beiden Vektoren $\boldsymbol{e}_1 = (1, 0)$ und $\boldsymbol{e}_2 = (0, 1)$ der Standardbasis des $\mathbb{R}^2$ um einen Winkel φ, so erhält man die ONB

$$\Phi(\boldsymbol{e}_1) = \begin{pmatrix} \cos(\varphi) \\ \sin(\varphi) \end{pmatrix}, \quad \Phi(\boldsymbol{e}_2) = \begin{pmatrix} -\sin(\varphi) \\ \cos(\varphi) \end{pmatrix}$$

des $\mathbb{R}^2$. Es gibt deswegen eine einzige lineare (und dann auch orthogonale) Abbildung $\Phi : \mathbb{R}^2 \to \mathbb{R}^2$, welche diese Drehung der Basisvektoren bewirkt, nämlich

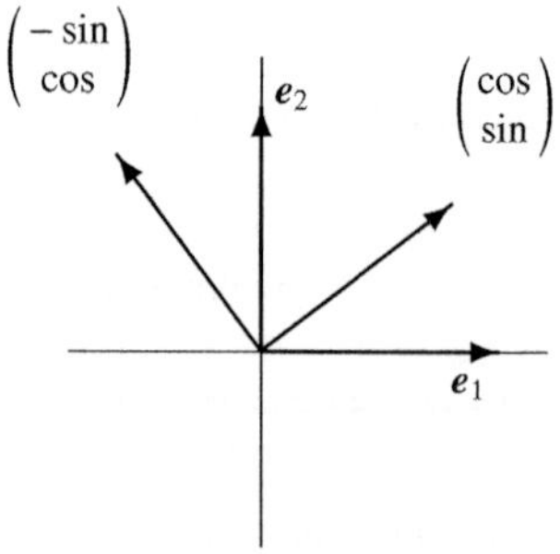

Abb. 2.2: Drehung in der Ebene.

$$\Phi : \begin{pmatrix} x_1 \\ x_2 \end{pmatrix} \mapsto x_1 \begin{pmatrix} \cos(\varphi) \\ \sin(\varphi) \end{pmatrix} + x_2 \begin{pmatrix} -\sin(\varphi) \\ \cos(\varphi) \end{pmatrix} = \begin{pmatrix} \cos(\varphi) & -\sin(\varphi) \\ \sin(\varphi) & \cos(\varphi) \end{pmatrix} \begin{pmatrix} x_1 \\ x_2 \end{pmatrix}$$

Die Orthogonalität dieser linearen Abbildung ist auch leicht direkt nachzurechnen:

$$\begin{aligned} &(x_1 \cos(\varphi) - x_2 \sin(\varphi))^2 + (x_1 \sin(\varphi) + x_2 \cos(\varphi))^2 \\ &= x_1^2 \cos(\varphi)^2 + x_2^2 \sin(\varphi)^2 + x_1^2 \sin(\varphi)^2 + x_2^2 \cos(\varphi)^2 \\ &= x_1^2 + x_2^2 . \end{aligned}$$

○

Bei allen vergangenen Überlegungen hätte V als Bildraum durch einen anderen Vektorraum W mit SKP $(\,.\,)'$ und erzeugter Norm $\|\,.\,\|'$ ersetzt werden können. Nur für Translationen muss $(W, (\,.\,)') = (V, (\,.\,))$ gewählt werden. Wählt man als Bildraum (auf dem dann auch die Translationen definiert sind) $W = V$ und

$$(\boldsymbol{x} \,.\, \boldsymbol{y})' := \alpha^{-2} (\boldsymbol{x} \,.\, \boldsymbol{y}) \text{ für ein festes } \alpha > 0 \,,$$

so ergibt sich eine die Bewegung verallgemeinernde geometrische Operation:

Definition 2.20

Eine *Ähnlichkeit* auf V ist eine Abbildung $\Phi : V \to V$, die Abstände mit einem festen Faktor $\alpha > 0$ streckt bzw. staucht, d. h.

$$\|\Phi(x) - \Phi(y)\| = \alpha \|\boldsymbol{x} - \boldsymbol{y}\| \text{ für alle } \boldsymbol{x}, \boldsymbol{y} \in V ,$$

und einem festen $\alpha \in \mathbb{R}$, $\alpha > 0$.

Nach den obigen Überlegungen gilt:

Theorem 2.21: Gruppe [2] der Ähnlichkeiten

1) Die Komposition von Ähnlichkeiten ist eine Ähnlichkeit.

2) Jede Ähnlichkeit lässt sich als Komposition einer Ähnlichkeit, die $\boldsymbol{0}$ fest lässt, und einer Translation schreiben.

3) Sei Φ eine Ähnlichkeit mit $\Phi(\boldsymbol{0}) = \boldsymbol{0}$ und mit dem Streckungsfaktor α, dann gilt für alle $\boldsymbol{x}, \boldsymbol{y} \in V$:

$$(\Phi(\boldsymbol{x}) \,.\, \Phi(\boldsymbol{y})) = \alpha^2 \, (\boldsymbol{x} \,.\, \boldsymbol{y}) \ .$$

4) Eine Ähnlichkeit erhält Winkel (definiert analog zu Definition 2.14).

Sei V endlichdimensional.

5) Es sind äquivalent:

(i) $\Phi : V \to V$ ist ähnlich und $\Phi(\boldsymbol{0}) = \boldsymbol{0}$

mit

(ii1) Φ ist linear.

(ii2) Es gibt eine ONB $\boldsymbol{u}_1, \ldots, \boldsymbol{u}_n \in V$, so dass die $\Phi(\boldsymbol{u}_i)$ paarweise orthogonal sind und $\|\Phi(\boldsymbol{u}_i)\| = \alpha$ für alle $i = 1, \ldots, n$ und ein $\alpha \in \mathbb{R}$, $\alpha > 0$

mit

(iii) Φ hat die Darstellung

$$\Phi(\boldsymbol{x}) = \alpha \Psi(\boldsymbol{x}) \text{ für alle } \boldsymbol{x} \in V ,$$

wobei $\alpha > 0$ und Ψ eine orthogonale Transformation ist.

6) Eine Ähnlichkeit Φ ist bijektiv und Φ^{-1} ist ähnlich.

Beweis: 1) entspricht Beispiele 2.10, 4) bzw. folgt direkt aus der Definition. 2) entspricht Satz 2.12 und 3) entspricht Satz 2.13. Bei 4) beachte man nach 3)

$$(\Phi(\boldsymbol{x}) \,.\, \Phi(\boldsymbol{y})) \,/ (\|\Phi(\boldsymbol{x})\| \, \|\Phi(\boldsymbol{y})\|) = \alpha^2 \,(\boldsymbol{x} \,.\, \boldsymbol{y}) \,/ (\alpha\|\boldsymbol{x}\|\alpha\|\boldsymbol{y}\|)$$

für eine Ähnlichkeit Φ mit $\Phi(\mathbf{0}) = \mathbf{0}$. Bei 5) entspricht (i)⇔(ii) Theorem 2.17, (ii)⇔(iii) ist direkt die Anwendung von Theorem 2.17 auf $\Psi(\boldsymbol{x}) := \alpha^{-1}\Phi(\boldsymbol{x})$. Schließlich entspricht 6) Satz 2.16. □

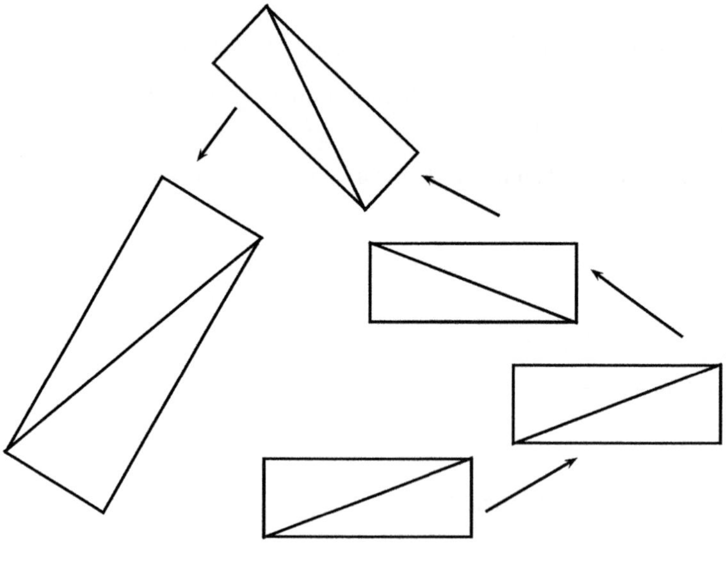

Abb. 2.3: Drei Bewegungen, eine Ähnlichkeit.

Die aus Beispiele 2.10, 3) hervorgehende Ähnlichkeit heißt auch *Klappstreckung*, die aus Beispiel 2.19 *Drehstreckung*.

Beispiel 2.22 Die *zentrische Streckung* $\boldsymbol{x} \mapsto \lambda\boldsymbol{x}$ für $\lambda > 0$ ist insbesondere eine Ähnlichkeit. Wie schon in Abb 1.4 auf Seite 36 dargestellt, entspricht ihre Linearität gerade dem 1. Strahlensatz:

Man beachte die „Strahlen“ $s_1 : \boldsymbol{x} = \alpha\boldsymbol{a}$, $\alpha \geq 0$ und $s_2 : \boldsymbol{x} = \alpha(\boldsymbol{a} + \boldsymbol{b})$, $\alpha \geq 0$ für linear unabhängige $\boldsymbol{a}, \boldsymbol{b}$. Dann sind die Geraden $\boldsymbol{a} + \mathbb{R}\boldsymbol{b}$ und $\lambda\boldsymbol{a} + \mathbb{R}\boldsymbol{b}$ für festes $\lambda > 0$ parallel

[2] Für die Grundbegriffe siehe Definition B.7 ff. und Definition 3.1 ff.

und die „Streckenabschnitte" $\boldsymbol{a}, \lambda \boldsymbol{a}$ $\boldsymbol{b}, \lambda \boldsymbol{b}$ und $\boldsymbol{a}+\boldsymbol{b}$, $\lambda(\boldsymbol{a}+\boldsymbol{b})$ stehen jeweils im Verhältnis λ. Dabei liegen $\boldsymbol{a}, \lambda \boldsymbol{a}$ auf s_1, $\boldsymbol{a}+\boldsymbol{b}$ und $\lambda(\boldsymbol{a}+\boldsymbol{b})$ (wegen $\lambda(\boldsymbol{a}+\boldsymbol{b}) = \lambda \boldsymbol{a} + \lambda \boldsymbol{b}$) auf s_2. ○

Was Sie in diesem Abschnitt gelernt haben sollten

Begriffe:

- Lineare Abbildung
- Koordinatenabbildung
- Bild und Kern einer linearen Abbildung
- Bewegung, orthogonale Transformation
- Ähnlichkeit

Zusammenhänge:

- Bild-Satz (Satz 2.3)
- Bewegung – orthogonale Transformation (Satz 2.12)
- Orthogonale Transformationen erhalten SKP (Satz 2.13)
- Orthogonale Transformationen bilden ONB auf ONB ab (Theorem 2.17)
- Eigenschaften der Ähnlichkeiten (Theorem 2.21)

Beispiele:

- Drehung, Spiegelung (für orthogonale Transformation)
- Orthogonale Projektion (für lineare Abbildung)

Aufgaben

Aufgabe 2.1 (T) Beweisen oder widerlegen Sie: Für alle Mengen A, B, C und Abbildungen $f : A \to B, g : B \to C$ gilt:

a) Sind f und g injektiv, so auch $g \circ f$.
b) Sind f und g surjektiv, so auch $g \circ f$.
c) Ist f injektiv und g surjektiv, so ist $g \circ f$ bijektiv.
d) Ist $g \circ f$ bijektiv, so ist g surjektiv und f injektiv.
e) Ist $g \circ f$ bijektiv, so ist g injektiv und f surjektiv.

Aufgabe 2.2 (T) Zeigen Sie Satz 2.2.

Aufgabe 2.3 (T) Sei V ein $\mathbb{R}$-Vektorraum mit Skalarprodukt. Es seien $U, W \subset V$ endlichdimensionale Untervektorräume und $\Phi : V \to V$ eine orthogonale Abbildung mit $\Phi(U) = W$. Beweisen Sie, dass Φ das orthogonale Komplement von U auf das orthogonale Komplement von W abbildet.

Aufgabe 2.4 (G) Es seien $\boldsymbol{a}$ und $\boldsymbol{b} \in \mathbb{R}^2$ zwei Einheitsvektoren und $S_{\boldsymbol{a}}$, bzw. $S_{\boldsymbol{b}}$ die Spiegelung an der Geraden senkrecht zu $\boldsymbol{a}$ bzw. $\boldsymbol{b}$.

a) Leiten Sie Formeln für $S_{\boldsymbol{a}} \circ S_{\boldsymbol{b}}$ und $S_{\boldsymbol{b}} \circ S_{\boldsymbol{a}}$ her.
b) Zeigen Sie: Es ist $S_{\boldsymbol{a}} \circ S_{\boldsymbol{b}} = S_{\boldsymbol{b}} \circ S_{\boldsymbol{a}}$ genau dann, wenn

$$\boldsymbol{a} = \pm\boldsymbol{b} \quad \text{oder} \quad (\boldsymbol{a} \,.\, \boldsymbol{b}) = 0\,.$$

Aufgabe 2.5 (G) Es seien g und h zwei Geraden im euklidischen $\mathbb{R}^2$, welche sich unter dem Winkel α mit $0 < \alpha \leq \frac{\pi}{2}$ schneiden. Seien s_g und s_h die Spiegelungen an g bzw. h.

a) Für welche α gibt es eine natürliche Zahl n mit $(s_g \circ s_h)^n = \mathrm{id}$?
b) Für welche α ist $s_g \circ s_h = s_h \circ s_g$?

2.2 Lineare Abbildungen und ihre Matrizendarstellung

2.2.1 Darstellungsmatrizen

Wenn nicht anders erwähnt, seien im Folgenden V und W allgemeine, auch unendlichdimensionale $\mathbb{R}$-Vektorräume. Bei der Beschreibung der Drehung im letzten Abschnitt haben wir von folgendem Prinzip Gebrauch gemacht: Ist $\Phi : V \to W$ eine lineare Abbildung und V endlichdimensional, und sind $\boldsymbol{v}_1 = \Phi\boldsymbol{e}_1, \ldots, \boldsymbol{v}_n = \Phi\boldsymbol{e}_n$, die Bilder der Basis-Vektoren $\boldsymbol{e}_1, \ldots, \boldsymbol{e}_n$, bekannt, so ist das Bild eines jeden Vektors $\boldsymbol{x} = \sum_1^n x_\nu \boldsymbol{e}_\nu$ bereits festgelegt durch

$$\Phi\boldsymbol{x} = \Phi\left(\sum_1^n x_\nu \boldsymbol{e}_\nu\right) = \sum_1^n x_\nu \Phi\boldsymbol{e}_\nu = \sum_1^n x_\nu \boldsymbol{v}_\nu \,. \tag{2.12}$$

(siehe Satz 2.2, 2))

Umgekehrt kann man Vektoren $\boldsymbol{v}_1, \ldots, \boldsymbol{v}_n \in W$ beliebig vorgeben, durch (2.12) wird dann eine lineare Abbildung $\Phi : V \to W$ definiert mit $\Phi\boldsymbol{e}_1 = \boldsymbol{v}_1, \ldots, \Phi\boldsymbol{e}_n = \boldsymbol{v}_n$. Daraus folgt etwas allgemeiner:

Hauptsatz 2.23: Prinzip der linearen Ausdehnung

Sei $[\boldsymbol{v}_i : i \in I]$ bzw. $[\boldsymbol{w}_j : j \in I]$ ein System von Vektoren in V bzw. W. Weiter sei $\mathcal{B}_1 := [\boldsymbol{v}_i : i \in I]$ eine Basis.

1) Zu beliebig vorgegebenen $\boldsymbol{w}_i' \in W$ gibt es genau ein $\Phi \in \mathrm{Hom}(V, W)$ mit $\Phi\boldsymbol{v}_i = \boldsymbol{w}_i'$ für alle $i \in I$.

2) Seien $m, n \in \mathbb{N}$, $\dim V = n$, $\dim W = m$ und

   a) Sei $A = (a_{\mu,\nu}) \in \mathbb{R}^{(m,n)}$ gegeben. Dann gibt es genau ein $\Phi \in \mathrm{Hom}(V, W)$ mit

$$\Phi\boldsymbol{v}_\mu = \sum_{\nu=1}^m a_{\nu,\mu}\boldsymbol{w}_\nu \quad \text{für } \mu = 1, \ldots, n \,. \tag{2.13}$$

   b) Sei $\Phi \in \mathrm{Hom}(V, W)$ gegeben. Weiter sei $\mathcal{B}_2 := \{\boldsymbol{w}_1, \ldots, \boldsymbol{w}_m\}$ eine Basis von W. Dann gibt es genau ein $A = (a_{\mu,\nu}) \in \mathbb{R}^{(m,n)}$, so dass (2.13) gilt.

A heißt die zu Φ (bei gegebenen Basen $\mathcal{B}_1$ und $\mathcal{B}_2$) gehörige *Darstellungsmatrix*.

Beweis: Zu 1): Sei $\boldsymbol{v} \in V$, d. h. $\boldsymbol{v} = \sum_{i \in I'} x_i \boldsymbol{v}_i$ für eine endliche Teilmenge I' von I. Dabei sind die Koeffizienten x_i eindeutig festgelegt und I' höchstens durch Hinzunahme von $x_j = 0$ erweiterbar. Durch (siehe (2.12))

$$\Phi \boldsymbol{v} := \sum_{i\in I'} x_i \boldsymbol{w}'_i \tag{2.14}$$

wird daher eine Abbildung von V nach W definiert. Diese ist linear, da etwa für $\lambda \in \mathbb{R}$ gilt

$$\lambda \boldsymbol{v} = \sum_{i\in I'} \lambda x_i \boldsymbol{v}_i$$

und damit

$$\Phi(\lambda \boldsymbol{v}) = \sum_{i\in I'} \lambda x_i \boldsymbol{w}'_i = \lambda \Phi \boldsymbol{v}$$

und analog für die Summe. Φ erfüllt $\Phi \boldsymbol{v}_i = \boldsymbol{w}'_i$ für alle $i \in I$, woraus für ein lineares Φ wieder notwendig (2.14) folgt.

Zu 2) a): Folgt direkt aus 1) mit $\boldsymbol{w}'_\mu = \sum_{\nu=1}^{m} a_{\nu,\mu} \boldsymbol{w}_\nu$.

Zu 2) b): Die μ-te Spalte von A ist eindeutig festgelegt als die Koeffizienten von $\Phi \boldsymbol{v}_\mu$ bezüglich der Basis $\boldsymbol{w}_1, \ldots, \boldsymbol{w}_m$. □

Bei $V = \mathbb{R}$ reicht also für die Kenntnis einer linearen Abbildung Φ die Kenntnis von Φv für ein $v \neq 0$, d. h. einer Basis von $\mathbb{R}$: Für $x \in \mathbb{R}$ gilt dann wegen $x = \frac{x}{v} v$

$$\Phi x = \frac{x}{v} \Phi v = \frac{\Phi v}{v} x\,,$$

womit wir das *Prinzip des Dreisatzes* wiederentdeckt haben.

Sei wie bei Theorem 2.23, 2) $\dim V = n, \dim W = m$. Bei festgelegten Basen $\mathcal{B}_1 = \{\boldsymbol{v}_1, \ldots, \boldsymbol{v}_n\}$ von V und $\mathcal{B}_2 = \{\boldsymbol{w}_1, \ldots, \boldsymbol{w}_m\}$ von W wird folglich durch (2.13) eine bijektive Abbildung zwischen $\mathrm{Hom}(V, W)$ und $\mathbb{R}^{(m,n)}$ definiert. So wie $\mathbb{R}^{(m,n)}$ durch die komponentenweise Addition und Skalarmultiplikation eine Vektorraumstruktur besitzt, so hat auch $\mathrm{Hom}(V, W)$ eine solche, etwa analog zu $\mathrm{Abb}\,(V, \mathbb{R})$ (siehe Definition 1.31 und Aufgabe 1.13).

Für $\Phi, \Psi \in \mathrm{Hom}(V, W)$, $\lambda \in \mathbb{R}$ wird daher definiert (auch für unendlichdimensionale V und W)

$$\begin{aligned} (\Phi + \Psi)\boldsymbol{v} &= \Phi \boldsymbol{v} + \Psi \boldsymbol{v} \\ (\lambda \Phi)\boldsymbol{v} &= \lambda \Phi \boldsymbol{v} \qquad \text{für } \boldsymbol{v} \in V. \end{aligned} \tag{2.15}$$

Es ergibt sich sofort, dass $\Phi + \Psi$ bzw. $\lambda\Phi$ zu $\mathrm{Hom}(V, W)$ gehören und $\mathrm{Hom}(V, W)$ mit den so definierten Verknüpfungen ein $\mathbb{R}$-Vektorraum ist (Übung).

Hinsichtlich der in der linearen Algebra betrachteten Strukturen ist für endlichdimensionale V und W mit $\dim V = n$ und $\dim W = m$ der Vektorraum $\mathrm{Hom}(V, W)$ mit $\mathbb{R}^{(m,n)}$ „identifizierbar“, da:

Theorem 2.24: Homomorphismen ≅ Matrizen im Endlichdimensionalen

Sei $\dim V = n$, $\dim W = m$ für $n, m \in \mathbb{N}$. Durch (2.13) wird (bei festen Basen $\mathcal{B}_1$ bzw. $\mathcal{B}_2$) ein Isomorphismus $[\,.\,]$ von $\mathrm{Hom}(V, W)$ nach $\mathbb{R}^{(m,n)}$ definiert, insbesondere also

$$\mathrm{Hom}(V, W) \cong \mathbb{R}^{(m,n)} .$$

Die Darstellungsmatrix zu Φ bezeichnen wir mit $A = [\Phi]$.

Beweis: Es fehlt, noch die Linearität der Abbildung zu zeigen. Wir zeigen dies äquivalent (siehe Satz 2.5) für die Umkehrabbildung: Seien $A, B \in \mathbb{R}^{(m,n)}$ und Φ bzw. Ψ die durch (2.13) definierten Elemente von $\mathrm{Hom}(V, W)$. Dann gilt

$$(\Phi + \Psi)\boldsymbol{v}_\mu = \sum_{\nu=1}^{m} (a_{\nu,\mu} + b_{\nu,\mu})\boldsymbol{w}_\nu ,$$

und damit ist $A + B$ die eindeutige Darstellungsmatrix zu $\Phi + \Psi$. Für das Vielfache argumentiert man analog. □

Bemerkungen 2.25

1) Für festgelegte Basen

$$\mathcal{B}_1 = [\boldsymbol{v}_1, \ldots, \boldsymbol{v}_n] \text{ von } V \text{ bzw. } \mathcal{B}_2 = [\boldsymbol{w}_1, \ldots, \boldsymbol{w}_m] \text{ von } W$$

erfüllen die Darstellungsmatrix $A \in \mathbb{R}^{(m,n)}$ und $\Phi \in \mathrm{Hom}(V, W)$:

Zwischen Homomorphismus Φ und Darstellungsmatrix A besteht folgende Beziehung:

$$\begin{aligned} &\text{Genau dann ist} \quad \Phi\boldsymbol{v} = \boldsymbol{w} \quad \text{mit} \\ &\boldsymbol{v} = \sum_{i=1}^{n} x_i \boldsymbol{v}_i,\ \boldsymbol{w} = \sum_{j=1}^{m} y_j \boldsymbol{w}_j , \\ &\text{wenn} \quad A\boldsymbol{x} = \boldsymbol{y} \quad \text{für} \quad \boldsymbol{x} = (x_i),\ \boldsymbol{y} = (y_i) . \end{aligned}$$

Denn aus (2.13) *folgt*

$$\Phi\boldsymbol{v} = \Phi \sum_{i=1}^{n} x_i \boldsymbol{v}_i = \sum_{i=1}^{n} x_i \Phi\boldsymbol{v}_i = \sum_{i=1}^{n} \sum_{j=1}^{m} x_i a_{j,i} \boldsymbol{w}_j = \sum_{j=1}^{m} \left(\sum_{i=1}^{n} a_{j,i} x_i \right) \boldsymbol{w}_j = \sum_{j=1}^{m} (A\boldsymbol{x})_j \boldsymbol{w}_j ,$$

bzw. in Abbildungen ausgedrückt

$$\Xi_{\mathcal{B}_2} \circ \Phi = A \circ \Psi_{\mathcal{B}_1} , \tag{2.16}$$

wobei $\Psi_{\mathcal{B}_1}$ *bzw.* $\Xi_{\mathcal{B}_2}$ *die Koordinatenabbildungen von* V *bzw.* W *sind.*

Zu (2.16) ist die Identität

$$\Phi = \Xi_{\mathcal{B}_2}^{-1} \circ A \circ \Psi_{\mathcal{B}_1}$$

äquivalent. Die Gleichung (2.16) besagt, dass in dem Diagramm aus Abbildung 2.4 beide Pfade (oben-rechts bzw. links-unten) das gleiche Ergebnis liefern. Man sagt auch: Das

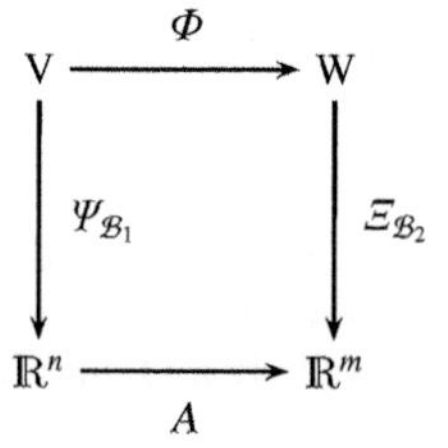

Abb. 2.4: Lineare Abbildung und Matrixdarstellung: kommutatives Diagramm.

Diagramm ist *kommutativ*. Insbesondere ist

$$\dim \operatorname{Bild} \Phi = \dim \left(\Xi_{\mathcal{B}_2}^{-1} \circ A \circ \Psi_{\mathcal{B}_2}\right)(V) = \dim \left(\Xi_{\mathcal{B}_2}^{-1} \circ A\right)(\mathbb{R}^n) = \dim A(\mathbb{R}^n) ,$$

d. h.

$$\boxed{\dim \operatorname{Bild} \Phi = \operatorname{Rang}(A) .} \tag{2.17}$$

2) Die in (2.13) definierte Darstellungsmatrix $A \in \mathbb{R}^{(m,n)}$ für $\Phi \in \operatorname{Hom}(V, W)$ ist eindeutig nach Wahl der Basen $\mathcal{B}_1$ in V bzw. $\mathcal{B}_2$ in W, aber abhängig von dieser Wahl. Um das zu betonen, schreiben wir auch

$$A = {}_{\mathcal{B}_2}[\Phi]_{\mathcal{B}_1} .$$

Benutzt man die Notation ${}_{\mathcal{B}_1}[\boldsymbol{v}]$ statt $\Psi_{\mathcal{B}_1}(\boldsymbol{v})$ und analog für $\boldsymbol{w}$, lautet die Beziehung also

$${}_{\mathcal{B}_2}[\Phi \boldsymbol{v}] = {}_{\mathcal{B}_2}[\Phi]_{\mathcal{B}_1} \, {}_{\mathcal{B}_1}[\boldsymbol{v}] .$$

3) Ist $W = \mathbb{R}^m$ und $\mathcal{B}_2 = [\boldsymbol{e}_1, \ldots, \boldsymbol{e}_m]$, also die Koordinatenabbildung auf W die Identität, dann ist bei $A = \left(\boldsymbol{a}^{(1)}, \ldots, \boldsymbol{a}^{(n)}\right)$ (Spaltendarstellung von $A = [\Phi]$) gerade

$$\Phi \boldsymbol{v}_\mu = \boldsymbol{a}^{(\mu)}, \mu = 1, \ldots, n ,$$

d. h. die Spalten von A sind gerade die Bilder der Basisvektoren aus $\mathcal{B}_1$. Somit ist

$$\Phi \boldsymbol{v} = A\boldsymbol{x} \ \text{ für } \ \boldsymbol{v} = \sum_{i=1}^{n} x_i \boldsymbol{v}_i \,. \tag{2.18}$$

Ist auch $V = \mathbb{R}^n$ und $\mathcal{B}_1 = [\boldsymbol{e}_1, \ldots, \boldsymbol{e}_n]$, also auch die Koordinatenabbildung auf V die Identität, dann ist

$$\Phi \boldsymbol{x} = A\boldsymbol{x} \,, \tag{2.19}$$

was (2.5) entspricht. Zumindest für $V = \mathbb{R}^n$, $W = \mathbb{R}^m$ bei Wahl der Standardbasen wird demnach jede lineare Abbildung durch Matrix-Vektormultiplikation vermittelt, ansonsten kommt noch der Darstellungswechsel durch die Koordinatenabbildung dazu. LGS sind daher allgemeine Gleichungen, sofern nur lineare Abbildungen betrachtet werden. $\Phi \in \mathrm{Hom}(\mathbb{R}^n, \mathbb{R}^m)$ werden somit durch ihre Darstellungsmatrix $A \in \mathbb{R}^{(m,n)}$ (bezüglich der Standardbasen) angegeben.

4) Die Darstellungs„matrix“ kann auch für unendlichdimensionale Vektorräume V oder W eingeführt werden. Ausgehend von geordneten Basen von V und W, d. h. Systemen, benutze man die Koordinatenabbildungen nach Seite 156 dazu. Soll auch 1) gelten, ist also A zu verstehen als eine verallgemeinerte „Matrix“ mit (eventuell sogar überabzählbar) unendlich vielen Spalten oder Zeilen, d. h. genauer

$$A = {}_{\mathcal{B}_2}[\Phi]_{\mathcal{B}_1} = (a_{\nu,\mu})_{\nu \in \mathcal{B}_2, \mu \in \mathcal{B}_1} \in \mathrm{Abb}(\mathcal{B}_2 \times \mathcal{B}_1, \mathbb{R}). \tag{2.20}$$

Theorem 2.24 gilt dann analog. Dabei sind in jeder „Spalte“ $(a_{\nu,\mu})_{\nu \in \mathcal{B}_2}, \mu \in \mathcal{B}_1$ fest, nur endlich viele Einträge ungleich 0 und

$$\Phi \mu = \sum_{\nu \in \mathcal{B}_2} a_{\nu,\mu} \nu \ \text{für } \mu \in \mathcal{B}_1 .$$

Also gilt genauer $A \in \mathrm{Abb}(\mathcal{B}_1, \mathrm{Abb}_0(\mathcal{B}_2, \mathbb{R}))$.

5) Man beachte immer die Abhängigkeit der Darstellungsmatrix von den gewählten Basen: Ist bei $\Phi \in \mathrm{Hom}(V, W)$ W mit einem SKP(.) und einer ONB $\{\boldsymbol{w}_1, \ldots, \boldsymbol{w}_m\}$ versehen und V mit der Basis $\{\boldsymbol{v}_1, \ldots, \boldsymbol{v}_n\}$ ergibt sich die explizite Darstellung für die Darstellungsmatrix $A \in \mathbb{R}^{(m,n)}$

$$a_{i,j} = \left(\Phi \boldsymbol{v}_j \,.\, \boldsymbol{w}_i\right) \,, \tag{2.21}$$

da $\Phi \boldsymbol{v}_j = \sum_{i=1}^{m} a_{i,j} \boldsymbol{w}_i = \sum_{i=1}^{m} \left(\Phi \boldsymbol{v}_j \,.\, \boldsymbol{w}_i\right) \boldsymbol{w}_i$ *nach Bemerkungen 1.110, 1).*

Dies ergibt erneut bei $V = \mathbb{R}^n$, $W = \mathbb{R}^m$, $\Phi \boldsymbol{x} = A\boldsymbol{x}$ die Identität von Φ und die Darstellungsmatrix bei Wahl der Einheitsbasen, da diese in $\mathbb{R}^m$ eine ONB darstellt.
Wählt man stattdessen auf $\mathbb{R}^n$ die Einheitsbasis, auf $\mathbb{R}^m$ aber die gewichtete Basis

$$\tilde{\boldsymbol{e}}_i := \alpha_i \boldsymbol{e}_i, \ i = 1, \ldots, m$$

mit $\alpha_i > 0$, so ist die Darstellungsmatrix dann

$$\widetilde{A} := \operatorname{diag}\left(\alpha_i^{-1}\right) A \, .$$

6) Der Isomorphie aus Theorem 2.24 entspricht die folgende Basis von Hom(V, W) (als Bild der Standardbasis von $\mathbb{R}^{(m,n)}$): Seien $\mathcal{B}_1 = [\boldsymbol{v}_1, \ldots,]$, $\mathcal{B}_2 = [\boldsymbol{w}_1, \ldots,]$ Basen mit der Indexmenge I bzw. J von V bzw. W, dann sei $\boldsymbol{w}_j \otimes \boldsymbol{v}^i \in \operatorname{Hom}(V, W)$ auf der Basis $\mathcal{B}_1$ (was nach Hauptsatz 2.23 reicht) definiert durch

$$\boldsymbol{w}_j \otimes \boldsymbol{v}^i(\boldsymbol{v}_k) := \delta_{i,k}\boldsymbol{w}_j \quad \text{für} \quad i, k \in I, \ j \in J \, .$$

Im Sinn von 4) handelt es sich hier auch um eine Basis, wenn V oder W und damit $\operatorname{Hom}(V, W)$ unendlichdimensional sind.

Die Koeffizienten sind gerade eindeutig durch die Komponenten der Darstellungsmatrix gegeben.

△

Beispiele 2.26 Hier bestimmen wir Darstellungsmatrizen zu linearen Abbildungen $\mathbb{R}^n \to \mathbb{R}^n$ bezüglich der Standardbasis ($\mathcal{B}_1 = \mathcal{B}_2 = \{\boldsymbol{e}_1, \ldots, \boldsymbol{e}_n\}$). Nach (2.19) und Hauptsatz 2.23, 2) sind die Spalten der Darstellungsmatrix die Bilder der Einheitsvektoren.

1) Die Identität

$$\operatorname{id} : \mathbb{R}^n \to \mathbb{R}^n, \boldsymbol{x} \mapsto \boldsymbol{x}$$

bildet jeden Vektor auf sich selbst ab, also auch die Standardbasis auf die Standardbasis. Ihre Matrix ist die Einheitsmatrix

$$\mathbb{1}_n = \begin{pmatrix} 1 & 0 & \cdots & \cdots & \cdots & 0 \\ 0 & 1 & 0 & & & \vdots \\ \vdots & 0 & 1 & \ddots & & \vdots \\ \vdots & & \ddots & \ddots & \ddots & \vdots \\ \vdots & & & \ddots & 1 & 0 \\ 0 & \cdots & \cdots & \cdots & 0 & 1 \end{pmatrix} = (\delta_{\mu,\nu})_{\mu,\nu=1,\ldots,n} \, . \tag{2.22}$$

2) Es sei $c \in \mathbb{R}$. Die *Streckung*

$$\Phi : \mathbb{R}^n \to \mathbb{R}^n, \boldsymbol{x} \mapsto c \cdot \boldsymbol{x}$$

bildet jeden Vektor $\boldsymbol{e}_\nu$ auf $c \cdot \boldsymbol{e}_\nu$ ab. Ihre Matrix ist deswegen

$$\begin{pmatrix} c & 0 & \cdots & \cdots & \cdots & 0 \\ 0 & c & 0 & & & \vdots \\ \vdots & 0 & c & \ddots & & \vdots \\ \vdots & & \ddots & \ddots & \ddots & \vdots \\ \vdots & & & \ddots & c & 0 \\ 0 & \cdots & \cdots & \cdots & 0 & c \end{pmatrix} = (c \cdot \delta_{\mu,\nu})_{\mu,\nu=1,\ldots,n} = c\mathbb{1}_n \,.$$

Spezialfälle sind die *Identität* ($c = 1$), die *Punktspiegelung* am Nullpunkt ($c = -1$) und die *Nullabbildung* ($c = 0$).
Diagonalmatrizen $\operatorname{diag}(c_i)$ mit individuellen Streckungsfaktoren $c_i, i = 1, \ldots, n$, für jede Komponente, wurden schon in Bemerkung 1.47 eingeführt.

3) Die Matrix

$$\begin{pmatrix} \lambda & 1 \\ 0 & \lambda \end{pmatrix}$$

für $\lambda \in \mathbb{R}$ beschreibt eine *Streck-Scherung* auf $\mathbb{R}^2$.

4)

Die Matrix zu einer Rotation in der Ebene um den Winkel φ ist eine *Drehmatrix*

$$\begin{pmatrix} c & -s \\ s & c \end{pmatrix},$$

wobei $c := \cos(\varphi)$, $s := \sin(\varphi)$ (vgl. Abbildung 2.2).

Eine Verallgemeinerung als (n, n)-Matrix ist

$$G(\varphi, i, j) := \left(\begin{array}{ccc|ccccc|ccc} 1 & & & & & & & & & & \\ & \ddots & & & & & & & & & \\ & & 1 & & & & & & & & \\ \hline & & & c & & & & -s & & & \\ & & & & 1 & & & & & & \\ & & & & & \ddots & & & & & \\ & & & & & & 1 & & & & \\ & & & s & & & & c & & & \\ \hline & & & & & & & & 1 & & \\ & & & & & & & & & \ddots & \\ & & & & & & & & & & 1 \end{array}\right), \tag{2.23}$$

wobei die Einträge $c, -s, s, c$ auf den Positionen $(i, i), (i, j), (j, i)$ und (j, j) stehen. G heißt GIVENS[3]-*Rotation* und beschreibt die Rotation von span$(\boldsymbol{e}_i, \boldsymbol{e}_j)$ um den Winkel φ.

5) Für jeden Einheitsvektor $\boldsymbol{a}, \|\boldsymbol{a}\| = 1$, haben wir gesehen, dass die Spiegelung an der Hyperebene $\boldsymbol{a}^\perp$ durch $\boldsymbol{x} \mapsto \boldsymbol{x} - 2\,(\boldsymbol{x} \,.\, \boldsymbol{a})\,\boldsymbol{a}$ gegeben wird. Dabei wird der Vektor $\boldsymbol{e}_\nu$ auf

$$\boldsymbol{e}_\nu - 2\,(\boldsymbol{e}_\nu \,.\, \boldsymbol{a})\,\boldsymbol{a} = \boldsymbol{e}_\nu - 2a_\nu \boldsymbol{a} = (\delta_{\mu,\nu} - 2a_\nu a_\mu)_{\mu=1,\dots,n} \tag{2.24}$$

abgebildet. Die zugehörige Matrix ist also $H := (\delta_{\mu,\nu} - 2a_\mu a_\nu)_{\mu,\nu=1,\dots,n}$. Sie heißt auch HOUSEHOLDER[4]-Matrix.

6) Auch eine reine Vertauschung (als spezielle Permutation) von Basisvektoren definiert eine lineare Abbildung. So gehört z. B. zu der Vertauschung $\boldsymbol{e}_1 \leftrightarrow \boldsymbol{e}_2$ die Matrix

$$\begin{pmatrix} 0 & 1 & 0 & \cdots & \cdots & 0 \\ 1 & 0 & 0 & \cdots & \cdots & 0 \\ 0 & 0 & 1 & \ddots & & \vdots \\ \vdots & & \ddots & \ddots & \ddots & \vdots \\ \vdots & & & \ddots & 1 & 0 \\ 0 & \cdots & \cdots & \cdots & 0 & 1 \end{pmatrix}.$$

7) Es sei $U \subset \mathbb{R}^n$ ein m-dimensionaler Unterraum, der von einer ONB $\boldsymbol{v}_1, \dots, \boldsymbol{v}_m$ aufgespannt wird. Die Orthogonalprojektion Φ auf diesen Unterraum ist nach Hauptsatz 1.102 und (1.88) gegeben durch

$$P_U(\boldsymbol{x}) = \sum_{\mu=1}^{m} \left(\boldsymbol{x} \,.\, \boldsymbol{v}_\mu\right) \boldsymbol{v}_\mu \,.$$

Sie bildet $\boldsymbol{e}_\nu$ auf $\sum_{\mu=1}^{m} v_{\mu,\nu} \boldsymbol{v}_\mu$ ab (wobei $\boldsymbol{v}_\mu = (v_{\mu,\nu})_\nu$) und ihre Matrix ist

$$\left(\sum_{\mu=1}^{m} v_{\mu,k} v_{\mu,l}\right)_{k,l=1,\dots,n} . \tag{2.25}$$

○

Bemerkung 2.27 In $V = \mathbb{R}^2$ mit dem euklidischen SKP lassen sich orthogonale Transformationen und damit Bewegungen vollständig charakterisieren:

Nach den Beispielen in Abschnitt 2.1.2 sind Drehungen um einen Winkel φ (siehe auch Beispiele 2.26, 4))bzw. Spiegelungen an einer Geraden (aufgefasst als Hyperebene) durch den Nullpunkt (siehe auch Beispiele 2.26, 5)) orthogonale Transformationen. Dies sind aber auch die einzigen.

---

[3] James Wallace Jr. GIVENS ∗14. Dezember 1910 in Alberene bei Charlottesville †5. März 1993

[4] Alston Scott HOUSEHOLDER ∗5. Mai 1904 in Rockford †4. Juli 1993 in Malibu

Das kann man folgendermaßen einsehen: Sei $A = \left(\boldsymbol{a}^{(1)}, \boldsymbol{a}^{(2)}\right) \in \mathbb{R}^{(2,2)}$ *die Darstellungsmatrix (bezüglich der Standardbasis) einer orthogonalen Transformation. Dann sind* $\boldsymbol{a}^{(1)} = A\boldsymbol{e}^{(1)}$ *und* $\boldsymbol{a}^{(2)} = A\boldsymbol{e}^{(2)}$ *orthogonal und haben euklidische Länge 1. Setzen wir suggestiv*

$$\boldsymbol{a}^{(1)} = \begin{pmatrix} c \\ s \end{pmatrix} \text{ für gewisse } c, s, \in \mathbb{R} \text{ mit } s^2 + c^2 = 1 ,$$

dann ist

$$\boldsymbol{a}^{(2)} \in \boldsymbol{a}^{(1)\perp} = \operatorname{span}\begin{pmatrix} -s \\ c \end{pmatrix} ,$$

da $\dim \boldsymbol{a}^{(1)\perp} = 2 - 1 = 1$. *Wegen* $\|\boldsymbol{a}^{(2)}\| = 1$ *verbleiben nur die Möglichkeiten*

$$\boldsymbol{a}^{(2)} = \lambda \begin{pmatrix} -s \\ c \end{pmatrix} \text{ für } \lambda = \pm 1 ,$$

also

<u>*Fall 1:*</u> $$A = \begin{pmatrix} c & -s \\ s & c \end{pmatrix}$$

<u>*Fall 2:*</u> $$A = \begin{pmatrix} c & s \\ s & -c \end{pmatrix} . \tag{2.26}$$

Wegen $s^2 + c^2 = 1$ *gibt es ein* $\varphi \in [0, 2\pi]$, *so dass*

$$s = \sin(\varphi), \quad s = \cos(\varphi) .$$

Fall 1 beschreibt demnach die Drehungen (und schließt für $\varphi = \pi$ *die Punktspiegelung mit ein), Fall 2 beschreibt die Spiegelungen an einer Geraden:*
Darstellungsmatrizen von Spiegelungen sind vom Typ (2.26), denn nach (2.24) ist ihre Matrix

$$H = \begin{pmatrix} 1 - 2{a_1}^2 & -2a_1a_2 \\ -2a_1a_2 & 1 - 2{a_2}^2 \end{pmatrix} . \tag{2.27}$$

Durch direktes Nachrechnen bei Beachtung von ${a_1}^2 + {a_2}^2 = 1$ *sieht man*

$$1 - 2{a_1}^2 = -(1 - 2{a_2}^2) , \quad (1 - 2{a_1}^2)^2 + (2a_1a_2)^2 = 1 .$$

Ist andererseits A vom Typ (2.26), so wählt man die (Spiegelungs-)Gerade als

$$\operatorname{span}\left((\cos(\varphi/2), \sin(\varphi/2))^t\right) ,$$

folglich als $\boldsymbol{a}^{\perp}$ *mit*

$$\boldsymbol{a} = \begin{pmatrix} \cos\left(\frac{1}{2}(\varphi + \pi)\right) \\ \sin\left(\frac{1}{2}(\varphi + \pi)\right) \end{pmatrix} .$$

Die Gültigkeit von (2.27) folgt aus den trigonometrischen Identitäten für den Halbwinkel und aus

$$\sin(\varphi) = -2\cos\left(\frac{1}{2}(\varphi + \pi)\right)\sin\left(\frac{1}{2}(\varphi + \pi)\right)$$

(Übung). △

2.2.2 Dimension und Isomorphie

Theorem 2.28: Isomorphie = gleiche Dimension

Seien V und W zwei $\mathbb{R}$-Vektorräume und $\dim V = n < \infty$. Dann sind äquivalent:

(i) $\dim W = n$

(ii) $V \cong W$.

Beweis: Sei $\mathcal{B} = \{\boldsymbol{v}_1, \ldots, \boldsymbol{v}_n\}$ eine Basis von V.

„(i) $\Rightarrow$ (ii)“: Es ist ein Isomorphismus $\Phi : V \to W$ anzugeben. Seien $\boldsymbol{w}_1, \ldots, \boldsymbol{w}_n$ eine Basis von W. Nach Hauptsatz 2.23 wird durch

$$\Phi \boldsymbol{v}_i = \boldsymbol{w}_i \quad \text{für } i = 1, \ldots, n$$

eindeutig eine lineare Abbildung $\Phi : V \to W$ definiert. Diese ist injektiv, denn für $\boldsymbol{v} = \sum_{i=1}^{n} \lambda_i \boldsymbol{v}_i \in V$ gilt

$$\Phi \boldsymbol{v} = \boldsymbol{0} \quad \Leftrightarrow \quad \sum_{i=1}^{n} \lambda_i \Phi \boldsymbol{v}_i = \sum_{i=1}^{n} \lambda_i \boldsymbol{w}_i = \boldsymbol{0} \quad \Leftrightarrow \quad \lambda_1 = \ldots \lambda_n = 0\,,$$

da $\Phi(\mathcal{B})$ linear unabhängig ist. Φ ist surjektiv, denn V wird von $\mathcal{B}$ aufgespannt und

$$W = \operatorname{span}(\boldsymbol{w}_1, \ldots, \boldsymbol{w}_n) = \operatorname{span}(\Phi \boldsymbol{v}_1, \ldots, \Phi \boldsymbol{v}_n) = \Phi(\operatorname{span}(\boldsymbol{v}_1, \ldots, \boldsymbol{v}_n)) = \Phi(V)\,.$$

„(ii) $\Rightarrow$ (i)“: Sei Φ ein Isomorphismus von V nach W, dann ist $\Phi(\mathcal{B})$ nach Satz 2.2 eine Basis von W und enthält n Elemente. □

Bemerkung 2.29 Für endlichdimensionale $\mathbb{R}$-Vektorräume V und W gilt also

$$\dim V = \dim W \quad \Leftrightarrow \quad V \cong W\,.$$

Allgemein ist dies falsch, es bleibt nur die Richtung „$\Leftarrow$“ gültig.

Ist nämlich einer der beiden Räume V, W endlichdimensional, dann wegen der Isomorphie auch der Andere.

Insbesondere kann ein unendlichdimensionaler Vektorraum zu einem echten Unterraum isomorph sein, wie das Beispiel

$$V := \mathbb{R}[x], \quad U := \{p \in \mathbb{R}[x] : p(x) = xq(x), x \in \mathbb{R} \text{ für ein } q \in \mathbb{R}[x]\}$$

zeigt, da $\Phi : V \to U, q \mapsto p$, wobei $p(x) := xq(x), x \in \mathbb{R}$ einen Isomorphismus darstellt. △

Ein Isomorphismus überträgt Basen und damit auch die Dimension, d. h. insbesondere ist in der Situation von Theorem 2.24

$$\dim \operatorname{Hom}(V, W) = m\,n\,.$$

Andererseits impliziert gleiche (endliche) Dimension auch die Existenz eines Isomorphismus, in diesem Sinn also Identifizierbarkeit. Insbesondere ist deswegen

$$\mathbb{R}^n \cong \mathbb{R}^{(1,n)} \cong \mathbb{R}^{(n,1)}\,.$$

So ist die bisher schon benutzte Identifikation (Bemerkungen 1.35, 1), 2)) zu verstehen, insbesondere ist ^{t} als Abbildung von $\mathbb{R}^{(1,n)}$ nach $\mathbb{R}^{(n,1)}$ ein Isomorphismus.

Etwas allgemeiner folgt für einen n-dimensionalen $\mathbb{R}$-Vektorraum V:

Sei

$$V^* := \operatorname{Hom}(V, \mathbb{R})$$

der Raum der *Linearformen* auf V,

dann gilt

$$\dim V^* = \dim V \cdot 1 = \dim V$$

und damit

$$V \cong V^*\,.$$

Linearformen werden später genauer betrachtet. Eine erste Anwendung liefert:

***Bemerkung 2.30 (näherungsweise Integration)** Eine Näherungsformel (*Quadraturformel*) zur Bestimmung eines Integrals auf dem Intervall $[a, b]$:

$$I(f) := \int_a^b f(t)dt$$

hat die Gestalt

$$I_n(f) := \sum_{i=1}^{n} m_i f(t_i)$$

für fest gewählte *Stützstellen* $a \leq t_1 < t_2 < \ldots < t_n \leq b$, wobei die *Quadraturgewichte* $m_i \in \mathbb{R}, i = 1, \ldots, n$, so gewählt werden sollten, dass die Formel möglichst genau ist. Ein Kriterium ist die Forderung

$$I(f) = I_n(f) \quad \text{für alle} \quad f \in \mathbb{R}_{n-1}[x]\,. \tag{2.28}$$

Es gibt eindeutig bestimmte Quadraturgewichte, so dass (2.28) gilt.

Das kann man wie folgt einsehen: Man setzt $V := \mathbb{R}_{n-1}[x]$ *und*

$$\Phi_i : V \to \mathbb{R}, f \mapsto f(t_i) .$$

Dann sind $I, \Phi_i \in V^*$, und (2.28) lautet

$$I = \sum_{i=1}^{n} m_i \Phi_i , \tag{2.29}$$

so dass es wegen $\dim V^* = \dim V = n$ reicht nachzuweisen, dass $\Phi_1, \ldots, \Phi_n$ linear unabhängig in V^* und damit eine Basis von V^* sind:

$$\sum_{j=1}^{n} \alpha_j \Phi_j = 0 \Leftrightarrow \sum_{j=1}^{n} \alpha_j \Phi_j(f) = 0 \Leftrightarrow \sum_{j=1}^{n} \alpha_j f(t_j) = 0 \quad \text{für alle} \quad f \in V . \tag{2.30}$$

Betrachten wir speziell für f die LAGRANGE[5]schen Basispolynome

$$f_i(t) := \prod_{\substack{k=1\\k\neq i}}^{n} \frac{t - t_k}{t_i - t_k} , \qquad i = 1, \ldots, n \tag{2.31}$$

die also gerade die Eigenschaft

$$f_i(t_j) = \delta_{i,j} \quad \text{für} \quad i = 1, \ldots, n$$

haben, so impliziert sukzessives Einsetzen in (2.30) $\alpha_1 = \alpha_2 \ldots = \alpha_n = 0$.

Insbesondere sind die LAGRANGE-Basispolynome in $\mathbb{R}_{n-1}[x]$, definiert nach (2.31), linear unabhängig und damit eine Basis von $\mathbb{R}_{n-1}[x]$, alternativ zur Monombasis nach (1.33). Sie haben allerdings den Nachteil, dass sie von den Stützstellen abhängig sind.

Ihre lineare Unabhängigkeit lässt sich sofort einsehen:

$$\sum_{j=1}^{n} \alpha_j f_j = 0 \quad \Rightarrow \quad \alpha_i = \left(\sum_{j=1}^{n} \alpha_j f_j \right)(t_i) = 0 \quad \text{für alle} \quad i = 1, \ldots, n .$$

Mit den LAGRANGEschen Basispolynomen lassen sich die Gewichte m_i auch berechnen, da nach Hauptsatz 2.23 die Identität (2.29) genau dann gilt, wenn

$$I(f_j) = \sum_{i=1}^{n} m_i \Phi_i(f_j), \; j = 1, \ldots, n$$

für eine Basis $\{f_1, \ldots, f_n\}$, was speziell für (2.31) bedeutet:

$$m_j = I(f_j) \quad \text{für alle} \quad j = 1, \ldots, n .$$

△

[5] Joseph-Louis DE LAGRANGE ∗25. Januar 1736 in Turin †10. April 1813 in Paris

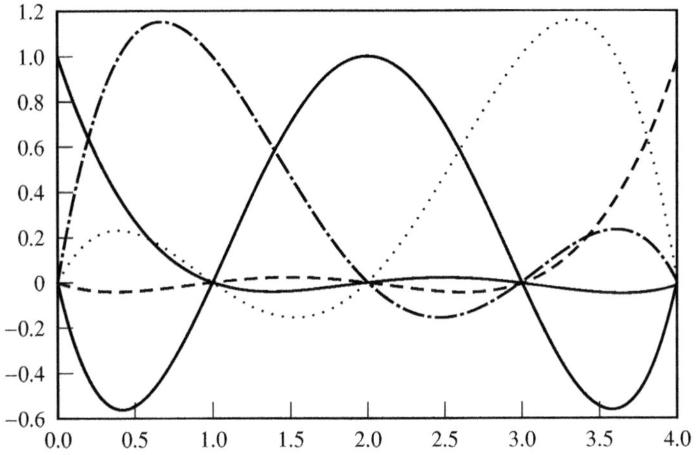

Abb. 2.5: LAGRANGEsche Basispolynome für die Stützstellen $t_i = i$, $i = 0, \ldots, 4$.

In Erweiterung von Hauptsatz 1.85 folgt bei gleicher Dimension:

Hauptsatz 2.31: injektiv = surjektiv bei gleicher endlicher Dimension

Seien V und W zwei $\mathbb{R}$-Vektorräume mit $\dim V = \dim W = n < \infty$. Sei $\Phi \in \mathrm{Hom}(V, W)$. Dann sind äquivalent:

(i) Φ ist Isomorphismus.

(ii) Φ ist injektiv.

(iii) Φ ist surjektiv.

Beweis: „(i)⇒(ii)“ ist klar und sonst wird das nachfolgende Theorem 2.32 benutzt.
„(ii)⇒(iii)“: $\dim(W) = \dim(V) = \dim(\mathrm{Kern}(\Phi)) + \dim(\mathrm{Bild}(\Phi)) = \dim(\mathrm{Bild}(\Phi))$ also $\mathrm{Bild}(\Phi) = W$ nach Bemerkungen 1.77, 2).
„(iii)⇒(i)“: $\dim(\mathrm{Bild}(\Phi)) = \dim(W) = \dim(V) = \dim(\mathrm{Kern}(\Phi)) + \dim(\mathrm{Bild}(\Phi))$ also $\mathrm{Kern}(\Phi) = \{\mathbf{0}\}$ nach Bemerkungen 1.77, 2). □

Allgemein können gewisse Aussagen, die sich nur auf Dimensionen von Matrizen beziehen, auf allgemeine Homomorphismen zwischen (endlichdimensionalen) Vektorräumen übertragen werden, indem auf Aussagen für Matrizen mit Hilfe einer Darstellungsmatrix von Φ zurückgegriffen wird. Als Beispiel diene die Dimensionsformel I (Theorem 1.82):

Theorem 2.32: Dimensionsformel I

Seien V, W endlichdimensionale $\mathbb{R}$-Vektorräume und $\Phi \in \text{Hom}(V, W)$. Dann gilt

$$\dim V = \dim \text{Kern}\, \Phi + \dim \text{Bild}\, \Phi \,.$$

Beweis: Sei $\dim V = n$ mit einer fixierten geordneten Basis $\mathcal{B}_1$ und analog $\dim W = m$ mit einer geordneten Basis $\mathcal{B}_2$. Dann erfüllt die zugehörige Darstellungsmatrix $A \in \mathbb{R}^{(m,n)}$ nach (2.16)

$$\Phi = \Xi_{\mathcal{B}_2}^{-1} \circ A \circ \Psi_{\mathcal{B}_1} \,,$$

wobei $\Psi_{\mathcal{B}_1} : V \to \mathbb{R}^n$, $\Xi_{\mathcal{B}_2} : W \to \mathbb{R}^m$ die jeweiligen Koordinatenabbildungen sind, also Isomorphismen. Damit ist

$$\boldsymbol{v} \in \text{Kern}\, \Phi \Leftrightarrow \Psi_{\mathcal{B}_1} \boldsymbol{v} \in \text{Kern}\, A \qquad \text{bzw.} \quad \Psi_{\mathcal{B}_1}(\text{Kern}\, \Phi) = \text{Kern}\, A \,.$$

Deswegen ist

$$\dim \text{Kern}\, \Phi = \dim \text{Kern}\, A$$

nach Theorem 2.28, da auch $\Psi_{B_1|\text{Kern}\, \Phi} : \text{Kern}\, \Phi \to \text{Kern}\, A$ ein Isomorphismus ist.

Analog gilt

$$\boldsymbol{w} \in \text{Bild}\, \Phi \Leftrightarrow \Xi_{\mathcal{B}_2} \boldsymbol{w} \in \text{Bild}\, A \qquad \text{bzw.} \quad \Xi_{\mathcal{B}_2}(\text{Bild}\, \Phi) = \text{Bild}\, A \,,$$

und damit mit analoger Begründung

$$\dim \text{Bild}\, \Phi = \dim \text{Bild}\, A \,.$$

Nach Theorem 1.82 (und Hauptsatz 1.80) gilt

$$n = \dim \text{Kern}\, A + \dim \text{Bild}\, A$$

und damit die Behauptung. □

***Bemerkungen 2.33**

1) Theorem 2.32 gilt auch für unendlichdimensionale Vektorräume und reduziert sich dort auf $\infty = \infty$.

Wir greifen auf Aussagen aus Abschnitt 3.4 (die unabhängig von dieser Aussage sind) vor. Ist $\dim V = \infty$, *ist nur der Fall* $\dim \text{Bild}\, \Phi < \infty$ *und* $\dim \text{Kern}\, \Phi < \infty$ *auszuschließen. Nach Theorem 3.37 wäre dann auch* $V/\text{Kern}\, \Phi$ *endlichdimensional und nach Satz 3.41 auch* V.

2) Aus Theorem 2.32 ergibt sich sofort:
Seien V, W endlichdimensionale $\mathbb{R}$-Vektorräume, $\Phi \in \text{Hom}(V, W)$

a) Ist $\dim(V) < \dim(W)$, dann kann Φ nicht surjektiv sein.

Denn: $\dim(\text{Bild}(\Phi)) = \dim(V) - \dim(\text{Kern}(\Phi)) \le \dim(V) < \dim(W)$, *also* $\text{Bild}(\Phi) \neq W$

b) Ist $\dim(V) > \dim(W)$, dann kann Φ nicht injektiv sein.
Denn: $\dim(\text{Kern}(\Phi)) = \dim(V) - \dim(\text{Bild}(\Phi)) > \dim(W) - \dim(\text{Bild}(\Phi)) \ge 0$, *also* $\text{Kern}(\Phi) \neq \{\mathbf{0}\}$.

Insbesondere folgt damit nochmal die Existenz nichttrivialer Lösungen eines homogenen LGS bei m Zeilen, n Unbekannten, und $n > m$. △

***Bemerkung 2.34** Bei einem linearen (Gleichungs-)Problem mit gleicher Anzahl von Unbekannten und Bedingungen ist somit nach Hauptsatz 2.31 Existenz und Eindeutigkeit einer Lösung äquivalent. Das hat vielfältige Anwendungen, z. B.
(Polynom-)Interpolation: Sei V ein n-dimensionaler linearer Vektorraum reellwertiger stetiger Funktionen auf $[a, b]$, seien

$$\Delta : a \le t_1 < t_2 < \ldots < t_n \le b$$

fest vorgegebene *Interpolationsstellen* und dazu Werte $\boldsymbol{y} = (y_i)_i \in \mathbb{R}^n$. Gesucht ist ein $f \in V$, so dass

$$f(t_i) = y_i \quad \text{für alle} \quad i = 1, \ldots, n\,. \tag{2.32}$$

f heißt dann eine *Interpolierende* zu den Daten (t_i, y_i), $i = 1, \ldots, n$ bzw. zum Datenvektor $\boldsymbol{y}$ auf der Zerlegung Δ. Sei $\Phi : V \to \mathbb{R}^n$ definiert durch

$$f \mapsto (f(t_i))_i\,,$$

dann ist Φ offensichtlich linear und es sind äquivalent zueinander:

a) Existenz einer Lösung von (2.32) für alle $\boldsymbol{y} \in \mathbb{R}^n$, bzw. Surjektivität von Φ ,
b) Eindeutigkeit einer Lösung von (2.32) , bzw. Injektivität von Φ ,
bzw. $f = 0$ ist die einzige Lösung zu $\boldsymbol{y} = \mathbf{0}$.

Damit reicht der Nachweis von a) oder b), um die eindeutige und universelle Lösbarkeit von (2.32) zu sichern.

Bei $V = \mathbb{R}_{n-1}[x]$ (*Polynominterpolation*) ist daher zum Beispiel für $f \in \mathbb{R}_{n-1}[x]$ zu zeigen

$$f(t_i) = 0 \quad \text{für} \quad i = 1, \ldots, n \Rightarrow f = 0\,.$$

Das folgt aus dem Nullstellensatz für Polynome (siehe Satz B.21, 3)). Damit ist für gegebenes $\boldsymbol{y} \in \mathbb{R}^n$ die Lösung $f \in V$ noch nicht angegeben. Die Gleichung

$$\Phi(f) = \boldsymbol{y}$$

wird nach (2.18) durch Festlegung einer Basis $f_1, \ldots, f_n$ von V zu einem LGS

$$A\boldsymbol{x} = \boldsymbol{y}\,,$$

wobei sich die Spalten von A ergeben als

$$\boldsymbol{a}^{(i)} = \Phi(f_i) = (f_i(t_j))_j \tag{2.33}$$

mit $\boldsymbol{x}$ als Koeffizientenvektor, d. h.

$$f = \sum_{i=1}^{n} x_i f_i .$$

Wenn $f_1, \ldots, f_n$ so gewählt werden, dass $A = \mathbb{1}_n$ (siehe (2.22)) gilt, ist natürlich $\boldsymbol{x} = \boldsymbol{y}$. Bei (2.33) bedeutet dies

$$f_i(t_j) = \delta_{i,j} \quad \text{für} \quad i, j = 1, \ldots, n . \tag{2.34}$$

Bei der Polynominterpolation sind dies gerade die LAGRANGEschen Basispolynome nach (2.31).

Mit den LAGRANGEschen Basispolynomen f_i, $i = 1, \ldots, n$ lässt sich also die eindeutige Interpolierende f angeben durch

$$f(t) = \sum_{i=1}^{n} y_i f_i(t),\ t \in [a, b] \tag{2.35}$$

Im Raum $S_1(\Delta)$ (siehe (1.30)) erfüllen die Hutfunktionen (siehe (1.36)-(1.37)) auch (2.34). Die Interpolierende hat eine Darstellung analog zu (2.35), nur dass hier die Interpolationsstellen und Basisfunktionen von 0 bis n indiziert sind. Auf diese Weise ist die (universelle) Existenz einer Lösung von (2.32) geklärt und damit auch die eindeutige Existenz. △

Was Sie in diesem Abschnitt gelernt haben sollten

Begriffe

- Darstellungsmatrix

Zusammenhänge

- Prinzip der linearen Ausdehnung (Hauptsatz 2.23)
- Homomorphismen = Matrizen im Endlichdimensionalen (Theorem 2.24)
- Isomorphie = gleiche endliche Dimension (Theorem 2.28)
- injektiv = surjektiv bei gleicher endlicher Dimension (Hauptsatz 2.31)
- Dimensionsformel I (Theorem 2.32)

Beispiele

- Darstellungsmatrix von Drehung, Spiegelung, Orthogonalprojektion
- Raum der Linearformen V^*

Aufgaben

Aufgabe 2.6 (T) Seien V, W zwei $\mathbb{R}$-Vektorräume. Zeigen Sie, dass auf Hom(V, W) durch (2.15) Verknüpfungen definiert werden und Hom(V, W) mit diesen Verknüpfungen ein $\mathbb{R}$-Vektorraum ist.

Aufgabe 2.7 (T) Man verallgemeinere die Suche nach einer Quadraturformel aus Bemerkung 2.30 auf die Forderung (Notation wie dort)

$$I(f) = I_n(f) \text{ für alle } f \in V_n .$$

Dabei ist V_n ein n-dimensionaler Funktionenraum mit Basis $f_1, ..., f_n$.

a) Schreiben Sie diese Forderung als äquivalentes LGS für die Gewichte $m_1, ..., m_n$.
b) Die Stützstellen seien

$$t_i = a + (i-1)h , \quad h := (b-a)/(n-1) , \quad i = 1, ..., n . \tag{2.36}$$

Formulieren Sie diese LGS für die Fälle:

(i) $V_n = \mathbb{R}_{n-1}(x)$ mit LAGRANGEschen Basispolynomen,
(ii) $V_n = \mathbb{R}_{n-1}(x)$ mit Monombasis,
(iii) $V_{n-1} = S_0(\varDelta)$ mit Basis nach (1.34) – $\varDelta$ entspricht den Stützstellen –,
(iv) $V_n = S_1(\varDelta)$ mit Basis nach (1.36) - (1.37).

Was können Sie über die eindeutige Lösbarkeit der LGS aussagen und wo können Sie die Lösung angeben (bei (i) reicht $n = 3$: KEPLER[6]sche Fassregel)?

c) Bei $V_3 = \mathbb{R}_2(x)$ ergibt sich ein spezielles Phänomen: Berechnen Sie für $f(t) = t^3$

$$I(f) - I_3(f) .$$

Was folgern Sie hieraus?
Hinweis:

(i) Für Integrale gilt:

$$\int_a^b f(t)\,dt = (b-a) \int_0^1 f((b-a)s + a)\,ds .$$

(ii) Sind f_i die LAGRANGE-Basispolynome auf $[a, b]$ zu t_i nach (2.36), dann sind $g_i(s) := f_i((b-a)s + a)$ die LAGRANGE-Basispolynome auf $[0, 1]$ zu $s_i := (i-1)/(n-1)$, $i = 1, ..., n$. (Begründung?)

Aufgabe 2.8 (K) Es sei $V = \mathbb{R}_2[x]$ der $\mathbb{R}$-Vektorraum der Polynome vom Grad ≤ 2. Bestimmen Sie eine Matrix zur linearen Abbildung $\Phi : V \to V$, $f \to \frac{df}{dx}$, bezüglich
a) der Basis $1, x, x^2 \in V$,
b) der Basis $(x-1)^2, x^2, (x+1)^2 \in V$.

---

[6] Johannes KEPLER *27. Dezember 1571 in Weil der Stadt †15. November 1630 in Regensburg

Aufgabe 2.9 (K) Es sei V der Vektorraum der reellen, symmetrischen zweireihigen Matrizen und

$$A = \begin{pmatrix} a & b \\ b & c \end{pmatrix} \in V .$$

Der Homomorphismus $\varphi : V \to V$ sei definiert durch $\varphi(S) := A^t S A$. Man berechne die Darstellungsmatrix von φ bezüglich der Basis

$$S_1 = \begin{pmatrix} 1 & 0 \\ 0 & 0 \end{pmatrix}, \quad S_2 = \begin{pmatrix} 0 & 1 \\ 1 & 0 \end{pmatrix}, \quad S_3 = \begin{pmatrix} 0 & 0 \\ 0 & 1 \end{pmatrix}$$

von V.

2.3 Matrizenrechnung

2.3.1 Matrizenmultiplikation

Seien U, V, W drei $\mathbb{R}$-Vektorräume, $\Phi \in \text{Hom}(U, V)$ und $\Psi \in \text{Hom}(V, W)$. Dann ist $\Psi \circ \Phi$ nicht nur eine Abbildung von U nach W, sondern wie schon in (2.4) erwähnt auch linear:

$$\begin{aligned}(\Psi \circ \Phi)(c_1\boldsymbol{v}_1 + c_2\boldsymbol{v}_2) &= \Psi(\Phi(c_1\boldsymbol{v}_1 + c_2\boldsymbol{v}_2)) = \Psi(c_1\Phi(\boldsymbol{v}_1) + c_2\Phi(\boldsymbol{v}_2)) \\ &= c_1\Psi \circ \Phi(\boldsymbol{v}_1) + c_2\Psi \circ \Phi(\boldsymbol{v}_2)\,.\end{aligned}$$

Also:

$$\boxed{\Psi \circ \Phi \in \text{Hom}(U, W)\,.}$$

Diese Verknüpfung von Homomorphismen führt zu einer Verknüpfung der Darstellungsmatrizen:

Theorem 2.35: Darstellungsmatrix von Kompositionen

Seien U, V, W drei $\mathbb{R}$-Vektorräume mit Basen $\mathcal{B}_1 = \{\boldsymbol{u}_1, \ldots, \boldsymbol{u}_n\}$, $\mathcal{B}_2 = \{\boldsymbol{v}_1, \ldots, \boldsymbol{v}_m\}$ und $\mathcal{B}_3 = \{\boldsymbol{w}_1, \ldots, \boldsymbol{w}_l\}$ für $n, m, l \in \mathbb{N}$. Hat $\Phi \in \text{Hom}(U, V)$ (nach (2.13)) die Darstellungsmatrix

$$B = {}_{\mathcal{B}_2}[\Phi]_{\mathcal{B}_1} = (b_{\mu,\nu}) \in \mathbb{R}^{(m,n)},$$

$\Psi \in \text{Hom}(V, W)$ die Darstellungsmatrix

$$A = {}_{\mathcal{B}_3}[\Psi]_{\mathcal{B}_2} = (a_{\lambda,\mu}) \in \mathbb{R}^{(l,m)},$$

dann hat $\Psi \circ \Phi$ die Darstellungsmatrix

$$C = {}_{\mathcal{B}_3}[\Psi \circ \Phi]_{\mathcal{B}_1} = (c_{\lambda,\nu}) \in \mathbb{R}^{(l,n)}, \text{ wobei } \boxed{c_{\lambda,\nu} = \sum_{\mu=1}^{m} a_{\lambda,\mu} b_{\mu,\nu}}\,. \tag{2.37}$$

Beweis: Es ist

$$\Phi(\boldsymbol{u}_\nu) = \sum_{\mu=1}^{m} b_{\mu,\nu}\boldsymbol{v}_\mu\,, \quad \Psi(\boldsymbol{v}_\mu) = \sum_{\lambda=1}^{l} a_{\lambda,\mu}\boldsymbol{w}_\lambda$$

und somit

$$(\Psi \circ \Phi)(\boldsymbol{u}_\nu) = \Psi\left(\sum_{\mu=1}^{m} b_{\mu,\nu}\boldsymbol{v}_\mu\right) = \sum_{\lambda=1}^{l}\sum_{\mu=1}^{m} a_{\lambda,\mu}b_{\mu,\nu}\boldsymbol{w}_\lambda = \sum_{\lambda=1}^{l} c_{\lambda,\nu}\boldsymbol{w}_\lambda\,.^7$$

□

Durch (2.37) wird also insbesondere einem $A \in \mathbb{R}^{(l,m)}$ und einem $B \in \mathbb{R}^{(m,n)}$ ein $C \in \mathbb{R}^{(l,n)}$ zugeordnet. Diese Verknüpfung führt zu:

Definition 2.36

Seien $n, m, l \in \mathbb{N}$ und $A \in \mathbb{R}^{(l,m)}$, $B \in \mathbb{R}^{(m,n)}$ gegeben. Das *Matrixprodukt* $AB \in \mathbb{R}^{(l,n)}$ wird definiert als

$$AB = C = (c_{\lambda,\nu})_{\lambda,\nu}$$

$$\text{mit} \quad c_{\lambda,\nu} = \sum_{\mu=1}^{m} a_{\lambda,\mu}b_{\mu,\nu}.$$

In suggestiverer Schreibweise gilt also

$${}_{\mathcal{B}_3}[\Psi \circ \Phi]_{\mathcal{B}_1} = {}_{\mathcal{B}_3}[\Psi]_{\mathcal{B}_2\mathcal{B}_2}[\Phi]_{\mathcal{B}_1}$$

wobei $\mathcal{B}_i$, $i = 1, 2, 3$, beliebige Basen sind.

Für $B = (\boldsymbol{b}) \in \mathbb{R}^{(m,1)} \cong \mathbb{R}^m$ ist das gerade das Matrix-Vektor-Produkt $A\boldsymbol{b}$. Hat B die Spaltendarstellung $B = (\boldsymbol{b}^{(1)}, \dots, \boldsymbol{b}^{(n)})$, dann

$$AB = \left(A\boldsymbol{b}^{(1)}, \dots, A\boldsymbol{b}^{(n)}\right),$$

so dass die Berechnung von AB durch n Matrix-Vektor-Produkte geschieht. Man berechnet also entweder

- n Linearkombinationen von m Vektoren im $\mathbb{R}^l$ *(spaltenweise Sicht)*

oder

- n-mal l Skalarprodukte in $\mathbb{R}^m$ *(zeilenweise Sicht).*

Die zweite Sichtweise bedeutet somit die Spaltendarstellung

$$AB = \left(\left(\boldsymbol{a}_{(\nu)} \,.\, \boldsymbol{b}^{(1)}\right)_\nu, \dots, \left(\boldsymbol{a}_{(\nu)} \,.\, \boldsymbol{b}^{(n)}\right)_\nu\right),$$

wobei $\boldsymbol{a}_{(1)}, \dots, \boldsymbol{a}_{(l)}$ die Zeilen von A bezeichnen und damit die Zeilendarstellung

[7] Zu dieser Umformung siehe Anhang (B.5).

$$AB = \begin{pmatrix} a^t_{(1)}B \\ \vdots \\ a^t_{(l)}B \end{pmatrix} . \tag{2.38}$$

Dies entspricht der Handrechenregel „Zeile·Spalte“: Der Eintrag $c_{\lambda,\nu}$ wird dadurch erhalten, dass die λ-te Zeile von A, d. h. $\boldsymbol{a}_{(\lambda)}$ und die ν-te Spalte von B, d. h. $\boldsymbol{b}^{(\nu)}$ „aufeinandergelegt, komponentenweise multipliziert und dann addiert werden“:

$$c_{\lambda,\nu} = \left(\boldsymbol{a}_{(\lambda)} \,.\, \boldsymbol{b}^{(\nu)}\right) . \tag{2.39}$$

Für Darstellungsmatrizen entspricht das Matrixprodukt nach Theorem 2.35 der Komposition der Homomorphismen. Ist daher speziell $U = \mathbb{R}^n$, $V = \mathbb{R}^m$, $W = \mathbb{R}^l$ und werden immer Standardbasen betrachtet, d. h.

$$\Phi : \mathbb{R}^n \to \mathbb{R}^m \text{ gegeben durch } \Phi \boldsymbol{x} = B\boldsymbol{x} ,$$
$$\Psi : \mathbb{R}^m \to \mathbb{R}^l \text{ gegeben durch } \Psi \boldsymbol{y} = A\boldsymbol{y} ,$$

dann gilt für die Komposition $\Psi \circ \Phi : \mathbb{R}^n \to \mathbb{R}^l$

$$(\Psi \circ \Phi)\boldsymbol{x} = AB\boldsymbol{x} .$$

Bemerkungen 2.37

1) Mit der Matrixmultiplikation lassen sich auch Zeilen und Spalten einer Matrix darstellen: Sei $A \in \mathbb{R}^{(m,n)}$, $A = (\boldsymbol{a}^{(1)}, \ldots, \boldsymbol{a}^{(n)})$ die Spaltendarstellung und $A = (\boldsymbol{a}_{(1)}, \ldots, \boldsymbol{a}_{(m)})^t$ die Zeilendarstellung. Dann ist schon direkt aus Definition 1.45 klar, dass

$$\boxed{\boldsymbol{a}^{(j)} = A\boldsymbol{e}_j \quad \text{für} \quad j = 1, \ldots, n}$$

und aus (2.38) folgt mit $\mathbb{1}_m$ an Stelle von A, A an Stelle von B

$$\boxed{\boldsymbol{a}^t_{(i)} = \boldsymbol{e}^t_i A \quad \text{für} \quad i = 1, \ldots, m .}$$

und damit gilt insbesondere

$$\boxed{A = A\mathbb{1}_n = \mathbb{1}_m A ,}$$

d. h. die Einheitsmatrix ist neutrales Element bezüglich der Multiplikation.

2) In Fortführung von (1.42) lässt sich bei einer verträglichen Partitionierung von $A \in \mathbb{R}^{(l,m)}$, $B \in \mathbb{R}^{(m,n)}$

$$A = \left(\begin{array}{c|c} A_{1,1} & A_{1,2} \\ \hline A_{2,1} & A_{2,2} \end{array}\right), \quad B = \left(\begin{array}{c|c} B_{1,1} & B_{1,2} \\ \hline B_{2,1} & B_{2,2} \end{array}\right)$$

Die Berechnung von AB auf das Rechnen mit $(2, 2)$ Matrizen mit Matrizen-Einträgen zurückführen:

$$\boxed{AB = \left(\begin{array}{c|c} A_{1,1}B_{1,1} + A_{1,2}B_{2,1} & A_{1,1}B_{1,2} + A_{1,2}B_{2,2} \\ \hline A_{2,1}B_{1,1} + A_{2,2}B_{2,1} & A_{2,1}B_{1,2} + A_{2,2}B_{2,2} \end{array}\right) .} \tag{2.40}$$

3) Auch für eventuell unendlichdimensionale Vektorräume U, V, W gilt der Zusammenhang aus Theorem 2.35 zwischen Komposition von $\Phi \in \mathrm{Hom}(U, V)$, $\Psi \in \mathrm{Hom}(V, W)$ auf der einen und einer *Multiplikation* ihrer verallgemeinerten Darstellungsmatrix nach (2.20), d. h. für

$$\begin{aligned} C &:= {}_{\mathcal{B}_3}[\Psi \circ \Phi]_{\mathcal{B}_1} = (c_{\lambda,\nu})_{\lambda \in \mathcal{B}_3, \nu \in \mathcal{B}_1} \\ c_{\lambda,\nu} &= \sum_{\mu \in \mathcal{B}_2} a_{\lambda,\mu} b_{\mu,\nu} \end{aligned}$$

für $A = (a_{\lambda,\mu}) = {}_{\mathcal{B}_3}[\Psi]_{\mathcal{B}_2}, B = (b_{\mu,\nu}) = {}_{\mathcal{B}_2}[\Phi]_{\mathcal{B}_1}$. Die Summe ist wohldefiniert, da für jedes $\nu \in \mathcal{B}_1$ nur endlich viele $b_{\mu,\nu}$ ungleich 0 sind, und nur für endlich viele $\lambda \in \mathcal{B}_3$ ist $c_{\lambda,\nu}$ ungleich 0, da dies für $a_{\lambda,\mu}$ für alle $\mu \in \mathcal{B}_2$ gilt. Ohne diese Bedingung ist C in $\mathrm{Abb}(\mathcal{B}_3 \times \mathcal{B}_1, \mathbb{R})$. Die nachfolgenden Eigenschaften (2.41), (2.43) und (2.44) gelten auch hier.

4) Die Multiplikation (auch im allgemeinen Sinn von 3)) ist also so eingeführt worden, dass das folgende Diagramm kommutativ ist:

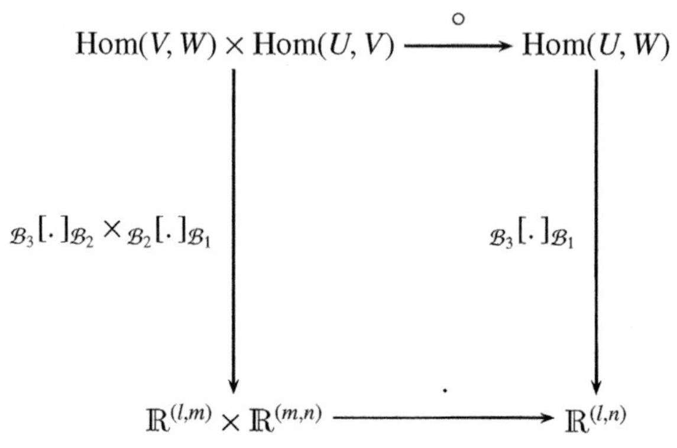

Abb. 2.6: kommutatives Diagramm

△

Eigenschaften der Komposition von Homomorphismen übertragen sich also sofort auf das Matrixprodukt.
Es seien $\Xi \in \mathrm{Hom}(T, U)$, $\Phi \in \mathrm{Hom}(U, V)$, $\Psi \in \mathrm{Hom}(V, W)$, für $\mathbb{R}$-Vektorräume V, W, T und U und es seien $A \in \mathbb{R}^{(l,m)}$, $B \in \mathbb{R}^{(m,n)}$, $C \in \mathbb{R}^{(n,p)}$ für $l, m, n, p \in \mathbb{N}$ (und analog für indizierte Größen). Dann gilt allgemein (ohne Linearität)

$$\Psi \circ (\Phi \circ \Xi) = (\Psi \circ \Phi) \circ \Xi$$

und damit

$$\boxed{A(BC) = (AB)C \qquad \textit{(Assoziativität)}.} \tag{2.41}$$

Insbesondere ist

$$A(B\boldsymbol{x}) = (AB)\boldsymbol{x} \quad \text{für} \quad \boldsymbol{x} \in \mathbb{R}^n,$$

was sich auch direkt aus der Definition der Komposition ergibt.

Bemerkung 2.38 Für $A \in \mathbb{R}^{(n,n)}$ kann daher die *k-te Potenz* definiert werden durch

$$A^0 := \mathbb{1}, \; A^k := AA^{k-1} \quad \text{für} \quad k \in \mathbb{N}\,. \tag{2.42}$$

Aus (2.41) ergeben sich dann die Rechenregeln

$$A^k A^l = A^{k+l}, (A^k)^l = A^{kl} \quad \text{für} \quad k, l \in \mathbb{N}\,.$$

Insbesondere kann ausgehend von einem Polynom $p \in \mathbb{R}_k[x]$,$p(x) = \sum_{\nu=0}^{k} a_\nu x^\nu$ mit $a_\nu \in \mathbb{R}$, $\nu = 0, \ldots, k$ und $A \in \mathbb{R}^{(n,n)}$ das *Matrixpolynom*

$$p(A) := \sum_{\nu=0}^{k} a_\nu A^\nu \in \mathbb{R}^{(n,n)}$$

gebildet werden. Dies wird in Kapitel 4 weiter untersucht werden. △

Die Addition und die Skalarmultiplikation machen aus $\mathrm{Hom}(V, W)$ bzw. $\mathbb{R}^{(m,n)}$ einen $\mathbb{R}$-Vektorraum. Diese Operationen sind mit Komposition bzw. Matrixmultiplikation verträglich: Es gilt (auch ohne Linearität der Abbildungen)

$$(\Psi_1 + \Psi_2) \circ \Phi = \Psi_1 \circ \Phi + \Psi_2 \circ \Phi$$

und (wegen der Linearität von Ψ)

$$\Psi \circ (\Phi_1 + \Phi_2) = \Psi \circ \Phi_1 + \Psi \circ \Phi_2\,.$$

Damit ist

$$\boxed{\begin{aligned}(A_1 + A_2)B &= A_1B + A_2B \\ A(B_1 + B_2) &= AB_1 + AB_2\end{aligned} \quad \textit{(Distributivität)}} \tag{2.43}$$

und schließlich für $\lambda \in \mathbb{R}$:

$$(\lambda\Psi) \circ \Phi = \lambda(\Psi \circ \Phi) = \Psi \circ (\lambda\Phi)$$

und damit

$$\boxed{(\lambda A)B = \lambda AB = A(\lambda B)\,.} \tag{2.44}$$

Ein Skalar kann folglich beliebig durch ein Matrixprodukt wandern. Außerdem haben wir schon gesehen, dass das Matrixprodukt das Matrix-Vektor-Produkt und dieses wieder das Skalarprodukt als Spezialfall enthält. Man beachte aber, dass das Skalarprodukt kommutativ ist,

$$(\boldsymbol{a} \,.\, \boldsymbol{b}) = (\boldsymbol{b} \,.\, \boldsymbol{a})\ ,$$

was für das allgemeine Matrixprodukt, auch für $l = m = n$, wenn beide $AB \in \mathbb{R}^{(n,n)}$ und $BA \in \mathbb{R}^{(n,n)}$ im gleichen Raum existieren, nicht gilt:

$$\boxed{\text{Im Allgemeinen ist } AB \neq BA\,.}$$

Wir berechnen dafür als Beispiel

$$\begin{pmatrix} a_1 & a \\ 0 & a_2 \end{pmatrix}\begin{pmatrix} b_1 & b \\ 0 & b_2 \end{pmatrix} = \begin{pmatrix} a_1b_1 & a_1b + ab_2 \\ 0 & a_2b_2 \end{pmatrix},$$
$$\begin{pmatrix} b_1 & b \\ 0 & b_2 \end{pmatrix}\begin{pmatrix} a_1 & a \\ 0 & a_2 \end{pmatrix} = \begin{pmatrix} b_1a_1 & b_1a + ba_2 \\ 0 & b_2a_2 \end{pmatrix}.$$

Im Allgemeinen (z. B. wenn $a = b = 1$ und $a_1 + b_2 \neq a_2 + b_1$) unterscheiden sich die beiden Dreiecksmatrizen durch ihren Eintrag rechts oben.

Die Räume $\mathrm{Hom}(V, V)$ für einen $\mathbb{R}$-Vektorraum V bzw. $\mathbb{R}^{(n,n)}$ haben somit bezüglich Addition und Skalarmultiplikation eine $\mathbb{R}$-Vektorraumstruktur, und erfüllen auch bezüglich Addition und Komposition bzw. Matrizenmultiplikation:

(1) *Für die Addition:*
Kommutativität, Assoziativität, Existenz eines neutralen und von inversen Elementen. Später werden wir dies ausdrücken durch:

$$(\mathrm{Hom}(V, V), +) \quad \text{bzw.} \quad \left(\mathbb{R}^{(n,n)}, +\right)$$

ist eine *abelsche Gruppe*[8].

---

[8] siehe Definition B.7 ff. und Definition 3.1 ff.

(2) *Für die Komposition bzw. (Matrix-) Multiplikation:*
Gilt (davon nur) die Assoziativität:

$$(\mathrm{Hom}(V,V),\circ) \quad \text{bzw.} \quad \left(\mathbb{R}^{(n,n)},\cdot\right)$$

ist eine *Halbgruppe*.

(3a) Es gibt ein *neutrales Element* bezüglich der Komposition/Multiplikation, nämlich die Identität bzw. die Einheitsmatrix.

(3b) Es gelten die Distributivgesetze (2.43).
Insgesamt:

$$(\mathrm{Hom}(V,V),+,\circ) \quad \text{bzw.} \quad \left(\mathbb{R}^{(n,n)},+,\cdot\right)$$

bildet einen *(nicht kommutativen) Ring*.

Liegt also wie hier sowohl Vektorraumstruktur und Ringstruktur vor und sind die Ring-Multiplikation und die Skalarmultiplikation verträglich im Sinn von (2.44), so spricht man von einer $\mathbb{R}$-*Algebra* (siehe Definition 3.17).

Vergleicht man mit den algebraischen Eigenschaften etwa von $(\mathbb{R},+,\cdot)$, so fehlt die Existenz von (multiplikativ) inversen Elementen für Elemente ungleich 0. Als Ring ist also $(\mathrm{Hom}(V,V),+,\cdot)$ eher vergleichbar mit den ganzen Zahlen $(\mathbb{Z},+,\cdot)$.

Beispiele 2.39 (Beispiele für Matrizenmultiplikation)

1) Ist $\mathbb{1}_m$ die $m\times m$-Einheitsmatrix und $A\in\mathbb{R}^{(m,n)}$, so ist wegen $\Phi\circ\mathrm{id}=\mathrm{id}\circ\Phi=\Phi$, wie schon in Bemerkungen 2.37, 1) gesehen,

$$\mathbb{1}_m A = A\mathbb{1}_n = A\,.$$

2) Sind $G(\alpha)$ und $G(\beta)$ die Drehmatrizen

$$\begin{pmatrix}\cos(\alpha) & -\sin(\alpha)\\ \sin(\alpha) & \cos(\alpha)\end{pmatrix}, \qquad \begin{pmatrix}\cos(\beta) & -\sin(\beta)\\ \sin(\beta) & \cos(\beta)\end{pmatrix},$$

so ist das Produkt

$$\begin{aligned}G(\alpha)G(\beta) &= \begin{pmatrix}\cos(\alpha)\cos(\beta)-\sin(\alpha)\sin(\beta) & -\cos(\alpha)\sin(\beta)-\sin(\alpha)\cos(\beta)\\ \sin(\alpha)\cos(\beta)+\cos(\alpha)\sin(\beta) & -\sin(\alpha)\sin(\beta)+\cos(\alpha)\cos(\beta)\end{pmatrix}\\ &= \begin{pmatrix}\cos(\alpha+\beta) & -\sin(\alpha+\beta)\\ \sin(\alpha+\beta) & \cos(\alpha+\beta)\end{pmatrix} = G(\alpha+\beta) \qquad (2.45)\end{aligned}$$

die Drehmatrix zum Winkel $\alpha + \beta$. Dieses Ergebnis ist eine direkte Konsequenz der Additionstheoreme für die Winkelfunktionen. Für feste i, j gilt für $G(\alpha, i, j), G(\beta, i, j) \in \mathbb{R}^{(n,n)}$ eine analoge Aussage. Für Drehmatrizen ist demnach die Multiplikation kommutativ.

3) Das Produkt unterer (oberer) Dreiecksmatrizen ist eine untere (obere) Dreiecksmatrix. Die Diagonalelemente des Produkts sind die Produkte der Diagonalelemente. Sind die Matrizen *normiert*, d. h. die Diagonaleinträge alle 1, so ist also auch das Produkt normiert.

Das kann man wie folgt einsehen (siehe auch das obige Beispiel für Nichtkommutativität der Produktbildung): Es genügt, etwa untere Dreiecksmatrizen zu betrachten.
Seien $A, B \in \mathbb{R}^{(n,n)}$ *mit* $a_{i,j} = 0$ *für* $j > i$, $b_{j,k} = 0$ *für* $k > j$. *Dann ist*

$$(AB)_{i,k} = \sum_{j=1}^{n} a_{i,j} b_{j,k} = \sum_{j=k}^{i} a_{i,j} b_{j,k} \tag{2.46}$$

und damit $(AB)_{i,k} = 0$ *für* $k > i$, *d. h.* AB *ist untere Dreiecksmatrix.*
Insbesondere $(AB)_{i,i} = a_{i,i} b_{i,i}$ *und aus* $a_{i,i} = b_{i,i} = 1$ *folgt*

$$(AB)_{i,i} = 1 \; .$$

4) Für eine quadratische Diagonalmatrix $D = \operatorname{diag}(\lambda_i) \in \mathbb{R}^{(n,n)}$ gilt $D^2 = \operatorname{diag}(\lambda_i^2)$ und damit

$$D^k = \operatorname{diag}(\lambda_i^k) \; . \tag{2.47}$$

Aus der Analysis ist bekannt:

Für $|\lambda| < 1$ konvergiert λ^k gegen 0 für $k \to \infty$,
Für $\lambda > 1$ divergiert λ^k gegen ∞ für $k \to \infty$,
Für $\lambda < -1$ divergiert $|\lambda|^k$ gegen ∞ für $k \to \infty$ und λ^k oszilliert.

Somit gilt für $\boldsymbol{x} \in \mathbb{R}^n$

$|(D^k \boldsymbol{x})_i|$ ist „klein" für $|\lambda_i| < 1$ und „große" k,
$|(D^k \boldsymbol{x})_i|$ ist „groß" für $|\lambda_i| > 1$ und „große" k.

Stellen wir uns die Folge

$$\boldsymbol{x},\ D\boldsymbol{x},\ D^2\boldsymbol{x},\ \ldots,\ D^k\boldsymbol{x}$$

als das Ergebnis eines zeitdiskreten Prozesses vor, klingt der Einfluss von x_i für $|\lambda_i| < 1$ mit der Zeit ab und einen Grenzwert in einer Komponente i gibt es nur für $-1 < \lambda_i \leq 1$. Für $\lambda_i = -1$ oszilliert die Komponente.
In Kapitel 4 wird untersucht werden, welche Abbildungen durch gleichen Basiswechsel in Ausgangs- und Zielraum auf Diagonalgestalt gebracht werden können. Die in der Diagonalmatrix auftretenden *Eigenwerte* der Matrix beschreiben sodann im obigen Sinn das Langzeitverhalten der iterierten Abbildung. ○

2.3.2 Tensorprodukt von Vektoren und Projektionen

Mit den obigen Eigenschaften der Matrizenmultiplikation können wir die Darstellungsmatrix der Spiegelung aus (2.24) schreiben als

$$A = \mathbb{1}_n - 2\boldsymbol{a}\boldsymbol{a}^t \,, \tag{2.48}$$

denn für $\boldsymbol{x} \in \mathbb{R}^n$ gilt:

$$\boldsymbol{x} - 2\,(\boldsymbol{x} \,.\, \boldsymbol{a})\,\boldsymbol{a} = \boldsymbol{x} - 2\boldsymbol{a}\,(\boldsymbol{a} \,.\, \boldsymbol{x}) = \boldsymbol{x} - 2\boldsymbol{a}(\boldsymbol{a}^t\boldsymbol{x}) = \left(\mathbb{1}_n - 2\boldsymbol{a}\boldsymbol{a}^t\right)\boldsymbol{x} \,.$$

Sind allgemeiner $\boldsymbol{a} \in \mathbb{R}^m, \boldsymbol{b} \in \mathbb{R}^n$ und damit auch $\boldsymbol{a} \in \mathbb{R}^{(m,1)}, \boldsymbol{b}^t \in \mathbb{R}^{(1,n)}$, so ist das Matrixprodukt $\boldsymbol{a}\boldsymbol{b}^t \in \mathbb{R}^{(m,n)}$ (nicht mit Skalarprodukt verwechseln!) definiert:

Definition 2.40

Seien $\boldsymbol{a} \in \mathbb{R}^m, \boldsymbol{b} \in \mathbb{R}^n$. Dann wird das *dyadische Produkt* oder *Tensorprodukt* $\boldsymbol{a} \otimes \boldsymbol{b}$ von $\boldsymbol{a}$ und $\boldsymbol{b}$ definiert als $\boldsymbol{a} \otimes \boldsymbol{b} := \boldsymbol{a}\boldsymbol{b}^t \in \mathbb{R}^{(m,n)}$, somit bei $\boldsymbol{a} = (a_\mu), \boldsymbol{b} = (b_\nu)$

$$\boldsymbol{a} \otimes \boldsymbol{b} = (a_\mu b_\nu)_{\mu\nu} \,.$$

Für $A = \boldsymbol{a} \otimes \boldsymbol{b}$ gilt:
Ist $\boldsymbol{a} = \boldsymbol{0}$ oder $\boldsymbol{b} = \boldsymbol{0}$, dann ist

$$A = 0 \quad \text{(die Nullmatrix)}.$$

Andererseits ist der

$$\begin{aligned} \text{Zeilenraum von } A &= \mathbb{R}\boldsymbol{b} \quad \text{für } \boldsymbol{a} \neq \boldsymbol{0} \,, \\ \text{Spaltenraum von } A &= \mathbb{R}\boldsymbol{a} \quad \text{für } \boldsymbol{b} \neq \boldsymbol{0} \,, \end{aligned} \tag{2.49}$$

also insbesondere ist $\text{Rang}(A) = 1$ für $\boldsymbol{a} \neq \boldsymbol{0}$ und $\boldsymbol{b} \neq \boldsymbol{0}$.

Ist andererseits $A \in \mathbb{R}^{(m,n)}$ mit $\text{Rang}(A) = 1$, dann gibt es $\boldsymbol{a} \in \mathbb{R}^m$ und $\boldsymbol{b} \in \mathbb{R}^n, \boldsymbol{a} \neq \boldsymbol{0}, \boldsymbol{b} \neq \boldsymbol{0}$, so dass

$$A = \boldsymbol{a} \otimes \boldsymbol{b} \,,$$

Denn wegen Spaltenrang = 1 sind alle Spalten $\boldsymbol{a}^{(j)}, j = 1, \ldots, n$ Vielfache von einer Spalte $\boldsymbol{a} := \boldsymbol{a}^{(k)} \neq \boldsymbol{0}$ für ein $k \in \{1, \ldots, n\}$ sind, also ist $\boldsymbol{a}^{(j)} = b_j\boldsymbol{a}$ und $b_k = 1$. Solche Matrizen heißen daher auch *Rang-1-Matrizen* .

Bemerkungen 2.40a Mit dem dyadischen Produkt lässt sich einfach das Produkt beliebiger Matrizen darstellen: Sei $A \in \mathbb{R}^{(m,n)}$, $B = (b_{i,j}) \in \mathbb{R}^{(n,p)}$ und $A = (\boldsymbol{a}^{(1)}, \ldots, \boldsymbol{a}^{(n)})$, d. h. die Spaltendarstellung und $B = (\boldsymbol{b}_{(1)}, \ldots, \boldsymbol{b}_{(n)})^t$, d. h. die Zeilendarstellung. Dann gilt:

1) Sei $k \in \mathbb{N}, k \leq \min(m, n)$. $\operatorname{Rang}(A) \leq k$ genau dann, wenn $p \leq k$ Rang-1-Matrizen A_i existieren, sodass

$$A = \sum_{i=1}^{p} A_i .$$

Es sei $A \neq 0$. „$\Rightarrow$": Es gibt $\boldsymbol{a}_1, \ldots, \boldsymbol{a}_p \in \{\boldsymbol{a}^{(1)}, \ldots \boldsymbol{a}^{(n)}\}$, sodass sich die Spalten von A als Linearkombinationen der $\boldsymbol{a}_i, i = 1, \ldots, p$ schreiben lassen und keine der Spalten weggelassen werden kann, d.h. es gibt ein $B \in \mathbb{R}^{(k,n)}$, sodass

$$A = (\boldsymbol{a}_1, \ldots, \boldsymbol{a}_p)B = \sum_{l=1}^{p}(0, \ldots, \boldsymbol{a}_l, 0 \ldots)B = \left(\sum_{l=1}^{p} \boldsymbol{a}_{l,i}\boldsymbol{b}_{(l),j}\right)_{i,j}$$
$$= \sum_{l=1}^{p} \boldsymbol{a}_l \boldsymbol{b}^t_{(l)} = \sum_{l=1}^{p} \boldsymbol{a}_l \otimes \boldsymbol{b}_{(l)} =: \sum_{l=1}^{p} A_l .$$

Da gilt $\boldsymbol{b}_{(l)} \neq \boldsymbol{0}$, ist A_l eine Rang-1-Matrix. Ist also $\operatorname{Rang}(A) = k$, gilt die Darstellung mit $p = k$.

„$\Leftarrow$": Sei $A = \sum_{i=1}^{p} A_i$, $\operatorname{Rang}(A_i) = 1$. Mehrfache Anwendung von Bemerkung 1.81a liefert dann

$$\operatorname{Rang}(A) \leq \sum_{1=1}^{p} \operatorname{Rang}(A_i) = p \leq k .$$

2)

$$AB = \sum_{i=1}^{n}\sum_{j=1}^{p} b_{i,j}\boldsymbol{a}^{(i)} \otimes \boldsymbol{e}_j,$$

wobei $\boldsymbol{e}_j \in \mathbb{R}^p$ die Standardbasis sei.

Offensichtlich ist $A = \sum_{i=1}^{n}(\boldsymbol{0}, \ldots, \boldsymbol{a}^{(i)}, \boldsymbol{0}, \ldots, \boldsymbol{0})$, wobei $\boldsymbol{a}^{(i)}$ die i-te Spalte darstellt und wegen

$$(\boldsymbol{0}, \ldots, \boldsymbol{a}^{(i)}, \boldsymbol{0}, \ldots, \boldsymbol{0}) = \boldsymbol{a}^{(i)} \otimes \boldsymbol{e}_j \quad \text{mit } \boldsymbol{e}_j \in \mathbb{R}^n$$

gilt also $A = \sum_{i=1}^{n} \boldsymbol{a}^{(i)} \otimes \boldsymbol{e}_j$. Damit folgt bei analoger Betrachtung für B:

$$AB = \left(\sum_{i=1}^{n} \boldsymbol{a}^{(i)} \otimes \boldsymbol{e}_i\right)\left(\sum_{j=1}^{p} \boldsymbol{b}^{(j)} \otimes \boldsymbol{e}_j\right) \quad \text{mit } \boldsymbol{e}_i \in \mathbb{R}^n, \boldsymbol{e}_j \in \mathbb{R}^p$$
$$= \sum_{i=1}^{n}\sum_{j=1}^{p} \boldsymbol{a}^{(i)}\boldsymbol{e}^t_i\boldsymbol{b}^{(j)}\boldsymbol{e}^t_j = \sum_{i=1}^{n}\sum_{j=1}^{p} b_{i,j}\boldsymbol{a}^{(i)} \otimes \boldsymbol{e}_j .$$

3)

$$AB = \sum_{i=1}^{n} \boldsymbol{a}^{(i)} \otimes \boldsymbol{b}_{(i)}$$

Analog zu 1) ist

$$B = \sum_{i=1}^{n} \begin{pmatrix} \mathbf{0} \\ \vdots \\ \boldsymbol{b}^t_{(i)} \\ \mathbf{0} \\ \vdots \end{pmatrix} = \sum_{i=1}^{n} \boldsymbol{e}_i \otimes \boldsymbol{b}_{(i)}$$

und damit $AB = \left(\sum_{i=1}^n \boldsymbol{a}^{(i)} \otimes \boldsymbol{e}_i\right)\left(\sum_{j=1}^n \boldsymbol{e}_j \otimes \boldsymbol{b}_j\right) = \sum_{i,j=1}^n \boldsymbol{a}^{(i)} \boldsymbol{e}_i^t \boldsymbol{e}_j \boldsymbol{b}_j^t = \sum_{i=1}^n \boldsymbol{a}^{(i)} \otimes \boldsymbol{b}_{(i)}$. △

Weiter gilt für Kern A nach (1.70) wegen (2.49) bei $\boldsymbol{a} \neq \mathbf{0}$:

$$\boxed{\text{Kern}\, A = \boldsymbol{b}^{\perp}\,.} \tag{2.50}$$

Mit dem Tensorprodukt lässt sich auch die *Orthogonalprojektion auf einen Unterraum* $U \subset \mathbb{R}^n$ mit der ONB $\boldsymbol{v}_1, \ldots, \boldsymbol{v}_r$ ausdrücken (siehe (1.88) bzw. (2.25) oder auch Bemerkungen 1.106, 4)) als

$$P_U(\boldsymbol{x}) = \left(\sum_{\mu=1}^{r} \boldsymbol{v}_\mu \otimes \boldsymbol{v}_\mu\right) \boldsymbol{x}$$

bzw. die Darstellungsmatrix als

$$\boxed{A = \sum_{\mu=1}^{r} \boldsymbol{v}_\mu \otimes \boldsymbol{v}_\mu = VV^t\,,} \tag{2.51}$$

wobei $V := (\boldsymbol{v}_1, \ldots, \boldsymbol{v}_r) \in \mathbb{R}^{(n,r)}$ aus den $\boldsymbol{v}_i$ als Spalten zusammengesetzt wird.

Insbesondere ist daher für $\boldsymbol{v} \in \mathbb{R}^n$, $\|\boldsymbol{v}\| = 1$,

$$A = \boldsymbol{v} \otimes \boldsymbol{v}$$

die Orthogonalprojektion auf die Gerade $\mathbb{R}\boldsymbol{v}$ und aus solchen Projektionen setzt sich im Fall einer ONB die Orthogonalprojektion additiv zusammen.

Beispiel 2.41 (Geometrie) Betrachten wir genauer orthogonale Projektionen auf Geraden $U = \mathbb{R}\boldsymbol{b}$ (d. h. durch $\mathbf{0}$) mit $\|\boldsymbol{b}\| = 1$ und dazu $U^\perp = \boldsymbol{b}^\perp$, d. h. eine allgemeine Hyperebene (durch $\mathbf{0}$). Dann ist

$$P_U(\boldsymbol{x}) = \boldsymbol{b} \otimes \boldsymbol{b}\ \boldsymbol{x}\,, \qquad \text{somit} \qquad P_{U^\perp}(\boldsymbol{x}) = (\mathbb{1} - \boldsymbol{b} \otimes \boldsymbol{b})\boldsymbol{x}\,. \tag{2.52}$$

Entsprechend tauschen sich die Rollen von U und $U^\perp$ für eine Hyperebene U (durch $\mathbf{0}$).

Ist $A = \boldsymbol{a} + U$ für ein $\boldsymbol{a} \in \mathbb{R}^n$ und $U = \mathbb{R}\boldsymbol{b}$ mit $\|\boldsymbol{b}\| = 1$, d. h. *eine allgemeine Gerade*, dann ist

$$\boxed{\begin{aligned} P_A(\boldsymbol{x}) &= P_U(\boldsymbol{x}) + P_{U^\perp}(\boldsymbol{a}) \\ &= \boldsymbol{b} \otimes \boldsymbol{b}\ \boldsymbol{x} + (\mathbb{1} - \boldsymbol{b} \otimes \boldsymbol{b})\boldsymbol{a}\,. \end{aligned}}$$

Der Lotvektor von $\boldsymbol{x}$ auf die Gerade A, d. h. von $\boldsymbol{x}$ zum Lotfußpunkt $P_A(\boldsymbol{x})$ ist daher nach (1.78)

$$P_A(\boldsymbol{x}) - \boldsymbol{x} = P_{U^\perp}(\boldsymbol{a} - \boldsymbol{x}) = (\mathbb{1} - \boldsymbol{b} \otimes \boldsymbol{b})(\boldsymbol{a} - \boldsymbol{x}) ,$$

und damit wird

$$\boxed{d(\boldsymbol{x}, A) = \|(\mathbb{1} - \boldsymbol{b} \otimes \boldsymbol{b})(\boldsymbol{x} - \boldsymbol{a})\| = (\|\boldsymbol{x} - \boldsymbol{a}\|^2 - |(\boldsymbol{x} - \boldsymbol{a} \,.\, \boldsymbol{b})|^2)^{1/2} .}$$

Entsprechend ist eine *allgemeine Hyperebene* in HESSE*scher Normalform* gegeben durch

$$A = \boldsymbol{a} + \boldsymbol{b}^\perp = \{\boldsymbol{y} \in \mathbb{R}^n : (\boldsymbol{y} \,.\, \boldsymbol{b}) = \alpha\} \quad \text{mit} \quad \alpha := (\boldsymbol{a} \,.\, \boldsymbol{b})$$

und dann gilt

$$\boxed{\begin{aligned} P_A(\boldsymbol{x}) &= (\mathbb{1} - \boldsymbol{b} \otimes \boldsymbol{b})\boldsymbol{x} + \boldsymbol{b} \otimes \boldsymbol{b}\ \boldsymbol{a} \\ &= (\mathbb{1} - \boldsymbol{b} \otimes \boldsymbol{b})\boldsymbol{x} + \alpha\, \boldsymbol{b} . \end{aligned}} \tag{2.53}$$

Der Lotvektor von $\boldsymbol{x}$ auf die Hyperebene A ist also nach (1.78)

$$P_A(\boldsymbol{x}) - \boldsymbol{x} = P_{U^\perp}(\boldsymbol{a} - \boldsymbol{x}) = (\boldsymbol{b} \otimes \boldsymbol{b})(\boldsymbol{a} - \boldsymbol{x}) = (-(\boldsymbol{x} \,.\, \boldsymbol{b}) + \alpha)\boldsymbol{b} ,$$

und damit wird

$$\boxed{d(\boldsymbol{x}, A) = |(\boldsymbol{x} \,.\, \boldsymbol{b}) - \alpha| .}$$

Das Vorzeichen von $(\boldsymbol{x} \,.\, \boldsymbol{b}) - \alpha$ gibt an, in welchem der beiden *Halbräume* (vgl. Definition 6.10)

$$H_1 := \{\boldsymbol{x} \in \mathbb{R}^n : (\boldsymbol{x} \,.\, \boldsymbol{b}) \leq \alpha\}, \quad H_2 := \{\boldsymbol{x} \in \mathbb{R}^n : (\boldsymbol{x} \,.\, \boldsymbol{b}) \geq \alpha\}$$

$\boldsymbol{x}$ liegt. ○

Über die orthogonale Projektion hinaus können auch andere Projektionen auf U bzw. A (linear für einen linearen Unterraum, affin-linear (gemäß Definition 2.136) für einen affinen Unterraum) definiert werden, wobei:

Definition 2.42

Seien $U \subset V$ zwei $\mathbb{R}$-Vektorräume. $P \in \operatorname{Hom}(V, V)$ heißt *Projektion* auf U, wenn

$$U = \operatorname{Bild} P \text{ und } P(\boldsymbol{u}) = \boldsymbol{u} \quad \text{für alle } \boldsymbol{u} \in U$$

bzw. äquivalent $P \circ P = P$ und $U = \text{Bild}\, P$ gilt. Eine Projektionsmatrix $A \in \mathbb{R}^{(n,n)}$ wird auch *idempotente* Matrix genannt. Entsprechend heißt ein $F = \boldsymbol{a} + \Phi$ *Projektion* auf $B = \boldsymbol{a} + U$, wenn $U = \text{Bild}\, \Phi$ und

$$F \circ F = F \, .$$

Für eine Projektion auf einen linearen Unterraum U gilt:

$$\boxed{\text{id} - P \qquad \text{ist eine Projektion}\, ,}$$

da $(\text{id} - P) \circ (\text{id} - P) = \text{id} - P - P + P \circ P = \text{id} - P$

und

$$\boxed{\text{Kern}\, P = \text{Bild}(\text{id} - P)\, ,}$$

da $P(\boldsymbol{x} - P\boldsymbol{x}) = P\boldsymbol{x} - P \circ P\boldsymbol{x} = \boldsymbol{0}$ *für* $\boldsymbol{x} \in V$ *und* $\boldsymbol{y} \in \text{Kern}\, P$ *impliziert* $\boldsymbol{y} = \boldsymbol{y} - P\boldsymbol{y}$.

Also: Ist P eine Projektion auf Bild P, dann ist

$$\text{id} - P \text{ eine Projektion auf } \text{Kern}\, P \, .$$

Eine Projektion P_1 hat also eine Projektion P_2 zur Folge, so dass

$$P_1 + P_2 = \text{id}$$

$$V = U_1 \oplus U_2 \, , \tag{2.54}$$

wobei $U_1 = \text{Bild}\, P_1 = \text{Kern}\, P_2$, $U_2 = \text{Bild}\, P_2 = \text{Kern}\, P_1$.

Denn $V = U_1 + U_2$ *folgt aus* $P_1 + P_2 = \text{id}$. *Sei* $P := P_i$, $i = 1, 2$. *Diese Zerlegung ist direkt, da für* $\boldsymbol{w} = P\boldsymbol{v} \in \text{Kern}\, P \cap \text{Bild}\, P$ *gilt:*

$$\boldsymbol{0} = P\boldsymbol{w} = P \circ P\boldsymbol{v} = P\boldsymbol{v} = \boldsymbol{w} \, .$$

Es hätte auch mit Theorem 2.32 argumentiert werden können.

Andererseits erzeugt jede direkte Zerlegung

$$V = U_1 \oplus U_2$$

ein solches Paar von Projektionen, indem für $\boldsymbol{x} = \boldsymbol{x}_1 + \boldsymbol{x}_2 \in V$ mit $\boldsymbol{x}_i \in U_i$ wegen der Eindeutigkeit der Darstellung definiert werden kann:

$$P_i \boldsymbol{x} := \boldsymbol{x}_i \, . \tag{2.55}$$

P_i erfüllt offensichtlich $P_i \circ P_i = P_i$ und ist auch linear, denn seien $\boldsymbol{x} = \boldsymbol{x}_1 + \boldsymbol{x}_2, \boldsymbol{y} = \boldsymbol{y}_1 + \boldsymbol{y}_2$ die eindeutigen Zerlegungen, d. h.

$$P_i\boldsymbol{x} := \boldsymbol{x}_i\,, \quad P_i\boldsymbol{y} := \boldsymbol{y}_i\,,$$

so ist $(\boldsymbol{x}_1 + \boldsymbol{y}_1) + (\boldsymbol{x}_2 + \boldsymbol{y}_2)$ die eindeutige Zerlegung von $\boldsymbol{x} + \boldsymbol{y}$, damit

$$P_i(\boldsymbol{x} + \boldsymbol{y}) = \boldsymbol{x}_i + \boldsymbol{y}_i = P_i\boldsymbol{x} + P_i\boldsymbol{y}$$

und analog für die Skalarmultiplikation.

Wegen der *Fehlerbeziehung*

$$\boldsymbol{x} - P_1\boldsymbol{x} \in U_2$$

nennt man P_1 auch eine *Projektion auf U_1 längs U_2* und analog für P_2.

Sei V ein $\mathbb{R}$-Vektorraum mit SKP. Eine orthogonale Projektion auf U ist somit durch

$$\text{Kern}\,P = \text{Bild}(\mathbb{1} - P) \subset U^\perp$$

gekennzeichnet. Dann folgt auch

$$\boxed{\text{Kern}\,P = U^\perp\,,} \tag{2.56}$$

da für $\boldsymbol{u} \in U^\perp$ gilt: $\boldsymbol{u} - \boldsymbol{0} \perp U$ und deswegen $P\boldsymbol{u} = \boldsymbol{0}$.

Ein Tensorprodukt $\boldsymbol{a} \otimes \boldsymbol{a}$ für $\|\boldsymbol{a}\| = 1$ ist nach (2.52) die Matrix der orthogonalen Projektion auf $\mathbb{R}\boldsymbol{a}$. Allgemein beschreibt die Matrix

$$A = \boldsymbol{a} \otimes \boldsymbol{b} \text{ eine Projektion auf } \text{Bild}\,A = \mathbb{R}\boldsymbol{a}\,, \text{ falls } (\boldsymbol{a}\,.\,\boldsymbol{b}) = 1\,.$$

Denn: $\boldsymbol{a} \otimes \boldsymbol{b}\ \boldsymbol{a} \otimes \boldsymbol{b} = \boldsymbol{a}\boldsymbol{b}^t\boldsymbol{a}\boldsymbol{b}^t = (\boldsymbol{a}\,.\,\boldsymbol{b})\,\boldsymbol{a} \otimes \boldsymbol{b}$.

Für beliebige $\boldsymbol{a} \in \mathbb{R}^n$, $\boldsymbol{b} \in \mathbb{R}^n$ mit $(\boldsymbol{a}\,.\,\boldsymbol{b}) \neq 0$ ist demnach

$$P := \frac{1}{(\boldsymbol{a}\,.\,\boldsymbol{b})}\boldsymbol{a} \otimes \boldsymbol{b} \tag{2.57}$$

die Matrix einer Projektion auf $\mathbb{R}\boldsymbol{a}$ und daher ist

$$P_{\boldsymbol{a}} := \mathbb{1} - \frac{1}{(\boldsymbol{a}\,.\,\boldsymbol{b})}\boldsymbol{a} \otimes \boldsymbol{b} \tag{2.58}$$

die Projektionsmatrix auf Kern $P = \boldsymbol{b}^\perp$ (nach (2.50)). Sie hat die Eigenschaft

$$P_{\boldsymbol{a}}\boldsymbol{x} - \boldsymbol{x} \in \text{Bild}\,P = \mathbb{R}\boldsymbol{a}\,,$$

beschreibt also die Projektion auf die Hyperebene $\boldsymbol{b}^\perp$ in *Richtung von $\boldsymbol{a}$* (siehe Abbildung 2.7).

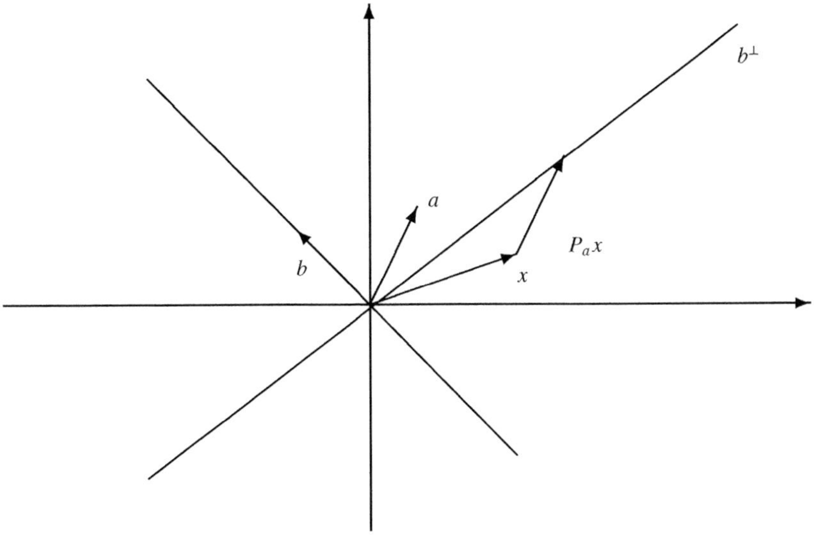

Abb. 2.7: Nichtorthogonale Projektion.

Im Sinn von (2.55) sind infolgedessen $P_1 := P$ und $P_2 := P_a$ die Projektionen der Zerlegung

$$\mathbb{R}^n = \mathbb{R}\boldsymbol{a} \oplus \boldsymbol{b}^\perp .$$

Die Summe ist direkt wegen der Forderung $(\boldsymbol{a} \,.\, \boldsymbol{b}) \neq 0$, *denn aus* $\lambda \boldsymbol{a} \in \boldsymbol{b}^\perp$ *folgt* $0 = \lambda(\boldsymbol{a} \,.\, \boldsymbol{b})$, *also* $\lambda = 0$. *Nach der Dimensionsformel II (Satz 1.86) und* (1.71) *muss deswegen der Unterraum* $\mathbb{R}\boldsymbol{a} \oplus \boldsymbol{b}^\perp$ *der ganze* $\mathbb{R}^n$ *sein.*

Andererseits lässt sich nach Korollar 1.83 jeder $(n-1)$-dimensionale Unterraum von $\mathbb{R}^n$ als ein $\boldsymbol{v}^\perp$ darstellen, so dass (2.57) die Darstellung für eine allgemeine Projektion auf einen eindimensionalen Unterraum ist.

Ist P eine Projektion auf einen linearen Unterraum U, dann ist

$$F := P + \boldsymbol{a} - P\boldsymbol{a}$$

(vgl. (1.77)) eine Projektion auf den affinen Raum $\boldsymbol{a} + U$.

Speziell ist somit die Projektion auf die Hyperebene

$$H := \{\boldsymbol{x} \in \mathbb{R}^n \; : \; (\boldsymbol{x} \,.\, \boldsymbol{b}) = \alpha\}$$

mit $\alpha \in \mathbb{R}$ und $\boldsymbol{v} \in \mathbb{R}^n$, so dass $(\boldsymbol{v} \,.\, \boldsymbol{b}) = \alpha$, und somit $H = \boldsymbol{v} + \boldsymbol{b}^\perp$, in Richtung von $\boldsymbol{a}$ gegeben durch

$$\begin{aligned} F &:= P_{\boldsymbol{a}} + \boldsymbol{v} - P_{\boldsymbol{a}}\boldsymbol{v} \\ &= \frac{\alpha}{(\boldsymbol{a} \,.\, \boldsymbol{b})}\boldsymbol{a} + \mathbb{1} - \frac{1}{(\boldsymbol{a} \,.\, \boldsymbol{b})}\boldsymbol{a} \otimes \boldsymbol{b} \end{aligned} \tag{2.59}$$

mit (2.53) als Spezialfall.

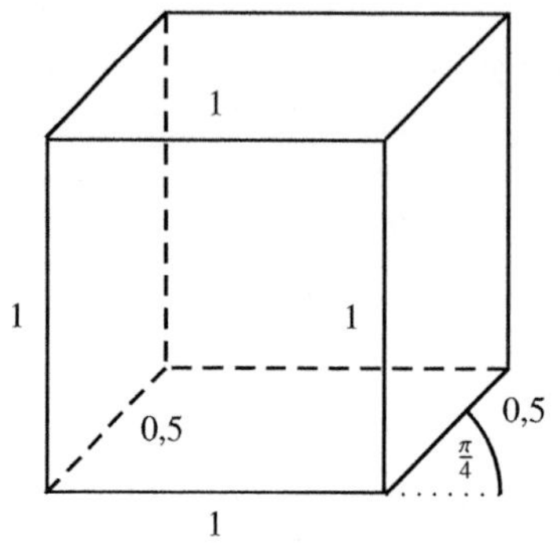

Abb. 2.8: Kavalierperspektive des Einheitswürfels: Schiefe Parallelprojektion mit $\boldsymbol{v} = \boldsymbol{0}$, $\boldsymbol{b} = \boldsymbol{e}_2$, $\boldsymbol{a} = \left(1/2^{3/2}, -1, 1/2^{3/2}\right)^t$.

Beispiel 2.43 (Geometrie) In Ergänzung zu Beispiel 1.103 spricht man bei (2.59) (und $n = 3$) von *schiefer Parallelprojektion*. Auf jeder Hyperebene parallel zu H, d. h. $\widetilde{H} = \boldsymbol{w} + \boldsymbol{b}^\perp$ bzw. $(\boldsymbol{v} \,.\, \boldsymbol{b}) = \beta$ für $\boldsymbol{v} \in \widetilde{H}$, wirkt F wie eine Translation

$$F(\boldsymbol{v}) = \boldsymbol{v} + \frac{1}{(\boldsymbol{a} \,.\, \boldsymbol{b})}(\alpha - \beta)\boldsymbol{a}$$

und erhält daher für die Hyperebene Längen und Winkel. Allgemein werden Rechtecke wie bei jeder affin-linearen Abbildung (siehe Definition 2.136) auf (eventuell degenerierte) Parallelogramme abgebildet. In der Darstellenden Geometrie spricht man z. B. von *Schrägriss* als einer der einfachsten Darstellungsformen, wenn in $\mathbb{R}^3$ als Projektionsebene die xz-Ebene, d. h. $\boldsymbol{w} + \boldsymbol{b}^\perp = \boldsymbol{e}_2^\perp$ gewählt wird, so dass bei einem an den Koordinatenachsen ausgerichteten (Einheits-) Würfel die „vordere" bzw. „hintere" Seitenfläche nur verschoben wird. Die Abbildung, d. h. der Vektor $\boldsymbol{a}$, wird dadurch festgelegt, indem man für den

Einheitsvektor in y-Richtung, $\boldsymbol{e}_2$, festlegt, mit welchem Winkel α und zu welcher Länge l er *verzerrt* wird, d. h.

$$\boldsymbol{e}_2 \mapsto \begin{pmatrix} \cos(\alpha)l \\ 0 \\ \sin(\alpha)l \end{pmatrix}.$$

Wählt man $a_2 = -1$, so entspricht dies

$$a_1 = \cos(\alpha)l, \quad a_3 = \sin(\alpha)l\,.$$

Bei der *Kavalierperspektive* (siehe Abbildung 2.8) wird $\alpha = \pi/4$ und $l = 0,5$ gewählt. ○

Der enge Zusammenhang zwischen Projektionen und direkten Zerlegungen, sei zusammengefasst in:

Hauptsatz 2.44: Projektion und Zerlegung

Sei V ein $\mathbb{R}$-Vektorraum.

1) Ist P lineare Projektion von V nach V, dann

$$V = \operatorname{Bild} P \oplus \operatorname{Kern} P\,.$$

2) Ist $U \oplus W = V$ eine direkte Zerlegung, dann gibt es genau eine lineare Projektion P von V nach V mit

$$\operatorname{Bild} P = U, \quad \operatorname{Kern} P = W\,.$$

Diese Projektion heißt auch *Projektion auf U längs oder in Richtung von W.*

3) Sei V endlichdimensional, $\mathcal{B}_1$ eine Basis von $\operatorname{Bild} P$ und $\mathcal{B}_2$ eine Basis von $\operatorname{Kern} P$, P eine Projektion von V nach V. Dann ist $\mathcal{B} = \mathcal{B}_1 \cup \mathcal{B}_2$ eine Basis von V und die Darstellungsmatrix von P bezüglich $\mathcal{B}$ ist:

$${}_{\mathcal{B}}[P]_{\mathcal{B}} = \left(\begin{array}{cccccc} 1 & & & & & \\ & \ddots & & & & \\ & & 1 & & & \\ & & & 0 & & \\ & & & & \ddots & \\ & & & & & 0 \end{array}\right) \begin{array}{l} \left.\vphantom{\begin{array}{c}1\\ \ddots\\ 1\end{array}}\right\} |\mathcal{B}_1|\text{-mal} \\ \left.\vphantom{\begin{array}{c}0\\ \ddots\\ 0\end{array}}\right\} |\mathcal{B}_2|\text{-mal} \end{array}.$$

Beweis: Die Aussagen 1) und 2) sind alle schon bewiesen mit Ausnahme der Eindeutigkeit bei 2):

Sei $\widetilde{P}$ eine Projektion mit $\operatorname{Bild}\widetilde{P} = U$, $\operatorname{Kern}\widetilde{P} = W$ und $U \oplus W = V$. Sei $\boldsymbol{v} \in V$. Dann ergeben $\boldsymbol{v}_1 := \widetilde{P}\boldsymbol{v} \in U$ und $\boldsymbol{v}_2 := (\mathrm{id} - \widetilde{P})\boldsymbol{v} \in \mathrm{Kern}\, \widetilde{P} = W$ die eindeutige Zerlegung

$$\boldsymbol{v} = \boldsymbol{v}_1 + \boldsymbol{v}_2 ,$$

d. h. $\widetilde{P}$ entspricht der Definition (2.55).

Zu 3): Folgt sofort aus 1), da

$$\begin{aligned} &\text{für } \boldsymbol{v} \in \mathcal{B}_1 : P\boldsymbol{v} = 1 \cdot \boldsymbol{v} , \\ &\text{für } \boldsymbol{v} \in \mathcal{B}_2 : P\boldsymbol{v} = \mathbf{0} . \end{aligned}$$

□

Der Begriff der direkten Summe lässt sich auch auf endlich viele Unterräume V_i, $i = 1, \ldots, m$ ausdehnen. Wenn weiterhin die Darstellung für $\boldsymbol{v} \in V$ als

$$\boldsymbol{v} = \boldsymbol{v}_1 + \ldots + \boldsymbol{v}_m$$

eindeutig sein soll, reicht nicht, dass paarweise die V_i nur den Nullraum als Schnitt haben, sondern man muss verstärkt fordern:

Definition 2.45

Sei V ein $\mathbb{R}$-Vektorraum, seien V_i, $i = 1, \ldots, m$, lineare Unterräume.
Die *Summe* der Unterräume wird rekursiv definiert durch

$$V_1 + \ldots + V_k := (V_1 + \ldots + V_{k-1}) + V_k \text{ für } k = 1, \ldots, m .$$

Wenn

$$(V_1 + \ldots + V_j) \cap V_{j+1} = \{\mathbf{0}\} \quad \text{für } j = 1, \ldots, m-1 ,$$

dann heißt $\sum_{i=1}^{n} \boldsymbol{v}_i$ *direkt*, $V_1 + \ldots + V_m$ heißt *direkt*, geschrieben als

$$V_1 \oplus \ldots \oplus V_m \quad \text{bzw.} \quad \bigoplus_{i=1}^{m} V_i .$$

Für die Direktheit einer Vektorraumsumme reicht also für $m > 2$ nicht aus, dass die paarweisen Schnitte trivial sind: Man betrachte etwa im $\mathbb{R}^2$ 3 paarweise verschiedene Geraden durch den Nullpunkt.

Eine Verallgemeinerung von Hauptsatz 2.44 ist:

Satz 2.46: Projektionen und Zerlegung allgemein

1) Sei $V = V_1 \oplus \ldots \oplus V_m$ ein $\mathbb{R}$-Vektorraum. Durch

$$P_i\left(\sum_{j=1}^{m} v_j\right) = v_i \quad \text{für } v_j \in V_j$$

werden Abbildungen $P_i \in \mathrm{Hom}(V, V)$ definiert, $i = 1, \ldots, m$. Für sie gilt:

$$P_i \circ P_i = P_i,\ P_i \circ P_j = 0 \quad \text{für } j \neq i \tag{2.60}$$

und

$$P_1 + \ldots + P_m = \mathrm{id}\ . \tag{2.61}$$

Dabei ist $V_j = \mathrm{Bild}\, P_j$. Man spricht daher auch von einer *Zerlegung der Eins*.

Andererseits erzeugen $P_i \in \mathrm{Hom}(V, V), i = 1, \ldots, m$ mit (2.60), (2.61) eine direkte Zerlegung von V durch ihre Bildräume.

2) Sei $V = V_1 + \ldots + V_m$. Dann sind äquivalent:

(i) $V = \bigoplus_{i=1}^{m} V_i$.

(ii) Beliebige $\boldsymbol{v}_i \in V_i,\ v_i \neq \boldsymbol{0},\ i = 1, \ldots, m$ bilden eine linear unabhängige Menge.

3) Ist $V = \bigoplus_{i=1}^{m} V_i$ und sind $\mathcal{B}_i \subset V$ Basen von V_i für $i = 1, \ldots, m$, dann ist $\mathcal{B} := \bigcup_{i=1}^{m} \mathcal{B}_i$ eine Basis von V. Insbesondere gilt $\dim V = \sum_{i=1}^{m} \dim V_i$.

Beweis: Zu 1): Übung.
Zu 2): Nach 1) ist insbesondere die Darstellung

$$\boldsymbol{v} = \boldsymbol{v}_1 + \ldots + \boldsymbol{v}_m,\ \boldsymbol{v}_i \in V_i,\ i = 1, \ldots, m$$

für $\boldsymbol{v} \in \bigoplus_{i=1}^{m} V_i$ eindeutig wegen $\boldsymbol{v}_i = P_i(\boldsymbol{v})$.

„(i) $\Rightarrow$ (ii)“: Seien $\boldsymbol{v}_i \in V_i, \boldsymbol{v}_i \neq \boldsymbol{0}$ für alle $i = 1, \ldots, m$ und $\sum_{i=1}^{m} \alpha_i \boldsymbol{v}_i = \boldsymbol{0}$ für $\alpha_i \in \mathbb{R}$. Für $\boldsymbol{v}_i' := \alpha_i \boldsymbol{v}_i \in V_i$ ist dann

$$\sum_{i=1}^{m} \boldsymbol{v}_i' = \mathbf{0} \quad \text{und damit wegen Eindeutigkeit der Darstellung}$$

$$\boldsymbol{v}_i' = \mathbf{0}, \quad \text{d. h.} \quad \alpha_i = 0 \quad \text{für alle} \quad i = 1, \dots, m.$$

„(ii) $\Rightarrow$ (i)“: Sei $j = 0, \dots, m-1$, $\boldsymbol{v}_i \in V_i$, $i = 1, \dots, j+1$ und $\boldsymbol{v}_1 + \dots + \boldsymbol{v}_j = \boldsymbol{v}_{j+1}$. Sind alle $\boldsymbol{v}_1, \dots, \boldsymbol{v}_j, \boldsymbol{v}_{j+1} \neq \mathbf{0}$, so steht dies im Widerspruch zur Voraussetzung. Also folgt entweder direkt $\boldsymbol{v}_{j+1} = \mathbf{0}$ oder $\boldsymbol{v}_i = \mathbf{0}$ für ein $i = 1, \dots, m$, so dass wiederholte Anwendung dieses Schlusses auf $\boldsymbol{v}_1 = \dots = \boldsymbol{v}_{j+1} = \mathbf{0}$ führt.
Zu 3): Durch vollständige Induktion über m:
$m = 2$: Nach Satz 1.86 bzw. Bemerkungen 1.87.
$m \to m + 1$: Nach Definition ist
$\bigoplus_{i=1}^{m+1} V_i = \left(\bigoplus_{i=1}^{m} V_i\right) \oplus V_{m+1}$, damit nach der obigen Überlegung

$$\dim \bigoplus_{i=1}^{m+1} V_i = \dim \bigoplus_{i=1}^{m} V_i + \dim V_{m+1}$$

und daraus folgt nach Induktionsvoraussetzung die Behauptung. Zudem ist $\mathcal{B}$ offensichtlich ein Erzeugendensystem von V, das nach den Vorüberlegungen $\dim V$ Elemente hat.

□

In dieser Form ist der Begriff auch auf beliebige Indexmengen I übertragbar und Satz 2.46, 2) gilt weiterhin. In den dann analog zu 1) eindeutigen Darstellung

$$\boldsymbol{u} = \sum_{i \in I} \boldsymbol{u}_i, \quad \boldsymbol{u}_i \in V_i$$

sind nun für endlich viele $i' \in I, \boldsymbol{u}_{i'} \neq \mathbf{0}$ und damit die Summe wohldefiniert.

***Bemerkungen 2.47**

1) Die Bedingung 2) (ii) aus Satz 2.46 kann auch äquivalent geschrieben werden als:

$$\text{Seien } \boldsymbol{u}_i \in V_i,\ i = 1, \dots, m, \quad \text{dann gilt}$$
$$\sum_{i=1}^{m} \boldsymbol{u}_i = \mathbf{0} \quad \Rightarrow \quad \boldsymbol{u}_i = \mathbf{0} \text{ für alle } i = 1, \dots, m\,.$$

Dann ist jede Darstellung $\boldsymbol{u} = \sum_{i=1}^{n} \boldsymbol{u}_i$ bei einer direkten Summe eindeutig und die Eindeutigkeit charakterisiert die Direktheit.

2) Das Kriterium für eine orthogonale Projektion aus (2.56) lässt sich verallgemeinern. In der Situation von Satz 2.46 gilt für $i = 1, \dots, m$:

$$P_i \quad \text{ist eine orthogonale Projektion} \quad \Leftrightarrow$$
$$\bigoplus_{\substack{j=1\\ j\neq i}}^{m} V_j \subset U_i^{\perp} \quad \Leftrightarrow \quad \bigoplus_{\substack{j=1\\ j\neq i}}^{m} V_j = V_i^{\perp} \,.$$

Dies kann man folgendermaßen einsehen:

$$\text{Es ist} \quad \bigoplus_{\substack{j=1\\ j\neq i}}^{m} V_j = \operatorname{Kern} P_i \,, \tag{2.62}$$

denn wegen $P_i \circ P_j = 0$ *für* $j \neq i$ *gilt* $V_j = \operatorname{Bild} P_j \subset \operatorname{Kern} P_i$ *und damit gilt* $W_1 := \bigoplus_{\substack{j=1\\ j\neq i}}^{m} V_j \subset \operatorname{Kern} P_i =: W_2$. *Also ergibt sich für* $U := \operatorname{Bild} P_i$ *die Situation* $V = U \bigoplus W_1$ *und* $V = U \bigoplus W_2$ *(nach (2.54)),* $W_1 \subset W_2$. *Dies ist nur für* $W_1 = W_2$ *möglich, denn sei* $\boldsymbol{w}_2 \in W_2$, *dann hat* $\boldsymbol{w}_2 \in V$ *die Zerlegung* $\boldsymbol{w}_2 = \boldsymbol{u} + \boldsymbol{w}_1$ *mit* $\boldsymbol{u} \in U$, $\boldsymbol{w}_1 \in W_1$, *aber auch* $\boldsymbol{w}_2 = \boldsymbol{0} + \boldsymbol{w}_2$. *Wegen der Eindeutigkeit der Zerlegung in* U *und* W_2 *muss demnach* $\boldsymbol{w}_2 = \boldsymbol{w}_1 \in W_1$ *(und* $\boldsymbol{u} = \boldsymbol{0}$*) sein.*
Somit ergibt sich die Äquivalenz der 1. und 2. Aussage direkt mit (2.62) und die Äquivalenz der 2. und 3. Aussage entspricht (2.56).

3) Satz 2.46, 2) zeigt, dass die Direktheit unabhängig von der gewählten Indizierung der Räume ist, anordnungsunabhängig kann die Bedingung aus Definition 2.45 auch formuliert werden als: Sei $I := \{1, \ldots, m\}$. Für jedes $i \in I$ und jede endliche Teilmenge $J \subset I \setminus \{i\}$ gilt

$$V_i \cap \sum_{j\in J} V_j = \{\boldsymbol{0}\}. \qquad \triangle$$

2.3.3 Invertierbare Matrizen

Wir wollen nun die Matrix zur Umkehrabbildung Φ^{-1} bestimmen, wenn diese existiert. Dazu sei $\Phi : \mathbb{R}^m \to \mathbb{R}^n$ linear und bijektiv. Die Umkehrabbildung

$$\Phi^{-1} : \begin{cases} \mathbb{R}^n \to \mathbb{R}^m \\ \boldsymbol{y} \mapsto \boldsymbol{x} \text{ falls } \Phi(\boldsymbol{x}) = \boldsymbol{y} \end{cases}$$

kann wegen Theorem 2.28 nur dann existieren, wenn $m = n$.

Sei nun $\Phi : \mathbb{R}^n \to \mathbb{R}^n$ linear und invertierbar mit zugehöriger Darstellungsmatrix A bezüglich der Standardbasis. Die zu Φ^{-1} gehörige Matrix sei B. Da $\Phi^{-1} \circ \Phi = \Phi \circ \Phi^{-1} = \mathrm{id}$, und da dem Hintereinanderausführen linearer Abbildungen die Matrizenmultiplikation entspricht, folgern wir

$$AB = BA = \mathbb{1}_n \,.$$

Definition 2.48

Eine Matrix $A \in \mathbb{R}^{(n,n)}$ heißt *invertierbar* oder *nichtsingulär*, wenn es eine Matrix $B \in \mathbb{R}^{(n,n)}$ gibt mit $AB = \mathbb{1}_n$ oder $BA = \mathbb{1}_n$.

Die weitere Beziehung in Definition 2.48 folgt automatisch, da z. B. aus $BA = \mathbb{1}_n$ folgt, dass die lineare Abbildung mit Matrix B die Umkehrabbildung zur linearen Abbildung mit Matrix A ist (unter Betrachtung von Hauptsatz 2.31 oder Hauptsatz 1.85) und damit auch $AB = \mathbb{1}_n$ folgt. Entsprechendes gilt bei Rollentausch von A und B.

Die Matrix B mit dieser Eigenschaft ist durch A also eindeutig bestimmt. Wir nennen B die *inverse Matrix* zu A:

$$B := A^{-1} .$$

Sei $A \in \mathbb{R}^{(n,n)}$ invertierbar und man betrachte für $\boldsymbol{b} \in \mathbb{R}^n$ das LGS

$$A\boldsymbol{x} = \boldsymbol{b} .$$

Da $\operatorname{Kern} A = \{\boldsymbol{0}\}$, ist nach Hauptsatz 1.85 das LGS für alle $\boldsymbol{b}$ eindeutig lösbar und die Lösung ist (wie Einsetzen zeigt)

$$\boldsymbol{x} = A^{-1}\boldsymbol{b} = \sum_{i=1}^{n} b_i \boldsymbol{c}^{(i)} , \tag{2.63}$$

wenn A^{-1} die Spaltendarstellung

$$A^{-1} = \left(\boldsymbol{c}^{(1)}, \dots, \boldsymbol{c}^{(n)}\right)$$

hat. In die Äquivalenzliste der Aussagen von Hauptsatz 1.85 bzw. 1.85^{I} kann damit noch aufgenommen werden:

Hauptsatz 1.85^{II} Lösbarkeit und Eindeutigkeit bei LGS

Die Äquivalenzliste in Hauptsatz 1.85 (1.85^{I}) kann bei $m = n$ ergänzt werden mit:

(vii) A ist invertierbar.

Eine invertierbare Matrix $A \in \mathbb{R}^{(n,n)}$ hat also insbesondere maximalen Spalten- und Zeilenrang ($= n$), d. h. *maximalen Rang* . Die elementaren Zeilentransformationen des GAUSS-Verfahrens führen auf eine obere Dreiecksmatrix der Form

$$R := \begin{pmatrix} r_{ii} & & * \\ & \ddots & \\ 0 & & r_{nn} \end{pmatrix} \tag{2.64}$$

mit $r_{ii} \neq 0$ für $i = 1, \ldots, n$ oder auch gleich 1.

Da für Isomorphismen $\Phi, \Psi \in \operatorname{Hom}(V, V)$ eines $\mathbb{R}$-Vektorraums V gilt

$$\Phi \circ \Psi \text{ ist Isomorphismus und } (\Phi \circ \Psi)^{-1} = \Psi^{-1} \circ \Phi^{-1} ,$$

überträgt sich dies auf Matrizen in der Form:

Sind $A, B \in \mathbb{R}^{(n,n)}$ invertierbar, dann ist auch AB invertierbar und
$$(AB)^{-1} = B^{-1}A^{-1} .$$

Sei

$$\begin{gathered} \mathrm{GL}(V) := \{\Phi \in \operatorname{Hom}(V, V) : \Phi \text{ ist Isomorphismus}\} \\ \text{und entsprechend} \\ \mathrm{GL}(n, \mathbb{R}) := \{A \in \mathbb{R}^{(n,n)} : A \text{ ist invertierbar}\} , \end{gathered} \tag{2.65}$$

dann ist also diese Menge bezüglich $\circ$ bzw. $\cdot$ (der Matrixmultiplikation) abgeschlossen, die Operation ist assoziativ, es gibt ein neutrales Element und inverse Elemente, aber die Verknüpfung ist nicht kommutativ für $n \geq 2$. Dementsprechend

$(\mathrm{GL}(V), \circ)$ bzw. $(\mathrm{GL}(n, \mathbb{R}), \cdot)$ ist eine *(nicht kommutative) Gruppe* .

Man beachte aber, dass die Nullabbildung offensichtlich nicht zu $\mathrm{GL}(V)$ gehört und $\mathrm{GL}(V)$ ist dann bezüglich $+$ nicht abgeschlossen.

***Bemerkung 2.49** Invertierbarkeit von $A \in \mathbb{R}^{(m,n)}$ bedeutet daher $m = n$ und die Existenz einer *Linksinversen* $A_L \in \mathbb{R}^{(n,m)}$, d. h.

$$A_L A = \mathbb{1}_n$$

und die Existenz einer *Rechtsinversen* $A_R \in \mathbb{R}^{(n,m)}$, d. h.

$$AA_R = \mathbb{1}_m ,$$

die dann gleich sind.

Allgemeiner sind für $A \in \mathbb{R}^{(m,n)}$ jeweils äquivalent:

a1) A ist injektiv.

a2) Es gibt eine Linksinverse.

Und

b1) A ist surjektiv.

b2) Es gibt eine Rechtsinverse.

Das kann man folgendermaßen einsehen:
„a2) ⇒ a1)“ folgt aus $Ax = \mathbf{0} \Rightarrow x = A_L Ax = \mathbf{0}$,
für „a1) ⇒ a2)“ definiere man auf Bild A

$$A_L y := x, \text{ falls } y = Ax \; .$$

Die Linearität von A_L *folgt wie im Beweis von Satz 2.5, 3). Auf* $(\text{Bild}\, A)^\perp$ *kann* A_L *beliebig linear definiert werden.*
„b2) ⇒ b1)“ gilt, da

$$AA_R y = y \text{ für beliebige } y \in \mathbb{R}^m$$

$y \in \text{Bild}\, A$ *impliziert.*
Für „b1) ⇒ b2)“ kann A_R *folgendermaßen als Abbildung definiert werden:*

$$A_R(y) \in A^{-1}\{y\}, \quad \text{d. h.} \quad AA_R(y) = y \quad \text{und} \quad A_R(y) \in (\text{Kern}\, A)^\perp \; .$$

Auf diese Weise wird aus der Lösungsmenge von $Az = y$ *ein eindeutiges Element ausgewählt (siehe (2.109)ff).*
Das so definierte $A_R : \mathbb{R}^m \to \mathbb{R}^n$ *ist linear, d. h. durch* $A_R \in \mathbb{R}^{(n,m)}$ *darstellbar, da etwa für* $y_1, y_2 \in \mathbb{R}^m$ *gilt:*

$$A(A_R(y_1) + A_R(y_2)) = y_1 + y_2 \; ,$$

aber auch

$$A_R(y_1) + A_R(y_2) \in (\text{Kern}\, A)^\perp$$

und damit

$$A_R(y_1 + y_2) = A_R(y_1) + A_R(y_2) \; .$$

Dies wird allgemeiner bei der Definition der Pseudoinversen aufgegriffen werden (siehe Theorem 2.77 und (2.112) und auch Bemerkungen 2.82, 3)).

△

Bemerkungen 2.50

1) Sei $D := \text{diag}(d_i) := (d_i \delta_{i,j})_{ij} \in \mathbb{R}^{(n,n)}$ eine Diagonalmatrix mit Diagonaleinträgen d_i.

> Die Matrix D ist genau dann invertierbar, wenn
>
> $$d_i \neq 0 \text{ für alle } i = 1, \ldots, n \qquad \text{und dann} \qquad D^{-1} = \text{diag}\left(\frac{1}{d_i}\right)$$

(vgl. die „vorgezogene Benutzung“ in (MM.43)).

2) In Erweiterung gilt: Eine obere Dreiecksmatrix $R = (r_{i,j})_{ij} \in \mathbb{R}^{(n,n)}$ ist genau dann invertierbar, wenn

$$r_{i,i} \neq 0 \text{ für alle } i = 1, \ldots, n$$

und R^{-1} ist eine obere Dreiecksmatrix mit

$$(R^{-1})_{i,i} = \frac{1}{d_{i,i}} \text{ für alle } i = 1, \dots, n .$$

Ist also R normiert, so ist auch R^{-1} normiert.

Dies kann aus nachfolgenden Überlegungen zur Berechnung von A^{-1} in Verbindung mit der Rückwärtssubstitution geschlossen werden (Übung).

Die analoge Aussage gilt für untere Dreiecksmatrizen.

3) Aus (2.45) folgt für Drehmatrizen

$$G(\alpha)G(-\alpha) = G(0) = \mathbb{1}$$

und damit

$$\boxed{G(\alpha)^{-1} = G(-\alpha)} \tag{2.66}$$

und analog für GIVENS-Rotationen $G(\alpha, i, j)$ bei festen i, j.

4) Die Menge der oberen (unteren) Dreiecksmatrizen mit nichtverschwindenden Diagonalelementen ist somit bezüglich der Matrizenmultiplikation abgeschlossen und damit auch eine nichtkommutative Gruppe (nach 2) und (2.46)), d. h. eine Untergruppe von $\mathrm{GL}(n, \mathbb{R})$. Analoges gilt für Drehmatrizen bzw. für GIVENS-Rotationen $G(\alpha, i, j)$ bei festem i, j.

5) Nach Theorem 2.35, Bemerkungen 2.37, 4) gilt für einen Isomorphismus $\Phi : V \to V$ auf einem endlichdimensionalen Vektorraum mit Basen $\mathcal{B}_1, \mathcal{B}_2$: Die Darstellungsmatrix ist invertierbar und

$$_{\mathcal{B}_1}[\Phi^{-1}]_{\mathcal{B}_2} = \left(_{\mathcal{B}_2}[\Phi]_{\mathcal{B}_1}\right)^{-1} .$$

Beachte:

$$_{\mathcal{B}_1}[\Phi^{-1}]_{\mathcal{B}_2\,\mathcal{B}_2}[\Phi]_{\mathcal{B}_1} = {}_{\mathcal{B}_1}[\mathrm{id}]_{\mathcal{B}_1} = \mathbb{1}$$

6) Die Koordinatenabbildung $\Psi_{\mathcal{B}}$ auf $\mathbb{R}^n$ zu einer Basis $\mathcal{B} = \{\boldsymbol{v}_1, \dots, \boldsymbol{v}_n\}$ lässt sich mit der invertierbaren Matrix $U := (\boldsymbol{v}_1, \dots, \boldsymbol{v}_n) \in \mathbb{R}^{(n,n)}$ schreiben als

$$\Psi_{\mathcal{B}}\boldsymbol{v} = U^{-1}\boldsymbol{v} \text{ bzw. } \Psi_{\mathcal{B}}^{-1}\boldsymbol{\alpha} = U\boldsymbol{\alpha} ,$$

da mit $\boldsymbol{\alpha} := \Psi_{\mathcal{B}}\boldsymbol{v}$ gilt:

$$\boldsymbol{v} = \sum_{i=1}^{n} \alpha_i \boldsymbol{v}_i = U\boldsymbol{\alpha} .$$

△

Beispiel 2.51 Wann ist eine 2×2-Matrix

$$A = \begin{pmatrix} a & b \\ c & d \end{pmatrix}$$

invertierbar? Es ist dann der Fall, wenn wir A auf eine Stufenform

$$\begin{pmatrix} 1 & * \\ 0 & 1 \end{pmatrix}$$

bringen können. Falls $a \neq 0$ ist, dividieren wir erst die erste Zeile durch a und subtrahieren dann c-mal die neue erste Zeile von der zweiten. Wir erhalten die Stufenform

$$\begin{pmatrix} 1 & \frac{b}{a} \\ 0 & d - \frac{bc}{a} \end{pmatrix}.$$

In diesem Fall ist

$$a \cdot d - b \cdot c \neq 0 \tag{2.67}$$

die Charakterisierung dafür, dass A invertierbar ist.

Falls $a = 0$ und $c \neq 0$ ist, vertauschen wir erste und zweite Zeile und kommen zur selben Bedingung. Wenn aber $a = c = 0$ ist, ist die Dreiecksform nie zu erreichen. Es folgt: Unsere Bedingung $ad - bc \neq 0$ ist notwendig und hinreichend dafür, dass A invertierbar ist. Wenn A invertierbar ist, so wollen wir A^{-1} auch ermitteln. Wir wenden das GAUSS-JORDAN-Verfahren an. Wir diskutieren nur den Fall $a \neq 0$:

umgeformtes A	umgeformte Einheitsmatrix
$\begin{pmatrix} a & b \\ c & d \end{pmatrix}$	$\begin{pmatrix} 1 & 0 \\ 0 & 1 \end{pmatrix}$
$\begin{pmatrix} 1 & b/a \\ c & d \end{pmatrix}$	$\begin{pmatrix} 1/a & 0 \\ 0 & 1 \end{pmatrix}$
$\begin{pmatrix} 1 & b/a \\ 0 & d - bc/a \end{pmatrix}$	$\begin{pmatrix} 1/a & 0 \\ -c/a & 1 \end{pmatrix}$
$\begin{pmatrix} 1 & b/a \\ 0 & 1 \end{pmatrix}$	$\begin{pmatrix} 1/a & 0 \\ -c/(ad-bc) & a/(ad-bc) \end{pmatrix}$
$\begin{pmatrix} 1 & 0 \\ 0 & 1 \end{pmatrix}$	$\begin{pmatrix} d/(ad-bc) & -b/(ad-bc) \\ -c/(ad-bc) & a/(ad-bc) \end{pmatrix}$

Hier haben wir in der rechten Spalte dieselben elementaren Zeilenumformungen auf die Einheitsmatrix angewendet, wie auf die Matrix A. Also:

$$A^{-1} = \frac{1}{ad-bc}\begin{pmatrix} d & -b \\ -c & a \end{pmatrix} . \tag{2.68}$$

Die Vorgehensweise wird dadurch begründet, dass die Spalten $\boldsymbol{c}^{(1)}, \boldsymbol{c}^{(2)}$ von A^{-1} das LGS $A\boldsymbol{c}^{(i)} = \boldsymbol{e}^{(i)}$ lösen. Am Anfang des nächsten Abschnitts wird dies nochmal ausführlich diskutiert. ○

***Bemerkung 2.52** Wird eine Matrix nur in einer Spalte oder Zeile geändert, kann dies durch Addition einer Rang-1-Matrix (siehe (2.49)) ausgedrückt werden.

$$\boldsymbol{b} \otimes \boldsymbol{e}_i \quad \text{bzw.} \quad \boldsymbol{e}_j \otimes \boldsymbol{c} \quad \text{für} \quad \boldsymbol{b}, \boldsymbol{e}_j \in \mathbb{R}^m \quad \text{und} \quad \boldsymbol{c}, \boldsymbol{e}_i \in \mathbb{R}^n$$

sind die (m, n)-Matrizen, in denen die i-te Spalte bzw. j-te Zeile mit $\boldsymbol{b}$ bzw. $\boldsymbol{c}$ übereinstimmen, und sonst alle Einträge Null sind. Die Änderung z. B. einer Spalte $\boldsymbol{a}^{(i)}$ zu $\widetilde{\boldsymbol{a}}^{(i)}$ in $A \in \mathbb{R}^{(m,n)}$ kann somit durch das *Rang-1-Update*

$$\widetilde{A} = A + (\widetilde{\boldsymbol{a}}^{(i)} - \boldsymbol{a}^{(i)}) \otimes \boldsymbol{e}_i \tag{2.69}$$

ausgedrückt werden und analog für Zeilenänderungen. Das beinhaltet auch die Änderungen von nur einem Eintrag. Für Matrizen der Form (2.69) lässt sich bei Kenntnis von A^{-1} eine Darstellung von $\widetilde{A}^{-1}$ geben, die *Sherman-Morrison*[9][10]*-Formel*:

Sei $A \in \mathbb{R}^{(n,n)}$ invertierbar, $\boldsymbol{u}, \boldsymbol{v} \in \mathbb{R}^n$ und $1 + \left(A^{-1}\boldsymbol{u} \,.\, \boldsymbol{v}\right) \neq 0$. Dann ist auch $A + \boldsymbol{u} \otimes \boldsymbol{v}$ invertierbar und es gilt:

$$(A + \boldsymbol{u} \otimes \boldsymbol{v})^{-1} = A^{-1} - \alpha A^{-1}\boldsymbol{u}\boldsymbol{v}^t A^{-1} \quad \text{mit} \quad \alpha := 1/\left(1 + \left(A^{-1}\boldsymbol{u} \,.\, \boldsymbol{v}\right)\right) . \tag{2.70}$$

Der Nachweis erfolgt in Aufgabe 3.11. Für den Fall $A = \mathbb{1}$ ergibt es sich durch einfaches Ausmultiplizieren und den allgemeinen Fall kann man mittels $A + \boldsymbol{u} \otimes \boldsymbol{v} = A(\mathbb{1} + A^{-1}\boldsymbol{u} \otimes \boldsymbol{v})$ darauf zurückführen.

Unter Benutzung der Transponierten (siehe Definition 1.48 bzw. (2.79)) kann die Formel auch geschrieben werden als

$$(A + \boldsymbol{u} \otimes \boldsymbol{v})^{-1} = A^{-1} - \alpha A^{-1}\boldsymbol{u} \otimes A^{-t}\boldsymbol{v} .$$

Liegt A^{-1} also nicht explizit vor, muss zur Anwendung von $(A + \boldsymbol{u} \otimes \boldsymbol{v})^{-1}$ auf einen Vektor $\boldsymbol{z}$ neben der Berechnung von $A^{-1}\boldsymbol{z}$ ein LGS mit A $(A\boldsymbol{x} = \boldsymbol{u})$ und eines mit A^t $(A^t\boldsymbol{y} = \boldsymbol{v})$ gelöst werden, um das Update durch das SKP $(\boldsymbol{x} \,.\, \boldsymbol{v})$ (für α) und die Anwendung $\boldsymbol{x} \otimes \boldsymbol{y}\boldsymbol{z}$, folglich ein weiteres SKP, zu erhalten.

Der Vorteil dieser Vorgehensweise wird erst ersichtlich, wenn das Gauss-Verfahren als Verfahren zur Erzeugung einer LR-Zerlegung interpretiert wird (Abschnitt 2.4.3). Das

---

[9] Jack Sherman

[10] Winifred J. Morrison

Lösen eines LGS mit Matrix A wird dann zur Vorwärts- und Rückwärtssubstitution, vom Aufwand her demnach zu untergeordneten Operationen (siehe Bemerkungen 1.51).

Solche Rang-1-Updates spielen eine Rolle in der Optimierung, insbesondere auch beim Simplex-Verfahren (siehe Kapitel 6) und in der Statistik. △

Bis auf solche sehr einfachen Fälle gilt aber generell die goldene Regel:

> Inverse Matrizen werden nicht explizit berechnet, sondern die zugehörigen LGS werden (mit dem GAUSS-Verfahren) gelöst.

2.3.4 Das GAUSS-Verfahren vom Matrizenstandpunkt

Sei $A \in \mathbb{R}^{(n,n)}$ eine invertierbare Matrix.

Die Darstellung (2.63) könnte dazu verführen, zur Lösung eines solchen LGS A^{-1} zu bestimmen und dann das Matrix-Vektor-Produkt zu bilden. Davon ist aus Aufwandsgründen dringend abzuraten, wie die nachfolgenden Überlegungen zeigen. Sie zeigen aber auch, dass in Erweiterung der Anwendung des GAUSS-Verfahrens dieses nicht nur zur Lösung eines LGS, sondern auch zur Bestimmung von A^{-1} genutzt werden kann (wie dies schon für (2.68) geschehen ist).

Sei $A^{-1} = \left(\boldsymbol{c}^{(1)}, \ldots, \boldsymbol{c}^{(n)}\right)$ die (unbekannte) Spaltendarstellung, dann gilt wegen

$$\begin{aligned} A A^{-1} &= \mathbb{1}_n : \\ A\boldsymbol{c}^{(i)} &= \boldsymbol{e}_i \quad \text{für } i = 1, \ldots, n . \end{aligned}$$

Die i-te Spalte von A^{-1} kann sodann durch Lösen eines LGS (mittels GAUSSscher Elimination) für die rechte Seite $\boldsymbol{e}_i$ bestimmt werden. Da die Matrix bei allen n LGS gleich ist, kann dabei folgendermaßen vorgegangen werden: A wird nicht um eine, sondern um alle n rechte Seiten, d. h. um $\mathbb{1}_n$ erweitert.

Ausgangspunkt der Umformungen ist demnach

$$(A, \mathbb{1}_n) \in \mathbb{R}^{(n,2n)} .$$

Die elementaren Zeilenumformungen des GAUSS-Verfahrens führen zu der Form

$$(R, B) \in \mathbb{R}^{(n,2n)} \tag{2.71}$$

mit R wie in (2.64). Durch n Rückwärtssubstitutionen zu $\left(R, \boldsymbol{b}^{(i)}\right)$, wobei $\boldsymbol{b}^{(i)}$ die i-te Spalte von B ist, erhält man die Spalten $\boldsymbol{c}^{(i)}$ als Lösungen.

Insbesondere ist daher auch R invertierbar und

$$\boldsymbol{c}^{(i)} = R^{-1}\boldsymbol{b}^{(i)} ,$$

wobei dieses Produkt ohne explizite Kenntnis von R^{-1} über Rückwärtssubstitution bestimmt wird. Alternativ kann bei (2.71) die Umformung wie in Satz 1.6 fortgeführt werden (*GAUSS-JORDAN-Verfahren*) zur Erreichung der Form

$$(\mathbb{1}_n, C) \in \mathbb{R}^{(n,2n)}\,, \tag{2.72}$$

woraus sich folgend die i-te Spalte von A^{-1} als i-te Spalte von C ergibt, d. h.

$$A^{-1} = C\,.$$

Auf diese Weise müssen also n Rückwärtssubstitutionen (und die zusätzliche Matrix-Vektormultiplikation $A^{-1}\boldsymbol{b}$) statt einer wie bei der direkten Anwendung des Eliminationsverfahrens auf $A\boldsymbol{x} = \boldsymbol{b}$ durchgeführt werden, was aber in beiden Fällen insgesamt immer noch $O(n^3)$ Operationen sind. Einen Vorteil in der direkten Bestimmung von A^{-1} könnte man darin sehen, dass auch für weitere rechte Seiten $\boldsymbol{b}'$ das LGS leicht (durch die Matrix-Vektormultiplikation $A^{-1}\boldsymbol{b}'$) gelöst werden kann. In Abschnitt 2.4.3 werden wir aber sehen, dass bei richtig durchgeführter GAUSS-Elimination danach jedes LGS mit einer Vorwärtssubstitution und einer Rückwärtssubstitution (Auflösung von $R\boldsymbol{x} = \boldsymbol{b}'$), d. h. insgesamt mit $O(n^2)$ Operationen, aufgelöst werden kann.

Sei $A \in \mathbb{R}^{(m,n)}$. Die im GAUSS-Verfahren benutzten elementaren Umformungen sind lineare Abbildungen (auf $\mathbb{R}^n$ für Zeilenumformungen bzw. auf $\mathbb{R}^m$ für Spaltenumformungen) und lassen sich für die Zeilenumformungen durch folgende *Elementarmatrizen* darstellen:

Vertauschen zweier Zeilen l und k (Elementarmatrix vom Typ I), wobei o. B. d. A. $1 \le k < l \le m$:

Hierbei deuten Einträge $*$ die Zahl 1 an, nicht gekennzeichnete Einträge die Zahl 0.

$$E_1 := \begin{pmatrix} 1 &&&&&&&& \\ & * &&&&&&& \\ && 1 &&&&&& \\ &&& 0 & \cdots & 1 &&& \\ &&& \vdots & 1 \quad * \quad 1 & \vdots &&& \\ &&& 1 & \cdots & 0 &&& \\ &&&&&& 1 && \\ &&&&&&& * & \\ &&&&&&&& 1 \end{pmatrix} \begin{array}{l} = \mathbb{1} - \boldsymbol{e}_k \otimes \boldsymbol{e}_k - \boldsymbol{e}_l \otimes \boldsymbol{e}_l + \boldsymbol{e}_k \otimes \boldsymbol{e}_l + \boldsymbol{e}_l \otimes \boldsymbol{e}_k \\ = \mathbb{1} + \boldsymbol{e}_k \otimes (\boldsymbol{e}_l - \boldsymbol{e}_k) + \boldsymbol{e}_l \otimes (\boldsymbol{e}_k - \boldsymbol{e}_l)\,. \end{array} \tag{2.73}$$

$\uparrow$ k-te $\qquad$ $\uparrow$ l-te Spalte

Multiplikation einer Zeile j mit $c \in \mathbb{R}$ (Elementarmatrix vom Typ II):

$$E_2 := \begin{pmatrix} 1 & & & & & & \\ & * & & & & & \\ & & 1 & & & & \\ & & & c & & & \\ & & & & 1 & & \\ & & & & & * & \\ & & & & & & 1 \end{pmatrix} \begin{aligned} &= \sum_{\substack{i=1\\ i\neq j}}^{m} \boldsymbol{e}_i \otimes \boldsymbol{e}_i + c\boldsymbol{e}_j \otimes \boldsymbol{e}_j \\ &= \mathbb{1} + (c-1)\boldsymbol{e}_j \otimes \boldsymbol{e}_j\,. \end{aligned} \tag{2.74}$$

↑ j-te Spalte

Addieren des c-fachen einer Zeile k zu einer anderen Zeile j, $j \neq k$ (Elementarmatrix vom Typ III):

$$E_3 := E_3(k,j) := \begin{pmatrix} 1 & & & & & \\ & * & & & & \\ & & 1 & & & \\ & & \vdots & * & & \\ & & c & \cdots & 1 & & \\ & & & & & * & \\ & & & & & & 1 \end{pmatrix} j\text{-te Zeile} \quad = \mathbb{1} + c\boldsymbol{e}_j \otimes \boldsymbol{e}_k\,, \tag{2.75}$$

↑ k-te Spalte (hier für $k < j$ dargestellt)

Wir verifizieren, dass Linksmultiplikation der Matrix

$$A = (\boldsymbol{a}_{(1)}, \ldots, \boldsymbol{a}_{(m)})^t$$

(Zeilendarstellung) mit E_i die Zeilenumformungen des entsprechenden Typs bewirkt. Dabei benutzen wir, dass die Matrix

$$(\mathbb{1} + \boldsymbol{e}_k \otimes \boldsymbol{e}_l)A = A + \boldsymbol{e}_k \otimes \boldsymbol{a}_{(l)}$$

aus A entsteht, indem die l-te Zeile $\boldsymbol{a}^t_{(l)}$ zur k-ten Zeile addiert wird.

Typ I: $E_1 A = A + \boldsymbol{e}_k \otimes (\boldsymbol{a}_{(l)} - \boldsymbol{a}_{(k)}) + \boldsymbol{e}_l \otimes (\boldsymbol{a}_{(k)} - \boldsymbol{a}_{(l)})$ entsteht aus A, indem bei der k-ten Zeile diese Zeile subtrahiert und die l-te Zeile addiert wird und entsprechendes für die l-te Zeile.

Typ II: $E_2 A = A + (c-1)\boldsymbol{e}_j \otimes \boldsymbol{a}_{(j)}$, zur j-ten Zeile wird deren $c-1$-faches addiert, d.h., sie wird durch ihr c-faches ersetzt.

Typ III: $E_3 A = A + c\boldsymbol{e}_j \otimes \boldsymbol{a}_{(k)}$ entsteht aus A durch Addition der k-ten Zeile zur j-ten.

Alle Elementarmatrizen sind invertierbar, da die Elementarumformungen durch solche gleichen Typs umgekehrt werden können, d. h. die Inversen der Elementarmatrizen sind:

$$E_3^{-1} = \begin{pmatrix} 1 & & & & & & \\ & * & & & & & \\ & & 1 & \cdots & c & & \\ & & & * & \vdots & & \\ & & & & 1 & & \\ & & & & & * & \\ & & & & & & 1 \end{pmatrix}^{-1} = \begin{pmatrix} 1 & & & & & & \\ & * & & & & & \\ & & 1 & \cdots & -c & & \\ & & & * & \vdots & & \\ & & & & 1 & & \\ & & & & & * & \\ & & & & & & 1 \end{pmatrix} = \mathbb{1} - c\boldsymbol{e}_j \otimes \boldsymbol{e}_k$$

$$E_2^{-1} = \begin{pmatrix} 1 & & & & & & \\ & * & & & & & \\ & & 1 & & & & \\ & & & c & & & \\ & & & & 1 & & \\ & & & & & * & \\ & & & & & & 1 \end{pmatrix}^{-1} = \begin{pmatrix} 1 & & & & & & \\ & * & & & & & \\ & & 1 & & & & \\ & & & 1/c & & & \\ & & & & 1 & & \\ & & & & & * & \\ & & & & & & 1 \end{pmatrix} = \mathbb{1} + \left(\frac{1}{c} - 1\right)\boldsymbol{e}_j \otimes \boldsymbol{e}_j ,$$

$$E_1^{-1} = \begin{pmatrix} 1 & & & & & & & & & & \\ & * & & & & & & & & & \\ & & 1 & & & & & & & & \\ & & & 0 & \cdots & \cdots & \cdots & 1 & & & \\ & & & \vdots & 1 & & & \vdots & & & \\ & & & \vdots & & * & & \vdots & & & \\ & & & \vdots & & & 1 & \vdots & & & \\ & & & 1 & \cdots & \cdots & \cdots & 0 & & & \\ & & & & & & & & 1 & & \\ & & & & & & & & & * & \\ & & & & & & & & & & 1 \end{pmatrix}^{-1} = \begin{pmatrix} 1 & & & & & & & & & & \\ & * & & & & & & & & & \\ & & 1 & & & & & & & & \\ & & & 0 & \cdots & \cdots & \cdots & 1 & & & \\ & & & \vdots & 1 & & & \vdots & & & \\ & & & \vdots & & * & & \vdots & & & \\ & & & \vdots & & & 1 & \vdots & & & \\ & & & 1 & \cdots & \cdots & \cdots & 0 & & & \\ & & & & & & & & 1 & & \\ & & & & & & & & & * & \\ & & & & & & & & & & 1 \end{pmatrix} = E_1$$

(hier für $k > j$ dargestellt).

Mit diesen Kenntnissen lässt sich Hauptsatz 1.80 alternativ beweisen:

Wie dort bleibt zu zeigen, dass sich bei elementaren Zeilenumformungen auch der Spaltenrang nicht ändert. Nun wissen wir, dass jede elementare Zeilenumformung in der Matrix A bewirkt werden kann als Links-Multiplikation EA mit einer Elementarmatrix E. Die Spaltenvektoren $E\boldsymbol{a}_1, \ldots, E\boldsymbol{a}_n$ von EA sind die Bilder der Spaltenvektoren $\boldsymbol{a}_1, \ldots, \boldsymbol{a}_n$ von A unter der linearen Abbildung $\boldsymbol{x} \mapsto E\boldsymbol{x}$ und E ist invertierbar. Daher überträgt E eine Basis des Spaltenraums von A auf eine Basis des Spaltenraums von EA und verändert daher nicht den Spaltenrang.

Die Äquivalenzliste der Sätze 1.85, 1.85^{I}, 1.85^{II} kann ergänzt werden um:

Hauptsatz 1.85^{III} Lösbarkeit und Eindeutigkeit bei LGS

Die Äquivalenzliste in Hauptsatz 1.85 (1.85^{I}, 1.85^{II}) kann bei $m = n$ ergänzt werden mit:

(viii) A lässt sich als Produkt von Elementarmatrizen schreiben.

Beweis: Da jede Elementarmatrix invertierbar ist, ist auch ein Produkt aus Elementarmatrizen invertierbar. Andererseits kann eine invertierbare Matrix durch das GAUSS-JORDAN-Verfahren in die Einheitsmatrix überführt werden und die Inverse ergibt sich als Produkt der Elementarmatrizen zu den durchgeführten Umformungsschritten:

$$E_k E_{k-1} \dots E_1 A = \mathbb{1} ,$$

somit auch

$$A = E_1^{-1} E_2^{-1} \dots E_k^{-1} .$$

□

Betrachten wir als Beispiel im Detail die Eliminationsschritte für die erste Spalte, wobei vorerst vorausgesetzt sei, dass keine Zeilenvertauschungen nötig sind. Die Faktoren in den Umformungen vom Typ III sind dann $-c_i$, wobei

$$c_i := \frac{a_{i,1}}{a_{11}} \quad \text{für } i = 2, \dots, m .$$

Das Produkt der zugehörigen Elementarmatrizen vom Typ III lässt sich dann schreiben als $E := E_m E_{m-1} \dots E_2 = \mathbb{1} - \boldsymbol{v} \otimes \boldsymbol{e}_1$, wobei

$$\boldsymbol{v} := (0, c_2, \dots, c_m) , \tag{2.76}$$

da etwa

$$\begin{aligned} E_3 E_2 = (\mathbb{1} - c_3 \boldsymbol{e}_3 \otimes \boldsymbol{e}_1)(\mathbb{1} - c_2 \boldsymbol{e}_2 \otimes \boldsymbol{e}_1) &= \mathbb{1} - c_2 \boldsymbol{e}_2 \otimes \boldsymbol{e}_1 - c_3 \boldsymbol{e}_3 \otimes \boldsymbol{e}_1 + c_2 c_3 \boldsymbol{e}_3 \otimes \boldsymbol{e}_1 \boldsymbol{e}_2 \otimes \boldsymbol{e}_1 \\ &= \mathbb{1} - (0, c_2, c_3, 0, \dots, 0)^t \boldsymbol{e}_1 . \end{aligned}$$

Bemerkung 2.53 Die GAUSS-Umformungen für eine (2,2)-Matrix (siehe (2.68)) lassen sich auch auf eine (2,2)-Blockmatrix übertragen (unter Beachtung, dass die (Matrizen-) Multiplikation nicht kommutativ ist).

Hat das LGS etwa für $A \in \mathbb{R}^{(n,n)}, B \in \mathbb{R}^{(n,m)}, C \in \mathbb{R}^{(m,n)}, D \in \mathbb{R}^{(m,m)}$ die Form

$$\left(\begin{array}{c|c} A & B \\ \hline C & D \end{array}\right) \left(\begin{array}{c} \boldsymbol{y} \\ \hline \boldsymbol{x} \end{array}\right) = \left(\begin{array}{c} \boldsymbol{b} \\ \hline \boldsymbol{f} \end{array}\right) \tag{2.77}$$

(vergleiche (1.91)) mit invertierbarem A, dann ist dies äquivalent zu der gestaffelten Form

$$\left(\begin{array}{c|c} \mathbb{1} & A^{-1}B \\ \hline \mathbf{0} & D - CA^{-1}B \end{array}\right) \begin{pmatrix} \boldsymbol{y} \\ \hline \boldsymbol{x} \end{pmatrix} = \left(\begin{array}{c} A^{-1}\boldsymbol{b} \\ \hline -CA^{-1}\boldsymbol{b} + \boldsymbol{f} \end{array}\right) , \tag{2.78}$$

was für $C = B^t, D = \mathbf{0}, \boldsymbol{f} = \mathbf{0}$ gerade (MM.51) entspricht. Eine solche *Schur-Komplement-Form*, $S := D - CA^{-1}B$ heißt das *SCHUR-Komplement von A*, kann dann sinnvoll sein, wenn das der Operation $A^{-1}z$ entsprechende LGS mit untergeordnetem Aufwand gelöst werden kann. Außerdem sieht man aus der Äquivalenz von (2.77) und (2.78) für beliebige rechte Seiten $\boldsymbol{b} \in \mathbb{R}^n, \boldsymbol{f} \in \mathbb{R}^m$:

$$\left(\begin{array}{c|c} A & B \\ \hline C & D \end{array}\right) \quad \text{ist invertierbar} \Leftrightarrow D - CA^{-1}B \quad \text{ist invertierbar.}$$

Bei Invertierbarkeit gilt

$$\left(\begin{array}{c|c} A & B \\ \hline C & D \end{array}\right)^{-1} = \left(\begin{array}{c|c} A^{-1} + A^{-1}BS^{-1}CA^{-1} & -A^{-1}BS^{-1} \\ \hline -S^{-1}CA^{-1} & S^{-1} \end{array}\right) .$$

Durch Vertauschen in der Blockindizierung erhält man bei Invertierbarkeit von T mit $T := A - BD^{-1}C$, dem *SCHUR-Komplement* von D, eine analoge Aussage. △

2.3.5 Transponierte, orthogonale und symmetrische Matrix

Sei

$$A = \begin{pmatrix} a_{1,1} & \cdots & a_{1,n} \\ \vdots & & \vdots \\ a_{m,1} & \cdots & a_{m,n} \end{pmatrix} \in \mathbb{R}^{(m,n)}$$

eine $m \times n$-Matrix. Wie schon in Definition 1.48 eingeführt, heißt die $n \times m$-Matrix

$$A^t = \begin{pmatrix} a_{1,1} & \cdots & a_{m,1} \\ \vdots & & \vdots \\ a_{1,n} & \cdots & a_{m,n} \end{pmatrix} \in \mathbb{R}^{(n,m)} \tag{2.79}$$

die *transponierte Matrix* zu A. Dies verallgemeinert das Transponieren von Vektoren $\boldsymbol{x} \in \mathbb{R}^{(n,1)}$ bzw. $\boldsymbol{x} \in \mathbb{R}^{(1,n)}$ (siehe Seite 30).

Einige Eigenschaften der Transposition sind für $A, B \in \mathbb{R}^{(m,n)}, \lambda \in \mathbb{R}$

$$A^{tt} = A , \tag{2.80}$$

$$(A + B)^t = A^t + B^t , \tag{2.81}$$

$$(\lambda A)^t = \lambda A^t . \tag{2.82}$$

Die Abbildung $A \mapsto A^t$ definiert demnach ein $\Phi \in \mathrm{Hom}\left(\mathbb{R}^{(n,m)}, \mathbb{R}^{(m,n)}\right)$ mit identisch definierter Inversen.

Weiter ist

$$(AB)^t = B^t A^t \text{ für } A \in \mathbb{R}^{(l,m)}, B \in \mathbb{R}^{(m,n)} . \tag{2.83}$$

Dies kann komponentenweise nachgerechnet werden bzw. ergibt sich dies unten aus (2.94). Insbesondere ist also für $A \in \mathbb{R}^{(m,n)}, \boldsymbol{x} \in \mathbb{R}^n$

$$(A\boldsymbol{x})^t = \boldsymbol{x}^t A^t . \tag{2.84}$$

Daraus folgt, dass im euklidischen Skalarprodukt A als A^t „auf die andere Seite wandern kann“:

$$(A\boldsymbol{x} \,.\, \boldsymbol{y}) = (\boldsymbol{x} \,.\, A^t\boldsymbol{y}) \ , \tag{2.85}$$

da $(A\boldsymbol{x} \,.\, \boldsymbol{y}) = (A\boldsymbol{x})^t\boldsymbol{y} = \boldsymbol{x}^t A^t \boldsymbol{y} = (\boldsymbol{x} \,.\, A^t\boldsymbol{y})$.

Eine Umformulierung von Hauptsatz 1.80 ist nun

Satz 2.54: Zeilenrang = Spaltenrang

Der Rang einer Matrix stimmt mit dem Rang ihrer transponierten Matrix überein:

$$\mathrm{Rang}\, A \quad = \quad \mathrm{Rang}\, A^t .$$

Die Matrix $A \in \mathbb{R}^{(n,n)}$ ist invertierbar, genau dann, wenn A^t invertierbar ist und dann gilt

$$(A^t)^{-1} = (A^{-1})^t , \tag{2.86}$$

so dass dafür auch die *Kurzschreibweise* A^{-t} verwendet wird.

Nach (2.83) *ist nämlich:*

$$(A^{-1})^t A^t = (A\,A^{-1})^t = \mathbb{1}^t = \mathbb{1} .$$

Beispiel 3(4) – Massenkette Im Fall der einseitig eingespannten Massenkette, d. h. dem LGS mit $A \in \mathbb{R}^{(m,m)}$ aus (MM.12), gilt wegen (MM.41) mit $B \in \mathbb{R}^{(m,m)}$ aus (MM.36)

$$A = B^t B . \tag{MM.52}$$

Die Inverse von B lässt sich nach (2.71), (2.72) durch simultane GAUSS-JORDAN-Elimination bestimmen, die sich hier wegen der Dreiecksgestalt auf die Rückwärtssubstitutionschritte beschränkt, d. h.

$$(B, \mathbb{1}) = \left(\begin{array}{cccc|cccc} -1 & 1 & & & 1 & & & 0 \\ & \ddots & \ddots & & & \ddots & & \\ & & \ddots & 1 & & & \ddots & \\ & & & -1 & 0 & & & 1 \end{array}\right) \to \left(\begin{array}{ccc|ccc} 1 & & 0 & -1 & \cdots \cdots & -1 \\ & \ddots & & & \ddots & \vdots \\ & & \ddots & & \ddots & \vdots \\ 0 & & 1 & 0 & & -1 \end{array}\right),$$

folglich

$$B^{-1} = -\begin{pmatrix} 1 & \cdots & 1 \\ & \ddots & \vdots \\ 0 & & 1 \end{pmatrix}$$

und damit

$$A^{-1} = B^{-1}B^{-t} = \begin{pmatrix} 1 & \cdots & 1 \\ & \ddots & \vdots \\ 0 & & 1 \end{pmatrix}\begin{pmatrix} 1 & & 0 \\ \vdots & \ddots & \\ 1 & \cdots & 1 \end{pmatrix}$$

$$= \begin{pmatrix} n & n-1 & n-2 & \cdots & 1 \\ n-1 & n-1 & n-2 & \cdots & 1 \\ n-2 & n-2 & n-2 & \cdots & 1 \\ \vdots & & & & \vdots \\ 1 & \cdots & \cdots & \cdots & 1 \end{pmatrix}. \qquad \text{(MM.53)}$$

Insbesondere ist also die Inverse der *Tridiagonalmatrix* A vollbesetzt, was auch bei ihrer Verfügbarkeit die direkte Operation damit nicht ratsam erscheinen lässt.

Die Systemmatrix der beidseitig eingespannten Massenkette, d. h. $\tilde{A}$ nach (MM.11), unterscheidet sich vom obigen Fall (A nach (MM.12)) nur um 1 im Eintrag (1,1), d. h.

$$\tilde{A} = A + \boldsymbol{e}_1 \otimes \boldsymbol{e}_1 .$$

Damit kann $\tilde{A}^{-1}$ nach der SHERMAN-MORRISON-Formel (2.70) bestimmt werden als

$$\tilde{A}^{-1} = A^{-1} - \alpha A^{-1}\boldsymbol{e}_1 \otimes A^{-t}\boldsymbol{e}_1 , \quad \alpha = \frac{1}{(1 + (A^{-1}\boldsymbol{e}_1 \,.\, \boldsymbol{e}_1))} = \frac{1}{1+n} .$$

Es folgt

$$\tilde{A}^{-1} = A^{-1} - C \quad \text{mit} \quad C := \frac{1}{n+1}((n-i+1)(n-j+1))_{i,j} . \qquad \text{(MM.54)}$$

Zum Beispiel für $n = 3$ ist

$$\tilde{A}^{-1} = \frac{1}{4}\begin{pmatrix} 3 & 2 & 1 \\ 2 & 4 & 2 \\ 1 & 2 & 3 \end{pmatrix} .$$

◇

Beispiel 4(3) – Input-Output-Analyse Wir betrachten wieder das Input-Output-Modell in seiner Mengenform (MM.7) bzw. in der Preisform (MM.26).

Das Input-Output-Modell sei zulässig. Dann folgt nach Beispiel 4(2) die universelle Lösbarkeit von

$$(\mathbb{1} - A)\boldsymbol{x} = \boldsymbol{f} .$$

Nach Hauptsatz 1.85^{III} ist dies äquivalent mit der Invertierbarkeit von $\mathbb{1} - A$. Für diese Inverse gilt

$$(\mathbb{1} - A)^{-1} \geq 0\,,$$

wobei für $B = (b_{i,j}) \in \mathbb{R}^{(m,n)}$ definiert wird:

$$B \geq 0 \Leftrightarrow b_{i,j} \geq 0 \text{ für alle } i = 1, \ldots, m,\ j = 1, \ldots, n\,.$$

Dies kann man folgendermaßen einsehen: Für den i-ten Einheitsvektor $\boldsymbol{e}_i$ existiert wegen $\boldsymbol{e}_i \geq 0$ und Zulässigkeit ein $\boldsymbol{x}^{(i)} \in \mathbb{R}^n, \boldsymbol{x}^{(i)} \geq 0$, so dass

$$(\mathbb{1} - A)\boldsymbol{x}^{(i)} = \boldsymbol{e}_i\,.$$

$\boldsymbol{x}^{(i)}$ ist aber gerade die i-te Spalte von $(\mathbb{1} - A)^{-1}$. Die damit als notwendig verifizierte Bedingung

$$\mathbb{1} - A \text{ ist invertierbar,} \quad (\mathbb{1} - A)^{-1} \geq 0 \tag{MM.55}$$

ist aber auch hinreichend für Zulässigkeit, denn zu $\boldsymbol{f} \in \mathbb{R}^n, \boldsymbol{f} \geq 0$ ist

$$\boldsymbol{x} := (\mathbb{1} - A)^{-1}\boldsymbol{f} \geq 0$$

die eindeutige Lösung von (MM.7).

Mit der gleichen Argumentation ergibt sich als äquivalente Bedingung für Profitabilität:

$$\mathbb{1} - A^t \text{ ist invertierbar,} \quad (\mathbb{1} - A^t)^{-1} \geq 0\,. \tag{MM.56}$$

Wegen $\mathbb{1} - A^t = (\mathbb{1} - A)^t$ und (2.86) sind die Bedingungen (MM.55) und (MM.56) äquivalent.

Damit haben wir bewiesen:

Satz 2.55

Sei $A \in \mathbb{R}^{(n,n)}$. Dann gilt für das durch (MM.7) bzw. (MM.25) definierte Input-Output-Modell die Äquivalenz der folgenden Aussagen:

(i) Das Input-Output-Modell ist zulässig.

(ii) $\mathbb{1} - A$ ist invertierbar, $(\mathbb{1} - A)^{-1} \geq 0$.

(iii) $\mathbb{1} - A^t$ ist invertierbar, $(\mathbb{1} - A^t)^{-1} \geq 0$.

(iv) Das Input-Output-Modell ist profitabel.

Sei $C \in \mathbb{R}^{(n,n)}$ eine invertierbare Matrix. Die Bedingung

$$C^{-1} \geq 0 \tag{MM.57}$$

ist äquivalent mit der Eigenschaft

$$C\boldsymbol{x} \geq \boldsymbol{0} \Rightarrow \boldsymbol{x} \geq \boldsymbol{0} \text{ für alle } \boldsymbol{x} \in \mathbb{R}^n\,. \tag{MM.58}$$

Dass (MM.58) aus (MM.57) folgt, ist klar. Die Rückrichtung sieht man so ein: Es gilt die Bedingung Hauptsatz 1.85^{III}, (b)(iv)

$$C\boldsymbol{x} = \boldsymbol{0} \Rightarrow \boldsymbol{x} = \boldsymbol{0}\,,$$

denn

$$Cx = \mathbf{0} \geq \mathbf{0} \Rightarrow x \geq \mathbf{0} \quad \text{und} \quad Cx = \mathbf{0} \leq \mathbf{0} \Rightarrow x \leq \mathbf{0}$$

zeigt $\boldsymbol{x} = \mathbf{0}$.

Deshalb ist nach Hauptsatz 1.85^{III} auch C invertierbar und mit der Argumentation von oben

$$C\boldsymbol{x}^{(i)} = \boldsymbol{e}^{(i)} \geq \mathbf{0} \Rightarrow \boldsymbol{x}^{(i)} \geq \mathbf{0} .$$

Dies zeigt, dass die Spalten von C^{-1} nicht negativ sind.

Eine Matrix, die (MM.57) erfüllt, heißt daher auch *invers-monoton*.

Die Matrix $B = \mathbb{1} - A$ hat nun die spezielle Eigenschaft

$$b_{i,j} \leq 0 \quad \text{für} \quad i \neq j,\ i, j = 1, \ldots, n$$

und es kann auch

$$b_{i,i} > 0$$

angenommen werden. Invers-monotone Matrizen mit diesen Zusatzeigenschaften heißen auch *nichtsinguläre M-Matrizen*. Kriterien für (nichtsinguläre) M-Matrizen werden in Abschnitt 8.5 entwickelt werden. Ein Beispiel für solche Matrizen B sind die Beispiele nach (MM.12) und nach (MM.11), wie in Beispiel 3(4) durch die explizite Berechnung der Inversen gezeigt wurde. ◇

Die in Abschnitt 2.1.2 eingeführten orthogonalen Transformationen sind gerade die linearen Abbildungen, deren Darstellungsmatrix orthogonal ist in folgendem Sinn:

Definition 2.56

Eine Matrix $A \in \mathbb{R}^{(n,n)}$ heißt *orthogonal*, wenn sie invertierbar ist, und

$$A^{-1} = A^t ,$$
$$\text{d.h.} \quad A^tA = A\,A^t = \mathbb{1} \quad \text{gilt} .$$

Orthogonalität von A ist also äquivalent mit:

$$\text{Die Spalten (Zeilen) von } A \text{ bilden eine ONB} . \tag{2.87}$$

Sei $O(n, \mathbb{R})$ die Menge aller orthogonalen $A \in \mathbb{R}^{(n,n)}$.

Unmittelbare Folgerungen sind:

Ist A orthogonal, dann auch A^{-1} und A^t.
Sind $A, B \in \mathbb{R}^{(n,n)}$ orthogonal, dann ist auch AB orthogonal.

$O(n, \mathbb{R})$ ist bezüglich der Matrixmultiplikation eine nichtkommutative Gruppe, die *orthogonale Gruppe* .

Der behauptete Zusammenhang mit orthogonalen Transformationen wird in Satz 2.63 bewiesen.

Bemerkungen 2.57

1) $O(2, \mathbb{R})$ besteht nach Bemerkung 2.27 genau aus den Drehungen und den Spiegelungen an einer Gerade. Man fasst darin die Drehungen zu einer Menge $SO(2, \mathbb{R})$ zusammen.

> $SO(2, \mathbb{R})$ ist abgeschlossen bezüglich der Matrizenmultiplikation nach (2.45) und (2.66) und damit auch eine Gruppe, die nach (2.45) sogar kommutativ ist.

2) Für $A \in \mathbb{R}^{(n,n)}$ reicht eine der Beziehungen

$$A^t A = \mathbb{1} \qquad \text{oder} \qquad AA^t = \mathbb{1}$$

bzw. die Orthonormalität der Spalten von A oder die Orthonormalität der Zeilen von A, um jeweils die andere zu implizieren, denn beide sind äquivalent mit $A^t = A^{-1}$.

Für $A \in \mathbb{R}^{(m,n)}$ sind die Bedingungen:

a) $A^t A = \mathbb{1}$ bzw. die Orthonormalität der Spalten von A,

b) $AA^t = \mathbb{1}$ bzw. die Orthonormalität der Zeilen von A

unabhängig voneinander.
Aber auch hier folgt aus a) weiterhin Längenerhaltung:

$$\|Ax\| = \|x\|$$

in der jeweiligen euklidischen Norm (siehe (2.95)).

3) Sei $A \in \mathbb{R}^{(m,n)}$, dann gelten:

a) $\operatorname{Kern} A = \operatorname{Kern}(A^t A)$,

b) $\operatorname{Bild}(AA^t) = \operatorname{Bild} A$.

Das kann man wie folgt einsehen:
Für a) ist $\operatorname{Kern}(A^t A) \subset \operatorname{Kern} A$ *zu zeigen, was aus*

$$A^t A\boldsymbol{x} = \boldsymbol{0} \Rightarrow 0 = \left(A^t A\boldsymbol{x} \,.\, \boldsymbol{x}\right) = (A\boldsymbol{x} \,.\, A\boldsymbol{x}) \Rightarrow A\boldsymbol{x} = \boldsymbol{0}$$

folgt.
Für b) beachte man als Folge von a)

$$\operatorname{Kern} A^t = \operatorname{Kern}(AA^t) ,$$

so dass aus Theorem 1.82 folgt:

$$\dim \operatorname{Bild}(AA^t) = m - \dim \operatorname{Kern} A^t = \dim \operatorname{Bild} A^t = \dim \operatorname{Bild} A$$

und damit wegen $\operatorname{Bild}(AA^t) \subset \operatorname{Bild} A$ *die Behauptung.*

4) Sei $A \in \mathbb{R}^{(m,n)}$, $n, m \in \mathbb{N}$, dann werden elementare Spaltenumformungen durch AE_1 bzw. AE_2 bzw. AE_3 beschrieben, wobei bei der Typ III-Umformung Addition des c-fachen der Spalte k zur Spalte j, die Matrix $E_3 = E_3(j, k)$ zu nehmen ist.

Spaltenumformungen von A sind Zeilenumformungen von A^t und $(E_i A^t)^t = AE_i^t$, $E_i^t = E_i$ für $i = 1, 2$, $E_3(k, j)^t = E_3(j, k)$.

5) Wegen Hauptsatz 1.85^{III}, (viii) sind die CA für $A \in \mathbb{R}^{(m,n)}$ und für invertierbare $C \in \mathbb{R}^{(m,m)}$ alle aus A durch elementare Zeilenumformungen bildbaren Matrizen und analog die AD für invertierbare $D \in \mathbb{R}^{(n,n)}$ für elementare Spaltenumformungen. Durch

$$A \sim B \text{ genau dann, wenn } B = CA\ [B = AD] \text{ für ein invertierbares } C[D])$$

wird jeweils eine Äquivalenzrelation definiert, die auch *Zeilen- (bzw. Spalten-) Äquivalenz* genannt wird (siehe Anhang A, Definition A.20), und die Zeilenstufenform nach (1.12) ist ein einfacher Repräsentant der Äquivalenzklasse bei Zeilen-Äquivalenz.

6) Seien A, B Zeilen-äquivalent, dann entsprechen sich die jeweiligen Basisspalten und die Linearkombinationen zur Darstellung der übrigen Spalten. Sei $A = (\boldsymbol{a}^{(1)}, \ldots, \boldsymbol{a}^{(n)}) \in \mathbb{R}^{(m,n)}$ und $\tilde{A}$ eine zugehörige Zeilenstufenform mit den Pivotspalten $j^{(1)}, \ldots, j^{(r)}$, dann sind auch $\boldsymbol{a}^{(j^{(1)})}, \ldots, \boldsymbol{a}^{(j^{(r)})}$ linear unabängig und $\boldsymbol{a}^{(i)}$ für $i < j(\mu)$ kann durch eine Linearkombination aus $\boldsymbol{a}^{(j^{(1)})}, \ldots, \boldsymbol{a}^{(j^{(\mu-1)})}$ dargestellt werden.

Dazu muss nur beachtet werden:

$$A = (\boldsymbol{a}^{(1)}, \ldots, \boldsymbol{a}^{(n)}) \,,\; B = (\boldsymbol{b}^{(1)}, \ldots, \boldsymbol{b}^{(n)})$$
$$B = CA \text{ impliziert } \boldsymbol{b}^{(i)} = C\boldsymbol{a}^{(i)}$$

und der durch C vermittelte Isomorphismus überträgt Basen und Linearkombinationen (siehe Satz 2.2).

7) In Bemerkungen 1.79, 6) wurde gezeigt, dass die Stufenzahl einer Zeilenstufenform eindeutig bei Zeilen-Äquivalenz ist. Tatsächlich gilt dies für die reduzierte Zeilenstufenform selbst, wenn die Pivotelemente alle auf 1 normiert sind.

Sei $A \in \mathbb{R}^{(m,n)}$, A_1, A_2 seien reduzierte Zeilenstufenformen nach (1.16), also sind A_1, A_2 Zeilen-äquivalent, $CA_1 = A_2$ für ein invertierbares C. Durch Zeilenvertauschung kann erreicht werden, dass die Pivotelemente Diagonalposition einnehmen und die obere Dreiecksgestalt erhalten bleibt. Insbesondere sind die Pivotspalten unverändert. Diese zu A_i so Zeilen-äquivalenten Matrizen seien B_i genannt, die damit auch Zeilen-äquivalent sind:

$$DB_1 = B_2$$

für ein invertierbares D. Diese Matrizen erfüllen

$$B_i B_i = B_i \,,$$

denn man betrachte $B_i = (\boldsymbol{b}^{(1)}, \ldots, \boldsymbol{b}^{(n)})$ und $B_i \boldsymbol{b}^{(\ell)}$: Ist $\boldsymbol{b}^{(\ell)}$ eine Pivotspalte, d. h. dann $\boldsymbol{b}^{(\ell)} = \boldsymbol{e}_\ell$ und also $B_i \boldsymbol{b}^{(\ell)} = \boldsymbol{b}^{(\ell)}$. Dies gilt aber auch sonst, da dann $\boldsymbol{b}_k^{(\ell)} \neq 0$ gerade die Koeffizienten zu den Pivotspalten $j(\mu) < \ell$ sind. Damit folgt weiter

$$B_2 = DB_1 = DB_1 B_1 = B_2 B_1$$

und analog

$$B_1 = B_1 B_2 \,.$$

Da B_1B_2 und B_2B_1 als obere Dreiecksmatrizen die gleichen Diagonaleinträge haben (siehe Beispiele 2.39, 3)), gilt dieses auch für B_1 und B_2, d. h. die Pivotspalten stehen an den gleichen Positionen und damit sind nach 6) B_1 und B_2 insgesamt identisch und so auch A_1 und A_2.

Also haben verschiedene Zeilenstufenformen zu $A \in \mathbb{R}^{(m,n)}$ immer die Pivotspalten an den gleichen Positionen.

8) Seien $A, B \in \mathbb{R}^{(m,n)}$. A und B sind Zeilen-äquivalent genau dann, wenn ihre reduzierten Zeilenstufenformen mit Pivotelement immer 1 gleich sind.
Dies folgt direkt aus 7).

9) Die Sherman-Morrison-Formel (2.70) kann verallgemeinert werden zur Sherman-Morrison-Woodbury-Formel für $A \in \mathbb{R}^{(n,n)}, B \in \mathbb{R}^{(n,m)}, C \in \mathbb{R}^{(m,n)}, D \in \mathbb{R}^{(m,m)}$:

$$(D - CA^{-1}B)^{-1} = D^{-1} + D^{-1}C(A - BD^{-1}C)^{-1}BD^{-1}$$

und setzt also die Invertierbarkeit von D und $A - BD^{-1}C$ voraus.
Zum Nachweis betrachte man den Spezialfall $A = \mathbb{1}, D = \mathbb{1}$, d. h.

$$(\mathbb{1}_m - CB)^{-1} = \mathbb{1}_m + C(\mathbb{1}_n - BC)^{-1}B,$$

der sich durch einfaches Ausmultiplizieren verifizieren lässt. Darauf (mit $\widetilde{C} = D^{-1}C, \widetilde{B} = A^{-1}B$) lässt sich dann die allgemeine Aussage zurückführen.

△

Definition 2.58

$A = (a_{i,j}) \in \mathbb{R}^{(n,n)}$ heißt *symmetrisch*, wenn gilt:

$$A = A^t ,$$

d. h.

$$a_{i,j} = a_{j,i} \quad \text{für } i, j = 1, \ldots, n .$$

A heißt *schiefsymmetrisch* oder *antisymmetrisch*, wenn gilt: $A = -A^t$.

Für die bisher betrachteten Beispiele gilt

$$(\boldsymbol{a} \otimes \boldsymbol{b})^t = (\boldsymbol{a}\boldsymbol{b}^t)^t = \boldsymbol{b}\boldsymbol{a}^t = \boldsymbol{b} \otimes \boldsymbol{a} ,$$

so dass das dyadische Produkt nur symmetrisch ist, wenn $\boldsymbol{a}$ ein Vielfaches von $\boldsymbol{b}$ oder $\boldsymbol{b} = \boldsymbol{0}$ ist. Also sind die Darstellungsmatrizen symmetrisch von:

- der Spiegelung aus (2.9) (siehe (2.48)),
- der orthogonalen Projektion auf eine Gerade (durch $\boldsymbol{0}$) oder eine Hyperebene (durch $\boldsymbol{0}$) (siehe (2.52)),

- der orthogonalen Projektion auf einen Unterraum (dargestellt bezüglich einer ONB).

Auch Spiegelungen gehören zu $O(n, \mathbb{R})$. Man beachte aber, dass für $n = 2$ das Produkt von zwei Spiegelungen eine Drehung ist, genauer:

***Bemerkungen 2.59 (Geometrie)**

1) Sei

$$G(\varphi) = \begin{pmatrix} \cos(\varphi) & -\sin(\varphi) \\ \sin(\varphi) & \cos(\varphi) \end{pmatrix} \in SO(2, \mathbb{R}) ,$$

$$H(\varphi) = \begin{pmatrix} \cos(\varphi) & \sin(\varphi) \\ \sin(\varphi) & -\cos(\varphi) \end{pmatrix} \in O(2, \mathbb{R}) \setminus SO(2, \mathbb{R}) .$$

Symmetrische orthogonale Matrizen sind somit gerade die Spiegelungen oder Drehungen mit $\varphi = 0$ oder $\varphi = \pi$. Für sie gilt

$$HH = \mathbb{1} .$$

Eine Drehung ist schiefsymmetrisch genau dann, wenn $\varphi = \frac{\pi}{2}$ oder $\varphi = \frac{3\pi}{2}$ (siehe Definition 4.38).
Es gelten folgende Kompositionsregeln, woraus insbesondere die Nichtabgeschlossenheit der Menge der Spiegelungen bezüglich der Multiplikation folgt:

$$\begin{aligned}
&\text{a)} \quad G(\varphi)\, G(\psi) = G(\varphi + \psi) \qquad \text{(nach (2.45))}, \\
&\text{b)} \quad G(\varphi)\, H(\psi) = H(\varphi + \psi) , \\
&\text{c)} \quad H(\psi)\, G(\varphi) = H(\psi - \varphi) , \\
&\text{d)} \quad H(\varphi)\, H(\psi) = G(\varphi - \psi) .
\end{aligned} \tag{2.88}$$

Diese Beziehungen lassen sich leicht beweisen auf der Basis des Spezialfalls

$$\begin{aligned}
H(0)G(\varphi) &= \begin{pmatrix} 1 & 0 \\ 0 & -1 \end{pmatrix} \begin{pmatrix} \cos(\varphi) & -\sin(\varphi) \\ \sin(\varphi) & \cos(\varphi) \end{pmatrix} \\
&= \begin{pmatrix} \cos(\varphi) & -\sin(\varphi) \\ -\sin(\varphi) & -\cos(\varphi) \end{pmatrix} = H(-\varphi) = H(0 - \varphi) .
\end{aligned} \tag{2.89}$$

Mittels (2.89) *folgt c) durch*

$$H(\psi - \varphi) = H(0)G(-\psi + \varphi) = H(0)G(-\psi)G(\varphi) = H(\psi)G(\varphi) ,$$

dann d) durch

$$H(\varphi)G(\varphi - \psi) = H(\psi) \quad \text{wegen} \quad H(\varphi)^{-1} = H(\varphi)$$

und b) durch

$$H(\varphi + \psi)H(\psi) = G(\varphi) .$$

2) Beschränkt man sich auf $\varphi_k^n = 2\pi k/n$, $k = 0, \ldots, n-1$, so erhält man eine endliche Untergruppe von $SO(2, \mathbb{R})$, nämlich die *zyklische Gruppe*

$$\boxed{C_n := \left\{G\left(\varphi_k^n\right) : k = 0, \ldots, n-1\right\} ,}$$

für die offensichtlich

$$G\left(\varphi_k^n\right) = G\left(\varphi_1^n\right) \ldots G\left(\varphi_1^n\right) \quad (k\text{-mal})$$

gilt.
Es handelt sich dabei um eine *Symmetriegruppe* , d. h. die Gesamtheit der linearen Operationen, die eine ebene Figur wieder auf sich abbilden. Mögliche Figuren für $n = 3$ heißen *Triskele*, für $n = 4$ *Swastika*. In diesem Sinn ist die ganze $O(2, \mathbb{R})$ die Symmetriegruppe eines Kreises (siehe Abbildung 2.9).

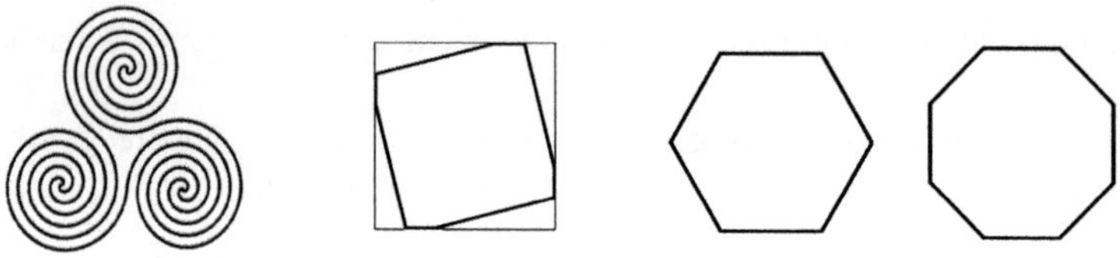

Abb. 2.9: Triskele, Swastika und reguläre Polygone $n = 6, 8$.

3) Auch wenn die Spiegelungen keine Gruppe bilden, können wegen (2.88) gewisse mit C_n in einer Gruppe zusammengefasst werden, nämlich der *Diedergruppe* (mit $2n$ Elementen)

$$D_n := C_n \cup \left\{H\left(\varphi_k^n\right) : k = 0, \ldots, n-1\right\} .$$

Hier handelt es sich für $n = 2$ um die Symmetriegruppe eines nicht-quadratischen Rechtecks und für $n \geq 3$ um die Symmetriegruppe eines ebenen *regulären Polygons*, d. h. einer durch n Geradenstücke begrenzten Figur, bei der alle Geradenstücke und Innenwinkel jeweils gleich sind. Sie ist in einem Kreis enthalten, auf dem alle ihre Ecken liegen (siehe Abbildung 2.9).

4) Sei $\mathbb{R}_S^{(n,n)}$ die Menge der symmetrischen und $\mathbb{R}_A^{(n,n)}$ die Menge der antisymmetrischen Matrizen

a) $\mathbb{R}_S^{(n,n)}$ und $\mathbb{R}_A^{(n,n)}$ sind lineare Unterräume von $\mathbb{R}^{(n,n)}$:
denn $A, B \in \mathbb{R}_S^{(n,n)}$, $\lambda, \mu \in \mathbb{R}$, dann $(\lambda A + \mu B)^t = \lambda A^t + \mu B^t = \lambda A + \mu B$, d. h. aus $\mathbb{R}_S^{(n,n)}$ und analog für $\mathbb{R}_A^{(n,n)}$.

$\dim \mathbb{R}_S^{(n,n)} = \frac{1}{2}n(n+1)$, $\dim \mathbb{R}_A^{(n,n)} = \frac{1}{2}n(n-1)$, *da* $\frac{1}{2}n(n \pm 1)$ *die Anzahl der* (i, j) *mit* $i \stackrel{(<)}{\leq} j, i, j = 1, \ldots, n$ *angibt: Für* $A \in \mathbb{R}_A^{(n,n)}$ *gilt* $a_{i,i} = 0$ *für* $i = 1, \ldots, n$.

b) $\mathbb{R}_S^{(n,n)\perp} = \mathbb{R}_A^{(n,n)}$ bezüglich des SKP : aus Bemerkungen 1.93, 4)

Sei $A \in \mathbb{R}_S^{(n,n)}$, $B \in \mathbb{R}_A^{(n,n)}$, *dann*

$$\langle A \,.\, B\rangle = \sum_{i,j=1}^{n} a_{i,j} b_{i,j} = -\sum_{i,j=1}^{n} a_{j,i} b_{j,i} = -\langle A \,.\, B\rangle \ ,$$

also gilt „⊃". Nach Satz 1.105, 2) ist

$$\dim \mathbb{R}_S^{(n,n)\perp} = n^2 - \frac{1}{2}n(n+1) = \frac{1}{2}n(n-1) = \mathbb{R}_A^{(n,n)}$$

und somit gilt auch Gleichheit nach Bemerkungen 1.77, 2).

c) Jeder $A \in \mathbb{R}^{(n,n)}$ lässt sich eindeutig zerlegen in $A_S \in \mathbb{R}_S^{(n,n)}$ und $A_A \in \mathbb{R}_A^{(n,n)}$, d. h.

$$A = A_S + A_A \tag{2.89a}$$

und $A_S = P(A)$, wobei P die orthogonale Projektion auf $\mathbb{R}_S^{(n,n)}$ bezeichnet.

$A_S := \frac{1}{2}(A + A^t) \in \mathbb{R}_S^{(n,n)}, A_A := \frac{1}{2}(A - A^t) \in \mathbb{R}_A^{(n,n)}$ *erfüllen (2.89a) und gilt dies, dann* $A^t = A_S - A_A$, *also* $\frac{1}{2}(A+A^t) = A_S$ *und analog für* A_A. *Wegen b) gilt die die Projektion charakterisierende Fehlerorthogonalität (Hauptsatz 1.102).*

d) Seien $A, B \in \mathbb{R}^{(n,n)}$ mit den Zerlegungen $A = A_A + A_S$, $B = B_A + B_S$, dann $A : B = A_A : B_A + A_S : B_S$. △

Trotz ähnlicher Benennung darf folgender Unterschied nicht übersehen werden:

- (Symmetrische) orthogonale Projektion (wie etwa die orthogonale Projektion auf $\boldsymbol{a}^\perp$): Es gilt:

$$A\,A = A \quad \text{und i. Allg. } \operatorname{Bild} A \subsetneq \mathbb{R}^n,$$

d. h. A ist nicht invertierbar.
- (Symmetrische) orthogonale Transformation (wie etwa die Spiegelung an $\boldsymbol{a}^\perp$):

$$A\,A = \mathbb{1} \text{ und } A \text{ ist invertierbar} .$$

Im ersten Fall bezieht sich „orthogonal" auf die Fehlerorthogonalität, im zweiten darauf, dass orthogonale Vektoren unter der Abbildung orthogonal bleiben. Um einzusehen, dass orthogonale Projektionen **immer** symmetrische Darstellungsmatrizen haben, müssen wir den Begriff der Transponierten auf Homomorphismen übertragen. Dies braucht $\mathbb{R}$-Vektorräume mit Skalarprodukt. Später wird mit der Adjungierten ein verwandter Begriff allgemein definiert werden.

Definition 2.60

Seien V und W endlichdimensionale $\mathbb{R}$-Vektorräume mit SKP (die nicht in der Schreibweise unterschieden werden) und $\Phi \in \mathrm{Hom}(V, W)$. Die *Transponierte* $\Phi^t \in \mathrm{Hom}(W, V)$ zu Φ wird definiert durch

$$(\Phi \boldsymbol{v} \,.\, \boldsymbol{w}) = \left(\boldsymbol{v} \,.\, \Phi^t \boldsymbol{w}\right) \qquad \text{für alle } \boldsymbol{v} \in V,\ \boldsymbol{w} \in W\,. \tag{2.90}$$

Es ist zu klären, ob ein eindeutiges $\Phi^t \in \mathrm{Hom}(W, V)$ existiert, das (2.90) erfüllt.

Sei dazu $\{\boldsymbol{v}_1, \ldots \boldsymbol{v}_n\}$ *eine ONB von* V *und* $\{\boldsymbol{w}_1, \ldots \boldsymbol{w}_m\}$ *eine Basis von* W. *Ein* $\Phi^t \in \mathrm{Hom}(W, V)$ *wird eindeutig durch die Angabe der* $\Phi^t(w_j)$ *für* $j = 1, \ldots, m$ *festgelegt (nach Hauptsatz 2.23) und erfüllt dann wegen der Linearität von* Φ *und* Φ^t *die Beziehung (2.90) genau dann, wenn*

$$\left(\Phi \boldsymbol{v}_i \,.\, \boldsymbol{w}_j\right) = \left(\boldsymbol{v}_i \,.\, \Phi^t \boldsymbol{w}_j\right) \qquad \text{für alle } i = 1, \ldots, n,\ j = 1, \ldots, m\,. \tag{2.91}$$

Erfüllt ein $\Phi^t \in Hom(W, V)$ *(2.91), so gilt notwendigerweise*

$$\Phi^t(\boldsymbol{w}_j) = \sum_{i=1}^{n} \left(\Phi^t \boldsymbol{w}_j \,.\, \boldsymbol{v}_i\right) \boldsymbol{v}_i = \sum_{i=1}^{n} \left(\boldsymbol{w}_j \,.\, \Phi \boldsymbol{v}_i\right) \boldsymbol{v}_i \qquad \text{für } j = 1, \ldots, m\,, \tag{2.92}$$

nach Bemerkungen 1.110, 1). Dann ist Φ^t *eindeutig und kann andererseits gemäß (2.92) definiert werden.*

Hat man demnach speziell $V = \mathbb{R}^n$ und $W = \mathbb{R}^m$ mit dem euklidischen SKP und beide Mal die Standardbasis gewählt, dann ist

$$\left(\Phi \boldsymbol{e}_i \,.\, \boldsymbol{e}_j\right) = \left(\boldsymbol{e}_i \,.\, \Phi^t(\boldsymbol{e}_j)\right)\,, \tag{2.93}$$

d. h. der (j, i)-te Eintrag der Darstellungsmatrix A von Φ ist der (i, j)-te Eintrag der Darstellungsmatrix von Φ^t, so dass diese also gerade A^t ist.

Damit kann (2.83) ohne Indexrechnung bewiesen werden: Für alle $\boldsymbol{v}, \boldsymbol{w}$ ist

$$(\Psi \circ \Phi \boldsymbol{v} \,.\, \boldsymbol{w}) = (\Psi(\Phi \boldsymbol{v}) \,.\, \boldsymbol{w}) = \left(\Phi \boldsymbol{v} \,.\, \Psi^t \boldsymbol{w}\right) = \left(\boldsymbol{v} \,.\, \Phi^t(\Psi^t \boldsymbol{w})\right)\,,$$

folglich:

$$\boxed{(\Psi \circ \Phi)^t = \Phi^t \circ \Psi^t\,.} \tag{2.94}$$

Analog zu Matrizen gelte:

Definition 2.61

Sei V ein $\mathbb{R}$-Vektorraum mit SKP.

1) $\Phi \in \mathrm{Hom}(V, V)$ heißt *orthogonal*, wenn Φ ein Isomorphismus ist, Φ^t existiert und

$$\Phi^{-1} = \Phi^t .$$

2) $\Phi \in \mathrm{Hom}(V, V)$ heißt *symmetrisch*, wenn Φ^t existiert und

$$\Phi = \Phi^t .$$

Symmetrische Matrizen bzw. Homomorphismen können also durch das Skalarprodukt „hindurchgezogen“ werden.

Bemerkungen 2.62

1) Man beachte, dass Φ^t und die darauf aufbauenden Begriffe von der Wahl des (der) SKP und die Darstellungsmatrix von der Basis abhängt. Werden aber beide miteinander verknüpft, indem sowohl in V eine ONB $\{\boldsymbol{v}_1, \ldots, \boldsymbol{v}_n\}$ als auch in W eine ONB $\{\boldsymbol{w}_1, \ldots, \boldsymbol{w}_m\}$ gewählt wird, so gilt:

Ist A die Darstellungsmatrix von Φ, so ist A^t die Darstellungsmatrix von Φ^t.

Dies gilt also insbesondere für $V = \mathbb{R}^n$ bzw. $W = \mathbb{R}^m$ mit den Einheitsbasen, d. h. in diesem Sinn ist die transponierte Abbildung von $\boldsymbol{x} \mapsto A\boldsymbol{x}$ die Abbildung

$$\boldsymbol{y} \mapsto A^t \boldsymbol{y} .$$

Sei A die Darstellungsmatrix von Φ, B die von Φ^t, dann (siehe (2.21))

$$\Phi \boldsymbol{v}_j = \sum_{i=1}^m a_{i,j} \boldsymbol{w}_i = \sum_{i=1}^m \left(\Phi \boldsymbol{v}_j \,.\, \boldsymbol{w}_i \right) \boldsymbol{w}_i ,$$

also $a_{i,j} = \left(\Phi \boldsymbol{v}_j \,.\, \boldsymbol{w}_i \right) = \left(\boldsymbol{v}_j \,.\, \Phi^t \boldsymbol{w}_i \right)$ *und* $\Phi^t \boldsymbol{w}_i = \sum_{j=1}^n b_{j,i} \boldsymbol{v}_j = \sum_{j=1}^n \left(\Phi^t \boldsymbol{w}_i \,.\, \boldsymbol{v}_j \right) \boldsymbol{v}_j$ *(siehe (2.92)), also*

$$b_{j,i} = \left(\Phi^t \boldsymbol{w}_i \,.\, \boldsymbol{v}_j \right) = a_{i,j} .$$

2) Sei V ein $\mathbb{R}$-Vektorraum mit SKP, $\Phi, \Psi \in \mathrm{Hom}(V, V)$. Es gilt

$$\Phi = 0 \text{ genau dann, wenn } (\Phi \boldsymbol{v} \,.\, \boldsymbol{w}) = 0 \text{ für alle } \boldsymbol{v}, \boldsymbol{w} \in V.$$

Dabei ist „ $\Rightarrow$ “ klar und für „ $\Leftarrow$ “ betrachte man für beliebiges $\boldsymbol{v} \in V : \Phi \boldsymbol{v} = \boldsymbol{0} \Leftrightarrow \Phi \boldsymbol{v} \in V^\perp$

Also gilt auch

$$\Phi = \Psi \text{ genau dann, wenn } (\Phi \boldsymbol{v} \,.\, \boldsymbol{w}) = (\Psi \boldsymbol{v} \,.\, \boldsymbol{w}) \text{ für alle } \boldsymbol{v}, \boldsymbol{w} \in V.$$

Ist V endlichdimensional mit Basis $\mathcal{B} = [\boldsymbol{v}_1, \ldots, \boldsymbol{v}_n]$, dann gilt weiter

$$\Phi = \Psi \text{ genau dann, wenn } \left(\Phi \boldsymbol{v}_i \,.\, \boldsymbol{v}_j \right) = \left(\Psi \boldsymbol{v}_i \,.\, \boldsymbol{v}_j \right) \text{ für alle } i, j = 1, \ldots, n.$$

3) Ist Φ symmetrisch, dann gilt sogar

$$\Phi = 0 \text{ genau dann, wenn } (\Phi \boldsymbol{v} \,.\, \boldsymbol{v}) = 0 \text{ für alle } \boldsymbol{v} \in V$$

und analog die weiteren Aussagen von 2).
Es gilt nämlich:

$$(\Phi \boldsymbol{v} \,.\, \boldsymbol{w}) = \frac{1}{2}((\Phi(\boldsymbol{v}+\boldsymbol{w}) \,.\, \boldsymbol{v}+\boldsymbol{w}) - (\Phi \boldsymbol{v} \,.\, \boldsymbol{v}) - (\Phi \boldsymbol{w} \,.\, \boldsymbol{w}))$$

wegen

$$\frac{1}{2}((\Phi \boldsymbol{v} \,.\, \boldsymbol{w}) + (\Phi \boldsymbol{w} \,.\, \boldsymbol{v})) = \frac{1}{2}((\Phi \boldsymbol{v} \,.\, \boldsymbol{w}) + (\boldsymbol{w} \,.\, \Phi \boldsymbol{v})) = (\Phi \boldsymbol{v} \,.\, \boldsymbol{w}) .$$

Damit gilt bei „$\Leftarrow$“ auch $(\Phi \boldsymbol{v} \,.\, \boldsymbol{w}) = 0$ für alle $\boldsymbol{v}, \boldsymbol{w} \in V$ und nach 2) also $\Phi = 0$.

4) Da für $\Phi \in \mathrm{Hom}(V, V)$ Symmetrie bedeutet

$$\langle \Phi \boldsymbol{v} \,.\, \boldsymbol{w} \rangle = \langle \boldsymbol{v} \,.\, \Phi \boldsymbol{w} \rangle \quad \text{für alle } \boldsymbol{v} \in V, \boldsymbol{w} \in W ,$$

ist dieser Begriff auch ohne allgemeine Existenz einer Adjungierten wohldefiniert (bzw. impliziert diese gerade). △

Sei $\mathrm{O}(V)$ die Menge der orthogonalen Abbildungen von V nach V, dann ist dies mithin eine nichtkommutative Gruppe (und $\mathrm{O}(V) \subset \mathrm{GL}(V)$).

Dies ist nicht im Konflikt zu den in Abschnitt 2.1.2 rein geometrisch definierten Begriffen der orthogonalen Transformation:

Satz 2.63: Orthogonale Transformation = orthogonale Abbildung

Sei V ein $\mathbb{R}$-Vektorraum mit SKP $(\,.\,)$ und erzeugter Norm $\|\,.\,\|$.
Dann sind äquivalent:

(i) Φ ist orthogonale Transformation.

(ii) Φ ist orthogonal (im Sinn von Definition 2.61, 1)).

Beweis: „(i) $\Rightarrow$ (ii)“: Aus der Längenerhaltung folgt die Skalarprodukterhaltung (siehe Satz 2.13):

$$(\Phi \boldsymbol{v} \,.\, \Phi \boldsymbol{y}) = (\boldsymbol{v} \,.\, \boldsymbol{y}) \qquad \text{für alle } \boldsymbol{v}, \boldsymbol{y} \in V .$$

Sei $\boldsymbol{w} \in V$ beliebig und $\boldsymbol{y} := \Phi^{-1}\boldsymbol{w}$, also

$$(\Phi \boldsymbol{v} \,.\, \boldsymbol{w}) = (\boldsymbol{v}, \boldsymbol{y}) = \left(\boldsymbol{v} \,.\, \Phi^{-1}\boldsymbol{w}\right) .$$

Daher existiert Φ^t und es gilt $\Phi^t = \Phi^{-1}$.
„(ii) $\Rightarrow$ (i)“:

$$\|\Phi v\|^2 = (\Phi v \,.\, \Phi v) = \left(v \,.\, \Phi^t \Phi v\right) = (v \,.\, v) = \|v\|^2 \,. \tag{2.95}$$

□

Mit dem Begriff der transponierten Matrix bzw. Abbildung lassen sich die Äquivalenzlisten in Hauptsatz 1.85 ergänzen zu:

Hauptsatz 1.85^{IV} Lösbarkeit und Eindeutigkeit bei LGS

Seien $m, n \in \mathbb{N}$, $A \in \mathbb{R}^{(m,n)}$, $\boldsymbol{b} \in \mathbb{R}^n$. Betrachte das LGS

$$A\boldsymbol{x} = \boldsymbol{b} \,.$$

Sei Φ die durch $\boldsymbol{x} \mapsto A\boldsymbol{x}$ definierte lineare Abbildung.
Dann sind die folgenden Aussagen äquivalent:

(a) Φ ist surjektiv.

(i) Bei jeder Wahl der $b_1, \ldots, b_n$ auf der rechten Seite ist das Gleichungssystem lösbar *(universelle Existenz).*

(ii) Der Zeilenrang der Koeffizientenmatrix ist voll, d. h. gleich m.

(a') Φ^t ist injektiv.

Auch folgende Aussagen sind äquivalent:

(b) Φ ist injektiv.

(iii) Bei jeder Wahl der $b_1, \ldots, b_n$ auf der rechten Seite gibt es *höchstens* eine Lösung des Systems *(Eindeutigkeit)*.

(iv) Das zugehörige homogene System

$$A\boldsymbol{x} = \boldsymbol{0}$$

hat nur die Null-Lösung *(Eindeutigkeit im homogenen Fall).*

(v) Der Spaltenrang der Koeffizientenmatrix ist voll, d. h. gleich n.

(b') Φ^t ist surjektiv.

Im Fall $m = n$, d. h. eines quadratischen LGS mit genauso vielen Gleichungen wie Unbekannten sind alle Aussagen (i)–(v),(a)–(b') miteinander äquivalent und zusätzlich mit

(c) Φ ist bijektiv.

(vi) Durch elementare Zeilenumformungen kann A auf die Form einer oberen Dreiecksmatrix mit nichtverschwindenden Diagonalelementen (bzw. = 1) gebracht werden:

$$\begin{pmatrix} 1 & & & * \\ & \ddots & & \\ & & \ddots & \\ 0 & & & 1 \end{pmatrix} .$$

(vii) A ist invertierbar.

(viii) A lässt sich als Produkt von Elementarmatrizen schreiben.

Beweis: Dies ergibt sich sofort aus den schon bewiesenen Äquivalenzen, da A^t die Darstellungsmatrix von Φ^t zu den Einheitsbasen ist und etwa der Zeilenrang von A der Spaltenrang von A^t ist. □

In der Sprache von LGS bedeuten somit die neuen Äquivalenzen:

(i) $A\boldsymbol{x} = \boldsymbol{b}$ ist für jede rechte Seite $\boldsymbol{b}$ lösbar (universelle Lösbarkeit).

(ii) $A^t\boldsymbol{x} = \boldsymbol{c}$ hat höchstens eine Lösung (Eindeutigkeit).

In Theorem 2.70 wird diese Aussage verallgemeinert werden.

Satz 2.64: Projektion orthogonal ↔ symmetrisch

Sei V ein $\mathbb{R}$-Vektorraum mit SKP $(.)$. Sei $P : V \to V$ eine Projektion für die P^t existiere. P ist genau dann eine orthogonale Projektion, wenn P symmetrisch ist.

Beweis: „$\Rightarrow$“: Dafür ist

$$(P\boldsymbol{v} \,.\, \boldsymbol{w}) = (\boldsymbol{v} \,.\, P\boldsymbol{w}) \qquad \text{für alle } \boldsymbol{v}, \boldsymbol{w} \in V$$

zu zeigen. Wegen $\boldsymbol{v} - P\boldsymbol{v} \in U^\perp$ für $U := \operatorname{Bild} P$ gilt also insbesondere

$$(P\boldsymbol{v} - \boldsymbol{v} \,.\, P\boldsymbol{w}) = 0, \quad (P\boldsymbol{w} - \boldsymbol{w} \,.\, P\boldsymbol{v}) = 0 \quad \text{für alle } \boldsymbol{v}, \boldsymbol{w} \in V .$$

Daher gilt

$$(P\boldsymbol{v} \,.\, \boldsymbol{w}) = (\boldsymbol{w} \,.\, P\boldsymbol{v}) = (P\boldsymbol{w} \,.\, P\boldsymbol{v}) = (P\boldsymbol{v} \,.\, P\boldsymbol{w}) = (\boldsymbol{v} \,.\, P\boldsymbol{w}) .$$

„$\Leftarrow$“: Hier ist

$$(Pv - v \,.\, Pw) = 0 \qquad \text{für alle } v, w \in V$$

zu zeigen. Es ist aber

$$\begin{aligned}(Pv - v \,.\, Pw) &= \left(v \,.\, P^t P w\right) - (v \,.\, Pw)\\ &= (v \,.\, Pw) - (v \,.\, Pw) = 0\,.\end{aligned}$$

□

***Bemerkung 2.65** Die explizite Darstellung einer Projektion auf einen eindimensionalen Unterraum nach (2.57) gilt in verallgemeinerter Form für jede Projektion auf $\mathbb{R}^n$:
Sei wie in Hauptsatz 2.44

$$\mathbb{R}^n = U_1 \oplus U_2$$

und P die durch

$$\text{Bild}\, P = U_1\,, \qquad \text{Kern}\, P = U_2$$

festgelegte Projektion.
Sei $[v_1, \ldots, v_k]$ eine Basis von U_1, $[v_{k+1}, \ldots, v_n]$ eine Basis von U_2, die sich nach Bemerkung 1.87 zu einer Basis von $\mathbb{R}^n$ ergänzen. Sei $\mathcal{B}$ die zusammengesetzte Basis von $\mathbb{R}^n$. Nach Hauptsatz 2.44 ist

$${}_{\mathcal{B}}[P]_{\mathcal{B}} = \begin{pmatrix} \mathbb{1}_k & 0 \\ 0 & 0 \end{pmatrix},$$

also mit

$$U = \left(U^{(1)} \middle| U^{(2)}\right),\ U^{-t} = \left(V^{(1)} \middle| V^{(2)}\right),$$

d. h. einer Partionierung nach k Spalten bzw. Zeilen nach Bemerkungen 2.50, 6)

$$P = U \begin{pmatrix} \mathbb{1}_k & 0 \\ 0 & 0 \end{pmatrix} U^{-1} = U^{(1)} \left(V^{(1)}\right)^t \tag{2.96}$$

und analog für $P_2 := \mathbb{1} - P$.

Also gilt

$$U^{(1)} \left(V^{(1)}\right)^t + U^{(2)} \left(V^{(2)}\right)^t = \mathbb{1}$$

und

$$\begin{aligned} \left(V^{(1)}\right)^t U^{(1)} &= \mathbb{1}_k\,, & \left(V^{(2)}\right)^t U^{(2)} &= \mathbb{1}_{n-k}\,,\\ \left(V^{(1)}\right)^t U^{(2)} &= 0\,, & \left(V^{(2)}\right)^t U^{(1)} &= 0\,, \end{aligned}$$

wie sich durch Blockmultiplikation von $UU^{-1} = \mathbb{1} = U^{-1}U$ ergibt.

Der Spezialfall einer Projektion nach (2.57) ordnet sich hier ein: Es ist

$$\boldsymbol{v}_1 = \boldsymbol{a}$$

und für die erste Spalte $\boldsymbol{w}_1$ von U^{-t} gilt (wegen $U^{-1}U = \mathbb{1}$)

$$(\boldsymbol{a} \,.\, \boldsymbol{w}_1) = 1 ,$$

$$(\boldsymbol{v}_i \,.\, \boldsymbol{w}_1) = 0 \text{ für } i = 2, \dots, n,$$

also $\boldsymbol{w}_1 \in (\text{Kern}\, P)^{\perp} = \boldsymbol{b}^{\perp\perp} = \mathbb{R}\boldsymbol{b}$ und so

$$\boldsymbol{w}_1 = \frac{1}{(\boldsymbol{a} \,.\, \boldsymbol{b})}\boldsymbol{b} .$$

Deshalb reduziert sich (2.96) auf (2.57).

Eine orthogonale Projektion ergibt sich genau dann, wenn U_1 und U_2 orthogonal sind, d. h.:

$$U_2 = U_1^{\perp} .$$

Dann können die Basen in U_1 und U_2 orthonormal gewählt werden (was immer möglich ist), ergänzen sich aber zusätzlich zu einer ONB, so dass gilt

$$\left(V^{(1)} \,\middle|\, V^{(2)}\right) = U^{-t} = U = \left(U^{(1)} \,\middle|\, U^{(2)}\right) ,$$

und damit vereinfacht sich die Darstellung zu

$$P\boldsymbol{x} = \left(\sum_{i=1}^{k} \boldsymbol{v}_i \otimes \boldsymbol{v}_i \right) \boldsymbol{x} = U^{(1)} U^{(1)^t} \boldsymbol{x} ,$$

womit sich ein alternativer Beweis für (2.51) ergeben hat. △

***Bemerkung 2.66** In der Statistik ist man daran interessiert, einen (Daten-)Vektor $\boldsymbol{x} \in \mathbb{R}^n$ auch

$$\boldsymbol{y} := \boldsymbol{x} - \overline{x}\mathbf{1} , \text{ wobei } \quad \overline{x} := \frac{1}{n} \sum_{i=1}^{n} x_i = \frac{1}{n} (\mathbf{1} \,.\, \boldsymbol{x}) ,$$

zuzuordnen, d. h. einen Vektor mit *arithmetischem Mittel* Null:

$$\overline{y} = 0 .$$

Dabei ist $\mathbf{1} \in \mathbb{R}^n$ der Vektor, dessen Komponenten alle 1 sind. Diese Abbildung lässt sich wegen $n\overline{x}\mathbf{1} = \mathbf{1}\,(\mathbf{1} \,.\, \boldsymbol{x}) = \mathbf{1} \otimes \mathbf{1}\, \boldsymbol{x}$ durch folgende Matrix beschreiben:

$$A := \mathbb{1} - \frac{1}{n}\mathbf{1} \otimes \mathbf{1} .$$

Hierbei ist $\mathbf{1} \otimes \mathbf{1} \in \mathbb{R}^{(n,n)}$ die Matrix, deren Einträge alle gleich 1 sind. Dann gilt:

A ist eine orthogonale Projektion,

wobei

$$\operatorname{Bild} A = \{\boldsymbol{y} \in \mathbb{R}^n : \overline{y} = 0\}, \ \operatorname{Kern} A = \operatorname{span}(\mathbf{1}) . \tag{2.97}$$

Das lässt sich wie folgt einsehen: Die Beziehung

$$A^2 = A$$

rechnet sich sofort unter Beachtung von $\mathbf{1} \otimes \mathbf{1} \cdot \mathbf{1} \otimes \mathbf{1} = n\mathbf{1} \otimes \mathbf{1}$ *in* $\mathbb{R}^{(n,n)}$ *nach. A ist symmetrisch, so dass mit Satz 2.64 A orthogonale Projektion ist. (2.97) folgt sofort.*

Man nennt A auch eine *zentrierende Matrix.*

Es gilt demnach insbesondere

$$A\mathbf{1} = \mathbf{0} , \quad \mathbf{1}^t A = \mathbf{0} ,$$

d. h. die Zeilen- und Spaltensummen von A sind sämtlich Null.

Mittels A lässt sich die *mittlere quadratische Abweichung*

$$d_x^2 := \frac{1}{n}\sum_{i=1}^{n}(x_i - \overline{x})^2$$

und damit die (Stichproben-)*Varianz*

$$s_x^2 := \frac{1}{n-1}\sum_{i=1}^{n}(x_i - \overline{x})^2$$

ausdrücken durch

$$d_x^2 = \frac{1}{n}\boldsymbol{x}^t A\boldsymbol{x}$$

und analog für s_x^2, denn

$$nd_x^2 = (\boldsymbol{x} - \overline{x}\mathbf{1})^t(\boldsymbol{x} - \overline{x}\mathbf{1}) = (A\boldsymbol{x})^t A\boldsymbol{x} = \boldsymbol{x}^t A^t A\boldsymbol{x} = \boldsymbol{x}^t A\boldsymbol{x} ,$$

da A symmetrisch und idempotent ist. △

Wir nehmen folgende Diskussion wieder auf:

Beispiel 2(3) – Elektrisches Netzwerk Wir betrachten wieder wie in Beispiel 2(2) ein elektrisches Netzwerk, wollen aber als Bauelemente neben OHMschen Widerständen auch *Kondensatoren* und *Spulen* zulassen (siehe z. B. ECK, GARCKE und KNABNER 2011, Abschnitt 2.1). Ein Kondensator kann elektrische Ladungen speichern. Die Menge der gespeicherten Ladung ist proportional zur angelegten Spannung. Bei

Spannungsänderungen kann ein Kondensator daher Ströme aufnehmen oder abgeben. Dies wird beschrieben durch die Relation

$$I(t) = C\,\dot{U}(t)\,, \tag{MM.59}$$

wobei C die *Kapazität* des Kondensators ist.

Dabei bezeichnet $\dot{f}$ die Ableitung einer Funktion $f = f(t)$. Es ist also i. Allg. nicht mehr möglich, die Fließverhältnisse in einem solchen elektrischen Netzwerk stationär zu betrachten, d. h. durch Vektoren $\boldsymbol{x}$ oder $\boldsymbol{y}$, sondern es ist eine dynamische Beschreibung (durch zeitabhängige Funktionen $\boldsymbol{y}(t)$) nötig. Analog gilt: Eine stromdurchflossene Spule erzeugt ein Magnetfeld, dessen Stärke proportional zur Stromstärke ist. Im Magnetfeld ist Energie gespeichert, diese muss beim Aufbau des Magnetfeldes aus dem Strom der Spule entnommen werden. Dies führt zu einem Spannungsabfall an der Spule, der proportional zur Änderung der Stromstärke ist,

$$U(t) = L\,\dot{I}(t)\,, \tag{MM.60}$$

wobei L die *Induktivität* der Spule ist. Statt auf die potentialbasierte Formulierung (MM.50) bauen wir auf das Spannungsgesetz in der Form von (MM.47) auf und gehen ohne Nachweis davon aus, dass wir zwischen beiden Formulierungen äquivalent hin und her gehen können.

Gesucht sind also Funktionen $\boldsymbol{y} : [t_0, T] \to \mathbb{R}^n$, die *Ströme* für ein vorgegebenes Zeitintervall $[t_0, T]$ und analog die *Spannungen* $\boldsymbol{e} = \boldsymbol{e}(t)$. Ebenfalls möglicherweise zeitabhängig ist der Vektor der *Quellstärken* $\boldsymbol{b} = \boldsymbol{b}(t)$, um etwa einen Wechselstromkreis zu beschreiben. Weiterhin gültig bleibt das Stromgesetz

$$B^t\boldsymbol{y}(t) = \boldsymbol{0} \tag{MM.61}$$

und das Spannungsgesetz in der Form

$$D\boldsymbol{e}(t) = \boldsymbol{0}\,, \tag{MM.62}$$

wobei bisher

$$\boldsymbol{e}(t) = \boldsymbol{e}_W(t) - \boldsymbol{b}(t)\,, \tag{MM.63}$$

wenn man mit

$$\boldsymbol{e}_W(t) = A\boldsymbol{y}(t)$$

mit $A = \operatorname{diag}(R_1, \ldots, R_n)$ den Spannungsabfall an den Ohmschen Widerständen beschreibt. Kommen jetzt Spulen und Kondensatoren hinzu, ist e_W in (MM.63) zu ersetzen durch

$$\boldsymbol{e}(t) = D_W\boldsymbol{e}_W(t) + D_S\boldsymbol{e}_S(t) + D_C\boldsymbol{e}_C(t) - \boldsymbol{b}(t)\,. \tag{MM.64}$$

Dabei ist $D_W = \operatorname{diag}\left(\delta_i^W\right)$ und $\delta_i^W = 1$ falls an der Kante i ein Widerstand liegt und 0 sonst. D_S bzw. D_C beschreiben analog das (Nicht-)Vorhandensein von Spulen bzw. Kondensatoren an der jeweiligen Kante. Dass sich die Spannungsabfälle wie postuliert addieren, ist eine Folge des Spannungsgesetzes. Auch kann o. B. d. A. angenommen werden, dass an jeder Kante genau ein Bauteil vorliegt. Aus (MM.62), (MM.64) folgt also

$$D\,(D_W\dot{\boldsymbol{e}}_W + D_S\dot{\boldsymbol{e}}_S + D_C\dot{\boldsymbol{e}}_C)\,(t) = D\dot{\boldsymbol{b}}(t)\,.$$

Dabei sind die Ableitungen komponentenweise zu verstehen, d. h. $\dot{\boldsymbol{f}}(t) = (\dot{f}_1(t), \ldots, \dot{f}_n(t))^t$. Also ergibt sich zusammen mit (MM.59), (MM.60)

$$D(D_WA\dot{\boldsymbol{y}}(t) + D_S L\ddot{\boldsymbol{y}}(t) + D_C\overline{C}\boldsymbol{y}(t)) = D\dot{\boldsymbol{b}}(t)\,. \tag{MM.65}$$

Dabei ist $L = \mathrm{diag}(L_1, \ldots, L_n)$ bzw. $\overline{C} = \mathrm{diag}(1/C_1, \ldots, 1/C_n)$ mit den jeweiligen Induktivitäten L_i bzw. Kapazitäten C_i zur Kante i. Bei Fehlen des Bauelements auf Kante i kann L_i bzw. $1/C_i$ beliebig gesetzt werden. Wird in dem Fall $R_i = 0$, $L_i = 0$ bzw. $1/C_i = 0$ vereinbart, sind die Matrizen D_W, D_S, D_C entbehrlich.

Es sind also Lösungen von (MM.65) zusammen mit (MM.61) gesucht. Es handelt sich um ein System gewöhnlicher Differentialgleichungen 2. Ordnung mit algebraischen Nebenbedingungen. Gewöhnliche Differentialgleichungen 1. und 2. Ordnung werden ab Abschnitt 7.2 behandelt. Einer der einfachsten Fälle entsteht wenn je eines der verschiedenen Bauteile mit einer Spannungsquelle in der Schleife verbunden wird (siehe Abbildung 2.10). In diesem Fall ist $n = m = 3$, d. h. es gibt eine Schleifengleichung

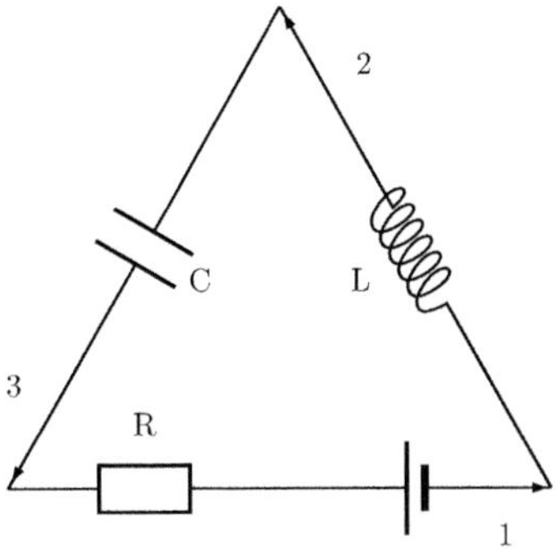

OHMscher Widerstand -[R]-, Spule, Kondensator -||-.

Abb. 2.10: Elektrischer Schwingkreis mit OHMschem Widerstand, Spule und Kondensator.

$$R\dot{y}_1(t) + L\ddot{y}_2(t) + \frac{1}{C}y_3(t) = \dot{b}(t)$$

und die Gleichungen aus dem Stromgesetz

$$y_1 - y_2 = 0,\; y_2 - y_3 = 0, \text{ d. h. } y_1 = y_2 = y_3$$

und damit die gewöhnliche Differentialgleichung 2. Ordnung

$$\ddot{y}(t) + \frac{R}{L}\dot{y}(t) + \frac{1}{LC}y(t) = \frac{1}{L}\dot{b}(t) \text{ für } t \in [t_0, T]\,, \tag{MM.66}$$

zu versehen mit Anfangsbedingungen

$$y(t_0) = y_0,\; \dot{y}(t_0) = y_0'\,.$$

Die Lösung von (MM.66) kann wegen der Linearität des Problems (siehe allgemeiner Abschnitt 8.6.1) zerlegt werden in eine Lösung y_p zur rechten Seite und irgendeiner Anfangsvorgabe $\overline{y}_0, \overline{y}_0'$ und eine Lösung y_a zur rechten Seite gleich 0 und den Anfangsvorgaben $y_0 - \overline{y}_0$, $y_0' - \overline{y}_0'$. y_p beschreibt das erzwungene Langzeitverhalten, y_a den Einschwingvorgang. ◇

Beispiel 2(4) – Elektrisches Netzwerk In (MM.51) wurde ein LGS in Spannung $\boldsymbol{y}$ und Potential $\boldsymbol{x}$ hergeleitet, aus dem sich aber $\boldsymbol{y}$ eliminieren lässt. Auflösen des oberen Teilsystems nach $\boldsymbol{y}$, d. h.

$$\boldsymbol{y} = -A^{-1}B\boldsymbol{x} + A^{-1}\boldsymbol{b} \tag{MM.67}$$

und Einsetzen in das untere ergibt

$$B^t A^{-1} B \boldsymbol{x} = B^t A^{-1} \boldsymbol{b} \,. \tag{MM.68}$$

Dabei ist hier A nicht nur invertierbar, sondern sogar diagonal, so dass $C = A^{-1}$ explizit (und diagonal) vorliegt. Wir erwarten, dass der Kern von $B^t A^{-1} B$ mindestens span($\mathbf{1}$) umfasst.

Es gilt:

Satz 2.67

Sei $C \in \mathbb{R}^{(n,n)}$ Diagonalmatrix mit positiven Einträgen, $B \in \mathbb{R}^{(n,m)}$.
Dann gilt für $M := B^t C B$:

1) $\operatorname{Kern} M = \operatorname{Kern} B$.
2) Das LGS $M\boldsymbol{x} = B^t \boldsymbol{c}$ hat für jedes $\boldsymbol{c} \in \mathbb{R}^n$ eine Lösung.
3) Ist das Netzwerk zusammenhängend, so hat das LGS aus 2) mit B nach (MM.43) nach Fixierung einer Komponente von $\boldsymbol{x}$ eine eindeutige Lösung.

Beweis: Zu 1): $\operatorname{Kern} B \subset \operatorname{Kern} M$ ist klar und für $\boldsymbol{x} \in \operatorname{Kern} M$ gilt:

$$0 = \left(\boldsymbol{x} \,.\, B^t C B \boldsymbol{x}\right) = (B\boldsymbol{x} \,.\, CB\boldsymbol{x}) \,,$$

woraus $B\boldsymbol{x} = \mathbf{0}$ folgt, da $(\boldsymbol{x} \,.\, C\boldsymbol{y})$ nach (1.63) ein SKP auf $\mathbb{R}^n$ darstellt.
Zu 2): Zu zeigen ist

$$B^t \boldsymbol{c} \in \operatorname{Bild} M = (\operatorname{Kern} M^t)^\perp = (\operatorname{Kern} M)^\perp \,,$$

da M symmetrisch ist. Sei $\boldsymbol{x} \in \operatorname{Kern} M = \operatorname{Kern} B$, dann

$$\left(\boldsymbol{x} \,.\, B^t \boldsymbol{c}\right) = (B\boldsymbol{x} \,.\, \boldsymbol{c}) = 0 \,.$$

Zu 3): Nach Satz 1.114 ist $\operatorname{Kern} M = \operatorname{Kern} B = \operatorname{span}(\mathbf{1})$, woraus sich die Behauptung ergibt. □

Bemerkung 2.68 Die Matrix C darf auch allgemeiner sein:

1) C muss symmetrisch sein (damit auch M symmetrisch ist).
2) $(\boldsymbol{x} \,.\, C\boldsymbol{y})$ muss ein SKP definieren, d. h. es muss $(\boldsymbol{x} \,.\, C\boldsymbol{x}) > 0$ für alle $\boldsymbol{x} \in \mathbb{R}^n, \boldsymbol{x} \neq \mathbf{0}$ gelten: siehe Abschnitt 4.7.1. △

Anwendung von (MM.68) auf das Beispiel (aus Abbildung 1.1) ergibt das LGS

$$\begin{pmatrix} R_G & -R_G \\ -R_G & R_G \end{pmatrix} \begin{pmatrix} x_1 \\ x_2 \end{pmatrix} = \begin{pmatrix} \frac{U}{R_1} \\ -\frac{U}{R_1} \end{pmatrix} ,$$

wobei

$$R_G := \frac{1}{R_1} + \frac{1}{R_2} + \frac{1}{R_3} \,.$$

Nach Fixierung von $x_2 = 0$ ergibt sich also

$$x_1 = \frac{U}{R_1 R_G} = \frac{R_2 R_3 U}{R_S}$$

mit $R_S := R_1R_2 + R_1R_3 + R_2R_3$ und daraus nach (MM.67)

$$y_1 = -\frac{x_1}{R_1} + \frac{U}{R_1}, \; y_2 = \frac{x_1}{R_2} = \frac{R_3U}{R_S}, \; y_3 = \frac{x_1}{R_3} = \frac{R_2U}{R_S}.$$

Das ist nach leichter Umformung die Lösung aus Beispiel 2(1). ◇

Was Sie in diesem Abschnitt gelernt haben sollten

Begriffe

- Matrizenmultiplikation, Matrixpotenzen
- Tensorprodukt von Vektoren, Rang-1-Matrizen
- Projektion
- Invertierbare Matrix
- Elementarmatrizen
- Orthogonale Matrix und Abbildung, $O(n, \mathbb{R})$
- Transponierte, symmetrische Matrix und Abbildung

Zusammenhänge

- Darstellungsmatrix von Kompositionen (Theorem 2.35)
- $(\mathbb{R}^{(m,n)}, +, \cdot)$ als (nicht kommutativer) Ring (Überlegung nach (2.44))
- Projektionen und direkte Zerlegung (Hauptsatz 2.44, 2.46)
- GAUSS-Umformung als Multiplikation mit Elementarmatrizen ((2.73)ff.)
- Projektion orthogonal ⇔ symmetrisch (Satz 2.64)

Beispiele

- Produkte von
  - Drehmatizen
  - Diagonalmatrizen
- Darstellungsmatrizen der Orthogonalprojektion auf Unterraum, insbesondere Gerade und Hyperebene
- $(GL(n, \mathbb{R}), \cdot)$ als (nicht kommutative) Gruppe

Aufgaben

Aufgabe 2.10 (K) Verifizieren Sie Bemerkung 2.27 unter Benutzung der trigonometrischen Additionstheoreme.

Aufgabe 2.11 (K) Verifizieren Sie (2.40).

Aufgabe 2.12 (T) Zeigen Sie Satz 2.46, 1).

Aufgabe 2.13 (T) Arbeiten Sie Bemerkung 2.49 aus.

Aufgabe 2.14 (K) Zeigen Sie die Aussagen aus Bemerkungen 2.50, 2) über invertierbare (obere) Dreiecksmatrizen.

Aufgabe 2.15 (T) Zeigen Sie, dass für alle $A \in \mathbb{R}^{(p,n)}$ der Rang von A mit dem Rang von AA^t und von A^tA übereinstimmt.

Aufgabe 2.16 (T) Seien $A \in \mathbb{R}^{(m,n)}$, $B \in \mathbb{R}^{(n,p)}$ beliebig. Zeigen Sie:
$\operatorname{Rang}(AB) \leq \min(\operatorname{Rang} A, \operatorname{Rang} B)$.

Aufgabe 2.17 (T) Es sei $C \in \mathbb{R}^{(m,n)}$ eine Matrix von Rang k. Man beweise: Es gibt Matrizen $A \in \mathbb{R}^{(m,k)}$ und $B \in \mathbb{R}^{(k,n)}$ mit $C = AB$.

Aufgabe 2.18 (K) Es sei A eine reelle $n \times n$-Matrix, $\mathbb{1}$ die Einheitsmatrix, es sei $(A - \mathbb{1})$ invertierbar, und es sei $B := (A + \mathbb{1})(A - \mathbb{1})^{-1}$. Man beweise:

a) $(A + \mathbb{1})(A - \mathbb{1})^{-1} = (A - \mathbb{1})^{-1}(A + \mathbb{1})$ durch Betrachtung von

$$(A - \mathbb{1} + 2\mathbb{1})(A - \mathbb{1})^{-1} - (A - \mathbb{1})^{-1}(A - \mathbb{1} + 2\mathbb{1}).$$

b) $(B - \mathbb{1})$ ist invertierbar, indem man $B - (A - \mathbb{1})(A - \mathbb{1})^{-1} = 2(A - \mathbb{1})^{-1}$ zeigt.

c) $(B + \mathbb{1})(B - \mathbb{1})^{-1} = A$.

2.4 Lösbare und nichtlösbare lineare Gleichungssysteme

2.4.1 Lineare Gleichungssysteme und ihre Unterräume II

Mit den bisherigen Überlegungen können die für eine Matrix $A \in \mathbb{R}^{(m,n)}$ (und dem von ihr definierten LGS) wesentlichen linearen Unterräume, nämlich

$$\begin{array}{ll} \mathrm{Kern}\,A & (= \text{Lösungsraum von } A\boldsymbol{x} = \boldsymbol{0})\,, \\ \mathrm{Bild}\,A & (= \text{Spaltenraum von } A)\,, \\ \mathrm{Kern}\,A^t & (= \text{Lösungsraum von } A^t\boldsymbol{x} = \boldsymbol{0} \text{ bzw. von } \boldsymbol{x}^t A = \boldsymbol{0}^t)\,, \\ \mathrm{Bild}\,A^t & (= \text{Zeilenraum von } A) \end{array}$$

genauer in Beziehung gesetzt werden. Nämlich:

$$\begin{aligned} \text{Spaltenrang} &= \dim \mathrm{Bild}\,A\,, \\ \text{Zeilenrang} &= \dim \mathrm{Bild}\,A^t\,, \end{aligned}$$

und somit nach Hauptsatz 1.80:

$$\dim \mathrm{Bild}\,A = \dim \mathrm{Bild}\,A^t\,.$$

In Theorem 1.82 haben wir gesehen:

$$\dim \mathrm{Kern}\,A + \dim \mathrm{Bild}\,A^t = n \tag{2.98}$$

und somit auch

$$\dim \mathrm{Kern}\,A + \dim \mathrm{Bild}\,A = n \tag{2.99}$$

und entsprechend

$$\dim \mathrm{Kern}\,A^t + \dim \mathrm{Bild}\,A = m\,, \tag{2.100}$$

$$\dim \mathrm{Kern}\,A^t + \dim \mathrm{Bild}\,A^t = m\,. \tag{2.101}$$

In (1.70) haben wir sogar folgendes gesehen, dass

Hauptsatz 2.69: Kern-Bild-Orthogonalität

Sei $A \in \mathbb{R}^{(m,n)}$. Dann gilt bezüglich des euklidischen SKP:

$$\begin{array}{llll} & (\mathrm{Kern}\,A)^\perp = \mathrm{Bild}\,A^t & \text{bzw.} & \mathrm{Kern}\,A = (\mathrm{Bild}\,A^t)^\perp \\ \text{und} & (\mathrm{Kern}\,A^t)^\perp = \mathrm{Bild}\,A & \text{bzw.} & \mathrm{Kern}\,A^t = (\mathrm{Bild}\,A)^\perp \end{array}$$

und insbesondere die Dimensionsbeziehungen (2.98)–(2.101).

Damit ergibt sich insbesondere folgendes Lösbarkeitskriterium für LGS:

Theorem 2.70: Lösbarkeit eines LGS

Sei $A \in \mathbb{R}^{(m,n)}, \boldsymbol{b} \in \mathbb{R}^m$.
Das LGS $A\boldsymbol{x} = \boldsymbol{b}$ ist lösbar, genau dann, wenn

$$\boldsymbol{b} \in (\text{Kern}\, A^t)^\perp ,$$

d. h.

$$(\boldsymbol{b} \,.\, \boldsymbol{x}) = \boldsymbol{0} \qquad \text{für alle } \boldsymbol{x} \in \mathbb{R}^m \qquad \text{mit } A^t\boldsymbol{x} = \boldsymbol{0} .$$

Bemerkung 2.70a Insbesondere folgt:

$A\boldsymbol{x} = \boldsymbol{b}$ ist lösbar für alle $\boldsymbol{b} \in \mathbb{R}^m$ genau dann, wenn A^t injektiv ist.

Da $\text{Kern}(A^t)^\perp = \mathbb{R}^m \Leftrightarrow \text{Kern}(A^t) = \{\boldsymbol{0}\}$ *und durch Vertauschung von* A^t *und* $A^{tt} = A$:
A ist injektiv genau dann, wenn $A^t\boldsymbol{y} = \boldsymbol{c}$ lösbar für alle $\boldsymbol{c} \in \mathbb{R}^n$ ist. △

Die zentrale Bedeutung von Hauptsatz 2.69 wird unterstrichen durch:

Bemerkungen 2.70b

1) Sei $A \in \mathbb{R}^{(m,n)}$, $r = \text{Rang}(A)$, dann gibt es orthogonale $U \in \mathbb{R}^{(m,m)}$, $V \in \mathbb{R}^{(n,n)}$, ein nichtsinguläres $C \in \mathbb{R}^{(r,r)}$, so dass

$$U^tAV = \left(\begin{array}{c|c} C & 0 \\ \hline 0 & 0 \end{array}\right). \tag{2.101a}$$

Sei $U = \left(\boldsymbol{u}^{(1)}, \ldots, \boldsymbol{u}^{(m)}\right)$, $V = \left(\boldsymbol{v}^{(1)}, \ldots, \boldsymbol{v}^{(n)}\right)$, dann gilt

$$\begin{array}{ll} \{\boldsymbol{u}^{(1)}, \ldots, \boldsymbol{u}^{(r)}\} & \text{ist eine ONB von Bild}\, A, \\ \{\boldsymbol{v}^{(1)}, \ldots, \boldsymbol{v}^{(r)}\} & \text{ist eine ONB von Bild}\, A^t, \\ \{\boldsymbol{u}^{(r+1)}, \ldots, \boldsymbol{u}^{(m)}\} & \text{ist eine ONB von Kern}\, A^t, \\ \{\boldsymbol{v}^{(r+1)}, \ldots, \boldsymbol{v}^{(n)}\} & \text{ist eine ONB von Kern}\, A. \end{array} \tag{2.101b}$$

Das kann man wie folgt einsehen: Man wähle ONBs der jeweiligen Räume und bezeichne sie nach (2.101b). Setzt man $U = \left(\boldsymbol{u}^{(1)}, \ldots, \boldsymbol{u}^{(m)}\right)$ *und* $V = \left(\boldsymbol{v}^{(1)}, \ldots, \boldsymbol{v}^{(n)}\right)$*, so sichert Hauptsatz 2.69 die Orthogonalität von U und V. Sei*

$$\tilde{C} = (c_{i,j}) := U^tAV$$

also $c_{i,j} = \boldsymbol{u}_i^t A \boldsymbol{v}_j$ *und wegen* $A^t\boldsymbol{u}_i = \boldsymbol{0}$ *für* $i = r+1, \ldots, m$ *und* $A\boldsymbol{v}_j = \boldsymbol{0}$ *für* $j = r+1, \ldots, n$ *hat* $\tilde{C}$ *die behauptete Gestalt. Weiter ist* $\text{Rang}(C) = \text{Rang}\,\tilde{C} = \text{Rang}(A) = r$*, also nichtsingulär.*

In Hauptsatz 4.127 wird diese Aussage in der Singulärwertzerlegung dahingehend verbessert, dass C tatsächlich als Diagonalmatrix (mit positiven Diagonalelementen) gewählt werden kann. Da dies Eigenwerte (siehe Kapitel 4) benötigt, kann diese Darstellung nicht wie (2.101a) in endlich vielen Elementaroperationen bestimmt werden. Dies ist weiterhin der Fall, wenn C nur eine obere Dreiecksmatrix sein soll.

Dazu ist eine QR-Zerlegung von C (siehe Kapitel 4.8) von Nöten: $C = QR$, wobei R obere Dreiecksmatrix und Q orthogonal ist. Dann kann C durch R ersetzt werden bei gleichzeitigem Ersatz von U durch

$$\left(\begin{array}{c|c} Q^t & 0 \\ \hline 0 & \mathbb{1} \end{array}\right) U =: \tilde{U} .$$

2) Sei $A \in \mathbb{R}^{(n,n)}$, $r = \text{Rang}(A)$, dann sind folgende Aussagen äquivalent:

(i) $(\boldsymbol{x}, \boldsymbol{y}) = 0$ für alle $\boldsymbol{x} \in \text{Bild}(A)$, $\boldsymbol{y} \in \text{Kern}(A)$

(ii) $\text{Bild}(A) = \text{Bild}(A^t)$

(iii) $\text{Kern}(A) = \text{Kern}(A^t)$

(iv) In (2.101a) kann $U = V$ gewählt werden

Das kann man wie folgt einsehen: Die Äquivalenz von (ii) und (iii) folgt sofort aus Hauptsatz 2.69:

$$\text{Bild}(A) = \text{Bild}(A^t) \Leftrightarrow \text{Kern}(A^t) = \text{Bild}(A)^{\perp} = \text{Bild}(A^t)^{\perp} = \text{Kern}(A)$$

(ii)(⇔(iii))⇒(iv): Nach Definition in 1) ist es also ausreichend V zusammenzusetzen aus einem ONB von $\text{Bild}(A^t)$*, für die* $(\boldsymbol{u}^{(1)}, \ldots, \boldsymbol{u}^{(r)})$ *genommen werden kann, und einer ONB von* $\text{Kern}(A)$*, für die* $(\boldsymbol{u}^{(r+1)}, \ldots, \boldsymbol{u}^{(n)})$ *genommen werden kann, also $V = U$.*
(iv)⇒(ii): Nach (2.101a)*, d. h.*

$$A = U \left(\begin{array}{c|c} C & 0 \\ \hline 0 & 0 \end{array}\right) U^t \quad \text{und} \quad A^t = U \left(\begin{array}{c|c} C^t & 0 \\ \hline 0 & 0 \end{array}\right) U^t$$

gilt wegen der Invertierbarkeit von C:

$$\text{Bild}(A) = \text{Bild}(A^t)$$

Schließlich ist (ii)⇒(i) klar und bei (i)⇒(ii) beachte man: Nach Voraussetzung ist

$$\text{Bild}(A) \subset (\text{Kern}(A))^{\perp} = \text{Bild}(A^t)$$

und damit gilt die Behauptung, da die Dimensionen gleich sind (Satz 2.54).

△

Beispiel 3(5) – Massenkette Mit Theorem 2.70 ist es möglich, das Lösbarkeitskriterium (MM.16) für eine Matrix der Form (MM.15) und darüber hinaus ohne explizite GAUSS-Elimination zu verifizieren. Wegen

$$\sum_{i=1}^{n} b_i = 0 \Leftrightarrow (\boldsymbol{b} \,.\, \boldsymbol{1}) = 0$$

für $\boldsymbol{b} = (b_i)_i \in \mathbb{R}^n$ ist somit

$$\text{Kern}\, A^t = \text{span}(\boldsymbol{1}) \tag{MM.69}$$

nachzuweisen. Wegen $A = A^t$ folgt die Teilmengenbeziehung „⊃“ analog zu Satz 1.114, 1) sofort daraus, dass die Zeilensummen (bzw. allgemein die Spaltensummen) verschwinden. Wegen der Gestalt $A = B^t B$ nach (MM.52) mit B nach (MM.36) ist auch hier Satz 1.114, 1) gültig und liefert mit Satz 2.67, 1) die

Behauptung. Ein alternativer Weg ohne Rückgriff auf B benötigt weitere Eigenschaften von A, etwa die Irreduzibilität. Dieser Begriff wird in Abschnitt 8.4 genauer untersucht (siehe Satz 8.43):

Definition 2.71

Sei $A \in \mathbb{R}^{(n,n)}$. A heißt *irreduzibel* , wenn zu $i, j \in \{1, \ldots, n\}$ ein $r \in \{1, \ldots, n\}$ und Indizes $i_1 = i, i_2, \ldots, i_{r-1}, i_r = j$ existieren, so dass

$$a_{i_k, i_{k+1}} \neq 0 \quad \text{für alle} \quad k = 1, \ldots, r-1 \, .$$

A heißt *reduzibel* , wenn A nicht irreduzibel ist.

Irreduzibilität bedeutet gerade für ein zugehöriges LGS, dass es nicht möglich ist, einen Teil der Unbekannten unabhängig von den anderen zu bestimmen (siehe Bem. 8.44, 2)). Bezeichnen wir für $i \in \{1, \ldots, n\}$ mit

$$N_i = \{j \in \{1, \ldots, n\} \backslash \{i\} : a_{i,j} \neq 0\}$$

die *Nachbarn* des Index i, so ist es bei Irreduzibilität demnach möglich, beliebige Indizes über Nachbarschaftsbeziehungen zu verbinden. Der folgende Satz enthält insbesondere die Aussage (MM.69):

Satz 2.72

Sei $A = (a_{i,j})_{i,j} \in \mathbb{R}^{(n,n)}$ mit folgenden Eigenschaften:

1) A ist irreduzibel.

2) $\sum_{j=1}^{n} a_{i,j} = 0 \quad$ für alle $\quad i = 1, \ldots, n$.

3) $a_{i,j} \leq 0 \quad$ für $\quad i, j = 1, \ldots, n, \; i \neq j$.

Dann gilt:

$$\operatorname{Kern} A = \operatorname{span}(\mathbf{1}) \, .$$

Beweis: Die Bedingung 2) lässt sich wegen 3) auch schreiben als

$$a_{i,i} = -\sum_{\substack{j=1 \\ j \neq i}}^{n} a_{i,j} = \sum_{\substack{j=1 \\ j \neq i}}^{n} |a_{i,j}| \tag{MM.70}$$

und damit $a_{i,i} \geq 0$. Da wegen 1) für $i \in \{1, \ldots, n\}$ mindestens ein $a_{i,j} \neq 0$ für ein $j \neq i$, d. h. $N_i \neq \emptyset$ gilt, ist sogar

$$a_{i,i} > 0 \quad \text{für alle} \quad i = 1, \ldots, n \, .$$

Sei $\boldsymbol{x} = (x_i)_i \in \operatorname{Kern} A$ und $k \in \{1, \ldots, n\}$ so gewählt, dass

$$x_k = \max\{x_i : i \in \{1, \ldots, n\}\} \, .$$

Dann folgt mit 3) und (MM.70)

$$a_{k,k}x_k = \sum_{\substack{j=1\\ j\neq k}}^{n} |a_{k,j}|x_j = \sum_{j\in N_k} |a_{k,j}|x_j \leq \sum_{j\in N_k} |a_{k,j}|x_k = a_{k,k}x_k \, .$$

Damit muss obige Ungleichung als Gleichung gelten und da die Abschätzung für die Summanden einzeln gilt, auch:

$$|a_{k,j}|x_j = |a_{k,j}|x_k \quad \text{für} \quad j \in N_k$$

und damit

$$x_j = x_k \quad \text{für} \quad j \in N_k \, .$$

Diese Gleichheit kann auf die Nachbarn der $j \in N_k$ usw. übertragen werden. Wegen 1) wird dadurch schließlich die ganze Indexmenge erfasst. □

Dieser Satz impliziert noch einmal die Aussage (2.97) für die zentrierende Matrix

$$A = \mathbb{1} - \frac{1}{n}\mathbf{1} \otimes \mathbf{1} \, .$$ ◇

2.4.2 Ausgleichsrechnung und Pseudoinverse

Sei $A \in \mathbb{R}^{(m,n)}$, $\boldsymbol{b} \in \mathbb{R}^m$ und man betrachte das LGS

$$A\boldsymbol{x} = \boldsymbol{b} \, .$$

Dies möge nicht lösbar sein, was typischerweise im Fall $m > n$ (Überbestimmung durch zu viele widersprüchliche Gleichungen) auftritt. Dann ist es naheliegend, das LGS durch folgendes Ersatzproblem (*lineares Ausgleichsproblem*) zu approximieren:

Gesucht ist $\boldsymbol{x} \in \mathbb{R}^n$, so dass

$$\|A\boldsymbol{x} - \boldsymbol{b}\| = \min\{\|A\boldsymbol{y} - \boldsymbol{b}\| : \boldsymbol{y} \in \mathbb{R}^n\} \, . \tag{2.102}$$

Dabei ist $\|.\|$ die euklidische Norm. Also ist $A\boldsymbol{x}$ die orthogonale Projektion in $\mathbb{R}^m$ von $\boldsymbol{b}$ auf Bild A und damit eindeutig existent (siehe Definition 1.101 und Hauptsatz 1.102).

$A\boldsymbol{x}$ ist dadurch charakterisiert, dass

$$A\boldsymbol{x} - \boldsymbol{b} \in (\text{Bild}\, A)^{\perp} = \text{Kern}\, A^t$$

nach Hauptsatz 1.102 und Hauptsatz 2.69,

folglich ist $A\boldsymbol{x}$ bestimmt durch das LGS

$$A^tA\boldsymbol{x} = A^t\boldsymbol{b} \, , \tag{2.103}$$

die *Normalgleichungen*.

Damit nicht nur Ax, sondern auch $x \in \mathbb{R}^n$ eindeutig ist, müssen die Spalten von A linear unabhängig sein, d. h.:

Hauptsatz 2.73: Ausgleichsproblem lösbar

Sei $A \in \mathbb{R}^{(m,n)}, b \in \mathbb{R}^m$. Dann ist das lineare Ausgleichsproblem (2.102) immer lösbar und die Lösungen erfüllen die Normalgleichungen (2.103).
Genau dann, wenn $\operatorname{Rang} A = n$, ist die Lösung eindeutig.

$\operatorname{Rang} A = n$ bedeutet auch $\operatorname{Rang}(A^tA) = n$ (siehe Bemerkungen 2.57, 3)) und damit die Regularität von $A^tA \in \mathbb{R}^{(n,n)}$: Die Lösung von (2.102) ist daher in diesem Fall

$$\boxed{x := (A^tA)^{-1}A^t b\,,} \tag{2.104}$$

wird aber nicht so berechnet. Dafür gibt es diese Möglichkeiten:

- Lösung der Normalgleichungen:
  Zwar ist A^tA symmetrisch und hier auch positiv definit (siehe Definition 4.133), was die algorithmische Lösung von (2.103) erleichtert (siehe Abschnitt 8.2.3), die Stabilität dieses LGS kann aber schlecht sein (siehe Abschnitt 8.1.1). Eine Möglichkeit, dies zu verbessern, ist das LGS als LGS doppelter Dimension zu schreiben durch Einführung des *Defekts*

  $$y := Ax - b$$

  als weitere Unbekannte. Dann ist (2.103) äquivalent zum symmetrischen LGS

  $$\left(\begin{array}{c|c} \mathbf{0} & A^t \\ \hline A & -\mathbb{1} \end{array}\right)\left(\begin{array}{c} x \\ \hline y \end{array}\right) = \left(\begin{array}{c} \mathbf{0} \\ \hline b \end{array}\right).$$

  Dies ist mithin ein LGS vom Typ (1.91) mit folgender Notationsänderung: Statt A, B, b, f steht hier $\mathbb{1}, -A, -b, \mathbf{0}$.
- Direkte Lösung von (2.102): Dies wird in Abschnitt 4.8 behandelt.

Beispiel 2.74 (Datenanpassung) Lineare Ausgleichsprobleme entstehen, wenn („viele") Daten (t_i, y_i), $i = 1, \ldots, m$, $t_i, y_i \in \mathbb{R}$, durch eine Funktion aus einem (niedrigdimensionalen) Funktionenraum U mit gegebener Basis $\varphi_0, \ldots, \varphi_n$, etwa $\mathbb{R}_n[x]$ mit der Monombasis, (wobei $n + 1 < m$) „möglichst gut" wiedergegeben werden sollen:

Es werden also $x_0, \ldots, x_n \in \mathbb{R}$ gesucht, so dass

$$\Big(\sum_{j=0}^{n} x_j\varphi_j\Big)(t_i) \approx y_i\,,$$

was sich durch die Forderung

$$\sum_{i=1}^{m}\Big(\Big(\sum_{j=0}^{n} x_j\varphi_j\Big)(t_i) - y_i\Big)^2 \to \text{minimal}$$

(*Methode der kleinsten Quadrate*), präzisieren lässt. Setzt man $A = (a_{i,j})_{ij} \in \mathbb{R}^{(m,n+1)}$, $\boldsymbol{b} = (b_i) \in \mathbb{R}^m$ durch

$$a_{i,j} := \varphi_j(t_i), \quad b_i := y_i, \quad i = 1,\dots,m, \quad j = 0,\dots,n\,,$$

so handelt es sich um das lineare Ausgleichsproblem zu $A\boldsymbol{x} = \boldsymbol{b}$.

Die exakte Lösung von $A\boldsymbol{x} = \boldsymbol{b}$, d. h. von

$$\left(\sum_{j=0}^{n} x_j\varphi_j\right)(t_i) = y_i \quad \text{für} \quad i = 1,\dots,m,$$

ist gerade das Interpolationsproblem in $V := \mathrm{span}(\varphi_0,\dots,\varphi_n)$.

In Bemerkung 2.34 wurde für $V = \mathbb{R}_n[x]$ oder auch $S_1(\Delta)$ gezeigt, dass für $m = n + 1$ die Interpolationsaufgabe eindeutig lösbar ist. Für $m > n + 1$ ist deswegen, bis auf „spezielle" Daten y_i die Interpolationsaufgabe nicht lösbar und daher das Ausgleichsproblem angemessen. ○

Beispiel 2.75 (Polynomiale Regression) Spezialfälle sind die *polynomiale Regression*, d. h. die Anpassung eines Polynoms n-ten Grades an Datenpunkte, für $U = \mathbb{R}_n[X]$, $\varphi_i(x) := x^i$, und davon wieder die *lineare Regression* für $n = 1$. Für $n = 1$ lässt sich die Lösung explizit angeben.

Wegen

$$A = \begin{pmatrix} 1 & t_1 \\ \vdots & \vdots \\ 1 & t_m \end{pmatrix}$$

ist

$$A^t A = \begin{pmatrix} m & \sum_{i=1}^{m} t_i \\ \sum_{i=1}^{m} t_i & \sum_{i=1}^{m} t_i^2 \end{pmatrix}$$

und

$$A^t \boldsymbol{b} = \begin{pmatrix} \sum_{i=1}^{m} y_i \\ \sum_{i=1}^{m} t_i y_i \end{pmatrix}.$$

Mit den arithmetischen Mitteln als Abkürzungen, d. h.

$$\bar{t} := \frac{1}{m}\sum_{i=1}^{m} t_i\,, \quad \overline{t^2} := \frac{1}{m}\sum_{i=1}^{m} t_i^2\,,$$

und analog $\bar{y}$ und $\overline{ty}$ lässt sich infolgedessen nach (2.68) die Lösung der Normalgleichung darstellen als

$$\begin{pmatrix} x_0 \\ x_1 \end{pmatrix} = \left(A^t A\right)^{-1} A^t b = \frac{1}{m^2 d}\begin{pmatrix} m\overline{t^2} & -m\bar{t} \\ -m\bar{t} & m \end{pmatrix}\begin{pmatrix} m\bar{y} \\ m\overline{ty} \end{pmatrix}, \quad \text{wobei} \quad d := \left(\overline{t^2} - (\bar{t})^2\right)\,,$$

demnach ergibt sich für den Achsenabschnittsparameter der *Ausgleichsgeraden*

$$x_0 = \frac{1}{d}\left(\overline{t^2}\,\bar{y} - \bar{t}\,\overline{ty}\right) \tag{2.105}$$

und für den Steigungsparameter

$$x_1 = \frac{1}{d}\left(\overline{ty} - \bar{t}\bar{y}\right)\,.$$

Durch Einsetzen verifiziert man, dass

$$x_0 + x_1\bar{t} = \bar{y}\,,$$

d. h. $(\bar{t}, \bar{y})$ liegt exakt auf der Ausgleichsgeraden. Damit lässt sich z. B. die Gleichung (2.105) ersetzen durch

$$x_0 = \bar{y} - x_1\bar{t}\,.$$

○

Sei $A \in \mathbb{R}^{(m,n)}$ und Rang $A = n$. Nach (2.103) wird durch

$$A^+ := (A^t A)^{-1} A^t \tag{2.106}$$

eine Verallgemeinerung der inversen Matrix definiert, insofern für $n = m$ und A invertierbar gilt

$$A^+ = A^{-1}\,.$$

A^+ heißt die *Pseudoinverse* von A.

Im Folgenden soll die Definition von A^+ auch für den Fall Rang $A < n$ erweitert werden, indem aus der Lösungsmenge für das Ausgleichsproblem eine spezielle Lösung ausgewählt wird. Dafür sollen die im Fall Rang $A = n$ geltenden Eigenschaften zusammengestellt werden. Wegen der eindeutigen Lösbarkeit des Ausgleichsproblems gilt:

$$A^+ A\boldsymbol{x} = \boldsymbol{x} \text{ für alle } \boldsymbol{x} \in \mathbb{R}^n, \quad \text{d. h. } A^+ A = \mathbb{1}_n\,, \tag{2.107}$$

da A^+ die Lösung des Ausgleichsproblems zuordnet und dieses für $\boldsymbol{b} = A\boldsymbol{x}$ natürlich $\boldsymbol{x}$ ist. Weiter ist

$$P := A(A^t A)^{-1} A^t = AA^+$$

die orthogonale Projektion auf Bild A, da $\boldsymbol{Pb}-\boldsymbol{b} = A\boldsymbol{x}-\boldsymbol{b}$, wobei $A\boldsymbol{x}$ gerade durch $A\boldsymbol{x}-\boldsymbol{b} \in (\text{Bild}\,A)^\perp$ gekennzeichnet ist.

Da $\text{Rang}\,A = n \Leftrightarrow \text{Kern}\,A = \{\boldsymbol{0}\}$, gilt zusammenfassend in diesem Fall:

- AA^+ ist die orthogonale Projektion auf Bild A,
- $A^+A(= \mathbb{1})$ ist die orthogonale Projektion auf $(\text{Kern}\,A)^\perp (= \mathbb{R}^n)$.

Im Folgenden bezeichne, wie bisher auch, P_U die orthogonale Projektion auf den linearen bzw. affinen Unterraum U.

$A^+\boldsymbol{b}$ zu bestimmen bzw. das Ausgleichsproblem zu $\boldsymbol{b}$ zu lösen bedeutet daher bei $\text{Rang}\,A = n$:

1) Zerlege $\boldsymbol{b}$ in $\boldsymbol{b} = P_{\text{Bild}\,A}\boldsymbol{b} + \boldsymbol{b} - P_{\text{Bild}\,A}\boldsymbol{b}$.
2) Löse $A\boldsymbol{x} = P_{\text{Bild}\,A}\boldsymbol{b}$ (die Lösung existiert eindeutig).
3) $A^+\boldsymbol{b} := \boldsymbol{x}$.

Im allgemeinen Fall (d. h. auch $\text{Rang}\,A < n$) ist für $U = \text{Bild}\,A$ und $\boldsymbol{b} \in \mathbb{R}^m$ zwar $P_U\boldsymbol{b}$ eindeutig, nicht aber $\boldsymbol{x} \in \mathbb{R}^n$, so dass

$$A\boldsymbol{x} = P_U\boldsymbol{b}\ . \tag{2.108}$$

Bei der Lösungsmenge von (2.108) handelt es sich vielmehr um einen affinen Raum der Form

$$W_{\boldsymbol{b}} := \boldsymbol{x}' + \text{Kern}\,A\ , \tag{2.109}$$

wobei $\boldsymbol{x}'$ eine spezielle Lösung von (2.108) ist. Ein Element aus $W_{\boldsymbol{b}}$ kann daher eindeutig durch die folgende Minimierungsaufgabe ausgewählt werden:

Gesucht ist $\boldsymbol{x} \in W_{\boldsymbol{b}}$, so dass

$$\|\boldsymbol{x}\| = \min\{\|\boldsymbol{y}\| : \boldsymbol{y} \in W_{\boldsymbol{b}}\} \tag{2.110}$$

mit der euklidischen Norm $\|\,.\,\|$. Da es sich hierbei um die orthogonale Projektion von $\boldsymbol{0}$ auf $W_{\boldsymbol{b}}$ handelt, ist die Lösung $\boldsymbol{x}$ von (2.110) eindeutig bestimmt und

$$\boldsymbol{x} = P_{W_{\boldsymbol{b}}}\boldsymbol{0} \tag{2.111}$$

und nach (1.78) (siehe auch (2.166)) bzw. (1.77) mit Bemerkung 2.7 und Satz 1.105, 3)

$$\boldsymbol{x} \;=\; P_{\text{Kern}\,A}(\boldsymbol{0}) + P_{(\text{Kern}\,A)^\perp}(\boldsymbol{x}') \;=\; P_{(\text{Kern}\,A)^\perp}(\boldsymbol{x}')\ .$$

Damit ist die Lösung $\boldsymbol{x}$ von (2.111) charakterisiert durch

$$\boldsymbol{x} \in (\text{Kern}\,A)^\perp \tag{2.112}$$

und

$$x - x' \in \operatorname{Kern} A \Leftrightarrow Ax = Ax' = P_U b\,.$$

Aus diesem Grund:

Definition 2.76

Sei $A \in \mathbb{R}^{(m,n)}$, $b \in \mathbb{R}^m$. Die *(Moore-Penrose[11]-) Pseudoinverse* A^+ wird durch ihre Anwendung auf b definiert durch:
A^+b ist die normminimale Lösung des Ausgleichsproblems, d. h. von (2.110), und ist charakterisiert durch

$$A^+b \in (\operatorname{Kern} A)^\perp \text{ und } A(A^+b) = P_{\operatorname{Bild} A}b\,.$$

Mit dem folgenden (ersten) Isomorphiesatz (siehe auch Theorem A.23) lässt sich die Pseudoinverse alternativ darstellen:

Theorem 2.77: Zerlegung in surjektive und injektive lineare Abbildung

Seien V, W $\mathbb{R}$-Vektorräume, V endlichdimensional und mit SKP, $\Phi : V \to W$ eine lineare Abbildung. Dann gilt

$$\Phi = \Phi|_{(\operatorname{Kern}\Phi)^\perp} \circ P_{(\operatorname{Kern}\Phi)^\perp}\,,$$

d. h. das folgende Diagramm ist kommutativ:

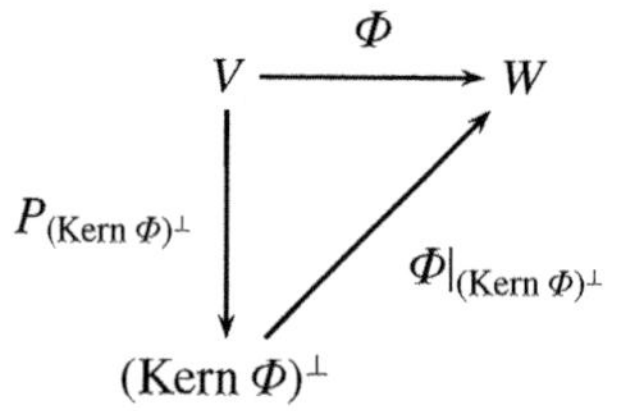

Dabei ist $P_{(\operatorname{Kern}\Phi)^\perp}$ surjektiv, $\Phi|_{(\operatorname{Kern}\Phi)^\perp}$ injektiv und insbesondere

$$\begin{aligned}\Psi : (\operatorname{Kern}\Phi)^\perp &\to \operatorname{Bild}\Phi,\\ x &\mapsto \Phi x\end{aligned}$$

ein Isomorphismus.

Beweis: Sei $x \in V$, dann gilt nach Hauptsatz 1.102

---

[11] Eliakim Hastings Moore *28. Januar 1862 in Marietta †30. Dezember 1932 in Chicago
Roger Penrose *8. August 1931 in Colchester

$$x = P_{(\mathrm{Kern}\,\Phi)^\perp} x + x - P_{(\mathrm{Kern}\,\Phi)^\perp} x$$

und

$$x - P_{(\mathrm{Kern}\,\Phi)^\perp} x \in (\mathrm{Kern}\,\Phi)^{\perp\perp} = \mathrm{Kern}\,\Phi$$

und so

$$\Phi x = (\Phi \circ P_{(\mathrm{Kern}\,\Phi)^\perp}) x = \left(\Phi|_{(\mathrm{Kern}\,\Phi)^\perp} \circ P_{(\mathrm{Kern}\,\Phi)^\perp} \right) x \,.$$

Eine Projektion ist immer surjektiv und die Injektivität von $\Phi|_{(\mathrm{Kern}\,\Phi)^\perp}$ folgt aus

$$\Phi|_{(\mathrm{Kern}\,\Phi)^\perp}\, x = \mathbf{0} \Rightarrow x \in \mathrm{Kern}\,\Phi \cap (\mathrm{Kern}\,\Phi)^\perp = \{\mathbf{0}\} \,.$$ □

Bemerkung 2.78 Tatsächlich wird in Theorem 2.77 nur die Endlichdimensionalität von $(\mathrm{Kern}\,\Phi)^\perp$ (für $(\mathrm{Kern}\,\Phi)^{\perp\perp} = \mathrm{Kern}\,\Phi$) gebraucht. △

Hauptsatz 2.79: Eigenschaften Pseudoinverse

Sei $A \in \mathbb{R}^{(m,n)}$.

1) Die Pseudoinverse erfüllt die Identität

$$A^+ = \Psi^{-1} \circ P_{\mathrm{Bild}\,A} \tag{2.113}$$

mit Ψ nach Theorem 2.77. Es entsprechen sich also folgende Zerlegungen von A bzw. A^+:

$$A : \mathbb{R}^n \xrightarrow{P_{(\mathrm{Kern}\,A)^\perp}} (\mathrm{Kern}\,A)^\perp \xrightarrow{\Psi} \mathrm{Bild}\,A \subset \mathbb{R}^m$$

$$\mathbb{R}^n \supset (\mathrm{Kern}\,A)^\perp \xleftarrow{\Psi^{-1}} \mathrm{Bild}\,A \xleftarrow{P_{\mathrm{Bild}\,A}} \mathbb{R}^m : A^+ \,.$$

Insbesondere ist A^+ eine lineare Abbildung, die (bezüglich der Einheitsbasis) darstellende Matrix wird identisch mit $A^+ \in \mathbb{R}^{(n,m)}$ bezeichnet, d. h.

$$A^+ = (A^+ e_1, \ldots, A^+ e_n) \,.$$

2) $\mathrm{Bild}\,A^+ = (\mathrm{Kern}\,A)^\perp$.

3) A^+A ist die orthogonale Projektion auf $(\mathrm{Kern}\,A)^\perp$,

$$A^+A = P_{(\mathrm{Kern}\,A)^\perp} \,, \tag{2.114}$$

d. h.

$$A\,A^{+}A\boldsymbol{x} = A\boldsymbol{x} \quad \text{für} \quad \boldsymbol{x} \in \mathbb{R}^n \tag{2.115}$$

$$\text{und} \quad (A^{+}A)^t = A^{+}A\,. \tag{2.116}$$

Weiter gilt:

$$A^{+}A\,A^{+}\boldsymbol{y} = A^{+}\boldsymbol{y} \quad \text{für} \quad \boldsymbol{y} \in \mathbb{R}^m\,. \tag{2.117}$$

4) AA^{+} ist die orthogonale Projektion auf Bild A, d. h. $AA^{+} = P_{\mathrm{Bild}\,A}$, und damit auch

$$(AA^{+})^t = AA^{+}\,. \tag{2.118}$$

5) Ist Rang $A = n$, d. h. das Ausgleichsproblem eindeutig lösbar, dann ist

$$A^{+} = (A^tA)^{-1}A^t$$

und (2.114) wird zu (2.107), d. h. A^{+} ist eine *Linksinverse.*

Beweis: Zu 1): Die Darstellung entspricht der Charakterisierung (2.112). Da Ψ aus Theorem 2.77 ein Isomorphismus ist, gilt dies auch für Ψ^{-1} nach Satz 2.5, 3).
Zu 2): Folgt sofort aus (2.113).
Zu 3): Nach Theorem 2.77 gilt $P_{(\mathrm{Kern}\,A)^\perp} = \Psi^{-1} \circ A$ und damit

$$A^{+}A = \Psi^{-1} \circ P_{\mathrm{Bild}\,A} \circ A = \Psi^{-1} \circ A = P_{(\mathrm{Kern}\,A)^\perp}\,.$$

Wir schreiben kurz P für $P_{(\mathrm{Kern}\,A)^\perp}$. Auch die Identität (2.115) gilt, da

$$P\boldsymbol{x} - \boldsymbol{x} \in \mathrm{Kern}\,A = (\mathrm{Kern}\,A)^{\perp\perp}, \quad \text{also} \quad A(P\boldsymbol{x} - \boldsymbol{x}) = \boldsymbol{0}\,.$$

Als orthogonale Projektion ist $A^{+}A$ symmetrisch (nach Satz 2.64), d. h. (2.116) gilt. Die Beziehung (2.117) gilt, da sie $P = \mathbb{1}$ auf Bild $A^{+} = (\mathrm{Kern}\,A)^\perp$ bedeutet.
Zu 4): Aus (2.113) folgt

$$AA^{+} = A \circ \Psi^{-1} \circ P_{\mathrm{Bild}\,A} = P_{\mathrm{Bild}\,A}$$

und damit auch (2.118).
Zu 5): Folgt aus Hauptsatz 2.73 und (2.106)). □

Es ergibt sich daher das folgende Diagramm (i bezeichnet jeweils die Einbettung (Identität)):

$$\begin{array}{ccc} \mathbb{R}^n & \underset{A^+}{\overset{A}{\rightleftarrows}} & \mathbb{R}^m \\ P = A^+A \downarrow\uparrow i & & i \uparrow\downarrow \overline{P} = AA^+ \\ \operatorname{Bild} A^+ = (\operatorname{Kern} A)^\perp & \cong & \operatorname{Bild} A\,. \end{array}$$

In Verallgemeinerung der Situation mit $\operatorname{Rang} A = n$ gilt also:

$A^+\boldsymbol{b}$ bedeutet:

1) Zerlege $\boldsymbol{b}$ in $\boldsymbol{b} = P_{\operatorname{Bild} A}\boldsymbol{b} + \boldsymbol{b} - P_{\operatorname{Bild} A}\boldsymbol{b}$.
2) Der Lösungsraum von

$$A\boldsymbol{x} = P_{\operatorname{Bild} A}\boldsymbol{b}$$

ergibt sich als

$$\boldsymbol{x} = \boldsymbol{x}' + \boldsymbol{x}_p$$

- mit $\boldsymbol{x}' \in \operatorname{Kern} A$ beliebig
- und $\boldsymbol{x}_p$ als spezielle Lösung des LGS.

Andererseits gilt für $\boldsymbol{x} \in \mathbb{R}^n$ die eindeutige Darstellung

$$\boldsymbol{x} = \boldsymbol{x}_k + \boldsymbol{x}_z \qquad \text{mit} \quad \boldsymbol{x}_k \in \operatorname{Kern} A\,, \quad \boldsymbol{x}_z \in (\operatorname{Kern} A)^\perp = \operatorname{Bild} A^t\,.$$

Die spezielle Lösung wird so gewählt, dass

$$\boldsymbol{x}_p \in (\operatorname{Kern} A)^\perp,$$

dann

$$A^+\boldsymbol{b} := \boldsymbol{x}_p\,.$$

Im Fall $\boldsymbol{b} \in \operatorname{Bild} A$ wird also ein Element (das mit der kleinsten Norm) aus $A^{-1}(\{\boldsymbol{b}\})$ ausgewählt. Im Fall $\operatorname{Rang} A = n$ ist die Lösung von

$$A\boldsymbol{x} = P_{\operatorname{Bild} A}\boldsymbol{b}$$

eindeutig. Durch die Eigenschaften (2.115)-(2.118) wird A^+ schon charakterisiert:

Satz 2.80: Charakterisierung Pseudoinverse

Die Pseudoinverse $A^+ \in \mathbb{R}^{(n,m)}$ zu $A \in \mathbb{R}^{(m,n)}$ ist charakterisiert durch

1) $(A^+A)^t = A^+A$,
2) $(AA^+)^t = AA^+$,
3) $A^+AA^+ = A^+$,
4) $AA^+A = A$.

Beweis: Wir haben bereits in Hauptsatz 2.79 gesehen, dass A^+ 1)–4) erfüllt.

Zum Beweis der Eindeutigkeit von A^+ aus 1)–4) nehmen wir an, für $B \in \mathbb{R}^{(n,m)}$ gelte 1)–4). Wir definieren $P := BA, \overline{P} := AB$, dann gilt:

$$P^t \overset{1)}{=} P, \quad P^2 = (BAB)A \overset{3)}{=} BA = P\,,$$

nach Satz 2.64 ist P deshalb orthogonale Projektion auf Bild P, analog für $\overline{P}$.

Weiter gilt:

$$\left.\begin{aligned} \boldsymbol{x} \in \operatorname{Kern} P &\Rightarrow A\boldsymbol{x} \overset{4)}{=} ABA\boldsymbol{x} = AP\boldsymbol{x} = \boldsymbol{0} \\ \boldsymbol{x} \in \operatorname{Kern} A &\Rightarrow P\boldsymbol{x} = BA\boldsymbol{x} = \boldsymbol{0} \end{aligned}\right\} \Rightarrow \operatorname{Kern} A = \operatorname{Kern} P\,.$$

Hieraus folgert man Bild $P = (\operatorname{Kern} P)^\perp = (\operatorname{Kern} A)^\perp$, also ist P die von B unabhängige orthogonale Projektion auf $(\operatorname{Kern}\ A)^\perp$. Mit

$$\operatorname{Bild} \overline{P} = N := \{\boldsymbol{y} \in \mathbb{R}^m : \overline{P}\boldsymbol{y} = \boldsymbol{y}\} \tag{2.119}$$

schließen wir in ähnlicher Weise

$$\left.\begin{aligned} &\boldsymbol{y} \in N && \Rightarrow \quad AB\boldsymbol{y} = \boldsymbol{y} && \Rightarrow \boldsymbol{y} \in \operatorname{Bild} A \\ &\boldsymbol{y} \in \operatorname{Bild} A,\ \boldsymbol{y} = A\boldsymbol{x} && && \\ &\text{für ein} \quad \boldsymbol{x} \in \mathbb{R}^n && \Rightarrow \overline{P}\boldsymbol{y} = ABA\boldsymbol{x} = A\boldsymbol{x} = \boldsymbol{y} && \Rightarrow \boldsymbol{y} \in \operatorname{Bild} \overline{P} \end{aligned}\right\} \Rightarrow \begin{aligned} &\operatorname{Bild} \overline{P} = N \\ &= \operatorname{Bild} A\,, \end{aligned}$$

d. h. $\overline{P}$ ist die von B unabhängige orthogonale Projektion auf Bild A. Erfüllen also B_1, B_2 die Eigenschaften 1)–4), dann gilt: $AB_1 = AB_2$ und $B_1A = B_2A$, d. h.

$$B_1 = B_1AB_1 = B_2AB_1 = B_2AB_2 = B_2\,. \qquad \square$$

Satz 2.81

Sei $A \in \mathbb{R}^{(m,n)}$, dann gilt:

1) $A^{++} = A$,

2) $(A^t)^+ = (A^+)^t$.

Beweis: Zu 1): Die Bedingungen 1)–4) in Satz 2.80 sind symmetrisch in A und A^+.
Zu 2): Durch Transponieren der Bedingungen 1)–4) in Satz 2.80 erhält man

$$\begin{aligned}(A^t(A^+)^t)^t &= A^t(A^+)^t\\ ((A^+)^tA^t)^t &= (A^+)^tA^t\\ (A^+)^tA^t(A^+)^t &= (A^+)^t\\ A^t(A^+)^tA^t &= A^t\,.\end{aligned}$$

Damit folgt die Behauptung nach Satz 2.80. □

Bemerkungen 2.82

1) Ein $B \in \mathbb{R}^{(m,n)}$, das die Bedingungen 1)–4) von Satz 2.80 erfüllt, hat demgemäß die Eigenschaften

a) AB ist die orthogonale Projektion auf Bild A.

b) BA ist die orthogonale Projektion auf $(\text{Kern}\, A)^\perp$.

c) Bild $B = (\text{Kern}\, A)^\perp$.

Für c) beachte man, dass wegen b) und 3) gilt:

$$(\text{Kern}\, A)^\perp = \text{Bild}(BA) = \text{Bild}\, B\,.$$

Andererseits folgen aus a), b), c) für ein $B \in \mathbb{R}^{(m,n)}$ die Eigenschaften 1)–4) aus Satz 2.80.

2) Zur Erinnerung: Ist Rang $A = n$, dann gilt

$$A^+A = \mathbb{1}_n \qquad \text{und} \qquad A^+ = (A^tA)^{-1}A^t\,, \tag{2.120}$$

A^+ ist somit Linksinverse.

3)

Ist Rang $A = m$, dann gilt

$$AA^+ = \mathbb{1}_m \qquad \text{und} \qquad A^+ = A^t(AA^t)^{-1}\,. \tag{2.121}$$

Hier ist also A^+ Rechtsinverse.

Hierbei folgt die erste Eigenschaft sofort aus Hauptsatz 2.79, 4). Für die zweite betrachte man A^t, das vollen Spaltenrang hat, so dass nach (2.106) folgt: $(A^t)^+ = (AA^t)^{-1}A$ und daraus mit Satz 2.81, 2) die Behauptung.

4) Über die Charakterisierungen 1)–4) in Satz 2.80 lassen sich für viele Beispiele die Pseudoinversen verifizieren. Es gilt:

a) Sei $A \in \mathbb{R}^{(m,n)}$ die Nullmatrix, dann gilt $A^+ = \mathbf{0}$.

b) Sei $A \in \mathbb{R}^{(n,n)}$ orthogonale Projektion, dann $A^+ = A$.

c) Sei $\boldsymbol{a} \in \mathbb{R}^n = \mathbb{R}^{(n,1)}, \boldsymbol{a} \neq \mathbf{0}$, dann gilt $\boldsymbol{a}^+ = 1/(\boldsymbol{a}^t\boldsymbol{a})\boldsymbol{a}^t$ und damit insbesondere für $\lambda \in \mathbb{R} = \mathbb{R}^{(1,1)}, \lambda \neq 0: \ \lambda^+ = 1/\lambda$.

– Dies folgt alternativ auch aus (2.106), da $A = \boldsymbol{a}$ vollen Spaltenrang hat. –

Die Abbildung $\boldsymbol{a}^+$ ordnet also den Faktor λ zu, so dass $\lambda\boldsymbol{a}$ die orthogonale Projektion auf $\mathbb{R}\boldsymbol{a}$ ist.

d) Seien $\boldsymbol{a} \in \mathbb{R}^m, \boldsymbol{b} \in \mathbb{R}^n, \boldsymbol{a} \neq \mathbf{0}, \boldsymbol{b} \neq \mathbf{0}$, dann gilt für $A := \boldsymbol{a} \otimes \boldsymbol{b}$:

$$A^+ = \alpha \boldsymbol{b} \otimes \boldsymbol{a}, \quad \text{wobei} \quad \alpha := 1/(\boldsymbol{a}^t\boldsymbol{a}\boldsymbol{b}^t\boldsymbol{b}) .$$

5)

Sei $A \in \mathbb{R}^{(m,n)}$, Q eine orthogonale (m,m) - bzw. (n,n) - Matrix. Dann gilt

$$\begin{aligned} &\text{a)} \quad (QA)^+ = A^+Q^{-1} = A^+Q^t \\ &\text{bzw.} \\ &\text{b)} \quad (AQ)^+ = Q^{-1}A^+ = Q^tA^+ . \end{aligned} \tag{2.122}$$

Dies kann entweder über die Bedingungen 1)–4) aus Satz 2.80 verifiziert werden, alternativ kann auch direkt die Definition überprüft werden, da die orthogonale Transformation Q die Längen nicht verändert. So folgt a) etwa direkt daraus, dass die Aufgabe

$$\|A\boldsymbol{x} - Q^t\boldsymbol{b}\|_2 = \|QA\boldsymbol{x} - \boldsymbol{b}\|_2 \to \textit{minimal, so dass } \boldsymbol{x} \in (\text{Kern}\, A)^\perp = (\text{Kern}(QA))^\perp$$

von $\boldsymbol{x} = A^+Q^t\boldsymbol{b}$ gelöst wird.

Für beliebige Matrizen gilt aber die Beziehung

$$(AB)^+ = B^+A^+$$

i. Allg. nicht, auch nicht wenn einer der Faktoren invertierbar ist.

Ein mögliches Gegenbeispiel ist

$$A = \begin{pmatrix} 2 & 0 \\ 0 & 0 \end{pmatrix}, \text{ also } A^+ = \begin{pmatrix} \frac{1}{2} & 0 \\ 0 & 0 \end{pmatrix} \quad \text{(siehe 6))},$$
$$B = \begin{pmatrix} 1 & 1 \\ 0 & 2 \end{pmatrix}, \text{ also } B^+ = B^{-1} = \frac{1}{2}\begin{pmatrix} 2 & -1 \\ 0 & 1 \end{pmatrix}.$$

Und damit $AB = \begin{pmatrix} 2 & 2 \\ 0 & 0 \end{pmatrix}$, *also mit leichter Rechnung aus der Definition* $(AB)^+ = \frac{1}{4}\begin{pmatrix} 1 & 0 \\ 1 & 0 \end{pmatrix}$, *aber*

$$B^+A^+ = \frac{1}{2}\begin{pmatrix} 1 & 0 \\ 0 & 0 \end{pmatrix}.$$

6) Sei $D \in \mathbb{R}^{(m,n)}$ eine Diagonalmatrix (in dem allgemeinen Sinn von Bemerkung 1.47) und seien $d_i := d_{i,i}, i = 1, \ldots, \min(m, n)$ die Diagonalelemente.

Dann ist $D^+ \in \mathbb{R}^{(m,n)}$ auch eine Diagonalmatrix mit den Diagonaleinträgen

$$\tilde{d}_i = \begin{cases} 1/d_i & , \text{ falls } d_i \neq 0 \\ 0 & , \text{ falls } d_i = 0 . \end{cases}$$

Dies kann über die Bedingungen 1)–4) aus Satz 2.80 verifiziert werden oder direkt über die Definition.

7) Sei $A \in \mathbb{R}^{(m,n)}, \boldsymbol{b} \in \operatorname{Bild} A$, dann kann der Lösungsraum von $A\boldsymbol{x} = \boldsymbol{b}$ ausgedrückt werden durch

$$\boldsymbol{x} = A^+\boldsymbol{b} + (\mathbb{1} - A^+A)z \quad \text{für alle} \quad z \in \mathbb{R}^n .$$

Dabei sind die beiden Summanden orthogonal zueinander.

Dies gilt, da in der Zerlegung einer allgemeinen Lösung in eine spezielle und ein Element aus Kern A *für die spezielle Lösung* $A^+\boldsymbol{b}$ *gewählt werden kann und* $\mathbb{1} - A^+A$ *die orthogonale Projektion auf* Kern A *ist.*

△

Es fehlt bisher eine „explizite“ Formel für A^+.

Man beachte aber, dass (2.120) oder (2.121) mit der Inversenanwendung von A^tA bzw. AA^t auch die Lösung eines LGS bedeutet. Da dies numerisch ungünstig sein kann (siehe Abschnitt 8.1.2), sind direkte algorithmische Zugänge, die auf die direkte Lösung des Ausgleichsproblems aufbauen, vorzuziehen (siehe Abschnitt 4.8). Mit der Kenntnis der Singulärwertzerlegung einer Matrix wird auch explizit die Pseudoinverse gegeben (siehe Abschnitt 4.6). Dies ist mittlerweile der übliche Zugang. Die Pseudoinverse lässt sich aber auch durch ein endliches, rekursives Verfahren bestimmen, den *Algorithmus von* GREVILLE[12]:

[12] Thomas Nall Eden GREVILLE ∗27. Dezember 1910 in New York †16. Februar 1998 in Charlottesville

$$\text{Sei } A = (\boldsymbol{a}^{(1)}, \ldots, \boldsymbol{a}^{(n)}) \in \mathbb{R}^{(m,n)} \quad \text{und für} \quad k = 1, \ldots, n\,,$$
$$A_k = (\boldsymbol{a}^{(1)}, \ldots, \boldsymbol{a}^{(k)}) \in \mathbb{R}^{(m,k)}\,,$$

d. h. die Teilmatrix aus den ersten k Spalten von A. Für $k = 1$ ist A_k^+ aus Bemerkungen 2.82, 4c) bekannt.

Für $k > 1$ ergibt sich A_k^+ aus A_{k-1}^+ durch folgende Vorschrift:

$$\begin{aligned}
\boldsymbol{d}_k &:= A_{k-1}^+ \boldsymbol{a}^{(k)}\,,\\
\boldsymbol{c}_k &:= \boldsymbol{a}^{(k)} - A_{k-1}\boldsymbol{d}_k\,,\\
\boldsymbol{b}_k &:= \left(\boldsymbol{c}_k^+\right)^t \quad \text{falls} \quad \boldsymbol{c}_k \neq \boldsymbol{0}\,,\\
\boldsymbol{b}_k &:= \left(1 + \boldsymbol{d}_k^t \boldsymbol{d}_k\right)^{-1} \left(A_{k-1}^+\right)^t \boldsymbol{d}_k \quad \text{falls} \quad \boldsymbol{c}_k = \boldsymbol{0}\,,\\
A_k^+ &:= \begin{pmatrix} A_{k-1}^+ - \boldsymbol{d}_k \otimes \boldsymbol{b}_k \\ \boldsymbol{b}_k^t \end{pmatrix}.
\end{aligned}$$

Auf die Verifikation dieses Verfahrens wird hier verzichtet (siehe z. B. Ben-Israel und Greville 2003, Seite 263). Es ist mit einem Aufwand von $O(n^2 m)$ Operationen nicht aufwändiger als eine Inversenbestimmung mit dem Gauss-Verfahren.

Definition 2.82a

Sei $A \in \mathbb{R}^{(m,n)}$, Rang $A = r$. Sind $B \in \mathbb{R}^{(m,r)}$, $C \in \mathbb{R}^{(r,n)}$ und Rang B = Rang $C = r$, so dass

$$A = BC\,,$$

so heißt (B, C) eine *Voll-Rang-Zerlegung* von A.

Sei $A \in \mathbb{R}^{(m,n)}$. Eine Voll-Rang-Zerlegung ergibt sich etwa durch die reduzierte Zeilenstufenform $\tilde{C}$ (nach (1.16)) mit Pivotelementen gleich 1,

da dann

$$A = BC\,,$$

wobei $\tilde{C} = \left(\frac{C}{0}\right)$ *und* Rang C = Rang $A =: r$, *d. h. aus den nichtverschwindenden Zeilen besteht und* $B \in \mathbb{R}^{(m,r)}$ *genau aus den linear unabhängigen Spalten von* A *gebildet ist (siehe Bemerkungen 2.57, 6)).*

Bei einer Voll-Rang-Zerlegung wird also A zerlegt in eine surjektive lineare Abbildung gefolgt von einer injektiven (siehe Hauptsatz 1.85[I]). Dies wird auch abstrakt abgesichert durch den Homomorphiesatz II (Theorem 3.37).

Bemerkung 2.83

1) Besitzt $A \in \mathbb{R}^{(m,n)}$ mit Rang $A = r$ eine *Voll-Rang-Zerlegung*, d. h. existieren $B \in \mathbb{R}^{(m,r)}$, $C \in \mathbb{R}^{(r,n)}$, jeweils mit Rang r, so dass

$$A = BC\ ,\ \operatorname{Rang} A = \operatorname{Rang} B = \operatorname{Rang} C\ .$$

Dann gilt $A^+ = C^t(B^tAC^t)^{-1}B^t$ in Verallgemeinerung von (2.120) und (2.121).

Es gilt nämlich

$$B^tAC^t = (B^tB)(CC^t)\ ,$$

d. h. nach Bemerkungen 2.57, 3) oder Aufgabe 2.15 ein Produkt invertierbarer Matrizen und damit auch invertierbar. Somit wird die folgende Matrix als Pseudoinverse von A behauptet:

$$F := C^t(CC^t)^{-1}(B^tB)^{-1}B^t\ ,$$

was durch Überprüfung von 1)–4) in Satz 2.80 verifiziert werden kann.

Die durch A^+A bzw. AA^+ gegebenen orthogonalen Projektionen auf $(\operatorname{Kern} A)^\perp$ bzw. Bild A sind also

$$AA^+ = B(B^tB)^{-1}B^t$$
$$A^+A = C^t(CC^t)^{-1}C$$

2) Sei $A \in \mathbb{R}^{(n,n)}$, so dass

$$\operatorname{Bild} A \oplus \operatorname{Kern} A = \mathbb{R}^n\ ,$$

sei $A = BC$ eine Voll-Rang-Zerlegung von A, dann ist $CB \in \mathbb{R}^{(r,r)}$, $r = \operatorname{Rang} A$, invertierbar und $P := B(CB)^{-1}C$ ist eine Projektion auf Bild A längs Kern A.

Das kann man folgendermaßen einsehen:
Allgemein gilt: Sind M_1, M_2, M_3 komponierbare Matrizen, so dass M_1 injektiv (voller Spaltenrang) bzw. M_3 surjektiv (voller Zeilenrang) ist (siehe Hauptsatz 1.85[I]). Dann gilt

$$\operatorname{Kern}(M_1M_2) = \operatorname{Kern} M_2, \operatorname{Bild}(M_2) = \operatorname{Bild}(M_2M_3)\ ,$$

insbesondere (mit der Dimensionsformel I (Theorem 2.32))

$$\operatorname{Rang}(M_1M_2) = \operatorname{Rang} M_2 = \operatorname{Rang}(M_2M_3)\ .$$

Nach Voraussetzung ist

$$\operatorname{Bild} A^2 = \operatorname{Bild} A$$

Denn bei einer echten Teilmengenbeziehung

$$\operatorname{Bild} A^2 \subsetneq \operatorname{Bild} A$$

wäre wegen der Dimensionsformel I auch

$$\operatorname{Kern} A^2 \supsetneq \operatorname{Bild} A\ ,$$

d. h. es gäbe ein $\boldsymbol{x} \in \mathbb{R}^n$, so das $A\boldsymbol{x} \neq \boldsymbol{0}$, aber $A^2\boldsymbol{x} = \boldsymbol{0}$, d. h. insbesondere $A\boldsymbol{x} \in \operatorname{Bild} A \cap \operatorname{Kern} A$. Nach der Vorbemerkung ist also

$$\operatorname{Rang}(CB) = \operatorname{Rang}(BCBC) = \operatorname{Rang}(A^2) = \operatorname{Rang}(A) = r$$

und damit ist CB invertierbar.
P erfüllt $P^2 = P$ und nach Vorbemerkungen

$$\text{Bild}\, P = \text{Bild}\, B = \text{Bild}(BC) = \text{Bild}\, A$$

und

$$\text{Kern}\, P = \text{Kern}\, C = \text{Kern}(BC) = \text{Kern}\, A\,.$$

△

2.4.3 GAUSS-Verfahren und LR-Zerlegung I

Hier wollen wir noch einmal das GAUSS-Verfahren betrachten, aber vorerst nur für den Spezialfall $A \in \mathbb{R}^{(n,n)}$, A invertierbar, so dass die Lösung von $A\boldsymbol{x} = \boldsymbol{b}$ für jedes $\boldsymbol{b} \in \mathbb{R}^n$ eindeutig existiert. Das GAUSS-Verfahren transformiert demnach A auf eine obere Dreiecksmatrix R mit nichtverschwindenden Diagonalelementen. Zusätzlich soll *(vorläufig)* vorausgesetzt werden, dass das GAUSS-Verfahren ohne Zeilenvertauschung durchgeführt werden kann.

Zur „Bereinigung" der ersten Spalte von A sind daher (wegen $a_{1,1} \neq 0$) $n-1$ elementare Zeilenumformungen vom Typ III nötig, die nach (2.75) als Multiplikationen mit Elementarmatrizen ausgedrückt werden können. Ausmultiplizieren dieser Elementarmatrizen, d. h. sukzessives Anwenden der elementaren Zeilenumformungen, liefert als ersten Zwischenschritt des GAUSS-Verfahrens wie schon in (2.76) gesehen:

$$\left(A^{(2)}, \boldsymbol{b}^{(2)}\right) := L^{(1)}\left(A^{(1)}, \boldsymbol{b}^{(1)}\right)\,,$$

wobei

$$\begin{aligned}\left(A^{(1)}, \boldsymbol{b}^{(1)}\right) &:= (A, \boldsymbol{b})\,,\\ L^{(1)} &:= \mathbb{1} - \boldsymbol{m}^{(1)} \otimes \boldsymbol{e}_1\end{aligned}$$

und

$$\boldsymbol{m}^{(1)} := \left(0, \frac{a_{2,1}}{a_{1,1}}, \ldots, \frac{a_{n,1}}{a_{1,1}}\right)^t\,.$$

Die obige Voraussetzung bedeutet, dass $a^{(2)}_{2,2} \neq 0$.

Der zweite Teilschritt zur Bereinigung der zweiten Spalte unter der Diagonale lässt sich dann ausdrücken durch

$$\left(A^{(3)}, \boldsymbol{b}^{(3)}\right) := L^{(2)}(A^{(2)}, \boldsymbol{b}^{(2)})$$

$$\text{mit} \quad L^{(2)} := \mathbb{1} - \boldsymbol{m}^{(2)} \otimes \boldsymbol{e}_2 ,$$

$$\text{wobei} \quad \boldsymbol{m}^{(2)} := \left(0, 0, \frac{a^{(2)}_{3,2}}{a^{(2)}_{2,2}}, \dots, \frac{a^{(2)}_{n,2}}{a^{(2)}_{2,2}}\right)^t ,$$

denn

$$L^{(2)}A^{(2)}\boldsymbol{e}_1 = L^{(2)}a_{11}\boldsymbol{e}_1 = a_{11}(\mathbb{1} - \boldsymbol{m}^{(2)}\boldsymbol{e}_2^t)\boldsymbol{e}_1 = a_{11}\boldsymbol{e}_1 ,$$

d. h. die erste Spalte von $A^{(2)}$ bleibt unverändert, für $\tilde{A}^{(2)} = \left(A^{(2)}, \boldsymbol{b}^{(2)}\right)$ und für $i = 1, 2$

$$\boldsymbol{e}_i^t L^{(2)}\tilde{A}^{(2)} = \boldsymbol{e}_i^t(\mathbb{1} - \boldsymbol{m}^{(2)}\boldsymbol{e}_2^t)\tilde{A}^{(2)} = \left(\boldsymbol{e}_i^t - \underbrace{\boldsymbol{e}_i^t\boldsymbol{m}^{(2)}}_{=0}\boldsymbol{e}_2^t\right)\tilde{A}^{(2)} = \boldsymbol{e}_i^t\tilde{A}^{(2)} ,$$

d. h. die erste und zweite Zeile von $\tilde{A}^{(2)}$ bleibt unverändert.

Weiter gilt:

$$\boldsymbol{e}_i^t L^{(2)}A^{(2)}\boldsymbol{e}_2 = 0 \quad \text{für} \quad i = 3, \dots, n ,$$

wie im nachfolgenden Beweis in (2.126) allgemein für $k + 1$ statt 2 gezeigt wird.

Allgemein gilt:

Theorem 2.84: GAUSS-Verfahren und FROBENIUS-Matrizen

Betrachte $A\boldsymbol{x} = \boldsymbol{b}$ mit invertierbarem $A \in \mathbb{R}^{(n,n)}$. Ist der GAUSS-Algorithmus ohne Zeilenvertauschung möglich, d. h. sind $a^{(i)}_{i,i} \neq 0$ (definiert in (2.124)) für alle $i = 1, \dots, n-1$ *(diagonale Pivotwahl)*, dann formt der GAUSS-Algorithmus durch folgende Schritte in ein äquivalentes Gleichungssystem mit oberer Dreiecksmatrix um:

$$A^{(1)} := \left(a^{(1)}_{i,j}\right) := A, \quad \boldsymbol{b}^{(1)} := \boldsymbol{b} .$$

Für $i = 1, \dots, n-1$:

$$\boldsymbol{m}^{(i)} := \left(0, \dots, 0, \frac{a^{(i)}_{i+1,i}}{a^{(i)}_{i,i}}, \dots, \frac{a^{(i)}_{n,i}}{a^{(i)}_{i,i}}\right)^t ,$$

$$L^{(i)} := \mathbb{1} - \boldsymbol{m}^{(i)} \otimes \boldsymbol{e}_i , \tag{2.123}$$

$$\left(A^{(i+1)}, \boldsymbol{b}^{(i+1)}\right) := L^{(i)}\left(A^{(i)}, \boldsymbol{b}^{(i)}\right). \tag{2.124}$$

Dabei heißt eine Matrix vom Typ $L^{(i)}$ bzw. $L^{(i)^{-1}}$, die nur in einer Spalte von der Einheitsmatrix abweicht, *FROBENIUS-Matrix*.

Beweis: Es genügt, durch Induktion über k für $k \geq 2$ zu zeigen, dass die $A^{(k)}$ erfüllen:

Die ersten $k-1$ Zeilen und $k-2$ Spalten von $A^{(k)}$ stimmen mit $A^{(k-1)}$ überein und zusätzlich sind alle Einträge bis zur $(k-1)$-ten Spalte unter dem Diagonalelement Null, d. h. insbesondere

$$e_i^t A^{(k)} e_j = 0 \text{ für } 2 \leq k \leq n, \quad 1 \leq j < k, \quad j < i \leq n\,. \tag{2.125}$$

Für $k = 2$ ist (2.125) schon in (2.76) gezeigt. Es gelte (2.125) für $k < n$. Zu zeigen ist dann, dass (2.125) auch für $k+1$ gilt. Seien $i, j \in \{1, \ldots, n\}$ mit $1 \leq j < k+1$:

$$\begin{aligned} e_i^t A^{(k+1)} e_j &= e_i^t L^{(k)} A^{(k)} e_j = e_i^t \left(\mathbb{1} - m^{(k)} \otimes e_k\right) A^{(k)} e_j \\ &= e_i^t A^{(k)} e_j - e_i^t m^{(k)} (e_k^t A^{(k)} e_j)\,. \end{aligned} \tag{2.126}$$

Da der letzte Faktor dann verschwindet, stimmen die ersten $k-1$ Spalten von $A^{(k+1)}$ mit denen von $A^{(k)}$ überein, insbesondere folgt $e^t{}_i A^{(k+1)} e_j = 0$ nach Induktionsannahme für $j < k$, $i > j$. Für $j = k$, $i > j$ ist

$$e_i{}^t A^{(k+1)} e_j = e_i{}^t A^{(k)} e_k - \frac{e_i{}^t A^{(k)} e_k}{e_k{}^t A^{(k)} e_k}\, e_k{}^t A^{(k)} e_k = 0$$

wegen

$$e_i{}^t m^{(k)} = \frac{a_{i,k}^{(k)}}{a_{k,k}^{(k)}} = \frac{e_i{}^t A^{(k)} e_k}{e_k{}^t A^{(k)} e_k}\,.$$

Für die ersten k Zeilen von $A^{(k+1)}$ gilt

$$e_i^t A^{(k+1)} = e_i^t (\mathbb{1} - m^{(k)} e_k^t) A^{(k)} = e_i^t A^{(k)}\,, \quad \text{da} \quad e_i^t m^{(k)} = 0 \quad \text{für} \quad i = 1, \ldots, k\,. \qquad \square$$

Die folgende Routine realisiert die GAUSS-Elimination, wobei das Eingabeargument `A` eine quadratische Matrix mit den oben angenommenen Eigenschaften und das Ausgabeargument `L` bzw. `R` eine untere bzw. obere Dreiecksmatrix ist. Hierbei werden die *Multiplikatoren*, d. h. die Einträge von $m^{(i)}$ auf den jeweils frei werdenden Plätzen von `A` in der i-ten Spalte ab Zeile $i+1$ abgespeichert und als normierte untere Dreiecksmatrix ausgegeben.

Algorithmus 1 (GAUSS-Elimination ohne Pivotisierung[13])

```
function [L, R] = gausszerlegung(A)

n = length(A);
for k = 1 : n - 1
  d = 1/A(k, k);
  for i = k + 1 : n
    A(i, k) = A(i, k)*d;
```

```
    for j = k + 1 : n
      A(i, j) = A(i, j) - A(i, k)*A(k, j);
    end
  end
end
L = eye(n) + tril(A, -1); % nach 2.129
R = triu(A);

end
```

Das obige Vorgehen erfordert $\frac{1}{3}(n^3 - n) + \frac{1}{2}(n^2 - n)$ Multiplikationen bzw. Divisionen (bei i. Allg. n^2 Einträgen in A). Der eigentliche Grund für die Speicherung der Multiplikatoren ergibt sich im Folgenden:

Ist das Eliminationsverfahren von GAUSS durchführbar, dann ist

$$R := A^{(n)} = L^{(n-1)}L^{(n-2)} \cdots L^{(1)}A$$

eine obere Dreiecksmatrix, also $A = LR$ mit

$$L := L^{(1)^{-1}}L^{(2)^{-1}} \cdots L^{(n-1)^{-1}} .$$

Wegen Bemerkungen 2.50, 2) ist L eine untere Dreiecksmatrix, der GAUSS-Algorithmus realisiert folglich eine sogenannte *Dreiecks-* oder *LR-Zerlegung* von A (in der englischen Literatur *LU-decomposition* genannt, von **L**ower und **U**pper).

Es zeigt sich, dass wir die Matrix L schon explizit mitberechnet (und gespeichert) haben. Dazu zeigen wir:

Lemma 2.85

Sei $\boldsymbol{x} \in \mathbb{R}^n$ mit $x_i = 0$; dann ist

$$(\mathbb{1} - \boldsymbol{x} \otimes \boldsymbol{e}_i)^{-1} = \mathbb{1} + \boldsymbol{x} \otimes \boldsymbol{e}_i ,$$

insbesondere also:

$$L^{(i)^{-1}} = \left(\mathbb{1} - \boldsymbol{m}^{(i)} \otimes \boldsymbol{e}_i\right)^{-1} = \mathbb{1} + \boldsymbol{m}^{(i)} \otimes \boldsymbol{e}_i .$$

Beweis:

$$\left(\mathbb{1} + \boldsymbol{x}\boldsymbol{e}_i{}^t\right)\left(\mathbb{1} - \boldsymbol{x}\boldsymbol{e}_i{}^t\right) = \mathbb{1} + \boldsymbol{x}\boldsymbol{e}_i{}^t - \boldsymbol{x}\boldsymbol{e}_i{}^t - \boldsymbol{x}\underbrace{\left(\boldsymbol{e}_i{}^t\boldsymbol{x}\right)}_{=0}\boldsymbol{e}_i{}^t = \mathbb{1} .$$

□

Es handelt sich um einen Spezialfall der SHERMAN-MORRISON-Formel (2.70), soll aber nochmal direkt verifiziert werden (siehe auch Bemerkungen 2.86 ,1)):

[13] Algorithmen werden in einem an MATLAB-orientierten Pseudocode angegeben.

Bemerkungen 2.86

1) Die Inverse von $\mathbb{1} + \boldsymbol{x} \otimes \boldsymbol{e}_i$ lässt sich auch angeben für $x_i \neq -1$:

Sei $\widetilde{x_i} := 1 + x_i \neq 0$, dann:

$$(\mathbb{1} + \boldsymbol{x} \otimes \boldsymbol{e}_i)^{-1} = \begin{pmatrix} 1 & & & -x_1/\widetilde{x_i} & & & \\ & \ddots & & \vdots & & & \\ & & 1 & -x_{i-1}/\widetilde{x_i} & & & \\ & & & 1/\widetilde{x_i} & & & \\ & & & -x_{i+1}/\widetilde{x_i} & 1 & & \\ & & & \vdots & & \ddots & \\ & & & -x_n/\widetilde{x_i} & & & 1 \end{pmatrix} . \quad (2.127)$$

Dies ist ein Spezialfall von 2)

2) Seien $\boldsymbol{u}, \boldsymbol{v} \in \mathbb{R}^n$, $(\boldsymbol{u} \,.\, \boldsymbol{v}) \neq -1$, dann ist $\mathbb{1} + \boldsymbol{u} \otimes \boldsymbol{v}$ invertierbar und

$$(\mathbb{1} + \boldsymbol{u} \otimes \boldsymbol{v})^{-1} = \mathbb{1} - \frac{1}{1 + (\boldsymbol{u} \,.\, \boldsymbol{v})} \boldsymbol{u} \otimes \boldsymbol{v} .$$

Sei $\alpha := 1/(1 + (\boldsymbol{u} \,.\, \boldsymbol{v}))$, *dann*

$$(\mathbb{1} + \boldsymbol{u} \otimes \boldsymbol{v})(\mathbb{1} - \alpha \boldsymbol{u} \otimes \boldsymbol{v}) = \mathbb{1} + (1 - \alpha - \alpha (\boldsymbol{u} \,.\, \boldsymbol{v}))\boldsymbol{u} \otimes \boldsymbol{v} = \mathbb{1} .$$

Daraus ergibt sich mittels

$$(A + \boldsymbol{u} \otimes \boldsymbol{v})^{-1} = (\mathbb{1} + (A^{-1}\boldsymbol{u}) \otimes \boldsymbol{v})^{-1} A^{-1}$$

ein Beweis von (2.70). △

Eine normierte untere Dreiecksmatrix ist als das Produkt aus den mit ihren Spalten gebildeten FROBENIUS-Matrizen darstellbar:

Satz 2.87: Untere Dreiecksmatrix und FROBENIUS-Matrizen

Seien $\boldsymbol{x}^{(j)} \in \mathbb{R}^n$, $j = 1, \ldots, m \leq n-1$, mit $x_i^{(j)} = 0$ für alle $i = 1, \ldots, j$ gegeben. Dann gilt für

$$\widetilde{L} := \left(\mathbb{1} - \boldsymbol{x}^{(m)} \otimes \boldsymbol{e}_m\right)\left(\mathbb{1} - \boldsymbol{x}^{(m-1)} \otimes \boldsymbol{e}_{m-1}\right) \cdots \left(\mathbb{1} - \boldsymbol{x}^{(1)} \otimes \boldsymbol{e}_1\right) :$$

$$\begin{aligned}\widetilde{L}^{-1} &= (\mathbb{1} + \boldsymbol{x}^{(1)} \otimes \boldsymbol{e}_1)(\mathbb{1} + \boldsymbol{x}^{(2)} \otimes \boldsymbol{e}_2)\ldots(\mathbb{1} + \boldsymbol{x}^{(m)} \otimes \boldsymbol{e}_m) \\ &= \mathbb{1} + \sum_{j=1}^{m} \boldsymbol{x}^{(j)} \otimes \boldsymbol{e}_j\,. \end{aligned} \tag{2.128}$$

Beweis: Die erste Identität folgt sofort aus Lemma 2.85. Die zweite folgt durch vollständige Induktion über m:
$m = 1$ ist klar.
$m \to m + 1$:

$$\begin{aligned}\prod_{i=1}^{m+1}(\mathbb{1} + \boldsymbol{x}^{(i)} \otimes \boldsymbol{e}_i) &= \left(\mathbb{1} + \sum_{i=1}^{m} \boldsymbol{x}^{(i)}\boldsymbol{e}_i{}^t\right)\left(\mathbb{1} + \boldsymbol{x}^{(m+1)}\boldsymbol{e}_{m+1}{}^t\right) \\ &= \mathbb{1} + \sum_{i=1}^{m+1} \boldsymbol{x}^{(i)}\boldsymbol{e}_i{}^t + \sum_{i=1}^{m} \boldsymbol{x}^{(i)} \underbrace{\left(\boldsymbol{e}_i{}^t\boldsymbol{x}^{(m+1)}\right)}_{=0} \boldsymbol{e}_{m+1}{}^t\,. \end{aligned}$$

□

Bemerkung 2.88 Offenbar darf in der Summendarstellung (2.128) beliebig umgeordnet werden. Dies ist aber für die Produktdarstellung von $\widetilde{L}^{-1}$ in Satz 2.87 nicht der Fall. Die Identität gilt nur bei der angegebenen Reihenfolge der Faktoren, eine andere Reihenfolge ergibt im Allgemeinen eine andere normierte untere Dreiecksmatrix. Insbesondere gilt i. Allg. nicht

$$\widetilde{L} = \mathbb{1} - \sum_{j=1}^{m} \boldsymbol{x}^{(j)} \otimes \boldsymbol{e}_j\,.$$

△

Aus (2.128) folgt:

Hauptsatz 2.89: GAUSS liefert LR-Zerlegung (ohne Zeilenvertauschung)

Der GAUSS-Algorithmus ohne Zeilenvertauschung liefert, wenn durchführbar, eine LR-Zerlegung von A,

$$A = LR\,,$$

mit der oberen Dreiecksmatrix $R = A^{(n)}$ und der normierten unteren Dreiecksmatrix

$$L = \mathbb{1} + \sum_{i=1}^{n-1} \boldsymbol{m}^{(i)} \otimes \boldsymbol{e}_i\,. \tag{2.129}$$

Die Einträge von L unter der Diagonalen sind also spaltenweise gerade die Multiplikatoren, die in Algorithmus 1 an genau den richtigen Plätzen gespeichert wurden.

Auf die Transformation von $\boldsymbol{b}$ kann verzichtet werden, da sich

$\boldsymbol{x} = A^{-1}\boldsymbol{b}$ aus $A = LR$ durch Auflösung der beiden gestaffelten Gleichungssysteme

$$L\boldsymbol{y} = \boldsymbol{b}, \qquad R\boldsymbol{x} = \boldsymbol{y} \tag{2.130}$$

durch eine Vorwärts- und eine Rückwärtssubstitution

mit $O(n^2)$ Operationen berechnen lässt.

Lemma 2.90: Eindeutigkeit LR-Zerlegung

Die LR-Zerlegung einer invertierbaren Matrix $A \in \mathbb{R}^{(n,n)}$ mit normiertem L ist eindeutig.

Beweis: Sei $L_1R_1 = L_2R_2$, wobei L_i normierte untere Dreiecksmatrizen bzw. R_i obere Dreiecksmatrizen seien. Dann ist

$$L_2^{-1}L_1 = R_2R_1^{-1} .$$

Die linke Seite ist untere normierte Dreiecksmatrix nach Bemerkungen 2.50, 2). Die rechte Seite ist obere Dreiecksmatrix nach Bemerkungen 2.50, 2), somit:

$$L_2^{-1}L_1 = \mathbb{1} = R_2R_1^{-1} . \qquad \square$$

Sei nun allgemeiner $A \in \mathbb{R}^{(m,n)}$, aber das GAUSS-Verfahren sei weiter ohne Zeilenvertauschung durchführbar. Dann lassen sich die obigen Überlegungen mit folgenden Modifikationen übertragen: Es ergibt sich eine obere Dreiecksmatrix $R \in \mathbb{R}^{(m,n)}$, $L^{(i)}$ und damit L gehört zu $\mathbb{R}^{(m,m)}$, und es sind gerade die Spalten unter der Diagonalen mit Multiplikatoren $\neq 0$ besetzt, wo die in $A^{(i)}$ zu bereinigende Spalte nicht schon von vornherein nur Nullen unter dem Diagonalelement besitzt, demnach

$$L = \begin{pmatrix} 1 & & & & & \\ * & 1 & & & & \\ * & 0 & \ddots & & & \\ \vdots & \vdots & * & \ddots & & \\ \vdots & \vdots & \vdots & & \ddots & \\ * & 0 & * & & & 1 \end{pmatrix} .$$

$\nwarrow \nearrow$ Multiplikatoren

– Dabei setzt „$\ddots$" den Diagonaleintrag gleichartig fort, „$*$" deutet i. Allg. von Null verschiedene Einträge an. –

In der Notation von Abschnitt 1.1 sind folglich die Spalten $j(1) < j(2) < \ldots < j(r)$ mit Multiplikatoren unter der Diagonalen besetzt, ansonsten stehen dort Nullen. Die Matrix R hat die Zeilenstufenform (1.12).

Diese (und auch folgende) multiplikative Matrixzerlegungen können „kompakter“ geschrieben werden in Form einer Voll-Rang-Zerlegung nach Definition 2.82a.
Sei $A \in \mathbb{R}^{(m,n)}$, $r = \operatorname{Rang} A$, dann kann eine LR-Zerlegung folgdermaßen partioniert werden

$$L = \left(L_1 \middle| L_2\right) \text{ mit } L_1 \in \mathbb{R}^{(m,r)}$$
$$R = \begin{pmatrix} R_1 \\ \hline R_2 \end{pmatrix} \text{ mit } R_1 \in \mathbb{R}^{(r,n)}, \operatorname{Rang} R_1 = r$$

(dabei können L_2 und R_2 nicht auftreten) und $A = LR = L_1R_1$, d. h. (L_1, R_1) ist eine Voll-Rang-Zerlegung.

***Bemerkung 2.91** Es ist auch möglich im Sinn des GAUSS-JORDAN-Verfahrens weiter fortzufahren und die Spalten von R, die Pivotelemente enthalten, d. h. die Spalten $j(1) < j(2) < \ldots < j(r)$ so zu transformieren, dass oberhalb des Diagonalelements nur Nullen stehen. Da die zugehörigen Elementarmatrizen FROBENIUS-Matrizen mit Einträgen oberhalb der Diagonalen sind, ist deren Komposition eine normierte obere Dreiecksmatrix und damit auch deren Inverse. Die Normierung der Pivoteinträge auf 1 entspricht der Anwendung einer Diagonalmatrix von links. Es ergibt sich infolgedessen eine Zerlegung der Form

$$A = L\overline{R}D\hat{R} \tag{2.131}$$

mit normierten unteren bzw. oberen Dreiecksmatrizen L und $\overline{R}$, Diagonalmatrix D und der reduzierten Zeilenstufenform $\hat{R}$. Dies wird in allgemeiner Form in Abschnitt 2.5.2 wieder aufgegriffen. △

Einige Spezialfälle sind also:
$m < n$, $\operatorname{Rang} A = m$:

$$L = \begin{pmatrix} 1 & & & \\ * & \ddots & & \\ \vdots & \ddots & \ddots & \\ * & \cdots & * & 1 \end{pmatrix}, \qquad R = \begin{pmatrix} \# & * & \cdots & \cdots & \cdots & \cdots & * \\ 0 & \ddots & & & & & \vdots \\ \vdots & \ddots & \ddots & * & & & \vdots \\ 0 & \cdots & 0 & \# & * & \cdots & * \end{pmatrix}.$$

$m > n$, $\operatorname{Rang} A = n$:

$$L = \begin{pmatrix} 1 & & & & \\ & \ddots & & & \\ * & & \ddots & & \\ \vdots & * & & \ddots & \\ \vdots & \vdots & * & & \ddots \\ * & * & * & & 1 \end{pmatrix}, \qquad R = \begin{pmatrix} \# & * & \cdots & * \\ 0 & \ddots & \ddots & \vdots \\ \vdots & \ddots & \ddots & * \\ \vdots & & \ddots & \# \\ \vdots & & & 0 \\ 0 & \cdots & \cdots & 0 \end{pmatrix}$$

n Multiplikatorenspalten.

– Dabei ist „#" ein immer von Null verschiedener Eintrag. –

Die untere Dreiecksmatrix L ist also immer invertierbar, die ganze Frage der Lösbarkeit und Dimension des Lösungsraums „steckt" in der Zeilenstufenform R:

Wird das LGS $A\boldsymbol{x} = \boldsymbol{b}$ betrachtet, so ist wegen

$$LR\boldsymbol{x} = \boldsymbol{b} \Leftrightarrow L\boldsymbol{y} = \boldsymbol{b} \text{ und } R\boldsymbol{x} = \boldsymbol{y}$$

das GAUSS-Verfahren zur Bestimmung des Lösungsraums äquivalent zu:

1) Löse (durch Vorwärtssubstitution)

$$L\boldsymbol{y} = \boldsymbol{b} .$$

2) a) Prüfe $R\boldsymbol{x} = \boldsymbol{y}$ auf Lösbarkeit:

$$\left(\Leftrightarrow \boldsymbol{y}'' = \boldsymbol{0} \text{ für } \boldsymbol{y} = \begin{pmatrix} \boldsymbol{y}' \\ \hline \boldsymbol{y}'' \end{pmatrix} \text{ und } \boldsymbol{y}' \in \mathbb{R}^r,\ \boldsymbol{y}'' \in \mathbb{R}^{m-r}\right) ,$$

wobei $r := \text{Rang}(A)$ die Stufenzahl bei R ist.

b) Bei Lösbarkeit bestimme den affinen Raum der Lösungen durch Rückwärtssubstitution aus

$$R\boldsymbol{x} = \boldsymbol{y}$$

mit den Parametern $x_j,\ j \in \{1, \ldots, n\} \setminus \{j(1), \ldots, j(r)\}$.

Eine Implementierung der Vorwärtssubstitution und Rückwärtssubstitution zur Lösung eines LGS $A\boldsymbol{x} = \boldsymbol{b}$, $A = LR$ findet man in Algorithmus 3. Dort ist aufgrund des bisher vorliegenden Falls P gleich der Einheitsmatrix zu setzen.

Obwohl mit der (reduzierten) Zeilenstufenform alle Information über den Lösungsraum vorliegt, ist sie doch nicht geeignet, eine einfache Darstellung der Pseudoinversen zu liefern. Zwar lässt sich $\hat{R}^+$ leicht angeben (siehe Abschnitt 2.5.2), doch wegen der fehlenden Gültigkeit von $(AB)^+ = B^+A^+$, können keine weiteren Schlüsse aus $A = LR$ bzw (2.131) gezogen werden.

Anders würde sich wegen (2.122) die Situation darstellen, wenn die Transformationen orthogonal wären.

Was Sie in diesem Abschnitt gelernt haben sollten

Begriffe

- Ausgleichsrechnung, Normalgleichung
- Pseudoinverse
- GAUSS-Verfahren mit Speicherung der Multiplikatoren
- FROBENIUS-Matrizen

Zusammenhänge

- Orthogonalität von Kern A^t und Bild A (Hauptsatz 2.69)
- Charakterisierung der Lösbarkeit eines LGS (Theorem 2.70)
- Ausgleichsproblem lösbar, Normalgleichung (Hauptsatz 2.73)
- Erster Isomorphiesatz (Theorem 2.77)
- Charakterisierung Pseudoinverse (Hauptsatz 2.79, Satz 2.80)
- GAUSS durch FROBENIUS-Matrizen beschreibbar (Theorem 2.84)
- GAUSS liefert LR-Zerlegung (ohne Zeilenvertauschung) (Hauptsatz 2.89)

Beispiele

- Lineare Regression
- Pseudoinverse und orthogonale Matrix
- Pseudoinverse einer Diagonalmatrix

Aufgaben

Aufgabe 2.19 (K) Bestimmen Sie die Normalgleichungen für quadratische Regression.

Aufgabe 2.20 (K) Verifizieren Sie die Angaben von Bemerkungen 2.82, 4).

Aufgabe 2.21 (T) Zeigen Sie, dass eine LDR-Zerlegung, d. h. eine Darstellung von $A \in \mathbb{R}^{(n,n)}$ als

$$A = LDR\,,$$

wobei L und R normierte untere bzw. obere Dreiecksmatrizen sind und D eine Diagonalmatrix ist, eindeutig ist, für eine invertierbare Matrix A.

Aufgabe 2.22 (T) Arbeiten Sie die Gültigkeit von (2.131) aus.

Aufgabe 2.23 (K) Gegeben sei die Matrix

$$A = \begin{pmatrix} 1 & 0 & 0 & 0 \\ 1 & 1 & 0 & 0 \\ 1 & 1 & 1 & 0 \\ 1 & 1 & 1 & 1 \end{pmatrix}.$$

a) Stellen Sie die Matrix A als Produkt von FROBENIUS-Matrizen dar.
b) Invertieren Sie die Matrix A.

Aufgabe 2.24 (K) Gegeben seien eine Matrix $A = (\boldsymbol{a}^{(1)}, \boldsymbol{a}^{(2)}, \boldsymbol{a}^{(3)}, \boldsymbol{a}^{(4)}) \in \mathbb{R}^{(3,4)}$ und ein Vektor $\boldsymbol{v} \in \mathbb{R}^3$ gemäß

$$A = \begin{pmatrix} 1 & 2 & 1 & 2 \\ 0 & 1 & -1 & 2 \\ 1 & -2 & 5 & -6 \end{pmatrix}, \qquad \boldsymbol{v} = \begin{pmatrix} -1 \\ 4 \\ 1 \end{pmatrix}.$$

a) Berechnen Sie den Kern von A^t.
b) Bestimmen Sie $\dim \operatorname{Kern} A$. Welcher Zusammenhang muss zwischen den Komponenten des Vektors $\boldsymbol{b} = (b_1, b_2, b_3)^t \in \mathbb{R}^3$ bestehen, damit das lineare Gleichungssystem $A\boldsymbol{x} = \boldsymbol{b}$ lösbar ist? Ist die Lösung im Existenzfall eindeutig?
c) Berechnen Sie den Rang von A unter Beachtung von $\boldsymbol{a}^{(1)} \perp \boldsymbol{a}^{(2)}$ und bestimmen Sie eine ONB von $\operatorname{Bild} A$.
d) Bestimmen Sie alle $\boldsymbol{x} \in \mathbb{R}^4$ mit

$$\|A\boldsymbol{x} - \boldsymbol{v}\| = \min\{\|A\boldsymbol{y} - \boldsymbol{v}\| \ : \ \boldsymbol{y} \in \mathbb{R}^4\}$$

und geben Sie $A^+\boldsymbol{v}$ an.

Aufgabe 2.25 (K) Zu den Messwerten

t_i	-1	0	1	2
y_i	2	1	2	3

sollen Polynome $P_n(t) = \sum_{k=0}^n a_k t^k$, $n = 1, 2, 3$, so bestimmt werden, dass der mittlere quadratische Fehler

$$F(P_n) := \frac{1}{4} \sum_{i=1}^{4} (P_n(t_i) - y_i)^2$$

minimal wird. Berechnen Sie jeweils $F(P_n)$ und skizzieren Sie die Funktionen P_n.

2.5 Permutationsmatrizen und die LR-Zerlegung einer Matrix

2.5.1 Permutationen und Permutationsmatrizen

Definition 2.92

Eine *Permutation von n Elementen*, z. B. der Zahlen $1, 2, \ldots, n$, ist eine bijektive Abbildung

$$\sigma : \{1, \ldots, n\} \to \{1, \ldots, n\}.$$

Eine solche Permutation schreiben wir auch

$$\sigma = \begin{pmatrix} 1 & \ldots & n \\ \sigma(1) & \ldots & \sigma(n) \end{pmatrix}.$$

Die Menge aller Permutationen von n Elementen bezeichnen wir mit Σ_n. Jedes $\sigma \in \Sigma_n$ besitzt eine Umkehrabbildung $\sigma^{-1} \in \Sigma_n$.

Beispiele 2.93

$n = 1 : \ \Sigma_1 = \{\mathrm{id}\}$,

$$n = 2 : \ \Sigma_2 = \left\{ \mathrm{id}, \quad \sigma_{1,2} = \begin{pmatrix} 1 & 2 \\ 2 & 1 \end{pmatrix} \right\},$$

$$n = 3 : \ \Sigma_3 = \left\{ \begin{array}{l} \mathrm{id}, \ \sigma_{1,2} = \begin{pmatrix} 1 & 2 & 3 \\ 2 & 1 & 3 \end{pmatrix}, \ \sigma_{1,3} = \begin{pmatrix} 1 & 2 & 3 \\ 3 & 2 & 1 \end{pmatrix}, \ \sigma_{2,3} = \begin{pmatrix} 1 & 2 & 3 \\ 1 & 3 & 2 \end{pmatrix}, \\ \qquad\qquad \begin{pmatrix} 1 & 2 & 3 \\ 2 & 3 & 1 \end{pmatrix}, \ \begin{pmatrix} 1 & 2 & 3 \\ 3 & 1 & 2 \end{pmatrix} \end{array} \right\}.$$

○

Hier haben wir die Bezeichnung $\sigma_{k,l}$ für die *Vertauschung* (*Transposition*)

$$\begin{pmatrix} 1 \ldots k \ldots l \ldots n \\ 1 \ldots l \ldots k \ldots n \end{pmatrix}$$

verwendet. Mit je zwei Permutationen $\sigma, \tau \in \Sigma_n$ gehört auch die Hintereinanderausführung (oder das Produkt)

$$\sigma \circ \tau : \nu \mapsto \sigma(\tau(\nu))$$

wieder zu Σ_n. Es ist zu beachten, dass (wie immer)

$$(\sigma \circ \tau)^{-1} = \tau^{-1} \circ \sigma^{-1}.$$

Die Menge Σ_n ist daher bezüglich $\circ$ abgeschlossen und die Verknüpfung $\circ$ ist assoziativ, hat ein neutrales Element (= id) und es gibt jeweils inverse Elemente, also ist $(\sum_n, \circ)$ eine (nichtabelsche) Gruppe, die *symmetrische Gruppe* .

Satz 2.94: Symmetrische Gruppe

Die symmetrische Gruppe Σ_n der Permutationen von n Zahlen enthält

$$n! := 1 \cdot 2 \cdot 3 \cdot \ldots \cdot n$$

Elemente. Für fest gewähltes $\sigma \in \Sigma_n$ ist die Abbildung

$$\Sigma_n \ni \tau \mapsto \tau \circ \sigma \in \Sigma_n$$

bijektiv.

Beweis: Die Anzahlformel wird durch vollständige Induktion gezeigt: Die Anzahl der Elemente in Σ_1 ist $1 = 1!$ (Induktionsanfang). Nehmen wir nun $n \geq 2$ an und dass Σ_{n-1} aus $(n-1)!$ Elementen bestünde. Daraus schließen wir die Behauptung für Σ_n: Jede Permutation $\sigma \in \Sigma_n$ ist bestimmt durch ihren Wert $s := \sigma(n)$ (dafür gibt es n Möglichkeiten) und eine bijektive Abbildung $\{1, \ldots, n-1\} \to \{1, \ldots, n\} \setminus \{s\}$. Solche Abbildungen gibt es genauso viele, wie Σ_{n-1} Elemente enthält, nach Induktionsannahme folglich $(n-1)!$. Deswegen enthält die Menge Σ_n insgesamt

$$n \cdot (n-1)! = n!$$

Elemente.

Die angegebene Abbildung $\tau \mapsto \tau \circ \sigma$ ist bijektiv, weil $\tau \mapsto \tau \circ \sigma^{-1}$ deren Umkehrabbildung ist. □

Jede Permutation $\sigma \in \Sigma_n$ bestimmt eine *Permutationsmatrix*

$$P_\sigma = \begin{pmatrix} \boldsymbol{e}_{\sigma^{-1}(1)}{}^t \\ \boldsymbol{e}_{\sigma^{-1}(2)}{}^t \\ \vdots \\ \boldsymbol{e}_{\sigma^{-1}(n)}{}^t \end{pmatrix} .$$

Diese Matrix ist aus der Einheitsmatrix durch Vertauschen von Zeilen entstanden, deswegen steht in jeder Zeile und in jeder Spalte dieser Matrix genau eine Eins. Zum Beispiel haben wir

$$\sigma = \sigma_{1,2}, \qquad P_\sigma = \begin{pmatrix} 0 & 1 & 0 & \cdots & 0 \\ 1 & 0 & 0 & \cdots & 0 \\ 0 & 0 & 1 & \cdots & 0 \\ \vdots & \vdots & \vdots & \ddots & \vdots \\ 0 & 0 & 0 & \cdots & 1 \end{pmatrix},$$

$$\sigma = \begin{pmatrix} 1 & 2 & 3 & \cdots & n \\ n & 1 & 2 & \cdots & n-1 \end{pmatrix}, \; P_\sigma = \begin{pmatrix} 0 & 1 & 0 & \cdots & 0 \\ 0 & 0 & 1 & \cdots & 0 \\ \vdots & \vdots & \vdots & \ddots & 0 \\ 0 & 0 & 0 & \cdots & 1 \\ 1 & 0 & 0 & \cdots & 0 \end{pmatrix}.$$

Wie auch an diesen Beispielen ersichtlich, ist damit P_σ die Matrix, die durch Positionierung von $\boldsymbol{e}_i^t$ in der Zeile $\sigma(i)$ entsteht. Die lineare Abbildung, die durch die Permutationsmatrix P_σ beschrieben wird, erfüllt

$$\boldsymbol{e}_k \mapsto P_\sigma \boldsymbol{e}_k = \begin{pmatrix} \left(\boldsymbol{e}_{\sigma^{-1}(1)} \,.\, \boldsymbol{e}_k\right) \\ \vdots \\ \left(\boldsymbol{e}_{\sigma^{-1}(n)} \,.\, \boldsymbol{e}_k\right) \end{pmatrix} = \boldsymbol{e}_l \text{ mit } \sigma^{-1}(l) = k \text{ bzw. } l = \sigma(k)\,.$$

In Spaltendarstellung gilt somit

$$P_\sigma = (\boldsymbol{e}_{\sigma(1)}, \ldots, \boldsymbol{e}_{\sigma(n)})\,.$$

Zur Permutationsmatrix $P_{\tau\circ\sigma}$ gehört deswegen die lineare Abbildung

$$\boldsymbol{e}_k \mapsto \boldsymbol{e}_{(\tau\circ\sigma)(k)} = \boldsymbol{e}_{\tau(\sigma(k))} = P_\tau(P_\sigma(\boldsymbol{e}_k))\,,$$

d. h.

$$\boxed{P_{\tau\circ\sigma} = P_\tau P_\sigma\,.}$$

Damit ist die Zuordnung $\sigma \mapsto P_\sigma$ von Σ_n nach $\mathrm{GL}(n, \mathbb{R})$ also verträglich mit der jeweiligen Gruppenstruktur durch $\circ$ bzw. $\cdot$. Insbesondere ist die Matrix $P_{\sigma_{k,l}} P_\sigma$, die aus P_σ durch Vertauschen der k-ten mit der l-ten Zeile hervorgeht, gerade $P_{\sigma_{k,l}\circ\sigma}$ und:

$$P_{\mathrm{id}} = \mathbb{1} \qquad \text{bzw.} \qquad P_{\sigma^{-1}} = (P_\sigma)^{-1}\,.$$

Darüber hinaus ist P_σ auch orthogonal, da

$$\boldsymbol{e}_i^{\,t} P_\sigma{}^t P_\sigma \boldsymbol{e}_j = (P_\sigma \boldsymbol{e}_i)^t P_\sigma \boldsymbol{e}_j = \left(\boldsymbol{e}_{\sigma(i)} \,.\, \boldsymbol{e}_{\sigma(j)}\right) = \delta_{\sigma(i),\sigma(j)} = \delta_{i,j} \text{ für } i, j = 1, \ldots, n, \text{ also}$$

$$\boxed{P_{\sigma^{-1}} = (P_\sigma)^{-1} = P_\sigma{}^t\,,}$$

d. h. $\sigma \mapsto P_\sigma$ bildet verträglich von Σ_n nach $O(n, \mathbb{R})$ ab.

Transponieren (vertauschen von Zeilen und Spalten) bedeutet mithin für eine Permutationsmatrix den Übergang zur inversen Permutation.

Für Transpositionen $\sigma = \sigma_{k,l}$ gilt daher (beachte $\sigma_{k,l} = \sigma_{k,l}^{-1}$)

$$P_\sigma = P_\sigma{}^t = P_{\sigma^{-1}} . \tag{2.132}$$

Permutationen lassen sich leichter erfassen mit dem folgenden Begriff:

Definition 2.95

Unter der *zyklischen Permutation* $(i_1, i_2, \ldots, i_k)$, bzw. unter dem *Zyklus der Länge k* $(i_1, i_2, \ldots, i_k)$, versteht man diejenige Permutation, welche

$$i_1 \mapsto i_2 \mapsto \ldots \mapsto i_{k-1} \mapsto i_k \mapsto i_1$$

abbildet und alle anderen $i \neq i_1, \ldots, i_k$ fest lässt. Hierbei müssen die k Zahlen $i_1, \ldots, i_k$ alle voneinander verschieden sein.
Zwei Zyklen

$$\sigma = (i_1, i_2, \ldots, i_k) \quad \text{und} \quad \tau = (j_1, j_2, \ldots, j_l)$$

heißen *elementfremd*, wenn kein i_κ mit einem j_λ übereinstimmt.

Dieser Begriff des Zyklus für Permutationen ist viel eleganter als unsere bisherige Schreibweise. Hierzu Beispiele:

Zyklus	bisherige Schreibweise
(k, l)	$\sigma_{k,l}$
$(1, 2, 3)$	$\begin{pmatrix} 1 & 2 & 3 \\ 2 & 3 & 1 \end{pmatrix}$
$(1, 3, 2)$	$\begin{pmatrix} 1 & 2 & 3 \\ 3 & 1 & 2 \end{pmatrix}$
$(1, 2, 3, \ldots, n)$	$\begin{pmatrix} 1 & 2 & 3 & \ldots & n \\ 2 & 3 & 4 & \ldots & 1 \end{pmatrix}$

Ein Zyklus σ' von σ ist also durch ein Element a daraus und seine Länge k gegeben, da $\sigma' = (a, \sigma(a), \ldots, \sigma^{k-1}(a))$. Das Rechnen mit Permutationen in Zyklenschreibweise ist auch deswegen vorteilhaft, weil Zyklen sehr einfach zu multiplizieren sind. Statt der allgemeinen Aussage hierzu ein Beispiel: Wir berechnen das Produkt $\sigma := \sigma_1 \circ \sigma_2$, wobei

$$\sigma_1 = (1, 2, 3) \quad \text{und} \quad \sigma_2 = (2, 3, 4)$$

ist. Wir berechnen das Bild von 1: Wegen $\sigma_2(1) = 1$ ist

$$\sigma(1) = \sigma_1(1) = 2.$$

Wir berechnen das Bild von 2:

$$\sigma(2) = \sigma_1(\sigma_2(2)) = \sigma_1(3) = 1,$$

deswegen enthält σ den Zyklus $(1, 2)$. Wir berechnen das Bild von 3:

$$\sigma(3) = \sigma_1(\sigma_2(3)) = \sigma_1(4) = 4,$$

und das Bild von 4:

$$\sigma(4) = \sigma_1(\sigma_2(4)) = \sigma_1(2) = 3.$$

Das Ergebnis ist:

$$(1, 2, 3) \circ (2, 3, 4) = (1, 2) \circ (3, 4).$$

Allerdings ist die Schreibweise einer Permutation als Zyklus nicht eindeutig: Es ist ja zum Beispiel

$$(i_1, i_2, i_3, \ldots, i_k) = (i_2, i_3, \ldots, i_k, i_1).$$

Jede Permutationsmatrix kann durch elementare *Zeilenumformungen vom Typ I (Zeilenvertauschungen)* in Zeilenstufenform gebracht werden. Dabei ändert sich die Zahl n der Matrixeinträge gleich 1 nicht. Die Zeilenstufenform von P ist deswegen die Einheitsmatrix $\mathbb{1}$. Zeilenvertauschungen entsprechen der Anwendung von Permutationsmatrizen zu Transpositionen. Damit lässt sich also jede Permutationsmatrix als Produkt von Elementarmatrizen zu Transpositionen schreiben (siehe auch Hauptsatz 1.85^{III}, (viii)). Daraus folgt:

Satz 2.96: Permutation aus Vertauschungen oder Zyklen aufgebaut

1) Jede Permutationsmatrix P_σ ist ein Produkt $P_{k_m,l_m} \ldots P_{k_1,l_1}$ von Elementarmatrizen $P_{k,l} = P_{\sigma_{k,l}}$, die zu Vertauschungen gehören, wobei $m \leq n - 1$.

2) Jede Permutation σ ist ein Produkt $\sigma_{k_m,l_m} \circ \ldots \circ \sigma_{k_1,l_1}$ von Vertauschungen, wobei $m \leq n - 1$.

3) Jede Permutation σ ist ein Zyklus oder ein Produkt von paarweise elementfremden Zyklen:

$$\sigma = (a_1, \sigma(a_1), \ldots, \sigma^{z_1-1}(a_1)) \ldots\ldots (a_r, \sigma(a_r), \ldots, \sigma^{z_r-1}(a_r))$$

mit $n = \sum_{j=1}^{r} z_j$ und $\{1, \ldots, n\}$ ist die disjunkte Vereinigung der $\{a_j, \ldots, \sigma^{z_j-1}(a_j)\}$.

Beweis: 1) und damit 2) sind klar.
3): Sind $\sigma = \sigma_{l,k}$ und $\tau = \tau_{m,p}$ zwei elementfremde Vertauschungen, d. h.

$$\{l, k\} \cap \{m, p\} = \emptyset\,,$$

dann gilt

$$\sigma \circ \tau = \tau \circ \sigma\,.$$

In der durch 1) gegebenen Darstellung eines allgemeinen $\sigma \in \Sigma_n$

$$\sigma = \sigma_{k_m,l_m} \circ \ldots \sigma_{k_1,l_1}$$

kann daher zuerst wegen (2.132) $k_i < l_i$ für $i = 1, \ldots, m$ gewählt werden und dann in der Komposition so umgeordnet werden, dass am Ende ein Term der Art

$$(a_r, \sigma(a_r), \ldots, \sigma^{z_r-1}(a_r))$$

entsteht (mit $a_r = k_m$).

Ist nämlich die Transposition $\sigma_{k_{m-1},l_{m-1}}$ elementfremd mit σ_{k_m,l_m}, dann kann $\sigma_{k_{m-1},l_{m-1}}$ mit σ_{k_m,l_m} getauscht werden und so weiter, bis entweder eine dazu nicht elementfremde Transposition σ_{k_i,l_i} gefunden wird oder alle als elementfremd ihren Platz mit σ_{k_m,l_m} tauschen und diese zum ersten Zyklus (der Länge 2) wird. Im anderen Fall bilden $\sigma_{k_m,l_m} \circ \sigma_{k_i,l_i}$ einen Zyklus der Länge 3, $\sigma_{k_m,l_m} \circ \sigma_{k_i,l_i} = (j_1, j_2, j_3)$ und auch damit sind die elementfremden Transpositionen vertauschbar, da sie mit den einzelnen Transpositionen vertauschbar sind. Für eine nicht elementfremde Transposition (i_1, i_2) ist notwendig $\{i_1, i_2\} \cap \{j_1, j_3\} \neq \emptyset$, so dass sie den Zyklus der Länge 3 zu einem der Länge 4 ergänzt.

In beiden Fällen ergibt sich also schließlich

$$\sigma = \sigma' \circ (a_r, \sigma(a_r), \ldots, \sigma^{z_r-1}(a_r))$$

und σ' besteht aus zum Zyklus elementfremden Transpositionen. Fortsetzen des Prozesses mit σ' liefert die Behauptung. □

Insbesondere ist auch die Reihenfolge der elementfremden Zyklen beliebig:

Satz 2.97: elementfremd = vertauschbar

Es seien σ, τ zwei elementfremde Zyklen. Dann ist

$$\sigma \circ \tau = \tau \circ \sigma\,.$$

Beweis: Weil die Zyklen elementfremd sind, lässt σ alle j_λ fest und τ alle i_κ in der Notation von Definition 2.95. Ob wir nun zuerst die i_κ zyklisch vertauschen, und danach die j_λ oder umgekehrt, ergibt jeweils die gleiche Permutation.

Oder: σ und τ lässt sich als Komposition von Transpositionen σ_i bzw. τ_j schreiben, wobei die σ_i und τ_j jeweils elementfremd, also vertauschbar, sind. □

Unser nächstes Ziel ist die Konstruktion der sogenannten *Signum-Funktion.*

Satz 2.98: Existenz des Signums

Es gibt eine Abbildung $\mathrm{sign} : \Sigma_n \to \{\pm 1\}$ mit den Eigenschaften

1) $\mathrm{sign}(\sigma_{k,l}) = -1$ für jede Vertauschung $\sigma_{k,l}$.

2) $\mathrm{sign}(\sigma \circ \tau) = \mathrm{sign}(\sigma) \cdot \mathrm{sign}(\tau)$ für alle $\sigma, \tau \in \Sigma_n$.

Beweis: Nur für diesen Beweis führen wir folgende Bezeichnung ein: Ein *Fehlstand* in der Permutation $\sigma \in \Sigma_n$ ist ein Paar (i, j), $1 \le i < j \le n$, mit $\sigma(i) > \sigma(j)$. Eine Vertauschung $\sigma_{k,l}$ zum Beispiel hat die Bilder

$$(\sigma(1), \ldots, \sigma(n)) = (1, \ldots, k-1, l, \underbrace{k+1, \ldots, l-1}_{l-k-1}, k, l+1, \ldots, n).$$

Sie hat damit $2(l-k-1)+1 = 2(l-k)-1$ Fehlstände, da (k, l) einen Fehlstand darstellt und weitere durch l bzw. k mit jedem $j \in \{k+1, \ldots, l-1\}$ entstehen. Wir definieren die Signum-Funktion durch

$$\mathrm{sign}(\sigma) := (-1)^f, \quad f = \text{Anzahl der Fehlstände in } \sigma\,.$$

Beweis von 1): Die Anzahl der Fehlstände in $\sigma_{k,l}$ ist, wie soeben bemerkt, ungerade.

Beweis von 2): Wir wissen, dass jede Permutation σ ein Produkt von Vertauschungen $\prod \sigma_{k_\mu, l_\mu}$ ist. Wenn wir 2) für den Fall beweisen können, dass $\sigma = \sigma_{k,l}$ eine Vertauschung ist, folgt deshalb

$$\begin{aligned}\mathrm{sign}(\sigma \circ \tau) &= \mathrm{sign}(\sigma_{k_m,l_m} \circ \ldots \circ \sigma_{k_1,l_1} \circ \tau) = \mathrm{sign}(\sigma_{k_m,l_m}) \cdot \ldots \cdot \mathrm{sign}(\sigma_{k_1,l_1}) \cdot \mathrm{sign}(\tau)\\ &= \mathrm{sign}(\sigma) \cdot \mathrm{sign}(\tau)\,,\end{aligned}$$

d. h. der allgemeine Fall. Somit genügt es, die Behauptung nur für $\sigma = \sigma_{k,l}$ zu beweisen. Wenn $l > k+1$, dann ist

$$\sigma_{k,l} = \sigma_{k,k+1}\sigma_{k+1,k+2} \ldots \sigma_{l-2,l-1}\sigma_{l-1,l}\sigma_{l-1,l-2} \ldots \sigma_{k+2,k+1}\sigma_{k+1,k}$$

demnach das Produkt von einer ungeraden Anzahl von $(2(l-k)-1)$ „benachbarten" Transpositionen $\sigma_{k,k+1}$. Deswegen genügt es, die Behauptung für Vertauschungen der Art $\sigma_{k,k+1}$ zu beweisen. Wir zählen die Fehlstände von $\sigma_{k,k+1} \circ \tau$:

- Wenn $\tau^{-1}(k) < \tau^{-1}(k+1)$, dann ist $(\tau^{-1}(k), \tau^{-1}(k+1))$ kein Fehlstand von τ, wohl aber von $\sigma_{k,k+1} \circ \tau$.
- Wenn $\tau^{-1}(k) > \tau^{-1}(k+1)$, dann ist $(\tau^{-1}(k), \tau^{-1}(k+1))$ ein Fehlstand von τ, aber nicht von $\sigma_{k,k+1} \circ \tau$.

Alle anderen Fehlstände von τ und $\sigma_{k,k+1} \circ \tau$ stimmen überein. Ist daher f die Anzahl der Fehlstände von τ, dann ist $f \pm 1$ die Anzahl der Fehlstände von $\sigma_{k,k+1} \circ \tau$. Es folgt mit der Definition der Signum-Funktion

$$\operatorname{sign}(\sigma_{k,k+1} \circ \tau) = -\operatorname{sign}(\tau) = \operatorname{sign}(\sigma_{k,k+1}) \operatorname{sign}(\tau),$$

und damit ist die Behauptung bewiesen. □

In Σ_3 beispielsweise gibt es die drei Vertauschungen $\sigma_{1,2}, \sigma_{1,3}$ und $\sigma_{2,3}$ mit sign $= -1$ und die drei Permutationen

σ	Anzahl der Vertauschungen	sign
id	0	+1
$\begin{pmatrix} 1 & 2 & 3 \\ 2 & 3 & 1 \end{pmatrix} = \sigma_{1,3} \circ \sigma_{1,2}$	2	+1
$\begin{pmatrix} 1 & 2 & 3 \\ 3 & 1 & 2 \end{pmatrix} = \sigma_{1,2} \circ \sigma_{1,3}$	2	+1

mit sign $= +1$.

Bemerkung 2.99 Sei $\sigma \in \Sigma_n$.

$$\operatorname{sign}\left(\sigma^{-1}\right) = 1/\operatorname{sign}(\sigma) = \operatorname{sign}(\sigma)\,.$$

Dabei folgt die erste Gleichheit allgemein aus Satz 2.98, 2): $\operatorname{sign}\left(\sigma^{-1}\right)\operatorname{sign}(\sigma) = \operatorname{sign}(\mathrm{id}) = 1$ *und die zweite Gleichung, da* $\operatorname{sign}(\sigma) \in \{-1, 1\}$.

△

2.5.2 GAUSS-Verfahren und LR-Zerlegung II

Wir kehren noch einmal zum GAUSS-Verfahren zurück mit dem Ziel der Interpretation als eine Matrixzerlegung, aber ohne wie in Abschnitt 2.4.3 die Zeilenvertauschung auszuschließen. Da es sich hier um eine üblichere Notation handelt, werden Permutationsmatrizen mit P bezeichnet. Wir beginnen mit einem invertierbaren $A \in \mathbb{R}^{(n,n)}$, $\boldsymbol{b} \in \mathbb{R}^n$. Setzen wir wie in Theorem 2.84

$$\left(A^{(1)}, \boldsymbol{b}^{(1)}\right) := (A, \boldsymbol{b}) \ ,$$

dann lässt sich analog zu (2.124) der i-te Teilschritt, $i = 1, \ldots, n-1$, beschreiben als

$$\left(A^{(i+1)}, \boldsymbol{b}^{(i+1)}\right) := L^{(i)} P_{\tau_i} \left(A^{(i)}, \boldsymbol{b}^{(i)}\right) \,.$$

Dabei ist $L^{(i)}$ wie in (2.124) definiert und P_{τ_i} die Permutationsmatrix zur Transposition τ_i, die der Zeilenvertauschung entspricht (bzw. zur Identität, falls keine Zeilenvertauschung stattfindet.) Es gilt nämlich:

Eine Zeilenpermutation, bei der die k-te Zeile auf die Position $\pi^{-1}(k)$ kommt für ein $\pi \in \Sigma_n$, lässt sich schreiben als

$$P_{\pi^{-1}}A(= P^t_\pi A)\,, \tag{2.133}$$

denn die Zeilen von $P_{\pi^{-1}}A$ sind die Spalten von

$$(P_{\pi^{-1}}A)^t = A^t\,(P_{\pi^{-1}})^t = A^t P_\pi$$

und $A^t P_\pi$ hat die Spalten

$$A^t P_\pi \boldsymbol{e}_i = A^t \boldsymbol{e}_{\pi(i)} = \boldsymbol{a}_{(\pi(i))}\,,$$

wenn $\boldsymbol{a}_{(1)}, \ldots, \boldsymbol{a}_{(n)}$ die Zeilen von A sind.

Analog wird eine Spaltenpermutation, bei der die k-te Spalte auf die Position $\pi^{-1}(k)$ kommt für ein $\pi \in \Sigma_n$, beschrieben durch

$$A\,P_\pi\,. \tag{2.134}$$

Man kann die Zeilenvertauschung durch reales Umspeichern vornehmen (*direkte Pivotisierung*) oder nur die Vertauschungen der Zeilen in einem Vektor $(p_1, \ldots, p_n)$, $p_i \in \{1, \ldots, n\}$ notieren, der die realen Zeilenindizes enthält *(indirekte Pivotisierung)*. Das erspart das Umspeichern, führt aber zu nichtsequentiellen Speicherzugriffen. Bei exaktem Rechnen in $\mathbb{R}$ kann jedes von Null verschiedene Spaltenelement als Pivotelement genommen werden. Beim numerischen Rechnen empfiehlt es sich ein betragsmäßig größtes Element zu wählen. Diese Strategie wird *Spaltenpivotsuche* genannt und wird von folgender Routine realisiert, die indirekte Pivotisierung verwendet und als Eingabeargument eine invertierbare quadratische Matrix A erwartet.

Algorithmus 2 (Gauss-Elimination mit Spaltenpivotsuche)

```
function [L, R, P] = gausszerlegungpivot(A)
n = length(A);
p = 1 : n;  % Initialisierung von p = (1,...,n) als Identitaet
for k = 1 : n - 1
  m = k;
  for i = k + 1 : n
    if abs(A(p(i), k)) > abs(A(p(m), k))
      m = i;
    end
  end
  h = p(m); p(m) = p(k); p(k) = h;
  d = 1/A(p(k), k);
  for i = k + 1 : n
    A(p(i), k) = A(p(i), k)*d;
    for j = k + 1 : n
      A(p(i), j) = A(p(i), j) - A(p(i), k)*A(p(k), j);
```

```
    end
  end
end
L = eye(n) + tril(A(p, :), -1); % vgl. Algorithmus 1,
R = triu(A(p, :));              % Zugriff auf Zeilenindex via p
P = zeros(n); for k = 1 : n, P(k, p(k)) = 1; end
end
```

Zu logischem Zeilenindex i ist $p(i)$ der physikalische Zeilenindex. Also: i ist der permutierte Zeilenindex zum Ausgangszeilenindex $p(i)$ und damit

$$p(i) = \pi^{-1}(i)\,,$$

wenn π die insgesamt durchzuführende Permutation beschreibt.

Die Folgen der Spaltenpivotsuche (und der kompakten Speicherung) für die LR-Zerlegung lassen sich mit Permutationsmatrizen beschreiben.

Theorem 2.100: LR-Zerlegung durch GAUSS von PA

Sei $A \in \mathbb{R}^{(n,n)}$ nichtsingulär. Dann existiert eine Permutationsmatrix P, so dass eine Dreieckszerlegung von PA, d. h.

$$PA = LR\,,$$

möglich ist. P, L, R sind durch Algorithmus 2 bestimmbar.
Dabei ist $P = P_\pi$ mit $\pi = \tau_{n-1} \circ \ldots \circ \tau_1$, wobei τ_k die Transposition ist, die die Zeilenvertauschung in $A^{(k)}$ beschreibt, d. h. mit dem Vektor p aus Algorithmus 2 gilt $(P)_{i,j} = \delta_{p(i),j}$ und *nach* Durchführung von Algorithmus 2 gilt:

$$\begin{aligned} L &= (l_{i,j}) \quad \text{mit} \quad l_{j,j} = 1,\ \ l_{i,j} = a_{p(i),j} && \text{für } j = 1,\ldots,n\,,\ i = j+1,\ldots,n,\\ R &= (r_{i,j}) \quad \text{mit} \quad r_{i,j} = a_{p(i),j} && \text{für } i = 1,\ldots,n\,,\ j = i,\ldots,n\,. \end{aligned}$$

Wird das Pivotelement als betragsmäßiges Spaltenmaximum bestimmt, dann gilt: $|l_{i,j}| \le 1$ für alle i, j.
Dabei sind die $a_{i,j}$ die Einträge von $A^{(n)}$, d. h. des Speicherfeldes A nach Durchführung von Algorithmus 2.

Beweis: Analog zu (2.124) schreiben wir

$$A^{(k+1)} = L^{(k)} P_{\tau_k} A^{(k)} \quad \text{für} \quad k = 1,\ldots,n-1 \tag{2.135}$$

mit

$$L^{(k)} = \mathbb{1} - \boldsymbol{m}^{(k)} \otimes \boldsymbol{e}_k,\quad \boldsymbol{m}^{(k)} = (0,\ldots,0,l_{k+1,k},\ldots,l_{n,k})^t\,.$$

Wiederholte Anwendung von (2.135) liefert schließlich

$$R = A^{(n)} = L^{(n-1)} P_{\tau_{n-1}} L^{(n-2)} P_{\tau_{n-2}} \dots L^{(1)} P_{\tau_1} A \, . \tag{2.136}$$

Aus (2.136) wird durch Einschieben von $P_{\sigma_k}^{-1} P_{\sigma_k}$ mit geeigneten σ_k:

$$\begin{aligned} R &= L^{(n-1)} \underbrace{P_{\tau_{n-1}} L^{(n-2)} P_{\tau_{n-1}}^{-1}}_{\hat{L}^{(n-2)}} \underbrace{P_{\tau_{n-1}} P_{\tau_{n-2}} L^{(n-3)} (P_{\tau_{n-1} \circ \tau_{n-2}})^{-1}}_{\hat{L}^{(n-3)}} P_{\tau_{n-1} \circ \tau_{n-2}} P_{\tau_{n-3}} \dots A \\ &= \hat{L}^{(n-1)} \hat{L}^{(n-2)} \dots \hat{L}^{(1)} P_{\pi_0} A \, , \end{aligned}$$

wobei

$$\hat{L}^{(k)} := P_{\pi_k} L^{(k)} P_{\pi_k}^{-1} \, ,$$

und π_k für $k = 0, \dots, n-1$ durch

$$\pi_{n-1} := \mathrm{id}, \quad \pi_k := \tau_{n-1} \circ \dots \circ \tau_{k+1} \quad \text{für} \quad k = 0, \dots, n-2$$

definiert ist, somit insbesondere $\pi_0 = \pi$ nach obiger Definition. Nach Definition besteht

$$\pi_k = \tau_{n-1} \circ \dots \circ \tau_{k+1}$$

aus den in den Teilschritten $k+1, \dots, n-1$ nachfolgenden Transpositionen, für die $\pi(i) = i$ für alle $i = 1, \dots, k$ gilt. Daher folgt:

$$\begin{aligned} \hat{L}^{(k)} &= P_{\pi_k} L^{(k)} P_{\pi_k}^{-1} = P_{\pi_k} \left(\mathbb{1} - \boldsymbol{m}^{(k)} \boldsymbol{e}_k{}^t \right) P_{\pi_k}^{-1} = \mathbb{1} - P_{\pi_k} \boldsymbol{m}^{(k)} \left(P_{\pi_k}^{-t} \boldsymbol{e}_k \right)^t \\ &= \mathbb{1} - P_{\pi_k} \boldsymbol{m}^{(k)} (P_{\pi_k} \boldsymbol{e}_k)^t = \mathbb{1} - P_{\pi_k} \boldsymbol{m}^{(k)} \boldsymbol{e}_k{}^t \quad (\text{da } \pi_k(i) = i \text{ für alle } i = 1, \dots, k) \\ &= \begin{pmatrix} 1 & & & & \\ & \ddots & & & \\ & & 1 & & \\ & & -l_{\pi_k^{-1}(k+1),k} & & \\ & & \vdots & \ddots & \\ & & -l_{\pi_k^{-1}(n),k} & & 1 \end{pmatrix} = \mathbb{1} - \hat{\boldsymbol{m}}^{(k)} \otimes \boldsymbol{e}_k \, , \end{aligned} \tag{2.137}$$

wobei

$$\hat{\boldsymbol{m}}^{(k)} = \left(0, \dots, 0, l_{\pi_k^{-1}(k+1),k}, \dots, l_{\pi_k^{-1}(n),k} \right)^t \, ,$$

da nach (2.133) durch $A \to P_{\pi_k} A$ eine Zeilenpermutation mit π_k^{-1} bewirkt wird.

Wir betrachten eine Spalte $(l_{k+1,k}, \dots, l_{n,k})^t$ und die in Algorithmus 2 darauf wirkenden Transpositionen $\tau_{k+1}, \dots, \tau_{n-1}$.

Allgemein gilt für einen Vektor $\boldsymbol{x}$: Nach Anwendung der Permutation σ_1 ist x_i auf Position $\sigma_1(i)$ und $x_{\sigma_1^{-1}(i)}$ auf Position i, bzw. $x_{\sigma_1^{-1}(\sigma_2^{-1}(i))}$ auf Position $\sigma_2^{-1}(i)$ für eine weitere Permutation σ_2. Nach zusätzlicher Anwendung der Permutation σ_2 ist demnach $x_{\sigma_1^{-1}(\sigma_2^{-1}(i))}$ auf Position i.

Betrachte eine Position $j \in \{1, \ldots, n\}$: Nach Anwendung von $\sigma_2 \circ \sigma_1$ steht folglich auf Position j der Eintrag

$$x_{\sigma_1^{-1}(\sigma_2^{-1}(j))} = x_{(\sigma_2 \circ \sigma_1)^{-1}(j)} \,.$$

Die Gestalt von $\hat{m}$ ist somit genau eine Konsequenz der Zeilenvertauschungen durch $\tau_{k+1}, \ldots, \tau_{n-1}$. Also folgt aus (2.137) mit Lemma 2.85 und Satz 2.87

$$P_{\pi_0} A = LR \quad \text{mit} \quad L := \hat{L}^{(1)^{-1}} \cdots \hat{L}^{(n-1)^{-1}} = \mathbb{1} + \sum_{k=1}^{n-1} \hat{m}^{(k)} \otimes \boldsymbol{e}_k \,.$$

Damit folgt die Behauptung. P_{π_0} hat also die gemäß $\pi_0 = p^{-1}$ permutierten Einheitsvektoren als Zeilen, d. h. $(P_{\pi_0})_{i,j} = \left(\delta_{p(i),j}\right)$. □

> Für das LGS $A\boldsymbol{x} = \boldsymbol{b}$ ergibt sich $PA\boldsymbol{x} = P\boldsymbol{b}$ und damit ist es durch folgende zwei Schritte lösbar:
>
> 1) $L\boldsymbol{y} = P\boldsymbol{b} = \boldsymbol{b}'$ durch Vorwärtssubstitution, wobei mithin $\boldsymbol{b}' = \left(b_{\pi^{-1}(i)}\right)_i = \left(b_{p(i)}\right)_i$. (2.138)
> 2) $R\boldsymbol{x} = \boldsymbol{y}$ durch Rückwärtssubstitution.

Der folgende Algorithmus realisiert die Lösung eines LGS $A\boldsymbol{x} = \boldsymbol{b}$, $PA = LR$ mittels (2.138):

Algorithmus 3 (Vorwärts- und Rückwärtssubstitution)

```
function x = vorwrueckwsubs(L, R, P, b)
n = length(b);
% Vorwaertssubstitution
y = zeros(n, 1);
b = P*b; % Permutation der rechten Seite
for i = 1 : n
  y(i) = b(i);
  for j = 1 : i - 1
    y(i) = y(i) - L(i, j)*y(j);
  end
  y(i) = y(i)/L(i, i);
end
% Rueckwaertssubstitution
x = zeros(n, 1);
for i = n : -1 : 1
  x(i) = y(i);
  for j = i + 1 : n
    x(i) = x(i) - R(i, j)*x(j);
  end
  x(i) = x(i)/R(i, i);
end
end
```

Es verbleibt, die Transformation auf Zeilenstufenform R für allgemeines $A \in \mathbb{R}^{(m,n)}$ zu betrachten. Der Beweis von Theorem 2.100 zeigt, dass Eigenschaften von A keine Rolle gespielt haben bei der Umformung zu der Gestalt

$$PA = LR\,. \tag{2.139}$$

(2.139) gilt also auch allgemein, mit $P = P_\pi$ wie in Theorem 2.100, $R \in \mathbb{R}^{(m,n)}$ in Zeilenstufenform und $L \in \mathbb{R}^{(m,m)}$ wie bei (2.129) als normierte untere Dreiecksmatrix mit den Multiplikatoren in den Spalten der Stufenindizes $j(1), \ldots, j(r)$. Auch die Bestimmung des Lösungsraums eines LGS von (2.130) gilt hier, wenn man $\boldsymbol{b}$ durch $P\boldsymbol{b}$ ersetzt.

***Bemerkungen 2.101**

1) Wie schon in Abschnitt 1.1 angedeutet, ist es manchmal nützlich, R weiter zu vereinfachen. Durch Spaltenvertauschungen, wobei die zugehörige Permutation π durch

$$\pi^{-1} = \sigma_{j(r),r} \circ \ldots \circ \sigma_{j(1),1}\,,$$
$$\text{d. h.}\quad \pi = \sigma_{j(1),1} \circ \ldots \circ \sigma_{j(r),r}$$

definiert ist, kann R in die Staffelform $\widetilde{R}$ übergeführt werden, d. h.

$$\widetilde{R} = \left(\begin{array}{c|c} \widetilde{\widetilde{R}} & \widetilde{C} \\ \hline 0 & 0 \end{array}\right) \tag{2.140}$$

mit $\widetilde{\widetilde{R}} \in \mathbb{R}^{(r,r)}$ als invertierbare obere Dreiecksmatrix und $\widetilde{C} \in \mathbb{R}^{(r,n-r)}$. Bezeichnet man P aus (2.139) mit $P_Z (Z$ =Zeilen) und hier die Permutationsmatrix mit P_S, gilt damit nach (2.134)

$$\boxed{P_Z A P_S = LRP_S = L\widetilde{R}\,.}$$

2) Wie in Abschnitt 1.1 beschrieben, ist es möglich durch weitere Zeilenumformungen vom Typ III jeweils von Zeile r bis Zeile 1, bei Spalte r beginnend bis Spalte 1, zu erreichen (GAUSS-JORDAN-Verfahren), dass $\widetilde{R}$ übergeht in

$$\hat{R} = \left(\begin{array}{c|c} \hat{D} & \hat{C} \\ \hline 0 & 0 \end{array}\right)\,. \tag{2.141}$$

Dabei ist $\hat{D} = \operatorname{diag}(d_1, \ldots, d_r)$ eine Diagonalmatrix in $\mathbb{R}^{(r,r)}$ mit nichtverschwindenden Diagonalelementen.Nach (2.124) gilt

$$\begin{aligned}\hat{R} &= E_1 \dots E_r \widetilde{R}, \text{ wobei}\\ E_i : &= \mathbb{1}_m - \boldsymbol{m}^{(i)} \otimes \boldsymbol{e}_i \text{ mit}\\ \boldsymbol{m}^{(i)} &= (\tilde{r}_{1,i}/\tilde{r}_{i,i}, \dots, \tilde{r}_{i-1,i}/\tilde{r}_{i,i}, 0, \dots, 0)^t \ .\end{aligned}$$

Also folgt

$$\widetilde{R} = (E_1 \dots E_r)^{-1} \hat{R} =: \overline{R}\hat{R}$$

und

$$\overline{R} = E_r^{-1} \dots E_1^{-1} = \left(\mathbb{1} + \boldsymbol{m}^{(r)} \otimes \boldsymbol{e}_r\right) \dots \left(\mathbb{1} + \boldsymbol{m}^{(1)} \otimes \boldsymbol{e}_1\right)$$

nach Lemma 2.85, da immer $m_i^{(i)} = 0$ ist.
Hier gilt die analoge Aussage zu Satz 2.87 (Formulierung und Beweis: Übung), so dass schließlich

$$\overline{R} = \mathbb{1} + \sum_{i=1}^{r} \boldsymbol{m}^{(i)} \otimes \boldsymbol{e}_i \ .$$

$\overline{R}$ ist deswegen die normierte obere Dreiecksmatrix mit den Multiplikatoren aus den r Eliminationsschritten oberhalb der Diagonale in den Spalten $1, \dots, r$, daher

$$\boxed{P_Z A P_S = L\overline{R}\hat{R} \ .} \tag{2.142}$$

Wenn gewünscht, können die ersten r Diagonalelemente von $\hat{R}$ auch als 1 gewählt werden, d. h. $\hat{D}$ als $\mathbb{1}_r$. Diese Transformation wird mit einer Diagonalmatrix D als zusätzlichem Faktor beschrieben:

$$P_Z A P_S = L\overline{R}D\hat{R} \ .$$

Dabei sind $P_Z, P_S, L, \overline{R}$ invertierbar, so dass Lösbarkeit und Dimension des Lösungsraums aus der *reduzierten Zeilenstufenform* $\hat{R}$ abgelesen werden können, wobei mit der Form (2.142) fortgefahren wird. Genauer:
Das LGS $A\boldsymbol{x} = \boldsymbol{b}$ ist äquivalent mit

$$P_Z A P_S \boldsymbol{z} = P_Z \boldsymbol{b} \,,$$

wobei

$$\boldsymbol{z} := P_S^{-1} \boldsymbol{x} \ .$$

Folglich

$$L\overline{R}\hat{R}\boldsymbol{z} = P_Z \boldsymbol{b}$$

und damit:

1) Löse $Ly = P_Z b$
(eindeutige Lösung durch Vorwärtssubstitution).
2) Löse $\overline{R}w = y$
(eindeutige Lösung durch Rückwärtssubstitution).
3a) Prüfe $\hat{R}z = w$ auf Lösbarkeit
(lösbar $\Leftrightarrow w'' = \mathbf{0}$, wenn
$w = \left(\frac{w'}{w''}\right), z = \left(\frac{z'}{z''}\right), w', z' \in \mathbb{R}^r, \quad w'' \in \mathbb{R}^{m-r}, z'' \in \mathbb{R}^{n-r}$).
3b) Bei Lösbarkeit bestimme den Lösungsraum U,
$z'' \in \mathbb{R}^{n-r}$ sind freie Parameter, $z' := \hat{D}^{-1}(w' - \hat{C}z'')$,
bzw. $U = \hat{z} + \operatorname{Kern}\hat{R}$,
$\hat{z} = \left(\frac{\hat{D}^{-1}w'}{\mathbf{0}}\right)$, $\operatorname{Kern}\hat{R} = \operatorname{span}(z_1, \ldots, z_{n-r})$ und $z_i = \left(\frac{z_i'}{z_i''}\right)$, $z_i'' := e_i$,
$z_i' := -\hat{D}^{-1}\hat{C}z_i''$.
4) $x := P_S z$.

3) Alternativ lässt sich durch elementare Spaltenumformungen von Typ III beginnend mit Spalte 1 bis Spalte r sogar die Form

$$\hat{R} = \left(\begin{array}{c|c} D & 0 \\ \hline 0 & 0 \end{array}\right)$$

erreichen. Da dies Zeilenumformungen für die transponierte Matrix entspricht (siehe Bemerkungen 2.57, 4)), gilt sodann

$$\hat{R}^t = E_r \ldots E_1 \widetilde{R}^t ,$$

wobei die FROBENIUS-Matrizen $E_i \in \mathbb{R}^{(n,n)}$ die Gestalt (2.123) haben mit Multiplikatorenvektoren $m^{(i)}$, so dass $\left(m^{(i)}\right)_j = 0$ für $j < i + 1$, also

$$\widetilde{R} \;=\; \hat{R}(E_r \ldots E_1)^{-t} \;=:\; \hat{R}\overline{R} .$$

Daher

$$\overline{R} = E_r^{-t} \ldots E_1^{-t} ,$$

wobei nach Lemma 2.85 E_i^{-1} der Matrix E_i entspricht nach Weglassen des Minuszeichens bei den Multiplikatoren, und Satz 2.87 (angewendet auf die Transponierten) folgendes liefert:

$$\overline{R} = \mathbb{1}_n + \sum_{i=1}^{r} \boldsymbol{e}_i \otimes \boldsymbol{m}^{(i)} ,$$

also eine normierte obere Dreiecksmatrix mit den Multiplikatoren in den ersten r Zeilen. Hier ergibt sich also die alternative Darstellung

$$\boxed{P_Z A P_S = L\hat{R}\overline{R} .} \tag{2.143}$$

(Man beachte den Platztausch von $\hat{R}$ und $\overline{R}$ und $\overline{R} \in \mathbb{R}^{(n,n)}$.)

Im Lösungsschema sind 2) und 3) zu ersetzen durch:
2)'a) Prüfe $\hat{R}\boldsymbol{w} = \boldsymbol{y}$ auf Lösbarkeit (lösbar $\Leftrightarrow \boldsymbol{y}'' \in \mathbb{R}^{m-r} = \boldsymbol{0}$).
2)'b) Bei Lösbarkeit bestimme den Lösungsraum

$$\boldsymbol{w} = \left(\frac{D^{-1}\boldsymbol{y}'}{\boldsymbol{w}''}\right), \boldsymbol{w}'' \in \mathbb{R}^{n-r} \text{ beliebig.}$$

3)' Löse $\overline{R}z = \boldsymbol{w}$ (eindeutige Lösung durch Rückwärtssubstitution).

Schließlich kann bei (2.143) noch, wenn dies aus „ästhetischen“ Gründen gewünscht wird, durch zusätzliche Umformungen vom Typ II erreicht werden, dass $\hat{R}$ die Gestalt

$$\hat{R} = \left(\begin{array}{c|c} \mathbb{1}_r & 0 \\ \hline 0 & 0 \end{array}\right) \tag{2.144}$$

annimmt.
Da die Umformungen sowohl als Zeilen- als auch als Spaltenumformungen aufgefasst werden können, können sie sowohl bei L oder $\overline{R}$ als Faktoren auftreten. △

Obwohl durch die (reduzierte) Zeilenstufenform Lösbarkeit und Lösungsraum klar gegeben sind, ist diese Umformung nicht geeignet zur Darstellung der Pseudoinversen A^+. Zwar kann für $\widetilde{R}$ nach (2.140) oder $\hat{R}$ nach (2.141) die Pseudoinverse angegeben werden, dann kann damit allerdings nicht die Pseudoinverse insgesamt bestimmt werden (siehe Bemerkungen 2.82, 5)). Dazu müssten wie die Permuationsmatrizen auch die Matrizen L (in (2.139)) bzw. $L, \overline{R}$ (in (2.142)) orthogonal sein. In Abschnitt 4.8 wird daher als Alternative zur LR-Zerlegung die QR-Zerlegung mit einer orthogonalen Matrix Q besprochen.

Was Sie in diesem Abschnitt gelernt haben sollten

Begriffe

- Permutation, symmetrische Gruppe
- Permutationsmatrix
- Transposition, Zyklus
- Signumsfunktion
- Multiplikatoren

Zusammenhänge

- Jede Permutation lässt sich als ein Produkt von Transpositionen bzw. elementfremden Zyklen schreiben (Satz 2.96).
- GAUSS-Elimination erzeugt Zerlegung $PA = LR$, L wird durch (Mit-)Permutation erzeugt (Theorem 2.100).

Aufgaben

Aufgabe 2.26 (K) Stellen Sie alle Permutationen $\sigma \in \Sigma_4$ als Zyklus oder als Produkt zyklischer Permutationen dar.

Aufgabe 2.27 (T) Zeigen Sie für die zyklische Permutation $\sigma = (i_1, i_2, \ldots, i_k)$

$$\mathrm{sign}(\sigma) = (-1)^{k+1}.$$

Aufgabe 2.28 (T) Formulieren und zeigen Sie die nach (2.141) benutzte analoge Aussage zu Satz 2.87.

Aufgabe 2.29 (T) Arbeiten Sie die Einzelheiten zum Erhalt der Darstellungen (2.142) und (2.143) aus.

Aufgabe 2.30 (T) Bestimmen Sie die Pseudoinverse einer Matrix in (reduzierter) Zeilenstufenform.

2.6 Die Determinante

2.6.1 Motivation und Existenz

In (2.67) wurde für die Matrix

$$A = \begin{pmatrix} a & b \\ c & d \end{pmatrix}$$

die Zahl

$$\delta := ad - bc$$

definiert und festgestellt, dass

$$A \text{ invertierbar } \Leftrightarrow \delta \neq 0 \,. \tag{2.145}$$

$\delta = \delta(A)$ ist ein nichtlinearer Ausdruck in A, da offensichtlich nicht

$$\delta(A + B) = \delta(A) + \delta(B)$$

gilt, und

$$\delta(\lambda A) = \lambda^2 \delta(A) \text{ statt } \delta(\lambda A) = \lambda \delta(A) \,.$$

Allerdings ist $\delta(A)$ linear bei Veränderung von A in einer Zeile (Spalte) bei festgehaltener weiterer Zeile (Spalte). Ziel ist es für eine beliebige Matrix $A \in \mathbb{R}^{(n,n)}$ einen (nichtlinearen) Ausdruck $\delta = \delta(A)$ zu definieren, der (2.145) erfüllt. Man kann sich dem auch geometrisch nähern:

Wir betrachten eine $n \times n$-Matrix

$$A = \begin{pmatrix} \boldsymbol{a}_1{}^t \\ \vdots \\ \boldsymbol{a}_n{}^t \end{pmatrix} = \begin{pmatrix} a_{1,1} & \cdots & a_{1,n} \\ \vdots & & \vdots \\ a_{n,1} & \cdots & a_{n,n} \end{pmatrix}$$

mit den Zeilenvektoren $\boldsymbol{a}_1, \ldots, \boldsymbol{a}_n$. – In diesem Abschnitt werden Zeilen mit Indizes ohne Klammern bezeichnet. – Diese Zeilenvektoren spannen einen *Spat*, bzw. ein *Parallelotop, festgemacht an* $\boldsymbol{a}_0$,

$$P(\boldsymbol{a}_1, \ldots, \boldsymbol{a}_n) = \{\boldsymbol{x} \in \mathbb{R}^n : \boldsymbol{x} = \boldsymbol{a}_0 + \sum_1^n c_k \boldsymbol{a}_k, \quad c_1, \ldots, c_n \in \mathbb{R}, 0 \leq c_k \leq 1\}$$

auf. Wir möchten das *Volumen* vol(A) dieses Spats berechnen. Der elementare Volumenbegriff in $\mathbb{R}^2$ oder $\mathbb{R}^3$ und seine anstehende Verallgemeinerung ist translationsinvariant, so dass im Folgenden $\boldsymbol{a}_0 = \boldsymbol{0}$ gesetzt werden kann.

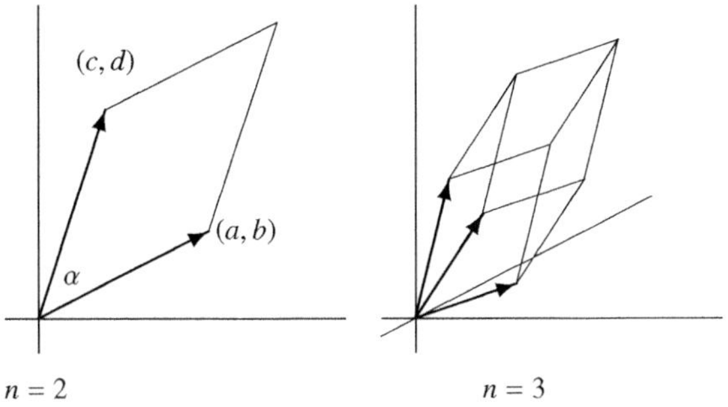

Abb. 2.11: Parallelotope im $\mathbb{R}^n$, festgemacht bei $\boldsymbol{a}_0 = \boldsymbol{0}$.

Beispiel 2.102 (Geometrie) Der Fall $n = 2$ ist aus der Elementargeometrie bekannt: Die Fläche des Parallelogramms ist das Produkt der Seitenlängen mal $\sin(\alpha)$ (siehe Abbildung 2.11 wegen der Notation: Zur Vereinfachung der Schreibweise werden hier Vektoren ausnahmsweise als Zeilen geschrieben):

$$\begin{aligned}
\operatorname{vol}\left(\begin{pmatrix} a & b \\ c & d \end{pmatrix}\right) &= \|(a,b)\| \cdot \|(c,d)\| \cdot \sin(\alpha) = \|(a,b)\| \cdot \|(c,d)\| \cdot \sqrt{1-\cos^2(\alpha)} \\
&= \|(a,b)\| \cdot \|(c,d)\| \cdot \sqrt{1 - \frac{(\,(a,b)\,.\,(c,d)\,)^2}{\|(a,b)\|^2 \cdot \|(c,d)\|^2}} \\
&= \sqrt{\|(a,b)\|^2 \cdot \|(c,d)\|^2 - (\,(a,b)\,.\,(c,d)\,)^2} \\
&= \sqrt{(a^2+b^2)(c^2+d^2) - (ac+bd)^2} \\
&= \sqrt{a^2d^2 + b^2c^2 - 2 \cdot abcd} = \sqrt{(ad-bc)^2} \\
&= |ad - bc| = |\delta|\,. \qquad (2.146)
\end{aligned}$$

○

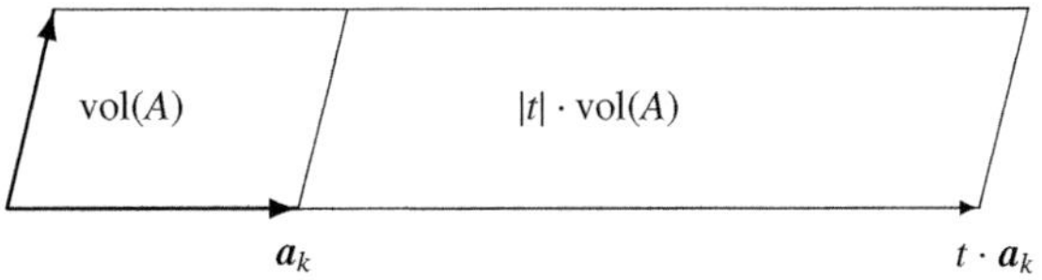

Abb. 2.12: Volumenveränderung bei Streckung des Vektors $\boldsymbol{a}_k$.

Es ist ziemlich einsichtig, dass das Volumen vol(A) des Spats $P(\boldsymbol{a}_1, \ldots, \boldsymbol{a}_n)$ folgende Eigenschaften haben sollte:

(I) Beim Vertauschen zweier Zeilen in der Matrix A ändert sich das Volumen vol(A) nicht.

(II) Streckt man einen Zeilenvektor mit einem Faktor $t \in \mathbb{R}$, so ändert sich vol(A) mit dem Faktor $|t|$ (siehe auch Abbildung 2.12), d. h. in Formeln

$$\mathrm{vol}(\boldsymbol{a}_1, \ldots, \boldsymbol{a}_{k-1}, t \cdot \boldsymbol{a}_k, \boldsymbol{a}_{k+1}, \ldots, \boldsymbol{a}_n) = |t| \cdot \mathrm{vol}(\boldsymbol{a}_1, \ldots, \boldsymbol{a}_n) \text{ für } t \in \mathbb{R}.$$

(III) $\mathrm{vol}(\boldsymbol{a}_1, \ldots, \boldsymbol{a}_k, \ldots, \boldsymbol{a}_l + t\boldsymbol{a}_k, \ldots, \boldsymbol{a}_n) = \mathrm{vol}(\boldsymbol{a}_1, \ldots, \boldsymbol{a}_k, \ldots, \boldsymbol{a}_l, \ldots, \boldsymbol{a}_n)$ für alle $1 \leq k \neq l \leq n$ und $t \in \mathbb{R}$ (siehe Abbildung 2.13).

(0) Für die Einheitsmatrix $\mathbb{1}$ (d. h. den Einheitswürfel) ist

$$\mathrm{vol}(\mathbb{1}) = 1 \; .$$

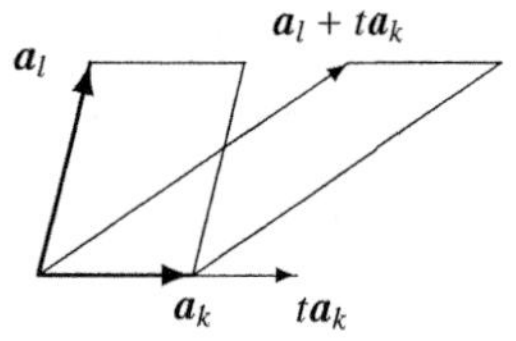

Abb. 2.13: Volumeninvarianz bei Zeilenaddition.

Die Eigenschaften (I)-(III) beschreiben die Änderung des Volumens von $P(\boldsymbol{a}_1, \ldots, \boldsymbol{a}_n)$, wenn man die Vektoren elementaren Zeilentransformationen vom Typ (I)-(III) unterwirft. Wir wollen ein *vorzeichenbehaftetes Volumen* (für Parallelotope) einführen, indem wir eine Funktion

$$\det : \mathbb{R}^{(n,n)} \to \mathbb{R} \; ,$$

die *Determinante* der Matrix A, konstruieren, deren Absolutbetrag das Volumen vol(A) ist: $\mathrm{vol}(A) = |\det(A)|$. Von der Funktion det verlangen wir die folgenden Eigenschaften, aus denen die obigen (I)-(III), (0) folgen:

(I) Vertauscht man in der Matrix $A \in \mathbb{R}^{(n,n)}$ zwei Zeilen, so ändert sich das Vorzeichen von $\det(A)$.
(II) $\det(\boldsymbol{a}_1, \ldots, \boldsymbol{a}_{k-1}, t \cdot \boldsymbol{a}_k, \boldsymbol{a}_{k+1}, \ldots, \boldsymbol{a}_n) = t \cdot \det(\boldsymbol{a}_1, \ldots, \boldsymbol{a}_n)$ für alle $t \in \mathbb{R}$.
(III) $\det(\boldsymbol{a}_1, \ldots, \boldsymbol{a}_k, \ldots, \boldsymbol{a}_l + t\boldsymbol{a}_k, \ldots, \boldsymbol{a}_n) = \det(\boldsymbol{a}_1, \ldots, \boldsymbol{a}_k, \ldots, \boldsymbol{a}_l, \ldots, \boldsymbol{a}_n)$ für alle $1 \leq k \neq l \leq n$ und $t \in \mathbb{R}$.
(0) (Normierung) Für die Einheitsmatrix $\mathbb{1}$ gilt

$$\det(\mathbb{1}) = 1 .$$

Äquivalent können wir somit det auffassen als Abbildung

$$\det : \underbrace{\mathbb{R}^n \times \ldots \times \mathbb{R}^n}_{n-\text{mal}} \to \mathbb{R} ,$$

wobei $A \in \mathbb{R}^{(n,n)}$ und $\boldsymbol{a}_1, \ldots, \boldsymbol{a}_n$ sich dadurch entsprechen, dass die $\boldsymbol{a}_i^{\,t}$ die Zeilen von A sind.

Beispiel 2.103 Die Funktion

$$\det \begin{pmatrix} a & b \\ c & d \end{pmatrix} := ad - bc$$

hat die Eigenschaften (0),(I),(II),(III). Hiervon sind (0), (I), und (II) unmittelbar einsichtig. Zum Beweis von (III) betrachten wir nur den Fall $k = 1$ und $l = 2$ auf den mit (I) der verbleibende zurückgeführt werden kann. Dann ist

$$\det \begin{pmatrix} a & b \\ c + ta & d + tb \end{pmatrix} = a(d + tb) - b(c + ta) = ad - bc + t(ab - ba) = \det \begin{pmatrix} a & b \\ c & d \end{pmatrix} .$$

∘

Satz 2.104: Eindeutigkeit der Determinante

Wenn eine Funktion $\det : \mathbb{R}^{(n,n)} \to \mathbb{R}$ mit den Eigenschaften (0) bis (III) existiert, dann ist sie durch diese Eigenschaften eindeutig festgelegt und für A mit $\operatorname{Rang} A < n$ gilt notwendigerweise

$$\det(A) = 0 .$$

Beweis: Wir wissen, dass man A durch elementare Zeilenumformungen auf Zeilenstufenform bringen kann, bzw. umgekehrt, dass A durch elementare Zeilenumformungen aus einer Matrix Z in Zeilenstufenform hervorgeht. Da die Eigenschaften (I),(II),(III) festlegen, wie sich die Determinante bei einer elementaren Zeilenumformung ändert, und zwar höchstens um einen Faktor ungleich Null, genügt es, die Eindeutigkeit für Matrizen Z in Zeilenstufenform (mit Pivotelementen 1) zu beweisen. Dazu unterscheiden wir die Fälle: Rang $A < n$. In diesem Fall ist der letzte Zeilenvektor z_n in Z ein Nullvektor. Dann ist $0 \cdot z_n = z_n$, und aus (II) folgt

$$\det(Z) = \det(z_1, \ldots, z_n) = \det(z_1, \ldots, z_{n-1}, 0 \cdot z_n) = 0 \cdot \det(z_1, \ldots, z_n) = 0 .$$

Rang $A = n$. Nun ist Z eine Dreiecksmatrix und der letzte Zeilenvektor ist $z_n = \boldsymbol{e}_n$. Durch Addition geeigneter Vielfacher dieses Vektors zu den vorhergehenden Zeilen (Umformung vom Typ (III)) können wir erreichen, dass der letzte Eintrag in den ersten $n-1$ Zeilen 0 ist. Jetzt ist der vorletzte Zeilenvektor $z_{n-1} = \boldsymbol{e}_{n-1}$, und durch elementare Zeilenumformungen vom Typ III können wir erreichen, dass auch der vorletzte Eintrag in den ersten $n-2$ Zeilen 0 ist. Mit endlich vielen elementaren Zeilenumformungen vom Typ III, können wir daher Z in die Einheitsmatrix $\mathbb{1}$ überführen (Gauss-Jordan-Verfahren, siehe auch (1.16)). Aus Eigenschaft (III) und (0) folgt

$$\det(Z) = \det(\mathbb{1}) = 1 . \qquad \square$$

Mit den obigen Überlegungen ist schon „fast“ eine Definition von $\det(A)$ gefunden, da für invertierbares A nach dem Beweis von Satz 2.104 notwendig gilt

$$\det(A) = (-1)^l a_{1,1}^{(1)} a_{2,2}^{(2)} \cdots a_{n,n}^{(n)}.$$

Dabei ist l die Anzahl der durchgeführten Zeilenvertauschungen und die $a_{i,i}^{(i)}$ sind die jeweiligen Pivotelemente zur Bereinigung der i-ten Spalte unter der Diagonale. Bemerkungen 2.57, 6) zeigt zwar, dass dieser Ausdruck unabhängig von der Wahl der elementaren Umformungsschritte ist. Somit liegt auch ein effizientes Berechnungsverfahren vor (siehe (2.154)). Nun soll eine „explizitere“ Darstellung für eine Funktion det mit den Eigenschaften (0),. . .,(III) gefunden werden. Im Wesentlichen läuft dies auf die Existenz des Signums (Satz 2.98) hinaus, denn wenn eine Determinantenfunktion $\det(A)$ mit den Eigenschaften (0) und (I) existiert, dann gilt wegen Satz 2.98 und Satz 2.96) für jede Permutationsmatrix P_σ

$$\boxed{\det(P_\sigma) = \operatorname{sign}(\sigma) .} \tag{2.147}$$

Ist nämlich

$$P_\sigma = P_{k_m,l_m} \ldots P_{k_1,l_1} ,$$

so führen die Vertauschungen $\sigma_{k_m,l_m}, \ldots, \sigma_{k_1,l_1}$ sukzessive P_σ in $\mathbb{1}$ mit $\det(\mathbb{1}) = 1$ über und erzeugen nach (I) jeweils den Faktor $\operatorname{sign}(\sigma_{k_i,l_i})$, insgesamt also $\operatorname{sign}(\sigma)$. Dies ist ein Zusammenhang zwischen Determinante und *signum*-Funktion. Wir benutzen die *signum*-Funktion nun für unsere Definition der Determinante:

Definition 2.105

Es sei $A = (a_{k,l})_{k,l=1,\ldots,n} \in \mathbb{R}^{(n,n)}$ eine $n \times n$-Matrix. Die Zahl

$$\boxed{\det(A) := \sum_{\sigma \in \Sigma_n} \operatorname{sign}(\sigma) \cdot a_{1,\sigma(1)} \cdot \ldots \cdot a_{n,\sigma(n)}}$$

heißt *Determinante der Matrix* A. (Diese Formel für die Determinante stammt von GOTTFRIED WILHELM LEIBNIZ[14]und ist nach ihm benannt.) Eine alternative Schreibweise ist auch $|A|$.

Dass diese Determinante tatsächlich die Eigenschaften (0),. . .,(III) besitzt, weisen wir im nächsten Abschnitt nach. Zuerst einige einfache Beispiele, die zeigen sollen, was diese Formel bedeutet.

$n = 1$: Im Fall $n = 1$ ist $\det(a) = a$.

$n = 2$: Für $n = 2$ ist

$$\det\begin{pmatrix} a_{1,1} & a_{1,2} \\ a_{2,1} & a_{2,2} \end{pmatrix} = \underbrace{\operatorname{sign}(\mathrm{id}) \cdot a_{1,1}a_{2,2}}_{\sigma=\mathrm{id}} + \underbrace{\operatorname{sign}(\sigma_{1,2})a_{1,2}a_{2,1}}_{\sigma=\sigma_{1,2}} = a_{1,1}a_{2,2} - a_{1,2}a_{2,1} \, .$$

Wenn wir die Matrix $\begin{pmatrix} a_{1,1} & a_{1,2} \\ a_{2,1} & a_{2,2} \end{pmatrix} = \begin{pmatrix} a & b \\ c & d \end{pmatrix}$ schreiben, dann wird dies zu

$$\boxed{\det\begin{pmatrix} a & b \\ c & d \end{pmatrix} = ad - bc \, .}$$

$n = 3$: Für $n = 3$ haben wir

$$\begin{aligned}
\det\begin{pmatrix} a_{1,1} & a_{1,2} & a_{1,3} \\ a_{2,1} & a_{2,2} & a_{2,3} \\ a_{3,1} & a_{3,2} & a_{3,3} \end{pmatrix} &= a_{1,1}a_{2,2}a_{3,3} \quad \text{für} \quad \sigma = \mathrm{id} \\
&+ a_{1,2}a_{2,3}a_{3,1} \quad \text{für} \quad \sigma = \begin{pmatrix} 1 & 2 & 3 \\ 2 & 3 & 1 \end{pmatrix} = \sigma_{1,3} \circ \sigma_{1,2} = (1,2,3) \\
&+ a_{1,3}a_{2,1}a_{3,2} \quad \text{für} \quad \sigma = \begin{pmatrix} 1 & 2 & 3 \\ 3 & 1 & 2 \end{pmatrix} = \sigma_{1,2} \circ \sigma_{1,3} = (1,3,2) \\
&- a_{1,3}a_{2,2}a_{3,1} \quad \text{für} \quad \sigma = \begin{pmatrix} 1 & 2 & 3 \\ 3 & 2 & 1 \end{pmatrix} = \sigma_{1,3} = (1,3) \\
&- a_{1,1}a_{2,3}a_{3,2} \quad \text{für} \quad \sigma = \begin{pmatrix} 1 & 2 & 3 \\ 1 & 3 & 2 \end{pmatrix} = \sigma_{2,3} = (2,3) \\
&- a_{1,2}a_{2,1}a_{3,3} \quad \text{für} \quad \sigma = \begin{pmatrix} 1 & 2 & 3 \\ 2 & 1 & 3 \end{pmatrix} = \sigma_{1,2} = (1,2) \, .
\end{aligned}$$

[14] Gottfried Wilhelm LEIBNIZ $*$1. Juli 1646 in Leipzig †14. November 1716 in Hannover

Dies ist die klassische „Regel von SARRUS[15]“:

$$\begin{array}{ccc|cc}
a_{1,1} & a_{1,2} & a_{1,3} & a_{1,1} & a_{1,2} \\
a_{2,1} & a_{2,2} & a_{2,3} & a_{2,1} & a_{2,2} \\
a_{3,1} & a_{3,2} & a_{3,3} & a_{3,1} & a_{3,2}
\end{array}
\quad - \quad
\begin{array}{ccc|cc}
a_{1,1} & a_{1,2} & a_{1,3} & a_{1,1} & a_{1,2} \\
a_{2,1} & a_{2,2} & a_{2,3} & a_{2,1} & a_{2,2} \\
a_{3,1} & a_{3,2} & a_{3,3} & a_{3,1} & a_{3,2}
\end{array} \; .$$

Dabei ist nunmehr über die eingezeichneten „Diagonalen“ und „Gegendiagonalen“ der durch Wiederholung der Spalten 1 und 2 erweiterten Matrix zu multiplizieren und die Produkte zu addieren bzw. zu subtrahieren.

2.6.2 Eigenschaften

Wir wollen jetzt einige wichtige Eigenschaften der Determinante angeben. Insbesondere suchen wir nach praktischen Möglichkeiten, die Determinante einer gegebenen Matrix zu berechnen, da die LEIBNIZsche Formel hierfür bei großen n ungeeignet ist, da schon allein $n!$ Summanden zu addieren wären.

Theorem 2.106: Fundamentaleigenschaften der Determinante

Die Funktion

$$\det : \mathbb{R}^{(n,n)} \to \mathbb{R}, \quad A \mapsto \det(A)\,,$$

hat folgende Eigenschaften: 1) Linearität in Bezug auf jede Zeile:

$$\det\begin{pmatrix} \boldsymbol{a}_1 \\ \vdots \\ \boldsymbol{a}_{k-1} \\ s\boldsymbol{a}_k + t\boldsymbol{a}'_k \\ \boldsymbol{a}_{k+1} \\ \vdots \\ a_n \end{pmatrix} = s \cdot \det\begin{pmatrix} \boldsymbol{a}_1 \\ \vdots \\ \boldsymbol{a}_{k-1} \\ \boldsymbol{a}_k \\ \boldsymbol{a}_{k+1} \\ \vdots \\ a_n \end{pmatrix} + t \cdot \det\begin{pmatrix} \boldsymbol{a}_1 \\ \vdots \\ \boldsymbol{a}_{k-1} \\ \boldsymbol{a}_k{}' \\ \boldsymbol{a}_{k+1} \\ \vdots \\ \boldsymbol{a}_n \end{pmatrix} .$$

2) Schiefsymmetrie in Bezug auf je zwei Zeilen (also (I)):

[15] Pierre Frédéric SARRUS ∗10. März 1798 in Saint-Affrique †20. November 1861 in Saint-Affrique

$$\det \begin{pmatrix} \boldsymbol{a}_1 \\ \vdots \\ \boldsymbol{a}_{k-1} \\ \boldsymbol{a}_k \\ \boldsymbol{a}_{k+1} \\ \vdots \\ \boldsymbol{a}_{l-1} \\ \boldsymbol{a}_l \\ \boldsymbol{a}_{l+1} \\ \vdots \\ \boldsymbol{a}_n \end{pmatrix} = -\det \begin{pmatrix} \boldsymbol{a}_1 \\ \vdots \\ \boldsymbol{a}_{k-1} \\ \boldsymbol{a}_l \\ \boldsymbol{a}_{k+1} \\ \vdots \\ \boldsymbol{a}_{l-1} \\ \boldsymbol{a}_k \\ \boldsymbol{a}_{l+1} \\ \vdots \\ \boldsymbol{a}_n \end{pmatrix} .$$

3) Normierung (also (0)): $\det(\mathbb{1}_n) = 1$.

Beweis: Zu 1): Wir werten die Determinante auf der linken Seite der Gleichung mit der LEIBNIZ-Formel aus:

$$\begin{aligned} &\sum_{\sigma\in\Sigma_n} \operatorname{sign}(\sigma) \cdot a_{1,\sigma(1)} \cdot \ldots \cdot (s \cdot a_{k,\sigma(k)} + t \cdot a'_{k,\sigma(k)}) \cdot \ldots \cdot a_{n,\sigma(n)} \\ =& s \cdot \sum_{\sigma\in\Sigma_n} \operatorname{sign}(\sigma) \cdot a_{1,\sigma(1)} \cdot \ldots \cdot a_{k,\sigma(k)} \cdot \ldots \cdot a_{n,\sigma(n)} + \\ &+ t \cdot \sum_{\sigma\in\Sigma_n} \operatorname{sign}(\sigma) \cdot a_{1,\sigma(1)} \cdot \ldots \cdot a'_{k,\sigma(k)} \cdot \ldots \cdot a_{n,\sigma(n)} . \end{aligned}$$

Zu 2): Wieder mit der LEIBNIZ-Formel und mit Satz 2.98 ist die Determinante auf der rechten Seite der Gleichung

$$\begin{aligned} &\sum_{\sigma\in\Sigma_n} \operatorname{sign}(\sigma) \cdots a_{1,\sigma(1)} \cdot \ldots \cdot a_{l,\sigma(k)} \cdot \ldots \cdot a_{k,\sigma(l)} \cdot \ldots \cdot a_{n,\sigma(n)} \\ =& \sum_{\sigma\in\Sigma_n} \operatorname{sign}(\sigma \circ \sigma_{k,l}) \cdot a_{1,\sigma\sigma_{k,l}(1)} \cdot \ldots \cdot a_{l,\sigma\sigma_{k,l}(k)} \cdot \ldots \cdot a_{k,\sigma\sigma_{k,l}(l)} \cdot \ldots \cdot a_{n,\sigma\sigma_{k,l}(n)} \\ =& -\sum_{\sigma\in\Sigma_n} \operatorname{sign}(\sigma) \cdot a_{1,\sigma\sigma_{k,l}(1)} \cdot \ldots \cdot a_{l,\sigma\sigma_{k,l}(k)} \cdot \ldots \cdot a_{k,\sigma\sigma_{k,l}(l)} \cdot \ldots \cdot a_{n,\sigma\sigma_{k,l}(n)} \\ =& -\sum_{\sigma\in\Sigma_n} \operatorname{sign}(\sigma) \cdot a_{1,\sigma(1)} \cdot \ldots \cdot a_{l,\sigma(l)} \cdot \ldots \cdot a_{k,\sigma(k)} \cdot \ldots \cdot a_{n,\sigma(n)} . \end{aligned}$$

Dazu wurde benutzt, dass bei beliebiger, fester Vertauschung $\sigma_{k,l}$ wegen

$$\sigma = \sigma \circ \sigma_{k,l} \circ \sigma_{k,l}$$

mit allgemeinen $\sigma \in \Sigma_n$ auch durch $\sigma \circ \sigma_{k,l}$ alle Permutationen erfasst werden und dann $\operatorname{sign}(\sigma \circ \sigma_{k,l}) = \operatorname{sign}(\sigma)\operatorname{sign}(\sigma_{k,l}) = -\operatorname{sign}(\sigma)$ gilt.
Zu 3): Es ist

$$\det(\mathbb{1}_n) = \sum_\sigma \operatorname{sign}(\sigma) \cdot \delta_{1,\sigma(1)} \cdot \ldots \cdot \delta_{n,\sigma(n)} ,$$

und der Summand ist nur dann ungleich 0, wenn alle KRONECKER-Deltas gleich 1 sind, d. h. wenn $k = \sigma(k)$ für alle $k = 1, \ldots, n$. Somit bleibt nur der Summand für $\sigma = \mathrm{id}$ übrig und die Determinante wird gleich 1.

□

Die Abbildung $\det : \mathbb{R}^n \times \ldots \times \mathbb{R}^n \to \mathbb{R}$ ist demnach *multilinear* in dem Sinn, dass

$$f_i : \mathbb{R}^n \to \mathbb{R}, \quad f_i(\boldsymbol{x}) := \det(\boldsymbol{a}_1, \ldots, \boldsymbol{a}_{i-1}, \boldsymbol{x}, \boldsymbol{a}_{i+1}, \ldots, \boldsymbol{a}_n)$$

für fest gewählte $\boldsymbol{a}_j \in \mathbb{R}^n$ linear ist. Dagegen ist

$$\det : \mathbb{R}^{(n,n)} \to \mathbb{R}$$

i. Allg. nicht linear. Vielmehr folgt aus der Multilinearität für $A \in \mathbb{R}^{(n,n)}$, $\lambda \in \mathbb{R}$

$$\det(\lambda A) = \lambda^n \det(A)$$

und für $\det(A + B)$ gibt es keine einfache Beziehung zu $\det(A)$ und $\det(B)$.

Lemma 2.107

Hat die $n \times n$-Matrix A zwei gleiche Zeilen, so ist $\det(A) = 0$.

Beweis: Sind die Zeilenvektoren $\boldsymbol{a}_k$ und $\boldsymbol{a}_l$ gleich, so ändert sich A und damit $\det(A)$ nicht, wenn wir beide Zeilen vertauschen. Andererseits ändert sich dabei wegen der Schiefsymmetrie das Vorzeichen von $\det(A)$. Es folgt:

$$\det(A) = -\det(A), \qquad 2 \cdot \det(A) = 0, \qquad \det(A) = \frac{1}{2}(2 \cdot \det(A)) = 0 .$$

□

Bemerkung 2.108 In obigem Beweis wird zum ersten Mal wirklich eine andere reelle Zahl als 0 und 1, nämlich $\frac{1}{2}$ gebraucht. Gäbe es diese Zahl nicht, wäre das Argument unrichtig. Dies ist der Fall, wenn wir nur in der Zahlenmenge $\{0, 1\}$ „rechnen" mit der Regel $1 + 1 = 0$. Ein alternativer Beweis wird daher noch in Bemerkung 2.119 gegeben. △

Satz 2.109: LEIBNIZ-Formel ist Determinante

Die mit der LEIBNIZ-Formel definierte Determinante hat die Eigenschaften (0),(I),(II),(III) aus Abschnitt 2.6.1.

Beweis: Normierung (0) und Schiefsymmetrie beim Vertauschen von Zeilen (I) sind die Eigenschaften 3) und 2) von Theorem 2.106. Eigenschaft (II) ist Teil der Linearität der Determinante und Eigenschaft (III) folgt aus der Linearität mit Hilfe von Lemma 2.107. □

Bemerkungen 2.110

1) Führt man verallgemeinernd eine *abstrakte Volumenfunktion* (mit Vorzeichen) $V_S : \mathbb{R}^{(n,n)} \to \mathbb{R}$ als eine Abbildung ein, die die Eigenschaften (I)-(III) (ohne (0)) erfüllt, so zeigen der Beweis von Satz 2.104 und Satz 2.109:
Die abstrakten Volumenfunktionen (mit Vorzeichen) V_S sind gerade die Abbildungen $c \cdot \det$ für $c \in \mathbb{R}$ (und notwendigerweise ist $c = V_S(\mathbb{1})$).

2) Alternative Formen für die Bedingungen (I)-(III) sind diese Bedingungen:

(I)' Hat $A \in \mathbb{R}^{(n,n)}$ zwei gleiche Zeilen, so ist $\det(A) = 0$ (siehe Lemma 2.107).

(II)' det als Funktion der Zeilen von A ist multilinear (siehe Theorem 2.106, 1)).

3) Die Eigenschaft aus Lemma 2.107 heißt auch *alternierend* und ist tatsächlich äquivalent mit der Schiefsymmetrie der Multilinearform det.

Für die Richtung alternierend ⇒ schiefsymmetrisch, beachte man für eine Abbildung $d : \mathbb{R}^n \times \ldots \times \mathbb{R}^n \to \mathbb{R}$

$$\begin{aligned} 0 &= d(\ldots, \boldsymbol{a}_l + \boldsymbol{a}_k, \ldots, \boldsymbol{a}_l + \boldsymbol{a}_k, \ldots) \\ &= d(\ldots, \boldsymbol{a}_l, \ldots, \boldsymbol{a}_l, \ldots) + d(\ldots, \boldsymbol{a}_k, \ldots, \boldsymbol{a}_l, \ldots) + d(\ldots, \boldsymbol{a}_l, \ldots, \boldsymbol{a}_k, \ldots) + d(\ldots, \boldsymbol{a}_k, \ldots, \boldsymbol{a}_k, \ldots) \\ &= d(\ldots, \boldsymbol{a}_k, \ldots, \boldsymbol{a}_l, \ldots) + d(\ldots, \boldsymbol{a}_l, \ldots, \boldsymbol{a}_k, \ldots) \end{aligned}$$

4) Die LEIBNIZ-Formel „fällt nicht vom Himmel" sondern ergibt sich zwingend für eine schiefsymmetrische Multilinearform $d : \mathbb{R}^n \times \ldots \times \mathbb{R}^n \to \mathbb{R}$:

a) Sei $\sigma \in \Sigma_n$, dann gilt für $\boldsymbol{a}_1, \ldots, \boldsymbol{a}_n \in \mathbb{R}^n$

$$d(\boldsymbol{a}_{\sigma(1)}, \ldots, \boldsymbol{a}_{\sigma(n)}) = \operatorname{sign}(\sigma) d(\boldsymbol{a}_1, \ldots, \boldsymbol{a}_n).$$

Nach Satz 2.96 lässt sich σ mit Transpositionen $\tau_i, i = 1, \ldots, m$ schreiben als

$$\sigma = \prod_{i=1}^{m} \tau_i$$

und damit, wobei $\sigma_k := \prod_{i=1}^{k} \tau_i, 1 \le k \le m$

$$\begin{aligned} d(\boldsymbol{a}_{\sigma(1)}, \ldots, \boldsymbol{a}_{\sigma(n)}) &= (-1) d(\boldsymbol{a}_{\sigma_{m-1}(1)}, \ldots, \boldsymbol{a}_{\sigma_{m-1}(n)}) \\ &= (-1)^m d(\boldsymbol{a}_1, \ldots, \boldsymbol{a}_n) \\ &= \operatorname{sign}(\sigma) d(\boldsymbol{a}_1, \ldots, \boldsymbol{a}_n) \end{aligned}$$

b) Sei $\boldsymbol{a}_i := \sum_{j=1}^n a_{j,i} \boldsymbol{b}_j$ wobei $A = (a_{i,j}) \in \mathbb{R}^{(n,n)}$, $\boldsymbol{b}_i \in \mathbb{R}^n$, $i = 1, \ldots, n$, dann

$$d(\boldsymbol{a}_1, \ldots, \boldsymbol{a}_n) = (\sum_{\sigma \in \Sigma_n} \operatorname{sign}(\sigma) a_{1,\sigma(1)} \ldots a_{n,\sigma(n)}) d(\boldsymbol{b}_1, \ldots, \boldsymbol{b}_n).$$

Es gilt nämlich

$$\begin{aligned} d(\boldsymbol{a}_1, \ldots, \boldsymbol{a}_n) &= d(\sum_{j_1=1}^n a_{j_1,1} \boldsymbol{b}_{j_1}, \ldots, \sum_{j_n=1}^n a_{j_n,n} \boldsymbol{b}_{j_n}) \\ &= \sum_{j_1=1}^n \ldots \sum_{j_n=1}^n a_{j_1,1} \cdots a_{j_n,n} d(\boldsymbol{b}_{j_1}, \ldots, \boldsymbol{b}_{j_n}) \end{aligned}$$

aufgrund der Multilinearität. Jeder Summand entspricht eindeutig einer Abbildung τ auf $\{1, \ldots, n\}$, definiert durch $i \mapsto j_i$ für die spezifische Auswahl $j_1, \ldots, j_n \in \{1, \ldots, n\}$. Ist τ nicht bijektiv, d. h. also nicht injektiv (siehe Satz A.18), so ist $\boldsymbol{b}_{j_i} = \boldsymbol{b}_{j_k}$ für gewisse $i, k \in \{1, \ldots, n\}$ und damit verschwindet der Summand, so dass nur die Summanden zu berücksichtigen sind, für die $\tau \in \Sigma_n$ gilt, also:

$$\begin{aligned} d(\boldsymbol{a}_1, \ldots, \boldsymbol{a}_n) &= \sum_{\tau \in \Sigma_n} a_{\tau(1),1} \ldots a_{\tau(n),n} d(\boldsymbol{b}_{\tau(1)}, \ldots, \boldsymbol{b}_{\tau(n)}) \\ &\overset{a)}{=} \sum_{\tau \in \Sigma_n} \operatorname{sign}(\tau) a_{\tau(1),1} \ldots a_{\tau(n),n} d(\boldsymbol{b}_1, \ldots, \boldsymbol{b}_n) \\ &= \sum_{\tau^{-1} \in \Sigma_n} \operatorname{sign}(\tau^{-1}) a_{1,\tau^{-1}(1)} \ldots a_{n,\tau^{-1}(n)} d(\boldsymbol{b}_1, \ldots, \boldsymbol{b}_n) \\ &= \sum_{\sigma = \tau^{-1} \in \Sigma_n} \operatorname{sign}(\sigma) a_{1,\sigma(1)} \ldots a_{n,\sigma(n)} d(\boldsymbol{b}_1, \ldots, \boldsymbol{b}_n), \end{aligned}$$

wobei $\operatorname{sign}(\tau^{-1}) = 1/\operatorname{sign}(\tau) = \operatorname{sign}(\tau)$ *eingeht.*

c) Wenn $d(\boldsymbol{e}_1, \ldots, \boldsymbol{e}_n) = 1$, dann gilt die LEIBNIZ-Formel.

Für $\boldsymbol{b}_i = \boldsymbol{e}_i$ in b) sind die $\boldsymbol{a}_i$ die Spalten von A und damit folgt die Behauptung.

△

Theorem 2.111: Determinanten-Multiplikationssatz

1) Für $A, B \in \mathbb{R}^{(n,n)}$ gilt: $\det(AB) = \det(A) \cdot \det(B)$.
2) Für $A \in \mathbb{R}^{(n,n)}$ gilt: $\det(A) = 0 \Leftrightarrow \operatorname{Rang} A < n$.
3) $\det(A^t) = \det(A)$.

Beweis: Zu 1): Wir beweisen die Aussage zunächst für den Fall, dass $A = E$ eine Elementarmatrix ist.

Eine Elementarmatrix E vom Typ (I) entsteht aus der Einheitsmatrix durch Vertauschen zweier Zeilen. Also ist $\det(E) = -\det(\mathbb{1}) = -1$. Die Matrix EB entsteht aus B ebenfalls durch Vertauschen zweier Zeilen. Und deswegen ist $\det(EB) = -\det(B) = \det(E) \cdot \det(B)$.

Eine Elementarmatrix E vom Typ (II) multipliziert in B eine Zeile mit einem Faktor $c \in \mathbb{R}$. Für E gilt $\det(E) = c$ (da nach Eigenschaft (II) $\det(E) = c \ \det(\mathbb{1}) = c$) und mit gleicher Begründung ist $\det(EB) = c \cdot \det(B)$.

Eine Elementarmatrix E vom Typ (III) entsteht aus der Einheitsmatrix, indem man ein Vielfaches einer Zeile zu einer anderen addiert. Wegen Eigenschaft (III) der Determinante ist daher $\det(E) = 1$. Da weiter wieder wegen Eigenschaft (III) $\det(EB) = \det(B)$ ist, folgt die Behauptung auch in diesem Fall.

Wenn $\operatorname{Rang} A < n$ ist, ist auch $\operatorname{Rang}(AB) < n$, da dies die Dimension eines linearen Unterraums ist. Mit Satz 2.104 folgt $\det(A) = 0$ und $\det(AB) = 0$ und damit auch $\det(AB) = \det(A) \cdot \det(B)$. Wenn $\operatorname{Rang} A = n$ ist, gibt es nach Hauptsatz 1.85^{III} Elementarmatrizen $E_1, \ldots, E_k$, so dass $A = E_1 \ldots E_k$. Es folgt nach der Vorüberlegung

$$\det(AB) = \det(E_1 \ldots E_k B) = \det(E_1) \cdot \ldots \cdot \det(E_k) \cdot \det(B) = \det(A) \cdot \det(B) . \qquad (2.148)$$

Zu 2): „$\Leftarrow$“: folgt schon aus Satz 2.104.
„$\Rightarrow$“: Angenommen $\operatorname{Rang} A = n$. Nach (2.148) ist dann

$$\det(A) = \det(E_1) \cdot \ldots \cdot \det(E_k) \neq 0$$

und damit ist die Kontraposition der Behauptung gezeigt.
Zu 3): Der Beweis entspricht den letzten 3 Zeilen des Beweises von Bemerkungen 2.110, 4), b) mit det statt d und $d(\boldsymbol{b}_1, \ldots, \boldsymbol{b}_n) = 1$.

□

Eigenschaft 3) bedeutet, dass alles, was für die Zeilen hinsichtlich einer Determinante gilt, auch für Spalten stimmt. Insbesondere ist also $\det(A)$ auch linear in Bezug auf jede Spalte und ändert beim Vertauschen zweier Spalten das Vorzeichen.

Bemerkungen 2.112

1) Nach Theorem 2.111, 2) kann folglich die Äquivalenzliste in Hauptsatz 1.85 bei $m = n$ ergänzt werden um

$$\text{(ix)} \qquad \det(\text{A}) \neq 0 .$$

– Dabei ist aber zu beachten, dass $|\det(A)|$ kein Maß für die „Stärke“ der Invertierbarkeit ist. –

2) $\det : \mathbb{R}^n \times \ldots \times \mathbb{R}^n \to \mathbb{R}$ kann deshalb auch als Abbildung der Spalten $\boldsymbol{a}^{(i)}$ einer Matrix A aufgefasst werden, weiterhin mit den Eigenschaften der Multilinearität und Schiefsymmetrie.

3) Aus Theorem 2.111, 1) folgt insbesondere für invertierbares $A \in \mathbb{R}^{(n,n)}$:

$$\boxed{\det(A^{-1}) = 1/\det(A)\,.}$$

4) Die geometrische Bedeutung von det wird jetzt klar:
Der Einheitswürfel $P(\boldsymbol{e}_1, \ldots, \boldsymbol{e}_n) = [0,1]^n$ wird durch $A \in \mathbb{R}^{(n,n)}$ abgebildet auf das Parallelotop $P\left(\boldsymbol{a}^{(1)}, \ldots, \boldsymbol{a}^{(n)}\right)$, wenn $\boldsymbol{a}^{(i)}$ die Spalten von A sind. $|\det(A)|$ ist also gerade der Faktor der Volumenvergrößerung/-verkleinerung.
$\det(A)$, oder allgemeiner eine abstrakte Volumenfunktion, ist aber zusätzlich vorzeichenbehaftet. Dies kann dahingehend verstanden werden, dass bei $\det(A) > 0$ die *Orientierung* der Basisvektoren $\boldsymbol{e}_1, \ldots, \boldsymbol{e}_n$ beim Übergang zu $\boldsymbol{a}^{(1)}, \ldots, \boldsymbol{a}^{(n)}$ beibehalten bzw. bei $\det(A) < 0$ geändert wird (siehe Abschnitt 2.6.3).

5) Bei der Polynominterpolation (siehe Bemerkung 2.34) ist bei Zugrundelegung der Monombasis von $\mathbb{R}_{n-1}[x]$ ein LGS auf Eindeutigkeit oder Lösbarkeit zu überprüfen, das die folgende Systemmatrix hat (siehe (2.33)):

$$A = \begin{pmatrix} 1 & t_1 & t_1^2 & \cdots & t_1^{n-1} \\ \vdots & \vdots & \vdots & & \vdots \\ 1 & t_n & t_n^2 & \cdots & t_n^{n-1} \end{pmatrix} \tag{2.149}$$

für die Stützstellen $a \leq t_1 < t_2 < \ldots t_n \leq b$, die VANDERMONDE[16]sche Matrix. Alternativ zu den Überlegungen in Bemerkung 2.34 kann die Invertierbarkeit von A geprüft werden und zwar dadurch, dass $\det(A) \neq 0$ gezeigt wird. Diese VANDERMONDEsche Derterminante lässt sich explizit angeben:

$$\boxed{\det(A) = \prod_{\substack{i,j=1 \\ i<j}}^{n} \left(t_j - t_i\right)} \tag{2.150}$$

(Übungsaufgabe), d. h. insbesondere $\det(A) \neq 0$.

6) Permutiert man in (2.149) die Stützstellen mit $\delta \in \Sigma_n$ und betrachtet nachfolgend

$$\tilde{A} = \begin{pmatrix} 1 & t_{\delta(1)} & \cdots & t_{\delta(1)}^{n-1} \\ \vdots & \vdots & & \vdots \\ 1 & t_{\delta(n)} & \cdots & t_{\delta(n)}^{n-1} \end{pmatrix},$$

dann gilt nach (2.133)

$$\tilde{A} = E_{\delta^{-1}} A$$

und damit nach (2.150) sowie (2.147)

[16] Alexandre-Théophile VANDERMONDE $*$28. Februar 1735 in Paris †1. Januar 1796 in Paris

$$\prod_{\substack{i,j=1\\i<j}}^{n}(t_{\delta(j)}-t_{\delta(i)}) = \det(\tilde{A}) = \det(E_{\delta^{-1}})\det(A) = \operatorname{sign}(\delta)\det(A) = \operatorname{sign}(\delta)\prod_{\substack{i,j=1\\i<j}}^{n}(t_j-t_i)\,.$$

sign $(\delta) \in \{-1, 1\}$ hätte somit auch als der mögliche Vorzeichenwechsel definiert werden können, den

$$\prod_{\substack{i,j=1\\i<j}}^{n}(t_j-t_i)$$

bei Permutation der Stützstellen erfährt. Eine alternative Definition von sign (für $t_i := i$) ist also insbesondere:

$$\operatorname{sign}(\sigma) := \prod_{\substack{i,j=1\\i<j}}^{n}\frac{\sigma(j)-\sigma(i)}{j-i} \quad \text{für } \sigma \in \Sigma_n\,.$$

Die Eigenschaften von Satz 2.98 ergeben sich daraus direkt.

7) Eine alternative Darstellung der LEIBNIZschen Formel ergibt sich mit dem LEVI-CIVITA[17]-Symbol für eine Indexabbildung $\sigma : \{1, \ldots, n\} \to \{1, \ldots, n\}, \sigma(j) = i_j$

$$\varepsilon_{i_1,\ldots,i_n} := \begin{cases} 0 & , \quad \text{wenn } \sigma \notin \Sigma_n \\ \operatorname{sign}(\sigma) & , \quad \text{wenn } \sigma \in \Sigma_n\,. \end{cases} \tag{2.150a}$$

Damit lässt sich der Ausdruck aus Definition 2.105 auch schreiben als

$$\det(A) = \sum_{i_1=1}^{n}\ldots\sum_{i_n=1}^{n}\varepsilon_{i_1,\ldots,i_n}a_{1,i_1}\ldots a_{n,i_n}\,. \tag{2.150b}$$

Das LEVI-CIVITA-Symbol lässt sich auch mit der Determinante ausdrücken: Nach (2.147) ist

$$\varepsilon_{i_1,\ldots,i_n} = \det(P_\sigma) = \det(e_{\sigma(1)}, \ldots, e_{\ (n)})$$

für jede Abbildung σ auf $\{1, \ldots, n\}$.

Dabei ist die Notation der Permutationsmatrix $P_\sigma = (e_{\sigma(1)}, \ldots, e_{\sigma(n)})$ erweitert worden für beliebige Abbildungen

$$\sigma : \{1, \ldots, n\} \to \{1, \ldots, n\}, \quad \text{so dass } \det(P_\sigma) = 0 \quad \text{für} \quad \sigma \notin \Sigma_n\,.$$

Damit lässt sich auch das „Tensorprodukt" zweier LEVI-CIVITA-Symbole ausdrücken

[17] Tullio LEVI-CIVITA ∗29. März 1873 in Padua †29. Dezember 1941 in Rom

$$\varepsilon_{i_1,\dots,i_n}\varepsilon_{j_1,\dots,j_n} = \det\begin{pmatrix} \delta_{i_1 j_1} & \dots & \delta_{i_1 j_n} \\ \vdots & & \\ \delta_{i_n j_1} & \dots & \delta_{i_n j_n} \end{pmatrix}.$$

Mit σ und τ als den zugehörigen Indexabbildungen ist nämlich die linke Seite gleich (siehe Theorem 2.111, 1)) $\det(P_\sigma)\det(P_\tau) = \det(P_\sigma^t)\det(P_\tau) = \det(P_\sigma^t P_\tau) = \det\left(\left(\boldsymbol{e}_{\sigma(i)} \,.\, \boldsymbol{e}_{\tau(j)}\right)_{i,j}\right)$.

△

Beispiel 2.113 (Geometrie) Betrachtet wird in der Ebene ein Dreieck $\triangle$ mit den Ecken $\boldsymbol{0}, \boldsymbol{x}, \boldsymbol{y} \in \mathbb{R}^2$. Da

$$F := |\det(\boldsymbol{x}, \boldsymbol{y})|$$

die Fläche des von $\boldsymbol{x}$ und $\boldsymbol{y}$ aufgespannten Parallelogramms ist, ist

$$\mathrm{vol}(\triangle) := \frac{|\det(\boldsymbol{x}, \boldsymbol{y})|}{2}$$

die Fläche des Dreiecks. ○

Für orthogonale Matrizen, d. h. längen- (und SKP-) erhaltende Transformationen gilt insbesondere:

$$1 = \det(\mathbb{1}) = \det(A\,A^t) = \det(A)^2\,,$$

also

$$\det(A) = \pm 1\,.$$

Bis auf einen eventuellen Orientierungswechsel sind also orthogonale Matrizen auch *volumenerhaltend.*

Diejenigen mit $\det(A) = 1$ sind bezüglich der Matrizenmultiplikation abgeschlossen und werden zusammengefasst zu

$$\mathrm{SL}(n, \mathbb{R}) := \{A \in \mathrm{GL}(n, \mathbb{R}) : \det(A) = 1\} \tag{2.151}$$

bzw.

$$\mathrm{SO}(n, \mathbb{R}) := \mathrm{SL}(n, \mathbb{R}) \cap \mathrm{O}(n, \mathbb{R})\,. \tag{2.152}$$

$\mathrm{SL}(n, \mathbb{R})$ heißt die *spezielle lineare Gruppe* , $\mathrm{SO}(n, \mathbb{R})$ die *spezielle orthogonale Gruppe* .

Für $n = 2$ stellen $\mathrm{SO}(2, \mathbb{R})$ gerade die Drehungen dar und $\mathrm{O}(2, \mathbb{R}) \setminus \mathrm{SO}(2, \mathbb{R})$ die Spiegelungen, in Übereinstimmung mit der Setzung in Bemerkungen 2.57, 1).

Wir wollen noch zwei häufig anwendbare Methoden zur Berechnung von Determinanten entwickeln. Dazu betrachten wir eine Partitionierung von $A \in \mathbb{R}^{(m,n)}$ etwa in der Form

$$A = \left(\begin{array}{c|c} A_{1,1} & A_{1,2} \\ \hline A_{2,1} & A_{2,2} \end{array}\right)$$

mit

$$A_{1,1} \in \mathbb{R}^{(r,s)}, A_{1,2} \in \mathbb{R}^{(r,n-s)}, A_{2,1} \in \mathbb{R}^{(m-r,s)}, A_{2,2} \in \mathbb{R}^{(m-r,n-s)} .$$

Für eine 2×2 Matrix in Dreiecksform

$$A = \begin{pmatrix} a_{1,1} & a_{1,2} \\ 0 & a_{2,2} \end{pmatrix} \text{ gilt}$$

$$\det(A) = a_{1,1} \cdot a_{2,2} .$$

Dies überträgt sich auf 2×2 Blockmatrizen:

Hauptsatz 2.114: Kästchenregel

1) Die $n \times n$-Matrix A habe 2×2 Blockdreiecksgestalt, d. h.

$$A = \left(\begin{array}{c|c} A_1 & * \\ \hline 0 & A_2 \end{array}\right) \text{ oder } \left(\begin{array}{c|c} A_1 & 0 \\ \hline * & A_2 \end{array}\right) ,$$

wo A_1 eine $r \times r$-Matrix und A_2 eine $(n-r) \times (n-r)$-Matrix ist. Dann gilt

$$\det(A) = \det(A_1) \cdot \det(A_2) .$$

2) Insbesondere folgt somit für eine Dreiecksmatrix $A = (a_{i,j}) \in \mathbb{R}^{(n,n)}$

$$\det(A) = a_{1,1} \cdot a_{2,2} \cdot \ldots \cdot a_{n,n} . \tag{2.153}$$

Beweis: Zu 1) Wegen $\det(A) = \det(A^t)$ reicht es, den ersten Fall zu betrachten. In der LEIBNIZ-Formel

$$\det(A) = \sum_{\sigma \in \Sigma_n} \operatorname{sign}(\sigma) \cdot a_{1,\sigma(1)} \cdot \ldots \cdot a_{r,\sigma(r)} \cdot a_{r+1,\sigma(r+1)} \cdot \ldots \cdot a_{n,\sigma(n)}$$

sind alle Produkte $a_{1,\sigma(1)} \cdot \ldots \cdot a_{r,\sigma(r)} = 0$, wo die Permutation σ eine Zahl $k, r+1 \leq k \leq n$ auf eine Zahl $\sigma(k) \leq r$ abbildet. Die Summe ist demgemäß nur über solche Permutationen zu erstrecken, welche die Teilmengen

$$\{1, \ldots, r\} \text{ und } \{r+1, \ldots, n\}$$

in sich abbilden. Diese Permutationen bestehen also aus zwei Permutationen

$$\sigma_1 : \{1, \ldots, r\} \to \{1, \ldots, r\} \in \Sigma_r, \quad \sigma_2 : \{r+1, \ldots, n\} \to \{r+1, \ldots, n\} \in \Sigma_{n-r} .$$

Schreiben wir dies in die LEIBNIZ-Formel, dann wird

$$\begin{aligned}
\det(A) &= \sum_{\sigma_1 \in \Sigma_r, \sigma_2 \in \Sigma_{n-r}} \operatorname{sign}(\sigma_1 \sigma_2) \cdot (a_{1,\sigma_1(1)} \cdot \ldots \cdot a_{r,\sigma_1(r)}) \cdot (a_{r+1,\sigma_2(r+1)} \cdot \ldots \cdot a_{n,\sigma_2(n)}) \\
&= \left(\sum_{\sigma_1 \in \Sigma_r} \operatorname{sign}(\sigma_1) \cdot a_{1,\sigma_1(1)} \cdot \ldots \cdot a_{r,\sigma_1(r)} \right) \cdot \\
&\qquad \cdot \left(\sum_{\sigma_2 \in \Sigma_{n-r}} \operatorname{sign}(\sigma_2) \cdot a_{r+1,\sigma_2(r+1)} \cdot \ldots \cdot a_{n,\sigma_2(n)} \right) \\
&= \det(A_1) \cdot \det(A_2) .
\end{aligned}$$

Zu 2) folgt durch sukzessives Anwenden von 1). □

Beispiel 2.115 (zu Beispiel 3(2) – Massenkette) Sei A nach (MM.12) gegeben, ergibt sich also aus Hauptsatz 2.114, 2) und Theorem 2.111

$$\det(A) = 1$$

und analog für A nach (MM.11) (siehe (MM.13) und Hauptsatz 2.89)

$$\det(A) = \det(L) \det(R) = m + 1 .$$

○

Berechnung der Determinante allgemein. Es ergibt sich damit eine Berechnungsmöglichkeit für $\det(A)$, die im Wesentlichen das GAUSSsche Eliminationsverfahren bedeutet und damit mit einer Größenordnung von n^3 Operationen sehr vorteilhaft gegenüber der Definition ist:

Nach (2.139) liefert GAUSS für ein invertierbares $A \in \mathbb{R}^{(n,n)}$

$$PA = LR ,$$

wobei P die durch die Zeilenvertauschungen entstehende Permutationsmatrix, L eine normierte untere und $R = (r_{i,j})$ eine obere Dreiecksmatrix ist, folglich nach Theorem 2.111, 1)

$$\begin{aligned}
\det(P) \det(A) &= \det(L) \det(R) , \\
\det(P) &= (-1)^l ,
\end{aligned}$$

wobei l die Anzahl der Zeilenvertauschungen ist und nach (2.153) gilt

RLGS

$$\begin{aligned}
\det(R) &= r_{1,1} \cdot \ldots \cdot r_{n,n} \\
\det(L) &= 1 \cdot \ldots \cdot 1 .
\end{aligned}$$

Also:

$$\boxed{\det(A) = (-1)^l r_{1,1} \cdot \ldots \cdot r_{n,n}\,.} \tag{2.154}$$

Bis auf das Vorzeichen ist $\det(A)$ damit das Produkt der Pivotelemente aus dem GAUSS-Verfahren.

Tatsächlich hat sich dieses Resultat schon aus dem Beweis von Satz 2.104 ergeben. Dort wurde mit

$$\det(A) = f \det(Z)$$

argumentiert, wobei f die Folge von elementaren Zeilenumformungen auf eine normierte obere Dreiecksmatrix Z ist. Jede Vertauschung trägt zu f den Faktor (-1) bei, die jeweilige Normierung des Pivotelements auf 1 den Faktor ${a_{i,i}}^{(i)}$ (Notation wie Theorem 2.100), der eigentliche Eleminationsschritt verändert die Determinante nicht, daher

$$\begin{aligned} f &= (-1)^l {a_{1,1}}^{(1)} \ldots {a_{n,n}}^{(n)} \\ &= (-1)^l r_{1,1} \ldots r_{n,n}\,, \end{aligned}$$

d. h. mit $\det(Z) = 1$ *gilt wieder* (2.154).

Anstelle von $n!$ Produkten aus n Faktoren in der LEIBNIZ-Formel muss nun nur ein solches Produkt berechnet werden, wobei die Faktoren zwar nicht gegeben, aber mit einem Aufwand von $O(n^3)$ berechnet werden können.

Entwicklung nach Spalten oder Zeilen. Wir schreiben den ersten Zeilenvektor $\boldsymbol{a}_1$ unserer Matrix A als

$$\begin{aligned} &(a_{1,1}, \ldots, a_{1,k}, \ldots, a_{1,n}) = \\ &= (a_{1,1}, 0, \ldots, 0) + \ldots + (0, \ldots, 0, a_{1,k}, 0, \ldots, 0) + \ldots + (0, \ldots, 0, a_{1,n}) \end{aligned}$$

und wenden die Linearität der Determinante auf die erste Zeile an:

$$\begin{aligned} \det(A) = &\det\left(\begin{array}{c|ccc} a_{1,1} & 0 & \cdots & 0 \\ \hline \vdots & & A_{1,1} & \end{array}\right) \\ &\vdots \\ &+ \det\left(\begin{array}{ccc|c|ccc} 0 & \cdots & 0 & a_{1,k} & 0 & \cdots & 0 \\ \hline & A'_{1,k} & & \vdots & & A''_{1,k} & \end{array}\right) \\ &\vdots \\ &+ \det\left(\begin{array}{ccc|c} 0 & \cdots & 0 & a_{1,n} \\ \hline & A_{1,n} & & \vdots \end{array}\right). \end{aligned}$$

Hier bezeichnen wir mit $A_{k,l}$ die *Streichungsmatrix* von A zur Stelle (k, l), d. h. die $(n-1) \times (n-1)$-Matrix, welche aus der $n \times n$-Matrix A entsteht, indem man die k-te Zeile und die l-te Spalte streicht (nicht zu verwechseln mit der Bezeichnung von Partitionierungen). Die Matrix der ersten Determinante auf der rechten Seite hat Blockdreiecksgestalt, daher:

$$\det\left(\begin{array}{c|c} a_{1,1} & 0 \\ \hline * & A_{1,1} \end{array}\right) = a_{1,1} \cdot \det(A_{1,1}).$$

Die anderen Matrizen können auch auf diese Blockdreiecksgestalt gebracht werden. Und zwar müssen wir dazu die k-te Spalte mit der $(k-1)$-ten Spalte vertauschen, dann mit der $(k-2)$-ten usw. Insgesamt ergeben sich dabei $k-1$ Änderungen des Vorzeichens:

$$\det\left(\begin{array}{c|c|c} 0 & a_{1,k} & 0 \\ \hline A'_{1,k} & \cdot & A''_{1,k} \end{array}\right) = (-1)^{1+k} \det\left(\begin{array}{c|c} a_{1,k} & 0 \\ \hline \cdot & A_{1,k} \end{array}\right) = (-1)^{1+k} a_{1,k} \cdot \det(A_{1,k}) \,.$$

Damit haben wir die *Entwicklung von* $\det(A)$ *nach der ersten Zeile:*

$$\det(A) = \sum_{k=1}^{n} (-1)^{1+k} \cdot a_{1,k} \cdot \det(A_{1,k}) \,.$$

Ebenso kann man nach einer anderen (etwa der l-ten) Zeile entwickeln, wenn man diese erst durch $l-1$ Vertauschungen nach oben bringt. Und genauso, wie man nach einer Zeile entwickeln kann, kann man die Determinante nach einer Spalte entwickeln wegen Theorem 2.111, 3). Das bedeutet:

Satz 2.116: Entwicklung nach Zeile oder Spalte

Sei $A \in \mathbb{R}^{(n,n)}$, $A_{k,l}$ bezeichne die Streichungsmatrix von A zur Stelle (k,l). Dann gilt:

Entwicklung nach der l-ten Zeile: $$\det(A) = \sum_{k=1}^{n} (-1)^{k+l} \cdot a_{l,k} \cdot \det(A_{l,k}) \,.$$

Entwicklung nach der k-ten Spalte: $$\det(A) = \sum_{l=1}^{n} (-1)^{k+l} \cdot a_{l,k} \cdot \det(A_{l,k}) \,.$$

Man beachte, dass diese Formeln in speziell strukturierten Fällen (wenn die Entwicklungszeile/-spalte möglichst viele Nullen enthält) sehr nützlich sind, im Allgemeinen aber keine wirkliche Aufwandsverbesserung gegenüber der LEIBNIZ-Formel darstellen, im Gegensatz zu (2.154).

Bemerkungen 2.117

1) In Verallgemeinerung der Streichungsmatrizen $A_{k,l}$ kann man Matrizen $A' \in \mathbb{R}^{(k,k)}$ betrachten, die durch Streichung der restlichen Zeilen und Spalten entstehen (auch bei $A \in \mathbb{R}^{(m,n)}$, dann Streichung von $m-k$ Zeilen und $n-k$ Spalten). Bei $\det(A')$ spricht man von einem *k-reihigen Minor* . Sei speziell für $A \in \mathbb{R}^{(n,n)}$

$$A_k \in \mathbb{R}^{(k,k)}$$

die Matrix, die durch Streichen der letzten $n-k$ Zeilen bzw. Spalten entsteht, d. h.

$$A_1 = (a_{1,1}),\ A_2 = \begin{pmatrix} a_{1,1} & a_{1,2} \\ a_{2,1} & a_{2,2} \end{pmatrix} \text{ usw.}$$

Die $\det A_k, k = 1, ..., n$ heißen die *Hauptminoren* von A.

2) Sei $A \in \mathbb{R}^{(n,n)}$ invertierbar. Dann lässt sich A mit dem GAUSS-Verfahren auf Dreiecksform mit n Pivotelementen transformieren, i. Allg. aber nur mit Zeilenvertauschungen, d. h. es gibt eine LR-Zerlegung in der Form

$$PA = LR\,,$$

wobei P Permutationsmatrix und L bzw. R invertierbare normierte untere bzw. (nicht normierte) obere Dreiecksmatrizen sind.

Das GAUSS-Verfahren kann genau dann ohne Zeilenvertauschungen durchgeführt werden, wenn eine LR-Zerlegung der Gestalt

$$A = LR \tag{2.155}$$

existiert.
Dies kann folgendermaßen charakterisiert werden:

$$\text{Es gilt (2.155)} \Leftrightarrow \det(A_k) \neq 0 \text{ für alle } k = 1, ..., n. \tag{2.156}$$

Das kann man wie folgt einsehen:
„$\Leftarrow$“: Wir zeigen durch vollständige Induktion:
Es gibt invertierbare normierte untere bzw. (nicht normierte) obere Dreiecksmatrizen L_k bzw. $R_k \in \mathbb{R}^{(k,k)}$, so dass

$$A_k = L_k R_k\,.$$

$k = 1 : A_1 = (a_{1,1}) = (1)(a_{1,1}) = L_1 R_1$ *und* $a_{1,1} \neq 0$.
$k \to k+1$:
Sei A_{k+1} partioniert als

$$A_{k+1} = \left(\begin{array}{c|c} A_k & \boldsymbol{b} \\ \hline \boldsymbol{a}^t & c \end{array}\right)$$

mit $\boldsymbol{a}, \boldsymbol{b} \in \mathbb{R}^k, c \in \mathbb{R}$. Wir machen den Ansatz

$$L_{k+1} = \left(\begin{array}{c|c} L_k & \boldsymbol{0} \\ \hline \boldsymbol{m}^t & 1 \end{array}\right), \qquad R_{k+1} \left(\begin{array}{c|c} R_k & \boldsymbol{s} \\ \hline \boldsymbol{0} & u \end{array}\right)$$

mit $\boldsymbol{m}, \boldsymbol{s} \in \mathbb{R}^k, u \in \mathbb{R}$.
L_{k+1} bzw. R_{k+1} sind normierte untere bzw. (unnormierte) obere Dreiecksmatrizen, da dies für L_k bzw. R_k gilt. Weiter:

$$A_{k+1} = L_{k+1} R_{k+1} \Leftrightarrow A_k = L_k R_k, \boldsymbol{b} = L_k \boldsymbol{s}, \boldsymbol{a}^t = \boldsymbol{m}^t R_k, c = \boldsymbol{m}^t s + u\,. \tag{2.157}$$

Dabei gilt die erste Beziehung nach Induktionsvoraussetzung und $\boldsymbol{s}$ und $\boldsymbol{m}$ sind über die nachfolgenden LGS eindeutig definiert, da L_k und R_k invertierbar sind; u ergibt sich schließlich aus der letzten Beziehung. Wegen $0 \neq \det(A_{k+1}) = \det(L_{k+1})\det(R_{k+1})$ muss $\det(L_{k+1}), \det(R_{k+1}) \neq 0$ gelten (nach der Kästchenregel $u \neq 0$), somit sind L_{k+1}, R_{k+1} invertierbar.
„⇒“: Die Beziehung (2.157) zeigt, dass mit $A = A_n$ auch A_{n-1} eine LR-Zerlegung besitzt mit

$$\begin{aligned} 0 &\neq \det(L_n) = \det(L_{n-1})\,, \\ 0 &\neq \det(R_n) = \det(R_{n-1})u\,, \quad \textit{also} \\ \det(L_{n-1}) &\neq 0, \det(R_{n-1}) \neq 0 \quad \textit{und} \end{aligned}$$

damit

$$\det(A_{n-1}) = \det(L_{n-1})\det(R_{n-1}) \neq 0\,.$$

Fortführung der Argumentation führt zu

$$\det(A_k) \neq 0 \quad \textit{für alle} \quad k = 1, \ldots, n\,.$$

Das Kriterium (2.156) ist als theoretisches Hilfsmittel zu sehen. Seine numerische Überprüfung ist mindestens so aufwändig wie die Umformung von A auf Zeilenstufenform.

3) Analog zur SHERMAN-MORRISON-Formel (2.70) für Rang-1-Updates gilt

   a) $\det(\mathbb{1} + \boldsymbol{x} \otimes \boldsymbol{y}) = 1 + (\boldsymbol{x} \,.\, \boldsymbol{y})$ für $\boldsymbol{x}, \boldsymbol{y} \in \mathbb{R}^n$.

   b) $\det(A + \boldsymbol{x} \otimes \boldsymbol{y}) = \det(A)\left(1 + \left(A^{-1}\boldsymbol{x} \,.\, \boldsymbol{y}\right)\right)$ für invertierbares $A \in \mathbb{R}^{(n,n)}$.
   (*Determinanten-Lemma*)

Zu a): Die Aussage a) folgt aus der Zerlegung

$$\left(\begin{array}{c|c} \mathbb{1} & \boldsymbol{0} \\ \hline \boldsymbol{y}^t & 1 \end{array}\right)\left(\begin{array}{c|c} \mathbb{1} + \boldsymbol{x} \otimes \boldsymbol{y} & \boldsymbol{x} \\ \hline \boldsymbol{0} & 1 \end{array}\right)\left(\begin{array}{c|c} \mathbb{1} & \boldsymbol{0} \\ \hline -\boldsymbol{y}^t & 1 \end{array}\right) = \left(\begin{array}{c|c} \mathbb{1} & \boldsymbol{x} \\ \hline \boldsymbol{0} & 1 + (\boldsymbol{x} \,.\, \boldsymbol{y}) \end{array}\right)$$

da dann nach Theorem 2.111, 1) und Hauptsatz 2.114, 1):

$$1 \cdot 1 \cdot \det(\mathbb{1} + \boldsymbol{x} \otimes \boldsymbol{y}) \cdot 1 \cdot 1 \cdot 1 = 1 \cdot (1 + (\boldsymbol{x} \,.\, \boldsymbol{y}))\,.$$

Zu b): $A + \boldsymbol{x} \otimes \boldsymbol{y} = A(\mathbb{1} + A^{-1}\boldsymbol{x} \otimes \boldsymbol{y})$, also folgt die Behauptung aus a) und Theorem 2.111, 1).

△

Adjunkte und die inverse Matrix. Mit Hilfe der Determinante lassen sich „explizite“ Darstellungen von A^{-1} und $A^{-1}\boldsymbol{b}$ angeben, die für theoretische Zwecke, nicht aber zur Berechnung nützlich sind:

Die Streichungsdeterminanten $\det(A_{l,k})$ kann man zu einer $n \times n$-Matrix zusammenfassen. Transponiert und mit Vorzeichen versehen heißen diese Determinanten die *Adjunkten* von A, und die Matrix

$$A^{adj} = \left(((-1)^{l+k}\det(A_{l,k}))_{l,k}\right)^t$$

heißt die *Matrix der Adjunkten* .

Diese Matrix wurde transponiert, damit das Produkt

$$AA^{adj} = (a_{\mu,\nu})_{\substack{\mu:Zeile\\ \nu:Spalte}} \cdot \left((-1)^{k+\nu}\det(A_{k,\nu})\right)_{\substack{\nu:Zeile\\ k:Spalte}} = \left(\sum_{\nu=1}^{n} a_{\mu,\nu}(-1)^{k+\nu}\det(A_{k,\nu})\right)_{\mu,k}$$

leicht auszurechnen ist. Die Entwicklung nach Zeilen hat zur Folge, dass alle Diagonaleinträge

$$\left(AA^{adj}\right)_{l,l} = \sum_{\nu=1}^{n}(-1)^{\nu+l}\cdot a_{l,\nu}\cdot\det(A_{l,\nu}) = \det(A)$$

sind. Und die Nicht-Diagonaleinträge ($l_1 \neq l_2$)

$$\sum_{\nu=1}^{n}(-1)^{\nu+l_2}a_{l_1,\nu}\det(A_{l_2,\nu})$$

kann man interpretieren als Entwicklung nach der l_2-ten Zeile für die Determinante derjenigen Matrix, welche aus A entsteht, indem die l_2-te Zeile durch die l_1-te Zeile ersetzt worden ist. Diese Matrix hat zwei gleiche Zeilen, ihre Determinante ist gleich 0, und damit insgesamt

$$\left(AA^{adj}\right)_{l_1,l_2} = \det(A)\cdot\delta_{l_1,l_2}\ .$$

Damit haben wir:

Satz 2.118: Inversendarstellung

$$AA^{adj} = \det(A)\cdot \mathbb{1}_n\ .$$

Wenn $\det(A) \neq 0$ ist, dann: $A^{-1} = (\det(A))^{-1}A^{adj}$.

CRAMERsche Regel.[18] Ist die Matrix A eine $n \times n$-Matrix und ist A invertierbar, so ist die Lösung des Gleichungssystems $A\boldsymbol{x} = \boldsymbol{b}$ von der Gestalt $\boldsymbol{x} = A^{-1}\boldsymbol{b}$. Die Lösung wird also nach Satz 2.118 gegeben durch

$$\boldsymbol{x} = \frac{1}{\det(A)}\cdot A^{adj}\boldsymbol{b}\ .$$

Die k-te Komponente des Lösungsvektors $\boldsymbol{x}$ ist dann

$$x_k = \frac{1}{\det(A)}\cdot\sum_{l=1}^{n}(A^{adj})_{k,l}\cdot b_l = \frac{1}{\det(A)}\cdot\sum_{l=1}^{n}(-1)^{k+l}\cdot\det(A_{l,k})\cdot b_l\ .$$

Die Summe kann interpretiert werden als die Entwicklung der modifizierten Koeffizientenmatrix

$$A^{(k)} := \begin{pmatrix} a_{1,1} & \cdots & a_{1,k-1} & b_1 & a_{1,k+1} & \cdots & a_{1,n} \\ \vdots & & \vdots & \vdots & \vdots & & \vdots \\ a_{n,1} & \cdots & a_{n,k-1} & b_n & a_{n,k+1} & \cdots & a_{n,n} \end{pmatrix},$$

[18] Gabriel CRAMER ∗31. Juli 1704 in Genf †4. Januar 1752 in Bagnols-sur-Cèze

nach der k-ten Spalte, wobei diese in A durch die rechte Seite $\boldsymbol{b}$ ersetzt worden ist. Mit dieser Matrix $A^{(k)}$ erhält man sodann die Lösung $\boldsymbol{x} = (x_1, \ldots, x_n)^t$ in der Form

$$x_k = (\det(A))^{-1} \det\left(A^{(k)}\right) . \tag{2.158}$$

Dies ist die *CRAMERsche Regel* zur Darstellung der Lösung linearer Gleichungssysteme mit *quadratischer und invertierbarer* Koeffizientenmatrix.

Bemerkung 2.119 Ab Kapitel 3 werden wir überall versuchen, $\mathbb{R}$ durch eine allgemeine Zahlmenge K (einen *Körper*) zu ersetzen, wozu dann auch $\mathbb{F}_2 := \{0, 1\}$ gehört mit einer Addition und Multiplikation, in der $2 := 1 + 1 = 0$ gilt, die Argumentation in Beweis von Lemma 2.107 somit nicht statthaft ist. Daher:

Beweis (alternativer Beweis von Lemma 2.107): Es seien die Zeile i und j gleich: $\boldsymbol{a}_i = \boldsymbol{a}_j$. Sei $F : \Sigma_n \to \Sigma_n$ definiert durch $\tau \mapsto \tau \circ \sigma_{i,j}$, dann ist F bijektiv (und $F^{-1} = F$). $F(\tau) = \tau$ ist nicht möglich, da dann $\tau(i) = \tau(j)$ sein müsste. Durch $\{\{\tau, F(\tau)\} : \tau \in \Sigma_n\}$ wird also eine disjunkte Zerlegung von Σ_n in $n!/2$ Teilmengen definiert (beachte $n \geq 2$). Betrachten wir zu einer solchen zweielementigen Menge die Summanden in der LEIBNIZ-Formel, somit

$$\begin{aligned} s_1 &= \operatorname{sign}(\tau) a_{1,\tau(1)} \ldots a_{i,\tau(i)} \ldots a_{i,\tau(j)} \ldots a_{n,\tau(n)} \\ s_2 &= \operatorname{sign}(\tau \circ \sigma_{i,j}) a_{1,\tau(1)} \ldots a_{i,\tau(j)} \ldots a_{j,\tau(i)} \ldots a_{n,\tau(n)} . \end{aligned}$$

Wegen $\operatorname{sign}(\tau \circ \sigma_{i,j}) = -\operatorname{sign}(\tau)$ gilt deshalb $s_1 = -s_2$ und insgesamt $\det(A) = 0$. □

△

2.6.3 Orientierung und Determinante

Der uns umgebende Raum hat eine Orientierung. Wie jeder weiß wird die im Spiegel geändert (das ist richtig), weil der Spiegel die rechte und die linke Hand vertauscht (das weiß jeder, es ist aber falsch). Trotzdem: Es gibt zwei Orientierungen im Raum, die beim Spiegeln an einer Ebene vertauscht werden aber bei Drehungen nicht. Nur, was ist das: Eine Orientierung? Erinnern wir uns an Drehungen und Spiegelungen in der Ebene $\mathbb{R}^2$:

	Drehung um			Spiegelung an		
	$0°$	$180°$	α	x-Achse	y-Achse	Achse $\left(\cos\left(\frac{\alpha}{2}\right), \sin\left(\frac{\alpha}{2}\right)\right)$
	$\begin{pmatrix} 1 & 0 \\ 0 & 1 \end{pmatrix}$	$\begin{pmatrix} -1 & 0 \\ 0 & -1 \end{pmatrix}$	$\begin{pmatrix} \cos(\alpha) & -\sin(\alpha) \\ \sin(\alpha) & \cos(\alpha) \end{pmatrix}$	$\begin{pmatrix} 1 & 0 \\ 0 & -1 \end{pmatrix}$	$\begin{pmatrix} -1 & 0 \\ 0 & 1 \end{pmatrix}$	$\begin{pmatrix} \cos(\alpha) & \sin(\alpha) \\ \sin(\alpha) & -\cos(\alpha) \end{pmatrix}$
det	1	1	1	−1	−1	−1

Die zugehörigen Matrizen unterscheiden sich um das Vorzeichen ihrer Determinante. Natürlich haben nur invertierbare Matrizen eine Determinante ungleich 0 und damit eine

Determinante mit Vorzeichen. In Verallgemeinerung der Spiegelungen in der Ebene definieren wir daher: Eine lineare Abbildung $\Phi : \mathbb{R}^n \to \mathbb{R}^n$ ändert die Orientierung des Raums $\mathbb{R}^n$, wenn *ihre Determinante negativ ist.* Damit wissen wir, wann sich die Orientierung ändert. In Übereinstimmung damit definieren wir:

Definition 2.120

Zwei Basen $\boldsymbol{a}_1, ..., \boldsymbol{a}_n$ und $\boldsymbol{b}_1, ..., \boldsymbol{b}_n$ des $\mathbb{R}^n$ definieren die *gleiche Orientierung*, wenn beide $n \times n$-Matrizen

$$(\boldsymbol{a}_1, ..., \boldsymbol{a}_n) \quad \text{und} \quad (\boldsymbol{b}_1, ..., \boldsymbol{b}_n)$$

Determinanten mit dem gleichen Vorzeichen haben. Dies definiert eine Äquivalenzrelation „gleiche Orientierung" auf der Menge der Basen des $\mathbb{R}^n$ mit zwei Äquivalenzklassen.

Hat die $n \times n$-Matrix A eine Determinante $\det(A) > 0$, so definiert die Basis $\boldsymbol{a}_1, ..., \boldsymbol{a}_n$ die gleiche Orientierung des $\mathbb{R}^n$ wie die Basis $A\boldsymbol{a}_1, ..., A\boldsymbol{a}_n$. Wenn $\det(A) < 0$ ist, so definiert sie die andere Orientierung. Also:

Definition 2.121

Eine *Orientierung* des $\mathbb{R}^n$ ist eine Äquivalenzklasse der Relation „gleiche Orientierung", d. h. eine Menge von Basen $\boldsymbol{a}_1, ..., \boldsymbol{a}_n$ des $\mathbb{R}^n$, und zwar die Menge aller Basen mit demselben Vorzeichen von $\det(\boldsymbol{a}_1, ..., \boldsymbol{a}_n)$.

Es gibt infolgedessen genau zwei Orientierungen des $\mathbb{R}^n$, weil Determinanten invertierbarer Matrizen zwei Vorzeichen haben können: Die Äquivalenzklasse der Basen $\boldsymbol{a}_1, ..., \boldsymbol{a}_n$ mit $\det(\boldsymbol{a}_1, ..., \boldsymbol{a}_n) > 0$ und die der Basen mit $\det(\boldsymbol{a}_1, ..., \boldsymbol{a}_n) < 0$.

Beispiele 2.122

1) $(n = 1)$: Die zwei Orientierungen der Geraden $\mathbb{R}^1$ sind genau die beiden Richtungen, in der man sie durchlaufen kann.

2) $(n = 2)$: Im $\mathbb{R}^2$ gibt es die mathematisch positive Orientierung, definiert durch die Basis $\boldsymbol{e}_1, \boldsymbol{e}_2$ und die mathematisch negative Orientierung, definiert durch die Basis $\boldsymbol{e}_1, -\boldsymbol{e}_2$. Diese unterscheiden sich nur dadurch, ob man von oben oder von unten auf das Papier schaut (Letzteres ist schwieriger). Dass Peter Henlein[19] seine Taschenuhr in die mathematisch negative Richtung laufen ließ, liegt wahrscheinlich daran, dass er sich am „Zeigerverlauf" einer auf dem Boden stehenden Sonnenuhr orientierte. Den Vektor $\boldsymbol{e}_2$ in der Zeichenebene nach oben anzutragen und nicht nach unten, ist auch nicht zwingend.

---

[19] Peter Henlein ∗1479/1480 in Nürnberg †August 1542 in Nürnberg

3) ($n = 3$): Die beiden Orientierungen des $\mathbb{R}^3$ kann man an den Fingern ablesen. Zeigt der Daumen der rechten Hand nach rechts, der Zeigefinger nach vorne, so zeigt der Mittelfinger nach oben. Das ist näherungsweise die Position der Vektoren $\boldsymbol{e}_1, \boldsymbol{e}_2, \boldsymbol{e}_3 \in \mathbb{R}^3$ (wenn man sie sich konventionell vorstellt). Dies definiert die positive Orientierung des $\mathbb{R}^3$ und wird unter *Rechte-Hand-Regel* verstanden. Zeigt der Daumen der linken Hand nach rechts, deren Zeigefinger nach vorne, so zeigt ihr Mittelfinger nach unten. Das definiert die andere Orientierung. ○

Eine Orientierung eines endlichdimensionalen $\mathbb{R}$-Vektorraums kann man genauso als eine Äquivalenzklasse von Basen definieren.

Definition 2.123

Sei V ein n-dimensionaler $\mathbb{R}$-Vektorraum. Zwei Basen $\boldsymbol{a}_1, \ldots, \boldsymbol{a}_n$, $\boldsymbol{b}_1, \ldots, \boldsymbol{b}_n$ definieren die *gleiche Orientierung*, wenn die Darstellungsmatrix $C = \left(c_{\nu,\mu}\right) \in \mathbb{R}^{(n,n)}$ des durch $\Phi \boldsymbol{a}_i = \boldsymbol{b}_i$, $i = 1, \ldots, n$ auf V definierten Isomorphismus bezüglich der Basen $\{\boldsymbol{a}_1, \ldots, \boldsymbol{a}_n\}$ und $\{\boldsymbol{a}_1, \ldots, \boldsymbol{a}_n\}$, d. h. die durch

$$\boldsymbol{b}_\mu = \sum_{\nu=1}^{n} c_{\nu,\mu} \boldsymbol{a}_\nu \quad \text{für} \quad \mu = 1, \ldots, n \tag{2.159}$$

definierte invertierbare Matrix, erfüllt:

$$\det(C) > 0 \,.$$

Analog zu Definition 2.121 werden dadurch zwei *Orientierungen* auf V definiert.

Für $V = \mathbb{R}^n$ fällt die neue Definition mit der alten zusammen, da (2.159) bedeutet:

$$B = AC \,,$$

wobei A und B gerade aus den $\boldsymbol{a}_i$ bzw. $\boldsymbol{b}_i$ als Spalten gebildet werden. Nach Theorem 2.111, 1) folgt damit

$$\det(B) = \det(A)\det(C)$$

und damit

$$\det(C) > 0 \quad \Leftrightarrow \quad \det(A) \cdot \det(B) > 0 \,.$$

Eine Orientierung des $\mathbb{R}^n$ hat keinerlei Einfluss auf die Orientierung eines Untervektorraums. Ist eine Orientierung der Ebene $\mathbb{R}^2$ gewählt, so kann man eine Gerade in dieser Ebene in jeder ihrer beiden Richtungen durchlaufen. Psychologisch schwierig ist das nur bei den Koordinatenachsen. Da muss sich sodann in Erinnerung gerufen werden, dass die gleiche Orientierung des $\mathbb{R}^2$ auch durch jede Basis definiert ist, welche nicht aus den Einheitsvektoren besteht. Anders ist dies bei Hyperebenen, wenn die Orientierung in Bezug zu der des Gesamtraums stehen soll. Eine Hyperebene $H \subset \mathbb{R}^n$ ist ein Untervektorraum der

Dimension $n - 1$. Eine Orientierung von H wird definiert durch eine Basis $\boldsymbol{a}_1, ..., \boldsymbol{a}_{n-1}$ von H. Durch jeden Vektor $\boldsymbol{a}_n \in \mathbb{R}^n, \boldsymbol{a}_n \notin H$ kann man sie zu einer Basis des $\mathbb{R}^n$ ergänzen. Ist eine Orientierung des $\mathbb{R}^n$ vorgegeben, so kann die Basis $\boldsymbol{a}_1, ..., \boldsymbol{a}_{n-1}, \boldsymbol{a}_n$ diese Orientierung repräsentieren oder auch nicht. Im letzteren Fall ist $\boldsymbol{a}_1, ..., \boldsymbol{a}_{n-1}, -\boldsymbol{a}_n$ eine Basis mit

$$\det(\boldsymbol{a}_1, ..., \boldsymbol{a}_{n-1}, -\boldsymbol{a}_n) = -\det(\boldsymbol{a}_1, ..., \boldsymbol{a}_{n-1}, \boldsymbol{a}_n),$$

welche die vorgegebene Orientierung des $\mathbb{R}^n$ definiert. Wir sehen: Es sei V ein endlichdimensionaler $\mathbb{R}$-Vektorraum und $H \subset V$ eine Hyperebene. Ist eine Orientierung von V und ein Vektor $\boldsymbol{v} \in V, \boldsymbol{v} \notin H$ gegeben, so wird dadurch eine Orientierung von H gegeben. Und zwar ist diese Orientierung von H definiert durch jede Basis $\boldsymbol{a}_1, ..., \boldsymbol{a}_{n-1}$ von H derart, dass die Basis $\boldsymbol{a}_1, ..., \boldsymbol{a}_{n-1}, \boldsymbol{v}$ die vorgegebene Orientierung von V repräsentiert. Man würde jetzt die Definition von *orientierungstreuen* Homomorphismen erwarten. Für $V = \mathbb{R}^2$ liegt bei Betrachtung von Drehungen ($\det(G) > 0$) und Spiegelungen ($\det(H) < 0$) nahe, dies über die Determinante der Darstellungsmatrix zu tun. Da diese aber von der gewählten Basis abhängig ist, ist sicherzustellen, dass Basiswechsel die Determinante der Darstellungsmatrix nicht ändert. Dies wird erst in Abschnitt 4.1 geschehen. Dort wird gezeigt, dass Basiswechsel von $\mathcal{B}$ zu $\mathcal{B}'$ in V für $\Phi \in \mathrm{Hom}(V, V)$ und die Darstellungsmatrix $A = {}_{\mathcal{B}}A_{\mathcal{B}}$ die Existenz eines $C \in \mathrm{GL}(n, \mathbb{R})$ bedeutet mit

$$A' = C^{-1}AC\,,$$

wobei $A' = {}_{\mathcal{B}'}A_{\mathcal{B}'}$ die Darstellungsmatrix bezüglich der neuen Basis darstellt. Daher:

$$\det(A') = (\det(C))^{-1} \det(A) \det(C) = \det(A)\,.$$

Im Vorgriff auf diese Ergebnisse definieren wir:

Definition 2.124

Sei V ein n-dimensionaler $\mathbb{R}$-Vektorraum mit fest gewählter Basis $\mathcal{B} := \{\boldsymbol{v}_1, \ldots, \boldsymbol{v}_n\}$. Für $\Phi \in \mathrm{GL}(V)$ sei $A \in \mathbb{R}^{(n,n)}$ die Darstellungsmatrix bezüglich $\mathcal{B}$. Φ heißt *orientierungstreu*, wenn gilt

$$\det(A) > 0\,.$$

Bemerkung 2.125 $A \in \mathrm{SO}(n, \mathbb{R})$ ist folglich orientierungstreu, insbesondere die Drehungen für $n = 2$. Spiegelungen (für $n = 2$) sind nicht orientierungstreu. △

Beispiel 2.126 (Geometrie) Der *orientierte Winkel* zwischen zwei Geraden
$L : \boldsymbol{a} + \mathbb{R}\boldsymbol{v}$ und $M : \boldsymbol{b} + \mathbb{R}\boldsymbol{w}$, also der Winkel mit Vorzeichen, ist eindeutig festgelegt, sobald eine Orientierung der Ebene festgelegt ist, welche beide Geraden aufspannen. Im $\mathbb{R}^2$ wird die kanonische Basis $\boldsymbol{e}_1, \boldsymbol{e}_2$ als positiv orientiert aufgefasst. Seien $\boldsymbol{v}, \boldsymbol{w} \in \mathbb{R}^2$ und linear unabhängig, dann ist die Ebene $\mathrm{span}(\boldsymbol{v}, \boldsymbol{w})$ genau dann positiv orientiert, wenn

$$[\boldsymbol{v}.\boldsymbol{w}] := \det(\boldsymbol{v}, \boldsymbol{w}) = v_1 w_2 - v_2 w_1 > 0. \tag{2.160}$$

Demnach definiert $[\boldsymbol{v}.\boldsymbol{w}]$ das Vorzeichen des Winkels zwischen $\boldsymbol{v}$ und $\boldsymbol{w}$. Dann kann der orientierte Winkel zwischen L und M definiert werden als das eindeutige $\beta \in \left[-\frac{\pi}{2}, \frac{\pi}{2}\right]$, so dass

$$\sin\beta = \frac{[\boldsymbol{v}.\boldsymbol{w}]}{\|\boldsymbol{v}\| \cdot \|\boldsymbol{w}\|} . \tag{2.161}$$

Wegen

$$\begin{aligned}
[\boldsymbol{v}.\boldsymbol{w}]^2 + (\boldsymbol{v}.\boldsymbol{w})^2 &= (v_1 w_2 - v_2 w_1)^2 + (v_1 w_1 + v_2 w_2)^2 \\
&= (v_1 w_2)^2 + (v_2 w_1)^2 + (v_1 w_1)^2 + (v_2 w_2)^2 \\
&= \|\boldsymbol{v}\|^2 \cdot \|\boldsymbol{w}\|^2
\end{aligned}$$

(siehe Hauptsatz 1.102)ist insbesondere

$$\frac{[\boldsymbol{v}.\boldsymbol{w}]}{\|\boldsymbol{v}\| \cdot \|\boldsymbol{w}\|} \in [-1, 1]$$

und dann

$$\cos^2\alpha + \sin^2\beta = 1$$

mit dem nicht orientierten Winkel $\alpha \in [0, \pi]$. ○

Was Sie in diesem Abschnitt gelernt haben sollten

Begriffe

- Volumenfunktion
- Determinante, LEIBNIZ-Formel
- Orientierung

Zusammenhänge

- Determinantenfunktion ist multilinear und schiefsymmetrisch in zwei Zeilen (Theorem 2.106)
- Determinanten-Multiplikationssatz (Theorem 2.111)
- Kästchenregel (Hauptsatz 2.114)
- Entwicklung nach Spalten und Zeilen (Satz 2.116)
- CRAMERsche Regel (2.158)

Aufgaben

Aufgabe 2.31 (K) (VANDERMONDEsche Determinante)
Betrachte $A_n \in \mathbb{R}^{(n,n)}$ definiert nach (2.149). Sei $g_n(t_1, \ldots, t_n) := \det(A_n)$.

a) Zeigen Sie

$$g_n(t_1, \ldots, t_n) = (t_2 - t_1) \ldots (t_n - t_1)\, g_{n-1}(t_2, \ldots, t_n) \; .$$

Hinweis: Durch geeignete Spaltenumformungen kann die erste Zeile von A_n auf $\boldsymbol{e}_1^t$ transformiert und dann die Kästchenregel angewendet werden.

b) Zeigen Sie

$$\det(A_n) = \prod_{\substack{i,j=1 \\ i<j}}^{n} \left(t_j - t_i\right) \; .$$

Aufgabe 2.32 (K) Berechnen Sie die Determinante der Matrix

$$\begin{pmatrix} 0 & 1 & 1 & 1 & 1 \\ 2 & 0 & 2 & 2 & 2 \\ 3 & 3 & 0 & 3 & 3 \\ 4 & 4 & 4 & 0 & 4 \\ 5 & 5 & 5 & 5 & 0 \end{pmatrix} .$$

Aufgabe 2.33 (T) Für $A \in \mathbb{R}^{(n,n)}$ zeige man:

$$\det(A) = 0 \quad \Longleftrightarrow \quad \text{Es gibt } B \in \mathbb{R}^{(n,n)} \setminus \{0\} \text{ mit } AB = 0 \; .$$

Aufgabe 2.34 (T) In $\mathbb{R}^n$ seien die k Vektoren $\boldsymbol{x}_1, \ldots, \boldsymbol{x}_k$ gegeben. Sei $A = (a_{i,j})_{i,j}$, $i, j = 1, \ldots, k$, die Matrix mit $a_{i,j} = \left(\boldsymbol{x}_j \,.\, \boldsymbol{x}_i\right)$. Beweisen Sie: Genau dann sind die Vektoren $\boldsymbol{x}_1, \ldots, \boldsymbol{x}_k$ linear unabhängig, wenn $\det(A) \neq 0$ ist.

Aufgabe 2.35 (K) Es sei $A = (a_{i,j})_{i,j} \in \mathbb{R}^{(n,n)}$ mit $a_{i,j} = (-1)^i \cdot i$ für $i + j > n$ und $a_{i,j} = 0$ sonst, also z. B.

$$A_1 = (-1), \quad A_2 = \begin{pmatrix} 0 & -1 \\ 2 & 2 \end{pmatrix}, \quad A_3 = \begin{pmatrix} 0 & 0 & -1 \\ 0 & 2 & 2 \\ -3 & -3 & -3 \end{pmatrix}, \quad A_4 = \begin{pmatrix} 0 & 0 & 0 & -1 \\ 0 & 0 & 2 & 2 \\ 0 & -3 & -3 & -3 \\ 4 & 4 & 4 & 4 \end{pmatrix}.$$

Man berechne $\det(A_n)$ für beliebiges n.

Aufgabe 2.36 (T) Seien A, B, C, D reelle $n \times n$-Matrizen und $X = \left(\begin{array}{c|c} A & B \\ \hline C & D \end{array}\right)$ die durch sie in Blockschreibweise gegebene $2n \times 2n$-Matrix. Es sei $\det A \neq 0$. Man zeige:

a) Dann gilt:

$$\det(X) = \det(A) \det(D - CA^{-1}B)$$

b) Ist auch $AC = CA$, dann gilt

$$\det(X) = \det(AD - CB)$$

(siehe auch Bemerkung 2.53, 1)).

2.7 Das Vektorprodukt

Im Folgenden definieren wir speziell auf $\mathbb{R}^3$ (oder dem dreidimensionalen Anschauungsraum) das Vektorprodukt, d. h. die Zuordnung eines Vektors, was für geometrische oder mechanische Betrachtungen sehr nützlich ist.

Für beliebige, fest gewählte $\boldsymbol{a}, \boldsymbol{b} \in \mathbb{R}^3$ wird durch

$$\boldsymbol{x} \mapsto \det(\boldsymbol{a}, \boldsymbol{b}, \boldsymbol{x})$$

eine Linearform auf $\mathbb{R}^3$ definiert. Diese lässt sich (was auch allgemein gilt: Theorem 3.48) eindeutig durch ein $\boldsymbol{c} \in \mathbb{R}^3$ darstellen.

Satz 2.127

Seien $\boldsymbol{a}, \boldsymbol{b} \in \mathbb{R}^3$. Sei $\boldsymbol{c} \in \mathbb{R}^3$ definiert durch

$$\begin{aligned} c_1 &:= a_2 b_3 - a_3 b_2 \\ c_2 &:= a_3 b_1 - a_1 b_3 \\ c_3 &:= a_1 b_2 - a_2 b_1 \,. \end{aligned} \tag{2.162}$$

Dann ist $\boldsymbol{c}$ der eindeutige Vektor, der erfüllt:

$$\det(\boldsymbol{a}, \boldsymbol{b}, \boldsymbol{x}) = (\boldsymbol{c} \,.\, \boldsymbol{x}) \quad \text{für alle} \quad \boldsymbol{x} \in \mathbb{R}^3 \,. \tag{2.163}$$

Die identischen Ausdrücke in (2.163) werden auch *Spatprodukt* von $\boldsymbol{a}, \boldsymbol{b}, \boldsymbol{x}$ genannt und stellen dadurch das vorzeichenbehaftete Volumen von $P(\boldsymbol{a}, \boldsymbol{b}, \boldsymbol{x})$ dar.

Beweis: Sei $\boldsymbol{c} \in \mathbb{R}^3$ ein Vektor, der (2.163) erfüllt, dann folgt notwendigerweise für $\boldsymbol{x} = \boldsymbol{e}_1, \boldsymbol{e}_2, \boldsymbol{e}_3$: direkt aus der SARRUSschen Regel oder etwa durch Entwicklung nach der dritten Spalte:

$$\begin{aligned} (\boldsymbol{c} \,.\, \boldsymbol{e}_1) &= c_1 = \det(\boldsymbol{a}, \boldsymbol{b}, \boldsymbol{e}_1) = a_2 b_3 - a_3 b_2 \\ (\boldsymbol{c} \,.\, \boldsymbol{e}_2) &= c_2 = \det(\boldsymbol{a}, \boldsymbol{b}, \boldsymbol{e}_2) = a_3 b_1 - a_1 b_3 \\ (\boldsymbol{c} \,.\, \boldsymbol{e}_3) &= c_3 = \det(\boldsymbol{a}, \boldsymbol{b}, \boldsymbol{e}_3) = a_1 b_2 - a_2 b_1 \\ &\text{für } \boldsymbol{a} = (a_i),\ \boldsymbol{b} = (b_i) \in \mathbb{R}^3. \end{aligned}$$

Der so definierte Vektor $\boldsymbol{c}$ erfüllt aber (2.163) nicht nur für die Einheitsvektoren, sondern wegen der Linearitätseigenschaften von Skalarprodukt und Determinante auch für beliebige $\boldsymbol{x} \in \mathbb{R}^3$ (Hauptsatz 2.23). Noch einmal konkret durchgeführt:

$$\det\left(\boldsymbol{a}, \boldsymbol{b}, \sum_{i=1}^{3} x_i \boldsymbol{e}_i\right) = \sum_{i=1}^{3} x_i \det(\boldsymbol{a}, \boldsymbol{b}, \boldsymbol{e}_i) = \sum_{i=1}^{3} x_i \,(\boldsymbol{c} \,.\, \boldsymbol{e}_i) = \left(\boldsymbol{c} \,.\, \sum_{i=1}^{3} x_i \boldsymbol{e}_i\right), \text{ also (2.163)}\,.$$

□

Definition 2.128

Seien $\boldsymbol{a}, \boldsymbol{b} \in \mathbb{R}^3$. $\boldsymbol{c} \in \mathbb{R}^3$ definiert nach (2.162) heißt das *Vektorprodukt oder Kreuzprodukt* von $\boldsymbol{a}$ und $\boldsymbol{b}$, geschrieben als $\boldsymbol{a} \times \boldsymbol{b}$.

Eine *Merkregel* dafür erhält man, indem man formal (!) nach SARRUS die „Determinante"

$$\det\begin{pmatrix} \boldsymbol{e}_1 & \boldsymbol{e}_2 & \boldsymbol{e}_3 \\ a_1 & a_2 & a_3 \\ b_1 & b_2 & b_3 \end{pmatrix}$$

bestimmt. Es ist aber sinnvoller, sich bei den folgenden Überlegungen auf die Definition zu beziehen.

Beispiel 2.129 Wir berechnen das Vektorprodukt der ersten beiden kanonischen Basisvektoren

$$\boldsymbol{e}_1 \times \boldsymbol{e}_2 = \begin{pmatrix} 1 \\ 0 \\ 0 \end{pmatrix} \times \begin{pmatrix} 0 \\ 1 \\ 0 \end{pmatrix} = \begin{pmatrix} 0 \\ 0 \\ 1 \end{pmatrix} = \boldsymbol{e}_3 ,$$

denn $\det(e_1, e_2, e_i) = 0$ für $i = 1, 2$ und $\det(e_1, e_2, e_3) = 1$. Durch zyklisches Vertauschen findet man ohne weitere Rechnung

$$\boldsymbol{e}_2 \times \boldsymbol{e}_3 = \boldsymbol{e}_1, \quad \boldsymbol{e}_3 \times \boldsymbol{e}_1 = \boldsymbol{e}_2.$$

Analog gilt für eine ONB $\boldsymbol{v}_1, \boldsymbol{v}_2, \boldsymbol{v}_3$ von $\mathbb{R}^3$ mit positiver Orientierung, d. h. $\det(\boldsymbol{v}_1, \boldsymbol{v}_2, \boldsymbol{v}_3) = 1$:

$$\boldsymbol{v}_2 \times \boldsymbol{v}_3 = \boldsymbol{v}_1, \quad \boldsymbol{v}_3 \times \boldsymbol{v}_1 = \boldsymbol{v}_2, \quad \boldsymbol{v}_1 \times \boldsymbol{v}_2 = \boldsymbol{v}_3.$$

Für die erste Aussage ist $\det(\boldsymbol{v}_2, \boldsymbol{v}_3, \boldsymbol{x}) = (\boldsymbol{v}_1 \,.\, \boldsymbol{x})$ *für alle* $\boldsymbol{x} \in \mathbb{R}^3$ *bzw. äquivalent für* $\boldsymbol{x} = \boldsymbol{v}_1, \boldsymbol{v}_2, \boldsymbol{v}_3$ *zu zeigen:*

$$\begin{aligned} \det(\boldsymbol{v}_2, \boldsymbol{v}_3, \boldsymbol{v}_1) &= 1 = (\boldsymbol{v}_1 \,.\, \boldsymbol{v}_1) \\ \det(\boldsymbol{v}_2, \boldsymbol{v}_3, \boldsymbol{v}_2) &= 0 = (\boldsymbol{v}_1 \,.\, \boldsymbol{v}_2) \\ \det(\boldsymbol{v}_2, \boldsymbol{v}_3, \boldsymbol{v}_3) &= 0 = (\boldsymbol{v}_1 \,.\, \boldsymbol{v}_3) \end{aligned}$$

und analog für die weiteren Identitäten.

○

Eine andere Sichtweise ist: Die 2-reihigen Minoren der 3×2-Matrix $(\boldsymbol{a}, \boldsymbol{b})$ sind die Komponenten des Vektors $\boldsymbol{a} \times \boldsymbol{b}$:

$$\begin{aligned} (\boldsymbol{a} \times \boldsymbol{b})_1 &= \det{}^{2,3}(\boldsymbol{a}, \boldsymbol{b}) \\ (\boldsymbol{a} \times \boldsymbol{b})_2 &= \det{}^{3,1}(\boldsymbol{a}, \boldsymbol{b}) \\ (\boldsymbol{a} \times \boldsymbol{b})_3 &= \det{}^{1,2}(\boldsymbol{a}, \boldsymbol{b}) \end{aligned}$$

Vektorprodukt und Spaltprodukt lassen sich auch mit dem LEVI-CITAVI-Symbol (nach (2.150b)) ausdrücken, was manchmal das Rechnen erleichtert. Für $n = 3$ hat Σ_n $3! = 6$ Elemente von den 27 Einträgen ε_{ijk} sind also nur 6 von Null verschieden, genauer:

$$\varepsilon_{123} = \varepsilon_{312} = \varepsilon_{231} = 1, \varepsilon_{321} = \varepsilon_{213} = \varepsilon_{132} = -1 .$$

Seien $\boldsymbol{a}$, $\boldsymbol{b}$, $\boldsymbol{c} \in \mathbb{R}^3$, dann ist

$$(\boldsymbol{a} \times \boldsymbol{b} \, . \, \boldsymbol{c}) = \sum_{j=1}^{3} \sum_{j=1}^{3} \sum_{k=1}^{3} \varepsilon_{ijk} a_i b_j c_k \tag{2.163a}$$

denn nach Satz 2.127, Theorem 2.111, 2) $(\boldsymbol{a} \times \boldsymbol{b} \, . \, \boldsymbol{c}) = \det((\boldsymbol{a}, \boldsymbol{b}, \boldsymbol{c})) = \det\left(\begin{pmatrix} \boldsymbol{a}^t \\ \boldsymbol{b}^t \\ \boldsymbol{c}^t \end{pmatrix}\right)$.

Daraus folgt

$$(\boldsymbol{a} \times \boldsymbol{b})_l = \sum_{i=1}^{3} \sum_{j=1}^{3} \varepsilon_{ijl} a_i b_j .$$

Wähle in (2.163a) $\boldsymbol{c} = \boldsymbol{e}_l$, *d. h.*

$$(\boldsymbol{a} \times \boldsymbol{b})_l = \sum_{i,j,k}^{3} \varepsilon_{ijk} a_i b_j \delta_{kl} .$$

Hauptsatz 2.130: Eigenschaften Vektorprodukt

Das Vektorprodukt hat folgende Eigenschaften:

1) *Schiefsymmetrie:* $\boldsymbol{a} \times \boldsymbol{b} = -\boldsymbol{b} \times \boldsymbol{a}$,

2) Linearität in beiden Argumenten (Bilinearität),

3) $\boldsymbol{a} \times \boldsymbol{b}$ ist orthogonal zu $\boldsymbol{a}$ und $\boldsymbol{b}$,

4) $\boldsymbol{a} \times \boldsymbol{b} = \boldsymbol{0} \Leftrightarrow \boldsymbol{a}, \boldsymbol{b}$ sind linear abhängig.

Beweis: 1), 2) sind Eigenschaften der Determinante.
3) gilt wegen $(\boldsymbol{a} \times \boldsymbol{b} \, . \, \boldsymbol{a}) = \det(\boldsymbol{a}, \boldsymbol{b}, \boldsymbol{a}) = 0$ und analog für $\boldsymbol{b}$.
4) „$\Leftarrow$“ ist eine Eigenschaft der Determinante.
4) „$\Rightarrow$“ bedeutet:

$$\det(\boldsymbol{a}, \boldsymbol{b}, \boldsymbol{x}) = 0 \qquad \text{für alle } \boldsymbol{x} \in \mathbb{R}^3 .$$

Sind $\boldsymbol{a}, \boldsymbol{b}$ linear unabhängig, kann man sie im Widerspruch dazu mit einem $\boldsymbol{x} \in \mathbb{R}^3$ zu einer Basis ergänzen. □

Es gilt:

$$\det(\boldsymbol{a}, \boldsymbol{b}, \boldsymbol{a} \times \boldsymbol{b}) = \|\boldsymbol{a} \times \boldsymbol{b}\|^2 > 0$$

für linear unabhängige $\boldsymbol{a}, \boldsymbol{b}$ entsprechend zu

$$\det(\boldsymbol{e}_1, \boldsymbol{e}_2, \boldsymbol{e}_3) = 1 > 0.$$

In diesem Sinn haben $(\boldsymbol{a}, \boldsymbol{b}, \boldsymbol{a} \times \boldsymbol{b})$ und $(\boldsymbol{e}_1, \boldsymbol{e}_2, \boldsymbol{e}_3)$ die gleiche Orientierung bzw. hat, wenn man die letztere als *positiv* bezeichnet, $(\boldsymbol{a}, \boldsymbol{b}, \boldsymbol{a} \times \boldsymbol{b})$ *positive Orientierung*.

Nicht gleichermaßen unmittelbar ergeben sich folgende Aussagen:

Satz 2.131: Eigenschaften Vektorprodukt

Seien $\boldsymbol{a}, \boldsymbol{b}, \boldsymbol{c} \in \mathbb{R}^3$.

1) GRASSMANN[20]-Entwicklung: $\boldsymbol{a} \times (\boldsymbol{b} \times \boldsymbol{c}) = \boldsymbol{b}\,(\boldsymbol{a} \,.\, \boldsymbol{c}) - \boldsymbol{c}\,(\boldsymbol{a} \,.\, \boldsymbol{b})$.

2) LAGRANGE-Identität: $(\boldsymbol{a} \times \boldsymbol{b} \,.\, \boldsymbol{c} \times \boldsymbol{d}) = (\boldsymbol{a} \,.\, \boldsymbol{c})(\boldsymbol{b} \,.\, \boldsymbol{d}) - (\boldsymbol{a} \,.\, \boldsymbol{d})(\boldsymbol{b} \,.\, \boldsymbol{c})$.

3) $\|\boldsymbol{a} \times \boldsymbol{b}\| = \left(\|\boldsymbol{a}\|^2 \|\boldsymbol{b}\|^2 - (\boldsymbol{a} \,.\, \boldsymbol{b})^2\right)^{1/2}$.

Beweis: 1): Wegen der Bilinearität der Ausdrücke in $\boldsymbol{b}, \boldsymbol{c}$ für festgehaltenes $\boldsymbol{a} \in \mathbb{R}^3$ reicht es, die Identität für $\boldsymbol{b}, \boldsymbol{c} \in \{\boldsymbol{e}_1, \boldsymbol{e}_2, \boldsymbol{e}_3\}$ nachzuprüfen, d. h. $\boldsymbol{a} \in \mathbb{R}^3, \boldsymbol{b} = \boldsymbol{e}_j, \boldsymbol{c} = \boldsymbol{e}_k$ für $j, k \in \{1, 2, 3\}$. Wenn $j = k$ ist, ist die Formel richtig, weil beide Seiten gleich 0 sind. Wenn $j \neq k$ ist, können wir wegen der Schiefsymmetrie beider Seiten in Bezug auf $\boldsymbol{b}$ und $\boldsymbol{c}$ annehmen, dass $j < k$ ist. Dann gibt es die drei Möglichkeiten

$$\begin{aligned}
j = 1, k = 2: &\quad \boldsymbol{a} \times (\boldsymbol{e}_1 \times \boldsymbol{e}_2) = \boldsymbol{a} \times \boldsymbol{e}_3 = (a_2, -a_1, 0)^t = (\boldsymbol{a} \,.\, \boldsymbol{e}_2)\boldsymbol{e}_1 - (\boldsymbol{a} \,.\, \boldsymbol{e}_1)\boldsymbol{e}_2\,,\\
j = 1, k = 3: &\quad \boldsymbol{a} \times (\boldsymbol{e}_1 \times \boldsymbol{e}_3) = -\boldsymbol{a} \times \boldsymbol{e}_2 = (a_3, 0, -a_1)^t = (\boldsymbol{a} \,.\, \boldsymbol{e}_3)\boldsymbol{e}_1 - (\boldsymbol{a} \,.\, \boldsymbol{e}_1)\boldsymbol{e}_3\,,\\
j = 2, k = 3: &\quad \boldsymbol{a} \times (\boldsymbol{e}_2 \times \boldsymbol{e}_3) = \boldsymbol{a} \times \boldsymbol{e}_1 = (0, a_3, -a_2)^t = (\boldsymbol{a} \,.\, \boldsymbol{e}_3)\boldsymbol{e}_2 - (\boldsymbol{a} \,.\, \boldsymbol{e}_2)\boldsymbol{e}_3\,.
\end{aligned} \tag{2.164}$$

2): Mit Satz 2.127 und der bereits gezeigten GRASSMANN-Entwicklung finden wir

$$\begin{aligned}
(\boldsymbol{a} \times \boldsymbol{b} \,.\, \boldsymbol{c} \times \boldsymbol{d}) &= \det(\boldsymbol{a}, \boldsymbol{b}, \boldsymbol{c} \times \boldsymbol{d}) = \det(\boldsymbol{c} \times \boldsymbol{d}, \boldsymbol{a}, \boldsymbol{b}) = ((\boldsymbol{c} \times \boldsymbol{d}) \times \boldsymbol{a} \,.\, \boldsymbol{b})\\
&= -(\boldsymbol{a} \times (\boldsymbol{c} \times \boldsymbol{d}) \,.\, \boldsymbol{b}) = -((\boldsymbol{a} \,.\, \boldsymbol{d})\boldsymbol{c} - (\boldsymbol{a} \,.\, \boldsymbol{c})\boldsymbol{d} \,.\, \boldsymbol{b})\\
&= (\boldsymbol{a} \,.\, \boldsymbol{c})(\boldsymbol{b} \,.\, \boldsymbol{d}) - (\boldsymbol{a} \,.\, \boldsymbol{d})(\boldsymbol{b} \,.\, \boldsymbol{c})\,.
\end{aligned}$$

3): Folgt sofort aus 2) für $\boldsymbol{c} = \boldsymbol{a}, \boldsymbol{d} = \boldsymbol{b}$. □

Bei 1) sind die Skalare rechts ungewöhnlicherweise hinter den Vektoren geschrieben, um die folgende *Merkregel* zu gestatten: *bac* − *cab*, Klammern hinten.

3) bedeutet nach den Eingangsüberlegungen von Abschnitt 2.6 (siehe (2.146)), dass $\|\boldsymbol{a} \times \boldsymbol{b}\|$ gerade die Fläche des von $\boldsymbol{a}, \boldsymbol{b}$ erzeugten Parallelogramms darstellt.

---

[20] Hermann Günther GRASSMANN ∗15. April 1809 in Stettin †26. September 1877 in Stettin

Das Kreuzprodukt $\boldsymbol{a} \times \boldsymbol{b}$ hat deswegen folgende Eigenschaften:

1) $\boldsymbol{a} \times \boldsymbol{b} \perp \mathbb{R}\boldsymbol{a} + \mathbb{R}\boldsymbol{b}$.

2) $\|\boldsymbol{a} \times \boldsymbol{b}\| = \|\boldsymbol{a}\| \, \|\boldsymbol{b}\| \sin\alpha$, wobei $\alpha \in [0, \pi]$ der (nichtorientierte) Winkel zwischen $\boldsymbol{a}$ und $\boldsymbol{b}$ ist.

3) $(\boldsymbol{a}, \boldsymbol{b}, \boldsymbol{a} \times \boldsymbol{b})$ haben die gleiche Orientierung wie $\boldsymbol{e}_1, \boldsymbol{e}_2, \boldsymbol{e}_3$, erkenntlich an der *Rechte-Hand-Regel*:
Zeigt an der rechten Hand der Daumen in Richtung $\boldsymbol{a}$, der dazu senkrechte Zeigefinger in Richtung $\boldsymbol{b}$, so zeigt der dazu senkrechte Mittelfinger in Richtung $\boldsymbol{a} \times \boldsymbol{b}$.

Durch die Bedingungen 1)–3) ist $\boldsymbol{a} \times \boldsymbol{b}$ auch festgelegt, (2.165)

da durch 1) ein eindimensionaler Unterraum, durch 2) daraus 2 Vektoren und durch 3) dann einer ausgewählt wird.

Die Bilinearität (Hauptsatz 2.130, 2)) bedeutet insbesondere, dass für festes $\boldsymbol{a} \in \mathbb{R}^3$ die Abbildung

$$\boldsymbol{a} \times \_ : \boldsymbol{x} \mapsto \boldsymbol{a} \times \boldsymbol{x}, \quad \mathbb{R}^3 \to \mathbb{R}^3,$$

linear ist. Mit den Vektorprodukten $\boldsymbol{a} \times \boldsymbol{e}_i$ berechnet man ihre darstellende Matrix (siehe (2.164))

$$A = \begin{pmatrix} 0 & -a_3 & a_2 \\ a_3 & 0 & -a_1 \\ -a_2 & a_1 & 0 \end{pmatrix}.$$

Die Matrix erfüllt $A = -A^t$, sie ist also schiefsymmetrisch (siehe Definition 2.58). Wenn $\boldsymbol{a} \neq \boldsymbol{0}$ ist, dann gilt $\operatorname{Rang} A = 2$ und damit allgemein $\det(A) = 0$. Es gilt nämlich

$$\operatorname{Rang} A = 2 \Leftrightarrow \dim \operatorname{Kern} A^t = 3 - 2 = 1$$

und nach Hauptsatz 2.130, 4) haben wir

$$\boldsymbol{x} \in \operatorname{Kern} A \;\Leftrightarrow\; \boldsymbol{a} \times \boldsymbol{x} = \boldsymbol{0} \;\Leftrightarrow\; \boldsymbol{a}, \boldsymbol{x} \text{ sind linear abhängig} \;\Leftrightarrow\; \boldsymbol{x} \in \operatorname{span}(\boldsymbol{a})$$

und damit auch: $\operatorname{Bild} A = \boldsymbol{a}^\perp$.

Es handelt sich bei der obigen Matrix um eine allgemeine schiefsymmetrische Matrix aus $\mathbb{R}^{(3,3)}$.

Satz 2.132: Vektorproduktabbildung

Für $\boldsymbol{a} \neq \boldsymbol{0}$ ist die Abbildung

$$\boldsymbol{a} \times \_ : \mathbb{R}^3 \to \boldsymbol{a}^\perp \subset \mathbb{R}^3$$

surjektiv. Das Urbild eines jeden Vektors $\boldsymbol{c} \in \boldsymbol{a}^\perp$ ist eine affine Gerade mit Richtungsvektor $\boldsymbol{a}$.

Beweis: Sei $\Phi := \boldsymbol{a} \times \_$. Bild $\Phi = \boldsymbol{a}^\perp$ gilt nach den Vorüberlegungen. Das Urbild eines jeden Vektors $\boldsymbol{c} \in \boldsymbol{a}^\perp$ ist ein affiner Unterraum der Dimension 1, folglich eine Gerade $L_{\boldsymbol{c}}$, da $\dim \operatorname{Kern} A = 1$. Mit $\boldsymbol{a} \times \boldsymbol{x} = \boldsymbol{c}$ ist auch $\boldsymbol{a} \times (\boldsymbol{x} + \lambda \boldsymbol{a}) = \boldsymbol{c}$ für alle $\lambda \in \mathbb{R}$. Somit hat jede Gerade L_c den Richtungsvektor $\boldsymbol{a}$. □

Problematisch am Vektorprodukt ist, dass es sich anders transformiert als andere Vektoren.

Satz 2.133: Transformation Vektorprodukt

Es sei M eine invertierbare 3×3-Matrix. Für alle $\boldsymbol{a}, \boldsymbol{b} \in \mathbb{R}^3$ gilt dann

$$(M\boldsymbol{a}) \times (M\boldsymbol{b}) = \det(M)(M^{-1})^t(\boldsymbol{a} \times \boldsymbol{b}).$$

Beweis: Nach Satz 2.127 ist für alle $\boldsymbol{x} \in \mathbb{R}^3$

$$((M\boldsymbol{a}) \times (M\boldsymbol{b}) \,.\, \boldsymbol{x}) = \det(M\boldsymbol{a}, M\boldsymbol{b}, \boldsymbol{x}) = \det(M)\det(\boldsymbol{a}, \boldsymbol{b}, M^{-1}\boldsymbol{x}) =$$

$$= \det(M)\left(\boldsymbol{a} \times \boldsymbol{b} \,.\, M^{-1}\boldsymbol{x}\right) = \det(M)\left((M^{-1})^t(\boldsymbol{a} \times \boldsymbol{b}) \,.\, \boldsymbol{x}\right).$$

Daraus folgt die behauptete Gleichung. □

Im Allgemeinen unterscheidet sich das Transformationsverhalten (unter linearen Abbildungen) des Vektors $\boldsymbol{a} \times \boldsymbol{b}$ sehr vom Transformationsverhalten seiner Faktoren $\boldsymbol{a}$ und $\boldsymbol{b}$. Nur wenn M orthogonal ist, haben wir $(M^{-1})^t = M$.

Sei $M \in \mathrm{O}(3, \mathbb{R})$, dann gilt:

$$\begin{aligned} (M\boldsymbol{a}) \times (M\boldsymbol{b}) &= M(\boldsymbol{a} \times \boldsymbol{b}) \text{ falls } M \in \mathrm{SO}(3, \mathbb{R}), \\ (M\boldsymbol{a}) \times (M\boldsymbol{b}) &= -M(\boldsymbol{a} \times \boldsymbol{b}) \text{ falls } M \notin \mathrm{SO}(3, \mathbb{R}). \end{aligned}$$

Das Vektorprodukt im $\mathbb{R}^3$ hat direkte Anwendungen.

Bemerkungen 2.134

1) Betrachtet werde ein einfaches, aber häufig vorkommendes homogenes LGS mit drei Unbekannten und zwei Gleichungen

$$\begin{aligned} a_1x_1 + a_2x_2 + a_3x_3 &= 0\,, \\ b_1x_1 + b_2x_2 + b_3x_3 &= 0\,, \end{aligned}$$

wobei die Zeilenvektoren $\boldsymbol{a} = (a_1, a_2, a_3)^t$ und $\boldsymbol{b} = (b_1, b_2, b_3)^t$ linear unabhängig sind. Sein Lösungsraum L hat die Dimension 1 und besteht aus allen Vektoren, welche gleichzeitig auf $\boldsymbol{a}$ und $\boldsymbol{b}$ senkrecht stehen. Er wird erzeugt von $\boldsymbol{a} \times \boldsymbol{b}$.

*2) *In der Mechanik:*

2a) Ein *Vektorfeld* auf $\mathbb{R}^3$ ist eine Abbildung $F : \mathbb{R}^3 \to \mathbb{R}^3$. Das zugehörige *Momentenfeld* ist

$$G : \mathbb{R}^3 \to \mathbb{R}^3, \qquad \boldsymbol{x} \mapsto \boldsymbol{x} \times F(\boldsymbol{x}).$$

Beschreibt etwa F ein Kraftfeld, so heißt G das *Drehmoment*, beschreibt F ein Geschwindigkeitsfeld von Teilchen der Masse m, so heißt mG der *Drehimpuls*.

2b) Infinitesimale Beschreibung einer Rotation: Wir betrachten die Matrix

$$R_{e_3}(\omega t) := \begin{pmatrix} \cos(\omega t) & -\sin(\omega t) & 0 \\ \sin(\omega t) & \cos(\omega t) & 0 \\ 0 & 0 & 1 \end{pmatrix}, \qquad t \in \mathbb{R}.$$

Sie beschreibt eine gleichförmige Rotation um die $\boldsymbol{e}_3$-Achse in mathematisch positiver Richtung in Abhängigkeit von der Zeit t. Dabei ist die *Winkelgeschwindigkeit* $\omega = 2\pi/T$, wo T die Dauer einer Rotation um den Winkel 2π ist. Die Geschwindigkeit eines gedrehten Punktes $\boldsymbol{x} \in \mathbb{R}^3$ zur Zeit $t = 0$ ist

$$\frac{d}{dt} R_{e_3}(t)\boldsymbol{x}\Big|_{t=0} = \begin{pmatrix} 0 & -\omega & 0 \\ \omega & 0 & 0 \\ 0 & 0 & 0 \end{pmatrix} \begin{pmatrix} x_1 \\ x_2 \\ x_3 \end{pmatrix} = \omega \begin{pmatrix} -x_2 \\ x_1 \\ 0 \end{pmatrix} = \omega \boldsymbol{e}_3 \times \boldsymbol{x}.$$

Wir wollen ähnlich die infinitesimale Drehung $R_{\boldsymbol{a}}(t)$ um eine beliebige Achse $\mathbb{R}\boldsymbol{a}$ beschreiben. Dabei sei $\|\boldsymbol{a}\| = 1$, und bei Blickrichtung in Richtung von $\boldsymbol{a}$ soll die Drehung im Uhrzeigersinn erfolgen. Wir wählen eine Matrix $U \in \mathrm{SO}(3)$ mit $U\boldsymbol{a} = \boldsymbol{e}_3$. Dann ist nämlich – wie in Theorem 4.4 bewiesen wird –

$$R_{\boldsymbol{a}}(t) = U^{-1} R_{e_3}(t) U$$

und die Geschwindigkeit $\boldsymbol{v}$ in $\boldsymbol{x}$ zum Zeitpunkt $t = 0$

$$\boldsymbol{v} := \frac{d}{dt} R_{\boldsymbol{a}}(t)\boldsymbol{x}\Big|_{t=0} = U^{-1} \frac{d}{dt} R_{e_3}(t)\Big|_{t=0} U\boldsymbol{x} = U^{-1}\left(\omega \boldsymbol{e}_3 \times U\boldsymbol{x}\right).$$

Mit der Transformationsformel (Satz 2.133) wird daraus

$$(U^{-1}\omega \boldsymbol{e}_3) \times (U^{-1} U\boldsymbol{x}) = \omega \boldsymbol{a} \times \boldsymbol{x}.$$

Hier können wir noch den *Vektor* $\boldsymbol{\omega} = \omega\boldsymbol{a}$ *der Winkelgeschwindigkeit* einführen und finden

$$\boldsymbol{v} = \boldsymbol{\omega} \times \boldsymbol{x}.$$

Alternativ kann man diese Darstellung auch aus folgenden Forderungen herleiten:

1) $\boldsymbol{v} \perp \boldsymbol{x}, \boldsymbol{a},$ also $\boldsymbol{v} = \lambda\boldsymbol{a} \times \boldsymbol{x}$ für ein $\lambda \in \mathbb{R}$.

2) $\|\boldsymbol{v}\| = \omega r$, wobei $r = \|\boldsymbol{x} - P_{\mathbb{R}\boldsymbol{a}}\boldsymbol{x}\| = \|\boldsymbol{x}\| \sin\alpha$, wenn $\alpha \in [0, \pi]$ der Winkel zwischen $\boldsymbol{x}$ und $\boldsymbol{a}$ ist. Also: $\lambda = \pm\omega$.
$(\boldsymbol{a}, \boldsymbol{x}, \boldsymbol{v})$ müssen positiv orientiert sein, daher wegen $\omega \geq 0$:

$$\boldsymbol{v} = \omega\boldsymbol{a} \times \boldsymbol{x}\ .$$

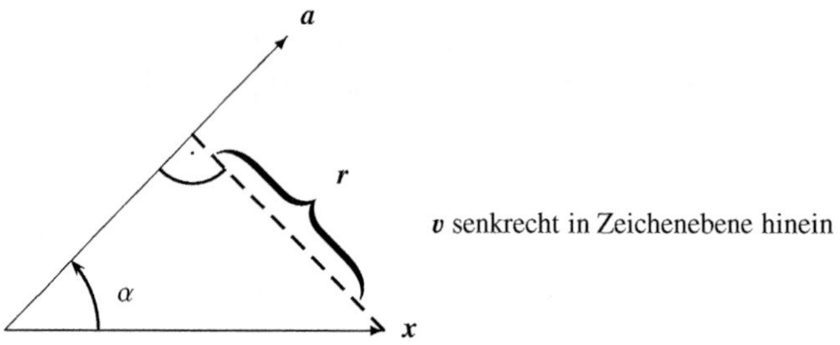

Abb. 2.14: Drehung in $\mathbb{R}^3$ um Achse $\boldsymbol{a}$.

△

Bemerkungen 2.135 (Geometrie)

1) Die Situation von Bemerkungen 2.134, 1) geometrisch beschrieben für $L^\perp$ lautet: Betrachtet werde eine Ebene $E = \boldsymbol{v} + \mathbb{R}\boldsymbol{a} + \mathbb{R}\boldsymbol{b}$ im $\mathbb{R}^3$. Weil $\boldsymbol{a}$ und $\boldsymbol{b}$ die Ebene aufspannen, sind sie linear unabhängig, und es ist $\boldsymbol{a} \times \boldsymbol{b} \neq \boldsymbol{0}$ ein Normalenvektor der Ebene. Die Gleichung

$$(\boldsymbol{a} \times \boldsymbol{b}\,.\,\boldsymbol{x}) = 0$$

beschreibt deswegen eine Ebene durch den Nullpunkt, welche von $\boldsymbol{a}$ und $\boldsymbol{b}$ aufgespannt wird. Eine Ebene E mit $\boldsymbol{v} \in E$ ist Lösungsmenge der inhomogenen Gleichung

$$(\boldsymbol{a} \times \boldsymbol{b}\,.\,\boldsymbol{x}) = (\boldsymbol{a} \times \boldsymbol{b}\,.\,\boldsymbol{v})\,.$$

2) Sei P der von $\boldsymbol{a}, \boldsymbol{b}, \boldsymbol{c} \in \mathbb{R}^3$ aufgespannte Spat, dann gilt für sein Volumen nach Abschnitt 2.6.2

$$\mathrm{vol}(P) = |\det(\boldsymbol{a}, \boldsymbol{b}, \boldsymbol{c})| = |(\boldsymbol{a} \times \boldsymbol{b} \,.\, \boldsymbol{c})|\,.$$

3) Betrachtet werde eine Gerade $\boldsymbol{a}+\mathbb{R}\boldsymbol{v}$ im $\mathbb{R}^3$ mit Aufhängevektor $\boldsymbol{a}$ und Richtungsvektor $\boldsymbol{v}$. Der Vektor $\boldsymbol{w} := \boldsymbol{a} \times \boldsymbol{v}$ heißt *Momentenvektor* dieser Gerade. Die sechs Koordinaten des Vektors $(\boldsymbol{v}, \boldsymbol{w}) \in \mathbb{R}^6$ heißen *PLÜCKER*[21]*-Koordinaten* der Gerade L. Der Richtungsvektor $\boldsymbol{v}$ ist durch die Gerade L nur bis auf einen konstanten Faktor ungleich 0 eindeutig bestimmt. Deswegen sind die PLÜCKER-Koordinaten von L auch nur bis auf einen solchen Faktor eindeutig bestimmt. Sind umgekehrt zwei Vektoren

$$\boldsymbol{v} \perp \boldsymbol{w} \in \mathbb{R}^3, \quad \boldsymbol{v} \neq \boldsymbol{0}$$

gegeben, so gibt es nach Satz 2.132 Vektoren $\boldsymbol{a} \in \mathbb{R}^3$ mit $\boldsymbol{a} \times \boldsymbol{v} = \boldsymbol{w}$. Die Menge all dieser Vektoren $\boldsymbol{a}$ ist eine affine Gerade im $\mathbb{R}^3$ mit Richtungsvektor $\boldsymbol{v}$ und Momentenvektor $\boldsymbol{w}$. △

Was Sie in diesem Abschnitt gelernt haben sollten

Begriffe

- Vektorprodukt

Zusammenhänge

- Eigenschaften des Vektorprodukts (Hauptsatz 2.130, Satz 2.132)

Beispiele

- Ebenendarstellung mit Vektorprodukt
- Winkelgeschwindigkeit

Aufgaben

Aufgabe 2.37 (G) Zeigen Sie: Der Punkt $\boldsymbol{x} \in \mathbb{R}^3$ hat von der Ebene $\boldsymbol{w} + \mathbb{R}\boldsymbol{a} + \mathbb{R}\boldsymbol{b}$ den Abstand

$$\frac{|(\boldsymbol{w} - \boldsymbol{x} \,.\, \boldsymbol{a} \times \boldsymbol{b})|}{\|\boldsymbol{a} \times \boldsymbol{b}\|}$$

und deuten Sie diesen Quotienten als

$$\text{Höhe} = \frac{\text{Volumen}}{\text{Grundfläche}}$$

eines Parallelotops.

---

[21] Julius PLÜCKER $*$16. Juni 1801 in Elberfeld †22. Mai 1868 in Bonn

Aufgabe 2.38 (JACOBI (T)) Zeigen Sie für alle $\boldsymbol{a}, \boldsymbol{b}, \boldsymbol{c} \in \mathbb{R}^3$

$$\boldsymbol{a} \times (\boldsymbol{b} \times \boldsymbol{c}) + \boldsymbol{b} \times (\boldsymbol{c} \times \boldsymbol{a}) + \boldsymbol{c} \times (\boldsymbol{a} \times \boldsymbol{b}) = \boldsymbol{0}.$$

Aufgabe 2.39 (K) Finden Sie eine Parametrisierung der Geraden

L_1 mit den PLÜCKER-Koordinaten $(1, 0, 0, 0, 1, 0)$,
L_2 mit den PLÜCKER-Koordinaten $(1, -1, 0, 1, 1, 1)$.

Aufgabe 2.40 (T) Es sei $L \subset \mathbb{R}^3$ eine Gerade mit Richtungsvektor $\boldsymbol{v}$. Zeigen Sie:

a) Sei $\boldsymbol{x} \in L$ ein beliebiger Punkt und $\boldsymbol{m} := \boldsymbol{x} \times \boldsymbol{v}$. Zeigen Sie: $\boldsymbol{m}$ hängt nicht davon ab, welchen Punkt $\boldsymbol{x} \in L$ man wählt, ist also der *Momentenvektor*.
b) $(\boldsymbol{v} \,.\, \boldsymbol{m}) = 0$.
c) Die Gerade L ist durch ihren Richtungsvektor und ihren Momentenvektor eindeutig bestimmt.
d) Zu je zwei Vektoren $\boldsymbol{0} \neq \boldsymbol{v} \in \mathbb{R}^3$ und $\boldsymbol{m} \in \mathbb{R}^3$ mit $(\boldsymbol{v} \,.\, \boldsymbol{m}) = 0$ gibt es eine eindeutig bestimmte Gerade $L \subset \mathbb{R}^3$, welche $\boldsymbol{v}$ als Richtungsvektor und $\boldsymbol{m}$ als Momentenvektor besitzt.

2.8 Affine Räume II

Wir greifen die Diskussion aus Abschnitt 1.7 wieder auf. Die mit der affinen Struktur verträglichen Abbildungen sind:

Definition 2.136

Seien A, A' affine Räume zu den $\mathbb{R}$-Vektorräumen V, V', $T : A \to A'$ heißt *affin-linear*, wenn gilt:
Seien $a, b \in A$, $t, s \in \mathbb{R}$ und $t + s = 1$, dann

$$T(ta + sb) = tT(a) + sT(b) .$$

T heißt *Affinität*, wenn es zusätzlich auch bijektiv ist.

Bemerkungen 2.137

1) $T : A \to A'$ ist affin-linear genau dann, wenn das Bild jeder Affinkombination die Affinkombination der Bilder ist. (Übung).

2) Aus 1) folgt:
Begriffe des Abschnitts 1.7, wie

- Affinkombination,
- affiner Unterraum,
- aufgespannter affiner Unterraum,

bleiben unter affin-linearen Abbildungen erhalten.
Ist T eine Affinität, dann bleiben auch erhalten:

- Affine Unabhängigkeit,
- Dimension eines affinen Unterraums.

3) Die Komposition affin-linearer Abbildungen ist affin-linear. Eine Translation $a \mapsto a + \boldsymbol{v}$ für $a \in V$ und einen festen Vektor $\boldsymbol{v} \in V$ ist affin-linear.

4)

Sei $T : A \to A'$ eine Affinität, dann ist auch T^{-1} affin-linear. A und A' heißen dann *isomorph*.

5) Die Abbildung Ψ aus (1.92) ist affin-linear und somit ist $\Psi[A] \subset \mathbb{R}^{n+1}$ ein affiner Unterraum, der isomorph zu A ist. △

Speziell für $A = V$ gilt:

Satz 2.138: affin = linear + konstant

Seien V, W $\mathbb{R}$-Vektorräume.
$F : V \to W$ ist genau dann affin(-linear), wenn es sich als Komposition einer linearen Abbildung Φ von V nach W und einer Translation T auf W, $F = T \circ \Phi$, schreiben lässt, d. h.

$$F(\boldsymbol{x}) = \Phi(\boldsymbol{x}) + \boldsymbol{a} \qquad \text{für alle } \boldsymbol{x} \in V$$

für ein $\boldsymbol{a} \in W$.

Beweis: Es ist nur „⇒" zu der Äquivalenz zu zeigen: Wie in Satz 2.12 lässt sich F unter Beachtung von Bemerkungen 2.137, 3) als Kompostion einer affin-linearen Abbildung Φ mit $\Phi(\boldsymbol{0}) = \boldsymbol{0}$ und einer Translation schreiben, d. h. $F(\boldsymbol{x}) = \Phi(x) + \boldsymbol{a}$. Φ ist verträglich mit der Skalarmultiplikation, da

$$\Phi(\lambda\boldsymbol{x}) = \Phi(\lambda\boldsymbol{x} + (1-\lambda)\boldsymbol{0}) = \lambda\Phi(\boldsymbol{x}) + (1-\lambda)\Phi(\boldsymbol{0}) = \lambda\Phi(\boldsymbol{x})$$

für $\lambda \in \mathbb{R}$, $\boldsymbol{x} \in V$ und daher auch mit der Addition

$$\begin{aligned}\Phi(\boldsymbol{x}+\boldsymbol{y}) &= \Phi\left(2\left(\frac{1}{2}\boldsymbol{x} + \frac{1}{2}\boldsymbol{y}\right)\right) = 2\Phi\left(\frac{1}{2}\boldsymbol{x} + \frac{1}{2}\boldsymbol{y}\right) \\ &= 2\left(\frac{1}{2}\Phi(\boldsymbol{x}) + \frac{1}{2}\Phi(\boldsymbol{y})\right) = \Phi(\boldsymbol{x}) + \Phi(\boldsymbol{y}) \qquad \text{für } x, y \in V\,.\end{aligned}$$

□

Bemerkungen 2.139

1) Mit etwas mehr Aufwand lässt sich allgemein folgende Charakterisierung für $T : A \to A'$ zeigen, wobei A, A' affine Räume zu $\mathbb{R}$-Vektorräumen V, V' seien:

$$\begin{gathered}T \text{ ist affin-linear genau dann, wenn:} \\ \text{Es gibt ein lineares } \Phi : V \to V'\text{, so dass für alle } a, b \in A \text{ gilt} \\ \Phi(\overrightarrow{ab}) = \overrightarrow{T(a)T(b)}\,.\end{gathered}$$

2) Eine affin-lineare Abbildung T ist somit genau dann eine Translation, wenn

$$\overrightarrow{ab} = \overrightarrow{T(a)T(b)} \qquad \text{für} \qquad a, b \in A\,.$$

3) Aus 1) oder Satz 2.138 folgt für eine affin-lineare Abbildung T: Sind a_0, a_1, a_2 Punkte auf einer Geraden, d. h. $\overrightarrow{a_0a_1}$ und $\overrightarrow{a_0a_2}$ sind linear abhängig, so liegen auch $T(a_0), T(a_1), T(a_2)$ auf einer Gerade: T ist daher eine *Kollineation*, die Geraden auf Geraden oder Punkte (wenn $\Phi(\overrightarrow{a_0a_1}) = \boldsymbol{0}$) abbildet. Eine Affinität bildet Geraden auf Geraden ab. Sind zwei

Geraden $g_1 : \boldsymbol{a} + \mathbb{R}\boldsymbol{v}$ und $g_1 : \boldsymbol{b} + \mathbb{R}\boldsymbol{w}$ parallel, d. h. o. B. d. A. $\boldsymbol{v} = \boldsymbol{w} \neq \boldsymbol{0}$, so sind die Bilder entweder Punkte (wenn $\Phi(\boldsymbol{v}) = \boldsymbol{0}$) oder parallele Geraden.

4) Sei V ein $\mathbb{R}$-Vektorraum des affinen Raum über sich selbst betrachtet. Affinitäten $T(\boldsymbol{x}) = \Phi\boldsymbol{x} + \boldsymbol{a}$ können nach ihren *Fixpunkten* klassifiziert werden, d. h. der $\boldsymbol{x} \in V$, so dass

$$\Phi\boldsymbol{x} + \boldsymbol{a} = \boldsymbol{x} \qquad \text{bzw.} \qquad (\mathrm{id} - \Phi)\boldsymbol{x} = \boldsymbol{a} .$$

Sei V n-dimensional. In einer Koordinatendarstellung handelt es sich um die Lösungsmenge eines (inhomogenen) LGS, so dass für

$$F := \{\boldsymbol{x} \in V : \boldsymbol{x} \text{ ist Fixpunkt von } T\}$$

gilt:
F ist leer oder F ist ein k-dimensionaler affiner Unterraum von V, $0 \leq k \leq n$.
Wir betrachten folgende Fälle weiter:

(1) $F = \emptyset$,

(2) $\dim F = 0$: T hat genau einen Fixpunkt, hier spricht man von einer *radialen Affinität*,

(3) $\dim F = n - 1$: F bildet eine affine Hyperebene, hier spricht man von einer *perspektiven Affinität*.

Für $n = 2$ sind alle Fälle (außer dem Trivialfall $\Phi = \mathrm{id}$, $\boldsymbol{a} = \boldsymbol{0}$) erfasst.
Zu (1) gehören z. B. die Translationen, (2) ist durch $\mathrm{Rang}(\mathbb{1} - A) = n$ charakterisiert, wenn A eine Darstellungsmatrix von Φ bezeichnet. Bei (3) kommt neben $\mathrm{Rang}(\mathbb{1} - A) = n - 1$ bzw. $\dim \mathrm{Kern}(\mathbb{1} - A) = 1$ noch die Lösbarkeitsbedingung $\boldsymbol{a} \in \mathrm{Bild}(\mathbb{1} - \Phi)$ hinzu. △

Bemerkung 2.140 Sei $\dim A = n$ und für einen affinen Unterraum $B = a + \overrightarrow{B}$, $\dim B = k$. Dann gibt es linear unabhängige Linearformen $h_i \in V^*$, $i = 1, \ldots, l$, wobei $l = n - k$, so dass gilt:

$$B = \{b \in A : h_i(\overrightarrow{ab}) = 0,\ i = 1, \ldots, l\} .$$

Insbesondere hat also eine affine Hyperebene die Darstellung

$$B = \{b \in A : h(\overrightarrow{ab}) = 0\}$$

für ein $h \in V^*$, $h \neq 0$. Ist $A = V$ affiner Raum zu sich selbst, gilt äquivalent

$$B = \{\boldsymbol{b} \in A : h_i(\boldsymbol{b}) = c_i,\ i = 1, \ldots, l\} ,$$

wobei $c_i := h_i(\boldsymbol{a})$, $i = 1, \ldots, l$.

Das kann man wie folgt einsehen: Wir können dies nur für $A = \mathbb{A}^n$, $V = \mathbb{R}^n$ beweisen. Nach Korollar 1.83 lässt sich $\overrightarrow{B}$ schreiben als

$$\overrightarrow{B} = \{\boldsymbol{x} \in \mathbb{R}^n : A\boldsymbol{x} = \boldsymbol{0}\} ,$$

wobei $A \in \mathbb{R}^{(l,n)}$ vollen Zeilenrang l hat. $\boldsymbol{a}_{(1)}, \ldots, \boldsymbol{a}_{(l)} \in \mathbb{R}^n$ seien die Zeilen von A, dann sind $h_i(\boldsymbol{x}) := \boldsymbol{a}^t_{(i)}\boldsymbol{x}$ die gesuchten Linearformen, also

$$B = \{\boldsymbol{b} \in \mathbb{R}^n : A\boldsymbol{b} = \boldsymbol{c}\} ,$$

wobei $\boldsymbol{c} := A\boldsymbol{a}$.

△

Beispiel 2.141 Für die orthogonale Projektion auf einen affinen Raum $A = a + U$ gilt nach (1.77)

$$\begin{aligned} P_A(\boldsymbol{x}) &= P_U(\boldsymbol{x} - \boldsymbol{a}) + \boldsymbol{a} \\ &= P_U(\boldsymbol{x}) + \boldsymbol{a} - P_U(\boldsymbol{a}) \\ &= P_U(\boldsymbol{x}) + P_{U^\perp}(\boldsymbol{a}) . \end{aligned} \tag{2.166}$$

Folglich ist P_A affin-linear.

Die aus der Fehlerorthogonalität (siehe Hauptsatz 1.102) folgende Charakterisierung von $P_A(\boldsymbol{x})$ ist für $\boldsymbol{x} \in V, \boldsymbol{u} \in U$:

$$\boldsymbol{u} + \boldsymbol{a} = P_A(\boldsymbol{x}) \Leftrightarrow \boldsymbol{u} + \boldsymbol{a} - \boldsymbol{x} \in U^\perp , \tag{2.167}$$

d. h. wieder eine Fehlerorthogonalität.

Zur Begründung beachte man:

$$\begin{aligned} \boldsymbol{u} + \boldsymbol{a} = P_A(\boldsymbol{x}) = P_U(\boldsymbol{x}) + P_{U^\perp}(\boldsymbol{a}) &\Leftrightarrow \\ \boldsymbol{u} + \boldsymbol{a} - P_{U^\perp}(\boldsymbol{a}) - \boldsymbol{x} \in U^\perp &\Leftrightarrow \\ \boldsymbol{u} + \boldsymbol{a} - \boldsymbol{x} \in U^\perp + P_{U^\perp}(\boldsymbol{a}) = U^\perp &. \end{aligned}$$

○

Die Abbildung 2.15 verdeutlicht die Situation für $V = \mathbb{R}^2$ und $U = \mathbb{R}\boldsymbol{v}$.

Beispiel 2.142 (Geometrie) Sei V ein $\mathbb{R}$-Vektorraum mit SKP (.) und erzeugter Norm $\|\ \|$. Seien $g_1 : \boldsymbol{a} + \mathbb{R}\boldsymbol{p}$ und $g_2 : \boldsymbol{b} + \mathbb{R}\boldsymbol{q}$ windschiefe Geraden, dann gibt es nach Beispiel 1.107 eindeutige $\overline{\boldsymbol{x}} \in g_1, \overline{\boldsymbol{y}} \in g_2$, sodass

$$\|\overline{\boldsymbol{x}} - \overline{\boldsymbol{y}}\| = d(g_1, g_2) .$$

Für $\widetilde{\boldsymbol{n}} := \overline{\boldsymbol{x}} - \overline{\boldsymbol{y}}$ gilt:

1) $\widetilde{\boldsymbol{n}}$ steht orthogonal auf $\boldsymbol{p}$ und auf $\boldsymbol{q}$, ist also ein *Gemeinlot*.

2) $d(g_1, g_2) = (\boldsymbol{a} - \boldsymbol{b} \,.\, \boldsymbol{n})$, wobei $\boldsymbol{n} := \widetilde{\boldsymbol{n}}/\|\widetilde{\boldsymbol{n}}\|$.

3) Im Fall $V = \mathbb{R}^3$ mit dem euklidischen SKP (.) gilt:

$$d(g_1, g_2) = \frac{1}{\|\boldsymbol{p} \times \boldsymbol{q}\|} \, |(\boldsymbol{a} - \boldsymbol{b} \,.\, \boldsymbol{p} \times \boldsymbol{q})| .$$

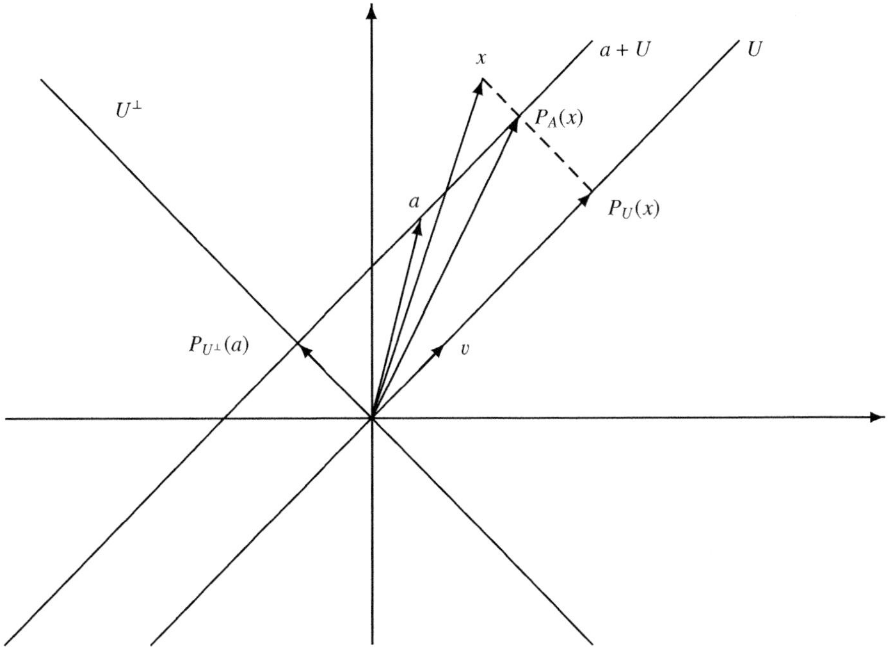

Abb. 2.15: Orthogonalprojektion auf linearen und affinen Unterraum.

Nach Beispiel 1.107 gibt es eindeutig bestimmte Punkte

$$\bar{\boldsymbol{x}} := \boldsymbol{a} + \bar{\lambda}\boldsymbol{p} \in g_1 \qquad \text{und} \qquad \bar{\boldsymbol{y}} = \boldsymbol{b} + \bar{\mu}\boldsymbol{q} \in g_2$$

mit

$$\|\bar{\boldsymbol{x}} - \bar{\boldsymbol{y}}\| = d(g_1, g_2) \qquad \text{und} \qquad \bar{\mu}\boldsymbol{q} - \bar{\lambda}\boldsymbol{p} = P_{\operatorname{span}(\boldsymbol{p},\boldsymbol{q})}(\boldsymbol{a} - \boldsymbol{b})\,.$$

Insbesondere ist

$$\tilde{\boldsymbol{n}} := \bar{\boldsymbol{x}} - \bar{\boldsymbol{y}} = \boldsymbol{a} - \boldsymbol{b} - (\bar{\mu}\boldsymbol{q} - \bar{\lambda}\boldsymbol{p})$$

der Fehler bei dieser orthogonalen Projektion und damit orthogonal zu $\boldsymbol{p}$ *und* $\boldsymbol{q}$. *Für* $\boldsymbol{n} := \tilde{\boldsymbol{n}}/\|\tilde{\boldsymbol{n}}\|$ *berechnet sich*

$$d(g_1, g_2) = \|\tilde{\boldsymbol{n}}\| = (\tilde{\boldsymbol{n}} \,.\, \boldsymbol{n}) = (\boldsymbol{a} - \boldsymbol{b} \,.\, \boldsymbol{n})$$

und damit gelten 1) und 2).
Unter den Zusatzvoraussetzungen von 3) lässt sich $\boldsymbol{n}$ *explizit angeben, nämlich*

$$\boldsymbol{n} = \pm\frac{1}{\|\boldsymbol{p} \times \boldsymbol{q}\|}\,\boldsymbol{p} \times \boldsymbol{q}$$

(siehe Hauptsatz 2.130, 3)) und damit

$$d(g_1, g_2) = \frac{1}{\|\boldsymbol{p} \times \boldsymbol{q}\|} \, |(\boldsymbol{a} - \boldsymbol{b} \,.\, \boldsymbol{p} \times \boldsymbol{q})| \, .$$

◦

Sei $\overline{\mathcal{B}} = \{a_0, \ldots, a_m\}$ eine affine Basis von $B \subset A$, d. h. nach Satz 1.124:
Jedes $a \in B$ lässt sich eindeutig als Affinkombination aus $a_0, \ldots, a_m$ darstellen
Es gibt ein eindeutiges $(t_0, \ldots, t_m)^t \in \mathbb{R}^{m+1}$, so dass

- $\sum_{i=0}^{m} t_i = 1$,
- $a = \sum_{i=0}^{m} t_i a_i$.

Auf diese Weise wird eine bijektive Abbildung

$$\Phi_{\overline{\mathcal{B}}} : B \to \left\{ t \in \mathbb{R}^{m+1} : \sum_{i=0}^{m} t_i = 1 \right\} , \tag{2.168}$$

d. h. zwischen affinen Räumen, definiert. Analog zum Beweis von Satz 1.121, 2) sieht man, dass $\Phi_{\overline{\mathcal{B}}}$ und damit auch $\Phi_{\overline{\mathcal{B}}}^{-1}$ affin-linear sind. Dies entspricht daher der Koordinatendarstellung für einen linearen Unterraum.

Definition 2.143

Sei A ein affiner Raum zum $\mathbb{R}$-Vektorraum V, $\dim A = m$, und $\overline{\mathcal{B}} = \{a_0, \ldots, a_m\}$ eine festgewählte affine Basis von A. Der zu $a \in A$ nach (2.168) eindeutige Vektor $(t_0, \ldots, t_m)^t \in \mathbb{R}^{m+1}$ heißt Vektor der *baryzentrischen Koordinaten*, bzw. die t_i, $i = 0, \ldots, m$ heißen die baryzentrischen Koordinaten von a (zur Basis $\overline{\mathcal{B}}$).

RLGS

Für $A = \mathbb{A}^m$ werden die baryzentrischen Koordinaten $(t_0, \ldots, t_m)^t$ von $x = (x_1, \ldots, x_m)^t$ zur Basis $a_i = (a_{j,i})_j$, $i = 0, \ldots, m$ durch das folgende LGS definiert:

$$\sum_{j=0}^{m} a_{i,j} t_j = x_i, \quad i = 1, \ldots, m,$$

$$\sum_{i=0}^{m} t_i = 1 \, .$$

Die baryzentrischen Koordinaten lassen sich also „explizit" mit der CRAMERschen Regel angeben (siehe (2.158)):

$$\begin{aligned} t_i &:= \det \begin{pmatrix} a_0 & \cdots & x & \cdots & a_m \\ 1 & \cdots & 1 & \cdots & 1 \end{pmatrix} \Big/ \det \begin{pmatrix} a_0 & \cdots & a_m \\ 1 & \cdots & 1 \end{pmatrix} \\ &= \det (a_1 - a_0 \cdots x - a_0 \cdots a_m - a_0) \,/\, \det (a_1 - a_0 \cdots a_m - a_0) \;\; \text{für } i = 1, \ldots, m \end{aligned} \tag{2.169}$$

durch Subtraktion der ersten Spalten von den folgenden und Entwicklung nach den letzten Zeilen (siehe Satz 2.116). Nach (2.169) ist also t_i der Quotient aus den vorzeichenbehafteten Volumina der von

$$\overrightarrow{a_0a_1}, \ldots, \overrightarrow{a_0x}, \ldots, \overrightarrow{a_0a_m} \quad \text{und von} \quad \overrightarrow{a_0a_1}, \ldots, \overrightarrow{a_0a_m}$$

aufgespannten Parallelotopen. Man spricht daher auch von *Volumenkoordinaten*.
Speziell für $m = 2$, d. h. die affine Ebene $\mathbb{A}^2$ ist

$$\begin{aligned} t_1 &= \det(\overrightarrow{a_0x}, \overrightarrow{a_0a_2}) / \det(\overrightarrow{a_0a_1}, \overrightarrow{a_0a_2}) \\ t_2 &= \det(\overrightarrow{a_0a_1}, \overrightarrow{a_0x}) / \det(\overrightarrow{a_0a_1}, \overrightarrow{a_0a_2}) \\ t_0 &= 1 - t_1 - t_2 \,. \end{aligned}$$

Da hier die (vorzeichenbehafteten) Flächen der Parallelotope, d. h. der Parallelogramme, dem Doppelten der aufgespannten Dreiecke entsprechen, gilt somit:
Bezeichnet $V(\overrightarrow{a_0a_1}, \overrightarrow{a_0a_2})$ die vorzeichenbehafteten Flächen des von $\overrightarrow{a_0a_1}, \overrightarrow{a_0a_2} \in \mathbb{R}^2$ mit Eckpunkt a_0 aufgespannten Dreiecks $\Delta(\overrightarrow{a_0a_1}, \overrightarrow{a_0a_2})$, d. h.

$$\begin{aligned} \Delta(\overrightarrow{a_0a_1}, \overrightarrow{a_0a_2}) &:= \{a \in \mathbb{A}^2 : a = a_0 + s\overrightarrow{a_0a_1} + t\overrightarrow{a_0a_2}, 0 \le s, t \le 1, s + t = 1\} \\ V(\overrightarrow{ab}, \overrightarrow{ac}) &:= \det(\overrightarrow{ab}, \overrightarrow{ac})/2 \,, \end{aligned}$$

dann ist

$$\begin{aligned} t_1 &= V(\overrightarrow{a_0x}, \overrightarrow{a_0a_2}) / V(\overrightarrow{a_0a_1}, \overrightarrow{a_0a_2}) \\ t_2 &= V(\overrightarrow{a_0a_1}, \overrightarrow{a_0x}) / V(\overrightarrow{a_0a_1}, \overrightarrow{a_0a_2}) \\ t_0 &= V(\overrightarrow{a_1a_2}, \overrightarrow{a_1x}) / V(\overrightarrow{a_0a_1}, \overrightarrow{a_0a_2}) \,. \end{aligned}$$

Siehe hierzu auch Abbildung 2.16.

Bemerkung 2.144 Sei A ein affiner Raum zum $\mathbb{R}$-Vektorraum V. Die Punkte a, b, c stehen im *Teilverhältnis* $\lambda \in \mathbb{R}$, wenn gilt:

$$\overrightarrow{ac} = \lambda \overrightarrow{cb} \,.$$

Seien $a \neq b$ und $g := \mathrm{span}_a(a, b)$ die aufgespannte Gerade. Dann haben genau alle $c \in g \setminus \{b\}$ ein Teilverhältnis. Sei c in baryzentrischen Koordinaten gegeben durch

$$c = ta + (1 - t)b, \qquad t \in \mathbb{R}, t \neq 0 \,,$$

so gilt

$$\lambda = \frac{1 - t}{t} \qquad \text{bzw.} \qquad t = \frac{1}{\lambda + 1} \,.$$

Es ist nämlich

$$\overrightarrow{ac} = (1 - t)\overrightarrow{ab} = (1 - t)(\overrightarrow{ac} + \overrightarrow{cb}) \,.$$

a) $x \in \Delta(\vec{u}, \vec{v})$:

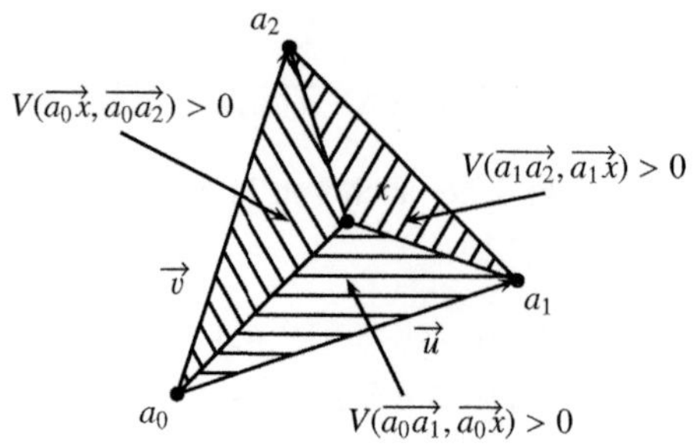

b) $x \notin \Delta(\vec{u}, \vec{v})$:

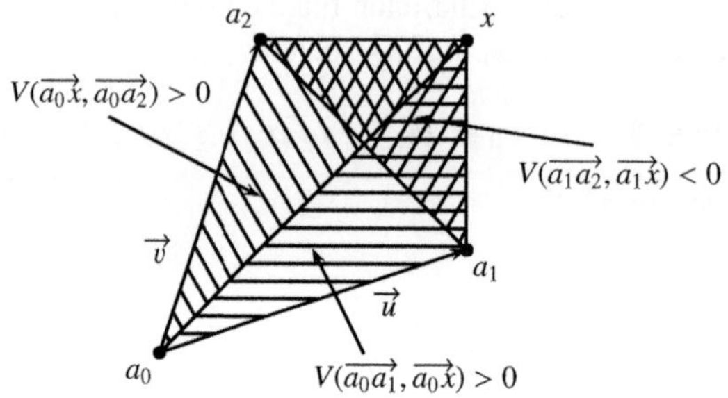

Abb. 2.16: Baryzentrische Koordinaten in $\mathbb{A}^2$.

Da für die Bilder einer affin-linearen Abbildung T gilt

$$T(c) = tT(a) + (1 - t)T(b)$$

sind also bei einem Teilverhältnis λ für a, b, c alle Punkte $T(a), T(b), T(c)$ identisch oder stehen auch im Teilverhältnis λ. Das Teilverhältnis ist demnach neben Kollinearität und Parallelität eine weitere Invariante affin-linearer Abbildungen. △

Was Sie in diesem Abschnitt gelernt haben sollten

Begriffe:

- Affin-lineare Abbildung, Affinität
- Baryzentrische Koordinaten

Zusammenhänge:

- Affin-linear = linear + konstant (Satz 2.138)
- Baryzentrische Koordinaten = Volumenkoordinaten (siehe (2.169))

Aufgaben

Aufgabe 2.41 (T) Zeigen Sie Bemerkungen 2.137, 1).

Aufgabe 2.42 (T) Beweisen Sie Bemerkungen 2.139, 1).

Kapitel 3
Vom $\mathbb{R}$-Vektorraum zum K-Vektorraum: Algebraische Strukturen

Für gewisse Anwendungen (z. B. Codierungstheorie) ist es nützlich andere „Zahlmengen" als $\mathbb{R}$ (nämlich endliche) zugrunde zu legen. Andererseits werden manche Fragestellungen einfacher, wenn man sie in der Erweiterung der komplexen Zahlen $\mathbb{C}$ betrachtet. Wir wollen daher die Eigenschaften von $\mathbb{R}$ mit Addition und Multiplikation abstrakt fassen, die in die bisherigen Überlegungen eingegangen sind. Die Begriffe sind schon kurz in Anhang B.1 angeklungen.

3.1 Gruppen und Körper

Definition 3.1

Eine *Gruppe* ist nach Definition B.7 eine nicht leere Menge G zusammen mit einer Verknüpfungsoperation $\cdot$ auf G, die assoziativ ist, ein (links-)neutrales Element e (eine *Eins*) besitzt und zu jedem Element g ein (links-)inverses $g^{-1} \in G$. Ist $\cdot$ kommutativ, heißt die Gruppe *kommutativ* oder *abelsch*.

Es sei G eine Gruppe. Eine nicht leere Teilmenge $U \subset G$ heißt *Untergruppe* , wenn sie mit der Verknüpfungsoperation aus G selbst eine Gruppe ist. D. h. also:

- $g, h \in U \quad \Rightarrow \quad g \cdot h \in U,$
- $g \in U \quad \Rightarrow \quad g^{-1} \in U.$

Beispiele 3.2 Bevor wir aus diesen Eigenschaften Konsequenzen ziehen, beschreiben wir erst Beispiele von Gruppen, die wir schon kennen.

1) Die Menge $\mathbb{R}$ mit der Addition „+" als Verknüpfung ist eine abelsche Gruppe. Es ist $e = 0$ und $g^{-1} = -g$. Diese Gruppe enthält die *Untergruppen* $(\mathbb{Q}, +)$ der rationalen und $(\mathbb{Z}, +)$ der ganzen Zahlen.

P. Knabner und W. Barth, *Lineare Algebra*,
https://doi.org/10.1007/978-3-662-55600-9_3

2) Der Zahlenraum $\mathbb{R}^n$ mit der Addition „+“ als Verknüpfung ist ebenfalls eine abelsche Gruppe. Es ist $e = \mathbf{0}$ der Nullvektor und $\boldsymbol{x}^{-1} = -\boldsymbol{x}$.

3) Die Menge $\mathbb{R}^* := \mathbb{R} \setminus \{0\}$ der rellen Zahlen $\neq 0$ ist eine abelsche Gruppe mit der Multiplikation „·“ als Verknüpfung. Dabei ist $e = 1$ und $g^{-1} = \frac{1}{g}$. Sie enthält die Untergruppe $\mathbb{Q}^* := \mathbb{R}^* \cap \mathbb{Q}$. Auch die zwei-elementige Menge $\{\pm 1\}$ ist eine Untergruppe der Gruppe $\mathbb{R}^*$.

4) Mit $\mathbb{Z}_n$ für $n \in \mathbb{N}, n \geq 2$, bezeichnen wir die endliche Menge $\{0, 1, \dots, n-1\}$. Die *Addition modulo n*

$$g + h := \begin{Bmatrix} g+h \\ g+h-n \end{Bmatrix}, \text{ wenn } \begin{cases} g+h \leq n-1 \\ g+h \geq n \end{cases}, \tag{3.1}$$

definiert auf dieser Menge eine Verknüpfung, welche sie zu einer abelschen Gruppe macht. Es ist $e = 0$ und

$$g^{-1} = \begin{cases} 0 & , \text{ wenn } g = 0 \\ n-g & , \text{ wenn } g > 0 \end{cases}.$$

5) Die symmetrische Gruppe Σ_n ist die Menge aller Permutationen der Zahlen $1, \dots, n$ mit der Hintereinanderausführung $\sigma \cdot \tau = \sigma \circ \tau$ als Verknüpfung. Es ist $e = id$ und σ^{-1} die Umkehrabbildung. Diese Gruppe ist für $n \geq 3$ nicht abelsch, da z. B.

$$(1, 2)(2, 3) = (1, 2, 3) \neq (1, 3, 2) = (2, 3)(1, 2).$$

6) Die allgemeine lineare Gruppe ist die Menge $\mathrm{GL}(n, \mathbb{R})$ aller *invertierbaren* $n \times n$-Matrizen mit der Matrizenmultiplikation als Verknüpfung. Das Einselement ist $e = \mathbb{1}_n$, das Inverse ist die inverse Matrix. Für $n = 1$ ist dies die abelsche Gruppe $\mathbb{R}^*$, für $n \geq 2$ ist $\mathrm{GL}(n, \mathbb{R})$ nicht abelsch. $\mathrm{GL}(n, \mathbb{R})$ enhält als Untergruppe die spezielle lineare Gruppe

$$\mathrm{SL}(n, \mathbb{R}) = \{A \in \mathbb{R}^{(n,n)} : \det(A) = 1\},$$

da die Abgeschlossenheit bezüglich · aus dem Determinanten-Multiplikationssatz (Theorem 2.111, 1)) folgt.

7) Die reelle orthogonale Gruppe ist die Menge

$$\mathrm{O}(n, \mathbb{R}) = \{A \in \mathrm{GL}(n, \mathbb{R}) : A^t A = \mathbb{1}_n\}.$$

Sie ist eine Untergruppe der $\mathrm{GL}(n, \mathbb{R})$, d. h. die Verknüpfung ist die Matrizenmultiplikation. $\mathrm{O}(n, \mathbb{R})$ enthält als Untergruppe die spezielle orthogonale Gruppe

$$\mathrm{SO}(n, \mathbb{R}) = \{A \in \mathrm{O}(n, \mathbb{R}) : \det(A) = 1\}.$$

Wir betrachten die zwei-dimensionale orthogonale Gruppe $\mathrm{O}(2, \mathbb{R})$ etwas genauer. Nach Bemerkung 2.27 und Bemerkungen 2.57 besteht $\mathrm{O}(2, \mathbb{R})$ aus den Drehmatrizen und den Spiegelungen an einer Geraden. Die Drehmatrizen in $\mathrm{O}(2, \mathbb{R})$ sind durch

$$\det(A) = 1$$

gekennzeichnet, während die Spiegelungen

$$\det(A) = -1$$

erfüllen. Also besteht $SO(2, \mathbb{R})$ gerade aus den Drehmatrizen, diese bilden demnach eine Untergruppe von $O(2, \mathbb{R})$. Nach (2.45) ist diese Gruppe abelsch. Dagegen bilden die Spiegelungen

$$O(2, \mathbb{R}) \setminus SO(2, \mathbb{R}) = \{A \in O(2, \mathbb{R}) : \det(A) = -1\}$$

keine Gruppe.

8)

> Die *konforme Gruppe* $\mathbb{C}^*$ ist die Menge
> $$\left\{ \begin{pmatrix} a & -b \\ b & a \end{pmatrix} : a, b \in \mathbb{R}, (a, b) \neq (0, 0) \right\} .$$

Die Zeilen dieser Matrizen sind orthogonal und haben beide die Länge $\sqrt{a^2 + b^2}$, und es ist

$$\det \begin{pmatrix} a & -b \\ b & a \end{pmatrix} = a^2 + b^2 .$$

Nach 7) ist somit

$$\left(a^2 + b^2\right)^{-1/2} \begin{pmatrix} a & -b \\ b & a \end{pmatrix} \in SO(2, \mathbb{R}) ,$$

Ein Paar $(a, b)^t \in \mathbb{R}^2$ kann gleichwertig als

$$a = r\cos(\varphi) , \quad b = r\sin(\varphi) ,$$

mit $r := \sqrt{a^2 + b^2} > 0$ und $\varphi \in [0, 2\pi)$ dargestellt werden. Dies wird in der *Analysis* gezeigt. So ist

> $$\begin{aligned} \mathbb{C}^* &= \left\{ r \begin{pmatrix} \cos(\varphi) & -\sin(\varphi) \\ \sin(\varphi) & \cos(\varphi) \end{pmatrix} : r, \varphi \in \mathbb{R}, r > 0 \right\} \\ &= \{r \cdot A \ : 0 < r \in \mathbb{R}, A \text{ Drehmatrix}\} . \end{aligned}$$

Diese Matrizen beschreiben *Drehstreckungen*. Es handelt sich daher um eine Untergruppe von $GL(2, \mathbb{R})$. Die Gruppe ist nach 7) abelsch.

9) Sei $(V, +, .)$ ein $\mathbb{R}$-Vektorraum, dann ist insbesondere $(V, +)$ eine abelsche Gruppe. ○

Beispiele 3.3 (Geometrie) In Abschnitt 2.1.2 haben wir schon die Gruppe der Bewegungen und die der Ähnlichkeiten, in Abschnitt 2.8 die Gruppe der Affinitäten kennengelernt.

1) Die *affine Gruppe* eines Vektorraums V besteht aus allen Abbildungen

$$F : V \to V , \quad \boldsymbol{v} \mapsto \Phi(\boldsymbol{v}) + \boldsymbol{t},$$

wobei Φ eine bijektive lineare Abbildung von V in sich ist, und $\boldsymbol{t}$ ein Vektor aus V. Die Menge der affinen Transformationen ist eine Untergruppe von $(G, \circ)$, wobei

$$G := \{f \in \mathrm{Abb}(V, V) \ : \ f \text{ ist bijektiv}\} ,$$

unter Beachtung von Bemerkungen 2.137, 3) und 4).

2) Sei V ein $\mathbb{R}$-Vektorraum mit SKP. Die *Bewegungsgruppe* besteht aus allen Abbildungen

$$F : V \to V , \quad \boldsymbol{v} \mapsto \Phi(\boldsymbol{v}) + \boldsymbol{t} ,$$

wobei $\Phi \in \mathrm{O}(V)$ und $\boldsymbol{t} \in V$. Die Bewegungsgruppe ist eine Untergruppe der affinen Gruppe nach Satz 2.16, Beispiele 2.10, 4) und Satz 2.63.

3) Sei V ein $\mathbb{R}$-Vektorraum mit SKP. Die *Gruppe der Ähnlichkeiten* besteht aus allen Abbildungen $F : V \to V, \quad \boldsymbol{v} \mapsto c\Phi(\boldsymbol{v}) + \boldsymbol{t}, \quad$ wobei $\Phi \in \mathrm{O}(V)$, $\boldsymbol{t} \in V$, $c \in \mathbb{R}$, $c > 0$. Diese umfasst die Bewegungsgruppe und ist Untergruppe der affinen Gruppe nach Theorem 2.21.

4) Nimmt man jeweils die Bedingung $\det(\Phi) > 0$ mit auf, erhält man die Untergruppen der *orientierungstreuen* Bewegungen, Ähnlichkeiten bzw. Affinitäten. ○

Beispiel 3.4 (Geometrie) Analytische Geometrie ist die Behandlung von Geometrie mit Methoden aus der Analysis. Seit RENÉ DESCARTES versteht man darunter wohl im Wesentlichen die Benutzung von Koordinatensystemen und von Funktionen dieser Koordinaten. FELIX KLEIN[1] brachte 1872 in seinem „Erlanger Programm“ den Gesichtspunkt ins Gespräch, dass jede Art von Geometrie etwas mit einer Transformationsgruppe zu tun habe. *Die Geometrie ist die Gesamtheit der Eigenschaften, welche sich bei den Transformationen der Gruppe nicht ändern.* FELIX KLEIN war ganze drei Jahre in Erlangen: Herbst 1872 bis Herbst 1875. Im Dezember 1872 wurde er hier feierlich in die Fakultät und in den Senat aufgenommen. Damals war es Pflicht, dabei ein „Programm“ vorzulegen, worin man die Forschungsrichtung skizzierte, der man sich künftig widmen wollte. KLEIN wählte für sein Programm den Titel „Vergleichende Betrachtungen über neuere geometrische Forschungen“. Abgedruckt ist es in den Mathematischen Annalen Band 43 (1893) und in seinen gesammelten Werken. Auf jeden Fall hat KLEIN durch dieses Programm den Namen Erlangens in Mathematikerkreisen unsterblich gemacht.

Der Ansatz von KLEIN besteht darin, Geometrie nach den *Invarianten* einer operierenden Gruppe zu klassifizieren, d. h. nach Eigenschaften, die unter allen Operationen einer Gruppe erhalten bleiben. In Abschnitt 2.1.2 haben wir kennen gelernt:

---

[1] Felix KLEIN ∗25. April 1849 in Düsseldorf †22. Juni 1925 in Göttingen

Euklidische Geometrie: Zu den Invarianten der Bewegungsgruppe gehören

- Länge,
- Skalarprodukt,
- (nicht orientierter) Winkel

(jeweils auf die Verbindungsvektoren bezogen). Eine typische Aussage ist:

- Der *Schnittpunktsatz* (Satz von EULER): Mittelsenkrechte, Seitenhalbierende und Höhen in einem Dreieck schneiden sich in je einem Punkt $\boldsymbol{m}$, $\boldsymbol{s}$, bzw. $\boldsymbol{h}$ und es gilt

$$\boldsymbol{s} = \frac{1}{3}\boldsymbol{h} + \frac{2}{3}\boldsymbol{m}\,.$$

Ähnlichkeitsgeometrie: Zu den Invarianten der Ähnlichkeitsgruppe gehören

- Längenverhältnis,
- (nicht orientierter) Winkel.

Eine typische Aussage ist:

- Der *Strahlensatz* (siehe Beispiel 2.22).

Affine Geometrie: In Abschnitt 2.8 haben wir gesehen,
dass zu den Invarianten der affinen Gruppe gehören

- Kollinearität,
- Parallelität,
- Teilverhältnis.

Eine typische Aussage ist:

- Der Schwerpunktsatz (siehe Beispiel 1.127). ◦

Wir stellen noch einige Konsequenzen aus den Gruppeneigenschaften zusammen. Dies verallgemeinert Überlegungen, wie sie schon zu Beginn von Abschnitt 2.3.3 beschrieben wurden.

Bemerkungen 3.5

1) Die Eins $e \in G$ mit der Eigenschaft $e \cdot g = g$ („Linkseins") ist auch eine „Rechtseins", d. h. es gilt $g \cdot e = g$ für alle $g \in G$.

Das kann man wie folgt einsehen: Zu beliebigem $g \in G$ gibt es das Inverse g^{-1} mit $g^{-1} \cdot g = e$ und dazu wieder ein Inverses $g' \in G$ mit $g' \cdot g^{-1} = e$. Daraus folgt

$$\begin{aligned} g &= e \cdot g = (g' \cdot g^{-1}) \cdot g = g' \cdot e = g' \cdot (e \cdot e) \\ &= (g' \cdot e) \cdot e = \left(g' \cdot (g^{-1} \cdot g)\right) \cdot e = (g' \cdot g^{-1}) \cdot g \cdot e = g \cdot e\,. \end{aligned}$$

2) Das „Linksinverse" g^{-1} zu g mit der Eigenschaft $g^{-1} \cdot g = e$ ist auch ein „Rechtsinverses", d. h. es gilt $g \cdot g^{-1} = e$.

Mit der Notation des vorhergehenden Beweises ist $g = g' \cdot e$ und wegen der Eigenschaft 1) ist dies g'. Demnach ist auch $g \cdot g^{-1} = g' \cdot g^{-1} = e$.

3) Das Einselement e ist eindeutig bestimmt.

Sei auch $e' \in G$ mit $e' \cdot g = g$ für alle $g \in G$. Setzen wir $g = e$, so folgt daraus $e' \cdot e = e$. Da e aber auch eine Rechtseins ist, gilt $e' \cdot e = e'$.

4) Das Inverse g^{-1} ist durch g eindeutig bestimmt, insbesondere gilt

$$\left(g^{-1}\right)^{-1} = g,\ (g \cdot h)^{-1} = h^{-1} \cdot g^{-1} \quad \text{für} \quad h, g \in G,\ e^{-1} = e\,.$$

Es sei $g^{-1} \cdot g = g' \cdot g = e$. Wegen 2) ist dann

$$g^{-1} = e \cdot g^{-1} = (g' \cdot g) \cdot g^{-1} = g' \cdot \left(g \cdot g^{-1}\right) = g' \cdot e = g'\,.$$

5) Kürzungsregel: Seien $a, b, g \in G$. Wenn $g \cdot a = g \cdot b$ gilt, dann auch (Linksmutiplikation mit g^{-1}) die Gleichung $a = b$. Aus $a \cdot g = b \cdot g$ folgt (nach Rechtsmultiplikation mit g^{-1}) die Gleichung $a = b$.

6) Lösbarkeit von Gleichungen: Zu beliebigen $g, h \in G$ gibt es genau ein $x \in G$ und ein $y \in G$ mit

$$\begin{aligned} g \cdot x &= h \text{ (nämlich } x := g^{-1} \cdot h)\,, \\ y \cdot g &= h \text{ (nämlich } y := h \cdot g^{-1})\,. \end{aligned}$$

7) Sei U eine Untergruppe von $(G, \cdot)$, e das neutrale Element in G. Dann ist $e \in U$ und damit auch das neutrale Element.

Sei $g \in U$, dann $g^{-1} \in U$ und auch $e = g^{-1} \cdot g \in U$.

8) In einer Gruppe $(G, \cdot, e)$ kann die *Potenz* (bei additiver Schreibweise $(G, +, 0)$ das *Vielfache*) eingeführt werden für $g \in G$:

$$g^0 := e, \quad g^{k+1} := g^k \cdot g \quad \text{für } k \in \mathbb{N}_0\,.$$

Analog wird für $n \in \mathbb{Z}, n < 0$, definiert:

$$g^n := (g^{-1})^{-n}\,.$$

9) Sei $(G, \cdot, e)$ eine Gruppe, $e \neq g \in G$. Dann gibt es entweder ein $n \in \mathbb{N}$, so dass

$$g^n = e$$

oder für alle $n \in \mathbb{N}$ ist $g^n \neq e$. Im ersten Fall heißt das minimale n die Ordnung von g, $n = \mathrm{ord}(g)$ im zweiten Fall wird $\mathrm{ord}(g) = \infty$ gesetzt. Wird die Guppe additiv geschrieben, d. h. $(G, +, 0)$, so wird die Notation $k \cdot g$ statt g^k, wobei $0 \cdot g := 0$, $(k + 1) \cdot g := k \cdot g + g$ für $g \in G, k \in \mathbb{N}_0$ benutzt. △

Definition 3.6

Es seien G, H Gruppen. Eine Abbildung $\varphi : G \to H$ heißt *(Gruppen-) Homomorphismus*, wenn für alle $g_1, g_2 \in G$ gilt

$$\varphi(g_1 \cdot g_2) = \varphi(g_1) \cdot \varphi(g_2) . \quad (3.2)$$

Die Begriffe *Isomorphismus* und *Automorphismus* übertragen sich aus Definition 2.4.

Satz 3.7

Für jeden Gruppenhomomorphismus $\varphi : G \to H$ gilt:

1) Die Eins $1_G \in G$ wird auf die Eins $1_H \in H$ abgebildet: $\varphi(1_G) = 1_H$.
2) Das Inverse von $g \in G$ wird auf $\varphi(g)^{-1}$ abgebildet: $\varphi\left(g^{-1}\right) = \varphi(g)^{-1}$.
3) Die Menge

$$\mathrm{Kern}(\varphi) = \{g \in G : \varphi(g) = 1_H\} \subset G$$

ist eine Untergruppe von G.

4) φ ist injektiv genau dann, wenn $\mathrm{Kern}(\varphi) = \{1_G\}$.

Beweis: Zu 1): Wir berechnen

$$\varphi(1_G) = \varphi(1_G \cdot 1_G) = \varphi(1_G) \cdot \varphi(1_G)$$

und multiplizieren diese Gleichung in H (etwa von rechts) mit $\varphi(1_G)^{-1}$ um $1_H = \varphi(1_G)$ zu erhalten.
Zu 2): Wegen

$$\varphi(g^{-1}) \cdot \varphi(g) = \varphi(g^{-1} \cdot g) = \varphi(1_G) = 1_H$$

ist $\varphi(g^{-1})$ das Inverse von $\varphi(g)$ in H.
Zu 3): Mit $g_1, g_2 \in \mathrm{Kern}(\varphi)$ gehört auch $g_1 \cdot g_2$ zu $\mathrm{Kern}(\varphi)$ wegen

$$\varphi(g_1 \cdot g_2) = \varphi(g_1) \cdot \varphi(g_2) = 1_H \cdot 1_H = 1_H .$$

Mit $g \in \mathrm{Kern}(\varphi)$ gehört auch g^{-1} zu $\mathrm{Kern}(\varphi)$ wegen

$$\varphi(g^{-1}) = \varphi(g)^{-1} = 1_H^{-1} = 1_H .$$

Zu 4): Wörtlich wie bei Satz 2.5, 2). □

Dies verallgemeinert teilweise Satz 2.5, 1) und Überlegungen nach Definition 2.1.

Bemerkung 3.8

1) Wegen Satz 2.98 ist

$$\text{sign} : \Sigma_n \to \{\pm 1\}$$

ein Gruppenhomomorphismus. Sein Kern ist die *alternierende Gruppe* A_n der Permutationen σ mit $\text{sign}(\sigma) = 1$.

2) Aus dem Determinanten-Multiplikationssatz (Theorem 2.111, 1)) folgt, dass die Abbildung

$$\det : \text{GL}(n, \mathbb{R}) \to \mathbb{R}^* := \mathbb{R} \setminus \{0\}$$

ein Gruppenhomomorphismus ist. Sein Kern ist die spezielle lineare Gruppe $\text{SL}(n, \mathbb{R})$.

3) Seien G, H Gruppen, $\varphi : G \to H$ ein Gruppenhomomorphismus, dann erfüllt $G' := \text{Kern}(\varphi)$ sogar:

$$g \cdot h \cdot g^{-1} \in G' \text{ für alle } g \in G, h \in G'.$$

Es gilt nämlich:

$$\begin{aligned}\varphi(g \cdot h \cdot g^{-1}) &= \varphi(g) \cdot \varphi(h) \cdot \varphi(g^{-1}) = \varphi(g) 1_H \varphi(g)^{-1} \\ &= \varphi(g)\varphi(g)^{-1} = 1_H \text{ nach Satz 3.7, 2)} .\end{aligned}$$

Solche Untergruppen heißen auch *normal.* Offensichtlich ist jede abelsche Untergruppe normal.

4) Es treten auch Strukturen auf, die „nicht ganz“ Gruppen sind, da nicht alle Elemente Inverse haben. Man spricht dann von *Halbgruppen* (siehe Definition B.5) bzw. von *Halbgruppen mit Eins* oder von einem *Monoid,* wenn auch ein neutrales Element e existiert. Das neutrale Element ist eindeutig (siehe Bemerkungen 3.5, 3)). Analog zu Beispiele 3.2 sind Halbgruppen $(\mathbb{N}, +)$ bzw. sogar Monoide:

a) $(\mathbb{N}_0, +, 0)$
b) $(\mathbb{N}, \cdot, 1)$ und $(\mathbb{Z}, \cdot, 1)$
c) $(\mathbb{Q}, \cdot, 1)$ und $(\mathbb{R}, \cdot, 1)$
d) $(\text{Abb}(M, M), \circ, \text{id})$ für eine Menge $M \neq \emptyset$ (analog zu Definition 1.31)
e) $(\text{Hom}(V, V), \circ, \text{id})$ bzw. $(\mathbb{R}^{(n,n)}, \cdot, \mathbb{1})$

Viele Begriffe zu Gruppen lassen sich analog fassen: Untermonoid, Monoidhomomorphismen, ...

5) Sei $(G, \cdot, e)$ ein Monoid,

$$G^* := \{g \in G : g \text{ hat ein Inverses } g^{-1}\}.$$

Inverse sind auch eindeutig (wie in Bemerkungen 3.5, 4)) und damit gilt auch $(g \cdot h)^{-1} = h^{-1} \cdot g^{-1}$ für $g, h \in G^*$, $e^{-1} = e$ und somit ist $(G^*, \cdot, e)$ eine Gruppe und G eine Gruppe, genau dann, wenn $G = G^*$. Für die Beispiele aus 4) gilt:

a) $\mathbb{N}_0^* = \{0\}$

b) $\mathbb{N}^* = \{1\}$ und $\mathbb{Z}^* = \{-1, 1\}$ (siehe 1))

c) $\mathbb{Q}^* = \mathbb{Q} \setminus \{0\}$ und $\mathbb{R}^* = \mathbb{R} \setminus \{0\}$

d) $\text{Abb}(M, M)^* = \{f : M \to M : \text{f ist bijektiv}\}$, d. h. insbesondere für $M = \{1, \ldots, n\}$: $\text{Abb}(M, M)^* = \Sigma_n$

e) $\text{Hom}(V, V)^* = \{\Phi \in \text{Hom}(V, V) : \Phi \text{ Isomorphismus }\}$ bzw. $\mathbb{R}^{(n,n)*} = \text{GL}(n, \mathbb{R})$

6) Beispiel 4), e) beruht darauf, dass die Komposition zweier linearer (d. h. strukturverträglicher) Abbildungen wieder linear ((2.4)) (d. h. strukturverträglich ist), Beispiel 5), e) darauf, dass im Falle der Bijektivität auch die Umkehrabbildung linear (d. h. strukturverträglich ist) (Satz 2.5, 3)). Dies gilt für beliebige Verknüpfungen und ihre strukturverträglichen Abbildungen und insofern sind die Mengen strukturverträglicher Abbildungen analog zu 4), e) bzw. 5), e) mit Komposition und Identität ein Monoid bzw. eine Gruppe. Dies gilt z. B. für die Gruppenhomomorphismen von G auf sich bzw. für die invertierbaren Gruppenhomomorphismen von G auf sich. △

Definition 3.9

Ein *Schiefkörper* ist eine nicht leere Menge K mit zwei Operationen „+" und „·". Für diese Operationen muss gelten:

a) K mit „+" ist eine abelsche Gruppe. (Das neutrale Element wird mit $0 \in K$ bezeichnet und das Inverse zu $a \in K$ mit $-a$.)

b) $K^* := K \setminus \{0\} \neq \emptyset$, d. h. K hat mindestens zwei Elemente, und K^* mit „·" ist eine Gruppe. (Das neutrale Element wird mit $1 \in K^*$ bezeichnet und das Inverse zu $0 \neq a \in K$ mit $\frac{1}{a}$.)

c) Für alle $a, b, c \in K$ gelten die Distributivgesetze

$$c \cdot (a + b) = c \cdot a + c \cdot b$$
$$(a + b) \cdot c = a \cdot c + b \cdot c$$

Ist · auch kommutativ auf K, heißt K ein *Körper*.

Sei $L \subset K$ eine nicht leere Teilmenge. L heißt *Unterkörper* von K, wenn $(L, +, 0)$ und $(L^*, \cdot, 1)$ jeweils Untergruppen bilden.

Seien K, L Körper, $\varphi : K \to L$ ein Gruppenhomomorphismus. Gilt zusätzlich auch für die zweite Operation

$$\varphi(a \cdot b) = \varphi(a) \cdot \varphi(b) \quad \text{für } a, b \in K\,,$$

dann heißt φ *Körperhomomorphismus.*
Die Begriffe *Isomorphismus* und *Automorphismus* werden analog zu Definition 3.6 bzw. Definition 2.4 benutzt.

Bemerkungen 3.10

1) *Aus dem Distributivgesetz folgt sofort für alle $x \in K$*

$$0 \cdot x = (0 + 0) \cdot x = 0 \cdot x + 0 \cdot x\,,$$
$$\textit{also} \quad 0 = 0 \cdot x + -(0 \cdot x) = 0 \cdot x + 0 \cdot x + -(0 \cdot x) = 0 \cdot x\,.$$

Für alle $x \in K$ gilt daher:

$$0 \cdot x = 0\,.$$

Also kann $0 \in K$ kein Inverses bezüglich der Multiplikation in K besitzen.

2) Sei K ein Körper und $(K, +, 0)$ die zugrundeliegende additive Gruppe. Dann ist entweder $\text{ord}(x)$ endlich für ein $x \in K \setminus \{0\}$ oder $\text{ord}(x) = \infty$ für alle $x \in K \setminus \{0\}$. Im ersten Fall heißt die minimale Ordnung p die *Charakteristik* von K, $\text{Char}\, K = p$, im zweiten Fall setzen wir $\text{Char}\, K = 0$. Zu diesem Fall gehören $K = \mathbb{Q}, \mathbb{R}, \mathbb{C}$ (da $\eta \cdot x$ (nach Bemerkungen 3.5, 8)) auch der inneren Verknüpfung entspricht und somit gilt: $\eta \cdot x = 0, x \neq 0 \Rightarrow \eta = 0$).

3) Sind K, L in der Situation nur Ringe (siehe Definition B.9), so spricht man von einem *Ringhomomorphismus*, wenn zusätzlich $\varphi(1_K) = 1_L$ für die Einsen gilt. (Sind K und L Körper so gilt dies immer nach Satz 3.7, 1)). Durch

$$\varphi : \mathbb{Z} \to K, \quad n \mapsto n \cdot 1$$

wird ein Ringhomomorphismus definiert, da sich hier die Rechenregeln verifizieren lassen:

$$(n + n') \cdot 1 = n \cdot 1 + n' \cdot 1, \quad (n \cdot n') \cdot 1 = (n \cdot 1) \cdot (n' \cdot 1) \text{ für } n, n' \in \mathbb{Z}.$$

φ ist also injektiv, genau dann, wenn $\text{Char}\, K = 0$, da schon für Gruppenhomomorphismen nach Satz 3.7, 4) Injektivität äquivalent ist mit $\text{Kern}(\varphi) = \{0\}$.

4) Sei $(K, +, 0, \cdot, 1)$ ein Körper mit $\text{Char}\, K = 0$, dann ist

$$\varphi : \mathbb{Q} \to K, \frac{n}{m} \mapsto (n \cdot 1)(m \cdot 1)^{-1} \text{ für } n \in \mathbb{Z}, m \in \mathbb{N}$$

wohldefiniert und ein injektiver Körperhomomorphismus.

Wir zeigen die Injektivität nach Satz 3.7, 4). Sei $n/m \in \mathbb{Q}^*$ mit $(n \cdot 1)(m \cdot 1)^{-1} = \varphi(n/m) = 1$, also $n \cdot 1 = m \cdot 1 \Rightarrow (n - m) \cdot 1 = 0$ und wegen $\text{Char}\, K = 0$ damit $n = m$, d. h. $n/m = 1$.

Damit ist über diese Einbettung $\mathbb{Q}$ in jedem Körper K mit $\operatorname{Char} K = 0$ enthalten.

5) Sei $(K, +, 0, 1)$ ein Körper mit $\operatorname{Char} K = p \neq 0$, dann ist p prim.

Angenommen, p ist nicht prim, also zerlegbar als $p = nm$, wobei $n, m \in \mathbb{N}, n, m < p$, damit ist $n \cdot 1, m \cdot 1 \neq 0$ nach Voraussetzung und somit $(n \cdot 1)(m \cdot 1) = (nm) \cdot 1 = p \cdot 1 \neq 0$, im Widerspruch zu $p \cdot 1 = 0$.

△

Beispiele 3.11

1) Die reellen Zahlen $\mathbb{R}$ und die rationalen Zahlen $\mathbb{Q}$ mit den üblichen Rechenoperationen bilden einen Körper.

2) Der Körper $\mathbb{C}$ der *komplexen Zahlen:* Als Menge ist

$$\mathbb{C} := \mathbb{R}^2 = \{(a, b) \ : a, b \in \mathbb{R}\} ,$$

deren Elemente hier als geordnetes Paar geschrieben werden. Statt (a, b) schreibt man auch $a + b \cdot i$, erst einmal als formale Schreibweise ohne weitere Bedeutung für i. Die reellen Zahlen sind durch

$$\Phi : \mathbb{R} \to \mathbb{C}, \quad x \mapsto (a, 0)$$

nach $\mathbb{C}$ eingebettet. Die Addition ist die übliche Vektoraddition des $\mathbb{R}^2$, daher mit der Einbettung Φ verträglich im Sinn von (3.2) für $+$:

$$(a_1 + 0 \cdot i) + (a_2 + 0 \cdot i) = a_1 + a_2 + 0 \cdot i .$$

Damit ist a) von Definition 3.9 erfüllt.
$\widetilde{\mathbb{C}} := \mathbb{C} \setminus \{0\}$ wird bijektiv auf die konforme Gruppe

$$\mathbb{C}^* = \left\{ \begin{pmatrix} a & -b \\ b & a \end{pmatrix} \ : (0, 0) \neq (a, b) \in \mathbb{R}^2 \right\}$$

durch

$$(a, b) \mapsto \begin{pmatrix} a & -b \\ b & a \end{pmatrix}$$

abgebildet, was mit der eingeführten Addition in $\mathbb{R}$ und der in $\mathbb{R}^{(2,2)}$ verträglich ist. Die Multiplikation in $\widetilde{\mathbb{C}}$ wird durch Rücktransformation der Multiplikation in $\mathbb{C}^*$ definiert. D. h. wegen der Formel

$$\begin{pmatrix} a & -b \\ b & a \end{pmatrix} \begin{pmatrix} a' & -b' \\ b' & a' \end{pmatrix} = \begin{pmatrix} aa' - bb' & -(ab' + a'b) \\ ab' + a'b & aa' - bb' \end{pmatrix}$$

definiert man die Multiplikation in $\widetilde{\mathbb{C}}$ somit durch

$$\boxed{(a + b \cdot i) \cdot (a' + b' \cdot i) := aa' - bb' + (ab' + a'b) \cdot i\,,} \tag{3.3}$$

die auch im Fall $(a, b) = (0, 0)$ oder $(a', b') = (0, 0)$, d. h. in $\mathbb{C}^* \cup \left\{\begin{pmatrix} 0 & 0 \\ 0 & 0 \end{pmatrix}\right\}$, anzuwenden ist, und dann korrekterweise $0 + 0 \cdot i$ ergibt. Wegen

$$(a_1 + 0 \cdot i) \cdot (a_2 + 0 \cdot i) = (a_1 a_2 + 0 \cdot i)$$

ist auch die Multiplikation mit Φ verträglich. Wenn man nun $i = 0 + 1 \cdot i = (0, 1)$ setzt, ist insbesondere $i^2 = i \cdot i = -1 + 0 \cdot i$, d. h. wenn Φ ab jetzt mit der Identität gleich gesetzt wird, gilt – jetzt nicht mehr nur formal –

$$\begin{aligned}(a, b) &= (a, 0) + (0, b) = (a, 0) + (b, 0)(0, 1)\\ &= (a, 0) + (b, 0) \cdot i = a + b \cdot i\end{aligned}$$

und

$$i^2 = -1\,.$$

i heißt *imaginäre Einheit.*

Für $z = a + b \cdot i$ wird $a \in \mathbb{R}$ als ***Realteil*** , $a = \operatorname{Re} z$, und $b \in \mathbb{R}$ als *Imaginärteil* , $b = \operatorname{Im} z$, bezeichnet. Oft wird auch die Schreibweise $z = a + ib$ bevorzugt.Rechnet man andererseits mit „Zahlen $a + ib$" unter Benutzung der Körpereigenschaften und von $i^2 = -1$, erhält man notwendigerweise (3.3).

Beweis von Definition 3.9 b): Die so definierte Multiplikation in $\mathbb{C}$ ist assoziativ, weil die Multiplikation von Matrizen assoziativ ist. Sie ist kommutativ, da $(\mathbb{C}^*, \cdot)$ abelsch ist. Das Einselement ist $1 = 1 + 0 \cdot i$, weil dieses Element zur Einheitsmatrix gehört ($a = 1, b = 0$). Die inverse Matrix ist

$$\begin{pmatrix} a & -b \\ b & a \end{pmatrix}^{-1} = \frac{1}{a^2 + b^2} \cdot \begin{pmatrix} a & b \\ -b & a \end{pmatrix}.$$

Folglich ist für $0 \neq a + b \cdot i \in \mathbb{C}$ das Inverse

$$(a + b \cdot i)^{-1} = \frac{1}{a^2 + b^2}(a - b \cdot i)\,.$$

Da die Addition sich auch als Matrixaddition in $\mathbb{C}^* \cup \left\{\begin{pmatrix} 0 & 0 \\ 0 & 0 \end{pmatrix}\right\}$ interpretieren lässt, folgt schließlich die Eigenschaft c) aus Definition 3.9 aus der Distributivität von Matrizenaddition und -multiplikation.

Über die Einbettung Φ wird $\mathbb{R}$ zu einem Unterkörper von $\mathbb{C}$. Mit Identifizierung $\Phi = \mathrm{id}$ gilt somit für eine komplexe Zahl z

$$z \in \mathbb{R} \Leftrightarrow \operatorname{Im} z = 0 .$$

Entsprechend heißt $z \in \mathbb{C}$ *rein imaginär*, genau dann, wenn $\operatorname{Re} z = 0$. In diesem Sinn ist $a + b \cdot i$ die eindeutige Darstellung in $\mathbb{R}^2$ bezüglich der Basis $1 = (1, 0)$ und $i = (0, 1)$.

In $\mathbb{C}$ gibt es die *Konjugation*

$$z = a + b \cdot i \quad \mapsto \quad \overline{z} = a - b \cdot i ,$$

$\overline{z}$ heißt *konjugiert komplex* zu z.

Man benutzt sie, um wegen $z \cdot \overline{z} = a^2 + b^2$ (im Sinne der Einbettung) den *Betrag* der komplexen Zahl z (die Länge des Vektors (a, b))

$$|z| = \sqrt{a^2 + b^2} = \sqrt{z \cdot \overline{z}} \qquad \text{und ihr Inverses} \qquad \frac{1}{z} = \frac{1}{|z|^2}\overline{z}$$

kürzer zu beschreiben. Die Zahl $z \in \mathbb{C}$ ist reell genau dann, wenn $z = \overline{z}$. Konjugation verträgt sich nicht nur mit der Addition komplexer Zahlen

$$\overline{z_1 + z_2} = \overline{z}_1 + \overline{z}_2 , \tag{3.4}$$

da es sich um die lineare Abbildung von $\mathbb{R}^2$ nach $\mathbb{R}^2$, $(a, b) \mapsto (a, -b)$, handelt, sondern auch mit der Multiplikation komplexer Zahlen:

$$\begin{aligned}\overline{z_1 z_2} &= \overline{(a_1 + ib_1)(a_2 + ib_2)} = \overline{a_1 a_2 - b_1 b_2 + i(a_1 b_2 + a_2 b_1)} \\ &= a_1 a_2 - b_1 b_2 - i(a_1 b_2 + a_2 b_1) = (a_1 - ib_1)(a_2 - ib_2) .\end{aligned}$$

Demnach:

$$\overline{z_1 z_2} = \overline{z}_1 \cdot \overline{z}_2 . \tag{3.5}$$

Außerdem gilt für $z \in \mathbb{C}$:

$$\operatorname{Re} z = \tfrac{1}{2}(z + \overline{z}), \quad \operatorname{Im} z = \tfrac{1}{2i}(z - \overline{z}) . \tag{3.6}$$

Geometrisch ist daher die Addition in $\mathbb{C}$ die Addition in $\mathbb{R}^2$, eine Addition von „Ortsvektoren“ nach dem „Kräfteparallelogramm“. Da die imaginäre Einheit i in $\mathbb{C}^*$ der Matrix

$$\begin{pmatrix} 0 & -1 \\ 1 & 0 \end{pmatrix} = \begin{pmatrix} c & -s \\ s & c \end{pmatrix} \qquad \text{mit} \quad c = \cos\left(\frac{\pi}{2}\right),\ s = \sin\left(\frac{\pi}{2}\right)$$

entspricht, ist die Multiplikation eines $z = x + y \cdot i \in \mathbb{C}$ mit i gleichbedeutend mit einer Drehung von $(x, y)^t \in \mathbb{R}^2$ um $\varphi = \pi/2$. Allgemein ist die Multiplikation mit einem festen $z = a + b \cdot i$ eine Drehstreckung, wobei der Streckungsfaktor

$$r := (a^2 + b^2)^{1/2} = \|(a, b)\|_2$$

ist und der Drehwinkel $\varphi \in [0, 2\pi)$ definiert ist durch

$$\cos(\varphi) = \frac{1}{r} a\,, \quad \sin(\varphi) = \frac{1}{r} b\,.$$

Die Konjugation ist die Spiegelung an der Realteilachse. Insbesondere gibt es neben der kartesischen Darstellung $a + b \cdot i$ immer die *Polardarstellung* (s. Abbildung 3.1)

$$a + b \cdot i = r(\cos(\varphi) + (\sin(\varphi)) \cdot i)\,. \tag{3.7}$$

Mit Hilfe der komplexen Exponentialfunktion kann dies auch als

$$a + bi = r \exp(i\varphi)$$

geschrieben werden. Schließlich hat $\mathbb{C}$ die Charakteristik 0 (mit der gleichen Begründung wie in Bemerkungen 3.10, 2)).

3) Die endlichen Körper $\mathbb{F}_p$ (p Primzahl). Als Menge ist $\mathbb{F}_p$ die Teilmenge $\{0, 1, \ldots, p - 1\} \subset \mathbb{Z}$. Die Operationen „+“ und „·“ sind die übliche Addition und Multiplikation, aber *modulo p genommen* (siehe (3.1)). Bezeichnen wir die Zahl $m \in \mathbb{Z}, 0 \leq m < p$, aufgefasst als Element in $\mathbb{F}_p$, mit $[m]$, so ist dementsprechend

$$\boxed{[m_1] + [m_2] = [m_1 + m_2 \text{ modulo } p]\,.}$$

$\mathbb{F}_p$ mit der Addition ist eine abelsche Gruppe, die wir oben mit $\mathbb{Z}_p$ bezeichneten. Die Multiplikation ist analog definiert durch

$$[m] \cdot [n] = [r]\,, \qquad \text{wenn } r + k \cdot p = m \cdot n \text{ für ein } k \in \mathbb{Z} \text{ und } 0 \leq r < p.$$

Analog kann auch $r \in \{0, \ldots, p - 1\}$ mit $[r] = [g] + [h]$ nach (3.1) als der Rest in der ganzzahligen Division von $g + h$ durch p interpretiert werden. Diese Multiplikation ist assoziativ und kommutativ, da dies für die Multiplikation in $\mathbb{Z}$ gilt, und das neutrale Element ist $[1] \in \mathbb{F}_p$. Auch die Distributivgesetze übertragen sich aus $\mathbb{Z}$, so dass alle Eigenschaften eines Körpers mit Ausnahme der Existenz des Inversen für die Multiplikation mit $0 \neq [m] \in \mathbb{F}_p$ klar sind, und zwar ohne dass p notwendigerweise prim ist. Für die fehlende Eigenschaft ist nachzuweisen, dass die Multiplikation

$$\mathbb{F}_p \to \mathbb{F}_p\,, \quad [n] \mapsto [m]\cdot[n]$$

surjektiv ist. Da $\mathbb{F}_p$ eine endliche Menge ist, genügt es nach Satz A.18 zu zeigen, dass diese Abbildung injektiv ist (siehe Anhang A, Definition A.14), d. h.:

$$[n_1],[n_2] \in \mathbb{F}_p \text{ mit } [m]\cdot[n_1] = [m]\cdot[n_2] \qquad \Rightarrow \qquad [n_1] = [n_2]\,.$$

Wegen des Distributivgesetzes ist diese Abbildung ein Gruppenhomomorphismus, d. h. nach Satz 3.7, 4) genügt es für $m, n \in \{0, \ldots, p-1\}$ zu zeigen, dass

$$[m]\cdot[n] = 0 \qquad \Rightarrow \qquad [n] = 0\,.$$

Nun bedeutet $[m]\cdot[n] = 0 \in \mathbb{F}_p$ für die ganzen Zahlen m und n, dass mn durch p teilbar ist. Dabei kann p nicht m teilen, weil $0 < m < p$. Also muss der Primfaktor p die Zahl n teilen. Mit $0 \leq n < p$ folgt daraus $[n] = 0$.
Alternativ hätte auf $\mathbb{Z}$ auch die Äquivalenzrelation (siehe Anhang A, (A.19))

$$m \sim n :\Leftrightarrow m - n = kp \qquad \text{für ein } k \in \mathbb{Z}$$

definiert werden können und $\mathbb{Z}_p$ (bzw. $\mathbb{F}_p$) als Menge der Äquivalenzklassen. Addition und Multiplikation sind dann die Operationen in $\mathbb{Z}$ auf die Repräsentanten der Äquivalenzklassen angewendet. Es ist dann die Wohldefinition zu überprüfen, die Eigenschaft der Körpereigenschaften außer der Existenz von multiplikativ Inversen folgt dann aus der entsprechenden von $\mathbb{Z}$. Die fehlende Körpereigenschaft, falls p Primzahl ist, ist wie hier gesondert nachzuweisen. ◦

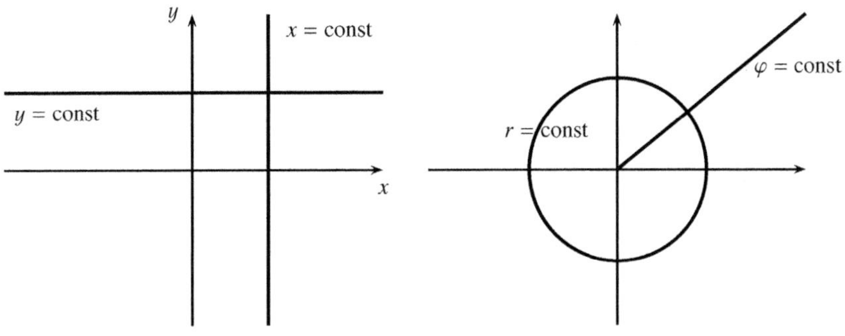

Abb. 3.1: Kartesische und Polarkoordinaten.

Für die Theorie sind die komplexen Zahlen vor allem wegen des *Fundamentalsatzes der Algebra* wichtig (siehe Satz B.21 und Hauptsatz B.33). Jedes reelle Polynom ist natürlich auch ein komplexes Polynom. Der Fundamentalsatz der Algebra lehrt, dass jedes reelle Polynom zumindest komplexe Nullstellen hat.

Beispiel 3.12 Das reelle Polynom $p(x) = 1 + x^2$ hat keine reellen Nullstellen, wohl aber die komplexen Nullstellen $\pm i$.

Genau wie man von $\mathbb{Z}$ zu $\mathbb{Q}$ übergehen muss, wenn man Gleichungen wie

$$a \cdot x = b$$

für $a \neq 0$ immer lösen will, oder von $\mathbb{Q}$ zu $\mathbb{R}$, wenn man Gleichungen wie

$$x^2 = a$$

für $a > 0$ immer lösen will, ist die *Körpererweiterung* $\mathbb{C}$ von $\mathbb{R}$ nötig, um die Existenz von Nullstellen eines beliebigen Polynoms p (das nicht konstant ist) sicherzustellen.

In Kapitel 4 werden daher reelle Matrizen insbesondere als komplexe Matrizen betrachtet werden, um wenigstens die Existenz komplexer Eigenwerte sicherzustellen. ∘

Was Sie in diesem Abschnitt gelernt haben sollten

Begriffe

- Gruppe, Untergruppe
- Gruppenhomomorphismus, Kern
- Körper

Zusammenhänge

- Fundamentalsatz der Algebra (Satz B.21)

Beispiele

- $\mathbb{Z}_n$, $\mathbb{F}_p$
- $\mathbb{C}^*$, $\mathbb{C}$, Konjugation

Aufgaben

Aufgabe 3.1 (K)

a) Bestimmen Sie $\det(A)$, A^2 und A^{-1} für die komplexe 2×2-Matrix

$$A = \begin{pmatrix} 1+i & -i \\ i & 1-i \end{pmatrix}.$$

b) Lösen Sie das lineare Gleichungssystem

$$\begin{aligned} x + iy \quad\;\; &= i \\ y + iz &= i \\ ix + \quad + z &= i\,. \end{aligned}$$

Aufgabe 3.2 (K)

a) Bestimmen Sie den Rang der Matrix

$$\begin{pmatrix} 1 & 1 & 0 \\ 0 & 1 & 1 \\ 1 & 0 & 1 \end{pmatrix}$$

über dem Körper $\mathbb{F}_2$ und über dem Körper $\mathbb{F}_5$.

b) Lösen Sie das lineare Gleichungssytem

$$\begin{aligned} x + y \quad\;\; &= 1 \\ y + z &= 0 \\ x + \quad + z &= 1 \end{aligned}$$

über $\mathbb{F}_2$ und über $\mathbb{F}_5$.

Aufgabe 3.3 (T) Welche der folgenden Teilmengen von $\mathbb{R}^{(n,n)}$ bilden eine Gruppe bezüglich der Matrizenmultiplikation?

a) Die Menge aller oberen Dreiecksmatrizen,
b) die Menge aller oberen Dreiecksmatrizen mit Determinante ungleich 0,
c) die Menge aller normierten oberen Dreiecksmatrizen,
d) für festes $B \in \mathrm{GL}(n, \mathbb{R})$ die Menge $\{A \in \mathrm{GL}(n, \mathbb{R}) : ABA^t = B\}$.

Aufgabe 3.4 (K) Zeigen Sie, dass die folgende Menge unter der Matrizenmultiplikation eine Gruppe ist:

$$\mathrm{Sp}(2n) := \left\{ \left(\begin{array}{c|c} A & B \\ \hline C & D \end{array}\right) \in \mathbb{R}^{(2n,2n)} : \begin{array}{l} A, B, C, D \in \mathbb{R}^{(n,n)}, \\ AB^t = BA^t,\ CD^t = DC^t, \\ AD^t - BC^t = \mathbb{1}_n \end{array} \right\}.$$

3.2 Vektorräume über allgemeinen Körpern

Mit Elementen aus einem beliebigen Körper kann man genauso wie mit reellen Zahlen rechnen, wenn man nichts anderes als die genannten Körpereigenschaften benutzt. *Also: Alles, was wir zu linearen Gleichungssystemen, Matrizenmultiplikation, Determinanten gesehen haben, gilt deswegen über beliebigen Körpern.* Für die einzige Ausnahme, dem Beweis von Lemma 2.107, der die in $\mathbb{F}_2$ nicht existierende multiplikative Inverse von 2 benutzt, wurde eine allgemein gültige Alternative in Bemerkung 2.119 angegeben. Man kann somit in der Definition eines $\mathbb{R}$-Vektorraums $\mathbb{R}$ durch einen Körper K ersetzen und kommt zu:

Definition 3.13

Ein *Vektorraum über dem Körper K* (oder kürzer ausgedrückt: ein K-Vektorraum) ist eine abelsche Gruppe V (Gruppenoperation „+" geschrieben, mit neutralem Element $\mathbf{0} \in V$) zusammen mit einer Operation

$$K \times V \to V\,, \qquad (c, \boldsymbol{v}) \mapsto c \cdot \boldsymbol{v}$$

von K auf V, für die gilt:

a) $c_1 \cdot (c_2 \cdot \boldsymbol{v}) = (c_1 c_2) \cdot \boldsymbol{v}$ (Assoziativität),
für alle $c_1, c_2 \in K$, $\boldsymbol{v} \in V$,

b) $(c_1 + c_2) \cdot \boldsymbol{v} = c_1 \cdot \boldsymbol{v} + c_2 \cdot \boldsymbol{v}$ (Distributivität),
$c \cdot (\boldsymbol{v}_1 + \boldsymbol{v}_2) = c \cdot \boldsymbol{v}_1 + c \cdot \boldsymbol{v}_2$ (Distributivität),
für alle $c_1, c_2, c \in K, \boldsymbol{v}, \boldsymbol{v}_1, \boldsymbol{v}_2 \in V$,

c) $1 \cdot \boldsymbol{v} = \boldsymbol{v}$ für alle $\boldsymbol{v} \in V$.

Wie bisher auch wird der Operator $\cdot$ der *Skalarmultiplikation* i. Allg. weggelassen. Aus den Distributivgesetzen folgt für alle $\boldsymbol{v} \in V$ (wie schon für $\mathbb{R}$-Vektorräume gezeigt):

$$0 \cdot \boldsymbol{v} = (0+0) \cdot \boldsymbol{v} = 0 \cdot \boldsymbol{v} + 0 \cdot \boldsymbol{v} \qquad \Rightarrow 0 \cdot \boldsymbol{v} = \mathbf{0} \in V\,,$$
$$\boldsymbol{v} + (-1) \cdot \boldsymbol{v} = (1-1) \cdot \boldsymbol{v} = 0 \cdot \boldsymbol{v} = \mathbf{0} \Rightarrow (-1) \cdot \boldsymbol{v} = -\boldsymbol{v}\,.$$

Alles, was bisher für $\mathbb{R}$-Vektorräume an Begriffen und Aussagen (ohne weitere Voraussetzungen, wie ein Skalarprodukt) entwickelt wurde, gilt auch in K-Vektorräumen. In den Definitionen ist überall die Skalarenmenge $\mathbb{R}$ durch den zugrunde gelegten Körper K zu ersetzen, z. B.:

Definition 3.14

Eine Abbildung $\Phi : V_1 \to V_2$ des K-Vektorraums V_1 in den K-Vektorraum V_2 heißt *linear* (genauer K-linear), wenn

$$\Phi(s \cdot \boldsymbol{x} + t \cdot \boldsymbol{y}) = s \cdot \Phi(\boldsymbol{x}) + t \cdot \Phi(\boldsymbol{y})$$

für alle $\boldsymbol{x}, \boldsymbol{y} \in V_1$, $s, t \in K$ gilt.

Wenn der Körper K betont werden soll, benutzen wir

$$\mathrm{Hom}_K(V, W) := \{\Phi : V \to W : \Phi \text{ ist } K\text{-linear}\} \text{ für } K\text{-Vektorräume } V, W.$$

Manchmal erzwingt die Menge der Vektoren nicht automatisch den zulässigen Skalarenkörper. So kann z. B. $V = \mathbb{C}^n$ als Vektorraum über $\mathbb{C}$ oder auch über $\mathbb{R}$ betrachtet werden. Ist allgemeiner K ein Körper und $K' \subset K$ ein Unterkörper, so kann ein K-Vektorraum auch als K'-Vektorraum betrachtet werden. Das hat Einfluss auf die Aussagen.

So ist zum Beispiel die Konjugationsabbildung von $\mathbb{C}$ nach $\mathbb{C}$ nicht $\mathbb{C}$-linear (wenn nunmehr $\mathbb{C}$ als $\mathbb{C}$-Vektorraum betrachtet wird), wohl aber $\mathbb{R}$-linear (wenn $\mathbb{C}$ als $\mathbb{R}$-Vektorraum betrachtet wird).

Analog wird bei der Dimension verfahren:

$\dim_K(V)$ bezeichnet die Dimension des K-Vektorraums V.

Auch hier ist die Wahl des Skalarkörpers von Bedeutung:

$$\begin{aligned} \dim_{\mathbb{C}}(\mathbb{C}^n) &= n \ (\mathbb{C}^n \text{ als } \mathbb{C}\text{-Vektorraum}) , \\ \dim_{\mathbb{R}}(\mathbb{C}^n) &= 2n \ (\mathbb{C}^n \text{ als } \mathbb{R}\text{-Vektorraum}) , \end{aligned}$$

da $\{\boldsymbol{e}_1, \ldots, \boldsymbol{e}_n, i\boldsymbol{e}_1, \ldots, i\boldsymbol{e}_n\}$ mit den reellen Einheitsvektoren $\boldsymbol{e}_j$ eine Basis bilden von $\mathbb{C}^n$ als $\mathbb{R}$-Vektorraum (dabei ist also i die imaginäre Einheit, kein Index!).

Allgemein gilt für einen K-Vektorraum V aufgefasst als K'-Vektorraum:

$$\dim_{K'} V = \dim_{K'} K \ \cdot \ \dim_K V ,$$

da auch K ein K'-Vektorraum ist (Übung). Demnach:

Alle Aussagen aus den Kapiteln 1 und 2
für allgemeine $\mathbb{R}$-Vektorräume gelten auch
für allgemeine K-Vektorräume.

Davon sind die Beispiele 1–4 ausgenommen, die von ihrem Anwendungsbezug nur in $\mathbb{R}$ sinnvoll sind. Eine Ausnahme bildet das Beispiel 2: Es wird sich herausstellen, dass auch komplexe „Leitwerte“ sinnvoll sein können, so dass entsprechende Aussagen über das LGS (MM.43) auch dann gelten sollten (Beispiel 2(5)).
Insbesondere ist die Signumsfunktion zu interpretieren als Abbildung

$$\mathrm{sign} : V \to \{-1, 1\} \subset K \,.$$

Den schon bekannten Beispielen können weitere hinzugefügt werden.

Beispiele 3.15

1) Der Zahlenraum $\mathbb{R}^n$ ist ein Vektorraum über dem Körper $\mathbb{R}$. Ebenso ist für einen beliebigen Körper K der Raum

$$K^n = \underbrace{K \times ... \times K}_{n \text{ mal}} = \{(x_1, \ldots, x_n)^t \, : \, x_1, \ldots, x_n \in K\} \tag{3.8}$$

ein Vektorraum über K, wobei wir die Elemente von K^n weiter als Spalte auffassen. Analog setzen wir für die Menge der $m \times n$ Matrizen über K:

$$K^{(m,n)} := \{(a_{i,j})_{\substack{i=1,\ldots,m \\ j=1,\ldots,n}} \, : \, a_{i,j} \in K\} \,.$$

Dies ist mit komponentenweiser Addition und Skalarmultiplikation ein K-Vektorraum. Analog zu (2.65) bzw. (2.151) können auch die Matrixgruppen

$$\mathrm{GL}(n, K) \quad \text{bzw.} \quad \mathrm{SL}(n, K)$$

definiert werden. Aus Definition 1.48 zum Beispiel überträgt sich die Zuordnung der transponierten Matrix

$$\begin{aligned} .^t : K^{(m,n)} &\to K^{(n,m)} \\ A &\mapsto A^t \,. \end{aligned}$$

K^n ist also (isomorph zu) $K^{(n,1)}$ zu verstehen und der Raum der n-komponentigen Zeilen als (isomorph zu) $K^{(1,n)}$ und diese im Sinn von (3.8) als isomorph zueinander. In (1.31) wurde schon der $\mathbb{R}$-Vektorraum der unendlichen reellen Folgen $\mathbb{R}^{\mathbb{N}}$ eingeführt. Genauso lässt sich $K^{\mathbb{N}}$ für einen Körper K definieren.

2) Die Menge

$$l^2(\mathbb{R}) = \{(a_\nu) \in \mathbb{R}^{\mathbb{N}} \, : \, \sum a_\nu^2 \text{ konvergent}\}$$

der quadratsummierbaren reellen Folgen ist ein linearer Unterraum von $\mathbb{R}^{\mathbb{N}}$.

Es muss nun gezeigt werden, dass $c \cdot (a_\nu)$ und $(a_\nu) + (a'_\nu)$ wieder zu $l^2(\mathbb{R})$ gehören: Dazu benutzen wir die wegen

$$\sum a_\nu^2 = \sum |a_\nu|^2$$

aus der Charakterisierung von absoluter Reihenkonvergenz (siehe Analysis) folgende Charakterisierung

$$l^2(\mathbb{R}) = \{(a_\nu)\ :\ \textit{es existiert ein } M \in \mathbb{R} \textit{ so, dass für alle } N \in \mathbb{N} \textit{ gilt: } \sum_1^N a_\nu^2 \le M\}\,.$$

Wenn also für alle $N \in \mathbb{N}$ gilt $\sum_1^N a_\nu^2 \le M$, dann ist $\sum_1^N (ca_\nu)^2 \le c^2 M$ für alle N. Wenn für alle $N \in \mathbb{N}$ gilt, dass $\sum_1^N a_\nu^2 \le M$ und $\sum_1^N (a'_\nu)^2 \le M'$, dann zeigt die CAUCHY-SCHWARZ-Ungleichung, dass

$$\sum_1^N a_\nu a'_\nu \le \sqrt{\sum_1^N a_\nu^2} \cdot \sqrt{\sum_1^N (a'_\nu)^2} \le \sqrt{M \cdot M'}\,.$$

Daraus erhalten wir

$$\sum_1^N (a_\nu + a'_\nu)^2 = \sum_1^N a_\nu^2 + 2\sum_1^N a_\nu a'_\nu + \sum_1^N (a'_\nu)^2 \le M + 2\sqrt{M \cdot M'} + M'$$

für alle $N \in \mathbb{N}$.

Analog ist der Raum

$$l^2(\mathbb{C}) = \{(a_\nu)\ :\ a_\nu \in \mathbb{C},\ \sum_1^\infty |a_\nu|^2 \text{ konvergent}\}$$

der quadratsummierbaren Folgen komplexer Zahlen ein Vektorraum über $\mathbb{C}$.

3) Oft kann man Aussagen für $\mathbb{R}$ und für $\mathbb{C}$ als Skalarkörper analog formulieren.

Zur Vereinheitlichung benutzen wir dann die Bezeichnung $\mathbb{K}$, dh.

$$\mathbb{K} \in \{\mathbb{R}, \mathbb{C}\}\,.$$

In Verallgemeinerung von (1.50) definieren wir also

$$\boxed{C([a,b],\mathbb{K}) := \{f : [a,b] \to \mathbb{K} : f \text{ ist stetig}\}\,.} \tag{3.9}$$

Direkter als in 2) ergibt sich etwa, dass

$$l^1(\mathbb{K}) := \{(a_\nu) \in \mathbb{K}^{\mathbb{N}} : \sum |a_\nu| \text{ konvergent}\}$$

und

$$l^\infty(\mathbb{K}) := \{(a_\nu) \in \mathbb{K}^{\mathbb{N}} : (|a_\nu|)_\nu \text{ ist beschränkt}\}$$

lineare Unterräume von $\mathbb{K}^{\mathbb{N}}$ sind (Übung).

4) Auch Funktionen können Vektorräume bilden, wie schon gesehen. Bekannt ist bereits

$$C^0[a,b] := C([a,b],\mathbb{R}), \text{ d. h. der Raum der stetigen reellwertigen Funktionen auf } [a,b] \subset \mathbb{R},$$

als $\mathbb{R}$-Vektorraum. Genauso lässt sich für $q \in \mathbb{N}$

$$C^q(a,b), \text{ d. h. der Raum der auf } [a,b] \subset \mathbb{R} \text{ stetigen und auf } (a,b)\ q\text{-mal stetig differenzierbaren reellwertigen Funktionen },$$

als $\mathbb{R}$-Vektorraum bilden oder allgemeiner für $q \in \mathbb{N}_0$

$$C^q((a,b),\mathbb{K}) \tag{3.10}$$

als entsprechender $\mathbb{K}$-Vektorraum. Schließlich sind (siehe Anhang B.3, Definition B.16)

$$\begin{aligned} K[x]&, \text{ d. h. der Raum der Polynome } \textstyle\sum_0^n a_\nu x^\nu,\ n \in \mathbb{N},\ a_\nu \in K,\\ K_n[x]&, \text{ d. h. der Raum der Polynome } \textstyle\sum_0^d a_\nu x^\nu, a_\nu \in K, \text{ vom Grad} \leq n, \end{aligned}$$

Vektorräume über K für einen beliebigen Körper K. Bei endlichem K ist hier Bemerkungen B.18, 2) zu beachten.

5) Sind V_1 und V_2 Vektorräume über K, so ist auch ihr kartesisches Produkt

$$V_1 \times V_2 = \{(\boldsymbol{v}_1, \boldsymbol{v}_2) : \boldsymbol{v}_1 \in V_1, \boldsymbol{v}_2 \in V_2\}$$

mit komponentenweiser Definition der Vektoroperationen

$$\begin{aligned} (\boldsymbol{v}_1, \boldsymbol{v}_2) + (\boldsymbol{v}_1', \boldsymbol{v}_2') &= (\boldsymbol{v}_1 + \boldsymbol{v}_1', \boldsymbol{v}_2 + \boldsymbol{v}_2')\\ c \cdot (\boldsymbol{v}_1, \boldsymbol{v}_2) &= (c \cdot \boldsymbol{v}_1, c \cdot \boldsymbol{v}_2) \end{aligned}$$

ein K-Vektorraum.

6) Wie schon am Beispiel $\mathbb{R}$ und $\mathbb{C}$ bzw. $\mathbb{R}^n$ und $\mathbb{C}^n$ gesehen, kann allgemein aus einem $\mathbb{R}$-Vektorraum $V_\mathbb{R}$ ein $\mathbb{C}$-Vektorraum $V_\mathbb{C}$ gebildet werden, der – als $\mathbb{R}$-Vektorraum aufgefasst – $V_\mathbb{R}$ als linearen Unterraum enthält. Diese *Komplexifizierung* geschieht durch folgende Bildung:

$$V_\mathbb{C} := V_\mathbb{R} \times V_\mathbb{R} .$$

Auf $V_\mathbb{C}$ wird die komponentenweise Addition

$$(x_1, y_1) + (x_2, y_2) := (x_1 + x_2, y_1 + y_2), \quad x_i, y_i \in V_\mathbb{R},\ i = 1,2$$

mit der $V_\mathbb{C}$ zur kommutativen Gruppe wird, und die Skalarmultiplikation

$$(a + ib)(x, y) = (ax - by, ay + bx), \quad a, b \in \mathbb{R},\ x, y \in V_\mathbb{R} \tag{3.11}$$

definiert. Folglich ist $(V_\mathbb{C}, +, \cdot)$ ein $\mathbb{C}$-Vektorraum, und $\dim_\mathbb{C} V_\mathbb{C} = \dim_\mathbb{R} V_\mathbb{R}$ (Übung).

Die $\mathbb{C}$-Vektorräume aus obigen Beispielen 3.15, 2) und 3) sind Komplexifizierungen der reellen Varianten. Allgemein gilt

$$V_\mathbb{R} \subset V_\mathbb{C}$$

(über die Einbettung $x \in V_\mathbb{R} \mapsto (x, 0) \in V_\mathbb{C}$) und $V_\mathbb{R}$ ist ein linearer Unterraum von $V_\mathbb{C}$, als $\mathbb{R}$-Vektorraum betrachtet. Insbesondere in Kapitel 4 werden wir die Elemente eines $\mathbb{R}$-Vektorraums auch als Elemente seiner Komplexifizierung betrachten, etwa $A \in \mathbb{R}^{(m,n)}$ als $A \in \mathbb{C}^{(m,n)}$. ○

Hinsichtlich des Tupelraumes K^n und des entsprechenden Matrizenraumes $K^{(m,n)}$ ist Folgendes zu beachten: Wurde für die Begriffe und Aussagen nicht das (euklidische) Skalarprodukt zugrunde gelegt, so übertragen sie sich auf den allgemeinen Fall. Inbesondere bleiben alle Aussagen zur Transformation einer Matrix auf (reduzierte) Zeilenstufenform (GAUSS-(JORDAN-) Verfahren), zur LR-Zerlegung, zur Darstellung von linearen Abbildungen auf endlichdimensionalen K-Vektorräumen durch Matrizen über K usw. gültig. Alles, was ein Skalarprodukt erfordert (Orthogonalität, ONB, SCHMIDTsche Orthonormalisierung, ...) braucht neue Überlegungen.

Beispiel 2(5) – Elektrisches Netzwerk Ziel ist es, für (MM.66) und dann allgemein für (MM.61) sowie (MM.65) für periodische Quellstärken partikuläre Lösungen y_p anzugeben. Die linearen Gleichungen (MM.66) (bzw. auch (MM.61), (MM.65)) können auch im Komplexen betrachtet werden. Wegen der $\mathbb{R}$-Linearität von $\mathrm{Re} : \mathbb{C} \to \mathbb{R}$ und der Verträglichkeit mit der Ableitung

$$\mathrm{Re}(\dot{y}) = (\dot{\overline{\mathrm{Re}\, y}})$$

ist der Realanteil einer komplexen Lösung eine reelle Lösung. Betrachten wir einen Wechselstromkreis, d. h.

$$b(t) = b_0 \cos(\omega t)$$

mit einer Frequenz $\omega > 0$. Gäbe es nur den OHMschen Widerstand, so wäre durch

$$y(t) = b_0/R \cos(\omega t)$$

eine Lösung gegeben, die anderen Bauteile erzeugen aber eine Phasenverschiebung. Der komplexe Ansatz

$$y(t) = y_0 \exp(i\omega t)\,, \quad y_0 \in \mathbb{C}$$

für die rechte Seite

$$b(t) = b_0 \exp(i\omega t)\,, \quad b_0 \in \mathbb{R}$$

liefert

$$\left(R + Li\omega - \frac{1}{C}\frac{i}{\omega}\right) y_0 \exp(i\omega t) = b_0 \exp(i\omega t)\,,$$

also für y_0 eine echt komplexe Lösung:

$$y_0 = a + ib$$

und damit die Lösung

$$y(t) = a\exp(i\omega t) + ib\exp(i\omega t)\,,$$

d. h. auch

$$\operatorname{Re} y(t) = a\cos(\omega t) - b\sin(\omega t)\,.$$

Für (MM.64), (MM.65) und eine Quellstärke

$$\boldsymbol{b}(t) = \boldsymbol{b}_0\cos(\omega t)$$

lässt sich diese Überlegung wiederholen. Dabei kann $\boldsymbol{b}_0 \in \mathbb{R}^n$ sein, wenn die Quellen alle „in Phase" sind, oder auch $\boldsymbol{b}_0 \in \mathbb{C}^n$, um unterschiedliche Phasen zu berücksichtigen. Wichtig ist nur die einheitliche Frequenz ω.

Einsetzen des Ansatzes

$$\boldsymbol{y}(t) = \boldsymbol{y}\exp(i\omega t)\,, \quad \boldsymbol{y} \in \mathbb{C}^n$$

liefert das LGS für $\boldsymbol{y}$

$$\begin{aligned} D\left(D_W A + D_S L i\omega + D_C \overline{C}\frac{-i}{\omega}\right)\boldsymbol{y} &= D\boldsymbol{b} \\ B^t\boldsymbol{y} &= \boldsymbol{0}\,. \end{aligned}$$

Vergleicht man das mit (MM.48), sieht man, dass die Beschreibung formal die gleiche ist wie in einem Netzwerk nur mit OHMschen Widerständen, wenn das LGS im Komplexen betrachet wird und wie den OHMschen Widerständen der Widerstand R, an einer Spule die *Impedanz* $i\omega L$ (als komplexer „Widerstand") und an einem Kondesator die Impedanz $-\frac{i}{\omega C}$ zugeordnet wird. Geht man von der Äquivalenz der Beschreibungen (MM.51) und (MM.48) aus, kann also $\boldsymbol{y} \in \mathbb{C}^n$ dadurch bestimmt werden, dass auch in $\mathbb{C}^n$ das LGS

$$\begin{aligned} A\boldsymbol{y} + B\boldsymbol{x} &= \boldsymbol{b}_0 \\ B^t\boldsymbol{y} &= \boldsymbol{0} \end{aligned}$$

für

$$A = \left(D_W \operatorname{diag}(R_i) + D_S\, i\omega \operatorname{diag}(L_i) + D_C\left(-\frac{i}{\omega}\right)\operatorname{diag}(1/C_i)\right)$$

bzw. mit $C := A^{-1}$

$$B^t C B\boldsymbol{x} = B^t C\boldsymbol{b}_0$$

und dann

$$\boldsymbol{y} := C(\boldsymbol{b}_0 - B\boldsymbol{x})\,. \qquad \diamond$$

Bemerkungen 3.16 Trotz einer in weiten Teilen einheitlichen Theorie weisen K-Vektorräume gegenüber $\mathbb{R}$-Vektorräumen Besonderheiten auf, insbesondere wenn K endlich definiert ist.

1) Offensichtlich ist: Sei V ein n-dimensionaler K-Vektorraum, wobei $\#(K) = p \in \mathbb{N}$ – hierbei wird mit $\#(M)$ für eine endliche Menge M die Anzahl der Elemente bezeichnet, – dann ist auch V endlich und

$$\#(V) = p^n \tag{3.12}$$

(Übung).

2) Sei $K = \mathbb{F}_p$, p eine Primzahl. Dann sind die Vektorräume $(V, +, \cdot)$ über K gerade die kommutativen Gruppen $(V, +)$, in denen

$$\underbrace{\boldsymbol{v} + \ldots + \boldsymbol{v}}_{p\text{-mal}} = \mathbf{0} \tag{3.13}$$

gilt.

Das kann man wie folgt einsehen:
Sei $(V, +, \cdot)$ ein K-Vektorraum, dann ist für $\alpha = [k] \in K$, $\boldsymbol{v} \in V$ wegen $1 = [1]$:

$$\alpha\boldsymbol{v} = (\alpha \cdot 1)\boldsymbol{v} = (\underbrace{[1] + \ldots + [1]}_{k\text{-mal}})\boldsymbol{v} = \underbrace{\boldsymbol{v} + \ldots + \boldsymbol{v}}_{k\text{-mal}} . \tag{3.14}$$

Damit kann Skalarmultiplikation durch die Addition ausgedrückt werden und wegen

$$\underbrace{\boldsymbol{v} + \ldots + \boldsymbol{v}}_{p\text{-mal}} = [p]\boldsymbol{v} = 0\boldsymbol{v} = 0$$

gilt (3.13). *Ist andererseits $(V, +)$ eine kommutative Gruppe mit* (3.13), *so definiert* (3.14) *eine Skalarmultiplikation, so dass $(V, +, \cdot)$ ein K-Vektorraum ist.*

3) Sei $K = \mathbb{F}_2$, $(V, +)$ eine Untergruppe von K^n. Dann gilt immer (3.13). Die Untergruppen sind folglich genau die linearen Unterräume. Diese Unterräume spielen in der *Codierungstheorie* eine Rolle.
Für $n = 8$ erhält man mit K^n z. B. den *Vektorraum der Bytes*. Damit wird etwa der ASCII-Zeichensatz realisiert, der mit 7 Komponenten, hier *Bits* genannt, 128 Zeichen codiert und die achte Komponente als Kontrollbit benutzt. Wird dieses so gewählt, dass die Anzahl der Einsen gerade ist, kann das Auftreten eines Fehlers in einem Bit erkannt (aber nicht korrigiert) werden.
Allgemeiner versteht man unter jeder Untergruppe (linearem Unterraum) von K^n einen *linearen binären Block-Code der Länge n*. Ein Problem ist (durch Redundanz wie oben) Codes zu konstruieren, die bis zu k fehlerhafte Bits *erkennen* oder sogar *korrigieren* können.

4) In $V = (\mathbb{F}_2)^7$ sei

$$U := \operatorname{span}\Big((1000110)^t, (0100011)^t, (0010111)^t, (0001101)^t\Big) .$$

Da das Erzeugendensystem linear unabhängig ist (Übung), ist $\dim U = 4$ und damit gibt es nach (3.12) 16 *Code-Wörter*, d. h. Elemente in U. U ist ein „optimaler" 1-fehlerkorrigierender Code, der *Hamming-Code* der Länge 7 über $\mathbb{F}_2$. △

Ab Abschnitt 7.2.1 werden K-Vektorräume allgemein untersucht, die zusätzlich eine mit der Vektorraumstruktur verträgliche innere Verknüpfung haben.

Definition 3.17

Sei K ein Körper, $(V, +, \lambda\cdot)$ ein K-Vektorraum. V heißt *K-Algebra*, wenn eine weitere innere Verknüpfung $\circ$, d. h. eine Abbildung $\circ : V \times V \to V$ definiert ist, so dass gilt:

$$(\boldsymbol{u} + \boldsymbol{v}) \circ \boldsymbol{w} = \boldsymbol{u} \circ \boldsymbol{w} + \boldsymbol{v} \circ \boldsymbol{w}$$
$$\boldsymbol{u} \circ (\boldsymbol{v} + \boldsymbol{w}) = \boldsymbol{u} \circ \boldsymbol{v} + \boldsymbol{u} \circ \boldsymbol{w}$$

für alle $\boldsymbol{u}, \boldsymbol{v}, \boldsymbol{w} \in V$ (Distributivgesetze)

$$\lambda \cdot (\boldsymbol{u} \circ \boldsymbol{v}) = (\lambda \cdot \boldsymbol{u}) \circ \boldsymbol{v} = \boldsymbol{u} \circ (\lambda \cdot \boldsymbol{v})$$

für alle $\boldsymbol{u}, \boldsymbol{v} \in V, \lambda \in K$.

Beispiel 3.18 Beispiele für K-Algebren sind $\mathrm{Hom}_K(V, V)$, wobei V ein K-Vektorraum ist und $\circ$ durch die Komposition der Abbildungen definiert ist, oder $K^{(n,n)}$, wobei $\circ$ durch die Matrixmultiplikation definiert ist. Man beachte, dass in beiden Fällen $\circ$ bis auf Trivialfälle nicht kommutativ ist. ○

Was Sie in diesem Abschnitt gelernt haben sollten

Begriffe

- K-Vektorraum
- K-lineare Abbildung
- K-Algebra

Beispiele

- $\mathbb{C}$-Vektorräume als $\mathbb{R}$-Vektorräume
- Komplexifizierung von $\mathbb{R}$-Vektorräumen ((3.11))
- Unterräume von $(\mathbb{F}_2)^n$, lineare Codes (Bemerkungen 3.16)

Aufgaben

Aufgabe 3.5 (K)

a) Ist V ein n-dimensionaler K-Vektorraum, wobei $\#(K) = p \in \mathbb{N}$, dann ist auch V endlich und
$$\#(V) = p^n .$$

b) In $V = (\mathbb{F}_2)^7$ sei
$$U := \operatorname{span}\left((1000110)^t, (0100011)^t, (0010111)^t, (0001101)^t\right) .$$
Zeigen Sie, dass das Erzeugendensystem linear unabhängig ist und berechnen Sie $\#(U)$.

Aufgabe 3.6 Es sei K ein Körper mit p Elementen. Zeigen Sie:

a) Die Anzahl der Elemente in der Gruppe $\mathrm{GL}(n, K)$ ist
$$\#\,(\mathrm{GL}(n, K)) = \prod_{\nu=0}^{n-1}(p^n - p^\nu) .$$

b) Die Anzahl der Elemente in der Gruppe $\mathrm{SL}(n, K)$ ist
$$\frac{1}{p-1} \cdot \#\,(\mathrm{GL}(n, K)) .$$

c) Geben Sie für $p = 2$ die Matrizen aller bijektiven linearen Abbildungen von V in sich an, wobei V ein zweidimensionaler Raum über K sei.

Aufgabe 3.7 (T) Bekanntlich trägt $\mathbb{C}^n$ die Struktur eines Vektorraumes über dem Körper $\mathbb{C}$, aber auch über dem Körper $\mathbb{R}$.

a) Ergänzen Sie die Vektoren $\boldsymbol{b}_1 = (1, 0, 1)^t$ und $\boldsymbol{b}_2 = (1, -1, 0)^t$ zu einer Basis des $\mathbb{C}$-Vektorraums $\mathbb{C}^3$ und zu einer Basis des $\mathbb{R}$-Vektorraums $\mathbb{C}^3$.

b) Die Abbildung $h : \mathbb{C}^n \to \mathbb{R}^m$ sei eine lineare Abbildung der $\mathbb{R}$-Vektorräume $\mathbb{C}^n$ und $\mathbb{R}^m$. Zeigen Sie, dass
$$f : \mathbb{C}^n \to \mathbb{C}^m,\ f(\boldsymbol{x}) = h(\boldsymbol{x}) - ih(i\boldsymbol{x})$$
eine lineare Abbildung der $\mathbb{C}$-Vektorräume $\mathbb{C}^n$ und $\mathbb{C}^m$ ist.

c) Sei nun $f : \mathbb{C}^n \to \mathbb{C}^m$ eine lineare Abbildung der $\mathbb{C}$-Vektorräume $\mathbb{C}^n$ und $\mathbb{C}^m$. Zeigen Sie, dass es eine lineare Abbildung $h : \mathbb{C}^n \to \mathbb{R}^m$ der $\mathbb{R}$-Vektorräume $\mathbb{C}^n$ und $\mathbb{R}^m$ gibt, so dass $f(\boldsymbol{x}) = h(\boldsymbol{x}) - ih(i\boldsymbol{x})$ für alle $\boldsymbol{x} \in \mathbb{C}^n$.

3.3 Euklidische und unitäre Vektorräume

Im $\mathbb{C}$-Vektorraum $V := \mathbb{C}^n$ ist eine Längenmessung (d. h. eine Norm) definiert durch

$$\|\boldsymbol{x}\| := \left(\sum_{i=1}^{n} |x_i|^2\right)^{1/2} = \left(\sum_{i=1}^{n} x_i\overline{x}_i\right)^{1/2} \in \mathbb{R} \quad \text{für } \boldsymbol{x} = (x_i) \in \mathbb{C}^n .$$

Analog zum reellen Fall gibt es eine Abbildung

$$\langle\, .\, \rangle : \mathbb{C}^n \times \mathbb{C}^n \to \mathbb{C} ,$$

so dass

$$\|\boldsymbol{x}\| = \sqrt{\langle \boldsymbol{x} \,.\, \boldsymbol{x}\rangle} ,$$

nämlich

$$\langle \boldsymbol{x} \,.\, \boldsymbol{y}\rangle := \sum_{i=1}^{n} x_i\overline{y}_i \quad \text{für } \boldsymbol{x} = (x_i), \boldsymbol{y} = (y_i) \in \mathbb{C}^n . \tag{3.15}$$

Die *Form* $\langle\, .\, \rangle$ hat folgende Eigenschaften:
(i) *Linearität im ersten Argument*:

$$\langle c_1\boldsymbol{x}_1 + c_2\boldsymbol{x}_2 \,.\, \boldsymbol{y}\rangle = c_1 \langle \boldsymbol{x}_1 \,.\, \boldsymbol{y}\rangle + c_2 \langle \boldsymbol{x}_2 \,.\, \boldsymbol{y}\rangle \qquad \boldsymbol{x}_1, \boldsymbol{x}_2, \boldsymbol{y} \in V,\ c_1, c_2 \in \mathbb{C} . \tag{3.16}$$

(ii) *HERMITE*[2]*-Symmetrie*:

$$\langle \boldsymbol{x} \,.\, \boldsymbol{y}\rangle = \overline{\langle \boldsymbol{y} \,.\, \boldsymbol{x}\rangle} , \quad \boldsymbol{x}, \boldsymbol{y} \in V . \tag{3.17}$$

(iii) *(Positiv-)Definitheit*:

$$\begin{aligned} &\langle \boldsymbol{x} \,.\, \boldsymbol{x}\rangle \in \mathbb{R} \text{ (wegen (3.17))} \\ &\text{und } \langle \boldsymbol{x} \,.\, \boldsymbol{x}\rangle \geq 0 \text{ für alle } \boldsymbol{x} \in V, \langle \boldsymbol{x} \,.\, \boldsymbol{x}\rangle = 0 \Leftrightarrow \boldsymbol{x} = \boldsymbol{0} . \end{aligned} \tag{3.18}$$

Aus (i) und (ii) folgt:
(i)' *Antilinearität im zweiten Argument*:

$$\langle x \,.\, c_1\boldsymbol{y}_1 + c_2\boldsymbol{y}_2\rangle = \overline{c}_1 \langle \boldsymbol{x} \,.\, \boldsymbol{y}_1\rangle + \overline{c}_2 \langle \boldsymbol{x} \,.\, \boldsymbol{y}_2\rangle , \quad \boldsymbol{x}, \boldsymbol{y}_1, \boldsymbol{y}_2 \in V,\ c_1, c_2 \in \mathbb{C} .$$

Um im Folgenden $\mathbb{R}$ und $\mathbb{C}$ als Skalarenkörper einheitlich behandeln zu können, benutzen wir die schon eingeführte Schreibweise $\mathbb{K}$, d. h.

$$\mathbb{K} \in \{\mathbb{R}, \mathbb{C}\} .$$

In Erweiterung von Definition 1.89 definieren wir:

---

[2] Charles HERMITE *24. Dezember 1822 in Dieuze †14. Januar 1901 in Paris

Definition 3.19

Sei V ein $\mathbb{K}$-Vektorraum. Eine Abbildung $\langle\,.\,\rangle : V \times V \to \mathbb{K}$ heißt *inneres Produkt* auf V, wenn sie linear im ersten Argument, HERMITE-symmetrisch und definit ist (d. h. (3.16), (3.17), (3.18) erfüllt). Für das Bild von $\boldsymbol{x}, \boldsymbol{y} \in V$ schreibt man $\langle \boldsymbol{x} \,.\, \boldsymbol{y} \rangle$. $(V, +, \cdot, \langle\,.\,\rangle)$ heißt *euklidischer Vektorraum* für $\mathbb{K} = \mathbb{R}$ bzw. *unitärer Vektorraum* für $\mathbb{K} = \mathbb{C}$.

Für $\mathbb{K} = \mathbb{R}$ sind die Begriffe Skalarprodukt (SKP) und inneres Produkt identisch. In Abschnitt 1.5 ist ausgehend vom Beispiel $V = \mathbb{R}^n$, aber in der Argumentation allgemein festgestellt worden, dass in jedem euklidischen Raum $(V, \langle\,.\,\rangle)$ durch

$$\|\boldsymbol{x}\| := \sqrt{\langle \boldsymbol{x} \,.\, \boldsymbol{x} \rangle} \quad \text{für } \boldsymbol{x} \in V \tag{3.19}$$

eine Norm auf V definiert wird, die mit dem inneren Produkt über die CAUCHY-SCHWARZ-Ungleichung (1.59) zusammenhängt. Dies gilt genauso für unitäre Vektorräume. Wegen (3.18) ist (3.19) wohldefiniert. Um die genannten Eigenschaften nachzuvollziehen, betrachten wir als Erstes die Beziehung zwischen einem allgemeinen unitären und einem davon abgeleiteten euklidischen Raum.

Es sei V ein unitärer $\mathbb{C}$-Vektorraum mit dem inneren Produkt $\langle\,.\,\rangle$. V ist insbesondere auch ein $\mathbb{R}$-Vektorraum. Darauf ist $\mathrm{Re}(\langle\,.\,\rangle)$ eine $\mathbb{R}$-lineare reelle Funktion beider Argumente. Aus der HERMITE-Symmetrie folgt die Symmetrie dieser reellen Funktion und die Definitheit ist ohnehin klar. Also ist $(\,.\,) := \mathrm{Re}\langle\,.\,\rangle$ ein inneres Produkt auf dem $\mathbb{R}$-Vektorraum V, ein SKP. Umgekehrt ist $\langle\,.\,\rangle$ durch das reelle innere Produkt $(\,.\,)$ festgelegt vermöge

$$\langle \boldsymbol{x} \,.\, \boldsymbol{y} \rangle = \mathrm{Re}(\langle \boldsymbol{x} \,.\, \boldsymbol{y} \rangle) + i\,\mathrm{Im}(\langle \boldsymbol{x} \,.\, \boldsymbol{y} \rangle) = (\boldsymbol{x} \,.\, \boldsymbol{y}) + i\,\mathrm{Re}(-i\,\langle \boldsymbol{x} \,.\, \boldsymbol{y} \rangle) = (\boldsymbol{x} \,.\, \boldsymbol{y}) + i\,\mathrm{Re}(\langle \boldsymbol{x} \,.\, i\boldsymbol{y} \rangle)\,.$$

Folglich:

$$\boxed{\langle \boldsymbol{x} \,.\, \boldsymbol{y} \rangle = (\boldsymbol{x} \,.\, \boldsymbol{y}) + i\,(\boldsymbol{x} \,.\, i\boldsymbol{y})\,.} \tag{3.20}$$

Satz 3.20: Inneres Produkt und C.S.U.

Ein inneres Produkt $\langle\,.\,\rangle$ auf dem $\mathbb{K}$-Vektorraum V definiert eine Norm

$$\|\boldsymbol{v}\| := \sqrt{\langle \boldsymbol{v} \,.\, \boldsymbol{v} \rangle}$$

auf V. Es gilt die CAUCHY-SCHWARZ-Ungleichung

$$|\langle \boldsymbol{x} \,.\, \boldsymbol{y} \rangle| \leq \|\boldsymbol{x}\|\,\|\boldsymbol{y}\| \quad \text{für alle } \boldsymbol{x}, \boldsymbol{y} \in V\,.$$

Beweis: Nur für den komplexen Fall ist die Aussage neu. Sei deswegen V mit dem inneren Produkt $\langle\,.\,\rangle$ ein unitärer Raum. Wenn wir für den Moment die Norm des komplexen inneren Produkts mit

$$\|\boldsymbol{x}\|_{\mathbb{C}} = \sqrt{\langle \boldsymbol{x} \,.\, \boldsymbol{x}\rangle}$$

abkürzen und die Norm des zugehörigen reellen inneren Produkts $\mathrm{Re}\langle\,.\,\rangle$ mit $\|\boldsymbol{x}\|_{\mathbb{R}}$, so ist

$$\|\boldsymbol{x}\|_{\mathbb{C}} = \|\boldsymbol{x}\|_{\mathbb{R}}\,,$$

weil $\langle \boldsymbol{x} \,.\, \boldsymbol{x}\rangle$ reell ist. Beide Normen sind demnach gleich. Somit gelten alle Normeigenschaften mit eventueller Ausnahme der Homogenität, aber: Für alle $c \in \mathbb{C}$ gilt wegen der Antilinearität im zweiten Argument

$$\|c \cdot \boldsymbol{v}\| = \sqrt{\langle c \cdot \boldsymbol{v} \,.\, c \cdot \boldsymbol{v}\rangle} = \sqrt{c\bar{c} \cdot \langle \boldsymbol{v} \,.\, \boldsymbol{v}\rangle} = |c| \cdot \|\boldsymbol{v}\|\,.$$

CAUCHY-SCHWARZ-Ungleichung: Für das innere Produkt $\mathrm{Re}(\langle\,.\,\rangle)$ auf dem $\mathbb{R}$-Vektorraum V gilt die reelle CAUCHY-SCHWARZ-Ungleichung

$$|\,\mathrm{Re}(\langle \boldsymbol{x} \,.\, \boldsymbol{y}\rangle)| = |\,(\boldsymbol{x} \,.\, \boldsymbol{y})\,| \le \|\boldsymbol{x}\| \cdot \|\boldsymbol{y}\|\,, \qquad \boldsymbol{x}, \boldsymbol{y} \in V\,.$$

Sei $c := \langle \boldsymbol{x} \,.\, \boldsymbol{y}\rangle$. Dann ist

$$\langle \bar{c}\boldsymbol{x} \,.\, \boldsymbol{y}\rangle = \bar{c} \cdot c$$

reell. Mit der reellen CAUCHY-SCHWARZ-Ungleichung finden wir deswegen

$$|c| \cdot |\,\langle \boldsymbol{x} \,.\, \boldsymbol{y}\rangle\,| = |\,\langle \bar{c}\boldsymbol{x} \,.\, \boldsymbol{y}\rangle\,| = |\,(\bar{c}\boldsymbol{x} \,.\, \boldsymbol{y})\,| \le \|\bar{c}\boldsymbol{x}\|_{\mathbb{R}} \cdot \|\boldsymbol{y}\|_{\mathbb{R}} = \|\bar{c}\boldsymbol{x}\|_{\mathbb{C}} \|\boldsymbol{y}\|_{\mathbb{C}} = |c| \cdot \|\boldsymbol{x}\| \cdot \|\boldsymbol{y}\|\,.$$

Für $c = 0$ ist die Ungleichung trivial. Falls $c \neq 0$ ist, können wir $|c|$ kürzen und erhalten die Aussage. □

Definition 1.91 und Satz 1.92 übertragen sich nun wörtlich auf $\mathbb{C}$-Vektorräume, wobei eine Norm weiterhin (nicht negative) reelle Werte annimmt (als Längenmessung), im Gegensatz zum inneren Produkt. Ebenfalls überträgt sich nun die nachfolgende Definition 1.95 (nicht aber Definition 1.94), und ab Satz 1.96 der gesamte restliche Abschnitt 1.5.

Analog wie beim Übergang vom euklidischen SKP des $\mathbb{R}^n$ zum inneren Produkt von $\mathbb{C}^n$ übertragen sich die anderen Definitionen von SKPs auf die jeweiligen Komplexifizierungen. Es sei dann hervorgehoben:

Bemerkungen 3.21

1) Auf $C([a, b], \mathbb{K})$ (oder auf dem Raum der $\mathbb{K}$-wertigen RIEMANN[3]-integrierbaren Funktionen auf $[a, b]$) wird ein inneres Produkt definiert durch

[3] Georg Friedrich Bernhard RIEMANN ∗17. September 1826 in Breselenz bei Dannenberg †20. Juli 1866 in Selasca bei Verbania

$$\langle f \,.\, g\rangle := \int_a^b f(x)\overline{g(x)}dx \tag{3.21}$$

(man vergleiche Bemerkung 1.90) mit der erzeugten Norm

$$\|f\|_2 := \left(\int_a^b |f(x)|^2 dx \right)^{1/2} .$$

2) Auf $\mathbb{K}^{(m,n)}$ wird ein inneres Produkt definiert durch

$$A : B := \sum_{j=1}^{m} \sum_{k=1}^{n} a_{j,k} \overline{b}_{j,k} \tag{3.22}$$

(man vergleiche Bemerkungen 1.93, 4) mit der erzeugten Norm

$$\|A\|_F := \left(\sum_{j=1}^{m} \sum_{k=1}^{n} |a_{j,k}|^2 \right)^{1/2} . \qquad \triangle$$

Wir heben einige Kernbegriffe ein weiteres Mal explizit hervor:

Definition 1.95[I]

Sei $(V, \langle\, .\, \rangle)$ ein $\mathbb{K}$-Vektorraum mit innerem Produkt. Zwei Vektoren $\boldsymbol{x}, \boldsymbol{y} \in V$ heißen *orthogonal*, $\boldsymbol{x} \perp \boldsymbol{y}$, wenn

$$\langle \boldsymbol{x} \,.\, \boldsymbol{y} \rangle = 0 .$$

Definition 1.97[I]

Sei $(V, \langle\, .\, \rangle)$ ein $\mathbb{K}$-Vektorraum mit innerem Produkt. Ist $A \subset V$, so sei

$$A^{\perp} := \{\boldsymbol{x} \in V : \langle \boldsymbol{x} \,.\, \boldsymbol{a} \rangle = 0 \quad \text{für alle } \boldsymbol{a} \in A\} .$$

Ist $A = U \subset V$ ein linearer Unterraum, so heißt $U^{\perp}$ das *orthogonale Komplement* zu U in V.

Für das reelle innere Produkt gilt die *Polarisationsformel*

$$\|x + y\|^2 = \|x\|^2 + 2\,(x \,.\, y) + \|y\|^2 \,.$$

Sie zeigt, dass die Abstände das innere Produkt bestimmen. Für das komplexe innere Produkt lautet diese Formel

$$\|x + y\|^2 = \|x\|^2 + 2\,\mathrm{Re}(\langle x \,.\, y\rangle) + \|y\|^2 \,. \tag{3.23}$$

Damit ist das abgeleitete (reelle) SKP, und nach (3.20) auch das innere Produkt, durch die Norm bestimmt, so dass auch für $\mathbb{K} = \mathbb{C}$ aus Längentreue Erhaltung des inneren Produkts folgt (von Winkeln kann nicht allgemein geredet werden) (Übung). Es gilt sodann (Übung):

Satz 3.22: SKP-Erhaltung

Seien V, W unitäre bzw. euklidische Räume, $\Phi \in \mathrm{Hom}(V, W)$, $\|\,.\,\|$ die jeweils von den inneren Produkten erzeugte Norm. Dann gilt:

$$\|\Phi x\| = \|x\| \quad \text{für alle } x \in V \quad \Leftrightarrow \quad \langle \Phi x \,.\, \Phi y\rangle = \langle x \,.\, y\rangle \quad \text{für alle } x, y \in V \,.$$

Für $\mathbb{K} = \mathbb{C}$ gibt es neben dem durch Definition 1.97^I definierten $\mathbb{C}$-Unterraum $A^\perp =: A^\perp_{\mathbb{C}}$ auch den $\mathbb{R}$-Vektorraum $A^\perp_{\mathbb{R}}$, wenn V als $\mathbb{R}$-Vektorraum mit den SKP $(\,.\,) = \mathrm{Re}\langle\,.\,\rangle$ aufgefasst wird. Der Zusammenhang dazwischen ist:

Lemma 3.23

Sei V ein $\mathbb{C}$-Vektorraum mit innerem Produkt $\langle\,.\,\rangle$ und $A \subset V$. Dann gilt:

1) $A^\perp_{\mathbb{C}} \subset A^\perp_{\mathbb{R}}$.
2) $A^\perp_{\mathbb{C}} = A^\perp_{\mathbb{R}}$, falls $A = U$ ein $\mathbb{C}$-Unterraum ist.

Beweis: Zu 1): Aus $\langle x \,.\, a\rangle = 0$ folgt $\mathrm{Re}\langle x \,.\, a\rangle = 0$.
Zu 2): Sei also $x \in U^\perp_{\mathbb{R}}$, d. h. $\mathrm{Re}(\langle x \,.\, u\rangle) = 0$ für alle $u \in U$. Weil U ein komplexer Untervektorraum ist, ist mit $u \in U$ auch $iu \in U$. Dadurch folgt mit (3.20)

$$\langle x \,.\, u\rangle = \mathrm{Re}\,\langle x \,.\, u\rangle + i\,\mathrm{Re}(\langle x \,.\, iu\rangle) = 0 \,. \qquad \square$$

Damit ist auch die Orthogonalprojektion bezüglich des komplexen und des zugehörigen reellen inneren Produkts identisch, denn $(x-u) \perp U$ bedeutet in beiden Fällen das Gleiche. Man kann hier auch mit dem minimalen Abstand argumentieren: Weil reelle und komplexe Norm identisch sind, sind auch die Abstände $\|x - u\|$ in beiden Fällen dasselbe. Aus der reellen Theorie folgt:

Hauptsatz 1.102[I] Eindeutige Existenz der orthogonalen Projektion

Sei V ein $\mathbb{K}$-Vektorraum mit innerem Produkt $\langle\,.\,\rangle$ und $U \subset V$ ein linearer Unterraum. Sei $\boldsymbol{u} \in U$, $\boldsymbol{x} \in V$, dann gilt:

1) Es sind äquivalent:

(i) $\boldsymbol{u}$ ist orthogonale Projektion von $\boldsymbol{x}$ auf U.

(ii) $\boldsymbol{x} - \boldsymbol{u} \in U^{\perp}$ (*Fehlerorthogonalität*).

Ist U endlichdimensional mit Basis $\boldsymbol{u}_1, \ldots, \boldsymbol{u}_r$ und $\boldsymbol{\alpha} \in \mathbb{K}^r$ der Koordinatenvektor von $\boldsymbol{u}$, d. h. $\boldsymbol{u} = \sum_{i=1}^r \alpha_i \boldsymbol{u}_i$, dann ist weiterhin äquivalent:

(iii)

$$A\boldsymbol{\alpha} = \boldsymbol{\beta}, \quad \text{wobei} \tag{3.24}$$

$A \in \mathbb{K}^{(r,r)}$, $\boldsymbol{\beta} \in \mathbb{K}^r$ definiert sind durch
$A = \left\langle \boldsymbol{u}_j \,.\, \boldsymbol{u}_i \right\rangle_{i,j}$, $\boldsymbol{\beta} = \langle \boldsymbol{x} \,.\, \boldsymbol{u}_i \rangle_i$.
A heißt auch *GRAMsche Matrix.*

Es gilt für $\boldsymbol{\alpha} = (\alpha_1, \ldots, \alpha_r)^t$ und das Fehlerfunktional φ wie in Definition 1.101:

$$\varphi(\boldsymbol{v})^2 = \langle A\boldsymbol{\alpha} \,.\, \boldsymbol{\alpha} \rangle - 2\,\mathrm{Re}\,\langle \boldsymbol{\alpha} \,.\, \boldsymbol{\beta} \rangle + \|\boldsymbol{x}\|^2 \,,$$

d. h. in $\boldsymbol{\alpha}$ ist das quadratische Optimierungsproblem

$$f(\boldsymbol{\alpha}) = \frac{1}{2} \langle A\boldsymbol{\alpha} \,.\, \boldsymbol{\alpha} \rangle - \mathrm{Re}\,\langle \boldsymbol{\alpha} \,.\, \boldsymbol{\beta} \rangle \to \min$$

zu lösen.

2) Ist U endlichdimensional, so existiert die orthogonale Projektion $\boldsymbol{u}$ von $\boldsymbol{x} \in V$ eindeutig und wird mit $P_U(\boldsymbol{x})$ bezeichnet.

Beweis: Aus der reellen Theorie folgt die eindeutige Existenz von $P_U(\boldsymbol{x})$ und mit Lemma 3.23 die Fehlerorthogonalität als Charakterisierung (d. h. 1) (i)$\Leftrightarrow$(ii), 2)). Die Fehlerorthogonalität ist aber im endlichdimensionalen Fall äquivalent zum LGS (3.24) mit der GRAMschen Matrix:

$$\begin{aligned} & \langle \boldsymbol{u} - \boldsymbol{x} \,.\, \boldsymbol{u}_i \rangle = 0 \quad \text{für alle } i = 1, \ldots, r \\ \Leftrightarrow \quad & \left\langle \sum_{j=1}^r \alpha_j \boldsymbol{u}_j \,.\, \boldsymbol{u}_i \right\rangle = \langle \boldsymbol{x} \,.\, \boldsymbol{u}_i \rangle \quad \text{für alle } i = 1, \ldots, r \quad \Leftrightarrow \quad A\boldsymbol{\alpha} = \boldsymbol{\beta} \,. \end{aligned}$$

Der Zusatz in 1) folgt mit dem Fehlerfunktional φ wie in Definition 1.101 über

$$
\begin{aligned}
\varphi(\boldsymbol{v})^2 &= \langle \boldsymbol{x} \,.\, \boldsymbol{x}\rangle - \sum_{i=1}^{r} \alpha_i \langle \boldsymbol{u}_i \,.\, \boldsymbol{x}\rangle + \overline{\alpha}_i \langle \boldsymbol{x} \,.\, \boldsymbol{u}_i\rangle + \sum_{i,j=1}^{r} \alpha_i \left\langle \boldsymbol{u}_i \,.\, \boldsymbol{u}_j \right\rangle \overline{\alpha}_j \\
&= \|\boldsymbol{x}\|^2 - 2\sum_{i=1}^{r} \operatorname{Re}(\alpha_i \overline{\langle \boldsymbol{x} \,.\, \boldsymbol{u}_i\rangle}) + \sum_{j=1}^{r} (A\boldsymbol{\alpha})_j \overline{\alpha}_j = \|\boldsymbol{x}\|^2 - 2\operatorname{Re}\langle \boldsymbol{\alpha} \,.\, \boldsymbol{\beta}\rangle + \langle A\boldsymbol{\alpha} \,.\, \boldsymbol{\alpha}\rangle \ .
\end{aligned}
$$

(Man beachte, dass hier - wie schon im reellen Fall - $\langle\ .\ \rangle$ sowohl für das komplexe innere Produkt in V als auch für das euklidische Produkt in $\mathbb{C}^n$ verwendet wird.)

Zudem wurde in Bemerkungen 1.104, 1) bereits erwähnt, dass die *Minimalstellen* von φ (d. h. die $\boldsymbol{u}$, für die das Minimum in (1.73) angenommen wird) mit denen von $f : \mathbb{C}^r \to \mathbb{R}$, definiert als

$$
f(\boldsymbol{\alpha}) := \frac{1}{2}(\varphi\langle \boldsymbol{\alpha} \,.\, \boldsymbol{\alpha}\rangle^2 - \|\boldsymbol{x}\|^2) \ = \ \frac{1}{2}\langle A\boldsymbol{\alpha} \,.\, \boldsymbol{\alpha}\rangle - \operatorname{Re}\langle \boldsymbol{\alpha} \,.\, \boldsymbol{\beta}\rangle \ ,
$$

übereinstimmen. □

Zudem brauchen Theorem 1.112 und die vorangehenden Ausführungen über das SCHMIDTsche Orthonormalisierungsverfahren wieder $K = \mathbb{K}$.

Betrachten wir die weitere Entwicklung der Theorie in Kapitel 2, so gelten die allgemeinen Überlegungen von *Abschnitt 2.1.2* für allgemeine K-Vektorräume und die Überlegungen für Bewegungen und die Orthogonalprojektion gelten auch für unitäre Räume. Bei Satz 2.13 ist zu beachten, dass die Argumentation hier nur

$$
\operatorname{Re}\langle \Phi\boldsymbol{x} \,.\, \Phi\boldsymbol{y}\rangle = \operatorname{Re}\langle \boldsymbol{x} \,.\, \boldsymbol{y}\rangle \tag{3.25}
$$

zeigt, was aber unter Beachtung von (3.20) und Anwendung von (3.25) auf $i\boldsymbol{y}$ statt $\boldsymbol{y}$ auch

$$
\langle \Phi\boldsymbol{x} \,.\, \Phi\boldsymbol{y}\rangle = \langle \boldsymbol{x} \,.\, \boldsymbol{y}\rangle
$$

liefert. Alternativ kann ebenso auf die Darstellung der inneren Produkte durch die identischen Normen zurückgegriffen werden (Übung).

Abschnitt 2.2 gilt für allgemeine K-Vektorräume, wenn man unter „Skalarprodukt" in K^n nur das Berechnungsschema $\sum_i x_i y_i$ meint.

Abschnitt 2.3 gilt bis (2.44) und (2.47) für allgemeine K-Vektorräume. Ab (2.48) wird ein euklidischer bzw. unitärer $\mathbb{K}$-Vektorraum gebraucht, wobei die Definition des *Tensorprodukts* aber erweitert werden sollte zu

$$
\boldsymbol{a} \otimes \boldsymbol{b} = \boldsymbol{a}\overline{\boldsymbol{b}}^t \qquad \text{für } \boldsymbol{a} \in \mathbb{K}^m, \boldsymbol{b} \in \mathbb{K}^n \ , \tag{3.26}
$$

mit $\overline{\boldsymbol{b}} = (\overline{b}_i)$ für $\boldsymbol{b} = (b_i)_i \in \mathbb{K}^n$

in Übereinstimmung mit Definition 2.40 für $\mathbb{K} = \mathbb{R}$. Dann bleiben die nachfolgenden Überlegungen alle auch im komplexen Fall gültig, die Darstellung aus Definition 2.40a muss aber umdefiniert werden zu

$$AB = \sum_{i=1}^{n} \boldsymbol{a}^{(i)} \otimes \bar{\boldsymbol{b}}_{(i)}. \tag{3.26a}$$

Zusätzlich kann ab Definition 2.42 mit dem Begriff der Projektion wieder ein allgemeiner K-Vektorraum zugrunde gelegt werden für die allgemeinen Überlegungen bis zu Satz 2.54. Ausgenommen werden muss hier die spezielle Konstruktion einer Rechtsinversen in Bemerkung 2.49, b), die eine unitäre Struktur braucht. Für Bemerkung 2.52 ist die modifizierte Definition des Tensorprodukts zu beachten, so dass die SHERMAN-MORRISON-Formel (2.70) die Form

$$(A + \boldsymbol{u} \otimes \boldsymbol{v})^{-1} = A^{-1} - \alpha A^{-1} \boldsymbol{u} \bar{\boldsymbol{v}}^t A^{-1} \quad \text{mit } \alpha := 1/(1 + \left\langle A^{-1}\boldsymbol{u} \,.\, \boldsymbol{v} \right\rangle)$$

annimmt und ihre Umformung

$$(A + \boldsymbol{u} \otimes \boldsymbol{v})^{-1} = A^{-1} - \alpha A^{-1} \boldsymbol{u} \otimes \left(\overline{A}\right)^{-t} \boldsymbol{v} \,.$$

Neben der transponierten Matrix A^t mit ihren Eigenschaften (2.80)–(2.84) allgemein (Körper K) ist im komplexen Fall auch der Begriff der *Adjungierten* wichtig.

Definition 3.24

Sei $A = (a_{i,j})_{i,j} \in \mathbb{K}^{(m,n)}$. Dann heißt

$$\overline{A} := (\overline{a}_{i,j})_{i,j} \in \mathbb{K}^{(m,n)} ,$$

die zu A *konjugiert komplexe Matrix* und

$$A^\dagger := \overline{A}^t = \left(\overline{A}\right)^t \in \mathbb{K}^{(n,m)}$$

die *Adjungierte* zu A. Für $\mathbb{K} = \mathbb{R}$ gilt daher $A^\dagger = A^t$.

Dann bleiben (2.80), (2.81) für $A^\dagger$ gültig, (2.82) wird modifiziert zu

$$\boxed{(\gamma A)^\dagger = \overline{\gamma} A^\dagger \quad \text{für } A \in \mathbb{K}^n, \gamma \in \mathbb{K} \,.}$$

(2.83) gilt weiterhin für $A^\dagger$ und somit auch (2.85):

$$\boxed{\langle A\boldsymbol{x} \,.\, \boldsymbol{y} \rangle = \left\langle \boldsymbol{x} \,.\, A^\dagger \boldsymbol{y} \right\rangle \quad \text{für } A \in \mathbb{K}^{(n,n)}, \boldsymbol{x}, \boldsymbol{y} \in \mathbb{K}^n \,,}$$

da

$$\langle A\boldsymbol{x} \,.\, \boldsymbol{y} \rangle = (A\boldsymbol{x})^t \overline{\boldsymbol{y}} = \boldsymbol{x}^t A^t \overline{\boldsymbol{y}} = \boldsymbol{x}^t \overline{\overline{A}^t}\, \overline{\boldsymbol{y}} = \boldsymbol{x}^t \overline{\overline{A}^t \boldsymbol{y}} = \left\langle \boldsymbol{x} \,.\, A^\dagger \boldsymbol{y} \right\rangle$$

unter Benutzung von $\overline{\overline{A}} = A$.

Satz 2.54 gilt nun nicht nur allgemein für Körper K, sondern auch in der Form:

Satz 3.25

Für $A \in \mathbb{K}^{(m,n)}$ gilt:

1) $\text{Rang}(A) = \text{Rang}(\overline{A})$,

2) $\text{Rang}(A) = \text{Rang}(A^\dagger)$.

Beweis: Es ist nur 1) zu zeigen. Sei dazu $\{\boldsymbol{v}_1, \ldots, \boldsymbol{v}_k\} \subset \mathbb{K}^n$ linear unabhängig, dann ist auch $\{\overline{\boldsymbol{v}}_1, \ldots, \overline{\boldsymbol{v}}_k\}$ linear unabhängig, denn:

$$\begin{aligned}
\mathbf{0} = \sum_{i=1}^k \alpha_i \overline{\boldsymbol{v}}_i &= \sum_{i=1}^k \overline{\overline{\alpha}_i \boldsymbol{v}_i} = \overline{\sum_{i=1}^k \overline{\alpha}_i \boldsymbol{v}_i} \\
\Rightarrow \sum_{i=1}^k \overline{\alpha}_i \boldsymbol{v}_i &= \mathbf{0} \Rightarrow \overline{\alpha}_1 = \ldots = \overline{\alpha}_k = 0 \\
\Rightarrow \alpha_1 &= \ldots, \alpha_k = 0 \quad \text{für } \alpha_1, \ldots = \alpha_k \in \mathbb{K} .
\end{aligned}$$

Somit folgt

$$\begin{aligned}
\text{Rang}(A) &= \dim \operatorname{span}\left(\boldsymbol{a}^{(1)}, \ldots \boldsymbol{a}^{(n)}\right) \\
&\leq \dim \operatorname{span}\left(\overline{\boldsymbol{a}}^{(1)}, \ldots, \overline{\boldsymbol{a}}^{(n)}\right) = \text{Rang}\left(\overline{A}\right) \\
&\leq \dim \operatorname{span}\left(\overline{\overline{\boldsymbol{a}}}^{(1)}, \ldots, \overline{\overline{\boldsymbol{a}}}^{(n)}\right) = \text{Rang}(A).
\end{aligned}$$

□

Definition 2.56 ist im Komplexen zu erweitern zu:

Definition 3.26

$A \in \mathbb{K}^{(n,n)}$ heißt *unitär*, wenn A invertierbar ist und

$$A^{-1} = A^\dagger , \quad \text{d.h.} \quad A^\dagger A = A A^\dagger = \mathbb{1} .$$

Damit gelten im Komplexen alle ab (2.87) folgenden Aussagen nach Ersatz von A^t durch $A^\dagger$ und „orthogonale Matrix“ durch „unitäre Matrix“. Insbesondere sind demzufolge die unitären Matrizen diejenigen, deren Spalten und auch Zeilen eine ONB bezüglich des komplexen inneren Produkts $\langle\ .\ \rangle$ bilden.

Die Menge der unitären Matrizen, bezeichnet als $\mathrm{O}(n, \mathbb{C})$, bildet eine Untergruppe von $\mathrm{GL}(n, \mathbb{C})$, die *unitäre Gruppe*.

Definition 2.58 ist im Komplexen zu erweitern zu:

Definition 3.27

$A \in \mathbb{C}^{(n,n)}$ heißt *hermitesch*, wenn gilt

$$A = A^\dagger \ .$$

Statt „symmetrisch" bzw. „hermitesch" für $A \in \mathbb{R}^{(n,n)}$ bzw. $A \in \mathbb{C}^{(n,n)}$ benutzt man auch einheitlich den Begriff *selbstadjungiert*.

Man beachte, dass hermitesch für die Diagonalelemente $a_{i,i} \in \mathbb{R}$ bedeutet. Mit dieser Modifikation gelten die nachfolgenden Überlegungen und Definition 2.60 ist zu erweitern zu:

Definition 3.28

Seien V und W endlichdimensionale euklidische bzw. unitäre Räume. Sei $\Phi \in \mathrm{Hom}(V, W)$. Die *Adjungierte* zu Φ, $\Phi^\dagger$ wird definiert durch

$$\langle \Phi \boldsymbol{v} \,.\, \boldsymbol{w} \rangle = \left\langle \boldsymbol{v} \,.\, \Phi^\dagger \boldsymbol{w} \right\rangle \ .$$

Und analog zu Definition 2.61:

Definition 3.29

Sei V ein endlichdimensionaler euklidischer bzw. unitärer Raum.

1) $\Phi \in \mathrm{Hom}(V, V)$ heißt *unitär*, wenn Φ ein Isomorphismus ist und

$$\Phi^{-1} = \Phi^\dagger \ .$$

2) $\Phi \in \mathrm{Hom}(V, V)$ heißt *hermitesch*, wenn

$$\Phi = \Phi^\dagger \ .$$

Statt „symmetrisch" bzw. „hermitesch" benutzt man auch einheitlich *selbstadjungiert*.

Dann gilt Satz 2.64 auch im Komplexen nach Ersatz von „symmetrisch“ durch „hermitesch“.

Genau wie im Reellen ein Operator Φ als Φ^t durch das SKP „gezogen“ wird, wird im Komplexen ein Operator Φ als $\Phi^\dagger$ durch das innere Produkt gezogen. Insofern übertragen sich auch die diesbezüglichen Sätze. Als Beispiel sei dazu explizit die komplexe Variante von Satz 2.63 erwähnt:

Satz 3.30: unitär = längenerhaltend

Seien V und W endlichdimensionale euklidische bzw. unitäre Räume, sei $\Phi \in \mathrm{Hom}(V, W)$, dann gilt:

$$\Phi \text{ ist unitär} \quad \Leftrightarrow \quad \Phi \text{ ist längenerhaltend.}$$

Beweis: „$\Rightarrow$“ $\|\Phi\boldsymbol{x}\|^2 = \langle \Phi\boldsymbol{x} \,.\, \Phi\boldsymbol{x}\rangle = \left\langle \boldsymbol{x} \,.\, \Phi^\dagger\Phi\boldsymbol{x}\right\rangle = \langle \boldsymbol{x} \,.\, \boldsymbol{x}\rangle = \|\boldsymbol{x}\|^2$
„$\Leftarrow$“ Φ erfüllt nach Satz 3.22

$$\langle \Phi\boldsymbol{x} \,.\, \Phi\boldsymbol{y}\rangle = \langle \boldsymbol{x} \,.\, \boldsymbol{y}\rangle$$

und damit

$$\begin{aligned} \left\langle \Phi^\dagger\Phi\boldsymbol{x} - \boldsymbol{x} \,.\, \boldsymbol{y}\right\rangle &= \boldsymbol{0} \quad \text{für alle } \boldsymbol{x}, \boldsymbol{y} \in V\,, \\ \text{also} \quad \Phi^\dagger\Phi\boldsymbol{x} &= \boldsymbol{x} \quad \text{für alle } \boldsymbol{x} \in V \end{aligned}$$

wegen der Definitheit von $\langle\ .\ \rangle$. □

Bei Bemerkung 2.65 beachte man, dass (2.96) unverändert bleibt (nach Ersetzung von ^{t} durch †), verträglich mit der Form des Spezialfalls (2.57)

$$P = \frac{1}{\langle a \,.\, b\rangle} a \otimes b\,.$$

Bemerkung 3.30a Ist $\mathbb{K} = \mathbb{C}$, gilt die Aussage von Bemerkungen 2.62, 3) ohne Voraussetzung der Selbstadjungiertheit: Außer $\Phi = 0$ gibt es also keinen linearen Operator, für den für jedes $\boldsymbol{v} \in V$ dieses auf $\Phi\boldsymbol{v}$ senkrecht steht.
Für $\mathbb{K} = \mathbb{C}$ gilt nämlich folgende Identität:

$$\langle \Phi\boldsymbol{v} \,.\, \boldsymbol{w}\rangle = \frac{1}{4}[\langle \Phi(\boldsymbol{v}+\boldsymbol{w}) \,.\, \boldsymbol{v}+\boldsymbol{w}\rangle - \langle \Phi(\boldsymbol{v}-\boldsymbol{w}) \,.\, \boldsymbol{v}-\boldsymbol{w}\rangle + i(\langle \Phi(\boldsymbol{v}+i\boldsymbol{w}) \,.\, \boldsymbol{v}+i\boldsymbol{w}\rangle - \langle \Phi(\boldsymbol{v}-i\boldsymbol{w}) \,.\, \boldsymbol{v}-i\boldsymbol{w}\rangle)],$$

so dass bei $\langle \Phi\boldsymbol{v} \,.\, \boldsymbol{v}\rangle = 0$ für alle $\boldsymbol{v} \in V$ die ganze rechte Seite verschwindet, dann damit nach Bemerkungen 2.62, 2) $\Phi = 0$ gilt.

△

Die Überlegungen vor Hauptsatz 2.69 (bis (2.101)) gelten für allgemeine K-Vektorräume. Ausgenommen ist hier Bemerkung 2.66 und Beispiel 2(3). Hauptsatz 2.69 braucht dann $\mathbb{K}$ als Körper wegen der verwendeten Orthogonalität. Demnach:

Hauptsatz 2.69^{I} Kern-Bild-Orthogonalität

Sei $A \in \mathbb{K}^{(m,n)}$. Dann gilt:

$$(\operatorname{Kern} A)^{\perp} = \operatorname{Bild} A^{\dagger} \quad \text{bzw.} \quad \operatorname{Kern} A = (\operatorname{Bild} A^{\dagger})^{\perp}$$

und

$$(\operatorname{Kern} A^{\dagger})^{\perp} = \operatorname{Bild} A \quad \text{bzw.} \quad \operatorname{Kern} A^{\dagger} = (\operatorname{Bild} A)^{\perp} .$$

Beweis: Es reicht, etwa die zweite Identität zu zeigen. Die Erste folgt dann durch Anwendung von $\perp$ und Beachtung von $U^{\perp\perp} = U$ für endlichdimensionale lineare Unterräume U. Die Vierte und damit die Dritte ergibt sich durch Anwendung der gezeigten Aussagen auf $A^{\dagger}$.

A habe die Zeilen $\boldsymbol{a}_{(1)}, \ldots, \boldsymbol{a}_{(m)}$, d. h. $\operatorname{Bild} A^{\dagger} = \operatorname{span}(\overline{\boldsymbol{a}}_{(1)}, \ldots, \overline{\boldsymbol{a}}_m)$.

Wiederholung der Argumentation von Bemerkungen 1.98, 4) ergibt:

$$\begin{aligned} \boldsymbol{x} \in (\operatorname{Bild} A^{\dagger})^{\perp} &\Leftrightarrow \langle \boldsymbol{x} \,.\, \overline{\boldsymbol{a}}_{(i)} \rangle = 0 \text{ für } i = 1, \ldots, m \\ &\Leftrightarrow \sum_{j=1}^{n} a_{i,j} x_j = \sum_{j=1}^{n} x_j \overline{(\overline{\boldsymbol{a}_{(i)}})}_j = 0 \text{ für } i = 1, \ldots, m \;\Leftrightarrow\; \boldsymbol{x} \in \operatorname{Kern} A . \end{aligned}$$

□

Analog ist in Theorem 2.70 A^t durch $A^{\dagger}$ zu ersetzen. Beispiel 3(5) wird ausgenommen, da Satz 2.72 schon zu seiner Formulierung die Ordnung (von $\mathbb{R}$) braucht.

In Abschnitt 2.4.2 nehmen die Normalgleichungen die Gestalt

$$A^{\dagger} A \boldsymbol{x} = A^{\dagger} \boldsymbol{b}$$

an und mit dieser durchgehenden Modifikation von A^t zu $A^{\dagger}$ übertragen sich alle Überlegungen zu Ausgleichsrechnung und Pseudoinversen. Dabei gilt der Isomorphiesatz 2.77 allgemein für $\mathbb{K}$-Vektorräume, sofern V unitär ist. Die dann folgende Darstellung des GAUSS-Verfahrens als Erzeugung einer LR-Zerlegung gilt in allgmeinen K-Vektorräumen, wenn man das bei der Darstellung der Elementarmatrizen verwendete dyadische Produkt durch das entsprechende Matrix-Vektor-Produkt ersetzt, d. h. (nur in diesem Zusammenhang!) für $\boldsymbol{a} \in K^n, \boldsymbol{b} \in K^m$ setzt

$$\boldsymbol{a} \otimes \boldsymbol{b} := \boldsymbol{a} \boldsymbol{b}^t .$$

Im Zusammenhang mit „Orthogonalität" gilt somit folgende Übersetzungstabelle zwischen reellen und komplexen Vektorräumen:

	reell ($\mathbb{K} = \mathbb{R}$)	**komplex** ($\mathbb{K} = \mathbb{C}$)
a)	$\langle \boldsymbol{x} \,.\, \boldsymbol{y} \rangle = (\boldsymbol{x} \,.\, \boldsymbol{y}) = \sum_i x_i y_i$ Symmetrisch und linear im zweiten Argument $\lVert\boldsymbol{x}\rVert^2 = \sum_i x_i^2$	$\langle \boldsymbol{x} \,.\, \boldsymbol{y} \rangle = \sum_i x_i \overline{y}_i$ Hermite-symmetrisch und antilinear im zweiten Argument $\lVert\boldsymbol{x}\rVert^2 = \sum_i \lvert x_i\rvert^2$
b)	Skalarprodukt (SKP), inneres Produkt euklidischer Raum $\langle \boldsymbol{x} \pm \boldsymbol{y} \,.\, \boldsymbol{x} \pm \boldsymbol{y} \rangle = \lVert\boldsymbol{x}\rVert^2 + \lVert\boldsymbol{y}\rVert^2 \pm 2 \langle \boldsymbol{x} \,.\, \boldsymbol{y} \rangle$	inneres Produkt unitärer Raum $\langle \boldsymbol{x} \pm \boldsymbol{y} \,.\, \boldsymbol{x} \pm \boldsymbol{y} \rangle = \lVert\boldsymbol{x}\rVert^2 + \lVert\boldsymbol{y}\rVert^2 \pm 2 \operatorname{Re} \langle \boldsymbol{x} \,.\, \boldsymbol{y} \rangle$
c)	$\boldsymbol{a} \otimes \boldsymbol{b} = \boldsymbol{a}\boldsymbol{b}^t$ für $\boldsymbol{a} \in \mathbb{R}^m, \boldsymbol{b} \in \mathbb{R}^n$	$\boldsymbol{a} \otimes \boldsymbol{b} = \boldsymbol{a}\overline{\boldsymbol{b}}^t$ für $\boldsymbol{a} \in \mathbb{C}^m, \boldsymbol{b} \in \mathbb{C}^n$
d)	$A = (a_{i,j}) \in \mathbb{K}^{(m,n)}$ $A^t := (a_{j,i})_{i,j}$ Transponierte=Adjungierte $\langle A\boldsymbol{x} \,.\, \boldsymbol{y} \rangle = \langle \boldsymbol{x} \,.\, A^t \boldsymbol{y} \rangle$ orthogonal: $A^{-1} = A^t$ symmetrisch: $A = A^t$	 $A^t : (a_{j,i})_{i,j}$ Transponierte $A^\dagger := \overline{A}^t$ Adjungierte $\langle A\boldsymbol{x} \,.\, \boldsymbol{y} \rangle = \left\langle \boldsymbol{x} \,.\, A^\dagger \boldsymbol{y} \right\rangle$ unitär: $A^{-1} = A^\dagger$ hermitesch: $A = A^\dagger$
e)	wie d) für $\Phi \in \operatorname{Hom}_{\mathbb{R}}(V, W)$	e) wie d) für $\Phi \in \operatorname{Hom}_{\mathbb{C}}(V, W)$

Was Sie in diesem Abschnitt gelernt haben sollten

Begriffe:

- Inneres Produkt auf einem $\mathbb{K}$-Vektorraum
- Adjungierte $A^\dagger$
- Unitäre $\mathbb{K}$-Matrix, hermitesche $\mathbb{K}$-Matrix

Zusammenhänge:

- Polarisationsformel ((3.23))

Aufgaben

Aufgabe 3.8 (T) Zeigen Sie: Die Normen $\|\,.\,\|_1$ und $\|\,.\,\|_\infty$ auf $\mathbb{K}^n$ bzw. $C([a,b],\mathbb{K})$ werden nicht durch ein inneres Produkt erzeugt.
Hinweis: Gültigkeit der Parallelogrammgleichung.

Aufgabe 3.9 (K) Sei V ein $\mathbb{K}$-Vektorraum mit innerem Produkt $\langle\,.\,\rangle$, $\|\,.\,\|$ die erzeugte Norm. Zeigen Sie, dass $\langle\,.\,\rangle$ wie folgt durch die Norm $\|\,.\,\|$ ausgedrückt werden kann:

a) $\langle \boldsymbol{x}\,.\,\boldsymbol{y}\rangle = \frac{1}{4}(\|\boldsymbol{x}+\boldsymbol{y}\|^2 - \|\boldsymbol{x}-\boldsymbol{y}\|^2)$ für $\mathbb{K}=\mathbb{R}$,
b) $\langle \boldsymbol{x}\,.\,\boldsymbol{y}\rangle = \frac{1}{4}(\|\boldsymbol{x}+\boldsymbol{y}\|^2 - \|\boldsymbol{x}-\boldsymbol{y}\|^2 + i\|\boldsymbol{x}+i\boldsymbol{y}\|^2 - i\|\boldsymbol{x}-i\boldsymbol{y}\|^2)$ für $\mathbb{K}=\mathbb{C}$.

Aufgabe 3.10 (T) Zeigen Sie Satz 3.22.

Aufgabe 3.11 (T) Zeigen Sie die komplexe Version der SHERMAN-MORRISON-Formel

$$(A + \boldsymbol{u}\otimes\boldsymbol{v})^{-1} = A^{-1} - \alpha\boldsymbol{u}\otimes A^{-\dagger}\boldsymbol{v}\,.$$

3.4 Der Quotientenvektorraum

Oft liegen Objekte in Bezug auf eine spezifische Eigenschaft nicht eindeutig vor, so dass man zusammenfassend die entstehende Menge als neues Objekt auffassen möchte. Betrachte man etwa ein lösbares LGS

$$A\boldsymbol{x} = \boldsymbol{b}$$

mit Kern $A \neq \{\boldsymbol{0}\}$ und $\overline{\boldsymbol{x}}$ als einer speziellen Lösung, so soll die Lösungsmenge

$$\overline{\boldsymbol{x}} + \operatorname{Kern} A$$

ein solches Objekt in einem neuen Vektorraum sein.

Andererseits beinhalten Vektoren oft mehr Informationen als die, an denen man interessiert ist. Ein einfaches Beispiel könnte sein:

Beispiel 3.31 (Informationsreduzierung) Sei $V = \mathbb{R}^n$ und $I \subset \{1, \ldots, n\}$. Zur Vereinfachung der Notation wird $I = \{1, \ldots, k\}$ für ein $1 < k \leq n$ angenommen. Infolgedessen gilt für $\boldsymbol{x} \in V$

$$\boldsymbol{x} = \left(\frac{\boldsymbol{x}'}{\boldsymbol{x}''}\right) \quad \text{mit } \boldsymbol{x}' \in \mathbb{R}^k,\ \boldsymbol{x}'' \in \mathbb{R}^{n-k}\,.$$

Ist man nun an $\boldsymbol{x}'$ interessiert, treten zwei Unterräume natürlich auf:

$$U := \{\boldsymbol{x} \in \mathbb{R}^n : \boldsymbol{x}' = \boldsymbol{0}\}\,, \qquad W := \{\boldsymbol{x} \in \mathbb{R}^n : \boldsymbol{x}'' = \boldsymbol{0}\}\,,$$

wobei $W = U^{\perp}$ bezüglich des euklidischen SKP gilt. Hier ist W der Raum der interessierenden Informationen. Der Raum U kann dagegen zur Konstruktion eines W entsprechenden (d. h. hier isomorphen) Raums genutzt werden. Dieser Raum ist zwar weniger „konkret“ als das obige W, die Konstruktion ist aber allgemein anwendbar. Der neue Raum lautet hier

$$V/U = \{\boldsymbol{x} + U : \boldsymbol{x} \in V\}\,,$$

dessen Elemente somit Mengen sind. Ein $\boldsymbol{x} + U$ ist demnach durch

$$\boldsymbol{y}, \tilde{\boldsymbol{y}} \in \boldsymbol{x} + U \quad \Leftrightarrow \quad y_i = \tilde{y}_i \text{ für alle } i \in I$$

gekennzeichnet, es werden also alle Vektoren mit gleicher „relevanter“ (und verschiedener „irrelevanter“) Information zusammengefasst. ◦

Diese Konstruktion lässt sich für einen beliebigen Unterraum U durchführen:

Definition 3.32

Es sei $U \subset V$ ein Untervektorraum des K-Vektorraums V. Wir definieren eine *Relation* '$\sim$' auf V durch

$$\boldsymbol{x} \sim \boldsymbol{y} \quad \Leftrightarrow \quad \boldsymbol{x} - \boldsymbol{y} \in U .$$

Der Begriff der Relation und die nachfolgend betrachteten Eigenschaften sind in Anhang A (Definition A.20) eingeführt worden.

Beispiel 3.33 Es sei $U = \mathbb{R} \cdot (1, 1)^t \subset \mathbb{R}^2$. Dann haben wir

$$\begin{aligned}\begin{pmatrix} x_1 \\ x_2 \end{pmatrix} \sim \begin{pmatrix} y_1 \\ y_2 \end{pmatrix} &\Leftrightarrow \begin{pmatrix} x_1 - y_1 \\ x_2 - y_2 \end{pmatrix} = c \cdot \begin{pmatrix} 1 \\ 1 \end{pmatrix}, \quad c \in \mathbb{R} \\ &\Leftrightarrow x_1 - y_1 = x_2 - y_2 \\ &\Leftrightarrow x_1 - x_2 = y_1 - y_2 .\end{aligned}$$

$\circ$

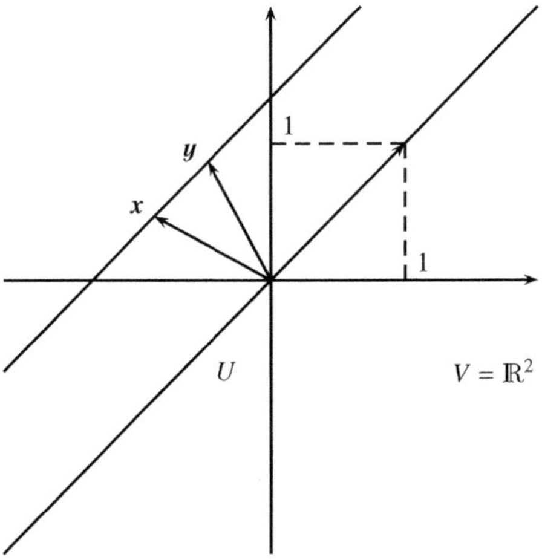

Abb. 3.2: Geraden mit fester Steigung als Äquivalenzklassen.

Die oben definierte Relation '$\sim$' ist eine *Äquivalenzrelation*, d. h., sie hat die Eigenschaften

Reflexivität:	$\boldsymbol{x} \sim \boldsymbol{x}$	für alle $\boldsymbol{x} \in V$.
Symmetrie:	$\boldsymbol{x} \sim \boldsymbol{y} \Rightarrow \boldsymbol{y} \sim \boldsymbol{x}$	für alle $\boldsymbol{x}, \boldsymbol{y} \in V$.
Transitivität:	$\boldsymbol{x} \sim \boldsymbol{y}$ und $\boldsymbol{y} \sim \boldsymbol{z} \Rightarrow \boldsymbol{x} \sim \boldsymbol{z}$	für alle $\boldsymbol{x}, \boldsymbol{y}, \boldsymbol{z} \in V$.

Beweis dieser drei Eigenschaften: Wegen $\boldsymbol{x} - \boldsymbol{x} = \boldsymbol{0} \in U$ ist die Reflexivität erfüllt. Wenn $\boldsymbol{x} \sim \boldsymbol{y}$, dann ist $\boldsymbol{x} - \boldsymbol{y} \in U$ und auch $\boldsymbol{y} - \boldsymbol{x} = -(\boldsymbol{x} - \boldsymbol{y}) \in U$. Das beweist die Symmetrie. Und aus $\boldsymbol{x} \sim \boldsymbol{y}$, $\boldsymbol{y} \sim \boldsymbol{z}$ folgt $\boldsymbol{x} - \boldsymbol{y} \in U$, sowie $\boldsymbol{y} - \boldsymbol{z} \in U$, folglich $\boldsymbol{x} - \boldsymbol{z} = (\boldsymbol{x} - \boldsymbol{y}) + (\boldsymbol{y} - \boldsymbol{z}) \in U$. Dies ist die Transitivität.

Jeder Vektor $\boldsymbol{x} \in V$ definiert seine *Äquivalenzklasse*

$$[\boldsymbol{x}] := \{\boldsymbol{v} \in V : \boldsymbol{v} \sim \boldsymbol{x}\} = \{\boldsymbol{v} \in V : \boldsymbol{v} - \boldsymbol{x} \in U\} = \boldsymbol{x} + U .$$

Das ist der affine Unterraum $\boldsymbol{x} + U \subset V$. Diese Äquivalenzklassen sind also Teilmengen von V. Der Vektor $\boldsymbol{x} \in \boldsymbol{x} + U$ heißt ein *Repräsentant* seiner Äquivalenzklasse $\boldsymbol{x} + U$. In Anhang A (Lemma A.21) wird gezeigt, dass jedes $\boldsymbol{y} \in [\boldsymbol{x}]$ die gleiche Äquivalenzklasse hat: $[\boldsymbol{y}] = [\boldsymbol{x}]$, d. h. alle Elemente von $[\boldsymbol{x}]$ sind auch seine Repräsentanten. In diesem konkreten Fall folgt dies auch aus Lemma 1.56, 1).

Die Äquivalenzklassen $[\boldsymbol{x}]$ für die Relation nach Definition 3.32 werden auch *Restklassen (zu $\boldsymbol{x}$)* genannt. Die Menge aller Restklassen $[\boldsymbol{x}]$, $\boldsymbol{x} \in V$, bezeichnen wir mit V/U und nennen sie *Quotientenraum oder Faktorraum (von V nach U)*.

Satz 3.34

Sei V ein K-Vektorraum, U ein Unterraum.

1) Die Vereinigung aller Äquivalenzklassen ist der gesamte Vektorraum V.

2) Der Durchschnitt zweier verschiedener Äquivalenklassen ist leer.

– Diese Aussagen gelten für beliebige Äquivalenzklassen. –

3) Auf der Menge V/U aller Restklassen kann man die Struktur eines K-Vektorraums definieren durch:

$$\begin{aligned} \text{Addition: } [\boldsymbol{x}] + [\boldsymbol{y}] &= (\boldsymbol{x} + U) + (\boldsymbol{y} + U) \\ &:= [\boldsymbol{x} + \boldsymbol{y}] = (\boldsymbol{x} + \boldsymbol{y}) + U \qquad \text{für } \boldsymbol{x}, \boldsymbol{y} \in V. \\ \text{Multiplikation: } c[\boldsymbol{x}] &= c \cdot (\boldsymbol{x} + U) \\ &:= [c\boldsymbol{x}] = (c \cdot \boldsymbol{x}) + U \qquad \text{für } \boldsymbol{x} \in V, c \in K. \end{aligned}$$

Insbesondere ist $[\boldsymbol{0}]$ das neutrale Element und $[-\boldsymbol{x}]$ das inverse Element zu $[\boldsymbol{x}]$.

Beweis: Der Beweis von 1) und 2) erfolgt in Anhang A, Satz A.22.

3) Addition (und Multiplikation) der Restklassen sind repräsentantenweise definiert. Es ist zuerst zu zeigen, dass die Definition von der Wahl des Repräsentanten in der Restklasse unabhängig ist, und damit überhaupt erst sinnvoll. Seien also $\boldsymbol{x}' \in \boldsymbol{x} + U$ und $\boldsymbol{y}' \in \boldsymbol{y} + U$ weitere Repräsentanten. Dann ist $\boldsymbol{x}' = \boldsymbol{x} + \boldsymbol{u}_1$, $\boldsymbol{y}' = \boldsymbol{y} + \boldsymbol{u}_2$ mit $\boldsymbol{u}_1, \boldsymbol{u}_2 \in U$. Daraus folgt

$$(\boldsymbol{x}' + \boldsymbol{y}') + U = (\boldsymbol{x} + \boldsymbol{u}_1 + \boldsymbol{y} + \boldsymbol{u}_2) + U = (\boldsymbol{x} + \boldsymbol{y}) + (\boldsymbol{u}_1 + \boldsymbol{u}_2 + U) = (\boldsymbol{x} + \boldsymbol{y}) + U.$$

Das zeigt, dass die Addition nur von der Restklasse und nicht vom Repräsentanten abhängt. Der Beweis bei der Multiplikation geht analog. Jetzt müssten eigentlich für die so definierte Addition und Multiplikation auf der Menge V/U die Vektorraum-Eigenschaften nachgewiesen werden. Aber aus ihrer Gültigkeit für die Repräsentanten von Restklassen folgen sie auch für die Restklassen. □

Satz 3.35

Die Restklassenabbildung

$$\Psi : V \to V/U, \quad \boldsymbol{x} \mapsto \boldsymbol{x} + U$$

ist K-linear und surjektiv. Ihr Kern ist der Unterraum U.

Beweis: Dass die Abbildung K-linear ist, ist nur eine Umformulierung dessen, dass die Vektorraum-Operationen auf V/U repräsentantenweise definiert sind. Der Nullvektor im Quotientenraum V/U ist die Restklasse $\mathbf{0} + U = U$. Der Kern der Restklassenabbildung ist deswegen die Menge aller $\boldsymbol{x} \in V$ mit $\boldsymbol{x} + U = U$, d. h. $\boldsymbol{x} \in U$. Die Surjektivität ist offensichtlich. □

Theorem 3.36: Dimensionsformel III

Ist V endlichdimensional, so hat der Quotientenraum die Dimension

$$\dim V/U = \dim V - \dim U .$$

Beweis: Weil die Restklassen-Abbildung surjektiv ist, folgt dies aus der Dimensionsformel I Theorem 2.32. □

Theorem 3.37: Homomorphiesatz II

V und W seien K-Vektorräume und $\Phi : V \to W$ sei K-linear. Dann ist die Abbildung

$$X : V/\operatorname{Kern}\Phi \to W , \quad \boldsymbol{x} + \operatorname{Kern}\Phi \mapsto \Phi(\boldsymbol{x})$$

wohldefiniert, linear und injektiv, also gibt es einen „kanonischen“ Isomorphismus

$$V/\operatorname{Kern}\Phi \to \operatorname{Bild}\Phi , \quad \boldsymbol{x} + \operatorname{Kern}\Phi \mapsto \Phi(\boldsymbol{x}).$$

Beweis: Die Abbildung $\mathcal{X}$ ist schon in Anhang A (Theorem A.23) definiert für eine allgemeine Abbildung f, da hier im linearen Fall

$$\boldsymbol{x}_1 \sim \boldsymbol{x}_2 \;\Leftrightarrow\; \Phi\boldsymbol{x}_1 = \Phi\boldsymbol{x}_2 \;\Leftrightarrow\; \boldsymbol{x}_1 - \boldsymbol{x}_2 \in \operatorname{Kern} \Phi\,.$$

Es ist nun nur noch die Linearität von $\mathcal{X}$ zu prüfen:

$$\mathcal{X}([\boldsymbol{x}] + [\boldsymbol{y}]) = \mathcal{X}([\boldsymbol{x} + \boldsymbol{y}]) = \Phi(\boldsymbol{x} + \boldsymbol{y}) = \Phi\boldsymbol{x} + \Phi\boldsymbol{y} = \mathcal{X}([\boldsymbol{x}]) + \mathcal{X}([\boldsymbol{y}])$$

und analog $\mathcal{X}(\lambda[\boldsymbol{x}]) = \lambda\mathcal{X}[\boldsymbol{x}]$

$$\operatorname{Kern}\mathcal{X} = \{\boldsymbol{0}\} : \quad [\boldsymbol{x}] \in \operatorname{Kern}\mathcal{X} \;\Leftrightarrow\; \Phi\boldsymbol{x} = \boldsymbol{0} \;\Leftrightarrow\; \boldsymbol{x} \in \operatorname{Kern}\Phi \;\Leftrightarrow\; [\boldsymbol{x}] = \boldsymbol{0}\,. \qquad \square$$

Den Isomorphismus aus Theorem 3.37 kann man in die lineare Abbildung Φ „einschieben“, man sagt auch Φ *faktorisiert vermöge* $\Phi = \mathcal{X} \circ \Psi$, d. h.

$$\Phi : \quad V \to V/\operatorname{Kern}\Phi \xrightarrow{\sim} \operatorname{Bild}\Phi \subset W.$$

Mit anderen Worten: Das Diagramm

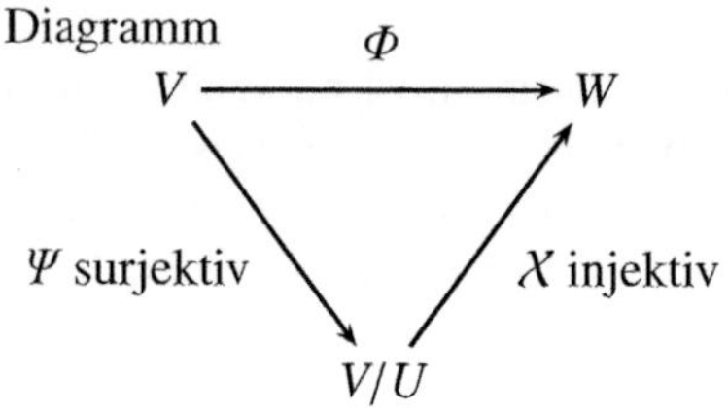

ist kommutativ.

Bemerkungen 3.38

1) Aus Theorem 3.36 und Theorem 3.37 ergibt sich die in Theorem 2.32 anders hergeleitete Dimensionsformel I:

$$\dim \operatorname{Kern}\Phi + \dim \operatorname{Bild}\Phi = \dim V$$

für $\Phi \in \operatorname{Hom}_K(V, W)$ und endlichdimensionales V, denn

$$\dim \operatorname{Bild}\Phi = \dim V/\operatorname{Kern}\Phi = \dim V - \dim \operatorname{Kern}\Phi\,.$$

In diesem Sinn sind die beiden Dimensionsformeln I und III äquivalent.

2) Für endlichdimensionale Vektorräume V gibt es bei einem Unterraum U eine Analogie zwischen V/U und der Ergänzung von U (durch Ergänzung einer Basis von U zu einer Basis von V) mit einem Unterraum W, so dass

$$U \oplus W = V\,.$$

In beiden Fällen gilt die Dimensionsformel

$$\dim U + \dim V/U = \dim V \quad \text{bzw.} \quad \dim U + \dim W = \dim V\,.$$

3) Wenn V ein endlichdimensionaler $\mathbb{R}$-Vektorraum mit SKP ist, dann gilt: Die Abbildung $\Phi : V \to W$ definiert durch Einschränkung einen Isomorphismus

$$\varphi = \Phi|_{(\mathrm{Kern}\,\Phi)^\perp} : (\mathrm{Kern}\,\Phi)^\perp \to \mathrm{Bild}\,\Phi.$$

Die Restklassenabbildung $\Psi : V \to V/\,\mathrm{Kern}\,\Phi$ definiert durch Einschränkung eine lineare Abbildung

$$(\mathrm{Kern}\,\Phi)^\perp \to V/\,\mathrm{Kern}\,\Phi.$$

Wegen $(\mathrm{Kern}\,\Phi)^\perp \cap \mathrm{Kern}\,\Phi = \{\mathbf{0}\}$ ist diese injektiv. Weil beide Räume nach 2) dieselbe Dimension haben, ist sie auch surjektiv, sie ist also ein Isomorphismus. Man kann sich in Übereinstimmung mit 2) den Unterraum $(\mathrm{Kern}\,\Phi)^\perp \subset V$ als eine andere Realisierung des Quotientenraums $V/\,\mathrm{Kern}\,\Phi$ vorstellen.
Für das Beispiel 3.31 (Informationsreduzierung) erhalten wir daher

$$\dim V/U = n - \dim U = n - (n-k) = k = \dim W$$

und damit sind tatsächlich V/U und W isomorph.

4) *Rest- oder Nebenklassen* wie in Definition 3.32 ff. kann man auch in einer Gruppe bezüglich einer Untergruppe bilden. Damit eine Addition wie in Satz 3.34, 3) wohldefiniert ist, muss die Untergruppe normal sein. Analoges gilt für Ringe mit Eins, wenn die Äquivalenzrelation bezüglich eines Ideals (siehe Satz B.23) gebildet wird.

5) Sei K ein endlicher Körper mit $\mathrm{Char}\,K = p$. Dann gibt es ein $n \in \mathbb{N}$, so dass $\#(K) = p^n$.
Man betrachte den Ringhomomorphismus $\varphi : \mathbb{Z} \to K$ nach Bemerkungen 3.10, 3). Dann ist $\mathrm{Kern}(\varphi)$ ein Ideal und nach dem in 4) angedeuteten Homomorphiesatz $K = \mathrm{Bild}(\varphi)$ ringisomorph zu $\mathbb{Z}/\,\mathrm{Kern}(\varphi)$ und $\mathrm{Kern}(\varphi) = p\mathbb{Z}$, also ist ein Unterkörper von K körperisomorph zu $\mathbb{F}_p$ (sein Primkörper*). Insbesondere ist K über $\mathbb{F}_p$ ein $\mathbb{F}_p$-Vektorraum, dessen Dimension endlich - etwa n - ist, und der wegen K endlich ist. Nach Bemerkungen 3.16, 1) ist also $\#(K) = \#(\mathbb{F}_p)^n = p^n$.*

△

Das folgende Beispiel ist nur das Beispiel 3.31 (Informationsreduzierung) in anderem Gewande:

Beispiel 3.39 (Unterbestimmte Polynominterpolation) Sei $V = \mathbb{R}_{n-1}[x]$, d. h. die Menge der Polynome maximal $(n-1)$-ten Grades auf $\mathbb{R}$, und es seien Stützstellen

$$t_1 < t_2 < \ldots < t_{n-k}$$

für $k \in -\mathbb{N} \cup \{0, \ldots, n-1\}$ gegeben. Ist $k = 0$, ist die Interpolationsaufgabe (siehe Bemerkung 2.34) an den Stützstellen eindeutig lösbar. Ist $k < 0$, wird im Allgemeinen keine Lösung vorliegen und man wird daher zum Ausgleichsproblem übergehen müssen (siehe Beispiel 2.75 und Beispiel 2.74). Für $k > 0$, d. h. der *unterbestimmten Interpolationsaufgabe*, liegt keine eindeutige Lösung vor.

Um die Lösungen zu Restklassen zusammenzufassen, definieren wir den Unterraum U von V durch

$$U := \{g \in V : g(t_i) = 0 \text{ für } i = 1, \ldots, n-k\} .$$

Dann gilt für $[f] \in V/U$

$$\tilde{f} \in [f] \Leftrightarrow \tilde{f}(t_i) = f(t_i) \quad \text{für } i = 1, \ldots, n-k ,$$

d. h. $[f]$ ist gerade die Lösungsmenge zu den Werten $f(t_1), \ldots, f(t_{n-k})$.

Um $\dim U$ zu bestimmen ergänzen wir die Stützstellen beliebig um $t_{n-k+1}, \ldots, t_n$, so dass alle Stützstellen paarweise verschieden sind. Eine Basis von U ist dann durch

$$g_{n-k+1}, \ldots, g_n \in U$$

gegeben, die als eindeutige Lösung der Interpolationsaufgabe

$$\begin{aligned} g_i(t_j) &= 0 && \text{für } j = 1, \ldots, n-k, \\ g_i(t_j) &= \delta_{ij} && \text{für } j = n-k+1, \ldots, n \end{aligned}$$

definiert werden. Dann gilt nämlich wegen der eindeutigen Lösbarkeit der Interpolationsaufgabe in $\mathbb{R}_{n-1}[x]$ zu den Stützstellen $t_1, \ldots, t_n$ (siehe Bemerkung 2.34) für $g \in U$:

$$\begin{aligned} g = \sum_{i=n-k+1}^{n} \alpha_i g_i &\Leftrightarrow g(t_j) = \left(\sum_{i=n-k+1}^{n} \alpha_i g_i \right)(t_j) \text{ für alle } j = 1, \ldots, n \\ &\Leftrightarrow g(t_j) = \alpha_j \text{ für alle } j = n-k+1, \ldots, n , \end{aligned}$$

d. h. $\{g_{n-k+1}, \ldots, g_n\}$ ist eine Basis von U. Nach Theorem 3.36 gilt also

$$\dim V/U = \dim V - \dim U = n-k . \qquad \circ$$

Oft ist es notwendig, auch unendlichdimensionale Vektorräume zu betrachten, insbesondere in der Analysis:

***Beispiele 3.40**

1) Als Beispiel betrachten wir den $\mathbb{R}$-Vektorraum V der auf einem Intervall $[a, b] \subset \mathbb{R}$ RIEMANN-integrierbaren Funktionen. Für je zwei Funktionen $f, g \in V$ ist auch ihr Produkt $f \cdot g$ auf $[a, b]$ Riemann-integrierbar (z. B. FORSTER 2008, §18, Satz 6c). Deswegen ist für $f, g \in V$

$$(f \,.\, g) := \int_a^b f(x) g(x) dx$$

wohldefiniert. In Bemerkung 1.90 wurde diese Form auf dem Raum der stetigen Funktionen $C([a, b], \mathbb{R})$ als SKP eingeführt. In dem hier betrachteten größeren Funktionenraum gelten weiterhin Symmetrie und Bilinearität, aber es fehlt die Definitheit: Aus

$$(f \, . \, f) = \int_a^b f(x)^2 dx = 0$$

folgt nicht $f \equiv 0$. Deswegen ist

$$\|f\| := \sqrt{\int_a^b f(x)^2 dx}$$

auch keine Norm auf V, sondern eine sogenannte *Halbnorm*.

2) Die Menge aller Funktionen $f \in V$ mit $\|f\| = 0$ bildet einen Untervektorraum $U \subset V$.

Wir zeigen dies in einer abstrakten Situation: Diese Aussage gilt auch allgemein. Sei V ein $\mathbb{R}$-Vektorraum, $p : V \to \mathbb{R}$ eine *Halbnorm* auf V, d. h.

$$\begin{aligned} p(\boldsymbol{x} + \boldsymbol{y}) &\leq p(\boldsymbol{x}) + p(\boldsymbol{y}) && \text{für } \boldsymbol{x}, \boldsymbol{y} \in V \\ p(\lambda \boldsymbol{x}) &= |\lambda| p(\boldsymbol{x}) && \text{für } \boldsymbol{x} \in V, \lambda \in \mathbb{R} \\ p(\boldsymbol{x}) &\geq 0 && \text{für } \boldsymbol{x} \in V , \end{aligned}$$

dann ist $U := \{\boldsymbol{x} \in V : p(\boldsymbol{x}) = 0\}$ ein Unterraum von V.

Wegen $p(\boldsymbol{0}) = p(0 \cdot \boldsymbol{0}) = 0p(\boldsymbol{0}) = 0$ ist $\boldsymbol{0} \in U$ und für $\boldsymbol{x}, \boldsymbol{y} \in U$ folgt $0 \leq p(\boldsymbol{x} + \boldsymbol{y}) \leq p(\boldsymbol{x}) + p(\boldsymbol{y}) = 0$, also $\boldsymbol{x} + \boldsymbol{y} \in U$, $p(\lambda \boldsymbol{x}) = |\lambda| p(\boldsymbol{x}) = 0$, also $\lambda \boldsymbol{x} \in U$.

3) Wir betrachten den Quotientenvektorraum V/U und schreiben seine Elemente, die Restklassen, als

$$[g] := g + U \, .$$

Wenn g_1^i, g_2^i für $i = 1, 2$ Funktionen in derselben Restklasse sind, dann ist

$$\left(g_1^1 \, . \, g_2^1\right) - \left(g_1^2 \, . \, g_2^2\right) = \left(g_1^1 \, . \, g_2^1 - g_2^2\right) - \left(g_1^2 - g_1^1 \, . \, g_2^2\right) = 0, \text{ da } g_2^1 - g_2^2, \, g_1^2 - g_1^1 \in U \, .$$

Deswegen können wir auf dem Quotientenraum V/U

$$([g_1] \, . \, [g_2]) := (g_1 \, . \, g_2)$$

repräsentantenweise definieren, die Zahl $([g_1] \, . \, [g_2])$ ist unabhängig von der Auswahl der Repräsentanten in $[g_1]$ und $[g_2] \in V/U$. Weil $([g_1] \, . \, [g_2])$ repräsentantenweise definiert ist, ist dieses Produkt weiterhin symmetrisch und bilinear, und hier gilt auch die Definitheit: Sei $[g] \in V/U$ mit $([g] \, . \, [g]) = 0$. Nach Definition ist dann $g \in U$ und $[g] = 0$. Insbesondere wird durch

$$\|[g]\| := \sqrt{([g] \, . \, [g])}$$

eine Norm auf dem Quotientenraum V/U definiert. Allgemein lässt sich in der abstrakten Situation in 2) eine Norm auf $W := V/U$ durch

$$\|\boldsymbol{x} + U\| := p(\boldsymbol{x}) \quad \text{für } \boldsymbol{x} \in V$$

definieren.

Wegen $\|x+U\| = 0 \Leftrightarrow x \in U \Leftrightarrow x+U = U$ und der von p ererbten Homogenität und Dreiecksungleichung erfüllt $\|.\|$ die Normeigenschaften, sofern die Wohldefinition sichergestellt ist:

Sei $x + U = y + U$, d. h. $x - y \in U$ und damit $\|x + U\| = p(y + x - y) \leq p(y) + p(x - y) = \|y + U\|$ und durch Vertauschung schließlich $\|x + U\| = \|y + U\|$.

Damit der Funktionenraum mit dem SKP $(\,.\,)$ bzw. der erzeugten Norm $\|\,.\,\|$ weitere positive Eigenschaften hat (insbesondere die Vollständigkeit*: siehe Abschnitt 7.1), wird in der Analysis im Allgemeinen statt der* RIEMANN*-Integration der allgemeinere Begriff der* LEBESGUE[4]*-Integration verwendet. Die obige Form $(\,.\,)$ ist dann für Funktionen f wohldefiniert, für die $|f|^2$ (*LEBESGUE*-) integrierbar ist. Dieser Raum wird für $\mathbb{K}$-wertige Funktionen als*

$$L^2([a,b],\mathbb{K})\,,$$

der Raum der quadratintegrierbaren Funktionen, *bezeichnet. Auch hier muss (implizit) die obige Quotientenbildung gemacht werden, damit durch* (1.61) *bzw.* (1.64) *auf $L^2([a,b],\mathbb{K})$ ein SKP bzw. eine Norm gegeben wird.*

○

Zur weiteren Behandlung unendlichdimensionaler Räume verallgemeinern wir Theorem 3.36:

***Satz 3.41**

Sei V ein K-Vektorraum, $U \subset V$ ein Unterraum. Sei $[\boldsymbol{u}_i \,:\, i \in I]$ eine Basis von U, $[\boldsymbol{v}_j + U \,:\, j \in J]$ eine Basis von V/U, dann ist $\mathcal{B} := [\boldsymbol{u}_i, \boldsymbol{v}_j \,:\, i \in I,\ j \in J]$ eine Basis von V. Insbesondere gibt es also zu U einen Unterraum W ($W := \operatorname{span}\{\boldsymbol{v}_j \,:\, j \in J\}$), so dass $U \oplus W = V$.

Beweis: Sei $\boldsymbol{v} \in V$ beliebig, dann existiert ein endliches $J' \subset J$ und $a_j \in K$ für $j \in J'$, so dass

$$\boldsymbol{v} + U = \sum_{j\in J'} a_j(\boldsymbol{v}_j + U) = \left(\sum_{j\in J'} a_j\boldsymbol{v}_j\right) + U \quad\Leftrightarrow\quad \boldsymbol{v} - \sum_{j\in J'} a_j\boldsymbol{v}_j \in U\,. \tag{3.27}$$

Damit gibt es ein endliches $I' \in I$ und $b_i \in K$ für $i \in I'$, so dass

$$\boldsymbol{v} - \sum_{j\in J'} a_j\boldsymbol{v}_j = \sum_{i\in I'} b_i\boldsymbol{u}_i\,.$$

Demnach ist $\mathcal{B}$ ein Erzeugendensystem von V.

Sei andererseits

$$\mathbf{0} = \sum_{j\in J'} a_j\boldsymbol{v}_j + \sum_{i\in I'} b_i\boldsymbol{u}_i \tag{3.28}$$

[4] Henri Léon LEBESGUE ∗28. Juni 1875 in Beauvais †26. Juli 1941 in Paris

für endliche $J' \subset J$, $I' \subset I$ und $a_j, b_i \in K$. Dann ist $\mathbf{0} - \sum_{j \in J'} a_j \boldsymbol{v}_j \in U$ und nach (3.27) folglich

$$\mathbf{0} + U = \sum_{j \in J'} a_j(\boldsymbol{v}_j + U) .$$

Wegen der linearen Unabhängigkeit der $\boldsymbol{v}_j + U$ ist $a_j = 0$ für $j \in J'$ und damit aus (3.28) wegen der linearen Unabhängigkeit der $\boldsymbol{u}_i$ auch $b_i = 0$ für $i \in I'$. Damit ist $\mathcal{B}$ linear unabhängig. □

Der Vorteil des Faktorraums liegt darin, dass er auch bei unendlichdimensionalem Grundraum gebildet werden kann. Insofern ist eine Verallgemeinerung von (1.51) in Bemerkungen 1.84 (siehe Bemerkungen 3.38, 2)):

***Definition 3.42**

Sei V ein K-Vektorraum und $U \subset V$ ein Unterraum. Dann heißt $\dim V/U$ die *Kodimension* von U, geschrieben $\operatorname{codim} U$. Ist $\operatorname{codim} U = 1$, so heißt U eine *Hyperebene*.

Sei U eine Hyperebene in einem im Allgemeinen unendlichdimensionalen Vektorraum, d. h. $V/U = \operatorname{span}(\boldsymbol{w} + U)$ für ein $\boldsymbol{w} \notin U$. Dann gilt

$$U \cap \operatorname{span}(\boldsymbol{w}) = \{\mathbf{0}\}, \qquad U + \operatorname{span}(\boldsymbol{w}) = V,$$

da für beliebiges $\boldsymbol{v} \in V$

$$\boldsymbol{v} + U = \lambda \boldsymbol{w} + U \text{ für ein } \lambda \in K, \qquad \text{also} \qquad \boldsymbol{v} - \lambda \boldsymbol{w} = \boldsymbol{u} \text{ für ein } \boldsymbol{u} \in U .$$

Insgesamt gilt somit:

Falls $\dim V/U = 1$, existiert ein $\boldsymbol{w} \in V$, so dass

$$U \oplus K\boldsymbol{w} = V , \tag{3.29}$$

wie im endlichdimensionalen Fall.

Ist allgemein $\dim V/U = k$, dann gibt es $\boldsymbol{w}_1, \ldots, \boldsymbol{w}_k \in V$, so dass

$$U \oplus \operatorname{span}(\boldsymbol{w}_1, \ldots, \boldsymbol{w}_k) = V ,$$

da für eine Basis $\boldsymbol{w}_1 + U, \ldots, \boldsymbol{w}_k + U$ von V/U und für $\boldsymbol{v} \in V$ gilt

$$\boldsymbol{v} + U = \sum_{i=1}^{k} \lambda_i \boldsymbol{w}_i + U \qquad \text{und damit} \qquad \boldsymbol{v} \in U + \operatorname{span}(\boldsymbol{w}_1, \ldots, \boldsymbol{w}_k) .$$

Ist andererseits $\sum_{i=1}^{k} \lambda_i \boldsymbol{w}_i \in U$, dann ist

$$\sum_{i=1}^{k} \lambda_i(\boldsymbol{w}_i + U) = U = \boldsymbol{0} + U \quad \text{und somit} \quad \lambda_1 = \ldots = \lambda_k = 0 .$$

Es gilt weiter:

***Satz 3.43**

Seien V ein K-Vektorraum und $U \subset V$ ein Unterraum. Ist $\operatorname{codim} U = k \in \mathbb{N}$, dann gibt es Hyperebenen W_j, $j = 1, \ldots, k$, so dass

$$U = \bigcap_{j=1}^{k} W_j .$$

Beweis: Seien $\{\boldsymbol{v}_1 + U, \ldots, \boldsymbol{v}_k + U\}$ eine Basis von V/U und

$$V_j := \operatorname{span}(\boldsymbol{v}_1, \ldots, \boldsymbol{v}_{j-1}, \boldsymbol{v}_{j+1}, \ldots, \boldsymbol{v}_k), \quad W_j := \operatorname{span}(U \cup V_j).$$

Dann ist $W_j = U + V_j = U \oplus V_j$, da

$$\sum_{i=1, i\neq j}^{k} \lambda_i \boldsymbol{v}_i \in U \quad \Rightarrow \quad \sum_{i=1, i\neq j}^{k} \lambda_i(\boldsymbol{v}_i + U) = U \quad \Rightarrow \quad \lambda_i = 0 \text{ für } i \neq j .$$

Somit ist

$$V/W_j = \operatorname{span}\left(\boldsymbol{v}_j + (U + V_j)\right) .$$

Denn wegen Satz 3.41 lässt sich ein beliebiges $\boldsymbol{v} \in V$ schreiben als

$$\boldsymbol{v} = \boldsymbol{u} + \sum_{i=1}^{k} \mu_i \boldsymbol{v}_i \quad \text{mit einem} \quad \boldsymbol{u} \in U \quad \text{und} \quad \mu_1, \ldots, \mu_k \in K ,$$

und dann sind äquivalent:

$$\boldsymbol{w} \in \boldsymbol{v} + U + V_j \quad \Leftrightarrow \quad \boldsymbol{w} \in \boldsymbol{v} + \sum_{i\neq j} \lambda_i \boldsymbol{v}_i + U \quad \Leftrightarrow$$

$$\boldsymbol{w} - \sum_{i\neq j} \lambda_i \boldsymbol{v}_i \in \sum_{i=1}^{k} \mu_i \boldsymbol{v}_i + U \quad \Leftrightarrow \quad \boldsymbol{w} \in \mu_j \boldsymbol{v}_j + U + V_j = \mu_j(\boldsymbol{v}_j + U + V_j) .$$

Offensichtlich gilt weiter für die Hyperebenen W_j

$$\bigcap_{j=1}^{k} W_j = U. \qquad \square$$

In Vorgriff auf Definition 3.46 sind daher Hyperebenen Kerne von nicht trivialen Linearformen φ, d. h. $\varphi \in V^*$:

***Satz 3.44**

Sei V ein K-Vektorraum, $U \subset V$ ein Unterraum.

1) Sei $\varphi \in V^*$, $\varphi \neq 0$, dann ist

$$\operatorname{codim} \operatorname{Kern} \varphi = 1 .$$

2) Ist $\operatorname{codim} U = 1$, dann existiert ein $\varphi \in V^*$, $\varphi \neq 0$, so dass

$$U = \operatorname{Kern} \varphi .$$

3) Ist $\operatorname{codim} U = k \in \mathbb{N}$, dann gibt es $\varphi_i \in V^*$, $i = 1, \ldots, k$, $\varphi_i \neq 0$, so dass

$$U = \bigcap_{i=1}^{k} \operatorname{Kern} \varphi_i .$$

Beweis: Zu 1): Folgt sofort aus Theorem 3.37, da $\dim_K \operatorname{Bild} \varphi = \dim_K K = 1$.
Zu 2): Nach (3.29) gilt

$$U \oplus K\boldsymbol{w} = V$$

und damit ist $\varphi : V \to K$ durch

$$\varphi(U + \lambda w) := \lambda$$

wohldefiniert und $\varphi \in V^*$, für das gilt

$$\operatorname{Kern} \varphi = U .$$

Zu 3): Folgt sofort aus 2) und Satz 3.43. $\square$

Man betrachte als

***Beispiel 3.45** $V = C([a, b], \mathbb{R})$ und $\varphi \in V^*$, definiert durch $\varphi(f) := \int_a^b f(s)ds$. Dadurch erfüllt

$$[g] \in V/\operatorname{Kern} \varphi \quad \text{gerade} \quad \tilde{g} \in [g] \Leftrightarrow \int_a^b \tilde{g}(s)ds = \int_a^b g(s)ds .$$

Nach Satz 3.44, 1) ist

$$\dim V/\operatorname{Kern}\varphi = 1 .$$

Durch Übergang zum Quotientenraum wird deswegen genau ein Freiheitsgrad „herausgenommen“. Das bietet sich bei Betrachtung eines Problems (z. B. einer Differentialgleichung) an, bei dem die Lösungen nur bis auf eine Konstante bestimmt sind. ○

Was Sie in diesem Abschnitt gelernt haben sollten

Begriffe:

- Äquivalenzrelation
- Quotientenraum, Restklassen
- Kodimension (bei unendlichdimensionalem Grundraum)

Zusammenhänge

- Dimensionsformel III (Theorem 3.36)
- Homomorphiesatz II (Theorem 3.37)

Beispiele

- Informationsreduktion durch Restklassenbildung
- Definitheit des L^2-Skalarprodukts ((1.61)) durch Restklassenbildung

Aufgaben

Aufgabe 3.12 (T) Es sei V ein K-Vektorraum mit einer Basis $\boldsymbol{v}_1, \ldots, \boldsymbol{v}_n$ und $U \subset V$ der von $\boldsymbol{v}_1 + \ldots + \boldsymbol{v}_n$ erzeugte Unterraum. Bestimmen Sie eine Basis des Quotientenraums V/U.

Aufgabe 3.13 (T) Es seien U, U' lineare Unterräume eines Vektorraums V und $\boldsymbol{x}, \boldsymbol{x}' \in V$. Man zeige:

$$\boldsymbol{x} + U \subset \boldsymbol{x}' + U' \quad \Longleftrightarrow \quad U \subset U' \text{ und } \boldsymbol{x}' - \boldsymbol{x} \in U'.$$

Aufgabe 3.14 (K) Sei $U \subset \mathbb{R}^4$ der Untervektorraum des $\mathbb{R}^4$, der von den Vektoren $\boldsymbol{u}_1 = (1, 2, -1, 1)^t$ und $\boldsymbol{u}_2 = (-1, -2, 1, -2)^t$ erzeugt wird, und $V \subset \mathbb{R}^4$ der Untervektorraum des $\mathbb{R}^4$, der von $\boldsymbol{v}_1 = (1, 2, -1, -2)^t$, $\boldsymbol{v}_2 = (-1, 3, 0, -2)^t$ und $\boldsymbol{v}_3 = (2, -1, -1, 1)^t$ erzeugt wird. Zeigen Sie, dass U ein Untervektorraum von V ist, und geben Sie eine Basis des Raums V/U an.

Aufgabe 3.15 (K) Es sei V der $\mathbb{R}$-Vektorraum aller Funktionen $f : \mathbb{R} \to \mathbb{R}$ und U die Teilmenge

$$\{f : \mathbb{R} \to \mathbb{R} : f(0) = 0\} \subset V .$$

a) Zeigen Sie: $U \subset V$ ist ein Untervektorraum.
b) Geben Sie einen Isomorphismus $V/U \to \mathbb{R}$ an.

3.5 Der Dualraum

Definition 3.46

Sei V ein K-Vektorraum. Eine lineare Abbildung

$$\varphi : V \to K$$

von V in den Grundkörper K heißt *Linearform*. Der Vektorraum $\mathrm{Hom}_K(V, K)$ der Linearformen auf V heißt der *Dualraum* V^* von V.

Für $\varphi \in V^*, \varphi \neq 0$ gilt:

$$\mathrm{Bild}\,\varphi = K\ ,$$

da K nur die K-Unterräume $\{0\}$ und K besitzt. Nach Satz 3.44, 1) ist somit $\dim V/\operatorname{Kern}\varphi = 1$. Daher beschreibt ein $\varphi \in V^*, \varphi \neq 0$, gerade einen „Freiheitsgrad", der n Freiheitsgrade von V (falls V n-dimensional ist) bzw. der unendlich vielen Freiheitsgrade von V (falls V unendlichdimensional ist).

Beispiele 3.47

1) Sei V der Raum K^n der Spaltenvektoren $\boldsymbol{x} = (x_1, \ldots, x_n)^t, x_k \in K$. Die i-te *Koordinatenfunktion*

$$\varphi_i : \boldsymbol{x} \mapsto x_i \tag{3.30}$$

ist eine Linearform auf V. Man kann φ_i auch schreiben als Matrizenprodukt

$$\varphi_i(\boldsymbol{x}) = x_i = (0, \ldots, 0, 1, 0, \ldots, 0)\begin{pmatrix} x_1 \\ \vdots \\ x_n \end{pmatrix}$$

des Zeilenvektors $\boldsymbol{e}_i^t = (0, \ldots, 0, 1, 0, \ldots, 0)$ mit $\boldsymbol{x} \in K^n$. Allgemeiner definiert

jeder Zeilenvektor $\boldsymbol{a}^t = (a_1, \ldots, a_n)$ auf V eine Linearform φ

$$\boldsymbol{x} \mapsto \boldsymbol{a}^t \cdot \boldsymbol{x} = (a_1, \ldots, a_n) \cdot \begin{pmatrix} x_1 \\ \vdots \\ x_n \end{pmatrix} = \sum_1^n a_k x_k\ . \tag{3.31}$$

Es ist $\boldsymbol{a}^t \cdot \boldsymbol{x} = \sum_1^n a_k x_k = \sum_1^n a_k \varphi_k(\boldsymbol{x})$ und $a_i = \boldsymbol{a}_i^t \cdot \boldsymbol{e}_i = \varphi(\boldsymbol{e}_i)$. Andererseits hat jedes $\varphi \in V^*$ die Form (3.31) mit $a_i := \varphi(\boldsymbol{e}_i)$, denn

$$\varphi(\boldsymbol{x}) = \varphi\left(\sum_{i=1}^{n} x_i \boldsymbol{e}_i\right) = \sum_{i=1}^{n} \varphi(\boldsymbol{e}_i) x_i = \boldsymbol{a}^t \cdot \boldsymbol{x} .$$

2) Konkretisierungen von 1) sind mit $\mathbf{1}^t = (1, \ldots, 1)$

$$\varphi(\boldsymbol{x}) = \sum_{i=1}^{n} x_i = \mathbf{1}^t \cdot \boldsymbol{x} \quad \text{(die Summe, siehe Mathematische Modellierung 2),}$$

und für $K = \mathbb{K}$

$$\varphi(x) = \frac{1}{n} \sum_{i=1}^{n} x_i = \frac{1}{n} \mathbf{1}^t \cdot \boldsymbol{x} \quad \text{(das arithmetische Mittel, siehe Bemerkung 2.66).}$$

3) Sei $V = C([a, b], \mathbb{R})$, d. h. ein unendlichdimensionaler $\mathbb{R}$-Vektorraum. Analog zu (3.30) sind die *Punktfunktionale*

$$\varphi_t : f \mapsto f(t) \qquad \text{für } t \in [a, b]$$

Elemente aus V^*. Daraus lässt sich zum Beispiel die näherungsweise Integralformel aus Bemerkung 2.30 durch Linearkombination zusammensetzen, nicht aber (auf dem ganzen Raum V) das Beispiel

$$\varphi : f \mapsto \int_a^b f(s) ds . \tag{3.32}$$

Dies geht nur mit einem Grenzprozess, erinnert man sich an die Definition des (RIEMANN-)Integrals. ○

Wir betrachten wieder $V = K^n$ und die Koordinatenfunktionen φ_k. Durch $\boldsymbol{a} \mapsto \sum_1^n a_k \varphi_k$ wird eine Abbildung von V nach V^* definiert, die auch linear ist, d. h. ein

$$F_V \in \mathrm{Hom}_K(V, V^*) .$$

Identifizieren wir $F_V(\boldsymbol{a})$ mit der darstellenden Zeile $\boldsymbol{a}^t$, bedeutet diese Vorgehensweise:

Die Transposition von (Spalten-)Vektoren aus K^n erzeugt einen linearen Isomorphismus

$$F_V : \; K^n \to (K^n)^*, \;\; \boldsymbol{a} \mapsto \boldsymbol{a}^t .$$

Nach Beispiele 3.47, 1) ist F_V surjektiv. Wegen $\dim(K^n)^* = \dim \mathrm{Hom}_K(V, K) = n \cdot 1 = n$ nach Theorem 2.24 ist also F_V nach Hauptsatz 2.31 ein Isomorphismus von K^n nach $(K^n)^*$.

Analog kann man vorgehen, wenn V ein euklidischer Vektorraum mit innerem Produkt $\langle\, .\, \rangle$ ist. Dann wird für festes $\boldsymbol{a} \in V$ durch

$$\boldsymbol{x} \mapsto \langle \boldsymbol{x} \,.\, \boldsymbol{a} \rangle$$

eine lineare Abbildung auf V mit Werten in ℝ, d. h. ein Element $\varphi_{\boldsymbol{a}} \in V^*$, definiert. Weiter ist die Abbildung

$$\boldsymbol{a} \mapsto \varphi_{\boldsymbol{a}}$$

auch linear, somit ein $F_V \in \mathrm{Hom}_{\mathbb{R}}(V, V^*)$. F_V ist injektiv, da

$$\varphi_{\boldsymbol{x}} = 0 \Rightarrow \langle \boldsymbol{x} \,.\, \boldsymbol{x} \rangle = \varphi_{\boldsymbol{x}}(\boldsymbol{x}) = 0 \Rightarrow \boldsymbol{x} = \boldsymbol{0} \,.$$

Ist V endlichdimensional, dann ergibt sich identisch zur obigen Überlegung, dass F_V ein Isomorphismus ist. Damit gilt:

Theorem 3.48: RIESZ[5]scher Darstellungssatz, 1.Version

Sei $(V, \langle\,.\,\rangle)$ ein endlichdimensionaler euklidischer Raum. Sei $\varphi \in V^*$. Dann gibt es ein eindeutiges $\boldsymbol{a} \in V$, so dass

$$\varphi(\boldsymbol{x}) = \langle \boldsymbol{x} \,.\, \boldsymbol{a} \rangle \qquad \text{für alle } \boldsymbol{x} \in V \,.$$

Die Zuordnung $\boldsymbol{a} \mapsto \langle .\,.\, \boldsymbol{a} \rangle$ ist ein Isomorphismus von V nach V^*.

Bemerkungen 3.49

1) Ist V ein unitärer Raum ($K = \mathbb{C}$), so kann genauso vorgegangen werden, nur dass dann F_V antilinear ist. Die dann auch gültige Tatsache, dass F_V ein Isomorphismus ist, muss anders bewiesen werden. Theorem 3.48 gilt daher auch für $K = \mathbb{C}$ und, falls man sich auf stetige, lineare Funktionale beschränkt, auch für gewisse unendlichdimensionale Vektorräume (die bezüglich der erzeugten Norm *vollständig*, d. h. *HILBERT-Räume*[6] sind: siehe Abschnitt 7.3.1 oder (Funktional-)Analysis).

2) Für einen endlichdimensionalen euklidischen Raum $(V, \langle\,.\,\rangle)$ ist demnach $\varphi(\boldsymbol{x}) = \langle \boldsymbol{x} \,.\, \boldsymbol{a} \rangle$ die allgemeine Gestalt für ein $\varphi \in V^*$. Wegen $|\varphi(\boldsymbol{x})| \leq \|\boldsymbol{x}\| \, \|\boldsymbol{a}\|$ in der erzeugten Norm $\|\,.\,\|$ und

$$\varphi(\boldsymbol{a}) = \|\boldsymbol{a}\|^2 \,, \qquad \varphi(-\boldsymbol{a}) = -\|\boldsymbol{a}\|^2$$

ist deswegen $\boldsymbol{a}$ $[-\boldsymbol{a}]$ die Richtung des *steilsten Anstieges [Abstieges]* von φ bezogen auf den Anfangspunkt $\boldsymbol{0}$ und damit auf einen beliebigen Anfangspunkt.

*3) Da zu jedem Vektorraum der Dualraum V^* gebildet werden kann, kann auch

$$\boxed{V^{**} := (V^*)^*, \text{ der } \textit{Bidualraum},}$$

[5] Frigyes RIESZ ∗22. Januar 1880 in Győr †28. Februar 1956 in Budapest

[6] David HILBERT ∗23. Januar 1862 in Königsberg (Preußen) †14. Februar 1943 in Göttingen

betrachtet werden. Es gibt eine natürliche lineare Einbettung

$$\begin{aligned} \mathcal{E} : V &\to V^{**} \\ \boldsymbol{v} &\mapsto \psi_{\boldsymbol{v}} \,, \end{aligned}$$

wobei $\psi_{\boldsymbol{v}} \in V^{**}$ das zu $\boldsymbol{v}$ gehörige Auswertungsfunktional ist, definiert durch

$$\psi_{\boldsymbol{v}}(\varphi) = \varphi(\boldsymbol{v}) \quad \text{für } \varphi \in V^* \,.$$

$\mathcal{E}$ ist injektiv, da

$$\psi_{\boldsymbol{v}} = 0 \quad \Leftrightarrow \quad \varphi(\boldsymbol{v}) = 0 \text{ für alle } \varphi \in V^* \quad \Leftrightarrow \quad \boldsymbol{v} = \boldsymbol{0} \,.$$

In der letzten Äquivalenz beachte man für „$\Rightarrow$“: Wäre $\boldsymbol{v} \neq 0$, dann lässt sich V nach Satz 3.41 schreiben als $V = K\boldsymbol{v} \oplus \widetilde{V}$ und damit ein $\varphi \in V^*$ definieren, so dass $\varphi \neq 0$ durch $\varphi(\boldsymbol{v}) = 1$, $\varphi|_{\widetilde{V}} = 0$.

Folglich ist immer

$$\dim V \leq \dim V^{**} \,.$$

Ist V unendlichdimensional, ist $\mathcal{E}$ i. Allg. nicht surjektiv. Ist aber V endlichdimensional, dann ist $\mathcal{E}$ immer ein Isomorphismus wegen

$$\dim V = \dim V^* = \dim V^{**} \,. \tag{3.33}$$

Identifiziert man auf dieser Basis V und V^{**}, bedeutet dies die Gleichsetzung von $\boldsymbol{v} \in V$ und dem Auswertungsfunktional $\varphi \mapsto \varphi(\boldsymbol{v})$ aus V^{**}. Ist $(V, \langle\, .\, \rangle)$ ein endlichdimensionaler Raum, so gilt

$$\mathcal{E}(\boldsymbol{v})\varphi = \varphi(\boldsymbol{v}) = \langle \boldsymbol{v} \,.\, \boldsymbol{a} \rangle$$

für $\varphi = \langle .\, .\, \boldsymbol{a} \rangle \in V^*$. △

Satz 3.50: Dualbasis

Sei V ein n-dimensionaler K-Vektorraum. Sei $\boldsymbol{v}_1, \ldots, \boldsymbol{v}_n \in V$ eine Basis. Dann gibt es Linearformen $\varphi_1, \ldots, \varphi_n \in V^*$, eindeutig bestimmt durch die Eigenschaft

$$\varphi_i(\boldsymbol{v}_k) = \delta_{i,k} \,. \tag{3.34}$$

Die Linearformen $\varphi_1, \ldots, \varphi_n$ bilden eine Basis von V^*, die sogenannte *Dualbasis* zur Basis $\boldsymbol{v}_1, \ldots, \boldsymbol{v}_n \in V$.

Beweis: Durch (3.34) werden $\varphi_i \in V^*$ eindeutig definiert nach Hauptsatz 2.23. Für $\varphi \in V^*$ gilt:

$$\varphi = \sum_{i=1}^{n} \alpha_i \varphi_i \Leftrightarrow \varphi(\boldsymbol{v}_j) = \sum_{i=1}^{n} \alpha_i \varphi_i(\boldsymbol{v}_j) \Leftrightarrow \varphi(\boldsymbol{v}_j) = \sum_{i=1}^{n} \alpha_i \delta_{i,j} = \alpha_j \quad \text{für alle } j = 1, \ldots, n \, .$$

Damit ist jedes $\varphi \in V^*$ eindeutig als Linearkombination der φ_i darstellbar, mit

$$\boxed{\varphi = \sum_{i=1}^{n} \varphi(\boldsymbol{v}_i)\varphi_i \, ,} \tag{3.35}$$

d. h. $\{\varphi_1, \ldots, \varphi_n\}$ ist Basis von V^*. □

Für $\boldsymbol{v} \in V$, $\boldsymbol{v} = \sum_{j=1}^{n} \alpha_j \boldsymbol{v}_j$ gilt sodann $\varphi_i(\boldsymbol{v}) = \alpha_i$, d. h.

$$\boxed{\boldsymbol{v} = \sum_{i=1}^{n} \varphi_i(\boldsymbol{v})\boldsymbol{v}_i \, .} \tag{3.36}$$

Das i-te Element der dualen Basis ordnet gerade den Koeffizient zum i-ten Basisvektor zu, beschreibt also in diesem Sinn – bei gegebener Basis $\boldsymbol{v}_1, \ldots, \boldsymbol{v}_n$ – den i-ten *Freiheitsgrad* .

Beispiele 3.51

1) Für $V = S_0(\Delta)$ oder $V = S_1(\Delta)$ oder $V = \mathbb{R}_{n-1}[x]$ liegen mit den Treppen- bzw. Hut- bzw. den LAGRANGEschen Basispolynomen (siehe (1.27) bzw. (1.37) bzw. (2.31)) Basisfunktionen $f_{\underline{N}}, \ldots, f_{\overline{N}}$ vor, die für feste Stützstellen t_i, $i = \underline{N}, \ldots, \overline{N}$, erfüllen:

$$f_i(t_j) = \delta_{i,j} \quad \text{für } i, j = \underline{N}, \ldots, \overline{N} \, .$$

(Bei $S_0(\Delta)$: $\underline{N} = 0, \overline{N} = n - 1$ etc.) Für $f \in V$ sind infolgedessen die eindeutigen Koeffizienten, so dass

$$f = \sum_{i=\underline{N}}^{\overline{N}} \alpha_i f_i \, , \qquad \text{durch } \alpha_i = f(t_i) \text{ definiert.}$$

Daher ist die zugehörige duale Basis jeweils gegeben durch

$$\varphi_i(f) := f(t_i) \quad \text{für} \quad f \in V \, ,$$

d. h. durch das zur Stützstelle gehörige Punktfunktional. Bei diesen Basen sind also die Funktionswerte an den Stützstellen die Freiheitsgrade.

2) Für $V = \mathbb{R}_{n-1}[x]$, nun aber mit der Monombasis

$$f_i(t) := t^i \, , \quad i = 0, \ldots, n-1,$$

ergibt sich für die duale Basis

$$\varphi_i(f) := \frac{1}{i!} \frac{d^i}{dt^i} f|_{t=0} \, , \quad i = 0, \ldots, n-1 \, ,$$

Hier bezeichnet der Ausdruck auf der rechten Seite bis auf den Faktor $\frac{1}{i!}$ die Auswertung der i-ten Ableitung bei $t = 0$. Denn es ist

$$\varphi_i(f_j) = \frac{1}{i!}\frac{d^i}{dt^i}(t^j)|_{t=0} = \begin{cases} 1 & \text{für } i = j \\ 0 & \text{für } i \neq j\,. \end{cases}$$

3) Die Darstellung eines beliebigen Funktionals $\varphi \in V^*$ nach (3.35) nimmt für Beispiel 1) die folgende Form an:

$$\varphi(f) = \sum_{i=1}^{n} \varphi(f_i) f(t_i)\,.$$

Für φ nach (3.32) erhalten wir die auf den jeweiligen Räumen exakten Quadraturformeln (siehe Bemerkung 2.30).

4) Für Beispiel 2) nimmt (3.35) die Form

$$\varphi(f) = \sum_{i=0}^{n-1} \varphi(f_i) \frac{1}{i!}\frac{d^i}{dt^i} f|_{t=0} \tag{3.37}$$

an. Sei $\bar{t} \in [a, b]$ beliebig, fest gewählt. Für $\varphi \in V^*$, definiert durch

$$\varphi(f) = f(\bar{t})\,,$$

ist dann (3.37) die für Polynome $(n-1)$-ten Grades exakte TAYLOR[7]-Entwicklung der Stufe $n-1$ um $t = 0$, ausgewertet bei $\bar{t}$.
Für φ nach (3.32) ergibt sich eine Darstellung der auf $\mathbb{R}_{n-1}[x]$ exakten Quadraturformeln mit bei $t = 0$ konzentrierten Freiheitsgraden.

5) Sei $K = \mathbb{K}$, $V = \mathbb{K}^n$, $\boldsymbol{v}_1, \ldots, \boldsymbol{v}_n$ eine Basis von V. Die zugehörige Dualbasis $\varphi_i \in V^*$ ist nach Theorem 3.48, Theorem 7.53 eindeutig gegeben als $\varphi_i(\boldsymbol{v}) = \langle \boldsymbol{v}\,.\,\boldsymbol{a}_i \rangle$ und damit lautet die φ_i bzw. $\boldsymbol{a}_i$ bestimmende Bedingung

$$\overline{\boldsymbol{a}}_i^t \boldsymbol{v}_j = \delta_{i,j}, \quad i, j = 1, \ldots, n$$

d. h. $[\boldsymbol{v}_1, \ldots, \boldsymbol{v}_n]$ und $[\boldsymbol{a}_1, \ldots, \boldsymbol{a}_n]$ sind biorthogonal (siehe Bemerkungen 1.98, 5)) bzw. für $A \in \mathbb{K}^{(n,n)}$ mit den Zeilen $\boldsymbol{a}_i^t$:

$$\overline{A}\boldsymbol{v}_j = \boldsymbol{e}_j, \quad \text{für } j = 1, \ldots, n$$

bzw.

$$A = (\boldsymbol{v}_1, \ldots, \boldsymbol{v}_n)^{-\dagger}\,.$$

Ist also $\boldsymbol{v}_1, \ldots, \boldsymbol{v}_n$ eine ONB, dann

---

[7] Brook TAYLOR $*$18. August 1685 in Edmonton †29. Dezember 1731 in Somerset House

$$A = (\boldsymbol{v}_1, \ldots, \boldsymbol{v}_n) .$$

Dies gilt analog für einen n-dimensionalen unitären Raum mit ONB $\boldsymbol{v}_1, \ldots, \boldsymbol{v}_n$. ○

Definition 3.52

Seien V, W endlichdimensionale K-Vektorräume. Jedes $\Phi \in \mathrm{Hom}(V, W)$ definiert eine *duale Abbildung* in $\mathrm{Hom}(W^*, V^*)$

$$\Phi^* : \begin{cases} W^* \to V^* \\ \varphi \mapsto \varphi \circ \Phi \end{cases} .$$

In Symbolen:

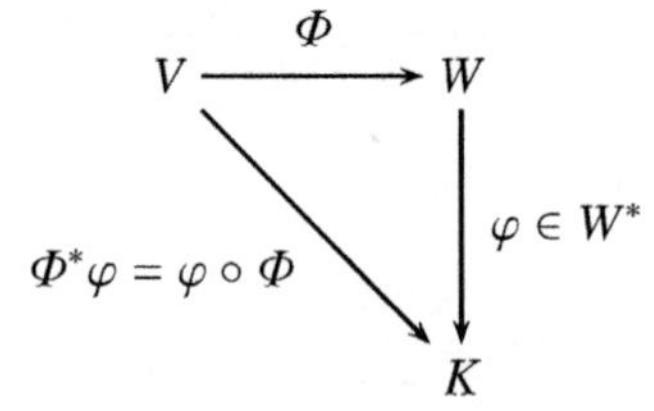

Bemerkung 3.53 Insbesondere kann auch

$$\Phi^{**} : V^{**} \to W^{**}$$

gebildet werden. Sind V, W endlichdimensional und V^{**}, W^{**} mit ihnen identifiziert nach Bemerkungen 3.49, 2), dann gilt auch im Sinne dieser Identifizierung

$$\Phi^{**} = \Phi ,$$

da für Φ^{**} dann gilt: $\varphi_{\boldsymbol{v}} \mapsto \varphi_{\Phi(\boldsymbol{v})}$. △

Sind V und W endlichdimensionale unitäre Vektorräume, dann gibt es nach Theorem 3.48 (vorerst nur $\mathbb{K} = \mathbb{R}$) die Darstellungsisomorphismen

$$\begin{aligned} F_V &: V \to V^* \quad , \quad \boldsymbol{v} \mapsto \langle . \, . \boldsymbol{v} \rangle \ , \\ F_W &: W \to W^* \ , \quad \boldsymbol{w} \mapsto \langle . \, . \boldsymbol{w} \rangle \end{aligned}$$

(in der Notation der inneren Produkte wird nicht unterschieden).

Etwa für ein $\varphi \in W^*$ ist somit $F_W^{-1}(\varphi) \in W$ der darstellende Vektor, d. h.

$$\varphi(\boldsymbol{w}) = \left\langle \boldsymbol{w} \, . \, F_W^{-1}(\varphi) \right\rangle .$$

Sei $\varphi \in W^*$ beliebig. Aus $\Phi^*(\varphi)(\boldsymbol{v}) = \varphi(\Phi(\boldsymbol{v}))$ für alle $\boldsymbol{v} \in V$ folgt

$$\Phi^*(\varphi)(\boldsymbol{v}) = \left\langle \Phi(\boldsymbol{v}) \, . \, F_W^{-1}(\varphi) \right\rangle \ \Rightarrow \ \left\langle \boldsymbol{v} \, . \, F_V^{-1} \Phi^*(\varphi) \right\rangle = \left\langle \Phi(\boldsymbol{v}) \, . \, F_W^{-1}(\varphi) \right\rangle$$

und damit

$$\langle \Phi(\boldsymbol{v}) \,.\, \boldsymbol{w} \rangle = \left\langle \boldsymbol{v} \,.\, (F_V^{-1} \Phi^* F_W)(\boldsymbol{w}) \right\rangle$$

für $\boldsymbol{w} := F_W^{-1}(\varphi) \in W$, das beliebig ist, da $\varphi \in W^*$ beliebig ist, und alle $\boldsymbol{v} \in V$.

Vergleich mit Definition 2.60 zeigt, dass demnach

$$F_V^{-1} \Phi^* F_W = \Phi^\dagger \tag{3.38}$$

bzw. $\Phi^* \circ F_W = F_V \circ \Phi^\dagger$. (3.38) lässt sich äquivalent (und suggestiver) ausdrücken durch:

Satz 3.54: duale $\leftrightarrow$ adjungierte Abbildung

Seien V und W endlichdimensional unitäre Vektorräume, $\Phi \in \mathrm{Hom}(V, W)$. Sei $F_V : V \to V^*$ der Isomorphismus nach Theorem 3.48 und analog F_W. Dann ist das folgende Diagramm kommutativ:

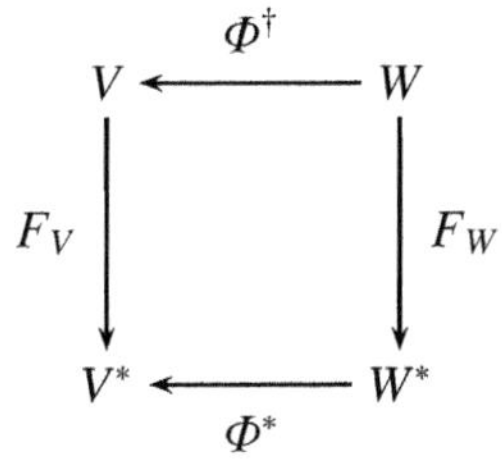

Identifiziert man daher einen unitären Raum V mittels F_V mit V^*, so sind $\Phi^\dagger$ und Φ^* identisch.

Satz 3.55: Darstellung von Φ^* mit Dualbasis

Sei V ein m-dimensionaler und W ein n-dimensionaler K-Vektorraum. Es seien Basen

$$\boldsymbol{v}_1, \ldots, \boldsymbol{v}_m \in V \quad \text{und} \quad \boldsymbol{w}_1, \ldots, \boldsymbol{w}_n \in W$$

festgehalten mit den zugehörigen Dualbasen

$$\varphi_1, \ldots, \varphi_m \in V^* \quad \text{und} \quad \psi_1, \ldots, \psi_n \in W^*.$$

Weiter sei $\Phi : V \to W$ eine lineare Abbildung. Ist $A \in K^{(n,m)}$ die beschreibende Matrix für Φ bezüglich der Basen $\boldsymbol{v}_1, \ldots, \boldsymbol{v}_m$ und $\boldsymbol{w}_1, \ldots, \boldsymbol{w}_n$, dann ist die transponierte Matrix $A^t \in K^{(m,n)}$ die beschreibende Matrix für die duale Abbildung $\Phi^* : W^* \to V^*$ bezüglich der Dualbasen.

Beweis: Es sei $A = (a_{\nu,\mu}) \in K^{(n,m)}$ die Matrix für Φ und $B = (b_{\mu,\nu}) \in K^{(m,n)}$ die Matrix für Φ^*. Dann ist

$$\Phi(\boldsymbol{v}_k) = \sum_{\nu=1}^{n} a_{\nu,k}\boldsymbol{w}_\nu\,, \qquad \Phi^*(\psi_l) = \sum_{\mu=1}^{m} b_{\mu,l}\varphi_\mu$$

und

$$b_{k,l} = \left(\sum_{\mu=1}^{m} b_{\mu,l}\varphi_\mu\right)(\boldsymbol{v}_k) = (\Phi^*(\psi_l))(\boldsymbol{v}_k) = \psi_l(\Phi(\boldsymbol{v}_k)) = \psi_l\left(\sum_{\nu=1}^{n} a_{\nu,k}\boldsymbol{w}_\nu\right) = a_{l,k},$$

also wie behauptet $B = A^t$. □

Dies ist nicht im Widerspruch zu Bemerkungen 2.62, 1) (für $\mathbb{K} = \mathbb{C}$), sondern impliziert dies vielmehr, da dann die Zuordnung $\boldsymbol{v} \mapsto \varphi_{\boldsymbol{v}} := \langle\,.\,.\,\boldsymbol{v}\rangle$ antilinear ist, also erfüllt $\alpha_1\varphi_{\boldsymbol{v}_1} + \alpha_2\varphi_{\boldsymbol{v}_2} = \varphi_{\overline{\alpha}_1\boldsymbol{v}_1+\overline{\alpha}_2\boldsymbol{v}_2}$:

Sei in der Notation von Satz 3.55 $\Phi\boldsymbol{v}_i = \sum_{j=1}^n a_{j,i}\boldsymbol{w}_j$ *und so* $\Phi^*\psi_i = \sum_{j=1}^n a_{i,j}\varphi_{\boldsymbol{v}_j}$, *so gilt für unitäre Räume und ONB* $\mathcal{B}_1 := \{\boldsymbol{v}_j : j = 1, \ldots, m\}$ *bzw.* $\mathcal{B}_2 := \{\boldsymbol{w}_i := 1, \ldots, n\}$: $\Phi^\dagger\boldsymbol{w}_i = (F_V^{-1}\Phi^* F_W)\boldsymbol{w}_i = F_V^{-1}(\Phi^*(\langle\,.\,.\,\boldsymbol{w}_i\rangle)) = F_V^{-1}(\sum_{j=1}^n a_{i,j}\varphi_{\boldsymbol{v}_j}) = F_V^{-1}(\varphi_{\boldsymbol{w}}) = \boldsymbol{w}$, *wobei* $\boldsymbol{w} = \sum_{j=1}^n \overline{a_{i,j}}\boldsymbol{v}_j$ *und damit ist* ${}_{\mathcal{B}_1}[\Phi^\dagger]_{\mathcal{B}_2} = A^\dagger$.

Aus (2.17) und $\text{Rang}(A) = \text{Rang}(A^t)$ erhält man eine einfache Folgerung, die aus der Definition von Φ^* zunächst keineswegs einsichtig ist:

Korollar 3.56

Für jede lineare Abbildung Φ zwischen endlichdimensionalen Vektorräumen gilt

$$\dim \text{Bild}\,\Phi = \dim \text{Bild}\,\Phi^*\,.$$

Bemerkung 3.57 Unmittelbar aus der Definition ergeben sich die folgenden Rechenregeln:

$$(\Psi \circ \Phi)^* = \Phi^* \circ \Psi^*$$
$$(\text{id})^* = \text{id}$$
$$(\Phi^{-1})^* = (\Phi^*)^{-1}\,.$$

Das kann man sich wie folgt klarmachen: Seien $\Phi : V \to W$ *und* $\Psi : W \to U$ *linear. Für alle* $f \in U^*$ *ist dann*

$$(\Psi \circ \Phi)^*(f) = f \circ \Psi \circ \Phi = \Phi^*(f \circ \Psi) = \Phi^*(\Psi^*(f)).$$

Natürlich ist $(\text{id})^*(f) = f \circ \text{id} = f$ *für alle Linearformen* f *und deswegen* $(\text{id})^* = \text{id}$. *Wenn* Φ^{-1} *existiert, dann ist* $\Phi^{-1} \circ \Phi = \text{id}$ *und deswegen* $\Phi^* \circ (\Phi^{-1})^* = (\Phi^{-1} \circ \Phi)^* = (\text{id})^* = \text{id}$.

△

Alternativ zu Abschnitt 3.4 gibt es folgenden allgemeinen Zugang zur Kodimension:

***Definition 3.58**

Sei V ein K-Vektorraum, $U \subset V$. Dann heißt

$$U^\perp := \{\varphi \in V^* : \varphi(\boldsymbol{u}) = 0 \text{ für alle } \boldsymbol{u} \in U\}$$

orthogonales Komplement oder *Annihilator* von U.

***Bemerkungen 3.59**

1) $U^\perp$ ist ein Unterraum von V^*, $U^\perp = \operatorname{span} U^\perp$.

2) Ist V endlichdimensional und unitär, dann lässt sich (siehe Theorem 3.48, dort vorerst $\mathbb{K} = \mathbb{R}$) $\varphi \in V^*$ eindeutig als

$$\varphi(\boldsymbol{x}) = \langle \boldsymbol{x} \,.\, \boldsymbol{a} \rangle \qquad \text{für ein } a \in V$$

darstellen und $U^\perp \subset V^*$ ist isomorph zum früher definierten

$$U^\perp = \{\boldsymbol{a} \in V : \langle \boldsymbol{u} \,.\, \boldsymbol{a} \rangle = 0 \ \text{ für alle } \boldsymbol{u} \in U\} \subset V\,.$$

3) $U \subset U^{\perp\perp}$. Dabei wird U als $\mathcal{E}(U) \subset V^{**}$ aufgefasst.

4) In Verallgemeinerung von Hauptsatz 2.69[I] gilt für K-Vektorräume V, W und $\Phi \in \operatorname{Hom}_K(V, W)$:

a) $\operatorname{Kern} \Phi^* = (\operatorname{Bild} \Phi)^\perp \quad (\subset W^*)\,.$
Dazu beachte man

$$\Psi \in \operatorname{Kern} \Phi^* \Leftrightarrow \Psi \circ \Phi = 0 \Leftrightarrow \Psi(\Phi \boldsymbol{x}) = 0 \text{ für } \boldsymbol{x} \in V \Leftrightarrow \Psi \in (\operatorname{Bild} \Phi)^\perp\,.$$

b) $\operatorname{Bild} \Phi^* \subset (\operatorname{Kern} \Phi)^\perp$.
Dazu beachte man

$$\begin{aligned}&\varphi \in \operatorname{Bild} \Phi^* \Leftrightarrow \varphi = \Phi^*(\psi) \quad \text{für ein } \psi \in W^* \Leftrightarrow \varphi = \psi \circ \Phi\,,\\ &\text{also:} \quad \varphi \boldsymbol{x} = 0 \quad \text{für } \boldsymbol{x} \in \operatorname{Kern} \Phi \Leftrightarrow \varphi \in (\operatorname{Kern} \Phi)^\perp\,.\end{aligned}$$

△

***Satz 3.60**

Sei V ein K-Vektorraum, $U \subset V$ ein Unterraum. Dann ist

$$U^\perp \cong (V/U)^*\,.$$

Beweis: Sei $\Phi : U^\perp \to (V/U)^*$ definiert durch

$$\varphi \mapsto \widetilde{\varphi}\,,$$

$$\text{wobei} \quad \widetilde{\varphi}(\boldsymbol{v} + U) := \varphi(\boldsymbol{v}) \quad \text{für alle } \boldsymbol{v} \in V\,. \tag{3.39}$$

Nach Theorem 3.37, angewendet auf φ (bei $W = K$) ist $\widetilde{\varphi}$ wohldefiniert, denn es gilt $U \subset \operatorname{Kern}\varphi$. Auch Φ ist linear. Schließlich ist Φ injektiv, da

$$\Phi(\varphi) = 0 \quad \Leftrightarrow \quad \varphi(\boldsymbol{v}) = \widetilde{\varphi}(\boldsymbol{v} + U) = 0 \quad \text{für alle } \boldsymbol{v} \in V \quad \Leftrightarrow \quad \varphi = 0\,,$$

und surjektiv, denn durch (3.39) wird für $\widetilde{\varphi} \in (V/U)^*$ ein $\varphi \in V^*$ definiert mit

$$\varphi(\boldsymbol{u}) = \widetilde{\varphi}(U) = 0\,, \quad \boldsymbol{u} \in U\,,$$

also $\varphi \in U^\perp$. □

***Bemerkungen 3.61**

1) Ist V endlichdimensional, gilt insbesondere

$$\boxed{U = U^{\perp\perp}}$$

– im Sinn der Identifizierung von V und V^{**}. –

Wegen

$$\dim U^\perp = \dim(V/U)^* = \dim V/U = \dim V - \dim U$$
$$\dim U^{\perp\perp} = \dim V^*/U^\perp = \dim V - \dim U^\perp$$

gilt $\dim U = \dim U^{\perp\perp}$, *was zusammen mit Bemerkungen 3.59, 3) die Behauptung ergibt (vgl. auch* (3.33)*).*

2) Ist V endlichdimensional, sind die weiteren Varianten zu Bemerkungen 3.59, 4 a):

$$\boxed{\begin{aligned} \operatorname{Kern}\Phi &= (\operatorname{Bild}\Phi^*)^\perp \quad (\subset V^{**})\,,\\ \operatorname{Bild}\Phi &= (\operatorname{Kern}\Phi^*)^\perp \quad (\subset W^{**})\,,\\ \operatorname{Bild}\Phi^* &= (\operatorname{Kern}\Phi)^\perp \quad (\subset V^*)\,. \end{aligned}}$$

Man benutze 1) und Bemerkung 3.53.

△

Ist demzufolge U ein Unterraum von V mit endlicher Kodimension, ohne dass V notwendigerweise endlichdimensional ist, dann auch

$$\operatorname{codim} U = \dim V/U = \dim(V/U)^* = \dim U^\perp\,,$$

da für endlichdimensionale K-Vektorräume W gilt $W^* \cong W$. Ist andererseits $\dim U^\perp$ endlich, also

$$\dim(V/U)^* = \dim U^\perp < \infty ,$$

dann ist auch

$$\dim(V/U)^{**} = \dim(V/U)^* < \infty .$$

Damit muss aber auch $\dim V/U < \infty$ und damit $\dim V/U = \dim(V/U)^*$ gelten.

Wegen der Injektivität von $\mathcal{E}$ nach Bemerkungen 3.49, 3) ist $\dim W \leq \dim W^{**}$. Somit gilt auch hier

$$\operatorname{codim} U = \dim V/U = \dim(V/U)^* = \dim U^\perp .$$

Daher:

***Satz 3.62**

Sei V ein K-Vektorraum, $U \subset V$ ein Unterraum. Dann gilt:

$$\operatorname{codim} U = \dim U^\perp.$$

Was Sie in diesem Abschnitt gelernt haben sollten

Begriffe:

- Dualraum V^*
- Dualbasis
- Duale Abbildung Φ^*

Zusammenhänge

- Dualraumdarstellung, RIESZscher Darstellungssatz (Theorem 3.48)
- Zusammenhang Φ^* und Φ^t (Satz 3.54)
- Zusammenhang Darstellungsmatrizen von Φ und Φ^* (Satz 3.55)

Beispiele

- Dualbasis für $S_1(\Delta)$, $\mathbb{R}_n[x]$

Aufgaben

Aufgabe 3.16 (K) Es sei $\Phi : \mathbb{R}^3 \to \mathbb{R}^3$ die lineare Abbildung mit der darstellenden Matrix

$$\begin{pmatrix} 1 & 2 & 3 \\ 2 & 3 & 1 \\ 3 & 1 & 2 \end{pmatrix}$$

und $f, g : \mathbb{R}^3 \to \mathbb{R}$ die Linearform

$$f : (x_1, x_2, x_3) \mapsto x_1 + x_2 - x_3 \ , \ g : (x_1, x_2, x_3) \mapsto 3x_1 - 2x_2 - x_3 \ .$$

Bestimmen Sie die Linearformen $\Phi^*(f) : \mathbb{R}^3 \to \mathbb{R}$ und $\Phi^*(g) : \mathbb{R}^3 \to \mathbb{R}$.

Aufgabe 3.17 (T) Es seien V, W Vektorräume über einen Körper K und $\Phi : V \to W$ eine lineare Abbildung. Weiter seien V^*, W^* die zu V, W dualen Vektorräume und Φ^* die zu Φ duale Abbildung. Man zeige: Φ ist genau dann injektiv, wenn Φ^* surjektiv ist.

Aufgabe 3.18 (K) Geben Sie zu den Vektoren

$$\boldsymbol{x}_1 = (1, 0, -2)^t \ , \quad \boldsymbol{x}_2 = (-1, 1, 0)^t \ , \quad \boldsymbol{x}_3 = (0, -1, 1)^t \ \in \mathbb{R}^3$$

die Linearformen φ_i mit $\varphi_i(\boldsymbol{x}_j) = \delta_{i,j}$ an.

Aufgabe 3.19 (K) (Hermite-Interpolation) Sei

$$V = \mathbb{R}_3[x]$$

der $\mathbb{R}$-Vektorraum der Polynome vom Grad ≤ 3. Durch

$$\begin{aligned} \varphi_1(f) &= f(1) \ , \quad \varphi_2(f) = f'(1) \ , \\ \varphi_3(f) &= f(-1) \ , \ \varphi_4(f) = f'(-1) \end{aligned}$$

werden Linearformen $\varphi_i : V \to \mathbb{R}$ definiert. (Dabei bezeichne f' die Ableitung von f.)

a) Zeigen Sie, dass $\varphi_1, \ldots, \varphi_4$ eine Basis des Dualraums V^* von V bilden.
b) Bestimmen Sie die dazu duale Basis von V.

Kapitel 4
Eigenwerte und Normalformen von Matrizen

4.1 Basiswechsel und Koordinatentransformationen

In diesem Abschnitt ist K ein beliebiger Körper. „Vektorraum" bedeutet stets „K-Vektorraum". Ist $\boldsymbol{v}_1, \ldots, \boldsymbol{v}_n$ eine Basis des Vektorraums V, so lässt sich jeder Vektor $\boldsymbol{x} \in V$ als Linearkombination $\boldsymbol{x} = x^1\boldsymbol{v}_1 + \ldots + x^n\boldsymbol{v}_n$ mit (durch $\boldsymbol{x}$) eindeutig bestimmten $x^1, \ldots, x^n \in K$ darstellen. Diese Körperelemente $x^1, \ldots, x^n$ heißen *Komponenten von* $\boldsymbol{x}$ oder *Koordinaten von* $\boldsymbol{x}$ *in der Basis* $\boldsymbol{v}_1, \ldots, \boldsymbol{v}_n$.[1] Wir wollen hier der Frage nachgehen, wie sich diese Koordinaten des Vektors $\boldsymbol{x}$ ändern, wenn wir ihn in einer anderen Basis $\boldsymbol{w}_1, \ldots, \boldsymbol{w}_n \in V$ entwickeln. Dazu schreiben wir zuerst die *neuen Basisvektoren* $\boldsymbol{w}_i$ *als Linearkombinationen der alten Basisvektoren* $\boldsymbol{v}_i$:

$$\boldsymbol{w}_1 = \sum_{\nu=1}^{n} a_1^\nu \boldsymbol{v}_\nu, \; \ldots, \; \boldsymbol{w}_n = \sum_{\nu=1}^{n} a_n^\nu \boldsymbol{v}_\nu . \tag{4.1}$$

Die Koordinaten a_μ^ν der neuen Basisvektoren $\boldsymbol{w}_\mu$ in der alten Basis bilden die Spalten einer Matrix

$$A = \begin{pmatrix} a_1^1 & \cdots & a_n^1 \\ \vdots & & \vdots \\ a_1^n & \cdots & a_n^n \end{pmatrix} \in K^{(n,n)} . \tag{4.2}$$

Diese Matrix A ist eine *Übergangsmatrix*, mit den Koordinaten des i-ten (neuen) Basisvektors $\boldsymbol{w}_i$ als i-te Spalte.

---

[1] Dass die Indizes jetzt oben angebracht sind, ist mathematisch bedeutungslos, mnemotechnisch aber hoffentlich von Vorteil: Über die „hochgestellt-tiefgestellt"-auftretenden Indizes wird summiert.

P. Knabner und W. Barth, *Lineare Algebra*,
https://doi.org/10.1007/978-3-662-55600-9_4

Definition 4.1

Seien $\mathcal{B} = [\boldsymbol{v}_1, \dots, \boldsymbol{v}_n]$, $\mathcal{B}' = [\boldsymbol{w}_1, \dots, \boldsymbol{w}_n]$ Basen eines K-Vektorraums V. Dann heißt $A \in K^{(n,n)}$ mit (4.2) und (4.1) *Übergangsmatrix* von $\mathcal{B}$ nach $\mathcal{B}'$.

Bisher wurden für eine Matrix A die Komponenten mit $a_{\nu,\mu}$ indiziert, wobei ν der Zeilenindex war und μ der Spaltenindex. In der Notation von (4.2) werden die Komponenten von Übergangsmatrizen A nun mit a^{ν}_{μ} geschrieben. Für Übergangsmatrizen gilt somit:

Die hochgestellten Indizes sind die Zeilenindizes.
Die tiefgestellten Indizes sind die Spaltenindizes.

A ist eine spezielle Darstellungsmatrix. Sie stellt bezüglich der Basis $\boldsymbol{v}_1, \dots, \boldsymbol{v}_n$ eine lineare Abbildung dar, und zwar diejenige Abbildung, welche

$$\boldsymbol{v}_1 \mapsto \boldsymbol{w}_1, \ \dots, \ \boldsymbol{v}_n \mapsto \boldsymbol{w}_n$$

abbildet und dadurch nach Hauptsatz 2.23 eindeutig bestimmt ist. Da die $\boldsymbol{w}_1, \dots, \boldsymbol{w}_n$ eine Basis von V bilden, ist $\mathrm{Rang}(A) = n$, die Übergangsmatrix A ist invertierbar ((2.17) und Satz 2.2). Ein Vektor $\boldsymbol{x} \in V$ schreibt sich nun auf die zwei Weisen

$$\begin{array}{ccccc} \boldsymbol{x} = & \sum_1^n x^{\nu}\boldsymbol{v}_{\nu} & = & \sum_1^n y^{\mu}\boldsymbol{w}_{\mu} & \\ & \textit{alte}\text{ Koordinaten:} & & \textit{neue}\text{ Koordinaten:} & \\ & \begin{pmatrix} x^1 \\ \vdots \\ x^n \end{pmatrix} & & \begin{pmatrix} y^1 \\ \vdots \\ y^n \end{pmatrix}, & \end{array}$$

die durch folgende Beziehung verknüpft sind:

$$\sum_{\nu=1}^{n} x^{\nu}\boldsymbol{v}_{\nu} = \boldsymbol{x} = \sum_{\mu=1}^{n} y^{\mu}\boldsymbol{w}_{\mu} = \sum_{\mu=1}^{n} y^{\mu}\left(\sum_{\nu=1}^{n} a^{\nu}_{\mu}\boldsymbol{v}_{\nu}\right) = \sum_{\nu=1}^{n}\left(\sum_{\mu=1}^{n} a^{\nu}_{\mu}y^{\mu}\right)\boldsymbol{v}_{\nu} .$$

Daraus folgt für die Koordinaten:

$$\textit{Alte}\text{ Koordinaten} = \begin{pmatrix} x^1 \\ \vdots \\ x^n \end{pmatrix} = \begin{pmatrix} a^1_1 & \cdots & a^1_n \\ \vdots & & \vdots \\ a^n_1 & \cdots & a^n_n \end{pmatrix} \begin{pmatrix} y^1 \\ \vdots \\ y_n \end{pmatrix},$$

anders formuliert: *Alte* Koordinaten = A „mal" *neue* Koordinaten

bzw.

$$\boxed{\textit{neue}\text{ Koordinaten} = A^{-1} \text{ „mal" } \textit{alte}\text{ Koordinaten.}} \tag{4.3}$$

(4.3) bedeutet natürlich nicht, dass A^{-1} bestimmt werden muss, sondern nur, dass das LGS für $\boldsymbol{y}$

$$Ay = x$$

gelöst werden muss. Ist bei $K = \mathbb{K}$ A orthogonal bzw. unitär, d. h. $A^{-1} = A^\dagger$, so ist (4.3) explizit zu berechnen. Dieses Transformationsverhalten, welches die Koordinaten eines Vektors $x \in V$ aufweisen, heißt *kontravariantes Transformationsverhalten.* (Die Koordinaten transformieren sich „gegenläufig" zur Übergangsmatrix.)

Beispiel 4.2 (Geometrie) Die Kontravarianz des Transformationsverhaltens bedeutet geometrisch folgendes. Der Transformation eines Koordinatensystems mit $A \in K^{(n,n)}$ entspricht die Transformation der betrachteten Teilmenge M von K^n mit A^{-1}. Einer Folge $A = A_k A_{k-1} \cdots A_1$ von Transformationen des Koordinatensystems (mit A_1 als Erster) entspricht demnach $A^{-1} = A_1^{-1} A_2^{-1} \cdots A_k^{-1}$ als Transformation von M (mit A_k^{-1} als Erster). Sind insbesondere bei $K = \mathbb{K}$ die A_i orthogonal bzw. unitär, dann ist $A^{-1} = A_1^\dagger \cdots A_k^\dagger$. ∘

Ein anderes Transformationsverhalten besitzen die *Vektoren des Dualraums* V^*. Um das zu bestimmen wählen wir in V^* die Dualbasen zu der zur Übergangsmatrix A gehörenden *alten* Basis $v_1, \ldots, v_n$ und der *neuen* Basis $\{w, \ldots, w_n\}$:

$$\begin{aligned} &f^1, \cdots, f^n \quad \text{mit} \quad f^\mu(v_\nu) = \delta^\mu_\nu \quad \text{(alt) und} \\ &g^1, \cdots, g^n \quad \text{mit} \quad g^j(w_i) = \delta^j_i \quad \text{(neu)} \end{aligned}$$

– angepasst wird hier somit auch das KRONECKER-Symbol $\delta_{j,i}$ als δ^j_i geschrieben. –

Jetzt entwickeln wir die *alte* Dualbasis in der *neuen*

$$f^\mu = \sum_{j=1}^n c^\mu_j g^j ,$$

hier wird nun *anders* als bei (4.1) der Summationsindex der Koordinaten tiefgestellt und folgerichtig die Indizierung der Basen hochgestellt. Die zugehörige Übergangsmatrix mit $C := (c^\mu_j)_{\mu,j}$ ist also C^t. Der Grund für diese Schreibweise ergibt sich aus

$$f^\mu(w_j) = \sum_{k=1}^n c^\mu_k g^k(w_j) = \sum_{k=1}^n c^\mu_k \delta^k_j = c^\mu_j$$

und andererseits

$$f^\mu(w_j) = f^\mu\left(\sum_{\nu=1}^n a^\nu_j v_\nu\right) = \sum_{\nu=1}^n a^\nu_j f^\mu(v_\nu) = \sum_{\nu=1}^n a^\nu_j \delta^\mu_\nu = a^\mu_j ,$$

also $\quad c^\mu_j = a^\mu_j \quad$ und damit:

Zur linearen Abbildung $g^\mu \mapsto f^\mu$ gehört die Matrix A^t,
zur linearen Abbildung $f^\mu \mapsto g^\mu$ gehört die Matrix $(A^t)^{-1}$.

Im Vektorraum V^* gehört folglich zum Übergang von der *alten* Basis $f^1, \ldots, f^n$ zur *neuen* Basis $g^1, \ldots, g^n$ die Übergangsmatrix $(A^t)^{-1}$. Jetzt wenden wir für diesen Basiswechsel das an, was wir soeben ganz allgemein über Koordinatentransformationen und Übergangsmatrizen gesehen haben:

Alte duale Koordinaten $= (A^t)^{-1}$ „mal" *neue* duale Koordinaten bzw.
neue duale Koordinaten $= A^t$ „mal" *alte* duale Koordinaten.

Richtig „schön" wird diese Formel erst, wenn wir die Koordinaten eines Vektors im Dualraum als Zeilenvektor schreiben und dann die letzte Gleichung transponieren:

Neue duale Koordinaten = *alte* duale Koordinaten „mal" A .

Dieses Transformationsverhalten heißt *kovariant.*

Es wurde gezeigt:

Theorem 4.3: Koordinatentransformation

Seien V ein K-Vektorraum, $\mathcal{B}$ und $\mathcal{B}'$ Basen von V. Sei $A \in K^{(n,n)}$ die Übergangsmatrix nach (4.2).
Dann transformieren sich die Koordinaten $\boldsymbol{x} \in K^n$ bezüglich $\mathcal{B}$ zu den Koordinaten $\boldsymbol{y} \in K^n$ bezüglich $\mathcal{B}'$, gemäß

$$\boldsymbol{y} = A^{-1}\boldsymbol{x} \qquad \text{(kontravariant).}$$

Sind $\mathcal{B}^*$ bzw. $\mathcal{B}'^*$ die jeweils dualen Basen von V^*, dann transformieren sich die Koordinaten bezüglich $\mathcal{B}^*$, $\boldsymbol{\alpha} \in K^{(1,n)}$ zu denen bezüglich $\mathcal{B}'^*$, $\boldsymbol{\beta} \in K^{(1,n)}$, gemäß

$$\boldsymbol{\beta} = \boldsymbol{\alpha} A \qquad \text{(kovariant).}$$

Jetzt ist es wohl angebracht, einige - hoffentlich klärende - Worte zur Notation zu verlieren:

- Vektoren, in ihrer ganzen Allgemeinheit, sind Elemente eines Vektorraums. Dieser kann ziemlich unanschaulich sein: Ein Dualraum, ein Quotientenraum, ein Funktionenraum usw. Jede Veranschaulichung solcher Vektoren versagt. Nur über die abstrakte Theorie der Vektorräume gelingt es, solche Vektoren zu beschreiben.
- Ein Vektor des Anschauungsraums, „mit einem Pfeilchen vorne dran", ist ein Element des Zahlenraums $\mathbb{R}^n$, und wird durch ein n-Tupel reeller Zahlen gegeben. Dieses n-Tupel können wir wahlweise als Spalte oder als Zeile schreiben. Darauf, auf die Systematik der Indizes, kommt es nicht an.
- Hat man einen endlichdimensionalen Vektorraum und darin eine Basis, so gehört zu jedem Vektor des Vektorraums sein Koordinatenvektor, ein n-Tupel von Körperelementen (d. h. Zahlen.) Um die Koordinaten von den Vektoren zu unterscheiden, wird der Index der Koordinaten oben notiert und der Vektor wird fett geschrieben:

$$\boldsymbol{x} = \sum_{\nu=1}^{n} x^\nu \boldsymbol{v}_\nu \, .$$

Einen Koordinatenvektor eines Vektors aus dem Vektorraum V wollen wir uns immer als Spaltenvektor vorstellen, sodass seine oberen Indizes die Zeile angeben.

- Hingegen den Koordinatenvektor eines Vektors im Dualraum V^*, bezüglich der Dualbasis, wollen wir uns immer als Zeilenvektor vorstellen. Die Dualkoordinaten bekommen ihre Indizes unten, weil sie sich kovariant transformieren, d. h. so wie die Übergangsmatrix die ursprünglichen Basisvektoren. Untere Indizes geben somit die Spalte an. Die Zeilenschreibweise ist in Übereinstimmung mit der Darstellung von $\varphi \in (\mathbb{R}^n)^*$ als $\varphi(\boldsymbol{x}) = (\boldsymbol{a} \,.\, \boldsymbol{x}) = \boldsymbol{a}^t\boldsymbol{x}$ über den RIESZschen Darstellungssatz (3.48).

Eine gewisse Logik bekommt dieses System, wenn man sich folgende Version der *EINSTEINschen*[2] *Summenkonvention* zu eigen macht: Kommen in einer Formel zwei gleiche Indizes vor, einer unten und einer oben, so muss darüber automatisch summiert werden, auch wenn kein Summenzeichen vorhanden ist. Damit ist sodann $\sum x^\nu \boldsymbol{v}_\nu$ dasselbe wie $x^\nu \boldsymbol{v}_\nu$. Das Skalarprodukt, d. h. das Produkt eines Zeilenvektors mit einem Spaltenvektor, schreibt sich dann

$$(c_1, \dots, c_n) \cdot \begin{pmatrix} x^1 \\ \vdots \\ x^n \end{pmatrix} = c_\nu x^\nu \,.$$

Nicht nur Koordinaten von Vektoren aus einem Vektorraum V oder von Vektoren im Dualraum V^* ändern sich bei Koordinatentransformationen, sondern auch Matrizen zu linearen Abbildungen. Dies müssen wir als Nächstes untersuchen.

Sei dazu $\Phi : V \to W$ eine lineare Abbildung des Vektorraums V in den Vektorraum W. Zudem seien $\boldsymbol{v}_1, \dots, \boldsymbol{v}_n \in V$ und $\boldsymbol{w}_1, \dots, \boldsymbol{w}_m \in W$ Basen und es sei

$$C = \begin{pmatrix} c_1^1 & \cdots & c_n^1 \\ \vdots & & \vdots \\ c_1^m & \cdots & c_n^m \end{pmatrix}$$

die Darstellungsmatrix gemäß Hauptsatz 2.23, welche die Abbildung Φ in diesen Basen beschreibt, d. h.

$$\Phi(\boldsymbol{v}_\nu) = \sum_{i=1}^{m} c_\nu^i \boldsymbol{w}_i \,.$$

Wir wechseln zu *neuen* Basen $\boldsymbol{v}'_1, \dots, \boldsymbol{v}'_n$ in V und $\boldsymbol{w}'_1, \dots, \boldsymbol{w}'_m$ in W, d. h.:

[2] Albert EINSTEIN ∗14. März 1879 in Ulm †18. April 1955 in Princeton

Neue Basis	Beziehung zur *alten* Basis	Übergangsmatrix
$\boldsymbol{v}'_1, \ldots, \boldsymbol{v}'_n$	$\boldsymbol{v}'_\mu = \sum_{\nu=1}^n a^\nu_\mu \boldsymbol{v}_\nu$	$A = \begin{pmatrix} a^1_1 & \cdots & a^1_n \\ \vdots & & \vdots \\ a^n_1 & \cdots & a^n_n \end{pmatrix}$
$\boldsymbol{w}'_1, \ldots, \boldsymbol{w}'_m$	$\boldsymbol{w}'_j = \sum_{i=1}^m b^i_j \boldsymbol{w}_i$	$B = \begin{pmatrix} b^1_1 & \cdots & b^1_m \\ \vdots & & \vdots \\ b^m_1 & \cdots & a^m_m \end{pmatrix}$

und berechnen die Darstellungsmatrix C' für die Abbildung Φ bezüglich der *neuen* Basen

$$\Phi(\boldsymbol{v}'_\mu) = \sum_{j=1}^m (c')^j_\mu \boldsymbol{w}'_j = \sum_{j=1}^m \sum_{i=1}^m (c')^j_\mu b^i_j \boldsymbol{w}_i = \sum_{i=1}^m \left(\sum_{j=1}^m (c')^j_\mu b^i_j \right) \boldsymbol{w}_i ,$$

$$\boldsymbol{v}'_\mu = \sum_{\nu=1}^n a^\nu_\mu \boldsymbol{v}_\nu \Rightarrow \Phi(\boldsymbol{v}'_\mu) = \sum_{\nu=1}^n a^\nu_\mu \Phi(\boldsymbol{v}_\nu) = \sum_{\nu=1}^n \sum_{i=1}^m a^\nu_\mu c^i_\nu \boldsymbol{w}_i = \sum_{i=1}^m \left(\sum_{\nu=1}^n a^\nu_\mu c^i_\nu \right) \boldsymbol{w}_i .$$

Durch Koeffizientenvergleich findet man hieraus

$$\sum_{\nu=1}^n c^i_\nu a^\nu_\mu = \sum_{j=1}^m b^i_j (c')^j_\mu \quad \text{für jedes } i \in \{1, \ldots, m\}$$

oder in Form eines Matrizenprodukts $CA = BC'$ bzw.

> *Neue* Darstellungsmatrix
>
> $$C' = B^{-1} CA .$$
>
> Hier sind $C, C' \in K^{(m,n)}$, $B \in K^{(m,m)}$ und $A \in K^{(n,n)}$.

Es wurde also bewiesen:

Theorem 4.4: Darstellungsmatrix unter Basiswechsel

Seien V, W zwei n- bzw. m-dimensionale K-Vektorräume, $\mathcal{B}_1$, $\mathcal{B}_2$ und auch $\mathcal{B}'_1$, $\mathcal{B}'_2$ Basen von V bzw. W. Sei $\Phi \in \text{Hom}(V, W)$ mit Darstellungsmatrix $C \in K^{(m,n)}$ bezüglich $\mathcal{B}_1$, $\mathcal{B}_2$ und C' Darstellungsmatrix $\in K^{(m,n)}$ bezüglich $\mathcal{B}'_1$, $\mathcal{B}'_2$.
Ist A die Übergangsmatrix von $\mathcal{B}_1$ nach $\mathcal{B}'_1$ und B die Übergangsmatrix von $\mathcal{B}_2$ nach $\mathcal{B}'_2$, dann ist das folgende Diagramm kommutativ:

$$\begin{array}{ccc} K^n & \xrightarrow{\ C\ } & K^m \\ A \Big\uparrow \Big\downarrow A^{-1} & & B \Big\uparrow \Big\downarrow B^{-1} \\ K^n & \xrightarrow{\ C'\ } & K^m \end{array} \tag{4.4}$$

Basistransformationen erzeugen daher über ihre Übergangsmatrizen $A \in \mathrm{GL}(n, K), B \in \mathrm{GL}(m, K)$ eine neue Darstellung gemäß (4.4). Andererseits erzeugen $A \in \mathrm{GL}(n, K), B \in \mathrm{GL}(m, K)$ Basistransformationen gemäß (4.1), (4.2) mit (4.4) als Konsequenz.

Die expliziten Rechnungen der vorhergehenden Seiten dienen nur zur Verdeutlichung, da sich alle Aussagen schon aus den Eigenschaften der Darstellungsmatrix, d. h. aus (2.16) ableiten lassen: Die Übergangsmatrix A von $\mathcal{B}$ nach $\mathcal{B}'$ lässt sich auch als die Darstellungsmatrix der Identität verstehen, wenn der Definitionsbereich V (Urbildraum) mit der Basis $\mathcal{B}'$ und der Wertebereich V (Bildraum) mit der Basis $\mathcal{B}$, also nach (2.16)

$$\Psi_{\mathcal{B}} \circ \mathrm{id} = A \circ \Psi_{\mathcal{B}'},$$

wobei $\Psi_{\mathcal{B}}, \Psi_{\mathcal{B}'} : V \to K^n$ die Koordinatenabbildungen bezeichnen, also gilt

$$\Psi_{\mathcal{B}'} = A^{-1} \circ \Psi_{\mathcal{B}},$$

d. h. (4.3) und auch

$$A = \Psi_{\mathcal{B}} \circ \Psi_{\mathcal{B}'}^{-1},$$

bzw. in alternativer Schreibweise

$$A = {}_{\mathcal{B}}[\mathrm{id}]_{\mathcal{B}'} \quad \text{und}\ {}_{\mathcal{B}'}[\boldsymbol{v}] = A^{-1}\left({}_{\mathcal{B}}[\boldsymbol{v}]\right) = {}_{\mathcal{B}'}[\mathrm{id}]_{\mathcal{B}\mathcal{B}}[\boldsymbol{v}]\ .$$

Betrachtet man andererseits zur Herleitung von (4.4) das kommutative Diagramm Abbildung 4.1 so impliziert die Kommutativität

$$\begin{aligned} C' &= \Psi_{\mathcal{B}'_2} \circ \Psi_{\mathcal{B}_2}^{-1} \circ C \circ \Psi_{\mathcal{B}_1} \circ \Psi_{\mathcal{B}'_1}^{-1} \\ &= (\Psi_{\mathcal{B}_2} \circ \Psi_{\mathcal{B}'_2}^{-1})^{-1} \circ C \circ A \\ &= B^{-1} C A \end{aligned}$$

nach obiger Überlegung, also (4.4), bzw. in alternativer Schreibweise

$$\begin{aligned} {}_{\mathcal{B}'_2}[\Phi]_{\mathcal{B}'_1} &= {}_{\mathcal{B}'_2}[\mathrm{id}]_{\mathcal{B}_2\mathcal{B}_2}[\Phi]_{\mathcal{B}_1\mathcal{B}_1}[\mathrm{id}]_{\mathcal{B}'_1} \\ &= \left({}_{\mathcal{B}_2}[\mathrm{id}]_{\mathcal{B}'_2}\right)^{-1} {}_{\mathcal{B}_2}[\Phi]_{\mathcal{B}_1\mathcal{B}_1}[\mathrm{id}]_{\mathcal{B}'_1}\ . \end{aligned}$$

Man beachte dabei nach Theorem 2.35

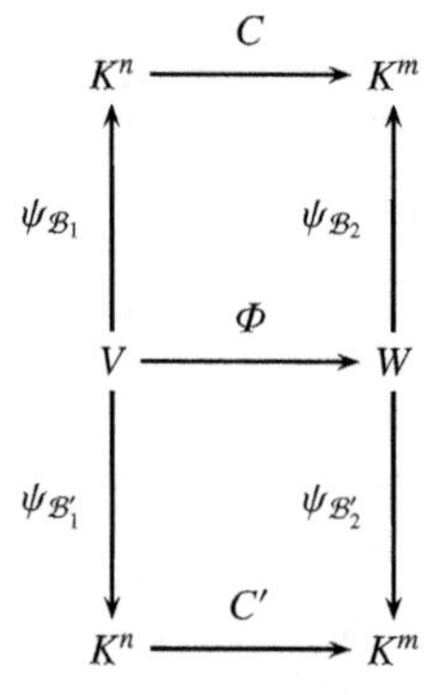

Abb. 4.1: kommutatives Diagramm

$$ {}_{\mathcal{B}'}[\mathrm{id}]_{\mathcal{B}}\;{}_{\mathcal{B}}[\mathrm{id}]_{\mathcal{B}'} = {}_{\mathcal{B}'}[\mathrm{id}\circ\mathrm{id}]_{\mathcal{B}'} = \mathbb{1} $$

für beliebige Basen $\mathcal{B}, \mathcal{B}'$.

Satz 4.5: Normalform bei beliebigem Basiswechsel

Es seien V, W endlichdimensionale K-Vektorräume. Es sei $\Phi : V \to W$ eine lineare Abbildung vom Rang r. Dann gibt es Basen in V und W, in denen Φ die Darstellungsmatrix

$$ \dim(W)\left\{\underbrace{\left(\begin{array}{c|c} \mathbb{1}_r & 0 \\ \hline 0 & 0 \end{array}\right)}_{\dim(V)}\right. $$

hat. Diese Darstellung heißt auch SMITH[3]-Normalform.

Beweis: Es sei $C \in K^{(m,n)}$ die Matrix für Φ bezüglich beliebiger, aber fest gewählter Basen von V und W. Es ist zu zeigen, dass es invertierbare Matrizen $A \in \mathrm{GL}(n, K)$ und $B \in \mathrm{GL}(m, K)$ gibt, derart, dass das Produkt $B^{-1}CA$ die angegebene Form hat. Dies ist schon in (2.144) gezeigt worden. □

Dieser Satz ist eine Formulierung des Homomorphiesatzes 3.37 bzw. des Isomorphiesatzes 2.77 in der Sprache der Matrizen. Der Sinn seiner Aussage besteht darin, dass man durch voneinander unabhängige Basiswechsel im Urbild- und im Bildraum ihre Matrizen auf eine ganz einfache *Normalform* bringen kann, die nur vom Rang der linearen Abbildung abhängt. Andererseits zeigt dies auch, dass die Freiheit der unabhängigen Basiswahl im Urbild- und Bildraum nur noch den Rang als invariante Information lässt.

[3] Henry John Stephen SMITH ∗2. November 1826 in Dublin †9. April 1883 in Oxford

Völlig anders ist die Situation für lineare Abbildungen eines Vektorraums *in sich selbst*. Dann ist nämlich der Bildraum W gleich dem Urbildraum V, wir haben sinnvollerweise nur eine einzige Basis, die wir wechseln können, es ist in obiger Formel $B = A$ zu setzen. Bei einem Basiswechsel des Vektorraums V mit Übergangsmatrix A wird die Matrix C zu einer linearen Abbildung $\Phi : V \to V$ in

$$C' = A^{-1}CA$$

transformiert. Die Abschnitte bis einschließlich 4.3 sind der Frage nach einer möglichst einfachen Form C', auf welche wir die Matrix C transformieren können, gewidmet.

Definition 4.6

Zwei Matrizen $C, C' \in K^{(n,n)}$ heißen *ähnlich*, wenn es eine invertierbare Matrix $A \in \mathrm{GL}(n, K)$ gibt, so dass

$$\boxed{C' = A^{-1}CA}$$

bzw. das folgende Diagramm kommutativ ist:

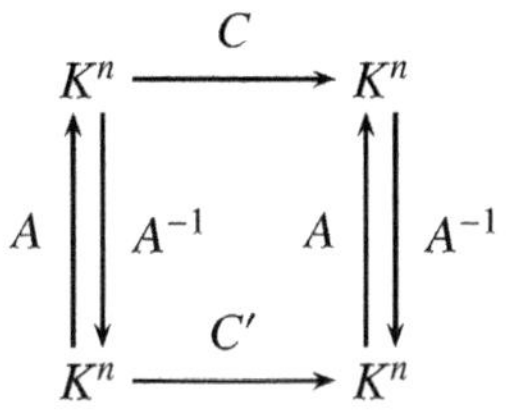

Man sagt auch: C' ergibt sich aus C *durch eine Ähnlichkeitstranformation*.

$C \in K^{(n,n)}$ heißt *über* K *diagonalisierbar*, wenn C ähnlich ist zu einer Diagonalmatrix $C' = \mathrm{diag}(\lambda_i)$ mit $\lambda_i \in K, i = 1, \ldots, n$.

Die diagonalisierbaren Matrizen sind daher genau diejenigen, die durch gemeinsamen Basiswechsel in Urbild- und Bildraum K^n Diagonalgestalt erhalten. Die Art der dafür notwendigen Basen wird in Abschnitt 4.2 studiert. Die Ähnlichkeit von Matrizen ist eine Äquivalenzrelation (Definition A.20):

- Reflexivität: $A = \mathbb{1}_n \Rightarrow C = \mathbb{1}_n^{-1} C \mathbb{1}_n$,
- Symmetrie: $C' = A^{-1}CA \Rightarrow C = (A^{-1})^{-1}C'A^{-1}$,
- Transitivität: Aus $C' = A^{-1}CA$ und $C'' = B^{-1}C'B$ folgt $C'' = B^{-1}A^{-1}CAB = (AB)^{-1}CAB$.

Für einen endlichdimensionalen K-Vektorraum V können Begriffe für Matrizen, die invariant unter Ähnlichkeitstransformationen sind, also auf $\Phi \in \mathrm{Hom}(V, V)$, übertragen werden, indem sie über die Darstellungsmatrix für eine fest gewählte Basis und damit genauso auch für alle anderen Basen definiert werden. Zum Beispiel:

Definition 4.7

Sei V ein endlichdimensionaler K-Vektorraum, $\Phi \in \mathrm{Hom}_K(V, V)$, C die Darstellungsmatrix bezüglich einer fest gewählten Basis, dann heißt

$$\det(\Phi) := \det(C)$$

die *Determinante von* Φ.

Ist nämlich C' die Darstellungsmatrix bezüglich einer anderen Basis, so gibt es ein invertierbares A mit $C' = A^{-1} C A$ und nach dem Determinanten-Multiplikationssatz (Theorem 2.111) ist

$$\det(C') = \det(A^{-1} C A) = \det(A^{-1}) \det(C) \det(A) = (\det(A))^{-1} \det(C) \det(A) = \det(C) .$$

Damit können wir als Teilmenge von $\mathrm{GL}(V)$, die auch bezüglich der Komposition eine Gruppe darstellt, einführen (in Erweiterung von (2.151))

$$\boxed{\mathrm{SL}(V) := \{\Phi \in \mathrm{GL}(V) : \det(\Phi) = 1\} .}$$

Bemerkungen 4.8

1) Auch die in (4.4) eingeführte Relation auf $K^{(m,n)}$, d. h.

$$C \sim C' :\Leftrightarrow \text{ es gibt } A \in \mathrm{GL}(n, K), B \in \mathrm{GL}(m, K), \text{ so dass } C' = B^{-1} C A ,$$

ist eine Äquivalenzrelation auf $K^{(m,n)}$. Man sagt manchmal, C und C' seien *äquivalent*. Satz 4.5 zeigt, dass sich hier sehr große Äquivalenzklassen ergeben, etwa bei $m = n$

$$[C] = \mathrm{GL}(n, K) \quad \text{für alle } C \in \mathrm{GL}(n, K) .$$

Insbesondere gilt immer: $C \sim C^t$, was entweder aus Satz 2.54 bzw. Hauptsatz 1.80 folgt oder durch unabhängigen Beweis:

$C \sim C'$ nach Satz 4.5, wobei

$$C' = \left(\begin{array}{c|c} \mathbb{1}_r & 0 \\ \hline 0 & 0 \end{array}\right) \in K^{(m,n)}$$

also $C' = B^{-1} C A$ mit $A \in \mathrm{GL}(n, \mathbb{K}), B \in \mathrm{GL}(m, \mathbb{K})$ und so

$$\widetilde{C'} := \left(\begin{array}{c|c} \mathbb{1}_r & 0 \\ \hline 0 & 0 \end{array}\right) = C'^t = (A^{-t})^{-1} C^t B^{-t} \in K^{(n,m)}$$

also $C^t \sim \widetilde{C'}$ und somit $C \sim C^t$ bei $n = m$ und allgemein

$$\mathrm{Rang}(C) = r = \mathrm{Rang}(C^t),$$

was also anderseits einen neuen Beweis von

$$\textit{Zeilenrang} = \textit{Spaltenrang}$$

liefert. (Siehe auch den Alternativbeweis von Hauptsatz 1.80 auf S. 93)

2) C und C' sind also nach Hauptsatz 1.85^{III} (viii) genau dann äquivalent, wenn die eine Matrix aus der anderen durch endlich viele Elementarumformungen hervorgeht.

3) Ist A ähnlich zu B so auch A^k zu B^k für jedes $k \in \mathbb{N}$.
Ist nämlich für ein $C \in \mathrm{GL}(n, \mathbb{K})$, $B = C^{-1}AC$, *so gilt auch* $B^2 = C^{-1}ACC^{-1}AC = C^{-1}A^2C$ *und mit vollständiger Induktion auch* $B^k = C^{-1}A^kC$.

In den Äquivalenzklassen der Ähnlichkeitsrelation möglichst einfache Repräsentanten zu finden, ist Aufgabe der nächsten Abschnitte. △

Die Normalform aus Satz 4.5 kann so interpretiert werden, dass zu Basen $\mathcal{B}_1', \mathcal{B}_2'$ von V bzw. W übergegangen wird mit den Eigenschaften:

$$\mathcal{B}_1' = \mathcal{B}_{1,1} \cup \mathcal{B}_{1,2}, \quad \mathcal{B}_{1,1} \cap \mathcal{B}_{1,2} = \emptyset$$
$$\mathcal{B}_2' = \mathcal{B}_{2,1} \cup \mathcal{B}_{2,2}, \quad \mathcal{B}_{2,1} \cap \mathcal{B}_{2,2} = \emptyset.$$

$\mathcal{B}_{1,2}$ ist Basis von $\mathrm{Kern}(\Phi)$. $\Phi|_{\mathcal{B}_{1,1}} : \mathcal{B}_{1,1} \to \mathcal{B}_{2,1}$ ist eine Bijektion und so ist $\mathcal{B}_{2,1}$ eine Basis von $\mathrm{Bild}(\Phi)$. Es ist dann nämlich ${}_{\mathcal{B}_{2,1}}[\Phi|_{\mathcal{B}_{1,1}}]_{\mathcal{B}_{1,1}} = \mathrm{id}_r$ und $r = \mathrm{Rang}(\Phi)$.
Auch für unendlichdimensionale V oder W und $\Phi \in \mathrm{Hom}(V, W)$ lässt sich die Existenz solcher Basen zeigen. In diesem Sinn gilt die Dimensionsformel I (Theorem 2.32) auch im Unendlichen.

Ist speziell $K = \mathbb{K}$ und haben die Vektorräume jeweils ein inneres Produkt $\langle\ .\ \rangle$ (d. h. wir benutzen die gleiche Schreibweise für verschiedene Räume), so können auch Orthonormalbasen (ONB) betrachtet werden. Als Vorbereitung zeigen wir:

Satz 4.9: Orthogonalität der Darstellungsmatrix bei ONB

Seien V, W zwei n- bzw. m-dimensionale euklidische oder unitäre $\mathbb{K}$-Vektorräume und $\Phi \in \mathrm{Hom}_{\mathbb{K}}(V, W)$. Weiter seien $\mathcal{B}_1 \subset V$ und $\mathcal{B}_2 \subset W$ zwei ONB und $A \in \mathbb{K}^{(m,n)}$ die Darstellungsmatrix von Φ bezüglich $\mathcal{B}_1$ und $\mathcal{B}_2$.
Dann gilt:

$$\Phi \text{ ist orthogonal bzw. unitär} \iff A \text{ ist orthogonal bzw. unitär.}$$

Beweis: Dies folgt aus Bemerkungen 2.62. Ein alternativer Beweis ist:

Nach Satz 3.30 ist Φ genau dann unitär bzw. orthogonal, wenn Φ längenerhaltend ist. Das gilt insbesondere für $A \in \mathbb{K}^{(m,n)}$ mit dem euklidischen inneren Produkt. Außerdem lässt sich nach Bemerkungen 1.110, 1) der Koeffizientenvektor α eines Vektors $\boldsymbol{x}$ bezüglich einer ONB explizit angeben (Fourier-Koeffizienten) und damit gilt (siehe (1.89))

$$\|\boldsymbol{x}\| = \|\boldsymbol{\alpha}\| .$$

Damit ergibt sich

$$\Phi \text{ ist orthogonal bzw. unitär} \Leftrightarrow \|\Phi \boldsymbol{x}\| = \|\boldsymbol{x}\| \Leftrightarrow \|A\boldsymbol{\alpha}\| = \|\Phi \boldsymbol{x}\| = \|\boldsymbol{x}\| = \|\boldsymbol{\alpha}\| ,$$

wobei $\boldsymbol{\alpha}$ der Koeffizientenvektor von $\boldsymbol{x}$ bezüglich $\mathcal{B}_1$ und damit $A\boldsymbol{\alpha}$ der Koeffizientenvektor von $\Phi\boldsymbol{x}$ bezüglich $\mathcal{B}_2$ ist. □

Dies bedeutet für einen Basiswechsel zwischen ONB:

Satz 4.10: Basiswechsel bei ONB

Seien V, W zwei n- bzw m-dimensionale euklidische oder unitäre $\mathbb{K}$-Vektorräume.

1) Sind $\mathcal{B}$ und $\mathcal{B}'$ ONB von V, so ist die Übergangsmatrix $A \in \mathbb{K}^{(n,n)}$ dazu orthogonal bzw. unitär.

2) Sei $\Phi \in \mathrm{Hom}_{\mathbb{K}}(V, W)$. Die Basen $\mathcal{B}_1$ von V, $\mathcal{B}_2$ von W seien ONB. Genau dann, wenn die Basen $\mathcal{B}'_1$ von V, $\mathcal{B}'_2$ von W ONB sind, ändert sich die Darstellungsmatrix beim Basiswechsel von $\mathcal{B}_1$ und $\mathcal{B}_2$ zu $\mathcal{B}'_1$ und $\mathcal{B}'_2$ zu

$$C' = B^{-1}CA = B^{\dagger}CA$$

und A, B sind orthogonal bzw. unitär.

3) Sei $V = W = \mathbb{K}^n$ mit dem euklidischen inneren Produkt versehen und sei $C \in \mathbb{K}^{(n,n)}$, dann ist die Darstellungsmatrix der zugehörigen Abbildung $\boldsymbol{x} \mapsto C\boldsymbol{x}$ bezüglich einer ONB $\mathcal{B} = \{\boldsymbol{v}_1, \ldots, \boldsymbol{v}_n\}$

$$C' = A^{-1}CA = A^{\dagger}CA .$$

Dabei ist A orthogonal bzw. unitär, nämlich

$$A = (\boldsymbol{v}_1, \ldots, \boldsymbol{v}_n) .$$

Beweis: Zu 1): Die Übergangsmatrix ist die Darstellungsmatrix in der Basis $\mathcal{B}$ zu der linearen Abbildung, die $\mathcal{B}$ auf $\mathcal{B}'$ abbildet. Diese ist nach Theorem 2.17 unitär bzw. orthogonal und damit folgt die Behauptung aus Satz 4.9.
Zu 2): „$\Rightarrow$“ aus 1), „$\Leftarrow$“ folgt mit der Argumentation von 1), d. h. der Verweis auf Theorem 2.17.
Zu 3): Die Abbildung $\boldsymbol{x} \mapsto C\boldsymbol{x}$ hat die Darstellungsmatrix C bezüglich der Standardbasis, so dass die Übergangsmatrix A von $\{\boldsymbol{e}_1, \ldots, \boldsymbol{e}_n\}$ zu $\mathcal{B}$ nach 1) orthogonal bzw. unitär ist und A auch die angegebene Gestalt hat, woraus dies wiederholt ersichtlich ist. □

Die höheren Forderungen an die transformierende Matrix bzw. die neue Basis fassen wir in folgendem Begriff zusammen:

Definition 4.11

1) Sind $C, C' \in \mathbb{C}^{(n,n)}$, dann heißt C *unitär ähnlich* zu C', wenn ein $A \in \mathrm{O}(n, \mathbb{C})$ existiert, so dass

$$A^{\dagger} C A = C' \quad \text{bzw.} \quad CA = AC' .$$

2) Sei $C \in \mathbb{C}^{(n,n)}$. C heißt *unitär diagonalisierbar*, wenn C unitär ähnlich zu einer Diagonalmatrix ist.
3) Seien $C, C' \in \mathbb{R}^{(n,n)}$. C heißt *orthogonal ähnlich* zu C', wenn ein $A \in \mathrm{O}(n, \mathbb{R})$ existiert, so dass

$$A^{\dagger} C A = C' \quad \text{bzw.} \quad CA = AC' .$$

4) Sei $C \in \mathbb{R}^{(n,n)}$. C heißt *orthogonal diagonalisierbar*, wenn C orthogonal ähnlich zu einer Diagonalmatrix in $\mathbb{R}^{(n,n)}$ ist.

Bemerkungen 4.12

1) Genau wie „ähnlich" sind auch „unitär ähnlich" und „orthogonal ähnlich" Äquivalenzrelationen. Man kann somit auch von der (unitären bzw. orthogonalen) Ähnlichkeit von C und C' reden.

2) In Ergänzung von Satz 4.10 gilt: C ist unitär bzw. orthogonal ähnlich zu C' $\Leftrightarrow$ C' ist die Darstellungsmatrix der Abbildung $\boldsymbol{x} \mapsto C\boldsymbol{x}$ bezüglich einer komplexen bzw. reellen ONB.

3) Offensichtlich gilt für $C \in \mathbb{K}^{(m,n)}$: C ist unitär bzw. orthogonal diagonalisierbar $\Rightarrow$ C ist diagonalisierbar über $\mathbb{K}$ und für $C \in \mathbb{R}^{(n,n)}$:

$$\begin{array}{lcl} C \text{ ist diagonalisierbar über } \mathbb{R} & \Longrightarrow & C \text{ ist diagonalisierbar über } \mathbb{C} \\ C \text{ ist orthogonal diagonalisierbar} & \Longrightarrow & C \text{ ist unitär diagonalisierbar} \end{array}$$

Später werden wir sehen, dass keine der Implikationen i. Allg. umgedreht werden kann. △

Was Sie in diesem Abschnitt gelernt haben sollten

Begriffe:

- Übergangsmatrix
- Ähnlichkeit von Matrizen, orthogonale bzw. unitäre Ähnlichkeit für reelle bzw. komplexe Matrizen
- Übertragung ähnlichkeitstransformationsinvarianter Begriffe von Matrizen auf Homomorphismen

Zusammenhänge

- Kontravariante und kovariante Koordinatentransformation (Theorem 4.3)
- Darstellungsmatrix unter Basiswechsel (Theorem 4.4)

Aufgaben

Aufgabe 4.1 (K) Der Homomorphismus $\varphi : \mathbb{R}^3 \to \mathbb{R}^2$ werde bezüglich der Standardbasen durch die Matrix

$$M = \begin{pmatrix} 0 & 2 & 2 \\ 1 & -2 & 2 \end{pmatrix}$$

beschrieben. Man berechne die Darstellungsmatrix von φ bezüglich der Basis

$$\boldsymbol{a}_1 = (0,1,1)^t\,, \quad \boldsymbol{a}_2 = (1,0,3)^t\,, \quad \boldsymbol{a}_3 = (1,0,1)^t$$

des $\mathbb{R}^3$ und der Basis

$$\boldsymbol{b}_1 = (1,1)^t\,, \quad \boldsymbol{b}_2 = (1,-1)^t$$

des $\mathbb{R}^2$.

Aufgabe 4.2 (K) Geben Sie die Darstellungsmatrix der linearen Abbildung

$$f : \mathbb{R}^3 \to \mathbb{R}^3\,, \quad \begin{pmatrix} x_1 \\ x_2 \\ x_3 \end{pmatrix} \mapsto \begin{pmatrix} x_2 \\ x_3 \\ x_1 \end{pmatrix}$$

bezüglich der kanonischen Basis des $\mathbb{R}^3$ an und bezüglich der Basis

$$\boldsymbol{a}_1 = \begin{pmatrix} 1 \\ 0 \\ 1 \end{pmatrix}, \quad \boldsymbol{a}_2 = \begin{pmatrix} 0 \\ 1 \\ 1 \end{pmatrix}, \quad \boldsymbol{a}_3 = \begin{pmatrix} 1 \\ 1 \\ 0 \end{pmatrix} \in \mathbb{R}^3\,.$$

Aufgabe 4.3 (K) Im $\mathbb{R}^4$ seien die Vektoren

$$\boldsymbol{a}_1 = \begin{pmatrix} 1 \\ 2 \\ 0 \\ 0 \end{pmatrix}, \quad \boldsymbol{a}_2 = \begin{pmatrix} 2 \\ 1 \\ 0 \\ 0 \end{pmatrix}, \quad \boldsymbol{a}_3 = \begin{pmatrix} 0 \\ 0 \\ 1 \\ 2 \end{pmatrix}, \quad \boldsymbol{a}_4 = \begin{pmatrix} 0 \\ 0 \\ 2 \\ 1 \end{pmatrix}$$

gegeben. Weiter sei $f : \mathbb{R}^4 \to \mathbb{R}^4$ eine lineare Abbildung mit

$$f(\boldsymbol{a}_1) = \boldsymbol{a}_2 , \quad f(\boldsymbol{a}_2) = \boldsymbol{a}_1 , \quad f(\boldsymbol{a}_3) = f(\boldsymbol{a}_4) = \boldsymbol{a}_3 + \boldsymbol{a}_4 .$$

Geben Sie die Darstellungsmatrix von f in der kanonischen Basis des $\mathbb{R}^4$ an.

Aufgabe 4.4 (T) Durch

$$\begin{aligned} C \sim C' :\Leftrightarrow \ & \text{Es gibt invertierbare } A \in K^{(n,n)} \text{ bzw. } B \in K^{(m,m)} , \\ & \text{so dass } B^{-1}CA = C' \end{aligned}$$

wird auf $K^{(m,n)}$ eine Äquivalenzrelation definiert.

4.2 Eigenwerttheorie

4.2.1 Definitionen und Anwendungen

Das Problem, eine möglichst einfache Normalform für ähnliche oder orthogonal bzw. unitär ähnliche Matrizen zu finden, hat eine Bedeutung, die weit über die lineare Algebra, ja weit über die Mathematik hinausgeht. Dies soll an einem einfachen Differentialgleichungs-System aus der Mechanik illustriert werden. (Wie eine solche Differentialgleichung aufgestellt wird, ist ein Problem der mathematischen Modellierung, Lösungsmethoden dafür brauchen Analysis, Numerik und auch Lineare Algebra.)

Beispiel 3(6) – Massenkette Wir greifen wieder das Beispiel einer Massenkette auf, erst einmal nur für den Fall von zwei Federn, die frei hängen (siehe Abbildung 1.2), also $n = 3$, $m = 2$. Es sollen keine äußeren Kräfte angreifen ($\boldsymbol{f} = \boldsymbol{0}$). Das sich nach (MM.41) ergebende LGS (bei Vertauschung von x_1 und x_2)

$$A\boldsymbol{x} = \boldsymbol{0} \quad \text{mit} \quad A = \begin{pmatrix} c_3 + c_2 & -c_2 \\ -c_2 & c_2 \end{pmatrix} = c \begin{pmatrix} 2 & -1 \\ -1 & 1 \end{pmatrix} \tag{MM.71}$$

bei gleicher Federkonstante $c = c_3 = c_2$ hat die Ruhelage $\boldsymbol{x} = \boldsymbol{0}$ als einzige Lösung. Werden die Massenpunkte x_1, x_2 daraus ausgelenkt, werden sie eine von der Zeit t abhängige Bewegung vollführen, d. h. zu bestimmen sind Funktionen

$$x_i : [t_0, \infty) \to \mathbb{R}, \quad i = 1, 2\,,$$

für die

$$\boldsymbol{x}(t_0) = \boldsymbol{x}_0 \in \mathbb{R}^2 \quad \text{– die Position –} \tag{MM.72}$$

$$\text{und} \quad \dot{\boldsymbol{x}}(t_0) \left(= \begin{pmatrix} \dot{x}_1(t_0) \\ \dot{x}_2(t_0) \end{pmatrix} \right) = \boldsymbol{x}_0' \quad \text{– die Geschwindigkeit –} \tag{MM.73}$$

zu einem *Anfangszeitpunkt* t_0 gegeben sind.

– Der Punkt bezeichnet nunmehr die Ableitung nach t, bei vektorwertigen Funktionen komponentenweise zu nehmen. –

Zur Bestimmung fehlt eine Gleichung, die sich aus (MM.71) ergibt, indem in die dort beschriebene Kräftebilanz die zusätzliche Kraft nach dem NEWTONschen Gesetz

$$\begin{aligned} \text{Kraft} &= \text{Masse} \cdot \text{Beschleunigung}\,, \text{ d. h.} \\ \text{Kraft} &= m_i \cdot \ddot{x}_i(t)\,, \end{aligned}$$

aufgenommen wird, wobei m_i die Masse im Punkt i bezeichnet (Genaueres in Beispiel 3(1) bzw. Beispiel 3(3)), so dass sich LGS (MM.71) erweitert zu den gewöhnlichen Differentialgleichungen

$$\begin{pmatrix} m_1\, \ddot{x}_1 \\ m_2\, \ddot{x}_2 \end{pmatrix} + A\boldsymbol{x} = \boldsymbol{0}\,, \tag{MM.74}$$

die zusammen mit (MM.72), (MM.73) eine *Anfangswertaufgabe* bilden. Zur Vereinfachung sei $\widetilde{m} = m_1 = m_2$, durch Skalierung kann dann $\widetilde{m} = c = 1$ erreicht werden.

Für das konkrete Beispiel ändern wir die Notation von

$$\begin{pmatrix} x_1(t) \\ x_2(t) \end{pmatrix} \quad \text{in} \quad \begin{pmatrix} y^1(t) \\ y^2(t) \end{pmatrix}.$$

Für die Funktion

$$t \mapsto \begin{pmatrix} y^1(t) \\ y^2(t) \end{pmatrix} \in \mathbb{R}^2$$

ist also die folgende Differentialgleichung zu lösen:

$$\begin{pmatrix} \ddot{y}^1 \\ \ddot{y}^2 \end{pmatrix} = \begin{pmatrix} -2 & 1 \\ 1 & -1 \end{pmatrix} \begin{pmatrix} y^1 \\ y^2 \end{pmatrix} . \tag{MM.75}$$

Die obigen Differentialgleichungen sind *von Ordnung* 2 (die zweite Ableitung tritt auf), *linear* (es treten keine Produkte etc. von der gesuchten Funktion und ihren Ableitungen auf) und *homogen* (es treten keine von y unabhängigen Funktionen auf der rechten Seite auf: zusätzliche Anregungsterme) und als Folge beider Eigenschaften ist die Lösungsmenge ein Vektorraum (Übung). In Abschnitt 8.6 werden diese Eigenschaften allgemeiner untersucht.

Das Problem besteht in der *Kopplung* der beiden Gleichungen für die beiden Koordinaten y^1 und y^2. Entsprechende skalare Gleichungen wie

$$\ddot{x} = \lambda x \quad \text{für } \lambda \in \mathbb{R}$$

sind leicht zu lösen. Für $\lambda < 0$ sieht man durch direktes Einsetzen, dass

$$\begin{gathered} x(t) = \alpha_1 \sin(\mu t) + \alpha_2 \cos(\mu t) \\ \text{für } \alpha_1, \alpha_2 \in \mathbb{R}, \text{ wobei } \mu := \sqrt{-\lambda}\,, \end{gathered} \tag{MM.76}$$

Lösungen sind und auch alle Lösungen darstellen, da die Lösungsmenge ein $\mathbb{R}$-Vektorraum ist, der (wie Kenntnisse über gewöhnliche Differentialgleichungen zeigen, siehe auch Abschnitt 8.6) die Dimension 2 hat. Für den Fall $\lambda > 0$ bekommt man

$$\begin{gathered} x(t) = \alpha_1 \exp(\nu t) + \alpha_2 \exp(-\nu t) \\ \text{für } \alpha_1, \alpha_2 \in \mathbb{R}, \text{ wobei } \nu := \sqrt{\lambda}\,, \end{gathered} \tag{MM.77}$$

was wieder direktes Nachrechnen und die Information, dass der Lösungsraum 2-dimensional ist, bestätigt und schließlich für $\lambda = 0$

$$x(t) = \alpha_1 + \alpha_2 t\,. \tag{MM.78}$$

Durch Anpassung der Koeffizienten α_1, α_2 können jeweils die zwei Anfangsvorgaben analog zu (MM.72), (MM.73) erfüllt werden. Falls die Koeffizientenmatrix

$$C = \begin{pmatrix} -2 & 1 \\ 1 & -1 \end{pmatrix}$$

ähnlich zu einer Diagonalmatrix, d. h. diagonalisierbar über $\mathbb{R}$ wäre, etwa

$$\begin{pmatrix} \lambda_1 & 0 \\ 0 & \lambda_2 \end{pmatrix} = A^{-1} C A\,,$$

dann hätten wir für die Funktion

$$\begin{pmatrix} x^1(t) \\ x^2(t) \end{pmatrix} := A^{-1} \begin{pmatrix} y^1(t) \\ y^2(t) \end{pmatrix}$$

wegen

$$\begin{pmatrix} \ddot{y}^1 \\ \ddot{y}^2 \end{pmatrix} = \left(A \begin{pmatrix} x^1 \\ x^2 \end{pmatrix} \right)^{\cdot\cdot} = A \begin{pmatrix} \ddot{x}^1 \\ \ddot{x}^2 \end{pmatrix}$$

die Gleichung

$$\begin{pmatrix} \ddot{x}^1 \\ \ddot{x}^2 \end{pmatrix} = A^{-1}C \begin{pmatrix} y^1 \\ y^2 \end{pmatrix} = A^{-1}CA \begin{pmatrix} x^1 \\ x^2 \end{pmatrix} = \begin{pmatrix} \lambda_1 & 0 \\ 0 & \lambda_2 \end{pmatrix} \begin{pmatrix} x^1 \\ x^2 \end{pmatrix}.$$

Dies sind *zwei entkoppelte* Differentialgleichungen

$$\ddot{x}^1 = \lambda_1 x^1, \qquad \ddot{x}^2 = \lambda_2 x^2$$

für die beiden Komponenten. Diese können nach (MM.76) bzw. (MM.77) bzw. (MM.78) explizit gelöst werden. Die Lösung des Ausgangssystems ergibt sich dann durch

$$\begin{pmatrix} y^1 \\ y^2 \end{pmatrix} = A \begin{pmatrix} x^1 \\ x^2 \end{pmatrix},$$

d. h. durch Linearkombination von x^1 und x^2. Lässt man die Parameter $\alpha_1^i, \alpha_2^i \in \mathbb{R}$ in x^i, $i = 1, 2$, frei, hat man eine Darstellung des 4-dimensionalen Lösungsraums von (MM.75), durch Anpassung der Parameter kann die Anfangsvorgabe erfüllt werden (siehe unten Beispiel 3(7)).

Analoge Systeme *1. Ordnung*, die dann auch linear und homogen sind, haben die Gestalt

$$\dot{\boldsymbol{y}} = C\boldsymbol{y} \tag{MM.79}$$

für $\boldsymbol{y} : \mathbb{R} \to \mathbb{R}^n$ bei gegebenem $C \in \mathbb{R}^{(n,n)}$. Der Punkt bezeichnet weiterhin die Ableitung nach t, die hier komponentenweise zu verstehen ist. Die entsprechende skalare Gleichung

$$\dot{x} = \lambda x, \quad \lambda \in \mathbb{R}$$

für $x : \mathbb{R} \to \mathbb{R}$ hat die allgemeine Lösung

$$x(t) = \alpha \exp(\lambda t) \tag{MM.80}$$

mit $\alpha \in \mathbb{R}$. ◇

Sei jetzt V ein K-Vektorraum und $\Phi : V \to V$ eine K-lineare Abbildung. Wir fragen, wann es eine Basis $\mathcal{B} := \{\boldsymbol{v}_1, \dots, \boldsymbol{v}_n\}$ von V gibt, in der Φ durch eine Diagonalmatrix

$$C = \operatorname{diag}(\lambda_1, \dots, \lambda_n)$$

beschrieben wird. Genau dann, wenn das so ist, gilt für die Basisvektoren $\boldsymbol{v}_1, \dots, \boldsymbol{v}_n$

$$\Phi(\boldsymbol{v}_\nu) = \lambda_\nu \boldsymbol{v}_\nu, \qquad \nu = 1, \cdots, n\,.$$

(Diese Vektoren werden durch Φ demnach nur gestreckt um den Faktor λ_ν, ihre Richtung wird nicht geändert.) Es folgt: Für die Darstellungsmatrix $C \in \mathbb{K}^{(m,n)}$ bezüglich $\mathcal{B}$ gilt

$$C = \operatorname{diag}(\lambda_1, \dots, \lambda_n)$$

$$\Longleftrightarrow$$

Alle $\boldsymbol{v}_i$, $i = 1, \dots n$, sind Eigenvektoren (zum Eigenwert λ_i), wobei:

Definition 4.13

Ein Vektor $\mathbf{0} \neq \boldsymbol{v} \in V$ heißt *Eigenvektor* der linearen Abbildung $\Phi : V \to V$, wenn ein Skalar $\lambda \in K$ existiert, sodass

$$\Phi(\boldsymbol{v}) = \lambda \boldsymbol{v} .$$

Insbesondere heißt $\mathbf{0} \neq \boldsymbol{x} \in K^n$ ein Eigenvektor zur Matrix $C \in K^{(n,n)}$, wenn

$$C\boldsymbol{x} = \lambda \boldsymbol{x} .$$

Bemerkungen 4.14

1) Der Streckungsfaktor λ ist durch den Eigenvektor $\boldsymbol{v}$ und die lineare Abbildung Φ eindeutig bestimmt, denn wenn $\Phi(\boldsymbol{v}) = \lambda_1 \cdot \boldsymbol{v} = \lambda_2 \cdot \boldsymbol{v}$, dann folgt $(\lambda_1 - \lambda_2) \cdot \boldsymbol{v} = \mathbf{0}$, folglich $\boldsymbol{v} = \mathbf{0}$ (siehe Rechenregeln nach Definition 1.30).

*2) Ist Speziell $V = \mathbb{K}^n$, so spricht man manchmal statt von Eigenvektoren genauer von *rechten Eigenvektoren* und bezeichnet dann mit *linken Eigenvektoren* $\boldsymbol{v} \in \mathbb{K}^n$, $\boldsymbol{v} \neq \mathbf{0}$, sodass

$$\boldsymbol{v}^\dagger C = \lambda \boldsymbol{v}^\dagger .$$

△

Definition 4.13 b

Der eindeutige Streckungsfaktor $\lambda \in K$ heißt der *Eigenwert zum Eigenvektor* $\boldsymbol{v}$.
Die Menge

$$\text{Kern}(\Phi - \lambda \,\text{id}) \quad \text{bzw.} \quad \text{Kern}(C - \lambda \mathbb{1}) ,$$

d. h. die Menge der Eigenvektoren und zusätzlich der Vektor $\mathbf{0}$, heißt der *Eigenraum von* Φ *bzw.* C *zum Eigenwert* λ.
$\dim_K \text{Kern}(\Phi - \lambda \,\text{id})$ bzw. $\dim_K \text{Kern}(C - \lambda \mathbb{1})$ heißt die *geometrische Vielfachheit* von λ.

Die Menge der Eigenvektoren ist also kein Vektorraum, da $\mathbf{0}$ kein Eigenvektor ist, aber wenn sie nicht verschwinden, sind Linearkombinationen von Eigenvektoren wieder Eigenvektoren. Der Eigenraum zu einem Eigenwert λ ist somit immer mindestens eindimensional. Ist K unendlich, gibt es immer unendlich viele Eigenvektoren zu einem Eigenwert. Die Bemerkungen 4.14, 1) bedeutet sodann

$$\text{Kern}(C - \lambda_1 \mathbb{1}) \cap \text{Kern}(C - \lambda_2 \mathbb{1}) = \{\mathbf{0}\}$$

für verschiedene Eigenwerte λ_1, λ_2.

Wir werden uns im Folgenden meist auf die Matrizenschreibweise beschränken oder zwanglos zwischen Matrizen- und Endomorphismenschreibweise hin und her gehen, da gilt:

Satz 4.15

Sei V ein endlichdimensionaler K-Vektorraum, $\Phi \in \mathrm{Hom}_K(V, V)$, sei $\mathcal{B}$ eine Basis von V und $C \in K^{(n,n)}$ die Darstellungsmatrix von Φ bezüglich $\mathcal{B}$. Dann sind folgende Aussagen äquivalent:

(i) $\lambda \in K$ ist Eigenwert von Φ zum Eigenvektor $\boldsymbol{v} \in V$.

(ii) $\lambda \in K$ ist Eigenwert von C zum Eigenvektor $\boldsymbol{x} \in K^n$.

Dabei ist $\boldsymbol{x}$ der Koordinatenvektor von $\boldsymbol{v}$ bezüglich $\mathcal{B}$.

Beweis: Sei $\mathcal{B} = \{\boldsymbol{v}_1, \dots, \boldsymbol{v}_n\}$ und $\boldsymbol{v} = \sum_{i=1}^n x^i \boldsymbol{v}_i$, $C = (c^i_j)_{i,j}$. Dann gilt:

$$\Phi\boldsymbol{v} = \lambda\boldsymbol{v} \Leftrightarrow \sum_{i=1}^n x^i \Phi\boldsymbol{v}_i = \sum_{j=1}^n \lambda x^j \boldsymbol{v}_j \Leftrightarrow \sum_{j=1}^n \sum_{i=1}^n c^j_i x^i \boldsymbol{v}_j = \sum_{j=1}^n \lambda x^j \boldsymbol{v}_j \Leftrightarrow C\boldsymbol{x} = \lambda\boldsymbol{x} .$$

□

Definition 4.16

Sei V ein n-dimensionaler K-Vektorraum $\Phi \in \mathrm{Hom}_K(V, V)$.

$$\sigma(\Phi) := \{ \lambda \in K : \quad \lambda \text{ ist Eigenwert von } \Phi \}$$

heißt das *(Punkt-)Spektrum* von Φ in K. $\varrho(\Phi) := K \setminus \sigma(\Phi)$ heißt die *Resolvente(nmenge)* von Φ.

Bemerkungen 4.17

1) Satz 4.15 zeigt, dass für endlichdimensionale K-Vektorräume V alle Information aus dem Fall $V = K^n$, $\Phi = C \in K^{(n,n)}$ gezogen werden kann. Der Fall unendlichdimensionaler V ist nicht vollständig mit Methoden der Linearen Algebra behandelbar (siehe *Funktionalanalysis*).

2) Für unendlichdimensionale K-Vektorräume (für $K = \mathbb{K}$) wird das Spektrum allgemein gefasst und ist i. Allg. eine Obermenge des Punkt-Spektrums (siehe *Funktionalanalysis* oder Definition 7.18). △

Sind also $\boldsymbol{v}_1, \ldots, \boldsymbol{v}_k$ Eigenvektoren, dann gilt für $V := \operatorname{span}(\boldsymbol{v}_1, \ldots, \boldsymbol{v}_k)$, dass

$$C \cdot V \subset V ,$$

d. h. V ist invariant unter C, wobei:

Definition 4.18

Sei V ein K-Vektorraum, $\Phi \in \operatorname{Hom}_K(V, V)$, $U \subset V$ ein linearer Unterraum. U heißt *invariant unter* Φ, wenn

$$\Phi(U) \subset U .$$

Bemerkungen 4.19

1) Sei V ein K-Vektorraum, $\Phi \in \operatorname{Hom}_K(V, V)$, sei $U = \operatorname{span}(\boldsymbol{u})$ für ein $\boldsymbol{u} \neq \boldsymbol{0}$. Dann ist U invariant unter Φ, genau dann, wenn $\boldsymbol{u}$ ein Eigenvektor von Φ ist.

2) Sei $U = \operatorname{span}(\boldsymbol{u}_1, \ldots, \boldsymbol{u}_k)$ und $\boldsymbol{u}_{k+1}, \ldots, \boldsymbol{u}_n$ eine Ergänzung zu einer Basis $\mathcal{B}$ des n-dimensionalen Raums V.

U ist invariant unter $\Phi \in \operatorname{Hom}_K(V, V)$, genau dann, wenn die Darstellungsmatrix C von Φ bezüglich $\mathcal{B}$ die Gestalt

$$C = \left(\begin{array}{c|c} C_{1,1} & C_{1,2} \\ \hline 0 & C_{2,2} \end{array}\right)$$

hat mit $C_{1,1} \in K^{(k,k)}$.

$$V^k := \operatorname{span}(\boldsymbol{u}_{k+1}, \ldots, \boldsymbol{u}_n) \text{ ist invariant unter } \Phi \quad \Leftrightarrow \quad C_{1,2} = 0 .$$

Eigenvektoren unter den Basisvektoren führen dazu, dass die Blöcke $C_{1,1}$ oder $C_{2,2}$ weiter zerfallen, d. h. z. B. bis zu

$$C_{1,1} = \begin{pmatrix} \lambda_1 & & 0 \\ & \ddots & \\ 0 & & \lambda_k \end{pmatrix} ,$$

wenn $\boldsymbol{u}_1, \ldots, \boldsymbol{u}_k$ Eigenvektoren sind, bis schließlich bei einer Basis nur aus Eigenvektoren der Diagonalfall erreicht ist.

3) Sei V ein $\mathbb{K}$-Vektorraum, $\Phi \in \operatorname{Hom}_K(V, V)$, $\mathcal{B} = [\boldsymbol{v}_1, \ldots, \boldsymbol{v}_n]$ eine Basis von V. Für die Darstellungsmatrix $C = {}_{\mathcal{B}}[\Phi]_{\mathcal{B}}$ sind dann äquivalent:

(i) C ist obere Dreiecksmatrix

(ii) $V_i := \operatorname{span}(\boldsymbol{v}_1, \ldots, \boldsymbol{v}_i), \quad i = 1, \ldots, n$, sind invariant unter Φ.

Dies kann man wie folgt einsehen: (i) entspricht der Aussage $\Phi\boldsymbol{v}_i \in V_i$ für $i = 1, \ldots, n$ und damit gilt insbesondere „ (ii) $\Rightarrow$ (i) “. Für „ (i) $\Rightarrow$ (ii) “ betrachte man $\Phi\boldsymbol{v}_i \in V_i \subset V_j$ für $i \leq j$ und somit $\Phi\boldsymbol{v}_k \in V_i$ für $k = 1, \ldots, i$, $i = 1, \ldots, n$ und damit folgt für $\boldsymbol{v} = \sum_{k=1}^{i} \alpha_k \boldsymbol{v}_k \in V_i$: $\Phi\boldsymbol{v} = \sum_{k=1}^{i} \alpha_k \Phi\boldsymbol{v}_k \in V_i$, d. h. (ii).

4) Sei $\Phi \in \operatorname{Hom}(V, V)$, dann ist $\operatorname{Bild}(\Phi)$ invariant unter Φ und auch $U := \operatorname{Bild}(\Phi - \lambda \operatorname{id})$ ist invariant unter Φ für jedes $\lambda \in K$. $\hat{U} := \operatorname{Bild}(\Phi - \lambda \operatorname{id})$ ist ein echter, linearer Unterraum von V genau dann, wenn λ Eigenwert von Φ ist.

Denn: λ ist Eigenwert von Φ, genau dann, wenn $\hat{V} := \operatorname{Kern}(\Phi - \lambda \operatorname{id}) \neq \{\boldsymbol{0}\}$, also genau dann, wenn

$$\dim(\hat{U}) = \dim(V) - \dim(\hat{V}) < \dim(V).$$

5) Sei V ein K-Vektorraum, $\Phi \in \operatorname{Hom}_K(V, V)$, $U \subset V$ ein linearer Unterraum, sei P eine Projektion von V auf U. Invarianz von U unter Φ lässt sich auch mittels P beschreiben. Es gilt:

a) U ist invariant unter Φ genau dann, wenn

$$P \circ \Phi \circ P = \Phi \circ P$$

Das kann man folgendermaßen einsehen: Invarianz von U bedeutet:

$$(P \circ \Phi)\boldsymbol{x} = \Phi\boldsymbol{x} \text{ für } \boldsymbol{x} \in U$$

und damit gilt „ $\Rightarrow$ “. Für „ $\Leftarrow$ “ beachte man: Sei $\boldsymbol{x} \in U$, d. h. $\boldsymbol{x} = P\boldsymbol{x}$, also $\Phi\boldsymbol{x} = (\Phi \circ P)\boldsymbol{x} = (P \circ \Phi \circ P)\boldsymbol{x}$, also $\Phi\boldsymbol{x} \in U$.

b) Ist $K = \mathbb{K}$, $\langle\,.\,\rangle$ inneres Produkt auf V, $P = P_U$, d. h. die orthogonale Projektion existiere, dann gilt: U und $U^\perp$ sind invariant unter Φ genau dann, wenn

$$P_U \circ \Phi = \Phi \circ P_U.$$

Für „ $\Leftarrow$ “ beachte man: Sei $\boldsymbol{x} \in U$, dann

$$\Phi\boldsymbol{x} = (\Phi \circ P_U)\boldsymbol{x} = P_U \circ (\Phi\boldsymbol{x}), \text{ also } \Phi\boldsymbol{x} \in U.$$

Nach Satz 2.64 ist $P_U^\dagger = P_U$ und also

$$P_U \circ \Phi^\dagger = P_U^\dagger \circ \Phi^\dagger = (\Phi \circ P_U)^\dagger = (P_U \circ \Phi)^\dagger = \Phi^\dagger \circ P_U,$$

d. h. auch $\Phi^\dagger$ erfüllt die obige Kommutativitätsbedingung und damit ist U auch invariant unter $\Phi^\dagger$. Sei $\boldsymbol{v} \in U^\perp$, dann gilt für $\boldsymbol{u} \in U$

$$\langle \Phi\boldsymbol{v} \,.\, \boldsymbol{u} \rangle = \left\langle \boldsymbol{v} \,.\, \Phi^\dagger \boldsymbol{u} \right\rangle = 0,$$

da $\Phi^\dagger \boldsymbol{u} \in U$ und somit $\Phi\boldsymbol{v} \in U^\perp$.
Zu „ $\Rightarrow$ “: Nach a) gilt für $\boldsymbol{x} \in V$:

$$(\Phi \circ P_U)\boldsymbol{x} = (P_U \circ \Phi \circ P_U)\boldsymbol{x} = (P_U \circ \Phi)\boldsymbol{x} - P_U \circ \Phi(\boldsymbol{x} - P_U\boldsymbol{x}).$$

Für den letzten Summanden gilt $\boldsymbol{x} - P_U\boldsymbol{x} \in U^\perp$, *also auch* $\Phi(\boldsymbol{x} - P_U\boldsymbol{x}) \in U^\perp$ *und damit verschwindet der letzte Summand wegen* $\operatorname{Kern}(P_U) = U^\perp$ *((2.56)).*

△

Theorem 4.20: Tautologische Formulierung der Diagonalisierbarkeit

Die Matrix $C \in K^{(n,n)}$ ist ähnlich zu einer Diagonalmatrix, d. h. über K diagonalisierbar genau dann, wenn der Vektorraum K^n eine Basis besitzt, die aus lauter Eigenvektoren für C besteht.

Beweis: Dies braucht nicht mehr bewiesen zu werden, da es nur eine Zusammenfassung der obigen Diskussion ist. Weil es so wichtig ist, aber noch einmal:

Es gibt ein $A = (\boldsymbol{v}_1, \ldots, \boldsymbol{v}_n) \in \mathrm{GL}(\mathbb{K}, n)$, d. h. mit $\boldsymbol{v}_i$ als Bezeichung der Spalten, so dass

$$A^{-1}CA = \operatorname{diag}(\lambda_i) \Leftrightarrow CA = A\operatorname{diag}(\lambda_i) \Leftrightarrow C\boldsymbol{v}_i = \lambda_i\boldsymbol{v}_i \text{ für alle } i = 1, \ldots, n\,.$$

Insbesondere daher: Die Spalten der Übergangsmatrix sind somit genau die eine Basis bildenden Eigenvektoren. □

Analog zu Definition 4.6 setzt man:

Definition 4.21

Sei V ein K-Vektorraum. $\Phi \in \operatorname{Hom}_K(V\,.\,V)$ heißt *diagonalisierbar*, wenn eine Basis von V existiert, die nur aus Eigenvektoren von Φ besteht.

Bemerkung 4.22 Nach Satz 4.15 sind demnach für endlichdimensionales V äquivalent:

(i) $\Phi \in \operatorname{Hom}_K(V, V)$ ist diagonalisierbar,

(ii) Die Darstellungsmatrix C von Φ bezüglich einer Basis $\mathcal{B}$ ist diagonalisierbar,

(iii) Die Darstellungsmatrix C von Φ bezüglich jeder Basis $\mathcal{B}$ ist diagonalisierbar. △

Wir haben noch keine Aussage darüber, ob Eigenwerte und zugehörige Eigenvektoren existieren und wie diese gefunden werden können. Die entscheidende (theoretische) Idee besteht darin, zuerst Eigenwerte zu suchen:

Satz 4.23: Eigenwertgleichung

Ein Skalar $\lambda \in K$ ist genau dann Eigenwert der Matrix C (zu einem Eigenvektor $\boldsymbol{0} \neq \boldsymbol{v} \in K^n$), wenn gilt:

$$\det(C - \lambda \mathbb{1}_n) = 0 \, .$$

Diese Gleichung für λ heißt *Eigenwertgleichung.*

Beweis: Für einen Vektor $\boldsymbol{v} \in V$ ist

$$C\boldsymbol{v} = \lambda \boldsymbol{v} \quad \Leftrightarrow \quad (C - \lambda \mathbb{1}_n)\boldsymbol{v} = \boldsymbol{0} \, .$$

Es gibt genau dann einen Vektor $\boldsymbol{0} \neq \boldsymbol{v} \in V$ mit dieser Eigenschaft, wenn

$$\operatorname{Rang}(C - \lambda \mathbb{1}_n) < n \qquad \text{(Hauptsatz 1.85)} \, ,$$

und dies ist äquivalent mit

$$\det(C - \lambda \mathbb{1}_n) = 0 \qquad \text{(Theorem 2.111, 2))} \, .$$

□

Bemerkungen 4.24

1) Es sei daran erinnert, dass wegen Satz 4.15 und Bemerkungen 4.17 1) die Charakterisierung der Eigenwerte in Satz 4.23 statt für $C \in K^{(m,n)}$ ebenso für $\Phi \in \operatorname{Hom}_K(V, V)$ gilt.

2) Nach Satz 4.23 sind daher äquivalent für $C \in K^{(n,n)}$:

$$0 \text{ ist Eigenwert von } C \quad \Longleftrightarrow \quad \det(C) = 0 \quad \Longleftrightarrow \quad C \text{ ist nicht invertierbar}$$

und der Eigenraum zu $\lambda = 0$ ist gerade Kern C. In die Äquivalenzliste von Hauptsatz 1.85 kann dann bei $m = n$ noch aufgenommen werden:

(x) 0 ist kein Eigenwert von A. △

Beispiel 3(7) – Massenkette Wir suchen Eigenwerte der Matrix

$$C = \begin{pmatrix} -2 & 1 \\ 1 & -1 \end{pmatrix}$$

aus Beispiel 3(6). Die Eigenwertgleichung für diese Matrix ist

$$\det(C - \lambda \mathbb{1}_2) = \det \begin{pmatrix} -2 - \lambda & 1 \\ 1 & -1 - \lambda \end{pmatrix} = (-2 - \lambda)(-1 - \lambda) - 1 = \lambda^2 + 3\lambda + 1 = 0 \, .$$

Die Nullstellen $\lambda_{1,2} = 1/2\left(-3 \pm \sqrt{5}\right)$ dieser quadratischen Gleichung sind die Eigenwerte. Die zugehörigen Eigenvektoren $\boldsymbol{v}$ berechnet man aus den linearen Gleichungssystemen

$$(C - \lambda_1 \mathbb{1}_2)\boldsymbol{v} = \begin{pmatrix} -\frac{1}{2}(1 + \sqrt{5})v^1 + v^2 \\ v^1 + \frac{1}{2}(1 - \sqrt{5})v^2 \end{pmatrix} = \begin{pmatrix} 0 \\ 0 \end{pmatrix} ,$$

$$\boldsymbol{v}^{(1)} := s_1 \cdot \begin{pmatrix} 2 \\ 1 + \sqrt{5} \end{pmatrix} , \quad s_1 \in \mathbb{R}, s_1 \neq 0 \, ,$$

$$(C - \lambda_2 \mathbb{1}_2)\boldsymbol{v} = \begin{pmatrix} \frac{1}{2}(-1+\sqrt{5})v^1 + \phantom{\frac{1}{2}(1+\sqrt{5})}v^2 \\ v^1 + \frac{1}{2}(1+\sqrt{5})v^2 \end{pmatrix} = \begin{pmatrix} 0 \\ 0 \end{pmatrix},$$

$$\boldsymbol{v}^{(2)} := s_2 \cdot \begin{pmatrix} 2 \\ 1-\sqrt{5} \end{pmatrix}, \quad s_2 \in \mathbb{R}, s_2 \neq 0 .$$

Diese Eigenvektoren sind linear unabhängig und damit eine Basis des $\mathbb{R}^2$, d. h. C ist über $\mathbb{R}$ diagonalisierbar. Der Lösungsraum von (MM.75) hat also die Darstellung für $A = \left(\boldsymbol{v}^{(1)}, \boldsymbol{v}^{(2)}\right)$ (für $s_1 = s_2 = 1$)

$$\boldsymbol{y}(t) = A\boldsymbol{x}(t) = x^1(t)\boldsymbol{v}^{(1)} + x^2(t)\boldsymbol{v}^{(2)} .$$

Dabei sind x^1 und x^2 Lösungen der skalaren Differentialgleichung zu $\lambda = \lambda_1$ bzw. $\lambda = \lambda_2$ nach (MM.76) - (MM.78). Also, da $\lambda_1 < 0, \lambda_2 < 0$:

$$\begin{pmatrix} y^1(t) \\ y^2(t) \end{pmatrix} = (\alpha_1 \sin(\mu_1 t) + \alpha_2 \cos(\mu_1 t)) \begin{pmatrix} 2 \\ 1+\sqrt{5} \end{pmatrix} + (\beta_1 \sin(\mu_2 t) + \beta_2 \cos(\mu_2 t)) \begin{pmatrix} 2 \\ 1-\sqrt{5} \end{pmatrix}$$

für $\alpha_{1,2}, \beta_{1,2} \in \mathbb{R}$ und

$$\mu_1 := \left(\frac{1}{2}(3-\sqrt{5})\right)^{1/2}, \quad \mu_2 := \left(\frac{1}{2}(3+\sqrt{5})\right)^{1/2} .$$

Der Lösungsraum ist aus diesem Grund 4-dimensional, die vier Freiheitsgrade können nach (MM.72), (MM.73) durch Vorgabe von

$$y^1(t_0),\ \dot{y}^1(t_0),\ y^2(t_0),\ \dot{y}^2(t_0) ,$$

d. h. durch Ausgangsposition und -geschwindigkeit für einen festen „Zeitpunkt“, festgelegt werden. ◇

Beispiel 3(8) – Massenkette Für die Massenkette mit konstanten Materialparameter im HOOKEschen Gesetz (im Folgenden o. B. d. A. $c = 1$) können Eigenwerte und Eigenvektoren explizit angegeben werden. Wir betrachten den Fall mit beidseitiger Einspannung, d. h. $A \in \mathbb{R}^{(m,m)}$ nach (MM.11) und den Fall ohne jede Einspannung, d. h. $A \in \mathbb{R}^{(m,m)}$ nach (MM.15).

In beiden Fällen sind die „inneren“ Gleichungen $2, \ldots, m-1$ jeweils gleich und lauten für das Eigenwertproblem

$$-x_{j-1} + 2x_j - x_{j+1} = \lambda x_j , \quad j = 2, \ldots, m-1 .$$

Eine Lösungsfamilie im Parameter $\alpha \in [0, 2\pi)$ ist gegeben durch

$$\begin{aligned} \lambda_\alpha &= 2 - 2\cos\alpha \\ \boldsymbol{v}_\alpha &= (v_{\alpha,j}) = (\sin(j\alpha))_{j=1,\ldots,m} . \end{aligned} \tag{MM.81}$$

Dies entspricht dem trigonometrischen Additionstheorem

$$-\sin((j-1)\alpha) + 2\sin(j\alpha) - \sin((j+1)\alpha) = (2 - 2\cos\alpha)\sin(j\alpha) ,$$

das sich direkt mit $e^{i\varphi} = \cos(\varphi) + i\sin(\varphi)$ als Imaginärteil der Identität

$$-e^{i(j-1)\alpha} + 2e^{ij\alpha} - e^{i(j+1)\alpha} = (2 - e^{-i\alpha} - e^{i\alpha})e^{ij\alpha} = (2 - 2\cos\alpha)e^{ij\alpha}$$

ergibt (i bezeichnet hierbei die imaginäre Einheit). Diese Argumentation zeigt, dass in (MM.81) sin auch durch cos und j durch $j + r$ für $r \in \mathbb{R}$ ersetzt werden kann.

Die Parameter α (und r) müssen so gewählt werden, dass die verbliebenen Gleichungen 1 und m auch erfüllt sind:

<u>A nach (MM.11):</u>

Hier kann bei Erweiterung von $\boldsymbol{x} \in \mathbb{R}^m$ auf $\boldsymbol{x} = (x_i)_{i=0,\ldots,m+1} \in \mathbb{R}^{m+2}$ die Gleichung in 1 und m umgeschrieben werden zu

$$
\begin{array}{lr}
(a) & x_0 = 0 \\
(b) & -x_0 + 2x_1 - x_2 = \lambda x_1 \\
(c) & -x_{m-1} + 2x_m - x_{m+1} = \lambda x_m \\
(d) & x_{m+1} = 0\,.
\end{array}
$$

Dabei stellt nur *(d)* eine Bedingung, nämlich $\sin((m+1)\alpha) = 0$, die

$$\alpha := \frac{k\pi}{m+1} \quad \text{für ein } k \in \mathbb{Z}$$

erzwingt. Für $k = 1, \ldots, m$ ergeben sich die Eigenwerte

$$\lambda_k := 2 - 2\cos\frac{k\pi}{m+1}\,, \qquad k = 1, \ldots, m \tag{MM.82}$$

und dazu die Eigenvektoren $\boldsymbol{v}_1, \ldots, \boldsymbol{v}_m \in \mathbb{R}^m$, wobei

$$\boldsymbol{v}_k = (v_{k,j})_j = \left(\sin\left(j\frac{k\pi}{m+1}\right)\right)_{j=1,\ldots,m}\,.$$

<u>A nach (MM.15)</u>:
Hier lautet die äquivalente Erweiterung

$$
\begin{array}{lr}
(a) & x_0 = x_1 \\
(b) & -x_0 + 2x_1 - x_2 = \lambda x_1 \\
(c) & -x_{m-1} + 2x_m - x_{m+1} = \lambda x_m \\
(d) & x_m = x_{m+1}\,,
\end{array}
$$

die erfüllt wird durch die Wahl

$$\lambda_k = 2 - 2\cos\left(\frac{k\pi}{m}\right), \qquad k = 1, \ldots, m-1$$
$$\boldsymbol{v}_k = (v_{k,j})_j = \left(\cos\left(\left(j - \frac{1}{2}\right)\frac{k\pi}{m}\right)\right)_{j=1,\ldots,m-1}\,.$$

Da die Zeilensummen von A alle verschwinden, kommt noch

$$\lambda_0 = 0$$
$$\boldsymbol{v}_0 = (1, \ldots, 1)^t\,,$$

d. h. der Fall $k = 0$, dazu.

Die exakte Eigenwertbestimmung ist analog zum Beispiel (MM.16) auch möglich, wenn eine Tridiagonalmatrix mit jeweils gleichen Werten auf der Diagonale bzw. den Nebendiagonalen vorliegt:

$$A = \begin{pmatrix} b & a & & & 0 \\ c & \ddots & \ddots & & \\ & \ddots & \ddots & \ddots & \\ & & \ddots & \ddots & a \\ 0 & & & c & b \end{pmatrix} \in \mathbb{K}^{(m,m)},$$

wobei $a \neq 0 \neq c$. Solche Matrizen, bei denen die (Neben-) Diagonalen jeweils mit dem gleichen Wert besetzt sind, heißen TOEPLITZ[4]-Matrizen. In Verallgemeinerung von (MM.82) gilt (siehe z. B. MEYER 2000, S. 515 f.)

$$\lambda_k = b + 2a\sqrt{\frac{c}{a}}\cos\left(\frac{k\pi}{m+1}\right), \quad k = 1, \dots, m$$

und

$$\boldsymbol{v}_k = \left(\sqrt{\frac{c}{a}}\sin\left(\frac{jk\pi}{m+1}\right)\right), \quad j = 1, \dots, m\,. \qquad \diamond$$

Bei der (theoretischen) Suche nach den Eigenwerten kommt es mithin darauf an, die Nullstellen λ der Funktion $\lambda \mapsto \det(C - \lambda \cdot \mathbb{1}_n)$ zu finden.

Definition 4.25

Sei $C = (c_{i,j}) \in K^{(n,n)}$.

$$\operatorname{sp}(C) := c_{1,1} + c_{2,2} + \dots + c_{n,n}$$

heißt *Spur von C* .

Die Spur einer Matrix $A \in K^{(m,n)}$ wird in der englischen Literatur oft mit $\operatorname{tr}(A)$ bezeichnet (von *trace*).

Satz 4.26

Es sei $C = (c_{i,j}) \in K^{(n,n)}$. Die Funktion

$$\chi_C \ : K \ni \lambda \mapsto \det(C - \lambda \mathbb{1}_n) \in K$$

ist ein Polynom vom Grad n, für das gilt:

$$\chi_C(\lambda) = (-1)^n \lambda^n + (-1)^{n-1} \cdot \operatorname{sp}(C) \cdot \lambda^{n-1} + \dots + \det(C)\,.$$

Beweis: Die LEIBNIZ-Formel

$$\chi_C(\lambda) = \sum_{\sigma \in \Sigma_n} \operatorname{sign}(\sigma) \cdot (c_{1,\sigma(1)} - \lambda\delta_{1,\sigma(1)}) \cdot \ldots \cdot (c_{n,\sigma(n)} - \lambda\delta_{n,\sigma(n)})$$

zeigt, dass $\chi_C(\lambda)$ ein Polynom in λ vom Grad $\leq n$ ist. Man findet auch als Koeffizienten

[4] Otto TOEPLITZ ∗ 1. August 1881 in Breslau † 15. Februar 1940 in Jerusalem

$$\begin{array}{lll} \text{bei } \lambda^n & (\text{nur } \sigma = \text{id}:) & (-1)^n\,, \\ \text{bei } \lambda^{n-1} & (\text{nur } \sigma = \text{id}:) & (-1)^{n-1}(c_{1,1} + \ldots + c_{n,n})\,, \\ \text{bei } \lambda^0 & (\text{betrachte } \lambda = 0:) & \det(C). \end{array}$$

□

Bemerkungen 4.27

1) Sei $p \in K[x]$ ein Polynom n-ten Grades,

$$p(x) = \sum_{i=0}^{n} a_i x^i \text{ mit } a_i \in K,\ i = 0, \ldots, n \text{ und } a_n = 1\,,$$

dann gibt es mindestens ein $C \in K^{(n,n)}$, so dass

$$\chi_C(\lambda) = p(\lambda)(-1)^n\,.$$

Dies gilt nämlich für die *Begleitmatrix*

$$C := \begin{pmatrix} 0 & 1 & & & 0 \\ & \ddots & \ddots & & \\ & & \ddots & \ddots & \\ & 0 & & \ddots & 1 \\ -a_0 & \cdots & \cdots & \cdots & -a_{n-1} \end{pmatrix}. \tag{4.5}$$

Man erhält dies etwa durch die Entwicklung von $\det(C - \lambda \mathbb{1})$ *nach der letzten Zeile (siehe Übung).*

2) Bestimmung von Eigenvektoren ist also identisch mit Nullstellenbestimmung für ein Polynom (ignoriert man den Aufwand zur Aufstellung eines charakteristischen Polynoms). Nach dem Satz von ABEL[5]-RUFFINI[6] (siehe BOSCH 2013, Korollar 7, S. 266) ist dies mit endlich viel Elementaroperationen (unter Einschluss des Wurzelziehens) nur für $n \leq 4$ möglich. Darüber hinaus können also allgemein insbesondere die Eigenwerte auch bei exakter Rechnung nur durch Iterationsverfahren approximativ bestimmt werden. In Kapitel 8.2.4 wird ein einfaches Verfahren besprochen. △

Definition 4.28

Das Polynom $\chi_C(\lambda) = \det(C - \lambda \mathbb{1}_n)$ heißt *charakteristisches Polynom* der Matrix C. Allgemein heißt für ein $\Phi \in \mathrm{Hom}_K(V, V)$ bei einem endlichdimensionalen K-Vektorraum V auch

---

[5] Niels Henrik ABEL ∗5. August 1802 in Ryfylke, auf der Insel Finnøy, Norwegen †6. April 1829 in Froland, Aust-Agder, Norwegen

[6] Paolo RUFFINI ∗22. September 1765 in Valentano †10. Mai 1822 in Modena

$$\chi_\Phi(\lambda) := \det(\Phi - \lambda\,\mathrm{id})$$

das *charakteristische Polynom* des Homomorphismus Φ. Sei $\overline{\lambda} \in K$ Eigenwert von Φ, d. h. Nullstelle von χ_Φ. Ist $\overline{\lambda}$ eine k-fache Nullstelle, d. h. χ_Φ lässt sich schreiben als

$$\chi_\phi(\lambda) = (\overline{\lambda} - \lambda)^k p(\lambda)$$

mit

$$p \in K_{n-k}[x], \; p(\overline{\lambda}) \neq 0 ,$$

so hat $\overline{\lambda}$ die *algebraische Vielfachheit k*.

Die Grundlagen für die Abdivision von Linearfaktoren zu Nullstellen finden sich im Anhang B, Satz B.21. Nach der Begründung der Wohldefinition von $\det(\Phi)$ gemäß Satz 4.5 kann dabei für $\Phi \in \mathrm{Hom}_K(V, V)$ jede Darstellungsmatrix C, d. h. zu einer beliebig in V gewählte Basis genommen werden. Dann hat $-\lambda\,\mathrm{id}$ immer die Darstellungsmatrix $-\lambda\mathbb{1}$ und man erhält jeweils das gleiche Polynom n-ten Grades (nach Satz 4.26). Dies bedeutet umformuliert:

Satz 4.29

Ähnliche Matrizen haben dasselbe charakteristische Polynom.

Beweis: Wenn $C' = A^{-1}CA$, dann ist in Wiederholung der Überlegung nach Definition 4.7

$$\begin{aligned}\chi_{C'}(\lambda) &= \det(A^{-1}CA - \lambda\mathbb{1}_n) = \det(A^{-1}(C - \lambda\mathbb{1}_n)A) \\ &= \det(A)^{-1} \cdot \det(C - \lambda\mathbb{1}_n) \cdot \det(A) = \chi_C(\lambda)\end{aligned}$$

nach Theorem 2.111, 1). □

Satz 4.30: Ähnliche Matrizen

Ähnliche Matrizen haben

1) die gleiche Determinante,

2) die gleiche Spur,

3) die gleichen Eigenwerte (bei gleicher algebraischer Vielfachheit),

4) für den gleichen Eigenwert λ die gleiche geometrische Vielfachheit.

Beweis: Folgt sofort aus Satz 4.29. Bei 4) beachte man für $C, C' \in K^{(n,n)}$, $C' = A^{-1}CA$ für ein $A \in \mathrm{GL}(n,k)$, $\lambda \in K$:

$$\mathrm{Kern}(C' - \lambda \mathbb{1}) = A^{-1}(\mathrm{Kern}(C - \lambda \mathbb{1})) . \qquad \square$$

Bemerkungen 4.31

1) Sei $C \in K^{(n,n)}$ diagonalisierbar, $\lambda_1, \ldots, \lambda_n \in K$ seien die Eigenwerte, dann gilt

$$\begin{aligned} \det(C) &= \lambda_1 \cdot \ldots \cdot \lambda_n , \\ \mathrm{sp}(C) &= \lambda_1 + \ldots + \lambda_n . \end{aligned}$$

Sei C ähnlich zu $D = \mathrm{diag}(\lambda_i)$, dann gilt

$$\det(C) = \det(D) = \lambda_i \cdot \ldots \cdot \lambda_n , \quad \mathrm{sp}(C) = \mathrm{sp}(D) = \lambda_1 + \ldots + \lambda_n .$$

In Satz 4.53 wird die Aussage allgemein gezeigt werden.

2) Vergleicht man dies mit der LR-Zerlegung

$$PC = LR ,$$

P Permuations-, L normierte untere, R obere Dreiecksmatrix, dann gilt nach (2.154)

$$\det(C) = \det(P)\det(R) = (-1)^l r_{1,1} \ldots r_{n,n} .$$

Dies ist demnach für gerades l das Produkt der Eigenwerte *und* das Produkt der Pivotelemente, die aber i. Allg. nicht identisch sind.

3) In der Situation von Bemerkungen 4.19, 2) gilt deswegen für das charakteristische Polynom von Φ bzw. C nach der Kästchenregel:

$$\chi_\Phi(\lambda) = \det(C - \lambda \mathbb{1}) = \det(C_{1,1} - \lambda \mathbb{1}_k) \det(C_{2,2} - \lambda \mathbb{1}_{n-k}) .$$

Die Eigenwerte von Φ bzw. C setzen sich also zusammen aus denen von $C_{1,1}$ und $C_{2,2}$.

4) Für $K = \mathbb{K}$ gilt: Seien $A, B \in \mathbb{K}^{(m,n)}$, dann ist

$$\boxed{\mathrm{sp}(AB^\dagger) = \textstyle\sum_{j=1}^m \sum_{k=1}^n a_{j,k}\overline{b}_{j,k} = A : B ,} \tag{4.6}$$

d. h. $\mathrm{sp}(AB^\dagger)$ ist eine andere Darstellung für das in (3.22) eingeführte innere Produkt. Insbesondere gilt für $A \in \mathbb{K}^{(m,n)}$:

$$\|A\|_F^2 = \mathrm{sp}(AA^\dagger) \tag{4.7}$$

und damit folgt aus den Normeigenschaften

$$\begin{aligned} A = 0 &\Leftrightarrow \operatorname{sp}(AA^\dagger) = 0\,, \\ \operatorname{sp}(AB^\dagger) &\le \|A\|_F \|B\|_F = \operatorname{sp}(AA^\dagger)^{1/2}\operatorname{sp}(BB^\dagger)^{1/2} \end{aligned} \tag{4.8}$$

(CAUCHY-SCHWARZ-Ungleichung). Wegen $\|A\|_F = \|A^\dagger\|_F$ folgt aus (4.8) auch

$$\boxed{\operatorname{sp}(AB) \le \|A\|_F \|B\|_F\,.}$$

5) Satz 4.29 ist nicht umkehrbar, wie man z. B. mittels

$$C = \mathbb{1},\ C' = \begin{pmatrix} 1 & 1 \\ 0 & 1 \end{pmatrix}$$

in $K^{(2,2)}$ sieht, da C nur zu sich selbst ähnlich ist. Wegen Satz 4.30, 4) sind also algebraische und geometrische Vielfachheit unabhängige Informationen, die letztere ist nicht im charakteristischen Polynom enthalten.

6) Sei $A \in \mathbb{R}^{(3,3)}$, χ_A werde in der Form $\chi_A(\lambda) = -\lambda^{-3} + i_1(A)\lambda^2 - i_2(A)\lambda + i_3(A)$ geschrieben mit der *Hauptinvarianten* $i_j(A)$, $j = 1, 2, 3$. Für diese gilt

$$\begin{aligned} i_1(A) &= \operatorname{sp}(A) = \lambda_1 + \lambda_2 + \lambda_3 \\ i_2(A) &= \lambda_1\lambda_2 + \lambda_1\lambda_3 + \lambda_2\lambda_3 = \frac{1}{2}(\operatorname{sp}(A)^2 - \operatorname{sp}(A^2)) \\ i_3(A) &= \det(A) = \lambda_1\lambda_2\lambda_3\,. \end{aligned}$$

Dabei sind $\lambda_i \in \mathbb{C}$, $i = 1, 2, 3$, die Eigenwerte von A.

Dies folgt durch Ausmultiplizieren von $\chi_A(\lambda) = \prod_{i=1}^3(\lambda_i - \lambda)$ und unter Berücksichtigung von Bemerkungen 4.31, 1) bzw. Satz 4.53, aus dem auch allgemein $\operatorname{sp}(A^2) = \sum_{i=1}^3 \lambda_i^2$ folgt mit Beispiele 2.39,3).

△

Da nicht jedes nichtkonstante reelle Polynom reelle Nullstellen besitzt, gibt es also nach Bemerkungen 4.27 auch reelle Matrizen, die keine reellen Eigenwerte besitzen.

Beispiel 4.32 (Drehmatrix) Wir betrachten die Matrix

$$C = \begin{pmatrix} \cos(\varphi) & -\sin(\varphi) \\ \sin(\varphi) & \cos(\varphi) \end{pmatrix},$$

welche eine Drehung um den Winkel φ in der Ebene $\mathbb{R}^2$ beschreibt. Ihr charakteristisches Polynom

$$\chi_C(\lambda) = \det\begin{pmatrix} \cos(\varphi) - \lambda & -\sin(\varphi) \\ \sin(\varphi) & \cos(\varphi) - \lambda \end{pmatrix} = (\cos(\varphi) - \lambda)^2 + \sin^2(\varphi)$$

hat die Nullstelle $\lambda \in \mathbb{R}$, für welche $\lambda = \cos(\varphi)$ während $\sin(\varphi) = 0$. Es gibt dafür nur die Fälle:

Winkel φ	Eigenwert λ	Drehung
0	1	Identität
π	-1	Punktspiegelung

Dies ist auch anschaulich völlig klar: Bei einer echten Drehung (nicht um den Winkel 0 oder π) ändert jeder Vektor seine Richtung. Ganz anders ist die Situation, wenn man C als Matrix *komplexer* Zahlen auffasst, und Eigenwerte in $\mathbb{C}$ sucht. Diese sind Wurzeln der quadratischen Gleichung

$$\lambda^2 - 2\,\cos(\varphi)\,\lambda + 1 = 0\,,$$
$$\text{also } \lambda_{1,2} = \cos(\varphi) \pm i \cdot \sin(\varphi) \quad \text{für } \varphi \in [0, \pi]\,. \qquad \circ$$

Allgemein kann jede reelle (n,n)-Matrix durch Komplexifikation auch als komplexe (n,n)-Matrix aufgefasst werden und hat als solche (nach Satz B.21, Hauptsatz B.33) mindestens einen komplexen Eigenwert bzw. genauer $k \leq n$ komplexe Eigenwerte, deren algebraische Vielfachheiten sich zu n addieren (siehe Definition 4.28). Mit Satz 4.26 lässt sich das charakteristische Polynom einer reellen oder komplexen Matrix C schreiben als

$$\chi_C(\lambda) = (\lambda_1 - \lambda)\ldots(\lambda_n - \lambda) \text{ mit den komplexen Eigenwerten } \lambda_1, \ldots, \lambda_n\,.$$

Die geometrische Interpretation komplexer Eigenwerte wird in (4.15) ff. klar werden. Man beachte auch, dass eine reelle Matrix zu einem komplexen, nicht reellen Eigenwert keine rein reellen Eigenvektoren haben kann.

Beispiel 4.33 Wir betrachten als einfachstes Beispiel eine reelle 2×2-Matrix, d. h.

$$A = \begin{pmatrix} a & b \\ c & d \end{pmatrix} \in \mathbb{R}^{(2,2)}.$$

Dann ist

$$\chi_A(\lambda) = \lambda^2 - \mathrm{sp}(A)\lambda + \det(A)$$

und damit gilt mit $\delta := \mathrm{sp}(A)^2 - 4\det(A) = (a-d)^2 + 4bc$:

1) A hat zwei verschiedene reelle Eigenwerte, wenn $\delta > 0$.
2) A hat einen reellen Eigenwert mit algebraischer Vielfachheit 2, wenn $\delta = 0$.
3) A hat zwei zueinander konjugiert komplexe Eigenwerte, wenn $\delta < 0$.

Im Fall 3), in dem keine reellen Eigenwerte vorliegen, werde A sodann als komplexe Matrix aufgefasst. Weiter gilt:

$$\begin{gathered} \text{Ist } A \text{ symmetrisch, } b = c, \text{ dann hat } A \text{ nur reelle Eigenwerte.} \\ \text{Nur } A = \begin{pmatrix} a & 0 \\ 0 & a \end{pmatrix} \text{ hat einen Eigenwert der algebraischen Vielfachheit 2.} \\ \text{Insbesondere ist } A \text{ diagonalisierbar.} \end{gathered} \tag{4.9}$$

Dies kann man wie folgt einsehen:

$$\delta = (a-d)^2 + 4b^2 \geq 0$$

sichert die Existenz reeller Eigenwerte, und

$$\delta = 0 \Leftrightarrow a = d \text{ und } b = 0$$

zeigt, dass nur Vielfache von $\mathbb{1}$ *einen mehrfachen Eigenwert haben. Neben diesem Fall, in dem schon Diagonalgestalt vorliegt, hat somit* A *zwei Eigenräume* E_1 *und* E_2 *zu verschiedenen Eigenwerten* λ_1 *und* λ_2.
Sei $\boldsymbol{x} \in E_1$, $\boldsymbol{y} \in E_2$, $\boldsymbol{x} \neq \boldsymbol{0}$, $\boldsymbol{y} \neq \boldsymbol{0}$, *dann folgt zum Beispiel aus* $\boldsymbol{x} = \alpha\boldsymbol{y}$, *dass* $\boldsymbol{x}$ *auch Eigenvektor zu* λ_2 *ist im Widerspruch zu Bemerkungen 4.14 1), d. h.* $\boldsymbol{x}, \boldsymbol{y}$ *sind linear unabhängig und damit* $E_1 \oplus E_2 = \mathbb{R}^2$, *was in Theorem 4.42 allgemein gezeigt werden wird. Damit hat* $\mathbb{R}^2$ *eine Eigenvektorbasis, d. h.* A *ist diagonalisierbar. Dass symmetrische Matrizen allgemein (reell) diagonalisierbar sind, ist der Inhalt von Hauptsatz 4.58.*

○

Ziemlich offensichtlich sind die im folgenden Satz formulierten Beziehungen für Eigenwerte und Eigenvektoren. In 1) benutzen wir die Notation C^k, $k \in \mathbb{N}$, für die k-te Potenz der Matrix C, wie sie in (2.42) definiert ist.

Satz 4.34: Eigenwerte abgeleiteter Matrizen

Die $n \times n$-Matrix $C \in K^{(n,n)}$ habe den Eigenwert $\lambda \in K$ mit zugehörigem Eigenvektor $\boldsymbol{x} \in K^n$.

1) Dann ist $\boldsymbol{x}$ auch Eigenvektor
   a) für $\alpha C, \alpha \in K$, zum Eigenwert $\alpha\lambda$,
   b) für $\alpha\mathbb{1}_n + C, \alpha \in K$, zum Eigenwert $\alpha + \lambda$,
   c) für C^k zum Eigenwert λ^k,
   d) für C^{-1} zum Eigenwert $1/\lambda$, falls C invertierbar ist.
2) Auch die transponierte Matrix C^t besitzt den Eigenwert λ.
3) Falls $K = \mathbb{C}$, dann ist $\overline{\lambda}$ Eigenwert für $\overline{C}$ zum Eigenvektor $\overline{\boldsymbol{x}}$, und $\overline{\lambda}$ ist auch Eigenwert für $C^\dagger$. Hat also die reelle Matrix C den Eigenwert $\lambda \in \mathbb{C}$ zum Eigenvektor $\boldsymbol{x} \in \mathbb{C}^n$, so hat sie auch den Eigenwert $\overline{\lambda}$ zum Eigenvektor $\overline{\boldsymbol{x}} \in \mathbb{C}^n$. (Komplexe Eigenwerte reeller Matrizen treten in konjugierten Paaren auf.)
4) Ist $C = (c_{i,j})$ eine obere (oder untere) Dreiecksmatrix, dann sind ihre Eigenwerte gerade die Diagonaleinträge $c_{i,i}$.
5) Seien $A, B \in K^{(n,n)}$, dann sind die Eigenwerte von AB und BA gleich:

$$\sigma(AB) = \sigma(BA)\,.$$

Beweis: Die Formeln in 1) sind offensichtliche Umformungen der Eigenwertgleichung $C\boldsymbol{x} = \lambda{\cdot}\boldsymbol{x}$. Mit Theorem 2.111, 3) hat die transponierte Matrix das gleiche charakteristische Polynom

$$\det(C^t - \lambda \mathbb{1}_n) = \det(C - \lambda \mathbb{1}_n)^t = \det(C - \lambda \mathbb{1}_n)$$

wie C. Damit folgt 2). Konjugieren der Eigenwertgleichung

$$C\boldsymbol{x} = \lambda \boldsymbol{x} \Rightarrow \overline{C\boldsymbol{x}} = \overline{\lambda \boldsymbol{x}}$$

führt auf die erste Aussage in 3) und die zweite Aussage folgt mit 2). Schließlich ist mit C auch $C - \lambda \mathbb{1}_n$ eine Dreiecksmatrix und deren Determinante ist das Produkt

$$(c_{1,1} - \lambda) \cdot \ldots \cdot (c_{n,n} - \lambda)$$

ihrer Diagonaleinträge.

Zu 5): Sei $\lambda \in K$ ein Eigenwert von AB, $\boldsymbol{v} \neq 0$ ein Eigenvektor dazu. Ist $\lambda = 0$, dann ist $\mathrm{Rang}(AB) < n$ und somit auch $\mathrm{Rang}(A) < n$ oder $\mathrm{Rang}(B) < n$ und schließlich $\mathrm{Rang}(BA) < n$, also ist $\lambda = 0$ auch Eigenwert von BA. Ist $\lambda \neq 0$, dann gilt für $\boldsymbol{w} := B\boldsymbol{v}$: $A\boldsymbol{w} = \lambda \boldsymbol{v} \neq \boldsymbol{0}$, also $\boldsymbol{w} \neq 0$ und: $BA\boldsymbol{w} = BAB\boldsymbol{v} = B(\lambda \boldsymbol{v}) = \lambda B\boldsymbol{v} = \lambda \boldsymbol{w}$, d. h. $\boldsymbol{w}$ ist Eigenvektor von BA zu λ. Vertauschen von A und B schließt den Beweis ab. □

Bemerkungen 4.35

1) Sei $C \in \mathbb{R}^{(n,n)}$ und $c_i \in \mathbb{C} \setminus \mathbb{R}$ ein Eigenwert und damit auch $\overline{c}_i$, dann hat das charakteristische Polynom (über $\mathbb{C}$) die Linearfaktoren $(c_i - \lambda)$ und $(\overline{c}_i - \lambda)$, demnach auch den Teiler (siehe Satz B.19)

$$\begin{aligned}(c_i - \lambda)(\overline{c}_i - \lambda) &= \lambda^2 - 2\,\mathrm{Re}\, c_i \lambda + |c_i|^2 \\ &= (\lambda - a_i)^2 + b_i^2\,, \quad \text{wobei} \quad a_i = \mathrm{Re}\, c_i,\ b_i = \mathrm{Im}\, c_i \\ &=: q_i(\lambda)\end{aligned} \tag{4.10}$$

und damit hat p den reellen, über $\mathbb{R}$ irreduziblen (siehe Definition B.28), quadratischen Faktor q_i.

*2) Damit gilt also mit den Bezeichnungen aus Bemerkungen 4.14, 2):

$$\begin{gathered}\boldsymbol{x} \in \mathbb{K}^n \text{ ist linker Eigenvektor zu } C \text{ zum Eigenwert } \lambda \Leftrightarrow \\ \boldsymbol{x}^\dagger C = \lambda \boldsymbol{x}^\dagger \;\Leftrightarrow\; C^\dagger \boldsymbol{x} = \overline{\lambda} \boldsymbol{x} \Leftrightarrow \\ \boldsymbol{x} \in \mathbb{K}^n \text{ ist rechter Eigenvektor zu } C^\dagger \text{ zum Eigenwert } \overline{\lambda}\,.\end{gathered}$$

Ist $C \in \mathbb{K}^{(n,n)}$ diagonalisierbar, d. h. $A^{-1}CA = D = \mathrm{diag}(\lambda_i)$ für ein $A \in \mathrm{GL}(n, \mathbb{K})$ bzw. $A^\dagger C^\dagger A^{-\dagger} = D^\dagger$, dann sind die Spalten von A eine Basis aus rechten Eigenvektoren von C, die Spalten von $A^{-\dagger}$ sind eine Basis von rechten Eigenvektoren von $C^\dagger$ zu den Eigenwerten $\overline{\lambda}_i$. Demnach sind die Spalten von $A^{-\dagger}$ eine Basis von linken Eigenwerten für C. Wegen

$$(A^{-\dagger})^\dagger A = A^{-1}A = \mathbb{1}_n$$

gilt für die sich entsprechenden rechten Eigenvektoren

$$\boldsymbol{v}_1, \ldots, \boldsymbol{v}_n \quad (\text{zu } \lambda_1, \ldots, \lambda_n)$$

und linken Eigenvektoren

$$\boldsymbol{w}_1, \ldots, \boldsymbol{w}_n \quad (\text{zu } \lambda_1, \ldots, \lambda_n)$$

die Beziehung

$$\left\langle \boldsymbol{v}_i \,.\, \boldsymbol{w}_j \right\rangle = \delta_{i.j} \qquad \text{für } i, j = 1, \ldots, n\,.$$

Hat insbesondere λ_k für C die einfache algebraische Vielfachheit (und damit auch für $C^\dagger$), so sind $\boldsymbol{v}_k$ bzw. $\boldsymbol{w}_k$ Basen für den Eigenraum von C bzw. $C^\dagger$ zu λ_k, so dass für alle rechten bzw. linken Eigenvektoren $\boldsymbol{v}$ bzw. $\boldsymbol{w}$ zu λ_k gilt:

$$\langle \boldsymbol{v} \,.\, \boldsymbol{w} \rangle \neq 0\,.$$

Im Fall eines einfachen Eigenwerts λ werden (durch Normierung) rechte und linke Eigenvektoren $\boldsymbol{v}$ und $\boldsymbol{w}$ so gewählt, dass

$$\langle \boldsymbol{v} \,.\, \boldsymbol{w} \rangle = 1\,.$$

Dann ist

$$P = \boldsymbol{v} \otimes \boldsymbol{w} \tag{4.11}$$

die Darstellungsmatrix einer Projektion auf den Eigenraum span($\boldsymbol{v}$). Für $\mathbb{K} = \mathbb{R}$ entspricht sie der Definition von (2.57). △

Beispiel 4.36 Es sei $P : \mathbb{K}^n \to \mathbb{K}^n$ eine Projektion. Dann ist $P^2 = P$ und aus Satz 4.34, 1) folgt für jeden Eigenwert λ von P, dass $\lambda^2 = \lambda$, somit $\lambda = 1$ oder $= 0$. Alle Vektoren im Kern von P sind Eigenvektoren zum Eigenwert 0, alle Vektoren im Bild von P sind Eigenvektoren zum Eigenwert 1. Nach Hauptsatz 2.44, 1) ist $\mathbb{K}^n = \text{Kern}(P) \oplus \text{Bild}(P)$. Somit ist P diagonalisierbar (was wir aber in Hauptsatz 2.44, 3) schon bewiesen haben). Speziell für $\|\boldsymbol{a}\|_2 = 1$ und $P = \boldsymbol{a} \otimes \boldsymbol{a}$, die Projektion auf $\mathbb{K}a$, ist der Eigenraum:

zum Eigenwert	der Unterraum
$\lambda = 0$	$\boldsymbol{a}^\perp$
$\lambda = 1$	$\mathbb{K}\boldsymbol{a}$

○

Beispiel 4.37 Es sei $\boldsymbol{a} \in \mathbb{K}^n$ mit $\|\boldsymbol{a}\|_2 = 1$. Dann ist $S = \mathbb{1}_n - 2\boldsymbol{a} \otimes \boldsymbol{a}$ die Matrix der Spiegelung an der Hyperebene $\boldsymbol{a}^\perp$. Aus $S^2 = \mathbb{1}_n$ folgt mit Satz 4.34, 1) für jeden Eigenwert λ von S, dass $\lambda^2 = 1$, also $\lambda = \pm 1$. Es ist der Eigenraum:

zum Eigenwert	der Unterraum
$\lambda = -1$	$\mathbb{K}\boldsymbol{a}$
$\lambda = +1$	$\boldsymbol{a}^\perp$

○

Spezielle Matrizen haben gelegentlich spezielle Eigenwerte. Wir erinnern an die folgenden Arten spezieller Matrizen $A \in \mathbb{C}^{(n,n)}$:

- A heißt hermitesch, wenn $A^\dagger = \overline{A}^t = A$. Eine reelle Matrix ist hermitesch genau dann, wenn sie symmetrisch ist.
- U heißt unitär, wenn $UU^\dagger = \mathbb{1}_n$. Eine reelle Matrix ist unitär genau dann, wenn sie orthogonal ist.

Diesen beiden Arten spezieller Matrizen fügen wir noch eine dritte Art hinzu:

Definition 4.38

Die Matrix $A \in \mathbb{C}^{(n,n)}$ heißt *schiefhermitesch* oder *antihermitesch*, wenn $A^\dagger = -A$.

Im reellen Fall handelt es sich also um schiefsymmetrische Matrizen. $A \in \mathbb{C}^{(n,n)}$ ist antihermitesch, genau dann, wenn iA hermitesch ist.

Satz 4.39: Eigenwerte spezieller Matrizen

1) Jeder Eigenwert einer hermiteschen $n \times n$-Matrix H ist reell.
2) Jeder Eigenwert λ einer unitären Matrix U hat den Betrag $|\lambda| = 1$.
3) Jeder Eigenwert einer antihermiteschen Matrix A ist rein imaginär.

Beweis: Wir verwenden das innere Produkt $\langle \boldsymbol{x} \,.\, \boldsymbol{y} \rangle = \boldsymbol{x}^t \overline{\boldsymbol{y}}$ auf dem $\mathbb{C}^n$.

Zu 1): Falls $\boldsymbol{x} \in \mathbb{C}^n$ ein Eigenvektor der hermiteschen Matrix H zum Eigenwert $\lambda \in \mathbb{C}$ ist, dann gilt folglich

$$\lambda \langle \boldsymbol{x} \,.\, \boldsymbol{x} \rangle = \langle \lambda \boldsymbol{x} \,.\, \boldsymbol{x} \rangle = \langle H\boldsymbol{x} \,.\, \boldsymbol{x} \rangle = \langle \boldsymbol{x} \,.\, H\boldsymbol{x} \rangle = \langle \boldsymbol{x} \,.\, \lambda \boldsymbol{x} \rangle = \overline{\lambda} \langle \boldsymbol{x} \,.\, \boldsymbol{x} \rangle \ .$$

Daraus folgt $(\lambda - \overline{\lambda}) \langle \boldsymbol{x} \,.\, \boldsymbol{x} \rangle = 0$. Da $\boldsymbol{x}$ ein Eigenvektor ist, ist $\langle \boldsymbol{x} \,.\, \boldsymbol{x} \rangle \neq 0$ und daher $\lambda = \overline{\lambda}$, d. h. $\lambda \in \mathbb{R}$.
Zu 2): Hier ist

$$\langle \boldsymbol{x} \,.\, \boldsymbol{x} \rangle = \langle U\boldsymbol{x} \,.\, U\boldsymbol{x} \rangle = \langle \lambda \boldsymbol{x} \,.\, \lambda \boldsymbol{x} \rangle = \lambda \overline{\lambda} \langle \boldsymbol{x} \,.\, \boldsymbol{x} \rangle \ .$$

Wegen $\langle \boldsymbol{x} \,.\, \boldsymbol{x} \rangle \neq 0$ folgt $|\lambda| = \lambda \overline{\lambda} = 1$.
Zu 3): Die Matrix iA ist hermitesch und hat nur reelle Eigenwerte. Die Behauptung folgt aus 1). □

Beispiel 4.40 Sei $A \in \mathbb{R}^{(3,3)}$ antisymmetrisch, d. h. A hat die Gestalt

$$A = \begin{pmatrix} 0 & a & b \\ -a & 0 & c \\ -b & -c & 0 \end{pmatrix}$$

mit $a, b, c \in \mathbb{R}$. Sei $\boldsymbol{x} := (a, b, c)^t \neq \mathbf{0}$ d. h. $A \neq 0$, dann gilt

$$\operatorname{Kern} A = \operatorname{span}\begin{pmatrix} -c \\ b \\ -a \end{pmatrix}.$$

Neben $\lambda = 0$ hat A noch die rein imaginären Eigenwerte

$$\lambda = \pm i \|\boldsymbol{x}\|_2 ,$$

denn das charakteristische Polynom ist

$$p_A(\lambda) = -\lambda\left(\lambda^2 + \|\boldsymbol{x}\|_2^2\right).$$

$\circ$

Unabhängig von der Diagonalisierbarkeit soll noch einmal der Charakter von Eigenwerten und Eigenvektoren verdeutlicht werden.

Beispiel 4.41 (Differenzengleichung) Für $A \in K^{(n,n)}$ ist $\boldsymbol{x}^{(k)} \in K^n, k \in \mathbb{N}$ gesucht, so dass

$$\boldsymbol{x}^{(0)} \text{ gegeben,} \quad \boldsymbol{x}^{(k+1)} = A\boldsymbol{x}^{(k)} . \tag{4.12}$$

Solche *(zeit-)diskreten dynamischen Systeme* entstehen etwa durch die Approximation der Ableitung in (MM.74) oder (MM.79) durch einen Differenzenquotienten (siehe (4.25)) und werden daher auch *(lineare) Differenzengleichungen* genannt.

Man spricht hier auch von *Fixpunktform*, bei (4.12) von *Fixpunktiteration*, da etwa für $K = \mathbb{K}$ der Grenzwert $\boldsymbol{x}$ der Folge $\boldsymbol{x}^{(k)}$ (siehe Abschnitt 7) (bei Existenz) notwendigerweise die *Fixpunktgleichung*

$$\boldsymbol{x} = A\boldsymbol{x}$$

erfüllt.

Die Lösungsfolge ist offensichtlich gegeben durch

$$\boldsymbol{x}^{(k)} = A^k \boldsymbol{x}^{(0)} , \tag{4.13}$$

so dass für das Langzeitverhalten $A^k\boldsymbol{x}^{(0)}$ für große k zu betrachten ist. Das ist besonders einfach für einen Eigenvektor $\boldsymbol{x}^{(0)}$ möglich:

Sei $A \in K^{(n,n)}$ für einen Körper K, $\lambda \in K$ Eigenwert und $\boldsymbol{x} \in K^n$ ein Eigenvektor dazu. Sei

$$U := \operatorname{span}(\boldsymbol{x}) ,$$

dann ist

$$A(U) \subset U ,$$

d. h. der eindimensionale Unterraum U ist invariant unter A und eingeschränkt darauf verhält sich A wie eine Streckung/Stauchung mit dem Faktor λ. Anwendung von A^k bedeutet daher Multiplikation mit λ^k. Für $K = \mathbb{K}$ bedeutet das etwa in der euklidischen Norm:

1) $|\lambda| < 1$: Die „Bedeutung" dieser(-s) Lösung(-santeils) verschwindet für $k \to \infty$:

$$\|A^k \boldsymbol{x}\| = |\lambda|^k \|x\| \to 0 \quad \text{für } k \to \infty . \tag{4.14}$$

2) $|\lambda| = 1$: $\|A^k \boldsymbol{x}\| = \|x\|$,

3) $|\lambda| > 1$: $\|A^k \boldsymbol{x}\| = |\lambda|^k \|x\| \to \infty$ für $k \to \infty$,

mit analogen Interpretationen.

Noch konkreter bleibt bei $K = \mathbb{R}$ und $\lambda \in \mathbb{R}$ für $\lambda > 0$ die Richtung von $\boldsymbol{x}$ erhalten, bei $\lambda < 0$ alterniert sie mit der von $-\boldsymbol{x}$ (siehe Abbildung 4.2).

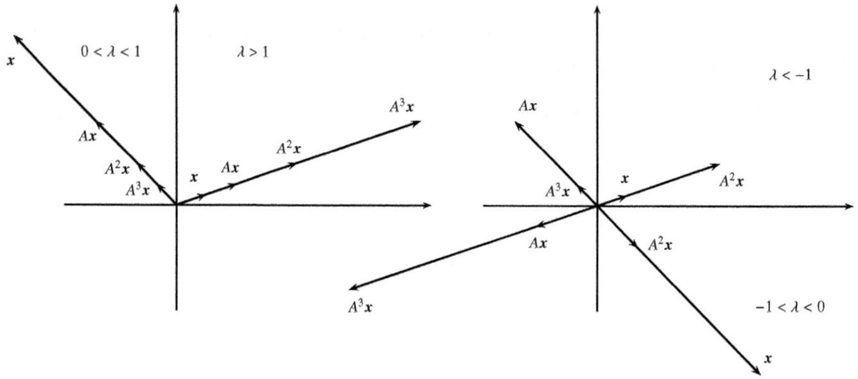

Abb. 4.2: Verhalten von A auf Eigenvektoren, reelle Eigenwerte.

Wie schon im obigen Beispiel gesehen, gibt es reelle Matrizen, speziell die Drehmatrizen, die keine reellen, aber komplexe Eigenwerte haben. Auch hier gibt es einen invarianten Unterraum und ein einfaches Verhalten von $A^k \boldsymbol{x}$ darauf:

Sei also $A \in \mathbb{R}^{(n,n)}$, $\lambda \in \mathbb{C}$, $\lambda \notin \mathbb{R}$, Eigenwert zum Eigenvektor $\boldsymbol{x} \in \mathbb{C}^n$. Nach Satz 4.34, 3) hat A auch den Eigenwert $\overline{\lambda}$ zum Eigenvektor $\overline{\boldsymbol{x}}$. Mit

$$\begin{aligned} \lambda &= \mu + i\nu , \quad \mu, \nu \in \mathbb{R} , \\ \boldsymbol{x} &= \boldsymbol{y} + i\boldsymbol{z} , \quad \boldsymbol{y}, \boldsymbol{z} \in \mathbb{R}^n, \boldsymbol{z} \neq \boldsymbol{0} , \end{aligned}$$

d. h. nach (3.6)

$$\begin{aligned} \mu &= \frac{1}{2}(\lambda + \overline{\lambda}) , & \boldsymbol{y} &= \frac{1}{2}(\boldsymbol{x} + \overline{\boldsymbol{x}}) \\ \nu &= \frac{1}{2i}(\lambda - \overline{\lambda}) , & z &= \frac{1}{2i}(\boldsymbol{x} - \overline{\boldsymbol{x}}) \end{aligned} \tag{4.15}$$

folgt dann

$$\begin{aligned} A\boldsymbol{y} &= \frac{1}{2}(\lambda\boldsymbol{x} + \overline{\lambda}\overline{\boldsymbol{x}}) = \mu\boldsymbol{y} - \nu z \\ Az &= \frac{1}{2i}(\lambda\boldsymbol{x} - \overline{\lambda}\overline{\boldsymbol{x}}) = \mu z + \nu\boldsymbol{y} . \end{aligned} \tag{4.16}$$

Damit ist der Unterraum

$$U := \operatorname{span}(\boldsymbol{y}, z) \tag{4.17}$$

invariant unter A. Dieser Unterraum ist zweidimensional, denn $\boldsymbol{y}, z$ sind linear unabhängig.

Wie in Theorem 4.42 sind nämlich $\boldsymbol{x}$ und $\overline{\boldsymbol{x}}$ als Eigenvektoren zu den verschiedenen Eigenwerten λ und $\overline{\lambda}$ linear unabhängig und damit auch $\boldsymbol{y}, z$, da sie nach (4.15) das Bild von $\boldsymbol{x}$ und $\overline{\boldsymbol{x}}$ sind unter der invertierbaren Abbildung von $\mathbb{C}^{2n}$ nach $\mathbb{C}^{2n}$, definiert durch

$$\left(\begin{array}{c} \boldsymbol{x}' \\ \hline \boldsymbol{x}'' \end{array}\right) \mapsto \left(\begin{array}{c|c} \frac{1}{2}\mathbb{1} & \frac{1}{2}\mathbb{1} \\ \hline \frac{1}{2i}\mathbb{1} & -\frac{1}{2i}\mathbb{1} \end{array}\right) \left(\begin{array}{c} \boldsymbol{x}' \\ \hline \boldsymbol{x}'' \end{array}\right) ,$$

wobei $\mathbb{1} \in \mathbb{R}^n$ die Einheitsmatrix ist. Die die Abbildung darstellende Matrix ist invertierbar, z. B. nach Aufgabe 2.36.

U hat demnach die Basis $\{\boldsymbol{y}, z\}$ und die Darstellungsmatrix von $A|_U : U \to U$ bezüglich dieser Basis ist nach (4.16)

$$Q := \begin{pmatrix} \mu & \nu \\ -\nu & \mu \end{pmatrix} = \alpha \begin{pmatrix} \frac{\mu}{\alpha} & \frac{\nu}{\alpha} \\ \frac{-\nu}{\alpha} & \frac{\mu}{\alpha} \end{pmatrix} \tag{4.18}$$

mit $\alpha := |\lambda| = (\nu^2 + \mu^2)^{\frac{1}{2}}$ und

$$\begin{pmatrix} \frac{\mu}{\alpha} & \frac{\nu}{\alpha} \\ -\frac{\nu}{\alpha} & \frac{\mu}{\alpha} \end{pmatrix} \in \mathrm{SO}(2, \mathbb{R}) ,$$

einer Drehmatrix zum Winkel $\varphi \in [0, 2\pi)$. Dabei ist

$$\cos(\varphi) = \frac{\mu}{\alpha} , \quad \sin(\varphi) = -\frac{\nu}{\alpha} .$$

Auf U ist somit A eine Drehstreckung mit dem Streckungsfaktor α, so dass für das Verhalten von $A^k\tilde{\boldsymbol{x}}$, $\tilde{\boldsymbol{x}} \in U$ das Gleiche wie in (4.14) gilt. Die oben beschriebene Bewegung von $A^k\tilde{\boldsymbol{x}}$ auf dem eindimensionalen U ist zu ersetzen durch eine entsprechende „spiralige" Bewegung in der Ebene U (siehe Abbildung 4.3). Wie schon bei der Drehmatrix gesehen, entsprechen die reellen Fälle den Drehwinkeln $\varphi = 0$ ($\lambda > 0$) und $\varphi = \pi$ ($\lambda < 0$). ◦

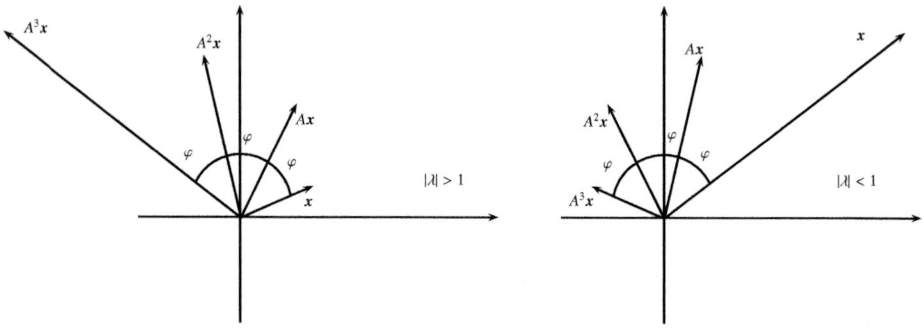

Abb. 4.3: Verhalten von A auf span(Re $\boldsymbol{x}$, Im $\boldsymbol{x}$), Eigenvektor $\boldsymbol{x} \in \mathbb{C}^n$ zu Eigenwert $\lambda \in \mathbb{C}\backslash\mathbb{R}$.

4.2.2 Diagonalisierbarkeit und Trigonalisierbarkeit

Wenn im Folgenden nur explizit von Matrizen $C \in K^{(n,n)}$ die Rede ist, gelten dennoch wegen Satz 4.15 alle Aussagen auch für $\Phi \in \mathrm{Hom}_K(V, V)$ bei einem n-dimensionalen K-Vektorraum V.

Zur Vorbereitung der Diagonalisierungskriterien formulieren wir:

Theorem 4.42: Summe aus Eigenräumen direkt

Sei $C \in K^{(n,n)}$, λ_i, $i = 1, \ldots, l$ seien paarweise verschiedene Eigenwerte in K von C. Dann gilt für die Eigenräume

$$E_i := \mathrm{Kern}(C - \lambda_i \mathbb{1}_n) :$$

Die Summe von Eigenräumen ist direkt, d. h. $E_1 + \ldots + E_l = E_1 \oplus \ldots \oplus E_l$ bzw. äquivalent dazu: Sind $\boldsymbol{v}_i \in E_i, \boldsymbol{v}_i \neq \boldsymbol{0}, i = 1, \ldots, l$, Eigenvektoren zu verschiedenen Eigenwerten, dann sind die $\boldsymbol{v}_i$ linear unabhängig.

Beweis: Für $l = 2$ ist dies schon mit Bemerkungen 4.14, 1) gezeigt, allgemein gilt: Nach Satz 2.46 sind beide Aussagen äquivalent, so dass nur die Zweite zu beweisen ist. Dies soll durch vollständige Induktion über l geschehen:

$l = 1$: Klar.

$l \to l + 1$: Für $\alpha_i \in \mathbb{R}$ und $\boldsymbol{v}_i \in E_i, \boldsymbol{v}_i \neq \boldsymbol{0}$ sei $\sum_{i=1}^{l+1} \alpha_i \boldsymbol{v}_i = \boldsymbol{0}$.

Also ist (Anwendung von C): $\sum_{i=1}^{l+1} \alpha_i \lambda_i \boldsymbol{v}_i = \boldsymbol{0}$

bzw. (Multiplikation mit λ_{l+1}) $\sum_{i=1}^{l+1} \alpha_i \lambda_{l+1} \boldsymbol{v}_i = \boldsymbol{0}$

und damit $\sum_{i=1}^{l} \alpha_i (\lambda_{l+1} - \lambda_i) \boldsymbol{v}_i = \boldsymbol{0}$.

Nach Induktionsvoraussetzung und wegen $\lambda_{l+1} - \lambda_i \neq 0$ für $i = 1, \ldots, l$ ist damit gezeigt, dass $\alpha_1 = \ldots = \alpha_l = 0$, weshalb auch $\alpha_{l+1} = 0$ folgt. □

Bemerkungen 4.43 Sei V ein endlichdimensionaler K-Vektorraum und $\Phi \in \mathrm{Hom}_K(V, V)$.

1) Für die Eigenräume $E_i := \mathrm{Kern}(\Phi - \lambda_i \,\mathrm{id})$, $i = 1, \ldots k$, wobei die (Eigenwerte) $\lambda_i \in K$ paarweise verschieden seien, gilt demzufolge:

- $\Phi|_{E_i} = \lambda_i \,\mathrm{id}$, insbesondere V_i ist Φ-invariant.
- Die Summe der E_i ist direkt.
- Φ ist diagonalisierbar $\Leftrightarrow \bigoplus_{i=1}^{k} E_i = V$.

2) Sei andererseits $E = \sum_{i=1}^{k} V_i$ eine Zerlegung von V, so gilt:

$$\begin{gathered} \Phi \in \mathrm{Hom}(V, V) \text{ ist diagonalisierbar und} \\ V_i \text{ ist Eigenraum zum Eigenwert } \lambda_i \text{ für } i = 1, \ldots, k \\ \Leftrightarrow \ \Phi|_{V_i} = \lambda_i \,\mathrm{id} \text{ für } i = 1, \ldots, k. \end{gathered}$$

Die Summe ist dann direkt und die V_i sind Φ-invariant.

3) Unter den Voraussetzungen von 2) seien $P_i : V \to V_i$ die nach Satz 2.46 zugehörigen Projektionen zur direkten Zerlegung $V = \bigoplus_{i=1}^{k} V_i$ von V. Dann gilt:
$\Phi \in \mathrm{Hom}_K(V, V)$ ist diagonalisierbar $\Leftrightarrow$ $\Phi = \sum_{i=1}^{k} \lambda_i P_i$ für gewisse $\lambda_i \in K$ für eine gewisse direkte Zerlegung. Die P_j sind Projektionen auf V_j in Richtung $\bigoplus_{i \neq j} V_i$, d. h. auf $V_j := \mathrm{Kern}(\Phi - \lambda_j \,\mathrm{id})$ in Richtung $W_j := \mathrm{Bild}(\Phi - \lambda_j \,\mathrm{id})$, $j = 1, \ldots, k$. Die Projektionen können gemäß Bemerkung 2.65 dargestellt werden.

Bei „⇒“ beachte man

$$\Phi = \Phi \circ \left(\sum_{i=1}^{k} P_i \right) = \sum_{i=1}^{k} \Phi \circ P_i = \sum_{i=1}^{k} \lambda_i P_i$$

wegen $\Phi|_{V_i} = \lambda_i \,\mathrm{id}$ *nach 2). Zu „⇐“: Aus* $\Phi = \sum_{j=1}^{k} \lambda_j P_j$ *folgt* $\Phi|_{V_i} = \Phi \circ P_i|_{V_i} = \lambda_i \, P_i|_{V_i} = \lambda_i \,\mathrm{id}$ *wegen* $P_j \circ P_i = 0$ *für* $j \neq i$ *und damit nach 2) die Diagonalisierbarkeit.*

△

Satz 4.44: Diagonalisierbarkeitskriterien

Sei $C \in K^{(n,n)}$.

1) Notwendige Bedingung: Wenn C über K diagonalisierbar ist, dann zerfällt ihr charakteristisches Polynom χ_C in ein Produkt von Linearfaktoren über K:

$$\chi_C(\lambda) = (\lambda_1 - \lambda) \cdot \ldots \cdot (\lambda_n - \lambda), \qquad \lambda_k \in K\,.$$

2) Hinreichende Bedingung: Wenn χ_C in Linearfaktoren zerfällt und alle seine Nullstellen $\lambda_1, \ldots, \lambda_n \in K$ paarweise verschieden sind, dann ist C über K diagonalisierbar.

Beweis: Zu 1): Die Aussage ist klar, da C das gleiche charakteristische Polynom wie $C' = \mathrm{diag}(\lambda_i)$ hat.
Zu 2): Zu den n paarweise verschiedenen Eigenwerten $\lambda_1, \ldots, \lambda_n$ finden wir als Lösungen der linearen Gleichungssysteme $(C - \lambda_k \mathbb{1}_n)\boldsymbol{v} = \boldsymbol{0}$ Eigenvektoren $\boldsymbol{v}_1, \ldots, \boldsymbol{v}_n$. Zu zeigen ist, dass die $\boldsymbol{v}_1, \ldots, \boldsymbol{v}_n$ linear unabhängig sind, was direkt aus Theorem 4.42 folgt. □

Auch wenn (reelle) Eigenwerte existieren, muss die Matrix nicht diagonalisierbar sein:

Beispiel 4.45 (JORDAN[7]-Block) Wir werden uns im Abschnitt 4.5 ausführlich mit $n \times n$-Matrizen der Form

$$C = \begin{pmatrix} c & 1 & & \\ & \ddots & \ddots & \\ & & \ddots & 1 \\ & & & c \end{pmatrix}, \qquad c \in K$$

beschäftigen, sogenannten *JORDAN-Blöcken zu Eigenwerten c*. Sein charakteristisches Polynom

$$\chi_C(\lambda) = (c - \lambda)^n$$

hat nur die einzige Nullstelle c, diese mit der (algebraischen) Vielfachheit n. Wenn wir alle Eigenvektoren des JORDAN-Blocks bestimmen wollen, müssen wir das lineare Gleichungssystem

$$C\boldsymbol{x} = c\boldsymbol{x}, \qquad \text{d. h.} \qquad (C - c\mathbb{1}_n)\boldsymbol{x} = \boldsymbol{0}$$

lösen. Nun ist

[7] Marie Ennemond Camille JORDAN *5. Januar 1838 in Lyon †21. Januar 1922 in Paris

$$(C - c\mathbb{1}_n)\boldsymbol{x} = \begin{pmatrix} 0 & 1 & & \\ & \ddots & \ddots & \\ & & \ddots & 1 \\ & & & 0 \end{pmatrix} \begin{pmatrix} x_1 \\ x_2 \\ \vdots \\ x_{n-1} \\ x_n \end{pmatrix} = \begin{pmatrix} x_2 \\ x_3 \\ \vdots \\ x_n \\ 0 \end{pmatrix} \stackrel{!}{=} \mathbf{0} \, .$$

der Nullvektor, falls $x_2 = \ldots = x_n = 0$, d. h. alle Eigenvektoren liegen auf der Geraden, welche vom ersten Koordinatenvektor $\boldsymbol{e}_1$ aufgespannt wird. Damit ist die geometrische Vielfachheit nur 1, falls $n \geq 2$ gibt es keine Basis aus Eigenvektoren und damit ist ein JORDAN-Block nicht diagonalisierbar. ○

Dass die geometrische Vielfachheit wie im Fall des JORDAN-Blocks höchstens zu klein sein kann, zeigt:

Satz 4.46

Sei $C \in K^{(n,n)}$ und $\mu \in K$ Eigenwert von C. Dann gilt für μ:

$$1 \leq \text{ geometrische Vielfachheit } \leq \text{ algebraische Vielfachheit } \leq n \, .$$

Beweis: Sei $\boldsymbol{v}_1, \ldots, \boldsymbol{v}_l \in K^n$ eine Basis des Eigenraums zu μ. Damit ist

$$l = \text{ geometrische Vielfachheit von } \mu \, .$$

Wir ergänzen diese Basis zu einer Basis von K^n mit $\boldsymbol{v}_{l+1}, \ldots, \boldsymbol{v}_n \in K^n$. C ist damit ähnlich zu (vgl. Bemerkungen 4.19 ,2))

$$C' := \left(\begin{array}{c|c} \mu\mathbb{1}_l & A \\ \hline 0 & B \end{array}\right)$$

für ein $A \in K^{(l,n-l)}$, $B \in K^{(n-l,n-l)}$. Also

$$\chi_C = \chi_{C'} \quad \text{und} \quad \chi_{C'}(\lambda) = \det\left(\begin{array}{c|c} (\mu - \lambda)\mathbb{1}_l & A \\ \hline 0 & B - \lambda\mathbb{1}_{n-l} \end{array}\right)$$

und nach der Kästchenregel (siehe Hauptsatz 2.114) ist weiterhin

$$\chi_{C'}(\lambda) = (\mu - \lambda)^l \chi_B(\lambda) \, .$$

Damit gilt

$$\text{algebraische Vielfachheit von } \mu \geq l \, .$$

□

Wir formulieren jetzt ein Diagonalisierbarkeitskriterium, welches sowohl hinreichend als auch notwendig ist. Theoretisch ist dies eine sehr befriedigende Beschreibung der Diagonalisierbarkeit; praktisch für das Problem, eine konkret gegebene Matrix zu diagonalisieren, jedoch oft unbrauchbar.

Hauptsatz 4.47: Notwendiges und hinreichendes Diagonalisierbarkeitskriterium

Eine Matrix $C \in K^{(n,n)}$ ist genau dann diagonalisierbar, wenn

(i) das charakteristische Polynom χ_C in Linearfaktoren zerfällt, etwa

$$\chi_C(\lambda) = (\lambda_1 - \lambda)^{r_1} \cdot \ldots \cdot (\lambda_k - \lambda)^{r_k}, \quad r_1 + \ldots + r_k = n\,, \tag{4.19}$$

wobei die Nullstellen $\lambda_1, \ldots, \lambda_k$ alle paarweise verschieden sein sollen, aber mit ihren algebraischen Vielfachheiten $r_1, \ldots, r_k$ zu Potenzen zusammengefasst, und

(ii) für die verschiedenen Nullstellen $\lambda_1, \ldots, \lambda_k$, $j = 1, \ldots, k$ gilt

$$\text{Rang}(C - \lambda_j \mathbb{1}_n) = n - r_j \quad \text{bzw.} \dim(\text{Kern}(C - \lambda_j \mathbb{1}_n)) = r_j\,.$$

Beweis: „⇒“: Sei C diagonalisierbar, also etwa ähnlich zur Matrix

$$C' = \begin{pmatrix} \lambda_1 & & & & \\ & \ddots & & & \\ & & \lambda_1 & & \\ & & & \lambda_2 & \\ & & & & \ddots \end{pmatrix}$$

und seien $r_1, \ldots, r_k$ die Vielfachheiten, mit denen die verschiedenen Eigenwerte $\lambda_1, \ldots, \lambda_k$ in C' auftreten. Dann zerfällt das charakteristische Polynom $\chi_C(\lambda) = \chi_{C'}(\lambda) = (\lambda_1 - \lambda)^{r_1} \cdot \ldots \cdot (\lambda_k - \lambda)^{r_k}$ in Linearfaktoren. Für $j = 1, \ldots, k$ ist

$$C - \lambda_j \mathbb{1}_n = AC'A^{-1} - \lambda_j \mathbb{1}_n = A(C' - \lambda_j \mathbb{1}_n)A^{-1}$$

und deswegen $\text{Rang}(C - \lambda_j \mathbb{1}_n) = \text{Rang}(C' - \lambda_j \mathbb{1}_n)$. Schließlich fallen in $C' - \lambda_j \mathbb{1}_n$ genau die r_j Diagonaleinträge weg, die gleich λ_j sind, während an den anderen Stellen der Diagonale die Zahlen $\lambda_i - \lambda_j$ für $i \neq j$ stehen. Diese sind ungleich Null. Der Rang von $C' - \lambda_j \mathbb{1}_n$ ist die Zahl der Diagonaleinträge ungleich 0, und damit gleich $n - r_j$.
Die letzte Identität ist eine Folge der Dimensionsformel I (Theorem 1.82).
„⇐“: Für $j = 1, \ldots, k$ sei

$$E_j := \text{Kern}(C - \lambda_j \mathbb{1}_n)$$

der Eigenraum zu λ_j. Nach (ii) und Theorem 1.82 ist $\dim(E_j) = n - (n - r_j) = r_j$. Nach Theorem 4.42 gilt für

$$V := E_1 + \ldots + E_k$$

$$\dim V = \sum_{j=1}^{k} r_j = n$$

und damit (z. B. nach Bemerkungen 1.77, 2))

$$V = K^n .$$

Basen der einzelnen Eigenräume setzen sich folglich zu einer Basis von K^n zusammen. □

Das Diagonalisierbarkeitskriterium kann man demnach sehr griffig folgendermaßen formulieren:

Eine Matrix über K ist über K diagonalisierbar.

$\Longleftrightarrow$

Das charakteristische Polynom zerfällt über K in Linearfaktoren.
Für jeden Eigenwert ist algebraische Vielfachheit = geometrische Vielfachheit.

Manchmal benutzen wir folgende Sprechweisen:

Definition 4.48

Sei $C \in K^{(m,n)}$ und $\lambda \in K$ Eigenwert von C. Dann heißt λ *halbeinfach*, wenn gilt:

$$\text{algebraische Vielfachheit von } \lambda = \text{ geometrische Vielfachheit von } \lambda .$$

λ heißt *einfach*, wenn gilt:

$$\text{algebraische Vielfachheit } \lambda = 1 .$$

Ein einfacher Eigenwert ist somit halbeinfach, Diagonalisierbarkeit liegt genau dann vor, wenn das charakteristische Polynom zerfällt und alle Eigenwerte halbeinfach sind.

Für einen JORDAN-Block ab $n \geq 2$ ist die Lücke zwischen algebraischer und geometrischer Vielfachheit maximal, nämlich $(n - 1)$. Er ist geradezu im höchstmöglichen Maß un-diagonalisierbar.

Wenn wir eine Matrix diagonalisieren wollen, kommt es nach Hauptsatz 4.47, Eigenschaft 1), zunächst darauf an, die Nullstellen des charakteristischen Polynoms dieser Matrix zu suchen. Dies ist auch eine Frage nach den *Eigenschaften des Grundkörpers K*. Es gibt reelle Polynome (etwa das charakteristische Polynom einer Drehmatrix), welche keine reellen Nullstellen besitzen.

Da aber nach Satz B.21, Hauptsatz B.33 nichtkonstante komplexe und damit auch reelle Polynome immer komplexe Nullstellen haben, so dass (4.19) gilt, werden wir immer reelle Matrizen als komplexe auffassen, um wenigstens komplexe Eigenwerte zu haben, die auch einfach geometrisch interpretiert werden können (siehe (4.15) ff.). Nach Satz 4.34 treten echte komplexe Eigenwerte einer reellen Matrix als konjugiert komplexe Paare λ und $\overline{\lambda}$ auf.

Ist nun der Grad des (charakteristischen) Polynoms p ungerade, so können nicht alle Nullstellen als solche Paare auftreten, es muss mindestens eine reelle Nullstelle von p geben. (Dass reelle Polynome ungeraden Grades immer mindestens eine reelle Nullstelle besitzen, kann man auch mit dem Zwischenwertsatz der Analysis zeigen.)

Hieraus folgt der zweite Teil des nächsten Satzes, dessen erster Teil sich aus dem Fundamentalsatz (Satz B.21, Hauptsatz B.33) ergibt.

Satz 4.49: Existenz von Eigenwerten

Eine $\mathbb{C}$-lineare Abbildung eines endlichdimensionalen komplexen Vektorraums in sich hat immer mindestens einen komplexen Eigenwert, also auch immer mindestens einen (komplexen) Eigenvektor. Eine $\mathbb{R}$-lineare Abbildung eines reellen Vektorraums *ungerader* Dimension hat immer mindestens einen reellen Eigenwert, daher auch mindestens einen reellen Eigenvektor.

Beispiel 1(4) – Historische Probleme Nachdem 1833 William Rowan Hamilton[8] die Fundierung der komplexen Zahlen im Sinn von Beispiele 3.11, 2) gelungen war, mühte er sich viele Jahre vergeblich, $\mathbb{R}^3$ mit einer Körperstruktur zu versehen, die mit der von $\mathbb{R} \cong \mathbb{R}\boldsymbol{e}_1 \subset \mathbb{R}^3$ verträglich ist. Die folgende Überlegung zeigt, dass dies unmöglich ist:

Sei $(\mathbb{R}^3, +, \cdot)$ ein solcher Körper. $\mathbb{R}^3$ ist dann ein $\mathbb{R}^3$-Vektorraum und damit auch ein $\mathbb{R}$-Vektorraum über dem Unterkörper $\mathbb{R}$, also

$$\lambda \boldsymbol{x} = \begin{pmatrix} \lambda \\ 0 \\ 0 \end{pmatrix} \cdot \boldsymbol{x} \qquad \text{für } \lambda \in \mathbb{R}, \boldsymbol{x} \in \mathbb{R}^3 .$$

Dann wird durch ein beliebiges $\boldsymbol{x} \in \mathbb{R}^3$ mittels

$$S_{\boldsymbol{x}}\boldsymbol{y} := \boldsymbol{x} \cdot \boldsymbol{y} \in \mathbb{R}^3$$

eine lineare Abbildung auf $\mathbb{R}^3$ definiert, wobei hier „·“ die Multiplikation im Körper $(\mathbb{R}^3, +, \cdot)$ ist. Für diese existiert ein Eigenwert $\lambda \in \mathbb{R}$ mit Eigenvektor $\boldsymbol{z} \in \mathbb{R}^3, \boldsymbol{z} \neq \boldsymbol{0}$. Ist $\boldsymbol{e}$ das neutrale Element bezüglich der Multiplikation im Körper $(\mathbb{R}^3, +, \cdot)$ und 1 das neutrale Element der Multiplikation in $\mathbb{R}$, folgt somit

$$\boldsymbol{x} \cdot \boldsymbol{z} = S_{\boldsymbol{x}}\boldsymbol{z} = \lambda \boldsymbol{z} = \lambda 1 \boldsymbol{z} = \lambda \boldsymbol{e} \cdot \boldsymbol{z}$$

und so $(\boldsymbol{x} - \lambda \boldsymbol{e}) \cdot \boldsymbol{z} = \boldsymbol{0}$, demzufolge wegen der Nullteilerfreiheit (s. Seite B-6) ein Widerspruch

$$\boldsymbol{x} = \lambda \boldsymbol{e} \text{ für alle } \boldsymbol{x} \in \mathbb{R}^3 .$$

[8] William Rowan Hamilton ∗4. August 1805 in Dublin †2. September 1865 in Dunsink bei Dublin

Mehr Glück hatte HAMILTON mit der Einführung einer Schiefkörper-Struktur auf $\mathbb{R}^4$, den *Quaternionen*: Am 16. Oktober 1843 fielen ihm bei einem Spaziergang an der Brougham Bridge in Dublin die entscheidenden Multiplikationsregeln ein, die er spontan dort einritzte. ◇

Im Folgenden wird sich mehrfach die Fragestellung ergeben, ob aus einer (unitären) Ähnlichkeitstransformation einer Matrix C auf eine solche einer daraus abgeleiteten größeren Matrix $\widetilde{C}$ geschlossen werden kann. Dies lässt sich allgemein beantworten:

Sei K ein Körper, $C \in K^{(n-k,n-k)}$ gehe durch die durch $A \in \mathrm{GL}(n-k, K)$ gegebene Ähnlichkeitstransformation über in C':

$$A^{-1}CA = C' .$$

Sei

$$\widetilde{C} := \left(\begin{array}{c|c} C_1 & C_2 \\ \hline 0 & C \end{array}\right) ,$$

wobei $C_1 \in K^{(k,k)}$, $C_2 \in K^{(k,n-k)}$. Dann gilt

$$\left(\begin{array}{c|c} \mathbb{1}_k & 0 \\ \hline 0 & A^{-1} \end{array}\right)\left(\begin{array}{c|c} C_1 & C_2 \\ \hline 0 & C \end{array}\right)\left(\begin{array}{c|c} \mathbb{1}_k & 0 \\ \hline 0 & A \end{array}\right) = \left(\begin{array}{c|c} C_1 & C_2A \\ \hline 0 & C' \end{array}\right) =: \widetilde{C}' . \tag{4.20}$$

Dies ist wegen

$$\left(\begin{array}{c|c} \mathbb{1}_k & 0 \\ \hline 0 & A \end{array}\right)^{-1} = \left(\begin{array}{c|c} \mathbb{1}_k & 0 \\ \hline 0 & A^{-1} \end{array}\right)$$

eine Ähnlichkeitstransformation von $\widetilde{C}$ zu $\widetilde{C}'$. Für $K = \mathbb{K}$ ist die Transformationsmatrix unitär (orthogonal), wenn A unitär (orthogonal) ist. Offensichtlich gilt:

$$\begin{array}{c}\widetilde{C}' \text{ ist obere Dreiecksmatrix, wenn } C_1 \text{ und } C' \\ \text{obere Dreiecksmatrizen sind.}\end{array} \tag{4.21}$$

Die gleichen Aussagen gelten für (obere) Blockdreiecksmatrizen bzw. auch für Blockdiagonalmatrizen, falls $C_2 = 0$ (siehe Definition 4.54).

Die Interpretation der Eigenwerte als Nullstellen des charakteristischen Polynoms ist theoretisch nützlich, aber nicht unbedingt zu deren numerischen Bestimmung geeignet. Die Bestimmung der Koeffizienten des Polynoms ist unklar und im Allgemeinen sind auch bei bekanntem charakteristischem Polynom numerische Verfahren zur Nullstellenbestimmung nötig. Gerade mehrfache Nullstellen (algebraische Vielfachheit > 1) bereiten hier Schwierigkeiten. Insofern ist auch eine Dreiecksmatrix als Normalform, aus der die Eigenwerte direkt ablesbar sind, nützlich.

Definition 4.50

Sei $C \in K^{(n,n)}$. C heißt *trigonalisierbar* über K, wenn C ähnlich zu einer (oberen) Dreiecksmatrix ist.

Analog zur Diagonalisierbarkeit bedeutet also Triagonalisierbarkeit die Existenz einer Basis $\boldsymbol{v}_1, \ldots, \boldsymbol{v}_n$, so dass (bei geeigneter Anordnung der $\boldsymbol{v}_i$) die Unterräume

$$V_i := \operatorname{span}(\boldsymbol{v}_1, \ldots, \boldsymbol{v}_i),\ i = 1, \ldots, n$$

alle C-invariant sind, $\boldsymbol{v}_1$ daher insbesondere ein Eigenvektor ist (siehe Bemerkungen 4.19, 4)). Soll demnach jede Matrix trigonalisierbar sein über einen Körper K, muss K algebraisch abgeschlossen sein (siehe Definition B.20 und Bemerkungen 4.27). In diesem Fall ist dies auch möglich:

Hauptsatz 4.51: Komplexe SCHUR-Normalform

Jede *komplexe* $n \times n$-Matrix C ist ähnlich zu einer oberen Dreiecksmatrix

$$\begin{pmatrix} c_1 & * & \cdots & * \\ 0 & c_2 & * & \vdots \\ \vdots & . & \ddots & * \\ 0 & \cdots & 0 & c_n \end{pmatrix}.$$

Man spricht auch von (komplexer) *SCHUR*[9]*-Normalform.*

Die transformierende Matrix A kann unitär gewählt werden, d. h. $A \in \mathrm{O}(n, \mathbb{C})$ und damit ist C unitär ähnlich zu einer oberen Dreiecksmatrix.

Beweis (Induktion nach n): Für den Induktionsanfang $n = 1$ ist nichts zu zeigen. Sei also $n \geq 2$. Nach dem Fundamentalsatz der Algebra (Hauptsatz B.33) existiert ein Eigenwert c_1 mit einem zugehörigen Eigenvektor $\boldsymbol{v}_1$, $\|\boldsymbol{v}_1\| = 1$. Wir ergänzen $\boldsymbol{v}_1$ zu einer ONB $\boldsymbol{v}_1, \ldots, \boldsymbol{v}_n$ des Vektorraums $\mathbb{C}^n$. Dabei verändert sich die Darstellungsmatrix C durch diesen Wechsel von alter ONB ($\{\boldsymbol{e}_1, \ldots, \boldsymbol{e}_n\}$) zu neuer ONB mit einer unitären Ähnlichkeitstransformation in

$$\begin{pmatrix} c_1 & * \cdots * \\ 0 & \\ \vdots & C' \\ 0 & \end{pmatrix}$$

[9] Issai SCHUR ∗10. Januar 1875 in Mogiljow †10. Januar 1941 in Tel Aviv

mit einer komplexen $(n-1)\times(n-1)$-Matrix C'. Nach Induktionsannahme existiert dann eine Matrix $A \in \mathrm{O}(n-1,\mathbb{C})$ so, dass $A^{-1}C'A$ eine obere Dreiecksmatrix ist. Dann hat auch die nach (4.20) ($k=1$) zu C ähnliche 2×2 Block-Matrix

$$\left(\begin{array}{c|ccc} c_1 & * & \cdots & * \\ \hline 0 & & & \\ \vdots & & A^{-1}C'A & \\ 0 & & & \end{array}\right)$$

Dreiecksgestalt und die transformierende Matrix ist unitär. □

Bemerkungen 4.52

1) Die induktiv gesuchten Eigenvektoren (der jeweils kleineren Matrizen) können zunächst alle zum gleichen Eigenwert λ_1, dann zum nächsten Eigenwert λ_2 der Matrix C, und so weiter, gewählt werden. Dann erhält man als Diagonaleinträge in der zu C ähnlichen Matrix:

$$\left.\begin{array}{lclcl} c_1 & = \cdots = & c_{r_1} & = & \lambda_1 \\ c_{r_1+1} & = \cdots = & c_{r_1+r_2} & = & \lambda_2 \\ \vdots & & \vdots & & \vdots \\ c_{n-r_k+1} & = \cdots = & c_n & = & \lambda_k \end{array}\right\} \text{ paarweise voneinander verschieden.}$$

D. h. in einer gewählten Reihenfolge unter Berücksichtigung ihrer algebraischen Vielfachheit (siehe auch Satz 4.29).

2) Ist $C \in K^{(n,n)}$ über K trigonalisierbar, dann zerfällt χ_C über K in Linearfaktoren.
Der Beweis ist analog zum Beweis von Hauptsatz 4.47.

3) Von den Eigenschaften des Körpers $\mathbb{C}$ haben wir nur den Fundamentalsatz der Algebra im Beweis benutzt. Wir hätten von vorneherein auch voraussetzen können, dass das charakteristische Polynom χ_C in Linearfaktoren zerfällt, dann hätte der Beweis keine Voraussetzung an dem Körper gebraucht. Wir sehen zusammen mit 2):

> Eine Matrix ist (über einem beliebigen Körper K) genau dann trigonalisierbar, wenn ihr charakteristisches Polynom über diesem Körper K in Linearfaktoren zerfällt.

Das ist folglich insbesondere für eine reelle Matrix der Fall, wenn das charakteristische Polynom in Linearfaktoren (über $\mathbb{R}$) zerfällt, auch wenn nicht gilt:

$$\text{Algebraische Vielfachheit} = \text{geometrische Vielfachheit}\,.$$

Analog gilt für einen Körper K:

Jede Matrix über K ist trigonalisierbar genau dann, wenn K algebraisch abgeschlossen ist.

(Zur Definition von *algebraisch abgeschlossen* siehe Definition B.20.) Daher wird im Folgenden oft vorausgesetzt, dass K algebraisch abgeschlossen ist, statt der Konkretisierung $K = \mathbb{C}$.

4) Die Herleitung der SCHUR-Normalform setzt die Kenntnis der Eigenwerte voraus, bzw. diese sind aus ihr ablesbar. Nach Bemerkungen 4.27, 2) kann es also kein Verfahren geben, das nach endlich vielen Elementaroperationen die SCHUR-Normalform liefert. Hier zeigt sich nochmal der Unterschied zwischen der einseitigen Umformung des GAUSS-Verfahrens $C \rightsquigarrow A^{-1}C$ bzw. von Umformungen zu äquivalenten Matrizen (siehe Bemerkungen 4.8, 2)), die eine Dreiecksmatrix in endlich vielen Schritten liefern, und den beidseitigen Umformungen $C \rightsquigarrow A^{-1}CA$ zu ähnlichen Matrizen. Mit einer HOUSEHOLDER-Transformation als A^{-1} (siehe Beispiele 2.26, 5)), d. h. einem $C_1 \in \mathrm{O}(n, \mathbb{C})$, kann die erste Spalte von C auf $(c_{1,1}, c^{(2)}_{2,1}, 0, \dots, 0)^t$ transformiert werden und die erzeugten Nullen werden auch durch $A^{-1}C \rightsquigarrow A^{-1}CA$ erhalten (siehe z. B. BÖRM und MEHL 2012, Abschnitt 5.2). Auf diese Weise kann C in endlich vielen Elementaroperationen zwar nicht auf eine obere Dreiecksmatrix, aber auf eine Matrix $C = (c_{i,j})$ der Gestalt

$$c_{i,j} = 0 \quad \text{für } i > j + 1, j = 1, \dots, n$$

unitär ähnlichkeitstransformiert werden (d. h. die untere Nebendiagonale ist auch i. Allg. besetzt). Eine solche Matrix heißt (obere) HESSENBERG[10]-Matrix.

5) Eine matrixfreie Formulierung der Trigonalisierungsaussage ist: Sei V ein K-Vektorraum, $\dim(V) = n$, $\Phi \in \mathrm{Hom}_K(V, V)$. Genau dann, wenn χ_Φ in Linearfaktoren über K zerfällt, gibt es eine Basis $\mathcal{B} = [\boldsymbol{v}_1, \dots, \boldsymbol{v}_n]$, so dass $V_i := \mathrm{span}(\boldsymbol{v}_1, \dots, \boldsymbol{v}_i)$, $i = 1, \dots, n$ invariant unter Φ sind. Ist $K = \mathbb{K}$ und hat V ein inneres Produkt $\langle\, .\, \rangle$, so kann $\mathcal{B}$ diesbezüglich als ONB gewählt werden. Die Aussage ist eine Reformulierung von 3) (siehe Bemerkungen 4.19, 4)). Der Zusatz zur ONB folgt aus Theorem 1.112, da das SCHMIDTSCHE Orthogonalisierungsverfahren eine ONB $\mathcal{B}' = [\boldsymbol{u}_1, \dots, \boldsymbol{u}_n]$ erzeugt, so dass

$$U_i := \mathrm{span}(\boldsymbol{u}_1, \dots, \boldsymbol{u}_i) = V_i, i = 1, \dots, n. \qquad \triangle$$

[10] Karl Adolf HESSENBERG ∗ 8. September 1904 in Frankfurt am Main †22. Februar 1959 in Frankfurt am Main

Satz 4.53

Sei K algebraisch abgeschlossen und $C \in K^{(n,n)}$, $\lambda_1, \dots \lambda_n \in K$ seien die Eigenwerte von C. Dann gilt:

$$\det(C) = \lambda_1 \cdot \ldots \cdot \lambda_n$$
$$\operatorname{sp}(C) = \lambda_1 + \ldots + \lambda_n .$$

Beweis: Nach Bemerkungen 4.52, 3) ist C ähnlich zur oberen Dreiecksmatrix mit den λ_i als Diagonalelementen. Satz 4.30 (siehe auch Bemerkungen 4.31, 1)) ergibt die Behauptung. □

Insbesondere ist dieses Ergebnis auch auf $C \in \mathbb{R}^{(n,n)}$, aufgefasst als Element von $\mathbb{C}^n$, anwendbar: Seien o. B. d. A. $\lambda_1, \dots, \lambda_k \in \mathbb{R}$ die reellen und $\mu_1 \pm i\nu_1, \dots, \mu_l \pm i\nu_l \in \mathbb{C}$ die echt komplexen ($k + 2l = n$) Eigenwerte, dann

$$\det(C) = \prod_{i=1}^{k} \lambda_i \prod_{i=1}^{l} (\mu_i^2 + \nu_i^2)$$
$$\operatorname{sp}(C) = \sum_{i=1}^{k} \lambda_i + 2 \sum_{i=1}^{l} \mu_i .$$

Eine reelle Matrix, die echt komplexe Eigenwerte besitzt, kann nicht ähnlich zu einer reellen Dreiecksmatrix sein, aber sie besitzt eine stark verwandte Normalform. Zur Vorbereitung sei definiert:

Definition 4.54

Sei $A \in K^{(n,n)}$ eine Matrix. Durch $n_1, n_2, \dots, n_k \in \{1, \dots, n\}$ mit $\sum_{l=1}^{k} n_l = n$ sei eine Partitionierung von A in Teilmatrizen $A_{i,j} \in K^{(n_i,n_j)}$, $i, j = 1, \dots, k$ gegeben.

1) A heißt *obere Blockdreiecksmatrix*, wenn gilt

$$A_{i,j} = 0 \text{ für } i > j .$$

Analog wird eine *untere Blockdreiecksmatrix* definiert.

2) A heißt *Blockdiagonalmatrix*, wenn gilt $A_{i,j} = 0$ für $i \neq j$. Die Blöcke $A_{i,i}$ heißen *Diagonalblöcke*.

Theorem 4.55: Reelle SCHUR-Normalform

Sei $C \in \mathbb{R}^{(n,n)}$. Dann ist C (reell) ähnlich zu einer oberen Blockdreiecksmatrix

$$\begin{pmatrix} B_1 & * & \cdots & * \\ 0 & \ddots & * & \vdots \\ \vdots & \ddots & \ddots & * \\ 0 & \cdots & 0 & B_k \end{pmatrix} .$$

Die Diagonalblöcke B_i sind dabei entweder $(1,1)$- oder $(2,2)$-Blöcke. Die $(1,1)$-Blöcke entsprechen genau den reellen Eigenwerten $\lambda \in \mathbb{R}$ von C. Die $(2,2)$-Blöcke entsprechen genau den konjugiert komplexen Paaren λ und $\bar{\lambda}$ von Eigenwerten durch

$$\lambda = \mu + i\nu, \quad \mu, \nu \in \mathbb{R}, \quad B = \alpha \begin{pmatrix} \cos(\varphi) & -\sin(\varphi) \\ \sin(\varphi) & \cos(\varphi) \end{pmatrix} ,$$

wobei $\alpha := |\lambda|$, $\varphi \in [0, \pi]$ so, dass $\cos(\varphi) = \frac{\mu}{\alpha}$ und $\sin(\varphi) = -\frac{\nu}{\alpha}$.

C ist auch orthogonal ähnlich zu einer oberen Blockdreiecksmatrix, deren Diagonalblöcke nur $(1,1)$- oder $(2,2)$-Blöcke sind. Die $(1,1)$-Blöcke sind genau die reellen Eigenwerte von C. Man spricht auch von der reellen SCHUR-Normalform.

Beweis: Der Beweis folgt aus Hauptsatz 4.51 zusammen mit den Überlegungen von (4.15) ff.

Für $n = 1$ ist die Aussage klar, für $n = 2$ sei $\lambda \in \mathbb{C}$ ein Eigenwert von C. Ist $\lambda \in \mathbb{R}$, so muss auch der zweite Eigenwert reell sein und es kann Hauptsatz 4.51 unter Beachtung von Bemerkungen 4.52, 3) angewendet werden. Sei daher $\lambda \in \mathbb{C} \backslash \mathbb{R}$,

$$\lambda = \mu + i\nu,\ \mu, \nu \in \mathbb{R} \text{ und } \boldsymbol{x} = \boldsymbol{y} + i\boldsymbol{z}, \boldsymbol{y}, \boldsymbol{z} \in \mathbb{R}^n, \boldsymbol{z} \neq \boldsymbol{0} \text{ ein Eigenvektor von } C ,$$

analog zu (4.15) ff. sei

$$A = (\boldsymbol{y}, \boldsymbol{z}) \in \mathbb{R}^{(2,2)}, \qquad C' := \alpha \begin{pmatrix} \cos(\varphi) & -\sin(\varphi) \\ \sin(\varphi) & \cos(\varphi) \end{pmatrix}$$

für $\alpha := |\lambda|$, $\varphi \in [0, \pi)$, so dass $\cos(\varphi) = \frac{\mu}{\alpha}$, $\sin(\varphi) = -\frac{\nu}{\alpha}$.

Dann ist C' die Darstellungsmatrix bezüglich der neuen Basis $\{\boldsymbol{y}, \boldsymbol{z}\}$ (und C die Darstellungsmatrix des Homomorphismus bezüglich der Standardbasis $\{\boldsymbol{e}_1, \boldsymbol{e}_2\}$), also ist A die Übergangsmatrix und so

$$C' = A^{-1} C A .$$

Die Modifikationen zu einer orthogonalen Übergangsmatrix ist ein Spezialfall der den Beweis abschließenden Überlegungen.

Für den Induktionsschluss sei $n \geq 3$ und $C \in \mathbb{R}^{(n,n)}$. Hat C einen reellen Eigenwert $c_1 \in \mathbb{R}$, kann wie in Beweis von Hauptsatz 4.51 verfahren werden. Kann nur ein echt komplexer Eigenwert $\lambda \in \mathbb{C}\backslash\mathbb{R}$ gesichert werden, so wird wie oben bei $n = 2$ verfahren (bei gleicher Notation).
Die linearen unabhängigen $\boldsymbol{y}, \boldsymbol{z} \in \mathbb{R}^n$ werden mit $\boldsymbol{v}_3, \ldots, \boldsymbol{v}_n \in \mathbb{R}^n$ zu einer Basis ergänzt. Dies verändert die Darstellungsmatrix zu

$$\left(\begin{array}{cc|c} \multicolumn{2}{c|}{B} & \begin{matrix} * \cdots * \\ * \cdots * \end{matrix} \\ \hline 0 & 0 & \\ \vdots & \vdots & C' \\ 0 & 0 & \end{array}\right) \quad \text{mit } B = \alpha \begin{pmatrix} \cos(\varphi) & -\sin(\varphi) \\ \sin(\varphi) & \cos(\varphi) \end{pmatrix}, \; C' \in \mathbb{R}^{(n-2,n-2)} . \tag{4.22}$$

Nach Induktionsvoraussetzung gibt es zu C' ein $A \in \mathrm{GL}(n-2, \mathbb{R})$, so dass $A^{-1}C'A$ eine obere Blockdreiecksmatrix der beschriebenen Art ist. Nach (4.20) ($k = 2$) ergibt sich als reell ähnliche Matrix

$$\left(\begin{array}{cc|c} \multicolumn{2}{c|}{B} & \begin{matrix} * \cdots * \\ * \cdots * \end{matrix} \\ \hline 0 & 0 & \\ \vdots & \vdots & A^{-1}C'A \\ 0 & 0 & \end{array}\right) . \tag{4.23}$$

In beiden Fällen haben wir also durch eine reelle Ähnlichkeitstransformation eine obere Blockdreiecksmatrix der behaupteten Struktur erhalten.

Soll die obere Blockdreiecksmatrix auch orthogonal ähnlich sein, so kann statt $\{\boldsymbol{y}, \boldsymbol{z}\}$ eine ONB $\{\boldsymbol{y}', \boldsymbol{z}'\}$ von $V = \mathrm{span}\{\boldsymbol{y}, \boldsymbol{z}\}$ gewählt werden, die mit $\boldsymbol{v}_3, \ldots, \boldsymbol{v}_n$ zu einer ONB des $\mathbb{R}^n$ ergänzt wird. Dadurch verändert sich B zu einem $\widetilde{B} \in \mathbb{R}^{(2,2)}$ in (4.22) und die zugehörige Übergangsmatrix ist orthogonal nach Satz 4.10, 3). Für den weiteren Schritt zu (4.23) kann A in $\mathrm{O}(n-2, \mathbb{R})$ gewählt werden. Damit ist auch die Übergangsmatrix in (4.20) und damit die gesamte Ähnlichkeitstranformation orthogonal. □

Beispiele 4.56 (Differenzengleichung)

1) In Beispiel 3(6) wurden Exempel betrachtet für *(kontinuierliche) dynamischen Systeme* der Art

$$\dot{\boldsymbol{x}}(t) = C\boldsymbol{x}(t) \tag{4.24}$$

$$\text{oder} \quad \ddot{\boldsymbol{x}}(t) = C\boldsymbol{x}(t), \quad t \in \mathbb{R}.$$

Hierbei ist $C \in \mathbb{K}^{(n,n)}, \boldsymbol{x}(t_0)$ bzw. auch $\dot{\boldsymbol{x}}(t_0) \in \mathbb{K}^n$ und $t_0 \in \mathbb{R}$ gegeben und Funktionen $\boldsymbol{x} : \mathbb{R} \to \mathbb{K}^n$ gesucht. Der Punkt bezeichnet wieder die Ableitung nach t und ist für $\boldsymbol{x}$ komponentenweise zu verstehen. Kontinuierliche dynamische Systeme stehen in engem Zusammenhang mit *diskreten dynamischen Systemen* in der Form einer Fixpunktiteration,

wie sie in (4.12) formuliert ist.
Eine solche Fixpunktiteration entsteht nämlich z. B. aus (4.24), wenn dieses System nur zu diskreten (Zeit-) Punkten t_k (z. B. $t_k = k\varDelta t + t_0$ für ein $\varDelta t > 0$) betrachtet wird und $\dot{\boldsymbol{x}}(t_k)$ durch einen Differenzenquotienten angenähert wird, etwa

$$\frac{1}{\varDelta t}\left(\boldsymbol{x}(t_{k+1}) - \boldsymbol{x}(t_k)\right) \approx \dot{\boldsymbol{x}}(t_k) = C\boldsymbol{x}(t_k)\,, \tag{4.25}$$

d. h. durch eine *Differenzengleichung*.
Betrachtet man demzufolge ein System der Form (4.12) mit

$$A := \mathbb{1}_n + \varDelta t C\,, \tag{4.26}$$

so kann man erwarten, dass die $\boldsymbol{x}^{(k)}$ Näherungswerte für $\boldsymbol{x}(t_k)$ sind. Diese Approximation nennt man das *explizite* EULER[11]-Verfahren.
Umgekehrt kann man für $\varDelta t > 0$ und Auflösung von (4.26) nach C eine Fixpunktform (4.12) in die Form einer Differenzengleichung überführen. Dies erklärt auch die Bezeichnung in (MM.19) und (4.12).

2) Wir kehren zurück zur Fixpunktformulierung (4.12). Sei A diagonalisierbar in K, d. h.

$$D = C^{-1}AC$$

mit $D = \mathrm{diag}(\lambda_i)$ und den Eigenwerten $\lambda_1, \ldots, \lambda_n$ sowie $C = (\boldsymbol{v}_1, \ldots, \boldsymbol{v}_n)$, wobei $\boldsymbol{v}_1, \ldots, \boldsymbol{v}_n$ eine Basis aus Eigenvektoren ist. Dann lässt sich eine Lösungsdarstellung von (4.12) angeben.
Seien $\lambda^{(1)}, \ldots, \lambda^{(l)}$ die paarweise verschiedenen Eigenwerte und $E_1, \ldots, E_l$ die zugehörigen Eigenräume.
$\boldsymbol{x}^{(0)} \in K^n$ hat also die eindeutige Darstellung

$$x^{(0)} = \boldsymbol{x}_1 + \ldots + \boldsymbol{x}_k \quad \text{mit } x_i \in E_i$$

und nach Satz 4.34, 1) ist

$$\boldsymbol{x}^{(k)} = \left(\lambda^{(1)}\right)^k \boldsymbol{x}_1 + \ldots \left(\lambda^{(l)}\right)^k \boldsymbol{x}_l\,. \tag{4.27}$$

Genauer ist die Lösungsdarstellung von (4.12) für beliebiges D

$$\boldsymbol{x}^{(k)} = CD^kC^{-1}\boldsymbol{x}^{(0)} = CD^k\boldsymbol{\alpha}$$

und damit für diagonales D

$$\boldsymbol{x}^{(k)} = \sum_{i=1}^{n} \alpha_i \lambda_i^k \boldsymbol{v}_i\,, \tag{4.28}$$

[11] Leonhard EULER ∗15. April 1707 in Basel †18. September 1783 in Sankt Petersburg

wobei λ_i die Eigenwerte zu den Eigenvektoren $\boldsymbol{v}_i$ bezeichnen und $\boldsymbol{\alpha} = C^{-1}\boldsymbol{x}^{(0)}$. Sei im Folgenden $K = \mathbb{K}$.
Das Verhalten der einzelnen Anteile in (4.27) für $k \to \infty$ hängt demnach von $|\lambda|$ ab, wie schon in (4.14) dargestellt. Die Anteile für $\lambda^{(i)}$ mit $|\lambda^{(i)}| < 1$ verschwinden also für $k \to \infty$ aus der Iterierten $\boldsymbol{x}^{(k)}$. Gibt es Anteile mit $|\lambda^{(i)}| > 1$, dann wächst $\boldsymbol{x}^{(k)}$ unbeschränkt.
Ein *asymptotischer Zustand* für $k \to \infty$, d. h.

$$\boldsymbol{x}^{(k)} \to \boldsymbol{x} \in \mathbb{K}^n \qquad \text{für } k \to \infty,$$

wird erreicht, wenn es keine Eigenwerte mit $|\lambda^{(i)}| > 1$ und bei $|\lambda^{(i)}| = 1$ nur $\lambda^{(j)} = 1$ auftritt (dann $\boldsymbol{x} = \boldsymbol{x}_j$), da $\boldsymbol{x}$ notwendigerweise

$$A\boldsymbol{x} = \boldsymbol{x}$$

erfüllt, folglich ein *Fixpunkt* von A ist.

3) Ist A reell, aber nur in $\mathbb{C}$ diagonalisierbar, so gibt es analog zu Theorem 4.55 (siehe Aufgabe 4.14) (bzw. in Vorgriff auf Satz 4.100) eine reelle Blockdiagonalform

$$D = \begin{pmatrix} \lambda_1 & & & & & \\ & \ddots & & & 0 & \\ & & \lambda_\ell & & & \\ & & & B_1 & & \\ & 0 & & & \ddots & \\ & & & & & B_{\ell'} \end{pmatrix}, \tag{4.29}$$

$$\text{mit} \quad \lambda_i \in \mathbb{R}\,, \quad i = 1, \dots, \ell\,, \quad B_j = \begin{pmatrix} \mu_j & \nu_j \\ -\nu_j & \mu_j \end{pmatrix}, \quad j = 1, \dots, \ell'\,.$$

Die Übergangsmatrix

$$C = (\boldsymbol{v}_1, \dots, \boldsymbol{v}_\ell, \boldsymbol{u}_1, \boldsymbol{w}_1, \dots, \boldsymbol{u}_{\ell'}, \boldsymbol{w}_{\ell'}) \tag{4.30}$$

besteht dabei aus den Eigenvektoren für reelle λ bzw. aus Real- und Imaginärteil davon für konjugiert komplexe Eigenvektoren. Das nach (4.28) für die Lösungsdarstellung zu berechnende D^k ist gegeben durch die $(1,1)$-Blöcke λ_i^k und die $(2,2)$-Blöcke

$$D_j^k = a_j^k \begin{pmatrix} \cos(k\varphi_j) & -\sin(k\varphi_j) \\ \sin(k\varphi_j) & \cos(k\varphi_j) \end{pmatrix} \tag{4.31}$$

$$\text{mit} \quad a = \left(\mu^2 + \nu^2\right)^{\frac{1}{2}}\,, \quad \cos(\varphi) = \frac{\mu}{a}, \quad \sin(\varphi) = -\frac{\nu}{a} \tag{4.32}$$

(unter Beachtung von (2.45)). Daher lautet die Lösungsdarstellung

$$x^{(k)} = \sum_{i=1}^{\ell} \alpha_i \lambda_i^m v_i + \sum_{i=1}^{\ell'} |\lambda_i|^k (\beta_i(\cos(k\varphi_i)u_i + \sin(k\varphi_i)w_i) + \gamma_i(\cos(k\varphi_i)w_i - \sin(k\varphi_i)u_i)) , \tag{4.33}$$

wobei $(\alpha_1, \dots, \alpha_\ell, \beta_1, \gamma_1, \dots, \beta_{\ell'}, \gamma_{\ell'})^t = C^{-1} x^{(0)}$. ○

Beispiel 1(5) – Historische Probleme Wir kehren zurück zur Folge der *Fibonacci-Zahlen* nach (MM.17), (MM.18). Sei

$$x^{(k)} := \begin{pmatrix} f_{k+1} \\ f_{k+2} \end{pmatrix} \quad \text{für } k = 0, 1, \dots ,$$

dann gilt

$$x^{(k+1)} = \begin{pmatrix} 0 & 1 \\ 1 & 1 \end{pmatrix} x^{(k)} ,$$

so dass nur die Eigenwerte von

$$A = \begin{pmatrix} 0 & 1 \\ 1 & 1 \end{pmatrix}$$

untersucht werden müssen. Diese sind

$$\lambda_1 = \frac{1 + \sqrt{5}}{2} , \qquad \lambda_2 = \frac{1 - \sqrt{5}}{2}$$

mit zugehörigen Eigenvektoren

$$\tilde{x}_1 = \begin{pmatrix} 1 \\ \lambda_1 \end{pmatrix} , \qquad \tilde{x}_2 = \begin{pmatrix} 1 \\ \lambda_2 \end{pmatrix} .$$

Der Startvektor $x^{(0)} = (0, 1)^t$ hat in dieser Basis die Darstellung

$$x^{(0)} = \frac{1}{\lambda_1 - \lambda_2} (\tilde{x}_1 - \tilde{x}_2) =: x_1 + x_2$$

und somit erhält man für f_k als erste Komponente von $x^{(k-1)}$ nach (4.27):

$$f_k = \frac{1}{\sqrt{5}} \left(\left(\frac{1 + \sqrt{5}}{2} \right)^k - \left(\frac{1 - \sqrt{5}}{2} \right)^k \right) .$$

So erhalten wir auch das Ergebnis aus Beispiel 1(3), ohne auf den Ansatz (MM.32) zurückgreifen zu müssen. ◇

Beispiel 4.57 (Differenzengleichung) Wie in Beispiel 1(5) eine lineare Differenzengleichung 2. Ordnung in ein System 1. Ordnung umgewandelt worden ist, kann dies auch mit einer Gleichung m-ter Ordnung nach (MM.20), (MM.21) geschehen. Dazu sei

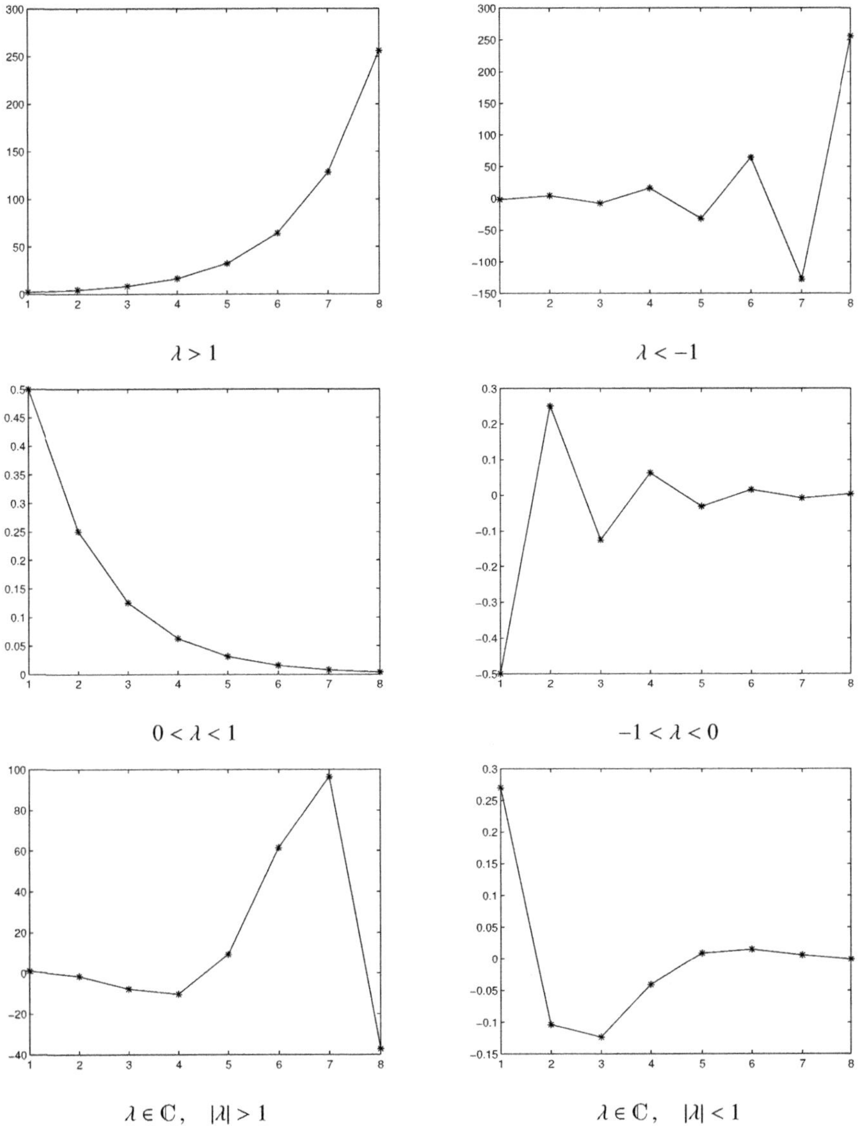

Abb. 4.4: Typische Lösungsverläufe für Differenzengleichungen.

$$\boldsymbol{x}^{(k)} := \begin{pmatrix} f_{k+1} \\ \vdots \\ f_{k+m} \end{pmatrix} \in \mathbb{K}^m , \qquad k \in \mathbb{N}_0 ,$$

so dass gilt

$$\boldsymbol{x}^{(k+1)} = \begin{pmatrix} 0 & 1 & & \\ & \ddots & \ddots & \\ & & 0 & 1 \\ a^{(0)} & \cdots & \cdots & a^{(m-1)} \end{pmatrix} = \boldsymbol{x}^{(k)} = A\boldsymbol{x}^{(k)} . \tag{4.34}$$

A heißt auch *Begleitmatrix* der Differenzengleichung. Demnach sind die Eigenwerte von A zu bestimmen. Aus Bemerkungen 4.27 ist bekannt: Die Eigenwerte von A sind gerade die Nullstellen der (skalaren) *charakteristischen Gleichung*

$$\lambda^m - \sum_{i=0}^{m-1} a^{(i)} \lambda^i = 0 , \tag{4.35}$$

wie schon in Beispiel 1(5) gesehen.

Wegen $a^{(0)} \neq 0$ kann also $\lambda = 0$ kein Eigenwert sein, für die Eigenwerte ist daher immer der Eigenraum eindimensional, da die ersten $m - 1$ Zeilen von $A - \lambda \mathbb{1}$ für $\lambda \neq 0$ linear unabhängig sind. A ist somit genau dann diagonalisierbar in $\mathbb{K}$, wenn (4.35) insgesamt m verschiedene Nullstellen in $\mathbb{K}$ besitzt. Genau dann hat demzufolge die allgemeine Lösung von (MM.21) die Darstellung

$$f_k = \sum_{i=1}^{m} \beta_i \lambda_i^k \tag{4.36}$$

mit den paarweise verschiedenen Eigenwerten λ_i und $\beta_i \in \mathbb{K}$, so dass

$$f_j = \sum_{i=1}^{m} \beta_i \lambda_i^j \quad \text{für} \quad j = 1, \ldots, m .$$

Diese existieren eindeutig (vergleiche (2.149) ff.). Genauer sind $\boldsymbol{v}_i := \left(1, \ldots, \lambda_i^{m-1}\right)^t$ zu λ_i gehörige Eigenvektoren von A.

Sind die $a^{(i)}$ reell und hat (4.35) insgesamt m paarweise verschiedene Nullstellen, die aber nicht alle reell sind, so ergibt die Anwendung von (4.33)

$$f_k = \sum_{i=1}^{\ell} \alpha_i \lambda_i^k + \sum_{i=1}^{\ell'} |\tilde{\lambda}_i|^k \left(\beta_i \cos(k\varphi_i) - \gamma_i \sin(k\varphi_i)\right) ,$$

wobei die λ_j, $j = 1, \ldots, \ell$, die reellen, $\tilde{\lambda}_j = \mu_j + i\nu_j$, $j = 1, \ldots, \ell'$ die komplexen Eigenwerte (ohne die jeweils konjugiert komplexen) bezeichnet, mit φ_i durch (4.32) gegeben (Übung).

Man sieht, dass sich Lösungen bei rein komplexen Eigenwerten anders verhalten können als bei rein reellen. Im letzteren Fall ist typisch, dass die Lösung für große Indizes sehr klein oder sehr groß wird, d. h. nähert sich der Nulllösung oder strebt von ihr weg (siehe Abbildung 4.4). Ausnahmen sind nur $|\lambda_i| \leq 1$ für alle $i = 1, \ldots, m$ und $|\lambda_j| = 1$ für ein j, was zur Annäherung an konstante(n) oder oszillierende(n) (d. h. Periode 1) Lösungen führen kann. Im ersten Fall sind, falls alle Eigenwerte $|\lambda_i| = 1$ erfüllen, etwa für $m = 2$, auch periodische Lösungen für jede Periode N (d. h. $f_{k+N} = f_k$ für alle $k \in \mathbb{N}$), wobei $N \geq 3$, möglich. Aus der Lösungsdarstellung ist ersichtlich, dass sich genau bei $\varphi_i = 2\pi/N$ eine periodische Lösung mit Periode N einstellt, wobei $N \geq 3$ noch $\sin(2\pi/N) \neq 0$, d. h. die hier betrachtete Situation sicherstellt. Das charakteristische Polynom ist also (siehe Bemerkungen 4.35, 1))

$$\lambda^2 - 2\cos(2\pi/N)\lambda + 1 = 0$$

und daher die Differenzengleichung

$$f_{n+2} = 2\cos(2\pi/N) f_{n+1} - f_n .$$

Solches *Stabilität*sverhalten wird in Kapitel 8.6.2 weiter untersucht. ○

Was Sie in diesem Abschnitt gelernt haben sollten

Begriffe:

- Eigenwert, Eigenvektor, Eigenraum, geometrische Vielfachheit
- Diagonalisierbar
- Eigenwertgleichung, charakteristisches Polynom, algebraische Vielfachheit
- Spur $\mathrm{sp}(A)$ einer Matrix
- SCHUR-Normalform (komplex oder reell) (Hauptsatz 4.51 und Theorem 4.55)

Zusammenhänge:

- Diagonalisierbar = Basis aus Eigenvektoren (Theorem 4.20)
- Invarianten unter Ähnlichkeitstransformation (Satz 4.29)
- Summe aus Eigenräumen ist direkt (Theorem 4.42)
- Geometrische ≤ algebraische Vielfachheit (Satz 4.46), diagonalisierbar ⇔ geometrische = algebraische Vielfachheit (Hauptsatz 4.47)

Beispiele:

- Diagonalisierung und Systeme linearer gewöhnlicher Differentialgleichungen
- Eigenwerte von Projektion, Spiegelung, hermitescher, antihermitescher, unitärer Matrix
- Diagonalisierung und Systeme linearer Differenzengleichungen

Aufgaben

Aufgabe 4.5 (K) Gekoppelte Federn, wie am Anfang dieses Paragraphen, kann man sehr schön experimentell aufbauen (siehe Abbildung 4.5). Die senkrechten Schwingungen kann man aber sehr schlecht beobachten, weil die Federn schnell horizontal ins Wackeln kommen. Einfacher ist das, wenn man die untere Masse mit einer dritten Feder (wie in Abbildung 4.5) stabilisiert. Dies entspricht dem Fall $n = 2$ mit beidseitiger Einspannung aus Beispiel 3(1), (MM.3) in der dynamischen Form (siehe 3(6)). Die Bewegungsgleichungen lauten dann

$$m\ddot{y}^1 = k(y^2 - 2y^1)\,,$$
$$m\ddot{y}^2 = k(y^1 - 2y^2)\,.$$

Bestimmen Sie (für $k = m = 1$) Eigenwerte und Eigenvektoren der Koeffizientenmatrix dieses Systems.

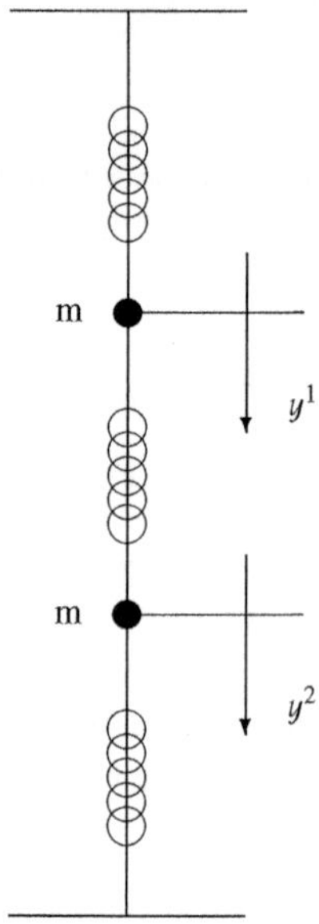

Abb. 4.5: Senkrecht schwingende, gekoppelte Federn

Aufgabe 4.6 (K) Bestimmen Sie alle Eigenwerte und die Dimensionen aller Eigenräume für die Matrizen

$$M = \begin{pmatrix} 3 & -2 & 4 \\ 4 & -3 & 4 \\ -2 & 1 & -3 \end{pmatrix} \quad \text{und} \quad N = \begin{pmatrix} 3 & -2 & 4 \\ 3 & -3 & 2 \\ -2 & 1 & -3 \end{pmatrix}$$

und entscheiden Sie, ob M und N ähnlich sind.

Aufgabe 4.7 (K) Im $\mathbb{R}$-Vektorraum aller Abbildungen von $\mathbb{R}$ in $\mathbb{R}$ betrachte man den von den Funktionen

$$f(x) = e^x, \quad g(x) = xe^x, \quad h(x) = e^{-x}$$

aufgespannten Unterraum $V = \mathbb{R}f + \mathbb{R}g + \mathbb{R}h$ und den Endomorphismus

$$\Phi : V \to V, \quad F \mapsto F' \quad \text{(Differentiation)}$$

von V. Bestimmen Sie die Eigenwerte und Eigenräume von Φ.

Aufgabe 4.8 (K) Entscheiden Sie, welche der folgenden Matrizen zueinander ähnlich sind und welche nicht, und begründen Sie Ihre Antwort:

a) $$A = \begin{pmatrix} 1 & 1 \\ 0 & 1 \end{pmatrix}, \quad B = \begin{pmatrix} 1 & 1 \\ 1 & 0 \end{pmatrix}, \quad C = \begin{pmatrix} 1 & 0 \\ 1 & 1 \end{pmatrix}.$$

b) $$A = \begin{pmatrix} 1 & 0 & 0 \\ 0 & -1 & 0 \\ 0 & 0 & -1 \end{pmatrix}, \quad B = \frac{1}{9}\begin{pmatrix} -1 & 4 & 8 \\ 4 & -7 & 4 \\ 8 & 4 & -1 \end{pmatrix}.$$

Aufgabe 4.9 (K) Seien $V = \mathbb{R}^3$ und $f : V \to V$ die lineare Abbildung mit der Matrix

$$A = \begin{pmatrix} 3 & -1 & 1 \\ 2 & 0 & 1 \\ -1 & 1 & 1 \end{pmatrix}.$$

Bestimmen Sie alle Unterräume $U \subset V$, für die $f(U) \subset U$.

Aufgabe 4.10 (K) Sei A eine reelle 3×3-Matrix mit charakteristischem Polynom $\det(A - \lambda\mathbb{1}) = \lambda^3 - \lambda$.

a) Man begründe, dass A über $\mathbb{R}$ diagonalisierbar ist.
b) Man gebe den Rang der Matrizen A, A^2, $A^2 + \mathbb{1}$, $A^2 - \mathbb{1}$ an.
c) Man bestimme alle $r, s, t \in \mathbb{R}$ mit $r\mathbb{1} + sA + tA^2 = 0$.
d) Man zeige, dass $A^{1954} = A^{1958} = A^{1988} = A^{2000} = A^2$ ist.
e) Man gebe eine solche reelle Matrix A an.

Aufgabe 4.11 (K) Gegeben seien die Matrizen

$$A = \begin{pmatrix} 1 & 2 & 3 \\ 0 & 2 & 3 \\ 0 & 0 & -2 \end{pmatrix}, \quad B = \begin{pmatrix} 1 & 5 & 6 \\ 0 & 0 & 2 \\ 0 & 2 & 0 \end{pmatrix}, \quad C = \begin{pmatrix} 1 & 0 & 0 \\ 1 & 2 & 0 \\ 1 & 1 & 2 \end{pmatrix}.$$

Man beweise oder widerlege:

a) Es gibt eine invertierbare Matrix T mit $A = T^{-1}BT$.
b) Es gibt eine invertierbare Matrix T mit $A = T^{-1}CT$.

Aufgabe 4.12 (K) Zeigen Sie, dass die Matrix

$$A = \begin{pmatrix} 2 & 1 & 0 \\ 0 & 1 & -1 \\ 0 & 2 & 4 \end{pmatrix} \in \mathbb{R}^{(3,3)}$$

über $\mathbb{R}$ nicht diagonalisierbar, aber trigonalisierbar ist. Geben Sie ein $S \in \mathrm{GL}(3, \mathbb{R})$ an, so dass SAS^{-1} eine Dreiecksmatrix ist.

Aufgabe 4.13 (T) Sei $A \in \mathbb{K}^{(n,n)}$. Zeigen Sie:
Der Lösungsraum von

$$\ddot{\boldsymbol{x}}(t) = A\boldsymbol{x}(t)\,, \quad t \in [a, b] \text{ für } a, b \in \mathbb{R},\ a < b \quad (*)$$

ist ein Vektorraum der Dimension $2n$.
Hinweis: Man benutze das folgende Ergebnis der Analysis: Es gibt genau ein $\boldsymbol{x} \in C([a, b], \mathbb{K}^n)$, so dass $(*)$ gilt und $\boldsymbol{x}(a) = \boldsymbol{x}_0, \dot{\boldsymbol{x}}(a) = \boldsymbol{x}_0{}'$ für beliebige vorgegebene $\boldsymbol{x}_0, \boldsymbol{x}_0{}' \in \mathbb{K}^n$.

Aufgabe 4.14 (T) Sei $A \in \mathbb{R}^{(n,n)}$, A sei diagonalisierbar, wobei nicht alle Eigenwerte reell sind. Zeigen Sie: A ist reell ähnlich zu einer Blockdiagonalmatrix, die genau der Block-Diagonalen der Matrix aus Theorem 4.55 entspricht.

Aufgabe 4.15 (T) Sei $A \in \mathbb{K}^{(n,n)}$. Dann lässt sich A eindeutig in einen symmetrischen bzw. hermiteschen Anteil A_S und einen antisymmetrischen bzw. antihermiteschen Anteil A_A zerlegen.

Aufgabe 4.16 (T) Arbeiten Sie Beispiel 4.57 im Detail aus.

4.3 Unitäre Diagonalisierbarkeit: Die Hauptachsentransformation

Nach Satz 4.39 sind die komplexen Eigenwerte einer reellen symmetrischen Matrix reell, so dass hier die Chance auf reelle Diagonalisierbarkeit besteht. Das Problem bei einer Ähnlichkeitstransformation eines symmetrischen $S \in \mathbb{R}^{(n,n)}$ ist, dass

$$S' = A^{-1} S A \text{ für ein allgemeines } A \in \mathrm{GL}(n, \mathbb{R})$$

nicht symmetrisch ist. Betrachtet man aber nur orthogonale Ähnlichkeitstransformationen, d. h. $A \in \mathrm{O}(n, \mathbb{R})$, so gilt

$$(S')^t = A^t S^t A^{-t} = A^{-1} S A = S' \text{, d. h.}$$

$$\boxed{\text{orthogonale Ähnlichkeit erhält Symmetrie.}} \tag{4.37}$$

Anwendung der reellen SCHUR-Normalform (Theorem 4.55) auf eine symmetrische Matrix $S \in \mathbb{R}^{(n,n)}$ liefert also die orthogonale Ähnlichkeit zu einer reellen oberen Dreiecksmatrix, da keine konjugiert komplexen Eigenwerte auftreten (Satz 4.39). Die obere Dreiecksmatrix ist auch symmetrisch und damit eine Diagonalmatrix.

Analog zu (4.37) gilt im Komplexen:

$$\boxed{\text{Unitäre Ähnlichkeit erhält die Hermite-Eigenschaft einer Matrix } S \in \mathbb{C}^{(n,n)}\ .} \tag{4.38}$$

Analog folgt mit der komplexen SCHUR-Normalform (Hauptsatz 4.51), dass A unitär-ähnlich zu einer reellen Diagonalmatrix ist. Zusammengefasst gilt demnach:

Hauptsatz 4.58: Hauptachsentransformation für selbstadjungierte Matrizen

Sei $S \in \mathbb{K}^{(n,n)}$ selbstadjungiert. Dann gibt es eine reelle orthogonale (bzw. komplexe unitäre) Matrix A derart, dass $A^{-1} S A$ eine reelle Diagonalmatrix ist, d. h. insbesondere ist S orthogonal bzw. unitär diagonalisierbar.

Nach Satz 4.10 ist dies damit äquivalent, dass zu jeder selbstadjungierten Matrix $S \in \mathbb{K}^{(n,n)}$ eine ONB des $\mathbb{K}^n$ aus Eigenvektoren von S (zu reellen Eigenwerten) existiert.

Bemerkungen 4.59

1) Die Bezeichnung *Hauptachsentransformation* kommt nicht von der Diagonalisierung einer Matrix als Darstellung einer linearen Abbildung, sondern als Darstellung einer Bilinearform, d. h. einer Abbildung

$$\varphi : \mathbb{R}^n \times \mathbb{R}^n \to \mathbb{R}, \qquad (\boldsymbol{x}, \boldsymbol{y}) \mapsto \boldsymbol{x}^t S \boldsymbol{y}\ .$$

Bei der Hauptachsentransformation kann man durch Basis-, d. h. „Achsen-“wechsel eine vereinfachte Darstellung von Bilinearformen angeben, und damit auch von *Quadriken*,

d. h. den Nullstellenmengen von Polynomen 2. Grades in den Variablen $x_1, \dots, x_n$ (siehe Kapitel 5).

2) Seien V, W euklidische bzw. unitäre endlichdimensionale $\mathbb{K}$-Vektorräume, $\mathcal{B}_1$ bzw. $\mathcal{B}_2$ fest gewählte geordnete ONB von V bzw. W, und es seien $\Phi \in \mathrm{Hom}(V, W)$ und $S \in \mathbb{K}^{(m,n)}$. Φ hat bezüglich $\mathcal{B}_1$ bzw. $\mathcal{B}_2$ die Darstellungsmatrix S, genau dann, wenn die Adjungierte $\Phi^\dagger$ die Darstellungsmatrix $S^\dagger$ bezüglich $\mathcal{B}_2$ und $\mathcal{B}_1$ hat.

Dies ist (für $\mathbb{K} = \mathbb{R}$) schon in Bemerkungen 2.62, 1) bewiesen. Ein alternativer, indexfreier Beweis lautet: Dieser ergibt sich aus folgender Identität für $\boldsymbol{v} \in V$, $\boldsymbol{w} \in W$:

$$\left\langle \boldsymbol{v} \,.\, \Phi^\dagger \boldsymbol{w} \right\rangle = \langle \Phi \boldsymbol{v} \,.\, \boldsymbol{w} \rangle = \langle \Xi_{\mathcal{B}_2}(\Phi \boldsymbol{v}) \,.\, \Xi_{\mathcal{B}_2} \boldsymbol{w} \rangle = \langle S(\chi_{\mathcal{B}_1} \boldsymbol{v}) \,.\, \Xi_{\mathcal{B}_2} \boldsymbol{w} \rangle = \left\langle \chi_{\mathcal{B}_1} \boldsymbol{v} \,.\, S^\dagger \Xi_{\mathcal{B}_2} \boldsymbol{w} \right\rangle . \tag{4.39}$$

Dabei sind

$$\chi_{\mathcal{B}_1} : V \to \mathbb{K}^n \quad \text{und} \quad \Xi_{\mathcal{B}_2} : W \to \mathbb{K}^m$$

die Koordinatenabbildungen. Bei der zweiten Gleichheit geht Bemerkung 2.18 und damit die Orthonormalität der Basis ein, bei der dritten Gleichheit (2.16). Mit der gleichen Argumentation kann die Identität fortgesetzt werden zu

$$\left\langle \boldsymbol{v} \,.\, \Phi^\dagger \boldsymbol{w} \right\rangle = \left\langle \boldsymbol{v} \,.\, \chi_{\mathcal{B}_1}^{-1} S^\dagger \Xi_{\mathcal{B}_2} \boldsymbol{w} \right\rangle$$

und da $\boldsymbol{v} \in V$ beliebig ist, also für $\boldsymbol{w} \in W$,

$$\Phi^\dagger \boldsymbol{w} = \chi_{\mathcal{B}_1}^{-1} S^\dagger \Xi_{\mathcal{B}_2} \boldsymbol{w} \,.$$

Daraus folgt sodann:

$$\Phi \in \mathrm{Hom}(V, V) \text{ ist symmetrisch/hermitesch/orthogonal/unitär}$$
$$\Longleftrightarrow$$
$$S \in \mathbb{K}^{(n,n)} \text{ ist symmetrisch/hermitesch/orthogonal/unitär.}$$

Dabei ist S die Darstellungsmatrix bezüglich irgendeiner ONB von V.

△

Die Invarianz unter unitärer bzw. orthogonaler Ähnlichkeitstransformation gilt auch für weitere Eigenschaften, etwa:

> Eine zu einer unitären bzw. orthogonalen Matrix unitär bzw. orthogonal ähnliche Matrix ist unitär bzw. orthogonal. (4.40)

Dies folgt sofort aus

$$S'^{-1} = A^{-1} S^{-1} A = A^\dagger S^\dagger (A^\dagger)^\dagger = (A^\dagger S A)^\dagger = S'^\dagger$$
$$\text{für} \quad S^{-1} = S^\dagger \quad \text{und} \quad A^{-1} = A^\dagger \quad \text{(analog im Reellen).}$$

Entsprechendes gilt für die Eigenschaften antihermitesch bzw. schiefsymmetrisch.

Analog zu Definition 4.21 lässt sich der Begriff der orthogonalen/unitären Diagonalisierbarkeit auf Homomorphismen übertragen:

Definition 4.60

Sei V ein euklidischer bzw. unitärer $\mathbb{K}$-Vektorraum, $\Phi \in \mathrm{Hom}_{\mathbb{K}}(V, V)$. Φ heißt *orthogonal* (für $\mathbb{K} = \mathbb{R}$) bzw. *unitär* (für $\mathbb{K} = \mathbb{C}$) *diagonalisierbar*, wenn eine ONB aus Eigenvektoren von Φ existiert.

Bemerkungen 4.61

1) Eine Matrix $S \in \mathbb{K}^{(n,n)}$ ist orthogonal bzw. unitär diagonalisierbar, genau dann, wenn S orthogonal bzw. unitär ähnlich zu einer Diagonalmatrix ist.

2) Unter den Voraussetzungen von Definition 4.60 gilt für endlichdimensionales V:

Ein $\Phi \in \mathrm{Hom}_{\mathbb{K}}(V, V)$ ist orthogonal bzw. unitär diagonalisierbar

$\Longleftrightarrow$

die Darstellungsmatrix C von Φ bezüglich einer ONB ist orthogonal bzw. unitär diagonalisierbar

$\Longleftrightarrow$

die Darstellungsmatrix C von Φ bezüglich jeder ONB ist orthogonal bzw. unitär diagonalisierbar.

Man beachte dazu Satz 4.15 und die Tatsache, dass die Koordinatenabbildung $\Psi_{\mathcal{B}} : V \to \mathbb{K}^n$ für eine ONB nach (1.89) *eine orthogonale Transformation ist, somit nach Theorem 2.17 ONBs in ONBs überführt und für die letzte Äquivalenz Satz 4.10, 2).*

3) Unter den Voraussetzungen von Definition 4.60 gilt:
$\Phi \in \mathrm{Hom}_{\mathbb{K}}(V, V)$ ist orthogonal bzw. unitär diagonalisierbar $\Longleftrightarrow$
Es gibt eine direkte Zerlegung $V = \bigoplus_{i=1}^k V_i$, $\bigoplus_{\substack{i=1\\ i\neq j}}^k V_i \subset V_j^\perp$ für alle $j = 1, \ldots, k$, und

$$\Phi = \sum_{i=1}^{k} \lambda_i P_i$$

für gewisse $\lambda_i \in \mathbb{K}$. Die $P_i : V \to V_i$ sind dabei die durch die Zerlegung definierten Projektionen.
Bei den P_i handelt es sich um orthogonale Projektionen.
Dies folgt aus Bemerkungen 4.43, 3) und Definition 4.60. Die Orthogonalität folgt aus Bemerkungen 2.47.

△

Ein die bisherigen Beispiele (4.37), (4.38) und (4.40) umfassender Begriff ist:

Definition 4.62

Sei V ein euklidischer bzw. unitärer $\mathbb{K}$-Vektorraum endlicher Dimension. $\Phi \in \mathrm{Hom}_{\mathbb{K}}(V, V)$ bzw. $S \in \mathbb{K}^{(n,n)}$ heißen *normal*, wenn gilt

$$\Phi^\dagger \Phi = \Phi \Phi^\dagger \qquad \text{bzw.} \qquad S^\dagger S = S S^\dagger .$$

Dies ist die größtmögliche Klasse von unitär diagonalisierbaren Matrizen, denn:

Satz 4.63: Unitär ähnlich überträgt Normalität

Seien $S, S' \in \mathbb{K}^{(n,n)}$.

1) Ist S normal und S' zu S orthogonal bzw. unitär ähnlich, dann ist auch S' normal.

2) Ist S unitär ähnlich zu einer Diagonalmatrix, dann ist S normal.

Beweis: Zu 1): Sei $A \in O(n, \mathbb{K})$ und $S' = A^{-1}SA = A^\dagger SA$ und $S^\dagger S = SS^\dagger$, dann

$$S'^\dagger S' = A^\dagger S^\dagger A A^{-1} S A = A^\dagger S^\dagger S A = A^\dagger S S^\dagger A = A^\dagger S A A^\dagger S^\dagger A = S' S'^\dagger .$$

Zu 2): Eine Diagonalmatrix $D \in \mathbb{K}^{(m,n)}$ ist offensichtlich normal und damit nach 1) auch eine dazu unitär ähnliche Matrix. □

Beispiel 4.64 Für reelle (2, 2)-Matrizen ist die Situation besonders übersichtlich: Sei

$$S = \begin{pmatrix} a & b \\ c & d \end{pmatrix} \in \mathbb{R}^{(2,2)} \quad \text{und normal, d. h.}$$

$S^t S = S S^t$. Dies ist äquivalent zu den Gleichungen

$$c^2 = b^2 \quad \text{und} \quad a(b - c) = d(b - c) .$$

Daraus folgt, dass nur zwei Fälle möglich sind:

1. Fall:

$$S = \begin{pmatrix} a & b \\ b & d \end{pmatrix} . \tag{4.41}$$

S ist demnach symmetrisch, d. h. reell diagonalisierbar und hat Eigenwerte $\lambda_1 \neq \lambda_2$ (siehe Beispiel 4.33) falls $b \neq 0$ oder $a \neq d$.

2. Fall:

$$S = \begin{pmatrix} a & b \\ -b & a \end{pmatrix} \qquad (b \neq 0) .$$

S ist daher eine Drehstreckung und die Eigenwerte berechnen sich zu

$$\lambda_{1,2} = a \pm ib .$$

Spezialfälle davon sind:

$$S \text{ ist orthogonal } \Leftrightarrow a^2 + b^2 = 1 \Leftrightarrow |\lambda| = 1 \text{ für die Eigenwerte } \lambda$$
$$\text{und}$$
$$S \text{ ist schiefsymmetrisch } \Leftrightarrow a = 0 \Leftrightarrow \lambda \in i\mathbb{R} \text{ für die Eigenwerte } \lambda\,.$$

Ist also V ein zweidimensionaler $\mathbb{R}$-Vektorraum mit SKP, dann ist $\Phi \in \mathrm{Hom}_{\mathbb{R}}(V, V)$ normal, aber nicht symmetrisch genau dann, wenn die Darstellungsmatrix bezüglich jeder ONB eine Drehmatrix ist. Durch Vertauschung der Basisvektoren kann für $b < 0$, d. h. für $\varphi \in (0, \pi)$ für den zugehörigen Winkel gesorgt werden. ○

Satz 4.65: Eigenschaften normaler Operatoren

Sei V ein euklidischer bzw. unitärer $\mathbb{K}$-Vektorraum endlicher Dimension mit dem inneren Produkt $\langle\ .\ \rangle$, sei $\Phi \in \mathrm{Hom}_{\mathbb{K}}(V, V)$ normal. Dann gelten:

1) $\langle \Phi \boldsymbol{v} \,.\, \Phi \boldsymbol{v} \rangle = \left\langle \Phi^\dagger \boldsymbol{v} \,.\, \Phi^\dagger \boldsymbol{v} \right\rangle$ für alle $\boldsymbol{v} \in V$.

2) Sei $S \in \mathbb{K}^{(n,n)}$ normal und folgendermaßen partitioniert:

$$S = \left(\begin{array}{c|c} S_{1,1} & S_{1,2} \\ \hline S_{2,1} & S_{2,2} \end{array}\right) \tag{4.42}$$

mit $S_{1,1} \in \mathbb{K}^{(l,l)}$ für ein $l \in \{1, \ldots, n\}$. Dann folgt

$$\|S_{1,2}\|_F = \|S_{2,1}\|_F\,.$$

3) Ist U ein Φ-invarianter Unterraum von V, dann ist auch $U^\perp$ ein Φ-invarianter Unterraum und U sowie $U^\perp$ sind auch $\Phi^\dagger$-invariant.

4) Ist U ein Φ-invarianter Unterraum von V, dann ist $\Phi_U := \Phi|_U \in \mathrm{Hom}_{\mathbb{K}}(U, U)$ normal und $(\Phi_U)^\dagger = \left(\Phi^\dagger\right)_U$.

5) Ist $\boldsymbol{v}$ ein Eigenvektor von Φ zum Eigenwert $\lambda \in \mathbb{K}$, dann ist $\boldsymbol{v}$ auch ein Eigenvektor von $\Phi^\dagger$ zum Eigenwert $\bar{\lambda}$.

6) Sind E_1, E_2 Eigenräume zu verschiedenen Eigenwerten, dann sind E_1 und E_2 orthogonal, d. h. Eigenvektoren zu verschiedenen Eigenwerten sind orthogonal.

Ist $S \in \mathbb{K}^{(n,n)}$ eine normale Matrix, dann gelten zusätzlich zu 2) auch die restlichen Aussagen 1) und 3)-6) analog.

Beweis: Zu 1): $\langle \Phi \boldsymbol{v} \,.\, \Phi \boldsymbol{v} \rangle = \left\langle \boldsymbol{v} \,.\, \Phi^\dagger \Phi \boldsymbol{v} \right\rangle = \left\langle \boldsymbol{v} \,.\, \Phi\, \Phi^\dagger \boldsymbol{v} \right\rangle = \left\langle \boldsymbol{v} \,.\, (\Phi^\dagger)^\dagger \Phi^\dagger \boldsymbol{v} \right\rangle = \left\langle \Phi^\dagger \boldsymbol{v} \,.\, \Phi^\dagger \boldsymbol{v} \right\rangle$.

Zu 2): In der angegebenen Partitionierung ist

$$S^\dagger = \left(\begin{array}{c|c} S^\dagger_{1,1} & S^\dagger_{2,1} \\ \hline S^\dagger_{1,2} & S^\dagger_{2,2} \end{array}\right)$$

und daher ergibt $S S^\dagger = S^\dagger S$ für jeden Block eine Identität, die für die Position $(1, 1)$ lautet (vergleiche die Überlegungen vor (4.41)):

$$S_{1,1} S^\dagger_{1,1} + S_{1,2} S^\dagger_{1,2} = S^\dagger_{1,1} S_{1,1} + S^\dagger_{2,1} S_{2,1} \, .$$

Daraus folgt mit Bemerkungen 4.31, 4):

$$\|S_{1,1}\|_F^2 + \|S_{1,2}\|_F^2 = \|S^\dagger_{1,1}\|_F^2 + \|S^\dagger_{2,1}\|_F^2 = \|S_{1,1}\|_F^2 + \|S_{2,1}\|_F^2$$

und damit

$$\|S_{1,2}\|_F = \|S_{2,1}\|_F \, .$$

Zu 3): Es sei $n = \dim V$ und $\{\boldsymbol{v}_1, \ldots, \boldsymbol{v}_m\}$ eine ONB von U, die mit einer ONB $\{\boldsymbol{v}_{m+1}, \ldots, \boldsymbol{v}_n\}$ von $U^\perp$ zu einer ONB von V ergänzt wird.

Dabei ist die Orthonormalität der Basen der Unterräume immer mit dem SCHMIDTschen Orthonormalisierungsverfahren zu erreichen. Und die Orthonormalität der Zusammensetzung wird durch die Orthogonalität der Räume gesichert.

Sei S die Darstellungsmatrix von Φ bezüglich der gewählten ONB, dann ist

$$S = \left(\begin{array}{c|c} B & C \\ \hline 0 & D \end{array}\right) \tag{4.43}$$

mit der Nullmatrix $0 \in \mathbb{K}^{(n-m,m)}$ und $B \in \mathbb{K}^{(m,m)}$ wegen der Φ-Invarianz von U. Wegen 2) ist auch $C = 0 \in \mathbb{K}^{(m,n-m)}$ und damit folgt aus (4.43) die Φ-Invarianz von $U^\perp$.
Da nach Bemerkungen 4.59, 2) $\Phi^\dagger$ in der gewählten ONB die Darstellungsmatrix

$$S^\dagger = \left(\begin{array}{c|c} B^\dagger & 0 \\ \hline 0 & D^\dagger \end{array}\right) \tag{4.44}$$

hat, folgt ebenso die $\Phi^\dagger$-Invarianz von U und $U^\perp$.
Zu 4): Aus 3) und insbesondere (4.44) folgt

$$(\Phi_U)^\dagger = \left(\Phi^\dagger\right)_U$$

und daher die Normalität von Φ_U:

$$\Phi_U \, (\Phi_U)^\dagger = \Phi_U \Phi^\dagger_U = \left(\Phi \, \Phi^\dagger\right)_U = \left(\Phi^\dagger \Phi\right)_U = (\Phi_U)^\dagger \, \Phi_U \, .$$

Zu 5): Sei $V_1 := \mathrm{span}(\boldsymbol{v})$, dann ist V_1 Φ-invariant und nach 3) folglich auch $\Phi^\dagger$-invariant, d. h. $\Phi^\dagger \boldsymbol{v} = \mu \boldsymbol{v}$ für ein $\mu \in \mathbb{K}$. Aus

$$\lambda \langle \boldsymbol{v} \,.\, \boldsymbol{v} \rangle = \langle \Phi \boldsymbol{v} \,.\, \boldsymbol{v} \rangle = \left\langle \boldsymbol{v} \,.\, \Phi^\dagger \boldsymbol{v} \right\rangle = \bar{\mu} \langle \boldsymbol{v} \,.\, \boldsymbol{v} \rangle \, ,$$

folgt $\mu = \bar{\lambda}$.

Alternativ hätte auch die Normalität von $\Phi - \lambda\,\mathrm{id}$ ausgenutzt werden können, um mit 1) und $(\Phi - \lambda\,\mathrm{id})^\dagger = \Phi^\dagger - \bar{\lambda}\,\mathrm{id}$ zu schließen:

$$\left\|(\Phi^\dagger - \bar{\lambda}\,\mathrm{id})\boldsymbol{v}\right\| = \|(\Phi - \lambda\,\mathrm{id})\boldsymbol{v}\| = 0 \text{ und damit } \Phi^\dagger \boldsymbol{v} = \bar{\lambda}\boldsymbol{v}.$$

Zu 6): Seien $\Phi\boldsymbol{v} = \lambda\boldsymbol{v}$, $\Phi\boldsymbol{w} = \mu\boldsymbol{w}$ für $\boldsymbol{v}, \boldsymbol{w} \neq \mathbf{0}$ und $\lambda, \mu \in \mathbb{K}$, $\lambda \neq \mu$. Dann ist nach 5)

$$\lambda \langle \boldsymbol{v} \,.\, \boldsymbol{w} \rangle = \langle \Phi\boldsymbol{v} \,.\, \boldsymbol{w} \rangle = \left\langle \boldsymbol{v} \,.\, \Phi^\dagger \boldsymbol{w} \right\rangle = \langle \boldsymbol{v} \,.\, \bar{\mu}\boldsymbol{w} \rangle = \mu \langle \boldsymbol{v} \,.\, \boldsymbol{w} \rangle$$

und somit

$$\langle \boldsymbol{v} \,.\, \boldsymbol{w} \rangle = 0 \,.$$ □

In Erweiterung von Hauptsatz 4.58 folgt nun

Hauptsatz 4.66: Unitäre Diagonalisierung normaler Matrizen

1) Sei $S \in \mathbb{K}^{(n,n)}$ eine (obere) Dreiecksmatrix und normal, dann ist S eine Diagonalmatrix.

2) Sei $S \in \mathbb{C}^{(n,n)}$ normal, dann existiert eine unitäre Matrix $A \in \mathbb{C}^{(n,n)}$ derart, dass

$$A^{-1} S\, A = D$$

eine Diagonalmatrix ist, d. h. S ist unitär diagonalisierbar.

3) Sei V ein unitärer $\mathbb{C}$-Vektorraum mit Dimension n und $\Phi \in \mathrm{Hom}_{\mathbb{C}}(V, V)$ normal. Dann gibt es eine ONB von V aus Eigenvektoren von Φ.

Beweis: Zu 1): Vollständige Induktion über n:
Für $n = 1$ ist nichts zu zeigen.
Es gelte die Behauptung für n, sei $S \in \mathbb{K}^{(n+1,n+1)}$ eine obere Dreiecksmatrix und normal. Betrachtet man eine Partitionierung nach (4.42) mit $l = 1$, so ist $S_{2,1} = 0$ und nach Satz 4.65, 2) auch $S_{1,2} = 0$. Nach Satz 4.65, 4) ist auch $S_{2,2} \in \mathbb{K}^{n,n}$ normal und als obere Dreiecksmatrix nach Induktionsvoraussetzung diagonal.

Zu 2): Nach Hauptsatz 4.51 ist S unitär ähnlich zu einer oberen Dreiecksmatrix, die nach 1) diagonal ist.

Zu 3): Folgt sofort aus 2) unter Beachtung von Bemerkungen 4.61, 2). □

Bemerkungen 4.67 Sei V ein endlichdimensionaler $\mathbb{K}$-Vektorraum mit SKP.

1) Tatsächlich gilt also in Hauptsatz 4.66 wegen Satz 4.63, 2) die Äquivalenz zwischen Normalität und der Existenz einer ONB aus Eigenvektoren.

2) Für unitäre als spezielle normale Operatoren gilt wegen Satz 4.39, 2):

$$\text{Es gibt eine ONB aus Eigenvektoren und für alle Eigenwerte } \lambda \text{ gilt } |\lambda| = 1\,. \tag{4.45}$$

Tatsächlich charakterisiert (4.45) unitäre Operatoren (Übung).

3) Die folgende Teilaussage von Hauptsatz 4.58 über hermitesche Operatoren auf einem $\mathbb{C}$-Vektorraum endlicher Dimension folgt sofort wegen Satz 4.39, 1):

$$\begin{gathered}\text{Es gibt eine ONB aus Eigenvektoren und für alle Eigenwerte } \lambda \text{ gilt}\\ \lambda \in \mathbb{R}\,.\end{gathered} \tag{4.46}$$

Tatsächlich charakterisiert (4.46) hermitesche Operatoren. Für euklidische Vektorräume (d. h. über $\mathbb{R}$) und symmetrische Operatoren beinhaltet Hauptsatz 4.58 ebenfalls (4.46), was nicht unmittelbar aus Hauptsatz 4.66 folgt. Auch hier ist (4.46) wieder eine Charakterisierung für Symmetrie.

Beide Aussagen folgen daraus, dass für eine ONB $\{v_1, \ldots, v_n\}$ aus Eigenvektoren ($\Phi v_i = \lambda_i v_i$) mit reellen Eigenwerten gilt:

$$\begin{aligned}\left\langle (\Phi^\dagger - \Phi)v_j \,.\, v_k \right\rangle &= \left\langle v_j \,.\, \Phi v_k \right\rangle - \left\langle \Phi v_j \,.\, v_k \right\rangle\\ &= (\lambda_k - \lambda_j)\left\langle v_j \,.\, v_k \right\rangle\\ &= 0 \quad \text{für alle } j, k = 1, \ldots, n\end{aligned}$$

und damit $\Phi^\dagger = \Phi$.

4) Die Aussagen 2) und 3) lassen sich auch so formulieren: Sei $S \in \mathbb{K}^{(n,n)}$ normal. Dann gilt:

$$\begin{aligned}S \text{ ist selbstadjungiert.} &\iff \text{Alle Eigenwerte sind reell.}\\ S \text{ ist orthogonal bzw. unitär.} &\iff \text{Alle Eigenwerte haben den Betrag 1.}\\ S \text{ ist antihermitesch.} &\iff \text{Alle Eigenwerte sind rein imaginär.}\end{aligned}$$

5) Sei $S \in \mathbb{R}^{(n,n)}$ normal und $x = y + iz \in \mathbb{C}^n$, ein Eigenvektor zum Eigenwert $\lambda = \mu + i\nu \in \mathbb{C}$, $\nu \neq 0$. Dann gilt:

$$\|y\|_2 = \|z\|_2 \text{ und } \langle y \,.\, z\rangle = 0\,.$$

Das kann man folgendermaßen einsehen: Mit x ist auch $\overline{x}$ Eigenvektor zum Eigenwert $\overline{\lambda}$ (Satz 4.34, 3)). Da $\lambda \neq \overline{\lambda}$, folgt nach Satz 4.65, 6):

$$0 = \langle x \,.\, \overline{x}\rangle = \langle y + iz \,.\, y - iz\rangle = \langle y \,.\, y\rangle - \langle z \,.\, z\rangle + i(\langle y \,.\, z\rangle + \langle z \,.\, y\rangle)$$

und damit die Behauptung.

6) Eigenschaft 1) aus Satz 4.65 ist sogar eine Charakterisierung von Normalität. Es gilt nämlich:

$$\langle \Phi v \,.\, \Phi v\rangle = \left\langle \Phi^\dagger v \,.\, \Phi^\dagger v\right\rangle \Leftrightarrow$$
$$\left\langle \Phi^\dagger \Phi v \,.\, v\right\rangle - \left\langle \Phi\Phi^\dagger v \,.\, v\right\rangle = 0 \Leftrightarrow$$
$$\left\langle (\Phi^\dagger \Phi - \Phi\Phi^\dagger) v \,.\, v\right\rangle = 0 \text{ für alle } v \in V$$

und nach Bemerkungen 3.30a ist dies äquivalent mit $\Phi^\dagger\Phi = \Phi\Phi^\dagger$ (es reicht auch Bemerkungen 2.62, 3) anzuwenden).

7) Normale Matrizen erfüllen die Bedingungen aus Bemerkungen 2.70b, 2).
Zum Beispiel kann aus Satz 4.65 1) auf $\mathrm{Kern}(S) = \mathrm{Kern}(S^\dagger)$ *geschlossen werden.*

△

Die auf Theorem 4.55 aufbauende reelle Variante lautet:

Satz 4.68: Orthogonale Block-Diagonalisierung reeller normaler Matrizen

1) Sei $S \in \mathbb{K}^{(n,n)}$ eine normale (obere) Block-Dreiecksmatrix. Dann verschwinden alle Nichtdiagonalblöcke, S ist also eine Blockdiagonalmatrix.

2) Sei $S \in \mathbb{R}^{(n,n)}$ normal, dann existiert eine orthogonale Matrix $A \in \mathbb{R}^{(n,n)}$ derart, dass

$$A^{-1} S A = D$$

eine Blockdiagonalmatrix ist mit $(1,1)$- oder $(2,2)$-Blöcken. Dabei sind die Ersteren genau die reellen Eigenwerte von S und die $(2,2)$-Blöcke haben die Gestalt einer Drehstreckung, d. h.

$$B = \begin{pmatrix} \mu & \nu \\ -\nu & \mu \end{pmatrix} \quad \text{mit} \quad \mu, \nu \in \mathbb{R}\,.$$

Dabei ist

$$\lambda := \mu + i\nu \in \mathbb{C}$$

ein Eigenwert von S.
Die an den entsprechenden Positionen von A stehenden Spalten y und z spannen einen invarianten Unterraum auf, denn:

$$S y = \mu y - \nu z\,,$$
$$S z = \nu y + \mu z$$

und

$$x := y + iz \in \mathbb{C}^n$$

ist Eigenvektor von S zum Eigenwert λ.

Beweis: Zu 1): Der Beweis ist völlig analog zu dem Hauptsatz 4.66, 1) mit Induktion über die Anzahl der Diagonal-Blöcke.

Zu 2): Folgt direkt aus 1) und Theorem 4.55. Es ist nur noch zu klären, dass im Beweis von Theorem 4.55 die Matrix B in (4.22) so erhalten bleibt und die zugehörigen Spalten der Transformation eine ONB bilden. Dies ist der Fall, da nach Bemerkungen 4.67, 5) Realteil $\boldsymbol{y}$ und Imaginärteil $\boldsymbol{z}$ der Eigenvektoren orthogonal sind und gleiche Länge haben, sodass sie mit $\|\boldsymbol{y}\| = \|\boldsymbol{z}\|$ normiert werden können, um eine (n Teil einer) ONB zu erhalten, ohne dass sich die Darstellungsmatrix ändert. □

Bemerkungen 4.69

1) Sei $S \in \mathrm{O}(n, \mathbb{R})$, dann gibt es ein $A \in \mathrm{SO}(n, \mathbb{R})$, so dass $D = A^{-1} S A$ die Gestalt

$$D = \begin{pmatrix} 1 & & & & & & & & \\ & \ddots & & & & & 0 & & \\ & & 1 & & & & & & \\ & & & -1 & & & & & \\ & & & & \ddots & & & & \\ & & & & & -1 & & & \\ & & & & & & D_1 & & \\ & & 0 & & & & & \ddots & \\ & & & & & & & & D_k \end{pmatrix}$$

hat, wobei l die Anzahl der Eigenwerte 1, m die Anzahl der Eigenwerte -1 und k die Anzahl der $(2, 2)$-Drehungen D_i ist, d. h. es ist $l + m + 2k = n$.

Nach Satz 4.39, 2) haben alle Eigenwerte S den Betrag 1, was die Darstellung mittels Satz 4.68, 2) ergibt, $A \in \mathrm{O}(n, \mathbb{R})$ und damit $|\det A| = 1$. Wenn $\det A = -1$ ist, muss einer der Eigenwerte von A reell sein, da die konjugiert komplexen Paare immer $\lambda\overline{\lambda} = |\lambda|^2 = 1$ ergeben, dann kann bei einer Spalte von A, nämlich einem zugehörigen Eigenvektor, zum Negativen übergegangen werden.

Zu einer orthogonalen Matrix der Dimension n gibt es also eine ONB mit positiver Orientierung, so dass in dieser $\mathbb{R}^n$ in invariante Unterräume zerfällt, auf diesen die Abbildung die Identität bzw. die Punktspieglung bzw. eine zweidimensionale Drehung ist. Tatsächlich ist die Aussage eine Charakterisierung, da offensichtlich D orthogonal ist und nach (4.40).

2) Sei V ein endlichdimensionaler euklidischer bzw. unitärer Raum, $\Phi \in \mathrm{Hom}(V, V)$ sei diagonalisierbar oder sogar normal. Die in Bemerkungen 4.43 bzw. 4.61, 3) untersuchten Projektionen auf Eigenräume E_i können weiter zerlegt werden durch Zerlegen der E_i in eindimensionale Unterräume $\mathrm{span}(\boldsymbol{u}_i)$, d. h.

$$V = \bigoplus_{i=1}^{n} \mathrm{span}(\boldsymbol{u}_i)$$

mit einer Eigenvektorbasis $\{\boldsymbol{u}_1, \ldots, \boldsymbol{u}_n\}$.
Nach Satz 2.46 werden durch

$$P_i : V \to \operatorname{span}(\boldsymbol{u}_i) , \quad \boldsymbol{v} = \sum_{j=1}^{n} \alpha_j \boldsymbol{u}_j \mapsto \alpha_i \boldsymbol{u}_i$$

Projektionen definiert, die im normalen Fall, wenn die Basen orthonormal gewählt werden, auch orthogonale Projektionen sind, da dann die Räume $\operatorname{span}(\boldsymbol{u}_i)$ auch orthogonal sind (siehe Satz 4.65, 6)). Daraus folgt die *Spektraldarstellung*

$$\Phi = \sum_{i=1}^{n} \lambda_i P_i .$$

In Matrixschreibweise für normale Matrizen S mit einer Eigenvektor-ONB $\boldsymbol{u}_1, \ldots, \boldsymbol{u}_n$ bedeutet dies

$$S = \sum_{i=1}^{n} \lambda_i \boldsymbol{u}_i \otimes \boldsymbol{u}_i . \tag{4.47}$$

3) Die Spektraldarstellung verallgemeinert somit die orthogonale Projektion auf einen endlichdimensionalen Unterraum U (mit ONB $\boldsymbol{u}_1 \ldots, \boldsymbol{u}_n$), bei der nur die Eigenwerte 1 und 0 auftreten (vgl. (2.51)). △

Beispiele 4.70 (Geometrie) Die ebenen Drehungen und Spiegelungen wurden in Bemerkung 2.27 untersucht. Analoges kann nun für die räumlichen Drehungen, d. h. $S \in \mathrm{SO}(3, \mathbb{R})$, und Spiegelungen, d. h. $S \in \mathrm{O}(3, \mathbb{R})$, $\det S = -1$, geschehen:

1) Eine *Drehung um* eine Koordinatenachse, etwa *die z-Achse* wird beschrieben durch

$$S = \begin{pmatrix} \cos(\varphi) & -\sin(\varphi) & 0 \\ \sin(\varphi) & \cos(\varphi) & 0 \\ 0 & 0 & 1 \end{pmatrix} =: D(\varphi, \boldsymbol{e}_3) \tag{4.48}$$

für ein $\varphi \in [0, 2\pi)$ und analog für die Drehachsen $\boldsymbol{a} = \boldsymbol{e}_1$ oder $\boldsymbol{a} = \boldsymbol{e}_2$. Allgemein ist eine *ebene Drehung um eine Drehachse* $\boldsymbol{a} \in \mathbb{R}^3$, $\|\boldsymbol{a}\|_2 = 1$

$$S = U^{-1} D(\varphi, \boldsymbol{e}_3) U =: D(\varphi, \boldsymbol{a}) .$$

Hierbei ist $U \in \mathrm{SO}(3, \mathbb{R})$ eine Matrix mit $U\boldsymbol{a} = \boldsymbol{e}_3$, beschreibt also eine entsprechende orthogonale Koordinatentransformation. Insbesondere ist daher

$$S\boldsymbol{a} = \boldsymbol{a} .$$

Man vergleiche Bemerkungen 2.134, 2).

Analog wird eine *Drehspiegelung* um die *z-Achse* beschrieben durch

$$S = \begin{pmatrix} \cos(\varphi) & -\sin(\varphi) & 0 \\ \sin(\varphi) & \cos(\varphi) & 0 \\ 0 & 0 & -1 \end{pmatrix} =: DS(\varphi, \boldsymbol{e}_3)$$

für ein $\varphi \in [0, 2\pi)$ und eine *Drehspiegelung* um die Drehachse $\boldsymbol{a} \in \mathbb{R}^3$, $\|\boldsymbol{a}\|_3 = 1$ durch

$$S = U^{-1} DS(\varphi, \boldsymbol{e}_3) U =: DS(\varphi, \boldsymbol{a}),$$

wobei $U \in \mathrm{SO}(3, \mathbb{R})$ eine Matrix mit $U\boldsymbol{a} = \boldsymbol{e}_3$ ist.

2) Zu $S \in \mathrm{SO}(3, \mathbb{R})$ gibt es eine Drehachse, d. h. $\boldsymbol{a} \in \mathbb{R}^3$, so dass S eine durch $\varphi \in [0, 2\pi)$ beschriebene ebene Drehung um diese Drehachse darstellt. S lässt sich schreiben als

$$S = D(\varphi, \boldsymbol{a}) = \cos(\varphi)\mathbb{1} + (1 - \cos(\varphi))\boldsymbol{a} \otimes \boldsymbol{a} + \sin(\varphi) \sum_{i=1}^{3} (\boldsymbol{a} \times \boldsymbol{e}_i) \otimes \boldsymbol{e}_i \tag{4.49}$$

bzw. komponentenweise mit $c := \cos(\varphi)$, $s := \sin(\varphi), \bar{c} := 1 - c$

$$\begin{pmatrix} a_1^2\bar{c} + c & a_1 a_2 \bar{c} - a_3 s & a_1 a_3 \bar{c} + a_2 s \\ a_2 a_1 \bar{c} + a_3 s & a_2^2 \bar{c} + c & a_2 a_3 \bar{c} - a_1 s \\ a_3 a_1 \bar{c} - a_2 s & a_3 a_2 \bar{c} + a_1 s & a_3^2 \bar{c} + c \end{pmatrix}.$$

$S \in \mathrm{SO}(3, \mathbb{R})$ muss mindestens einen reellen Eigenwert und damit den Eigenwert $\lambda = 1$ haben. Sei $\boldsymbol{a} \in \mathbb{R}^3, \|\boldsymbol{a}\|_2 = 1$, ein Eigenvektor dazu. Nach Bemerkungen 4.69, 1) gibt es somit ein $A \in \mathrm{SO}(3, \mathbb{R})$, so dass

$$S = ADA^{-1} \quad \text{mit} \quad D = \begin{pmatrix} D_1 & 0 \\ 0 & 1 \end{pmatrix}, \quad D_1 = \begin{pmatrix} \cos(\varphi) & -\sin(\varphi) \\ \sin(\varphi) & \cos(\varphi) \end{pmatrix},$$

wobei $\varphi \in [0, 2\pi)$ auch die Fälle $\varphi = 0$ und $\varphi = \pi$, d. h. ein diagonales D_1, mit umfasst. Damit ist S eine Drehung um die Achse $\boldsymbol{a}$ mit dem Winkel φ. Die Darstellung (4.49) ergibt sich durch folgende Überlegung:
Nach Satz 4.68, 2) ist $A = (\boldsymbol{v}_1, \boldsymbol{v}_2, \boldsymbol{a})$, wobei $\boldsymbol{v}_1, \boldsymbol{v}_2$ für $\varphi \neq 0$ und $\varphi \neq \pi$ Real- und Imaginärteile eines Eigenvektors zum komplexen Eigenwert $\cos(\varphi) - i\sin(\varphi)$ sind bzw. sonst Eigenvektoren zu 1 bzw. -1. Daher:

$$\begin{aligned} S = ADA^t &= (c\boldsymbol{v}_1 + s\boldsymbol{v}_2, -s\boldsymbol{v}_1 + c\boldsymbol{v}_2, \boldsymbol{a}) \begin{pmatrix} \boldsymbol{v}_1^t \\ \boldsymbol{v}_2^t \\ \boldsymbol{a}^t \end{pmatrix} \\ &= c(\boldsymbol{v}_1 \otimes \boldsymbol{v}_1 + \boldsymbol{v}_2 \otimes \boldsymbol{v}_2) + s(\boldsymbol{v}_2 \otimes \boldsymbol{v}_1 - \boldsymbol{v}_1 \otimes \boldsymbol{v}_2) + \boldsymbol{a} \otimes \boldsymbol{a}. \end{aligned} \tag{4.50}$$

Nach (2.51) ist $P_1 := \boldsymbol{v}_1 \otimes \boldsymbol{v}_1 + \boldsymbol{v}_2 \otimes \boldsymbol{v}_2$ die orthogonale Projektion auf $\mathrm{span}(\boldsymbol{v}_1, \boldsymbol{v}_2) = \boldsymbol{a}^\perp$, es gilt folglich nach (2.52)

$$P_1 = \mathbb{1} - \boldsymbol{a} \otimes \boldsymbol{a}.$$

$P_2 := \boldsymbol{v}_2 \otimes \boldsymbol{v}_1 - \boldsymbol{v}_1 \otimes \boldsymbol{v}_2$ ist eine Abbildung auf $\mathrm{span}(\boldsymbol{v}_1, \boldsymbol{v}_2)$ mit

$$P_2\boldsymbol{v}_1 = \boldsymbol{v}_2, \qquad P_2\boldsymbol{v}_2 = -\boldsymbol{v}_1 \quad \text{und} \qquad P_2\boldsymbol{a} = \boldsymbol{0}.$$

Die gleichen Eigenschaften hat

$$\widetilde{P}_2\boldsymbol{x} := \boldsymbol{a}\times\boldsymbol{x}\,,$$

da $\det(\boldsymbol{v}_1,\boldsymbol{v}_2,\boldsymbol{a}) = 1 > 0$*, also* $(\boldsymbol{v}_1,\boldsymbol{v}_2,\boldsymbol{a})$ *ein Rechtssystem bilden (siehe Beispiel 2.129). Somit ist*

$$P_2\boldsymbol{x} = \boldsymbol{a}\times\boldsymbol{x} = \boldsymbol{a}\times\sum_{i=1}^{3} x_i\boldsymbol{e}_i = \sum_{i=1}^{3}(\boldsymbol{a}\times\boldsymbol{e}_i)x_i = \sum_{i=1}^{3}(\boldsymbol{a}\times\boldsymbol{e}_i)\otimes\boldsymbol{e}_i\boldsymbol{x}$$

und damit folgt die Darstellung (4.49).

3) Zu $S \in \mathrm{O}(3,\mathbb{R})$, $\det(S) = -1$ gibt es eine Drehachse $\boldsymbol{a} \in \mathbb{R}^3$, so dass S eine durch $\varphi \in [0,2\pi)$ beschriebene Drehspiegelung darstellt. A lässt sich schreiben als

$$S = DS(\varphi,\boldsymbol{a}) = \cos(\varphi)\mathbb{1} - (1+\cos(\varphi))\boldsymbol{a}\otimes\boldsymbol{a} + \sin(\varphi)\sum_{i=1}^{3}(\boldsymbol{a}\times\boldsymbol{e}_i)\otimes\boldsymbol{e}_i\,. \tag{4.51}$$

Da S notwendigerweise den Eigenwert -1 hat, ergibt sich die Aussage völlig analog zu 2).

4) Nach Beispiele 3.2, 7) und Definition 2.123 ist ein $S \in \mathrm{SO}(3,\mathbb{R})$ dadurch charakterisiert, dass eine festgewählte rechtsorientierte ONB auf eine rechtsorientierte ONB abgebildet wird. Diese Abbildung kann man auch als Produkt von drei Drehungen um die „kartesischen Hauptachsen" schreiben. Dies ergibt die Beschreibung einer rechtsorientierten ONB (zur Beschreibung von Körperkoordinaten, etwa Flugzeugen) durch drei Winkel in Bezug auf eine festgewählte „erdgebundene" rechtsorientierte ONB, o. B. d. A. $\mathcal{B}_1 = \{\boldsymbol{e}_1,\boldsymbol{e}_2,\boldsymbol{e}_3\}$. Sei dann $\mathcal{B}_2 = \{\boldsymbol{v}_1,\boldsymbol{v}_2,\boldsymbol{v}_3\}$ ein ONB von $\mathbb{R}^3$ mit $\det(\boldsymbol{v}_1,\boldsymbol{v}_2,\boldsymbol{v}_3) = 1$. Dann kann $S = (\boldsymbol{v}_1,\boldsymbol{v}_2,\boldsymbol{v}_3) \in \mathrm{SO}(3,\mathbb{R})$ folgendermaßen zerlegt werden:
$S_1 : (\boldsymbol{e}_1,\boldsymbol{e}_2,\boldsymbol{e}_3) \mapsto (\boldsymbol{v}_1',\boldsymbol{v}_2',\boldsymbol{e}_3)$, wobei

$$v_1' := \frac{1}{\alpha}\begin{pmatrix} v_{1,1} \\ v_{1,2} \\ 0 \end{pmatrix}, \quad v_2' := \frac{1}{\alpha}\begin{pmatrix} -v_{1,2} \\ v_{1,1} \\ 0 \end{pmatrix} \quad \text{mit} \quad \alpha := (v_{1,1}^2 + v_{1,2}^2)^{\frac{1}{2}}\,.$$

S_1 kann nach (4.48) durch einen Drehwinkel Ψ um die Drehachse $\boldsymbol{e}_3$ beschrieben werden.
$S_2 : (\boldsymbol{v}_1',\boldsymbol{v}_2',\boldsymbol{e}_3) \mapsto (\boldsymbol{v}_1,\boldsymbol{v}_2',\boldsymbol{v}_3')$, wobei $\boldsymbol{v}_3' := \boldsymbol{v}_1\times\boldsymbol{v}_2'$.
S_2 kann man durch einen Drehwinkel Θ um die Drehachse $\boldsymbol{v}_2'$ (die „neue" y-Achse) beschreiben.
$S_3(\boldsymbol{v}_1,\boldsymbol{v}_2',\boldsymbol{v}_3') \mapsto (\boldsymbol{v}_1,\boldsymbol{v}_2,\boldsymbol{v}_3)$. S_3 kann durch einen Drehwinkel Φ um die Drehachse $\boldsymbol{v}_1$ (die „neue" x-Achse) beschrieben werden.
Die auftretenden Winkel heißen auch *Euler-Winkel*. In der Luftfahrt heißen Ψ *Gierwinkel*, Θ *Nickwinkel* und Φ *Rollwinkel*, die Hilfsachsen $\boldsymbol{v}_1',\boldsymbol{v}_2',\boldsymbol{v}_3'$ heißen *Knotenachsen*.

○

Matrizen $A, B \in K^{(n,n)}$ kommutieren i. Allg. nicht. Ausnahmen bilden z. B. Diagonalmatrizen oder eine Matrix A und dazu $B = \sum_{i=0}^{k} a_i A^i$ (siehe Kapitel 4.4.1). Im Folgenden wird eine Charakterisierung für normale Matrizen gegeben, die die genannten Beispiele verallgemeinert.

Satz 4.71: Simultane Diagonalisierbarkeit

Für zwei normale $n \times n$-Matrizen S_1 und S_2 sind äquivalent:

(i) Es gibt eine Orthonormalbasis des $\mathbb{K}^n$, deren Vektoren Eigenvektoren sowohl für S_1 als auch für S_2 sind.

(ii) $S_1 S_2 = S_2 S_1$.

Beweis: „(i) $\Rightarrow$ (ii)“: Ist A die Übergangsmatrix in diese (Orthonormal-)basis, so sind $D_1 := A^{-1} S_1 A$ und $D_2 := A^{-1} S_2 A$ beides Diagonalmatrizen. Diese kommutieren, und daraus folgt

$$\begin{aligned} S_1 S_2 &= A D_1 A^{-1} A D_2 A^{-1} = A\, D_1 D_2\, A^{-1} = A\, D_2 D_1\, A^{-1} \\ &= A D_2 A^{-1} A D_1 A^{-1} = S_2 S_1 . \end{aligned}$$

„(ii) $\Rightarrow$ (i)“: Nach Hauptsatz 4.66 gibt es eine Orthonormalbasis des $\mathbb{K}^n$ aus Eigenvektoren für S_1. Die zugehörigen Eigenwerte brauchen nicht alle verschieden zu sein.

Seien $\lambda_1, \cdots, \lambda_m$ die Verschiedenen unter den Eigenvektoren und $E_k := \{\boldsymbol{v} \in \mathbb{K}^n : S_1 \boldsymbol{v} = \lambda_k \boldsymbol{v}\} \subset \mathbb{K}^n, k = 1, \ldots, m$, die zugehörigen Eigenräume von S_1. Es gibt somit eine direkte Summenzerlegung

$$\mathbb{K}^n = E_1 \oplus \ldots \oplus E_m$$

in paarweise orthogonale Eigenräume von S_1. Sei $\boldsymbol{v} \in E_k$. Aus (ii) folgt

$$S_1(S_2 \boldsymbol{v}) = S_2(S_1 \boldsymbol{v}) = S_2\, \lambda_k \boldsymbol{v} = \lambda_k S_2 \boldsymbol{v}.$$

In Worten: Der Vektor $S_2 \boldsymbol{v}$ ist auch Eigenvektor von S_1 zum selben Eigenwert λ_k, demnach $S_2 \boldsymbol{v} \in E_k$. Da dies für beliebige Vektoren $\boldsymbol{v} \in E_k$ gilt, ist der Eigenraum E_k invariant unter der linearen Abbildung mit Matrix S_2. Die orthogonale direkte Summen-Zerlegung ist also auch unter der linearen Abbildung $\boldsymbol{v} \mapsto S_2 \boldsymbol{v}$ invariant. Ist A eine Übergangsmatrix in eine Orthonormalbasis, welche dieser Zerlegung angepasst ist, so ist $A^{-1} S_2 A$ eine entsprechende Blockdiagonalmatrix. Dabei sind die Kästchen in dieser Matrix normal nach Satz 4.65, 4), während die Kästchen in $A^{-1} S_1 A$ Vielfache der Einheitsmatrix sind. Jetzt wenden wir Hauptsatz 4.66 auf die einzelnen Kästchen in $A^{-1} S_2 A$ an und erhalten Orthonormalbasen der einzelnen Eigenräume E_k aus Eigenvektoren für S_2. Die Vereinigung dieser Orthonormalbasen ist eine Orthonormalbasis des ganzen $\mathbb{K}^n$ aus Eigenvektoren für S_2, die gleichzeitig Eigenvektoren für S_1 sind. □

Bemerkung 4.72 Die Charakterisierung der *simultanen Diagonalisierbarkeit* (es gibt eine Basis des $\mathbb{K}^n$, deren Vektoren Eigenvektoren sowohl für S_1 als auch S_2 sind) durch die Kommutativität im Matrixprodukt gilt allgemein für diagonalisierbare S_1, S_2 (und damit für eine Menge diagonalisierbarer Matrizen). Der Beweis (i)$\Rightarrow$(ii) von Satz 4.71 gilt auch hier und (ii)$\Rightarrow$(i) ist eine Folge von Bemerkungen 4.116. △

Was Sie in diesem Abschnitt gelernt haben sollten

Begriffe:

- Normaler Operator, normale Matrix
- Spektraldarstellung
- Simultane Diagonalisierbarkeit

Zusammenhänge:

- Hauptachsentransformation für selbstadjungierte Matrizen (Hauptsatz 4.58)
- Normal bleibt durch unitäre Ähnlichkeitstransformation erhalten (Satz 4.63)
- Mit U ist auch $U^\perp$ Φ-invariant für normales Φ
- Eigenräume bei normalen Operatoren sind orthogonal (Satz 4.65)
- Normal $\Leftrightarrow$ unitär diagonalisierbar (Hauptsatz 4.66)

Aufgaben

Aufgabe 4.17 (K) Sei A eine symmetrische, reelle 3×3-Matrix, deren fünfte Potenz die Einheitsmatrix $\mathbb{1}$ ist. Man zeige $A = \mathbb{1}$.

Aufgabe 4.18 (K) Zeigen Sie, dass die Matrix

$$S := \frac{1}{6}\begin{pmatrix} 1 & 2 & 3 \\ 2 & 3 & 1 \\ 3 & 1 & 2 \end{pmatrix}$$

mittels einer orthogonalen Matrix A auf Diagonalform $D = A^{-1}SA$ gebracht werden kann, und geben Sie die Matrix D explizit an.

Aufgabe 4.19 (K) Üben Sie auf die Matrix

$$S = \begin{pmatrix} -1 & 0 & 2 & 0 \\ 0 & -1 & 0 & 2 \\ 2 & 0 & -1 & 0 \\ 0 & 2 & 0 & -1 \end{pmatrix} \in \mathbb{R}^{4\times 4}$$

eine Hauptachsentransformation aus, d. h. bestimmen Sie eine Matrix $A \in \mathbb{R}^{4\times 4}$, so dass A^tSA diagonal ist.

Aufgabe 4.20 (T) Zeigen Sie, dass jedes $\Phi \in \text{Hom}(V, V)$, das (4.45) erfüllt, unitär ist.

4.4 Blockdiagonalisierung aus der SCHUR-Normalform

4.4.1 Der Satz von CAYLEY-HAMILTON

Im Anhang B, Definition B.16 werden Polynome allgemein über einem Körper K definiert. Eine andere Art der Bildung entsteht, wenn ein Polynom über K „ausgewertet" wird an einem Element $\boldsymbol{x} \in V$, wobei V ein K-Vektorraum ist, auf dem auch eine Multiplikation definiert ist (genauer ist V somit eine sogenannte *K-Algebra* (siehe Definition 3.17)). Ein Beispiel dafür ist $V = K^{(n,n)}$ für ein beliebiges $n \in \mathbb{N}$ oder allgemein $\text{Hom}(W, W)$ für einen K-Vektorraum W. Für festes $C \in K^{(n,n)}$ ist

$$\sum_{\nu=0}^{m} a_\nu C^\nu = a_m C^m + a_{m-1} C^{m-1} + \ldots + a_1 C + a_0 \mathbb{1}_n \in K^{(n,n)}$$

und somit ist die Abbildung

$$\varphi : \begin{cases} K[x] & \to \quad K^{(n,n)} \\ p = p(\lambda) = \sum_0^m a_\nu \lambda^\nu & \mapsto \quad \varphi(p) := p(C) := \sum_0^m a_\nu C^\nu \end{cases} \tag{4.52}$$

wohldefiniert und auch K-linear.

Analog ist $p(\Phi)$ für ein $\Phi \in \text{Hom}(W, W)$ definiert. Bei $p(C)$ für $C \in K^{(n,n)}$ sprechen wir vom *Matrizenpolynom*. Nach Theorem 2.35 hat Φ^k die Darstellungsmatrix C^k, falls Φ zu gegebener Basis die Darstellungsmatrix C hat. Damit gilt mit Theorem 2.24

$$\boxed{p(\Phi) \text{ hat die Darstellungsmatrix } p(C).} \tag{4.53}$$

Beispiel 4.73 Sei etwa $p(\lambda) = \lambda^2 - 1$. Dann ist

$$p(C) = C^2 - \mathbb{1} \, .$$

Die Faktorisierung $p(\lambda) = (\lambda + 1)(\lambda - 1)$ ergibt die gleiche Faktorisierung für das Matrizenpolynom:

$$(C + \mathbb{1})(C - \mathbb{1}) = C^2 + C - C - \mathbb{1} = C^2 - \mathbb{1} \, . \qquad \circ$$

Diese Produktformel gilt ganz allgemein:

Satz 4.74

Ist

$$p(\lambda) = q_1(\lambda) q_2(\lambda)$$

ein Polynom-Produkt, so gilt für jede $n \times n$-Matrix C

$$p(C) = q_1(C)q_2(C) .$$

Beweis: Offensichtlich gilt für die Abbildung φ aus (4.52)

$$\varphi(x^{i+j}) = C^{i+j} = C^i C^j = \varphi(x^i)\varphi(x^j) .$$

Wegen der K-Linearität von φ gilt dies auch für entsprechende Linearkombinationen und damit folgt die Behauptung. □

Ein ganz wesentlicher Punkt ist, dass man daher im obigen Produkt die Faktoren vertauschen darf:

$$\boxed{q_1(C)q_2(C) = q_2(C)q_1(C) .}$$

Obwohl Matrizen i. Allg. nicht kommutieren, kommutieren Matrizen, die Polynome der gleichen Matrix C sind, immer. Etwas formaler:

$$R(C) := \{p(C) : p \in K[x]\}$$

definiert zu gegebenem $C \in K^{(n,n)}$ einen kommutativen Unterring von $K^{(n,n)}$ (bzw. für $\Phi \in \mathrm{Hom}_K(V, V)$ statt C dann von $\mathrm{Hom}_K(V, V)$). Außerdem ist die Polynombildung mit der Ähnlichkeitstransformation verträglich:

Satz 4.75

Die Matrix $C' = A^{-1}CA$ sei ähnlich zur Matrix C. Dann gilt für jedes Polynom $p(\lambda)$

$$p(C') = A^{-1}p(C)A .$$

Beweis: Dies kann als Folgerung von (4.53) verstanden werden, soll aber noch einmal explizit nachgerechnet werden. Wegen

$$\begin{aligned}(C')^\nu &= (A^{-1}CA)\,(A^{-1}CA)\dots(A^{-1}CA)\\ &= A^{-1}C\,C\dots CA\\ &= A^{-1}C^\nu A\end{aligned}$$

ist die Ähnlichkeitsrelation mit der Matrixpotenz verträglich, d. h. man kann einfach ausmultiplizieren

$$p(C') = \sum_0^m a_\nu (C')^\nu = \sum_0^m \left(a_\nu\, A^{-1}C^\nu A\right) = A^{-1}\left(\sum_0^m a_\nu C^\nu\right)A = A^{-1}p(C)A . \qquad \square$$

Offensichtlich gilt für eine beliebige Basis $\mathcal{B} = \{\boldsymbol{v}_1, \ldots, \boldsymbol{v}_n\}$ von K^n

$$p(C) = 0 \Leftrightarrow p(C)\boldsymbol{v}_i = \mathbf{0} \quad \text{für alle} \quad i = 1, \ldots, n\,.$$

Sei insbesondere C diagonalisierbar und habe daher eine Basis aus Eigenvektoren $\boldsymbol{v}_1, \ldots, \boldsymbol{v}_n$ zu den Eigenwerten $\lambda_1, \ldots, \lambda_k \in K$. Sei

$$\chi_C(\lambda) := \prod_{i=1}^{k} (\lambda_i - \lambda)^{r_i}$$

das charakteristische Polynom und

$$p_C(\lambda) := \prod_{i=1}^{k} (\lambda_i - \lambda)\,, \tag{4.54}$$

d. h. p_C hat die gleichen Nullstellen wie χ_C, aber jeweils nur einfach. Dann gilt

$$\chi_C(C) = 0 \quad \text{und} \quad p_C(C) = 0\,. \tag{4.55}$$

Dies kann man folgendermaßen einsehen:

Sei $\boldsymbol{v}_\alpha$ Eigenvektor zu Eigenwert λ_β, dann ist

$$p_C(C)\boldsymbol{v}_\alpha = \prod_{i=1}^{k} (\lambda_i \mathbb{1} - C)\boldsymbol{v}_\alpha = \prod_{\substack{i=1\\ i\neq\beta}}^{k} (\lambda_i \mathbb{1} - C)(\lambda_\beta \boldsymbol{v}_\alpha - C\boldsymbol{v}_\alpha) = \mathbf{0}$$

und analog auch $\chi_C(C)\boldsymbol{v}_\alpha = \mathbf{0}$.

Alternativ hätte Satz 4.75 auch um die folgende Aussage ergänzt werden können:

Sei $p \in K[x]$, $C \in K^{(n,n)}$, $\lambda \in K$ ein Eigenwert von C zum Eigenvektor $\boldsymbol{v}$. Dann ist

$$p(C)\boldsymbol{v} = p(\lambda)\boldsymbol{v}\,. \tag{4.56}$$

Satz 4.77a: Spectral Mapping Theorem

Sei K algebraisch abgeschlossen, V ein eindimensionaler K-Vektorraum, $\Phi \in \mathrm{Hom}_K(V, V)$, $p \in K[x]$, dann gilt

$$p(\sigma(\Phi)) = \sigma(p(\Phi)).$$

Beweis: Es reicht eine Matrix $C \in K^{(n,n)}$ zu betrachten. Dann ist „$\subset$" in (4.56) enthalten und für „$\supset$" beachte man: Sei $\lambda \in \sigma(p(C))$, dann hat $p - \lambda$ eine Zerlegung in Linearfaktoren, d. h.

$$p(x) - \lambda = a_0 \prod_{i=1}^{n} (x - \alpha_i)$$

und damit

$$p(C) - \lambda \mathbb{1} = a_0 \prod_{i=1}^{n} (C - \alpha_i \mathbb{1}) \,.$$

Da die linke Seite nicht invertierbar ist, muss dies auch für einen Faktor der rechten Seite gelten, etwa für $C - \alpha_j \mathbb{1}$ und damit $\alpha_j \in \sigma(C)$, also $\lambda = p(\alpha_j) \in p(\sigma(C))$. □

Ist z. B. $K = \mathbb{R}$, dann gilt nur (4.56), denn ist z. B. $C = G(\alpha)$ zu $\alpha = \frac{\pi}{2}$ die Drehmatrix (siehe Beispiel 4.32), dann ist $\sigma(C) = \emptyset$, $\sigma(C^2) = \{-1\}$.

Zur Bestätigung von (4.55) betrachten wir:

Beispiel 4.76 (Drehmatrix) Wir kürzen ab

$$\cos(\varphi) = c, \quad \sin(\varphi) = s,$$

dann hat eine Drehmatrix die Form:

$$C = \begin{pmatrix} c & -s \\ s & c \end{pmatrix} .$$

Ihr charakteristisches Polynom ist

$$\chi_C(\lambda) = (c - \lambda)^2 + s^2 \,.$$

Einsetzen von C liefert:

$$\chi_C(C) = (c \cdot \mathbb{1}_2 - C)^2 + s^2 \cdot \mathbb{1}_2 = \begin{pmatrix} 0 & s \\ -s & 0 \end{pmatrix}^2 + \begin{pmatrix} s^2 & 0 \\ 0 & s^2 \end{pmatrix} = \begin{pmatrix} -s^2 & 0 \\ 0 & -s^2 \end{pmatrix} + \begin{pmatrix} s^2 & 0 \\ 0 & s^2 \end{pmatrix} = 0 \,. \quad \circ$$

In Abschnitt 4.2.2 wurde der JORDAN-Block (zum Eigenwert 0) als spezielle strikte obere Dreiecksmatrix in $K^{(n,n)}$ eingeführt, die nur den Eigenwert 0 hat. Solche Matrizen sind nilpotent, wobei:

Definition 4.77

Sei $C \in K^{(n,n)}$. C heißt *nilpotent*, wenn ein $k \in \mathbb{N}$ existiert, so dass

$$C^k = 0 \,.$$

Sei V ein K-Vektorraum, $\Phi \in \mathrm{Hom}_K(V, V)$. Φ heißt *nilpotent*, wenn ein $k \in \mathbb{N}$ existiert, so dass

$$\Phi^k = 0.$$

Die minimale Potenz k heißt der *Nilpotenzgrad* (oder *-index*) von Φ.

Satz 4.78

1) (Obere) Dreiecksmatrizen $C \in K^{(n,n)}$ mit

$$c_{i,i} = 0 \quad \text{für alle } i = 1, \ldots, n\,,$$

sind nilpotent.

2) Sei K ein algebraisch abgeschlossener Körper[12], $C \in K^{(n,n)}$ habe genau den Eigenwert 0. Dann ist C nilpotent.
Im Fall der Nilpotenz gilt mindestens $C^n = 0$.

Beweis: Zu 1): Seien $A = (a_{i,j}), B = (b_{i,j}) \in K^{(n,n)}$ obere Dreiecksmatrizen und $l \in \mathbb{N}_0$

$$a_{i,j} = 0 \quad \text{für} \quad j \leq i + l\,, \quad b_{i,j} = 0 \quad \text{für} \quad j \leq i\,,$$

dann erfüllt $AB = (d_{i,j})$

$$d_{i,j} = 0 \quad \text{für} j \leq i + l + 1\,.$$

Es ist nämlich

$$d_{i,j} = \sum_{k=1}^{n} \underbrace{a_{i,k}}_{\substack{=0 \text{ für} \\ k \leq i+l}} \underbrace{b_{k,j}}_{\substack{=0 \text{ für} \\ j \leq k}} = \sum_{k=i+l+1}^{j-1} a_{i,k} b_{k,j} = 0$$

für $j - 1 < i + l + 1$ d. h. $j \leq i + l + 1$.

Sukzessive Anwendung auf $A = C^{l+1}$, $B = C$ für $l = 0, \ldots$, zeigt, dass mindestens

$$\left(C^{l+1}\right)_{i,j} = 0 \quad \text{für} \quad j \leq i + l$$

und damit $C^n = 0$.
Zu 2): Ist $\widetilde{C}$ ähnlich zu C und C nilpotent, so ist auch $\widetilde{C}$ nilpotent. Nach Hauptsatz 4.51 und Bemerkungen 4.52, 3) ist C ähnlich zu einer oberen Dreiecksmatrix, deren Diagonaleinträge verschwinden. □

[12] siehe Anhang Definition B.20

Bemerkungen 4.79

1) Unter den angegebenen Bedingungen sind die in Satz 4.78, 1) bzw. 2) beschriebenen Matrizen auch die einzigen nilpotenten oberen Dreiecksmatrizen bzw. $n \times n$-Matrizen über K.

Für $c \in K$, $c \neq 0$, gilt auch $c^n \neq 0$ für alle $n \in \mathbb{N}$.

Zu 1): Hat C ein Diagonalelement $c_i \neq 0$, so gilt für alle $n \in \mathbb{N}$: $(C^n)_{ii} = c_i^n \neq 0$, C kann folglich nicht nilpotent sein.

Ohne Rückgriff auf eine ähnliche Dreiecksmatrix und für allgemeine K kann folgendermaßen argumentiert werden: Ist $C = 0$, dann ist $\lambda = 0$ der einzige Eigenwert, ist $C \neq 0$, also $C^{k+1} = 0$, aber $C^k \neq 0$ für ein $k \in \mathbb{N}$, dann gilt für ein $\boldsymbol{y} \in K^n$, so dass $\boldsymbol{x} := C^k \boldsymbol{y} \neq \boldsymbol{0}$: $C\boldsymbol{x} = 0$, d. h. 0 ist Eigenwert. Ist andererseits λ Eigenwert zum Eigenvektor $\boldsymbol{x} \neq \boldsymbol{0}$, dann folgt aus $C\boldsymbol{x} = \lambda \boldsymbol{x}$ auch $\boldsymbol{0} = C^{k+1}\boldsymbol{x} = \lambda^{k+1}\boldsymbol{x}$ und damit $\lambda^{k+1} = 0$, also $\lambda = 0$.

2) Ein $\Phi \in \mathrm{Hom}_K(V, V)$ ist nilpotent genau dann, wenn die Darstellungsmatrix bezüglich einer und dann bezüglich aller Basen nilpotent ist. △

Beispiel 4.80

1) Für einen JORDAN-Block J zum Eigenwert 0 der Dimension n gilt:

$$J^k = \begin{pmatrix} 0 & \cdots & 0 & 1 & \cdots & 0 \\ & \ddots & & \ddots & \ddots & \vdots \\ & & \ddots & & \ddots & 1 \\ & & & \ddots & & 0 \\ & & & & \ddots & \vdots \\ 0 & & & & & 0 \end{pmatrix}$$

hat $k-1$ mit Null besetzte obere Nebendiagonalen neben der Diagonalen. Insbesondere ist $J^n = 0$.

2) Es ist

$$\chi_C(C) = 0$$

für jede (auch nichtdiagonalisierbare) strikte (obere) Dreiecksmatrix. Es sei dazu nämlich

$$C = \begin{pmatrix} 0 & * & \cdots & * \\ \vdots & \ddots & \ddots & \vdots \\ \vdots & & \ddots & * \\ 0 & \cdots & \cdots & 0 \end{pmatrix}.$$

Sie hat den einzigen Eigenwert $\lambda = 0$ mit der Vielfachheit n. Ihr charakteristisches Polynom ist demnach

$$\chi_C(\lambda) = (-\lambda)^n .$$

Nach Satz 4.78 gilt:

$$\chi_C(C) = (-1)^n \cdot C^n = 0 .$$

3) Sei

$$C = \begin{pmatrix} a & b \\ c & d \end{pmatrix} \in \mathbb{R}^{(2,2)} ,$$

Wegen

$$\begin{aligned} (C - d\mathbb{1})(C - a\mathbb{1})\boldsymbol{e}_1 &= (C - d\mathbb{1})c\boldsymbol{e}_2 = bc\boldsymbol{e}_1 \\ (C - a\mathbb{1})(C - d\mathbb{1})\boldsymbol{e}_2 &= (C - a\mathbb{1})b\boldsymbol{e}_1 = bc\boldsymbol{e}_2 \end{aligned}$$

gilt:

$$\chi_C(C) = (C - a\mathbb{1})(C - d\mathbb{1}) - bc\mathbb{1} = 0 .$$ ○

Die gefundene Aussage gilt allgemein.

Theorem 4.81: Satz von CAYLEY-HAMILTON[13]

Sei K *algebraisch abgeschlossen*, dann gilt für jede Matrix $C \in K^{(n,n)}$:

$$\chi_C(C) = 0 .$$

Beweis: Nach dem Trigonalisierbarkeitskriterium Hauptsatz 4.51 (siehe auch Bemerkungen 4.52, 3)) ist C ähnlich zu einer oberen Dreiecksmatrix C'. Es ist deswegen

$$\chi_{C'}(\lambda) = \chi_C(\lambda)$$

und wegen Satz 4.75 gilt mit der Transformationsmatrix A

$$\chi_{C'}(C') = \chi_C(C') = A^{-1}\chi_C(C)A .$$

Damit ist

$$\chi_C(C) = 0 \Leftrightarrow \chi_{C'}(C') = 0 . \tag{4.57}$$

Es genügt also, die Aussage für die obere Dreiecksmatrix C' zu beweisen. Mit anderen Worten: Wir können o. B. d. A. annehmen, C selbst ist eine obere Dreiecksmatrix. Auf der

[13] Arthur CAYLEY *16. August 1821 in Richmond upon Thames †26. Januar 1895 in Cambridge

Diagonale von C stehen dann die Eigenwerte, etwa in der Reihenfolge

$$\lambda_1, \lambda_2, \ldots, \lambda_n .$$

Wir beweisen jetzt durch Induktion nach $k = 1, \ldots, n$ die folgende Aussage:

$$(\lambda_1 \cdot \mathbb{1}_n - C)(\lambda_2 \cdot \mathbb{1}_n - C) \ldots (\lambda_k \cdot \mathbb{1}_n - C)\boldsymbol{e}_i = \boldsymbol{0} \quad \text{für} \quad i = 1, \ldots, k .$$

Anders ausgedrückt: Die ersten k Spalten der Matrix

$$(\lambda_1 \cdot \mathbb{1}_n - C) \ldots (\lambda_k \cdot \mathbb{1}_n - C)$$

sind Null-Spalten. Für $k = n$ ist dies die Behauptung unseres Satzes.
Induktionsanfang ($k = 1$): Die Matrix $\lambda_1 \cdot \mathbb{1}_n$ hat, ebenso wie die Matrix C in ihrer linken oberen Ecke den Eintrag λ_1. Alle anderen Einträge dieser beiden Matrizen in der ersten Spalte sind Null. Aufgrund dessen sind alle Einträge Null in der ersten Spalte der Matrix $\lambda_1 \cdot \mathbb{1}_n - C$.
Induktionsannahme: Die Behauptung gelte für alle $i < k$.
Induktionsschluss: Für jedes $i < k$ ist (Vertauschbarkeit von Polynomen derselben Matrix)

$$\begin{aligned}
&(\lambda_1 \cdot \mathbb{1}_n - C) \ldots (\lambda_k \cdot \mathbb{1}_n - C)\boldsymbol{e}_i \\
&\qquad = (\lambda_{i+1} \cdot \mathbb{1}_n - C) \ldots (\lambda_k \cdot \mathbb{1}_n - C) [(\lambda_1 \cdot \mathbb{1}_n - C) \ldots (\lambda_i \cdot \mathbb{1}_n - C)\boldsymbol{e}_i] \\
&\qquad = (\lambda_{i+1} \cdot \mathbb{1}_n - C) \ldots (\lambda_k \cdot \mathbb{1}_n - C)\boldsymbol{0} = \boldsymbol{0}
\end{aligned}$$

nach Induktionsannahme. Für $i = k$ ist der (k, k)-Diagonal-Eintrag der Matrix $\lambda_k \cdot \mathbb{1}_n - C$ gerade $\lambda_k - \lambda_k = 0$. Deswegen stehen in der k-ten Spalte dann höchstens Einträge $c_1, \ldots, c_{k-1}$ auf den ersten $k - 1$ Positionen, d. h.

$$(\lambda_k \cdot \mathbb{1}_n - C)\boldsymbol{e}_k = \sum_{1}^{k-1} c_i \boldsymbol{e}_i .$$

Daraus folgt auch für $i = k$

$$\begin{aligned}
&(\lambda_1 \cdot \mathbb{1}_n - C) \ldots (\lambda_k \cdot \mathbb{1}_n - C)\boldsymbol{e}_k \\
&\qquad = (\lambda_1 \cdot \mathbb{1}_n - C) \ldots (\lambda_{k-1} \cdot \mathbb{1}_n - C)(c_1\boldsymbol{e}_1 + \ldots + c_{k-1}\boldsymbol{e}_{k-1}) = \boldsymbol{0} .
\end{aligned}$$

Für $k = n$ ist damit gezeigt, dass $\chi_C(C)$ die Nullmatrix ist. □

Bemerkungen 4.82

1) Dieser Satz von CAYLEY-HAMILTON gilt nun für komplexe Matrizen C und damit auch für reelle Matrizen. Mit anderen Methoden (unter Rückgriff auf die Matrix der Adjunkten) kann man zeigen, dass dieser Satz allgemein für jeden Körper K gilt, ohne die Voraussetzung, dass K algebraisch abgeschlossen ist. So soll er auch im Folgenden benutzt werden.

2) Übersetzt für ein $\Phi \in \mathrm{Hom}_K(V, V)$, mit einem ein endlichdimensionalen K-Vektorraum V, bedeutet der Satz von CAYLEY-HAMILTON

$$\boxed{\chi_\Phi(\Phi) = 0 \quad (\in \mathrm{Hom}_K(V, V))\,,}$$

da $\chi_\Phi(\Phi)$ nach (4.53) die Darstellungsmatrix $\chi_\Phi(C)$ hat, wenn Φ die Darstellungsmatrix C für eine gegebene Basis hat. Damit ist $\chi_\Phi(C) = \chi_C(C) = 0$.
Sind C, C' Darstellungsmatrizen für ein $\Phi \in \mathrm{Hom}_K(V, V)$ bezüglich verschiedener Basen, so gilt nach (4.57) allgemein

$$\chi_C(C) = 0 \Leftrightarrow \chi_{C'}(C') = 0\,,$$

so dass die Überlegung unabhängig von der Wahl der Darstellungsmatrix, d. h. unabhängig von der gewählten Basis ist.
Für ein $C \in K^{(n,n)}$ gibt es mindestens ein $p \in K[x]$ mit

$$p(C) = 0\,,$$

und der Satz von CAYLEY-HAMILTON zeigt insbesondere

$$1 \le \mathrm{grad}(p) \le n\,.$$

Die Aussage $\dim K^{(n,n)} = n^2$ *hätte hier nur ein* $p \in K[x]$ *mit* $1 \le \mathrm{grad}(p) \le n^2$ *gesichert. Nur für die schwächere Aussage* $p(C)\boldsymbol{x} = \boldsymbol{0}$, $\boldsymbol{x} \in K^n$ *fest, hätte ein* $p \in K[x]$ *mit* $1 \le \mathrm{grad}(p) \le n = \dim K^n$ *gesichert werden können.*

3) Angewendet auf den speziellen Fall eines einzigen Eigenwerts $\overline{\lambda}$, d. h. bei $\chi_C(\lambda) = (\overline{\lambda} - \lambda)^n$ für ein $C \in \mathbb{C}^{(n,n)}$ ist also

$$0 = \chi_C(C) = (\overline{\lambda}\mathbb{1} - C)^n$$

und damit gilt

$$\mathrm{Kern}(C - \overline{\lambda}\mathbb{1})^n = \mathbb{C}^n.$$

Es kann hier also i. Allg. nicht eine Basis im Eigenraum $\mathrm{Kern}(C - \overline{\lambda}\mathbb{1})$ gefunden werden (siehe Beispiel 4.45), aber wie angedeutet mit „verallgemeinerten Eigenvektoren“. Dies wird ab dem nächsten Abschnitt weiter entwickelt.

4) Diese letzte Überlegung zeigt auch für $K = \mathbb{C}$ und $\boldsymbol{x} \neq \boldsymbol{0}$ bzw. einen algebraisch abgeschlossenen Körper mit der Linearfaktorzerlegung von p, dass ein Eigenwert existieren muss, ohne auf das charakteristische Polynom zurückzugreifen (Satz 4.49).

5) Eine weitere Konsequenz aus dem Satz von CAYLEY-HAMILTON ist: Sei $C \in K^{(n,n)}$ invertierbar, dann gibt es ein $p \in K_{n-1}[x]$, so dass

$$C^{-1} = p(C).$$

Ist nämlich $\chi_C(\lambda) = \sum_{i=0}^n a_i\lambda^i$ *das charakteristische Polynom von* C, *so ist* $a_0 = \det(C) \neq 0$ *und somit*

$$\frac{1}{a_0}\chi_C(\lambda) = 1 - \lambda p(\lambda) \text{ und } p \in K_{n-1}[x],$$

wegen $1/a_0\chi_C(\lambda) - 1 = 0$ für $\lambda = 0$, so dass der Linearfaktor abdividiert werden kann (siehe Satz B.21, 1)). Es gilt also

$$0 = \frac{1}{a_0}\chi_C(C) = \mathbb{1} - Cp(C), \text{d. h. } \mathbb{1} = Cp(C)$$

und damit gilt die Behauptung.

△

Mit den Abschnitten 4.4.2 und 4.4.3 werden ein nichtkonstruktiver und ein konstruktiver Weg angeboten zur nächsten Zwischenstation für eine allgemeine Normalform, nämlich einer spezifischen Blockdiagonaldarstellung. Will man dem Weg von 4.4.3 folgen, ist der Rest dieses Abschnitts entbehrlich.

Ist C zusätzlich diagonalisierbar und k die Anzahl der verschiedenen Eigenwerte, so sagt (4.55), dass es auch ein Polynom p_C mit $\text{grad}(p) = k$ und $p_C(C) = \mathbf{0}$ gibt. Dies legt die Definition nahe:

Definition 4.83

Sei $C \in K^{(n,n)}$. Das normierte Polynom

$$\mu_C(\lambda) = \lambda^\nu + a_{\nu-1}\lambda^{\nu-1} + \ldots + a_0 \neq 0$$

kleinsten positiven Grades mit $\mu_C(C) = 0$ heißt *Minimalpolynom* der Matrix C.

Satz 4.84: Teilereigenschaft des Minimalpolynoms

Sei $C \in K^{(n,n)}$. Ist $\mu_C \neq 0$ das Minimalpolynom, so teilt μ_C jedes andere Polynom $p(\lambda)$ mit der Eigenschaft $p(C) = 0$.

Beweis: In $K[x]$ kann man mit Rest dividieren, d. h. nach Anhang B, Satz B.19 gibt es $q, r \in K[x]$, so dass

$$p(\lambda) = \mu_C(\lambda) \cdot q(\lambda) + r(\lambda)$$

und $\text{grad}(r) < \text{grad}(\mu_C)$.

Andererseits folgt aus $p(C) = 0$, dass

$$r(C) = p(C) - \mu_C(C)q(C) = 0\,.$$

Daher kann nicht $r \neq 0$ gelten, und damit ist die Behauptung bewiesen. □

Bemerkungen 4.85

1) Ähnliche Matrizen haben das gleiche Minimalpolynom. Daher kann auch vom *Minimalpolynom* eines $\Phi \in \mathrm{Hom}_K(V, V)$ für endlichdimensionales V gesprochen werden (als Minimalpolynom einer und damit jeder Darstellungsmatrix).

Seien C und C' ähnlich, d. h. $C' = A^{-1}CA$ für ein $A \in \mathrm{GL}(n, K)$, μ_C und $\mu_{C'}$ bezeichnen die Minimalpolynome. Aus $\mu_C(C) = 0$ folgt mit Satz 4.75 auch $\mu_C(C') = 0$ und damit wird μ_C von $\mu_{C'}$ geteilt und umgekehrt. Da μ_C und $\mu_{C'}$ so gleichen Grad haben und normiert sind, folgt (siehe Satz B.19) nun $\mu_C = \mu_{C'}$.

2) Zur Wohldefinition von μ_C muss überhaupt ein Polynom p existieren, so dass $p(C) = 0$. Hierzu muss nicht auf Satz von CAYLEY-HAMILTON zurückgegriffen werden, siehe Bemerkungen 4.82, 2). Etwas formaler gilt: Sei

$$S_C := \{p \in K[x] : p(C) = 0\} .$$

S_C ist dann ein Ideal (siehe Anhang B, Satz B.23) und damit

$$S_C = \langle g \rangle$$

für ein dadurch eindeutig bestimmtes normiertes $g \in K[x]$. Es ist gerade $g = \mu_C$.

3) Sei $C \in \mathbb{R}^{(2,2)}$ und habe keine reellen Eigenwerte. Dann gilt für jedes $p \in \mathbb{R}_2[x]$

$$p = \alpha\chi_C \text{ für ein } \alpha \in \mathbb{R} \text{ oder } p(C) \text{ ist invertierbar.}$$

Es sei p kein Vielfaches von χ_C, o. B. d. A.

$$\chi_C(\lambda) = \lambda^2 + a_1\lambda + a_0,$$
$$p(\lambda) = \lambda^2 + b_1\lambda + b_0, \text{ mit } a_i, b_i \in \mathbb{R}, i = 0, 1,$$

also

$$p(C) = p(C) - \chi_C(C) = (b_1 - a_1)C + (b_0 - a_0)\mathbb{1} .$$

Ist $b_1 = a_1$, also $b_0 \neq a_0$, dann ist $p(C)$ Vielfaches von $\mathbb{1}$, ist $b_1 \neq a_1$, also

$$p(C) = (b_1 - a_1)(C - \beta\mathbb{1}) \text{ mit } \beta = (b_0 - a_0)/(b_1 - a_1)$$

und somit auch invertierbar, da β kein Eigenwert ist.

Insbesondere gilt also:

$$\mu_C = \chi_C .$$

4) In Erweiterung von 2) sei für einen endlichdimensionalen K-Vektorraum V, $\Phi \in \mathrm{Hom}_K(V, V)$, einen Φ-invarianten Unterraum $W \subset V$ und für $\boldsymbol{v} \in V$:

$$S_\Phi(\boldsymbol{v}, W) = \{p \in K[x] : p(\Phi)\boldsymbol{v} \in W\} .$$

Für $W = \{\mathbf{0}\}$ heißt diese Menge der *Φ-Annihilator von $\boldsymbol{v}$*.
Es gilt immer: $\mu_\Phi \in S_\Phi(\boldsymbol{v}, W)$. Auch $S_\Phi(\boldsymbol{v}, W)$ ist ein Ideal und damit

$$S_\Phi(\boldsymbol{v}, W) = \langle \mu_\Phi(\boldsymbol{v}, W) \rangle$$

für ein dadurch eindeutig bestimmtes normiertes $\mu_\Phi(\boldsymbol{v}, W) \in K[x]$. Für $W = \{\mathbf{0}\}$ heißt $\mu_\Phi^{\boldsymbol{v}} := \mu_\Phi(\boldsymbol{v}, \{\mathbf{0}\})$ auch *Φ-Minimalpolynom von $\boldsymbol{v}$*.

5) Die Begriffe von 4) erlauben einen „koordinatenfreien" Beweis von Hauptsatz 4.51 in der Form von Bemerkungen 4.52, 5). Die Hilfsaussage, die dann einen Induktionsbeweis (analog zum Beweis von Hauptsatz 4.51) erlaubt, ist: Das Minimalpolynom von Φ sei

$$\mu_\Phi(\lambda) = \prod_{i=1}^{k} (\lambda - \lambda_i)^{m_i}$$

mit paarweise verschiedenen Eigenwerte λ_i, $i = 1, \ldots, k$, mit $m_i \geq 1$. Ist $W \neq V$ ein Φ-invarianter Unterraum, dann gibt es ein $\boldsymbol{v} \in V \setminus W$, so dass $\Phi\boldsymbol{v} \in W + \lambda_j \boldsymbol{v}$ für einen Eigenwert λ_j.

Sei nämlich $\boldsymbol{w} \in V \setminus W$ und $g := \mu_\Phi^{(\boldsymbol{w},W)}$. Wegen $\boldsymbol{w} \notin W$ ist der Grad von g positiv, also

$$g(\lambda) = \prod_{i=1}^{k} (\lambda - \lambda_i)^{s_i} \quad \text{mit } s_i \geq 0$$

wobei für mindestens ein j gilt: $s_j > 0$, also

$$g(\lambda) = (\lambda - \lambda_j) h(\lambda) \quad \text{für ein } h \in K[x]$$

und daher gilt für $\boldsymbol{v} := h(\Phi)\boldsymbol{w}$: $\boldsymbol{v} \notin W$, da sonst $h \in S_\Phi(\boldsymbol{w}, W)$, was wegen $\mathrm{grad}(h) < \mathrm{grad}(g)$ einen Widerspruch zur Minimalität darstellte. Die Aussage folgt sofort für $\boldsymbol{v}$.

6) Sei $C \in K^{(n,n)}$, dann kann μ_C wie folgt berechnet werden:
$\mathbb{1}, C, C^2, \ldots, C^k$ werden auf lineare Abhängigkeit geprüft, d. h. ein homogenes LGS in n^2 Gleichungen und $k+1$ Unbekannten wird auf nichttriviale Lösbarkeit untersucht. Für das erste k, für das dies zutrifft, ist $C^k = \sum_{i=0}^{k-1} a_i C^i$ und damit $\mu_C(\lambda) = \lambda^k - \sum_{i=0}^{k-1} a_i \lambda^i$. Wählt man $\boldsymbol{x} \in K^n$ fest, so führt die gleiche Prozedur mit $\boldsymbol{x}, C\boldsymbol{x}, \ldots, C^k\boldsymbol{x}$, d. h. jetzt nur n Gleichungen, zu $\mu_C^{\boldsymbol{x}}$ und damit zumindestens zu einem Teiler von μ_C, genauer:

7) Sei $\boldsymbol{v}_1, \ldots, \boldsymbol{v}_n$ eine Basis des n-dimensionalen K-Vektorraums, dann gilt

$$\mu_\Phi = \mathrm{kgV}(\mu_\Phi^{\boldsymbol{v}_1}, \ldots, \mu_\Phi^{\boldsymbol{v}_n})$$

(zur Definition von kgV siehe Definition B.25).

Die rechte Seite werde mit p bezeichnet, dann gilt wegen $\mu_\Phi^{\boldsymbol{v}_i} \mid \mu_\Phi$ auch $p \mid \mu_\Phi$ (für beliebige $\boldsymbol{v}_i$). Wegen $\mu_\Phi^{\boldsymbol{v}_i} \mid p$ gilt auch $p(\Phi)\boldsymbol{v}_i = 0$ für $i = 1, \ldots, n$ und damit $p(\Phi) = 0$, also $\mu_\Phi \mid p$ und wegen der Normiertheit also $\mu_\Phi = p$.

8) Mit 6) werden auch Faktoren des charakteristischen Polynoms χ_C gefunden. Dies kann zu einer Methode zur Bestimmung von χ_C (aber damit noch nicht von seinen Nullstellen!) erweitert werden. Dieser (für kleine Beispiele) beschreitbaren Weg: Bestimmung von χ_C, Bestimmung der Nullstellen davon, ist aber allgemein nicht zielführend (siehe Kapitel 8.2.4). △

Aus dem Satz von CAYLEY-HAMILTON folgt: Das Minimalpolynom μ_C teilt das charakteristische Polynom χ_C. Jede Nullstelle von μ_C ist also auch eine Nullstelle von χ_C, d. h. ein Eigenwert. Davon gilt aber auch die Umkehrung:

Satz 4.86: Eigenwerte und Minimalpolynom

1) Die Eigenwerte einer Matrix $C \in K^{(n,n)}$ sind genau die Nullstellen ihres Minimalpolynoms $\mu_C(\lambda)$.

2) C ist diagonalisierbar genau dann, wenn μ_C nur einfache Nullstellen hat.

Beweis: Zu 1): Nach Satz 4.84 ist jede Nullstelle von μ_C auch Nullstelle von χ_C. Sei andererseits λ ein Eigenwert von C, $\boldsymbol{v} \neq \boldsymbol{0}$ ein Eigenvektor dazu. Nach (4.56) gilt insbesondere für $p = \mu_C$:

$$\boldsymbol{0} = \mu_C(C)\boldsymbol{v} = \mu_C(\lambda)\boldsymbol{v}$$

und wegen $\boldsymbol{v} \neq \boldsymbol{0}$ also $\mu_C(\lambda) = 0$, d. h. λ ist auch Nullstelle des Minimalpolynoms.
Zu 2): „$\Rightarrow$“: Mit der Definition (4.54) von p_C teilt somit p_C nach 1) das Minimalpolynom μ_C. Nach (4.55) teilt aber das Minimalpolynom auch p_C, so dass diese Polynome, eventuell bis auf das Vorzeichen, identisch sind.
„$\Leftarrow$“: – Mit der Kenntnis der JORDANschen Normalform wird sich dies später sehr direkt zeigen lassen. – Es sei

$$\mu_C(\lambda) = \prod_{i=1}^{k}(\lambda - \lambda_i)$$

mit den paarweise verschiedenen Eigenwerten λ_i, $i = 1, \ldots, k$, E_i, $i = 1, \ldots, k$, seien die Eigenräume dazu und

$$W := E_1 \oplus \ldots \oplus E_k$$

der von den Eigenvektoren aufgespannte Unterraum von K^n. Es ist also $W = K^n$ zu zeigen. Angenommen, dies gilt nicht, dann gibt es nach Bemerkungen 4.85, 5) ein $\boldsymbol{v} \notin W$, so dass $\boldsymbol{w} := (C - \lambda_j \mathbb{1})\boldsymbol{v} \in W$ für einen Eigenwert λ_j. Sei

$$q(\lambda) := \prod_{\substack{i=1 \\ i \neq j}}^{k}(\lambda - \lambda_i)\,,$$

d. h. $\mu_C(\lambda) = q(\lambda)(\lambda - \lambda_j)$, also wegen $0 = \mu_C(C)\boldsymbol{v} = (C - \lambda_j \mathbb{1})q(C)\boldsymbol{v}$ und damit ist also $q(C)\boldsymbol{v} = \boldsymbol{0}$ oder $q(C)\boldsymbol{v}$ ist ein Eigenvektor von C zum Eigenwert λ_j, in beiden Fällen also:

$$q(C)\boldsymbol{v} \in W\,.$$

Weiter gibt es ein $h \in K[x]$, so dass

$$q(\lambda) - q(\lambda_j) = (\lambda - \lambda_j)h(\lambda)$$

und damit

$$q(C)\boldsymbol{v} - q(\lambda_j)\boldsymbol{v} = h(C)(C - \lambda_j \mathbb{1})\boldsymbol{v} = h(C)\boldsymbol{w}$$

und wegen $h(C)\boldsymbol{w} \in W$, da W C- und damit $h(C)$-invariant ist, schließlich:

$$q(\lambda_j)\boldsymbol{v} \in W\,.$$

Da aber $\boldsymbol{v} \notin W$ gilt, muss also $q(\lambda_j) = 0$ sein, im Widerspruch zur paarweisen Verschiedenheit der Linearfaktoren. □

Die Nullstellen von χ_C und μ_C stimmen folglich überein. Der Unterschied zwischen beiden Polynomen liegt nur darin, dass diese Nullstellen in χ_C mit einer höheren Vielfachheit vorkommen können als in μ_C.

Den anderen Extremfall im Vergleich zu einer diagonalisierbaren Matrix zeigt ein JORDAN-Block J der Dimension n: Beispiel 4.80 zeigt $(-J)^k \neq 0, k = 0, \ldots, n-1$. Also gilt

$$\mu_J(\lambda) = \lambda^n = (-1)^n \chi_J(\lambda)\,.$$

4.4.2 Blockdiagonalisierung mit dem Satz von CAYLEY-HAMILTON

Mit Abschnitt 4.4.1 sind die algebraischen Grundlagen gelegt, um eine Matrixdarstellung einer linearen Abbildung durch einen Basiswechsel, d. h. durch eine Ähnlichkeitstransformation im allgemeinen Fall zwar nicht zu diagonalisieren, aber zu block-diagonalisieren. Dies ist gleichbedeutend mit einer direkten Zerlegung in invariante Unterräume. Die in diesem Abschnitt präsentierte Vorgehensweise ist nur dann konstruktiv, wenn man (unrealistischerweise) annimmt, dass das charakteristische Polynom explizit bekannt ist und auch numerisch nicht effizient. Daher wird in Abschnitt 4.4.3 ein alternativer Zugang angedeutet. Aufbauend auf die SCHUR-Normalform bedeutet dies die Ähnlichkeit zu einer Blockdiagonalmatrix, deren Blöcke obere Dreiecksmatrizen (zu jeweils einem Eigenwert) sind. Abschnitt 4.5 entwickelt eine spezielle Basis für die invarianten Unterräume, so dass dann die JORDANsche Normalform entsteht. Für Informationen über den Ring der Polynome sei auf Anhang B.3 verwiesen.

Satz 4.87: Zerlegung Raum und charakteristisches Polynom

Sei V ein endlichdimensionaler K-Vektorraum, $\Phi \in \mathrm{Hom}_K(V,V)$ und $V = U_1 \oplus U_2$ eine Φ-invariante Zerlegung.
Bezeichnet $\Phi_i : U_i \to U_i$ die Einschränkung von $\Phi : V \to V$ auf U_i für $i = 1, 2$,

dann gilt für das charakteristische Polynom χ_Φ

$$\chi_\Phi = \chi_{\Phi_1}\chi_{\Phi_2}$$

und wenn $\mu_{\Phi_1}, \mu_{\Phi_2}$ teilerfremd sind, auch für das Minimalpolynom μ_Φ von Φ

$$\mu_\Phi = \mu_{\Phi_1}\mu_{\Phi_2} .$$

Beweis: Wähle eine Basis $\boldsymbol{v}_1, \ldots, \boldsymbol{v}_n$ von V so, dass $\boldsymbol{v}_1, \ldots, \boldsymbol{v}_k$ eine Basis von U_1 und $\boldsymbol{v}_{k+1}, \ldots, \boldsymbol{v}_n$ eine Basis von U_2 ist. Nach Bemerkungen 4.19, 2) gilt für die Darstellungsmatrizen $\widetilde{C}_1 \in K^{k,k}$ von Φ_1, $\widetilde{C}_2 \in K^{(n-k,n-k)}$ von Φ_2 und $C \in K^{n,n}$ von Φ

$$C = \left(\begin{array}{c|c} \widetilde{C}_1 & 0 \\ \hline 0 & \widetilde{C}_2 \end{array}\right) .$$

Demzufolge gilt für die charakteristischen Polynome nach der Kästchenregel (Hauptsatz 2.114):

$$\chi_C(\lambda) = \chi_{\Phi_1}(\lambda)\chi_{\Phi_2}(\lambda) .$$

Weiter gilt für ein beliebiges Polynom p

$$p(C) = \left(\begin{array}{c|c} p(\widetilde{C}_1) & 0 \\ \hline 0 & p(\widetilde{C}_2) \end{array}\right)$$

und damit folgt speziell für $p = \mu_C$ wegen $\mu_C(C) = 0$ sofort $\mu_C(\widetilde{C}_1) = 0 = \mu_C(\widetilde{C}_2)$. Somit gilt wegen Satz 4.84

$$\mu_{\widetilde{C}_1} | \mu_C \quad \text{und} \quad \mu_{\widetilde{C}_2} | \mu_C$$

und nach Voraussetzung und Bemerkungen B.29, 4) auch $\mu_{\widetilde{C}_1}\mu_{\widetilde{C}_2} | \mu_C$.

Andererseits folgt mit der Wahl von $p = \mu_{\widetilde{C}_1}\mu_{\widetilde{C}_2} = \mu_{\widetilde{C}_2}\mu_{\widetilde{C}_1}$ auch $p(C) = 0$ und damit wegen Satz 4.84

$$\mu_C | \mu_{\widetilde{C}_1}\mu_{\widetilde{C}_2} .$$

□

Der Beweis der letzten Teilaussage zeigt, dass ohne die Voraussetzung der Teilerfremdheit verallgemeinernd gilt:

$$\mu_\Phi = \mathrm{kgV}(\mu_{\Phi_1}, \mu_{\Phi_2}) .$$

Insgesamt ergibt sich also die folgende Behauptung:

Theorem 4.88: Invariante Zerlegung aus Zerlegung Polynom

Sei V ein endlichdimensionaler K-Vektorraum und $\Phi \in \mathrm{Hom}_K(V, V)$. Sei p ein Polynom mit $p(\Phi) = 0$, das in der Form

$$p(\lambda) = p_1(\lambda) \cdot p_2(\lambda)$$

in teilerfremde Faktoren $p_1(\lambda)$ und $p_2(\lambda)$, d. h. ohne gemeinsame Nullstellen, zerfällt. Dann gilt für die Untervektorräume $U_1 := \mathrm{Kern}\, p_1(\Phi)$, $U_2 := \mathrm{Kern}\, p_2(\Phi) \subset V$:

1) $U_1 = \mathrm{Bild}\, p_2(\Phi)$, $U_2 = \mathrm{Bild}\, p_1(\Phi)$,

2) $U_1 \oplus U_2 = V$,

3) U_i ist invariant unter Φ für $i = 1, 2$.

4) Es sei $\Phi_i : U_i \to U_i$ die Einschränkung von Φ auf U_i für $i = 1, 2$. Ist K algebraisch abgeschlossen, dann folgt für $p = \chi_\Phi$

$$p_i = \chi_{\Phi_i}$$

und für die Minimalpolynome

$$\mu_\Phi = \mu_{\Phi_1} \mu_{\Phi_2} \; .$$

Beweis: Durch Wahl einer Darstellungsmatrix $C \in K^{(n,n)}$ kann der Beweis auch in Matrixschreibweise erfolgen.
Korollar B.26 aus Anhang B.3 gestattet die Wahl von Polynomen $f_i, i = 1, 2$, mit

$$f_1(\lambda) \cdot p_1(\lambda) + f_2(\lambda) \cdot p_2(\lambda) = 1 \; .$$

Für eine beliebige Matrix A bedeutet dies

$$p_1(A) f_1(A) + p_2(A) f_2(A) = \mathbb{1} \tag{4.58}$$

und ebenfalls die weiteren Varianten, die durch Umordnung der Faktoren entstehen. Wir definieren die Matrizen

$$C_1 := p_2(C), \; C_2 := p_1(C)$$

und wählen für $i = 1, 2$ als Unterräume $U_i \subset K^n$ die Bilder der linearen Abbildungen $C_i : K^n \to K^n$, d. h.

$$U_1 := \mathrm{Bild}\, p_2(C), \quad U_2 := \mathrm{Bild}\, p_1(C) \; .$$

Nach Voraussetzung folgt:

$$0 = p(C) = p_1(C)p_2(C) = p_2(C)p_1(C)$$

und damit

$$U_1 = \text{Bild}\, p_2(C) \subset \text{Kern}\, p_1(C)\,, \qquad U_2 = \text{Bild}\, p_1(C) \subset \text{Kern}\, p_2(C)\,.$$

Ist andererseits $\boldsymbol{x} \in \text{Kern}\, p_1(C)$, so folgt aus (4.58)

$$\boldsymbol{x} = p_2(C)f_2(C)\boldsymbol{x} \in \text{Bild}\, p_2(C) \qquad \text{und damit} \qquad \text{Kern}\, p_1(C) \subset \text{Bild}\, p_2(C)$$

und analog $\text{Kern}\, p_2(C) \subset \text{Bild}\, p_1(C)$. Das zeigt 1).

Die Invarianzaussage 3) folgt sofort aus der Definition, da $U = \text{Bild}\, p(C)$ für ein $p \in K[x]$ immer unter C invariant ist wegen $Cp(C)\boldsymbol{x} = p(C)(C\boldsymbol{x})$.

Weiter gilt 2), da sich jeder Vektor $\boldsymbol{x} \in K^n$ nach (4.58) als

$$\boldsymbol{x} = \mathbb{1}\boldsymbol{x} = p_2(C)(f_2(C)\boldsymbol{x}) + p_1(C)(f_1(C)\boldsymbol{x}) =: C_1\boldsymbol{x}_1 + C_2\boldsymbol{x}_2 =: \boldsymbol{u}_1 + \boldsymbol{u}_2\,, \qquad (4.59)$$

d. h. als Summe zweier Vektoren $\boldsymbol{u}_i := C_i\boldsymbol{x}_i \in U_i$, $i = 1, 2$, schreiben lässt. Für die Direktheit der Summen sei $\boldsymbol{x} \in U_1 \cap U_2$. Dann ist nach (4.59) und wegen $U_i = \text{Kern}\, p_i(\Phi)$

$$\boldsymbol{x} = f_1(C)p_1(C)\boldsymbol{x} + f_2(C)p_2(C)\boldsymbol{x} = \boldsymbol{0}\,.$$

Für den Nachweis von 4) sei speziell $p = \chi_C$. Dann folgt nach Satz 4.87

$$p_1(\lambda)p_2(\lambda) = \chi_C(\lambda) = \chi_{\Phi_1}(\lambda)\chi_{\Phi_2}(\lambda)\,.$$

Ist nun λ_α eine Nullstelle von p_i, $i = 1, 2$, dann gilt mit (4.56)

$$C\boldsymbol{x} = \lambda_\alpha\boldsymbol{x} \Rightarrow p_i(C)\boldsymbol{x} = \boldsymbol{0}\,, \qquad \text{d. h. } \text{Kern}(C - \lambda_\alpha\mathbb{1}) \subset U_i\,,$$

und damit ist λ_α Eigenwert von Φ_i. Da so jeder der Linearfaktoren, in die p_i zerfällt, erfasst wird, ist

$$\chi_{\Phi_i}(\lambda) = p_i(\lambda)\,.$$

χ_{Φ_1} und χ_{Φ_2} sind demnach teilerfremd und haben damit keine Eigenwerte gemeinsam. Somit sind auch die Minimalpolynome teilerfremd, d. h. nach Satz 4.87

$$\mu_\Phi(\lambda) = \mu_{\Phi_1}(\lambda)\mu_{\Phi_2}(\lambda)\,.$$

Das zeigt die Behauptung. □

Bemerkungen 4.89

1) Theorem 4.88, 4) gilt auch für $K = \mathbb{R}$, da die quadratischen irreduziblen Faktoren nach Bemerkungen B.31, 4) in komplexe Linearfaktoren zerlegt werden können. Dann wendet man Theorem 4.88, 4) für $K = \mathbb{C}$ an.

2) Es gilt also die Zerlegung in Φ-invariante Unterräume

$$V = \text{Kern}\, p_1(\Phi) \oplus \text{Kern}\, p_2(\Phi) = \text{Bild}\, p_2(\Phi) \oplus \text{Bild}\, p_1(\Phi) = \text{Kern}\, p_1(\Phi) \oplus \text{Bild}\, p_1(\Phi)\,.$$

3) Eine verwandte Art, eine Φ-invariante Zerlegung zu erhalten, beruht auf der Betrachtung der Potenzen von Φ. Sei V ein endlichdimensionaler K-Vektorraum, $\Phi \in \text{Hom}_K(V, V)$. Dann gilt offensichtlich mit $\text{id} = \Phi^0$

$$\{\mathbf{0}\} = \text{Kern}(\Phi^0) \subset \text{Kern}(\Phi^1) \subset \ldots \subset \text{Kern}(\Phi^k) \subset \text{Kern}(\Phi^{k+1}) \subset \ldots$$

und

$$V = \text{Bild}(\Phi^0) \supset \text{Bild}(\Phi^1) \supset \ldots \supset \text{Bild}(\Phi^k) \supset \text{Bild}(\Phi^{k+1}) \supset \ldots$$

denn $\Phi^k \boldsymbol{v} = \mathbf{0} \Rightarrow \Phi^{k+1}\boldsymbol{v} = \Phi(\Phi^k \boldsymbol{v}) = \mathbf{0}$ *und* $\boldsymbol{v} = \Phi^{k+1}\boldsymbol{w} = \Phi^k(\Phi \boldsymbol{w})$.

Wegen $\dim V = n < \infty$ gibt es in jeder dieser Ketten einen Index k, sodass $\text{Kern}(\Phi^k) = \text{Kern}(\Phi^{k+1})$ bzw. $\text{Bild}(\Phi^k) = \text{Bild}(\Phi^{k+1})$. Da nach der Dimensionsformel I (Theorem 1.82) immer

$$n = \dim \text{Kern}(\Phi^l) + \dim \text{Bild}(\Phi^l) \quad \text{für alle } l \in \mathbb{N}_0 \tag{4.59a}$$

gilt, bedingt die eine Eigenschaft die andere und bleibt auch für höhere Indizes erhalten. Aus $\text{Kern}(\Phi^k) = \text{Kern}(\Phi^{k+1})$ folgt $\text{Kern}(\Phi^k) = \text{Kern}(\Phi^l)$ für $l \in \mathbb{N}_0$, $l \geq k$ und analog für Bild.
Der minimale dieser Indizes wird der FITTING[14]-*Index* von Φ genannt und mit $\text{Ind}\, \Phi$ bezeichnet, also

$$k = \text{Ind}\, \Phi \in \mathbb{N}_0\,,$$

wenn $\text{Kern}(\Phi^k) = \text{Kern}(\Phi^{k+1})$ bzw. äquivalent $\text{Bild}(\Phi^k) = \text{Bild}(\Phi^{k+1})$ und entweder $k = 0$ oder $\text{Kern}(\Phi^{k-1}) \subsetneq \text{Kern}(\Phi^k)$ bzw. äquivalent $\text{Bild}(\Phi^{k-1}) \supsetneq \text{Bild}(\Phi^k)$.
Es gilt: $\text{Ind}\, \Phi = 0$ genau dann, wenn Φ invertierbar ist.
Denn $\text{Ind}\, \Phi = 0$ *bedeutet* $\{\mathbf{0}\} = \text{Kern}\, \Phi$ *bzw. (äquivalent)* $V = \text{Bild}\, \Phi$.

Sei $k = \text{Ind}\, \Phi$, $U_1 := \text{Bild}(\Phi^k)$, $U_2 := \text{Kern}(\Phi^k)$, dann sind $U_{1,2}$ Φ-invariant.
Das kann man folgendermaßen einsehen: Sei $\boldsymbol{v} \in U_1$, *d. h.* $\boldsymbol{v} = \Phi^k \boldsymbol{w}$, *und damit* $\Phi \boldsymbol{v} = \Phi^{k+1}\boldsymbol{w} \in \text{Bild}(\Phi^{k+1}) = U_1$ *bzw. sei* $\boldsymbol{v} \in U_2$, *d. h.* $\Phi^k \boldsymbol{v} = \mathbf{0}$, *also auch* $\Phi^{k+1}\boldsymbol{v} = \mathbf{0}$ *und damit* $\Phi \boldsymbol{v} \in U_2$ *(dieser Schritt gilt also für beliebige* k*).*

Nach (4.59a) sind folgende Aussagen für $l \in \mathbb{N}_0$ äquivalent:

(i) $\text{Bild}(\Phi^l) \oplus \text{Kern}(\Phi^l) = V$,

(ii) $\text{Bild}(\Phi^l) \cap \text{Kern}(\Phi^l) = \{\mathbf{0}\}$.

i) $\Rightarrow$ *ii) ist klar und für ii)* $\Rightarrow$ *i) beachte man nach Dimensionalsformel II (Satz 1.86)* $\dim(\text{Bild}(\Phi^l) + \text{Kern}(\Phi^l)) = n - \dim(\text{Bild}(\Phi^l) \cap \text{Kern}(\Phi^l))$.

---

[14] Hans FITTING $*$13. November 1906 in Mönchengladbach †15. Juni 1938 in Königsberg (Preußen)

Für $l \geq k = \operatorname{Ind} \Phi$ gilt

$$\operatorname{Bild}(\Phi^l) \cap \operatorname{Kern}(\Phi^l) = \{\mathbf{0}\} . \tag{4.59b}$$

Es gilt nämlich $\boldsymbol{v} \in \operatorname{Bild}(\Phi^k)$, d. h. $\boldsymbol{v} = \Phi^k \boldsymbol{w}$ und $\boldsymbol{v} \in \operatorname{Kern}(\Phi^k)$ implizieren $\mathbf{0} = \Phi^k \boldsymbol{v} = \Phi^{2k} \boldsymbol{w}$, d. h. $\boldsymbol{w} \in \operatorname{Kern}(\Phi^{2k}) = \operatorname{Kern}(\Phi^k)$, also $\boldsymbol{v} = \Phi^k \boldsymbol{w} = \mathbf{0}$.

Für $l \geq k = \operatorname{Ind} \Phi$ bilden also $U_1 := \operatorname{Bild}(\Phi^l)$, $U_2 = \operatorname{Kern}(\Phi^l)$ eine Φ-invariante Zerlegung von V.
Ist $V = \mathbb{K}^n$, und eine Basis als Basis von $\operatorname{Bild}(\Phi^k)$ gewählt, $\mathcal{B}_1 = \{\boldsymbol{v}_1, \ldots, \boldsymbol{v}_m\}$ ergänzt um eine Basis $\mathcal{B}_2 = \{\boldsymbol{v}_{m+1}, \ldots, \boldsymbol{v}_n\}$ von $\operatorname{Kern}(\Phi^k)$, dann gilt

$$[\Phi]_{\mathcal{B}} = \begin{pmatrix} C & 0 \\ 0 & N \end{pmatrix} \tag{4.59c}$$

und C ist invertierbar und N nilpotent mit Nilpotenzgrad k.
Die Darstellung gilt nämlich wegen der Φ-Invarianz der Unterräume und damit auch

$$_{\mathcal{B}}[\Phi^k]_{\mathcal{B}} = \begin{pmatrix} C^k & 0 \\ 0 & N^k \end{pmatrix} .$$

Wegen der Definition der Räume ist $N^k = 0$. Außerdem ist $\Phi : \operatorname{Bild} \Phi^k \to \operatorname{Bild} \Phi^{k+1} = \operatorname{Bild} \Phi^k$ surjektiv und wegen der Gleichheit der Räume auch invertierbar (z. B. Hauptsatz 2.31), also ist C invertierbar. Wäre schon $N^{k-1} = 0$, dann würde auch gelten

$$\operatorname{Rang}(_{\mathcal{B}}[\Phi^{k-1}]_{\mathcal{B}} = (\operatorname{Rang}[\Phi^k]_{\mathcal{B}})_{\mathcal{B}} ,$$

im Widerspruch zu $k = \operatorname{Ind}(\Phi)$, also ist k der Nilpotenzgrad von N.

4) Für eine nilpotente Matrix $N \in K^{(n,n)}$ gilt:

$$\operatorname{Ind} N = \text{Nilpotenzgrad von } N .$$

Sei k der Nilpotenzgrad von N, dann gilt nach Definition $\operatorname{Ind} N \leq k$, aber $\operatorname{Ind}(N) < k$ ist unmöglich.

Sei $K = \mathbb{K}$, Φ sei normal, dann ist $\operatorname{Ind} \Phi \leq 1$.
Es reicht also zu zeigen: Ist Φ nicht invertierbar, dann gilt $\operatorname{Ind}(\Phi) = 1$. Nach (4.59b) reicht also zu zeigen

$$\operatorname{Bild}(\Phi) \cap \operatorname{Kern}(\Phi) = \{\mathbf{0}\} .$$

Sei $\boldsymbol{v} \in \operatorname{Bild}(\Phi)$, d. h. $\boldsymbol{v} = \Phi \boldsymbol{w}$ und $\boldsymbol{v} \in \operatorname{Kern}(\Phi) = \operatorname{Kern}(\Phi^\dagger \Phi)$, d. h. $\boldsymbol{v} \in \operatorname{Kern}(\Phi \Phi^\dagger) = \operatorname{Kern}(\Phi^\dagger)$ und damit $\|\boldsymbol{v}\|_2 = \langle \boldsymbol{v} \,.\, \boldsymbol{v} \rangle = \langle \Phi \boldsymbol{w} \,.\, \boldsymbol{v} \rangle = \left\langle \boldsymbol{w} \,.\, \Phi^\dagger \boldsymbol{v} \right\rangle = 0$ und schließlich $\boldsymbol{v} = \mathbf{0}$.

△

Wenn U_1 oder U_2 weiter in eine direkte Summe C-invarianter Unterräume zerfällt, kann die Block-Diagonaldarstellung weiter zerlegt werden.

Der Extremfall sind eindimensionale $U_1, \ldots, U_n$, wenn C ähnlich zu einem diagonalen C' ist. Dessen Einträge sind dann die Eigenwerte und

$$U_i = K\boldsymbol{v}_i ,$$

wobei $\boldsymbol{v}_1, \ldots, \boldsymbol{v}_n$ eine Basis aus zugehörigen Eigenvektoren ist.

Im nichtdiagonalisierbaren Fall könnte man daher für die Eigenräume, für die „algebraische = geometrische Vielfachheit" gilt, die Diagonalstruktur erwarten, für die mit „zu wenig" Eigenvektoren eine Blockstruktur als „Normalform", die nach Hauptsatz 4.51 und Bemerkungen 4.52 mindestens aus Dreiecksmatrizen bestehen kann.

Definition 4.90

Sei $\Phi : V \to V$ linear. Eine direkte Summen-Zerlegung $V = U_1 \oplus \ldots \oplus U_k$ heißt *Φ-invariant*, wenn $\Phi(U_j) \subset U_j$ für $j = 1, \ldots, k$.

Bei einer direkten Zerlegung kann man nach Satz 2.46, 3) folgendermaßen eine Basis von V wählen:

$$\underbrace{\boldsymbol{v}_1, \ldots, \boldsymbol{v}_{r_1}}_{\text{Basis von } U_1}, \underbrace{\boldsymbol{v}_{r_1+1}, \ldots, \boldsymbol{v}_{r_1+r_2}}_{\text{Basis von } U_2}, \ldots, \underbrace{\boldsymbol{v}_{n-r_k+1}, \ldots, \boldsymbol{v}_n}_{\text{Basis von } U_k}, \qquad r_j = \dim U_j .$$

Für eine solche Basis sind dann folgende Aussagen äquivalent:

(i) Die Zerlegung ist Φ-invariant,

(ii) Die Basis-Vektoren von U_j werden wieder nach U_j abgebildet,

(iii) Die darstellende Matrix C für Φ in einer derartigen Basis ist von der Form

$$\begin{pmatrix} C_1 & 0 & \cdots & 0 \\ 0 & C_2 & & \vdots \\ \vdots & & \ddots & 0 \\ 0 & \cdots & 0 & C_k \end{pmatrix} \tag{4.60}$$

mit Matrizen $C_j \in K^{(r_j,r_j)}$, $j = 1, \ldots, k$.

Die Matrix C aus (4.60) ist nach Definition 4.54 eine *Blockdiagonalmatrix der Matrizen* $C_1, \ldots, C_k$. Dabei ist jede Matrix C_j die beschreibende Matrix für die lineare Abbildung $\Phi|_{U_j} : U_j \to U_j$, die *Einschränkung von Φ auf* U_j, definiert durch

$$\Phi|_{U_j} : U_j \to U_j , \quad \boldsymbol{u} \mapsto \Phi\boldsymbol{u} .$$

Insbesondere ist das charakteristische Polynom der ganzen Matrix das Produkt

$$\chi_{C_1}(\lambda) \cdot \ldots \cdot \chi_{C_k}(\lambda)$$

der charakteristischen Polynome der Teilmatrizen (nach der Kästchenregel).

Die Tatsache, dass bei Φ-invarianten Unterräumen alles lokal (auf den Unterräumen) betrachtet werden kann, spiegelt sich in der folgenden Aussage wider:
Sei V ein K-Vektorraum, $V = U_1 \oplus \ldots \oplus U_k$ eine direkte Zerlegung und $P_i : V \to U_i$ die davon induzierten Projektionen (siehe Satz 2.46. Sei $\Phi \in \mathrm{Hom}_K(V, V)$. Dann sind äquivalent:

$$\begin{aligned} &\text{(i) } U_i \text{ ist } \Phi\text{-invariant für alle } i = 1, \ldots, k, \\ &\text{(ii) } P_i \circ \Phi = \Phi \circ P_i \text{ für alle } i = 1, \ldots, k. \end{aligned} \tag{4.60a}$$

„(ii) ⇒ (i)“: Sei $\boldsymbol{v} \in U_i$, $i = 1, \ldots, k$, dann $\Phi\boldsymbol{v} = \Phi \circ P_i\boldsymbol{v} = P_i \circ \Phi\boldsymbol{v} \in U_i$.
„(i) ⇒ (ii)“: Sei $\boldsymbol{v} \in V$, d. h. $\boldsymbol{v} = \sum_{i=1}^k P_i\boldsymbol{v}$ die eindeutige Zerlegung von $\boldsymbol{v}$ in $U_1, \ldots, U_k$ und

$$\Phi\boldsymbol{v} = \sum_{i=1}^{k} \Phi \circ P_i\boldsymbol{v} .$$

Wegen $P_i\boldsymbol{v} \in U_i$ ist auch $\Phi \circ P_i\boldsymbol{v} \in U_i$, so dass dies die eindeutige Zerlegung von $\Phi\boldsymbol{v}$ darstellt, also $\sum_{i=1}^k P_i \circ \Phi\boldsymbol{v}$ und damit $P_i \circ \Phi = \Phi \circ P_i$ für alle $i = 1, \ldots, k$.

Eigenräume von Φ sind insbesondere Φ-invariant. Treten sie in einer solchen direkten Zerlegung auf, ist das zugehörige C_i sogar $\lambda_i\mathbb{1}$ für den Eigenwert λ_i. Ist ein Eigenraum nicht „groß genug“ (im Sinne geometrischer Vielfachheit < algebraische Vielfachheit), muss an seine Stelle ein größerer Raum mit nicht diagonalem C_i treten.

Für zwei verschiedene Eigenwerte ist dieser durch Theorem 4.88 schon als $\mathrm{Kern}(C - \lambda\mathbb{1})^r$ identifiziert, wobei r die algebraische Vielfachheit des Eigenwerts λ ist. Dies gilt auch allgemein, wie Theorem 4.93 zeigen wird.

Definition 4.91

Sei V ein n-dimensionaler K-Vektorraum. Sei $\Phi \in \mathrm{Hom}_K(V, V)$ mit charakteristischem Polynom

$$\chi_\Phi(\lambda) = (\lambda_1 - \lambda)^{r_1} \cdot \ldots \cdot (\lambda_k - \lambda)^{r_k}, \quad r_1 + \ldots + r_k = n$$

und die $\lambda_1, \ldots, \lambda_k \in K$ seien paarweise verschieden. Dann heißt der Unterraum

$$V_i := \mathrm{Kern}(\Phi - \lambda_i\, \mathrm{id})^{r_i}$$

verallgemeinerter Eigenraum oder *Hauptraum* zum Eigenwert λ_i und $\boldsymbol{v} \in V_i$ *Hauptvektor* zu λ_i.

Als Vorbereitung beweisen wir:

Theorem 4.92: Invariante direkte Summe der Haupträume

1) Seien V ein K-Vektorraum und $\Phi, \Psi \in \mathrm{Hom}_K(V, V)$ mit $\Phi \circ \Psi = \Psi \circ \Phi$. Dann ist Kern Φ unter Ψ invariant.

Im Weiteren gelten die Voraussetzungen von Definition 4.91.

2) Seien $p_i(\lambda) := (\lambda_i - \lambda)^{r_i}$, $i = 1, \ldots, k$, dann ist $p_i(\Phi)$ auf V_j für $i \neq j$ invertierbar.

3) Dann sind die Haupträume Φ-invariant und ihre Summe ist direkt, d. h.

$$V_1 + \ldots + V_k = V_1 \oplus \ldots \oplus V_k \ .$$

Beweis: Zu 1): Aus $\Phi \boldsymbol{v} = \boldsymbol{0}$ folgt auch $\Phi \circ \Psi \boldsymbol{v} = \Psi \circ \Phi \boldsymbol{v} = \boldsymbol{0}$.
Zu 2): Φ und auch $p_i(\Phi) = (\Phi - \lambda_i \, \mathrm{id})^{r_i}$ kommutiert mit $(\Phi - \lambda_j \, \mathrm{id})^{r_j}$, weshalb nach 1) die Haupträume V_j somit Φ- und auch $p_i(\Phi)$-invariant sind. Also sind $p_i(\Phi)\boldsymbol{v} \in V_j$ für $\boldsymbol{v} \in V_j$. Es sind p_i und p_j teilerfremd, d. h. nach Korollar B.26 gibt es Polynome f, g, so dass

$$p_i(\lambda) \cdot f(\lambda) + p_j(\lambda) \cdot g(\lambda) = 1 \ .$$

Damit gilt für $\boldsymbol{v} \in V_j$

$$\boldsymbol{v} = f(\Phi)p_i(\Phi)\boldsymbol{v} + g(\Phi)p_j(\Phi)\boldsymbol{v} = f(\Phi)p_i(\Phi)\boldsymbol{v} \ ,$$

d. h. $f(\Phi)|_{V_j}$ ist die Inverse von $p_i(\Phi)$ auf V_j.
Zu 3): Der Beweis der Direktheit der Summe erfolgt durch Induktion über k. Für $k = 1$ ist nichts zu zeigen.

Für den Induktionsschluss $k - 1 \to k$ seien $\boldsymbol{v}_i \in V_i$, $i = 1, \ldots, k$. Sei $\sum_{i=1}^k \boldsymbol{v}_i = \boldsymbol{0}$, zu zeigen ist $\boldsymbol{v}_i = \boldsymbol{0}$ für $i = 1, \ldots, k$. Für $j \in \{1, \ldots, k\}$ gilt

$$\boldsymbol{0} = p_j(\Phi)\left(\sum_{i=1}^k \boldsymbol{v}_i\right) = \sum_{i=1}^k p_j(\Phi)\boldsymbol{v}_i = \sum_{\substack{i=1 \\ i \neq j}}^k p_j(\Phi)\boldsymbol{v}_i \ .$$

Da V_i $p_j(\Phi)$-invariant ist, folgt zudem $p_j(\Phi)\boldsymbol{v}_i \in V_i$. Nach Induktionsannahme ist somit

$$p_j(\Phi)\boldsymbol{v}_i = \boldsymbol{0} \quad \text{für} \quad i \neq j \ .$$

Nach 2) folgt daraus $\boldsymbol{v}_i = \boldsymbol{0}$ für $i \neq j$ und so auch aus der Anfangsannahme $\boldsymbol{v}_i = \boldsymbol{0}$. □

Theorem 4.93: Invariante direkte Summenzerlegung durch Haupträume

Sei K algebraisch abgeschlossen und V sei ein n-dimensionaler K-Vektorraum. Es sei $\Phi \in \mathrm{Hom}_K(V, V)$ mit paarweise verschiedenen Eigenwerten $\lambda_1, \ldots, \lambda_k \in K$, bei algebraischer Vielfachheit r_i. Sei

$$U_i := \mathrm{Kern}(\Phi - \lambda_i \, \mathrm{id})^{r_i} \ , \quad \text{der Hauptraum zu } \lambda_i \ .$$

Dann gilt

$$\dim U_i = r_i,\ i = 1, \ldots, k\ ,$$

und die U_i bilden eine Φ-invariante direkte Summenzerlegung $V = U_1 \oplus \ldots \oplus U_k$, so dass $\Phi|_{U_j}$ das charakteristische Polynom $(\lambda_j - \lambda)^{r_j}$ hat, $j = 1, \ldots, k$. Man spricht hier auch von der *Primärzerlegung* von V.

Beweis: (Induktion nach k). Der Induktionsanfang ($k = 1$) ist klar, da nach dem Satz von CAYLEY-HAMILTON

$$0 = \chi_\Phi(\Phi) = (\lambda_1 \operatorname{id} - \Phi)^{r_1}$$

und damit

$$V = U_1 = \operatorname{Kern}(\Phi - \lambda_1 \operatorname{id})^{r_1} \quad \Rightarrow \quad \dim U_1 = n = r_1\ .$$

Induktionsschluss ($k - 1 \to k$): Sei $k \geq 2$. Wir zerlegen das charakteristische Polynom $\chi_\Phi(\lambda)$ in die zwei Faktoren

$$p_1(\lambda) = (\lambda_1 - \lambda)^{r_1},\ p_2(\lambda) = (\lambda_2 - \lambda)^{r_2} \cdot \ldots \cdot (\lambda_k - \lambda)^{r_k}\ .$$

Die beiden Faktoren p_1 und p_2 haben keine gemeinsame Nullstelle. Wir können also Theorem 4.88 anwenden und finden eine direkte Φ-invariante Summenzerlegung $V = U_1 \oplus \widetilde{U}_2$. Hier hat

$$U_1 = \operatorname{Kern} p_1(\Phi) = \operatorname{Kern}(\Phi - \lambda_1 \operatorname{id})^{r_1}$$

schon die behauptete Form. Seien Φ_i, $i = 1, 2$ die Einschränkungen von Φ auf U_1 bzw. $\widetilde{U}_2$.
Nach Theorem 4.88, 4) gilt

$$\chi_{\Phi_1}(\lambda) = (\lambda_1 - \lambda)^{r_1}\ .$$

Wir haben eine Φ-invariante direkte Summenzerlegung $V = U_1 \oplus \widetilde{U}_2$, so dass $\Phi|_{U_1}$ das charakteristische Polynom $(\lambda_1 - \lambda)^{r_1}$ hat. Auf $\Phi|_{\widetilde{U}_2}$ wenden wir die Induktionsannahme an. Diese liefert $U_2, \ldots, U_k \subset \widetilde{U}_2$, so dass $U_2, \ldots, U_k$ eine Φ_2-invariante direkte Zerlegung und damit auch eine Φ-invariante von $\widetilde{U}_2$ bilden, $\dim U_i = r_i$ ($i = 2, \ldots, k$) gilt und $\Phi_2|_{U_i}$ das charakteristische Polynom $(\lambda_i - \lambda)^{r_i}$ hat.
Damit bilden $U_1, \ldots, U_k$ eine Zerlegung von V. Diese Zerlegung ist auch direkt, denn gilt

$$\mathbf{0} = \boldsymbol{u}_1 + \sum_{i=2}^{k} \boldsymbol{u}_i\ ,$$

so ergibt die Direktheit von $U_1 \oplus \widetilde{U}_2$, dass $\boldsymbol{u}_1 = \mathbf{0}$ und $\sum_{i=2}^{k} \boldsymbol{u}_i = \mathbf{0}$ und die Direktheit der Zerlegung von $\widetilde{U}_2$, dass $\boldsymbol{u}_2 = \ldots \boldsymbol{u}_k = \mathbf{0}$.
Nach Satz 2.46, 3) muss notwendigerweise

$$\dim U_1 = r_1$$

gelten. Weiter hat $\Phi|_{U_i} = \Phi_2|_{U_i}$ das charakteristische Polynom $(\lambda_i - \lambda)^{r_i}$. Der nachfolgende Satz 4.94 sichert dann

$$U_i = \mathrm{Kern}(\Phi - \lambda_i \, \mathrm{id})^{r_i}, \ i = 2, \ldots, k . \qquad \square$$

Satz 4.94: Eindeutigkeit einer invarianten Summenzerlegung

Seien Unterräume $U_i \subset V$ gegeben, die eine Φ-invariante direkte Summenzerlegung $V = U_1 \oplus \ldots \oplus U_k$ bilden, so dass $\Phi|_{U_j}$ das charakteristische Polynom $(\lambda_j - \lambda)^{r_j}$ hat, $j = 1, \ldots, k$. Dann sind die Unterräume U_j durch die lineare Abbildung Φ eindeutig bestimmt als

$$U_j = \mathrm{Kern}(\Phi - \lambda_j \, \mathrm{id})^{r_j} .$$

Beweis: Nach Forderung ist $(\lambda_i - \lambda)^{r_i}$ das charakteristische Polynom von $\Phi|_{U_i}$. Aus dem Satz von CAYLEY-HAMILTON folgt für jeden Vektor $\boldsymbol{u} \in U_i$

$$(\Phi - \lambda_i \cdot \mathrm{id})^{r_i}(\boldsymbol{u}) = \mathbf{0} .$$

Demnach ist U_i in $V_i := \mathrm{Kern}(\Phi - \lambda_i \cdot \mathrm{id})^{r_i}$ enthalten. Insbesondere gilt daher $\dim U_i \leq \dim V_i$ für alle i. Da nach Theorem 4.92, 3)

$$\widetilde{V} := V_1 + \ldots + V_k$$

direkt ist, folgt

$$\dim \widetilde{V} = \sum_i \dim V_i \geq \sum_i \dim U_i = n ,$$

also $\widetilde{V} = V$. Damit ist

$$n = \sum_i \dim U_i \leq \sum_i \dim V_i = n ,$$

folglich $\dim U_i = \dim V_i$, und so $U_i = V_i$ für alle i und damit

$$U_i = V_i = \mathrm{Kern}(\Phi - \lambda_i \cdot \mathrm{id})^{r_i} \text{ für alle } i = 1, \ldots, k . \qquad \square$$

Korollar 4.95

Unter der Voraussetzung von Theorem 4.93 ist jede Matrix $C \in K^{(n,n)}$ ähnlich zu einer Blockdiagonalmatrix von oberen Dreiecksmatrizen $C_1, \ldots, C_k$ der Dimension (r_j, r_j) als Blöcke, wobei jede Matrix C_j ausschließlich das Diagonalelement λ_j hat und als charakteristisches Polynom $(\lambda_j - \lambda)^{r_j}$ (nur eine einzige Nullstelle!). Dabei sind die $\lambda_1, \ldots, \lambda_k$ die paarweise verschiedenen Eigenwerte mit algebraischen Vielfachheiten r_j.

Beweis: Dies ist Theorem 4.93 in Matrizenschreibweise. Kombination von Hauptsatz 4.51 mit Bemerkungen 4.52, 1), 3) zeigt mit den Überlegungen zu (4.21), dass die C_i als obere Dreiecksmatrizen gewählt werden können. □

4.4.3 Algorithmische Blockdiagonalisierung – Die SYLVESTER-Gleichung

Hier beschränken wir uns auf $K = \mathbb{K}$ und die Matrizenschreibweise. Die Verallgemeinerung auf allgemeine Körper und lineare Operatoren auf endlichdimensionalen Vektorräumen ergibt sich ohne Probleme.

Nach Hauptsatz 4.51 zusammen mit Bemerkungen 4.52, 1) gibt es für $C \in \mathbb{K}^{(n,n)}$, falls das charakteristische Polynom über $\mathbb{K}$ in Linearfaktoren zerfällt, eine sogar unitäre Ähnlichkeitstransformation, so dass C die Form annimmt:

$$C' = \begin{pmatrix} C_{1,1} & C_{1,2} & \cdots & C_{1,k} \\ & \ddots & & \vdots \\ & & \ddots & \vdots \\ & & & C_{k,k} \end{pmatrix} \in \mathbb{K}^{(n,n)} . \tag{4.61}$$

Dabei sind die $C_{i,i}$ quadratische obere Dreiecksmatrizen, die jeweils nur den einzigen Eigenwert $\lambda_i \in \mathbb{C}$, $i = 1, \ldots, k$ haben.

Ziel ist deswegen, durch weitere (i. Allg. nicht unitäre) Ähnlichkeitstransformationen (algorithmisch) die Nichtdiagonalblöcke durch die Nullmatrix zu ersetzen. Dies kann sukzessiv bzw. innerhalb eines Induktionsbeweises bewerkstelligt werden (siehe (4.21)), wenn folgende Grundaufgabe gelöst wird: Sei

$$C = \left(\begin{array}{c|c} C_{1,1} & C_{1,2} \\ \hline 0 & C_{2,2} \end{array}\right)$$

mit $C_{1,1} \in \mathbb{K}^{(k,k)}$, $C_{2,2} \in \mathbb{K}^{(l,l)}$, $k + l = n$. Die Matrizen $C_{1,1}$ und $C_{2,2}$ haben keinen Eigenwert gemeinsam.

Gesucht ist ein $A \in \mathbb{K}^{(k,l)}$, so dass

$$\left(\begin{array}{c|c} \mathbb{1}_k & -A \\ \hline 0 & \mathbb{1}_l \end{array}\right)\left(\begin{array}{c|c} C_{1,1} & C_{1,2} \\ \hline 0 & C_{2,2} \end{array}\right)\left(\begin{array}{c|c} \mathbb{1}_k & A \\ \hline 0 & \mathbb{1}_l \end{array}\right) = \left(\begin{array}{c|c} C_{1,1} & 0 \\ \hline 0 & C_{2,2} \end{array}\right) . \tag{4.62}$$

Dabei handelt es sich um eine spezielle Ähnlichkeitstransformation, da

$$\left(\begin{array}{c|c} \mathbb{1}_k & -A \\ \hline 0 & \mathbb{1}_l \end{array}\right) = \left(\begin{array}{c|c} \mathbb{1}_k & A \\ \hline 0 & \mathbb{1}_l \end{array}\right)^{-1} ,$$

wie man direkt nachrechnet.

Die Gleichung (4.62) ist äquivalent zu

$$C_{1,1}A - AC_{2,2} = -C_{1,2} . \tag{4.63}$$

Dies ist ein lineares Gleichungssystem für die Matrix A, die *SYLVESTER*[15]*-Gleichung.*

Im allgemeinen Fall muss man den Begriff des KRONECKER-Produkts nutzen, um (4.63) in ein LGS für eine Vektordarstellung von A umzuwandeln.

Im hier für $\mathbb{K} = \mathbb{C}$ oder für $\mathbb{K} = \mathbb{R}$ (bei reellen Eigenwerten) interessierenden speziellen Fall von oberen Dreiecksmatrizen $C_{1,1}$ und $C_{2,2}$ lässt sich (4.63) explizit lösen. Seien

$$A = \left(\boldsymbol{a}^{(1)}, \ldots, \boldsymbol{a}^{(l)}\right), C_{1,2} = \left(\boldsymbol{b}^{(1)}, \ldots, \boldsymbol{b}^{(l)}\right)$$

die Spaltendarstellungen, dann ist (4.63) äquivalent zu

$$C_{1,1}\left(\boldsymbol{a}^{(1)}, \ldots, \boldsymbol{a}^{(l)}\right) - \left(\boldsymbol{a}^{(1)}, \ldots, \boldsymbol{a}^{(l)}\right)\begin{pmatrix} c_{1,1} & \cdots & c_{1,l} \\ & \ddots & \vdots \\ 0 & & c_{l,l} \end{pmatrix} = -\left(\boldsymbol{b}^{(1)}, \ldots, \boldsymbol{b}^{(l)}\right) , \tag{4.64}$$

mit $C_{2,2} = \left(c_{i,j}\right)$. Die erste Spalte dieser Gleichung ist

$$C_{1,1}\boldsymbol{a}^{(1)} - c_{1,1}\boldsymbol{a}^{(1)} = -\boldsymbol{b}^{(1)} \quad \text{bzw.} \quad (C_{1,1} - c_{1,1}\mathbb{1}_k)\,\boldsymbol{a}^{(1)} = -\boldsymbol{b}^{(1)} .$$

Da $c_{1,1}$ ein Eigenwert von $C_{2,2}$ ist und damit kein Eigenwert bzw. Diagonalelement von $C_{1,1}$, existiert $\boldsymbol{a}^{(1)}$ eindeutig (und kann durch Rückwärtssubstitution bestimmt werden).

Ist $\boldsymbol{a}^{(1)}$ bekannt, so ergibt die zweite Spalte von (4.64) das LGS für $\boldsymbol{a}^{(2)}$

$$C_{1,1}\boldsymbol{a}^{(2)} - c_{2,2}\boldsymbol{a}^{(2)} = -\boldsymbol{b}^{(2)} + c_{1,2}\boldsymbol{a}^{(1)} ,$$

das nach der gleichen Argumentation eine eindeutige Lösung besitzt. Allgemein ergibt die i-te Spalte das folgende LGS für $\boldsymbol{a}^{(i)}$:

[15] James Joseph SYLVESTER ∗3. September 1814 in London †15. März 1897 in London

$$(C_{1,1} - c_{i,i}\mathbb{1}_k)\,\boldsymbol{a}^{(i)} = -\boldsymbol{b}^{(i)} + \sum_{j=1}^{i-1} c_{j,i}\boldsymbol{a}^{(j)} \,. \tag{4.65}$$

Damit wurde bewiesen:

Satz 4.96: Eindeutige Lösbarkeit SYLVESTER-Gleichung

Seien $C_{1,1} \in \mathbb{K}^{(k,k)}$, $C_{2,2} \in \mathbb{K}^{(l,l)}$, $C_{1,2} \in \mathbb{K}^{(k,l)}$ gegeben, so dass $C_{1,1}$, $C_{2,2}$ obere Dreiecksmatrizen sind.
Dann hat die SYLVESTER-Gleichung (4.63) genau dann eine eindeutige Lösung $A \in \mathbb{K}^{(k,l)}$, wenn $C_{1,1}$, $C_{2,2}$ keine gemeinsamen Eigenwerte haben. Die Lösung kann durch l Rückwärtssubstitutionen der Dimension k, d. h. mit $O(l\,k^2)$ Operationen bestimmt werden.

Beweis: Es bleibt nur „⇒" zu zeigen.
Die Lösung von (4.63) ist allgemein äquivalent mit (4.65). Eindeutige Lösbarkeit davon bedeutet, dass $c_{i,i}$ kein Diagonalelement von $C_{1,1}$ ist und damit die Behauptung. □

Bemerkungen 4.97

1) Die Charakterisierung der eindeutigen Lösbarkeit gilt auch für $C_{1,1}$, $C_{2,2}$ ohne Dreiecksgestalt.

2) Die Ähnlichkeitstransformation in (4.62) ist nur im Trivialfall $A = 0$, d. h. $C_{1,2} = 0$ unitär.

△

Daraus folgt folgendes Blockdiagonalisierungsresultat:

Theorem 4.98: Invariante direkte Summenzerlegung durch Haupträume

Sei $C \in \mathbb{K}^{(n,n)}$ mit paarweise verschiedenen Eigenwerten $\lambda_1, \ldots, \lambda_k \in \mathbb{K}$, so dass $\sum_{i=1}^{k} r_i = n$ für die algebraischen Vielfachheiten r_i.

1) Dann ist C über $\mathbb{K}$ ähnlich zu einer Blockdiagonalmatrix

$$\begin{pmatrix} C_{1,1} & & 0 \\ & \ddots & \\ 0 & & C_{k,k} \end{pmatrix} .$$

Dabei sind $C_{i,i} \in \mathbb{K}^{(r_i,r_i)}$ obere Dreiecksmatrizen mit Einträgen aus $\mathbb{K}$, die auf der Diagonale jeweils genau den Eigenwert λ_i haben.

2) Es gebe eine Blockdiagonaldarstellung mit den in 1) spezifizierten Eigenschaften. Sei

$$\mathbb{K}^n = U_1 \oplus \ldots \oplus U_k$$

die zugehörige direkte Summenzerlegung in C-invariante Unterräume von $\mathbb{K}^n$. Sei r_j die algebraische Vielfachheit von λ_j. Dann ist

$$U_j = \operatorname{Kern}\left(C - \lambda_j \mathbb{1}\right)^{r_j}$$

der *verallgemeinerte Eigenraum* oder *Hauptraum* von C zum Eigenwert λ_j und

$$\dim U_j = r_j .$$

Beweis: 1) durch vollständige Induktion über k in (4.61): Für $k = 2$ folgt die Behauptung aus Satz 4.96 zusammen mit der SCHUR-Normalform (Hauptsatz 4.51). Beim Induktionsschluss wird die Behauptung für $k - 1$ vorausgesetzt. Anwendung von Satz 4.96 auf

$$\widetilde{C} = \left(\begin{array}{c|c} C_{1,1} & C_{1,2} \cdots C_{1,k} \\ \hline 0 & C \\ & \end{array}\right),$$

wobei C vom Typ (4.61) ist, aber aus $k - 1$ Blöcken besteht, sichert ein $\widetilde{A} \in \mathrm{GL}(n, \mathbb{K})$, so dass

$$\widetilde{A}^{-1}\widetilde{C}\widetilde{A} = \left(\begin{array}{c|c} C_{1,1} & 0 \\ \hline 0 & C \end{array}\right).$$

Anwendung der Induktionsvoraussetzung auf C sichert eine invertierbare $\mathbb{K}$-wertige Matrix A, so dass

$$A^{-1}CA = \begin{pmatrix} C_{2,2} & & 0 \\ & \ddots & \\ 0 & & C_{k,k} \end{pmatrix}.$$

Nach (4.20) vermittelt $\widetilde{A}\widehat{A}$, wobei

$$\widehat{A} = \left(\begin{array}{c|c} \mathbb{1} & 0 \\ \hline 0 & A \end{array}\right),$$

die gewünschte Ähnlichkeitstransformation.

Zu 2): Die erhaltene Blockdiagonalgestalt bedeutet gerade, dass die neu gewählte Basis in k Teilmengen zerfällt, die jeweils C-invariante Unterräume U_j von $\mathbb{K}^n$ aufspannen. Die Abbildung

$$\Phi_j : U_j \to U_j,\ \boldsymbol{x} \mapsto C\boldsymbol{x}$$

hat gerade die Darstellungsmatrix $C_{j,j}$ und das charakteristische Polynom

$$\chi_{\Phi_j}(\lambda) = \chi_{C_{j,j}}(\lambda) = \left(\lambda_j - \lambda\right)^{r_j} .$$

Exakt wie in dem Beweis von Satz 4.94 zeigt man zuerst

$$U_j \subset V_j := \operatorname{Kern}(C - \lambda_j \cdot \operatorname{id})^{r_j}$$

und dann mittels Theorem 4.92, 3), der auch für $\mathbb{K} = \mathbb{R}$ wegen der dann vorausgesetzten reellen Eigenwerte angewendet werden kann,

$$U_j = V_j \text{ und } \dim U_j = r_j \text{ für } j = 1, \ldots, k. \qquad \square$$

Bemerkungen 4.99

1) Die einzige Variationsmöglichkeit in einer Blockdiagonaldarstellung wie in Theorem 4.98, 1) ist die Anordnung der Diagonalblöcke, d. h. der Eigenwerte.

2) Die Fragestellung etwas abstrakter ist also: Sei $V = U_1 \oplus U_2$ die direkte Zerlegung eines K-Vektorraums, $\Phi \in \operatorname{Hom}_K(V, V)$ und U_1 sei Φ-invariant. Wann ist dann auch U_2 Φ-invariant?
Eine notwendige Bedingung ist: Sei $p \in K[x]$, $\boldsymbol{v} \in V$. Ist $p(\Phi)\boldsymbol{v} \in U_1$, dann gibt es auch ein $\boldsymbol{v}_1 \in U_1$, sodass

$$p(\Phi)\boldsymbol{v}_1 = p(\Phi)\boldsymbol{v} . \tag{4.65a}$$

Sei nämlich $\boldsymbol{v} = \boldsymbol{v}_1 + \boldsymbol{v}_2$, $\boldsymbol{v}_i \in U_i$, also $p(\Phi)\boldsymbol{v} = p(\Phi)\boldsymbol{v}_1 + p(\Phi)\boldsymbol{v}_2$ und $p(\Phi)\boldsymbol{v}_i \in U_i$ wegen der Φ-Invarianz der U_i. Da die Zerlegung eindeutig ist, folgt $p(\Phi)\boldsymbol{v}_2 = \boldsymbol{0}$.

△

Will man für eine reelle Matrix bei komplexen Eigenwerten die reelle SCHUR-Normalform (Theorem 4.55) blockdiagonalisieren, so muss die Lösbarkeit der SYLVESTER-Gleichung für den Fall gesichert werden, dass $C_{1,1}$ und $C_{2,2}$ obere Blockdreiecksmatrizen sind, entweder mit $(1, 1)$-Blöcken zu einem reellen Eigenwert oder mit $(2, 2)$-Blöcken

$$\begin{pmatrix} \mu & \nu \\ -\nu & \mu \end{pmatrix}$$

zu einem komplexen Eigenwert $\lambda = \mu + i\nu$, $\nu \neq 0$ (siehe Theorem 4.55) auf der Diagonalen.

Geht man in (4.64) die sich aus den Spalten ergebenden LGS durch, so ergibt sich:

Liegt der erste Fall für die jeweilige Spalte von $C_{2,2}$ vor (reeller Eigenwert), so gilt die Äquivalenz mit (4.65). Da die Eigenwerte von $C_{1,1} - c_{i,i}\mathbb{1}_k$ alle von Null verschieden sind, sind diese LGS für die Spalten $\boldsymbol{a}^{(i)}$ eindeutig lösbar.

Im zweiten Fall für die jeweilige Spalte von $C_{2,2}$ (komplexer Eigenwert) muss auch die nächste Spalte betrachtet werden, so dass sich äquivalent zu (4.63) immer gekoppelte LGS ergeben für zwei Spalten von A. Der Fall liege o. B. d. A. für $\boldsymbol{a}^{(1)}$ und $\boldsymbol{a}^{(2)}$ vor:

$$\begin{aligned} C_{1,1}\boldsymbol{a}^{(1)} - \mu\boldsymbol{a}^{(1)} + \nu\boldsymbol{a}^{(2)} &= -\boldsymbol{b}^{(1)} \\ C_{1,1}\boldsymbol{a}^{(2)} - \nu\boldsymbol{a}^{(1)} - \mu\boldsymbol{a}^{(2)} &= -\boldsymbol{b}^{(2)} \end{aligned} \tag{4.66}$$

bzw. in Blockform

$$\left(\begin{array}{c|c} C_{1,1} - \mu\mathbb{1} & \nu\mathbb{1} \\ \hline -\nu\mathbb{1} & C_{1,1} - \mu\mathbb{1} \end{array}\right)\begin{pmatrix} \boldsymbol{a}^{(1)} \\ \boldsymbol{a}^{(2)} \end{pmatrix} = -\begin{pmatrix} \boldsymbol{b}^{(1)} \\ \boldsymbol{b}^{(2)} \end{pmatrix} .$$

Nach dem nachfolgenden Lemma (Lemma 4.102) ist dieses LGS eindeutig lösbar, wenn die Blöcke wie gefordert jeweils kommutieren, was offensichtlich ist, und die folgende Matrix D invertierbar ist:

$$D := (C - \mu\mathbb{1})^2 + \nu^2\mathbb{1} = C^2 - 2\mu C + |\lambda|^2\mathbb{1} , \quad C := C_{1,1} .$$

Es muss somit ausgeschlossen werden, dass $\alpha = 0$ ein Eigenwert von D ist. Wegen der Faktorisierung für $\nu^2 \geq \alpha$

$$x^2 - 2\mu x + |\lambda|^2 - \alpha = \left(x - \mu - i(\nu^2 - \alpha)^{\frac{1}{2}}\right)\left(x - \mu + i(\nu^2 - \alpha)^{\frac{1}{2}}\right)$$

ist α Eigenwert von D, genau dann, wenn eine der Zahlen $\mu \pm i(|\nu|^2 - \alpha)^{\frac{1}{2}}$ Eigenwert von C ist. Für $\alpha = 0$ müsste demnach $\mu + i\nu = \lambda$ oder $\mu - i\nu = \overline{\lambda}$ Eigenwert von C sein, was ausgeschlossen ist. Es gilt daher ein Analogon zu Satz 4.96 und darauf aufbauend:

Satz 4.100: Reelle Blockdiagonalisierung

Sei $C \in \mathbb{R}^{(n,n)}$ mit den paarweise verschiedenen Eigenwerten $\lambda_1, \ldots, \lambda_k \in \mathbb{C}$, worin bei echt komplexem Eigenwert λ nur entweder λ oder $\overline{\lambda}$ auftritt. Dann ist C (reell) ähnlich zu der Blockdiagonalmatrix

$$\begin{pmatrix} C_{1,1} & & 0 \\ & \ddots & \\ 0 & & C_{k,k} \end{pmatrix} .$$

Dabei sind die $C_{j,j}$ entweder obere Dreiecksmatrizen aus $\mathbb{R}^{(r_j,r_j)}$ mit einem reellen Eigenwert λ_j der algebraischen Vielfachheit r_j auf der Diagonalen oder obere Blockdreiecksmatrizen aus $\mathbb{R}^{(2r_j,2r_j)}$ mit $(2,2)$-Diagonalblöcken, alle von der Form

$$\begin{pmatrix} \mu & \nu \\ -\nu & \mu \end{pmatrix} ,$$

wobei $\lambda_j = \mu + i\nu$, $\nu \neq 0$ ein komplexer Eigenwert von C mit der algebraischen Vielfachheit r_j ist.

Beweis: Analog zum Beweis von Theorem 4.98 unter Rückgriff auf die reelle SCHUR-Normalform und die obigen Lösbarkeitsaussagen zur SYLVESTER-Gleichung. □

Bemerkungen 4.101

1) Der obige Zugang ist bei Vorliegen der SCHUR-Normalform völlig algorithmisch, da die Blockdiagonalisierung ausschließlich auf das Lösen von LGS zurückgeführt ist, die bei Eigenwerten in $\mathbb{K}$ und Rechnen in $\mathbb{K}$ sogar gestaffelt sind.

2) Das (reelle) charakteristische Polynom der Blöcke $C_{j,j} \in \mathbb{R}^{(r_j,r_j)}$ mit Eigenwert $\lambda_j = \mu_j + i\nu_j$ ist:
Im Fall $\lambda_j \in \mathbb{R} : (\lambda_j - \lambda)^{r_j}$,
im Fall $\lambda_j \notin \mathbb{R} : ((\mu_j - \lambda)^2 + \nu_j^2)^{r_j}$ bzw. im Komplexen $(\lambda_j - \lambda)^{r_j}$. △

Abschließend sei das benutzte Lemma formuliert, das die Formel zur Invertierung einer $(2,2)$-Matrix (2.68) verallgemeinert.

Lemma 4.102

Sei K ein Körper und $A = \left(\begin{array}{c|c} A_{1,1} & A_{1,2} \\ \hline A_{2,1} & A_{2,2} \end{array}\right) \in K^{(2n,2n)}$, $A_{i,j} \in K^{(n,n)}$. Es gelte $A_{1,1}A_{2,2} = A_{2,2}A_{1,1}$, $A_{1,2}A_{2,1} = A_{2,1}A_{1,2}$, $A_{1,1}A_{2,1} = A_{2,1}A_{1,1}$, $A_{1,2}A_{2,2} = A_{2,2}A_{1,2}$ und $D := A_{1,1}A_{2,2} - A_{1,2}A_{2,1}$ sei invertierbar. Dann ist A invertierbar und

$$A^{-1} = \left(\begin{array}{c|c} D^{-1} & 0 \\ \hline 0 & D^{-1} \end{array}\right)\left(\begin{array}{c|c} A_{2,2} & -A_{1,2} \\ \hline -A_{2,1} & A_{1,1} \end{array}\right) .$$

Beweis: Direktes Nachrechnen. □

Was Sie in diesem Abschnitt gelernt haben sollten

Begriffe:

- Matrizenpolynom
- Minimalpolynom
- Φ-invariant (Definition 4.90)
- SYLVESTER-Gleichung (4.63)

Zusammenhänge:

- Satz von CAYLEY-HAMILTON (Theorem 4.81)
- Invariante direkte Summenzerlegung (Theorem 4.88, Theorem 4.92, Theorem 4.93 und Satz 4.94)
- Lösbarkeit der SYLVESTER-Gleichung (Satz 4.96)
- Ähnlichkeit zu einer Blockdiagonalmatrix aus oberen Dreiecksmatrizen (Korollar 4.95 bzw. Theorem 4.98)
- Blockdiagonalisierung für komplexe Matrizen und reelle Matrizen mit reellen Eigenwerten (Theorem 4.98)
- Blockdiagonalisierung für reelle Matrizen mit komplexen Eigenwerten (Satz 4.100)

Beispiele:

- Nilpotente Matrix

Aufgaben

Aufgabe 4.21 (K) Finden Sie die Unterräume U_i aus Theorem 4.88 für die Zerlegung des charakteristischen Polynoms der Matrix

$$C = \begin{pmatrix} 0 & 1 \\ 1 & 0 \end{pmatrix}$$

in seine beiden Linearfaktoren.

Aufgabe 4.22 (T) Es sei D eine $n \times n$-Matrix mit n verschiedenen Eigenwerten. Zeigen Sie für jede $n \times n$-Matrix C

$$CD = DC \quad \Leftrightarrow \quad C = p(D)$$

mit einem Polynom $p(\lambda)$.

Aufgabe 4.23 (T) Der Matrizenraum $\mathbb{R}^{(2,2)}$ werde aufgefasst als vier-dimensionaler Vektorraum $\mathbb{R}^4$. Zeigen Sie für jede Matrix $C \in \mathbb{R}^{(2,2)}$, dass alle ihre Potenzen $\mathbb{1}_2, C, C^2, C^3, \ldots$ in einer Ebene liegen.

Aufgabe 4.24 (K) Bestimmen Sie das Minimalpolynom der Matrix

$$B = \begin{pmatrix} 1 & 0 & 1 \\ 0 & 1 & 0 \\ 0 & 0 & 2 \end{pmatrix}.$$

Aufgabe 4.25 (T) Vervollständigen Sie den Beweis von Satz 4.100.

Aufgabe 4.26 (K) Zeigen Sie Lemma 4.102.

Aufgabe 4.27 (T) Sei $A \in \mathbb{K}^{(n,n)}$ nilpotent.
Zeigen Sie: $\mathbb{1} - A$ ist invertierbar und geben sie die Inverse an.

Aufgabe 4.28 (K) Gegeben sei die Matrix

$$A = \begin{pmatrix} 1 & -1 & -1 & 1 \\ 1 & 4 & 1 & -3 \\ -1 & -2 & 0 & 2 \\ 0 & 0 & -1 & 1 \end{pmatrix}.$$

a) Trigonalisieren Sie A, d. h. bestimmen Sie ein $S \in \mathrm{GL}(4, \mathbb{C})$, sodass $S^{-1}AS$ eine obere Dreiecksmatrix ist.
b) Bestimmen Sie ausgehend von a) durch Lösen der SYLVESTER-Gleichung ein $T \in \mathrm{GL}(4, \mathbb{C})$, sodass $T^{-1}AT$ Blockdiagonalform hat.

4.5 Die JORDANsche Normalform

4.5.1 Kettenbasen und die JORDANsche Normalform im Komplexen

Unabhängig vom eingeschlagenen Weg ist mit Theorem 4.93 und 4.94 bzw. mit Theorem 4.98 der gleiche Zwischenstand erreicht:

Eine Matrix $C \in K^{(n,n)}$ (ein linearer Operator auf einem n-dimensionalen K-Vektorraum V) kann, sofern das charakteristische Polynom über K in Linearfaktoren zerfällt, durch eine Ähnlichkeitstransformation in eine Blockdiagonalmatrix überführt werden, deren Diagonalblöcke genau einen der k verschiedenen Eigenwerte λ_j als Eigenwert haben und deren Dimension dessen algebraische Vielfachheit r_j ist. Die der Ähnlichkeitstransformation zugrundeliegende neue Basis kann so in k Teilmengen zerlegt werden, dass die aufgespannten Unterräume U_j eine C- bzw. Φ- invariante direkte Zerlegung von C bzw. Φ darstellen und

$$U_j = \text{Kern}(\Phi - \lambda_j \, \text{id})^{r_j}$$

gerade der Hauptraum zu λ_j ist. U_j enthält somit den Eigenraum $E_j := \text{Kern}(\Phi - \lambda_j \text{ id})$ als Unterraum. Wegen $\dim U_j = r_j$ trifft also immer einer der folgenden beiden Fälle zu:

1) Ist $\dim E_j = r_j$ (geometrische=algebraische Vielfachheit), dann gilt:

$$U_j = E_j \text{ und } C_j = \lambda_j \mathbb{1}_{r_j} \, .$$

2) Ist $\dim E_j < r_j$, dann gilt:

$$E_j \text{ ist ein echter Unterraum von } U_j \, .$$

Im Fall von $\dim E_j < r_j$ muss die Struktur von U_j und C_j weiter untersucht werden. Wir wissen bisher, dass C_j als obere Dreiecksmatrix gewählt werden kann, deren Diagonalelemente alle gleich λ_j sind:

$$C_j = \begin{pmatrix} \lambda_j & & * \\ & \ddots & \\ 0 & & \lambda_j \end{pmatrix} .$$

Demnach ist $N_j := C_j - \lambda_j \mathbb{1}$ nach Satz 4.78 nilpotent, d. h.

$$N_j^k = 0 \quad \text{für ein} \quad k = k_j \in \mathbb{N} \, .$$

Es reicht, für die N_j durch eine Ähnlichkeitstransformation eine Normalform $\widetilde{N}_j$ zu finden, da dann auch

$$\widetilde{N}_j + \lambda_j \mathbb{1} \quad \text{ähnlich ist zu} \quad N_j + \lambda_j \mathbb{1} = C_j \, .$$

Im Folgenden sei nun V ein K-Vektorraum, vorerst für einen allgemeinen Körper K, und das lineare $\Phi : V \to V$ sei nilpotent, d. h. $\Phi^r = 0$ für ein $r \in \mathbb{N}$. Dann definiert jeder Vektor $\boldsymbol{v} \in V$ eine endliche *Kette* von Bildvektoren mit einer Länge, die höchstens r ist, wobei:

Definition 4.103

Sei K ein Körper, V ein K-Vektorraum, $\boldsymbol{v} \in V$, $\Phi \in \mathrm{Hom}_K(V, V)$. Die Vektoren

$$\boldsymbol{v},\ \Phi\boldsymbol{v},\ \Phi^2\boldsymbol{v},\ \ldots,\ \Phi^{p-1}\boldsymbol{v}$$

bilden eine *Kette der Länge p*, falls alle Elemente von $\mathbf{0}$ verschieden sind, aber gilt

$$\Phi^p\boldsymbol{v} = \mathbf{0}\,.$$

Insbesondere ist folglich $\Phi^{p-1}\boldsymbol{v}$ ein Eigenvektor von Φ zum Eigenwert 0.

Ist eine Kette (Teil) eine(r) Basis, so ist der dann aufgespannte Unterraum Φ-invariant und es hat der entsprechende Teil der Darstellungsmatrix von Φ die Gestalt

$$\begin{pmatrix} 0 & \cdots & \cdots & \cdots & 0 \\ 1 & \ddots & & & \vdots \\ 0 & \ddots & \ddots & & \vdots \\ \vdots & \ddots & \ddots & \ddots & \vdots \\ 0 & \cdots & 0 & 1 & 0 \end{pmatrix}.$$

Es ist möglich, aus Ketten eine Basis aufzubauen, denn

Satz 4.104

Sei K ein Körper, V ein K-Vektorraum, $\Phi \in \mathrm{Hom}_K(V, V)$.

1) Eine Kette der Länge p, d. h. bestehend aus $\boldsymbol{v}, \Phi\boldsymbol{v}, \ldots, \Phi^{p-1}\boldsymbol{v}$, ist linear unabhängig.

2) Es seien

$$\boldsymbol{v}_1, \Phi\boldsymbol{v}_1, \ldots, \Phi^{r_1}\boldsymbol{v}_1, \ldots, \boldsymbol{v}_k, \Phi\boldsymbol{v}_k, \ldots, \Phi^{r_k}\boldsymbol{v}_k$$

Ketten in V der Längen $r_1 + 1, \ldots, r_k + 1$. Dann sind äquivalent:

(i) Die in all diesen Ketten enthaltenen Vektoren sind linear unabhängig.

(ii) Die letzten Vektoren $\Phi^{r_1}\boldsymbol{v}_1, \ldots, \Phi^{r_k}\boldsymbol{v}_k$ dieser Ketten sind linear unabhängig.

Beweis: Zu 1): Dies folgt insbesondere aus 2). Zur Verdeutlichung sei der Beweis auch unabhängig davon angegeben. Sei

$$\sum_{i=0}^{p-1} \alpha_i \Phi^i \boldsymbol{v} = \boldsymbol{0} . \tag{4.67}$$

Anwendung von Φ^{p-1} auf (4.67) liefert

$$\boldsymbol{0} = \sum_{i=0}^{p-1} \alpha_i \Phi^{i+p-1} \boldsymbol{v} = \alpha_0 \Phi^{p-1} \boldsymbol{v}$$

und damit $\alpha_0 = 0$.

Nun nehme man an, dass für ein $k \in \{0, \ldots, p-2\}$ bereits $\alpha_0 = \ldots = \alpha_k = 0$ gezeigt sei.

Anwendung von Φ^{p-2-k} auf (4.67) liefert

$$\alpha_{k+1} \Phi^{p-1} \boldsymbol{v} = -\sum_{i=k+2}^{p-1} \alpha_i \Phi^{i+p-2-k} \boldsymbol{v} = \boldsymbol{0}$$

und damit ist auch $\alpha_{k+1} = 0$.

Zu 2): Zu zeigen ist nur (ii) $\Rightarrow$ (i). Wir beweisen die Aussage durch Induktion nach der maximalen Länge der beteiligten Ketten. Sei etwa eine lineare Relation

$$c_{1,0}\boldsymbol{v}_1 + \ldots + c_{1,r_1}\Phi^{r_1}\boldsymbol{v}_1 + \ldots + c_{k,0}\boldsymbol{v}_k + \ldots + c_{k,r_k}\Phi^{r_k}\boldsymbol{v}_k = \boldsymbol{0}$$

gegeben. Anwendung von Φ liefert: Aus jeder Kette fällt der letzte Vektor weg. Die letzten Vektoren der verkürzten Ketten sind aber nach wie vor linear unabhängig, da sie sich durch die Anwendung von Φ nicht verändert haben. Nach Induktionsannahme sind dann alle Vektoren der verkürzten Ketten linear unabhängig und es folgt

$$c_{1,0} = \ldots c_{1,r_1-1} = \ldots = c_{k,0} = \ldots c_{k,r_k-1} = 0 .$$

Die ursprüngliche Relation wird eine Relation

$$c_{1,r_1}\Phi^{r_1}\boldsymbol{v}_1 + \ldots + c_{k,r_k}\Phi^{r_k}\boldsymbol{v}_k = \boldsymbol{0}$$

zwischen den letzten Vektoren der beteiligten Ketten. Diese sind linear unabhängig und wir sehen $c_{1,r_1} = \ldots = c_{k,r_k} = 0$. □

Bemerkungen 4.105

1) Eine Kette B bildet nach Satz 4.104, 1) eine Basis des von ihr erzeugten Φ-invarianten Unterraums U. Die Darstellungsmatrix von $\Phi_{|U}$ bezüglich B ist

$$\begin{pmatrix} 0 & 0 & \cdots & & 0 \\ 1 & 0 & \cdots & & \vdots \\ 0 & 1 & & & \vdots \\ \vdots & \vdots & \ddots & & \vdots \\ 0 & 0 & \cdots & 1 & 0 \end{pmatrix}$$

und daher bei umgekehrter Anordnung der Basiselemente der durch Transposition entstehende JORDAN-Block zum Eigenwert 0.
In einer Basis und ihrer Darstellungsmatrix für einen Homomorphismus Φ entsprechen sich daher Ketten und JORDAN-Blöcke zum Eigenwert 0, insbesondere ist die Länge der Kette die Dimension des Blocks.

2) Nach Satz 4.104, 2) gilt sodann: Es gibt $\dim \operatorname{Kern} \Phi$ viele Ketten, so dass die Vereinigung aller Elemente eine linear unabhängige Menge ergibt.

3) $\boldsymbol{w} \in V$ ist der letzte Vektor einer Kette der Länge k in der Form

$$\boldsymbol{v}, \Phi\boldsymbol{v}, \ldots, \Phi^{k-2}\boldsymbol{v}, \Phi^{k-1}\boldsymbol{v} = \boldsymbol{w} ,$$

genau dann, wenn

$$\boldsymbol{w} \in \operatorname{Kern} \Phi \cap \operatorname{Bild} \Phi^{k-1} ,$$

also im euklidischen bzw. unitären Fall genau dann, wenn

$$\boldsymbol{w} \in \operatorname{Kern} \Phi \cap \left(\operatorname{Kern}(\Phi^\dagger)^{k-1}\right)^\perp ,$$

wobei man (2.94) und Bemerkung 3.57 beachte.

4) Eine Verallgemeinerung des Kettenbegriffs ergibt sich folgendermaßen:
Sei V ein K-Vektorraum, $\Phi \in \operatorname{Hom}_K(V, V)$ und $\boldsymbol{v} \in V$, $U \subset V$ ein Φ-invarianter Unterraum und $\boldsymbol{v} \in U$. Dann gilt auch

$$Z(\boldsymbol{v}, \Phi) := \{p(\Phi)\boldsymbol{v} : p \in K[x]\} \subset U$$

und $Z(\boldsymbol{v}, \Phi)$, der *von $\boldsymbol{v}$ erzeugte Φ-zyklische Unterraum*, ist also der kleinste Φ-invariante Unterraum von V, der $\boldsymbol{v}$ enthält. Gilt $Z(\boldsymbol{v}, \Phi) = V$, so heißt $\boldsymbol{v}$ *zyklisch* bezüglich Φ und V ein *Φ-zyklischer Raum*. Sei $\dim V = n$, $\boldsymbol{v} \neq \boldsymbol{0}$. Dann gibt es ein $1 \leq p \leq n$, so dass $\boldsymbol{v}, \Phi\boldsymbol{v}, \ldots, \Phi^{p-1}\boldsymbol{v}$ eine Basis von $Z(\boldsymbol{v}, \Phi)$ bilden.
Allgemein heißt für $\boldsymbol{v} \neq \boldsymbol{0}$, $k \in \mathbb{N}$,

$$\boldsymbol{v}, \Phi\boldsymbol{v}, \ldots, \Phi^{k-1}\boldsymbol{v}$$

eine *KRYLOW*[16]*-Sequenz* und

[16] Alexei Nikolajewitsch KRYLOW ∗ 3. August 1863 in Wisjaga † 26. Oktober 1945 in Leningrad

$$K_k = K_k(\Phi; \boldsymbol{v}) := \operatorname{span}(\boldsymbol{v}, \Phi\boldsymbol{v}, \ldots, \Phi^{k-1}\boldsymbol{v})$$

der k-te KRYLOW-Raum von Φ bezüglich $\boldsymbol{v}$.
Für $k = p$ ist also $Z(\boldsymbol{v}, \Phi) = K_p(\Phi; \boldsymbol{v})$ und $\dim K_k(\Phi; \boldsymbol{v}) = k$ für $k \leq p$, $K_k(\Phi; \boldsymbol{v}) = K_p(\Phi; \boldsymbol{v})$ für $k \geq p$.

Man betrachte die Mengen

$$N_i := \{\Phi^j \boldsymbol{v} : j = 0, \ldots, i \text{ für } i \in \mathbb{N}_0\} ,$$

dann ist spätestens N_n linear abhängig, so dass ein $1 \leq p \leq n$ existiert, so dass p minimal in dieser Eigenschaft ist. Dann ist $\boldsymbol{v}, \Phi\boldsymbol{v}, \ldots, \Phi^{p-1}\boldsymbol{v}$ linear unabhängig und es gibt $a_i \in K$, so dass

$$\Phi^p \boldsymbol{v} = \sum_{i=1}^{p-1} a_i \Phi^i \boldsymbol{v} . \tag{4.67a}$$

Daraus folgt durch vollständige Induktion, dass

$$\Phi^k \boldsymbol{v} \in \operatorname{span}(\boldsymbol{v}, \ldots, \Phi^{p-1}\boldsymbol{v}) \text{ für alle } k \in \mathbb{N}_0$$

und damit $Z(\boldsymbol{v}, \Phi) = \operatorname{span}(\boldsymbol{v}, \ldots, \Phi^{p-1}\boldsymbol{v})$.

Der Raum $Z(\boldsymbol{v}, \Phi)$ hat also eine Kette der Länge p als Basis genau dann, wenn $\{\Phi^j \boldsymbol{v} : j = 0, \ldots, p-1\}$ linear unabhängig ist und $\Phi^p \boldsymbol{v} = \boldsymbol{0}$.
Satz 4.104 zeigt, dass die vorletzte Bedingung durch $\Phi^j \boldsymbol{v} \neq \boldsymbol{0}$, $j = 0, \ldots, p-1$ ersetzt werden kann. Bezüglich der Basis $\boldsymbol{v}, \ldots, \Phi^{p-1}\boldsymbol{v}$ von $U := Z(\boldsymbol{v}, \Phi)$ hat $\Phi|_U$ die Darstellungsmatrix

$$C := \begin{pmatrix} 0 & \cdots & \cdots & 0 & -a_0 \\ 1 & & & \vdots & -a_1 \\ 0 & \ddots & & \vdots & \vdots \\ \vdots & \ddots & \ddots & \vdots & \vdots \\ 0 & \cdots & 0 & 1 & -a_{p-1} \end{pmatrix} \tag{4.67b}$$

wobei die a_1 durch (4.67a) bestimmt sind. Die Matrix (4.67b) ist gerade die Transponierte von (4.5) und damit gilt

$$\chi_{\Phi|_U}(\lambda) = \chi_C(\lambda) = (-1)^p \left(\lambda^p + \sum_{i=0}^{p-1} a_i \lambda^i \right) . \tag{4.67c}$$

Andererseits erzeugt jedes normierte Polynom eine Matrix vom Typ (4.67b), die dann Darstellungsmatrix ist von Φ auf U mit der Basis $\boldsymbol{v}_1, \ldots, \boldsymbol{v}_p$ durch $\Phi\boldsymbol{v}_i = \boldsymbol{v}_{i+1}$, $i = 1, \ldots, p-1$, $\Phi\boldsymbol{v}_p = -\sum_{i=0}^{p-1} a_i \boldsymbol{v}_{i+1}$, d. h. $U = Z(\boldsymbol{v}_1, \Phi) = K_p(\Phi; \boldsymbol{v}_1)$.

5) In Fortsetzung von 4) gilt: Sei $U := Z(\boldsymbol{v}, \Phi)$. Das Φ-Minimalpolynom von $\boldsymbol{v}$ (nach Bemerkungen 4.85, 4)) erfüllt

$$\mu_\Phi^{\boldsymbol{v}} = (-1)^p \chi_{\Phi|_U} = \mu_{\Phi|_U} ,$$

d. h. das Φ-Minimalpolynom von $\boldsymbol{v}$ ist gerade – bis auf das Vorzeichen – das charakteristische Polynom von Φ auf dem von $\boldsymbol{v}$ zyklisch erzeugten Raum. Im zyklischen Fall sind charakteristisches und Minimalpolynom – bis auf Vorzeichen – gleich (in Verallgemeinerung der Ketten- bzw. JORDAN-Block-Situation).

Wegen $\mu_\Phi^{\boldsymbol{v}}(\Phi)p(\Phi)\boldsymbol{v} = p(\Phi)\mu_\Phi^{\boldsymbol{v}}(\Phi)\boldsymbol{v} = \mathbf{0}$ für alle $p \in K[x]$, also $\mu_\Phi^{\boldsymbol{v}}(\Phi) = \mathbf{0}$ auf U, und damit gilt $\mu_{\Phi|_U} | \mu_\Phi^{\boldsymbol{v}}$ wegen der Minimalität in $\mu_{\Phi|_U}$ bezüglich dieser Eigenschaft. Andererseits ist aber insbesondere

$$\mu_{\Phi|_U}(\Phi)\boldsymbol{v} = \mu_{\Phi|_U}(\Phi|_U)\boldsymbol{v} = \mathbf{0}$$

nach dem Satz von CALEY-HAMILTON (Theorem 4.81), also mit gleicher Argumentation

$$\mu_\Phi^{\boldsymbol{v}} | \mu_{\Phi|_U}$$

und damit sind diese normierten Polynome gleich.
Nach 4) ist $p = \dim U = \operatorname{grad}(\chi_{\Phi|_U})$. Sei $m := \operatorname{grad}(\mu_\Phi^{\boldsymbol{v}})$, $q \in K[x]$. Nach Satz B.19 gibt es $h, r \in K[x]$, $\operatorname{grad}(r) < m$, so dass

$$q(\lambda) = h(\lambda)\mu_\Phi^{\boldsymbol{v}}(\lambda) + r(\lambda)$$

und damit

$$q(\Phi)\boldsymbol{v} = h(\Phi)\mu_\Phi^{\boldsymbol{v}}(\Phi)\boldsymbol{v} + r(\Phi)\boldsymbol{v} = r(\Phi)\boldsymbol{v}$$

und so

$$U = Z(\Phi, \boldsymbol{v}) \subset \operatorname{span}(\boldsymbol{v}, \dots, \Phi^{m-1}\boldsymbol{v})$$

also $p \leq m$ und damit

$$\operatorname{grad}(\chi_{\Phi|_U}) = p \leq m = \operatorname{grad}(\mu_{\Phi|_U})$$

und damit sind auch diese Polynome – bis auf das Vorzeichen – gleich.

6) Sei V ein K-Vektorraum, $\dim V = n$, $\Phi \in \operatorname{Hom}_K(V, V)$, dann gibt es ein $\boldsymbol{v} \in V$, so dass

$$\mu_\Phi^{\boldsymbol{v}} = \mu_\Phi,$$

d. h. das Φ-Minimalpolynom von $\boldsymbol{v}$ ist gleich dem Minimalpolynom von Φ.

Sei $\mu := \mu_\Phi = \prod_{i=1}^k \mu_i$, wobei die μ_i die Potenzen von jeweils verschiedenen irreduziblen Polynomen darstellen. Zu $i = 1, \dots, k$ gibt es dann ein $\boldsymbol{v}_i \in V$, so dass $\mu(\Phi)\boldsymbol{v}_i = \mathbf{0}$ (gilt immer), aber $(\mu/\mu_i)(\Phi)\boldsymbol{v}_i \neq \mathbf{0}$, da sonst die Minimaleigenschaft von μ verletzt wäre.
Sei $\boldsymbol{v} := \sum_{i=0}^k \boldsymbol{v}_i$, dann ist $\mu_\Phi^{\boldsymbol{v}} = \mu_\Phi$. Zur Vereinfachung der Argumentation werde K als algebraisch abgeschlossen angenommen, dann ist $\boldsymbol{v}_i \in V_i$, $\boldsymbol{v}_i \neq \mathbf{0}$, der i-te Hauptraum (Definition 4.91), also insbesondere ist $\{\boldsymbol{v}_1, \dots, \boldsymbol{v}_k\}$ linear unabhängig.
Sei $\operatorname{grad}(\mu) = m$, $\operatorname{grad}(\mu_\Phi^{\boldsymbol{v}}) = l$. Da $\mu_\Phi^{\boldsymbol{v}} | \mu$ (siehe etwa 4)), ist $l \leq m$ und es reicht wegen der Normierung $l = m$ zu zeigen. Sei also $l < m$, dann lässt sich μ zerlegen: $\mu = \mu_\Phi^{\boldsymbol{v}}\tilde{\mu}$ und o. B. d. A.

$$\mu_\Phi^{\boldsymbol{v}} = \prod_{i=1}^{j} (\lambda - \lambda_i)^{m_i}, \quad \tilde{\mu} = \prod_{i=j+1}^{k} (\lambda - \lambda_i)^{m_i}$$

zu den Eigenwerten λ_i und damit

$$\mathbf{0} = \mu_\Phi^v(\Phi)v = \sum_{i=1}^{j} \mu_\Phi^v(\Phi)v_i + \mu_\Phi^v(\Phi) \sum_{i=j+1}^{k} v_i \,.$$

Hier verschwindet der erste Summand, der zweite aber ist nach Theorem 4.92 das bijektive Bild eines nicht verschwindenden Vektors, also nicht verschwindend und damit ist ein Widerspruch erzielt.

7) Es gelten weiter die Voraussetzungen von 6). $\Phi \in \mathrm{Hom}_K(V, V)$ heißt *nicht-derogatorisch*, wenn gilt

$$\mu_\Phi = (-1)^n \chi_\Phi \,.$$

Dies gilt also für JORDAN-Blöcke oder für Begleitmatrizen bzw. allgemein: Die folgenden Aussagen sind äquivalent:

(i) Φ ist nicht-derogatorisch.

(ii) Es gibt eine Basis $\mathcal{B}$, so dass ${}_{\mathcal{B}}[\Phi]_{\mathcal{B}}$ die Gestalt (4.67b) hat.

(iii) V ist Φ-zyklisch.

In 4) wurde iii) ⇔ ii) und in 5) ii) ⇒ i) gezeigt, so dass nur noch i) ⇒ iii) fehlt. Nach 6) gibt es ein $v \in V$, so dass

$$\mu_\Phi^v = \mu_\Phi \,, \text{ also } \mu_\Phi^v = (-1)^n \chi_\Phi \,,$$

also $\dim V = \mathrm{grad}(\chi_\Phi) = \mathrm{grad}\, \mu_\Phi^v = \dim Z(v, \Phi)$ *und damit* $Z(v, \Phi) = V$.

△

Theorem 4.106: Normalform für nilpotente lineare Abbildungen

Sei K ein Körper. Ist $\Phi : V \to V$ eine nilpotente lineare Abbildung des endlichdimensionalen K-Vektorraums V in sich, so gibt es eine Basis von V, die sich nur aus Ketten für Φ zusammensetzt. Bei umgekehrter Anordnung innerhalb der Ketten wird in einer solchen Basis die Abbildung Φ durch eine Matrix beschrieben, welche eine Blockdiagonalmatrix von Blöcken der Form

$$\begin{pmatrix} 0 & 1 & 0 & \cdots & 0 \\ \vdots & \ddots & \ddots & \ddots & \vdots \\ \vdots & & \ddots & \ddots & 0 \\ \vdots & & & \ddots & 1 \\ 0 & \cdots & \cdots & \cdots & 0 \end{pmatrix} \qquad \textit{JORDAN-Block zum Eigenwert 0}$$

ist.

Beweis: Der Beweis erfolgt durch vollständige Induktion nach dem Nipotenzgrad p. Der Induktionsanfang ist $p = 1$. Dann ist $\Phi = 0$ die Nullabbildung. Jeder Vektor $\mathbf{0} \neq v \in V$

stellt eine – wenn auch kurze – Kette dar. Und jede Basis von V besteht aus derartigen Ketten der Länge 1.
Sei jetzt $p \geq 2$ für den Induktionsschluss $p-1 \to p$. Wir betrachten den Bildraum $B :=$ Bild $\Phi \subset V$. Die Einschränkung $\Phi|_B$ bildet auch B in das Bild Φ ab, definiert also eine Abbildung $\Phi|_B : B \to B$. Für jeden Vektor $\boldsymbol{b} = \Phi\boldsymbol{v} \in B$ ist

$$\Phi^{p-1}\boldsymbol{b} = \Phi^{p-1}\Phi\boldsymbol{v} = \Phi^p\boldsymbol{v} = \boldsymbol{0}\,.$$

Deswegen ist $(\Phi|_B)^{p-1} = 0$ und wir können auf $\Phi|_B$ die Induktionsannahme anwenden. Es gibt somit eine Basis von B, die aus Ketten besteht:

$$\begin{array}{l} \boldsymbol{b}_1 \to \Phi\boldsymbol{b}_1 \to \ldots \to \Phi^{r_1}\boldsymbol{b}_1\,, \\ \vdots \\ \boldsymbol{b}_k \to \Phi\boldsymbol{b}_k \to \ldots \to \Phi^{r_k}\boldsymbol{b}_k\,. \end{array}$$

Hier soll jeweils $\Phi^{r_i}\boldsymbol{b}_i \neq \boldsymbol{0}$ sein, aber $\Phi^{r_i+1}\boldsymbol{b}_i = \boldsymbol{0}$. Zuerst verlängern wir unsere Ketten etwas: Jedes $\boldsymbol{b}_i \in B$ ist ein Bild $\Phi\boldsymbol{v}_i$. Wir können zu jeder Kette einen solchen Vektor $\boldsymbol{v}_i$ hinzunehmen und ihre Länge um 1 vergrößern:

$$\begin{array}{ccccccccc} \boldsymbol{v}_i & \to & \Phi\boldsymbol{v}_i & \to & \Phi^2\boldsymbol{v}_i & \to & \ldots & \to & \Phi^{r_i+1}\boldsymbol{v}_i\,, \\ & & \| & & \| & & \ldots & & \| \\ & & \boldsymbol{b}_i & \to & \Phi\boldsymbol{b}_i & \to & \ldots & \to & \Phi^{r_i}\boldsymbol{b}_i\,. \end{array}$$

Dann vermehren wir unsere Ketten auch noch: Die Vektoren $\Phi^{r_i}\boldsymbol{b}_i = \Phi^{r_i+1}\boldsymbol{v}_i$, $i = 1, \ldots, k$, gehören zum Kern von Φ. Als Teil der gewählten Basis von B sind sie linear unabhängig. Wir können sie durch Vektoren $\boldsymbol{v}_{k+1}, \ldots, \boldsymbol{v}_l$ zu einer Basis des Kerns ergänzen. Jeden dieser ergänzenden Vektoren im Kern fassen wir als eine kurze Kette auf. Die Gesamtheit der erhaltenen Ketten ist damit:

$$\begin{array}{llll} \boldsymbol{v}_1 & \Phi\boldsymbol{v}_1 & \ldots & \Phi^{r_1+1}\boldsymbol{v}_1 \\ \vdots & & & \\ \boldsymbol{v}_k & \Phi\boldsymbol{v}_k & \ldots & \Phi^{r_k+1}\boldsymbol{v}_k \\ \boldsymbol{v}_{k+1} & & & \\ \vdots & & & \\ \boldsymbol{v}_l & & & \end{array} \tag{4.68}$$

Das Bild dieser Vektoren unter Φ ist genau die Kettenbasis von B, vermehrt um den Nullvektor. Die Anzahl aller Vektoren in einer Kettenbasis von B ist $\dim(B)$. Hier haben wir insgesamt k Vektoren hinzugenommen um jede Kette zu verlängern. Schließlich haben wir die gewählten Ketten um

$$l - k = \dim(\text{Kern}\,\Phi) - k$$

kurze Ketten vermehrt. Damit ist die Anzahl aller Vektoren in unseren Ketten

$$\dim(\text{Bild } \Phi) + \dim(\text{Kern } \Phi) = \dim V$$

geworden. Wir müssen nun nur noch zeigen, dass alle Vektoren der gewählten Ketten linear unabhängig sind, um eine Kettenbasis von V zu erhalten. Dies folgt nach Satz 4.104, 2), da die Vereinigung der jeweils letzten Kettenvektoren eine Basis von Kern Φ bilden, d. h. linear unabhängig sind. Die Aussage über die Darstellungsmatrix folgt aus Bemerkungen 4.105, 1). □

Bemerkung 4.107 Insbesondere entspricht also bei einer Kettenbasis und der zugehörigen Darstellungsmatrix aus JORDAN-Blöcken (zum Eigenwert 0) eine Kette einem Block, d. h. die Anzahl der Blöcke (einer festen Größe) ist die Anzahl der Ketten (einer festen Länge). △

Die in Theorem 4.106 auftretenden Ketten sind i. Allg. nicht eindeutig bestimmt, deswegen sind auch die durch die einzelnen JORDAN-Blöcke definierten Φ-invarianten Unterräume durch die lineare Abbildung i. Allg. nicht eindeutig bestimmt. Ihre *Anzahlen und Dimensionen* dagegen sind dies sehr wohl.

Satz 4.108: Anzahl der JORDAN-Blöcke

Die Größen der in Theorem 4.106 auftretenden JORDAN-Blöcke und die Anzahl der Blöcke einer festen Größe sind durch die Abbildung Φ eindeutig bestimmt:
Seien $a_i := \dim \text{Kern } \Phi^i$ für $i \in \mathbb{N}_0$, dann gilt für $i \in \mathbb{N}$:

1) $b_i := a_i - a_{i-1}$ ist die Anzahl der JORDAN-Blöcke, deren Größe entweder größer oder gleich i ist,

2) $a_i \geq a_{i-1}$,

3) $c_i = 2a_i - a_{i-1} - a_{i+1}$ (4.69)
ist die Anzahl der JORDAN-Blöcke, deren Größe genau i ist,

4) $b_{i+1} \leq b_i$.

Insbesondere ist $b_1 = \dim \text{Kern } \Phi$ die Anzahl aller Blöcke.
Ist $b_j = 0$ für ein $j \in \mathbb{N}$, dann auch $b_i = 0$ für $i \geq j$ und so $c_i = 0$ für $i \geq j$.

Beweis: Nach Bemerkung 4.107 können wir die Behauptung in der Sprache der Ketten betrachten. Wir bezeichnen mit b_i die Anzahl der JORDAN-Blöcke bzw. Ketten mit Größe größer oder gleich i. Wenden wir Φ auf eine Kette an, so fällt der erste Vektor weg, die anderen reproduzieren sich. Weil die ursprünglichen Ketten eine Basis von V bilden, sind die reproduzierten Kettenreste eine Kettenbasis von $B = \text{Bild } \Phi$. Aus dem Beweis von Theorem 4.106 folgt, dass jede Kettenbasis von B auf diese Weise aus einer Kettenbasis von V hervorgeht. Damit haben wir eine Bijektion zwischen den Kettenbasen von V und B, wobei die Letzteren insgesamt

$$\dim(V) - \dim(B) = \dim(\text{Kern } \Phi)$$

weniger Kettenelemente haben und die Ketten von B jeweils um einen Vektor kürzer sind.

Insbesondere bildet die Gesamtheit der „letzten" Vektoren in der Kettenbasis von V eine Basis von Kern Φ, d. h. dim Kern Φ ist die Anzahl der Ketten in der Kettenbasis von V. Dies ergibt die vorletzte Aussage

$$\dim \operatorname{Kern} \Phi = a_1 = a_1 - a_0 = b_1 . \tag{4.70}$$

Durch die Anwendung von Φ, d. h. die Reduktion von V auf Bild Φ, werden somit die ursprünglichen Ketten der Länge 1 aus der Basis entfernt. Zusammenfassend bezeichnet b_2 die Anzahl der Ketten in der verbleibenden Kettenbasis von Bild Φ, also

$$b_2 = \dim \operatorname{Kern} \Phi|_{\operatorname{Bild} \Phi}$$

und durch Fortführung dieses Prozesses ergibt sich für $k \in \mathbb{N}, k \geq 2$

$$b_k = \dim \operatorname{Kern} \Phi|_{\operatorname{Bild} \Phi^{k-1}} .$$

Nun ist nach Definition

$$a_2 - a_1 = \dim \operatorname{Kern} \Phi^2 - \dim \operatorname{Kern} \Phi .$$

Diese Identität lässt sich umformen, da einerseits für a_1 mit der offensichtlichen Identität Kern Φ = Kern $\Phi|_{\operatorname{Kern} \Phi^2}$ gilt

$$a_1 = \dim \operatorname{Kern} \Phi|_{\operatorname{Kern} \Phi^2} .$$

Zusätzlich gilt wegen

$$\boldsymbol{x} \in \operatorname{Kern} \Phi|_{\operatorname{Bild} \Phi} \Leftrightarrow \Phi \boldsymbol{x} = \boldsymbol{0}, \boldsymbol{x} = \Phi \boldsymbol{y} \Leftrightarrow \Phi^2 \boldsymbol{y} = \boldsymbol{0}, \boldsymbol{x} = \Phi \boldsymbol{y} \Leftrightarrow \boldsymbol{x} \in \operatorname{Bild} \Phi|_{\operatorname{Kern} \Phi^2}$$

aber auch Kern $\Phi|_{\operatorname{Bild} \Phi}$ = Bild $\Phi|_{\operatorname{Kern} \Phi^2}$. Andererseits lässt sich a_2 mit der Dimensionsformel I (Theorem 2.32) als

$$a_2 = \dim \operatorname{Kern} \Phi^2 = \dim \operatorname{Bild} \Phi|_{\operatorname{Kern} \Phi^2} + \dim \operatorname{Kern} \Phi|_{\operatorname{Kern} \Phi^2}$$

schreiben. Zusammengesetzt folgt daher

$$\begin{aligned} a_2 - a_1 &= \dim \operatorname{Bild} \Phi|_{\operatorname{Kern} \Phi^2} + \dim \operatorname{Kern} \Phi|_{\operatorname{Kern} \Phi^2} - \dim \operatorname{Kern} \Phi|_{\operatorname{Kern} \Phi^2} \\ &= \dim \operatorname{Kern} \Phi|_{\operatorname{Bild} \Phi} = b_2 . \end{aligned}$$

Wegen

$$\operatorname{Kern} \Phi|_{\operatorname{Bild} \Phi^{k-1}} = \operatorname{Bild} \Phi^{k-1}\big|_{\operatorname{Kern} \Phi^k}$$

folgt allgemein aus Theorem 2.32:

$$b_k = \dim \operatorname{Kern} \Phi|_{\operatorname{Bild} \Phi^{k-1}} = \dim \operatorname{Bild} \Phi^{k-1}\big|_{\operatorname{Kern} \Phi^k} + \dim \operatorname{Kern} \Phi^{k-1}\big|_{\operatorname{Kern} \Phi^k} - \dim \operatorname{Kern} \Phi^{k-1}$$
$$= \dim \operatorname{Kern} \Phi^k - \dim \operatorname{Kern} \Phi^{k-1} = a_k - a_{k-1},$$

d. h. 1) gilt. Die Aussage 2) ist offensichtlich wegen Kern $\Phi^{i-1} \subset$ Kern Φ^i und es folgt auch sofort wegen $b_i \geq 0$ nach 1). Die Aussage 3) ergibt sich unmittelbar aus 2), da

$$c_i = b_i - b_{i+1} .$$

Da $c_i \geq 0$, folgt aus 3) sofort 4). Für die Schlussbehauptung ist nur

$$a_i = a_{i-1}, \text{ d. h. } \quad \operatorname{Kern} \Phi^i = \operatorname{Kern} \Phi^{i-1}$$
$$\Longrightarrow$$
$$\operatorname{Kern} \Phi^{i+1} = \operatorname{Kern} \Phi^i \quad \text{d. h.} \quad a_{i+1} = a_i$$

zu beachten. □

Bemerkung 4.109 Wegen der Dimensionsformel I aus Theorem 2.32 können die Identitäten aus Satz 4.108 statt in dim Kern Φ^i auch in Rang $\Phi^i =: r_i$ geschrieben werden:

$$b_i = r_{i-1} - r_i$$
$$c_i = r_{i+1} + r_{i-1} - 2r_i .$$

Eine Verifikation dieser Form kann alternativ zum Beweis von Satz 4.108, 1) auf folgenden Überlegungen beruhen:

Bei Anwendung von Φ^{i-1} fallen alle Ketten der Länge $\leq i-1$ weg, die Längen der anderen Ketten werden um $i-1$ verringert. Bei Anwendung von Φ^i fallen alle Ketten der Länge $\leq i$ weg, die Längen der anderen Ketten werden um i verringert. In jeder Kette einer Länge $\geq i$ liegt genau ein Vektor mehr aus dem Bild von Φ^{i-1} als im Bild von Φ^i. Also ist die Anzahl dieser Ketten der Länge $\geq i$ gerade die Differenz $r_{i-1} - r_i$ der Ränge. △

Beispiel 4.110 Sei dim $V = 7$ und $m = 3$ die kleinste Potenz, so dass $\Phi^m = 0$, dann sind für die Zahlenfolgen b_i, c_i, a_i, $i = 1, 2, 3$ folgende Fälle möglich:

b_i	5 1 1	4 2 1	3 3 1	3 2 2
c_i	4 0 1	2 1 1	0 2 1	1 0 2
a_i	5 6 7	4 6 7	3 6 7	3 5 7

○

Satz 4.111: Hauptraum und Minimalpolynom

Sei V ein K-Vektorraum über einem algebraisch abgeschlossenen Körper K, $\Phi : V \to V$ sei K-linear und das charakteristische Polynom χ_Φ bestehe aus verschiedenen linearen Faktoren p_i mit den Vielfachheiten r_i : $\chi_\Phi(\lambda) = \prod_{i=1}^k p_i^{r_i}(\lambda)$. Sei μ_Φ das Minimalpolynom von Φ.

1) Dann ist $\mu_\Phi(\lambda) = \prod_{i=1}^k p_i^{m_i}(\lambda)$ mit $m_i \leq r_i$.

2) Für die invarianten Unterräume U_i nach Theorem 4.93 (bzw. Theorem 4.98) gilt

$$U_i = \operatorname{Kern} p_i^{r_i}(\Phi) = \operatorname{Kern} p_i^{m_i}(\Phi) .$$

3) Φ ist (über K) diagonalisierbar genau dann, wenn

$$U_i = \operatorname{Kern}(\Phi - \lambda_i \operatorname{id}) =: E_i \text{ für } i = 1, \ldots, k.$$

Beweis: Zu 1): Dies ist eine Wiederholung von Satz 4.86, 1).
Zu 2): p^{m_i} ist das Minimalpolynom von Φ auf U_i nach Satz 4.87 und $p_i^{m_i}(\Phi) = 0$ auf U_i nach Definition. Damit gilt

$$\operatorname{Kern} p_i^{r_i}(\Phi) \subset \operatorname{Kern} p_i^{m_i}(\Phi)$$

und die umgekehrte Inklusion gilt immer wegen $m_i \leq r_i$.
Zu 3): Es gilt:

$$\begin{aligned} &\Phi \text{ ist diagonalisierbar} \\ \Leftrightarrow\ &\dim U_i = \dim E_i \text{ für } i = 1, \ldots, k \text{ (algebraische = geometrische Vielfachheit)} \\ \Leftrightarrow\ &U_i = E_i \text{ für } i = 1, \ldots, k , \end{aligned}$$

da immer $E_i \subset U_i$ gilt. □

Aus Satz 4.111, 3) ergibt sich ein alternativer Beweis für Satz 4.86, 2) „⇐“.

Das charakteristische Polynom von $\Phi|_{U_i}$ ist das Polynom $\chi_i(\lambda) = (\lambda_i - \lambda)^{r_i}$ mit $r_i = \dim(U_i)$. Das Minimalpolynom μ_i von $\Phi|_{U_i}$ kann nach Voraussetzung nur verschiedene einfache Linearfaktoren haben, d. h. $\mu_i(\lambda) = (\lambda_i - \lambda)$. Also bedeutet $\mu_i(\Phi)\boldsymbol{u} = 0$ für $\boldsymbol{u} \in U_i$, dass $U_i \subset E_i$ und damit folgt die Behauptung mit 3).

Bemerkungen 4.111a Wir betrachten weiter einen algebraisch abgeschlossenen Körper K und benutzen wieder die Matrixschreibweise, d. h. es sei $C \in K^{(n,n)}$, $\lambda \in K$. Wir schreiben im Folgenden als Abkürzung

$$C_\lambda := C - \lambda \mathbb{1} .$$

1) Der (FITTING-)Index von C_λ (nach Bemerkungen 4.89, 3)) wird auch der *(FITTING-) Index* k_λ des Eigenwerts λ von C genannt, d. h. $k_\lambda = \operatorname{Ind}(\lambda)$. Die Zahl $k_\lambda \leq m$ ist also minimal in der Eigenschaft.

$$\operatorname{Kern}(C_\lambda^k) = \operatorname{Kern}(C_\lambda^{k+1}) \text{ und deswegen } \operatorname{Kern}(C_\lambda^l) = \operatorname{Kern}(C_\lambda^k) \text{ für } l \geq k. \tag{4.71}$$

Sei λ ein Eigenwert von C und sei für $k \in \mathbb{N}$ im Folgenden

$$U^k := \operatorname{Kern}(C_\lambda^k),$$

d. h. speziell

$$U_\lambda := U^{r_\lambda} ,$$

der zu λ zugehörige invariante Unterraum aus Satz 4.94, dann folgt

$$k_\lambda \leq m_\lambda \leq r_\lambda ,$$

wobei m_λ die Vielfachheit von λ im Minimalpolynom ist. Es gilt nämlich

$$U^{m_\lambda} = U^{m_\lambda+1} .$$

Hierbei ist die Inklusion „$\subset$“ klar und für „$\supset$“ sei $\boldsymbol{x} \in U^{m_\lambda+1}$, d. h. $C_\lambda^{m_\lambda} C_\lambda \boldsymbol{x} = \mathbf{0}$ und so $C_\lambda \boldsymbol{x} \in U^{m_\lambda}$. Hätte $\boldsymbol{x}$ in der C-invarianten Zerlegung $K^n = \bigoplus_{i=1}^k U_i$ nach Satz 4.94 (bei Beachtung von Satz 4.111, 2)), wobei etwa $U_\lambda = U_1$, eine Komponente $\boldsymbol{u}_l \neq 0$ für ein $l \geq 2$, so wäre auch $C_\lambda \boldsymbol{u}_l \neq 0$ wegen der für die Räume paarweise verschiedenen Eigenwerte. Dies wäre ein Widerspruch zur Eindeutigkeit der entsprechenden Darstellung von $C_\lambda \boldsymbol{x}$.

Folglich gilt $\boldsymbol{x} \in U^{m_\lambda}$,

$$\text{also } U^{k_\lambda} = U^{k_\lambda+1} = \ldots = U^{m_\lambda} = U^{r_\lambda}$$

und damit insbesondere

$$\dim \operatorname{Kern}(C_\lambda^{k_\lambda}) = \dim U_\lambda = r_\lambda .$$

Damit ist $(C - \lambda \mathbb{1})^{k_\lambda} \boldsymbol{x} = 0$ für $\boldsymbol{x} \in U_\lambda$ und so teilt das Minimalpolynom $\mu_{U_\lambda} x = (x - \lambda)^{m_\lambda}$ das Polynom $p_\lambda(x) = (x - \lambda)^{k_\lambda}$. Infolgedessen ist auch

$$m_\lambda \leq k_\lambda$$

insgesamt:

$$\boxed{k_\lambda = m_\lambda .}$$

2) Wegen der Dimensionsformel Theorem 2.32 entspricht der Folge aufsteigender Kerne eine Folge absteigender Bilder:

$$\operatorname{Bild}(C_\lambda) \supset \operatorname{Bild}(C_\lambda^2) \supset \ldots \supset \operatorname{Bild}(C_\lambda^{k_\lambda}) = \operatorname{Bild}(C_\lambda^{k_\lambda+1}) .$$

Die Rangbestimmung von C_λ^k muss maximal bis zu $k = r_\lambda$ erfolgen und führt zur Bestimmung von m_λ und damit des Minimalpolynoms. Genauer gilt in der Nomenklatur von Satz 4.108:

$$\boxed{b_i = c_i = 0 \text{ für } i > m = \text{ Grad der Nullstelle } \lambda \text{ im Minimalpolynom,}}$$

und somit ist

$$\sum_{i=1}^{m} b_i = \sum_{i=1}^{m} (a_i - a_{i-1}) = a_m = \text{algebraische Vielfachheit.}$$

Einen JORDAN-Block der Größe m_λ bzw. eine Kette der Länge m_λ gibt es also immer,

da die Bedingung aus Bemerkungen 4.105, 3)

$$\boldsymbol{w} \in \text{Kern } C_\lambda|_{U_\lambda} \cap \text{Bild } C_\lambda^{m_\lambda - 1}\big|_{U_\lambda}$$

wegen

$$C_\lambda^{m_\lambda}\big|_{U_\lambda} = 0, \ \textit{d. h.} \ \text{Bild } C_\lambda^{m_\lambda - 1}\big|_{U_\lambda} \subset \text{Kern } C_\lambda|_{U_\lambda}$$

immer erfüllbar ist. Und wegen $\sum_{i=1}^{m} b_i = \sum_{i=1}^{m} ic_i$ *gilt weiter*

$$\sum_{i=1}^{m} ic_i = \textit{algebraische Vielfachheit}\,.$$

Die maximale Anzahl ununterbrochener Einsen auf der oberen Nebendiagonalen ist also $m_\lambda + 1$. △

Hauptsatz 4.112: JORDANsche Normalform

Sei K algebraisch abgeschlossen. Jede Matrix $\in K^{(n,n)}$ ist ähnlich zu einer Blockdiagonalmatrix

$$\begin{pmatrix} C_1 & & 0 \\ & \ddots & \\ 0 & & C_I \end{pmatrix}.$$

Für $i = 1, \ldots, I$ ist dabei $C_i \in K^{(r_i,r_i)}$ mit $r_1 + \ldots + r_I = n$. Weiter entsprechen die Diagonaleinträge der Matrix C_i genau dem Eigenwert λ_i und auch die C_i sind wieder als eine Blockdiagonalmatrix gegeben, diesmal von der speziellen Gestalt

$$C_i = \begin{pmatrix} J_{i,1} & & 0 \\ & \ddots & \\ 0 & & J_{i,M_i} \end{pmatrix}.$$

Hier ist $m = 1, \ldots, M_i$ mit $J_{i,m} \in K^{(s_{i,m},s_{i,m})}$ und $s_{i,1} + \ldots + s_{i,M_i} = r_i$. Dabei sind die $J_{i,m}$ die sogenannten JORDAN-Blöcke der Größe $s_{i,m}$ zum Eigenwert λ_i und von der Form

$$J_{i,m} := \begin{pmatrix} \lambda_i & 1 & & & \\ & \ddots & \ddots & & 0 \\ & & \ddots & \ddots & \\ & 0 & & \ddots & 1 \\ & & & & \lambda_i \end{pmatrix} \in K^{(s_{i,m},s_{i,m})} .$$

Weiter ist die Anzahl der Blöcke einer festen Größe zu einem festen Eigenwert durch die Matrix eindeutig bestimmt durch (4.69) und die Anzahl der JORDAN-Blöcke zu einem festen Eigenwert ist gerade die geometrische Vielfachheit.

Beweis: Globale Zerlegung der Matrix in Blöcke C_i:

Nach Theorem 4.93 bzw. Theorem 4.98, 1) ist die Matrix C ähnlich zu einer Blockdiagonalmatrix C_0, d. h.

$$C = A_0^{-1}\, C_0\, A_0 \qquad \text{für eine geeignete Transformationsmatrix } A_0 \in K^{(n,n)} .$$

C_0 besteht dabei aus den Blöcken $C_i \in K^{(r_i,r_i)}$, $i = 1,\ldots,I$, wobei I die Anzahl der paarweise verschiedenen Eigenwerte ist. Die C_i haben das charakteristische Polynom $(\lambda_i - \lambda)^{r_i}$, d. h. r_i ist gerade die algebraische Vielfachheit des i-ten Eigenwertes λ_i. Das zeigt $r_1 + \ldots + r_I = n$. Zudem sind die Diagonaleinträge von C_i durch den Eigenwert λ_i gegeben. Daher lässt sich C_i schreiben als

$$C_i = \lambda_i \mathbb{1}_{r_i} + N_i ,$$

wobei die Matrix $\lambda_i \mathbb{1}_{r_i} \in K^{(r_i,r_i)}$ schon Diagonalgestalt hat und $N_i \in K^{(r_i,r_i)}$ nach Satz 4.78 eine nilpotente Matrix ist.

Lokale Zerlegung der Blöcke C_i in JORDAN-Blöcke $J_{i,m}$:

Es ist anzumerken, dass nach Theorem 4.98 die Matrix C_i gerade die beschreibende Matrix von C auf dem C-invarianten Hauptraum $U_i = \mathrm{Kern}(C - \lambda_i \mathbb{1})^{r_i}$ ist. Daher kann C_i weiteren Ähnlichkeitstransformationen unterzogen werden, ohne dabei die anderen C_j, $j \neq i$ zu verändern. Das erlaubt alle C_i mittels einer weiteren Ähnlichkeitstransformation auf U_i auf die gewünschte Gestalt zu bringen und zum Schluss alle Ähnlichkeitstransformationen auf den U_i zu einer globalen Ähnlichkeitstransformation für C zusammenzusetzen.

Um C_i auf die gewünschte Form zu bringen, untersuchen wir die nilpotente Matrix N_i genauer. Wegen Theorem 4.106 ist N_i ähnlich zu einer Blockdiagonalmatrix $\widetilde{J}_i$, d. h. es ist

$$N_i = A_i^{-1}\, \widetilde{J}_i\, A_i \qquad \text{für eine geeignete Transformationsmatrix } A_i \in K^{(r_i,r_i)} .$$

$\widetilde{J}_i$ besteht dabei wieder nach Theorem 4.106 aus JORDAN-Blöcken $\widetilde{J}_{i,m}$ mit Eigenwert 0, $m = 1,\ldots,M_i$. Das zeigt $s_{i,1} + \ldots + s_{i,M_i} = r_i$. Nach Satz 4.108 ist hier $M_i = \dim \mathrm{Kern}\, N_i$, nämlich die Anzahl der Ketten, die benötigt werden um eine Basis für den Hauptraum U_i zu bilden. Also:

$$\text{Anzahl J{\scriptsize ORDAN}-Blöcke zu } \lambda_i = M_i = \dim \operatorname{Kern} N_i = \dim \operatorname{Kern}(C_i - \lambda_i \mathbb{1}_{r_i}) \\ = \text{geometrische Vielfachheit} .$$

Mit den bisherigen Überlegungen gilt nun für C_i

$$\begin{aligned} C_i &= \lambda_i \mathbb{1}_{r_i} + N_i = A_i^{-1} \lambda_i \mathbb{1}_{r_i} A_i + A_i^{-1} \widetilde{J}_i A_i = \\ &= A_i^{-1} \left(\lambda_i \mathbb{1}_{r_i} + \widetilde{J}_i \right) A_i . \end{aligned}$$

D. h. C_i ist ähnlich zu einer Blockdiagonalmatrix $J_i := \lambda_i \mathbb{1}_{r_i} + \widetilde{J}_i$, die aus den JORDAN-Blöcken $J_{i,m} := \lambda_i \mathbb{1}_{s_{i,m}} + \widetilde{J}_{i,m}$ zum Eigenwert λ_i besteht.

Die Eindeutigkeitsaussage folgt aus der Eindeutigkeit in Satz 4.94 bzw. Theorem 4.98, 2) und Satz 4.108. Für die „globale" Gültigkeit von (4.69) für die Gesamtmatrix C muss die in Satz 4.108 gezeigte „lokale" Gültigkeit für C_i auf C übertragen werden. Das folgt jedoch unmittelbar, da bereits bekannt ist, dass C auf dem C-invarianten Unterraum U_i durch C_i beschrieben wird. Damit gilt für $k \leq r_i = \dim U_i$ die Identität

$$\dim \operatorname{Kern}(C - \lambda_i \mathbb{1})^k = \dim \operatorname{Kern} \left. (C - \lambda_i \mathbb{1})^k \right|_{U_i} ,$$

hierbei folgt die Gleichheit der Räume aus Theorem 4.92 mit analogen Überlegungen im dortigen Beweis. □

Wegen des Eindeutigkeitsteils in Satz 4.108 können wir von *der JORDANschen Normalform* einer Matrix sprechen. Somit wurde bewiesen

Satz 4.113: Größe der JORDAN-Blöcke

In einer JORDANschen Normalform nach Hauptsatz 4.112 setze für jeden der paarweise verschiedenen Eigenwerte λ_l, $l = 1, \ldots, l$ die Größen a_i als $a_i^{(l)} := \dim \operatorname{Kern}(\Phi - \lambda_l \mathbb{1})^i$, $i \in \mathbb{N}$. Dann gilt: $(a_i)_i$ ist eine monoton nicht fallende Folge mit monoton nicht wachsenden Inkrementen $a_i - a_{i-1}$. Ab $i = m_l$ = Grad von λ_l im Minimalpolynom gilt

$$a_k = a_{m_l} \text{ für } k \geq m_l .$$

Die Anzahl der JORDAN-Blöcke der Größe i ist durch

$$c_i := 2a_i - a_{i-1} - a_{i+1}$$

gegeben.
Der größtmögliche JORDAN-Block hat die Dimension m_l und ein solcher tritt immer auf.

Jede solche Blockdiagonalmatrix aus JORDAN-Blöcken aus Hauptsatz 4.112 lässt sich offensichtlich zerlegen in eine Diagonalmatrix mit den Eigenwerten auf der Diagonale und eine Matrix, die sich aus JORDAN-Blöcken zum Eigenwert 0 zusammensetzt, also nilpotent ist. Für den einzelnen Eigenwert λ ist diese Zerlegung

$$J = \lambda \mathbb{1} + N =: J_d + J_n ,$$

so dass J_d und J_n kommutieren. Damit kommutieren auch für die gesamte Matrix in der Zerlegung $J = J_d + J_n$, J_d und J_n:

$$J_d J_n = J_n J_d ,$$

wovon man sich durch Blockmultiplikation überzeugt.

Für eine allgemeine Matrix $C \in K^{(n,n)}$, die durch eine Ähnlichkeitstransformation $A^{-1}CA = J$ in die JORDANsche Normalform gebracht wird, folgt

$$C = C_d + C_n \tag{4.72}$$

mit $C_d := AJ_dA^{-1}$, $C_n := AJ_nA^{-1}$ und:

$$\begin{aligned} &C_d \quad \text{ist diagonalisierbar,} \\ &C_n \quad \text{ist nilpotent,} \\ &C_d C_n = C_n C_d . \end{aligned}$$

Eine solche Zerlegung (4.72) heißt JORDAN-Zerlegung einer Matrix bzw. analog eines linearen Operators.

Etwas struktureller notiert, gilt:

Theorem 4.114: Eindeutige Existenz JORDAN-Zerlegung

Sei K ein algebraisch abgeschlossener Körper, V ein endlichdimensionaler K-Vektorraum, $\Phi : V \to V$ linear. Dann existieren ein diagonalisierbares Φ_d und ein nilpotentes Φ_n in $\mathrm{Hom}_K(V, V)$ so, dass

$$\Phi = \Phi_d + \Phi_n \quad \text{und} \quad \Phi_d \circ \Phi_n = \Phi_n \circ \Phi_d .$$

Eine solche Darstellung von Φ heißt *JORDAN-Zerlegung* oder auch *JORDAN-CHEVALLEY[17]-Zerlegung*. Weiter gilt:

1) Die Eigenräume von Φ_d sind die Haupträume von Φ.

2) Kommutiert $\Psi \in \mathrm{Hom}_K(V, V)$ mit Φ, so auch mit $\Phi_n$und Φ_d aus einer JORDAN-Zerlegung.

3) Die JORDAN-Zerlegung ist eindeutig.

Beweis: Zu 1): Sei $V = U_1 \oplus \ldots \oplus U_k$ die Φ-invariante direkte Summenzerlegung nach Theorem 4.93 bzw. Korollar 4.95 in die Haupträume

[17] Claude CHEVALLEY *11. Februar 1909 in Johannesburg †28. Juni 1984 in Paris

$$U_i := \mathrm{Kern}(\Phi - \lambda_i \,\mathrm{id})^{r_i}$$

für die paarweise verschiedenen Eigenwerte λ_i. Seien $P_i : V \to U_i$ die nach Satz 2.46 definierten Projektionen, die für $i = 1, \ldots, k$ durch

$$P_i\left(\sum_{j=1}^{k} \boldsymbol{v}_j\right) := \boldsymbol{v}_i \text{ für } \boldsymbol{v}_j \in U_j,\, j = 1, \ldots, k,$$

gegeben sind. Auf der Ebene der Darstellungsmatrix ist dies gerade die Einschränkung auf die zum i-ten Diagonalblock gehörigen Komponenten. Der Bemerkung 4.43, 3) entspricht

$$\Phi_d := \sum_{i=1}^{k} \lambda_i P_i\,.$$

Wegen $\Phi_d|_{U_i} = \lambda_i \mathbb{1}$ ist U_i Φ_d-invariant und die U_i sind genau die Eigenräume von Φ_d zu λ_i, so dass die Aussage 1) gilt. Φ kommutiert mit Φ_d, denn für $\boldsymbol{v} \in V$, $\boldsymbol{v} = \sum_{j=1}^{k} \boldsymbol{v}_j \in U_j$ gilt:

$$\Phi\left(\Phi_d\left(\sum_j \boldsymbol{v}_j\right)\right) = \Phi\left(\sum_j \lambda_j \boldsymbol{v}_j\right) = \sum_j \lambda_j \Phi \boldsymbol{v}_j = \Phi_d\,(\Phi \boldsymbol{v})\ , \tag{4.73}$$

da $\Phi \boldsymbol{v}_j \in U_j$ und $\Phi \boldsymbol{v} = \sum \Phi \boldsymbol{v}_j$ die eindeutige Zerlegung von $\Phi \boldsymbol{v}$ ist.
Man setze

$$\Phi_n := \Phi - \Phi_d\ ,$$

so kommutiert auch Φ mit Φ_n und auch Φ_n mit Φ_d.
Waren die bisherigen Überlegungen (zu 1)) allgemein für jede Φ-invariante Zerlegung, so folgt die zur Existenz einer JORDAN-Zerlegung noch fehlende Nilpotenz von Φ_n aus

$$\Phi_n^{r_i}\Big|_{U_i} = (\Phi - \lambda_i \mathbb{1})^{r_i}|_{U_i} = 0\,.$$

Zu 2): Wenn Ψ und Φ kommutieren, so lässt auch Ψ nach Theorem 4.92, 1) die Haupträume invariant. Betrachtet man noch einmal (4.73), so sieht man, dass dort für Φ außer Linearität nur diese Invarianz benutzt worden ist. Also gilt auch

$$\Psi \circ \Phi_d = \Phi_d \circ \Psi$$

und damit die Vertauschbarkeit auch für Φ_n.

Zu 3): Sei $\Phi = \Phi_d' + \Phi_n'$ eine weitere JORDAN-Zerlegung, dann gilt

$$\Phi_d - \Phi_d' = \Phi_n' - \Phi_n\,.$$

Da Φ_d', Φ_n' miteinander kommutieren und daher ebenso mit Φ, kommutieren sie nach 2) auch mit Φ_d und Φ_n. Nach dem folgenden Lemma 4.115 ist $\Phi_d - \Phi_d'$ diagonalisierbar und

$\Phi'_n - \Phi_n$ nilpotent, was nur im Fall

$$\Phi_d = \Phi'_d\,, \qquad \Phi_n = \Phi'_n$$

möglich ist. □

Lemma 4.115

Sei V ein endlichdimensionaler K-Vektorraum über einem Körper K, seien $\Phi, \Psi \in \mathrm{Hom}_K(V, V)$ und kommutieren miteinander. Dann gilt:

1) Sind Φ, Ψ diagonalisierbar, dann auch $\Phi + \Psi$.

2) Sind Φ, Ψ nilpotent, dann auch $\Phi + \Psi$.

Beweis: Zu 1): Nach Bemerkung 4.72 sind Φ und Ψ simultan diagonalisierbar und damit ist auch $\Phi + \Psi$ diagonalisierbar.

Zu 2): Wegen der Kommutativität gilt

$$(\Phi + \Psi)^n = \sum_{i=0}^{n} \binom{n}{i} \Phi^i \circ \Psi^{n-i}\,. \tag{4.74}$$

Es sei $m \in \mathbb{N}$, sodass $\Phi^l = \Psi^l = 0$, für $l \geq m$, dann gilt infolgedessen

$$(\Phi + \Psi)^{2m} = 0\,,$$

denn in (4.74) ist für $i = 0, \ldots, m$ schon $\Psi^{2m-i} = 0$ und ebenso für $i = m + 1, \ldots, 2m$ auch $\Phi^i = 0$. □

Bemerkungen 4.116

1) Sei K ein algebraisch abgeschlossener Körper, V ein n-dimensionaler K-Vektorraum, und $\Phi, \Psi \in \mathrm{Hom}_K(V, V)$ kommutieren miteinander, d. h. $\Psi \circ \Phi = \Phi \circ \Psi$. Dann gibt es eine Basis von V, deren Elemente sowohl Hauptvektoren für Φ als auch für Ψ sind (vgl. Satz 4.71).

Es reicht, die Aussage für $A_1, A_2, \in K^{(n,n)}$ zu zeigen. Nach Voraussetzung kommutiert A_2 auch mit $(A_1 - \lambda \mathbb{1})^l$ für $\lambda \in K$ und $l \in \mathbb{N}$. Seien $U_i = \mathrm{Kern}(A_1 - \lambda_i \mathbb{1})^{r_i}$, $i = 1, \ldots, k$, die Haupträume von A_1 in einer JORDANschen Darstellung, dann ist also für $\boldsymbol{x} \in U_i$:

$$(A_1 - \lambda_i \mathbb{1})^{r_i} A_2 \boldsymbol{x} = A_2 (A_1 - \lambda_1 \mathbb{1})^r \boldsymbol{x} = 0\,,$$

d. h. $A_2 \boldsymbol{x} \in U_i$. Da also die U_i invariant unter A_2 sind, besitzen sie jeweils eine Hauptraumzerlegung bezüglich A_2:

$$U_i = U_{i,1} \oplus \ldots U_{i,k_i}\,.$$

Durch Auswahl von Kettenbasen von $U_{i,j}$ bezüglich A_2 erhält man insgesamt eine Basis aus Hauptvektoren von A_2, die auch Hauptvektoren von A_1 sind.

2) Die im Beweis von Theorem 4.114 gezeigte „koordinatenfreie“ Form der JORDAN-Zerlegung läßt sich weiter konkretisieren. Unter den Voraussetzungen von Theorem 4.114 gilt mit der dortigen Notation:
Sei $V = U_1 \oplus \cdots \oplus U_k$ die direkte Summenzerlegung in die Haupträume zu den Eigenwerten λ_i, $P_i : V \to U_i$ die zugehörigen Projektionen auf U_i in Richtung $\tilde{U}_i := \bigoplus_{j \neq i} U_j$, dann gilt:

$$\Phi = \Phi_d + \Phi_n$$

und

$$\Phi_d = \sum_{i=1}^{k} \lambda_i P_i ,$$

$$\Phi_n = \sum_{i=1}^{k} (\Phi - \lambda_i \mathbb{1}) P_i = \sum_{i=1}^{k} P_i (\Phi - \lambda_i \mathbb{1})$$

in Verallgemeinerung von Bemerkungen 4.43, 3).
Φ_d ist diagonalisierbar und Φ_n ist nilpotent: $(\Phi - \lambda_i \mathbb{1}) P_i$ ist nilpotent mit dem Nilpotenzgrad k_i, dem FITTING-Index (siehe (4.71)). P_i kann „koordinatenbehaftet“ nach Bemerkung 2.65 konkretisiert werden.

Es ist nur die Darstellung von Φ_n zu verifizieren: Aus id $= \sum_{i=1}^{k} P_i$ *folgt*

$$\Phi = \sum_{i=1}^{k} \Phi P_i = \sum_{i=1}^{k} (\Phi - \lambda_i \mathbb{1}) P_i + \sum_{i=1}^{k} \lambda_i P_i$$

und damit die eine Darstellung für $\Phi_n = \Phi - \Phi_d$, die andere folgt durch Komposition: von id *an Φ von links.*

△

Beispiel 4.117 (Differenzengleichung) Im allgemeinen, nicht diagonalisierbaren Fall ist mit der JORDANschen Normalform für (4.12) eine Lösungsdarstellung gegeben, falls die Eigenwerte in $\mathbb{K}$ liegen. Sei $CJC^{-1} = A$ eine JORDAN-Zerlegung nach Hauptsatz 4.112, dann reicht wegen

$$A^k = CJ^kC^{-1}$$

die Bestimmung von

$$J^k = (D + N)^k ,$$

wobei D der Diagonal- und N der nilpotente Anteil der JORDAN-Zerlegung nach Theorem 4.114 ist. Sei $D = \operatorname{diag}(D_i)$ die durch die paarweise verschiedenen Eigenwerte $\lambda_1, \ldots, \lambda_r$ gegebene Zerlegung und verträglich $N = \operatorname{diag}(N_i)$, dann ist $J^k = \operatorname{diag}(J_i^k) = \operatorname{diag}(D_i + N_i)^k$, so dass nun nur noch die Blöcke zum festen Eigenwert λ_i betrachtet werden müssen. Sei weiter $N_i = \operatorname{diag}(N_{i,j})$ die Zerlegung in JORDAN-Blöcke zum Eigenwert

0 , falls die Basis des zugehörigen invarianten Unterraums aus mehreren Ketten besteht. Für die entsprechende Zerlegung $J_i = \mathrm{diag}(J_{i,j})$ gilt dann

$$J_{i,j}^k = \left(D_i + N_{i,j}\right)^k .$$

$N_{i,j}$ habe die Dimension $s_{i,j}$. Da D_i und $N_{i,j}$ kommutieren, gilt (siehe (4.74)) für $k \geq s_{i,j}-1$:

$$J_{i,j}^k = \sum_{\ell=0}^{k} \binom{k}{\ell} N_{i,j}^{\ell} D_i^{k-\ell} = \sum_{\ell=0}^{s_{i,j}-1} \binom{k}{\ell} \lambda_i^{k-\ell} N_{i,j}^{\ell}$$

und daher

$$J_{i,j}^k = \begin{pmatrix} \lambda_i^k & \binom{k}{1}\lambda_i^{k-1} & \cdots & \binom{k}{s_{i,j}-1}\lambda_i^{k-s_{i,j}+1} \\ & \ddots & \ddots & \vdots \\ & & \ddots & \binom{k}{1}\lambda_i^{k-1} \\ & & & \lambda_i^k \end{pmatrix} . \tag{4.75}$$

Die Lösung (siehe Beispiele 4.56, 2)) ist

$$\boldsymbol{x}^{(k)} = A^k \boldsymbol{x}^{(0)} = C J^k \boldsymbol{\alpha} ,$$

wobei $\boldsymbol{\alpha} = C^{-1}\boldsymbol{x}^{(0)}$, und ist daher durch Linearkombination der Hauptvektorbasis zum jeweiligen Eigenwert λ_i gegeben, wobei aber in einer Hauptvektorenkette zu λ_i nur der Hauptvektor der höchsten Stufe (siehe Definition 4.122) den Vorfaktor λ_i^k (wie in (4.28)) bekommt, die Hauptvektoren r-ter Stufe haben hingegen einen Vorfaktor der Form

$$\sum_{\ell=0}^{s-r} \alpha_{\ell+r}^{(i,j)} \binom{k}{\ell} \lambda_i^{k-\ell} . \tag{4.76}$$

Dabei sind die $\alpha_\ell^{(i,j)}$ die zur Kette gehörigen Komponenten von $\boldsymbol{\alpha}$ in einer lokalen Nummerierung.

Für eine skalare Differenzengleichung m-ter Ordnung (siehe Beispiel 4.57) lässt sich eine Lösung einfach bestimmen. Nichtdiagonalisierbarkeit bedeutet gerade, dass nicht alle Nullstellen der charakteristischen Gleichung

$$f(\lambda) = \lambda^m - \sum_{i=0}^{m-1} a^{(i)} \lambda^i = 0$$

einfach sind. Für eine mehrfache, etwa j-fache Nullstelle λ gilt aber zusätzlich

$$f^{(l)}(\lambda) = 0, \quad l = 1, \ldots, j-1$$

für die Ableitungen $f^{(i)}$ (vergleiche Satz B.21, 2)). Daher ist nicht nur

$$f_k^{(1)} = \lambda^k$$

eine Lösung, sondern auch

$$f_k^{(2)} = k\lambda^{k-1}, f_k^{(3)} = k(k-1)\lambda^{k-2}, \ldots, f_k^{(j)} = k \cdots (k-j+2)\lambda^{k-j+1}$$

und diese sind linear unabhängig.

Wir beschränken uns zur Vereinfachung auf $j = 2$, dann

$$0 = f'(\lambda) = m\lambda^{m-1} - \sum_{i=1}^{m-1} a^{(i)} i \lambda^{i-1}$$

und daher für $f = f^{(2)}$:

$$\begin{aligned} f_{n+m} - \sum_{i=0}^{m-1} a^{(i)} f_{n+i} &= (n+m)\lambda^{n+m-1} - \sum_{i=0}^{m-1} a^{(i)}(n+i)\lambda^{n+i-1} \\ &= \lambda^n f'(\lambda) + n\lambda^{n-1} f(\lambda) = 0. \end{aligned}$$

Auch die lineare Unabhängigkeit von $f^{(1)}$ und $f^{(2)}$ ist hier klar.

Die einfachsten Beispiele sind

$$f(\lambda) = (\lambda - 1)^2 \text{ bzw. } f(\lambda) = (\lambda + 1)^2,$$

d. h. die Differenzengleichungen

$$f_{n+2} = 2f_{n+1} - f_n \text{ bzw. } f_{n+2} = -2f_{n+1} - f_n.$$

Im ersten Fall gibt es also neben der konstanten Lösung $f_k^{(1)} := 1$ noch $f_k^{(2)} := k$, im zweiten Fall neben der oszillierenden Lösung $f_k^{(1)} := (-1)^k$ noch $f_k^{(2)} := k(-1)^{k-1}$. Im Gegensatz zu den periodischen Lösungen in Beispiel 4.57 sind die hier für Periode $N = 1$ bzw. 2 gefundenen *instabil* (siehe Kapitel 8.6.2): Kleine Abweichungen, d. h. das „Einschleppen" der zweiten Lösung (in die Anfangsvorgabe) führt zu einer unbeschränkten Lösung. ○

4.5.2 Die reelle JORDANsche Normalform

Ist $K = \mathbb{R}$ und hat $C \in \mathbb{R}^{(n,n)}$ nur reelle Eigenwerte, d. h. zerfällt χ_C in reelle Linearfaktoren, dann können alle Überlegungen von Abschnitt 4.4.1, 4.4.2 und 4.5.1 in $\mathbb{R}$ durchgeführt werden und Hauptsatz 4.112 gilt wörtlich mit einer reellen Ähnlichkeitstransformation.

Hat $C \in \mathbb{R}^{(n,n)}$ auch komplexe Eigenwerte, so kann Hauptsatz 4.112 wie schon die SCHURsche Normalform in $\mathbb{R}$ nicht gelten. Mit Blick auf die reelle SCHURsche Normalform (Theorem 4.55) ist aber eine analoge Variante der JORDANschen Normalform zu erwarten. Es ist also sicherzustellen, dass alle Transformationsschritte mit reellen Basiswechseln durchzuführen sind. Diese sind:

1) Ähnlichkeitstransformation auf eine Blockdiagonalgestalt (Theorem 4.93 bzw. Theorem 4.98),
2) Normalform der Blöcke unter Kenntnis der Eigenwerte (für $K = \mathbb{C}$: ein Eigenwert) (Theorem 4.106).

Ist man dem Weg von Abschnitt 4.4.3 gefolgt, so ist der Schritt 1) schon bewerkstelligt (Satz 4.100). Der Leser kann daher das Weitere überspringen und die Lektüre auf Seite 545 oben fortsetzen.

Ist $C \in \mathbb{R}^{(n,n)}$, so hat das charakteristische Polynom nach Bemerkungen 4.35, 1) die spezifische Gestalt

$$\chi_\Phi(\lambda) = p_1^{r_1} \cdot \ldots \cdot p_k^{r_k} \cdot q_1^{s_1} \cdot \ldots \cdot q_l^{s_l}, \qquad r_1 + \ldots + r_k + 2(s_1 + .. + s_l) = n\,. \tag{4.77}$$

Dabei seien $\lambda_1, \ldots, \lambda_k$ die paarweise voneinander verschiedenen reellen Nullstellen von p und

$p_1(\lambda) = (\lambda_1 - \lambda), \ \ldots, \ p_k = (\lambda_k - \lambda)$ die linearen Faktoren und entsprechend
$q_1(\lambda) = (c_1 - \lambda)(\bar{c}_1 - \lambda), \ \ldots, \ q_l(\lambda) = (c_l - \lambda)(\bar{c}_l - \lambda)$ die quadratischen Faktoren

ohne gemeinsame (komplexe) Nullstellen. Dabei ist $q_i(\lambda)$ ein reeller quadratischer Faktor nach (4.10).

Wenn nun diese Faktoren noch berücksichtigt werden, können die Überlegungen von Abschnitt 4.4.1 und 4.4.2 auch in $\mathbb{R}$ durchgeführt werden. Dies braucht folgende Ergänzungen:

Theorem 4.81 (CAYLEY-HAMILTON) gilt auch in $\mathbb{R}$ mit den quadratischen Faktoren, da es in $\mathbb{C}$ mit den Zerlegenden gilt (siehe Bemerkungen 4.85, 2)) und weiter ist von den Überlegungen aus Abschnitt 4.4.2 nur Theorem 4.93 anzupassen:

Theorem 4.93^{I} Invariante direkte Summenzerlegung, $K = \mathbb{R}$

Es sei V ein endlichdimensionaler $\mathbb{R}$-Vektorraum und $\Phi : V \to V$ eine $\mathbb{R}$-lineare Abbildung und das charakteristische Polynom habe die Darstellung (4.77). Dann gibt es eine Φ-invariante reelle direkte Summenzerlegung

$$\begin{aligned} V &= U_1 \oplus \ldots \oplus U_k \oplus W_1 \oplus \ldots \oplus W_l \\ \text{mit} \quad \dim(U_j) &= r_j, \dim(W_j) = 2s_j, \end{aligned}$$

so dass $\Phi|_{U_j}$ das charakteristische Polynom $(\lambda_j - \lambda)^{r_j}$ und $\Phi|_{W_j}$ das charakteristische Polynom $q_j^{s_j}$ hat.

Beweis: Wir erweitern den Beweis von Theorem 4.93, wobei der Induktionsbeweis hier über die Anzahl $m(= k + l)$ aller Faktoren läuft. Für $m = 1$ liegt entweder ein linearer

Faktor, wie in Beweis von Theorem 4.93 behandelt, vor oder es gibt einen quadratischen Faktor q mit Vielfachheit $s = n/2$. Für diesen gilt analog

$$0 = \chi_\Phi(\Phi) = q(\Phi)^s = 0 ,$$

und so

$$W_1 = V = \text{Kern}\, q(\Phi)^s .$$

Beim Induktionsschluss zerlegen wir

$$\chi_\Phi(\lambda) = p^{(1)}(\lambda) \cdot p^{(2)}(\lambda)$$

in zwei reelle Faktoren ohne gemeinsame lineare oder quadratische Faktoren, wobei $p^{(1)}$ einer (komplexen) Nullstelle entspricht, folglich die Potenz eines linearen oder quadratischen Faktors ist. Mit Theorem 4.88 und Bemerkungen 4.89, 1) zerlegen wir $V = U^{(1)} \oplus U^{(2)}$, so dass für $\Phi_1 := \Phi|_{U^{(1)}}$ und $\Phi_2 := \Phi|_{U^{(2)}}$ gilt $p^{(1)}(\Phi_1) = 0$ und $p^{(2)}(\Phi_2) = 0$. Jetzt müssen wir aber zwei Fälle unterscheiden:

a) Wenn $p^{(1)}(\lambda) = (\lambda_1 - \lambda)^r$ mit $\lambda_1 \in \mathbb{R}$ ist, dann verläuft der Induktionsschluss identisch wie beim Beweis von Theorem 4.93.
b) Wenn $p^{(1)}(\lambda) = q(\lambda)^s = (c_1 - \lambda)^s \cdot (\bar{c}_1 - \lambda)^s$ mit $c_1 \notin \mathbb{R}$ ist, dann folgt wie im Beweis von Theorem 4.93, dass χ_{Φ_1} nur die Nullstellen c_1 und $\bar{c}_1$ hat und diese jeweils mit der Vielfachheit $s := \dim(U^{(1)})/2$, während χ_{Φ_2} nur komplexe Nullstellen ungleich $c_1, \bar{c}_1$ besitzt. Aber aus

$$\chi_\Phi(\lambda) = \chi_{\Phi_1}(\lambda) \cdot \chi_{\Phi_2}(\lambda) = (c_1 - \lambda)^s (\bar{c}_1 - \lambda)^s \cdot p_2(\lambda)$$

folgt wieder $\chi_{\Phi_1}(\lambda) = (c_1 - \lambda)^s \cdot (\bar{c}_1 - \lambda)^s$ und $U^{(1)} = \text{Kern}\, p^{(1)} = \text{Kern}\, q^s$. Der restliche Beweis verläuft wie sein Vorbild von Theorem 4.93. □

Satz 4.94^I Eindeutigkeit einer invarianten Summenzerlegung, $K = \mathbb{R}$

Wir betrachten den endlichdimensionalen $\mathbb{R}$-Vektorraum V und die $\mathbb{R}$-lineare Abbildung $\Phi : V \to V$. Gegeben sei eine direkte Summenzerlegung wie in Theorem 4.93^I, wobei die invarianten Unterräume einheitlich mit U_j und die charakteristischen Polynome von $\Phi_j := \Phi|_{U_j}$ mit $p_j(\lambda)^{r_j}$ bezeichnet werden für lineare oder quadratische Faktoren p_j. Diese Unterräume sind durch Φ eindeutig bestimmt, und

$$U_j = \text{Kern}(p_j(\Phi))^{r_j} .$$

Beweis: Der Beweis folgt dem von Satz 4.94. Um nach $U_j \subset \text{Kern}(p_j(\Phi)^{r_j}) =: V_j$ auch $U_j = \text{Kern}(p_j(\Phi)^{r_j})$ zu zeigen, beachte man: Die spezielle Form der Polynome spielt keine Rolle, so dass die Aussagen von Theorem 4.92 für die Räume V_j unverändert gelten. Insbesondere ist die Summe direkt. Daher kann genau wie im Beweis von Satz 4.94 argumentiert werden. □

Korollar 4.95^I

Jede reelle $n \times n$-Matrix ist ähnlich zu einer Blockdiagonalmatrix aus oberen Blockdreiecksmatrizen C_j als Blöcke, wobei jede Matrix C_j entweder ein charakteristisches Polynom $(\lambda_j - \lambda)^{r_j}$ mit $\lambda_j \in \mathbb{R}$ hat oder ein charakteristisches Polynom $p_j^{s_j}$ mit $p_j = (a_j - \lambda)^2 + b_j^2$ und $0 \neq b_j \in \mathbb{R}$.

Mit den erzielten Ergebnissen kann nun auch im reellen Fall eine JORDANsche Normalform entwickelt werden. Es sei C eine reelle $n \times n$-Matrix und $\Phi : \mathbb{R}^n \to \mathbb{R}^n$ die zugehörige $\mathbb{R}$-lineare Abbildung. Das charakteristische Polynom $\chi_C(\lambda)$ zerfällt in Linearfaktoren, die zu reellen Eigenwerten gehören, und in quadratische Faktoren $p(\lambda) = (\mu - \lambda)^2 + \nu^2$, $\nu \neq 0$, welche zu komplexen Nullstellen $\mu \pm i\nu$ gehören. In beiden Fällen sind die zugehörigen C-invarianten Unterräume $U_i \subset \mathbb{R}^n$ wohldefiniert (Theorem 4.93, 4.93^I oder Satz 4.100) und führen auf eine Blockdiagonalmatrix, welche zu C reell ähnlich ist.

Ist λ_i ein reeller Eigenwert von C, so ist $C - \lambda_i \mathbb{1}$ auf dem zugehörigen invarianten Unterraum U_i nilpotent. Nach Theorem 4.106 findet man eine Basis von U_i aus reellen Ketten und eine Blockdiagonalmatrix aus JORDAN-Blöcken, welche die Abbildung $\Phi|_{U_i}$ in dieser Basis beschreibt. Anders ist es bei einem invarianten Raum U zu einem Faktor $((\mu - \lambda)^2 + \nu^2)^r$. Wir wählen eine reelle Basis von U und identifizieren damit U mit dem $\mathbb{R}^{2r}$ durch Wahl dieser Basis. Wir gehen über zu der darstellenden reellen $2r \times 2r$-Matrix A für $\Phi|_U : U \to U$. Um die schon vorliegende komplexe JORDAN-Form ausnutzen zu können, betrachten wir die Situation im Komplexen. Nach der komplexen Theorie ist $\mathbb{C}^{2r} = H \oplus \overline{H}$ die direkte Summe zweier komplexer invarianter Unterräume zu den komplexen Eigenwerten $\mu + i\nu$ und $\mu - i\nu$

$$H = \text{Kern}((\mu + i\nu)\mathbb{1}_{2r} - A)^r \quad \text{und} \quad \overline{H} = \text{Kern}((\mu - i\nu)\mathbb{1}_{2r} - A)^r .$$

Diese beiden komplexen Haupträume sind konjugiert im folgenden Sinn:

$$\boldsymbol{v} \in H \quad \Leftrightarrow \quad \overline{\boldsymbol{v}} \in \overline{H},$$

d. h. die $\mathbb{R}$-lineare Abbildung $v \mapsto \overline{v}$ bildet H bijektiv auf $\overline{H}$ ab.

Nach Theorem 4.106 gibt es eine komplexe Basis für H, welche sich aus Ketten

$$\boldsymbol{v}_1^{(1)}, \ldots, \boldsymbol{v}_{k_1}^{(1)}, \ldots, \boldsymbol{v}_1^{(l)}, \ldots, \boldsymbol{v}_{k_l}^{(l)}, \quad k_1 + \ldots + k_l = r,$$

zusammensetzt, die rückwärts durchlaufen werden. Die dazu konjugiert komplexen Vektoren bilden wieder Ketten und damit bilden sie eine Kettenbasis von $\overline{H}$. Die von diesen Ketten aufgespannten $\mathbb{C}$-Untervektorräume sind eine Φ-invariante direkte Summenzerlegung

$$H_1 \oplus \ldots \oplus H_l \oplus \overline{H}_1 \oplus \ldots \oplus \overline{H}_l = H \oplus \overline{H} = \mathbb{C}^{2r}. \tag{4.78}$$

Auf jedem dieser Summanden hat Φ bezüglich der Kettenbasis (mit rückwärts durchlaufenen Ketten) als darstellende Matrix einen JORDAN-Block. Blockweise liegt demnach hier die gleiche Situation vor, die schon in (4.15) ff. bzw. dann in Theorem 4.55 und Satz 4.100 betrachtet worden ist, dort aber nicht für Elemente einer Kettenbasis und deren konjugiert komplexe, sondern nur für einen Eigenvektor. Für eine Kette (aus einer Kettenbasis) $\boldsymbol{v}_1, \ldots, \boldsymbol{v}_k$ zu $\lambda = \mu + i\nu$ und entsprechend $\overline{\boldsymbol{v}}_1, \ldots, \overline{\boldsymbol{v}}_k$ zu $\overline{\lambda} = \mu - i\nu$ gilt

$$\Phi \boldsymbol{v}_j = \lambda \boldsymbol{v}_j + \boldsymbol{v}_{j-1} ,$$

wenn man $\boldsymbol{v}_0 = \boldsymbol{0}$ ergänzt. Dies bedeutet für $\boldsymbol{v}_j = \boldsymbol{y}_j + i\boldsymbol{z}_j$

$$\Phi(\boldsymbol{y}_j + i\boldsymbol{z}_j) = (\mu + i\nu)(\boldsymbol{y}_j + i\boldsymbol{z}_j) + (\boldsymbol{y}_{j-1} + i\boldsymbol{z}_{j-1})$$

und damit in Real- und Imaginärteil zerlegt (vergleiche (4.16)):

$$\begin{aligned} \Phi \boldsymbol{y}_j &= \mu \boldsymbol{y}_j - \nu \boldsymbol{z}_j + \boldsymbol{y}_{j-1} \\ \Phi \boldsymbol{z}_j &= \nu \boldsymbol{y}_j + \mu \boldsymbol{z}_j + \boldsymbol{z}_{j-1} . \end{aligned}$$

Dies ergibt für $\mathbb{R}^{2k}$ die Basis

$$\boldsymbol{y}_1, \boldsymbol{z}_1, \boldsymbol{y}_2, \boldsymbol{z}_2, \ldots, \boldsymbol{y}_k, \boldsymbol{z}_k$$

(die lineare Unabhängigkeit zeigt man analog zu der Überlegung nach (4.17)) und

damit die Darstellungsmatrix

$$\begin{pmatrix} \begin{array}{|cc|cc|}\hline \mu & \nu & 1 & 0 \\ -\nu & \mu & 0 & 1 \\ \hline \end{array} & & & & 0 \\ & \begin{array}{|cc|cc|}\hline \mu & \nu & 1 & 0 \\ -\nu & \mu & 0 & 1 \\ \hline \end{array} & & & \\ & \ddots & \ddots & & \\ & & & \begin{array}{|cc|cc|}\hline \mu & \nu & 1 & 0 \\ -\nu & \mu & 0 & 1 \\ \hline \end{array} & \\ & 0 & & & \begin{array}{|cc|}\hline \mu & \nu \\ -\nu & \mu \\ \hline \end{array} \end{pmatrix} \in \mathbb{R}^{(2k,2k)} , \tag{4.79}$$

d. h. eine spezielle obere Blockdreiecksmatrix mit den aus (4.18) bzw. Satz 4.100 bekannten $(2, 2)$ Diagonalblöcken. Wiederholt man diese Prozedur für alle Ketten zu einem komplexen Eigenwert und alle komplexen Eigenwerte, so erhält man den nachfolgenden Theorem 4.118. In Matrixschreibweise lautet das obige Argument:

Nimmt man die oben angegebenen Kettenvektoren für alle Ketten einer Kettenbasis aus H (siehe (4.78)) als Spalten einer komplexen $2r \times r$-Matrix V, dann ist die komplexe $2r \times 2r$-Matrix $(V, \overline{V})$ die Übergangsmatrix in die Kettenbasis von $H \oplus \overline{H}$. In dieser Basis wird $\Phi : U \to U$ durch eine Blockdiagonalmatrix

$$\begin{pmatrix} J & 0 \\ 0 & \overline{J} \end{pmatrix} = \begin{pmatrix} J_1 & & & & & \\ & \ddots & & & & \\ & & J_l & & & \\ & & & \overline{J}_1 & & \\ & & & & \ddots & \\ & & & & & \overline{J}_l \end{pmatrix}$$

aus komplexen JORDAN-Blöcken beschrieben.

Wir gehen von der Transformationsmatrix $(V, \overline{V})$ über zu

$$T := (V, \overline{V}) \frac{1}{\sqrt{2}} \left(\begin{array}{c|c} \mathbb{1}_r & -i\mathbb{1}_r \\ \hline \mathbb{1}_r & i\mathbb{1}_r \end{array} \right) = \frac{1}{\sqrt{2}} (V + \overline{V}, -i \cdot (V - \overline{V})) = (\sqrt{2}\,\mathrm{Re}(V), \sqrt{2}\,\mathrm{Im}(V)).$$

Dabei ist $\mathrm{Re}(V)$ bzw. $\mathrm{Im}(V)$ eintragsweise definiert. Diese Transformationsmatrix ist somit rein reell. Mit ihr finden wir

$$\begin{aligned} T^{-1}AT &= \frac{1}{2} \left(\begin{array}{c|c} \mathbb{1}_r & \mathbb{1}_r \\ \hline i\mathbb{1}_r & -i\mathbb{1}_r \end{array} \right) \left(\begin{array}{c|c} J & 0 \\ \hline 0 & \overline{J} \end{array} \right) \left(\begin{array}{c|c} \mathbb{1}_r & -i\mathbb{1}_r \\ \hline \mathbb{1}_r & i\mathbb{1}_r \end{array} \right) \\ &= \frac{1}{2} \left(\begin{array}{c|c} \mathbb{1}_r & \mathbb{1}_r \\ \hline i\mathbb{1}_r & -i\mathbb{1}_r \end{array} \right) \left(\begin{array}{c|c} J & -iJ \\ \hline \overline{J} & i\overline{J} \end{array} \right) = \frac{1}{2} \left(\begin{array}{c|c} J + \overline{J} & -iJ + i\overline{J} \\ \hline iJ - i\overline{J} & J + \overline{J} \end{array} \right) = \left(\begin{array}{c|c} \mathrm{Re}(J) & \mathrm{Im}(J) \\ \hline -\mathrm{Im}(J) & \mathrm{Re}(J) \end{array} \right) . \end{aligned}$$

Dass

$$\left(\begin{array}{c|c} \mathbb{1}_n & -i\mathbb{1}_n \\ \hline \mathbb{1}_n & i\mathbb{1}_n \end{array} \right)^{-1} = \frac{1}{2} \left(\begin{array}{c|c} \mathbb{1}_n & \mathbb{1}_n \\ \hline i\mathbb{1}_n & -i\mathbb{1}_n \end{array} \right)$$

ist, ergibt direktes Nachrechnen (siehe auch Lemma 4.102). Durch Zusammenfügen der Transformationsmatrizen zu einer Blockdiagonalmatrix (siehe (4.20)) erhalten wir eine Ähnlichkeitstransformation der Gesamtmatrix C. Aus diesem Grund hat man bewiesen, dass jede reelle $n \times n$-Matrix ähnlich ist zu einer Blockdiagonalmatrix aus reellen JORDAN-Blöcken und aus Blöcken der Form

$$\left(\begin{array}{cccc|cccc} \mu & 1 & & & \nu & & & \\ & \ddots & \ddots & & & \ddots & & \\ & & \ddots & 1 & & & \ddots & \\ & & & \mu & & & & \nu \\ \hline -\nu & & & & \mu & 1 & & \\ & \ddots & & & & \ddots & \ddots & \\ & & \ddots & & & & \ddots & 1 \\ & & & -\nu & & & & \mu \end{array} \right) .$$

Nun müssen noch zusammengehörige Real- und Imaginärteile μ und ν in diesen Blöcken in direkte Nachbarschaft gebracht werden. Dazu wird schließlich in jedem dieser Blöcke der

Größen $(2r, 2r)$ die Ähnlichkeitstransformation mit der Permutationsmatrix durchgeführt, die die $r+1$-te Spalte zwischen die erste und zweite Spalte schiebt, wodurch auch die $r+1$-te Zeile zwischen die erste und zweite Zeile kommt, anschließend die $r+2$-te Spalte zwischen die dritte und vierte Spalte, und damit die $r+2$-te Zeile zwischen die dritte und vierte Zeile usw., so ergibt sich schließlich:

Theorem 4.118: Reelle JORDANsche Normalform

Jede reelle $n \times n$-Matrix ist (reell) ähnlich zu einer Blockdiagonalmatrix aus reellen JORDAN-Blöcken (zu den reellen Eigenwerten) und aus Blöcken der Form (4.79) Diese Blöcke entsprechen genau den echt komplexen Eigenwerten $\lambda = \mu + i\nu$ und den komplexen JORDAN-Blöcken zu λ und $\overline{\lambda}$ in einer komplexen JORDANschen Normalform. Die Anzahl der Blöcke zu einem festen Eigenwert ist dessen geometrische Vielfachheit, auch die Anzahl der Blöcke einer festen Größe zu einem festen Eigenwert ist durch die Matrix eindeutig bestimmt.

Beispiel 4.119 (Geometrie) In Fortführung von Bemerkungen 2.139, 4) können die ebenen Affinitäten ($n = 2$) klassifiziert werden, d. h. durch Wechsel des Koordinatensystems sind folgende Normalformen möglich:

(2) Dies bedeutet, dass 1 kein Eigenwert von A ist, es verbleiben also folgende Fälle:

(2.1) $a, b \in \mathbb{R}$, $a \neq b$, Eigenwerte von A , $a, b \notin \{0, 1\}$:

$A = \begin{pmatrix} a & 0 \\ 0 & b \end{pmatrix}$, auch EULER-Affinität genannt,

(2.2) $a \in \mathbb{R}$, $a \neq 1$, doppelter Eigenwert von A, diagonalisierbar:

$A = a\mathbb{1}$: *zentrische Streckung*, eventuell mit Spiegelung, insbesondere für $a = -1$ Punktspiegelung,

(2.3) $a \in \mathbb{R}$, $a \neq 1$, doppelter Eigenwert von A, nicht diagonalisierbar:

$A = \begin{pmatrix} a & 1 \\ 0 & a \end{pmatrix}$: Streckscherung,

(2.4) $\lambda, \overline{\lambda} \in \mathbb{C}\backslash\mathbb{R}$ konjugiert komplexe Eigenwerte:

$A = r \begin{pmatrix} \cos(\varphi) & -\sin(\varphi) \\ \sin(\varphi) & \cos(\varphi) \end{pmatrix}$: Drehstreckung.

(3) Dies bedeutet, dass 1 Eigenwert von A ist mit eindimensionalem Eigenraum. Sofern nicht die Lösbarkeitsbedingung aus Bemerkungen 2.139, 4) verletzt ist und dann Fall (1) vorliegt, verbleiben folgende Fälle:

(3.1) 1 und $a \in \mathbb{R}$, $a \notin \{0, 1\}$ sind die Eigenwerte von A:

$A = \begin{pmatrix} 1 & 0 \\ 0 & a \end{pmatrix}$ für $a > 0$ ist eine Parallelstreckung, für $a < 0$ eine *Streckspiegelung*,

(3.2) 1 ist doppelter Eigenwert:

$$A = \begin{pmatrix} 1 & 1 \\ 0 & 1 \end{pmatrix}: \textit{Scherung.}$$ ◦

Beispiel 4.120 (Differenzengleichung) Es werde wieder die Lösungsdarstellung (4.13) für die Anfangswertaufgabe (4.12) betrachtet. Für den verbliebenen Fall einer (nicht diagonalisierbaren) reellen Matrix mit komplexen Eigenwerten kann durch den Beweis von Theorem 4.118 eine explizite(re) Darstellung gegeben werden. Ein Vorgehen analog zu Beispiel 4.117 ergibt die dortige Darstellung für reelle Eigenwerte und für ein komplexes λ_i mit $\mu_i = \mathrm{Re}(\lambda_i)$, $\nu_i = \mathrm{Im}(\lambda_i)$, $\alpha_i = |\lambda_i|$, $\cos(\varphi_i) = \mu_i/\alpha_i$, $\sin(\varphi_i) = -\nu_i/\alpha_i$:

$$J_{i,j}^k = \begin{pmatrix} \alpha_i^k B_i^k & \binom{k}{1}\alpha_i^{k-1} B_i^{k-1} & \cdots & \binom{k}{s_{i,j}-1}\alpha_i^{k-s_{i,j}+1} B_i^{k-s_{i,j}+1} \\ & \ddots & \ddots & \vdots \\ & & \ddots & \binom{k}{1}\alpha_i^{k-1} B_i^{k-1} \\ & & & \alpha_i^k B_i^k \end{pmatrix},$$

$$\text{wobei} \quad B_i^\ell = \begin{pmatrix} \cos(\ell\varphi_i) & -\sin(\ell\varphi_i) \\ \sin(\ell\varphi_i) & \cos(\ell\varphi_i) \end{pmatrix}.$$

Die Lösung beinhaltet also (für Ketten in der Hauptvektorbasis mit Länge größer 1) sowohl die „nachhängende" Eigenvektor(betrags)potenz aus (4.75) als auch die „schwingende" Überlagerung durch die Drehmatrizen B_i^ℓ wie in (4.33). ◦

4.5.3 Beispiele und Berechnung

Beispiele 4.121 1) $n = 2$ (siehe Beispiel 4.33): Die möglichen JORDANschen Normalformen für reelle 2×2-Matrizen sind

$$\begin{pmatrix} \lambda_1 & 0 \\ 0 & \lambda_2 \end{pmatrix}, \quad \begin{pmatrix} \lambda & 1 \\ 0 & \lambda \end{pmatrix}, \quad \begin{pmatrix} \lambda & 0 \\ 0 & \lambda \end{pmatrix},$$

wobei $\lambda_1 \neq \lambda_2$. Um zu entscheiden, welche JORDANsche Normalform eine reelle Matrix

$$C = \begin{pmatrix} a & b \\ c & d \end{pmatrix}$$

hat, berechnen wir das charakteristische Polynom

$$\chi_C(\lambda) = (a-\lambda)(d-\lambda) - bc = \delta - \sigma\lambda + \lambda^2 ,$$

was hier noch problemlos möglich ist, wobei wir $\det(C)$ mit $\delta := ad - bc$ und $\mathrm{sp}(C)$ mit $\sigma := a + d$ abkürzen. Die beiden Eigenwerte sind dann

$$\lambda_{1,2} = \frac{1}{2}(\sigma \pm \sqrt{\sigma^2 - 4\delta})$$

und beide Eigenwerte fallen genau dann zusammen, wenn $\sigma^2 = 4\delta$. Da

$$\sigma^2 = 4\delta \Leftrightarrow (a-d)^2 = -4bc \quad \text{und} \quad \lambda = \frac{1}{2}(a+d)$$

ist, betrachten wir die Dimension des Kerns von

$$\widetilde{C} = \begin{pmatrix} a-\lambda & b \\ c & d-\lambda \end{pmatrix} = \begin{pmatrix} \frac{1}{2}(a-d) & b \\ c & \frac{1}{2}(d-a) \end{pmatrix} .$$

Es gibt die Fälle

- $b = c = 0$, d. h. $a = d$, also $\dim \mathrm{Kern}\, \widetilde{C} = 2$.
- $b \neq 0$ oder $c \neq 0$:
  Im Fall $bc = 0$, d. h. $a = d$ ist also bei o. B. d. A. $b \neq 0$

  $$\widetilde{C} = \begin{pmatrix} 0 & b \\ 0 & 0 \end{pmatrix} , \quad \text{d. h. } \dim \mathrm{Kern}\, \widetilde{C} = 1 .$$

  Im Fall $bc \neq 0$, d. h. $h := \frac{1}{2}(d-a) \neq 0$ ist die Matrix

  $$\widetilde{C} = \begin{pmatrix} -h & b \\ c & h \end{pmatrix} , \quad \text{d. h. } \dim \mathrm{Kern}\, \widetilde{C} = 1 .$$

Daraus folgt: C ist

ähnlich zu $\begin{pmatrix} \lambda_1 & 0 \\ 0 & \lambda_2 \end{pmatrix} \Leftrightarrow \mathrm{sp}(C)^2 \neq 4 \cdot \det(C)$,

ähnlich zu $\begin{pmatrix} \lambda & 0 \\ 0 & \lambda \end{pmatrix} \Leftrightarrow a = d$

ähnlich zu $\begin{pmatrix} \lambda & 1 \\ 0 & \lambda \end{pmatrix} \Leftrightarrow \mathrm{sp}(C)^2 = 4 \cdot \det(C)$ und $b \neq 0$ oder $c \neq 0$.

Wenn $\mathrm{sp}(C)^2 > 4 \cdot \det(C)$ ist, dann hat das charakteristische Polynom von C reelle Nullstellen und die Matrix C ist reell diagonalisierbar.

2) $n = 3$: Die möglichen JORDANschen Normalformen für 3×3-Matrizen sind:

$$\begin{pmatrix} \boxed{\lambda_1} & 0 & 0 \\ 0 & \boxed{\lambda_2} & 0 \\ 0 & 0 & \boxed{\lambda_3} \end{pmatrix}, \quad \left(\begin{array}{|cc|c} \hline \lambda_1 & 1 & 0 \\ 0 & \lambda_1 & 0 \\ \hline 0 & 0 & \boxed{\lambda_2} \end{array}\right), \quad \begin{pmatrix} \boxed{\lambda_1} & 0 & 0 \\ 0 & \boxed{\lambda_1} & 0 \\ 0 & 0 & \boxed{\lambda_2} \end{pmatrix} \tag{4.80}$$

$$\left(\begin{array}{|ccc|} \hline \lambda & 1 & 0 \\ 0 & \lambda & 1 \\ 0 & 0 & \lambda \\ \hline \end{array}\right), \quad \left(\begin{array}{|cc|c} \hline \lambda & 1 & 0 \\ 0 & \lambda & 0 \\ \hline 0 & 0 & \boxed{\lambda} \end{array}\right), \quad \begin{pmatrix} \boxed{\lambda} & 0 & 0 \\ 0 & \boxed{\lambda} & 0 \\ 0 & 0 & \boxed{\lambda} \end{pmatrix},$$

wobei $\lambda_1, \lambda_2, \lambda_3$ paarweise verschieden sind.
Die zweite Zeile von Matrizen in (4.80) entspricht sodann für die $a_i, i = 1, \ldots, 4$ nach Theorem 4.114 und die Vielfachheit m vom λ im Minimalpolynom den Möglichkeiten:

$$\begin{aligned} a_i &= 1, 2, 3, 3, \ldots & m &= 3 \\ a_i &= 2, 3, 3, 3, \ldots & m &= 2 \\ a_i &= 3, 3, 3, 3, \ldots & m &= 1 \end{aligned}$$

3) Erinnern wir uns allgemein an die Entsprechung für eine Kettenbasis des invarianten Unterraums U zu einem Eigenwert λ (Satz 4.113):

Bezeichnet man die geometrische Vielfachheit j_λ und die algebraische Vielfachheit r_λ, so gilt:

$$\begin{aligned} \text{Anzahl der Ketten} &= \text{geometrische Vielfachheit} = j_\lambda\,, \\ \dim U &= \text{algebraische Vielfachheit,} = r_\lambda\,, \\ \text{Dimension größter Block} &= \text{Vielfachheit im Minimalpolynom.} \end{aligned}$$

D. h. die geometrische Vielfachheit j_λ legt schon die Anzahl der Einzelblöcke fest und die algebraische Vielfachheit r_λ bestimmt die Gesamtdimension.

Die Vielfachheit von λ im Minimalpolynom, hier mit m bezeichnet, kann nach (4.71) ff. durch Berechnung von

$$a_i := \dim(\mathrm{Kern}(C_\lambda^i)), \text{ so dass } a_1 < \ldots < a_{m-1}$$

bzw. äquivalent von (siehe Bemerkung 4.109)

$$\mathrm{Rang}(C_\lambda) > \ldots > \mathrm{Rang}(C_\lambda^{m-1}) = \mathrm{Rang}(C_\lambda^m)$$

bestimmt werden, wobei $C_\lambda := C - \lambda \mathbb{1}$. Nach Satz 4.113 ist damit nicht nur m, d. h. die größte auftretende JORDAN-Block Dimension festgelegt, sondern mittels der c_i nach (4.69) auch die Anzahlen der JORDAN-Blöcke genau der Größe i. Die Bestimmung der a_i bzw. alternativ der Ränge kann mit dem GAUSSSCHEN Eliminationsverfahren erfolgen, solange die Matrizen nicht zu schlecht konditioniert sind (siehe Kapitel 8.1.1). Mit diesen Informationen sind dann, wie für $n = 2$ und $n = 3$ in 1), 2) gesehen, die folgenden Fälle festgelegt:

(1) $\underline{j_\lambda = r_\lambda}$: j_λ Blöcke, und damit der Größe 1 (der „diagonalisierbare" Unterraum):

$$J = \begin{pmatrix} \boxed{\lambda} & & & & 0 \\ & \boxed{\lambda} & & & \\ & & \boxed{\lambda} & & \\ 0 & & & \ddots & \\ & & & & \boxed{\lambda} \end{pmatrix}, \qquad m = 1.$$

(2) $\underline{j_\lambda = 1 < r_\lambda}$: Ein Block und damit der Größe r_λ:

$$J = \begin{pmatrix} \boxed{\begin{matrix} \lambda & 1 & & & 0 \\ & \ddots & \ddots & & \\ & & \ddots & \ddots & \\ 0 & & & \ddots & 1 \\ & & & & \lambda \end{matrix}} \end{pmatrix}, \qquad m = r_\lambda .$$

Für kleine r_λ ergeben sich einige Kombinationen zwangsläufig, etwa:

(3) $\underline{j_\lambda = 2, r_\lambda = 3}$ (siehe schon bei (4.80)): Zwei Blöcke, die damit notwendigerweise die Größen 1 und 2 haben, also bis auf die Reihenfolge

$$J = \begin{pmatrix} \boxed{\begin{matrix} \lambda & 1 \\ 0 & \lambda \end{matrix}} & 0 \\ 0 & \boxed{\lambda} \end{pmatrix}, \qquad m = 2.$$

(4) $\underline{j_\lambda = 2, r_\lambda = 4}$:

$$J = \begin{pmatrix} \boxed{\begin{matrix} \lambda & 1 \\ 0 & \lambda \end{matrix}} & 0 \\ 0 & \boxed{\begin{matrix} \lambda & 1 \\ 0 & \lambda \end{matrix}} \end{pmatrix}, \quad m = 2 \text{ oder } J = \begin{pmatrix} \boxed{\begin{matrix} \lambda & 1 & 0 \\ 0 & \lambda & 1 \\ 0 & 0 & \lambda \end{matrix}} & 0 \\ 0 & \boxed{\lambda} \end{pmatrix}, \quad m = 3.$$

(5) $\underline{j_\lambda = 3, r_\lambda = 4}$:

$$J = \begin{pmatrix} \boxed{\lambda} & & 0 \\ & \boxed{\lambda} & \\ 0 & & \boxed{\begin{matrix} \lambda & 1 \\ 0 & \lambda \end{matrix}} \end{pmatrix}, \qquad m = 2$$

und analog für $r_\lambda = 5, \quad j_\lambda = 2, 3, 4$.

Man sieht also: Für $r_\lambda \leq 3$ ist bei Kenntnis von m die Struktur der JORDAN-Zerlegung (Anzahl der Blöcke gegebener Größe) festgelegt. Daraus folgt:

Haben zwei Matrizen das gleiche Minimalpolynom und alle Vielfachheiten sind kleiner gleich 3, so ist die JORDANsche Normalform (bis auf die Reihenfolge der Blöcke) gleich, insbesondere sind die Matrizen ähnlich. Für $r_\lambda = 4$ sind aber

$$a_i = 2, 4, 4, \ldots \text{ bzw. } c_i = 0, 2, 0, 0, \ldots \text{ und } a_i = 3, 4, 4, \ldots \text{ bzw. } c_i = 2, 1, 0, 0, \ldots$$

beide möglich, jeweils mit $m = 2$, so dass dann bei gleichem Minimalpolynom verschiedene JORDAN-Zerlegungen, d. h.nicht ähnliche Matrizen möglich sind.

Für $r_\lambda = 6$ gibt es dann schon zweimal zwei verschiedene Fälle mit gleichem m und einmal drei. ○

Wenn auch die zugehörigen Basisübergangsmatrizen gesucht sind, müssen die invarianten Unterräume zu diesen Kettenbasen bestimmt werden. Vorerst beschränken wir uns auf Matrizenschreibweise: U_λ umfasst den Eigenraum E_λ und eventuell weitere Vektoren. Diese können systematisch mit folgendem Begriff aufgebaut werden:

Definition 4.122

$\boldsymbol{v} \in K^n, \boldsymbol{v} \neq \boldsymbol{0}$, heißt *Hauptvektor der Stufe* $k \in \mathbb{N}$ zur Matrix $C \in K^{(n,n)}$ und deren Eigenwert $\lambda \in K$, wenn

$$(C - \lambda \mathbb{1})^k \boldsymbol{v} = \boldsymbol{0} \text{ und } (C - \lambda \mathbb{1})^{k-1} \boldsymbol{v} \neq \boldsymbol{0} .$$

Die Eigenvektoren sind folglich gerade die Hauptvektoren der Stufe 1 und es gilt:

1) Ist $\boldsymbol{v}$ ein Hauptvektor zur Stufe k, dann ist $C_\lambda \boldsymbol{v}$ ein Hauptvektor zur Stufe $k - 1$ für $k \in \mathbb{N}, k \geq 2$.
2) Die Hauptvektoren der Stufe k sind nicht durch Hauptvektoren der Stufen $l \leq k - 1$ linear kombinierbar.

Zum Aufbau einer Basis des Hauptraums U_λ zum Eigenwert λ bietet es sich nunmehr *als ersten Weg* an, von einer Basis des Eigenraums E_λ auszugehen (durch Bestimmung der Lösungsmenge des homogenen LGS $C_\lambda \boldsymbol{v} = \boldsymbol{0}$) und soweit nötig weitere linear unabhängige Vektoren durch Hauptvektoren 2. bis k_λ-ter Stufe hinzuzugewinnen.

Ist $\boldsymbol{b}$ ein beliebiger Hauptvektor der Stufe j, so ergeben sich nach 1) Hauptvektoren der Stufe $j + 1$ als genau die Lösungen der inhomogenen LGS

$$C_\lambda \boldsymbol{v} = \boldsymbol{b} .$$

Da aber C_λ nicht invertierbar ist, muss $\boldsymbol{b}$ eine *Lösungsbedingung* erfüllen, die nach Hauptsatz 2.69 lautet:

$$\boldsymbol{b} \in (\text{Kern}\, C_\lambda^\dagger)^\perp \tag{4.81}$$

(siehe Bemerkungen 4.105, 3)). Nur im z. B. für Anwendungen auf Differentialgleichungen (siehe Beispiel 4.57) wichtigen *Spezialfall*

$$\text{geometrische Vielfachheit } := j_\lambda = \dim E_\lambda = 1$$
$$<$$
$$r_\lambda = \dim U_\lambda = \text{ algebraische Vielfachheit}$$

vereinfacht sich die Situation. Die Kettenbasis besteht hier aus einer einzigen Kette der Länge r_λ und für den FITTING-Index nach Bemerkungen 4.89, 3) gilt $k_\lambda = r_\lambda$. Hier muss jeder Eigenvektor automatisch die Lösungsbedingung (4.81) erfüllen, da sie sonst von keinem Eigenvektor erfüllt würde. Man bestimmt daher einen Eigenvektor $\boldsymbol{v}_1$ und dann einen (davon linear unabhängigen) Hauptvektor 2. Stufe als *eine* Lösung des LGS

$$C_\lambda \boldsymbol{v}_2 = \boldsymbol{v}_1 \ .$$

Fortführung dieses Prozesses in der Form

$$C_\lambda \boldsymbol{v}_{l+1} = \boldsymbol{v}_l \qquad \text{für } l = 1, \ldots, r_\lambda - 1$$

liefert mit $\boldsymbol{v}_i, i = 1, \ldots, k_\lambda$ eine Basis von U_λ, wobei $\boldsymbol{v}_i$ gerade ein Hauptvektor der Stufe i ist. Wegen

$$C\boldsymbol{v}_{l+1} = \lambda \boldsymbol{v}_{l+1} + 1 \cdot \boldsymbol{v}_l$$

ergibt sich als Darstellungsmatrix gerade ein JORDAN-Block zum Eigenwert λ der Größe k_λ.

Im *allgemeinen Fall* muss die Lösbarkeitsbedingung berücksichtigt werden. Die sich so ergebende Basis von U_λ wird im Allgemeinen nicht nur aus einer Kette bestehen, sondern aus mehreren, jeweils in einem Eigenvektor endenden Ketten (siehe (4.68)). Eine Kette der Länge k entspricht in der Darstellung einem JORDAN-Block der Größe k, wobei für $k = 1$ sich der JORDAN-Block auf (λ) reduziert.

Ein anderer Weg besteht darin, erst den FITTING-Index m_λ des Eigenwerts λ dadurch zu berechnen, indem sukzessive der Rang von $C_\lambda, C_\lambda^2, \ldots$ bestimmt wird, bis dieser nicht mehr abnimmt. Durch Ermittlung (einer Basis) des Lösungsraums von

$$C_\lambda^{m_\lambda} \boldsymbol{u} = \boldsymbol{0}$$

erhält man den invarianten Raum U_λ. Beschränken wir uns ab jetzt auf diesen, so fehlt mithin noch eine Kettenbasis für die nilpotente Matrix $N := C_{\lambda|U_\lambda}$, wobei $N^{m_\lambda} = 0$. Dies kann nach Bemerkungen 4.105, 3) dadurch geschehen, dass sukzessiv verschiedene Elemente aus $\operatorname{Bild} N^{k-1} \cap \operatorname{Kern} N$ für $k = m_\lambda, m_\lambda - 1 \ldots$ bestimmt werden, die eine Kette der Länge k erzeugen.

Gegeben sei also die nilpotente $n \times n$-Matrix N mit $N^r = 0$, aber $N^{r-1} \neq 0$. Als erstes brauchen wir den Unterraum $Z = \operatorname{Kern}(N) \subset K^n$, wir berechnen ihn als Lösungsraum des homogenen LGS $N\boldsymbol{x} = \boldsymbol{0}$. Seine Elemente sind die Hauptvektoren der Stufe 1. Dann berechnen wir für $k = 2, \ldots, r - 1$ die Matrix-Potenzen N^k. Den Spaltenraum der Matrix N^k, also den Bildraum der durch N^k beschriebenen linearen Abbildung, bezeichnen wir mit $B_k \subset \mathbb{C}^n$. Dann haben wir die Inklusionen

$$B_r = \{\mathbf{0}\} \subset B_{r-1} \subset \ldots \subset B_1 \subset B_0 = K^n .$$

Sukzessive berechnen wir dann Ketten der Länge $r, r-1, \ldots, 1$, deren Vektoren eine Kettenbasis des $\mathbb{C}^n$ bilden. Damit ist folgendes *Konstruktionsverfahren* möglich:

Schritt 1**:** Wir wählen eine Basis von $B_{r-1} \cap Z$, etwa die Spaltenvektoren von N^{r-1} zu den Indizes $\nu_1, \ldots, \nu_l$. Sie sind die Bilder $N^{r-1}\boldsymbol{e}_{\nu_i}$ der Einheitsvektoren $\boldsymbol{e}_{\nu_1}, \ldots, \boldsymbol{e}_{\nu_l}$. Diese Einheitsvektoren sind Hauptvektoren der Stufe r und erzeugen Ketten der Länge r mit den gewählten Spaltenvektoren als letzte Vektoren und den Einheitsvektoren als Urbilder unter N^{r-1} als erstes Element. Die weiteren Elemente dazwischen ergeben sich als entsprechende Spalten von $N, N^2, \ldots, N^{r-2}$. Nach Satz 4.104, 2) sind alle Kettenvektoren linear unabhängig, da die letzten Vektoren gerade eine Basis von $B_{r-1} \cap Z$ bilden.

Schritt $k+1$**:** Wir nehmen an, wir haben Ketten der Längen $r, r-1, \ldots, r-k+1$ konstruiert, deren letzte Vektoren eine Basis von $B_{r-k} \cap Z$ sind. Wir ergänzen diese Basis zu einer Basis von $B_{r-k-1} \cap Z$ durch geeignete Linearkombinationen von Spaltenvektoren der Matrix N^{r-k-1}. Sie sind die Bilder unter N^{r-k-1} der entsprechenden Linearkombinationen von Einheitsvektoren, Hauptvektoren der Stufe $r-k$. Die von ihnen erzeugten Ketten der Länge $r-k$ nehmen wir zu unseren Ketten der Länge $> r-k$ hinzu und haben auf diese Weise Ketten der Längen $r, r-1, \ldots, r-k$, deren letzte Vektoren eine Basis des Raums $B_{r-k-1} \cap Z$ bilden.

Nach dem Schritt $k = r$ (Ketten der Länge 1) haben wir eine Kettenbasis des K^n gefunden.

Ist K nicht algebraisch abgeschlossen, aber das charakteristische Polynom zerfällt über K, können die gleichen Vorgehensweisen auch dann durchgeführt werden.

Beispiel 4.123 Wir betrachten die folgende nilpotente Matrix N und rechnen für ihre Potenzen N^i Basen der Bildräume B_i und der Durchschnitte $B_i \cap Z$ aus. Dazu benötigen wir natürlich die Information $Z = \text{span}(\boldsymbol{e}_1, \boldsymbol{e}_2, \boldsymbol{e}_5 - \boldsymbol{e}_6)$.

i	N^i	Basis von B_i	Basis von $B_i \cap Z$
1	$\begin{pmatrix} 0&0&1&0&0&0 \\ 0&0&1&0&1&1 \\ 0&0&0&1&0&0 \\ 0&0&0&0&1&1 \\ 0&0&0&0&0&0 \\ 0&0&0&0&0&0 \end{pmatrix}$	$\boldsymbol{e}_1 + \boldsymbol{e}_2,\ \boldsymbol{e}_3,\ \boldsymbol{e}_2 + \boldsymbol{e}_4$	$\boldsymbol{e}_1 + \boldsymbol{e}_2$
2	$\begin{pmatrix} 0&0&0&1&0&0 \\ 0&0&0&1&0&0 \\ 0&0&0&0&1&1 \\ 0&0&0&0&0&0 \\ 0&0&0&0&0&0 \\ 0&0&0&0&0&0 \end{pmatrix}$	$\boldsymbol{e}_1 + \boldsymbol{e}_2,\ \boldsymbol{e}_3$	$\boldsymbol{e}_1 + \boldsymbol{e}_2$
3	$\begin{pmatrix} 0&0&0&0&1&1 \\ 0&0&0&0&1&1 \\ 0&0&0&0&0&0 \\ 0&0&0&0&0&0 \\ 0&0&0&0&0&0 \\ 0&0&0&0&0&0 \end{pmatrix}$	$\boldsymbol{e}_1 + \boldsymbol{e}_2$	$\boldsymbol{e}_1 + \boldsymbol{e}_2$

Die vierte Potenz ist $N^4 = 0$, also $r = 4$. Im ersten Schritt nehmen wir die Basis $\{\boldsymbol{e}_1 + \boldsymbol{e}_2\}$ von $\text{Bild}(N^3) \cap Z$. Wir sehen $\boldsymbol{e}_1 + \boldsymbol{e}_2 = N^3\boldsymbol{e}_5$. Deswegen ist $\boldsymbol{e}_1 + \boldsymbol{e}_2$ letzter Vektor einer Kette

$$\boldsymbol{e}_5,\ N\boldsymbol{e}_5 = \boldsymbol{e}_2 + \boldsymbol{e}_4,\ N^2\boldsymbol{e}_5 = \boldsymbol{e}_3,\ N^3\boldsymbol{e}_5 = \boldsymbol{e}_1 + \boldsymbol{e}_2$$

der Länge 4. Für $i = 2, 1$ enthält $B_i \cap Z$ keine weiteren Hauptvektoren der Stufe 1 als den bereits benutzten Vektor $\boldsymbol{e}_1 + \boldsymbol{e}_2$ Anders ist es bei $\text{Bild}(N^0) = \mathbb{R}^6$. Um $\text{Kern}\, N = Z$ ganz zu erzeugen brauchen wir noch zwei Eigenvektoren, etwa $\boldsymbol{e}_1$ und $\boldsymbol{e}_5 - \boldsymbol{e}_6$. Insgesamt haben wir eine Kette der Länge vier und zwei Ketten der Länge 1. Mit ihnen bekommt man als Transformationsmatrix

$$A = \begin{pmatrix} 1 & 0 & 1 & 0 & 0 & 0 \\ 0 & 0 & 1 & 0 & 1 & 0 \\ 0 & 0 & 0 & 1 & 0 & 0 \\ 0 & 0 & 0 & 0 & 1 & 0 \\ 0 & 1 & 0 & 0 & 0 & 1 \\ 0 & -1 & 0 & 0 & 0 & 0 \end{pmatrix}$$

und die JORDAN-Zerlegung für N ist

$$\begin{pmatrix} 0&0&0&0&0&0 \\ 0&0&0&0&0&0 \\ 0&0&0&1&0&0 \\ 0&0&0&0&1&0 \\ 0&0&0&0&0&1 \\ 0&0&0&0&0&0 \end{pmatrix}.$$

◦

Zur Bewertung der obigen Vorgehensweisen sei nochmals betont:

- Sie beruhen auf einer exakten (oder extrem genauen) Bestimmung der Eigenwerte (als Lösung einer nichtlinearen Polynomgleichung nur in Spezialfällen exakt bestimmbar).
- Es wurden mehrfach Operationen mit den vollen Matrizen gemacht, was sich in einer schlechten Komplexität der obigen Vorgehensweise bemerkbar macht.

Desweiteren ist zu beachten, dass die Bestimmung der Eigenwerte einer Matrix im Gegensatz zu einer LGS ein nichtlineares Problem ist, bei dem bis auf Spezialfälle nicht ein Verfahren mit endlich vielen Rechenoperationen erwartet werden kann. Es müssen also *iterative Verfahren* formuliert werden, die die gewünschten Größen erst als Grenzwert liefern. Es gibt einfache solche Verfahren zur Bestimmung *eines* (speziellen) Eigenvektors und aufwändige allgemeine Verfahren zur Bestimmung etwa der SCHURschen Normalform. In Abschnitt 8.2.4 wird auf den ersten Fall eingegangen. Das obige Zweistufen-Verfahren „erst Eigenwerte, dann Eigenvektoren" zu bestimmen ist auch schon im diagonalisierbaren Fall problematisch, wenn nur Näherungslösungen erzielt werden:

Ist $\widetilde{\lambda}$ nur eine Näherung zu einem Eigenvektor von $C \in \mathbb{K}^{n,n}$, so wird $\widetilde{\lambda}$ im Allgemeinen kein Eigenwert sein, d. h.

$$\mathrm{Kern}(C - \widetilde{\lambda}\mathbb{1}) = \{\mathbf{0}\}\,,$$

und Eigenvektoren können auch nicht näherungsweise über die Lösung des LGS

$$(C - \widetilde{\lambda}\mathbb{1})\boldsymbol{x} = \mathbf{0}$$

bestimmt werden. Ist a priori bekannt, dass eine spezielle Komponente bei einem Eigenvektor nicht verschwindet, etwa o. B. d. A. x_1, könnte $x_1 = 1$ zu den Bedingungen aufgenommen werden und für das (nichtlösbare) überbestimmte LGS

$$\begin{aligned}(C - \widetilde{\lambda}\mathbb{1})\boldsymbol{x} &= \mathbf{0}\\ x_1 &= 1\end{aligned}$$

eine Näherungslösung über die Lösung der Normalgleichungen (siehe (2.103)) bestimmt werden. Im Allgemeinen wird solch eine Nebenbedingung nicht für alle Eigenvektoren bekannt sein. Nimmt man die immer zulässige Forderung

$$\|\boldsymbol{x}\|^2 = 1$$

etwa für die euklidische Norm $\|.\| = \|.\|_2$, mit auf, so entsteht ein überbestimmtes, aber auch nichtlineares Gleichungssystem.

Einfacher ist die Situation, wenn eine Näherung $\widetilde{\boldsymbol{x}}$ für einen Eigenvektor $\boldsymbol{x}$ von C vorliegt und daraus eine Näherung $\widetilde{\lambda}$ für den Eigenwert $\widetilde{\lambda}$ bestimmt werden soll. Der exakte Eigenwert erfüllt

$$\lambda = \frac{\langle C\boldsymbol{x} \,.\, \boldsymbol{x}\rangle}{\|\boldsymbol{x}\|_2^2}\,, \tag{4.82}$$

d. h. λ ist ein so genannter RAYLEIGH[18]-Koeffizient , denn aus $C\boldsymbol{x} = \lambda\boldsymbol{x}$ folgt $\langle C\boldsymbol{x} \,.\, \boldsymbol{x}\rangle = \langle \lambda\boldsymbol{x} \,.\, \boldsymbol{x}\rangle = \lambda \langle \boldsymbol{x} \,.\, \boldsymbol{x}\rangle$.

> Die Beziehung (4.82) definiert aber auch eine sinnvolle Näherung $\widetilde{\lambda}$ zu dem näherungsweisen Eigenvektor $\widetilde{\boldsymbol{x}}$:
>
> $$\widetilde{\lambda} = \frac{\langle C\widetilde{\boldsymbol{x}} \,.\, \widetilde{\boldsymbol{x}}\rangle}{\|\widetilde{\boldsymbol{x}}\|_2^2}\,,$$

denn die im Allgemeinen nichtlösbare Beziehung für $\widetilde{\lambda}$ bei gegebenem $\widetilde{\boldsymbol{x}} \in \mathbb{K}^n$

$$\widetilde{\boldsymbol{x}}\lambda = C\widetilde{\boldsymbol{x}}$$

kann als ein überbestimmtes LGS für $\lambda \in \mathbb{R}^1$ mit n Gleichungen aufgefasst werden, dessen Normalgleichungen gerade

$$\widetilde{\boldsymbol{x}}^\dagger\widetilde{\boldsymbol{x}}\widetilde{\lambda} = \widetilde{\boldsymbol{x}}^\dagger C\widetilde{\boldsymbol{x}} \quad \text{bzw.} \quad \|\widetilde{\boldsymbol{x}}\|_2^2\widetilde{\lambda} = \langle C\widetilde{\boldsymbol{x}} \,.\, \widetilde{\boldsymbol{x}}\rangle \text{ sind.}$$

Die JORDANsche Normalform ist in numerischer Hinsicht zusätzlich kritisch: Die Fälle

- $\lambda_1 = \lambda_2$,
- $\lambda_1 \neq \lambda_2, |\lambda_1 - \lambda_2|$ sehr klein

für die Eigenwerte λ_1, λ_2 müssen genau unterschieden werden, was im numerischen Rechnen fast unmöglich ist. Die Bestimmung der JORDANschen Normalform (insbesondere für große Dimension) kann also *numerisch instabil* sein oder anders ausgedrückt:

Numerisch gibt es nur Eigenwerte mit algebraischer Vielfachheit gleich 1 und damit nur den diagonalisierbaren Fall. Hier muss man sich dann damit behelfen, dass man sehr dicht zusammenliegende einfache Eigenwerte als einen mehrfachen auffasst. Der Kern der Problematik liegt darin, dass zwar die Eigenwerte stetig von der Matrix abhängen (siehe Kapitel 8.1.3), nicht aber die JORDANsche Normalform, wie folgendes einfache Beispiel zeigt. Sei

$$A_\epsilon := \begin{pmatrix} 1 & 1 \\ 0 & 1+\epsilon \end{pmatrix} \text{ für } \epsilon > 0\,,$$

dann hat A_ϵ die verschiedenen Eigenwerte $1, 1+\epsilon$ und ist damit diagonalisierbar:

$$J_\epsilon := \begin{pmatrix} 1 & 0 \\ 0 & 1+\epsilon \end{pmatrix} \text{ für } \epsilon > 0\,.$$

Offensichtlich ist

[18] John William Strutt 3RD BARON RAYLEIGH ∗12. November 1842 in Maldon †30. Juni 1919 in Witham

$$A_\epsilon \to A := \begin{pmatrix} 1 & 1 \\ 0 & 1 \end{pmatrix}, \; J_\epsilon \to J := \begin{pmatrix} 1 & 0 \\ 0 & 1+ \end{pmatrix},$$

die JORDANsche Normalform von A ist aber $A \neq J$. Mit den Eigenwerten „laufen" die Eigenvektoren $(1, 0)^t$ bzw. $(1, \epsilon)^t$ zusammen und für $\epsilon = 0$ geht einer verloren. Es stellt sich die Frage, ob es nicht eine andersartige Normalform gibt, die in mancher Hinsicht brauchbarer ist. Dies ist der Fall und zwar sogar für Matrizen mit beliebiger Zeilen- und Spaltenanzahl, die *Singulärwertzerlegung*. (Abschnitt 4.6)

Abschließend soll angedeutet werden, wie die Kenntnisse der Transformation auf JORDANsche Normalform bei der Lösung von linearen Differentialgleichungssystemen mit konstanten Koeffizienten benutzt werden kann:

Betrachtet werde wie in (MM.79) das System von linearen Differentialgleichungen 1. Ordnung. Gesucht ist $\boldsymbol{y} : [t_0, \infty) \to \mathbb{K}^n$, so dass

$$\dot{\boldsymbol{y}}(t) = A\boldsymbol{y}(t) , \tag{4.83}$$

$$\boldsymbol{y}(t_0) = \boldsymbol{y}_0 . \tag{4.84}$$

Dabei ist die *Koeffizientenmatrix* $A \in \mathbb{K}^{(n,n)}$ und der Anfangsvektor $\boldsymbol{y}_0 \in \mathbb{K}^n$ fest vorgegeben. $\dot{\boldsymbol{y}}$ bezeichnet die Ableitung nach t und ist komponentenweise zu verstehen, d. h. $\dot{\boldsymbol{y}}(t) = (\dot{y}_1(t), \dots, \dot{y}_n(t))^t$.

Ist in Verallgemeinerung von Beispiel 3(7) $\boldsymbol{v} \in \mathbb{K}^n$ ein Eigenvektor von A zum Eigenwert $\lambda \in \mathbb{K}$, so ist

$$\boldsymbol{v}(t) := \alpha \exp(\lambda t)\boldsymbol{v}, \quad \alpha \in \mathbb{K} \tag{4.85}$$

eine Lösung von (4.83), denn

$$\dot{\boldsymbol{v}}(t) = \lambda\alpha \exp(\lambda t)\boldsymbol{v} = \lambda\boldsymbol{v}(t) ,$$

die aber i. Allg. (4.84) nicht erfüllt.

Man erhält durch eine Menge $\lambda_1, \dots, \lambda_k$ von Eigenwerten mit zugehörigen Eigenvektoren $\boldsymbol{v}^{(1)}, \dots, \boldsymbol{v}^{(k)}$ nach (4.85) Lösungen

$$\boldsymbol{v}^{(i)}(t) := \alpha_i \exp(\lambda_i t)\boldsymbol{v}_i, \quad \alpha_i \in \mathbb{K} .$$

(4.83) ist linear und homogen, d. h. jede Linearkombination von Lösungen ist eine Lösung von (4.83). Für beliebiges $\boldsymbol{y}_0 \in \mathbb{K}^n$ existiert genau dann eine solche Linearkombination, wenn $\{\boldsymbol{v}_1, \dots, \boldsymbol{v}_k\}$ eine Basis von $\mathbb{K}^n$ darstellt.

Genau im diagonalisierbaren Fall erhält man somit durch die Bestimmung der (mehrfach gezählten) Eigenwerte λ_i und einer Eigenvektorbasis $\boldsymbol{v}_i$ dazu die allgemeine Lösung von (4.83)

$$\boldsymbol{v}(t) = \sum_{i=1}^{n} \alpha_i \exp(\lambda_i(t - t_0))\boldsymbol{v}_i \tag{4.86}$$

und α_i ist so zu wählen für (4.84), dass

$$C\boldsymbol{\alpha} = \boldsymbol{y}_0 ,$$

wobei $C = (\boldsymbol{v}_1, \dots, \boldsymbol{v}_n),\ i = 1, \dots, n.$

Im nicht diagonalisierbaren Fall gibt es keine Eigenvektorbasis, aber eine Basis aus Hauptvektoren.

Sei $\boldsymbol{v} \in \mathbb{K}^n$ ein Hauptvektor k-ter Stufe von A zum Eigenwert λ, dann ist für $A_\lambda := A - \lambda \mathbb{1}_n$

$$\boldsymbol{v}(t) := \alpha \exp(\lambda t) \sum_{m=0}^{k-1} \frac{1}{m!} t^m A_\lambda^m \boldsymbol{v}, \alpha \in \mathbb{K} \tag{4.87}$$

eine Lösung von (4.83), denn:

$$A\boldsymbol{v}(t) = A_\lambda \boldsymbol{v}(t) + \lambda \boldsymbol{v}(t) = \alpha \exp(\lambda t) \sum_{m=0}^{k-2} \frac{1}{m!} t^m A_\lambda^{m+1} \boldsymbol{v}(t) + \lambda \boldsymbol{v}(t)$$

$$\textit{und} \quad \dot{\boldsymbol{v}}(t) = \lambda \boldsymbol{v}(t) + \alpha \exp(\lambda t) \sum_{m=1}^{k-1} \frac{1}{(m-1)!} t^{m-1} A_\lambda^m \boldsymbol{v}(t) .$$

Damit ergibt sich (formal) für (einfach gezählte) Eigenwerte $\lambda_i,\ i = 1, \dots, I$ mit algebraischer Vielfachheit r_i und Hauptvektoren $\boldsymbol{v}_{i,j}\ j = 1, \dots, r_i$, die eine Basis bilden, jeweils mit der Stufe $\overline{s_{i,j}}(\leq r_i),\ j = 1, \dots, r_i$, die allgemeine Lösung von (4.83) als

$$\boldsymbol{v}(t) := \sum_{i=1}^{I} \exp(\lambda_i t) \sum_{j=1}^{r_i} \alpha_{i,j} \sum_{m=0}^{\overline{s_{i,j}}-1} \frac{1}{m!} t^m A_{\lambda_i}^m \boldsymbol{v}_{i,j} . \tag{4.88}$$

Es muss dabei sichergestellt werden, dass die durch die letzte Summe definierten Vektoren linear unabhängig sind. Das lässt sich verifizieren und auch etwas übersichtlicher wird die allgemeine Lösung, falls die Matrix A schon in Gestalt eines JORDAN-Blocks der Größe n zum Eigenwert λ vorliegt. Durch einen Eigenvektor $\boldsymbol{v}$ zu λ wird dann eine (umgekehrte) Kettenbasis $\{\boldsymbol{v}_1, \dots, \boldsymbol{v}_n\}$ erzeugt, d. h.

$$A_\lambda \boldsymbol{v}_i = \boldsymbol{v}_{i-1}, \quad \text{wobei} \quad \boldsymbol{v}_1 := \boldsymbol{v},\ \boldsymbol{v}_0 := \boldsymbol{0} .$$

Dabei sind die $\boldsymbol{v}_i$ Hauptvektoren der Stufe i. Nach (4.87) und (4.88) ist daher die allgemeine Lösung

$$\begin{aligned}\boldsymbol{v}(t) &= \exp(\lambda t)\sum_{i=1}^{n}\alpha_i\sum_{m=0}^{i-1}\frac{1}{m!}t^m A_\lambda^m \boldsymbol{v}_i = \exp(\lambda t)\sum_{m=0}^{n}\frac{t^m}{m!}\sum_{i=1}^{n-m}\alpha_{i+m}\boldsymbol{v}_i\\ &= \exp(\lambda t)\sum_{i=1}^{n}\boldsymbol{v}_i\sum_{m=0}^{n-i}\frac{t^m}{m!}\alpha_{i+m} = \exp(\lambda t)\sum_{i=1}^{n}\alpha_i\sum_{m=0}^{i-1}\frac{1}{m!}t^m\boldsymbol{v}_{i-m}\\ &= \exp(\lambda t)\sum_{i=1}^{n}\left(\sum_{k=i}^{n}\alpha_i\frac{1}{(k-i)!}t^{k-i}\right)\boldsymbol{v}_i\end{aligned} \tag{4.89}$$

für $\alpha_1,\ldots,\alpha_n \in \mathbb{K}$. In (4.85), (4.88) oder (4.89) kann in der Lösungsdarstellung t durch $t - t_0$ ersetzt werden für ein beliebiges, festes $t_0 \in \mathbb{R}$. Dann ist wie oben α durch $C\boldsymbol{\alpha} = \boldsymbol{y}_0$ eindeutig bestimmt.

Aus der linearen Unabhängigkeit der $\boldsymbol{v}_i$ folgt auch die von $\{\sum_{m=0}^{i-1}\frac{1}{m!}t^m v_{i-m} \ : \ i = 1,\ldots,n\}$ (nach Aufgabe 1.23) und damit liegt eine allgemeine Lösungsdarstellung für den Spezialfall vor. Da die Summen jeweils direkt sind, summieren sich die Darstellungen für die Kettenbasen zu einem Eigenwert, und dann zu den verschiedenen Eigenvektoren (siehe Aufgabe 7.13).

Was Sie in diesem Abschnitt gelernt haben sollten:

Begriffe:

- Ketten der Länge p, Kettenbasis
- Hauptvektor der Stufe k zum Eigenwert λ
- FITTING-Index des Eigenwerts λ
- RAYLEIGH-Koeffizient
- JORDAN-Zerlegung

Zusammenhänge:

- Kettenbasen bei nilpotenten Abbildungen (Theorem 4.106)
- JORDANsche Normalform (in $\mathbb{K}$ bei Eigenwerten in $\mathbb{K}$) (Hauptsatz 4.112)
- Eindeutige Existenz der JORDAN-Zerlegung (Theorem 4.114)
- Reelle JORDANsche Normalform (Theorem 4.118)
- Φ-invarianter Unterraum zu einem Eigenwert λ = Kern $p^m(\Phi)$, wobei p^m Faktor von λ in Minimalpolynom (Satz 4.111)

Beispiele:

- JORDANsche Normalform für $n = 2$ und $n = 3$
- Kettenbasisbestimmung zur nilpotenten Matrix (Seite 555)

Aufgaben

Aufgabe 4.29 (T)

a) Sei $\boldsymbol{a} \in \mathbb{R}^n$ und sei Φ ein Endomorphismus des $\mathbb{R}^n$ mit $\Phi^{n-1}(\boldsymbol{a}) \neq \boldsymbol{0}$ und $\Phi^n(\boldsymbol{a}) = \boldsymbol{0}$. Man beweise, dass die Vektoren $\boldsymbol{a}, \Phi(\boldsymbol{a}), \ldots, \Phi^{n-1}(\boldsymbol{a})$ eine Basis des $\mathbb{R}^n$ bilden und gebe die Matrix von Φ bezüglich dieser Basis an.
b) Sei $A \in \mathbb{R}^{(n,n)}, B \in \mathbb{R}^{(n,n)}, A^{n-1} \neq 0,\ B^{n-1} \neq 0,\ A^n = B^n = 0$. Man beweise: Die Matrizen A und B sind ähnlich zueinander.

Aufgabe 4.30 (K) Man betrachte die Begleitmatrix nach (4.5). Unter Beachtung von Bemerkungen 4.27 und der Eindimensionalität der Eigenräume bestimme man die JORDANsche Normalform von A unter der Annahme, dass $\chi(\lambda)$ in $K[x]$ in Linearfaktoren zerfällt.

Aufgabe 4.31 (K) Sei

$$\begin{pmatrix} 0 & 0 & 0 & 0 & 0 \\ 1 & 0 & 0 & 0 & 0 \\ -1 & 0 & 0 & 0 & 0 \\ 1 & 1 & 1 & 0 & 0 \\ 0 & 0 & 0 & 1 & 0 \end{pmatrix}$$

darstellende Matrix eines Endomorphismus $\Phi : \mathbb{R}^5 \to \mathbb{R}^5$ bezüglich der kanonischen Basis des $\mathbb{R}^5$.

a) Bestimmen Sie Basen der Eigenräume zu den Eigenwerten von Φ.
b) Geben Sie eine Matrix M in JORDANscher Normalform und eine Basis $\mathcal{B}$ des $\mathbb{R}^5$ an, so dass M die darstellende Matrix von Φ bezüglich $\mathcal{B}$ ist.

Aufgabe 4.32 (K) Gegeben sei die von einem Parameter $p \in \mathbb{R}$ abhängige Matrix

$$A(p) := \begin{pmatrix} 0 & 1 & p \\ 1 & 0 & -1 \\ 0 & 1 & 0 \end{pmatrix}.$$

a) Man bestimme das charakteristische Polynom von $A(p)$.
b) Man bestimme die JORDANsche Normalform von $A(p)$.
c) Man bestimme das Minimalpolynom von $A(p)$.

Aufgabe 4.33 (K) Sei das Polynom $\varphi(t) = (t-1)^3(t+1)^2 \in \mathbb{C}[t]$ gegeben.

a) Welche JORDANschen Normalformen treten bei komplexen 5×5-Matrizen mit dem charakteristischen Polynom φ auf?
b) Zeigen Sie: Zwei komplexe 5×5-Matrizen mit dem charakteristischen Polynom φ sind ähnlich, wenn ihre Minimalpolynome übereinstimmen.

Aufgabe 4.34 (K) Sei

$$A = \begin{pmatrix} 2 & 2 & 1 \\ -1 & -1 & -1 \\ 1 & 2 & 2 \end{pmatrix} \in \mathbb{C}^{(3,3)}.$$

a) Bestimmen Sie die Eigenwerte und Eigenräume von A.
b) Geben Sie die JORDANsche Normalform von A an.
c) Bestimmen Sie das Minimalpolynom von A.

4.6 Die Singulärwertzerlegung

4.6.1 Herleitung

In den Abschnitten 4.2 bis 4.5 sind für die dort eingeführten Äquivalenzrelationen auf $\mathbb{K}^{(n,n)}$ der Äquivalenz (Bemerkungen 4.8), der Ähnlichkeit (Definition 4.6) und der unitären (orthogonalen) Ähnlichkeit (Definition 4.11, 1), 3)) Normalformen untersucht worden. Diese Relationen stehen in folgender offensichtlicher Beziehung:

$A, A' \in \mathbb{K}^{(n,n)}$ sind

$$\begin{array}{ccc} \text{unitär (orthogonal) äquivalent} & \Rightarrow & \text{äquivalent} \\ \Uparrow & & \Uparrow \\ \text{unitär (orthogonal) ähnlich} & \Rightarrow & \text{ähnlich}\,. \end{array}$$

Dabei ist links oben ein neuer Begriff eingeführt worden, der folgendermaßen definiert ist:

Definition 4.124

Seien $A, A' \in \mathbb{K}^{(n,n)}$. A und A' heißen *unitär äquivalent*, wenn es $U, V \in \mathrm{O}(n, \mathbb{K})$ gibt, so dass

$$A' = U^{-1}AV = U^{\dagger}AV$$

gilt. Für $\mathbb{K} = \mathbb{R}$ spricht man von *orthogonal äquivalent*.

Der Unterschied in den vier Klassenbildungen besteht also darin, ob beim Übergang die Basen in Urbild- und Bildraum gleich sind bzw. ob sie orthonormal sind.

Sei also $A \in \mathbb{R}^{(n,n)}$, $r := \mathrm{Rang}(A)$. Die Tabelle 4.1 stellt die bisher erreichten Normalformen für eine reelle Matrix zusammen. Ist die Situation (oben, links) zu aussagelos, ist die (oben, rechts) nicht immer befriedigend, insbesondere wenn sie numerisch instabil ist. Die Situation (unten, rechts) ist am aussagestärksten, aber auch am eingeschränktesten, so dass eventuell das noch nicht untersuchte (unten, links) einen allgemeinen aussagekräftigen Kompromiss bieten kann. Im Vorgriff ist hier schon die angesetzte (und erreichbare) Normalform notiert, d. h. : Gesucht werden mithin orthogonale bzw. unitäre U, V, so dass

$$U^{-1}A\ V = U^{\dagger}A\ V = \Sigma = \mathrm{diag}(\sigma_i) \tag{4.90}$$

gilt.

Eine Normalform kann für verschiedene Zwecke nützlich sein. Eine Diagonalisierung oder auch die JORDANsche Normalform erlaubt (prinzipiell) die explizite Berechnung von Lösungen von gewöhnlichen Differentialgleichungen (siehe das Ende von Abschnitt 4.5.3) bzw. damit zusammenhängend die Auswertung von Matrixpolynomen. Eine andere Frage ist die nach der Lösbarkeit des LGS

	Basen ungleich	Basen gleich
Basen beliebig	$\begin{pmatrix} 1 & & & & & \\ & \ddots & & & & \\ & & 1 & & & \\ & & & 0 & & \\ & & & & \ddots & \\ & & & & & 0 \end{pmatrix}$ $\}r$	komplexe oder reelle JORDANsche Normalform, diagonalisierbar in $\mathbb{C} \Leftrightarrow$ algebraische = geometrische Vielfachheit
Basen orthonormal	$\begin{pmatrix} \sigma_1 & & & & & \\ & \ddots & & & & \\ & & \sigma_r & & & \\ & & & 0 & & \\ & & & & \ddots & \\ & & & & & 0 \end{pmatrix}$	komplexe oder reelle SCHUR-Normalform, unitär diagonalisierbar $\Longleftrightarrow A$ normal orthogonal diagonalisierbar $\Longleftrightarrow A$ symmetrisch

Tabelle 4.1: Mögliche Normalformen.

$$A\boldsymbol{x} = \boldsymbol{b}$$

für $A \in \mathbb{K}^{(n,n)}$, $\boldsymbol{x}, \boldsymbol{b} \in \mathbb{K}^n$. Es sei hier A nichtsingulär.

Hier ist die obere Zeile von Tabelle 4.1 (beliebige Basen) nicht sehr hilfreich, denn: Sei

$$U^{-1}AV = D := \mathbb{1} \quad \text{im linken bzw.}$$
$$U = V \text{ und } U^{-1}AU = J \quad \text{im rechten Fall},$$

wobei J aus JORDAN-Blöcken oder für $\mathbb{K} = \mathbb{R}$ bei komplexen Eigenwerten aus den reellen Blöcken nach Theorem 4.118 bestehe und $U, V \in \mathbb{R}^{(n,n)}$ nichtsingulär seien.

Dann folgt für

$$\boldsymbol{y} := V^{-1}\boldsymbol{x} \quad \text{, d. h. } \boldsymbol{x} = V\boldsymbol{y} : \tag{4.91}$$
$$D\boldsymbol{y} = U^{-1}A\,V\boldsymbol{y} = U^{-1}\boldsymbol{b} \tag{4.92}$$

im linken bzw.

$$J\boldsymbol{y} = U^{-1}A\,V\boldsymbol{y} = U^{-1}\boldsymbol{b} \tag{4.93}$$

im rechten Fall.

Das LGS in (4.92) ist trivial zu lösen (durch $y_i = (U^{-1}\boldsymbol{b})_i, i = 1, \ldots, n$), das in (4.93) entsprechend, wobei für $\mathbb{K} = \mathbb{C}$ oder $\mathbb{K} = \mathbb{R}$ mit reellen Eigenwerten maximal eine auf einen Term verkürzte Rückwärtssubstitution nötig ist. Das Problem liegt in der Bestimmung von $U^{-1}\boldsymbol{b}$, was im Allgemeinen genau einem LGS des Ausgangstyps entspricht.

Anders ist dies in der zweiten Zeile der Tabelle, da dort U und V orthogonal bzw. unitär sind:
Im rechten Fall ist (bei Eigenwerten in $\mathbb{K}$)

$$U^{-1}AU = T := \begin{pmatrix} \lambda_1 & & * \\ & \ddots & \\ 0 & & \lambda_n \end{pmatrix},$$

wobei $U = \left(\boldsymbol{u}^{(1)}, \ldots, \boldsymbol{u}^{(n)}\right)$ unitär bzw. orthogonal ist, d. h.

$$U^{-1} = U^{\dagger}$$

und somit mit (4.91) (wobei $U = V$) gilt

$$\boxed{T\boldsymbol{y} = U^{-1}\boldsymbol{b} = U^{\dagger}\boldsymbol{b}}$$

und dieses LGS ist durch Rückwärtssubstitution (wenn nicht T gar diagonal ist) mit geringem Aufwand zu lösen, bei durch Matrix-Vektormultiplikation explizit bekannter rechter Seite.

Diese Vorteile bleiben auch im linken Fall erhalten, d. h. bei (4.90), dann:

$$\Sigma\boldsymbol{y} = U^{-1}\boldsymbol{b} = U^{\dagger}\boldsymbol{b},$$

also

$$y_i = \frac{1}{\sigma_i}(U^{\dagger}\boldsymbol{b})_i, \quad i = 1, \ldots, n$$

und damit

$$\boldsymbol{x} = \sum_{i=1}^{n} \frac{1}{\sigma_i}(U^{\dagger}\boldsymbol{b})_i \boldsymbol{v}^{(i)}, \quad \text{wobei } V = \left(\boldsymbol{v}^{(1)}, \ldots, \boldsymbol{v}^{(n)}\right).$$

Eine äquivalente Schreibweise ist

$$\boxed{\boldsymbol{x} = \textstyle\sum_{i=1}^{n} \frac{1}{\sigma_i} \left\langle \boldsymbol{b} \,.\, \boldsymbol{u}^{(i)} \right\rangle \boldsymbol{v}^{(i)}\,.}$$

Es stellt sich heraus, dass für eine solche *Singulärwertzerlegung* keine Bedingungen an A gestellt werden müssen, ja sogar beliebige Zeilen- und Spaltenanzahlen zugelassen werden können.

Definition 4.125

Seien $n, m \in \mathbb{N}$, $A \in \mathbb{K}^{(m,n)}$.
Gesucht sind $\sigma_1, \ldots, \sigma_k \in \mathbb{R}$, $k = \min(m, n)$, die *Singulärwerte* von A und orthogonale bzw. unitäre $U \in \mathbb{K}^{(m,m)}$, $V \in \mathbb{K}^{(n,n)}$, so dass

$$U^\dagger A V = \Sigma = \operatorname{diag}(\sigma_i) , \tag{4.94}$$

wobei $\Sigma \in \mathbb{R}^{(m,n)}$ eine (verallgemeinerte) Diagonalmatrix ist (nach Bemerkung 1.47). (4.94) heißt eine *Singulärwertzerlegung* (SVD: Singular Value Decomposition) von A. Die Spalten von V heißen auch *rechte singuläre Vektoren*, die von U *linke singuläre Vektoren*.

Bemerkungen 4.126

1) Eine SVD (sofern sie existiert bei $A \neq 0$) kann (unwesentlich) modifiziert werden, indem die Vorzeichen und die Anordnung der Singulärwerte verändert werden (bei veränderten U, V).

Beide Modifikationen können nämlich durch Multiplikation (etwa von links) mit einer Diagonalmatrix, die für die Indizes, für die das Vorzeichen zu ändern ist, eine -1 und sonst eine 1 enthält bzw. mit einer Permutationsmatrix erzeugt werden, die daher im Produkt mit $U^\dagger$ ein neues $U^\dagger$ definieren.

Eine SVD kann folglich immer so gewählt werden, dass die Singulärwerte nicht negativ sind und absteigend geordnet, d. h. es existiert ein $r \in \{1, \ldots, k\}$, so dass

$$\sigma_1 \geq \sigma_2 \geq \ldots \geq \sigma_r > 0 = \sigma_{r+1} = \ldots = \sigma_k .$$

Eine solche SVD heißt *normiert*.

2) Sei eine normierte SVD gegeben. Die Matrixgleichung (4.94) ist dann äquivalent mit

$$\begin{aligned} A\boldsymbol{v}_i &= \sigma_i \boldsymbol{u}_i && \text{für } i = 1, \ldots, r , \\ A\boldsymbol{v}_i &= \boldsymbol{0} && \text{für } i = r+1, \ldots, n , \end{aligned}$$

daher die Bezeichnung *rechte singuläre Vektoren* für die $\boldsymbol{v}_i$, aber auch zu

$$\begin{aligned} \boldsymbol{u}_j^\dagger A &= \sigma_j \boldsymbol{v}_j^\dagger && \text{für } j = 1, \ldots, r, \\ \boldsymbol{u}_j^\dagger A &= \boldsymbol{0} && \text{für } j = r+1, \ldots, m , \end{aligned}$$

daher die Bezeichnung *linke singuläre Vektoren* für die $\boldsymbol{u}_j$. Eine andere Bezeichnung für die $\boldsymbol{u}_j, \boldsymbol{v}_i$ ist KARHUNEN-LOÈVE[19][20]-Basis.

Ist insbesondere $A \in \mathbb{K}^{(n,n)}$ orthogonal bzw. unitär diagonalisierbar, d. h. es gilt für ein $U \in \mathrm{O}(n, \mathbb{K})$, dass

[19] Kari KARHUNEN ∗1915†1992
[20] Michel LOÈVE ∗22. Januar 1907 in Jaffa †17. Februar 1979 in Berkeley

$$U^{\dagger}AU = \Sigma = \operatorname{diag}(\lambda_i)\,, \tag{4.95}$$

dann ist (4.95) (für $\mathbb{K} = \mathbb{R}$) eine SVD, wobei die Eigenwerte λ_i die Singulärwerte und die Eigenvektoren die rechten und linken singulären Vektoren darstellen, für $\mathbb{K} = \mathbb{C}$ muss aber (mittels $\operatorname{diag}(\alpha_i)$, $\alpha_i = \lambda_i / |\lambda_i|$ für $\lambda_i \neq 0$, $\alpha_i := 1$ für $\lambda_i = 0$) zu $|\lambda_i|$ übergegangen werden. Die normierte SVD erhält man durch Vorzeichenwechsel, wenn nötig, und Anordnung der $|\lambda_i|$. Ist A diagonalisierbar, ohne dass die Eigenvektorbasis orthonormal ist, sind singuläre Vektoren i. Allg. keine Eigenvektoren. △

Abbildung 4.6 stellt die beinhalteten Fälle grafisch dar. Zum Nachweis der Existenz einer

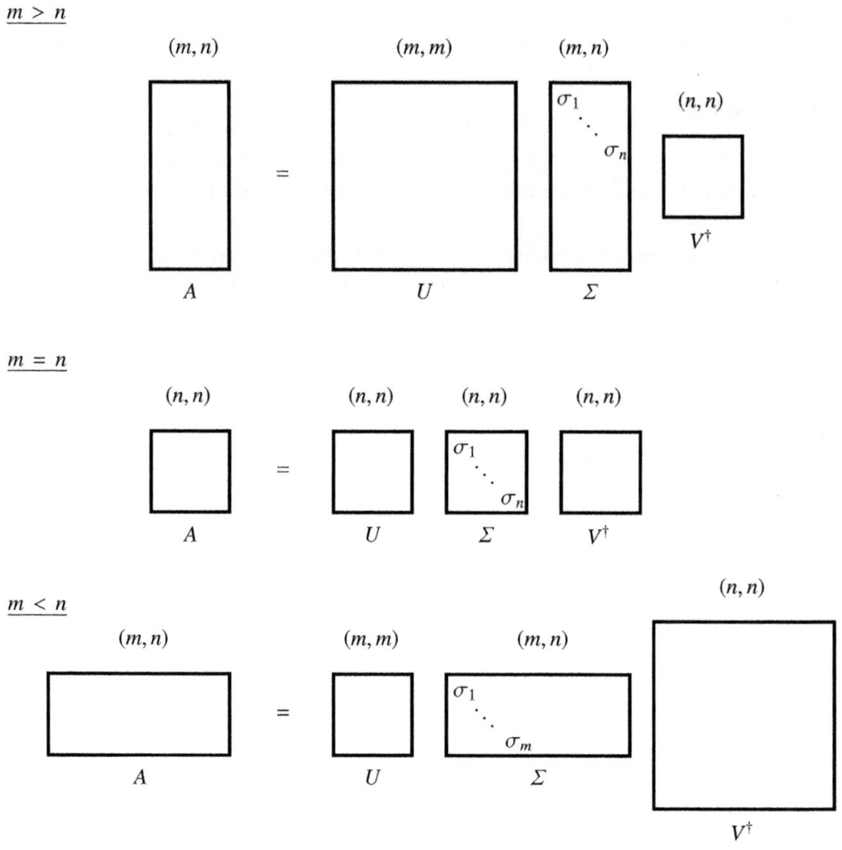

Abb. 4.6: Die verschiedenen Fälle der Singulärwertzerlegung.

SVD reicht es, den Fall $m \geq n$ zu behandeln, da der Fall $m < n$ durch Übergang zur adjungierten Matrix in diesen übergeht:

$$A = U\Sigma V^{\dagger} \Leftrightarrow A^{\dagger} = V\Sigma^{\dagger}U^{\dagger}\,.$$

Im Folgenden sollen notwendige Bedingungen aus der Existenz einer SVD hergeleitet und in einem zweiten Schritt gezeigt werden, dass diese Bedingungen erfüllbar sind und zu einer SVD führen. Das ergibt schließlich einen Existenzbeweis (Hauptsatz 4.127).

Sei also eine SVD von $A \in \mathbb{K}^{(m,n)}$ gegeben:

$$U^\dagger A\, V = \Sigma\,.$$

Es besteht ein enger Zusammenhang zur unitären Diagonalisierung der selbstadjungierten Matrizen $A\,A^\dagger$ und $A^\dagger\,A$ (siehe Hauptsatz 4.58), da folgt:

$$\begin{aligned} U^\dagger A\,A^\dagger U &= U^\dagger A\;V\;V^\dagger A^\dagger U = \Sigma\Sigma^\dagger = \operatorname{diag}(\hat{\sigma}_i^2)\,, \\ V^\dagger A^\dagger A\;V &= V^\dagger A^\dagger U\;U^\dagger A\;V = \Sigma^\dagger\Sigma = \operatorname{diag}(\tilde{\sigma}_i^2)\,. \end{aligned}$$

Dabei ist für $k := \min(m, n)$

$$\begin{aligned} &\operatorname{diag}(\hat{\sigma}_i^2) \in \mathbb{R}^{(m,m)}, \text{ wobei} \\ &\hat{\sigma}_i^2 = \sigma_i^2 \quad \text{für } i = 1, \ldots, k,\ \hat{\sigma}_i^2 = 0 \text{ für } i = k+1, \ldots, m \\ &\operatorname{diag}(\tilde{\sigma}_i^2) \in \mathbb{R}^{(n,n)}, \text{ wobei} \\ &\tilde{\sigma}_i^2 = \sigma_i^2 \quad \text{für } i = 1, \ldots, k,\ \tilde{\sigma}_i^2 = 0 \text{ für } i = k+1, \ldots, n\,. \end{aligned}$$

Deswegen etwa für $m \geq n$:

$$\operatorname{diag}(\hat{\sigma}_i^2) = \begin{pmatrix} \sigma_1^2 & & & & & \mathbf{0} \\ & \ddots & & & & \\ & & \sigma_n^2 & & & \\ & & & 0 & & \\ & & & & \ddots & \\ \mathbf{0} & & & & & 0 \end{pmatrix}, \qquad \operatorname{diag}(\tilde{\sigma}_i^2) = \begin{pmatrix} \sigma_1^2 & & \mathbf{0} \\ & \ddots & \\ \mathbf{0} & & \sigma_n^2 \end{pmatrix}.$$

Die Matrizen U und V sind mithin notwendigerweise aus einer ONB von Eigenvektoren von $A\,A^\dagger$ bzw. $A^\dagger A$ (die existieren) zusammengesetzt und es muss gelten:

Ist $\sigma_i \neq 0$, dann ist σ_i^2 ein Eigenwert von $AA^\dagger$ und von $A^\dagger A$.

Diese Bedingungen sind erfüllbar, da gilt:

$$\begin{aligned} A^\dagger A\boldsymbol{v} &= \lambda\boldsymbol{v} \Rightarrow A\,A^\dagger(A\boldsymbol{v}) = \lambda(A\boldsymbol{v})\,, \\ A\,A^\dagger\boldsymbol{u} &= \lambda\boldsymbol{u} \Rightarrow A^\dagger A(A^\dagger\boldsymbol{u}) = \lambda(A^\dagger\boldsymbol{u})\,. \end{aligned} \tag{4.96}$$

Wir erinnern an

$$\begin{aligned} \operatorname{Kern} A &= \operatorname{Kern}(A^\dagger A)\,, \\ \operatorname{Kern} A^\dagger &= \operatorname{Kern}(A\,A^\dagger) \end{aligned}$$

(siehe Bemerkungen 2.57, 3)) und daher $A\boldsymbol{v} \neq \mathbf{0}$ im ersten Fall, denn $\boldsymbol{v} \notin \operatorname{Kern}(A^\dagger A) = \operatorname{Kern} A$ und analog im zweiten Fall, demnach sind die von Null verschiedenen Eigenwerte von $A^\dagger A$ und $A\,A^\dagger$ identisch und die Eigenvektoren gehen durch $\boldsymbol{v} \mapsto A\boldsymbol{v}$ bzw. $\boldsymbol{u} \mapsto A^\dagger \boldsymbol{u}$ ineinander über.

Die Eigenwerte sind nicht nur reell nach Satz 4.39, 1), sondern auch nicht negativ:

$$\lambda \langle \boldsymbol{v} \,.\, \boldsymbol{v} \rangle = \left\langle A^\dagger A\boldsymbol{v} \,.\, \boldsymbol{v} \right\rangle = \langle A\boldsymbol{v} \,.\, A\boldsymbol{v} \rangle \geq 0 \,, \tag{4.97}$$

so dass für die positiven Eigenwerte λ von $A^\dagger A$ (und $AA^\dagger$), die o. B. d. A. absteigend angeordnet seien

$$\lambda_1 \geq \lambda_2 \geq \ldots \geq \lambda_r > 0$$

definiert werden kann

$$\sigma_i := +\sqrt{\lambda_i} \qquad \text{für } i = 1, \ldots, r \,. \tag{4.98}$$

Eine andere Anordnung der λ_i (und zugehörigen Eigenvektoren) bzw. eine andere Vorzeichenwahl als in (4.98) kann als orthogonale Permutations- bzw. Diagonalmatrix in U oder V aufgenommen werden und führt zu einer anderen Singulärwertzerlegung (siehe Bemerkung 4.126, 1)). Die spezielle normierte SVD mit

$$\sigma_1 \geq \sigma_2 \geq \ldots \geq \sigma_r > 0 = \sigma_{r+1} = \ldots = \sigma_k$$

existiert, wenn überhaupt eine existiert.

Aus diesem Grund ist die Summe der Dimensionen der Eigenräume von $A^\dagger A$ zu von 0 verschiedenen Eigenwerten r. Damit gilt wegen der Diagonalisierbarkeit von $A^\dagger A$:

$$\dim \operatorname{Kern}(A^\dagger A) = n - r$$

und deshalb wegen der Dimensionsformel (siehe Theorem 2.32)

$$r = \operatorname{Rang}(A^\dagger A)$$

und auch

$$n - r = \dim \operatorname{Kern} A \text{ und so } r = \operatorname{Rang}(A) \,.$$

Sei nunmehr (falls $r < n$) $\boldsymbol{v}_{r+1}, \ldots, \boldsymbol{v}_n$ eine ONB von $\operatorname{Kern} A$, d. h. des Eigenraums von $A^\dagger A$ zum Eigenwert 0, dann gilt offensichtlich

$$A\boldsymbol{v}_i = \boldsymbol{0} \quad , \quad i = r+1, \ldots, n \,.$$

Genauso gilt wegen der Diagonalisierbarkeit von $A\,A^\dagger$:

$$r + \dim \operatorname{Kern}(A\,A^\dagger) = m$$

und deshalb

$$r = \operatorname{Rang}(A\,A^\dagger)$$

(womit sich noch einmal $\text{Rang}(A) = \text{Rang}(A^\dagger A) = \text{Rang}(A\, A^\dagger)$ ergibt), also

$$m - r = \dim \text{Kern}(A^\dagger)\ .$$

Sei (falls $r < m$) $\boldsymbol{u}_{r+1}, \ldots, \boldsymbol{u}_m$ eine ONB von $\text{Kern}\, A^\dagger$, somit dem Eigenraum von $A\, A^\dagger$ zum Eigenwert 0. Setzen wir genauer

$$\begin{aligned} \sigma_i &:= +\sqrt{\lambda_i} && \text{für } i = 1, \ldots, r, \\ \sigma_i &:= 0 && \text{für } i = r, \ldots, \min(m, n) \end{aligned}$$

für die Singulärwerte, so ist für die Gültigkeit von

$$AV = U\Sigma$$

schon $A\boldsymbol{v}_i = 0\boldsymbol{u}_i = \boldsymbol{0},\ i = r+1, \ldots, n$ erfüllt (man beachte $m \geq n$) und noch

$$A\boldsymbol{v}_i = \sigma_i \boldsymbol{u}_i, \quad , i = 1, \ldots, r \tag{4.99}$$

zu sichern.

Dazu wählen wir $\boldsymbol{v}_1, \ldots, \boldsymbol{v}_r$ als eine ONB von $A^\dagger A$ zu den Eigenwerten $\lambda_1, \ldots, \lambda_r$. Nach Satz 4.65, 6) wird diese mit $\boldsymbol{v}_{r+1}, \ldots, \boldsymbol{v}_n$ zu einer ONB von $\mathbb{K}^n$ ergänzt, d. h. die Matrix

$$V = (\boldsymbol{v}_1, \ldots, \boldsymbol{v}_n) \in \mathbb{K}^{(n,n)}$$

ist orthogonal bzw. unitär. Damit ist auch

$$\text{span}\,(\boldsymbol{v}_1, \ldots, \boldsymbol{v}_r) = (\text{Kern}\, A)^\perp = \text{Bild}(A^\dagger)\ .$$

Um (4.99) zu erfüllen, definieren wir

$$\boldsymbol{u}_i := \frac{1}{\sigma_i} A\boldsymbol{v}_i,\ i = 1, \ldots, r\ .$$

Nach (4.96) handelt es sich dabei um Eigenvektoren von $AA^\dagger$ zu den Eigenwerten λ_i. Wir müssen noch die Orthonormalität dieser Vektoren zeigen:

Sei $1 \leq i, j \leq r$, dann

$$\begin{aligned} \left\langle \boldsymbol{u}_i \,.\, \boldsymbol{u}_j \right\rangle &= \frac{1}{\sigma_i \sigma_j} \left\langle A\boldsymbol{v}_i \,.\, A\boldsymbol{v}_j \right\rangle = \frac{1}{\sigma_i \sigma_j} \left\langle A^\dagger A\boldsymbol{v}_i \,.\, \boldsymbol{v}_j \right\rangle \\ &= \frac{\sigma_i^2}{\sigma_i \sigma_j} \left\langle \boldsymbol{v}_i \,.\, \boldsymbol{v}_j \right\rangle = \delta_{i,j}, \text{ da die } \boldsymbol{v}_1, \ldots, \boldsymbol{v}_r \text{ orthonormal sind.} \end{aligned}$$

Wieder nach Satz 4.65, 6) werden diese mit $\boldsymbol{u}_{r+1}, \ldots, \boldsymbol{u}_m$ zu einer ONB von $\mathbb{K}^m$ ergänzt. Damit ist

$$U = (\boldsymbol{u}_1, \ldots, \boldsymbol{u}_m) \in \mathbb{K}^{(m,m)}$$

also orthogonal bzw. unitär. Damit ist auch

$$\operatorname{span}(\boldsymbol{u}_1, \ldots, \boldsymbol{u}_r) = (\operatorname{Kern} A^\dagger)^\perp = \operatorname{Bild} A\,.$$

Folglich ist bewiesen:

Hauptsatz 4.127: Eindeutige Existenz der SVD

Sei $A \in \mathbb{K}^{(m,n)}$. Dann existiert eine Singulärwertzerlegung (SVD) von A in der Form

$$U^\dagger A\, V = \Sigma$$

mit orthogonalen bzw. unitären $U \in \mathbb{K}^{(m,m)}$, $V \in \mathbb{K}^{(n,n)}$ und einer Diagonalmatrix $\Sigma \in \mathbb{R}^{(m,n)}$ mit genau $r = \operatorname{Rang}(A)$ positiven Diagonalelementen σ_i (o. B. d. A. auf den Positionen $1, \ldots, r$ absteigend angeordnet), den (positiven) *Singulärwerten* und dem Singulärwert 0 auf den Diagonalpositionen $r + 1, \ldots, \min(m, n)$, die *normierte* SVD.

U und V sind erhältlich als Eigenvektor-ONB für $A\,A^\dagger$ bzw. $A^\dagger A$ zu den gemeinsamen Eigenwerten $\lambda_1, \ldots, \lambda_r > 0$ und $\lambda_{r+1} = \ldots = \lambda_m$ (bzw. λ_n) $= 0$ und

$$\sigma_i = +\sqrt{\lambda_i},\ i = 1, \ldots, r\,.$$

Andererseits ist für jede SVD die Anzahl der nichtverschwindenden Singulärwerte $r = \operatorname{Rang}(A)$; $U = (\boldsymbol{u}_1, \ldots, \boldsymbol{u}_m)$ und $V = (\boldsymbol{v}_1, \ldots, \boldsymbol{v}_n)$ sind Eigenvektor-ONB für $A\,A^\dagger$ bzw. $A^\dagger A$. Die Singulärwerte können sich nur durch Vorzeichen oder Reihenfolge unterscheiden.

Weiter gilt:

$$\begin{aligned}
&\{\boldsymbol{u}_1, \ldots, \boldsymbol{u}_r\} && \text{ist eine ONB von Bild}\,A,\\
&\{\boldsymbol{v}_1, \ldots, \boldsymbol{v}_r\} && \text{ist eine ONB von Bild}\,A^\dagger,\\
&\{\boldsymbol{u}_{r+1}, \ldots, \boldsymbol{u}_m\} && \text{ist eine ONB von Kern}\,A^\dagger,\\
&\{\boldsymbol{v}_{r+1}, \ldots, \boldsymbol{v}_n\} && \text{ist eine ONB von Kern}\,A.
\end{aligned}$$

Die Singulärwertzerlegung kann auch in *reduzierter* (oder auch *kompakter*) Form geschrieben werden.

Sei o. B. d. A. $m \geq n$, dann sei für $A \in \mathbb{K}^{(m,n)}$

$$A = U \begin{pmatrix} \Sigma_1 \\ \hline 0 \end{pmatrix} V^\dagger$$

mit $\Sigma_1 \in \mathbb{R}^{(n,n)}$ die normierte SVD.

Zerlegt man $U = (U_1|U_2)$ mit $U_1 \in \mathbb{K}^{(m,n)}$, $U_2 \in \mathbb{K}^{(m,m-n)}$, dann ist

$$A = U_1 \Sigma_1 V^\dagger \tag{4.100}$$

die *reduzierte SVD.*

Im Fall $m \geq n$, in dem $\text{Rang}(A) \leq n$ gilt, sind also die Spalten $\boldsymbol{v}_i$ von V eine ONB von $\mathbb{K}^n$ und die Spalten $\boldsymbol{u}_j$, $j = 1, \ldots, n$, von U_1 eine ONB von $W \supset \text{Bild}\, A$ (siehe (4.99)), so dass für

$$\boldsymbol{x} = \sum_{i=1}^n \alpha_i \boldsymbol{v}_i \text{ gilt:} \quad A\boldsymbol{x} = \sum_{i=1}^n \alpha_i \sigma_i \boldsymbol{u}_i = \sum_{i=1}^n \sigma_i \langle \boldsymbol{x} \,.\, \boldsymbol{v}_i \rangle \boldsymbol{u}_i \,,$$

d. h. die Abbildung wird in den gewählten Koordinatensystemen V und U_1 diagonal. In der (nicht reduzierten) SVD wird U_1 noch mit einer ONB von $W^\perp$ (mit $W^\perp \subset \text{Bild}\, A^\perp = \text{Kern}\, A^\dagger$) ergänzt.

Die Darstellung des Bildes kann auch auf die $\sigma_i \neq 0$ beschränkt werden, d. h.

$$A\boldsymbol{x} = \sum_{i=1}^r \sigma_i \langle \boldsymbol{x} \,.\, \boldsymbol{v}_i \rangle \boldsymbol{u}_i \,,$$

da $\text{span}(\boldsymbol{u}_1, \ldots, \boldsymbol{u}_r) = \text{Bild}\, A$. Die entsprechende Zerlegung von A in

$$\tilde{U}_1 = (\boldsymbol{u}_1, \ldots, \boldsymbol{u}_r)\,, \; \tilde{\Sigma}_1 = \text{diag}(\sigma_1, \ldots, \sigma_r), \; \tilde{V}_1 = (\boldsymbol{v}_1, \ldots, \boldsymbol{v}_r)$$

ist eine Voll-Rang-Zerlegung nach Definition 2.82a.

Im Fall einer normalen Matrix, d. h. der Diagonalisierbarkeit mit einer orthogonalen bzw. unitären Ähnlichkeitsformation, d. h. bei

$$A = U \Sigma U^\dagger$$

mit orthogonalem bzw. unitärem $U = (\boldsymbol{u}_1, \ldots, \boldsymbol{u}_n)$ und $\Sigma = \text{diag}(\lambda_i)$ gilt

$$A = \sum_{i=1}^n \lambda_i \boldsymbol{u}_i \otimes \boldsymbol{u}_i$$

(vgl. (4.47)). In dieser *Spektraldarstellung in dyadischer* Form ist also A als Summe von Vielfachen von orthogonalen Projektionen auf (eindimensionale) Eigenräume geschrieben.

Die entsprechende Darstellung für $A \in \mathbb{K}^{(m,n)}$ auf der Basis der normierten SVD ist, wie schon gesehen,

$$A\boldsymbol{x} = \sum_{i=1}^r \sigma_i \langle \boldsymbol{x} \,.\, \boldsymbol{v}_i \rangle \boldsymbol{u}_i$$

bzw.

$$\boxed{A = \sum_{i=1}^{r} \sigma_i \boldsymbol{u}_i \otimes \boldsymbol{v}_i \,.} \tag{4.101}$$

Auch hier kann man im übertragenen Sinn von *Spektraldarstellung in dyadischer Form* sprechen, auch wenn die σ_i keine Spektralwerte sind.

Die Interpretation ist sodann analog, wobei es sich um (für $\boldsymbol{u}_i \neq \boldsymbol{v}_i$) nichtorthogonale Projektionen handelt (siehe (2.57)).

(4.101) zeigt auch, dass nicht nur der Singulärwert $\sigma = 0$ (wie allgemein der Kern A) bei der Betrachtung von Bild A keine Rolle spielt, auch können anscheinend kleine, positive σ_i vernachlässigt werden. Das ist eine Basis für Datenkompression (siehe Abschnitt 8.3).

Beim Handrechnen kann man folgendermaßen vorgehen, wobei o. B. d. A. $m \geq n$:

- Bestimmung von $A^\dagger A$, der Eigenwerte $\lambda_1 \geq \lambda_2 \geq \ldots \geq \lambda_r > 0 = \lambda_{r+1} = \lambda_n$ und einer Eigenvektor-ONB $\boldsymbol{v}_1, \ldots, \boldsymbol{v}_n$ dazu. Dabei müssen nur die Basen der einzelnen Eigenräume orthonormalisiert werden.
- $\sigma_i := \sqrt{\lambda_i}\,,\ i = 1, \ldots, r\,,$
  $\sigma_i := 0\,,\ i = r+1, \ldots, n.$
- $\boldsymbol{u}_i := \frac{1}{\sigma_i} A\boldsymbol{v}_i,\ i = 1, \ldots, r$ (oder: $\widetilde{\boldsymbol{u}}_i := \alpha_i A\boldsymbol{v}_i$ für beliebiges $\alpha_i > 0$ und $\boldsymbol{u}_i := \widetilde{\boldsymbol{u}}_i / \|\widetilde{\boldsymbol{u}}_i\|$).
- $\boldsymbol{u}_{r+1}, \ldots, \boldsymbol{u}_m$ ONB von Kern $A^\dagger$.

Bemerkungen 4.128 Singulärwertzerlegung und Hauptachsentransformation hängen eng zusammen. Der Beweis von Hauptsatz 4.127 baut auf Hauptsatz 4.58 auf, andererseits kann Hauptsatz 4.58 auf der Basis von Hauptsatz 4.127 bewiesen werden.

Sei $A \in \mathbb{K}^{(n,n)}$ selbstadjungiert und $A = V\Sigma U^\dagger$ eine normierte SVD. Dann gilt auch $A = A^\dagger = U\Sigma^t V^\dagger$ und so $A^2 = U\Sigma^t\Sigma U^\dagger$. Also hat A^2 eine ONB aus Eigenvektoren $\boldsymbol{u}_i$ mit den reellen Eigenwerten σ_i^2. Es gilt aber auch

$$A\boldsymbol{u}_i = \sigma_i \boldsymbol{u}_i \text{ für } i = 1, \ldots, n\,,$$

denn nach Bemerkungen 4.136, 3) kann A o. B. d. A. als positiv definit angenommen werden, darum

$$0 \leq \langle A(A\boldsymbol{u}_i - \sigma_i\boldsymbol{u}_i)\,.\,A\boldsymbol{u}_i - \sigma_i\boldsymbol{u}_i\rangle = \left\langle \sigma_i^2\boldsymbol{u}_i - \sigma_i A\boldsymbol{u}_i\,.\,A\boldsymbol{u}_i - \sigma_i\boldsymbol{u}_i \right\rangle = -\sigma_i\|A\boldsymbol{u}_i - \sigma_i\boldsymbol{u}_i\|^2 \leq 0$$

und damit folgt die Behauptung.

△

4.6.2 Singulärwertzerlegung und Pseudoinverse

In der Konstruktion der normierten SVD einer Matrix A sind wieder die vier fundamentalen Unterräume aufgetreten:

$$\begin{aligned}
\text{von } \mathbb{K}^n: \quad & \operatorname{Kern} A = \operatorname{span}(\boldsymbol{v}_{r+1}, \ldots, \boldsymbol{v}_n) \\
& \operatorname{Bild} A^\dagger = \operatorname{span}(\boldsymbol{v}_1, \ldots, \boldsymbol{v}_r) \\
& = \text{(konjugierter) Zeilenraum} \\
\text{von } \mathbb{K}^m: \quad & \operatorname{Kern} A^\dagger = \operatorname{span}(\boldsymbol{u}_{r+1}, \ldots, \boldsymbol{u}_m) \\
& \operatorname{Bild} A = \operatorname{span}(\boldsymbol{u}_1, \ldots, \boldsymbol{u}_r) \\
& = \text{Spaltenraum}\,.
\end{aligned}$$

Dadurch symbolisch:

$$U = \left(\begin{array}{c|c} \text{Spaltenraum} & \text{Kern} \\ \text{von } A & \text{von } A^\dagger \end{array}\right) \in \mathbb{K}^{(m,m)}\,,$$

$$V = \left(\begin{array}{c|c} \text{(konjugierter) Zeilenraum} & \text{Kern} \\ \text{von } A & \text{von } A \end{array}\right) \in \mathbb{K}^{(n,n)}\,.$$

Mit der Singulärwertzerlegung, deren Aufwand etwa dem der Diagonalisierung einer symmetrischen Matrix entspricht, lässt sich einfach der Lösungsraum für ein allgemeines Ausgleichsproblem (2.102) und damit die Pseudoinverse von A angeben.

Für die Diagonalmatrix Σ folgt nach Bemerkungen 2.82, 6)

$$\Sigma^+ = \operatorname{diag}\left(\left(\widehat{\frac{1}{\sigma_i}}\right)\right) \in \mathbb{K}^{(n,m)}$$

mit

$$\left(\widehat{\frac{1}{\sigma_i}}\right) := \frac{1}{\sigma_i}, i = 1, \ldots, r, \quad \left(\widehat{\frac{1}{\sigma_i}}\right) := 0, i = r+1, \ldots, \min(n,m)\,. \tag{4.102}$$

Theorem 4.129: Pseudoinverse und SVD

Sei $A \in \mathbb{K}^{(m,n)}$ mit der Singulärwertzerlegung

$$A = U\Sigma V^\dagger\,.$$

Der Lösungsraum für das Ausgleichsproblem $\|Ax - b\| \to \min$ ist dann

$$W_b = V\Sigma^+ U^\dagger \boldsymbol{b} + \operatorname{Kern} A \text{ und } \operatorname{Kern} A = V\boldsymbol{y}'$$

für $\boldsymbol{y}' = (0, \ldots, 0, y_{r+1}, \ldots, y_n)^t \in \mathbb{K}^n$. Damit ergibt sich die Pseudoinverse von A durch

$$A^+ = V\Sigma^+ U^\dagger \, .$$

A^+ ist demzufolge eine SVD, die aber i. Allg. nicht normiert ist.

Beweis: Die Darstellung der Pseudoinversen (und damit die gesamte Aussage) folgt direkt aus Bemerkungen 2.82, 5):

$$A = U\Sigma V^\dagger \Rightarrow A^+ = (V^\dagger)^+ (U\Sigma)^+ = (V^\dagger)^+ \Sigma^+ U^+ = V\Sigma^+ U^\dagger \, .$$

Ein alternativer, direkter Beweis (der auch (4.102) mit einschließt) ist: Sei $\| \, . \, \|$ die euklidische Norm auf $\mathbb{K}^m$ bzw. $\mathbb{K}^n$, dann folgt aus der Längenerhaltung durch orthogonale bzw. unitäre Abbildungen:

$$\begin{aligned} \|A\boldsymbol{x} - \boldsymbol{b}\|^2 &= \|U\Sigma \underbrace{V^\dagger \boldsymbol{x}}_{=\boldsymbol{y}} - \boldsymbol{b}\|^2 = \|\Sigma \boldsymbol{y} - U^\dagger \boldsymbol{b}\|^2 \\ &= \left\| \operatorname{diag}(\sigma_1, \ldots, \sigma_r)(y_1, \ldots, y_r)^t - (U^\dagger \boldsymbol{b})_{i=1,\ldots,r} \right\|^2 + \left\| (U^\dagger \boldsymbol{b})_{i=r+1,\ldots,m} \right\|^2 \end{aligned}$$

und daher wird dieses Funktional minimiert für $\boldsymbol{y} \in \mathbb{K}^n$ mit

$$y_i \begin{cases} = (U^\dagger \boldsymbol{b})_i / \sigma_i \ , \ i = 1, \ldots, r \\ \in \mathbb{K} \text{ beliebig} \ , \ i = r+1, \ldots, n \end{cases} .$$

Für $\boldsymbol{x} = V\boldsymbol{y} = V(y_1, \ldots, y_r, 0, \ldots, 0)^t + V(0, \ldots, 0, y_{r+1}, \ldots, y_n)^t$ gilt daher

$$\boldsymbol{x} = V\Sigma^+ U^\dagger \boldsymbol{b} + V(0, \ldots, 0, y_{r+1}, \ldots, y_n)^t$$

und damit wegen der Orthogonalität der beiden Summanden mit PYTHAGORAS

$$\|\boldsymbol{x}\|^2 \geq \|V\Sigma^+ U^\dagger \boldsymbol{b}\|^2 \, ,$$

d. h. $\boldsymbol{x} = V\Sigma^+ U^\dagger \boldsymbol{b}$ ist die Ausgleichslösung mit minimaler Norm und daher gilt $A^+ \boldsymbol{b} = V\Sigma^+ U^\dagger \boldsymbol{b}$. □

In dyadischer Spektralform lautet somit die Pseudoinverse

$$A^+ = \sum_{i=1}^r \frac{1}{\sigma_i} \boldsymbol{v}_i \otimes \boldsymbol{u}_i \, .$$

Das allgemeine Bild über das Zusammenspiel der vier Fundamentalräume und von A und A^+ wird demgemäß mit „Feinstruktur" versehen (siehe Abbildung 4.7 in Anlehnung an

STRANG 2003).

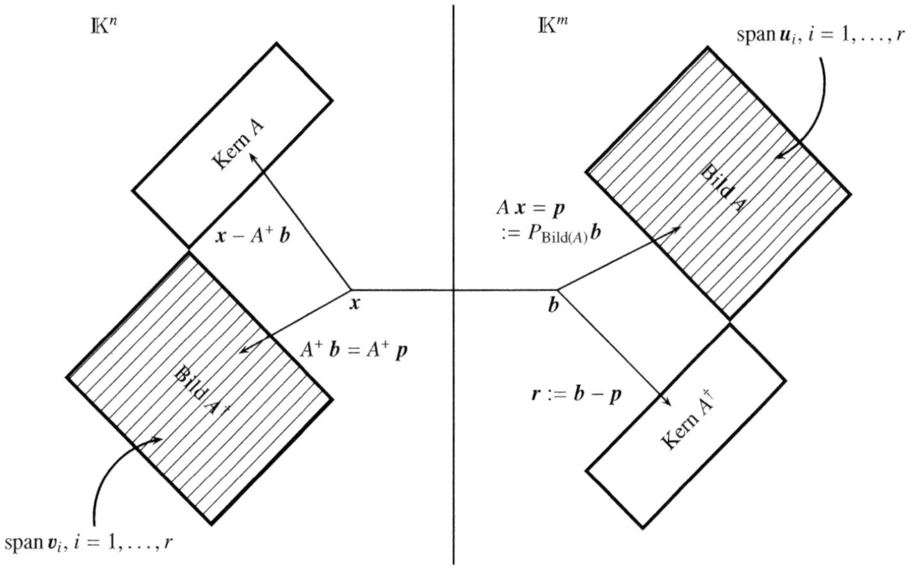

Abb. 4.7: Die vier fundamentalen Unterräume und die SVD.

Geometrisch lässt sich eine SVD dann wie folgt interpretieren:

Sei dazu

$$S^{n-1} := \{x \in \mathbb{K}^n : \|x\|_2 = 1\}$$

die Oberfläche der „Kugel" mit Radius 1 und Mittelpunkt $\mathbf{0}$ in $\mathbb{K}^n$.

Wesentlich für eine orthogonale Abbildung U ist gerade, dass sie S^{n-1} invariant lässt:

$$U(S^{n-1}) \subset S^{n-1}$$

(genauer „=", da U nichtsingulär).

Entsprechend kann man unter einem Ellipsoid in $\mathbb{K}^n$ die Bewegung (siehe Satz 2.12 ff.) eines Ellipsoiden mit Mittelpunkt $\mathbf{0}$ und Halbachsen $\alpha_i > 0, i = 1, \ldots, n$, d. h. von

$$\hat{E} := \left\{ x \in \mathbb{R}^n : \sum_{i=1}^{n} \left(\frac{x_i}{\alpha_i} \right)^2 = 1 \right\} , \tag{4.103}$$

verstehen.

Definition 4.130

Sei $T(\boldsymbol{x}) := \Phi\boldsymbol{x} + \boldsymbol{a}$, wobei $\Phi \in \text{Hom}(\mathbb{K}^n, \mathbb{K}^n)$ orthogonal bzw. unitär ist und $\boldsymbol{a} \in \mathbb{K}^n$, eine Bewegung in $\mathbb{K}^n$.

$$E := T[\hat{E}]$$

mit $\hat{E}$ nach (4.103) heißt *Ellipsoid* um den *Mittelpunkt* $\boldsymbol{a}$ mit *Halbachsen* α_i.

Dann gilt:

Satz 4.131: Singulärwerte = Halbachsen

Sei $A \in \mathbb{K}^{(n,n)}$, nichtsingulär mit normierter SVD

$$A = U\Sigma V^\dagger, \Sigma = \text{diag}(\sigma_i) .$$

Dann ist $A(S^{n-1})$, das Bild der Einheitskugeloberfläche, ein Ellipsoid um $\mathbf{0}$ mit Halbachsen σ_i, $i = 1, \ldots, n$.
Sei $A \in \mathbb{K}^{(m,n)}$, $m, n \in \mathbb{N}$, $r = \text{Rang}(A)$. Dann ist $A(S^{n-1})$, eingebettet in $\mathbb{K}^r$ durch Auswahl einer ONB von Bild A aus den Spalten von U, ein Ellipsoid in $\mathbb{K}^r$ um $\mathbf{0}$ mit Halbachsen $\sigma_i, i = 1, \ldots, r$ (vgl. Abbildung 4.8).

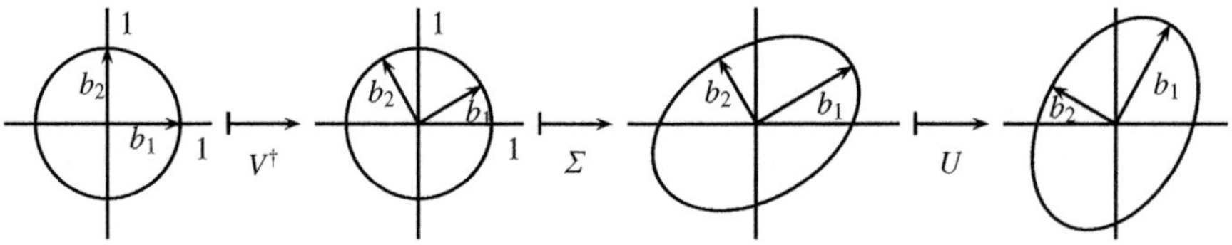

Abb. 4.8: Veranschaulichung der Singulärwertzerlegung

Beweis: Es reicht, die erste speziellere Aussage zu zeigen:
Es ist

$$V^\dagger(S^{n-1}) = S^{n-1}$$

und

$$\boldsymbol{w} \in \Sigma(S^{n-1}) \Leftrightarrow \|\Sigma^{-1}\boldsymbol{w}\| = 1 \Leftrightarrow \sum_{i=1}^{n} \left(\frac{w_i}{\sigma_i}\right)^2 = 1 . \qquad \square$$

Da Satz 4.131 auch auf A^{-1} bzw. A^+ anwendbar ist, zeigt er, dass kleine positive σ_i in der SVD von A bei A^+ zu einem starken „Auseinanderziehen" (mit dem Faktor σ_i^{-1}) von Komponenten (und der darin enthaltenen Fehler!) führt. Das lässt Schwierigkeiten beim Lösen von LGS und Ausgleichsprobleme erwarten (siehe Abschnitt 8.1). Beschränkt man sich auf die Betrachtung der Volumenänderung, so sieht man die obige Verstärkung durch

$$|\det(A)| = \det(\Sigma)$$

und der mögliche Orientierungswechsel für $\mathbb{K} = \mathbb{R}$ ist durch das Vorzeichen von $\det(U)$ $\det(V)$ gegeben.

Bemerkung 4.132 Mit einer SVD kann auch die in Bemerkungen 1.93, 4) auf $\mathbb{K}^{(m,n)}$ eingeführte Norm äquivalent ausgedrückt werden:
Sei $A = U\Sigma V^\dagger$ eine SVD, $\Sigma = \operatorname{diag}(\sigma_i)$, dann:

$$\|A\|_F = \left(\sum_{i=1}^{\min(m,n)} \sigma_i^2\right)^{\frac{1}{2}} .$$

Das kann man folgendermaßen einsehen:
Nach (4.7) *ist*

$$\|A\|_F^2 = \operatorname{sp}(AA^\dagger) = \operatorname{sp}(U\Sigma V^\dagger V\Sigma^\dagger U^\dagger) = \operatorname{sp}(U\Sigma\Sigma^\dagger U^\dagger) = \operatorname{sp}(\Sigma\Sigma^\dagger)$$

unter Beachtung von Satz 4.30, 2) und damit die Behauptung.

△

Was Sie in diesem Abschnitt gelernt haben sollten:

Begriffe:

- (Normierte) Singulärwertzerlegung (SVD)
- Spektraldarstellung in dyadischer Form

Zusammenhänge:

- Eindeutige Existenz der SVD (Hauptsatz 4.127)
- SVD und Pseudoinverse (Theorem 4.129)
- Bild der Einheitskugeloberfläche = Ellipsoid mit Singulärwerten als Halbachsen

Aufgaben

Aufgabe 4.35 (T) Sei $A \in \mathbb{K}^{(n,n)}$. Zeigen Sie:

a) $|\det(A)| = \prod_{i=1}^{m} \sigma_i$.
b) $\det(A) = 0 \Rightarrow \det(A^+) = 0$.

Aufgabe 4.36 (T) Seien $A \in \mathbb{R}^{(m,n)}$, $m \geq n$ und Rang $A = n$ mit der Singulärwertzerlegung $A = U\Sigma V^t$. Man leite die Beziehung der Pseudoinversen

$$A^+ = V\Sigma^+ U^t, \quad \Sigma^+ = \begin{pmatrix} \sigma_1^{-1} & 0 & \dots & \dots & \dots & 0 \\ & \ddots & \ddots & & & \vdots \\ & & \sigma_n^{-1} & 0 & \dots & 0 \end{pmatrix}$$

mit Hilfe der Normalgleichungen her.

Aufgabe 4.37 (K) Gegeben sei die Matrix

$$A = \begin{pmatrix} 1 & 2 \\ 2 & 0 \\ 0 & 1 \\ 1 & 1 \end{pmatrix}.$$

a) Bestimmen Sie eine normierte Singulärwertzerlegung $A = U\Sigma V^\dagger$ mit orthogonalen Matrizen U und V.
b) Bestimmen Sie ausgehend von der Singulärwertzerlegung die Pseudoinverse A^+ von A.

Aufgabe 4.38 (K) Sei $A \in \mathbb{R}^{(n,n)}$ mit der Singulärwertzerlegung $A = U\Sigma V^t$ gegeben, wobei $\Sigma = \mathrm{diag}(\sigma_1, \dots, \sigma_n)$.
Zeigen Sie, dass die Matrix

$$H = \left(\begin{array}{c|c} 0 & A^t \\ \hline A & 0 \end{array}\right)$$

die Eigenvektoren $\frac{1}{\sqrt{2}} \left(\begin{array}{c} \boldsymbol{v}_i \\ \hline \pm\boldsymbol{u}_i \end{array}\right)$ zu den $2n$ Eigenwerten $\pm\sigma_i$ besitzt.

4.7 Positiv definite Matrizen und quadratische Optimierung

4.7.1 *Positiv definite Matrizen*

Die in 4.6 aufgetretenen selbstadjungierten $A^\dagger A$ und $AA^\dagger$ haben als wesentliche Eigenschaft, dass sie nicht nur reelle, sondern auch nicht negative Eigenwerte haben (siehe (4.97)). Grund dafür ist eine Eigenschaft, die schon bei der GRAMschen Matrix aus (1.74) dafür gesorgt hat, dass die im Beweis von Bemerkungen 1.104, 1) zu minimierende Parabel g nach oben geöffnet ist (siehe nach (1.76)) und damit ein eindeutiges Minimum besitzt. Eine umfassende Definition ist (immer für $\mathbb{K} \in \{\mathbb{R}, \mathbb{C}\}$):

Definition 4.133

Sei $(V, \langle\,.\,\rangle)$ ein euklidischer/unitärer Vektorraum (endlicher Dimension). Sei $\Phi \in \mathrm{Hom}(V, V)$, Φ sei selbstadjungiert, d. h. $\Phi = \Phi^\dagger$.
Φ heißt *positiv semidefinit*, geschrieben auch $\Phi \geq 0$ genau dann, wenn

$$\langle \Phi \boldsymbol{v} \,.\, \boldsymbol{v} \rangle \geq 0 \qquad \text{für alle } \boldsymbol{v} \in V\,.$$

Φ heißt *positiv definit* (oder *positiv*), geschrieben auch $\Phi > 0$, wenn

$$\langle \Phi \boldsymbol{v} \,.\, \boldsymbol{v} \rangle > 0 \qquad \text{für alle } \boldsymbol{v} \in V, \boldsymbol{v} \neq \boldsymbol{0}\,.$$

$\Phi \geq 0$ oder $\Phi > 0$ setzt also die Selbstadjungiertheit voraus. Manchmal setzt man es trotzdem dazu und spricht z. B. von „symmetrischen, positiv definiten Matrizen". Manchmal wird auch *negativ definit* verwendet für selbstadjungierte Abbildungen bzw. Matrizen, deren Negatives positiv definit ist. Liegt keiner der beiden Fälle vor, spricht man auch von *indefiniten* selbstadjungierten Abbildungen bzw. Matrizen.

Bemerkungen 4.134

1) Die Selbstadjungiertheit von Φ allein sichert

$$\langle \Phi \boldsymbol{v} \,.\, \boldsymbol{v} \rangle \in \mathbb{R}\,,$$

denn:

$$\langle \Phi \boldsymbol{v} \,.\, \boldsymbol{v} \rangle = \overline{\langle \boldsymbol{v} \,.\, \Phi \boldsymbol{v} \rangle} = \overline{\langle \Phi^\dagger \boldsymbol{v} \,.\, \boldsymbol{v} \rangle} = \overline{\langle \Phi \boldsymbol{v} \,.\, \boldsymbol{v} \rangle}\,.$$

2) $\Phi > 0$ ist also äquivalent damit, dass durch

$$\langle \boldsymbol{v} \,.\, \boldsymbol{w} \rangle_\Phi := \langle \Phi \boldsymbol{v} \,.\, \boldsymbol{w} \rangle\,, \qquad \boldsymbol{v}, \boldsymbol{w} \in V \tag{4.104}$$

ein inneres Produkt auf V definiert wird,

denn Definitheit wird gerade durch Definition 4.133 gesichert, Linearität (im ersten Argument) gilt immer, Hermite-Symmetrie ist gleichbedeutend mit der Selbstadjungiertheit von Φ.

Die von $\langle\, .\, \rangle_\Phi$ erzeugte Norm wird mit $\|\,.\,\|_\Phi$ bezeichnet. Für $V = \mathbb{K}^n$ und das euklidische innere Produkt $\langle\, .\, \rangle$, $A \in \mathbb{K}^{(n,n)}$ bedeutet demnach $A > 0$:

$$\langle A\boldsymbol{x} \,.\, \boldsymbol{x}\rangle > 0 \quad \text{für alle } \boldsymbol{x} \in \mathbb{K}^n, \boldsymbol{x} \neq \boldsymbol{0}\,.$$

Die von $\langle\, .\, \rangle_A$ erzeugte Norm ist daher

$$\|\boldsymbol{x}\|_A = \langle A\boldsymbol{x} \,.\, \boldsymbol{x}\rangle^{\frac{1}{2}} \tag{4.105}$$

und wird manchmal *Energienorm* genannt und das innere Produkt manchmal *Energie-Skalarprodukt* (siehe Bemerkungen 4.145,1)).

3) Für Diagonalmatrizen $A = \operatorname{diag}(\lambda_i) \in \mathbb{R}^{(n,n)}$ ist $\langle \boldsymbol{x} \,.\, \boldsymbol{y}\rangle_A = \sum_{i=1}^n \lambda_i x_i y_i$ (siehe (1.63)) und damit

$$A \geq 0 \Leftrightarrow \lambda_i \geq 0 \text{ für alle } i = 1,\ldots,n\,,$$
$$A > 0 \Leftrightarrow \lambda_i > 0 \text{ für alle } i = 1,\ldots,n\,.$$

Die erzeugte Norm beinhaltet also eine komponentenweise Skalierung.

4) In Aufgabe 1.31 bzw. allgemein in Satz 5.3 werden die Bilinearformen bzw. hermiteschen Formen auf $\mathbb{R}^n$ bzw. $\mathbb{C}^n$ charakterisiert werden durch

$$\varphi(\boldsymbol{x}, \boldsymbol{y}) = \langle A\boldsymbol{x} \,.\, \boldsymbol{y}\rangle \quad \text{für } \boldsymbol{x}, \boldsymbol{y} \in \mathbb{K}^n\,,$$

wobei $A \in \mathbb{K}^{(n,n)}$.
Symmetrische bzw. Hermite-symmetrische Formen sind demnach gerade durch selbstadjungierte A gegeben und Definitheit der Form entspricht gerade der Positivität von A. Also:

Auf $\mathbb{K}^n$ sind alle möglichen inneren Produkte gegeben durch $\langle\, .\, \rangle_A$, wobei $A > 0$.

5) Ist allgemeiner $\Phi \in \operatorname{Hom}(V, V)$, $\{\boldsymbol{v}_1, \ldots, \boldsymbol{v}_n\}$ eine ONB von V, $A = (a_{i,j}) \in \mathbb{K}^{(n,n)}$ die zugehörige Darstellungsmatrix, d. h.

$$\Phi \boldsymbol{v}_j = \sum_{k=1}^n a_{k,j} \boldsymbol{v}_k,$$

dann ist für $\boldsymbol{v} = \sum_{i=1}^n x_i \boldsymbol{v}_i$, $\boldsymbol{x} = (x_i) \in \mathbb{K}^n$,

$$\left\langle \Phi \boldsymbol{v}_j \,.\, \boldsymbol{v}_k \right\rangle = a_{k,j} \quad (\text{FOURIER-Koeffizient}),$$

$$\langle \Phi \boldsymbol{v} \,.\, \boldsymbol{v} \rangle = \sum_{k,j=1}^{n} \left\langle \Phi \boldsymbol{v}_j \,.\, \boldsymbol{v}_k \right\rangle x_j \overline{x}_k = \sum_{k,j=1}^{n} a_{k,j} x_j \overline{x}_k = \langle A\boldsymbol{x} \,.\, \boldsymbol{x} \rangle$$

und somit

$$\Phi \underset{(\geq)}{>} 0 \Leftrightarrow A \underset{(\geq)}{>} 0 \,.$$

6) $\mathbb{1} > 0$ bzw. $\mathrm{id} > 0$ und auch

$$0 \geq 0$$

(dabei ist die linke Seite das neutrale Element in $\mathrm{Hom}_{\mathbb{K}}(V, V)$ bzw. $\mathbb{K}^{n,n}$, die rechte Seite in $\mathbb{R}$).

7)

> $\Phi, \Psi \in \mathrm{Hom}_{\mathbb{K}}(V, V)$, $\Phi, \Psi \underset{(\geq)}{>} 0$, dann:
>
> $$\Phi + \Psi \underset{(\geq)}{>} 0 \,,$$
> $$\alpha \Phi \underset{(\geq)}{>} 0 \quad \text{für } \alpha \in \mathbb{R},\ \alpha > 0 \,,$$

(aber i. Allg. nicht für $\alpha \in \mathbb{K}$).

8)

> Seien $\Phi, \Psi \in \mathrm{Hom}(V, V)$, $\Phi \underset{(\geq)}{>} 0$, sei Ψ invertierbar, dann
>
> $$\Psi^\dagger \Phi \Psi \underset{(\geq)}{>} 0 \,.$$

Dazu beachte man: $\left\langle \Psi^\dagger \Phi \Psi \boldsymbol{v} \,.\, \boldsymbol{v} \right\rangle = \langle \Phi \boldsymbol{w} \,.\, \boldsymbol{w} \rangle$ *für* $\boldsymbol{w} = \Psi \boldsymbol{v}$ *und* $\boldsymbol{w} \neq \boldsymbol{0} \Leftrightarrow \boldsymbol{v} \neq \boldsymbol{0}$.

In Matrizenschreibweise: Die Transformation

$$A \mapsto U^\dagger A\, U$$

für invertierbares $U \in \mathbb{K}^{(n,n)}$ erhält die Positiv-(Semi-)Definitheit von A. Unitäre Ähnlichkeit erhält aufgrund dessen Positiv-(Semi-)Definitheit, nicht aber i. Allg. Ähnlichkeit. Andererseits definiert

$$C \sim C' \Leftrightarrow \text{ es existiert ein } A \in \mathrm{GL}(n, \mathbb{K}), \text{ so dass } C' = A^\dagger C A$$

allgemein eine Äquivalenzrelation auf $\mathbb{K}^{(n,n)}$, die in Kapitel 5 weiter untersucht wird und als *Kongruenz* bezeichnet wird. Eine Ähnlichkeitstransformation hingegen, selbst mit einem $A > 0$, erhält nicht Positivdefinitheit, da die Selbstadjungiertheit verloren geht.

9) Auf der Menge S der selbstadjungierten linearen Abbildungen bzw. Matrizen, d. h. $S \subset \mathrm{Hom}_{\mathbb{K}}(V, V)$ bzw. $S \subset \mathbb{K}^{(n,n)}$, wird durch

$$A \leq B \;:\Leftrightarrow\; B - A \geq 0$$

eine Ordnungsrelation (siehe Anhang Definition A.20) definiert,

da $A \leq A$ nach 6), $A \leq B,\ B \leq C \Rightarrow A \leq C$ nach 7) und $A \leq B,\ B \leq A \Rightarrow A = B$ kann man folgendermaßen einsehen: $B - A \geq 0$ und $A - B \geq 0$ implizieren $\langle A\boldsymbol{x} \,.\, \boldsymbol{x}\rangle = \langle B\boldsymbol{x} \,.\, \boldsymbol{x}\rangle$ für alle $\boldsymbol{x} \in \mathbb{K}^n$, also ist die jeweils erzeugte Norm identisch:

$$\|\boldsymbol{x}\|_A = \|\boldsymbol{x}\|_B \text{ für alle } \boldsymbol{x} \in \mathbb{K}^n .$$

Nach (3.23) *und* (3.20) *gilt dies auch für die zugehörigen inneren Produkte*

$$\langle A\boldsymbol{x} \,.\, \boldsymbol{y}\rangle = \langle \boldsymbol{x} \,.\, \boldsymbol{y}\rangle_A = \langle \boldsymbol{x} \,.\, \boldsymbol{y}\rangle_B = \langle B\boldsymbol{x} \,.\, \boldsymbol{y}\rangle \quad \text{für alle } \boldsymbol{x}, \boldsymbol{y} \in \mathbb{K}^n$$

und damit $A = B$.

Auf $\mathbb{R}^{(n,n)}$ (nicht auf $\mathbb{C}^{(n,n)}$) kann auch alternativ eine Ordnungsrelation eingeführt werden durch

$$A \trianglelefteq B :\Leftrightarrow B - A \trianglerighteq 0$$
$$\text{und } C = (c_{i,j}) \trianglerighteq 0 :\Leftrightarrow c_{i,j} \geq 0 \text{ für alle } i, j = 1, \ldots, n .$$

Auch hier spricht man etwas ungenau von *positiven Matrizen.* Diese werden in Abschnitt 8.5 untersucht werden. Zwar gilt für ein positiv (semi)definites A immer

$$a_{i,i} > 0\,(\geq 0)\,,$$

denn $a_{i,i} = \langle A\boldsymbol{e}_i \,.\, \boldsymbol{e}_i\rangle$, aber Nichtdiagonalelemente können auch negativ sein. Im Allgemeinen ist nun zwischen beiden Ordnungsrelationen genau zu unterscheiden, nur für Diagonalmatrizen fallen die Begriffe zusammen. △

Im Folgenden werden direkt positiv (definit)e Matrizen $A \in \mathbb{K}^{(n,n)}$ betrachtet.

Satz 4.135: Positiv-Definitheit und Eigenwerte

Sei $A \in \mathbb{K}^{(n,n)}$, $A = A^{\dagger}$.

1) $A \underset{(\geq)}{>} 0 \Leftrightarrow$ Alle Eigenwerte $\lambda_1, \ldots, \lambda_n$ von A sind positiv (nicht negativ).

2) Jedes positive A ist invertierbar und

$$A^{-1} > 0 .$$

3) Sei $A \underset{(\geq)}{>} 0$. Dann existiert eindeutig ein $B \in \mathbb{K}^{(n,n)}$, $B \underset{(\geq)}{>} 0$, mit

$$B^2 = B\,B = A\,,$$

geschrieben: $B = A^{\frac{1}{2}}$, die *Wurzel* von A.

Beweis: Zu 1): Wegen $A = A^\dagger$ hat A nur reelle Eigenwerte $\lambda_1, \ldots, \lambda_n$ und es gibt eine Hauptachsentransformation (nach Hauptsatz 4.58), d. h. für ein unitäres $U \in \mathbb{K}^{(n,n)}$, $U^{-1} = U^\dagger$ gilt

$$U^{-1}AU = D := \operatorname{diag}(\lambda_i)\,,$$

somit folgt der Beweis aus Bemerkungen 4.134, 3) und 8). Zur Verdeutlichung sei die Argumentation noch einmal explizit dargestellt:

$$\begin{aligned}&\langle A\boldsymbol{x}\,.\,\boldsymbol{x}\rangle = \left\langle UDU^{-1}\boldsymbol{x}\,.\,\boldsymbol{x}\right\rangle = \langle UD\boldsymbol{y}\,.\,\boldsymbol{x}\rangle = \left\langle D\boldsymbol{y}\,.\,U^\dagger\boldsymbol{x}\right\rangle = \langle D\boldsymbol{y}\,.\,\boldsymbol{y}\rangle\\ &\text{für}\quad \boldsymbol{y} := U^{-1}\boldsymbol{x},\ \text{d. h.}\ \boldsymbol{x} \neq \boldsymbol{0} \Leftrightarrow \boldsymbol{y} \neq \boldsymbol{0}\,.\end{aligned}$$

„$\Rightarrow$“ Wähle $\boldsymbol{y} := \boldsymbol{e}_i$, dann $\lambda_i = \langle A\boldsymbol{x}\,.\,\boldsymbol{x}\rangle \underset{(\geq)}{>} 0$.
„$\Leftarrow$“

$$\langle A\boldsymbol{x}\,.\,\boldsymbol{x}\rangle = \sum_{i=1}^{n} \lambda_i y_i^2 \geq 0 \text{ für } \lambda_i \geq 0 \text{ bzw.} > 0 \text{ für } \lambda_i > 0 \text{ und } \boldsymbol{y} \neq \boldsymbol{0}\,. \tag{4.106}$$

Zu 2): Sei $A > 0$. Die Invertierbarkeit folgt sofort aus 1) und dann auch

$$A^{-1} = UD^{-1}U^{-1}$$

mit $D^{-1} = \operatorname{diag}(1/\lambda_i)$, $1/\lambda_i > 0$, so dass $A^{-1} > 0$ auch aus 1) folgt.
Zu 3): Bei $A = UDU^{-1} \underset{(\geq)}{>} 0$ setze

$$\begin{aligned}B &:= U\,D^{\frac{1}{2}}\,U^{-1},\ \text{wobei}\\ D^{\frac{1}{2}} &:= \operatorname{diag}(\lambda_i^{\frac{1}{2}})\,,\end{aligned}$$

so dass offensichtlich

$$B^2 = UD^{\frac{1}{2}}D^{\frac{1}{2}}U^{-1} = A\,.$$

Eindeutigkeit: Sei $B \geq 0$, so dass $B^2 = A$.
Dann $BA = AB$, da: $BA = BB^2 = B^2B = AB$. Nach Satz 4.71 über die simultane Diagonalisierbarkeit haben demzufolge A und B eine simultane Hauptachsentransformation, d. h. es gilt auch

$$B = U\widetilde{D}U^{-1}, \quad \widetilde{D} := \operatorname{diag}(\mu_i)$$

mit den Eigenwerten $\mu_i \geq 0$ von B. Also $UDU^{-1} = A = B^2 = U\widetilde{D}^2U^{-1}$ und somit $\lambda_i = \mu_i^2$, also $\mu_i = \lambda_i^{\frac{1}{2}}$. □

Bemerkungen 4.136

1) Sei $A > 0$. Nach (4.106) ist dazu äquivalent die Existenz einer Konstanten $\alpha > 0$, so dass

$$\langle A\boldsymbol{x} \,.\, \boldsymbol{x}\rangle \geq \alpha \langle \boldsymbol{x} \,.\, \boldsymbol{x}\rangle \quad \text{für } \boldsymbol{x} \in \mathbb{K}^n ,$$

wobei das maximal mögliche $\alpha > 0$ der kleinste Eigenwert von A ist.

Diese Aussage kann auch ohne Rückgriff auf die Eigenwerte mit Methoden der Analysis gezeigt werden (man vergleiche Anhang C, Satz C.12).

2) Geometrisch gesehen ist für $A > (\geq)\ 0$ der Winkel zwischen $\boldsymbol{x}$ und $A\boldsymbol{x}$ für $\boldsymbol{x} \neq \boldsymbol{0}$ kleiner als $\pi/2 - \delta$ (kleiner gleich $\pi/2$), wobei $\delta > 0$ durch den kleinsten Eigenwert von A bestimmt wird.

3) Sei $A \in \mathbb{K}^{(n,n)}$ selbstadjungiert. Dann gibt es ein $\lambda > 0$, so dass $A + \lambda\mathbb{1}$ positiv definit ist (Übung).

4) Sei $A \in \mathbb{K}^{(n,n)}$, dann gilt in der euklidischen Norm für $P := (A^\dagger A)^{1/2}$:

$$\|A\boldsymbol{x}\| = \|P\boldsymbol{x}\| \text{ für alle } \boldsymbol{x} \in \mathbb{K}^n ,$$

d. h. in der Norm seiner Bilder entspricht A einem zugeordneten $P \geq 0$.

Da $A^\dagger A$ selbstadjungiert ist, ist nach Satz 4.135, 3) P wohldefiniert und $P \geq 0$. Es gilt:

$$\begin{aligned}\|A\boldsymbol{x}\|^2 &= \langle A\boldsymbol{x} \,.\, A\boldsymbol{x}\rangle = \left\langle A^\dagger A\boldsymbol{x} \,.\, \boldsymbol{x}\right\rangle \\ &= \left\langle (A^\dagger A)^{1/2}(A^\dagger A)^{1/2}\boldsymbol{x} \,.\, \boldsymbol{x}\right\rangle = \left\langle (A^\dagger A)^{1/2}\boldsymbol{x} \,.\, (A^\dagger A)^{1/2}\boldsymbol{x}\right\rangle .\end{aligned}$$

5) Sei $A \in \mathbb{K}^{(n,n)}$. Dann besitzt A eine *Polardarstellung*, d. h. es gibt ein eindeutiges $P \in \mathbb{K}^{(n,n)}$, $P \geq 0$ und ein orthogonales bzw. unitäres $Q \in \mathbb{K}^{(n,n)}$, so dass

$$A = PQ .$$

Stattdessen kann die Polardarstellung auch in der Form

$$A = \widetilde{Q}\widetilde{P}$$

mit orthogonalem bzw. unitärem $\widetilde{Q}$ und positiv semidefinitem $\widetilde{P}$ angesetzt werden. Ist A invertierbar (genau dann, wenn $P > 0$), ist die Polardarstellung eindeutig.

Das kann man folgendermaßen einsehen:

Existenz: Mit Benutzung der SVD: Die normierte SVD

$$A = U\Sigma V^\dagger$$

nach Hauptsatz 4.127 ergibt

$$A = PQ \text{ mit } P := U\Sigma U^\dagger \text{ und } Q := UV^\dagger\ .$$

Dabei ist $\Sigma \geq 0$ und somit nach Bemerkungen 4.134, 8) auch $P \geq 0$ und Q ist orthogonal/unitär.

Ohne Benutzung der SVD: Aus der zweiten Formulierung $A = \widetilde{Q}\widetilde{P}$ folgt notwendigerweise $\widetilde{P} = (A^\dagger A)^{1/2}$. Sei also $\widetilde{P}$ so defineirt, dann kann folgende Abbildung

$$\Phi_1 : \text{Bild}(\widetilde{P}) \to \text{Bild}(A), \quad \widetilde{P}\boldsymbol{x} \mapsto A\boldsymbol{x}$$

definiert werden, denn die Wohldefinition ergibt sich nach 4) aus

$$\widetilde{P}\boldsymbol{x} = \widetilde{P}\boldsymbol{x}' \Leftrightarrow 0 = \left\|\widetilde{P}(\boldsymbol{x} - \boldsymbol{x}')\right\| = \left\|A(\boldsymbol{x} - \boldsymbol{x}')\right\| \Leftrightarrow A\boldsymbol{x} = A\boldsymbol{x}'$$

und wegen $\|\Phi_1\boldsymbol{y}\| = \|A\boldsymbol{x}\| = \left\|\widetilde{P}\boldsymbol{x}\right\| = \|\boldsymbol{y}\|$ für $\boldsymbol{y} = A\boldsymbol{x} \in \text{Bild}(\widetilde{P})$ ist Φ_1 orthogonal/unitär. Es gilt

$$\dim(\text{Bild}(\widetilde{P})) = \dim(\text{Bild}(A^\dagger A))$$

(wie aus der Definition der Wurzel ersichtlich) und nach Bemerkungen 2.57, 3) und Satz 2.54:

$$\dim(\text{Bild}(\widetilde{P})) = \dim(\text{Bild}(A)).$$

Da Φ_1 injektiv ist, ist es also nach Hauptsatz 2.31 bijektiv. Insbesondere gilt

$$A\boldsymbol{x} = \Phi_1\widetilde{P}\boldsymbol{x},$$

so dass Φ_1 nun zu einem orthogonalen/unitären Φ auf $\mathbb{K}^n$ fortgesetzt werden muss. $\widetilde{Q}$ ist dann dessen Darstellungsmatrix bezüglich der Standardbasis. Es reicht dazu, irgendeine orthogonale Abbildung $\Phi_2 : (\text{Bild}(\widetilde{P}))^\perp \to (\text{Bild(A)})^\perp$ anzugeben. Nach den obigen Überlegungen ist

$$\dim(\text{Bild}(\widetilde{P})^\perp) = \dim(\text{Bild}(A)^\perp) =: k,$$

es reicht also jeweils eine ONB $\boldsymbol{v}_1, \ldots, \boldsymbol{v}_k$ bzw. $\boldsymbol{w}_1, \ldots, \boldsymbol{w}_k$ zu wählen und Φ_2 zu definieren durch $\Phi_2\boldsymbol{v}_i := \boldsymbol{w}_i, i = 1, \ldots, k$ (Hauptsatz 2.23). Nach Theorem 2.17, Satz 2.63 ist also Φ_2 orthogonal/unitär. Ist schließlich die Existenz der Polardarstellung allgemein in der einen Form gezeigt, gilt sie auch in der anderen: Gibt es etwa für jedes $A \in \mathbb{K}^{(n,n)}$ die Darstellung $A = PQ$ mit $P \geq 0$ und Q orthogonal/unitär, so bedeutet dies angewandt auf $A^\dagger$:

$$A^\dagger = PQ, \text{ also } A = Q^\dagger P^\dagger = Q^\dagger P =: \widetilde{Q}\widetilde{P}$$

mit orthogonalem/unitärem $\widetilde{Q}$.

Eindeutigkeit:

Liegt eine Polarzerlegung o. B. d. A. in der Form $A = QP$, Q orthogonal/unitär und $P \geq 0$, vor, dann ist notwendig

$$P = (A^\dagger A)^{1/2}, \text{ denn}$$
$$A^\dagger A = P^\dagger Q^\dagger QP = P^2$$

und $A^\dagger A \geq 0$, so dass die Wurzel nach Satz 4.135, 3) eindeutig existiert. Ist zusätzlich $P > 0$, dann ist auch $Q = AP^\dagger = A(A^\dagger A)^{1/2}$ festgelegt. Die Polardarstellung verallgemeinert die Polardarstellung einer komplexen Zahl (siehe (3.7)).

6) Sei $A \in \mathbb{K}^{(n,n)}$. Die Existenz einer (normierten) SVD folgt aus der Polarzerlegung.

Es sei $A = QP$, wobei $P \geq 0$ und Q orthogonal/unitär. Sei $\boldsymbol{v}_1, \ldots, \boldsymbol{v}_n$ eine ONB aus Eigenvektoren von P (nach Hauptsatz 4.58), wobei die Eigenwerte $\sigma_i \geq 0$ (nach Satz 4.135, 1)) absteigend angeordnet seien. Dann gilt also für $\boldsymbol{x} \in \mathbb{K}^n$:

$$\boldsymbol{x} = \sum_{i=1}^{n} \langle \boldsymbol{x} \,.\, \boldsymbol{v}_i \rangle \boldsymbol{v}_i, \text{ also}$$

$$P\boldsymbol{x} = \sum_{i=1}^{n} \langle \boldsymbol{x} \,.\, \boldsymbol{v}_i \rangle \sigma_i \boldsymbol{v}_i \text{ und so}$$

$$A\boldsymbol{x} = QP\boldsymbol{x} = \sum_{i=1}^{n} \langle \boldsymbol{x} \,.\, \boldsymbol{v}_i \rangle \sigma_i Q\boldsymbol{v}_i \,.$$

Da Q orthogonal/unitär ist, bilden auch die $\boldsymbol{u}_i := Q\boldsymbol{v}_i, i = 1, \ldots, n$ eine ONB (Theorem 2.17), so dass die gewünschte Form (siehe (4.101)) erreicht ist.

△

Man betrachte für $A, M \in \mathbb{K}^{(n,n)}$, $M > 0$ das *verallgemeinerte Eigenwertproblem* : Gesucht sind $\lambda \in \mathbb{K}$, $\boldsymbol{x} \in \mathbb{K}^n$, $\boldsymbol{x} \neq \boldsymbol{0}$, so dass

$$A\boldsymbol{x} = \lambda M\boldsymbol{x} \,. \tag{4.107}$$

In der Variablen $\boldsymbol{y} := M^{\frac{1}{2}}\boldsymbol{x}$ ergibt sich die Standardform

$$\widetilde{A}\boldsymbol{y} = \lambda \boldsymbol{y}$$

mit $\widetilde{A} := M^{-\frac{1}{2}}AM^{-\frac{1}{2}}$. Gegenüber $\widetilde{A} := M^{-1}A$ (bei $\boldsymbol{y} = \boldsymbol{x}$) ergibt sich der Vorteil, dass Selbstadjungiertheit und (Semi-)Positivität von A erhalten bleiben. Damit kann begründet werden:

Bemerkungen 4.137

1) Ist A selbstadjungiert, so gibt es eine Basis aus Lösungen des verallgemeinerten Eigenwertproblems, die orthonormal im Skalarprodukt $\langle \cdot \,.\, \cdot \rangle_M$ ist, und die verallgemeinerten Eigenwerte λ sind reell.

Nach Hauptsatz 4.58 hat $\widetilde{A}$ reelle Eigenwerte und eine orthonormierte Eigenvektorbasis $\boldsymbol{y}_1, \ldots, \boldsymbol{y}_n$ und damit erfüllen $\boldsymbol{x}_i := M^{-\frac{1}{2}}\boldsymbol{y}_i$ das Ausgangsproblem und

$$\delta_{i,j} = \left\langle \boldsymbol{y}_i \,.\, \boldsymbol{y}_j \right\rangle = \left\langle M\boldsymbol{x}_i \,.\, \boldsymbol{x}_j \right\rangle \,.$$

2) Ist A zusätzlich positiv (semi-)definit, so sind die Eigenwerte im verallgemeinerten Eigenwertproblem positiv (nicht negativ).

Es gilt $\widetilde{A} \underset{(\geq)}{>} 0$, so dass die Aussage aus Satz 4.135, 1) folgt.

3) Seien $M > 0$, A selbstadjungiert. Dann sind die Eigenwerte von $M^{-1}A$ reell und $M^{-1}A$ ist diagonalisierbar mit einer bezüglich $\langle \ . \ \rangle_M$ orthonormalen Eigenvektorbasis. Ist A auch positiv (semi-)definit, sind sie alle positiv (nicht negativ).

Wegen $M^{-1}A\boldsymbol{x} = \lambda\boldsymbol{x} \Leftrightarrow A\boldsymbol{x} = \lambda M\boldsymbol{x}$ folgt dies sofort aus 2) und 3).

△

Ist A nicht selbstadjungiert, macht Positivdefinitheit keinen Sinn. Jedes $A \in \mathbb{K}^{(m,n)}$ lässt sich aber nach Aufgabe 4.15 eindeutig in einen selbstadjungierten Anteil A_S und einen antisymmetrischen bzw. antihermiteschen Anteil A_A zerlegen. Satz 4.135, 1) überträgt sich in folgender Form:

Bemerkungen 4.138

1) Ist A_S positiv definit, so gilt für die Eigenwerte λ von A: $\operatorname{Re}\lambda > 0$.
Wegen $A_S = \frac{1}{2}(A + A^\dagger)$ ist dies der Spezialfall $G = \frac{1}{2} \cdot \mathbb{1}$ der nachfolgenden Aussage.

2) Gibt es ein $G > 0$, so dass

$$GA + A^\dagger G > 0\,,$$

dann gilt für alle Eigenwerte von A: $\operatorname{Re}\lambda > 0$.
Sei $\boldsymbol{x} \in \mathbb{K}^n$, $\boldsymbol{x} \neq \boldsymbol{0}$, $\lambda \in \mathbb{C}$, $A\boldsymbol{x} = \lambda\boldsymbol{x}$. Nach Voraussetzung ist

$$\left\langle GA\boldsymbol{x} + A^\dagger G\boldsymbol{x}\,.\,\boldsymbol{x}\right\rangle > 0$$

und damit $(\lambda + \bar{\lambda})\langle G\boldsymbol{x}\,.\,\boldsymbol{x}\rangle > 0$ und wegen $\langle G\boldsymbol{x}\,.\,\boldsymbol{x}\rangle > 0$, folglich $\operatorname{Re}\lambda > 0$.

Es gilt auch die Umkehrung der Aussage 2) (und wird dann Satz von LJAPUNOV[21] genannt). Solche Vorzeichenaussagen über Eigenwerte sind wesentlich zur Untersuchung des Langzeitverhaltens von Differenzen- oder Differentialsystemen (siehe Beispiel 4.41 und auch Abschnitt 8.6.2).

3) Gilt $A, B > 0$, $A > B$ für $A, B \in \mathbb{K}^{(n,n)}$, dann auch $B^{-1} > A^{-1}$. Dabei ist $A > B$ durch $A - B > 0$ definiert.
Es reicht, die Aussage für $A = \mathbb{1}$ zu beweisen. Für den allgemeinen Fall folgt nämlich $\mathbb{1} > A^{-\frac{1}{2}}BA^{-\frac{1}{2}}$ nach Bemerkungen 4.134, 8) (mit $\Phi = A - B$, $\Psi = A^{-\frac{1}{2}}$) und dann mit der Aussage für den Spezialfall

$$A^{\frac{1}{2}}B^{-1}A^{\frac{1}{2}} > \mathbb{1}$$

und daraus wieder $B^{-1} > A^{-\frac{1}{2}}A^{-\frac{1}{2}} = A^{-1}$.
Sei also $A = \mathbb{1}$, für die Eigenwerte λ von B gilt damit $\lambda < 1$ und wegen $B > 0$, also $0 < \lambda < 1$. Die Eigenwerte von B^{-1} als Kehrwerte erfüllen deswegen $\mu > 1$ und damit sind die Eigenwerte der selbstadjungierten Matrix $B^{-1} - \mathbb{1}$ alle positiv, d. h. $B^{-1} - \mathbb{1} > 0$.

△

Bemerkungen 4.139

1) In Erweiterung von Bemerkungen 4.134, 8) gilt: Seien $A \in \mathbb{K}^{(m,n)}$, $B \in \mathbb{K}^{(m,m)}$, $B > 0$. Dann:

$$A^\dagger BA \geq 0\,.$$

Ist $\operatorname{Kern} A = \{\boldsymbol{0}\}$ bzw. gleichwertig $\operatorname{Rang}(A) = n$ (d. h. der Spaltenrang voll), dann gilt sogar

---

21 Alexander Michailowitsch LJAPUNOV *6. Juni 1857 in Jaroslawl †3. November 1918 in Odessa

$$A^\dagger BA > 0$$

(man vergleiche mit (4.97)). Die erzeugte Energienorm ist sodann bei $B = \mathbb{1}$

$$\|x\|_{A^\dagger A} = \|Ax\| \quad \text{für } x \in \mathbb{K}^n .$$

2) Ist $A \in \mathbb{K}^{(n,n)}$ eine orthogonale Projektion, d. h. A ist selbstadjungiert und idempotent ($A^2 = A$), dann ist $A \geq 0$.

Dies kann auch darüber eingesehen werden, dass A die Eigenwerte 0 und 1 hat (siehe Beispiel 4.36) oder über die Fehlerorthogonalität (siehe Hauptsatz 1.102, 1)):

$$\langle Ax - x \,.\, Ax\rangle = 0 \Rightarrow \langle Ax \,.\, x\rangle = \langle Ax \,.\, Ax\rangle \geq 0 .$$

△

Bei der Charakterisierung der orthogonalen Projektion (siehe Hauptsatz 1.102 und 1.102^{I}, S. 375) trat ein LGS mit der GRAMschen Matrix

$$A := \left(\left\langle v_j \,.\, v_i \right\rangle\right)_{i,j} \in \mathbb{K}^{(n,n)} \tag{4.108}$$

auf, wobei $v_1, \ldots, v_n \in V$ und $(V, \langle\ .\ \rangle)$ ein euklidischer/unitärer Raum ist.

Satz 4.140: Positiv definit = GRAMsche Matrix

1) Jede GRAMsche Matrix (nach (4.108)) ist positiv semidefinit. Sind $\{v_1, \ldots, v_n\}$ linear unabhängig, dann ist sie auch positiv definit.

2) Sei $A \in \mathbb{K}^{(n,n)}, A > 0$, dann ist A für $v_i := e_i$ die GRAMsche Matrix bezüglich des folgenden inneren Produktes auf $\mathbb{K}^n$:

$$\langle x \,.\, y\rangle_A := \langle Ax \,.\, y\rangle \quad \text{für } x, y \in \mathbb{K}^n ,$$

des Energie-Skalarproduktes zu A.

Beweis: Zu 1):

$$\begin{aligned}\langle Ax \,.\, x\rangle &= \sum_{i,j=1}^{n} a_{i,j} x_j \overline{x}_i = \sum_{i,j=1}^{n} \left\langle v_j \,.\, v_i \right\rangle x_j \overline{x}_i = \left\langle \sum_{j=1}^{n} x_j v_j \,.\, \sum_{i=1}^{n} x_i v_i \right\rangle \\ &= \langle w \,.\, w\rangle \geq 0 \text{ für } w := \sum_{i=1}^{n} x_i v_i\end{aligned}$$

und $w \neq 0 \Leftrightarrow (x_i)_i \neq 0 \Leftrightarrow x \neq 0$, falls $\{v_1, \ldots, v_n\}$ linear unabhängig ist. (Das ist gerade der Beweis von $2c > 0$ aus Bemerkungen 1.104, 1)).
Zu 2):

$$\left\langle e_j \,.\, e_i \right\rangle_A = \left\langle A e_j \,.\, e_i \right\rangle = a_{i,j} \,.$$

□

Bemerkung 4.141 Sei A die in (1.80) bestimmte GRAMsche Matrix bei der Orthogonalprojektion von $V := C([a,b], \mathbb{R})$ auf $U := S_1(\Delta)$ bezüglich der L^2-Norm $\|\,.\,\|_{L^2}$ nach (1.61),

$$S_1(\Delta) = \mathrm{span}(f_0, \ldots, f_{n-1})$$

mit den Hutfunktionen nach (1.37), dann gilt

$$\|\alpha\|_A^2 = \langle \alpha \,.\, \alpha \rangle_A = \alpha^t A \alpha = \|f\|_{L^2}^2$$

für $f := \sum_{i=0}^{n-1} \alpha_i f_i$ und $\alpha = (\alpha_0, \ldots, \alpha_{n-1})^t \in \mathbb{R}^n$.
$\|\,.\,\|_{L^2}$ erzeugt mithin auf dem Koeffizientenraum $\mathbb{R}^n$ eine gewichtete Norm $\|\,.\,\|_A$, wobei A gerade die GRAMsche Matrix ist.
Dies gilt für beliebige Grundräume V, endlichdimensionale U und von einem inneren Produkt erzeugte Normen. △

Wir kehren nochmals zur LR-Zerlegung einer Matrix zurück. Im Allgemeinen hat eine invertierbare Matrix keine LR-Zerlegung, d. h. (Zeilen-)Permutationen sind beim GAUSS-Verfahren nötig. Der Fall $A = LR$ wird durch das in (2.156) formulierte Kriterium charakterisiert, das in der Regel schwer zu überprüfen ist. Für $A > 0$ folgt es aber sofort:

Satz 4.142

Sei $A \in \mathbb{K}^{(n,n)}$, $A = A^\dagger$, $A > 0$ und sei $A_r := \begin{pmatrix} a_{1,1} & \ldots & a_{1,r} \\ \vdots & & \vdots \\ a_{r,1} & \ldots & a_{r,r} \end{pmatrix} \in \mathbb{K}^{(r,r)}$, dann:

1) $\det(A_i) > 0$ für $i = 1, \ldots, n$, d. h. A hat eine LR-Zerlegung.

2) A hat eine eindeutige Zerlegung der Form

$$A = LL^\dagger$$

mit einer (nicht normierten) unteren Dreiecksmatrix L mit positiven Diagonaleinträgen. Diese heißt *CHOLESKY*[22]*-Zerlegung.*

Beweis: Zu 1): Aus der Hauptachsentransformation $A = U\,D\,U^{-1}$ folgt für eine positive Matrix A

$$\det(A) = \det(U)\det(D)\det(U^{-1}) = \det(D) = \prod_{i=1}^{n} \lambda_i > 0 \,. \tag{4.109}$$

[22] André-Louis CHOLESKY ∗15. Oktober 1875 in Montguyon †31. August 1918 in Nordfrankreich

Auch ist A_i selbstadjungiert und positiv für alle $i = 1, \ldots, n$.
Um dies einzusehen, betrachte man im inneren Produkt die Vektoren

$$\boldsymbol{y} := (x_1, \ldots, x_r, 0, \ldots, 0)^t \in \mathbb{K}^n \,.$$

Aus (4.109) angewendet auf A_i folgt die Behauptung.
Zu 2): Die LR-Zerlegung $A = LR$ mit normiertem L lässt sich auch schreiben als

$$A = L D \widetilde{R} \,, \tag{4.110}$$

wobei $D = \operatorname{diag}(a_i)$ mit den Pivotelementen a_i und die obere Dreiecksmatrix $\widetilde{R}$ normiert ist.
Auch die Darstellung (4.110) ist eindeutig nach Aufgabe 2.21 (siehe auch Lemma 2.90).
Da $A = A^\dagger$, folgt

$$A = A^\dagger = \widetilde{R}^\dagger D^\dagger L^\dagger$$

und daher wegen der Eindeutigkeit $\widetilde{R} = L^\dagger$ und $D = D^\dagger$, d. h. $a_i \in \mathbb{R}$. Somit haben wir

$$A = L D L^\dagger \,.$$

Also ist auch $D = L^\dagger A L$ und damit nach Bemerkung 4.134, 8) auch D positiv definit, d. h. $a_i > 0$, so dass die Diagonaleinträge durch $a_i = a_i^{\frac{1}{2}} a_i^{\frac{1}{2}}$ „gleichmäßig“ auf die obere und untere Dreiecksmatrix verteilt werden können.

Mit $D^{\frac{1}{2}} := \operatorname{diag}(a_i^{\frac{1}{2}})$ definiert

$$\widetilde{L} := L D^{\frac{1}{2}}$$

eine Cholesky-Zerlegung von A.
Für die Eindeutigkeit betrachte man zwei Cholesky-Zerlegungen $L_1 L_1^\dagger = L_2 L_2^\dagger$, die Diagonaleinträge von L_i seien mit $a_k^{(i)} (> 0)$ bezeichnet. Dann gilt auch $L_2^{-1} L_1 = L_2^\dagger L_1^{-\dagger}$, wobei die rechte Matrix eine obere, die linke eine untere Dreiecksmatrix ist und die Diagonaleinträge $(a_k^{(2)})^{-1} a_k^{(1)}$ bzw. $a_k^{(2)} (a_k^{(1)})^{-1}$ sind. Damit müssen sie gleich sein, d. h. $L_1 = L_2$. □

Die eigentliche Aussage von Satz 4.142, 2) liegt bei $\mathbb{K} = \mathbb{R}$.
Für $\mathbb{K} = \mathbb{C}$ können die Voraussetzungen an A abgeschwächt werden.

Beispiel 4.143 Sei $A \in \mathbb{K}^{(2,2)}$

$$A = \begin{pmatrix} a & b \\ \overline{b} & c \end{pmatrix} \in \mathbb{K}^{(2,2)} \,,$$

$a, c \in \mathbb{R}$, d. h. A sei selbstadjungiert.

$$\begin{aligned} A > 0 \Leftrightarrow a = \det(a) > 0 \,, \\ ac - |b|^2 = \det(A) > 0 \,. \end{aligned} \tag{4.111}$$

Bei „$\Leftarrow$" beachte man für die Eigenwerte $\lambda_1, \lambda_2 \in \mathbb{R}$ von A (nach Bemerkungen 4.31, 1)): $\lambda_1\lambda_2 = \det(A) > 0$ und $c \geq 0$ wegen $ac > |b|^2 \geq 0$ und so $\lambda_1 + \lambda_2 = \mathrm{sp}(A) = a + c > 0$, womit auch $\lambda_1 > 0, \lambda_2 > 0$ folgt.

○

4.7.2 Quadratische Optimierung

Die Minimierungsaufgabe der orthogonalen Projektion auf den Unterraum U wird im Beweis von Hauptsatz 1.102 (in seiner „Koordinatenfassung" nach Bemerkungen 1.104, 1)) bzw. 1.102^{I} (S. 375) umgeformt in

$$\text{Minimiere} \quad f : \mathbb{K}^r \to \mathbb{R} \quad (r = \text{Dimension von } U)$$
$$f(\alpha) := \frac{1}{2} \langle A\alpha \,.\, \alpha \rangle - \mathrm{Re}\,\langle \alpha \,.\, \boldsymbol{\beta} \rangle$$

und damit gezeigt, dass diese Minimierungsaufgabe äquivalent ist mit

$$A\alpha = \boldsymbol{\beta} \,.$$

Inspektion des Beweises zeigt, dass hierbei nur die Positivsemidefinitheit der GRAMschen Matrix A eingegangen ist.

Also:

Satz 4.144: LGS = quadratische Minimierung

Sei $A \in \mathbb{K}^{(n,n)}$, $A = A^{\dagger}$, $A \geq 0$, $\boldsymbol{b} \in \mathbb{K}^n$.
Dann sind äquivalent:

(i) $\boldsymbol{x} \in \mathbb{K}^n$ löst das LGS $A\boldsymbol{x} = \boldsymbol{b}$.

(ii) $\boldsymbol{x} \in \mathbb{K}^n$ löst das Minimierungsproblem

$$\text{Minimiere} \quad f : \mathbb{K}^n \to \mathbb{R}, \text{ wobei}$$
$$f(\boldsymbol{x}) := \frac{1}{2} \langle A\boldsymbol{x} \,.\, \boldsymbol{x} \rangle - \mathrm{Re}\,\langle \boldsymbol{x} \,.\, \boldsymbol{b} \rangle \,. \tag{4.112}$$

Ist $A > 0$, dann sind beide Probleme eindeutig lösbar.

Beweis: Siehe Bemerkungen 1.104, 1) und den Beweis von Hauptsatz 1.102 und Hauptsatz 1.102^{I} (S. 375) für die Erweiterung auf $\mathbb{K} = \mathbb{C}$. □

Bemerkungen 4.145

1) Im Allgemeinen ist ein (Natur-)Vorgang stationär (zeitunabhängig), weil sich ein (Energie-)Minimum eingestellt hat. Satz 4.144 zeigt, dass ein LGS mit positiv defini-

ter Matrix zu erwarten ist. Bei einem (schwingenden) mechanischen System entspricht (4.112) der *Minimierung der potentiellen Energie*, das LGS heißt dann *Prinzip der virtuellen Arbeit*.

*2) Im Beweis von Hauptsatz 1.102 ($\mathbb{K} = \mathbb{R}$) nach Bemerkungen 1.104, 1) wird die mehrdimensionale Analysis vermieden. Mit der dortigen Notation könnte aber auch folgendermaßen argumentiert werden:

$$g : \mathbb{R} \to \mathbb{R} \text{ minimal in } t = 0 \quad \Rightarrow \quad (A\widehat{\alpha} - \boldsymbol{\beta} \,.\, \gamma) = b = g'(0) = 0\,.$$

Dabei ist (bei $\mathbb{K} = \mathbb{C}$) $(\boldsymbol{x} \,.\, \boldsymbol{y}) := \operatorname{Re}\langle \boldsymbol{x} \,.\, \boldsymbol{y}\rangle$ das zugeordnete SKP und $\mathbb{K}^n$ wird als $\mathbb{R}$-Vektorraum aufgefasst (siehe S. 371). Wegen

$$\frac{d}{dt} f(\widehat{\alpha} + t\gamma)\Big|_{t=0} = (A\widehat{\alpha} - \boldsymbol{\beta} \,.\, \gamma)\,,$$

also speziell für $\gamma = \boldsymbol{e}_j$ (und $\gamma = -i\boldsymbol{e}_j$ für $\mathbb{K} = \mathbb{C}$), gilt für die partiellen Ableitungen von f:

$$\frac{\partial f}{\partial \alpha_j}(\widehat{\alpha}) = (A\widehat{\alpha} - \boldsymbol{\beta})_j = 0, \quad j = 1, \ldots, r$$

und somit für den Gradienten von f

$$\nabla f(\widehat{\alpha}) = A\widehat{\alpha} - \boldsymbol{\beta} = \mathbf{0}\,.$$

Dabei gingen keine Bedingungen an $A \in \mathbb{K}^{(n,n)}$ ein. Übertragen auch auf Satz 4.144 bedeutet das:

a) f (nach (4.112)) ist differenzierbar und

$$\nabla f(\boldsymbol{x}) = A\boldsymbol{x} - \boldsymbol{b} \quad \text{für alle } \boldsymbol{x} \in \mathbb{K}^n\,,$$

d. h. das *Residuum* im LGS.

b) Es sind äquivalent:

(i) $A\boldsymbol{x} = \boldsymbol{b}$,

(ii) $\nabla f(\boldsymbol{x}) = \mathbf{0}$,

(iii) f ist minimal in $\boldsymbol{x}$.

Dabei gilt „f ist minimal in $\boldsymbol{x} \Rightarrow \nabla f(\boldsymbol{x}) = \mathbf{0}$“ allgemein, die Rückrichtung folgt aus der speziellen („quadratischen“ mit $A \geq 0$) Form von f.

3) Sei $A > 0$. Das LGS $A\boldsymbol{x} = \boldsymbol{b}$ kann also auch über das Minimierungsproblem (4.112) gelöst werden (durch Abstiegsverfahren wie das Gradientenverfahren (siehe Abschnitt 8.2.3) oder besser das Verfahren der konjugierten Gradienten (CG-Verfahren (Algorithmus 6)).

4) Die Ausgleichsrechnung bezüglich $\|\,.\,\| = \|\,.\,\|_2$ fügt sich wie folgt ein:
Sei $A \in \mathbb{K}^{(m,n)}$, $\boldsymbol{b} \in \mathbb{K}^n$, dann ist $A^\dagger A \geq 0$ nach Bemerkungen 4.139, 1), sodann sind äquivalent:

(i) $\boldsymbol{x} \in \mathbb{K}^n$ löst das LGS $A^\dagger A\boldsymbol{x} = A^\dagger \boldsymbol{b}$ (Normalgleichungen),

(ii) Minimiere $f(\boldsymbol{x}) = \frac{1}{2}\left\langle A^\dagger A\boldsymbol{x} \,.\, \boldsymbol{x}\right\rangle - \mathrm{Re}\left\langle \boldsymbol{x} \,.\, A^\dagger \boldsymbol{b}\right\rangle = \frac{1}{2}\|A\boldsymbol{x} - \boldsymbol{b}\|^2 - \frac{1}{2}\|\boldsymbol{b}\|^2$.

5) Betrachten wir ein Ausgleichsproblem bezüglich einer allgemeinen, von einem inneren Produkt auf $\mathbb{K}^n$ erzeugten Norm, d. h. nach Bemerkungen 4.134, 4) bezüglich $\|\,.\,\|_C$ für ein $C \in \mathbb{K}^{(m,m)}, C > 0$:

$$\boxed{\text{Minimiere } \|A\boldsymbol{x} - \boldsymbol{b}\|_C^2 \text{ auf } \boldsymbol{x} \in \mathbb{K}^n \text{ für ein } A \in \mathbb{K}^{(m,n)},\ \boldsymbol{b} \in \mathbb{K}^m.} \tag{4.113}$$

Dann gilt

$$\|A\boldsymbol{x} - \boldsymbol{b}\|_C^2 = \|C^{\frac{1}{2}}A\boldsymbol{x} - C^{\frac{1}{2}}\boldsymbol{b}\|^2 , \tag{4.114}$$

wobei $C^{\frac{1}{2}} \in \mathbb{K}^{(m,m)}$, $C^{\frac{1}{2}} > 0$, die Wurzel von C ist nach Satz 4.135, 3).
Mit (4.113) liegt also ein Ausgleichsproblem bezüglich $\|\,.\,\|_2$ vor für $\widetilde{A} = C^{\frac{1}{2}}A$ und $\widetilde{\boldsymbol{b}} := C^{\frac{1}{2}}\boldsymbol{b}$.

Es gilt somit:

a) (4.113) hat eine Lösung $\bar{\boldsymbol{x}} \in \mathbb{K}^n$ mit eindeutigem $A\bar{\boldsymbol{x}}$, d. h. insbesondere eindeutigem Residuum $\|A\bar{\boldsymbol{x}} - \boldsymbol{b}\|_C$.

b) Die Lösung ist eindeutig, wenn A vollen Spaltenrang hat.

c) Die Lösung ist charakterisiert durch das LGS

$$A^\dagger CA\boldsymbol{x} = A^\dagger C\boldsymbol{b} , \tag{4.115}$$

die *Normalgleichungen* .

6) Andererseits lässt sich auch jedes quadratische Optimierungsproblem nach (4.112) für $A > 0$ als Ausgleichsproblem auffassen:
Bezeichnet $A^{\frac{1}{2}}$ die Wurzel von A, dann ist

$$A\boldsymbol{x} = \boldsymbol{b} \Leftrightarrow A^{\frac{1}{2}}A^{\frac{1}{2}}\boldsymbol{x} = A^{\frac{1}{2}}A^{-\frac{1}{2}}\boldsymbol{b}$$

und damit nach 4) und (4.115):
Das Minimierungsproblem (4.112) ist äquivalent mit dem Ausgleichsproblem

$$\|A^{\frac{1}{2}}\boldsymbol{x} - A^{-\frac{1}{2}}\boldsymbol{b}\|^2 = \|A\boldsymbol{x} - \boldsymbol{b}\|_{A^{-1}}^2 \to \min \ .$$

*7) Man betrachte in Verallgemeinerung von Definition 2.76 eine *allgemeine Pseudoinverse* zu den Normen $\|\,.\,\|_C$ bzw. $\|\,.\,\|_E$, wobei $E \in \mathbb{K}^{(n,n)}$, $E > 0$, $C \in \mathbb{K}^{(m,m)}$, $C > 0$. D. h. sei $A \in \mathbb{K}^{(m,n)}$, $\boldsymbol{b} \in \mathbb{K}^m$:

Unter den Lösungen des Ausgleichsproblems

$$\text{Minimiere } \|A\boldsymbol{x} - \boldsymbol{b}\|_C^2 \text{ auf } \boldsymbol{x} \in \mathbb{K}^n$$

wähle die Normminimale $\boldsymbol{x}$ bezüglich $\|\,.\,\|_E$ und setze

$$\boldsymbol{x} := A_{C,E}^+ \boldsymbol{b} ,$$

dann ist $\boldsymbol{x}$ wohldefiniert und

$$A_{C,E}^+ = E^{-\frac{1}{2}}(C^{\frac{1}{2}}AE^{-\frac{1}{2}})^+ C^{\frac{1}{2}} . \tag{4.116}$$

Unter Beachtung von (4.114) *und analog* $\|\boldsymbol{x}\|_E = \|E^{\frac{1}{2}}\boldsymbol{x}\|$ *wird für* $\boldsymbol{y} := E^{\frac{1}{2}}\boldsymbol{x}$ *die bezüglich der euklidischen Norm normminimale Lösung von*

$$\text{Minimiere } \|C^{\frac{1}{2}}AE^{-\frac{1}{2}}\boldsymbol{y} - C^{\frac{1}{2}}\boldsymbol{b}\|^2$$

gesucht, also

$$\boldsymbol{y} = (C^{\frac{1}{2}}AE^{-\frac{1}{2}})^+ C^{\frac{1}{2}}\boldsymbol{b}$$

und damit (4.116). *Hat A vollen Spaltenrang, folglich auch* $C^{\frac{1}{2}}AE^{-\frac{1}{2}}$, *so reduziert sich* (4.116) *auf*

$$A_{C,E}^+ = (A^\dagger CA)^{-1}A^\dagger C$$

(unabhängig von E), d. h. auf (4.115).

△

Im Folgenden sollen *quadratische Optimierungsprobleme*, d. h. Minimierungsprobleme der Form (4.112) und Erweiterungen daraus weiter verfolgt werden. Es sei im Folgenden A als positiv vorausgesetzt, so dass (4.112) eindeutig lösbar ist. In Hauptsatz 1.102 (Hauptsatz 1.102^{I}, S. 375) entstand (4.112) als äquivalente Formulierung zu einer orthogonalen Projektion. Andererseits lässt sich jede quadratische Minimierung als orthogonale Projektion auffassen in der vom Energieskalarprodukt zu A erzeugten Norm $\|\,.\,\|_A$.

Satz 4.146

Sei $A \in \mathbb{K}^{(n,n)}, A = A^\dagger, A > 0, \boldsymbol{b} \in \mathbb{K}^n$.
Sei $\overline{\boldsymbol{x}} := A^{-1}\boldsymbol{b}$, dann gilt:

$$f(\boldsymbol{x}) = \frac{1}{2}\langle A\boldsymbol{x}\,.\,\boldsymbol{x}\rangle - \mathrm{Re}\,\langle \boldsymbol{x}\,.\,\boldsymbol{b}\rangle = \frac{1}{2}\|\boldsymbol{x} - \overline{\boldsymbol{x}}\|_A^2 - \frac{1}{2}\langle \boldsymbol{b}\,.\,\overline{\boldsymbol{x}}\rangle .$$

Beweis:

$$\begin{aligned}\frac{1}{2}\|x - \overline{x}\|_A^2 &= \frac{1}{2}\langle Ax - b \,.\, x - \overline{x}\rangle = \frac{1}{2}\left(\langle Ax \,.\, x\rangle - \langle b \,.\, x\rangle - \langle x \,.\, A\overline{x}\rangle + \langle b \,.\, \overline{x}\rangle\right) \\ &= \frac{1}{2}\langle Ax \,.\, x\rangle - \operatorname{Re}\langle x \,.\, b\rangle + \frac{1}{2}\langle b \,.\, \overline{x}\rangle\,,\end{aligned}$$

siehe auch Bemerkungen 4.145, 6). □

Bemerkungen 4.147

1) Da der konstante Anteil

$$-\frac{1}{2}\langle b \,.\, \overline{x}\rangle\left(= -\frac{1}{2}\langle b \,.\, b\rangle_{A^{-1}} = -\frac{1}{2}\langle \overline{x} \,.\, \overline{x}\rangle_A\right)$$

keinen Einfluss auf die Minimalstelle von f hat, ist also, wie aus Satz 4.144 bekannt, $\overline{x}$ Minimalstelle von f auf $\mathbb{K}^n$. Andererseits ergibt sich aus Satz 4.146 für $A > 0$ ein neuer Beweis von Satz 4.144, unabhängig von Kapitel 1.

2) Näherungen für die Lösung des LGS $A\overline{x} = b$ können somit dadurch bestimmt werden, dass statt (4.112) gelöst wird:

$$\text{Minimiere } f(x) \quad \text{für alle} \quad x \in W \tag{4.117}$$

für einen affinen Unterraum W von $\mathbb{K}^n$. Da (4.117) nach Satz 4.146 die orthogonale Projektion von $\overline{x}$ auf W bezüglich $\|\,.\,\|_A$ darstellt, existiert die Minimalstelle nach Hauptsatz 1.102 eindeutig. Das Verfahren der konjugierten Gradienten benutzt für U eine aufsteigende Folge von *Krylov-Unterräumen:* Siehe *Numerische Mathematik* bzw. *Optimierung* und auch Algorithmus 6, S. 878. △

Im Folgenden sollen solche quadratischen Optimierungsprobleme nach (4.117) behandelt werden, wobei nach Korollar 1.55 und 1.83 W äquivalent durch ein Gleichungssystem repräsentiert wird, aufgrund dessen:

$$\boxed{\begin{array}{c}\text{Minimiere} \quad f(x) = \dfrac{1}{2}\langle Ax \,.\, x\rangle - \operatorname{Re}\langle x \,.\, b\rangle \\ \text{unter der Nebenbedingung} \\ B^\dagger x = d\,.\end{array}} \tag{4.118}$$

Dabei ist $B \in \mathbb{K}^{(n,m)}$, $d \in \mathbb{K}^m$ und typischerweise $m < n$. Man spricht bei (4.118) auch von einem *quadratischen Minimierungsproblem* mit *linearen Gleichungsnebenbedingungen*. Auch hier ergibt sich eine äquivalente Formulierung mit Hilfe eines LGS:

Satz 4.148: Optimalitätsbedingung

Sei $A \in \mathbb{K}^{(n,n)}$, $A = A^\dagger$, $A > 0$, $\boldsymbol{b} \in \mathbb{K}^n$, $B \in \mathbb{K}^{(n,m)}$, $\boldsymbol{d} \in \mathbb{K}^m$. Das LGS $B^\dagger \boldsymbol{x} = \boldsymbol{d}$ sei lösbar. Sei $\overline{\boldsymbol{x}} \in \mathbb{K}^n$. Dann sind äquivalent:

(i) $\overline{\boldsymbol{x}} \in \mathbb{K}^n$ löst (4.118).

(ii) Es gibt ein $\overline{\boldsymbol{y}} \in \mathbb{K}^m$, einen LAGRANGE-*Multiplikator*, so dass gilt:

$$\begin{aligned} A\overline{\boldsymbol{x}} + B\overline{\boldsymbol{y}} &= \boldsymbol{b} \, , \\ B^\dagger \overline{\boldsymbol{x}} &= \boldsymbol{d} \, . \end{aligned} \tag{4.119}$$

Die Lösungen $\overline{\boldsymbol{x}}$ bzw. $(\overline{\boldsymbol{x}}, \overline{\boldsymbol{y}})$ existieren, $\overline{\boldsymbol{x}}$ ist immer eindeutig, $\overline{\boldsymbol{y}}$ ist eindeutig, wenn B vollen Spaltenrang hat.

Beweis: Sei $U := \text{Kern}\, B^\dagger$, sei $\tilde{\boldsymbol{x}} \in \mathbb{K}^n$ eine spezielle Lösung von $B^\dagger \boldsymbol{x} = \boldsymbol{d}$, dann ist die Einschränkungsmenge in (4.118) der affine Unterraum

$$W := \tilde{\boldsymbol{x}} + U \, ,$$

so dass nach Satz 4.146 das Minimierungspoblem (4.118) äquivalent lautet:

$$\text{Minimiere } \tilde{f}(\boldsymbol{x}) = \|\boldsymbol{x} - \hat{\boldsymbol{x}}\|_A \text{ für } \boldsymbol{x} \in W \, . \tag{4.120}$$

Dabei ist $\hat{\boldsymbol{x}} := A^{-1}\boldsymbol{b}$. Nach Hauptsatz 1.102^{I}, 1) (S. 375) und Bemerkungen 1.106, 2) ist die eindeutig existierende Minimalstelle $\overline{\boldsymbol{x}}$ von (4.120) bzw. (4.118) charakterisiert durch

$$\begin{aligned} & \langle \overline{\boldsymbol{x}} - \hat{\boldsymbol{x}} \, . \, \boldsymbol{u} \rangle_A = 0 \quad \text{für} \quad \boldsymbol{u} \in U \\ \Leftrightarrow\; & \langle A\overline{\boldsymbol{x}} - \boldsymbol{b} \, . \, \boldsymbol{u} \rangle = 0 \quad \text{für} \quad \boldsymbol{u} \in U \\ \Leftrightarrow\; & A\overline{\boldsymbol{x}} - \boldsymbol{b} \in U^\perp = (\text{Kern}\, B^\dagger)^\perp = \text{Bild}\, B \\ \Leftrightarrow\; & \text{Es existiert } \overline{\boldsymbol{y}} \in \mathbb{K}^m \text{ mit } A\overline{\boldsymbol{x}} - \boldsymbol{b} = B(-\overline{\boldsymbol{y}}) \, . \end{aligned}$$

Das Urbild $\overline{\boldsymbol{y}}$ ist eindeutig, genau dann, wenn B injektiv ist, d. h. vollen Spaltenrang hat. □

Bemerkungen 4.149

1) Der Beweis von Satz 4.148 zeigt:
Wird die Einschränkung nicht implizit wie in (4.119), sondern explizit durch

$$\boldsymbol{x} \in \tilde{\boldsymbol{x}} + U \, ,$$

wobei $U \subset \mathbb{K}^n$ ein linearer Unterraum ist, aufgenommen, dann gilt die Äquivalenz:

(i) $\tilde{\boldsymbol{x}} \in \mathbb{K}^n$ löst (4.118).

(ii) $\langle A\overline{\boldsymbol{x}} - \boldsymbol{b} \, . \, \boldsymbol{y} \rangle = 0$ für alle $\boldsymbol{y} \in U, \overline{\boldsymbol{x}} \in \tilde{\boldsymbol{x}} + U$.

2) Sei $A \in \mathbb{K}^{(n,n)}$, $A = A^\dagger$ beliebig. Nach Hauptsatz 4.58 gibt es A-invariante Unterräume $U_i, i = 1,2,3$, wobei U_1 eine ONB aus Eigenvektoren zu positiven Eigenwerten, U_2 eine ONB aus Eigenvektoren zu negativen Eigenwerten hat, $U_3 = \operatorname{Kern} A$ und die U_i sind paarweise orthogonal zueinander. Sei $f(\boldsymbol{x}) := \frac{1}{2}\langle A\boldsymbol{x} \,.\, \boldsymbol{x}\rangle - \operatorname{Re}\langle \boldsymbol{x} \,.\, \boldsymbol{b}\rangle$. Dann gilt für $\boldsymbol{x} = \sum_{i=1}^{3} \overline{\boldsymbol{x}}_i, \overline{\boldsymbol{x}}_i \in U_i$:

a) $A\boldsymbol{x} = \boldsymbol{b} \Rightarrow$

i) $f_1(\boldsymbol{x}_1) := f(\boldsymbol{x}_1 + \overline{\boldsymbol{x}}_2 + \overline{\boldsymbol{x}}_3)$ hat ein Minimum in $\overline{x}_1$.

ii) $f_2(\boldsymbol{x}_2) := f(\overline{\boldsymbol{x}}_1 + \boldsymbol{x}_2 + \overline{\boldsymbol{x}}_3)$ hat ein Maximum in $\overline{x}_2$.

b) Ist $U_3 = \{\boldsymbol{0}\}$, dann folgt die Rückrichtung in a). Man spricht daher von $\overline{\boldsymbol{x}} = (\overline{\boldsymbol{x}}_1, \overline{\boldsymbol{x}}_2)$ als einem *Sattelpunkt.*

Das kann man folgendermaßen einsehen:

$$A\overline{\boldsymbol{x}}_1 - \boldsymbol{b} = -A(\overline{\boldsymbol{x}}_2 + \overline{\boldsymbol{x}}_3) \in U_1^\perp$$

und auch

$$A\overline{\boldsymbol{x}}_1 - \widetilde{\boldsymbol{b}} := A\overline{\boldsymbol{x}}_1 - (\boldsymbol{b} - A\overline{\boldsymbol{x}}_2 - A\overline{\boldsymbol{x}}_3) = \boldsymbol{0}\,, \tag{4.121}$$

daher minimiert $\overline{\boldsymbol{x}}_1$ f *auf* U_1 *nach 1) und damit auch* f_1*, denn es gilt für einen Unterraum* U *und* $\boldsymbol{a} \in \mathbb{K}^n$

$$f(\boldsymbol{a} + \boldsymbol{u}) = \frac{1}{2}\langle A\boldsymbol{u} \,.\, \boldsymbol{u}\rangle - \operatorname{Re}\langle \boldsymbol{u} \,.\, (\boldsymbol{b} - A\boldsymbol{a})\rangle + c$$

und $c = \frac{1}{2}\langle A\boldsymbol{a} \,.\, \boldsymbol{a}\rangle - \operatorname{Re}\langle \boldsymbol{a} \,.\, \boldsymbol{b}\rangle$. *Für die Anwendung von 1) muss* $A > 0$ *gelten, was aber durch Modifikation der Eigenwerte auf* U_2, U_3 *erreicht werden kann, ohne* $A\overline{\boldsymbol{x}}_1 = \widetilde{\boldsymbol{b}}$ *zu verändern.*

Analog zeigt man ii) unter Beachtung, dass $\Phi_2 := -A|_{U_2}$ *positiv definit ist, d. h. a) gilt. Bei b) folgt also nach 1) unter Beachtung der Gleichung nach* (4.121)

$$\begin{aligned} A\overline{\boldsymbol{x}}_1 - (\boldsymbol{b} - A\overline{\boldsymbol{x}}_2) &\in U_1^\perp\,, \\ A\overline{\boldsymbol{x}}_2 - (\boldsymbol{b} - A\overline{\boldsymbol{x}}_1) &\in U_2^\perp\,, \end{aligned}$$

also $A\overline{\boldsymbol{x}} - \boldsymbol{b} \in U_1^\perp \cap U_2^\perp = \{\boldsymbol{0}\}$.

3) Die hinreichende Bedingung für die eindeutige Lösbarkeit von (4.119) aus Satz 4.148 kann verschärft werden zu:

a) A ist positiv definit auf $\operatorname{Kern} B^\dagger$,

b) $\operatorname{Rang}(B) = m$.

Das kann man wie folgt einsehen: Sei

$$L := \left(\begin{array}{c|c} A & B \\ \hline B^\dagger & 0 \end{array}\right) \in \mathbb{R}^{(m+n,m+n)}.$$

„(a),(b) ⇒ L ist invertierbar“:

Sei $L\begin{pmatrix}\boldsymbol{x}\\ \boldsymbol{y}\end{pmatrix} = \boldsymbol{0}$, *d. h.* $A\boldsymbol{x} + B\boldsymbol{y} = \boldsymbol{0}$, $B^\dagger\boldsymbol{x} = \boldsymbol{0}$ *und so insbesondere* $\langle A\boldsymbol{x} \,.\, \boldsymbol{x}\rangle + \left\langle \boldsymbol{y} \,.\, B^\dagger\boldsymbol{x}\right\rangle = \boldsymbol{0}$ *und* $\boldsymbol{x} \in \operatorname{Kern} B^\dagger$. *Daraus folgt* $\boldsymbol{x} = \boldsymbol{0}$ *nach a) und nach b) auch* $\boldsymbol{y} = \boldsymbol{0}$.

△

Das LGS (4.119) in $\left(\frac{\boldsymbol{x}}{\boldsymbol{y}}\right)$ ist gestaffelt. Im Allgemeinen ist zwar $\boldsymbol{y}$ nicht eliminierbar, wohl aber $\boldsymbol{x}$, so dass ein (nicht eindeutig lösbares) LGS nur für den LAGRANGE-Multiplikator entsteht.

Satz 4.150: Dualitätssatz

Unter den Voraussetzungen von Satz 4.148 sind die dortigen Aussagen auch äquivalent mit:

(iii) $\overline{\boldsymbol{y}} \in \mathbb{K}^m$ ist Lösung von

$$B^\dagger A^{-1} B\boldsymbol{y} = -\boldsymbol{d} + B^\dagger A^{-1}\boldsymbol{b} \tag{4.122}$$

und $\overline{\boldsymbol{x}} \in \mathbb{K}^n$ ist dann die eindeutige Lösung von

$$A\boldsymbol{x} = \boldsymbol{b} - B\overline{\boldsymbol{y}} .$$

(iv) $\overline{\boldsymbol{y}} \in \mathbb{K}^n$ ist Lösung des Maximierungsproblems

$$\begin{aligned}\text{Maximiere } f^*(\boldsymbol{y}) := &-\frac{1}{2}\left\langle B^\dagger A^{-1} B\boldsymbol{y} \,.\, \boldsymbol{y}\right\rangle + \operatorname{Re}\left\langle \boldsymbol{y} \,.\, B^\dagger A^{-1}\boldsymbol{b} - \boldsymbol{d}\right\rangle \\ &-\frac{1}{2}\left\langle \boldsymbol{b} \,.\, A^{-1}\boldsymbol{b}\right\rangle .\end{aligned} \tag{4.123}$$

$\overline{\boldsymbol{x}} \in \mathbb{K}^n$ ist dann die eindeutige Lösung von

$$A\boldsymbol{x} = \boldsymbol{b} - B\overline{\boldsymbol{y}} . \tag{4.124}$$

(4.123) heißt auch das zu (4.118) *duale* Problem.

Beweis: <u>(ii)⇔(iii):</u> Dies folgt sofort durch Auflösung der ersten Gleichung von (4.119) nach $\overline{\boldsymbol{x}}$ und Einsetzen in die Zweite bzw. bei der Rückrichtung durch Elimination von $B\overline{\boldsymbol{y}}$ in der ersten Gleichung von (4.122).
<u>(iii)⇔(iv):</u> Da $B^\dagger A^{-1} B \geq 0$, kann nach Satz 4.144 die erste Gleichung von (4.122) äquivalent als Minimierungsproblem mit dem Funktional $-f^*(\boldsymbol{y}) - \frac{1}{2}\left\langle \boldsymbol{b} \,.\, A^{-1}\boldsymbol{b}\right\rangle$ geschrieben werden, was mit dem Maximierungsproblem (4.123) äquivalent ist. □

Man beachte, dass das duale Problem keine Nebenbedingungen mehr beinhaltet. Die etwas unhandliche Gestalt von f^* lässt sich unter Benutzung der *primalen* Variable $\boldsymbol{x}$ nach (4.124) umschreiben. Dazu sei

$$L : \mathbb{K}^n \times \mathbb{K}^m \to \mathbb{K} \quad \text{definiert durch}$$
$$(\boldsymbol{x}, \boldsymbol{y}) \mapsto \frac{1}{2} \langle A\boldsymbol{x} \,.\, \boldsymbol{x} \rangle - \operatorname{Re} \langle \boldsymbol{x} \,.\, \boldsymbol{b} \rangle + \operatorname{Re} \left\langle \boldsymbol{y} \,.\, B^\dagger \boldsymbol{x} - \boldsymbol{d} \right\rangle , \tag{4.125}$$

das LAGRANGE-Funktional.

L entsteht demnach aus f, indem die Gleichungsnebenbedingung mit (dem Multiplikator) $\boldsymbol{y}$ „angekoppelt" wird.

Sind sodann $\boldsymbol{x}, \boldsymbol{y}$ so, dass $B^\dagger \boldsymbol{x} = \boldsymbol{d}$, dann gilt offensichtlich

$$L(\boldsymbol{x}, \boldsymbol{y}) = f(\boldsymbol{x}) \,.$$

Etwas mehr elementarer Umformungen bedarf es, das Folgende einzusehen:

Sind $\boldsymbol{x}, \boldsymbol{y}$ so, dass $A\boldsymbol{x} + B\boldsymbol{y} = \boldsymbol{b}$, dann gilt

$$L(\boldsymbol{x}, \boldsymbol{y}) = f^*(\boldsymbol{y}) \,. \tag{4.126}$$

Da $\overline{\boldsymbol{x}} \in \mathbb{K}^n, \overline{\boldsymbol{y}} \in \mathbb{K}^m$, die (i) bis (iv) aus Satz 4.148 bzw. Satz 4.150 erfüllen, beide Bedingungen realisieren, gilt also

$$\begin{aligned} &\min \left\{ f(\boldsymbol{x}) : \boldsymbol{x} \in \mathbb{K}^n, B^\dagger \boldsymbol{x} = \boldsymbol{d} \right\} = f(\overline{\boldsymbol{x}}) \\ &= L(\overline{\boldsymbol{x}}, \overline{\boldsymbol{y}}) = f^*(\overline{\boldsymbol{y}}) = \max \{ f^*(\boldsymbol{y}) : \boldsymbol{y} \in \mathbb{K}^m \} \,. \end{aligned} \tag{4.127}$$

Darüber hinaus gilt:

Satz 4.151: Sattelpunkt des LAGRANGE-Funktionals

Unter den Voraussetzungen von Satz 4.148 gilt für die dort und in Satz 4.150 charakterisierten $\overline{\boldsymbol{x}} \in \mathbb{K}^n$, $\overline{\boldsymbol{y}} \in \mathbb{K}^m$:

$$\max_{\boldsymbol{y} \in \mathbb{K}^m} \min_{\boldsymbol{x} \in \mathbb{K}^n} L(\boldsymbol{x}, \boldsymbol{y}) = L(\overline{\boldsymbol{x}}, \overline{\boldsymbol{y}}) = \min_{\boldsymbol{x} \in \mathbb{K}^n} \max_{\boldsymbol{y} \in \mathbb{K}^m} L(\boldsymbol{x}, \boldsymbol{y}) \,.$$

Beweis: Sei für beliebiges, festes $\boldsymbol{y} \in \mathbb{K}^m$

$$\widetilde{f}(\boldsymbol{x}) = L(\boldsymbol{x}, \boldsymbol{y}) \,.$$

Nach Satz 4.144 hat $\widetilde{f}$ ein eindeutiges Minimum $\hat{\boldsymbol{x}} = \hat{\boldsymbol{x}}_{\boldsymbol{y}}$ und dieses ist charakterisiert durch

$$A\hat{\boldsymbol{x}} = \boldsymbol{b} - B\boldsymbol{y} \,,$$

daher nach (4.126)

$$\min_{x\in\mathbb{K}^n} L(\boldsymbol{x},\boldsymbol{y}) = L(\hat{\boldsymbol{x}},\boldsymbol{y}) = f^*(\boldsymbol{y}) \quad \text{und so}$$

$$\max_{y\in\mathbb{K}^m} \min_{x\in\mathbb{K}^n} L(\boldsymbol{x},\boldsymbol{y}) = f^*(\overline{\boldsymbol{y}}) .$$

Andererseits ist für festes $\boldsymbol{x} \in \mathbb{K}^n$

$$\max_{y\in\mathbb{K}^m} L(\boldsymbol{x},\boldsymbol{y}) = \begin{cases} \infty & , \text{ falls } B^\dagger \boldsymbol{x} \neq \boldsymbol{d} \\ \frac{1}{2}\langle A\boldsymbol{x} \,.\, \boldsymbol{x}\rangle - \operatorname{Re}\langle \boldsymbol{x} \,.\, \boldsymbol{b}\rangle & , \text{ falls } B^\dagger \boldsymbol{x} = \boldsymbol{d} \end{cases}$$

und somit

$$\min_{x\in\mathbb{K}^n} \max_{y\in\mathbb{K}^m} L(\boldsymbol{x},\boldsymbol{y}) = F(\overline{\boldsymbol{x}}) .$$

Mit (4.127) folgt die Behauptung. □

Mathematische Modellierung 5 Die erzielten Ergebnisse lassen sich direkt auf Beispiel 2 (elektrisches Netzwerk) und Beispiel 3 (Massenkette) anwenden und ergeben äquivalente Formulierungen, die eine direkte physikalisch-technische Interpretation haben (siehe auch Eck, Garcke und Knabner 2011, S. 62 f.). In beiden Fällen entsteht ein LGS vom Typ (4.119) (man beachte, dass die Bezeichnungen $\boldsymbol{x}$ und $\boldsymbol{y}$ bzw. $-\boldsymbol{x}$ und $\boldsymbol{y}$ getauscht sind). Beispiel 2 führt mit (MM.51) auf (4.119), mit $\boldsymbol{d} = \boldsymbol{0}$, das somit äquivalent ist zu (4.118), d. h.

$$\begin{aligned} \text{Minimiere} \quad & \frac{1}{2}\langle A\boldsymbol{y} \,.\, \boldsymbol{y}\rangle - \langle \boldsymbol{y} \,.\, \boldsymbol{b}\rangle \\ \text{unter} \quad & B^t\boldsymbol{y} = \boldsymbol{0} . \end{aligned} \tag{MM.83}$$

Dabei sind $\boldsymbol{y}$ die Ströme (in den Kanten des Netzwerks). Es wird demzufolge die Dissipation elektrischer Energie bei angelegter Spannung unter der Nebenbedingung der Ladungserhaltung minimiert. Analog führt Beispiel 3 mit (MM.40) auf (4.119) mit $\boldsymbol{b} = \boldsymbol{0}$ und $\boldsymbol{d} = \boldsymbol{f}$, was also äquivalent ist zu

$$\begin{aligned} \text{Minimiere} \quad & \frac{1}{2}\langle A\boldsymbol{y} \,.\, \boldsymbol{y}\rangle \\ \text{unter} \quad & B^t\boldsymbol{y} = \boldsymbol{f} . \end{aligned} \tag{MM.84}$$

Hier wird die gespeicherte Energie minimiert unter der Nebenbedingung der vorgegebenen Knotenkräfte. Die knotenbezogenen Variablen $\boldsymbol{x}$ der Potentiale bzw. der Verschiebungen spielen die Rolle von Lagrange-Multiplikatoren in diesen *variationellen* Formulierungen (MM.83) bzw. (MM.84).

Die *primale Form* mit eliminiertem Lagrange-Multiplikator (4.122) ist schon in (MM.68) bzw. (MM.41) aufgetreten, d. h.

$$B^tA^{-1}B\boldsymbol{x} = B^tA^{-1}\boldsymbol{b}$$

bzw.

$$B^tA^{-1}B\boldsymbol{x} = \boldsymbol{f} ,$$

wobei jeweils $C = A^{-1}$ eine Diagonalmatrix mit positiven Diagonalelementen ist.

Dabei ist der erste Fall nach (4.115) äquivalent zu

$$\text{Minimiere } \|B\boldsymbol{x} - \boldsymbol{b}\|_C .$$

Für den zweiten gilt eine analoge Interpretation nur für $\boldsymbol{f} = B^tC\widetilde{\boldsymbol{f}}$ für ein $\widetilde{\boldsymbol{f}} \in \mathbb{R}^n$. In beiden Fällen gilt die allgemeine Äquivalenz zum dualen Problem (4.123) für die Lagrange-Multiplikatoren.

Wichtig ist, auf den prinzipiellen physikalischen Unterschied zwischen den beiden, in ihren mathematischen Strukturen sehr ähnlichen Beispielen hinzuweisen:

Beispiel 2 ist ein *stationäres Problem* für einen *dynamischen*, d. h. zeitabhängigen Prozess: Es wird ständig Ladung bewegt, der entstehende Stromfluss ist aber zeitlich konstant. Dazu muss ständig die Energie dissipiert werden, die von außen zugeführt wird.

Beispiel 3 beschreibt einen *statischen Prozess*. Gesucht wird ein Minimum einer Energie, im Lösungszustand findet keine Bewegung statt. ◇

4.7.3 Extremalcharakterisierung von Eigenwerten

Auch Eigenwerte bei normalen Matrizen (und Singulärwerte allgemein) können als Extrema quadratischer Funktionale charakterisiert werden.

Sei $A \in \mathbb{K}^{(n,n)}$ selbstadjungiert, so dass A nach Hauptsatz 4.58 eine ONB aus Eigenvektoren besitzt: $A = UDU^\dagger$, wobei $D = \operatorname{diag}(\lambda_i) \in \mathbb{R}^{(n,n)}$, $U = (\boldsymbol{u}^{(1)}, \ldots, \boldsymbol{u}^{(n)})$ orthogonal bzw. unitär, und $\boldsymbol{u}^{(i)}$ Eigenvektor zu λ_i ist. Wir betrachten wie schon in Abschnitt 4.5 die RAYLEIGH-Quotienten (4.82)

$$f(\boldsymbol{x}) := \langle A\boldsymbol{x} \,.\, \boldsymbol{x}\rangle / \|\boldsymbol{x}\|_2^2$$

und untersuchen dazu das Maximierungsproblem

$$\text{Maximiere } f(\boldsymbol{x}) \text{ für } \boldsymbol{x} \in U,\ \boldsymbol{x} \neq \boldsymbol{0}\,, \tag{4.128}$$

wobei U ein linearer Unterraum von $\mathbb{K}^n$ ist. Nach Bemerkungen 4.134, 1) ist (4.128) wohldefiniert. Es gilt

$$\max_{\substack{\boldsymbol{x}\in U\\ \boldsymbol{x}\neq\boldsymbol{0}}} f(\boldsymbol{x}) = \max_{\substack{\boldsymbol{x}\in U\\ \|\boldsymbol{x}\|_2^2=1}} \langle A\boldsymbol{x} \,.\, \boldsymbol{x}\rangle\,, \tag{4.129}$$

da $f(\boldsymbol{x}) = \langle A\widetilde{\boldsymbol{x}} \,.\, \widetilde{\boldsymbol{x}}\rangle$ für $\widetilde{\boldsymbol{x}} := \boldsymbol{x}/\|\boldsymbol{x}\|_2$, so dass bei (4.128) tatsächlich ein quadratisches Funktional (für eine i. Allg. nicht positiv definite Matrix $-A$) minimiert wird, aber unter der nichtlinearen (quadratischen) Nebenbedingung

$$\|\boldsymbol{x}\|_2^2 = 1\,.$$

O. B. d. A. seien die Eigenwerte absteigend geordnet:

$$\lambda_1 \geq \lambda_2 \ldots \geq \lambda_n\,. \tag{4.130}$$

Es ergibt sich unmittelbar, dass

$$\max_{\boldsymbol{x}\in\mathbb{K}^n,\,\boldsymbol{x}\neq\boldsymbol{0}} f(\boldsymbol{x}) = \lambda_1\,, \tag{4.131}$$

d. h. der größte Eigenwert maximiert die RAYLEIGH-Quotienten.

Es ist nämlich:

$$\langle A\boldsymbol{x} \,.\, \boldsymbol{x}\rangle = \left\langle UDU^{\dagger}\boldsymbol{x} \,.\, \boldsymbol{x}\right\rangle = \langle D\boldsymbol{y} \,.\, \boldsymbol{y}\rangle$$

für $\boldsymbol{y} := U^{\dagger}\boldsymbol{x}$, *also*

$$\langle A\boldsymbol{x} \,.\, \boldsymbol{x}\rangle = \sum_{i=1}^{n} \lambda_i |y_i|^2 \le \lambda_1 \|\boldsymbol{y}\|_2^2$$

und wegen $\|\boldsymbol{x}\|_2 = \|\boldsymbol{y}\|_2$ *damit*

$$f(\boldsymbol{x}) \le \lambda_1 \quad \text{für alle} \quad \boldsymbol{x} \in \mathbb{K}^n \,.$$

Für $\boldsymbol{x} = \boldsymbol{u}^{(1)}$ *wird andererseits der Wert* λ_1 *angenommen.*

In Verallgemeinerung gilt:

Satz 4.152: Minmax-Theorem

Sei $(V, \langle\, .\, \rangle)$ ein n-dimensionaler, euklidischer bzw. unitärer Raum, $\Phi \in \mathrm{Hom}_{\mathbb{K}}(V, V)$ selbstadjungiert und die Eigenwerte seien nach (4.130) absteigend angeordnet. Dann gilt

$$\lambda_j = \min_{\substack{U \text{ Unterraum von} \\ V,\, \dim U = n-j+1}} \ \max_{\substack{\boldsymbol{v} \in U \\ \boldsymbol{v} \neq \boldsymbol{0}}} f(\boldsymbol{v}) \,,$$

wobei

$$f(\boldsymbol{v}) := \langle \Phi\boldsymbol{v} \,.\, \boldsymbol{v}\rangle / \|\boldsymbol{v}\|^2$$

und $\|\,.\,\|$ die von $\langle\, .\, \rangle$ erzeugte Norm bezeichnet.

Beweis: Für $j = 1$ entspricht dies (4.131), da dann nur der Unterraum $U = V$ mit $\dim U = n$ existiert.

Wir zeigen vorerst nur eine abgeschwächte Version, bei der max durch sup ersetzt wird (siehe Anhang Definiton A.24).

Allgemein sei $j \in \{1, \ldots, n\}$, U ein Unterraum mit $\dim U = n - j + 1$. Wir zeigen: Es gibt ein $\boldsymbol{u} \in U$, $\boldsymbol{u} \neq \boldsymbol{0}$, so dass

$$f(\boldsymbol{u}) \ge \lambda_j$$

und damit

$$\sup_{\substack{\boldsymbol{v} \in U \\ \boldsymbol{v} \neq \boldsymbol{0}}} f(\boldsymbol{v}) \ge \lambda_j \tag{4.132}$$

und daraus folgt

$$\inf_{\substack{U \\ \dim U = n-j+1}} \sup_{\substack{v \in U \\ v \neq 0}} f(\boldsymbol{v}) \geq \lambda_j \, .$$

$\boldsymbol{u}_1, \ldots, \boldsymbol{u}_n$ sei eine ONB von V, so dass $\boldsymbol{u}_i$ Eigenvektor zu λ_i ist. Sei

$$U_n := \{\boldsymbol{0}\}, \; U_i := \operatorname{span}(\boldsymbol{u}_{i+1}, \ldots, \boldsymbol{u}_n) \text{ für } i = 1, \ldots, n-1 \, ,$$

dann gilt wegen $\dim U_i = n - i$ und damit $\dim U_i^{\perp} = i$

$$U_j^{\perp} \cap U \neq \{\boldsymbol{0}\} \, ,$$

denn sonst hätte die direkte Summe $U_j^{\perp} + U$ die Dimension $j + (n - j + 1) > n$. Sei nunmehr $\boldsymbol{u} \in U \cap U_j^{\perp}$, $\boldsymbol{u} \neq \boldsymbol{0}$ und damit in der Eigenvektorbasisdarstellung

$$\boldsymbol{u} = \sum_{k=1}^{n} \alpha_k \boldsymbol{u}_k \text{ mit } \alpha_k = \langle \boldsymbol{u} \, . \, \boldsymbol{u}_k \rangle = 0 \text{ für } k = j+1, \ldots, n \, .$$

Mit (1.89) erhält man

$$f(\boldsymbol{u}) = \langle \Phi \boldsymbol{u} \, . \, \boldsymbol{u} \rangle / \|\boldsymbol{u}\|^2 = \sum_{k=1}^{j} \lambda_k \alpha_k^2 / \|(\alpha_k)_k\|_2^2 \geq \lambda_j \, .$$

Sei andererseits $\widetilde{U} := \operatorname{span}(\boldsymbol{u}_j, \ldots, \boldsymbol{u}_n)$, dann ist $\dim \widetilde{U} = n - j + 1$ und für $\boldsymbol{u} \in \tilde{U}, \boldsymbol{u} \neq \boldsymbol{0}$ gilt:

$$\boldsymbol{u} = \sum_{k=j}^{n} \alpha_k \boldsymbol{u}_k \, , \, f(\boldsymbol{u}) = \sum_{k=j}^{n} \lambda_k \alpha_k^2 / \|(\alpha_k)\|_2^2 \leq \lambda_j$$

und damit zusammen mit (4.132)

$$\max_{\substack{v \in \widetilde{U} \\ v \neq 0}} f(\boldsymbol{v}) = \lambda_j$$

und so die Behauptung. □

Bemerkungen 4.153

1) Tatsächlich gilt wegen (4.129)

$$\sup_{\substack{v \in U \\ v \neq 0}} f(\boldsymbol{v}) = \max_{\substack{v \in U \\ v \neq 0}} f(\boldsymbol{v}) \, ,$$

d. h. das Supremum wird immer angenommen. Der Beweis kann erst mit den Kenntnissen aus Kapitel 7 erbracht werden.

2) Betrachtet man $V = \mathbb{K}^n$, aber mit $\langle \boldsymbol{x} \, . \, \boldsymbol{y} \rangle := \langle M\boldsymbol{x} \, . \, \boldsymbol{y} \rangle$ mit einem $M \in \mathbb{K}^{(n,n)}$, $M > 0$, dann charakterisiert Satz 4.152 die Eigenwerte des verallgemeinerten Eigenwertproblems (4.107).

3) Analog gilt

$$\min_{v \in V} f(v) = \lambda_n\,,$$
$$\min_{v \in \operatorname{span}(u_{i+1},\ldots,u_n)^\perp} f(v) = \lambda_i \quad \text{für } i = n-1,\ldots,1$$

und die Minima werden an den Eigenvektoren u_i der ONB angenommen.
Diese Minimierungsprobleme können auch genutzt werden, die Existenz von reellen Eigenwerten und einer zugehörigen ONB aus Eigenvektoren zu zeigen, was aber Methoden aus Kapitel 7 braucht. In dieser Sichtweise sind die λ_i LAGRANGE-Multiplikatoren zur Inkorporation der Nebenbedingung $\|x\|_2^2 = 1$ nach (4.129).

4) Sei $A \in \mathbb{K}^{(m,n)}$ für $m, n \in \mathbb{N}$, sei $A = V\Sigma U^\dagger$ eine normierte SVD, dann gilt

$$\sigma_j = \min_{\substack{\text{Unterraum von } \mathbb{K}^n \\ \dim U = n-j+1}} \max_{\substack{x \in U \\ x \neq 0}} \|Ax\|_2 / \|x\|_2\,.$$

Das kann man folgendermaßen einsehen: Die Überlegungen zu Hauptsatz 4.127 zeigen insbesondere, dass σ_j^2 genau die Eigenwerte der hermiteschen Matrix $A^\dagger A$ sind. Anwendung von Satz 4.152 (für das euklidische SKP) und

$$f(x) = \left\langle A^\dagger A x \,.\, x \right\rangle / \langle x \,.\, x\rangle = \|Ax\|_2^2 / \|x\|_2^2$$

mit abschließendem Wurzelziehen ergibt die Behauptung.

5) Analog zu 4) gilt die modifizierte Form von 3) für Singulärwerte. Dies gibt die Möglichkeit eines Beweises von Hauptsatz 4.127 mit Mitteln der Analysis. △

Was Sie in diesem Abschnitt gelernt haben sollten:

Begriffe:

- Positiv (semi)definite Abbildungen und Matrizen: $A \geq 0,\ A > 0$
- Energieskalarprodukt, -norm
- Duales Problem
- LAGRANGE-Funktional
- CHOLESKY-Zerlegung

Zusammenhänge:

- $A > 0 \Leftrightarrow$ alle Eigenwerte positiv (Satz 4.135)
- A positiv semidefinit $\Leftrightarrow$ A GRAMsche Matrix (Satz 4.140)
- $A \geq 0 : Ax = b \Leftrightarrow x$ löst quadratisches Minimierungsproblem

$$\frac{1}{2}\langle Ax \,.\, x\rangle - \operatorname{Re}\langle x \,.\, b\rangle \to \min$$

(Satz 4.144)

- Quadratische Minimierung = Projektion in Energienorm (Satz 4.146)
- Quadratische Minimierung bei Gleichungsnebenbedingungen = LGS mit LAGRANGE-Multiplikator (Satz 4.148)
- Minimax-Theorem (Satz 4.152)
- $A > 0 \Leftrightarrow$ Hauptminoren positiv (Satz 4.142, Aufgabe 4.43)

Aufgaben

Aufgabe 4.39 Sei $A \in \mathbb{K}^{(n,n)}$ selbstadjungiert. Zeigen Sie unter Verwendung von (4.131): Es gibt ein $\lambda \in \mathbb{R}$, so dass

$$A + \lambda \mathbb{1} \text{ positiv definit}$$

ist.

Aufgabe 4.40 Sei $A \in \mathbb{K}^{(n,n)}$ selbstadjungiert, $A > 0$ und orthogonal bzw. unitär. Zeigen Sie, dass dann notwendigerweise $A = \mathbb{1}$ gilt.

Aufgabe 4.41 Unter den Voraussetzungen von Satz 4.152 gilt

$$\lambda_j = \max_{\substack{U \text{ Unterraum} \\ \text{von } V, \dim U = j}} \min_{\substack{\boldsymbol{v} \in U \\ \boldsymbol{v} \neq \boldsymbol{0}}} f(\boldsymbol{v}) .$$

Aufgabe 4.42 Formulieren und beweisen Sie Minimums- und Maximums-Minimumsprobleme zur Beschreibung von Singulärwerten analog zu Bemerkungen 4.153, 3) und Aufgabe 4.41.

Aufgabe 4.43 (T) Für $A \in \mathbb{K}^{(n,n)}$ gelte $A = A^\dagger$ und $\det(A_r) > 0$ für alle $1 \leq r \leq n$, wobei die Hauptminoren A_r von A wie in Satz 4.142 definiert sind. Zeigen Sie, dass A positiv definit ist, mit vollständiger Induktion und unter Verwendung der CHOLESKY-Zerlegung.

Aufgabe 4.44 (T) Für $\boldsymbol{b} \in \mathbb{R}^m$ definiere man $\boldsymbol{x}_b$ als Lösung des Problems

$$A\boldsymbol{x}_b = \boldsymbol{b} \text{ und } \|\boldsymbol{x}_b\| \text{ minimal},$$

wobei $A \in \mathbb{R}^{(m,n)}$, $m < n$, $\operatorname{Rang}(A) = m$. Bestimmen Sie mit Hilfe von LAGRANGE-Multiplikatoren eine explizite Darstellung für die Pseudoinverse A^+ von A, für die $A^+\boldsymbol{b} = \boldsymbol{x}_b$ für alle $\boldsymbol{b} \in \mathbb{R}^m$ gilt.

Aufgabe 4.45 (K) Für das Funktional

$$f : \mathbb{R}^3 \to \mathbb{R}, \quad f(x_1, x_2, x_3) = \frac{5}{2}x_1^2 + \frac{1}{2}x_2^2 + \frac{1}{2}x_3^2 - x_1 x_3 - x_1 + x_2 - 2x_3$$

werde das (primale) Minimierungsproblem

$$\begin{gathered}\text{Minimiere } f(x_1, x_2, x_3)\\ \text{unter der Nebenbedingung}\\ x_1 + x_2 + x_3 = 1\end{gathered}$$

betrachtet.

a) Zeigen Sie, dass dieses Problem eine eindeutige Minimalstelle $\bar{\boldsymbol{x}} = (\bar{x}_1, \bar{x}_2, \bar{x}_3)$ besitzt.
b) Ermitteln Sie die Minimalstelle $\bar{\boldsymbol{x}}$ unter Verwendung von LAGRANGE-Multiplikatoren und bestimmen Sie den Minimalwert.
c) Formulieren Sie das zugehörige duale Problem und zeigen Sie, dass dieses denselben Extremalwert besitzt wie das primale Problem.

Aufgabe 4.46 Beweisen Sie den allgemeinen Fall für Aufgabe 1.12.

4.8 Ausblick: Das Ausgleichsproblem und die QR-Zerlegung

Betrachten wir nochmal das SCHMIDTsche Orthonormalisierungsverfahren für linear unabhängige $\boldsymbol{a}^{(1)}, \ldots, \boldsymbol{a}^{(n)} \in \mathbb{K}^n$ nach Theorem 1.112, d. h. für ein invertierbares $A = \left(\boldsymbol{a}^{(1)}, \ldots, \boldsymbol{a}^{(n)}\right) \in \mathbb{K}^{(n,n)}$. Das Verfahren erzeugt eine ONB $\boldsymbol{q}^{(1)}, \ldots, \boldsymbol{q}^{(n)} \in \mathbb{K}^n$ und zwar so, dass

$$\boldsymbol{q}^{(j)} = \sum_{i=1}^{j} \tilde{r}_{i,j} \boldsymbol{a}^{(i)} \quad \text{und} \quad \widetilde{r}_{i,i} \neq 0 \text{ für } i = 1, \ldots, n\,,$$

da $\operatorname{span}\left(\boldsymbol{q}^{(1)}, \ldots, \boldsymbol{q}^{(j)}\right) = \operatorname{span}\left(\boldsymbol{a}^{(1)}, \ldots, \boldsymbol{a}^{(j)}\right)$ für alle $j = 1, \ldots, n$. Somit gilt für

$$\begin{aligned}
&Q := \left(\boldsymbol{q}^{(1)}, \ldots, \boldsymbol{q}^{(n)}\right) \in \mathbb{K}^{(n,n)} \\
&\tilde{\boldsymbol{r}}^{(j)} := \left(\tilde{r}_{i,j}\right)_i \in \mathbb{K}^n, \quad \tilde{R} = \left(\tilde{\boldsymbol{r}}^{(1)}, \ldots, \tilde{\boldsymbol{r}}^{(n)}\right) \in \mathbb{K}^{(n,n)} : \\
&\boldsymbol{q}^{(j)} = A\tilde{\boldsymbol{r}}^{(j)}, \text{ also } Q = A\tilde{R}\,, \\
&\quad \tilde{R} \text{ ist eine invertierbare obere Dreiecksmatrix, } Q \text{ ist unitär.}
\end{aligned}$$

Damit hat man mit $R := \tilde{R}^{-1}$, das auch eine obere Dreiecksmatrix ist:

$$A = QR\,. \tag{4.133}$$

Eine solche Darstellung (4.133) mit unitärem Q und oberer Dreiecksmatrix R heißt *QR-Zerlegung von A*.

Es ist dann notwendig für $R = (r_{i,j})$

$$r_{i,j} = \left(\boldsymbol{a}^{(j)} \,.\, \boldsymbol{q}^{(i)}\right) \text{ für } i, j = 1, \ldots, n\,,\; i \leq j$$

wie man auch direkt aus dem SCHMIDTschen Orthonormalisierungsverfahren sehen kann.

Die QR-Zerlegung existiert mithin immer und ist mindestens so wichtig wie die nur eingeschränkt existierende LR-Zerlegung. Die Berechnung über die SCHMIDTsche Orthonormalisierung ist aber i. Allg. nicht empfehlenswert, da diese zu sehr rundungsfehleranfällig (numerisch instabil) ist. Bessere Alternativen sind Verfahren, die analog zum GAUSS–Verfahren sukzessive die Spalten von A unter der Diagonalen bereinigen, dies aber mit orthogonalen Transformationen. In Frage kommen dafür Spiegelungen (HOUSEHOLDER–Transformationen) oder Drehungen (GIVENS–Rotation, vgl. (2.23)) (siehe *Numerische Mathematik*). Dafür muss weder die Invertierbarkeit von A noch die quadratische Gestalt vorausgesetzt werden.

Auf diese Weise kann auch für eine allgemeine Matrix $A \in \mathbb{K}^{(m,n)}$ eine QR-Zerlegung in folgendem Sinn gefunden werden:

$$A = QR\,,$$

dabei ist $Q \in \mathbb{K}^{(m,m)}$ orthogonal und $R \in \mathbb{K}^{(m,n)}$ obere Dreiecksmatrix.

Im Fall $m \geq n$ haben wir für die QR-Zerlegung $A = QR$ ein $Q = \left(\boldsymbol{q}^{(1)}, \ldots, \boldsymbol{q}^{(m)}\right)$ und $R = \left(\frac{R'}{0}\right)$, wobei $R' \in \mathbb{K}^{(n,n)}$ eine obere Dreicksmatrix ist, so dass auch die *reduzierte Form* gilt:

$$A = Q'R'\,,$$

wobei $Q' = \left(\boldsymbol{q}^{(1)}, \ldots, \boldsymbol{q}^{(n)}\right) \in \mathbb{K}^{(m,n)}$ die Gleichung

$$Q^{\dagger}Q = \mathbb{1}$$

erfüllt.

(I. Allg. ist aber nicht $Q\,Q^{\dagger} = \mathbb{1}$, dies folgt nur für $n = m$) Die Spalten von Q sind also orthonormal. Es gilt weiterhin (siehe Bemerkungen 2.57, 2)): $\|Q\boldsymbol{x}\| = \|\boldsymbol{x}\|$ für $\boldsymbol{x} \in \mathbb{K}^n$.

Ist andererseits $A = QR$ eine reduzierte QR-Zerlegung, dann kann Q mit $m - n$ Elementen aus $\mathbb{K}^m$ zu einer ONB von $\mathbb{K}^m$ ergänzt werden:

$$\overline{Q} := (Q, \widetilde{Q}) \in \mathbb{K}^{(m,m)}$$

und R mit Nullzeilen zu

$$\overline{R} := \left(\frac{R}{0}\right) \in \mathbb{K}^{(m,n)}\,,$$

so dass

$$A = \overline{Q}\,\overline{R}\,.$$

Für den Fall, dass A vollen Spaltenrang hat, handelt es sich um eine Voll-Rang-Zerlegung nach Definition 2.82a. In diesem Fall kann man sich von der Existenz einer QR-Zerlegung mit dem SCHMIDTschen Orthonormalisierungsverfahren wie oben oder auch folgendermaßen überzeugen:

Man betrachte die Anwendung des GAUSS-Verfahrens auf die Normalgleichungen

$$A^{\dagger}A\,\boldsymbol{x} = A^{\dagger}\boldsymbol{b}\,, \tag{4.134}$$

in einer Variante, die eine CHOLESKY-Zerlegung (Satz 4.142) erzeugt, d. h.

$$A^{\dagger}A = L\,L^{\dagger}$$

mit unterer Dreiecksmatrix L. Sei

$$R := L^\dagger, \quad Q := AL^{-\dagger},$$

dann ist offensichtlich

$$A = QR. \tag{4.135}$$

Es gilt:
$R \in \mathbb{K}^{(n,n)}$ ist obere Dreiecksmatrix.
$Q \in \mathbb{K}^{(m,n)}$ erfüllt $Q^\dagger Q = \mathbb{1}$, da

$$Q^\dagger Q = L^{-1}A^\dagger A L^{-\dagger} = L^{-1}LL^\dagger L^{-\dagger} = \mathbb{1}.$$

Liegt eine QR-Zerlegung eines invertierbaren $A \in \mathbb{K}^{(n,n)}$ vor, so kann das LGS $A\boldsymbol{x} = \boldsymbol{b}$ folgendermaßen gelöst werden:

$$A\boldsymbol{x} = \boldsymbol{b} \Leftrightarrow QR\boldsymbol{x} = \boldsymbol{b} \Leftrightarrow R\boldsymbol{x} = Q^\dagger \boldsymbol{b}.$$

Dabei ist notwendig R invertierbar wegen $R = Q^\dagger A$, so dass das letzte LGS eindeutig mittels Rückwärtssubstitution gelöst werden kann.

Seien $A \in \mathbb{K}^{(m,n)}$, $m \geq n$, $\text{Rang}(A) = n$, $\boldsymbol{b} \in \mathbb{K}^n$ und wir betrachten das (eindeutig lösbare) Ausgleichsproblem:

$$\text{Minimiere} \quad \|A\boldsymbol{x} - \boldsymbol{b}\|,$$

wobei $\|\,.\,\|$ die euklidische Norm bezeichnet.

Die allgemeinste Lösung wird durch die Singulärwertzerlegung $A = U\Sigma V^\dagger$ gegeben, da dann

$$\boldsymbol{x} = V\Sigma^+ U^\dagger \boldsymbol{b}. \tag{4.136}$$

Diese ist aber am Aufwändigsten zu berechnen. Die Normalgleichungen (4.134) sind scheinbar am Attraktivsten, da $A^\dagger A$ positiv definit ist. In Abschnitt 8.1.2 werden wir aber sehen, dass die Fehlersensitivität von (4.134) gegenüber (4.136) verdoppelt ist, so dass andere Verfahren vom Aufwand einer LR-Zerlegung wünschenswert sind.

Sei nun $A \in \mathbb{K}^{(m,n)}$ beliebig mit einer QR-Zerlegung $A = QR$.

Für das Ausgleichsproblem zu A und $\boldsymbol{b} \in \mathbb{K}^n$ folgt:

$$\|A\boldsymbol{x} - \boldsymbol{b}\|^2 = \|QR\boldsymbol{x} - \boldsymbol{b}\|^2 = \|R\boldsymbol{x} - Q^\dagger \boldsymbol{b}\|^2. \tag{4.137}$$

Vorerst sei $m \geq n$. Sei $Q^\dagger \boldsymbol{b} = \begin{pmatrix} \boldsymbol{y}' \\ \hline \boldsymbol{y}'' \end{pmatrix}$ mit $\boldsymbol{y}' \in \mathbb{K}^n$, $\boldsymbol{y}'' \in \mathbb{K}^{m-n}$. R hat die Gestalt

$$R = \begin{pmatrix} R' \\ \hline 0 \end{pmatrix},$$

wobei $R' \in \mathbb{K}^{(n,n)}$ eine obere Dreiecksmatrix ist. Also kann die Gleichungskette in (4.137) fortgesetzt werden mit

$$= \|R'\boldsymbol{x} - \boldsymbol{y}'\|^2 + \|\boldsymbol{y}''\|^2,$$

was also für $\boldsymbol{x} \in \mathbb{K}^n$ zu minimieren ist. Die Gesamtheit der Lösungen sind also gerade die Lösungen des LGS

$$R'\boldsymbol{x} = \boldsymbol{y}' \tag{4.138}$$

Dies entspricht (mit i. Allg. verschiedener Matrix R !) der Teilaufgabe 2b) bei der LR-Zerlegung (S. 274). Ein unvermeidbarer Fehler ergibt $\|\boldsymbol{y}''\|$.

Das LGS ist (exakt) lösbar genau dann, wenn $\boldsymbol{y}'' = \boldsymbol{0}$. Das Ausgleichsproblem ist eindeutig lösbar genau dann, wenn R' invertierbar ist.

Ist $n > m$, so sei $\boldsymbol{x} = \begin{pmatrix} \boldsymbol{x}' \\ \hline \boldsymbol{x}'' \end{pmatrix}$ mit $\boldsymbol{x}' \in \mathbb{K}^m$, $\boldsymbol{x}'' \in \mathbb{K}^{n-m}$, $\boldsymbol{y}' := Q^\dagger \boldsymbol{b}$ und es ist

$$R = (R', R'')\,,$$

wobei $R' \in \mathbb{K}^{(m,m)}$ eine obere Dreiecksmatrix ist. Also:

$$\|A\boldsymbol{x} - \boldsymbol{b}\|^2 = \|R'\boldsymbol{x}' + R''\boldsymbol{x}'' - Q^\dagger \boldsymbol{b}\|^2$$

und damit ist die Gesamtheit der Lösungen $\boldsymbol{x} = (\boldsymbol{x}''^t, \boldsymbol{x}'''^t)^t$, wobei die $\boldsymbol{x}'$ die Lösungen von (4.138) sind für $\boldsymbol{y}' = Q^\dagger \boldsymbol{b} - R''\boldsymbol{x}''$, für beliebiges $\boldsymbol{x}'' \in K^{n-m}$. Das LGS ist also (exakt) lösbar, wenn R' invertierbar ist. Die Lösungen sind aber immer mehrdeutig. Der affine Lösungsraum ist also $M := \left\{\boldsymbol{x} = \left(\frac{\boldsymbol{x}'}{\boldsymbol{x}''}\right) : \ R'\boldsymbol{x}' = Q^t\boldsymbol{b} - R''\boldsymbol{x}''\right\}$ Für das Bild der Pseudoinversen $A^+\boldsymbol{b}$ muss daraus das normminimale Element ausgewählt werden.

Diese Vorgehensweise ist sehr ähnlich zum Vorliegen einer SVD $A = U\Sigma V^\dagger$, wobei sich Q und U entsprechen. Da anstelle von $\Sigma V^\dagger$ aber die obere Dreiecksmatrix R vorliegt, ist noch das LGS (4.138) zu lösen und im nichteindeutigen Fall ist die normminimale Lösung, d. h. $A^+\boldsymbol{b}$ nicht so direkt zu bestimmen wie bei Vorliegen einer SVD. Andererseits ist die Berechnung einer SVD wesentlich aufwändiger als die einer QR-Zerlegung.

Alternativ kann man von der Form (4.135) einer QR-Zerlegung ausgehen und setzen:

$$P := QQ^\dagger \in \mathbb{K}^{(m,m)}\,.$$

P ist dann eine orthogonale Projektion (siehe Satz 2.64).

Genauer ist $P\boldsymbol{x} = \sum_{i=1}^m \left\langle \boldsymbol{x} \,.\, \boldsymbol{q}^{(i)} \right\rangle \boldsymbol{q}^{(i)}$ für die Spalten $\boldsymbol{q}^{(1)}, \ldots, \boldsymbol{q}^{(m)}$ von Q, so dass P auf Bild Q projiziert. Da Bild $A \subset$ Bild Q gilt, folgt nach PYTHAGORAS:

$$\|A\boldsymbol{x} - \boldsymbol{b}\|^2 = \|A\boldsymbol{x} - P\boldsymbol{b} - (\mathbb{1} - P)\boldsymbol{b}\|^2 = \|A\boldsymbol{x} - P\boldsymbol{b}\|^2 + \|(\mathbb{1} - P)\boldsymbol{b}\|^2$$

und $$\|A\boldsymbol{x} - P\boldsymbol{b}\|^2 = \|QR\boldsymbol{x} - QQ^\dagger\boldsymbol{b}\|^2 = \|R\boldsymbol{x} - Q^\dagger\boldsymbol{b}\|^2\,,$$

so dass wieder (4.138) für die Lösung des Ausgleichsproblems gilt.

Kapitel 5
Bilinearformen und Quadriken

5.1 α-Bilinearformen

5.1.1 Der Vektorraum der α-Bilinearformen

Es sei V ein Vektorraum über dem Körper K. In Abschnitt 3.5 definierten wir, dass eine *Linearform auf V* eine lineare Abbildung

$$f : V \to K$$

ist und mit $f \in V^*$ bezeichnet wird. In diesem Kapitel sollen (α-)Bilinearformen und darauf aufbauend, als klassisches Teilgebiet der Geometrie, Quadriken untersucht werden. Bilinearformen sind schon als Skalarprodukte auf $\mathbb{R}$-Vektorraum aufgetreten. Um auch innere Produkte auf $\mathbb{C}$-Vektorräumen zu erfassen, wird die Bedingung der Bilinearität erweitert zu:

Definition 5.1

Sei V ein K-Vektorraum, α ein Automorphismus auf K. Eine *α-Bilinearform auf V* ist eine Abbildung

$$\varphi : V \times V \to K\,, \quad (\boldsymbol{v}, \boldsymbol{w}) \mapsto \varphi(\boldsymbol{v}, \boldsymbol{w})$$

von zwei Argumenten $\boldsymbol{v}, \boldsymbol{w} \in V$, die im ersten Argument linear, im zweiten Argument *α-linear* ist. Das heißt, für alle $c, c' \in K$ und $\boldsymbol{v}, \boldsymbol{v}', \boldsymbol{w}, \boldsymbol{w}' \in V$ gelten die Rechenregeln

$$\varphi(c \cdot \boldsymbol{v} + c' \cdot \boldsymbol{v}', \boldsymbol{w}) = c \cdot \varphi(\boldsymbol{v}, \boldsymbol{w}) + c' \cdot \varphi(\boldsymbol{v}', \boldsymbol{w}) \qquad \text{(Linearität im 1. Argument)},$$
$$\varphi(\boldsymbol{v}, c \cdot \boldsymbol{w} + c' \cdot \boldsymbol{w}') = \alpha(c) \cdot \varphi(\boldsymbol{v}, \boldsymbol{w}) + \alpha(c') \cdot \varphi(\boldsymbol{v}, \boldsymbol{w}') \quad \text{(α-Linearität im 2. Argument)}.$$

Für $\alpha = \mathrm{id}$ (Identität) heißt φ *Bilinearform*.

P. Knabner und W. Barth, *Lineare Algebra*,
https://doi.org/10.1007/978-3-662-55600-9_5

Manchmal wird für $\alpha \neq \mathrm{id}$ auch der Begriff *Sesquilinearform* verwendet. Skalarprodukte auf $\mathbb{R}$-Vektorräumen (nach Definition 1.89) sind demnach Bilinearformen, innere Produkte auf $\mathbb{C}$-Vektorräumen (nach Definition 3.19) sind α-Bilinearformen mit $\alpha(c) = \overline{c}$ für $c \in \mathbb{C}$. Ohne Beweis bemerken wir, dass $\alpha = \mathrm{id}$ der einzige Automorphismus auf $\mathbb{R}$ ist, und auf $\mathbb{C}$ nur die Automorphismen $\alpha = \mathrm{id}$ und $\alpha(c) = \overline{c}$ die Eigenschaft $\alpha|_{\mathbb{R}} = \mathrm{id}$ haben. Die inneren Produkte haben als weitere Eigenschaften:

- (HERMITE-) Symmetrie (siehe (3.17)),
- Definitheit (3.18).

Der Wegfall dieser Eigenschaften gibt mehr Flexibilität wie die folgenden Beispiele zeigen. Im Folgenden wird zur mnemotechnischen Erleichterung wieder die Schreibweise aus Abschnitt 4.1 verwendet. Das heißt, die Indizes der Koordinaten der Vektoren werden hochgestellt.

Bemerkungen 5.2 Sei V ein K-Vektorraum und $\alpha : K \to K$ ein Automorphismus auf K.

1) Es gilt: $\varphi(\mathbf{0}, \boldsymbol{v}) = \varphi(\boldsymbol{v}, \mathbf{0}) = 0$ für alle $\boldsymbol{v} \in V$.

2)

Jede quadratische $n \times n$-Matrix $G = (g_{k,l})_{k,l} \in K^{(n,n)}$ definiert auf $V = K^n$ die α-Bilinearform

$$\varphi(\boldsymbol{v}, \boldsymbol{w}) = \boldsymbol{v}^t G^t \alpha(\boldsymbol{w}) = \sum_{k,l=1}^{n} v^k \cdot g_{l,k} \cdot \alpha(w^l)\,. \tag{5.1}$$

Dabei ist $\alpha(\boldsymbol{w}) := \left(\alpha(w_i)\right)_i$ für $\boldsymbol{w} = (w_i)_i \in K^n$. Bei einem inneren Produkt auf $V = \mathbb{K}^n$ und $\alpha(c) = \overline{c}$ muss G hermitesch und positiv definit sein (siehe Bemerkungen 4.134, 2)). Für $G = \mathbb{1}$ und $\mathbb{K} = \mathbb{R}$ ($\alpha = \mathrm{id}$), erhält man somit das reelle euklidische SKP, für $\mathbb{K} = \mathbb{C}$ und $\alpha(c) = \overline{c}$ das komplexe euklidische innere Produkt, für $\mathbb{K} = \mathbb{C}$ und $\alpha = \mathrm{id}$ eine Bilinearform, die aber nicht definit ist, da zum Beispiel bei $n = 2$

$$\varphi(\boldsymbol{a}, \boldsymbol{a}) = 0 \quad \text{für} \quad \boldsymbol{a} = (1, i)^t\,.$$

3) Es sei $\alpha = \mathrm{id}$. Die Matrix G^t erzeugt ebenfalls eine Bilinearform, welche mit φ^t bezeichnet wird. Für diese gilt

$$\varphi(\boldsymbol{v}, \boldsymbol{w}) = \varphi^t(\boldsymbol{w}, \boldsymbol{v}) \quad \text{für alle } \boldsymbol{v}, \boldsymbol{w} \in K^n$$

und folgende Äquivalenz: $\varphi = \varphi^t \Leftrightarrow G$ ist symmetrisch.

4)* Es sei $V = C([a, b], \mathbb{K})$ und

$$k : [a, b] \times [a, b] \to \mathbb{K}$$

eine stetige Funktion von zwei Variablen. Dann ist das Doppelintegral mit *Integralkern* k

$$\varphi(v, w) = \int_a^b \int_a^b v(x)k(x, y)\overline{w(y)}dxdy$$

eine α-Bilinearform auf V.

a) φ ist (hermite-)symmetrisch, falls $k(x, y) = \overline{k(y, x)}$ für $x, y \in [a, b]$.

b) Die Definitheit lässt sich nicht so einfach charakterisieren. Ist etwa $k(x, y) = 1$, dann folgt

$$\varphi(v, v) = \left(\int_a^b v(x)dx\right)^2 ,$$

d. h. φ ist nicht definit. Nur bei der eingeschränkten („diagonalen") Bilinearform

$$\varphi(v, w) := \int_a^b v(x)k(x)\overline{w(x)}dx$$

mit $k \in C([a, b], \mathbb{K})$ ist für Definitheit folgendes Kriterium hinreichend: $k(x) > 0$ für $x \in [a, b]$ (bzw. äquivalent: $k(x) \geq \underline{k} > 0$ für $x \in [a, b]$ und ein $\underline{k} \in \mathbb{R}^+$).

5)

Auf dem Vektorraum $V = K^{(r,s)}$ der $r \times s$–Matrizen wird durch

$$\varphi(A, B) = \mathrm{sp}(A^t\alpha(B)) = \sum_{k=1}^{s} \sum_{l=1}^{r} a_{l,k}\alpha(b_{l,k})$$

eine α-Bilinearform definiert.

Dabei sind $A = (a_{l,k})_{l,k}, B = (b_{l,k})_{l,k}$ und $\alpha(B) := (\alpha(b_{l,k}))_{l,k} \in V$. Für $\alpha = \mathrm{id}$ ist die Bilinearform symmetrisch, und für $K = \mathbb{K}$ und $\alpha(c) = \overline{c}$ ist φ das aus (3.22) bekannte innere Produkt.

6) Sind $f, g \in V^*$ Linearformen auf einem Vektorraum V, so heißt

$$f \otimes g : \begin{cases} V \times V \to K \\ (\boldsymbol{v}, \boldsymbol{w}) \mapsto f(\boldsymbol{v})\alpha(g(\boldsymbol{w})) \end{cases}$$

das *Tensorprodukt* der Linearformen f und g und ist eine α-Bilinearform. Ein Tensorprodukt zweier Linearformen heißt auch *zerfallende* α-Bilinearform auf V. $f \otimes g$ ist symmetrisch für $\alpha = \mathrm{id}$ und $f = g$, aber nur definit, falls zusätzlich $\mathrm{Kern}\, f = \{0\}$, was i. Allg. falsch ist.

7) Der Körperautomorphismus α erfüllt für $A \in K^{(n,n)}$

$$\alpha(A^t) = \alpha(A)^t \quad \text{und} \quad \alpha(\det(A)) = \det(\alpha(A))$$

nach der LEIBNIZschen Formel (Definition 2.105). Für $A \in K^{(m,n)}$, $B \in K^{(n,p)}$ gilt nach Definition der Multiplikation

$$\alpha(AB) = \alpha(A)\alpha(B)$$

und daher für invertierbares A

$$\alpha(A^{-1}) = \alpha(A)^{-1} .$$

Denn es ist $\alpha(A)\alpha(A^{-1}) = \alpha(AA^{-1}) = \alpha(\mathbb{1}) = \mathbb{1}$. △

Satz 5.3: Vektorraum der Bilinearformen

Sei V ein Vektorraum über dem Körper K, α ein Automorphismus auf K, φ, ψ seien α-Bilinearformen. Sei

$$(\varphi + \psi)(\boldsymbol{v}, \boldsymbol{w}) := \varphi(\boldsymbol{v}, \boldsymbol{w}) + \psi(\boldsymbol{v}, \boldsymbol{w}) \quad \text{für } \boldsymbol{v}, \boldsymbol{w} \in V ,$$
$$(c \cdot \varphi)(\boldsymbol{v}, \boldsymbol{w}) := c \cdot \varphi(\boldsymbol{v}, \boldsymbol{w}) \quad \text{für } c \in K \text{ und } \boldsymbol{v}, \boldsymbol{w} \in V .$$

1) Die α-Bilinearformen auf einem K-Vektorraum V bilden mit $+$ und $\cdot$ wieder einen K-Vektorraum.

Sei V zusätzlich endlichdimensional.

2) Ist $\boldsymbol{v}_1, \ldots, \boldsymbol{v}_n \in V$ eine Basis von V, so entspricht jede α-Bilinearform φ auf V durch Übergang zu den Koordinatenvektoren einer α-Bilinearform auf K^n von der Gestalt (5.1) für die Matrix

$$G := (g_{k,l})_{k,l} \in K^{(n,n)} \quad \text{mit} \quad g_{k,l} = \varphi(\boldsymbol{v}_l, \boldsymbol{v}_k) . \tag{5.2}$$

3) Zu jeder Wahl einer $n \times n$-Matrix $G = (g_{k,l})_{k,l} \in K^{(n,n)}$ gibt es bei fixierter Basis $\{\boldsymbol{v}_1, \ldots, \boldsymbol{v}_n\} \in V$ genau eine α-Bilinearform φ auf V mit $\varphi(\boldsymbol{v}_l, \boldsymbol{v}_k) = g_{k,l}$.

4) Sei φ eine α-Bilinearform auf V, $G \in K^{(n,n)}$, definiert nach (5.2), dann wird durch die Beziehung

$$\varphi\left(\sum_{k=1}^{n} x^k \boldsymbol{v}_k, \sum_{l=1}^{n} y^l \boldsymbol{v}_l\right) = (x^1, \ldots, x^n) G^t \begin{pmatrix} \alpha(y^1) \\ \vdots \\ \alpha(y^n) \end{pmatrix} \tag{5.3}$$

ein K-Vektorraum-Isomorphismus

$$\{\text{Raum der } \alpha\text{-Bilinearformen auf } V\} \to K^{(n,n)}$$
$$\varphi \mapsto G$$

definiert.

5) Ist $\dim V = n$, dann gilt

$$\dim\{\text{Raum der } \alpha\text{-Bilinearform auf } V\} = \dim K^{(n,n)} = n^2 .$$

Beweis: Zu 1): Klar.
Zu 2): Sind

$$\boldsymbol{x} = \sum_{k=1}^{n} x^k \boldsymbol{v}_k, \quad \boldsymbol{y} = \sum_{k=1}^{n} y^k \boldsymbol{v}_k$$

die Darstellungen zweier Vektoren $\boldsymbol{x}, \boldsymbol{y} \in V$ in der Basis so ist

$$\varphi(\boldsymbol{x}, \boldsymbol{y}) = \varphi\left(\sum_{k=1}^{n} x^k \boldsymbol{v}_k, \sum_{l=1}^{n} y^l \boldsymbol{v}_l\right) = \sum_{k=1}^{n}\sum_{l=1}^{n} x^k \varphi(\boldsymbol{v}_k, \boldsymbol{v}_l)\alpha(y^l) . \tag{5.4}$$

Zu 3): Bei gegebener Matrix $(g_{k,l})$ wird die Bilinearform φ definiert durch bilineare Ausdehnung von der Form (5.1):

$$\varphi\left(\sum_{k=1}^{n} x^k \boldsymbol{v}_k, \sum_{l=1}^{n} y^l \boldsymbol{v}_l\right) := \sum_{k,l=1}^{n} x^k g_{l,k}\alpha(y^l) .$$

Man beachte dabei $\alpha(1) = 1$, so dass $\varphi(\boldsymbol{v}_k, \boldsymbol{v}_l) = 1 g_{l,k}\alpha(1) = g_{l,k}$.
Zu 4): Die Wohldefinition der Abbildung ist klar, die Surjektivität ist Inhalt von 3), die Injektivität ist aus (5.4) ersichtlich. Um die Linearität der Abbildung zu zeigen, kann auch die Linearität der Umkehrabbildung gezeigt werden. Diese folgt sofort aus den Eigenschaften der Matrixmultiplikation.
Zu 5): Dies folgt direkt aus 4) mit Theorem 2.28. □

Definition 5.4

Die Matrix $G = G(\mathcal{B})$ aus Satz 5.3 heißt GRAMsche Matrix oder auch *darstellende Matrix* oder *Darstellungsmatrix* zur Basis $\mathcal{B}$ der α-Bilinearform φ. $D(\mathcal{B}) := \det(G)$ heißt die *Diskriminante* von φ bezüglich $\mathcal{B}$.

Bemerkungen 5.5

1) Das etwas unhandliche Auftreten von G^t statt G in (5.3) ist dem Bemühen geschuldet in Übereinstimmung mit der Definition der GRAMschen Matrix von Definition 1.99 zu bleiben. Man beachte, dass für ein $A \in \mathbb{K}^{(n,n)}$ und das euklidische innere Produkt $\langle\,.\,\rangle$ auf $\mathbb{K}^n$ gilt

$$\langle A\boldsymbol{x} \,.\, \boldsymbol{y}\rangle = (A\boldsymbol{x})^t\overline{y} = \boldsymbol{x}^t A^t \overline{\boldsymbol{y}} \quad \text{für} \quad \boldsymbol{x}, \boldsymbol{y} \in \mathbb{K}^n .$$

2) Sei V endlichdimensional. Seien f, g Linearformen auf V, bezüglich einer Basis $\boldsymbol{v}_1, \ldots, \boldsymbol{v}_n \in V$, gegeben durch Zeilenvektoren $(a_1, \ldots, a_n)$ und $(b_1, \ldots, b_n)$, d. h. also

$$f : \sum_{\nu=1}^{n} x^\nu \boldsymbol{v}_\nu \mapsto \sum_{\nu=1}^{n} a_\nu x^\nu, \qquad g : \sum_{\nu=1}^{n} x^\nu \boldsymbol{v}_\nu \mapsto \sum_{\nu=1}^{n} b_\nu x^\nu.$$

Nach Definition ist

$$(f \otimes g)\left(\sum_{\mu=1}^{n} x^\mu \boldsymbol{v}_\mu, \sum_{\nu=1}^{n} y^\nu \boldsymbol{v}_\nu\right) = f\left(\sum_{\mu=1}^{n} x^\mu \boldsymbol{v}_\mu\right) \cdot \alpha\left(g\left(\sum_{\nu=1}^{n} y^\nu \boldsymbol{v}_\nu\right)\right) = \left(\sum_{\mu=1}^{n} a_\mu x^\mu\right) \cdot \alpha\left(\sum_{\nu=1}^{n} b_\nu y^\nu\right)$$
$$= \sum_{\mu,\nu=1}^{n} x^\mu \cdot a_\mu \alpha(b_\nu) \cdot \alpha(y^\nu) .$$

Die darstellende Matrix für $f \otimes g$ ist dementsprechend:

$$G = (a_\mu \alpha(b_\nu))_{\nu,\mu} .$$

In Erweiterung der Definition für $K = \mathbb{R}$ mit $\alpha = \mathrm{id}$ (Definition 2.40) und für $K = \mathbb{C}$ mit $\alpha(c) = \overline{c}$ (3.26) setzen wir somit für die Spalten $\boldsymbol{a} = (a_i), \boldsymbol{b} = (b_i) \in K^n$

$$\boxed{\boldsymbol{a} \otimes \boldsymbol{b} := \boldsymbol{a}\alpha(\boldsymbol{b})^t = (a_\mu \alpha(b_\nu))_{\mu,\nu} .}$$

Damit ist die darstellende Matrix für eine zerfallende α-Bilinearform

$$(\boldsymbol{a} \otimes \boldsymbol{b})^t .$$

Wegen $\mathrm{Rang}(\boldsymbol{a} \otimes \boldsymbol{b}) \in \{0, 1\}$ (vergleiche (2.49)) ist zudem klar, dass eine solche α-Bilinearform i. Allg. nicht definit ist für $K = \mathbb{K}$.

3) Zu einem inneren Produkt $\langle \boldsymbol{x} \,.\, \boldsymbol{y} \rangle$ auf einem unitären Vektorraum gehört in einer ONB als darstellende Matrix die Einheitsmatrix. △

Sei $\dim V = n$. Genau wie jeder lineare Homomorphismus $\Phi : V \to V$ von V besitzt folglich auch jede α-Bilinearform $\varphi : V \times V \to K$ nach Satz 5.3 eine quadratische $n \times n$-Matrix als darstellende Matrix. Fundamental anders ist aber das Transformationsverhalten der darstellenden Matrizen beim Basiswechsel: Eine neue Basis $\boldsymbol{w}_1, \ldots, \boldsymbol{w}_n$ kann mittels der Übergangsmatrix

$$A = \begin{pmatrix} a_1^1 & \ldots & a_n^1 \\ \vdots & & \vdots \\ a_1^n & \ldots & a_n^n \end{pmatrix}$$

durch $\boldsymbol{w}_\mu = \sum_{\nu=1}^n a_\mu^\nu \boldsymbol{v}_\nu$ in der alten Basis $\boldsymbol{v}_1, \ldots, \boldsymbol{v}_n$ entwickelt werden. Wir bezeichnen mit $G = (g_{k,l})_{k,l} = (\varphi(\boldsymbol{v}_l, \boldsymbol{v}_k))_{k,l}$ die alte darstellende Matrix. Die neue darstellende Matrix $G' = (g'_{\mu,\nu})_{\mu,\nu} = (\varphi(\boldsymbol{w}_\nu, \boldsymbol{w}_\mu))_{\mu,\nu}$ berechnet sich wie folgt:

$$\left(g'_{\mu,\nu}\right)_{\mu,\nu} = \left(\varphi(\boldsymbol{w}_\nu, \boldsymbol{w}_\mu)\right)_{\mu,\nu} = \left(\varphi\Big(\sum_{l=1}^n a_\nu^l \boldsymbol{v}_l, \sum_{k=1}^n a_\mu^k \boldsymbol{v}_k\Big)\right)_{\mu,\nu}$$
$$= \left(\sum_{l=1}^n \sum_{k=1}^n a_\nu^l \alpha(a_\mu^k) \cdot \varphi(\boldsymbol{v}_l, \boldsymbol{v}_k)\right)_{\mu,\nu} = \left(\sum_{k=1}^n \sum_{l=1}^n \alpha(a_\mu^k) g_{k,l} a_\nu^l\right)_{\mu,\nu} .$$

Das heißt, es gilt

$$G' = \left(g'_{\mu,\nu}\right)_{\mu,\nu} = \left(\alpha(A)^t G A\right)_{\mu,\nu} ,$$

wobei $\alpha(A) := (\alpha(a_\mu^k))_{k,\mu}$. Damit wurde bewiesen:

Theorem 5.6: Transformation Bilinearform

Sei V ein n-dimensionaler K-Vektorraum über einem Körper K. Seien $\mathcal{B}_1$ und $\mathcal{B}_2$ Basen von V mit der Übergangsmatrix $A \in K^{(n,n)}$. Sei φ eine α-Bilinearform auf V mit Darstellungsmatrix G_i bezüglich $\mathcal{B}_i$, $i = 1, 2$. Dann gilt

$$G_2 = \alpha(A)^t G_1 A .$$

Definition 5.7

Sei V ein n-dimensionaler K-Vektorraum, α ein Automorphismus auf K. Seien $C, C' \in K^{(n,n)}$. C heißt (α-)*kongruent* zu C', wenn ein $A \in \mathrm{GL}(n, K)$ existiert, so dass

$$\alpha(A)^t C A = C' .$$

Bemerkungen 5.8

1) α-Kongruenz ist eine Äquivalenzrelation.

Das kann man mit Bemerkungen 5.2, 7) wie folgt einsehen:

a) *Reflexivität ist klar.*

b) *Symmetrie:* $\alpha(A)^t C A = C' \Leftrightarrow \alpha(A^t)^{-1} C' A^{-1} = C \Leftrightarrow \alpha(A^{-1})^t C' A^{-1} = C$.

c) *Transitivität:* $C' = \alpha(A)^t C A$, $C'' = \alpha(A')^t C' A' \Rightarrow C'' = \alpha(A')^t \alpha(A)^t C A A' = \alpha(A A')^t C A A'$.

2) Für $K = \mathbb{K}$ und $\alpha(c) = \overline{c}$ ist dies die mit Positivdefinitheit verträgliche Transformation aus Bemerkungen 4.134, 8).

3) Wir haben folgendes Transformationsverhalten:

α-Bilinearformen	$\alpha(A)^t GA$	zweifach kovariant,
Endomorphismen	$A^{-1}GA$	kontravariant und kovariant.

(5.5)

Insbesondere gilt bei einer Transformation von $\mathcal{B}$ zu $\mathcal{B}'$ unter Beachtung von Bemerkungen 5.2, 7):

$$D(\mathcal{B}') = \alpha(\det(A))D(\mathcal{B})\det(A) \tag{5.6}$$

und damit

$$D(\mathcal{B}) \neq 0 \Leftrightarrow D(\mathcal{B}') \neq 0 \,.$$

Ist darum $D(\mathcal{B}) \neq 0$ für eine Basis $\mathcal{B}$, dann gilt dies auch für jede andere Basis.

4) Für $K = \mathbb{K}$, $\alpha(c) = \overline{c}$ und orthogonales bzw. unitäres A fällt (α-)Kongruenz mit orthogonaler (unitärer) Ähnlichkeit (Definition 4.11) zusammen. Für allgemeines A sind die Begriffe jedoch nicht vergleichbar. △

Bis auf weiteres betrachten wir nun den Fall $\alpha = \text{id}$, d. h. Bilinearformen. Auch Bilinearformen kann man als lineare Abbildungen auffassen, aber – entsprechend dem unterschiedlichen Transformationsverhalten – nicht als Abbildungen $V \to V$, sondern als Abbildungen $V \to V^*$:

Satz 5.9: Bilinearformen $\cong \text{Hom}(V, V^*)$

Sei V ein Vektorraum über einem Körper K. Es gibt einen kanonischen Vektorraum-Isomorphismus

$$\Phi : \left\{ \text{Raum der Bilinearformen auf } V \right\} \to \text{Hom}_K(V, V^*)$$
$$\varphi \mapsto F : \boldsymbol{v} \mapsto \varphi(\cdot, \boldsymbol{v}) \,.$$

Hierbei soll $\varphi(\cdot, \boldsymbol{v}) \in V^*$ die Linearform

$$\boldsymbol{w} \mapsto \varphi(\boldsymbol{w}, \boldsymbol{v})$$

bedeuten, also die Bilinearform φ aufgefasst als Funktion des ersten Arguments $\boldsymbol{w}$ bei festgehaltenem zweiten Argument $\boldsymbol{v}$. Insbesondere gilt

$$\varphi(\boldsymbol{w}, \boldsymbol{v}) = F(\boldsymbol{v})\boldsymbol{w} \quad \text{für alle } \boldsymbol{v}, \boldsymbol{w} \in V \,. \tag{5.7}$$

Beweis: $F : V \to V^*$ ist linear, d. h. Φ ist wohldefiniert und Φ ist auch linear, da

$$\Phi(\varphi + \psi) = F \quad \text{mit} \quad F(\boldsymbol{v}) = (\varphi + \psi)(\cdot, \boldsymbol{v}) = \varphi(\cdot, \boldsymbol{v}) + \psi(\cdot, \boldsymbol{v}) = \Phi(\varphi)\boldsymbol{v} + \Phi(\psi)\boldsymbol{v}$$

gilt und damit $\Phi(\varphi + \psi) = \Phi(\varphi) + \Phi(\psi)$. Analoges gilt für das skalare Vielfache.

Die Umkehrung der Zuordnung $\varphi \mapsto F$ ist nach (5.7) notwendigerweise

$$\mathrm{Hom}_K(V, V^*) \ni F \mapsto \varphi, \quad \varphi(\boldsymbol{w}, \boldsymbol{v}) = \underbrace{(F(\boldsymbol{v}))}_{\in V^*}(\boldsymbol{w}) .$$

Das so definierte φ ist eine Bilinearform auf V wegen der Linearität von F bzw. von $F(\boldsymbol{v})$. Damit ist die Umkehrabbildung wohldefiniert, d. h. die Abbildung vom Raum der Bilinearformen in den Vektorraum $\mathrm{Hom}_K(V, V^*)$ ist bijektiv. □

Ist $\dim V = n$, dann bedeutet dieser abstrakte Isomorphismus einfach Folgendes: Nach Wahl einer Basis des endlichdimensionalen Vektorraums V wird die Bilinearform φ durch eine Matrix G beschrieben. Die zugehörige lineare Abbildung $F : V \to V^*$ ordnet jedem Vektor $\boldsymbol{v} \in V$ mit dem Koordinatenvektor $\boldsymbol{x} = (x^1, \ldots, x^n)^t \in K^n$ die Linearform zu, welche als Zeilenvektor $(G^t\, \boldsymbol{x})^t = \boldsymbol{x}^t\, G$ geschrieben wird,

$$\varphi(\cdot, \boldsymbol{v}) : \boldsymbol{w} \mapsto \boldsymbol{y}^t G \boldsymbol{x} .$$

Dabei ist $\boldsymbol{y} \in K^n$ der Koordinatenvektor von $\boldsymbol{w}$.

Mathematische Modellierung 6 Die dargestellten abstrakten Konzepte erlangen insbesondere bei unendlichdimensionalen Vektorräumen V ihre Bedeutung. Betrachtet man als einfaches Modell für räumlich eindimensional beschriebene Wärmeleitung in einem isolierten Medium („Wand") $[a, b] \subset \mathbb{R}$ die Randwertaufgabe

$$-(k(x)u'(x))' = r(x)\,, \ x \in [a, b]\,, \tag{MM.85}$$

$$u'(a) = u'(b) = 0\,, \tag{MM.86}$$

d. h. es ist die Temperatur $u : [a, b] \to \mathbb{R}$ gesucht bei vorgegebenen $r \in C([a, b], \mathbb{R})$ und der positiven Wärmeleitfähigkeit $k : [a, b] \to \mathbb{R}^+$. Für $k = 1$ und andere Randbedingungen ist das Problem in (1.82) aufgetreten. Ist die „Wand" $[a, b]$ aus zwei Materialien aufgebaut, etwa $k(x) = k_1,\ x \in [a, c],\ k(x) = k_2 \neq k_1$, $x \in (c, b]$ für ein $c \in (a, b)$, dann macht (MM.85) zunächst keinen Sinn. Durch Wechsel auf eine, von einer Bilinearform erzeugten, Linearform kann neben dem klassischen punktweisen Lösungsbegriff von (MM.85), (MM.86), ein schwächerer, *variationeller* Lösungsbegriff formuliert werden. (MM.85) kann interpretiert werden als

$$G_x\,(-(ku')' - r) = 0 \quad \text{für alle } x \in [a, b]\,, \tag{MM.87}$$

wobei $G_x \in (C([a, b], \mathbb{R}))^*$ das *Auswertungsfunktional* $G_x(f) = f(x)$ ist. Diese Linearform wird durch eine von einer Integral-Bilinearform erzeugten ersetzt, nämlich (siehe Bemerkungen 5.2, 4))

$$\int_a^b (-(ku')' - r)(y)v(y)dy = 0 \quad \text{für } \textit{Testfunktionen } v : [a, b] \to \mathbb{R}\,, \tag{MM.88}$$

die noch spezifiziert werden müssen. Die punktweise Forderung aus (MM.85) wird deshalb durch ein Mittel ersetzt (für beliebig fest gewähltes $x \in [a, b]$ kann man sich v als immer mehr auf x konzentrierend vorstellen, um in einem Grenzwert (MM.87) zu erhalten, Abbildung 5.1). Partielle Integration führt (MM.88) unter Beachtung von (MM.86) über in

$$\varphi(u, v) := \int_a^b k(y)u'(y)v'(y)dy = \int_a^b r(y)v(y)dy\ .$$

Die Randbedingung (MM.86) geht hier auf *natürliche* Weise ein. Diese Umformulierung von (MM.88) ist mit einem analog zu (1.84) definierten Raum V (ohne die dort aufgenommenen Randbedingungen) auch für ein unstetiges k, wie z. B. oben angegeben, wohldefiniert. Die *schwache Formulierung* von (MM.85), (MM.86) ist daher: Gesucht ist $u \in V$, so dass

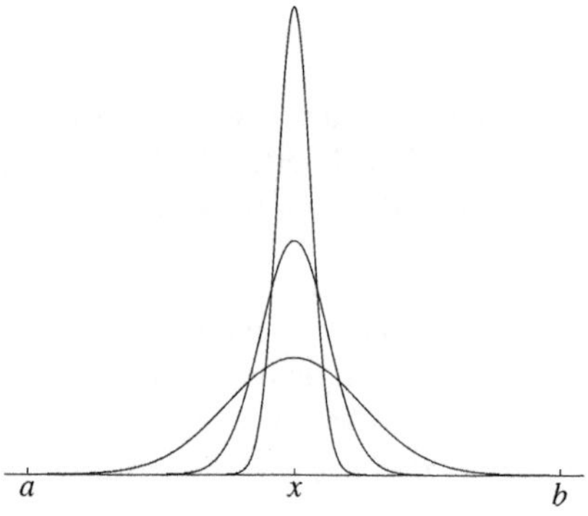

Abb. 5.1: Sich um $x \in [a, b]$ konzentrierende Testfunktionen.

$$\varphi(u, v) = g(v) \quad \text{für alle } v \in V \quad \text{bzw.} \quad \varphi(u, .) = g \quad \text{in } V^* \quad \text{bzw.} \quad F(u) = g \quad \text{in } V^* ,$$

wobei $F \in \mathrm{Hom}(V, V^*)$ definiert ist durch

$$F(u)v := \varphi(u, v) \quad \text{und} \quad g(v) := \int_a^b r(y)v(y)dy, \quad \text{d. h. } g \in V^* . \qquad \diamond$$

5.1.2 Orthogonales Komplement

Der Rang der darstellenden Matrix G ist unabhängig von der vorher ausgewählten Basis für V, da sich G beim Übergang in eine andere Basis in $\alpha(A)^t GA$ mit invertierbarer Matrix A ändert.

Definition 5.10

Sei φ eine α-Bilinearform auf dem K-Vektorraum V, $\dim V = n$. Unter dem *Rang von* φ, geschrieben $\mathrm{Rang}(\varphi)$, versteht man den Rang von G nach (5.2) für eine Basis $\{\boldsymbol{v}_1, \ldots, \boldsymbol{v}_n\}$ und damit für jede Basis.

Beispiele 5.11

1) Der Rang der zerfallenden Bilinearform $f \otimes g$ ist 1, falls $f \neq 0$ und $g \neq 0$, da je zwei Zeilen der Matrix $(a_\mu b_\nu)_{\mu,\nu}$ linear abhängig sind, und gleich 0, falls $f = 0$ oder $g = 0$.

2) Das Skalarprodukt $(\boldsymbol{x} \,.\, \boldsymbol{y})$ auf dem $\mathbb{R}^n$ ist eine Bilinearform mit maximalem Rang n.

3) Der Rang einer Bilinearform φ ist gleich $\dim \mathrm{Bild}\, F$, wobei $F = \Phi(\varphi) \in \mathrm{Hom}(V, V^*)$ nach Satz 5.9 (Übung). $\circ$

Definition 5.12

Sei φ eine feste α-Bilinearform auf dem Vektorraum V und $M \subset V$ eine beliebige Teilmenge. Wir nennen

$$M^\perp := \{\boldsymbol{v} \in V : \varphi(\boldsymbol{w}, \boldsymbol{v}) = 0 \text{ für alle } \boldsymbol{w} \in M\}$$

das *orthogonale Komplement von* M bezüglich der Bilinearform φ. Speziell heißt $V^\perp$ der *Entartungsraum der Bilinearform*.

Mit dieser Definition wird die Definition 1.97 des orthogonalen Komplements bezüglich des Skalarprodukts auf beliebige Bilinearformen verallgemeinert. Es gilt:

$$M^\perp \text{ ist ein Unterraum von } V\,,$$

aber i. Allg. ist $M \subset M^{\perp\perp}$ falsch, da aus $\varphi(\boldsymbol{v}, \boldsymbol{w}) = 0$ i. Allg. nicht, wie im bilinearen symmetrischen Fall, $\varphi(\boldsymbol{w}, \boldsymbol{v}) = 0$ gefolgert werden kann.

Für das nicht symmetrische innere Produkt $\langle\,.\,\rangle$ auf $\mathbb{C}^n$ gilt aber z. B. zusätzlich

$$\langle \boldsymbol{v} \,.\, \boldsymbol{w} \rangle = \overline{\langle \boldsymbol{w} \,.\, \boldsymbol{v} \rangle}\,, \quad \text{demgemäß} \quad \varphi(\boldsymbol{v}, \boldsymbol{w}) = 0 \Leftrightarrow \varphi(\boldsymbol{w}, \boldsymbol{v}) = 0\,.$$

Dies motiviert folgende Definition:

Definition 5.13

Sei V ein K-Vektorraum, φ eine α-Bilinearform auf V.

1) φ heißt *orthosymmetrisch*, wenn für alle $\boldsymbol{v}, \boldsymbol{w} \in V$ aus $\varphi(\boldsymbol{v}, \boldsymbol{w}) = 0$ auch $\varphi(\boldsymbol{w}, \boldsymbol{v}) = 0$ folgt.

2) φ heißt *nicht entartet* (oder auch *regulär*), wenn $V^\perp = \{\boldsymbol{0}\}$, d. h. wenn zu jedem $\boldsymbol{0} \neq \boldsymbol{v} \in V$ ein $\boldsymbol{w} \in V$ existiert mit $\varphi(\boldsymbol{w}, \boldsymbol{v}) \neq 0$.

Bemerkungen 5.14

1) Im orthosymmetrischen Fall gilt insofern

$$M^\perp = \{\boldsymbol{v} \in V : \varphi(\boldsymbol{v}, \boldsymbol{w}) = 0 \text{ für alle } \boldsymbol{w} \in M\} \quad \text{und damit} \quad M \subset M^{\perp\perp}\,.$$

2) Jede α-Bilinearform auf V ergibt durch Einschränkung eine α-Bilinearform auf einem Unterraum U.

Die Bilinearform φ eingeschränkt auf U ist damit nicht entartet, genau dann, wenn zu jedem $\mathbf{0} \neq \boldsymbol{v} \in U$ ein $\boldsymbol{w} \in U$ existiert mit $\varphi(\boldsymbol{w}, \boldsymbol{v}) \neq 0$, d. h. genau dann, wenn gilt

$$U \cap U^{\perp} = \{\mathbf{0}\} .$$

Eine nicht entartete α-Bilinearform φ kann auf einem Unterraum U entartet sein. Erfüllt φ z. B. $\varphi(\boldsymbol{v}, \boldsymbol{v}) = 0$ für alle $\boldsymbol{v} \in V$, dann ist φ entartet auf jedem $U = K\boldsymbol{v}$ und dort ist sogar $U \subset U^{\perp}$.

3) Speziell haben wir im Fall $\alpha = \mathrm{id}$ und $M = V$

$$V^{\perp} = \{\boldsymbol{v} \in V : \varphi(\boldsymbol{w}, \boldsymbol{v}) = 0 \text{ für alle } \boldsymbol{w} \in V\} = \{\boldsymbol{v} \in V : \varphi(\cdot, \boldsymbol{v}) = 0\} = \operatorname{Kern} F . \tag{5.8}$$

Dabei ist nach Satz 5.9 die Abbildung $F \in \operatorname{Hom}_K(V, V^*)$ zu φ definiert durch

$$F(\boldsymbol{v})\boldsymbol{w} = \varphi(\boldsymbol{w}, \boldsymbol{v}), \quad \text{also} \quad F(\boldsymbol{v}) \in V^* . \tag{5.9}$$

△

Satz 5.15: Charakterisierung Nichtentartung

Für eine α-Bilinearform φ auf einem endlichdimensionalen Vektorraum V sind äquivalent:

(i) φ ist nicht entartet.

(ii) Zu jedem Vektor $\mathbf{0} \neq \boldsymbol{v} \in V$ existiert ein $\boldsymbol{w} \in V$ mit $\varphi(\boldsymbol{w}, \boldsymbol{v}) \neq 0$.

(iii) Es gibt eine Basis $\mathcal{B}$ von V, so dass $G(\mathcal{B})$ invertierbar ist bzw. $D(\mathcal{B}) \neq 0$.

(iv) Für jede Basis $\mathcal{B}$ von V ist $G(\mathcal{B})$ invertierbar bzw. $D(\mathcal{B}) \neq 0$.

(v) Zu jedem Vektor $\mathbf{0} \neq \boldsymbol{v} \in V$ existiert ein $\boldsymbol{w} \in V$ mit $\varphi(\boldsymbol{v}, \boldsymbol{w}) \neq 0$.

Ist $\alpha = \mathrm{id}$, so kann folgende Äquivalenz noch aufgenommen werden:

(vi) F ist nach (5.9) ein Isomorphismus, d. h. zu jedem $f \in V^*$ existiert genau ein $\boldsymbol{v} \in V$ mit $f(\boldsymbol{w}) = \varphi(\boldsymbol{w}, \boldsymbol{v})$ für alle $\boldsymbol{w} \in V$.

Beweis: „(i) ⇔ (ii)“ nach Definition 5.13.
„(ii) ⇔ (iii)“: Die α-Bilinearform φ auf dem endlichdimensionalen Vektorraum V ist genau dann nicht entartet, wenn ihre darstellende Matrix G^t keinen Vektor $\alpha(\boldsymbol{v}) \neq \mathbf{0} \in K^n$ ($\Leftrightarrow \boldsymbol{v} \neq \mathbf{0}$) auf Null abbildet, d. h., wenn $\operatorname{Rang}(\varphi) = \operatorname{Rang}(G) = \operatorname{Rang}(G^t) = n$ maximal ist.
„(iv) ⇔ (v)“ nach (5.6).
„(i) ⇔ (v)“, denn $\operatorname{Rang}(G) = n \Leftrightarrow \operatorname{Rang}(G^t) = n$.
Ist zusätzlich $\alpha = \mathrm{id}$, d. h. φ eine Bilinearform, so folgt nach Bemerkungen 5.14, 3),

Kern $F = \{\mathbf{0}\}$. Wegen $F \in \mathrm{Hom}_K(V, V^*)$ und $\dim V = \dim V^*$ folgt aus der Injektivität von F nach (5.8) auch die Bijektivität. □

Bemerkungen 5.16

1) Ist die GRAMsche Matrix $G = (a_j\delta_{ij})_{i,j}$ eine Diagonalmatrix, dann ist Nichtentartung äquivalent mit $a_i \neq 0$ für alle $i = 1, \dots, n$.

2) Insbesondere ist für $V = K^n$

$$\varphi(\boldsymbol{v}, \boldsymbol{w}) = \sum_{i=1}^{n} v_i w_i \quad \text{für } \boldsymbol{v} = (v_i)_i, \boldsymbol{w} = (w_i)_i \in K^n$$

nicht entartet. Dennoch ist z. B. für $K = \mathbb{F}_2$ und $\boldsymbol{v} = (1, 1)^t$: $\varphi(\boldsymbol{v}, \boldsymbol{v}) = 1 + 1 = 0$. Für $K = \mathbb{C}$ ist ein analoges Beispiel in Bemerkungen 5.2, 2) erwähnt.

3) Satz 5.15, (vi) ist eine Verallgemeinerung des RIESZschen Darstellungssatzes im endlichdimensionalen Vektorraum (Theorem 3.48). △

Satz 5.17: Orthogonales Komplement

Es sei φ eine orthosymmetrische α-Bilinearform auf dem endlichdimensionalen Vektorraum V und $U \subset V$ ein Unterraum.

1) Es gilt: $\dim U^\perp \geq \operatorname{codim} U$. Ist zusätzlich φ nicht entartet auf V, dann ist sogar

$$\dim U^\perp = \operatorname{codim} U \quad \text{und} \quad U^{\perp\perp} = U\,.$$

2) Ist φ nicht entartet auf U, dann besitzt V eine orthogonale direkte Summen-Zerlegung

$$V = U \oplus U^\perp\,.$$

Ist φ nicht entartet auf V, dann ist φ auch nicht entartet auf $U^\perp$.

Beweis: Zu 1): Sei $\{\boldsymbol{u}_1, \dots, \boldsymbol{u}_m\}$ eine Basis von U und $\{\boldsymbol{v}_1, \dots, \boldsymbol{v}_n\}$ eine Basis von V. Dann gilt $\boldsymbol{v} = \sum_{k=1}^{n} x^k \boldsymbol{v}_k \in U^\perp$ für $x^k \in K$ wegen der Orthosymmetrie genau dann, wenn

$$0 = \varphi(\boldsymbol{v}, \boldsymbol{u}_k) \quad \text{für alle } k = 1, \dots, m$$

und damit $\boldsymbol{x} = (x^k)_k \in K^n$ das homogene LGS $A\boldsymbol{x} = \mathbf{0}$ mit $A = (\varphi(\boldsymbol{v}_j, \boldsymbol{u}_k))_{k,j} \in K^{(m,n)}$ erfüllt. Die Koordinatenabbildung erzeugt also eine Isomorphie zwischen $U^\perp$ und Kern A, insbesondere gilt $\dim U^\perp = \dim \operatorname{Kern} A$. Wegen $\operatorname{Rang}(A) \leq m$ (und nach Theorem 2.32) gilt weiter

$$\dim \operatorname{Kern} A = n - \dim \operatorname{Bild} A \geq n - m = \dim V - \dim U = \operatorname{codim} U$$

und damit folgt die erste Behauptung.

Die zweite Behauptung folgt genauso aus Rang$(A) = m$, d. h. der linearen Unabhängigkeit der Zeilen von A: Sei nun $0 = \sum_{k=1}^{m} \lambda_k \varphi(\boldsymbol{v}_j, \boldsymbol{u}_k)$ für $j = 1, \ldots, n$. Wegen $\lambda_k = \alpha(\mu_k)$ mit $\mu_k = \alpha^{-1}(\lambda_k) \in K$, gilt

$$0 = \sum_{k=1}^{m} \varphi(\boldsymbol{v}_j, \mu_k \boldsymbol{u}_k) = \varphi\left(\boldsymbol{v}_j, \sum_{k=1}^{m} \mu_k \boldsymbol{u}_k\right), \quad \text{also} \quad \sum_{k=1}^{m} \mu_k \boldsymbol{u}_k \in V^\perp .$$

Wegen der Nichtentartung ist $\mu_k = 0$, $k = 1, \ldots, m$, und somit $\lambda_k = 0$, $k = 1, \ldots, m$. Schließlich folgt aus der Orthosymmetrie

$$U \subset U^{\perp\perp}$$

und damit bei Anwendung der obigen Dimensionsformel sowohl auf U als auch auf $U^\perp$

$$\dim U^{\perp\perp} = \dim V - \dim U^\perp = \dim U$$

die Gleichheit dieser Unterräume.
Zu 2): Die Nichtentartung auf U bedeutet gerade

$$U \cap U^\perp = \{\boldsymbol{0}\}, \quad \text{d. h.} \quad U + U^\perp = U \oplus U^\perp$$

und damit nach Satz 1.86

$$\dim(U + U^\perp) = \dim U + \dim U^\perp . \tag{5.10}$$

Zur Folgerung von $U \oplus U^\perp = V$ reicht weiterhin der Nachweis von

$$\operatorname{codim} U = \dim U^\perp , \tag{5.11}$$

wozu nach 1) nur noch $\dim U^\perp \leq \operatorname{codim} U$ gezeigt werden muss. Dies bedeutet

$$\dim U + \dim U^\perp \leq \dim V ,$$

was wegen (5.10) trivial ist.

Für die letzte Aussage kann wegen (5.11) wie bei 1) gefolgert werden:

$$U^{\perp\perp} = U, \quad \text{d. h.} \quad U^\perp \cap U^{\perp\perp} = \{\boldsymbol{0}\}$$

und damit die Nichtentartung von φ auf $U^\perp$. □

Bemerkung 5.18 Unter den Voraussetzungen von Satz 5.17, 2) sei $\mathcal{B}_1$ eine Basis von U, $\mathcal{B}_2$ eine Basis von $U^\perp$, dann ist die darstellende Matrix von φ bezüglich $\mathcal{B} := \mathcal{B}_1 \cup \mathcal{B}_2$ blockdiagonal. △

Definition 5.19

1) Eine Bilinearform auf dem Vektorraum V heißt

$$\begin{aligned} \textit{symmetrisch}, \text{ wenn } \varphi(\boldsymbol{v}, \boldsymbol{w}) &= \varphi(\boldsymbol{w}, \boldsymbol{v}) , \\ \textit{antisymmetrisch}, \text{ wenn } \varphi(\boldsymbol{v}, \boldsymbol{w}) &= -\varphi(\boldsymbol{w}, \boldsymbol{v}) \end{aligned}$$

für alle Vektoren $\boldsymbol{v}, \boldsymbol{w} \in V$.

2) Eine α-Bilinearform heißt

$$\begin{aligned} \textit{hermitesch}, \text{ wenn } \varphi(\boldsymbol{v}, \boldsymbol{w}) &= \alpha(\varphi(\boldsymbol{w}, \boldsymbol{v})) , \\ \textit{antihermitesch}, \text{ wenn } \varphi(\boldsymbol{v}, \boldsymbol{w}) &= -\alpha(\varphi(\boldsymbol{w}, \boldsymbol{v})) \end{aligned}$$

für alle Vektoren $\boldsymbol{v}, \boldsymbol{w} \in V$.

Bemerkungen 5.20

1) Für $K = \mathbb{R}$ und $\alpha = \text{id}$ fallen „(anti-)symmetrisch" und „(anti-)hermitesch" zusammen.

2)

Antisymmetrie ist fast identisch mit der Eigenschaft, *alternierend* zu sein, d. h.

$$\varphi(\boldsymbol{v}, \boldsymbol{v}) = 0 \quad \text{für alle } \boldsymbol{v} \in V$$

zu erfüllen.

Dann gilt (Übung):

a) φ alternierend $\Rightarrow$ φ antisymmetrisch.

b) Ist Char $K \neq 2$ (siehe Bemerkungen 3.10, 2)), dann gilt auch: φ antisymmetrisch $\Rightarrow$ φ alternierend.

3) Ist die Bilinearform φ auf K^n durch ihre darstellende Matrix G gegeben, d. h. $\varphi(\boldsymbol{v}, \boldsymbol{w}) = \boldsymbol{v}^t G^t \boldsymbol{w}$, so ist φ genau dann symmetrisch, wenn $G = G^t$, und antisymmetrisch genau dann, wenn $G = -G^t$.

4) Die Form

$$\varphi(v, w) = \int_a^b \int_a^b v(x) k(x, y) w(y) \, dx dy$$

auf $C([a, b], \mathbb{R})$ ist (anti-)symmetrisch, wenn für ihren Integralkern gilt $k(y, x) = (-)k(x, y)$.

5)

Für zwei Linearformen $f, g \in V^*$ ist

$$f \wedge g := f \otimes g - g \otimes f : (\boldsymbol{v}, \boldsymbol{w}) \mapsto f(\boldsymbol{v})g(\boldsymbol{w}) - f(\boldsymbol{w})g(\boldsymbol{v})$$

anti-symmetrisch.

6) Sei $K = \mathbb{C}$. Hat eine hermitesche Form die Darstellungsmatrix $G \in \mathbb{C}^{(m,n)}$, so gilt für alle $\boldsymbol{v}, \boldsymbol{w} \in \mathbb{C}^n$

$$\boldsymbol{v}^t G^t \overline{\boldsymbol{w}} = \overline{\boldsymbol{w}^t G^t \overline{\boldsymbol{v}}} = \overline{\boldsymbol{w}}^t \overline{G}^t \boldsymbol{v} = \boldsymbol{v}^t \overline{G} \overline{\boldsymbol{w}} ,$$

und damit ist G hermitesch (nach Definition 3.27). Umgekehrt erzeugt jede hermitesche Matrix eine hermitesche Bilinearform.

7) Ist $G = (g_{i,j})$ hermitesch, dann sind

$$\begin{aligned} \mathrm{Re}(G) &:= (\,\mathrm{Re}(g_{i,j}))_{i,j} \text{ symmetrisch,} \\ \mathrm{Im}(G) &:= (\,\mathrm{Im}(g_{i,j}))_{i,j} \text{ antisymmetrisch.} \end{aligned}$$

Da die (anti-)symmetrischen $A \in \mathbb{R}^{(n,n)}$ einen reellen Vektorraum der Dimension $\frac{n(n-1)}{2} + n$ bzw. $\frac{n(n-1)}{2}$ bilden (entsprechend der Anzahl der Einträge unterhalb und einschließlich der Diagonalen bzw. nur unterhalb der Diagonalen, da bei antisymmetrischen Matrizen Diagonalelemente verschwinden), bilden die hermiteschen Matrizen in $\mathbb{C}^{(n,n)}$ einen reellen Vektorraum der Dimension n^2. △

Satz 5.21: Symmetrie-Zerlegung

Es sei K ein Körper mit Char $K \neq 2$. Dann schreibt sich jede Bilinearform auf einem K-Vektorraum auf genau eine Weise als

$$\varphi = \varphi_S + \varphi_A$$

mit einer symmetrischen Bilinearform φ_S und einer antisymmetrischen Bilinearform φ_A.

Beweis: Existenz: Wir definieren φ_S und φ_A durch

$$\begin{aligned} \varphi_S(\boldsymbol{v}, \boldsymbol{w}) &:= \frac{1}{2}(\varphi(\boldsymbol{v}, \boldsymbol{w}) + \varphi(\boldsymbol{w}, \boldsymbol{v})) , \quad \text{d. h. } \varphi_S \text{ ist symmetrisch, und} \\ \varphi_A(\boldsymbol{v}, \boldsymbol{w}) &:= \frac{1}{2}(\varphi(\boldsymbol{v}, \boldsymbol{w}) - \varphi(\boldsymbol{w}, \boldsymbol{v})) , \quad \text{d. h. } \varphi_A \text{ ist antisymmetrisch.} \end{aligned}$$

Dann haben wir

$$\varphi(\boldsymbol{v}, \boldsymbol{w}) = \varphi_S(\boldsymbol{v}, \boldsymbol{w}) + \varphi_A(\boldsymbol{v}, \boldsymbol{w})$$

für alle $\boldsymbol{v}, \boldsymbol{w} \in V$.
Eindeutigkeit: Ist $\varphi = \varphi_S + \varphi_A$ eine Zerlegung von φ in eine symmetrische und eine antisymmetrische Bilinearform, dann ist

$$\tfrac{1}{2}(\varphi(\boldsymbol{v}, \boldsymbol{w}) + \varphi(\boldsymbol{w}, \boldsymbol{v})) = \tfrac{1}{2}(\underbrace{\varphi_S(\boldsymbol{v}, \boldsymbol{w}) + \varphi_S(\boldsymbol{w}, \boldsymbol{v})}_{=2\varphi_S(\boldsymbol{v},\boldsymbol{w})} + \underbrace{\varphi_A(\boldsymbol{v}, \boldsymbol{w}) + \varphi_A(\boldsymbol{w}, \boldsymbol{v})}_{=0})$$

$$\tfrac{1}{2}(\varphi(\boldsymbol{v}, \boldsymbol{w}) - \varphi(\boldsymbol{w}, \boldsymbol{v})) = \tfrac{1}{2}(\underbrace{\varphi_S(\boldsymbol{v}, \boldsymbol{w}) - \varphi_S(\boldsymbol{w}, \boldsymbol{v})}_{=0} + \underbrace{\varphi_A(\boldsymbol{v}, \boldsymbol{w}) - \varphi_A(\boldsymbol{w}, \boldsymbol{v})}_{=2\varphi_A(\boldsymbol{v},\boldsymbol{w})}),$$

und somit ist sowohl φ_S als auch φ_A durch φ schon eindeutig festgelegt. □

Bemerkungen 5.22

1) Für die darstellende Matrix G einer Bilinearform bedeutet die Aussage von Satz 5.21 nichts anderes als die recht triviale Identität

$$G^t = \frac{1}{2}(G^t + G) + \frac{1}{2}(G^t - G).$$

2) Satz 5.21 gilt auch für α-Bilinearformen, sofern $\alpha^2 = \mathrm{id}$ gilt, d. h. α eine *Involution* ist, und bedeutet dann eine eindeutige Zerlegung in eine hermitesche Bilinearform φ_H und eine antihermitesche Bilinearform φ_Γ.

Der Beweis von Satz 5.21 kann mit folgender Modifikation wiederholt werden:

$$\varphi_H(\boldsymbol{v}, \boldsymbol{w}) := \frac{1}{2}(\varphi(\boldsymbol{v}, \boldsymbol{w}) + \alpha\varphi(\boldsymbol{w}, \boldsymbol{v}))$$
$$\varphi_\Gamma(\boldsymbol{v}, \boldsymbol{w}) := \frac{1}{2}(\varphi(\boldsymbol{v}, \boldsymbol{w}) - \alpha\varphi(\boldsymbol{w}, \boldsymbol{v})).$$

△

In Verallgemeinerung von Satz 2.13 und Satz 3.22 können die linearen Abbildungen betrachtet werden, die eine α-Bilinearform invariant lassen.

Definition 5.23

Seien V und W zwei K-Vektorräume, jeweils mit einer α-Bilinearform φ bzw. $\widetilde{\varphi}$. Dann heißt $\Psi \in \mathrm{Hom}_K(V, W)$ *Isometrie von V nach W*, wenn

$$\widetilde{\varphi}(\Psi\boldsymbol{v}, \Psi\boldsymbol{w}) = \varphi(\boldsymbol{v}, \boldsymbol{w}) \quad \text{für alle } \boldsymbol{v}, \boldsymbol{w} \in V.$$

Ist $V = W$ und $\widetilde{\varphi} = \varphi$, dann heißt Ψ *Isometrie auf V*.

Für einen euklidischen bzw. unitären Vektorraum sind also die orthogonalen bzw. unitären Abbildungen genau die Isometrien bezüglich des inneren Produkts als α-Bilinearform ($\alpha = \mathrm{id}$ bzw. $\alpha(c) = \overline{c}$).

Satz 5.24: Gruppe der Isometrien

Sei V ein endlichdimensionaler K-Vektorraum mit nicht entarteter α-Bilinearform φ. Dann gilt:

1) Die Isometrien auf V bilden eine Gruppe.

2) Sei $\mathcal{B} := \{\boldsymbol{v}_1, \ldots, \boldsymbol{v}_n\}$ eine Basis von V, sei $\Phi \in \mathrm{Hom}_K(V, V)$ und A die Darstellungsmatrix von Φ, d. h. $A = {}_{\mathcal{B}}[\Phi]_{\mathcal{B}}$. Φ ist eine Isometrie, genau dann, wenn

$$G(\mathcal{B}) = \alpha(A)^t G(\mathcal{B}) A$$

mit der GRAMschen Matrix $G(\mathcal{B})$.

Beweis: Zu 1): Die Komposition von Isometrien ist eine Isometrie, so dass es reicht, für eine Isometrie Φ zu zeigen: Φ^{-1} existiert (und ist dann Isometrie). Aus $\Phi\boldsymbol{v} = \boldsymbol{0}$ folgt

$$0 = \varphi(\Phi\boldsymbol{w}, \Phi\boldsymbol{v}) = \varphi(\boldsymbol{w}, \boldsymbol{v}) \quad \text{für alle } \boldsymbol{w} \in V$$

und wegen der Nichtentartung $\boldsymbol{v} = \boldsymbol{0}$. Demnach ist Φ injektiv und damit bijektiv.
Zu 2): Da Φ genau dann Isometrie ist, wenn

$$\varphi(\Phi\boldsymbol{v}_j, \Phi\boldsymbol{v}_k) = \varphi(\boldsymbol{v}_j, \boldsymbol{v}_k) \quad \text{für alle } j, k = 1, \ldots, n\,,$$

und da rechts das (k, j)-te Element der darstellenden Matrix in der Basis $\mathcal{B}$, links das gleiche Element in der darstellenden Matrix in der Basis $\Phi[\mathcal{B}]$, sodass die Übergangsmatrix gerade A ist, steht, folgt die Behauptung aus Theorem 5.6. Bei der Rückrichtung beachte man, dass die Matrixidentiät die Invertierbarkeit von A bzw. Φ impliziert. □

Daher können wir verallgemeinernd definieren:

Definition 5.25

Sei V ein K-Vektorraum mit nicht entarteter α-Bilinearform φ.

1) Sei $\alpha = \mathrm{id}$ und φ symmetrisch, Char $K \neq 2$.

$$\mathrm{O}(V; \varphi) := \{\Phi \in \mathrm{Hom}_K(V, V) : \Phi \text{ ist Isometrie auf } V\}$$

heißt *orthogonale Gruppe* und

$$\mathrm{SO}(V; \varphi) := \{\Phi \in \mathrm{O}(V; \varphi) : \det \Phi = 1\}\,.$$

heißt *spezielle orthogonale Gruppe* zu φ.

2) Sei $\alpha^2 = \text{id} \neq \alpha$ und

$$\varphi(\boldsymbol{v}, \boldsymbol{w}) = \alpha(\varphi(\boldsymbol{w}, \boldsymbol{v})) \quad \text{für alle } \boldsymbol{v}, \boldsymbol{w} \in V\,.$$

Dann heißt

$$\mathrm{U}(V; \varphi) := \{\Phi \in \mathrm{Hom}_K(V, V) : \Phi \text{ ist Isometrie auf } V\}$$

unitäre Gruppe und

$$\mathrm{SU}(V; \varphi) := \{\Phi \in \mathrm{U}(V; \varphi) : \det \Phi = 1\}$$

spezielle unitäre Gruppe zu φ.

Bemerkung 5.26 Durch Übergang zur GRAMschen Matrix ergeben sich entsprechende Gruppen von Matrizen nach Satz 5.24, 2): Sei $C \in \mathrm{GL}(K, n)$. Dann heißen

$$\begin{aligned}
\mathrm{O}(n, K; C) &:= \{A \in K^{(n,n)} : A^t C A = C\}\,,\\
\mathrm{SO}(n, K; C) &:= \{A \in \mathrm{O}(n, K; C) : \det(A) = 1\}\,,\\
\mathrm{U}(n, K; C) &:= \{A \in K^{(n,n)} : \alpha(A)^t C A = C\}\,,\\
\mathrm{SU}(n, K; C) &:= \{A \in U(n, K; C) : \det(A) = 1\}
\end{aligned}$$

orthogonale Gruppe, spezielle orthogonale Gruppe, unitäre bzw. *spezielle unitäre Gruppe* zu C. Ist C die Darstellungsmatrix zu φ, so sind die Elemente von $\mathrm{O}(n, K; C)$ bzw. $\mathrm{U}(n, K; C)$ gerade die Darstellungsmatrizen der Elemente von $\mathrm{O}(V; \varphi)$ bzw. $\mathrm{U}(V; \varphi)$ bezüglich der gleichen festen Basis. Insbesondere findet sich die Definition von $\mathrm{O}(n, \mathbb{R})$ in Beispiele 3.2, 7) und die Gruppe $\mathrm{O}(n, \mathbb{C})$ der unitären Matrizen im Sinne von Definition 3.26 wieder als

$$\begin{aligned}
\mathrm{O}(n, \mathbb{R}) &= \mathrm{O}(n, \mathbb{R}; \mathbb{1})\\
\mathrm{O}(n, \mathbb{C}) &= \mathrm{U}(n, \mathbb{C}; \mathbb{1}) \quad \text{und } \alpha(c) = \bar{c}\,.
\end{aligned}$$

Ist $\langle\,.\,\rangle = \langle\,.\,\rangle_C$ ein durch $C \in \mathbb{K}^{(n,n)}, C > 0$ erzeugtes, folglich allgemeines inneres Produkt auf $\mathbb{K}^n$, dann sind die bezüglich $\langle\,.\,\rangle_C$ orthogonalen bzw. unitären Matrizen gerade

$$\mathrm{O}(n, \mathbb{R}; C) \text{ für } \mathbb{K} = \mathbb{R} \quad \text{bzw.} \quad \mathrm{U}(n, \mathbb{C}; C) \text{ mit } \alpha(c) = \bar{c} \text{ für } \mathbb{K} = \mathbb{C}\,.$$

△

Was Sie in diesem Abschnitt gelernt haben sollten:

Begriffe:

- α-Bilinearform, Bilinearform
- Darstellungsmatrix einer Bilinearform $G(\mathcal{B})$
- Orthogonales Komplement
- Orthosymmetrische α-Bilinearform
- Nicht entartete α-Bilinearform
- Symmetrische/hermitesche (antisymmetrische/antihermitesche) Bilinearform
- Isometrie auf Raum mit Bilinearform

Zusammenhänge:

- Zweifach kovariantes Transformationsverhalten bei α-Bilinearformen (Theorem 5.6)
- Isomorphie Raum der Bilinearformen und $\mathrm{Hom}_K(V, V^*)$ (Satz 5.9)
- φ orthosymmetrisch, nicht entartet auf $U : V = U \oplus U^\perp$ (Satz 5.17)
- Symmetriezerlegung (Satz 5.21)

Beispiele:

- Zerfallende Bilinearform

Aufgaben

Aufgabe 5.1 (K) Es sei V der $\mathbb{R}$-Vektorraum der reellen Polynome vom Grad ≤ 2 und φ die Bilinearform

$$\varphi(f, g) := \int_{-1}^{1} f(x)g(x)\,dx$$

auf V. Bestimmen Sie die darstellende Matrix von φ in Bezug auf die Basis $1, x, x^2$ (vgl. (1.81)).

Aufgabe 5.2 (K) Es sei V der $\mathbb{R}$-Vektorraum der reellen Polynome vom Grad ≤ 1. Bestimmen Sie in Bezug auf die Basis $1, x$ die darstellende Matrix der Bilinearform:

a) $\varphi(f, g) := \int_0^1 \int_0^1 (x + y) f(x) g(y)\,dxdy$,
b) $\psi(f, g) := \int_0^1 \int_0^1 (x - y) f(x) g(y)\,dxdy$.
c) Bestimmen Sie eine Basis von V, bezüglich der φ eine darstellende Matrix in Diagonalform hat.

Aufgabe 5.3 (K) Auf $V = C([a,b],\mathbb{K})$ sei die Abbildung

$$\varphi : V \times V \to \mathbb{K}\,, \quad \varphi(v,w) := \int_a^b v(x)k(x)\overline{w(x)}\,dx$$

definiert, wobei $k \in C([a,b],\mathbb{R})$. Zeigen Sie:

a) φ ist eine hermitesche α–Bilinearform.
b) Falls $k(x) > 0$ für alle $x \in [a,b]$ gilt, dann ist φ positiv definit.

Aufgabe 5.4 (T) Es sei φ eine Bilinearform auf dem endlichdimensionalen K-Vektorraum V. Zeigen Sie die Äquivalenz der beiden folgenden Aussagen:

(i) $\mathrm{Rang}(\varphi) \leq k$.

(ii) Es gibt $f_1, g_1, \ldots, f_k, g_k \in V^*$ mit $\varphi = f_1 \otimes g_1 + \ldots + f_k \otimes g_k$.

Aufgabe 5.5 (K) Es bezeichne $\boldsymbol{e}_1, \boldsymbol{e}_2, \boldsymbol{e}_3 \in \mathbb{R}^3$ die Standardbasis und

$$\boldsymbol{a}_1 := (1,1,0)\,, \quad \boldsymbol{a}_2 := (0,1,1)\,, \quad \boldsymbol{a}_3 := (1,0,1)\,.$$

a) Es bezeichne φ die Bilinearform auf dem $\mathbb{R}^3$ mit $\varphi(\boldsymbol{e}_i, \boldsymbol{e}_j) = \delta_{i,j}$. Bestimmen Sie die darstellende Matrix von φ in der Basis $\boldsymbol{a}_1, \boldsymbol{a}_2, \boldsymbol{a}_3$.
b) Es bezeichne ψ die Bilinearform auf dem $\mathbb{R}^3$ mit $\psi(\boldsymbol{a}_i, \boldsymbol{a}_j) = \delta_{i,j}$. Bestimmen Sie die darstellende Matrix von ψ in der Standardbasis.

Aufgabe 5.6 (T) Man zeige, dass jede nicht entartete orthosymmetrische Bilinearform entweder symmetrisch oder antisymmetrisch ist.

Aufgabe 5.7 (T) Beweisen Sie Bemerkungen 5.20, 2).

Aufgabe 5.8 (T) Zeigen Sie Beispiele 5.11, 3).

5.2 Symmetrische Bilinearformen und hermitesche Formen

Die wichtigsten symmetrischen Bilinearformen sind:

- Das euklidische Skalarprodukt $\varphi(\boldsymbol{v}, \boldsymbol{w}) = \sum_{\nu=1}^{n} v^{\nu} w^{\nu}$ auf dem Zahlenraum $\mathbb{R}^n$ mit der darstellenden Matrix

$$\left(\varphi(\boldsymbol{e}_{\mu}, \boldsymbol{e}_{\nu})\right)_{\nu,\mu} = \mathbb{1}_n .$$

- Die *MINKOWSKI*[1]*-Form* auf dem $\mathbb{R}^4$: Für $\boldsymbol{v} = (v^i)_i, \boldsymbol{w} = (w^i)_i \in \mathbb{R}^4$ ist

$$\varphi(\boldsymbol{v}, \boldsymbol{w}) = v^1 w^1 + v^2 w^2 + v^3 w^3 - c^2 v^4 w^4$$

mit einer Konstanten $c > 0$. Die darstellende Matrix ist

$$\begin{pmatrix} 1 & & & \\ & 1 & & \\ & & 1 & \\ & & & -c^2 \end{pmatrix} .$$

Die MINKOWSKI-Form stammt aus EINSTEINs spezieller Relativitätstheorie. Hierbei ist die Zeit die vierte Dimension des vierdimensionalen Raum-Zeit-Kontinuums.

Definition 5.27

Jede α-Bilinearform φ definiert eine Funktion q_{φ} von *einem Argument* $\boldsymbol{v} \in V$

$$q_{\varphi} : V \to K , \quad \boldsymbol{v} \mapsto \varphi(\boldsymbol{v}, \boldsymbol{v}) .$$

Diese Funktion q_{φ} heißt die *quadratische Form* zur Bilinearform φ.

Für obige Beispiele gilt:

- Das euklidische Skalarprodukt auf $\mathbb{K}^n$ hat die quadratische Form

$$q_{\varphi}(\boldsymbol{v}) = \sum_{\nu=1}^{n} |v^{\nu}|^2 = \|\boldsymbol{v}\|_2^2 .$$

- Die MINKOWSKI-Form hat die quadratische Form

$$q_{\varphi}(\boldsymbol{v}) = (v^1)^2 + (v^2)^2 + (v^3)^2 - c^2 (v^4)^2 .$$

Bemerkungen 5.28

1) Sei φ eine Bilinearform. Nach Satz 5.21 gilt:

---

[1] Hermann MINKOWSKI ∗22. Juni 1864 in Aleksotas †12. Januar 1909 in Göttingen

$$\varphi(\boldsymbol{v}, \boldsymbol{v}) = \varphi_S(\boldsymbol{v}, \boldsymbol{v}) + \varphi_A(\boldsymbol{v}, \boldsymbol{v}) = \varphi_S(\boldsymbol{v}, \boldsymbol{v})$$

mit einem symmetrischen Anteil φ_S und einem antisymmetrischen Anteil φ_A. Damit folgt

$$q_\varphi = q_{\varphi_S} \tag{5.12}$$

und die Bilinearform kann bei Betrachtung der zugehörigen quadratischen Form o. B. d. A. als symmetrisch angesehen werden.

2) Eine quadratische Form $q : V \to K$ hat die Eigenschaft: $q(\lambda \boldsymbol{v}) = \lambda\alpha(\lambda)q(\boldsymbol{v})$ für $\lambda \in K$, $\boldsymbol{v} \in V$, d. h.

$$q(\lambda \boldsymbol{v}) = \lambda^2 q(\boldsymbol{v}) \quad \text{bzw.} \quad q(\lambda \boldsymbol{v}) = |\lambda|^2 q(\boldsymbol{v}) \tag{5.13}$$

für Bilinearformen bzw. für hermitesche Formen. △

Einer der Gründe für das Interesse an *symmetrischen* Bilinearformen liegt darin, dass sie helfen, mit Mitteln der linearen Algebra die *nichtlinearen* quadratischen Formen q_φ zu verstehen. Der Zusammenhang zwischen einer symmetrischen Bilinearform φ und ihrer quadratischen Form q_φ ist sehr eng:

Theorem 5.29: Polarisationsformel

1) Es sei φ eine symmetrische Bilinearform auf dem K-Vektorraum V über einem Körper K mit Char $K \neq 2$. Dann gilt

$$\varphi(\boldsymbol{v}, \boldsymbol{w}) = \frac{1}{2}(q_\varphi(\boldsymbol{v} + \boldsymbol{w}) - q_\varphi(\boldsymbol{v}) - q_\varphi(\boldsymbol{w})) \quad \text{für alle } \boldsymbol{v}, \boldsymbol{w} \in V .$$

Insbesondere ist die Bilinearform φ durch ihre quadratische Form q_φ eindeutig bestimmt.

2) Sei φ eine hermitesche Form auf einem $\mathbb{C}$-Vektorraum V. Dann gilt

$$\mathrm{Re}(\varphi(\boldsymbol{v}, \boldsymbol{w})) = \frac{1}{2}(q_\varphi(\boldsymbol{v} + \boldsymbol{w}) - q_\varphi(\boldsymbol{v}) - q_\varphi(\boldsymbol{w})) \quad \text{für alle } \boldsymbol{v}, \boldsymbol{w} \in V$$

und

$$q_\varphi(\boldsymbol{v}) \in \mathbb{R} \quad \text{für alle } \boldsymbol{v} \in V .$$

Insbesondere ist φ durch ihre quadratische Form q_φ eindeutig bestimmt, da weiter gilt:

$$\mathrm{Im}(\varphi(\boldsymbol{v}, \boldsymbol{w})) = \mathrm{Re}(\varphi(\boldsymbol{v}, i\boldsymbol{w})) .$$

Beweis: Zu 1): Wir verwenden dieselbe Rechnung, die wir in Satz 2.13 benutzt haben, um einzusehen, dass die Längentreue der orthogonalen Abbildungen deren Winkeltreue impliziert.

$$\begin{aligned} q_\varphi(\boldsymbol{v}+\boldsymbol{w}) &= \varphi(\boldsymbol{v}+\boldsymbol{w},\boldsymbol{v}+\boldsymbol{w}) = \varphi(\boldsymbol{v},\boldsymbol{v}) + \varphi(\boldsymbol{v},\boldsymbol{w}) + \varphi(\boldsymbol{w},\boldsymbol{v}) + \varphi(\boldsymbol{w},\boldsymbol{w}) \\ &= 2\cdot\varphi(\boldsymbol{v},\boldsymbol{w}) + q_\varphi(\boldsymbol{v}) + q_\varphi(\boldsymbol{w})\,, \end{aligned}$$

wobei hier $2 := 1+1 \neq 0$ und $\frac{1}{2} := 2^{-1}$.
Zu 2): Wir benutzen dieselbe Rechnung wie für (3.23):

$$\begin{aligned} q_\varphi(\boldsymbol{v}+\boldsymbol{w}) &= \varphi(\boldsymbol{v}+\boldsymbol{w},\boldsymbol{v}+\boldsymbol{w}) = \varphi(\boldsymbol{v},\boldsymbol{v}) + \varphi(\boldsymbol{v},\boldsymbol{w}) + \varphi(\boldsymbol{w},\boldsymbol{v}) + \varphi(\boldsymbol{w},\boldsymbol{w}) \\ &= \varphi(\boldsymbol{v},\boldsymbol{v}) + \varphi(\boldsymbol{v},\boldsymbol{w}) + \overline{\varphi(\boldsymbol{v},\boldsymbol{w})} + \varphi(\boldsymbol{w},\boldsymbol{w}) = \varphi(\boldsymbol{v},\boldsymbol{v}) + 2\,\mathrm{Re}(\varphi(\boldsymbol{v},\boldsymbol{w})) + \varphi(\boldsymbol{w},\boldsymbol{w})\,. \end{aligned}$$

Für die nächste Behauptung beachte man

$$q_\varphi(\boldsymbol{v}) = \varphi(\boldsymbol{v},\boldsymbol{v}) = \overline{\varphi(\boldsymbol{v},\boldsymbol{v})}\,.$$

Auch die letzte Behauptung lässt sich wie in (3.20) beweisen. □

Bemerkung 5.30 Ist K ein Körper mit $\operatorname{Char} K \neq 2$ und $q : V \to K$ eine Abbildung, die (5.13) erfüllt und für die

$$\varphi(\boldsymbol{v},\boldsymbol{w}) := \frac{1}{2}\left(q(\boldsymbol{v}+\boldsymbol{w}) - q(\boldsymbol{v}) - q(\boldsymbol{w})\right)$$

bilinear (und notwendigerweise symmetrisch) ist, so gilt $q = q_\varphi$. △

Hauptsatz 5.31: Diagonalisierung symmetrischer Bilinearformen, $\operatorname{Char} K \neq 2$

Es sei φ eine symmetrische Bilinearform auf einem endlichdimensionalen K-Vektorraum V, wobei $\operatorname{Char} K \neq 2$, oder eine hermitesche Form über $\mathbb{C}$. Dann gibt es eine Basis $\boldsymbol{v}_1,\ldots,\boldsymbol{v}_n \in V$ mit $\varphi(\boldsymbol{v}_\mu,\boldsymbol{v}_\nu) = 0$ für $\mu \neq \nu$. In dieser Basis hat φ daher die darstellende Matrix

$$\begin{pmatrix} q_\varphi(\boldsymbol{v}_1) & & & \\ & q_\varphi(\boldsymbol{v}_2) & & \\ & & \ddots & \\ & & & q_\varphi(\boldsymbol{v}_n) \end{pmatrix}.$$

Für eine hermitesche Form über $\mathbb{C}$ ist diese Matrix reell.

Beweis: Nach Theorem 5.6 und Definition 5.7 ist somit danach gefragt, ob die symmetrische bzw. hermitesche Darstellungsmatrix von φ zu einer Diagonalmatrix α-kongruent ist. Hierfür ist orthogonale (für allgemeines K formuliert) bzw. unitäre Ähnlichkeit ausreichend. Insofern folgt die Aussage aus Hauptsatz 4.51 mit Bemerkungen 4.52, 3) und den Überlegungen von Hauptsatz 4.58. Dies braucht die algebraische Abgeschlossenheit von K. Daher wird für den allgemeinen Fall ein Beweis analog zu Hauptsatz 4.51 wiederholt.

Induktion nach $\dim(V) = n$: Für $\dim(V) = 1$ (Induktionsanfang) ist nichts zu zeigen. Sei nunmehr $n \geq 2$ und die Behauptung werde als gültig angenommen für alle K-Vektorräume W mit $\dim(W) < \dim(V)$. Wenn $\varphi(\boldsymbol{v}, \boldsymbol{w}) = 0$ ist für alle Vektoren $\boldsymbol{v}, \boldsymbol{w} \in V$, dann hat φ die Nullmatrix als darstellende Matrix, d. h. die Behauptung gilt trivialerweise. Andernfalls gibt es wegen der Polarisationsformel (Theorem 5.29) aber einen Vektor $\boldsymbol{v}_1 \in V$ mit $q_\varphi(\boldsymbol{v}_1) = \varphi(\boldsymbol{v}_1, \boldsymbol{v}_1) \neq 0$. Auf dem eindimensionalen Unterraum $K\boldsymbol{v}_1 \subset V$ ist die Bilinearform φ nicht entartet. Nach Satz 5.17 gibt es eine orthogonale direkte Summenzerlegung

$$V = K\boldsymbol{v}_1 \oplus \boldsymbol{v}_1^\perp$$

mit $\dim(\boldsymbol{v}_1^\perp) = n - 1$. Nach Induktionsannahme gibt es demnach eine Basis $\boldsymbol{v}_2, \ldots, \boldsymbol{v}_n \in \boldsymbol{v}_1^\perp$ mit $\varphi(\boldsymbol{v}_k, \boldsymbol{v}_l) = 0$ für $2 \leq k < l \leq n$. Da nach Konstruktion $\varphi(\boldsymbol{v}_1, \boldsymbol{v}_l) = 0$ für $l = 2, \ldots, n$, hat die Basis $\boldsymbol{v}_1, \boldsymbol{v}_2, \ldots, \boldsymbol{v}_n$ die gewünschte Diagonalisierungseigenschaft.

Für eine hermitesche Form über $\mathbb{C}$ folgt die Zusatzbehauptung aus Theorem 5.29, 2).□

Bemerkungen 5.32

1)

In Analogie zu Definition 1.109 nennt man eine Basis $\boldsymbol{v}_1, \ldots, \boldsymbol{v}_n \in V$ mit

$$\varphi(\boldsymbol{v}_\mu, \boldsymbol{v}_\nu) = \lambda_\mu \delta_{\mu,\nu} \quad \text{für } \mu, \nu = 1, \ldots, n$$

eine *Orthogonalbasis* bezüglich φ und bei $\lambda_\mu = 1$ für $\mu = 1, \ldots, n$ eine *Orthonormalbasis*.

Sie kann nach dem Beweis von Hauptsatz 5.31 in endlich vielen Schritten ermittelt werden und entspricht konkret einer sukzessiven Variablentransformation durch quadratische Ergänzung.

2) Der Beweis von Hauptsatz 5.31 entspricht nämlich folgender Rechnung für eine symmetrische (Darstellungs-) Matrix $A \in K^{(n,n)}$:

O. B. d. A. sei $a_{1,1} \neq 0$, ansonsten werde mit einem $\ell \in \{2, \ldots, n\}$ begonnen, so dass $a_{\ell,\ell} \neq 0$, d.h. die Indizes 1 und ℓ werden getauscht,

$$\boldsymbol{x}^t A \boldsymbol{x} = a_{1,1} x_1^2 + 2 \sum_{i=2}^{n} a_{1i} x_1 x_i + \sum_{i,j=2}^{n} a_{i,j} x_i x_j =: T_1 + T_2$$

und mit quadratischer Ergänzung mit $a'_{1,i} := a_{1,i}/a_{1,1}$:

$$T_1 = a_{1,1}\left(x_1^2 + 2\sum_{i=2}^{n} a'_{1,i}x_1x_i\right) = a_{1,1}\left(\left(\boldsymbol{x}_1 + \sum_{i=2}^{n} a'_{1,i}x_i\right)^2 - \sum_{i=2}^{n} a'^2_{1,i}x_i^2 - 2\sum_{\substack{i,j=2\\i<j}}^{n} a'_{1,i}a'_{1,j}x_ix_j\right)$$

und damit mit der neuen Variable $y_1 := x_1 + \sum_{i=2}^{n} a'_{1,i}x_i$:

$$T_1 = a_{1,i}y_1^2 + T_{1,2}\,, \quad T_{1,2} := -\sum_{i=2}^{n} \frac{a_{1,i}^2}{a_{1,1}}x_i^2 - 2\sum_{\substack{i,j=2\\i<j}}^{n} a_{1,i}a_{1,j}x_ix_j\frac{1}{a_{1,1}}\,.$$

Also

$$x^tAx = a_{1,1}y_1^2 + \sum_{i=2}^{n} a''_{i,i}x_i^2 + \sum_{i,j=2}^{n} 2\,a''_{i,j}x_ix_j\,,$$

wobei $a''_{i,i} := a_{i,i} - a_{1,i}^2/a_{1,1}$, $a''_{i,j} := a_{i,j} - a_{1,i}a_{1,j}\frac{1}{a_{1,1}}$, $i = j = 2,\ldots,n$, $j > i$, so dass der Vorgang für die weiteren Indizes wiederholt werden kann. Dieses Verfahren läuft entweder in $n-1$ Schritten durch, indem immer wieder im k-ten Schritt ein Index $\ell \in \{k,\ldots,n\}$ gefunden wird, so dass $a_{\ell,\ell} \neq 0$, oder es verbleibt eine modifizierte Restmatrix $\widetilde{A}^{(k)} \in K^{n-k+1,n-k+1}$, so dass für die transformierte Matrix gilt:

$$A^{(k)} = \left(\begin{array}{c|c} D^{(k-1)} & 0 \\ \hline 0 & \widetilde{A}^{(k)} \end{array}\right) \tag{5.15a}$$

mit einer Diagonalmatrix $D^{(k-1)}$ und $\left(\widetilde{A}^{(k)}\right)_{i,i} = 0$ für alle $i = k,\ldots,n$, aber $\widetilde{A}^{(k)} \neq 0$. Dann gibt es ein $\boldsymbol{c}_1 \in K^{n-k+1}$, $\boldsymbol{c}_1 \neq 0$, und $\boldsymbol{c}_1^t A^{(k)}\boldsymbol{c}_1 \neq 0$ (siehe Bemerkungen 2.62, 3)). Dieses wird ergänzt zu einer Basis von K^{n-k+1}, $\mathcal{B} = \{\boldsymbol{c}_1,\ldots,\boldsymbol{c}_{n-k+1}\}$, so dass also die Variablentransformation

$$\boldsymbol{y} := \left(\frac{\boldsymbol{y}_1}{\boldsymbol{y}_2}\right) = \left(\frac{\boldsymbol{x}_1}{C^{-1}\boldsymbol{x}_2}\right),$$

wobei $C = (\boldsymbol{c}_1,\ldots,\boldsymbol{c}_{n-k+1})$ und $\boldsymbol{x} = \left(\frac{\boldsymbol{x}_1}{\boldsymbol{x}_2}\right)$, $\boldsymbol{x}_1 \in K^{k-1}$, die bis zu diesem Punkt erhaltene transformierte Variable bezeichnet, folgende Form erreicht

$$\widehat{A}^{(k)} = \left(\begin{array}{c|c} D^{(k-1)} & 0 \\ \hline 0 & \widetilde{\widetilde{A}}^{(k)} \end{array}\right)$$

$\left(\widetilde{\widetilde{A}}^{(k)}\right)_{1,1} \neq 0$. Dies ist also eine Verallgemeinerung der obigen Vertauschung, bei der $\boldsymbol{c}_1 = \boldsymbol{e}_\ell$, $\boldsymbol{c}_\ell = \boldsymbol{e}_1$, $\boldsymbol{c}_j = \boldsymbol{e}_j$, sonst, wenn die Indizes 1 und ℓ (bezogen auf die „Restindexmenge“ $\{k,\ldots,n\}$) getauscht werden sollen. Weiter unten wird geklärt, wie $\mathcal{B}$ bzw. C algorithmisch bestimmt werden kann. Damit kann also in der oben beschriebenen Weise mit quadratischer Ergänzung fortgefahren werden.

3) Tatsächlich handelt es sich bei der obigen Vorgehensweise in 2) um eine Modifizierung des GAUSS-Verfahrens, die manchmal auch *symmetrisches* GAUSS-Verfahren genannt wird: Sei $A^{(1)} := A$. Wir entwickeln das Verfahren analog zur LR-Zerlegung in Abschnitt 2.4.3 (ohne Pivotsuche) und 2.5.2 (mit Pivotsuche) und benutzen die dortige Notation. Der die erste Zeile betreffende Eliminationsschritt zur Bereinigung der ersten Spalte unterhalb der Diagonalen wird beschrieben durch die FROBENIUS-Matrix $L^{(1)}$. Die gleichen Umformungen auf die erste Zeile angewandt eliminieren wegen der Symmetrie von $A^{(1)}$ die dortigen Einträge rechts von der Diagonalen, lassen aber alle anderen Matrixelemente unverändert, so dass

$$A^{(2)} := L^{(1)} A^{(1)} L^{(1)^t}$$

sich ergibt, mit der Gestalt

$$A^{(2)} = \begin{pmatrix} \alpha_1 & 0 \\ 0 & \widetilde{A}^{(2)} \end{pmatrix}$$

und hervorgegangen durch die Variablentransformation $\boldsymbol{y} = L^{(1)^{-1}} \boldsymbol{x}$, siehe Theorem 4.3. Nach (vorläufiger) Voraussetzung ist $(A^{(2)})_{2,2} \neq 0$ bzw. allgemein im k-ten Schritt $(A^{(k)})_{k,k} \neq 0$, und die Symmetrie hat sich auf $A^{(k)}$ übertragen, so dass entsprechend fortgefahren werden kann: Ist $L^{(k)}$ die FROBENIUS-Matrix zur Bereinigung der k-ten Spalte unter der Diagonalen, so führt die Variablentransformation mit $L^{(k)^{-1}}$ auch zu einer Bereinigung der k-ten Zeile rechts von der Diagonalen. Algorithmisch sind nur die Spaltenumformungen durchzuführen und die Zeilenelemente Null zu setzen. Insgesamt ergibt sich mit $C^{(k)} = L^{(k)t}$

$$A^{(k+1)} := C^{(k)t} A^{(k)} C^{(k)} = \left(\begin{array}{c|c} D^{(k)} & 0 \\ \hline 0 & \widetilde{A}^{(k+1)} \end{array}\right) \tag{5.15b}$$

Im Spezialfall, dass A nichtsingulär ist und eine LR-Zerlegung existiert (siehe (2.156)), lässt sich der obige Zusammenhang direkter sehen. Die LR-Zerlegung $A = LR$ kann geschrieben werden als

$$A = LD\widetilde{R}\,,$$

(siehe (4.110)), wobei sowohl obere und untere Dreiecksmatrix normiert sind, d.h. die Diagonalelemente von R bilden die Diagonalmatrix D. Wegen der Symmetrie ist damit

$$A = LDL^t$$

bzw.

$$D = \left(L^{-t}\right)^t AL^{-t}\,.$$

Analog zu Abschnitt 2.5.2 muss noch der Fall $\left(A^{(k)}\right)_{k,k} = 0$ behandelt werden. Ist eines der nachfolgenden Diagonalelemente $\left(A^{(k)}\right)_{\ell,\ell} \neq 0$, $\ell = k+1, \ldots, n$, kann analog zur

Zeilenvertauschung verfahren werden. Diese Zeilenvertauschung, beschrieben durch die Permutationsmatrix P_{τ_k} wird auch als entsprechende Spaltenvertauschung durchgeführt, d.h. $A^{(k)}$ durch $P_{\tau_k}A^{(k)}P_{\tau_k}$ ersetzt, und dadurch ein Diagonalelement vertauscht. Es gilt also weiterhin (5.15b), aber mit

$$C^{(k)} = P_{\tau_k}L^{(k)t} .$$

Ist keines der Diagonalelemente ungleich 0, muss erst wie oben nach (5.15a) folgend verfahren werden, also mit der Variablentransformation $\boldsymbol{y} = C\boldsymbol{x}$, $\widetilde{A}^{(1)} := C^t A^{(1)} C$ und dann $(A^{(1)})_{i,i} \neq 0$ für ein $i \in \{1, \ldots, n\}$. Liegt vor dem k-ten Schritt die Form (5.15a) vor, kann mit $\widetilde{A}^{(k)}$ entsprechend verfahren werden, d.h. es wird eine Variablentransformation mittels C gesucht, so dass

$$\widehat{A}^{(k)} := C^t A^{(k)} C$$

$\left(\widehat{A}^{(k)}\right)_{i,i} \neq 0$ für ein $i \in \{k, \ldots, n\}$ erfüllt. Die nötige Transformationsmatrix C kann im k-ten Schritt folgendermaßen erhalten werden: Da für mindestens ein Paar $(i, j) \in \{k, \ldots, n\}$ $\left(A^{(k)}\right)_{i,j} \neq 0$ ist und es sich um die Darstellungsmatrix der Bilinearform in der aktuellen Basis $\boldsymbol{v}_1, \ldots, \boldsymbol{v}_n$ handelt, ist nach Theorem 5.29, 1)

$$0 \neq \left(A^{(k)}\right)_{i,j} = \varphi(\boldsymbol{v}_j, \boldsymbol{v}_i) = \frac{1}{2} q_\varphi(\boldsymbol{v}_i + \boldsymbol{v}_j) ,$$

so dass sich als neue Basis

$$\mathcal{B}' = \{\boldsymbol{v}_1, \ldots, \boldsymbol{v}_i + \boldsymbol{v}_j, \ldots, \boldsymbol{v}_j, \ldots, \boldsymbol{v}_n\}$$

mit $\boldsymbol{v}_i + \boldsymbol{v}_j$ an der i-ten Position ergibt, also für die Darstellungsmatrix C:

$$C = \begin{pmatrix} 1 & \cdots & \cdots & \cdots & \\ 0 & \ddots & 1 & & \vdots \\ \vdots & \ddots & 1 & & \vdots \\ \vdots & \ddots & \ddots & \ddots & \vdots \\ 0 & \cdots & \cdots & \cdots & 1 \end{pmatrix} \begin{matrix} \\ j \\ \\ \\ \\ \end{matrix}$$
$$\qquad\qquad i$$

und für

$$\widehat{A}^{(k)} := C^t A^{(k)} C$$

gilt dann $\left(\widehat{A}^{(k)}\right)_{i,i} \neq 0$, so dass wie oben fortgefahren werden kann. Es gilt also weiterhin (5.15b), aber mit

$$C^{(k)} = CL^{(k)^t} .$$

4) Die Diagonalisierung der Bilinearform in Hauptsatz 5.31 hängt zusammen mit der Hauptachsentransformation aus Abschnitt 4:

Diagonalisierung von α-Bilinearformen			
für symmetrisches G, $\alpha = \mathrm{id}$	$A^t G A$ diagonal	A invertierbar	Char $K \neq 2$
für hermitesches G	$\overline{A}^t G A$ diagonal, reell	A invertierbar	$K = \mathbb{C}$
Hauptachsentransformation	$A^{-1} G A$ diagonal, reell		
für symmetrisches G	$A^t G A$ diagonal, reell	A orthogonal	$K = \mathbb{R}$
für hermitesches G	$\overline{A}^t G A$ diagonal, reell	A unitär	$K = \mathbb{C}$

Über $K = \mathbb{K}$ folgt demnach die Diagonalisierbarkeit aus der Hauptachsentransformation. Da über die Transformationsmatrix in Hauptsatz 5.31 nichts ausgesagt wird, ist die Diagonalisierbarkeit eine viel schwächere Aussage als die Hauptachsentransformation.

Für $V = \mathbb{K}^n$ und symmetrisches bzw. hermitesches φ gibt es sodann eine Basis, die nicht nur eine Orthogonalbasis bezüglich φ, sondern auch bezüglich des euklidischen inneren Produkts (3.15) ist. Für sie ist aber eine orthonormale Eigenvektorbasis zu ermitteln, was i. Allg. nicht in endlich vielen Schritten möglich ist. △

Präzisierungen von Hauptsatz 5.31, denen wir uns jetzt zuwenden, hängen vom Grundkörper K ab.

Satz 5.33: Diagonalisierung symmetrischer Bilinearformen, $K = \mathbb{K}$

Zu jeder reellen symmetrischen oder komplexen hermiteschen $n \times n$-Matrix G gibt es eine invertierbare Matrix A so, dass $A^\dagger G A$ eine Diagonalmatrix ist, welche auf der Diagonale nur Einträge ± 1 und 0 enthält:

$$A^\dagger G A = \begin{pmatrix} \mathbb{1}_p & & \\ & -\mathbb{1}_m & \\ & & 0 \end{pmatrix} .$$

Beweis: Wegen Hauptsatz 5.31 oder schon nach Hauptsatz 4.58 können wir o. B. d. A. annehmen, dass die Matrix G schon in Diagonalform

$$\begin{pmatrix} g_1 & & \\ & \ddots & \\ & & g_n \end{pmatrix}$$

vorliegt. Durch gleichzeitige Multiplikation von rechts und links mit Permutationsmatrizen zu Transpositionen, d. h. reellen Elementarmatrizen nach (2.73) mit

$$E = E^t = E^{-1}$$

kann man die Diagonaleinträge noch vertauschen. Danach können wir

$$g_1 > 0, \dots, g_p > 0, \quad g_{p+1} < 0, \dots, g_{p+m} < 0, \quad g_{p+m+1} = \dots = g_n = 0$$

annehmen. Dann definieren wir eine reelle invertierbare Diagonalmatrix A mit Diagonaleinträgen

$$\begin{aligned} a_{1,1} &= 1/\sqrt{g_1}, & \dots, \quad a_{p,p} &= 1/\sqrt{g_p}, \\ a_{p+1,p+1} &= 1/\sqrt{-g_{p+1}}, & \dots, \quad a_{p+m,p+m} &= 1/\sqrt{-g_{p+m}}, \\ a_{p+m+1,p+m+1} &= 1, & \dots \quad a_{n,n} &= 1 \end{aligned}$$

und finden

$$A^t G A = \begin{pmatrix} \mathbb{1}_p & & \\ & -\mathbb{1}_m & \\ & & 0 \end{pmatrix}. \qquad \square$$

Bemerkung 5.34 Soll die transformierte Matrix nur die Gestalt

$$\begin{pmatrix} \lambda_1 & & & & & & & \\ & \ddots & & & & & & \\ & & \lambda_p & & & & & \\ & & & -\lambda_{p+1} & & & & \\ & & & & \ddots & & & \\ & & & & & -\lambda_{p+m} & & \\ & & & & & & 0 & \\ & & & & & & & \ddots \\ & & & & & & & & 0 \end{pmatrix}$$

mit $\lambda_i > 0$ für $i = 1, \dots, p+m$ haben, so ist dies auch mit $A \in \mathrm{O}(n, \mathbb{K})$ möglich. △

Die Zahl $p + m$ der Diagonaleinträge ungleich 0 ist der Rang von G. Die Summe $p + m$ ist also unabhängig von der gewählten Diagonalisierung von G stets gleich. Dies gilt aber auch für die Zahlen p und m selbst:

Theorem 5.35: SYLVESTERscher Trägheitssatz

Es gelten die Voraussetzungen von Hauptsatz 5.31 und es sei $K = \mathbb{R}$ oder $K = \mathbb{C}$, $\alpha(\boldsymbol{x}) = \overline{\boldsymbol{x}}$. Dann ist die Anzahl p der positiven Diagonaleinträge in Hauptsatz 5.31 bzw. die Anzahl m der negativen Diagonaleinträge in Hauptsatz 5.31 die maximale Dimension eines Unterraums, auf dem q_φ positiv bzw. negativ ist, d. h.

$$p = \max\{\dim(U) : U \text{ Unterraum von } V \text{ und } q_\varphi(\boldsymbol{u}) > 0 \text{ für } \boldsymbol{u} \in U, \boldsymbol{u} \neq 0\}\,, \quad (5.14)$$

$$m = \max\{\dim(U) : U \text{ Unterraum von } V \text{ und } q_\varphi(\boldsymbol{u}) < 0 \text{ für } \boldsymbol{u} \in U, \boldsymbol{u} \neq 0\}\,. \quad (5.15)$$

Insbesondere sind p und m unabhängig von der gewählten Diagonalisierung.

Beweis: Es reicht die Aussage für p zu zeigen, da p und m bei $\tilde{\varphi} := -\varphi$ ihre Rollen tauschen. Sei $\boldsymbol{v}_1, \ldots, \boldsymbol{v}_n$ eine Basis, wie durch Hauptsatz 5.31 garantiert und o. B. d. A. $q_\varphi(\boldsymbol{v}_i) > 0$ für $i = 1, \ldots, p$, $q_\varphi(\boldsymbol{v}_i) \leq 0$ für $i = p+1, \ldots, n$ (siehe Beweis von Satz 5.33 und Bemerkung 5.34). Für $\boldsymbol{u} = \sum_{i=1}^{p} x_i \boldsymbol{v}_i \in \overline{U} := \text{span}(\boldsymbol{v}_1, \ldots, \boldsymbol{v}_p), \boldsymbol{u} \neq \boldsymbol{0}$ gilt

$$q_\varphi(\boldsymbol{u}) = \varphi(\boldsymbol{u}.\boldsymbol{u}) = G^t \boldsymbol{x}^t \alpha(\boldsymbol{x}) = \sum_{i=1}^{p} q_\varphi(\boldsymbol{v}_i) x_i \alpha(x_i) = \sum_{i=1}^{p} q_\varphi(\boldsymbol{v}_i) |x_i|^2 > 0\,.$$

Damit gilt $r \geq p$, wenn r die rechte Seite in (5.14) bezeichnet. Um noch $r \leq p$ zu verifizieren, muss für jeden Unterraum U mit $q_\varphi(\boldsymbol{u}) > 0$ für $\boldsymbol{u} \in U, \boldsymbol{u} \neq \boldsymbol{0}$

$$\dim U \leq p$$

gezeigt werden. Sei U ein solcher Unterraum, aber $\dim U > p$. Die Basis von $\overline{U}$ werde zu einer Basis von V ergänzt. Eine Projektion von U nach $\overline{U}$ werde wie folgt definiert: Ist $\boldsymbol{u} := \sum_{i=1}^{n} x_i \boldsymbol{v}_i \in U$, dann sei $P\boldsymbol{u} := \sum_{i=1}^{p} x_i \boldsymbol{v}_i \in \overline{U}$. Da $\dim U > \dim \overline{U}$, kann P nicht injektiv sein. Somit gibt es ein $\hat{\boldsymbol{u}} \in U, \hat{\boldsymbol{u}} \neq \boldsymbol{0}$, so dass $P\hat{\boldsymbol{u}} = \boldsymbol{0}$, also $x_1, \ldots, x_p = 0$ und so

$$q_\varphi(\hat{\boldsymbol{u}}) = \sum_{i=p+1}^{n} q_\varphi(\boldsymbol{v}_i) |x_i|^2 \leq 0$$

im Widerspruch zur Wahl von U. □

Definition 5.36

Das Paar (p, m) heißt *die Signatur* der symmetrischen reellen Bilinearform (bzw. der zugehörigen symmetrischen Matrix G) oder der hermiteschen Form (bzw. der zugehörigen hermiteschen komplexen Matrix G). Die Signatur wird mit $\text{Sign}(G)$ bezeichnet. Die Differenz $p - m$ heißt *Trägheitsindex*.

Bemerkungen 5.37

1) Die Sätze 5.33 und 5.35 zusammen können auch so formuliert werden: Seien G und H zwei symmetrische bzw. hermitesche Matrizen, dann gilt folgende Äquivalenz:

Es existiert eine invertierbare $\mathbb{K}$ – wertige Matrix A mit $H = A^\dagger G A$	$\Longleftrightarrow$	G und H haben die gleiche Signatur.

2) Insbesondere ist auch die Anzahl der Einträge gleich $+1$ (gleich -1) in Satz 5.33 unabhängig von der gewählten Diagonalisierung.

3) Analog kann man zeigen:

$$\begin{aligned} n - m &= \max\{\dim U : U \text{ Unterraum von } V \text{ und } q_\varphi(\boldsymbol{u}) \geq 0 \text{ für } \boldsymbol{u} \in U\}\,, \\ n - p &= \max\{\dim U : U \text{ Unterraum von } V \text{ und } q_\varphi(\boldsymbol{u}) \leq 0 \text{ für } \boldsymbol{u} \in U\}\,. \end{aligned}$$

△

Die in Definition 4.133 formulierten Begriffe für Matrizen bzw. lineare Abbildungen lassen sich für endlichdimensionale $\mathbb{K}$-Vektorräume V wegen Isomorphie (Satz 5.3, 4)) auch direkt für die erzeugten α-Bilinearformen formulieren.

Definition 5.38

Eine symmetrische Bilinearform oder eine hermitesche Form φ auf dem $\mathbb{K}$-Vektorraum V heißt

positiv definit	falls $\varphi(\boldsymbol{v},\boldsymbol{v}) > 0$ für alle $\boldsymbol{0} \neq \boldsymbol{v} \in V$,
positiv semi-definit	falls $\varphi(\boldsymbol{v},\boldsymbol{v}) \geq 0$ für alle $\boldsymbol{v} \in V$,
negativ definit	falls $\varphi(\boldsymbol{v},\boldsymbol{v}) < 0$ für alle $\boldsymbol{0} \neq \boldsymbol{v} \in V$,
negativ semi-definit	falls $\varphi(\boldsymbol{v},\boldsymbol{v}) \leq 0$ für alle $\boldsymbol{v} \in V$,
indefinit	falls φ weder positiv noch negativ semi-definit.

Die Form φ ist folglich genau dann positiv definit, wenn die Form $-\varphi$ negativ definit ist. Ist $\dim(V) = n$ endlich und hat φ die Signatur (p, m), so ist φ

positiv definit	$\Leftrightarrow p = n$,
positiv semi-definit	$\Leftrightarrow m = 0$,
negativ definit	$\Leftrightarrow m = n$,
negativ semi-definit	$\Leftrightarrow p = 0$,
indefinit	$\Leftrightarrow p > 0$ und $m > 0$.

Beispiele 5.39

1) Die positiv (und damit auch die negativ) definiten Formen auf einem endlichdimensionalen $\mathbb{K}$-Vektorraum sind in Abschnitt 4.7 untersucht und charakterisiert worden.

2) Die MINKOWSKI-Form auf $\mathbb{R}^4$ hat die Signatur (3, 1) und ist deswegen indefinit. ○

Was Sie in diesem Abschnitt gelernt haben sollten:

Begriffe:

- Quadratische Form zu einer symmetrischen Bilinearform
- Signatur einer symmetrischen reellen Matrix (bzw. zugehöriger Bilinearform)
- Positiv/Negativ (semi-)definite Form

Zusammenhänge:

- Polarisationsformel (Theorem 5.29)
- Diagonalisierung einer symmetrischen Bilinearform (Hauptsatz 5.31, 5.33)
- SYLVESTERscher Trägheitssatz (Theorem 5.35)

Beispiele:

- Euklidisches Skalarprodukt
- MINKOWSKI-Form

Aufgaben

Aufgabe 5.9 (T)

a) Finden Sie auf $\mathbb{R}^2$ die symmetrischen Bilinearformen zu den quadratischen Formen $q_1, \ldots, q_4$ mit

$$q_1(x,y) = x^2\,, \quad q_2(x,y) = x^2 - y^2\,, \quad q_3(x,y) = 2xy\,, \quad q_4(x,y) = (x+y)^2\,.$$

b) Zeigen Sie: Die quadratische Form

$$q(x,y) = ax^2 + 2bxy + cy^2$$

gehört genau dann zu einer nicht entarteten symmetrischen Bilinearform, wenn

$$b^2 \neq ac\,.$$

Aufgabe 5.10 (K) Bezüglich der Standardbasis des $\mathbb{R}^3$ sei eine Bilinearform b durch die Darstellungsmatrix

$$\begin{pmatrix} 0 & 0 & 1 \\ 0 & 1 & 0 \\ 1 & 0 & 0 \end{pmatrix}$$

gegeben. Man gebe eine Basis von $\mathbb{R}^3$ an, bezüglich der b Diagonalform hat.

Aufgabe 5.11 (K) Für $A, B \in \mathbb{R}^{(n,n)}$ setze man (vergleiche (4.6))

$$\varphi_n(A, B) := \operatorname{sp}(AB) . \tag{5.16}$$

a) Man zeige, dass φ_n eine symmetrische Bilinearform auf $\mathbb{R}^{(n,n)}$ ist und berechne die Darstellungsmatrix $(\varphi_2(e_k, e_i))_{i,k=1,\ldots,4}$ für die Basis

$$e_1 = \begin{pmatrix} 1 & 0 \\ 0 & 0 \end{pmatrix}, \quad e_2 = \begin{pmatrix} 0 & 1 \\ 0 & 0 \end{pmatrix}, \quad e_3 = \begin{pmatrix} 0 & 0 \\ 1 & 0 \end{pmatrix}, \quad e_4 = \begin{pmatrix} 0 & 0 \\ 0 & 1 \end{pmatrix}$$

von $\mathbb{R}^{(2,2)}$.

b) Man gebe eine Basis f_1, f_2, f_3, f_4 von $\mathbb{R}^{(2,2)}$ an mit

$$\varphi_2(f_i, f_k) = 0 \quad \text{für} \quad 1 \le i < k \le 4$$

und berechne die Werte $\varphi_2(f_i, f_i)$ für $i = 1, \ldots, 4$.

c) Ist φ_2 positiv definit?

Aufgabe 5.12 (T) Zeigen Sie: Für eine symmetrische Bilinearform φ auf $\mathbb{R}^n$ sind äquivalent:

(i) $\operatorname{Rang}(\varphi) \le 2$.

(ii) $\varphi = (f \otimes g)_S$ mit $f, g \in V^*$.

5.3 Quadriken

Sei zunächst K ein beliebiger Körper mit Char $K \neq 2$. Wir betrachten K^n als affinen Raum zu sich selbst (siehe Bemerkungen 1.116, 4)). Eine *Quadrik* im affinen Raum K^n ist eine Teilmenge $Q \subset K^n$, welche durch Polynome

$$\text{von Grad 2} \quad \sum_{k,l=1}^{n} a_{k,l} x^k x^l \,, \qquad \text{von Grad 1} \quad \sum_{k=1}^{n} b_k x^k$$

und von Grad 0, d. h. eine Konstante $c \in K$ mittels

$$Q = \{\boldsymbol{x} \in K^n : q(\boldsymbol{x}) := \sum_{k,l=1}^{n} a_{k,l} x^k x^l + \sum_{k=1}^{n} b_k x^k + c = 0\} \,,$$

definiert wird. Die Koeffizienten $a_{k,l}$ fassen wir zu einer quadratischen $n \times n$-Matrix A zusammen. Dann ist der quadratische Anteil der obigen Gleichung

$$\sum_{k,l=1}^{n} a_{k,l} x^k x^l = \boldsymbol{x}^t A \boldsymbol{x}$$

die quadratische Form zur Bilinearform mit darstellender Matrix A^t. Daher können wir A immer als symmetrisch annehmen (siehe (5.12)). Den linearen Anteil $\sum_{k=1}^{n} b_k x^k$ können wir als Matrix-Vektor-Produkt mit dem Zeilenvektor $\boldsymbol{b}^t = (b_k)_k^t$ auffassen. Dabei ist es rechentechnisch vorteilhaft, einen Faktor 2 vorwegzunehmen. Damit schreibt sich die Quadrikengleichung in Matrizenform als

$$\boxed{q(\boldsymbol{x}) = \boldsymbol{x}^t A \boldsymbol{x} + 2\boldsymbol{b}^t \boldsymbol{x} + c = 0.} \tag{5.17}$$

Definition 5.40

Wir nennen die Matrix A die *Koeffizientenmatrix* und die symmetrische $(n+1) \times (n+1)$-Matrix

$$A' := \begin{pmatrix} A & \boldsymbol{b} \\ \boldsymbol{b}^t & c \end{pmatrix}$$

die *erweiterte (oder geänderte)* *Koeffizientenmatrix* der Quadrik (5.17).

Mit der äquivalenten Darstellung der Punkte im affinen Raum durch einen *erweiterten Vektor*

$$\boldsymbol{x}' := \begin{pmatrix} \boldsymbol{x} \\ 1 \end{pmatrix} \in K^{n+1} \tag{5.18}$$

(vergleiche Bemerkungen 1.116, 5)) lässt sich die Quadrikgleichung mit der erweiterten Koeffizientenmatrix als Nullstellengleichung für eine quadratische Form schreiben, denn:

$$(\boldsymbol{x}')^t A' \boldsymbol{x}' = (\boldsymbol{x}^t, 1) \begin{pmatrix} A & \boldsymbol{b} \\ \boldsymbol{b}^t & c \end{pmatrix} \begin{pmatrix} \boldsymbol{x} \\ 1 \end{pmatrix} = \boldsymbol{x}^t A \boldsymbol{x} + 2\boldsymbol{b}^t \boldsymbol{x} + c = 0\,.$$ [2]

Diese Überlegungen motivieren folgende Definition:

Definition 5.41

Sei $A \in K^{(n,n)}$ symmetrisch, $\boldsymbol{b} \in K^n$, $c \in K$. Sei $A' \in K^{(n+1,n+1)}$ die erweiterte Koeffizientenmatrix und $q(\boldsymbol{x}) := (\boldsymbol{x}')^t A' \boldsymbol{x}'$. Dann heißt

$$Q := \{\boldsymbol{x} \in K^n : q(\boldsymbol{x}) = 0\}$$

die *Quadrik* zur Form q.

Unser Ziel in diesem Abschnitt ist die Klassifikation der Quadriken. Dazu bringen wir die Gleichung $q(\boldsymbol{x}) = 0$ der Quadrik Q durch eine geeignete affin-lineare Transformation $\boldsymbol{x} = F(\boldsymbol{y})$ auf eine möglichst einfache Form. Als einfaches Beispiel betrachten wir eine Parabel, in Koordinaten (x_1, x_2) etwa

$$q(\boldsymbol{x}) := x_1^2 + 2b_1 x_1 + 2b_2 x_2 + c = 0, \quad b_2 \neq 0\,.$$

Mit der quadratischen Ergänzung $y_1 := x_1 + b_1$ wird daraus

$$y_1^2 + 2b_2 x_2 + c - b_1^2 = 0$$

und mit $y_2 := 2b_2 \cdot x_2 + c - b_1^2$ schließlich

$$\widetilde{q}(\boldsymbol{y}) := q(F(\boldsymbol{y})) = y_1^2 + y_2 = 0\,. \tag{5.19}$$

Dabei muss man zwischen der transformierten Quadrik $F(Q)$ und der transformierten Gleichung $q \circ F$ unterscheiden, denn

$$F(Q) = \{F(\boldsymbol{x}) : \boldsymbol{x} \in Q\} = \{\boldsymbol{y} \in K^n : F^{-1}(\boldsymbol{y}) \in Q\} = \{\boldsymbol{y} \in K^n : q(F^{-1}(\boldsymbol{y})) = 0\}$$

würde die Quadrik transformieren. Bei einer Transformation der Gleichung (d. h. durch eine Transformation des „Koordinatensystems“) gilt

$$Q' = \{\boldsymbol{y} \in K^n : q(F(\boldsymbol{y})) = 0\} = \{\boldsymbol{y} \in K^n : F(\boldsymbol{y}) \in Q\} = F^{-1}(Q)\,.$$

---

[2] Auf die Partitionsstriche wird hier wegen der klaren Dimensionierung verzichtet.

Zusätzlich sollen noch Skalierungen der Gleichung erlaubt sein, dh.

$$Q' = \{\boldsymbol{y} \in K^n : \alpha q(F(\boldsymbol{y})) = 0\}$$

für ein $\alpha \in K, \alpha \neq 0$.

Unter Berücksichtigung der Koordinatentransformation $\boldsymbol{y} = F^{-1}(\boldsymbol{x})$ bleibt also die Quadrik gleich. Welche „Normalformen" erreichbar sind (wie z. B. (5.19)), hängt von den zulässigen Transformationen F ab. Das oben kurz vorgestellte Beispiel der Parabel zeigt, dass Translationen sinnvoll sind. Damit bieten sich als Möglichkeiten an:

a) Affinitäten

$$\boldsymbol{x} = F(\boldsymbol{y}) = C\boldsymbol{y} + \boldsymbol{t}\,, \qquad \boldsymbol{t} \in \mathbb{K}^n,\ C \in \mathrm{GL}(n, \mathbb{K})$$

oder

b) Bewegungen

$$\boldsymbol{x} = F(\boldsymbol{y}) = C\boldsymbol{y} + \boldsymbol{t}\,, \qquad \boldsymbol{t} \in \mathbb{K}^n, C \in \mathrm{O}(n, \mathbb{K})$$

aus Abschnitt 2.1.2.

Da die Bewegungen bzw. Affinitäten eine Gruppe bezüglich der Hintereinanderausführung bilden (siehe Beispiele 3.3, 1) und 2)), werden auf diese Weise Äquivalenzrelationen auf der Menge der Quadriken definiert und nach möglichst einfachen Repräsentanten der Äquivalenzklassen gesucht. Werden die Punkte im K^n als erweiterte Vektoren nach (5.18) dargestellt, kann die affine Transformation $F : \boldsymbol{v} \mapsto C\boldsymbol{v} + \boldsymbol{t}$ als lineare Abbildung auf den erweiterten Vektoren mit erweiterter Matrix

$$C' = \begin{pmatrix} C & \boldsymbol{t} \\ \boldsymbol{0}^t & 1 \end{pmatrix} \tag{5.20}$$

aufgefasst werden. In der Tat ist

$$C'\boldsymbol{v}' = \begin{pmatrix} C\boldsymbol{v} + \boldsymbol{t} \\ 1 \end{pmatrix}$$

der erweiterte Vektor zum Vektor $F(\boldsymbol{v})$. Auf diese Weise kann man die affine Gruppe als die Untergruppe

$$\left\{\begin{pmatrix} C & \boldsymbol{t} \\ \boldsymbol{0}^t & 1 \end{pmatrix} : \ C \in \mathrm{GL}(n, K),\ \boldsymbol{t} \in K^n\right\}$$

der $\mathrm{GL}(n + 1, K)$ auffassen. Die Abgeschlossenheit bezüglich $\circ$ dieser Menge ergibt sich aus

$$\begin{pmatrix} C & \boldsymbol{t} \\ \boldsymbol{0}^t & 1 \end{pmatrix}\begin{pmatrix} B & \boldsymbol{s} \\ \boldsymbol{0}^t & 1 \end{pmatrix} = \begin{pmatrix} CB & C\boldsymbol{s} + \boldsymbol{t} \\ \boldsymbol{0}^t & 1 \end{pmatrix} \quad \text{und} \quad \begin{pmatrix} C & \boldsymbol{t} \\ \boldsymbol{0}^t & 1 \end{pmatrix}^{-1} = \begin{pmatrix} C^{-1} & -C^{-1}\boldsymbol{t} \\ \boldsymbol{0}^t & 1 \end{pmatrix}.$$

Die affine Gruppe ist daher für Vektorräume über beliebigen Körpern definiert. In Abschnitt 2.1.2 bzw. Abschnitt 3.3 wurde für $K = \mathbb{K}$ der Begriff der Bewegung in V eingeführt, wobei V ein unitärer Raum ist. Eine Bewegung ist eine affine Transformation $F : \boldsymbol{v} \mapsto \Phi(\boldsymbol{v}) + \boldsymbol{t}$, bei der die lineare Abbildung Φ unitär ist. Man nennt solche Abbildungen auch *Kongruenzen*. Weil das Produkt und das Inverse unitärer Transformationen wieder unitär ist, bilden die Bewegungen eine Gruppe und insbesondere eine *Untergruppe* der affinen Gruppe des unitären $\mathbb{K}$-Vektorraums V.

5.3.1 Die affine Normalform

Wir transformieren die Quadrik

$$Q : \boldsymbol{x}^t A \boldsymbol{x} + 2\boldsymbol{b}^t \boldsymbol{x} + c = 0$$

unter einer affinen Transformation

$$\boldsymbol{x} = C\boldsymbol{y} + \boldsymbol{t} .$$

In erweiterten Vektoren entspricht dies der Kongruenztransformation (siehe Theorem 5.6) der erweiterten Matrix A' der quadratischen Form mit der erweiterten Matrix C' nach (5.20), d. h.

$$\begin{pmatrix} C & \boldsymbol{t} \\ \boldsymbol{0}^t & 1 \end{pmatrix}^t \begin{pmatrix} A & \boldsymbol{b} \\ \boldsymbol{b}^t & c \end{pmatrix} \begin{pmatrix} C & \boldsymbol{t} \\ \boldsymbol{0}^t & 1 \end{pmatrix} = \begin{pmatrix} C^t A C & C^t(A\boldsymbol{t} + \boldsymbol{b}) \\ (A\boldsymbol{t} + \boldsymbol{b})^t C & c' \end{pmatrix} \tag{5.21}$$

mit

$$c' := \boldsymbol{t}^t A \boldsymbol{t} + 2\boldsymbol{b}^t \boldsymbol{t} + c .$$

Mit C ist auch C' invertierbar. Insbesondere finden wir: Nach Bemerkungen 5.37, 1) bleiben bei einer affinen Transformation der Quadrik Q Rang (und Signatur wenn $K = \mathbb{K}$) der Koeffizientenmatrix A, sowie der erweiterten Koeffizientenmatrix A' unverändert. Der Rang von A' kann höchstens um 2 größer sein als der Rang von A. Unser Ziel ist es, die Gleichung einer Quadrik durch affine Transformationen auf eine möglichst einfache Normalform zu bringen. Wenn wir von solchen Normalformen einen Katalog aufstellen können, dann haben wir die Quadriken in Bezug auf affine Transformationen *klassifiziert*. Nach Satz 5.33 gibt es eine Matrix $C \in \mathrm{GL}(n, \mathbb{K})$ derart, dass die transformierte Koeffizientenmatrix

$$\tilde{A} = C^t A C = \begin{pmatrix} a_1 & & \\ & \ddots & \\ & & a_n \end{pmatrix}$$

eine Diagonalmatrix ist. Ist $K = \mathbb{K}$, ist dies nach Hauptsatz 4.58 (Hauptachsentransformation) auch mit $C \in O(n, \mathbb{K})$ erreichbar. An dieser Diagonalmatrix können wir den Rang und die Signatur der Matrix A ablesen.

Ist der Rang von A maximal, so kann man den linearen Anteil $2\boldsymbol{b}^t \cdot \boldsymbol{x}$ wegtransformieren: Unabhängig von C, d. h. insbesondere für $C = \mathbb{1}$ kann

$$\boldsymbol{t} := -A^{-1}\boldsymbol{b} \tag{5.22}$$

gewählt werden,

und der transformierte lineare Anteil verschwindet dadurch, wie (5.21) zeigt.In genau dieser Situation ist demzufolge $\boldsymbol{b}$, d. h. die letzte Spalte von A' ohne die letzte Komponente, linear abhängig von den Spalten von A und verändert somit den Rang von A' nicht. Dies geschieht ebensowenig durch $(\boldsymbol{b}^t, c)$, d. h. die $(n+1)$-te Zeile von A', wenn c aus der gleichen Linearkombination der b_i ist, wie $\boldsymbol{b}^t$ aus den Zeilen von A entsteht, d. h.

$$c = (-\boldsymbol{t})^t \boldsymbol{b} .$$

Genau dann gilt aber insgesamt

$$c' = \boldsymbol{t}^t A \boldsymbol{t} + 2\boldsymbol{b}^t \boldsymbol{t} + c = -\boldsymbol{t}^t \boldsymbol{b} + 2\boldsymbol{b}^t \boldsymbol{t} - \boldsymbol{t}^t \boldsymbol{b} = 0 .$$

Also gilt im Fall $\operatorname{Rang}(A) = n$:

$$c' = 0 \quad \Longleftrightarrow \quad \operatorname{Rang}(A) = \operatorname{Rang}(A') .$$

Bei dieser Transformation handelt es sich somit insbesondere um eine Bewegung.

Quadriken, bei denen der lineare Anteil verschwindet, sind Mittelpunktsquadriken:

Definition 5.42

Eine Quadrik Q heißt *Mittelpunktsquadrik*, wenn es einen Punkt $\boldsymbol{m}$ gibt, so dass Q bei der *Punktspiegelung an* $\boldsymbol{m}$, d. h. durch

$$\boldsymbol{x} \mapsto \boldsymbol{m} - (\boldsymbol{x} - \boldsymbol{m}) ,$$

in sich übergeht.

Beispiel 5.43 Eine Quadrik mit invertierbarer Koeffizientenmatrix A hat einen Mittelpunkt, in Bezug auf den sie punktsymmetrisch ist. Dieser liegt i. Allg. nicht auf der Quadrik.

Nach der Transformation (5.21), (5.22), *wenn die Quadrikengleichung in der Form*

$$y^t \tilde{A} y + c = 0$$

vorliegt, handelt es sich um eine Mittelpunktsquadrik zu $\boldsymbol{m} = \boldsymbol{0}$, *davor also zu* $\boldsymbol{m} = C\boldsymbol{0} + \boldsymbol{t} = -A^{-1}\boldsymbol{b}$.

○

Für den Fall, dass A nicht den maximalen Rang hat, nehmen wir an, wir hätten A in eine Diagonalform

$$\tilde{A} = \begin{pmatrix} a_1 & & & & & \\ & \ddots & & & & \\ & & a_r & & & \\ & & & 0 & & \\ & & & & \ddots & \\ & & & & & 0 \end{pmatrix}$$

mit $n - r > 0$ Nullen auf der Diagonale transformiert. Die r Einträge $a_1, ..., a_r \neq 0$ kann man benutzen, um ähnlich wie gerade, die ersten r Einträge des Vektors $\boldsymbol{b}$ zu eliminieren, so dass danach $\boldsymbol{b} = (\boldsymbol{b}'^t, \boldsymbol{b}''^t)^t$ mit $\boldsymbol{b}' = \boldsymbol{0}$, $\boldsymbol{b}'' \in K^{n-r}$. Dazu wählt man für den zweiten Transformationsschritt $t_i = -b_i/a_i$, $i = 1, \ldots, r$. Die Quadrikengleichung sieht danach so aus:

$$\sum_{k=1}^{r} a_k (x^k)^2 + \sum_{k=r+1}^{n} 2b_k x^k + c = 0\,.$$

Sind auch die verbliebenen b_k alle gleich 0, dann ist

$$\boxed{\textstyle\sum_{k=1}^{r} a_k (x^k)^2 + c = 0\,.}$$

Die transformierte Form von A' ist in diesem Fall

$$\widetilde{A'} = \begin{pmatrix} \widetilde{A} & \boldsymbol{0} \\ \boldsymbol{0}^t & c \end{pmatrix} \quad \text{und damit}$$

$$\operatorname{Rang} \widetilde{A'} = \begin{cases} r & \text{für } c = 0 \\ r+1 & \text{für } c \neq 0 \end{cases}.$$

Andernfalls können wir im Unterraum $x^1 = \ldots = x^r = 0$ eine lineare Transformation durchführen, die die Linearform $\boldsymbol{x} \mapsto \boldsymbol{b}^t \cdot \boldsymbol{x}$ auf die Linearform $\boldsymbol{x} \mapsto \frac{1}{2}\boldsymbol{e}_{r+1}^t \cdot \boldsymbol{x}$ transformiert. Dazu wird ein Isomorphismus C' auf K^{n-r} durch Abbildung von $\boldsymbol{b}''$ auf $\frac{1}{2}\boldsymbol{e}_1$ und beliebige Definition auf einer aus $\boldsymbol{b}''$ fortgesetzten Basis von K^{n-r} definiert. Dann ist durch

$$C := \left(\begin{array}{c|c} \mathbb{1}_r & \boldsymbol{0} \\ \hline \boldsymbol{0} & C'^t \end{array}\right) \in K^{(n,n)} \tag{5.23}$$

die gewünschte Transformation (wieder in $\boldsymbol{x}$ statt in $\boldsymbol{y}$ geschrieben) $\boldsymbol{x} = C\boldsymbol{y}$ definiert. Die Matrix $\widetilde{A}$ wird dadurch wegen der erreichten Diagonalgestalt nicht verändert. Die Quadrikengleichung wird

$$\sum_{k=1}^{r} a_k(x^k)^2 + x^{r+1} + c = 0\,.$$

Wenn wir schließlich noch x^{r+1} durch $x^{r+1} + c$ ersetzen, d. h. mittels einer Translation, so nimmt die Gleichung folgende Form an:

$$\boxed{\textstyle\sum_{k=1}^{r} a_k(x^k)^2 + x^{r+1} = 0\,.}$$

Die transformierte Form von A' ist also

$$\widetilde{A}' = \begin{pmatrix} \widetilde{A} & \boldsymbol{e}_{r+1} \\ \boldsymbol{e}^t_{r+1} & c \end{pmatrix}.$$

Dabei ist $\widetilde{A}$ eine Diagonalmatrix mit Diagonaleinträgen ungleich Null auf den ersten r Positionen. Damit:

$$\operatorname{Rang} \widetilde{A}' = r + 2\,.$$

Wir fassen die obigen Überlegungen zu folgendem Satz zusammen:

Theorem 5.44: Affine Normalform

Die Gleichung einer Quadrik kann durch eine affine Transformation entweder auf eine Form ohne linearen Anteil

1)

$$\sum_{k=1}^{r} a_k(x^k)^2 + c = 0$$

oder auf die Form

2)

$$\sum_{k=1}^{r} a_k(x^k)^2 + x^{r+1} = 0$$

gebracht werden. Dabei sind $a_k \neq 0$ für alle $k = 1, \ldots, r$, d. h. $r = \operatorname{Rang}(A)$ für die Koeffizientenmatrix A. Die Fälle treten nur abhängig von $\operatorname{Rang}(A')$ auf:

$$\begin{aligned} \mathrm{Rang}(A') &= r \quad &&: \text{Fall (1)}, \quad c = 0\,, \\ \mathrm{Rang}(A') &= r+1 &&: \text{Fall (2)}, \quad c \neq 0\,, \\ \mathrm{Rang}(A') &= r+2 &&: \text{Fall (2)}\,. \end{aligned}$$

Hat A vollen Rang, kann demnach nur der Fall (1) auftreten.

Wie die Diagonaleinträge $a_k \neq 0$ weiter transformiert werden können, hängt vom Grundkörper ab. Über $\mathbb{C}$ können sie alle auf 0 oder 1 normalisiert werden. Der geometrisch interessante Fall ist aber $K = \mathbb{R}$. In dem Fall können wir die Diagonaleinträge ungleich 0 auf ± 1 normalisieren.

In Abbildung 5.2 sind einige Quadriken dargestellt und in Tabelle 5.1 sind die Normalformen reeller Quadriken im $\mathbb{R}^n$ für $n \leq 3$ zusammengestellt, die man auf diese Weise bekommt. Zur Orientierung dient dabei primär die Signatur $\mathrm{Sign}(A)$ der Koeffizientenmatrix A. Allerdings kann man jede Gleichung mit -1 durchmultiplizieren, das ändert die Signatur, aber nicht die Quadrik. Zwei Gleichungen, die sich so unterscheiden, werden nicht zweimal angegeben. Außerdem wird der Fall $\mathrm{Rang}(A) = 0$ ausgeschlossen, da es sich sonst nicht um die Gleichung einer Quadrik handelt. In einer Dimension gibt es drei, in zwei Dimensionen neun, und in drei Dimensionen 17 Fälle. Alle diese Normalformen kann man alleine durch den Rang und Index der Koeffizientenmatrix und der erweiterten Matrix unterscheiden. Allerdings sind ein Großteil aller Fälle Entartungsfälle:

Definition 5.45

Eine Quadrik Q heißt *nicht entartet*, wenn $Q \neq \emptyset$ und die erweiterte Koeffizientenmatrix invertierbar ist.

Die nicht entarteten Quadriken sind in Tabelle 5.1 durch fettgedruckten $\mathrm{Rang}(A')$ hervorgehoben und in Tabelle 5.2 zusammengefasst.

Bemerkungen 5.46 In Tabelle 5.1 lassen sich zwei noch nicht verifizierte Fakten beobachten, die in Bemerkung 5.51 bewiesen werden:

1) Die Konstante ist $\pm 1 \Leftrightarrow$ Bei A' kommt ein positiver (negativer) Eigenwert gegenüber A hinzu.

2) Im Fall $\mathrm{Rang}(A') = \mathrm{Rang}(A) + 2$ kommt immer ein positiver und ein negativer Eigenwert hinzu. △

Definition 5.47

Eine Quadrik Q in der affinen Ebene K^2 mit den Ausnahmen $Q = \emptyset$ und $Q =$ paralleles Geradenpaar heißt *Kegelschnitt*.

n	Rang(A)	Sign(A)	Rang(A')	Sign(A')	Gleichung	Quadrik
1	1	$(1,0)$	2	$(2,0)$	$x^2+1=0$	$\emptyset$
			2	$(1,1)$	$x^2-1=0$	zwei Punkte
			1	$(1,0)$	$x^2=0$	ein Punkt
2	2	$(2,0)$	3	$(3,0)$	$x^2+y^2+1=0$	$\emptyset$
			3	$(2,1)$	$x^2+y^2-1=0$	Kreis
			2	$(2,0)$	$x^2+y^2=0$	Punkt
		$(1,1)$	**3**	$(2,1)$	$x^2-y^2+1=0$	Hyperbel
			2	$(1,1)$	$x^2-y^2=0$	schneidendes Geradenpaar
	1	$(1,0)$	**3**	$(2,1)$	$x^2+y=0$	Parabel
			2	$(2,0)$	$x^2+1=0$	$\emptyset$
			2	$(1,1)$	$x^2-1=0$	paralleles Geradenpaar
			1	$(1,0)$	$x^2=0$	Gerade
3	3	$(3,0)$	4	$(4,0)$	$x^2+y^2+z^2+1=0$	$\emptyset$
			4	$(3,1)$	$x^2+y^2+z^2-1=0$	Sphäre
			3	$(3,0)$	$x^2+y^2+z^2=0$	Punkt
		$(2,1)$	**4**	$(3,1)$	$x^2+y^2-z^2+1=0$	zweischaliges Hyperboloid
			4	$(2,2)$	$x^2+y^2-z^2-1=0$	einschaliges Hyperboloid
			3	$(2,1)$	$x^2+y^2-z^2=0$	Doppelkegel
	2	$(2,0)$	**4**	$(3,1)$	$x^2+y^2+z=0$	(elliptisches) Paraboloid
			3	$(3,0)$	$x^2+y^2+1=0$	$\emptyset$
			3	$(2,1)$	$x^2+y^2-1=0$	Kreiszylinder (elliptischer Zylinder)
			2	$(2,0)$	$x^2+y^2=0$	Gerade
		$(1,1)$	**4**	$(2,2)$	$x^2-y^2+z=0$	Sattelfläche (hyperbolisches Paraboloid)
			3	$(2,1)$	$x^2-y^2+1=0$	hyperbolischer Zylinder
			2	$(1,1)$	$x^2-y^2=0$	schneidendes Ebenenpaar
	1	$(1,0)$	3	$(2,1)$	$x^2+y=0$	parabolischer Zylinder
			2	$(2,0)$	$x^2+1=0$	$\emptyset$
			2	$(1,1)$	$x^2-1=0$	paralleles Ebenenpaar
			1	$(1,0)$	$x^2=0$	Ebene

Tabelle 5.1: Quadriken im $\mathbb{A}^n, n \leq 3$ in den Koordinaten x, y, z, nicht entartete Fälle im Fettdruck.

Kegelschnitte (im Reellen) haben schon die alten Griechen gekannt und ausgiebig untersucht. Sie haben sie definiert als den Durchschnitt eines Doppelkegels mit einer Ebene, siehe auch Abbildung 5.3.

Beispiele 5.48 (Geometrie)

1) Nach den vorausgegangenen Überlegungen reicht es einen Doppelkegel in der Standardform von Tabelle 5.1 zu betrachten, d. h.

$$K = \left\{ \boldsymbol{x} = (x, y, z)^t \in \mathbb{A}^3 : x^2 + y^2 - z^2 = 0 \right\} .$$

Wir geben in Tabelle 5.3 exemplarisch Schnitte mit Ebenen E an, die die verschiedenen Quadriken des $\mathbb{A}^2$ ergeben: Für die gewählte Normalform des Kegels ist die *Spitze* $\boldsymbol{x} = \boldsymbol{0}$,

n	Quadrik
1	zwei Punkte
2	Kreis
	Hyperbel
	Parabel
3	Sphäre
	zweischaliges Hyperboloid
	einschaliges Hyperboloid
	(elliptisches) Paraboloid
	Sattelfläche

Tabelle 5.2: Nicht entartete Quadriken im $\mathbb{A}^k$, $1 \leq k \leq 3$.

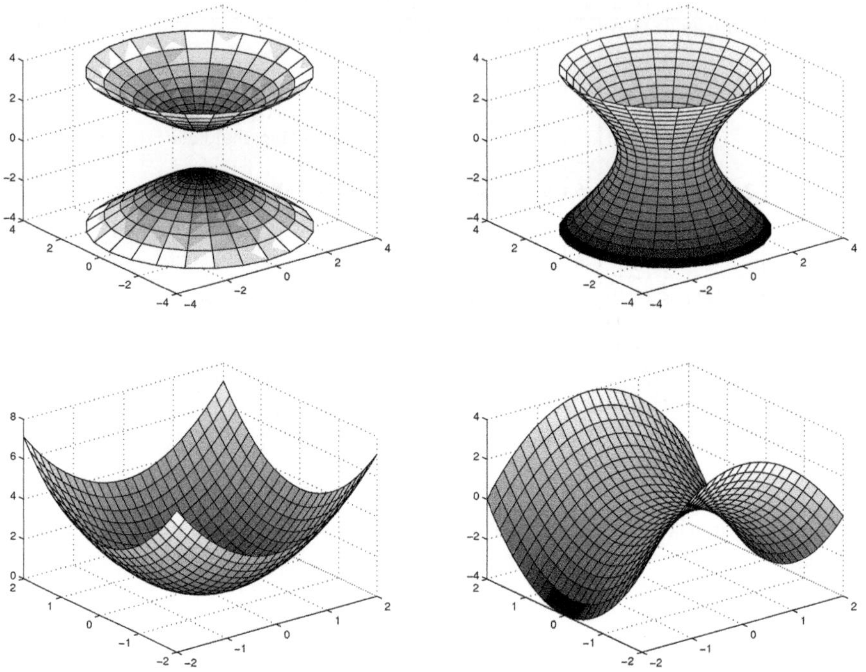

Abb. 5.2: Quadriken im $\mathbb{A}^3$: wie in Tab. 5.2, ohne Sphäre (von links oben nach rechts unten).

und die *Mantellinien* sind die Geraden $g(t) = g_{x,y}(t) = t\boldsymbol{w}$ mit $\boldsymbol{w} = (x, y, 1)$ für $(x, y)^t \in \mathbb{A}^2$, $x^2 + y^2 = 1$.

a) Es ergibt sich allgemein eine *Ellipse* als Schnitt, wenn die Ebene nicht durch die Spitze läuft und nicht parallel zu einer Mantellinie ist. Ist sie orthogonal zu einer

Ebene E	Gleichung	Quadrik
$\{\boldsymbol{x} \in \mathbb{A}^3 : z = c \neq 0\}$	$x^2 + y^2 = c^2$	Kreis (in (x, y))
$\{\boldsymbol{x} \in \mathbb{A}^3 : z = 0\}$	$x^2 + y^2 = 0$	Punkt (in (x, y))
$\{\boldsymbol{x} \in \mathbb{A}^3 : x = 1\}$	$y^2 - z^2 + 1 = 0$	Hyperbel (in (y, z))
$\{\boldsymbol{x} \in \mathbb{A}^3 : x = 0\}$	$y^2 - z^2 = 0$	schneidendes Geradenpaar (in (y, z))
$\{\boldsymbol{x} \in \mathbb{A}^3 : -y + z = 1\}$	$x^2 - 2y - 1 = 0$	Parabel (in (x, y))
$\{\boldsymbol{x} \in \mathbb{A}^3 : -y + z = 0\}$	$x^2 = 0$	Gerade (in (x, y))

Tabelle 5.3: Schnitte des Doppelkegels K mit Ebenen E in den Koordinaten $\boldsymbol{x} = (x, y, z)$.

Kegelachse, ergibt sich ein Kreis. Geht die Ebene durch die Spitze, entartet die Ellipse zum Punkt.

b) Es ergibt sich eine *Hyperbel*, wenn die Ebene nicht durch die Spitze läuft und zu genau zwei Mantellinien parallel ist. Geht die Ebene durch die Spitze, entartet die Hyperbel zu einem sich schneidenden Geradenpaar.

c) Es ergibt sich eine *Parabel*, wenn die Ebene nicht durch die Spitze läuft und zu einer Mantellinie parallel ist. Geht die Ebene durch die Spitze, entartet die Parabel zu einer Gerade.

2) Den Durchschnitt einer Quadrik

$$\boldsymbol{x}^t A \boldsymbol{x} + 2\boldsymbol{b}^t \boldsymbol{x} + c = 0$$

mit einer Geraden berechnet man, indem man die Parametrisierung der Geraden

$$\boldsymbol{x} = \boldsymbol{v} + s\boldsymbol{w} , \quad s \in K$$

in die Quadrikengleichung einsetzt und damit die folgende quadratische Gleichung in s erhält:

$$\begin{aligned} 0 &= (\boldsymbol{v} + s\boldsymbol{w})^t A(\boldsymbol{v} + s\boldsymbol{w}) + 2\boldsymbol{b}^t(\boldsymbol{v} + s\boldsymbol{w}) + c \\ &= \boldsymbol{w}^t A\boldsymbol{w} \cdot s^2 + 2\boldsymbol{v}^t A\boldsymbol{w} \cdot s + 2\boldsymbol{b}^t\boldsymbol{w} \cdot s + \boldsymbol{v}^t A\boldsymbol{v} + 2\boldsymbol{b}^t\boldsymbol{v} + c . \end{aligned}$$

Diese wird im Fall $\boldsymbol{w}^t A\boldsymbol{w} = 0$ zu einer linearen Gleichung reduziert und kann eine, keine oder unendlich viele Lösungen haben. Andernfalls handelt es sich um eine quadratische Gleichung in s. Wenn diese keine reellen Lösungen hat, dann schneidet die Gerade die Quadrik nicht. Hat sie dagegen zwei reelle Lösungen, dann schneidet die Gerade die Quadrik in zwei Punkten. Wenn die beiden reellen Lösungen zusammenfallen, dann berührt die Gerade die Quadrik in einem Punkt und heißt *Tangente*. ○

Bemerkung 5.49 Auch die Graphen von quadratischen Formen auf K^n bilden Quadriken und zwar in K^{n+1}. In der Situation von Definition 5.41 kann man neben $Q = \{\boldsymbol{x} \in K^n : q(\boldsymbol{x}) = \boldsymbol{x}^t A\boldsymbol{x} + 2\boldsymbol{b}^t\boldsymbol{x} + c = 0\}$ auch

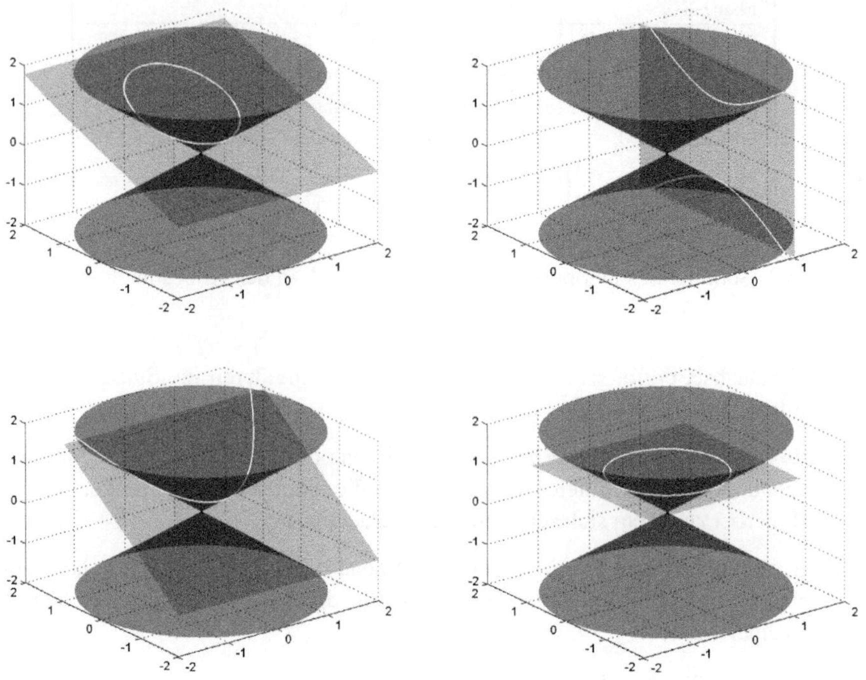

Abb. 5.3: Kegelschnitte.

$$G := \left\{ \begin{pmatrix} \boldsymbol{x} \\ y \end{pmatrix} \in K^{n+1} : q(\boldsymbol{x}) - 2y = 0 \right\}$$

betrachten und hat wieder eine Quadrik mit Koeffizientenmatrix

$$\widetilde{A} = \begin{pmatrix} A & \boldsymbol{0} \\ \boldsymbol{0}^t & 0 \end{pmatrix} \in K^{(n+1,n+1)} , \quad \widetilde{\boldsymbol{b}}^t = (\boldsymbol{b}^t, -1) ,$$

und damit die erweiterte Koeffizientenmatrix

$$\widetilde{A}' = \begin{pmatrix} A & \boldsymbol{0} & \boldsymbol{b} \\ \boldsymbol{0}^t & 0 & -1 \\ \boldsymbol{b}^t & -1 & c \end{pmatrix} ,$$

so dass also gilt:

$$\operatorname{Rang} \widetilde{A} = \operatorname{Rang} A < n + 1 \qquad \operatorname{Rang} \widetilde{A}' = \operatorname{Rang} \widetilde{A} + 2 .$$

Die Umformung entspricht demgemäß der Umformung der Quadrik G unter Beibehaltung des linearen Anteils mit y. Die Form von G hängt von den Eigenwerten von A ab. G ist ein mehrdimensionales Analogon eines nach oben geöffneten elliptischen Paraboloids, wenn alle Eigenwerte positiv, eines hyperbolischen Paraboloids, wenn die Eigenwerte in positive und negative zerfallen, oder eines parabolischen Zylinders, wenn etwa einige Eigenwerte positiv, einige Null sind.

Die Minimierungsprobleme in Abschnitt 4.7.2 bei positiv definiter Matrix finden folglich auf einem nach oben geöffneten Paraboloiden statt, in den Bemerkungen 4.149, 2) und beim MaxMin-Problem von Satz 4.151 liegt ein hyperbolisches Paraboloid zugrunde. △

5.3.2 Die euklidische Normalform

Anstelle beliebiger affiner Transformationen werden hier nur Bewegungen benutzt, um eine Quadrik in eine Normalform zu transformieren. Die so entstehende Normalform einer Quadrik heißt deren *metrische* oder *euklidische Normalform.* Betrachten wir eine Quadrik mit erweiterter Koeffizientenmatrix

$$A' = \begin{pmatrix} A & \boldsymbol{b} \\ \boldsymbol{b}^t & c \end{pmatrix}$$

und gehen wir die Transformationen in Abschnitt 5.3.1, Ableitung von Theorem 5.44 nochmal durch:

1) Als Erstes wurde die Koeffizientenmatrix A mit Satz 5.33 durch eine lineare Transformation in Diagonalform überführt. Wir können aber auch Hauptsatz 4.58 (Hauptachsentransformation) verwenden und dasselbe mit einer *orthogonalen* Transformation erreichen, mit dem folgenden Unterschied: Durch lineare Transformationen bekommt man eine Diagonalmatrix mit den Einträgen ± 1 und 0. Nach einer orthogonalen Transformation stehen auf der Diagonale die Eigenwerte von A. Die Anzahlen der positiven, negativen, oder Null-Einträge ist dieselbe, wie in der affinen Normalform, den Wert der Einträge $a_k \neq 0$ können wir jetzt aber nicht mehr auf ± 1 normieren.

2) Durch eine Translation können wir, ganz genau so wie in 5.3.1 die Gleichung der Quadrik in eine Form

$$\sum_{k=1}^{r} a_k (x^k)^2 + \sum_{k=r+1}^{n} 2b_k x^k + c = 0$$

transformieren.

3) Durch eine orthogonale Transformation kann man jetzt die Linearform $2\boldsymbol{b}^t\boldsymbol{x}$ nicht mehr auf $\boldsymbol{e}_{r+1}^t\boldsymbol{x}$ transformieren, sondern nur noch auf

$$\boldsymbol{x} \mapsto b \cdot \boldsymbol{e}_{r+1}^t \boldsymbol{x} = b \cdot x^{r+1} \quad \text{mit} \quad b = \|2\boldsymbol{b}\|_2 \,.$$

Denn in der obigen Begründung muss $\frac{2\boldsymbol{b}''}{\|2\boldsymbol{b}\|_2} =: \tilde{\boldsymbol{b}}''$ ($\|\boldsymbol{b}\|_2 = \|\boldsymbol{b}''\|_2$) auf $\boldsymbol{e}_1$ abgebildet werden, und nach Fortsetzung von $\tilde{\boldsymbol{b}}''$ zu einer ONB von $\mathbb{R}^{n-r}$ die weiteren Basisvektoren (etwa) auf die weiteren Einheitsvektoren, um so mittels (5.23) eine orthogonale Transformation $\boldsymbol{x} = C\boldsymbol{y}$ zu definieren.

4) Wenn $b \neq 0$ ist, kann man die Gleichung durch b teilen und damit diese Konstante auf 1 normieren. Durch eine abschließende Translation $x^{r+1} \mapsto x^{r+1} - c/b$ kann noch $bx^{r+1} + c$ in bx^{r+1} transformiert werden.

Theorem 5.50: Metrische Normalform

Die Gleichung einer Quadrik $Q \subset \mathbb{R}^n$ kann durch eine Bewegung entweder auf eine Form ohne linearen Anteil

$$\sum_{k=1}^{r} a_k (x^k)^2 + c = 0$$

oder auf die Form

$$\sum_{k=1}^{r} a_k (x^k)^2 + bx^{r+1} = 0$$

gebracht werden. Die möglichen Fälle hängen wie in Theorem 5.44 von der Beziehung zwischen dem Rang der Koeffizientenmatrix A und dem Rang der erweiterten Koeffizientenmatrix A' ab.

Bemerkung 5.51 Hier lassen sich die in Bemerkungen 5.46 genannten Aussagen verifizieren, die dann auch für die affine Normalform gelten, unter Berücksichtigung von $a_i > 0 \mapsto 1$, $a_i < 0 \mapsto -1$, $c \mapsto \operatorname{sign}(c)$.

Zu Bemerkungen 5.46, 1): Nach eigenwerterhaltender Transformation hat A' die Gestalt

$$\begin{pmatrix} \operatorname{diag}(a_i) & \mathbf{0} \\ \mathbf{0}^t & c' \end{pmatrix},$$

also die Eigenwerte a_i und c'.

Zu Bemerkungen 5.46, 2): Im Fall $\operatorname{Rang}(A') = \operatorname{Rang}(A) + 2 = r + 2$ hat die transformierte erweiterte Koeffizientenmatrix die Gestalt

$$\widetilde{A}' := \begin{pmatrix} a_1 & & & & & 0 \\ & \ddots & & & & \vdots \\ & & a_r & & & 0 \\ & & & 0 & & 1 \\ & & & & \ddots & 0 \\ & & & & & 0\ 0 \\ 0 & \dots & 0 & 1 & 0 \dots 0 & c \end{pmatrix}.$$

Entwicklung nach der letzten Zeile bzw. dann nach der letzten Spalte zeigt, dass die Eigenwerte von $\widetilde{A}'$ die von A sowie die Nullstellen λ_1, λ_2 des Polynoms

$$(c - \lambda)\lambda + 1 = 0$$

sind. Für diese gilt $\lambda_1 < 0, \lambda_2 > 0$.

△

In Tabelle 5.4 sind die euklidischen Normalformen der nicht entarteten Quadriken in Dimension zwei und drei angegeben. Dabei wird eine positive reelle Zahl als Quadrat a^2, $a \in \mathbb{R}$, eine negative Zahl als $-a^2$, $a \in \mathbb{R}$ geschrieben. Die Konstante kann, falls vorhanden, durch Multiplikation mit einem Faktor ungleich 0 auf 1 normiert werden. Die Achsen eines Koordinatensystems, in dem die Quadrik Q eine der angegebenen Normalformen annimmt, heißen die *Hauptachsen* der Quadrik. Daher kommt auch der Name Hauptachsentransformation. Ihre Richtungen sind die Richtungen der Eigenvektoren der symmetrischen Matrix A. Manchmal wird die Länge, welche die Quadrik auf einer dieser Achsen ausschneidet, mit *Hauptachse(nlänge)* bezeichnet. Ist λ der Eigenwert zum Eigenvektor in Richtung einer dieser Achsen, und ist die Konstante in der Gleichung auf 1 normiert, so ist diese Strecke $a = \frac{1}{\sqrt{|\lambda|}}$.

n	Sign(A)	Sign(A')	Gleichung	Quadrik
2	(2,0)	(2,1)	$x^2/a^2 + y^2/b^2 = 1$	Ellipse
	(1,1)	(2,1)	$x^2/a^2 - y^2/b^2 = 1$	Hyperbel
	(1,0)	(2,1)	$y = px^2$	Parabel
3	(3,0)	(3,1)	$x^2/a^2 + y^2/b^2 + z^2/c^2 = 1$	Ellipsoid
	(2,1)	(3,1)	$x^2/a^2 + y^2/b^2 - z^2/c^2 = -1$	zweischaliges Hyperboloid
	(2,1)	(2,2)	$x^2/a^2 + y^2/b^2 - z^2/c^2 = 1$	einschaliges Hyperboloid
	(2,0)	(3,1)	$z = x^2/a^2 + y^2/b^2$	Paraboloid
	(1,1)	(2,2)	$z = x^2/a^2 - y^2/b^2$	Sattelfläche

Tabelle 5.4: Euklidische Normalformen der nicht entarteten Quadriken für $n = 2, 3$.

Beispiel 5.52 (Geometrie) Eine Bewegung bildet eine Ellipse mit den Hauptachsenlängen a und b immer auf eine Ellipse mit denselben Hauptachsenlängen a und b ab und führt auch die Richtungen der Hauptachsen ineinander über. Bei einer affinen Transformation ist das nicht so. So ist etwa das Bild des Kreises

$$x^2 + y^2 = 1$$

unter der affinen Transformation

$$\xi = a \cdot x, \eta = b \cdot y ,$$

die Ellipse

$$\frac{\xi^2}{a^2} + \frac{\eta^2}{b^2} = 1 .$$

Das heißt: *Jede Ellipse ist das affine Bild eines Kreises.* Diesen Zusammenhang kann man ausnutzen, um Aussagen für Ellipsen zu beweisen, wie beispielsweise „Eine Gerade schneidet eine Ellipse in zwei Punkten, in einem Punkt (und berührt sie dann), oder überhaupt nicht." oder „Durch einen Punkt $\boldsymbol{p}$ außerhalb einer Ellipse gibt es zwei Tangenten an diese Ellipse." ○

Was Sie in diesem Abschnitt gelernt haben sollten:

Begriffe:

- Quadrik
- Quadrik in erweiterten Koordinaten
- affine Normalform
- euklidische Normalform

Zusammenhänge:

- Klassifikation affine Normalform (Theorem 5.44)
- Klassifikation euklidische Normalform (Theorem 5.50)

Beispiele:

- Kegelschnitt
- Hyperboloid, Paraboloid, Sattelfläche

Aufgaben

Aufgabe 5.13 (K) Sei $q : \mathbb{A}^3 \to \mathbb{R}$ gegeben durch

$$q(x_1, x_2, x_3) = x_1^2 + 2x_1x_2 + 2x_1x_3 + x_2^2 + 2x_2x_3 + x_3^2 + 2x_1 + 4x_2 + 2x_3 + 2$$

und die Quadrik Q sei definiert durch $Q = \{\boldsymbol{x} \in \mathbb{A}^3 \; : \; q(\boldsymbol{x}) = 0\}$.

a) Transformieren Sie Q in affine Normalform, d. h. bestimmen Sie eine affine Transformation $F(\boldsymbol{x}) = C\boldsymbol{x} + \boldsymbol{t}$ mit $C \in \mathrm{GL}(3, \mathbb{R})$ und $\boldsymbol{t} \in \mathbb{A}^3$, sodass die Gleichung $q(F(\boldsymbol{x})) = 0$ affine Normalform hat.
b) Um welche Quadrik handelt es sich bei Q?

Aufgabe 5.14 (K) Sei $q : \mathbb{A}^3 \to \mathbb{R}$ gegeben durch

$$q(x_1, x_2, x_3) = x_1^2 + 2x_1x_2 + x_2^2 + 2\sqrt{2}x_1 + 6\sqrt{2}x_2 + 3x_3$$

und die Quadrik Q sei definiert durch $Q = \{\boldsymbol{x} \in \mathbb{A}^3 \; : \; q(\boldsymbol{x}) = 0\}$.

a) Transformieren Sie Q in euklidische Normalform, d. h. bestimmen Sie eine Bewegung $F(\boldsymbol{x}) = C\boldsymbol{x}+\boldsymbol{t}$ mit $C \in \mathrm{O}(3, \mathbb{R})$ und $\boldsymbol{t} \in \mathbb{R}^3$, sodass die Gleichung $q(F(\boldsymbol{x})) = 0$ euklidische Normalform hat.
b) Um welche Quadrik handelt es sich bei Q?

Aufgabe 5.15 (K) Sei

$$Q = \left\{ (x, y, z) \in \mathbb{A}^3 : \frac{5}{16}x^2 + y^2 + \frac{5}{16}z^2 - \frac{3}{8}xz - \frac{1}{2}x - \frac{1}{2}z = 0 \right\}.$$

a) Man zeige, dass Q ein Ellipsoid ist und bestimme dessen Mittelpunkt und Hauptachsen.
b) Man gebe eine affin-lineare Abbildung $f : \mathbb{A}^3 \to \mathbb{A}^3$ an, so dass f eine Bijektion der Einheitssphäre $S^2 = \{(x, y, z) \in \mathbb{R}^3 : x^2 + y^2 + z^2 = 1\}$ auf Q induziert.

Aufgabe 5.16 (K) Man zeige, dass durch die Gleichung

$$5x^2 - 2xy + 5y^2 + 10x - 2y - 6 = 0$$

eine Ellipse im $\mathbb{R}^2$ definiert ist. Ferner bestimme man ihren Mittelpunkt, ihre Hauptachsen, die Hauptachsenlängen und skizziere die Ellipse.

Aufgabe 5.17 (T) Sei K ein Körper mit $\mathrm{Char}(K) \neq 2$, $A \in K^{(n,n)}$ symmetrisch, $\boldsymbol{b} \in K^n$, $c \in K$ und die Abbildung $q : K^n \to K$ sei definiert durch $q(\boldsymbol{x}) := \boldsymbol{x}^t A\boldsymbol{x} + 2\boldsymbol{b}^t\boldsymbol{x} + c$. Durch

$$Q = \{\boldsymbol{x} \in K^n \ : \ q(\boldsymbol{x}) = 0\}$$

sei eine Quadrik gegeben, die nicht ganz in einer Hyperebene des K^n enthalten ist. Man zeige, dass Q genau dann eine Mittelpunktsquadrik ist, wenn $A\boldsymbol{x} = -\boldsymbol{b}$ lösbar ist.

Aufgabe 5.18 (K) Im euklidischen $\mathbb{A}^3$ seien zwei Geraden g_1 und g_2 gegeben:

$$g_1 = \mathbb{R}\begin{pmatrix}1\\1\\0\end{pmatrix}, \quad g_2 = \begin{pmatrix}0\\0\\1\end{pmatrix} + \mathbb{R}\begin{pmatrix}0\\1\\1\end{pmatrix}.$$

E sei die Ebene durch 0, die senkrecht zu g_2 ist.

a) Berechnen Sie für einen Punkt $(p_1, p_2, p_3)^t \in \mathbb{A}^3$ seinen Abstand von g_2.
b) Zeigen Sie, dass

$$Q = \{(p_1, p_2, p_3)^t \in \mathbb{A}^3 : p_1^2 + 2p_1p_2 - 2p_2p_3 - p_3^2 + 2p_2 - 2p_3 + 1 = 0\}$$

die Menge der Punkte des $\mathbb{A}^3$ ist, die von g_1 und g_2 denselben Abstand haben. Wie lautet die affine Normalform und die geometrische Bezeichnung der Quadrik Q? Begründen Sie Ihre Antwort.
c) Der Schnitt der Quadrik Q mit der Ebene E ist ein Kegelschnitt. Um was für einen Kegelschnitt handelt es sich bei $Q \cap E$?

5.4 Alternierende Bilinearformen

Weiterhin sei, wenn nicht anders erwähnt, V ein Vektorraum über einem Körper K mit $\mathrm{Char}\, K \neq 2$. In Definition 5.19 vereinbarten wir bereits, eine Bilinearform φ *antisymmetrisch* zu nennen, wenn $\varphi(\boldsymbol{v}, \boldsymbol{w}) = -\varphi(\boldsymbol{w}, \boldsymbol{v})$. Eine darstellende Matrix G für die antisymmetrische Form φ hat die Eigenschaft

$$G^t = -G .$$

Andererseits heißt eine Bilinearform alternierend, wenn

$$\varphi(\boldsymbol{v}, \boldsymbol{v}) = 0 \quad \text{für alle } \boldsymbol{v} \in V$$

gilt. Die Begriffe „antisymmetrisch" und *alternierend* sind nach Bemerkungen 5.20, 2) identisch. Daher verwenden wir auch „alternierend" für antisymmetrische Matrizen.

Bemerkungen 5.53

1) Sei $V = K^2$. Zwei Vektoren

$$\boldsymbol{v} = \begin{pmatrix} v^1 \\ v^2 \end{pmatrix}, \quad \boldsymbol{w} = \begin{pmatrix} w^1 \\ w^2 \end{pmatrix} \in V$$

kann man zu einer 2×2-Matrix

$$\begin{pmatrix} v^1 & w^1 \\ v^2 & w^2 \end{pmatrix}$$

zusammensetzen. Deren Determinante

$$[\boldsymbol{v}, \boldsymbol{w}] := \det \begin{pmatrix} v^1 & w^1 \\ v^2 & w^2 \end{pmatrix} = v^1 w^2 - v^2 w^1$$

ist eine alternierende Bilinearform auf K^2 mit darstellender Matrix

$$G = \begin{pmatrix} 0 & -1 \\ 1 & 0 \end{pmatrix}$$

bezüglich der kanonischen Basis. G ist die Drehung um $\pi/2$, mit $-G$ die einzige schiefsymmetrische Drehung. Allgemein hat jede alternierende Bilinearform diese Darstellungsmatrix auf $E := \mathrm{span}(\boldsymbol{u}, \boldsymbol{v})$, sofern $\varphi(\boldsymbol{u}, \boldsymbol{v}) = 1$. E heißt auch *hyperbolische Ebene*. Auf E gilt

$$\varphi(a\boldsymbol{u} + b\boldsymbol{v}, c\boldsymbol{u} + d\boldsymbol{v}) = ad - bc = \left[\begin{pmatrix} a \\ b \end{pmatrix}, \begin{pmatrix} c \\ d \end{pmatrix} \right] .$$

2) Sei $V = K^n, n \geq 2$. Zwei Vektoren

$$\boldsymbol{v} = \begin{pmatrix} v^1 \\ \vdots \\ v^n \end{pmatrix}, \boldsymbol{w} = \begin{pmatrix} w^1 \\ \vdots \\ w^n \end{pmatrix} \in V$$

kann man zu einer $n \times 2$–Matrix

$$\begin{pmatrix} v^1 & w^1 \\ \vdots & \vdots \\ v^n & w^n \end{pmatrix}$$

zusammensetzen. Fixiert man zwei verschiedene Zeilen dieser Matrix, etwa die Zeilen i, j mit $i \neq j$, dann ist die zugehörige 2×2-Unter-Determinante

$$\det{}^{i,j}(\boldsymbol{v}, \boldsymbol{w}) := v^i w^j - v^j w^i$$

eine alternierende Bilinearform auf V.
Für $\boldsymbol{v}, \boldsymbol{w} \in \mathbb{R}^2$ ist $\det(\boldsymbol{v}, \boldsymbol{w})$ nach (2.146) geometrisch der Absolutbetrag der Fläche des von $\boldsymbol{v}$ und $\boldsymbol{w}$ in $\mathbb{R}^2$ aufgespannten Parallelogramms. Auch zwei Vektoren $\boldsymbol{v}, \boldsymbol{w} \in \mathbb{R}^n$ spannen ein Parallelogramm auf. $\det^{i,j}(\boldsymbol{v}, \boldsymbol{w})$ ist – bis auf das Vorzeichen – die Fläche der Projektion dieses Parallelogramms in die i, j-Ebene. Während (nicht entartete) symmetrische Bilinearformen die Zuordnung des von den Vektoren eingeschlossenen Winkels abstrahieren, tun dies (nicht entartete) alternierende Bilinearformen mit der Fläche des aufgespannten Parallelogramms. △

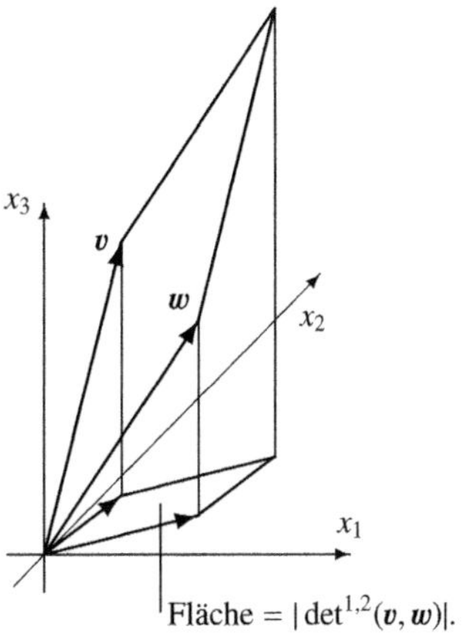

Abb. 5.4: Beispiel alternierende Bilinearform.

Hauptsatz 5.54: Normalform alternierender Matrizen, Char $K \neq 2$

Es sei V ein endlichdimensionaler Vektorraum über dem Körper K mit Char $K \neq 2$. Sei φ eine alternierende Bilinearform auf V. Dann gibt es eine Basis, in der φ durch eine Blockdiagonalmatrix

$$\begin{pmatrix} 0 & -1 & & & & & & \\ 1 & 0 & & & & & & \\ & & \ddots & & & & & \\ & & & 0 & -1 & & & \\ & & & 1 & 0 & & & \\ & & & & & 0 & & \\ & & & & & & \ddots & \\ & & & & & & & 0 \end{pmatrix} \tag{5.24}$$

dargestellt wird, welche aus alternierenden 2×2-Kästchen $\begin{pmatrix} 0 & -1 \\ 1 & 0 \end{pmatrix}$ und Nullen aufgebaut ist. V zerfällt dann in $V^\perp$ und in hyperbolische Ebenen.

Beweis: (Induktion nach $n = \dim(V)$) Nach Bemerkungen 5.20, 2) erfüllt eine alternierende Form $\varphi(\boldsymbol{v}, \boldsymbol{v}) = 0$ und für $n = 1$ ist daher $\varphi = 0$. Sei nun $n \geq 2$. Wenn φ die Nullform ist, d. h. wenn $\varphi(\boldsymbol{v}, \boldsymbol{w}) = 0$ für alle $\boldsymbol{v}, \boldsymbol{w} \in V$, dann hat sie die Nullmatrix als darstellende Matrix und es ist wieder nichts zu zeigen. Andernfalls gibt es Vektoren $\boldsymbol{v}, \boldsymbol{w} \in V$ mit $\varphi(\boldsymbol{v}, \boldsymbol{w}) \neq 0$. Diese Vektoren $\boldsymbol{v}, \boldsymbol{w}$ sind dann linear unabhängig, denn wegen $\varphi(\boldsymbol{v}, \boldsymbol{v}) = 0$ gilt

$$a\boldsymbol{v} + b\boldsymbol{w} = \boldsymbol{0} \quad \Rightarrow \quad a\varphi(\boldsymbol{v}, \boldsymbol{w}) = \varphi(a\boldsymbol{v} + b\boldsymbol{w}, \boldsymbol{w}) = 0 \quad \Rightarrow \quad a = 0 \quad \Rightarrow \quad b = 0\,.$$

Also spannen $\boldsymbol{v}$ und $\boldsymbol{w}$ einen zweidimensionalen Untervektorraum $U \subset W$ auf. Wir setzen

$$\boldsymbol{v}_1 := \frac{1}{\varphi(\boldsymbol{v}, \boldsymbol{w})}\boldsymbol{v}\,, \quad \boldsymbol{v}_2 := \boldsymbol{w}$$

und haben dann

$$\varphi(\boldsymbol{v}_1, \boldsymbol{v}_2) = 1\,, \quad \varphi(\boldsymbol{v}_2, \boldsymbol{v}_1) = -1\,,$$

d. h. in der Basis $\boldsymbol{v}_1, \boldsymbol{v}_2$ von U hat $\varphi|_U$ die darstellende Matrix

$$\begin{pmatrix} 0 & -1 \\ 1 & 0 \end{pmatrix}.$$

Insbesondere ist $\varphi|_U$ nicht entartet. Nach Satz 5.17, 2) ist dann $V = U \oplus U^\perp$ mit $\dim(U^\perp) = n - 2$. Wenden wir die Induktionsannahme auf $U^\perp$ an, so ergibt sich die Behauptung. □

Korollar 5.55

1) Der Rang einer schiefsymmetrischen $n \times n$-Matrix ist stets gerade.

2) Die Determinante einer schiefsymmetrischen $n \times n$-Matrix ist stets ein Quadrat in K.

3) Sei $G \in K^{(n,n)}$ schiefsymmetrisch und invertierbar, d. h. insbesondere gilt $n = 2m$ für ein $m \in \mathbb{N}$. Dann gibt es ein invertierbares $A \in K^{(n,n)}$, so dass

$$A^t G A = \begin{pmatrix} 0 & -\mathbb{1}_m \\ \mathbb{1}_m & 0 \end{pmatrix} =: J\,. \tag{5.25}$$

Die zugehörige alternierende Form φ auf K^{2m} schreibt sich demzufolge

$$\varphi(\boldsymbol{x}, \boldsymbol{y}) = \sum_{i=1}^{m} x^i y^{m+i} - x^{m+i} y^i\,. \tag{5.26}$$

Insbesondere ist $J^{-1} = -J = J^t$.

Beweis: Zu 1): Zu einer schiefsymmetrischen Matrix G gibt es immer eine invertierbare Matrix A, so dass $A^t G A$ die Normalform aus Hauptsatz 5.54 hat. Deswegen ist der Rang von G gleich dem Rang dieser Normalform, d. h. gleich zweimal der Anzahl der alternierenden Zweierkästchen.
Zu 2): Die Determinante eines alternierenden Zweierkästchens in der Normalform ist gleich 1. Nach der Determinanten-Multiplikationsformel ist deswegen die Determinante der Normalform gleich 0 oder gleich 1. Daraus folgt

$$\det(G) = \frac{1}{\det(A)^2} \quad \text{oder} \quad \det(G) = 0\,.$$

Zu 3): Die Form ergibt sich aus (5.24) durch entsprechende simultane Zeilen- und Spalten-Vertauschungen, d. h. Ähnlichkeitstransformationen mit Permutationsmatrizen $P = P^t = P^{-1}$. □

In Abschnitt 2.7 haben wir schon eine alternierende Bilinearform auf $\mathbb{R}^3$, das *Vektorprodukt* oder *Kreuzprodukt* (siehe Definition 2.128) betrachtet. Analog zu $\mathrm{O}(V, \varphi)$, Definition 5.25 definiert man:

Definition 5.56

Sei V ein K-Vektorraum über dem Körper K und φ eine nicht entartete alternierende Bilinearform auf V.

$$\mathrm{Sp}(V; \varphi) := \{\Phi \in \mathrm{Hom}_K(V, V) : \Phi \text{ ist Isometrie (bezüglich } \varphi) \text{ auf } V\}$$

heißt die *symplektische Gruppe* zu φ. $A \in K^{(n,n)}$ heißt *symplektisch*, wenn es Darstellungsmatrix eines $\Phi \in \mathrm{Sp}(V;\varphi)$ ist, wobei φ nach (5.26) gewählt ist.

Die Gruppeneigenschaften wurden in Satz 5.24, 1) bewiesen.

Symplektische Matrizen sind in Sinn von Bemerkungen 5.53, 2) *flächenerhaltend*. Die symplektischen Matrizen $A \in K^{(n,n)}$ sind nach Korollar 5.55, 3) charakterisiert durch

$$J = A^t J A \,. \tag{5.27}$$

Daher ist $1 = \det(J) = \det(A^t) 1 \det(A) = (\det(A))^2$ und damit

$$\boxed{\det(A) \in \{-1, 1\} \,.}$$

Genauer gilt für $A \in \mathbb{C}^{(n,n)}$: $\det(A) = 1$ (ohne Beweis).

Aus (5.27) folgt $J = -J^{-1} = A^{-1} J A^{-t}$, demnach $AJA^t = J$ und damit erfüllt auch A^t (5.27), d. h.

$$\boxed{\text{mit } A \text{ ist auch } A^t \text{ symplektisch.}}$$

Aus (5.27) folgt weiter $J^{-1} A^t J = A^{-1}$, d. h.

$$\boxed{A^{-1} \text{ und } A^t \text{ sind ähnlich zueinander.}}$$

Mathematische Modellierung 7 In Beispiel 3(6), S. 426, wird zur Beschreibung des dynamischen Verhaltens einer Massenkette ein lineares Differentialgleichungssystem vom Typ

$$M\ddot{\boldsymbol{x}} + A\boldsymbol{x} = \boldsymbol{0} \tag{MM.89}$$

mit $M = \mathrm{diag}(m_i)$ für $m_i \in \mathbb{R}, m_i > 0$ (in Beispiel 3(6) die Punktmassen) entwickelt (siehe (MM.74)). Dabei ist

$$\boldsymbol{x} : [t_0, t_1] \to \mathbb{R}^n$$

eine vektorwertige Funktion, d. h. $\boldsymbol{x}(t) = (x_i(t))_i$. Die Matrix A nach (MM.2) ist symmetrisch und positiv definit. Dies wird für den Fall gleicher Federkonstanten, d. h. der Matrix nach (MM.11) in Beispiel 3(8), S. 435, gezeigt, da nach (MM.82) alle Eigenwerte positiv sind. Alternativ kann man A auch als Gramsche Matrix interpretieren (siehe Definition 1.99). Mit dem Einwirken einer äußeren Kraft verallgemeinert sich (MM.89) zu

$$M\ddot{\boldsymbol{x}}(t) + A\boldsymbol{x}(t) = \boldsymbol{b}(t) \tag{MM.90}$$

mit einer gegebenen Funktion $\boldsymbol{b} : [t_0, t_1] \to \mathbb{R}^n$. Anstelle der Anfangswerte wie in (MM.72) kann man auch *Randwerte*, d. h. $\boldsymbol{x}_0, \boldsymbol{x}_1 \in \mathbb{R}^n$, vorgeben und fordern:

$$\boldsymbol{x}(t_0) = \boldsymbol{x}_0 \,, \qquad \boldsymbol{x}(t_1) = \boldsymbol{x}_1 \,. \tag{MM.91}$$

Unter allen verbindenden *Bahnen* wird somit die gesucht, die (MM.90) erfüllt. Analog zu Satz 4.144 besteht auch hier wieder eine Beziehung zu einer Minimierungsaufgabe, hier aber im Raum der Bahnen

$$V := \left\{\boldsymbol{x} \in C^1([t_0, t_1], \mathbb{R}^n) : \boldsymbol{x}(t_0) = \boldsymbol{x}_0, \boldsymbol{x}(t_1) = \boldsymbol{x}_1\right\} \,.$$

Dazu sei das Lagrange-Funktional $L : \mathbb{R}^n \times \mathbb{R}^n \times [t_0, t_1] \to \mathbb{R}$ durch

$$L(\boldsymbol{x},\boldsymbol{y},t) := \frac{1}{2}\langle M\boldsymbol{y}\,.\,\boldsymbol{y}\rangle - \frac{1}{2}\langle A\boldsymbol{x}\,.\,\boldsymbol{x}\rangle + \langle \boldsymbol{b}(t)\,.\,\boldsymbol{x}\rangle$$

definiert (man vergleiche (4.112)), wobei $\langle\ .\ \rangle$ das EUKLIDische Skalarprodukt auf $\mathbb{R}^n$ bezeichnet. Mit Kentnissen der mehrdimensionalen Analysis und analog zum Beweis von Hauptsatz 1.102 lässt sich zeigen: Ist x ein Minimum des folgenden *Variationsproblems*: Minimiere

$$f(\boldsymbol{x}) := \int_{t_0}^{t_1} L(\boldsymbol{x}(s), \dot{\boldsymbol{x}}(s), s)ds \text{ auf } V. \tag{MM.92}$$

Dann erfüllt $\boldsymbol{x}$ auch (MM.90) und (MM.91). Dabei kann der erste Summand, d. h.

$$\frac{1}{2}\int_{t_0}^{t_1} \langle M\dot{\boldsymbol{x}}(s)\,.\,\dot{\boldsymbol{x}}(s)\rangle\, ds\,,$$

als *kinetische Energie* und der zweite Summand, d. h.

$$-\int_{t_0}^{t_1} \frac{1}{2}\langle A\boldsymbol{x}(s)\,.\,\boldsymbol{x}(s)\rangle - \langle \boldsymbol{b}(s)\,.\,\boldsymbol{x}(s)\rangle\, ds\,,$$

als *(negative) verallgemeinerte potentielle Energie* interpretiert werden. Mit Hilfe der partiellen Ableitungen lässt sich (MM.90) auch schreiben als

$$\frac{\partial}{\partial \boldsymbol{x}} L(\boldsymbol{x}(t), \dot{\boldsymbol{x}}(t), t) - \frac{d}{dt}\frac{\partial}{\partial \boldsymbol{y}} L(\boldsymbol{x}(t), \dot{\boldsymbol{x}}(t), t) = 0\,. \tag{MM.93}$$

Gleichung (MM.93) heißt auch die EULER-LAGRANGE-Gleichung zu (MM.92). Für das angesprochene Beispiel und Verallgemeinerungen davon beschreibt nunmehr $\boldsymbol{x}$ die kartesischen Koordinaten von endlich vielen Punktmassen. Man nennt (MM.90), (MM.91) bzw.(MM.92) auch die LAGRANGEsche Formulierung der Mechanik.

Statt in $x(.)$ und $\dot{x}(.)$ kann man L auch neben der Position $x(.)$ in der Variable $M\dot{x}(.)$, d. h. dem Impuls, formulieren, also mit

$$\widetilde{L}(\boldsymbol{x},\widetilde{\boldsymbol{y}},t) := L(\boldsymbol{x}, M^{-1}\widetilde{\boldsymbol{y}}, t)\,.$$

Dabei wird M als selbstadjungiert und positiv definit angenommen.

Wir definieren die HAMILTON-Funktion in den Variablen Position und Impuls

$$\widetilde{H}(\boldsymbol{x},\widetilde{\boldsymbol{y}},t) = \left\langle M^{-1}\widetilde{\boldsymbol{y}}\,.\,\widetilde{\boldsymbol{y}}\right\rangle - \widetilde{L}(\boldsymbol{x},\widetilde{\boldsymbol{y}},t)\,.$$

Für $M\boldsymbol{y} = \widetilde{\boldsymbol{y}}$ ist daher

$$\widetilde{H}(\boldsymbol{x},\widetilde{\boldsymbol{y}},t) = \frac{1}{2}\left\langle M^{-1}\widetilde{\boldsymbol{y}}\,.\,\widetilde{\boldsymbol{y}}\right\rangle + \frac{1}{2}\langle A\boldsymbol{x}\,.\,\boldsymbol{x}\rangle - \langle \boldsymbol{b}(t)\,.\,\boldsymbol{x}\rangle =: H(\boldsymbol{x},\widetilde{\boldsymbol{y}},t)\,.$$

Wegen

$$\frac{\partial}{\partial \boldsymbol{x}} H(\boldsymbol{x},\widetilde{\boldsymbol{y}},t) = A\boldsymbol{x} - \boldsymbol{b}(t)\,, \quad \frac{\partial}{\partial \widetilde{\boldsymbol{y}}} H(\boldsymbol{x},\widetilde{\boldsymbol{y}},t) = M^{-1}\widetilde{\boldsymbol{y}}$$

sind mit

$$\boldsymbol{q}(t) := \boldsymbol{x}(t)\,, \quad \boldsymbol{p}(t) := M\dot{\boldsymbol{x}}(t) \tag{MM.94}$$

folgende Aussagen äquivalent:

(i) $\boldsymbol{x}$ löst (MM.90).

(ii) $(\boldsymbol{q},\boldsymbol{p})^t$ löst

$$\begin{aligned} \dot{q}(t) &= M^{-1}\dot{p}(t) \\ \dot{p}(t) &= -Aq(t) + b(t) \,. \end{aligned}$$

(iii) $(q, p)^t$ löst

$$\begin{aligned} \dot{q}(t) &= \tfrac{\partial}{\partial y} H(q(t), p(t), t) \\ \dot{p}(t) &= -\tfrac{\partial}{\partial x} H(q(t), p(t), t) \,. \end{aligned} \tag{MM.95}$$

H stellt als Summe aus kinetischer und verallgemeinerter potentieller Energie die Gesamtenergie dar. Diese Formulierung erlaubt auch über (MM.94) hinaus die Benutzung verallgemeinerter Koordinaten

$$q := q(x) \,, \qquad p := p(q, y)$$

für Position und Impuls. Man spricht dann von der HAMILTONschen Formulierung, die z. B. geeignet ist weitere Zwangsbedingungen an die Bahn mit aufzunehmen. Für geeignete Transformationen bleiben die HAMILTONschen Gleichungen (MM.95) erhalten, die sich für $u(t) = \begin{pmatrix} q(t) \\ p(t) \end{pmatrix} \in \mathbb{R}^{2n}$ durch das Differentialgleichungssystem 1. Ordnung

$$u'(t) = J^t \frac{\partial H}{\partial u}(u(t), t)$$

ausdrücken lassen mit J nach (5.25). ◇

Was Sie in diesem Abschnitt gelernt haben sollten:

Begriffe:

- alternierende Bilinearform
- symplektische Gruppe $\mathrm{Sp}(V; \varphi)$

Zusammenhänge:

- Normalform alternierender Matrizen (Hauptsatz 5.54)

Aufgaben

Aufgabe 5.19 (K) Es sei A eine reelle $(n \times n)$-Matrix mit zugehörigem charakteristischen Polynom $p_A(x) = \det(A - x\mathbb{1}_n)$. Zeigen Sie: Ist A antisymmetrisch, so ist für eine Nullstelle λ aus $\mathbb{C}$ von $p_A(x)$ auch $-\lambda$ Nullstelle von $p_A(x)$.

Aufgabe 5.20 (T) Es sei V ein endlichdimensionaler $\mathbb{R}$-Vektorraum. Zeigen Sie:

a) Für eine alternierende Bilinearform φ auf V sind äquivalent:

   (i) $\operatorname{Rang}(\varphi) \leq 2k$,

   (ii) es gibt Linearformen $f_1, g_1, ..., f_k, g_k \in V^*$ mit $\varphi = f_1 \wedge g_1 + ... + f_k \wedge g_k$.

b) Für zwei Linearformen $f, g \in V^*$ sind äquivalent:

   (i) $f \wedge g = 0$,

   (ii) f und g sind linear abhängig.

Aufgabe 5.21 (T) Zeigen Sie: Durch

$$\varphi(f, g) := \int_0^1 f(x)g'(x)\,dx$$

wird eine nicht entartete alternierende Bilinearform auf dem $\mathbb{R}$-Vektorraum der über dem Intervall $[0, 1]$ stetig differenzierbaren Funktionen f mit $f(0) = f(1) = 0$ definiert.

Aufgabe 5.22 (T) Es sei Λ der $\mathbb{R}$-Vektorraum der alternierenden Bilinearformen auf $\mathbb{R}^4$. Zeigen Sie:

a) Ist $f^1, ..., f^4 \in (\mathbb{R}^4)^*$ die Dualbasis zur kanonischen Basis des $\mathbb{R}^4$, so bilden die alternierenden Bilinearformen

$$f^1 \wedge f^2, \quad f^1 \wedge f^3, \quad f^1 \wedge f^4, \quad f^2 \wedge f^3, \quad f^2 \wedge f^4, \quad f^3 \wedge f^4$$

eine Basis von Λ.

b) Durch

$$p(f^i \wedge f^j, f^k \wedge f^l) := \begin{cases} 0 & \text{falls } \{i, j\} \cap \{k, l\} \neq \emptyset \\ \operatorname{sign}(\sigma) & \text{falls } \sigma \in \Pi_4 \text{ definiert durch } 1, 2, 3, 4 \mapsto i, j, k, l \end{cases}$$

wird auf Λ eine nicht entartete symmetrische Bilinearform definiert. Geben Sie die darstellende Matrix von p in der Basis aus a) an.

c) Für $\varphi \in \Lambda$ ist $p(\varphi, \varphi) = 0$ genau dann, wenn $\varphi = f \wedge g$ mit $f, g \in (\mathbb{R}^4)^*$.

Kapitel 6
Polyeder und lineare Optimierung

Lineare Optimierung ist ein mathematisches Gebiet, das Mitte der 1940er Jahre aus Problemen der Wirtschaftswissenschaften entstanden ist. Je nachdem, ob man die innermathematischen Aspekte, oder die Frage der Anwendungen in den Mittelpunkt stellt, kann man dieses Gebiet der reinen oder der angewandten Mathematik zuordnen: Zum einen handelt es sich um *Polyedertheorie*, die die zulässige Menge des Optimierungsproblems und das Verhalten eines linearen Funktionals, des *Zielfunktionals*, darauf beschreibt. Zum anderen handelt es sich um die effiziente und stabile algorithmische Lösung solcher linearer Optimierungsprobleme mit dem *Simplex-Verfahren*, zuerst veröffentlicht von G. DANTZIG[1] im Jahr 1947, und seiner neueren Konkurrenz, dem *Innere-Punkte-Verfahren* und der *Ellipsoid-Methode*. Der Schwerpunkt liegt hier auf dem ersten Aspekt. Eine ausführliche Behandlung der Algorithmik erfolgt im mathematischen Teilgebiet der *Optimierung*. Zur Orientierung wird im Folgenden ein typisches lineares Optimierungsproblem diskutiert.

Seien $m, n \in \mathbb{N},\ m < n$ und $A \in \mathbb{R}^{(m,n)}$ mit vollem Rang: $\text{Rang}(A) = m,\ \boldsymbol{b} \in \mathbb{R}^m$. Dann hat das unterbestimmte LGS

$$A\boldsymbol{x} = \boldsymbol{b}$$

unendlich viele Lösungen (siehe Lemma 1.7).

Oft ist man nur an Lösungen mit nicht negativen Komponenten interessiert (z. B. Massen, ...), aber auch das Problem

$$\begin{aligned} A\boldsymbol{x} &= \boldsymbol{b} \\ \boldsymbol{x} &\geq \boldsymbol{0} \end{aligned} \tag{6.1}$$

hat – bei Lösbarkeit – weiter unendlich viele Lösungen. Hier wurde auf $\mathbb{R}^n$ folgende Halbordnung benutzt:

[1] George Bernard DANTZIG *8. November 1914 in Portland †13. Mai 2005 in Stanford

P. Knabner und W. Barth, *Lineare Algebra*,
https://doi.org/10.1007/978-3-662-55600-9_6

Definition 6.1

Es seien $\boldsymbol{a} = (a_i)_i$, und $\boldsymbol{b} = (b_i)_i$ Vektoren im $\mathbb{R}^n$. Dann sagt man

$$\boldsymbol{a} \geq \boldsymbol{0},$$

falls diese Relation komponentenweise erfüllt ist, d. h.

$$\begin{aligned} a_i &\geq 0 \quad \text{für alle } i = 1, \ldots, n \\ \boldsymbol{a} \geq \boldsymbol{b} &\quad \text{genau dann, wenn} \quad \boldsymbol{a} - \boldsymbol{b} \geq \boldsymbol{0}. \end{aligned}$$

Weiter sei

$$\boldsymbol{a} > \boldsymbol{b},$$

falls

$$a_i > b_i \quad \text{für alle } i = 1, \ldots, n.$$

Weiterhin sei

$$\begin{aligned} \boldsymbol{a} \leq \boldsymbol{b} &\quad \text{durch} \quad \boldsymbol{b} \geq \boldsymbol{a}, \text{ sowie} \\ \boldsymbol{a} < \boldsymbol{b} &\quad \text{durch} \quad \boldsymbol{b} > \boldsymbol{a} \end{aligned}$$

definiert.

Bemerkungen 6.2

1) $\boldsymbol{a} < \boldsymbol{b}$ ist also im Gegensatz zu $n = 1$ nicht

$$\boldsymbol{a} \leq \boldsymbol{b} \quad \text{und} \quad \boldsymbol{a} \neq \boldsymbol{b}.$$

2) $\leq$ ist eine Halbordnung auf $\mathbb{R}^n$, im Sinn von Definition A.20. Die Ordnung ist aber nicht vollständig, d. h. es ist nicht

$$\boldsymbol{a} \leq \boldsymbol{b} \quad \text{oder} \quad \boldsymbol{b} \leq \boldsymbol{a} \quad \text{für alle } \boldsymbol{a}, \boldsymbol{b} \in \mathbb{R}^n.$$

3) $\leq$ und $+$ sind verträglich in dem Sinn: $\boldsymbol{a} \leq \boldsymbol{b} \Rightarrow \boldsymbol{a} + \boldsymbol{c} \leq \boldsymbol{b} + \boldsymbol{c}$ für alle $\boldsymbol{a}, \boldsymbol{b}, \boldsymbol{c} \in \mathbb{R}^n$. $\leq$ und $\lambda\cdot$ sind verträglich in dem Sinn:

$$\left.\begin{aligned} \boldsymbol{a} \leq \boldsymbol{b}, \lambda \geq 0 \Rightarrow \lambda\boldsymbol{a} \leq \lambda\boldsymbol{b} \\ \boldsymbol{a} \leq \boldsymbol{b}, \lambda \leq 0 \Rightarrow \lambda\boldsymbol{b} \leq \lambda\boldsymbol{a} \end{aligned}\right\} \quad \text{für alle } \boldsymbol{a}, \boldsymbol{b} \in \mathbb{R}^n, \lambda \in \mathbb{R}.$$

4) Sind $\boldsymbol{a}, \boldsymbol{b} \in \mathbb{R}^n$, $\boldsymbol{a} \geq \boldsymbol{0}$, $\boldsymbol{b} \geq \boldsymbol{0}$, dann ist auch $\boldsymbol{a}^t\boldsymbol{b} \geq 0$ und bei $\boldsymbol{a} > \boldsymbol{0}$, $\boldsymbol{b} > \boldsymbol{0}$ auch $\boldsymbol{a}^t\boldsymbol{b} > 0$.
△

Es kann versucht werden, aus der Lösungsmenge von (6.1) ein (möglichst eindeutiges) Element auszuwählen durch Wahl eines $\boldsymbol{c} \in \mathbb{R}^n$ und durch die Aufgabe

$$\begin{aligned} &\text{Minimiere } f(\boldsymbol{x}) := \boldsymbol{c}^t \boldsymbol{x} \\ &\text{über alle } \boldsymbol{x} \in U_{\text{ad}} \, . \end{aligned} \tag{6.2}$$

Dabei ist die *zulässige* Menge (ad=admissible) durch (6.1) definiert, f heißt das *Zielfunktional.* (6.2) heißt eine *lineare Optimierungsaufgabe* oder auch *lineares Programm* (LP).

Zur ersten Orientierung betrachte man das einfache Beispiel $n = 2, m = 1$, d. h.

$$\begin{aligned} \text{Minimiere } f(x_1, x_2) := c_1 x_1 + c_2 x_2 &\text{ unter den Nebenbedingungen} \\ g(x_1, x_2) := a_1 x_1 + a_2 x_2 &= b \\ x_1 &\geq 0 \\ x_2 &\geq 0 \, . \end{aligned}$$

Falls $U_{\text{ad}} = \emptyset$, wird das Problem sinnlos, im anderen Fall können die Situationen aus Abbildung 6.1 auftreten. U_{ad} ist also eine Strecke oder ein Strahl für $n = 2, m = 1$, für

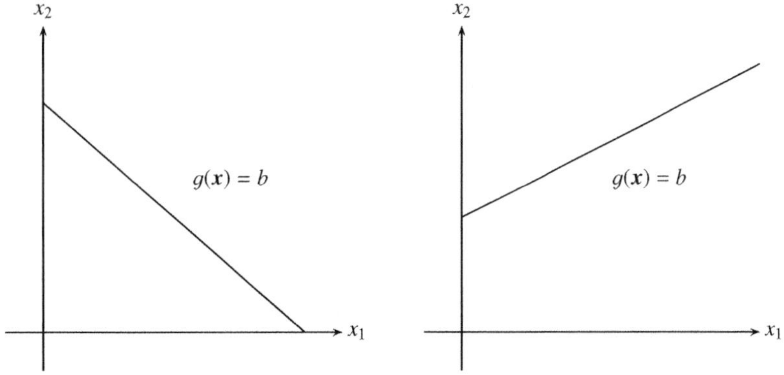

Abb. 6.1: Einfaches Optimierungsproblem auf einer Geraden.

$n = 3, m = 1$ entsprechend ein Dreieck (eventuell unbeschränkt mit mindestens einer „Ecke" im Unendlichen).

Also: U_{ad} kann beschränkt (Abbildung 6.1 links) oder unbeschränkt (Abbildung 6.1 rechts) sein, wobei der erste der typischere Fall ist. U_{ad} ist konvex (siehe Definition 6.3) und wird für $n = 2$ von Punkten, genannt *Ecken*, (und für $n = 3$ von Geradenstücken) berandet. Die Höhenlinien $f(\boldsymbol{x}) = \alpha$ sind Geraden, sie schneiden also den Rand von U_{ad} in einem Punkt (vgl. Abbildung 6.2), falls sie nicht U_{ad} ganz enthalten, so dass das Minimum von f auf einem beschränkten U_{ad} in einer Ecke von U_{ad} angenommen wird und dann die Minimalstelle eindeutig ist. Falls U_{ad} zu einer Höhenlinie von f gehört, sind alle Punkte minimal, aber auch die Ecken. Ist U_{ad} unbeschränkt und es gibt $\boldsymbol{x} \in U_{\mathrm{ad}}$ mit beliebig kleinem Zielfunktional, so ist das Optimierungsproblem also nicht lösbar:

$$\inf_{\boldsymbol{x} \in U_{\mathrm{ad}}} f(\boldsymbol{x}) = -\infty \,.$$

Neben der Formulierung (6.2) eines LPs gibt es weitere dazu äquivalente:

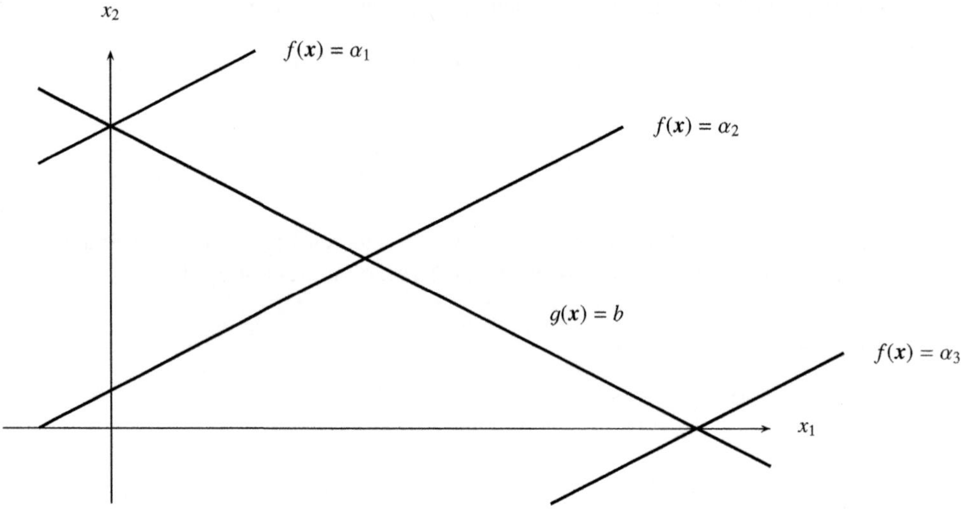

Abb. 6.2: Niveaulinien von f.

Statt

$$\begin{aligned} f(\boldsymbol{x}) &= \boldsymbol{c}^t \boldsymbol{x} \text{ zu minimieren kann auch} \\ -f(\boldsymbol{x}) &= (-\boldsymbol{c}^t)\boldsymbol{x} \text{ maximiert werden.} \end{aligned}$$

Eine *Gleichungsnebenbedingung*

$$A\boldsymbol{x} = \boldsymbol{b}$$

kann auch als Ungleichungsnebenbedingung

$$\begin{aligned} A\boldsymbol{x} &\leq \boldsymbol{b} \\ -A\boldsymbol{x} &\leq -\boldsymbol{b} \end{aligned}$$

ausgedrückt werden, was dann auch die Vorzeichenbedingung

$$\boldsymbol{x} \geq \boldsymbol{0}$$

mit einschließt. Insofern ist das folgende eine (scheinbar) allgemeinere Formulierung eines LP:

Seien $m, n \in \mathbb{N}$, $A \in \mathbb{R}^{(m,n)}$, $\boldsymbol{b}, \boldsymbol{c} \in \mathbb{R}^n$.

$$\begin{aligned} &\text{Minimiere } f(\boldsymbol{x}) = \boldsymbol{c}^t \boldsymbol{x} \text{ unter } \boldsymbol{x} \in U_{\text{ad}} , \\ &\text{wobei } U_{\text{ad}} := \{\boldsymbol{x} \in \mathbb{R}^n : A\boldsymbol{x} \leq \boldsymbol{b}\} . \end{aligned} \tag{6.3}$$

Hier kann auch $m > n$ sein und die typische Gestalt von U_{ad} zeigt Abbildung 6.3.

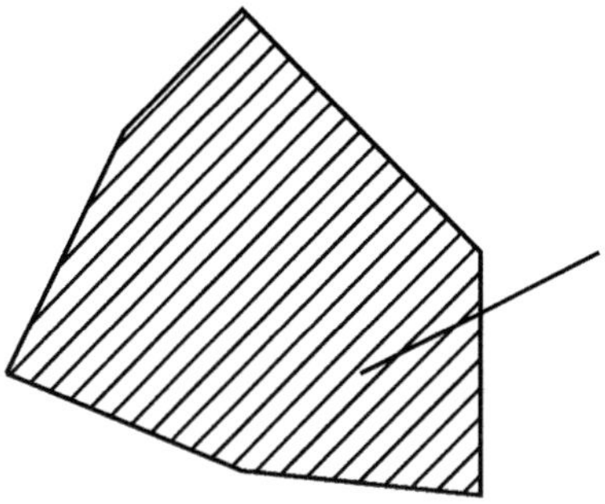

Abb. 6.3: Skizze einer zulässigen Menge.

In diesem allgemeinen Fall wird also U_{ad} auch für $n = 2$ von Geradenstücken, den *Kanten* berandet und die Ecken sind die Schnittpunkte von Kanten. Die Gerade $f(\boldsymbol{x}) = \alpha$ schneidet eine Kante in einem Punkt, falls sie nicht diese enthält.

Andererseits kann (6.3) durch Einführung von *Schlupfvariablen* wieder in der Form (6.2) geschrieben werden (aber als höherdimensionales Problem). Dazu wird $\boldsymbol{x} = \boldsymbol{x}' \in \mathbb{R}^n$ ersetzt durch

$$\left(\frac{\boldsymbol{x}'}{\boldsymbol{x}''}\right) \in \mathbb{R}^{n+m} .$$

Das Zielfunktional wird beibehalten:

$$f\left(\frac{\boldsymbol{x}'}{\boldsymbol{x}''}\right) = \boldsymbol{c}^t \boldsymbol{x}' \tag{6.4}$$

und U_{ad} umgeformt zu

$$U_{\text{ad}} = \left\{\left(\frac{\boldsymbol{x}'}{\boldsymbol{x}''}\right) \in \mathbb{R}^{n+m} \; : \; A\boldsymbol{x}' + \boldsymbol{x}'' = \boldsymbol{b}, \quad \boldsymbol{x}'' \geq \boldsymbol{0}\right\} .$$

In (6.4) stehen neben *gebundenen* (d. h. vorzeichenbehafteten) Variablen $\boldsymbol{x}''$ auch *freie Variablen* $\boldsymbol{x}'$ (d. h. ohne Vorzeichenbedingung). Diese können bei Verdopplung ihrer Anzahl vermieden werden, da sich jedes $\boldsymbol{x} \in \mathbb{R}^n$ (nicht eindeutig) schreiben lässt als

$$x = x^+ - x^- , \quad \text{wobei} \quad x^+ \geq \mathbf{0} , \; x^- \geq \mathbf{0} .$$

(Für die Eindeutigkeit müsste man die nichtlinearen Bedingungen $x_i^+ x_i^- = 0$ für $i = 1, \ldots, n$ mit hinzunehmen). Es lässt sich also Folgendes vermuten:

Ist U_{ad} beschränkt, so ist (6.2) lösbar und eine Minimalstelle ist eine Ecke.

Da es anscheinend nur endlich viele Ecken gibt, könnte man diese bestimmen und den Wert von f dort vergleichen. Wegen der enormen Anzahl von Ecken für große n und m ist dies nicht allgemein machbar. Die Grundstruktur des klassischen Verfahrens, des *Simplex-Verfahrens*, ist:

Phase I des Simplex-Verfahrens
Bestimme eine Ecke von U_{ad}.

Phase II des Simplex-Verfahrens
Bestimme eine von der Ecke ausgehende „Kante" des Randes von U_{ad}, entlang der f *absteigt*, d. h. den Wert verringert. Gehe entlang der Kante bis zu einer Ecke mit niedrigerem Funktionalwert. Wiederhole diesen Schritt bis eine Ecke erreicht wird, so dass entlang keiner Kante abgestiegen werden kann.

Zur Absicherung dieses Verfahrens sind folgende Punkte zu klären:

- Algorithmische Umsetzung von Phase I
- Algebraische Charakterisierung von Ecken und „Kanten "
- Nachweis, dass bei Termination des Verfahrens ein Minimum erreicht ist
- effiziente und stabile Umsetzung der obigen Schritte mittels Linearer Algebra.

6.1 Elementare konvexe Geometrie

Sei A ein affiner Raum zu einem $\mathbb{R}$-Vektorraum V. Die von zwei Punkten $a \neq b \in A$ aufgespannte Gerade ab ist etwas anderes als die *Strecke* $\overline{ab}$ zwischen diesen Punkten. Diese Strecke ist

$$\overline{ab} = a + t \cdot (b - a) = (1 - t)a + tb, \quad 0 \leq t \leq 1 \, .$$

So wie affine Unterräume B nach Satz 1.119 invariant unter der Bildung von Geraden durch $a, b \in A$ sind, so sind konvexe Mengen $K \subset A$ invariant unter der Bildung von Strecken $\overline{ab}$ für $a, b \in K$:

Definition 6.3

Sei A ein affiner Raum zu einem $\mathbb{R}$-Vektorraum V. $K \subset A$ heißt *konvex*, wenn für jede Affinkombination

$$c := ta + (1 - t)b \quad \text{mit } 0 \leq t \leq 1 \, ,$$

für Punkte $a, b \in K$ gilt:

$$c \in K \, .$$

Bemerkungen 6.4

1) Jeder affine Unterraum ist konvex.

2) Jeder Durchschnitt konvexer Mengen ist wieder konvex. Jede Strecke $\overline{ab}$ ist konvex.

3) Jede Kugel mit Zentrum $\boldsymbol{a}$ und Radius r in einem normierten $\mathbb{R}$-Vektorraum $(V, \|\,.\,\|)$

$$K := \{\boldsymbol{x} \in V : \|\boldsymbol{x} - \boldsymbol{a}\| < r\}$$

ist konvex.

Gehören nämlich $\boldsymbol{x}_1$ *und* $\boldsymbol{x}_2$ *zu* K, *und ist* $\boldsymbol{x} = s\boldsymbol{x}_1 + t\boldsymbol{x}_2$, $0 \leq s, t \in \mathbb{R}$, $s + t = 1$, *so ist nach der Dreiecksungleichung*

$$\|\boldsymbol{x} - \boldsymbol{a}\| = \|s\boldsymbol{x}_1 + t\boldsymbol{x}_2 - (s + t)\boldsymbol{a}\| \leq s\|\boldsymbol{x}_1 - \boldsymbol{a}\| + t\|\boldsymbol{x}_2 - \boldsymbol{a}\| < (s + t)r = r \, .$$

△

Definition 6.5

Sei A ein affiner Raum zu einem $\mathbb{R}$-Vektorraum V, $y_1, \ldots, y_l \in A$. Eine Affinkombination

$$t_1 y_1 + \ldots + t_l y_l \in A, \quad t_1 + \ldots + t_l = 1 \quad \text{mit } t_i \in \mathbb{R}\,,$$

heißt *Konvexkombination*, wenn

$$t_i \geq 0 \quad \text{für } i = 1, \ldots, l\,.$$

Notwendigerweise ist dann auch $t_i \leq 1$. Das Analogon zu Satz 1.119 für Konvexkombinationen statt Affinkombinationen ist

Satz 6.6: Konvexe Menge

Sei A ein affiner Raum zu einem $\mathbb{R}$-Vektorraum V. Für eine Menge $K \subset A$ sind äquivalent:

(i) K ist konvex;

(ii) mit endlich vielen Punkten $y_1, \ldots, y_l \in K$ gehört auch jede Konvexkombination dieser Punkte zu K.

Beweis: „(i) ⇒ (ii)“: Wir beweisen die Aussage durch Induktion nach l, indem wir die Konvexkombination

$$y := t_1 y_1 + \ldots + t_l y_l, \quad t_i \geq 0,\, t_1 + \ldots + t_l = 1\,,$$

für $t_l \neq 1$ schreiben als Konvexkombination

$$y = (1 - t_l)\overline{y} + t_l y_l \quad \text{mit} \quad \overline{y} := \frac{t_1}{1 - t_l} y_1 + \ldots + \frac{t_{l-1}}{1 - t_l} y_{l-1}\,.$$

Wegen

$$\frac{t_1}{1 - t_l} + \ldots + \frac{t_{l-1}}{1 - t_l} = \frac{t_1 + \ldots + t_{l-1}}{1 - t_l} = \frac{1 - t_l}{1 - t_l} = 1$$

ist $\overline{y}$ eine Affinkombination, wegen $t_i \geq 0$ und $1 - t_l > 0$ auch eine Konvexkombination, also nach Induktionsvoraussetzung $\overline{y} \in K$, und damit auch $y \in K$.
„(ii) ⇒ (i)“: Ist offensichtlich, denn die Punkte einer Strecke $\overline{ab}$ sind Konvexkombinationen der beiden Endpunkte a und b. □

Die folgende Definition ist das Analogon für Konvexkombinationen zu dem, was der aufgespannte affine Unterraum für Affinkombinationen ist.

Definition 6.7

Sei A ein affiner Raum zu einem $\mathbb{R}$-Vektorraum V. Es sei $M \subset A$ eine (endliche oder unendliche) Menge. Die Menge aller endlichen Konvexkombinationen

$$\{x = s_1x_1 + \ldots + s_lx_l : x_1, \ldots, x_l \in M, s_1, \ldots, s_l \in \mathbb{R},\ s_1 \geq 0, \ldots, s_l \geq 0,$$
$$s_1 + \ldots + s_l = 1, l \in \mathbb{N}\}$$

heißt die *konvexe Hülle* $\mathrm{conv}(M)$ der Menge M.

Satz 6.8

Sei A ein affiner Raum zum $\mathbb{R}$-Vektorraum V, sei $M \subset A$.

1) Die konvexe Hülle $\mathrm{conv}(M)$ ist konvex und enthält die Menge M.

2) Die Menge $\mathrm{conv}(M)$ ist die kleinste konvexe Menge, die M enthält, im folgenden Sinn: Ist $N \subset A$ konvex mit $M \subset N$, so ist $\mathrm{conv}(M) \subset N$.

Beweis: Zu 1): Es seien

$$x = \sum_{i=1}^{k} r_ix_i, \quad y = \sum_{i=1}^{l} s_iy_i, \quad r_i, s_i \geq 0, \sum r_i = \sum s_i = 1\,,$$

Konvexkombinationen von Punkten $x_i, y_i \in M$. Zu zeigen ist, dass dann auch $rx + sy$ mit $r, s \geq 0,\ r + s = 1$ zu $\mathrm{conv}(M)$ gehört. Aber wegen

$$rx + sy = \sum rr_ix_i + \sum ss_iy_i$$

mit

$$rr_i \geq 0,\ ss_i \geq 0, \sum rr_i + \sum ss_i = r\sum r_i + s\sum s_i = r + s = 1$$

ist dieser Punkt eine Konvexkombination der endlich vielen Punkte $x_i, y_i \in M$. Wegen $x = 1 \cdot x$ ist M auch in $\mathrm{conv}(M)$ enthalten.
Zu 2): Ist N konvex mit $x_1, \ldots, x_k \in M \subset N$, so gehört nach Satz 6.6 jede Konvexkombination der Punkte $x_1, \ldots, x_k$ auch zu N. □

Lemma 6.9: Konvexe Menge und Hyperebene

Sei A ein affiner Raum zum $\mathbb{R}$-Vektorraum V. Die konvexe Menge $M \subset A$ sei enthalten in der Vereinigung $E_1 \cup \ldots \cup E_k$ endlich vieler affiner Hyperebenen E_i. Dann ist M schon enthalten in einer einzigen dieser affinen Hyperebenen.

Beweis: Sei $\widetilde{E_i} := E_i \cap M$ für alle $i = 1, \ldots, k$. O. B. d. A. kann $\widetilde{E_i} \neq \emptyset$, weiterhin $M \neq \emptyset$. Es ist also $\bigcup_{i=1}^k \widetilde{E_i} = M$. Dann gilt die Behauptung oder es gibt ein $j \in \{1, \ldots, k\}$ und ein $a \in \widetilde{E}_j$, so dass

$$a \notin \bigcup_{\substack{i=1\\i\neq j}}^{k} \widetilde{E}_i \,.$$

Sonst wäre nämlich für jedes $j = 1, \ldots, k$

$$\widetilde{E}_j \subset \bigcup_{\substack{i=1\\i\neq j}}^{k} \widetilde{E}_i \text{ und damit } \bigcup_{\substack{i=1\\i\neq j}}^{k} \widetilde{E}_i = M$$

und damit

$$\bigcap_{j=1}^{k} \bigcup_{\substack{i=1\\i\neq j}}^{k} \widetilde{E}_i = M \,.$$

Da die linke Menge leer ist, ist dies ein Widerspruch.

Damit kann ein beliebiges $\widetilde{E}_j$ und damit jedes $\widetilde{E}_i$ bei der Definition von M weggelassen werden im Widerspruch zu $M \neq \emptyset$.

Weiter gilt: Entweder ist

$$\bigcup_{\substack{i=1\\i\neq j}}^{k} \widetilde{E}_i \subset \widetilde{E}_j \,,$$

d. h. die Behauptung ist erfüllt, oder es gibt ein $b \in \bigcup_{i=1,i\neq j}^{k} \widetilde{E}_i$, so dass $b \notin \widetilde{E}_j$. Dieser Fall führt folgendermaßen zum Widerspruch:

Weil M konvex vorausgesetzt ist, gehört die Strecke $\overline{ab}$ ganz zu $M \subset E_1 \cup \ldots \cup E_k$. Der Durchschnitt der Gerade L durch a und b mit jeder der Hyperebenen E_i ist leer oder ein affiner Unterraum der Dimension 0 oder 1. Wenn er Dimension 0 hat, ist er ein Punkt. Weil die Strecke $\overline{ab}$ unendlich viele Punkte enthält, muss es ein $i \in \{1, \ldots, k\}$ geben mit $\dim(L \cap E_i) = 1$, d. h. $L \subset E_i$. Wegen $a \notin \bigcup_{i=1,i\neq j}^{i} E_i$ kann nur $i = j$ gelten. Aber wegen $b \notin E_j$ ist auch dieser Fall ausgeschlossen, also ein Widerspruch erreicht. □

Wieder gilt auch hier, dass unter affin-linearen Abbildungen

- konvexe Mengen,
- Konvexkombinationen
- die konvexe Hülle

erhalten bleiben.

Was Sie in diesem Abschnitt gelernt haben sollten

Begriffe:

- lineare Optimierungsaufgaben (LP)
- Schlupfvariable
- konvexe Menge
- Konvexkombination
- konvexe Hülle $\mathrm{conv}(M)$

Aufgaben

Aufgabe 6.1 (G) Im $\mathbb{R}^n$ seien $\boldsymbol{e}_0 := \boldsymbol{0}$ und $\boldsymbol{e}_i$, $i = 1, \ldots, n$, die Koordinatenvektoren. Zeigen Sie: $\boldsymbol{x} = (x_i)_{i=1,\ldots,n}$ liegt genau dann in der konvexen Hülle $\mathrm{conv}(\boldsymbol{e}_0, \boldsymbol{e}_1, \ldots, \boldsymbol{e}_n)$, wenn

$$x_i \geq 0 \quad \text{für } i = 1, \ldots, n \quad \text{und} \quad x_1 + \ldots + x_n \leq 1 \,.$$

Aufgabe 6.2 (G) Es seien p, q, r wie in Aufgabe 1.37. Zeigen Sie: Das Dreieck $\triangle$ zu den Eckpunkten p, q, r, d. h. die konvexe Hülle $\mathrm{conv}(p, q, r)$ (siehe Beispiel 1.127) ist die Menge der Punkte $x \in \mathbb{A}^2$, für welche

$$\begin{aligned} &\alpha(x) \text{ dasselbe Vorzeichen wie } \alpha(r)\,, \\ &\beta(x) \text{ dasselbe Vorzeichen wie } \beta(p)\,, \\ &\gamma(x) \text{ dasselbe Vorzeichen wie } \gamma(q) \end{aligned}$$

hat.

6.2 Polyeder

Bis jetzt haben wir immer Gleichungen (lineare, quadratische) betrachtet, Systeme solcher Gleichungen und gelegentlich auch ihre geometrische Interpretation. Ihre Lösungsmengen sind lineare oder affine Unterräume, oder Quadriken. Jetzt wenden wir uns Ungleichungen zu, etwa als typische Beschreibung von zulässigen Punkten bei Optimierungsproblemen. Da die Überlegungen weiter zur affinen Geometrie gehören, ist ein affiner Raum A zu einem $\mathbb{R}$-Vektorraum V zugrundezulegen. Wir beschränken uns auf den Fall $A = V$ und unterscheiden in der Notation nicht weiter zwischen Punkten und Vektoren, d. h. es wird wieder durchgängig Fettdruck benutzt.

Definition 6.10

Sei V ein $\mathbb{R}$-Vektorraum. Es seien $h : V \to \mathbb{R}$ eine Linearform, nicht identisch 0, und $c \in \mathbb{R}$. Dann heißt

$$H := \{\boldsymbol{x} \in V : h(\boldsymbol{x}) \geq c\}$$

ein *Halbraum* in V. Die affine Hyperebene $\partial H := \{x \in V : h(\boldsymbol{x}) = c\}$ heißt *Rand* des Halbraums.

Es reicht, diesen Typ von Ungleichungen zur Darstellung eines Halbraumes zu betrachten, da

$$h(\boldsymbol{x}) \leq c \quad \Leftrightarrow \quad (-h)(\boldsymbol{x}) \geq -c\,.$$

Klar ist

Lemma 6.11

Sei V ein $\mathbb{R}$-Vektorraum. Ein Halbraum $H \subset V$ ist konvex.

Beweis: Sind $\boldsymbol{a}, \boldsymbol{b} \in H$, so gilt für jeden Punkt $\boldsymbol{x} \in \overline{\boldsymbol{ab}}$

$$\boldsymbol{x} = s\boldsymbol{a} + t\boldsymbol{b}, \quad s, t \geq 0,\ s + t = 1\,,$$
$$h(\boldsymbol{x}) = sh(\boldsymbol{a}) + th(\boldsymbol{b}) \geq sc + tc = (s + t)c = c\,.$$ □

Definition 6.12

Sei V ein $\mathbb{R}$-Vektorraum. Ein *Polyeder* $P \subset V$ ist ein Durchschnitt $H_1 \cap \ldots \cap H_k$ endlich vieler Halbräume, oder, was dasselbe ist, die Lösungsmenge

$$\{\boldsymbol{x} \in V : \; h_1(\boldsymbol{x}) \geq c_1, \ldots, h_k(\boldsymbol{x}) \geq c_k\} \tag{6.5}$$

eines Systems von endlich vielen linearen Ungleichungen, wobei $h_i \in V^*$ mit $h_i \neq 0$, $i = 1, \ldots, k$.

Weil der Durchschnitt konvexer Mengen wieder konvex ist, folgt aus Lemma 6.11

Satz 6.13

Jedes Polyeder ist konvex.

Bemerkungen 6.14

1) Der ganze Raum V ist kein Polyeder.

Das kann man wie folgt einsehen: Sei $h \in V^*, h \neq 0$, dann ist dim Bild $h = 1$ *und damit ist h surjektiv, also gibt es zu $c \in \mathbb{R}$ ein $\boldsymbol{a} \in V$ mit $h(\boldsymbol{a}) < c$ und somit $\boldsymbol{a} \notin H := \{\boldsymbol{x} \in V : h(\boldsymbol{x}) \geq c\}$.*

Nur wenn $h = 0$ zugelassen wird, kann man $V = \{\boldsymbol{x} \in V : h(\boldsymbol{x}) \geq 0\}$ schreiben. In diesem Sinn soll V als Polyeder zugelassen sein. Ein Polyeder kann leer sein.

2) Sei H eine Hyperebene $H = \{\boldsymbol{x} \in V : h(\boldsymbol{x}) = c\}$, $h \in V^*$, $h \neq 0$, $c \in \mathbb{R}$, dann ist H auch ein Polyeder, da

$$H = \{\boldsymbol{x} \in V : h(\boldsymbol{x}) \geq c, -h(\boldsymbol{x}) \geq c\} \ .$$

3) Der Durchschnitt von Polyedern ist ein Polyeder.

4) Für $V = \mathbb{R}^n$ wird also ein Polyeder durch ein lineares Ungleichungssystem aus k Ungleichungen für die n Variablen beschrieben, in Erweiterung eines LGS. Insbesondere entspricht ein LGS $A\boldsymbol{x} = \boldsymbol{b}$ dem Polyeder

$$\begin{aligned} A\boldsymbol{x} &\geq \boldsymbol{b} \\ -A\boldsymbol{x} &\geq -\boldsymbol{b} \ . \end{aligned}$$

Es ist also keine echte Verallgemeinerung, wenn wir in unserer Definition der Polyeder auch lineare Gleichungen, statt nur linearer Ungleichungen zulassen.

5) Seien V, W $\mathbb{R}$-Vektorräume, $T : V \to W$ eine Affinität, $T = \Phi + \boldsymbol{a}$, wobei $\Phi : V \to W$ ein Isomorphismus ist. Sei $P := \{\boldsymbol{x} \in V : h_i(\boldsymbol{x}) \geq c_i$ für $i = 1, \ldots, k\}$ ein Polyeder, dann ist $T(P)$ ein Polyeder, nämlich

$$\begin{aligned} T(P) &:= \left\{\boldsymbol{y} \in W : \widetilde{h}_i(\boldsymbol{y}) \geq \widetilde{c}_i \quad \text{für } i = 1, \ldots, k\right\} \\ \text{mit } \widetilde{h}_i &:= h_i \circ \Phi^{-1} \quad \text{und} \quad \widetilde{c}_i := c_i + h_i(\Phi^{-1}(\boldsymbol{a})) \ . \end{aligned} \tag{6.6}$$

△

Beispiel 6.15 Es sei $P = \{x : h_i(x) \geq c_i,\ i = 1, \ldots, k\}$ ein Polyeder und $L = \{x : x = a + tv,\ t \in \mathbb{R}\}$ eine Gerade. Der Durchschnitt $L \cap P$ besteht dann aus allen Punkten $a + tv$, für welche

$$h_i(a + tv) = h_i(a) + th_i(v) \geq c_i$$

ist für $i = 1, \ldots, k$. Sei $i \in \{1, \ldots, k\}$. Im Fall $h_i(v) = 0$ gibt es zwei Möglichkeiten. Falls $h_i(a) \geq c_i$ ist, dann ist die Bedingung, also $h_i(x) \geq c_i$, für alle $x \in L$ erfüllt, und wir können diese Bedingung für $L \cap P$ weglassen. Gilt dies für alle $i \in \{1, \ldots, k\}$, ist die Gerade im Polyeder enthalten. Falls $h_i(a) < c_i$ ist, dann ist die Bedingung $h_i(x) \geq c_i$ für kein $x \in L$ erfüllt und es ist $L \cap P = \emptyset$. Für den verbliebenen Fall, dass weder $L \subset P$ noch $L \cap P = \emptyset$ gilt, können wir annehmen, dass $h_i(v) \neq 0$ für $i = 1, \ldots, k$. Wir ändern die Reihenfolge der h_i so, dass $h_i(v) > 0$ ist für $i = 1, \ldots, l$ und $h_i(v) < 0$ für $i = l + 1, \ldots, k$. Die Bedingungen dafür, dass $x = a + tv$ zu $L \cap P$ gehört, sind dann

$$t \geq \frac{c_i - h_i(a)}{h_i(v)},\ i = 1, \ldots, l, \quad t \leq \frac{c_i - h_i(a)}{h_i(v)},\ i = l + 1, \ldots, k\,. \tag{6.7}$$

Sei nun

$$a := \max_{i=1}^{l} \frac{c_i - h_i(a)}{h_i(v)}, \quad b := \min_{i=l+1}^{k} \frac{c_i - h_i(a)}{h_i(v)}.$$

Dann wird $L \cap P$ also parametrisiert durch die Werte $t \in [a, b]$. Hier kann natürlich $l = 0$ sein, dann wird es das Intervall $(-\infty, b]$, oder $l = k$, dann erhalten wir das Intervall $[a, \infty)$. Wenn schließlich $b < a$ ist, dann ist $L \cap P = \emptyset$. ○

Definition 6.16

Die *Dimension* eines Polyeders P wird definiert als

$$\dim P := \dim \operatorname{span}_a(P)\,.$$

Nach Satz 1.121, 2) ist $\dim P$ also die Dimension des kleinsten affinen Unterraumes, in dem P enthalten ist. Sei V ein n-dimensionaler $\mathbb{R}$-Vektorraum. Weil jedes Polyeder $P \subset V$ immer im affinen Unterraum $A = V$ enthalten ist, ist seine Dimension höchstens n. Aber sie kann auch echt kleiner sein:

Bemerkungen 6.17

1) Jeder Punkt $p \in V$ definiert ein 0-dimensionales Polyeder $P = \{p\}$.

2) Es seien $a \neq b \in V$ zwei verschiedene Punkte in einem endlichdimensionalen euklidischen Raum. Die Strecke

$$\overline{ab} = \{a + t(b - a) : t \in \mathbb{R}\,, 0 \leq t \leq 1\}\,,$$

ist ein eindimensionales Polyeder.

Es ist klar, dass $\operatorname{span}_a(\overline{\boldsymbol{ab}}) = \boldsymbol{ab}$ *identisch mit der Geraden* L *durch* $\boldsymbol{a}$ *und* $\boldsymbol{b}$ *ist. Diese Gerade ist ein eindimensionaler affiner Unterraum.* $\overline{\boldsymbol{ab}}$ *ist ein Polyeder: Da* $\boldsymbol{a} \neq \boldsymbol{b}$, *gibt es wegen* $V \cong V^*$ *(siehe Beispiele 3.47, 3)) eine Linearform* h *mit* $h(\boldsymbol{a}) \neq h(\boldsymbol{b})$. *Wenn wir hier* h *eventuell durch* $-h$ *ersetzen, können wir sogar* $h(\boldsymbol{a}) < h(\boldsymbol{b})$ *annehmen. Für jeden Punkt* $\boldsymbol{x} = \boldsymbol{a} + t(\boldsymbol{b} - \boldsymbol{a}) \in L$ *gilt*

$$h(\boldsymbol{x}) = (1-t)h(\boldsymbol{a}) + th(\boldsymbol{b}) \quad \text{und damit} \quad \boldsymbol{x} \in \overline{\boldsymbol{ab}} \Rightarrow h(\boldsymbol{a}) \leq h(\boldsymbol{x}) \leq h(\boldsymbol{b}) .$$

Die Strecke wird also durch zwei lineare Ungleichungen und $n-1$ Gleichungen (Korollar 1.83) definiert.

3) Sei $P \subset V$ ein Polyeder, $\boldsymbol{p}_0, \ldots, \boldsymbol{p}_m \in P$ affin unabhängig, dann gilt

$$\dim P \geq m ,$$

da

$$\widetilde{A} := \operatorname{span}_a(\boldsymbol{p}_0, \ldots, \boldsymbol{p}_m) \subset \operatorname{span}_a(P)$$

nach Satz 1.121, 3) und nach Bemerkung 1.126 $\dim \widetilde{A} = m$.

4) Die $m+1$ Punkte $\boldsymbol{p}_0, \ldots, \boldsymbol{p}_m \in V$ seien affin unabhängig, sei

$$A := \operatorname{span}_a(\boldsymbol{p}_0, \ldots, \boldsymbol{p}_m) .$$

Je m dieser Punkte spannen in V einen affinen Unterraum A_i der Dimension $m-1$ auf. Sie sind nämlich auch affin unabhängig. Also ist nach Bemerkung 2.140

$$A_i := \operatorname{span}_a(\boldsymbol{p}_0, \ldots, \boldsymbol{p}_{i-1}, \boldsymbol{p}_{i+1}, \ldots, \boldsymbol{p}_m) = \{\boldsymbol{x} \in A : h_i(\boldsymbol{x}) = c_i\} \subset \{\boldsymbol{x} \in V : h_i(\boldsymbol{x}) = c_i\}$$

wobei h_i eine Linearform, $h_i \neq 0$. Weil nicht alle $m+1$ Punkte in dem $(m-1)$-dimensionalen Unterraum A_i liegen, ist $h_i(\boldsymbol{p}_i) \neq c_i$. Nachdem wir eventuell das Vorzeichen von h_i und c_i ändern, können wir $h_i(\boldsymbol{p}_i) > c_i$ annehmen. Alle $m+1$ Punkte liegen dann im Halbraum $H_i : h_i(\boldsymbol{x}) \geq c_i$. Die Punkte $\boldsymbol{p}_0, \ldots, \boldsymbol{p}_m$ liegen also in dem Polyeder

$$P := \bigcap_{i=0}^{m} \{\boldsymbol{p} \in V : h_i(\boldsymbol{p}) \geq c_i\} . \tag{6.8}$$

Aus (6.8) folgt auch

$$\operatorname{conv}(\{\boldsymbol{p}_0, \ldots, \boldsymbol{p}_m\}) \subset P . \tag{6.9}$$

In Theorem 6.20 werden wir die Gleichheit beider Mengen sehen. Bezeichnet man

$$F_i := P \cap \{\boldsymbol{p} \in V : h_i(\boldsymbol{p}) = c_i\}, \quad i = 0, \ldots, m$$

als die *Randflächen* von P, so gilt also nach Konstruktion

$$\boldsymbol{p}_0, \ldots, \boldsymbol{p}_{i-1}, \boldsymbol{p}_{i+1}, \ldots, \boldsymbol{p}_m \in F_i, \quad i = 0, \ldots, m .$$

5) Sei das Polyeder P gegeben durch (6.5) in dem affinen Raum

$$A = \boldsymbol{a} + U$$

enthalten, wobei U ein $\mathbb{R}$-Vektorraum mit $\dim U = l$ sei, also hat U eine Basis $\boldsymbol{u}_1, \ldots, \boldsymbol{u}_l$ und $\boldsymbol{x} \in P$ ist also charakterisiert durch

$$\boldsymbol{x} = \boldsymbol{a} + \boldsymbol{u}, \quad \boldsymbol{u} \in U$$

und

$$h_i(\boldsymbol{u}) \geq c_i - h_i(\boldsymbol{a}) =: c_i' \quad \text{für } i = 1, \ldots, k$$

bzw. für $\boldsymbol{u} = \sum_{j=1}^{l} \alpha_j \boldsymbol{u}_j$

$$\sum_{j=1}^{l} h_i(\boldsymbol{u}_j)\alpha_j \geq c_i' \quad \text{für } i = 1, \ldots, k$$

$$\Leftrightarrow (\boldsymbol{a}_i \,.\, \boldsymbol{\alpha}) \geq c_i' \quad \text{für } i = 1, \ldots, k \tag{6.10}$$

für $\boldsymbol{a}_i := (h_i(\boldsymbol{u}_1), \ldots, h_i(\boldsymbol{u}_l))^t \in \mathbb{R}^l$. In der auf diese Weise gegebenen Parametrisierung kann also P als Polyeder in $\mathbb{R}^l$ aufgefasst werden. Wird A dimensional minimal gewählt, so dass $\dim P = \dim A$, heißt das, dass ein Polyeder von der Dimension l als Teilmenge des affinen Raums $\mathbb{A}^l$ aufgefasst werden kann. △

Definition 6.18

Sei V ein $\mathbb{R}$-Vektorraum. Die konvexe Hülle von $m + 1$ affin unabhängigen Punkten $\boldsymbol{p}_0, \ldots, \boldsymbol{p}_m$ in V heißt ein *Simplex* der Dimension m, der von $\boldsymbol{p}_0, \ldots, \boldsymbol{p}_m$ *erzeugt* wird.

Man beachte, dass die Polyedereigenschaft noch nachgewiesen werden muss (Theorem 6.20).

Bemerkungen 6.19

1) Die Bezeichnung in Definition 6.18 ist gerechtfertigt, da nach Satz 1.119 und 1.121 gilt

$$\operatorname{span}_a(\boldsymbol{p}_0, \ldots, \boldsymbol{p}_m) = \operatorname{span}_a(\operatorname{conv}(\boldsymbol{p}_0, \ldots, \boldsymbol{p}_m))$$

und damit die Dimension als Polyeder tatsächlich m ist.

2) Das von 2 affin unabhängigen Punkten $\boldsymbol{a}, \boldsymbol{b}$ aufgespannte Simplex ist die Strecke $\overline{\boldsymbol{ab}}$ im eindimensionalen affinen Raum, bei affin unabhängigen $\boldsymbol{a}, \boldsymbol{b}, \boldsymbol{c}$ handelt es sich um ein Dreieck mit den Ecken $\boldsymbol{a}, \boldsymbol{b}, \boldsymbol{c}$ im zweidimensionalen affinen Raum (vgl. Beispiel 1.127), bei affin unabhängigen $\boldsymbol{a}, \boldsymbol{b}, \boldsymbol{c}, \boldsymbol{d}$ schließlich um ein Tetraeder mit diesen Ecken.

3) Sei das Simplex S von den affin unabhängigen $\boldsymbol{p}_0, \ldots, \boldsymbol{p}_m \in V$ erzeugt, dann also

$$S = \mathrm{conv}\{\boldsymbol{p}_0, \ldots, \boldsymbol{p}_m\} \subset \mathrm{span}_a(\boldsymbol{p}_0, \ldots, \boldsymbol{p}_m)$$

und

$$\boldsymbol{v} = \sum_{i=0}^{m} t_i \boldsymbol{p}_i \in S \text{ mit } \sum_{i=0}^{m} t_i = 1 \Leftrightarrow t_i \geq 0 \quad \text{für alle } i = 0, \ldots, m\,.$$

> Die baryzentrische Koordinaten von $\boldsymbol{v} \in S$ bezüglich $\boldsymbol{p}_0, \ldots, \boldsymbol{p}_m$ sind also durch
>
> $$t_i \geq 0, \quad i = 0, \ldots, m$$
>
> charakterisiert.

$\boldsymbol{v} := \frac{1}{m+1} \sum_{i=0}^{m} \boldsymbol{p}_i$ heißt der *Schwerpunkt* von S und entspricht für $m = 2$, d. h. für ein Dreieck, dem Schwerpunkt eines Dreiecks. Die Ecken in baryzentrischen Koordinaten sind

$$\boldsymbol{e}_{i+1} \in \mathbb{R}^{m+1}, \quad i = 0, \ldots, m\,,$$

die Seiten $\overline{\boldsymbol{p}_i \boldsymbol{p}_j}$ entsprechen

$$s\boldsymbol{e}_{i+1} + (1-s)\boldsymbol{e}_{j+1}, \quad s \in [0, 1]\,,$$

die Seitenmitten also

$$\frac{1}{2}(\boldsymbol{e}_{i+1} + \boldsymbol{e}_{j+1})$$

usw.

4) Durch die Abbildung

$$V \to \{\boldsymbol{t} \in \mathbb{R}^{m+1} : \sum_{i=0}^{m} t_i = 1\} =: B^m$$

$$\boldsymbol{v} \mapsto (t_i)_{i=0,\ldots,m}, \quad \text{wobei} \quad \boldsymbol{v} = \sum_{i=0}^{m} t_i \boldsymbol{p}_i$$

wird eine Affinität zwischen affinen Räumen definiert. Insbesondere ist das Bild des Simplex $\mathrm{conv}(\boldsymbol{p}_0, \ldots, \boldsymbol{p}_m)$ das Simplex

$$S' = \mathrm{conv}(\boldsymbol{e}_1, \ldots, \boldsymbol{e}_{m+1}).$$

Wählt man $\boldsymbol{a} = \boldsymbol{e}_{m+1}$ als Bezugspunkt, wird S' zu $\boldsymbol{a} + S_{\mathrm{ref}}$ wobei $S_{\mathrm{ref}} = \mathrm{conv}(\boldsymbol{0}, \boldsymbol{e}_1 - \boldsymbol{e}_{m+1}, \ldots, \boldsymbol{e}_m - \boldsymbol{e}_{m+1})$. In einer m-dimensionalen Darstellung wird S_{ref} zu

$$\mathrm{conv}(\boldsymbol{0}, \boldsymbol{e}_1, \ldots, \boldsymbol{e}_m) \subset \mathbb{R}^m\,,$$

dem *Referenzsimplex* der Dimension m. △

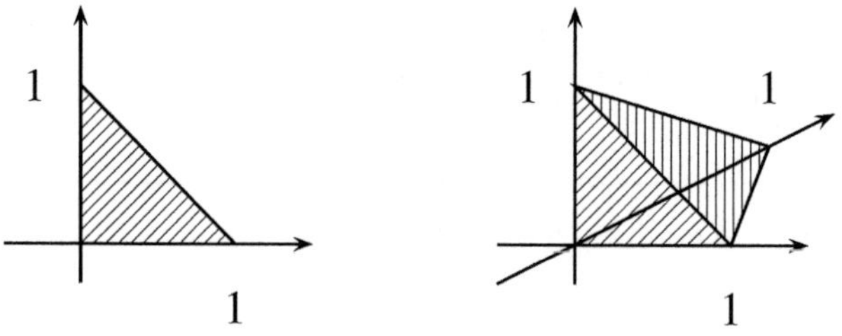

Abb. 6.4: Referenzsimplex für $m = 2, m = 3$.

Theorem 6.20: Polyederdarstellung Simplex

Der von den $m + 1$ affin unabhängigen Punkte $\boldsymbol{p}_0, \ldots, \boldsymbol{p}_m$ erzeugte Simplex $S = \mathrm{conv}(\boldsymbol{p}_0, \ldots, \boldsymbol{p}_m)$ der Dimension m stimmt mit dem Polyeder P nach (6.8) überein.

Beweis: Sei vorerst $\dim V = n$ endlich für den zugrundeliegenden Vektorraum und $m = n$. Um die Gleichheit $S = P$ zu zeigen, müssen wir wegen (6.9) nur noch $P \subset S$ zeigen. Wir benutzen Satz 1.124: Jeder Punkt $\boldsymbol{p} \in P \in V$ ist eine (durch $\boldsymbol{p}$) eindeutig bestimmte Affinkombination

$$\boldsymbol{p} = t_0 \boldsymbol{p}_0 + \ldots + t_m \boldsymbol{p}_m, \quad t_0 + \ldots + t_m = 1 ,$$

da die $\boldsymbol{p}_0, \ldots, \boldsymbol{p}_m$ eine Menge von $n + 1$ affin unabhängigen Vektoren im n-dimensionalen Raum V sind. Es ist jetzt also nur noch zu zeigen, dass alle $t_i \geq 0$ sind, um die Aussage zu beweisen. Wir berechnen (mit den c_i wie in (6.8) definiert)

$$h_i(\boldsymbol{p}) = \sum_j t_j h_i(\boldsymbol{p}_j) = \sum_{j \neq i} t_j c_i + t_i h_i(\boldsymbol{p}_i) = (1 - t_i) c_i + t_i h_i(\boldsymbol{p}_i) = c_i + t_i (h_i(\boldsymbol{p}_i) - c_i) .$$

Wenn $\boldsymbol{p}$ in P liegt, also insbesondere zum Halbraum $h_i(\boldsymbol{x}) \geq c_i$ gehört, muss das Ergebnis $\geq c_i$ sein. Wegen $h_i(\boldsymbol{p}_i) > c_i$ folgt daraus $t_i \geq 0$. Weil dies für $i = 0, \ldots, m$ gilt, ist die Affinkombination $\boldsymbol{p}$ der Punkte $\boldsymbol{p}_0, \ldots, \boldsymbol{p}_m$ sogar eine Konvexkombination. Das heißt: $\boldsymbol{p} \in S$.

Wenn das Polyeder $P \subset V$ eine Dimension $d < \dim V$ hat, kann nach (6.10) P aufgefasst werden als Polyeder im affinen Raum $\mathbb{R}^d$, S transformiert sich durch die affin-lineare Transformation

$$\boldsymbol{x} = \boldsymbol{a} + \sum_{i=1}^{l} \alpha_i \boldsymbol{u}_i \mapsto (\alpha_i)_{i=1,\ldots,l}$$

von (6.10) entsprechend. Also gilt $P \subset S$ nach den Vorüberlegungen. □

Wir können also, wenn wir wollen, für Polyeder $P \subset \mathbb{R}^n$ häufig $\dim(P) = n$ annehmen.

Die folgende Aussage ist anschaulich völlig klar, aber wir brauchen die bisher aufgebaute Maschinerie, um sie exakt zu beweisen.

Satz 6.21: Polyeder mit voller Dimension

Sei V ein n-dimensionaler $\mathbb{R}$-Vektorraum. Für das Polyeder

$$P = \{\boldsymbol{x} : h_1(\boldsymbol{x}) \geq c_1, \ldots, h_k(\boldsymbol{x}) \geq c_k\} \subset V \tag{6.11}$$

sind äquivalent:

(i) $\dim(P) = n$;

(ii) es gibt Punkte $\boldsymbol{x} \in P$, für die alle Ungleichungen

$$h_1(\boldsymbol{x}) > c_1, \ldots, h_k(\boldsymbol{x}) > c_k ,$$

strikt sind,

(iii) es gibt Punkte $\boldsymbol{x}^{(i)} \in P$, $i = 1, \ldots, k$, für die die Ungleichung $h_i(\boldsymbol{x}) > c_i$ strikt ist.

Beweis: „(i) ⇒ (ii)“: Gilt (ii) nicht, dann ist P in der Vereinigung der Hyperebenen $E_1, \ldots, E_k$ mit den Gleichungen $h_1(\boldsymbol{x}) = c_1, \ldots, h_k(\boldsymbol{x}) = c_k$ enthalten ist. Weil P konvex ist (Satz 6.13), folgt mit Lemma 6.9, dass P in einer der Hyperebenen $E_1, \ldots, E_k$ liegt und damit $\dim(P) \leq n - 1$ im Widerspruch zu (i).
„(ii) ⇒ (i)“: Wenn Eigenschaft (i) nicht erfüllt ist, gibt es eine Hyperebene E, d. h. $E := \{\boldsymbol{x} : h(\boldsymbol{x}) = c\}$ und $h \neq 0$, mit $P \subset E$. Es gibt also einen Vektor $\boldsymbol{a} \in V$ mit $h(\boldsymbol{a}) \neq 0$, o. B. d. A. $h_i(\boldsymbol{a}) < 0$ für $i = 1, \ldots, l$ für ein $l \in \{1, \ldots, k\}$, $h_i(\boldsymbol{a}) \geq 0$ sonst. Nun sei $\bar{\boldsymbol{x}} \in P$ wie in (ii) gewählt. Wir betrachten die Gerade

$$L : \quad \bar{\boldsymbol{x}} + \mathbb{R}\boldsymbol{a}$$

durch $\bar{\boldsymbol{x}}$ mit Richtungsvektor $\boldsymbol{a}$. Wegen

$$h(\bar{\boldsymbol{x}} + t\boldsymbol{a}) = c + th(\boldsymbol{a}) \neq c \qquad \text{für } t \neq 0$$

schneidet E diese Gerade nur im Punkt $\bar{\boldsymbol{x}}$. Andererseits gilt für $i = 1, \ldots, k$:

$$h_i(\bar{\boldsymbol{x}} + t\boldsymbol{a}) = h_i(\bar{\boldsymbol{x}}) + th_i(\boldsymbol{a}) \geq c_i \quad \Leftrightarrow \quad th_i(\boldsymbol{a}) \geq c_i - h_i(\bar{\boldsymbol{x}})$$

für alle $0 \leq t \in \mathbb{R}$, falls $h_i(\boldsymbol{a}) \geq 0$, d. h. für $i = l+1, \ldots, k$ und für $0 \leq t \leq r_i := \frac{c_i - h_i(\bar{\boldsymbol{x}})}{h_i(\boldsymbol{a})}$, falls $h_i(\boldsymbol{a}) < 0$, d. h. für $i = 1, \ldots, l$. Sei also $r := \min\{r_i : i = 1, \ldots, l\}$, dann gehört die ganze Strecke zwischen $\bar{\boldsymbol{x}}$ und $\bar{\boldsymbol{x}} + r\boldsymbol{a}$ auf L zu P. Dies ist ein Widerspruch zu $P \cap L \subset E \cap L = \{\bar{\boldsymbol{x}}\}$.

„(ii) ⇒ (iii)“: Ist klar.

„(iii) ⇒ (ii)“: Wenn es keinen Punkt $\boldsymbol{x} \in P$ mit $h_i(\boldsymbol{x}) > c_i$ für alle $i = 1, \ldots, k$ gäbe, dann gäbe es zu jedem $\boldsymbol{x} \in P$ ein i mit $h_i(\boldsymbol{x}) = c_i$ und P wäre in der Vereinigung der affinen Hyperebenen $\{\boldsymbol{x} : h_i(\boldsymbol{x}) = c_i\}$ enthalten. Weil P konvex ist, folgt mit Lemma 6.9, dass P schon in einer einzigen Hyperebene $\{\boldsymbol{x} : h_i(\boldsymbol{x}) = c_i\}$ enthalten wäre. Dann könnte der Punkt $\boldsymbol{x}^{(i)}$ nicht existieren. □

Definition 6.22

Sei V ein $\mathbb{R}$-Vektorraum. Es sei $P \subset V$ ein Polyeder in der Darstellung von (6.11). Die Menge der Punkte $\boldsymbol{x} \in P$ mit der Eigenschaft

$$h_i(\boldsymbol{x}) > c_i \qquad \text{für } i = 1, \ldots, k\,,$$

heißt das *Innere* $\operatorname{int}(P)$ des Polyeders P. Die Menge

$$\partial P := P \setminus \operatorname{int}(P) = \{\boldsymbol{x} \in P : h_i(\boldsymbol{x}) = c_i \text{ für mindestens ein } i\}$$

heißt der *Rand* des Polyeders.

Nach Satz 6.21 gilt also für endlichdimensionale V:

$$\operatorname{int}(P) \neq \emptyset \Leftrightarrow \dim P = \dim V\,.$$

Die algebraisch definierten Begriffe stimmen im normierten Vektorraum mit denen der Analysis überein:

Satz 6.23: Polyeder abgeschlossen, Inneres offen

Sei $(V, \|\,.\,\|)$ ein endlichdimensionaler normierter Vektorraum. P sei ein Polyeder in Darstellung (6.11). Dann gilt

1) P ist abgeschlossen in V.

2) $\operatorname{int}(P)$ ist offen, d. h. es gibt zu jedem $\boldsymbol{p} \in \operatorname{int}(P)$ eine Vollkugel

$$K := \{\boldsymbol{x} \in V : \|\boldsymbol{x} - \boldsymbol{p}\| \leq r\}$$

mit Mittelpunkt $\boldsymbol{p}$ und einem Radius $r > 0$, die ganz in $\operatorname{int}(P)$ enthalten ist.

3) Sei $P \neq V$, dann ist $\operatorname{int}(P)$ der *innere Kern* von P, d. h. die größte in P enthaltene offene Menge.

Beweis: Zu 1), 2): Es ist

$$P = \bigcap_{i=1}^{k} h_i^{-1}([c_i, \infty)) , \quad \mathrm{int}(P) = \bigcap_{i=1}^{k} h_i^{-1}((c_i, \infty))$$

und die $h_i \in V^*$ sind stetig (siehe Bemerkung 6.25). Da das stetige Urbild offener (abgeschlossener) Mengen offen (abgeschlossen) ist (siehe Satz C.9) ist also $P(\mathrm{int}(P))$ ein endlicher Schnitt abgeschlossener (offener) Mengen und damit abgeschlossen (offen) und offene Mengen haben die angegebene Charakterisierung (siehe Definition C.2).
Zu 3): Sei $\widetilde{P} \subset P$ der innere Kern, d. h. $\mathrm{int}(P) \subset \widetilde{P}$ und $\widetilde{P}$ ist offen. Sei $\boldsymbol{p} \in \widetilde{P}$. Nach Voraussetzung gibt es ein $r > 0$ derart, dass alle Punkte $\boldsymbol{x} = \boldsymbol{p} + \boldsymbol{y}$ mit $\|\boldsymbol{y}\| \leq r$ zu P gehören. Zu zeigen ist $\boldsymbol{p} \in \mathrm{int}(P)$, d. h. wir müssen ausschließen, dass es ein i gibt mit $h_i(\boldsymbol{p}) = c_i$. Sei h_i eine solche Linearform, die nicht identisch verschwindet. Daher existiert ein $\boldsymbol{a}_i \in V$, so dass (o. B. d. A.) $h_i(\boldsymbol{a}_i) > 0$. Wir betrachten die Punkte $\boldsymbol{x} = \boldsymbol{p} + t\boldsymbol{a}_i$, $t \in \mathbb{R}$. Für $|t| \leq r/\|\boldsymbol{a}_i\|$ gehören sie zur Kugel vom Radius r mit Mittelpunkt $\boldsymbol{p}$, und damit zu P. Andererseits folgt aus $h_i(\boldsymbol{p}) = c_i$, dass für $t < 0$

$$h_i(\boldsymbol{x}) = h_i(\boldsymbol{p}) + th_i(\boldsymbol{a}_i) < c_i .$$

Das ist ein Widerspruch zu $\boldsymbol{x} \in P$, für solche t. □

Jeder Punkt $\boldsymbol{x}$ des Randes ∂P gehört zu einer affinen Hyperebene $h_i(\boldsymbol{x}) = c_i$, und damit zu dem Polyeder $P_i := P \cap \{\boldsymbol{x} : h_i(\boldsymbol{x}) = c_i\}$ mit $\dim P_i \leq \dim P - 1$. Tatsächlich besteht der Rand aus endlich vielen Polyedern der Dimension $\dim P - 1$ (siehe Satz 6.33).

Definition 6.24

Sei V ein $\mathbb{R}$-Vektorraum, $h_i \in V^* : h_i \neq 0,\ c_i \in \mathbb{R},\ i = 1, \ldots, m$.

$$\begin{aligned} P := \{\boldsymbol{x} \in V : {} & h_i(\boldsymbol{x}) \geq c_i,\ i = 1, \ldots, k ,\\ & h_i(\boldsymbol{x}) = c_i,\ i = k+1, \ldots, m\} \end{aligned}$$

ein Polyeder.

Für $\overline{\boldsymbol{x}} \in P$ heißen die Gleichungsnebenbedingungen immer *aktiv*, eine Ungleichungsnebenbedingung i heißt *aktiv*, wenn $h_i(\overline{\boldsymbol{x}}) = c_i$ gilt. Die Menge der aktiven Indizes wird zusammengefasst zu $\mathcal{A}(\overline{\boldsymbol{x}})$, und entsprechend für die *inaktiven* Indizes $\mathcal{I}(\overline{\boldsymbol{x}}) := \{1, \ldots, n\} \setminus \mathcal{A}(\overline{\boldsymbol{x}})$ gesetzt.

Damit gilt z. B. $\boldsymbol{x} \in \mathrm{int}(P) \Leftrightarrow \mathcal{I}(\overline{\boldsymbol{x}}) = \{1, \ldots, n\}$.

Bemerkung 6.25 Die Stetigkeit linearer Abbildungen wird allgemein im Abschnitt 7.1.2 untersucht. Insbesondere wird dort gezeigt, dass für einen endlichdimensionalen Vektorraum V die Stetigkeit von $h \in V^*$ nicht von der gewählten Norm abhängt (Hauptsatz 7.10). Wir können V also auch mit einer von einem Skalarprodukt $\langle \cdot\,.\,\cdot \rangle$ erzeugten Norm $\|\cdot\|$ versehen. Für diese gilt mit Theorem 3.48

$$|h(\boldsymbol{x}) - h(\boldsymbol{y})| = |h(\boldsymbol{x} - \boldsymbol{y})| = |\langle \boldsymbol{x} - \boldsymbol{y} \,.\, \boldsymbol{a} \rangle| \le \|\boldsymbol{a}\| \cdot \|\boldsymbol{x} - \boldsymbol{y}\|$$

für alle $\boldsymbol{x}, \boldsymbol{y} \in V$ und für ein $\boldsymbol{a} \in V$, woraus die Stetigkeit folgt. △

Definition 6.26

Sei V ein $\mathbb{R}$-Vektorraum. Es seien $h_{i_1}, \ldots, h_{i_l}$ beliebige unter den Linearformen $h_1, \ldots, h_k$, welche das Polyeder P nach (6.11) definieren. Das Polyeder $S := P \cap \{\boldsymbol{x} : h_{i_1}(\boldsymbol{x}) = c_{i_1}, \ldots, h_{i_l}(\boldsymbol{x}) = c_{i_l}\}$ heißt eine *Seite* von P, falls S nicht leer ist. Eine nulldimensionale Seite heißt *Ecke*, eine ein-dimensionale Seite heißt eine *Kante*.

Bemerkungen 6.27

1) Sei $\dim P = n$, so ist nach Satz 6.21 das Polyeder P keine Seite von sich selbst. Ist $\dim P < n$, so ist dies möglich, etwa bei einer Hyperebene.

2) Sei S eine Seite des Polyeders P, dann ist S ein in P enthaltenes Polyeder.

3) Sei S eine Seite des Polyeders P, dann gilt

$$S \subset \partial P \quad \text{und} \quad \partial P = \bigcup_{\substack{S \subset P \\ S \text{ Seite}}} S \,.$$

4) Die $(m-1)$-dimensionalen Seiten des von $\boldsymbol{p}_0, \ldots, \boldsymbol{p}_m$ aufgespannten Simplex S sind die $m + 1$ Simplizes, welche von je m der Punkte $\boldsymbol{p}_0, \ldots, \boldsymbol{p}_m$ aufgespannt werden. Durch Induktion folgt (Übung): Die d-dimensionalen Seiten des Simplex sind genau die Simplizes, die von $d + 1$ dieser Punkte aufgespannt werden. Die Anzahl der d-dimensionalen Seiten ist damit

$$\binom{m+1}{d+1}, \quad d = 0, \ldots, m \,.$$

Für das Tetraeder in $\mathbb{A}^3$, d. h. $m = 3$ gilt z. B.: $4 = \binom{4}{3}$ 2-dimensionale Seiten (Dreiecke), $6 = \binom{4}{2}$ Kanten, $4 = \binom{4}{1}$ Ecken.

5) Das Bild einer k-dimensionalen Seite unter einer Affinität ist eine k-dimensionale Seite des Bildpolyeders.

In (6.6) übertragen sich auch „$h_i(\boldsymbol{x}) = c_i$" zu „$\tilde{h}_i(\boldsymbol{y}) = \tilde{c}_i$" nach (6.11).

△

Satz 6.28: Seiten-Seite

Sei V ein $\mathbb{R}$-Vektorraum. Es sei P ein Polyeder und S eine Seite von P. Jede Seite S' von S ist dann auch eine Seite von P.

Beweis: Das Polyeder sei definiert durch die Ungleichungen $h_i(\boldsymbol{x}) \geq c_i, i = 1, \ldots, k$, und die Seite S durch einige der Gleichungen $h_i(\boldsymbol{x}) = c_i$. O. B. d. A. können wir annehmen

$$S = P \cap \{\boldsymbol{x} \in V : h_i(\boldsymbol{x}) = c_i,\ i = 1, \ldots, l\}\,.$$

Im affinen Unterraum $A := \{\boldsymbol{x} : h_1(\boldsymbol{x}) = c_1, \ldots, h_l(\boldsymbol{x}) = c_l\}$ ist die Seite S definiert durch die Ungleichungen $h_i(\boldsymbol{x}) \geq c_i,\ i = l+1, \ldots, k$. Die Seite S' ist dann definiert durch einige der Gleichungen $h_i(\boldsymbol{x}) = c_i, i = l+1, \ldots, k$. O. B. d. A. können wir annehmen, dass es die Gleichungen $h_i(\boldsymbol{x}) = c_i,\ i = l+1, \ldots, m$, sind. Dann ist also

$$\begin{aligned} S' &= S \cap \{\boldsymbol{x} \in A : h_{l+1}(\boldsymbol{x}) = c_{l+1}, \ldots, h_m(\boldsymbol{x}) = c_m\} \\ &= P \cap \{\boldsymbol{x} \in V : h_1(\boldsymbol{x}) = c_1, \ldots, h_l(\boldsymbol{x}) = c_l\} \cap \{\boldsymbol{x} \in V : h_{l+1}(\boldsymbol{x}) = c_{l+1}, \ldots, h_m(\boldsymbol{x}) = c_m\} \\ &= P \cap \{\boldsymbol{x} \in V : h_1(\boldsymbol{x}) = c_1, \ldots, h_m(\boldsymbol{x}) = c_m\} \end{aligned}$$

eine Seite von P. □

Satz 6.29: Irrelevante Bedingung

Sei V ein $\mathbb{R}$-Vektorraum. Es sei $P \subset V, P \neq V$, ein n-dimensionales Polyeder. Es sei definiert durch $P = \{\boldsymbol{x} : h_i(\boldsymbol{x}) \geq c_i,\ i = 1, \ldots, k\}$. Hat die Seite $S := P \cap \{\boldsymbol{x} : h_i(\boldsymbol{x}) = c_i\}$ eine Dimension $< n - 1$, so kann man bei der Definition von P die Bedingung $h_i(\boldsymbol{x}) \geq c_i$ weglassen, ohne das Polyeder zu verändern.

Beweis: O. B. d. A. sei $i = 1$. Q sei das Polyeder definiert durch $h_j(\boldsymbol{x}) \geq c_j,\ j > 1$. Dann gilt $P \subset Q$. Wenn $P = Q$ ist, sind wir fertig. Andernfalls gibt es einen Punkt $\boldsymbol{q} \in Q$ mit $\boldsymbol{q} \notin P$. Sei

$$A := \operatorname{span}_a(\{\boldsymbol{q}\} \cup S)\,.$$

Aus $\dim(S) < n - 1$ folgt $\dim(A) < n$. Weil P die Dimension n hat, gibt es einen Punkt $\boldsymbol{p} \in P$ mit $\boldsymbol{p} \notin A$. Die von $\boldsymbol{p}$ und $\boldsymbol{q}$ aufgespannte Gerade trifft A dann nur in $\boldsymbol{q}$, da sie sonst ganz in A enthalten wäre. Wir betrachten die Strecke $\overline{\boldsymbol{qp}}$. Aus $\boldsymbol{q} \notin P$ folgt $h_1(\boldsymbol{q}) < c_1$, während $h_1(\boldsymbol{p}) \geq c_1$ gilt. Da h_1 stetig ist (siehe Bemerkung 6.25), folgt aus dem Zwischenwertsatz der Analysis, dass es eine Konvexkombination $\boldsymbol{r} := t\boldsymbol{q} + (1 - t)\boldsymbol{p}$ gibt mit $h_1(\boldsymbol{r}) = c_1$. Weil hier nicht $\boldsymbol{r} = \boldsymbol{q}$ gelten kann, gehört $\boldsymbol{r}$ nicht zu A, und damit nicht zu S. Der Punkt $\boldsymbol{r}$ ist also ein Punkt aus P mit $h_1(\boldsymbol{r}) = c_1$, der nicht zu S gehört. Widerspruch! □

Theorem 6.30: Seiten-Dimension

Sei V ein $\mathbb{R}$-Vektorraum, $\dim V = n$. Es sei $P = \{\boldsymbol{x} : h_1(\boldsymbol{x}) \geq c_1, \ldots, h_k(\boldsymbol{x}) \geq c_k\} \subset V$ ein Polyeder und S eine seiner Seiten. Die Dimension des Polyeders S ist dann

$$d = n - r\,,$$

wobei r die Maximalzahl linear unabhängiger Linearformen unter den Formen h_i, $i = 1, \ldots, k$ ist,

1) welche das Polyeder P definieren und
2) für alle $\boldsymbol{x} \in S$ eine aktive Nebenbedingung sind.

Beweis: Es seien $h_{j_1}, \ldots, h_{j_m}$ alle Linearformen mit $h_i(\boldsymbol{x}) = c_i$ für alle $\boldsymbol{x} \in S$. Für alle anderen h_i, $i = 1, \ldots, k, i \neq j_1, \ldots, j_m$ ist dann zwar $h_i(\boldsymbol{x}) \geq c_i$ für $\boldsymbol{x} \in S$, aber es gibt auch Punkte $\boldsymbol{x} \in S$ mit $h_i(\boldsymbol{x}) > c_i$. Sei A der affine Raum

$$A := \{\boldsymbol{x} \in V : h_{j_k}(\boldsymbol{x}) = c_{j_k},\ \ k = 1, \ldots, m\}$$

und $d := \dim\, A$, dann ist S ein Polyeder in A mit $\dim S = d$. Dies folgt aus Satz 6.21, da es Punkte $\boldsymbol{x}^{(i)} \in S$ mit $h_i(\boldsymbol{x}^{(i)}) > c_i$ für alle $i \neq j_1, \ldots, j_m$ gibt. Wählt man in V eine Basis $\boldsymbol{v}_1, \ldots, \boldsymbol{v}_n \in V$ fest, so lässt sich für $h \in V^*$ „$h(\boldsymbol{x}) = c, \boldsymbol{x} \in V$“ äquivalent als „$\boldsymbol{a}^t\boldsymbol{y} = c', \boldsymbol{y} \in \mathbb{R}^n$“ für ein $\boldsymbol{a} \in \mathbb{R}^n$ schreiben (siehe Bemerkungen 6.17, 5)). Damit ist A die Lösungsmenge des inhomogenen LGS mit der Koeffizientenmatrix $\widetilde{A}$, deren Zeilenvektoren durch die Darstellungen der Linearformen $h_{j_1}, \ldots, h_{j_m}$ gegeben sind. Der Rang r dieser Matrix ist die Maximalzahl von linear unabhängigen unter den Linearformen und $d = \dim \operatorname{Kern} \widetilde{A}$. Aus der Dimensionsformel (siehe Theorem 1.82) finden wir $d = n - r$. □

Bemerkung 6.31 Sei $P = \{\boldsymbol{x} \in V : h_1(\boldsymbol{x}) \geq c_1, \ldots, h_k(\boldsymbol{x}) \geq c_k\}$ ein Polyeder in einem endlichdimensionalen $\mathbb{R}$-Vektorraum V mit $\dim P = n$, und keine der Linearformen soll weggelassen werden können. Dann ist für jedes $i \in \{1, \ldots, k\}$

$$S_i := P \cap \{\boldsymbol{x} \in V : h_i(\boldsymbol{x}) = c_i\}$$

eine Seite von P mit $\dim S_i = n - 1$. Dies folgt aus Satz 6.29. △

Beispiel 6.32 Wir betrachten die Pyramide $P \subset \mathbb{R}^3$ der Höhe 1 über einem Einheitsquadrat, mit den Ecken

$$\boldsymbol{p}_1 = (1, 1, 0)^t,\ \boldsymbol{p}_2 = (2, 1, 0)^t,\ \boldsymbol{p}_3 = (1, 2, 0)^t,\ \boldsymbol{p}_4 = (2, 2, 0)^t,\ \boldsymbol{p}_5 = (1.5, 1.5, 1)^t\,.$$

Ihre fünf Seitenflächen haben die Gleichungen

$$
\begin{aligned}
x_3 &= 0, && ① \\
x_3 &= 2x_1 - 2, && ② \\
x_3 &= 2x_2 - 2, && ③ \\
x_3 &= 4 - 2x_1, && ④ \\
x_3 &= 4 - 2x_2. && ⑤
\end{aligned}
$$

Um Theorem 6.30 zu verifizieren, wollen wir die Ecken der Pyramide identifizieren als Durchschnitte von je drei Seitenebenen zu linear unabhängigen Linearformen: Es gibt $\binom{5}{3} = 10$ solche Durchschnitte von drei Seitenebenen. Wir sehen also, dass die vier Ecken in der Ebene ① sich eindeutig als Schnitt von drei Seiten ergeben, während die Spitze $(1.5, 1.5, 1)$ durch vier verschiedene Schnitte dargestellt werden kann, da sich dort nicht nur drei, sondern vier Seiten schneiden, so dass es $\binom{4}{3} = 4$ solche Darstellungsmöglichkeiten gibt. Solche Ecken werden später (siehe Definition 6.58) als *entartet* bezeichnet. Weitere zwei dieser Durchschnitte sind leer und führen daher zu keiner Ecke. ◦

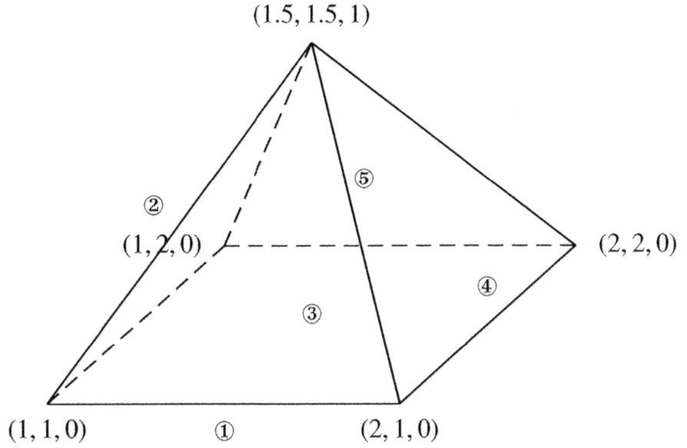

Tripel von Seitenflächen			lin. unabh.?	Durchschnitt
$x_3 = 0$	$2x_1 - x_3 = 2$	$2x_2 - x_3 = 2$	ja	$(1, 1, 0)$
$x_3 = 0$	$2x_1 - x_3 = 2$	$2x_1 + x_3 = 4$	nein	$\emptyset$
$x_3 = 0$	$2x_1 - x_3 = 2$	$2x_2 + x_3 = 4$	ja	$(1, 2, 0)$
$x_3 = 0$	$2x_2 - x_3 = 2$	$2x_1 + x_3 = 4$	ja	$(2, 1, 0)$
$x_3 = 0$	$2x_2 - x_3 = 2$	$2x_2 + x_3 = 4$	nein	$\emptyset$
$x_3 = 0$	$2x_1 + x_3 = 4$	$2x_2 + x_3 = 4$	ja	$(2, 2, 0)$
$2x_1 - x_3 = 2$	$2x_2 - x_3 = 2$	$2x_1 + x_3 = 4$	ja	$(1.5, 1.5, 1)$
$2x_1 - x_3 = 2$	$2x_2 - x_3 = 2$	$2x_2 + x_3 = 4$	ja	$(1.5, 1.5, 1)$
$2x_1 - x_3 = 2$	$2x_1 + x_3 = 4$	$2x_2 + x_3 = 4$	ja	$(1.5, 1.5, 1)$
$2x_2 - x_3 = 2$	$2x_1 + x_3 = 4$	$2x_2 + x_3 = 4$	ja	$(1.5, 1.5, 1)$

Abb. 6.5: Pyramide P und die Schnitte der Seitenflächen.

Satz 6.33: Seiten-Anzahl

Sei V ein n-dimensionaler $\mathbb{R}$-Vektorraum. Es sei $P \subset V$ ein n-dimensionales Polyeder.

1) Wenn $P \neq V$ ist, so besitzt P Seiten der Dimension $n-1$.

2) Falls $d \leq n-2$, ist jede d-dimensionale Seite von P auch Seite einer $(d+1)$-dimensionalen Seite.

Beweis: Wir nehmen o. B. d. A. an, dass $V = \mathbb{R}^n$ (durch Übergang zu einer Parametrisierung) und

$$P = \{\boldsymbol{x} \in \mathbb{R}^n : h_1(\boldsymbol{x}) \geq c_1, \ldots, h_k(\boldsymbol{x}) \geq c_k\} ,$$

wobei keine der Linearformen weggelassen werden kann.

Zu 1): Wegen $P \neq \mathbb{R}^n$ muss es Ungleichungen $h_i(\boldsymbol{x}) \geq c_i$ geben mit $h_i \neq 0$, die nicht weggelassen werden können. Für jede von diesen ist $P \cap \{\boldsymbol{x} : h_i(\boldsymbol{x}) = c_i\}$ nach Bemerkung 6.31 eine Seite der Dimension $n-1$.
Zu 2): Sei

$$S := P \cap \{\boldsymbol{x} : h_{i_1}(\boldsymbol{x}) = c_{i_1}, \ldots, h_{i_l}(\boldsymbol{x}) = c_{i_l}\}$$

eine Seite der Dimension d. Unter den Linearformen $h_{i_1}, \ldots, h_{i_l}$ gibt es dann $r := n - d$ linear unabhängige, und nicht mehr. Wir wählen davon $r-1$ linear unabhängige aus, etwa $h_{j_1}, \ldots, h_{j_{r-1}}$. Dann ist

$$S' := P \cap \{\boldsymbol{x} : h_{j_1}(\boldsymbol{x}) = c_{j_1}, \ldots, h_{j_{r-1}}(\boldsymbol{x}) = c_{j_{r-1}}\}$$

eine Seite von P der Dimension $n - (r-1) = d + 1$. Nach Konstruktion gilt $S \subset S'$ und S wird aus S' durch lineare Gleichungen ausgeschnitten. Damit ist S Seite von S'. □

Theorem 6.34: Ecken-Kriterien

Sei V ein $\mathbb{R}$-Vektorraum, $\dim V = n$. Es sei $P \subset V$ das Polyeder $\{\boldsymbol{x} \in \mathbb{R}^n : h_1(\boldsymbol{x}) \geq c_1, \ldots, h_k(\boldsymbol{x}) \geq c_k\}$. Für einen Punkt $\boldsymbol{p} \in P$ sind äquivalent:

(i) $\boldsymbol{p}$ ist eine Ecke von P;

(ii) unter den Linearformen $h_1, \ldots, h_k$ gibt es n linear unabhängige, etwa $h_{i_1}, \ldots, h_{i_n}$, mit $\{\boldsymbol{p}\} = \{\boldsymbol{x} \in V : h_{i_1}(\boldsymbol{x}) = c_{i_1}, \ldots, h_{i_n}(\boldsymbol{x}) = c_{i_n}\}$;

(iii) Es gibt eine Linearform h und ein $c \in \mathbb{R}$ derart, dass der Halbraum $h(\boldsymbol{x}) \leq c$ das Polyeder P nur im Punkt $\boldsymbol{p}$ schneidet und $h(\boldsymbol{p}) = c$ gilt;

(iv) Sind $\boldsymbol{a}, \boldsymbol{b} \in P$ verschiedene Punkte derart, dass $\boldsymbol{p} = t\boldsymbol{a} + (1-t)\boldsymbol{b}$, $0 \leq t \leq 1$, auf der Strecke $\overline{\boldsymbol{ab}}$ liegt, so gilt schon $\boldsymbol{p} = \boldsymbol{a}$ oder $\boldsymbol{p} = \boldsymbol{b}$.

Beweis: „(i) $\Leftrightarrow$ (ii)“: Eine Ecke ist eine 0-dimensionale Seite. Die behauptete Äquivalenz ist genau Theorem 6.30 für die Dimension $d = 0$.
„(ii) $\Rightarrow$ (iii)“: Nach Voraussetzung gibt es Linearformen $h_{i_1}, \ldots, h_{i_n}$ unter den $h_1, \ldots, h_k$ so, dass

$$P \cap \{\boldsymbol{x} : h_{i_1}(\boldsymbol{x}) = c_{i_1}, \ldots, h_{i_n}(\boldsymbol{x}) = c_{i_n}\} = \{\boldsymbol{p}\} .$$

Für alle anderen Punkte $\boldsymbol{x} \in P$, $\boldsymbol{x} \neq \boldsymbol{p}$ ist mindestens einer der Werte $h_{i_\nu}(\boldsymbol{x}) > c_{i_\nu}$, $\nu = 1, \ldots, n$. Wir setzen nun

$$h := h_{i_1} + \ldots + h_{i_n}, \quad c := c_{i_1} + \ldots + c_{i_n} .$$

Dann ist $h(\boldsymbol{p}) = c$ und für alle anderen Punkte $\boldsymbol{x} \in P$ gilt $h(\boldsymbol{x}) > c$. Der Halbraum $h(\boldsymbol{x}) \leq c$ schneidet P nur im Punkt $\boldsymbol{p}$.
„(iii) $\Rightarrow$ (iv)“: Es seien $\boldsymbol{a}, \boldsymbol{b} \in P$ verschieden mit $\boldsymbol{p} \in \overline{\boldsymbol{ab}}$, $\boldsymbol{p} \neq \boldsymbol{a}$ und $\boldsymbol{p} \neq \boldsymbol{b}$. Nach (iii) ist dann also $h(\boldsymbol{a}) > c$ und $h(\boldsymbol{b}) > c$. Daraus folgt

$$h(\boldsymbol{p}) = th(\boldsymbol{a}) + (1-t)h(\boldsymbol{b}) > c ,$$

ein Widerspruch.
„(iv) $\Rightarrow$ (i)“: Weil $\boldsymbol{p}$ zu P gehört, gilt $h_i(\boldsymbol{p}) \geq c_i$ für $i = 1, \ldots, k$. Es seien $h_{i_1}, \ldots, h_{i_l}$ diejenigen dieser Linearformen, für welche die Gleichheit $h_i(\boldsymbol{p}) = c_i$ gilt. Für alle anderen ist dann also $h_i(\boldsymbol{p}) > c_i$. Der affine Raum, definiert durch

$$h_{i_1}(\boldsymbol{x}) = c_{i_1}, \ldots, h_{i_l}(\boldsymbol{x}) = c_{i_l} ,$$

enthält $\boldsymbol{p}$. Es ist zu zeigen, das er die Dimension 0 hat. Andernfalls enthält er eine Gerade L durch $\boldsymbol{p}$. Wegen $h_i(\boldsymbol{p}) > c_i$ für $i \neq i_1, \ldots, i_l$ gibt es auf dieser Geraden eine Strecke $\overline{\boldsymbol{p}+\boldsymbol{y}, \boldsymbol{p}-\boldsymbol{y}}$, die $\boldsymbol{p}$ enthält, mit $h_i(\boldsymbol{x}) > c_i$ für diese i und alle $\boldsymbol{x}$ auf dieser Strecke. Insbesondere gehört diese Strecke dann zu P, im Auch die Extremfälle $l = 0$ (keine aktiven Bedingungen) und $l = k$ (nur aktive Bedingungen) können zu einem Widerspruch geführt werden. □

Punkte einer Menge P, die die Eigenschaft (iv) erfüllen, heißen auch *Extremalpunkte*. Die Ecken sind also genau die Extremalpunkte eines Polyeders.

Korollar 6.35

Jedes Polyeder hat nur endlich viele Ecken.

Beweis: Das Polyeder ist durch endlich viele Ungleichungen $h_i(\boldsymbol{x}) \geq c_i$, $i = 1, \ldots, k$, definiert. Unter den Linearformen $h_1, \ldots, h_k$ gibt es höchstens $\binom{k}{n}$ Mengen von n linear unabhängigen Linearformen, die genau eine Ecke des Polyeders definieren. □

Ein Wort zur Warnung: Wenn k groß ist, dann ist auch $\binom{k}{n}$ groß. Die Aufzählung aller Ecken eines Polyeders kann dann zu einem mit vertretbarem Aufwand nicht zu bewältigenden Problem werden.

Satz 6.36: Polyeder mit Ecken

Sei V ein n-dimensionaler $\mathbb{R}$-Vektorraum. Für ein nicht leeres Polyeder $P \subset V$ sind äquivalent:

(i) Unter den Ungleichungen $h_i(\boldsymbol{x}) \geq c_i$, welche P beschreiben, gibt es n wofür die Linearformen h_i linear unabhängig sind;

(ii) P besitzt Seiten beliebiger Dimension kleiner als $\dim(P)$, insbesondere immer auch Ecken.

Beweis: „(i) $\Rightarrow$ (ii)“: O. B. d. A.wurden bereits alle irrelevanten Bedingungen mithilfe des Satzes 6.29 entfernt. Als Vorbereitung zeigen wir: Ist $\dim P \geq 1$, besitzt P eine Seite S mit $\dim(S) = \dim(P) - 1$. Es gibt also Punkte $\boldsymbol{p}, \boldsymbol{q} \in P$ mit $\boldsymbol{p} \neq \boldsymbol{q}$. Wir betrachten die Gerade L, die von $\boldsymbol{p}$ und $\boldsymbol{q}$ aufgespannt wird. Unter den h_i wählen wir nun n linear unabhängige, etwa $h_1, \ldots, h_n$. Das homogene LGS $h_i(\boldsymbol{x}) = 0$, $i = 1, \ldots, n$, hat dann nur die Null-Lösung. Insbesondere gibt es dann ein h_j mit $h_j(\boldsymbol{q} - \boldsymbol{p}) \neq 0$. Es gibt also genau ein $t \in \mathbb{R}$, so dass

$$h_j(\boldsymbol{p} + t(\boldsymbol{q} - \boldsymbol{p})) = h_j(\boldsymbol{p}) + t h_j(\boldsymbol{q} - \boldsymbol{p}) = c_j\,.$$

Also gibt es einen Punkt $\boldsymbol{r} \in L$ und eine Linearform h_j mit $\{\boldsymbol{x} : h_j(\boldsymbol{x}) = c_j\} \cap L = \{\boldsymbol{r}\}$. Insbesondere liegt die Strecke $\overline{\boldsymbol{pq}}$ nicht ganz in der Hyperebene $H = \{\boldsymbol{x} : h_j(\boldsymbol{x}) = c_j\}$. Dann liegt auch P nicht ganz in H, und $S := P \cap H$ ist eine Seite von P mit $\dim(S) < \dim(P)$. Wenn $\dim(S) < \dim(P) - 1$ wäre, hätten wir h_j bei der Definition von P nach Satz 6.29 weglassen können. Dies haben wir aber oben bereits ausgeschlossen.

Die Behauptung ergibt sich durch Induktion nach $\dim(P)$. Nach der Vorbereitung gilt die Behauptung für $\dim(P) = 1$. Es gelte die Behauptung für alle Polyeder S mit $\dim(S) < \dim(P) = k$. Nach der Vorbereitung hat P eine Seite S mit $\dim(S) = \dim(P) - 1$. Nach Voraussetzung hat S Seiten S_l zu jeder Dimension $l < k - 1$. Nach Satz 6.28 sind die S_l auch Seiten von P.
Die Richtung (ii) $\Rightarrow$ (i) folgt sofort aus Theorem 6.34. □

Bemerkung 6.37 Polyeder können also auch rekursiv aufgebaut werden: Ist $P \neq V$ $\dim P = n$, so gilt nach Satz 6.33

$$\partial P = \bigcup_{\substack{S \text{ Seite von } P \\ \dim S = n-1}} S \,. \tag{6.12}$$

Eine Seite $S = \{\boldsymbol{x} \in P : h(\boldsymbol{x}) = c\}$ liegt in der Hyperebene $H := \{\boldsymbol{x} \in V : h(\boldsymbol{x}) = c\}$ (als minimaler umfassender affiner Raum). Entweder liegt der Fall $S = H$ vor, oder auf ∂S kann (6.12) mit $n - 1$ statt n angewendet werden. Nach Satz 6.36 kann bei n linear unabhängigen Linearformen h_i so jeder Rand der entstehenden Seiten dargestellt werden, bis Dimension 0 erreicht ist. Gibt es nur $k < n$ linear unabhängige Linearformen, ist eine der Seiten der Dimension $n - k$ ein $(n - k)$-dimensionaler affiner Raum mit leerem Rand. △

Was Sie in diesem Abschnitt gelernt haben sollten

Begriffe:

- Halbraum
- Polyeder, Dimension eines Polyeders $\dim(P)$
- Simplex der Dimension m
- Schwerpunkt eines Simplex
- Inneres von P ($\text{int}(P)$), Rand von P (∂P)
- Seite, Kante, Ecke eins Polyeders

Zusammenhänge:

- Das Simplex der Dimension m als Schnitt von $m + 1$ affinen Halbräumen (Theorem 6.20)
- $\dim P = \dim V \Leftrightarrow \text{int}(P) \neq \emptyset$ (Satz 6.21)
- Dimensionsformel Seite S eines Polyeders P (Theorem 6.30)
- Charakterisierung einer Ecke (Theorem 6.34)

Aufgaben

Aufgabe 6.3 (G) Bestimmen Sie die Ecken des Polyeders (Hyperwürfel)

$$W: \quad -1 \le x_\nu \le 1 \quad (1 \le \nu \le n)$$

im $\mathbb{R}^n$. Wie viele Ecken sind es?

Aufgabe 6.4 (G)

a) Bestimmen Sie die Seitenflächen der Simplizes $S, S' \subset \mathbb{R}^3$ mit den Ecken

$$\begin{aligned} S &: (1,1,1)^t, \quad (1,-1,-1)^t, \quad (-1,1,-1)^t, \quad (-1,-1,1)^t, \\ S' &: (1,1,-1)^t, \quad (1,-1,1)^t, \quad (-1,1,1)^t, \quad (-1,-1,-1)^t. \end{aligned}$$

b) Bestimmen Sie die Ecken des Polyeders $S \cap S' \subset \mathbb{R}^3$.

Aufgabe 6.5 (G) Bestimmen Sie die Ecken des Polyeders im $\mathbb{R}^3$ definiert durch $x_1 \ge 0, x_2 \ge 0, x_3 \ge 0$ und

a) $x_1 + x_2 \le 1, \quad x_1 + x_3 \le 1, \quad x_2 + x_3 \le 1,$
b) $x_1 + x_2 \ge 1, \quad x_1 + x_3 \ge 1, \quad x_2 + x_3 \ge 1.$

Aufgabe 6.6 (K) Bringen Sie durch Einführen von Schlupfvariablen die folgenden Systeme von Ungleichungen auf Gleichungsform vom Typ

$$(A, \mathbb{1}_m)\begin{pmatrix} \boldsymbol{x} \\ \hline \boldsymbol{y} \end{pmatrix} = \boldsymbol{b}, \quad \begin{pmatrix} \boldsymbol{x} \\ \hline \boldsymbol{y} \end{pmatrix} \ge \mathbf{0}$$

a) $x_1 + 2x_2 \ge 3, \quad x_1 - 2x_2 \ge -4, \quad x_1 + 7x_2 \le 6,$
b) $x_1 + x_2 \ge 2, \quad x_1 - x_2 \le 4, \quad x_1 + x_2 \le 7.$

Zeigen Sie, dass in a) eine Bedingung weggelassen werden kann, ohne das Polyeder zu verändern.

Aufgabe 6.7 (T) Sei S das Simplex, das von den $m + 1$ Punkten $\boldsymbol{p}_0, \ldots, \boldsymbol{p}_m$ erzeugt wird. Zeigen Sie induktiv, dass die d-dimensionalen Seiten des Simplex S genau die Simplizes sind, die von $d + 1$ dieser Punkte aufgespannt werden.

6.3 Beschränkte Polyeder

Es gibt drei wesentlich verschiedene Typen von Polyedern: Ein Polyeder P kann

- leer sein, seine definierenden Ungleichungen sind unverträglich, das lineare Ungleichungssystem ist unlösbar;
- beschränkt sein; das ist der für die lineare Optimierung relevanteste Fall;
- unbeschränkt sein, hier kann das LP entweder lösbar oder nicht lösbar sein (siehe Hauptsatz 6.48).

Beispiel: In der Ebene $\mathbb{R}^2$ ist das Polyeder

- $P_1 : x_1 \geq 0,\ x_2 \geq 0,\ -(x_1 + x_2) \geq 1$ leer;
- $P_2 : x_1 \geq 0,\ x_2 \geq 0,\ -(x_1 + x_2) \geq -1$ nicht leer und beschränkt: Es ist das Dreieck mit den Ecken $(0, 0)$, $(1, 0)$, $(0, 1)$;
- $P_3 : x_1 \geq 0,\ x_2 \geq 0,\ -x_2 \geq -1$ nicht leer, aber unbeschränkt. Dieses Polyeder enthält nämlich alle Punkte $(x_1, 1/2)$ mit $x_1 \geq 0$.

Allgemein braucht der Begriff „beschränkt" einen normierten Vektorraum $(V, \|\cdot\|)$ und ist in Definition C.10 definiert. Ist V endlichdimensional, dann sind alle Normen äquivalent (siehe Hauptsatz 7.10) und der Begriff ist unabhängig von der gewählten Norm. Für $V = \mathbb{R}^n$ können wir folglich immer z. B. $\|\boldsymbol{x}\|_\infty := \max_{i=1,\dots,n} \|x_i\|$ wählen. Ein beschränktes Polyeder heißt auch *Polytop*.

Definition 6.38

Sei V ein $\mathbb{R}$-Vektorraum. Ein *Strahl* durch einen Punkt $\boldsymbol{p} \in V$ ist eine Menge $\{\boldsymbol{p} + t\boldsymbol{a} : 0 \leq t \in \mathbb{R}\}$ für einen *Richtungsvektor* $\boldsymbol{a} \neq \boldsymbol{0}$.

Ein Strahl ist also eine halbe Gerade, an deren einem Ende der Punkt $\boldsymbol{p}$ sitzt.

Satz 6.39: Unbeschränkte Polyeder

Sei $(V, \|\,.\,\|)$ ein normierter $\mathbb{R}$-Vektorraum. Es sei P das Polyeder $\{\boldsymbol{x} : h_i(\boldsymbol{x}) \geq c_i,\ i = 1, \dots, k\}$ und $P \neq \emptyset$. Dann sind äquivalent:

(i) P ist unbeschränkt;

(ii) Es gibt einen Punkt $\boldsymbol{p} \in P$ und einen Strahl durch $\boldsymbol{p}$ mit Richtung $\boldsymbol{a}$, der ganz in P verläuft;

(iii) Es gibt einen Vektor $\boldsymbol{0} \neq \boldsymbol{a} \in V$ mit $h_i(\boldsymbol{a}) \geq 0$ für $i = 1, \dots, k$;

(iv) Durch jeden Punkt $\boldsymbol{p} \in P$ gibt es einen Strahl, der ganz in P verläuft.

Beweis: „(i) ⇒ (ii)": Wir zeigen als Erstes: Es gilt Aussage (ii) oder ∂P ist unbeschränkt. Es gelte sodann Aussage (ii) nicht. Sei $r > 0$ beliebig. Nach Voraussetzung gibt es Punkte

$\boldsymbol{q} \in P$ mit $\|\boldsymbol{q}\| > r$. Zu dem Punkt $\boldsymbol{q}$ gibt es eine Richtung $\boldsymbol{a}(\neq \boldsymbol{0})$ (gilt sogar für jede Richtung), so dass die Gerade $L : \boldsymbol{q} + \mathbb{R}\boldsymbol{a}$ geschnitten mit P nicht einen Strahl umfassen kann, also gilt: $L \cap P$ kann parametrisiert werden durch ein beschränktes Intervall $t \in [t_0, t_1]$, $t_0 \leq 0 \leq t_1$, d. h.

$$L \cap P = \overline{\boldsymbol{p}_0 \boldsymbol{p}_1} ,$$

wobei $\boldsymbol{p}_0 = \boldsymbol{q} + t_0\boldsymbol{a}$ und $\boldsymbol{p}_1 = \boldsymbol{q} + t_1\boldsymbol{a}$ und $\boldsymbol{p}_0, \boldsymbol{p}_1$ zum Rand ∂P gehören. Wegen $\|\boldsymbol{q}\| > r$ muss $\|\boldsymbol{p}_0\| > r$ oder $\|\boldsymbol{p}_1\| > r$ gelten, da sonst wegen der Konvexität der (Norm-)Kugeln auch $\|\boldsymbol{x}\| \leq r$ für alle $\boldsymbol{x} \in \overline{\boldsymbol{p}_0 \boldsymbol{p}_1}$ gelten würde, insbesondere daher $\|\boldsymbol{q}\| \leq r$. Daraus folgt, dass der Rand ∂P unbeschränkt ist.

Demzufolge ist, falls Aussage (ii) nicht gilt, mindestens eine der (endlich vielen) Seiten von P unbeschränkt. Wir wählen eine dieser Seiten aus und interpretieren Sie als ein unbeschränktes Polyeder geringerer Dimension. Wenn wir dieses Vorgehen iterieren, steigen wir so lange Dimensionen herab, bis wir im (trivialen) eindimensionalen Fall einer unbeschränkten Kante die Aussage (ii) folgern können.
„(ii) $\Rightarrow$ (iii)“: Es sei $\boldsymbol{p} \in P$ und $\boldsymbol{0} \neq \boldsymbol{a} \in V$ derart, dass der Strahl $\boldsymbol{p} + t\boldsymbol{a}$, $t \geq 0$, ganz zu P gehört. Für $i = 1, \ldots, k$ bedeutet dies:

$$h_i(\boldsymbol{p} + t\boldsymbol{a}) = h_i(\boldsymbol{p}) + t h_i(\boldsymbol{a}) \geq c_i \qquad \text{für alle } t \geq 0 .$$

Dann kann nicht $h_i(\boldsymbol{a}) < 0$ sein.
„(iii) $\Rightarrow$ (iv)“: Sei $\boldsymbol{p} \in P$ und $\boldsymbol{a} \in V$ mit $h_i(\boldsymbol{a}) \geq 0$ für alle i. Für alle $t \geq 0$ folgt daraus

$$h_i(\boldsymbol{p} + t\boldsymbol{a}) = h_i(\boldsymbol{p}) + t h_i(\boldsymbol{a}) \geq h_i(\boldsymbol{p}) \geq c_i .$$

Der ganze Strahl $\boldsymbol{p} + t\boldsymbol{a}$, $t \geq 0$, gehört somit zu P.
„(iv) $\Rightarrow$ (i)“: Ist offensichtlich: Wenn es unendlich lange Strahlen in P gibt, dann kann P selbst nicht beschränkt sein. □

Satz 6.40: Beschränkte Polyeder

Sei $(V, \|\,.\,\|)$ ein normierter $\mathbb{R}$-Vektorraum.

1) Jedes beschränkte n-dimensionale Polyeder hat mindestens $n + 1$ Seiten der Dimension $n - 1$.

2) Jedes beschränkte Polyeder hat Ecken.

Beweis: Zu 1): Es sei $P = \{\boldsymbol{x} : h_i(\boldsymbol{x}) \geq c_i\}$, $i = 1, \ldots, k$, wobei keine der Bedingungen irrelevant ist. Nach Theorem 6.30 ist dann jede Menge $P \cap \{\boldsymbol{x} : h_i(\boldsymbol{x}) = c_i\}$ eine $(n-1)$-dimensionale Seite von P. Im Fall $k \geq n+1$ ist daher die Behauptung bewiesen. Wir zeigen, dass der Fall $k \leq n$ nicht auftreten kann, d. h. P dann unbeschränkt ist. Die Lösungsmenge des LGS $h_1(\boldsymbol{x}) = 0, \ldots, h_{k-1}(\boldsymbol{x}) = 0$ ist dann ein Untervektorraum der Dimension ≥ 1. Er enthält einen Vektor $\boldsymbol{a} \neq \boldsymbol{0}$, für den wir o. B. d. A. $h_k(\boldsymbol{a}) \geq 0$ annehmen können. Dann ist die Bedingung (iii) aus Satz 6.39 erfüllt und damit P unbeschränkt.

Zu 2): Weil nach 1) jedes beschränkte Polyeder P beschränkte Seiten der Dimension $\dim(P) - 1$ besitzt, folgt die Behauptung durch Rekursion nach $\dim(P)$. □

Beispiel 6.41 Im letzten Abschnitt haben wir die verschiedenen Möglichkeiten für den Durchschnitt einer Geraden $L : \boldsymbol{a} + \mathbb{R}\boldsymbol{v}$ mit einem Polyeder P diskutiert. Sei $L \cap P \neq \emptyset$. Wenn P beschränkt ist, kann dieser Durchschnitt nicht die ganze Gerade sein, auch kein Strahl auf L. Deswegen wird $L \cap P$ durch die Parameter t in einem beschränkten abgeschlossenen Intervall $[a, b] \subset \mathbb{R}$ definiert. Für $\boldsymbol{p}_a := \boldsymbol{a} + a\boldsymbol{v}$ und $\boldsymbol{p}_b := \boldsymbol{a} + b\boldsymbol{v}$ ist

$$\begin{aligned} h_i(\boldsymbol{p}_a) \geq c_i,\ h_i(\boldsymbol{p}_b) \geq c_i, \quad i = 1, \ldots, k\,. \\ \text{Es gibt Indizes } 1 \leq i, j \leq k \text{ mit } h_i(\boldsymbol{p}_a) = c_i, h_j(\boldsymbol{p}_b) = c_j\,. \end{aligned} \tag{6.13}$$

Die Punkte $\boldsymbol{p}_a$ und $\boldsymbol{p}_b$ gehören folglich zum Rand ∂P. ○

Theorem 6.42: beschränktes Polyeder = conv(Ecken)

Sei $(V, \|\,.\,\|)$ ein normierter $\mathbb{R}$-Vektorraum. Jedes beschränkte Polyeder ist die konvexe Hülle seiner (endlich vielen) Ecken.

Beweis: Nach Satz 6.13 ist jedes Polyeder konvex. Es enthält seine Ecken und damit die konvexe Hülle dieser Ecken. Wir müssen noch die Umkehrung zeigen: Jedes beschränkte Polyeder P ist in der konvexen Hülle seiner Ecken enthalten. Dies geschieht durch vollständige Induktion nach der Dimension von P.

Ein null-dimensionales Polyeder ist ein Punkt, daher ist nichts zu zeigen. Für den Induktionsschluss sei nun P ein Polyeder der Dimension $n > 0$. Jeder Punkt $\boldsymbol{x} \in \partial P$ des Randes liegt nach Theorem 6.30 in einem beschränkten Polyeder $P' \subset P$ kleinerer Dimension. Nach Induktionsannahme ist $\boldsymbol{x}$ in der konvexen Hülle der Ecken von P' enthalten. Und nach Satz 6.28 sind die Ecken von P' auch Ecken von P. Damit ist die Behauptung für $\boldsymbol{x} \in \partial P$ bewiesen.

Sei nun $\boldsymbol{x} \in \operatorname{int}(P)$. Wir wählen eine Gerade L in V durch $\boldsymbol{x}$, etwa $L : \boldsymbol{x} + \mathbb{R}\boldsymbol{v}$ mit einem Vektor $\boldsymbol{0} \neq \boldsymbol{v} \in V$. Nach (6.7) bzw. (6.13) (hier ist $\boldsymbol{x} \in L \cap P$ und damit ist $L \cap P$ nicht leer) gibt es Parameter $a < 0 < b \in \mathbb{R}$, deren zugehörige Punkte $\boldsymbol{p}_a$ und $\boldsymbol{p}_b$ auf L zum Rand ∂P gehören. Deswegen sind beide Punkte eine Konvexkombination von Ecken und so ist gleichermaßen $\boldsymbol{x} \in \overline{\boldsymbol{p}_a\boldsymbol{p}_b}$. □

Definition 6.43

Sei V ein $\mathbb{R}$-Vektorraum. Es sei $M \subset V$ eine Menge und $\boldsymbol{q} \in V$ ein Punkt. Der *Kegel über M mit Spitze $\boldsymbol{q}$* ist die Vereinigung aller von $\boldsymbol{q}$ ausgehenden Strahlen durch Punkte von M. In Zeichen:

$$\mathrm{cone}_{\boldsymbol{q}}(M) := \bigcup \{\boldsymbol{q} + s(\boldsymbol{p} - \boldsymbol{q}) : \boldsymbol{p} \in M, 0 \leq s \in \mathbb{R}\} .$$

Die Definition wird in Abbildung 6.6 illustriert.

Bemerkungen 6.44

1) Es ist

$$\mathrm{cone}_{\boldsymbol{q}}(M) = \boldsymbol{q} + \mathrm{cone}_{\boldsymbol{0}}(M - \boldsymbol{q}) ,$$

so dass man sich nur auf $\boldsymbol{q} = \boldsymbol{0}$ beschränken kann. Dabei ist $M - \boldsymbol{q} = \{\boldsymbol{x} - \boldsymbol{q} : \boldsymbol{x} \in M\}$.

2)

$$\mathrm{cone}_{\boldsymbol{0}}(\mathrm{conv}(M)) = \left\{ \boldsymbol{p} \in V : \boldsymbol{p} = \sum_{i=1}^{k} t_i \boldsymbol{p}_i, \boldsymbol{p}_i \in M, t_i \geq 0 \right\} .$$

Das kann man folgendermaßen einsehen: Die Beziehung „$\subset$“ ist klar, da eine Linearkombination mit nicht negativen Koeffizienten mit einem nicht negativen Faktor multipliziert wird. Für „$\supset$“ sei

$$\boldsymbol{p} = \sum_{i=1}^{k} t_i \boldsymbol{p}_i, \quad \boldsymbol{p}_i \in M, t_i \geq 0 ,$$

also entweder $t := \sum_{i=1}^{k} t_i = 0$ und damit $\boldsymbol{p} = \boldsymbol{0}$ oder

$$\frac{1}{t}\boldsymbol{p} = \sum_{i=1}^{k} s_i \boldsymbol{p}_i =: \tilde{\boldsymbol{p}}, \quad \text{wobei } s_i := \frac{t_i}{t} \geq 0.$$

Wegen $\sum_{i=1}^{k} s_i = 1$ ist also $\tilde{\boldsymbol{p}} \in \mathrm{conv}(M)$ und damit $\boldsymbol{p} \in \mathrm{cone}_{\boldsymbol{0}}(\mathrm{conv}(M))$.

3) Ist $M := \{\boldsymbol{a}^{(1)}, \ldots, \boldsymbol{a}^{(n)}\} \subset \mathbb{R}^m$ und $A := (\boldsymbol{a}^{(1)}, \ldots, \boldsymbol{a}^{(n)}) \in \mathbb{R}^{(m,n)}$, so folgt aus 2)

$$\mathrm{cone}_{\boldsymbol{0}}(\mathrm{conv}(\{\boldsymbol{a}^{(1)}, \ldots, \boldsymbol{a}^{(n)}\}) = \{\boldsymbol{p} \in \mathbb{R}^m : \boldsymbol{p} = A\boldsymbol{x} \text{ für } \boldsymbol{x} \in \mathbb{R}^n, \boldsymbol{x} \geq \boldsymbol{0}\} .$$

4) $\mathrm{cone}_{\boldsymbol{q}}(M_1 \cup M_2) = \mathrm{cone}_{\boldsymbol{q}}(M_1) \cup \mathrm{cone}_{\boldsymbol{q}}(M_2)$ für $\boldsymbol{q} \in V$, $M_1, M_2 \subset V$.

5) $\mathrm{cone}_{\boldsymbol{q}}(\mathrm{cone}_{\boldsymbol{q}}(M)) = \mathrm{cone}_{\boldsymbol{q}}(M)$ für $\boldsymbol{q} \in V$, $M \subset V$. △

Satz 6.45: cone conv = conv cone

Sei V ein $\mathbb{R}$-Vektorraum. Es sei $M \subset V$ eine Menge und $\boldsymbol{q} \in V$ ein Punkt. Der Kegel über der konvexen Hülle von M mit Spitze $\boldsymbol{q}$ ist dann dasselbe wie die konvexe Hülle des Kegels über M mit Spitze $\boldsymbol{q}$, d. h.

$$\mathrm{cone}_q(\mathrm{conv}(M)) = \mathrm{conv}(\mathrm{cone}_q(M)) .$$

Insbesondere ist ein Kegel über einer konvexen Menge auch konvex.

Beweis: „cone conv $\subset$ conv cone“: Ein Punkt $\boldsymbol{x}$ gehört zum Kegel über conv(M), wenn er von der Form $\boldsymbol{x} = \boldsymbol{q} + s(\boldsymbol{p} - \boldsymbol{q})$ mit $0 \leq s \in \mathbb{R}$ und

$$\boldsymbol{p} = \sum_{i=1}^{k} t_i \boldsymbol{p}_i \in \mathrm{conv}(M) \quad 0 \leq t_i \in \mathbb{R}, \quad \sum t_i = 1, \quad p_i \in M$$

ist. Wir haben deshalb

$$\boldsymbol{x} = \boldsymbol{q} + s\Big(\sum t_i \boldsymbol{p}_i - \boldsymbol{q}\Big) = \boldsymbol{q} + s \sum t_i(\boldsymbol{p}_i - \boldsymbol{q}) = \sum t_i(\boldsymbol{q} + s(\boldsymbol{p}_i - \boldsymbol{q})) = \sum t_i \boldsymbol{x}_i .$$

Damit ist $\boldsymbol{x}$ eine Konvexkombination von Punkten

$$\boldsymbol{x}_i = \boldsymbol{q} + s(\boldsymbol{p}_i - \boldsymbol{q}), \quad 0 \leq s \in \mathbb{R}, \quad \boldsymbol{p}_i \in M ,$$

aus $\mathrm{cone}_q(M)$ und gehört zur konvexen Hülle $\mathrm{conv}(\mathrm{cone}_q(M))$.

„conv cone $\subset$ cone conv“: Jeder Punkt $\boldsymbol{x}$ in der konvexen Hülle des Kegels $\mathrm{cone}_q(M)$ ist eine Konvexkombination endlich vieler Punkte

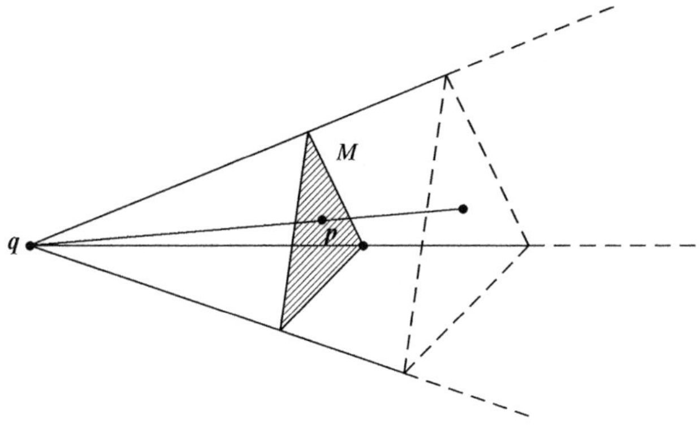

Abb. 6.6: Der Kegel über M mit Spitze q.

$$\boldsymbol{x}_i = \boldsymbol{q} + s_i(\boldsymbol{p}_i - \boldsymbol{q}), \quad 0 \leq s_i \in \mathbb{R}, \quad \boldsymbol{p}_i \in M,\ i = 1, \ldots, k\,,$$

aus diesem Kegel. Es gibt mithin $0 < t_i \in \mathbb{R}$ mit $\sum t_i = 1$ (welche hier O. B. d. A.alle ungleich 0 gewählt werden, da sie ansonsten nicht in die Konvexkombination eingehen) so, dass

$$\boldsymbol{x} = \sum t_i \boldsymbol{x}_i = \sum t_i(\boldsymbol{q} + s_i(\boldsymbol{p}_i - \boldsymbol{q})) = (1 - \sum t_i s_i)\boldsymbol{q} + \sum t_i s_i \boldsymbol{p}_i\,.$$

Falls hier $\sum t_i s_i = 0$ ist, sind aufgrund der Voraussetzung $t_i > 0$ an die Konvexkombinationparameter schon alle $s_i = 0$, also sind alle x_i schon identisch gleich q, der Spitze des Kegels und die Aussage $x \in \operatorname{conv}\operatorname{cone}_q(M)$ gilt trivialerweise. Andernfalls ist $s := \sum t_i s_i > 0$ und wir können schreiben:

$$\boldsymbol{x} = (1 - s)\boldsymbol{q} + s \sum \frac{t_i s_i}{s} \boldsymbol{p}_i\,.$$

Hier gilt

$$\frac{t_i s_i}{s} \geq 0, \quad \sum \frac{t_i s_i}{s} = 1\,.$$

Deswegen gehört $\sum (t_i s_i / s)\boldsymbol{p}_i$ zur konvexen Hülle $\operatorname{conv}(M)$ und $\boldsymbol{x}$ zum Kegel über dieser konvexen Hülle mit Spitze $\boldsymbol{q}$. □

Definition 6.46

Sei V ein $\mathbb{R}$-Vektorraum. Es sei P ein Polyeder und $\boldsymbol{p} \in P$ eine seiner Ecken. Weiter seien $K_1, \ldots, K_l \subset P$ die von $\boldsymbol{p}$ ausgehenden Kanten des Polyeders P, d. h. $\boldsymbol{p} \in K_i$. Wenn eine Kante K_i durch $\boldsymbol{p}$ eine Strecke ist mit $\boldsymbol{p}_i \in K_i$ und $\boldsymbol{p} \neq \boldsymbol{p}_i$, so nennen wir $S_i := \{\boldsymbol{p} + s(\boldsymbol{p}_i - \boldsymbol{p}) : 0 \leq s \in \mathbb{R}\}$ den durch K_i definierten, von $\boldsymbol{p}$ ausgehenden, Strahl. Wenn K_i keine Strecke ist, ist diese Kante selbst ein von $\boldsymbol{p}$ ausgehender Strahl S_i. Alle diese Strahlen S_i, $i = 1, \ldots, l$, nennen wir die *von* $\boldsymbol{p}$ *ausgehenden durch Kanten von P definierten Strahlen.*

Satz 6.47: Polyeder ⊂ conv (ausgehende Strahlen)

Sei $(V, \|\,.\,\|)$ ein normierter $\mathbb{R}$-Vektorraum. Es sei $P \subset V$ ein Polyeder, P habe mindestens eine Ecke, $\boldsymbol{p} \in P$ sei eine seiner Ecken. Es seien $\tilde{S}_i = \{\boldsymbol{x} \in P : h_i(\boldsymbol{x}) = c_i\}$, $i = 1, \ldots, n$, die $n-1$-dimensionalen Seiten des Polyeders durch den Punkt $\boldsymbol{p}$, wobei die h_i linear unabhängig sind für $i = 1, \ldots, n$. Weiter seien $S_1, \ldots, S_k$ die von $\boldsymbol{p}$ ausgehenden Strahlen. Dann gilt:

1) Das Polyeder P liegt in der konvexen Hülle von $\bigcup \tilde{S}_i$.

2) Das Polyeder P liegt in der konvexen Hülle von $\bigcup S_i$.

Beweis: Zu 1): Sei $n = \dim P$. O. B. d. A. nehmen wir $\dim P = \dim V$ an. Es ist $\boldsymbol{p} \in P$ eine Ecke, also gegeben durch $h_i(\boldsymbol{x}) = c_i, i = 1, \ldots, n$. Durch Sei Q das durch

$$Q := \{\boldsymbol{x} \in V : h_i(\boldsymbol{x}) \geq c_i, i = 1, \ldots, n\}$$

definierte Polyeder mit Dimension n, dann gilt offensichtlich

$$P \subset Q .$$

Wir zeigen

$$Q = \operatorname{conv}\left(\bigcup_{i=1}^{k} \tilde{S}_i\right) =: S$$

und damit

$$P \subset S , \tag{6.14}$$

was der Aussage 1) entspricht.

„$S \subset Q$“:

$$\widetilde{S} := \bigcup_{i=1}^{k} \widetilde{S}_i \subset P \subset Q$$

und damit auch $S = \operatorname{conv} \widetilde{S} \subset Q$ (nach Satz 6.8, 2)).

„$Q \subset S$“:
Sei $j \in \{1, \ldots, n\}$. Das lineare Gleichungssystem

$$h_i(\boldsymbol{x}) = 0, i \in \{1, \ldots, n\} \setminus \{j\}$$

hat einen mindestens eindimensionalen Lösungsraum und damit eine Lösung $\boldsymbol{q}_j \neq \boldsymbol{0}$. O. B. d. A. kann $h_j(\boldsymbol{q}_j) > 0$ angenommen werden. Für die Punkte $\boldsymbol{p}_j := \boldsymbol{p} + \alpha \boldsymbol{q}_j, \alpha > 0$ gilt sodann

$$h_i(\boldsymbol{p}_j) = c_i \text{ für } i \neq j, \quad h_j(\boldsymbol{p}_j) > c_j .$$

Damit gehört $\boldsymbol{p}_j$ zu einem von $\boldsymbol{p}$ ausgehenden Strahl, im Sinn von Definition 6.46, wenn eventuell α verkleinert wird, denn $\boldsymbol{p}_j$ und damit der Strahl durch $\boldsymbol{p}$ und $\boldsymbol{p}_j$ gehören nicht nur zu Q, sondern auch zu P, da durch Verkleinerung von α die übrigen P definierenden Ungleichungen, für die $h_k(\boldsymbol{p}) > c_k$ gilt, auch von $\boldsymbol{p}_j$ erfüllt werden.
Die Menge $M := \{\boldsymbol{p}_0, \boldsymbol{p}_1, \ldots, \boldsymbol{p}_n\}$ mit $\boldsymbol{p}_0 := \boldsymbol{p}$ ist affin unabhängig, denn sonst ließe sich ein $\boldsymbol{p}_j$ als Affinkombination der anderen schreiben:

$$\boldsymbol{p}_j = \sum_{i=0, i \neq j}^{n} t_i \boldsymbol{p}_i, \sum_{i=0, i \neq j}^{n} t_i = 1 .$$

Ist $j \neq 0$, so folgt

$$h_j(\boldsymbol{p}_j) = \sum_{i=0, i\neq j}^{n} t_i h_j(\boldsymbol{p}_i) = c_j$$

im Widerspruch zur Konstruktion. Ist $j = 0$, dann folgt

$$\sum_{i=1}^{n} t_i \boldsymbol{q}_i = \boldsymbol{0}, \text{ wobei } \sum_{i=1}^{n} t_i = 1 \, .$$

Einsetzen in h_j liefert den Widerspruch $t_j = 0$ für alle j. Somit bildet M eine affine Basis von V und $\boldsymbol{q} \in Q$ lässt sich darstellen durch

$$\boldsymbol{q} = \boldsymbol{p} + \sum_{i=1}^{n} t_i(\boldsymbol{p}_i - \boldsymbol{p}) \text{ mit } t_i \in \mathbb{R} \, .$$

Abschließend für $Q \subset S$ ist noch $t_i \geq 0$ für alle $i = 1, \ldots, n$ zu zeigen. Es ist für alle $i = 1, \ldots, n$

$$h_i(\boldsymbol{q}) = h_i(\boldsymbol{p}) + \alpha \sum_{j=1}^{n} t_j h_i(\boldsymbol{q}_j) = c_i + \alpha t_i h_i(\boldsymbol{q}_i) \geq c_i$$

und wegen $h_i(\boldsymbol{q}_i) > 0$ muss $t_i \geq 0$ gelten, also ist Aussage 1) gezeigt.

Zum Beweis von Aussage 2) wenden wir Aussage 1) rekursiv an, wie im Beispiel eines dreidimensionalen Polyeders beispielhaft erläutert: Sei P ein Polyeder und $\boldsymbol{p}$ eine seiner Ecken. Dann ist P nach 1) in der konvexen Hülle seiner (zweidimensionalen) Seiten enthalten. Nun betrachten wir jede dieser Seiten wiederum als Polyeder P' in ihrem jeweiligen zweidimensionalen umgebenden affinen Raum. Klar ist, dass $\boldsymbol{p}$ wieder eine Ecke dieses niederdimensionalen Polyeders P' ist. Wir wenden wiederum Aussage 1) an, sodass P' in der konvexen Hülle seiner (nunmehr eindimensionalen) Seiten liegt. Insgesamt liegt P also in der konvexen Hülle seiner eindimensionalen Seiten (seiner Kanten). □

Was Sie in diesem Abschnitt gelernt haben sollten

Begriffe:

- Beschränkte bzw. unbeschränkte Polyeder
- Strahl durch $\boldsymbol{p}$ mit Richtung $\boldsymbol{a}$
- Kegel über M mit Spitze $\boldsymbol{q}$
- Von einer Ecke ausgehender Strahl

Zusammenhänge:

- Ein beschränktes n-dimensionales Polyeder hat mindestens $n + 1$ Seiten der Dimension $n - 1$ und insbesondere Ecken (Satz 6.40)
- Ein beschränktes Polyeder ist die konvexe Hülle seiner Ecken (Theorem 6.42)
- cone(conv) = conv(cone) (Satz 6.45)

Aufgaben

Aufgabe 6.8 (K) Welches der beiden Polyeder aus Aufgabe 6.5 ist beschränkt, welches unbeschränkt? (Beweis!)

Aufgabe 6.9 (T) Sei V ein $\mathbb{R}$-Vektorraum, $M_1, M_2 \subset V$ und $\boldsymbol{q} \in V$.

a) Man zeige: $\text{cone}_{\boldsymbol{q}}(M_1 \cup M_2) = \text{cone}_{\boldsymbol{q}}(M_1) \cup \text{cone}_{\boldsymbol{q}}(M_2)$.
b) Gilt auch $\text{cone}_{\boldsymbol{q}}(M_1 \cap M_2) = \text{cone}_{\boldsymbol{q}}(M_1) \cap \text{cone}_{\boldsymbol{q}}(M_2)$? Geben Sie einen Beweis oder ein Gegenbeispiel an.

Aufgabe 6.10 (T) Sei V ein $\mathbb{R}$-Vektorraum, $M \subset V$. Zeigen Sie, dass $\text{cone}_{\boldsymbol{0}}(M)$ genau dann konvex ist, falls

$$\boldsymbol{x}, \boldsymbol{y} \in \text{cone}_{\boldsymbol{0}}(M) \ \Rightarrow \ \boldsymbol{x} + \boldsymbol{y} \in \text{cone}_{\boldsymbol{0}}(M)$$

gilt.

6.4 Das Optimierungsproblem

Das Problem der linearen Optimierung nach (6.3) (oder (6.2)) lautet: Gegeben ist ein Polyeder $P \subset \mathbb{R}^n$ und ein lineares Funktional $f : \mathbb{R}^n \to \mathbb{R}$. Gesucht ist ein Punkt $\boldsymbol{p} \in P$, in dem $f(\boldsymbol{p})$ den Minimalwert unter allen Werten $f(\boldsymbol{x})$, $\boldsymbol{x} \in P$, annimmt.

Sei $f(\boldsymbol{x}) = \boldsymbol{c}^t\boldsymbol{x}$, dann ist f konstant auf $U_1 := \boldsymbol{a} + \boldsymbol{c}^\perp$ für beliebiges $\boldsymbol{a} \in V$ und auf $U_2 := \boldsymbol{a} + \mathbb{R}\boldsymbol{c}$ gilt

$$f(\boldsymbol{a} + r\boldsymbol{c}) = \boldsymbol{c}^t\boldsymbol{a} + r\|\boldsymbol{c}\|_2^2 ,$$

d. h. f ist auf U_2 (nach oben und unten) unbeschränkt. Auf einer Strecke $\overline{\boldsymbol{bc}}$ in U_2 werden die Extrema in $\boldsymbol{c}$ und $\boldsymbol{b}$ angenommen (oder der Funktionswert von f auf der Strecke $\overline{\boldsymbol{bc}}$ ist konstant, falls diese senkrecht auf c steht). Für ein Polyeder gilt also: Ist $P \subset U_1$ für ein $\boldsymbol{a} \in V$, d. h. f ist konstant auf P, gilt trivialerweise

$$\inf_{\boldsymbol{x}\in P} f(\boldsymbol{x}) = \inf_{\boldsymbol{x}\in \partial P} f(\boldsymbol{x}) . \tag{6.15}$$

Ist $P \cap U_2 \neq \emptyset$ für ein $\boldsymbol{a} \in V$, so ist nach Beispiel 6.15 $P \cap U_2$ eine Strecke, ein Strahl oder eine Gerade. Im ersten Fall nimmt f das Minimum auf $P \cap U_2$ in einem Randpunkt an, im zweiten Fall ebenfalls oder f ist auf $P \cap U_2$ unbeschränkt, was im dritten Fall immer zutrifft. Insbesondere gilt also: Ist $\inf_{\boldsymbol{x}\in\partial P} f(\boldsymbol{x}) > -\infty$, so gilt (6.15).

Hauptsatz 6.48: Minimum auf Rand

Sei $(V, \|\,.\,\|)$ ein normierter $\mathbb{R}$-Vektorraum. Es seien $\emptyset \neq P \subset V$ ein Polyeder mit mindestens einer Ecke und $f : V \to \mathbb{R}$ linear. Sei $E \subset P$ die Menge der Ecken und $K \subset P$ die Vereinigung der Kanten.

1) Ist P beschränkt, dann gibt es eine Ecke $\boldsymbol{p} \in P$, in der f das Minimum aller seiner Werte auf P annimmt, d. h. für alle $\boldsymbol{x} \in P$ ist $f(\boldsymbol{p}) \leq f(\boldsymbol{x})$.

2) Ist P unbeschränkt und

$$\inf_{\boldsymbol{x}\in K} f(\boldsymbol{x}) > -\infty$$

liegt die gleiche Situation wie bei einem beschränkten Polyeder vor, d. h.

$$\min_{\boldsymbol{x}\in P} f(\boldsymbol{x}) = \min_{\boldsymbol{x}\in E} f(\boldsymbol{x}) = \min_{\boldsymbol{x}\in K} f(\boldsymbol{x}) = f(\boldsymbol{p})$$

für ein $\boldsymbol{p} \in P$.

3) Der verbleibende Fall

$$P \text{ unbeschränkt,} \quad \inf_{\boldsymbol{x}\in K} f(\boldsymbol{x}) = -\infty$$

ist dadurch gekennzeichnet, dass es eine Kante gibt, entlang der f beliebig kleine Werte annimmt. Insgesamt gilt somit

$$\inf_{x\in P} f(\boldsymbol{x}) = \inf_{x\in K} f(\boldsymbol{x}) = -\infty \, .$$

Beweis: Fall 1): Sei P beschränkt und $m := \inf_{p\in E} f(\boldsymbol{p})$. Da die Anzahl der Ecken endlich ist nach Korollar 6.35, gilt $m > -\infty$ und es gibt eine Ecke $\boldsymbol{p}$ von P, so dass

$$m = f(\boldsymbol{p}) \, ,$$

d. h. in $\boldsymbol{p}$ wird das Minimum auf E angenommen. Da P beschränkt ist, so ist nach Theorem 6.42 jeder Punkt $\boldsymbol{x} \in P$ eine Konvexkombination $\sum s_i \boldsymbol{p}_i$, $s_i \geq 0, \sum s_i = 1$, von Ecken $\boldsymbol{p}_i$ des Polyeders P. Also:

$$f(\boldsymbol{x}) = \sum s_i f(\boldsymbol{p}_i) \geq m \, . \tag{6.16}$$

Fall 2: Sei P unbeschränkt, $m := \inf_{p\in E} f(\boldsymbol{p})$ und $k := \inf_{x\in K} f(\boldsymbol{x}) > -\infty$. Es gilt a priori schon $k \leq m$. Dann gilt für die endlich vielen Kanten $K_1, \ldots, K_l$ von P (es gilt $K = \bigcup_{i=1}^{l} K_i$):

$$k = \min_{i=1,\ldots,l} \inf_{x\in K_i} f(\boldsymbol{x}) =: \min_{i=1,\ldots,l} k_i \, .$$

Da $k > -\infty$, so sind auch die $k_i > -\infty$ für alle $i = 1, \ldots, l$ und weiter: Ist K_i eine beschränkte Kante, etwa $K_i = \overline{\boldsymbol{p}_a \boldsymbol{p}_b}$ für Ecken $\boldsymbol{p}_a, \boldsymbol{p}_b \in P$, dann gilt für $\boldsymbol{y} \in K_i$, $\boldsymbol{y} = (1-s)\boldsymbol{p}_a + s\boldsymbol{p}_b$

$$f(\boldsymbol{y}) = (1-s) f(\boldsymbol{p}_a) + s f(\boldsymbol{p}_b) \geq m, \text{ also } k_i \geq m \, .$$

Ist K_i unbeschränkt mit Ecke $\boldsymbol{p} \in P$, d. h. $\boldsymbol{y} \in K_i$ genau dann, wenn $\boldsymbol{y} = \boldsymbol{p} + t(\boldsymbol{q} - \boldsymbol{p})$, $t \geq 0$ für ein $\boldsymbol{q} \in K_i$, dann ist

$$f(\boldsymbol{y}) = f(\boldsymbol{p}) + t(f(\boldsymbol{q}) - f(\boldsymbol{p})) \geq k_i$$

und damit notwendigerweise $f(\boldsymbol{q}) \geq f(\boldsymbol{p})$ und

$$f(\boldsymbol{y}) \geq f(\boldsymbol{p}) \geq m, \text{ also } k_i \geq m,$$

und insgesamt $k = m$.

Es fehlt noch für unbeschränkte Polyeder der Nachweis von

$$\inf_{x\in P} f(\boldsymbol{x}) = \min_{x\in K_i} f(\boldsymbol{x}) = k$$

für eine Kante K_i. Nach der Vorüberlegung (6.15) gilt: Die definierenden Ungleichungen $h_i(\boldsymbol{x}) \geq c_i$ enthalten o. B. d. A. maximal $k \leq n$ linear unabhängige, deren Funktionale o. B. d. A. $h_1, \ldots, h_k$ seien. (Da eine unbeschränkte Kante zu ∂P gehört, ist nach Satz 6.36 $k \geq 2$). Nach Satz Satz 6.36 enthält ∂P mindestens eine $(k-1)$-dimensionale Seite, seien $S_1, \ldots, S_l$ diese Seiten. Dann gilt für ein $j \in \{1, \ldots, l\}$

$$\inf_{x \in \partial S} f(\boldsymbol{x}) = \inf_{x \in S_j} f(\boldsymbol{x}) .$$

Diese Argumentation kann für S_i fortgesetzt werden bis schließlich

$$\inf_{x \in \partial S} f(\boldsymbol{x}) = \inf_{x \in K_i} f(\boldsymbol{x}) = k$$

für eine Kante K_i. □

Bemerkung 6.49 Die Existenz einer Ecke ist notwendig, wie das folgende Beispiel zeigt: $V = \mathbb{R}^2$, $P = \{(x_1, x_2) \in \mathbb{R}^2 : x_2 \geq 0\}$, $f(\boldsymbol{x}) = -x_2$. Folglich $\inf_{\boldsymbol{x} \in P} f(\boldsymbol{x}) = -\infty$, $\inf_{\boldsymbol{x} \in K} f(\boldsymbol{x}) = 0$. △

Definition 6.50

Sei $(V, \|\,.\,\|)$ ein normierter $\mathbb{R}$-Vektorraum. Die Ecke $\boldsymbol{p}$ eines Polyeders P heißt *optimal* für die Linearform f, wenn $f(\boldsymbol{p}) \leq f(\boldsymbol{x})$ für alle $\boldsymbol{x} \in P$.

Hauptsatz 6.48 sagt aus, dass jedes beschränkte Polyeder zu jeder Linearform f eine (oder mehrere) optimale Ecke(n) hat. Der folgende Satz zeigt, wie man optimale Ecken erkennt, ausgehend von den Ungleichungen, welche das Polyeder definieren.

Satz 6.51: Optimale Ecke

Sei V ein $\mathbb{R}$-Vektorraum. Das n-dimensionale Polyeder P sei durch die Ungleichungen $h_i(\boldsymbol{x}) \geq c_i$, $i = 1, \ldots, k$, definiert. Für die Ecke $\boldsymbol{p} \in P$ gelte $h_{i_j}(\boldsymbol{p}) = c_{i_j}$, $j = 1, \ldots, n$, wobei die Linearformen $h_{i_1}, \ldots, h_{i_n}$ wie im Eckenkriterium Theorem 6.34 (ii) linear unabhängig sind. Dann ist

$$f = a_1 h_{i_1} + \ldots + a_n h_{i_n}$$

eine (eindeutig bestimmte) Linearkombination dieser Linearformen. Gilt hier $a_i \geq 0$ für alle $i = 1, \ldots, n$,

so ist $\boldsymbol{p}$ optimal für f .

Beweis: Aus $f = \sum a_j h_{i_j}$ folgt $f(\boldsymbol{p}) = \sum a_j h_{i_j}(\boldsymbol{p}) = \sum a_j c_{i_j}$. Für alle $\boldsymbol{x} \in P$ ist $h_i(\boldsymbol{x}) \geq c_i$. Damit erhalten wir für alle $\boldsymbol{x} \in P$ unter der Voraussetzung $a_i \geq 0$ für $i = 1, \ldots, n$

$$f(\boldsymbol{x}) = \sum a_j h_{i_j}(\boldsymbol{x}) \geq \sum a_j c_{i_j} = f(\boldsymbol{p}) .$$ □

Die folgende Bemerkung ist entscheidend für das Auffinden optimaler Ecken:

Theorem 6.52: Kantenabstieg

Sei V ein normierter $\mathbb{R}$-Vektorraum. Es sei $P \subset V$ ein Polyeder mit mindestens einer Ecke und $\boldsymbol{p} \in P$ eine seiner Ecken. Wenn $\boldsymbol{p}$ nicht optimal für f ist, dann gibt es eine von $\boldsymbol{p}$ ausgehende Kante K, auf welcher f echt absteigt. Das heißt, für alle $\boldsymbol{q} \in K$, $\boldsymbol{q} \neq \boldsymbol{p}$ ist $f(\boldsymbol{q}) < f(\boldsymbol{p})$.

Beweis: Weil $\boldsymbol{p}$ nicht optimal für f ist, gibt es ein $\boldsymbol{x} \in P$ mit $f(\boldsymbol{x}) < f(\boldsymbol{p})$. Nach Satz 6.47 gehört $\boldsymbol{x} \in P$ zur konvexen Hülle der von $\boldsymbol{p}$ ausgehenden Strahlen, die eine Kante mit $\boldsymbol{p}$ enthalten, d. h. sei $\boldsymbol{p}_i$ eine weitere Ecke der Kante i von

$$S_i : \boldsymbol{p} + s_i(\boldsymbol{p}_i - \boldsymbol{p}), \quad 0 \leq s_i \in \mathbb{R} .$$

Enthält S_i keine weitere Ecke, so wird $\boldsymbol{p}_i \neq \boldsymbol{p}$ und $\boldsymbol{p}_i \in S_i$ beliebig gewählt.
Dann wird für geeignete $t_i \geq 0$ mit $\sum t_i = 1$:

$$f(\boldsymbol{x}) = \sum t_i f(\boldsymbol{p} + s_i(\boldsymbol{p}_i - \boldsymbol{p})) = f(\boldsymbol{p}) + \sum t_i s_i (f(\boldsymbol{p}_i) - f(\boldsymbol{p})) .$$

Falls hier $f(\boldsymbol{p}_i) \geq f(\boldsymbol{p})$ für alle Punkte $\boldsymbol{p}_i$ gelten würde, so wäre wegen $s_i, t_i \geq 0$

$$f(\boldsymbol{x}) \geq f(\boldsymbol{p})$$

im Widerspruch zur Wahl von $\boldsymbol{x}$. Es gibt also ein i mit $f(\boldsymbol{p}_i) < f(\boldsymbol{p})$. Für alle $\boldsymbol{q} = \boldsymbol{p} + s(\boldsymbol{p}_i - \boldsymbol{p})$, $s > 0$, auf dem Strahl S_i ist dann

$$f(\boldsymbol{q}) = (1-s)f(\boldsymbol{p}) + sf(\boldsymbol{p}_i) < (1-s)f(\boldsymbol{p}) + sf(\boldsymbol{p}) = f(\boldsymbol{p}) .$$ □

Damit wurden – für die allgemeine Form eines Polyeders – alle Vermutungen gerechtfertigt, von denen in der Grundform (der Phase II) des Simplex-Verfahrens ausgegangen wurde:

- Es reicht eine Beschränkung auf Ecken und verbindende Kanten eines Polyeders, da das Minimum – sofern es existiert – in einer Ecke angenommen wird (Hauptsatz 6.48) oder entlang einer Kante beliebig abgestiegen werden kann.
- Terminiert das Verfahren, da kein weiterer Abstieg entlang einer Kante möglich ist, ist ein Minimum erreicht (Theorem 6.52).
- Existiert kein Minimum, macht sich dies durch eine Kante bemerkbar, entlang der das Funktional beliebig absteigt.

Da P nur endlich viele Ecken hat, terminiert das Verfahren erfolgreich, wenn sichergestellt wird, dass jede Ecke wirklich zugunsten einer Ecke mit kleinerem Funktionalwert verlassen wird und das unabhängig vom Auswahlkriterium für die „Abstiegsecke“.

Dies ist nicht der Fall, wenn die Ecke nicht verlassen und nur zu einer anderen Darstellung übergegangen wird. Die Vermeidung eines solchen Verhaltens ist ein großes theoretisches Problem, das aber in der konkreten Anwendung beherrschbar ist. Aber selbst wenn dieser Fall ausgeschlossen werden kann, ist die Anzahl der Ecken so groß (siehe Text nach Korollar 6.35), dass dies im schlechtesten Fall zu einem Aufwand (in Elementaroperationen) wie O(exp(n)) (!) führen kann im Gegensatz zum Lösen eines LGS mit dem GAUSS-Verfahren mit einem Aufwand von O(n^3). Tatsächlich verhalten sich aber entsprechende Versionen des Simplex-Verfahrens „im Mittel" / „in der Praxis " ähnlich *polynomial*.

Ab jetzt beschränken wir uns in der Formulierung auf den Fall $V = \mathbb{R}^n$.

Satz 6.53

Es sei $\emptyset \neq P \subset \mathbb{R}^n$ ein Polyeder. Dann sind äquivalent:

(i) P besitzt eine Ecke.

(ii) Es gibt eine Affinität $T : \mathbb{R}^n \to \mathbb{R}^n$, welche P auf ein Polyeder der Form $A\boldsymbol{x} \leq \boldsymbol{b}, \boldsymbol{x} \geq \boldsymbol{0}$, abbildet und $\boldsymbol{x} = \boldsymbol{0}$ als Ecke hat.

Beweis: „(i) $\Rightarrow$ (ii)": Es sei $\boldsymbol{p} \in P$ eine Ecke. Dann gibt es n linear unabhängige Linearformen in den P definierenden Ungleichungen, etwa $h_1, \ldots, h_n$ mit $\{\boldsymbol{p}\} = P \cap \{\boldsymbol{x} \in \mathbb{R}^n : h_i(\boldsymbol{x}) = c_i,\ i = 1, \ldots, n\}$. Die Abbildung

$$T : \mathbb{R}^n \to \mathbb{R}^n, \quad \boldsymbol{x} \mapsto (h_i(\boldsymbol{x}) - c_i)_{i=1,\ldots,n}$$

ist eine Affinität. Unter T wird P in die Menge $\{\boldsymbol{x} \in \mathbb{R}^n : \boldsymbol{x} \geq \boldsymbol{0}\}$ abgebildet und $T(P) \subset \mathbb{R}^n$ ist ein Polyeder nach Bemerkungen 6.14, 5). Die Ungleichungen, welche zusammen mit $\boldsymbol{x} \geq \boldsymbol{0}$ dieses Polyeder definieren, schreiben wir (nach Vorzeichen-Umkehr) in der Form $(\boldsymbol{a}_i \,.\, \boldsymbol{x}) \leq b_i$, $i = 1, \ldots, m$, oder zusammengefasst $A\boldsymbol{x} \leq \boldsymbol{b}$.
„(ii) $\Rightarrow$ (i)": Sei $S = T^{-1}$, d. h. S ist eine Affinität. Damit ist

$$P = S(\{\boldsymbol{x} \in \mathbb{R}^n : A\boldsymbol{x} \leq \boldsymbol{b}, \boldsymbol{x} \geq \boldsymbol{0}\})$$

ein Polyeder nach Bemerkungen 6.14, 5) und die Ecke $\boldsymbol{x} = \boldsymbol{0}$ wird auf die Ecke $\boldsymbol{d} := S(\boldsymbol{0})$ abgebildet nach Bemerkungen 6.27, 5).
In der Situation von Satz 6.53 ist äquivalent:

(i) $\boldsymbol{x} = \boldsymbol{0}$ ist Ecke,

(ii) $\boldsymbol{b} \geq 0$,

denn:

„(i) $\Rightarrow$ (ii)": $\boldsymbol{b} \geq A\boldsymbol{0} = \boldsymbol{0}$
„(ii) $\Rightarrow$ (i)": $A\boldsymbol{0} = \boldsymbol{0} \leq \boldsymbol{b}$,

d. h. $\boldsymbol{0} \in P$ und $\boldsymbol{0}$ ist Ecke, da die n linear unabhängigen Bedingungen $x_i = 0$ erfüllt sind.

□

Satz 6.54: Optimale Ecke

Sei $f : \mathbb{R}^n \to \mathbb{R}$ linear, $A \in \mathbb{R}^{(m,n)}$ für $m < n$, $\boldsymbol{b} \in \mathbb{R}^m$. Nimmt die Funktion f auf dem Polyeder

$$P := \{\boldsymbol{x} \in \mathbb{R}^n : A\boldsymbol{x} \leq \boldsymbol{b},\, \boldsymbol{x} \geq \boldsymbol{0}\}\ , \tag{6.17}$$

ihr Minimum an, so tut sie es auch in einer Ecke $\boldsymbol{p} = (p_\nu) \in P$, in der mindestens $n - m$ Koordinaten $p_\nu = 0$ sind.

Beweis: Jede Ecke $\boldsymbol{p} \in P$ ist durch n linear unabhängige Gleichungen

$$\sum_{\nu=1}^{n} a_{\mu,\nu} x_\nu = b_\mu \,(\mu = 1, \ldots, m), \qquad x_\nu = 0 \,(\nu = 1, \ldots, n)$$

definiert. Weil davon höchstens m Gleichungen die Form $\sum_\nu a_{\mu,\nu} x_\nu = b_\mu$ haben können, müssen mindestens $n - m$ von der Form $x_\nu = 0$ sein. □

Wie schon in der Einleitung von Kapitel 6 dargestellt, erhält man schließlich aus (6.17) durch Einführung von Schlupfvariablen das Optimierungsproblem in der *Normalform*

$$\begin{cases} f(\boldsymbol{x}) = \min & \text{(Kostenfunktional)} \\ (A, \mathbb{1}_m)\begin{pmatrix} \boldsymbol{x} \\ \hline \boldsymbol{y} \end{pmatrix} = \boldsymbol{b} & \text{(Restriktionen)} \\ \begin{pmatrix} \boldsymbol{x} \\ \hline \boldsymbol{y} \end{pmatrix} \geq \boldsymbol{0} & \text{(Vorzeichenbedingungen)} \end{cases} \tag{6.18}$$

Hier ist A eine reelle $m \times n$-Matrix, weiter $\boldsymbol{x} \in \mathbb{R}^n$ und $\boldsymbol{y} \in \mathbb{R}^m$. Ersetzt man in dieser Notation die Matrix $(A, \mathbb{1}_m)$ durch die neue $m \times (m + n)$-Matrix A' und das Tupel $(\boldsymbol{x}^t, \boldsymbol{y}^t)^t$ der Vektoren durch den neuen Vektor $\boldsymbol{x}' \in \mathbb{R}^{m+n}$, so nehmen diese Bedingungen die komprimierte Form

$$A'\boldsymbol{x}' = \boldsymbol{b}, \qquad \boldsymbol{x}' \geq \boldsymbol{0}$$

an. Dies ist der Spezialfall $A' = (A, \mathbb{1}_m)$ der allgemeineren, „komprimierten Form"

$$A\boldsymbol{z} = \boldsymbol{b}, \qquad \boldsymbol{z} \in \mathbb{R}^l,\ \boldsymbol{z} \geq \boldsymbol{0}\,, \tag{6.19}$$

wobei A eine $m \times l$-Matrix ist. Die Matrix A kann keinen größeren Rang als die Anzahl l ihrer Spalten haben. Sei nun $r := \text{Rang}(A) \leq l$. Falls $\text{Rang}(A, \boldsymbol{b}) > r$ ist, dann ist das LGS unlösbar (weil $\boldsymbol{b}$ nicht im Spaltenraum von A liegt), das betrachtete Polyeder ist also leer. Wir können also $\text{Rang}(A, \boldsymbol{b}) = r$ annehmen. Falls $m > r$ ist, enthält $(A, \boldsymbol{b})$ Zeilen, welche von den anderen linear abhängig sind. Solche Zeilen können wir sukzessive weglassen, ohne die Lösungsmenge des LGS zu verändern, d. h. wir können o. B. d. A. $r = m$

annehmen. Gilt jetzt $m = l$, so hat das LGS nur eine einzige Lösung, ein uninteressanter Fall.

Wir können deswegen für ein Problem in komprimierter Form immer

$$\text{Rang}(A) = m, \quad \text{und } m < l$$

annehmen.

Da die Gleichungen mit -1 multipliziert werden können,

kann bei der Form (6.19) o. B. d. A. $\boldsymbol{b} \geq \boldsymbol{0}$ angenommen werden.

Sind o. B. d. A. die m Spalten $l - m + 1, \ldots, n$ linear unabhängig, zerfällt $A\boldsymbol{z} = \boldsymbol{b}$ in

$$A_B\boldsymbol{y}' + A_N\boldsymbol{x}' = \boldsymbol{b}$$

mit invertierbaren $A_B \in \mathbb{R}^{(m,m)}$, $\boldsymbol{z} = (\boldsymbol{x}'^t, \boldsymbol{y}'^t)^t$, so dass mit

$$A' := A_B^{-1}A_N, \qquad \boldsymbol{b}' := A_B^{-1}\boldsymbol{b}$$

die Gestalt (6.18) erreicht wird, allerdings im Allgemeinen ohne $\boldsymbol{b}' \geq \boldsymbol{0}$. Die verschiedenen Formen der Bedingungen sind noch einmal in Abbildung 6.7 zusammengefasst.

1) ohne Schlupf	$A\boldsymbol{x} \leq \boldsymbol{b}, \quad \boldsymbol{x} \geq \boldsymbol{0}$	$A : m \times n$, $\boldsymbol{b} \geq \boldsymbol{0} \Leftrightarrow \boldsymbol{x} = \boldsymbol{0}$ ist Ecke
2) mit Schlupf	$(A, \mathbb{1}_m)\begin{pmatrix}\boldsymbol{x}\\ \boldsymbol{y}\end{pmatrix} = \boldsymbol{b}, \quad \begin{pmatrix}\boldsymbol{x}\\ \boldsymbol{y}\end{pmatrix} \geq \boldsymbol{0}$	$A : m \times n$, $\boldsymbol{x} \in \mathbb{R}^n, \boldsymbol{y} \in \mathbb{R}^m$, $\boldsymbol{b} \geq \boldsymbol{0} \Leftrightarrow \boldsymbol{x} = \boldsymbol{0}$ ist Ecke
3) komprimiert	$A\boldsymbol{z} = \boldsymbol{b}, \quad \boldsymbol{z} \geq \boldsymbol{0}$	$A : m \times l, l > m$, Rang$(A) = m$, o. B. d. A. $\boldsymbol{b} \geq \boldsymbol{0}$

Abb. 6.7: Verschiedene Normalformen eines Polyeders.

Was Sie in diesem Abschnitt gelernt haben sollten

Begriffe:

- Optimale Ecke
- Normalform eines LP
- Komprimierte Normalform eines LP

Zusammenhänge:

- Infimum einer Linearform auf Polyeder P = Infimum auf Kanten (= Infimum auf Ecken, wenn P beschränkt) (Hauptsatz 6.48)
- Nichtoptimale Ecke $\Rightarrow$ Abstieg auf Kante (Theorem 6.52)
- Existenz von Ecken (Satz 6.53)

Aufgaben

Aufgabe 6.11 (K) Gegeben sei ein Polyeder $P \subset \mathbb{R}^3$ durch

$$x_1 \geq 0\,, \quad x_2 \geq 0\,, \quad x_3 \geq 0\,, \quad x_1 \leq 1 + x_2 + x_3\,.$$

a) Bestimmen Sie alle Ecken von P.
b) Nimmt die Funktion $f(\boldsymbol{x}) = x_1 - x_2 - 2x_3$ auf P ein Maximum oder Minimum an? Bestimmen Sie gegebenenfalls einen Punkt $\boldsymbol{p} \in P$, wo dies der Fall ist.

Aufgabe 6.12 (K) Lösen Sie die vorhergehende Aufgabe für das Polyeder

$$x_1 \geq 0\,, \quad x_2 \geq 0\,, \quad x_3 \geq 0\,, \quad x_3 \geq x_1 + 2x_2 - 1$$

und $f(\boldsymbol{x}) := 2x_3 - x_1$.

Aufgabe 6.13 (K) Drei Zementhersteller Z_1, Z_2 und Z_3 beliefern zwei Großbaustellen G_1, G_2. Die tägliche Zementproduktion und der Bedarf in Tonnen sind

Z_1	Z_2	Z_3	G_1	G_2
20	30	50	40	60

Die Transportkosten in Euro betragen pro Tonne von Z_i nach G_j

	Z_1	Z_2	Z_3
G_1	70	20	40
G_2	10	100	60

Formulieren Sie das Problem, die täglichen Transportkosten zu minimieren in der Standardform

$$f(\boldsymbol{x}) = \min\,, \quad A\boldsymbol{x} = \boldsymbol{b}\,, \quad \boldsymbol{x} \geq \boldsymbol{0}\,.$$

6.5 Ecken und Basislösungen

Wir betrachten nun ein Optimierungsproblem (LP), dessen Bedingungen in der komprimierten Normalform gegeben sind. Zu minimieren ist darum

$$f(\boldsymbol{x}) = \boldsymbol{c}\boldsymbol{x} \tag{LP}$$

unter der Restriktion

$$\boldsymbol{x} \in P := \{\boldsymbol{x} \in \mathbb{R}^n : A\boldsymbol{x} = \boldsymbol{b} \,,\ \boldsymbol{x} \geq \boldsymbol{0}\} \,, \tag{6.20}$$

wobei die $m \times n$-Matrix A den Rang m hat unter Annahme von $n > m$ (dies ist für Probleme in komprimierter Form immer möglich, wie am Ende des letzten Abschnitts bewiesen). Zur Vereinfachung der Notation wird in diesem und dem nächsten Abschnitt $\boldsymbol{c}$ im Zielfunktional als Zeile $\boldsymbol{c} \in \mathbb{R}^{(1,n)}$ und nicht als Spalte aufgefasst. Wir können o. B. d. A. davon ausgehen, dass

$$\boldsymbol{b} \geq \boldsymbol{0} \,.$$

Wir haben demzufolge ein inhomogenes LGS, das zwar immer lösbar, aber nicht immer eindeutig lösbar ist.

Definition 6.55

Es werde ein Polyeder P von der Form (6.20) betrachtet.

Eine *Basis* (im Sinn dieses Kapitels) ist eine Menge von m Spaltenvektoren $\boldsymbol{a}^{(j)}$ der Matrix A, die eine Basis für den Spaltenraum dieser Matrix bilden, mit Anzahl $m = \text{Rang}(A)$. Die Menge der m zugehörigen Spalten-Indizes nennen wir *Basis-Menge B* und die Menge der anderen Spalten-Indizes $j \notin B$ die *Nicht-Basis-Menge N*. Die Koordinaten x_j, $j \in B$, heißen *Basiskoordinaten* bzw. *B-Koordinaten*, die Koordinaten x_j, $j \in N$, *Nicht-Basis-Koordinaten* bzw. *N-Koordinaten*. Insbesondere ist

$$B \cup N = \{1, \ldots, n\} \,, \quad B \cap N = \emptyset \,.$$

Die Zerlegung $B \cup N$ der Indexmenge erzeugt (implizit) eine Umordnung der Indizes zu $B = \{1, \ldots, m\}$ und $N = \{m+1, \ldots, n\}$, und damit der Spalten von A und der Einträge von $\boldsymbol{x}$ und so gehört zu ihr eine Zerlegung

$$A = (A_B, A_N)$$

der Matrix A mit invertierbarem A_B und eine Zerlegung des Koordinatenvektors

$$\boldsymbol{x} = \begin{pmatrix} \boldsymbol{x}_B \\ \boldsymbol{x}_N \end{pmatrix} .$$

Es gilt immer

$$Ax = (A_B, A_N)\left(\frac{x_B}{x_N}\right) = A_B x_B + A_N x_N \ .$$

Eine *Basislösung* zur Basismenge B ist eine Lösung $x = (x_j)$ mit $x_j = 0$ für $j \in N$. Sie ist durch B eindeutig bestimmt als $(x_B, \mathbf{0})$, wobei x_B Lösung des LGS

$$A_B x_B = b \quad \text{bzw.} \quad x_B = A_B^{-1} b$$

ist. Die Basislösung $x = (x_j)$, $x_j = 0$ für $j \in N$, heißt *zulässig*, wenn x zu P gehört, d. h. $x_j \geq 0$ für $j \in B$.

Zur Vereinfachung der Notation wird im Folgenden bei Basislösungen und ähnlichen Vektorpartitionierungen auch (x, y) im Sinne von $(x^t, y^t)^t$ benutzt. Der algebraische Begriff „zulässige Basislösungen" entspricht genau dem geometrischen Begriff „Ecke des Polyeders P". Die konkrete Beschreibung von Ecken in Form von Basislösungen ist wichtig, weil es beim Simplex-Algorithmus genau auf das Auffinden von Ecken ankommt.

Theorem 6.56: Ecke = zulässige Basislösung

Für Punkte $p \in \mathbb{R}^n$ sind äquivalent:

(i) p ist eine Ecke von P nach (6.20).

(ii) p ist eine zulässige Basislösung.

Beweis: „(i) ⇒ (ii)": Es sei $p \in P$ eine Ecke. Nach Theorem 6.34 (ii) ist p Lösung eines inhomogenen LGS

$$A'x = b, \qquad x_\nu = 0 \ ,$$

wo A' aus Zeilen von A besteht und die gesamte Koeffizientenmatrix den Rang n hat. Wegen $n \geq m$ gehören dazu mindestens $n - m$ Gleichungen der Form $x_\nu = 0$. Sei $k \geq n - m$ die Anzahl aller dieser Gleichungen. Nach Umordnung der Koordinaten (und entsprechender Vertauschung der Spalten von A) können wir annehmen, dass dies die Koordinaten $x_{n-k+1}, \ldots, x_n$ sind. Wir können das LGS schreiben als

$$\left(\begin{array}{c|c} (\widetilde{a^{(\nu)}})_{\nu \leq n-k} & (\widetilde{a^{(\nu)}})_{\nu > n-k} \\ \hline 0 & \mathbb{1}_k \end{array}\right) x = \left(\frac{b}{\mathbf{0}}\right) ,$$

wobei $\widetilde{\ }$ auf die Verkürzung der Spalten auf $n - k$ Einträge hinweist.Weil die gesamte Koeffizientenmatrix den Rang n hat, sind die Spalten $\widetilde{a^{(\nu)}}$, $\nu \leq n - k$, linear unabhängig.

Betrachten wir statt der verkürzten Spalten $\widetilde{a^{(\nu)}}$ die Spalten $a^{(\nu)}$ von A, so können wegen $\text{Rang}(A) = m$, wenn nötig, d. h. wenn $n - k < m$, die Spalten $a^{(\nu)}, \nu = 1, \ldots, n - k$ zu

m linear unabhängigen Spalten ergänzt werden, die wieder o. B. d. A. auf den Positionen $1, \ldots, n-k, \ldots, m$ stehen. Da erst recht $p_\nu = 0$ für $\nu = m+1, \ldots, n$ und $\boldsymbol{p} \geq \boldsymbol{0}$ ist also $\boldsymbol{p}$ zulässige Basislösung mit $B = \{1, \ldots, m\}$.
„(ii) $\Rightarrow$ (i)": Sei $\boldsymbol{p} \in \mathbb{R}^n$ eine zulässige Basislösung, damit Lösung eines LGS

$$\left(\begin{array}{c|c} A_B & A_N \\ \hline 0 & \mathbb{1}_{n-m} \end{array}\right) \boldsymbol{x} = \left(\begin{array}{c} \boldsymbol{b} \\ \hline \boldsymbol{0} \end{array}\right)$$

für eine Zerlegung $A = (A_B, A_N)$, $A_B \in \mathbb{R}^{(m,m)}$ und $\operatorname{Rang} A_B = m$. Weiter ist $\boldsymbol{p} \in P$. Wegen $\operatorname{Rang}(A_B) = m$ hat die Koeffizientenmatrix n linear unabhängige Zeilen. Deswegen ist $\boldsymbol{p}$ eine Ecke von P. □

Nach dem obigen Beweis gehört somit zu jeder zulässigen Basislösung eine Ecke, zu einer Ecke können aber mehrere zulässige Basislösungen gehören: Sind in einer Ecke nicht nur aus

$$\begin{aligned} (A\boldsymbol{x})_\mu &= b_\mu\ , \quad \mu = 1, \ldots, m\ , \\ x_\nu &\geq 0\ \ , \quad \nu = 1, \ldots, n \end{aligned}$$

m Gleichungen in Form von $A\boldsymbol{x} = \boldsymbol{b}$ und $n-m$ Gleichungen in Form von

$$x_{i_j} = 0 \quad \text{für } j = 1, \ldots, k = n-m$$

erfüllt, sondern weitere Gleichungen vom 2. Typ, d. h.

$$x_{i_j} = 0 \quad \text{für } j = 1, \ldots, k > n-m\ ,$$

dann gibt es durch die n aus $\{1, \ldots, m\} \cup \{1, \ldots, n\}$ ausgewählten Indizes nun $n-k < m$ festgelegte Spalten von A, die beliebig mit $m-n+k$ damit linear unabhängigen Spalten ergänzt werden. Alle diese zulässigen Basislösungen entsprechen der gleichen Ecke, indem sie $m-n+k$ Indizes, in denen die Lösungskomponenten verschwinden, beliebig zu den festgelegten $n-k$ Indizes in B zuordnen.

Beispiel 6.57 Wir betrachten nochmals die Pyramide $P \subset \mathbb{R}^3$ aus Abschnitt 6.2, Abbildung 6.5. Aus der Zeichnung ist klar: Durch jede der vier Ecken der Grundfläche gehen genau drei definierende Ebenen, aber durch die Spitze gehen vier. Nach Einführung der Schlupf-Variablen $x_4, \ldots, x_7 \geq 0$ schreiben sich die Restriktionen neben $x_3 \geq 0$ (①) als:

$$\begin{pmatrix} -2 & & 1 & 1 & & & \\ & -2 & 1 & & 1 & & \\ 2 & & 1 & & & 1 & \\ & 2 & 1 & & & & 1 \end{pmatrix} \begin{pmatrix} x_1 \\ \vdots \\ \vdots \\ x_7 \end{pmatrix} = \begin{pmatrix} -2 \\ -2 \\ 4 \\ 4 \end{pmatrix} \quad \begin{array}{r} \text{Gleichung ②} \\ \text{③} \\ \text{④} \\ \text{⑤} \end{array}$$

Die Bedingungen $x_1 \geq 0, x_2 \geq 0$ können ohne Veränderung des Polyeders mit aufgenommen werden, so dass komprimierte Normalform vorliegt. Wir haben ein LGS mit $m = 4$ und $n = 7$. Die Ecke $\boldsymbol{p}_1 = (1, 1, 0)$ z. B. gehört zur Basislösung

$$\boldsymbol{x} = (1, 1, 0, 0, 0, 2, 2) \quad \text{mit } N = \{3, 4, 5\},\ B = \{1, 2, 6, 7\}\,.$$

In der Ecke $\boldsymbol{p}_5 = (1.5, 1.5, 1)$ sind alle vier Gleichungen $A\boldsymbol{x} = \boldsymbol{b}$ erfüllt, hier treffen sich vier Kanten und vier Seitenflächen. Für die Schlupf-Variablen bedeutet dies

$$x_4 = x_5 = x_6 = x_7 = 0 \text{ und } \boldsymbol{x} = (1.5, 1.5, 1, 0, 0, 0, 0)\,.$$

Der Lösungsraum der Gleichungen ②,③,④,⑤ ist die Menge $\{\boldsymbol{x} \in \mathbb{R}^7 : x_4 = \ldots = x_7 = 0\}$. Für die Ermittlung einer zugehörigen Basislösung kann man daher je eine der Koordinaten $x_4, \ldots, x_7$ auswählen. Man erhält diese Ecke auf vier verschiedene Weisen als zulässige Basislösung. Die sieben Koordinaten sind natürlich immer die gleichen, aber ihre Aufteilung auf B-Koordinaten und N-Koordinaten unterscheidet sich. ○

Definition 6.58

Es sei P ein n-dimensionales Polyeder. Eine Ecke $\boldsymbol{p}$ von P heißt *einfach* oder *nicht entartet*, wenn sich in $\boldsymbol{p}$ genau n Seitenflächen S von P der Dimension $n-1$ treffen. Ist P z. B. durch Ungleichungen $h_i(\boldsymbol{x}) \geq c_i$, $i = 1, \ldots, k$, gegeben, von denen man keine weglassen kann, so heißt dies, dass in $\boldsymbol{p}$ genau n Gleichungen $h_i(\boldsymbol{p}) = c_i$ gelten und nicht mehr. Ist $P \subset \mathbb{R}^n$ durch $m(< n)$ Gleichungen $A\boldsymbol{x} = \boldsymbol{b}$ und durch $\boldsymbol{x} \geq \boldsymbol{0}$ gegeben, so heißt dies, dass genau $n - m$ Gleichungen $p_\nu = 0$ gelten und nicht mehr. Ist die Ecke $\boldsymbol{p} \in P$ nicht einfach, so heißt sie *nicht-einfach* bzw. *entartet*.

Beispiel (6.57 (Fortsetzung)) Bei der soeben wieder erwähnten Pyramide P sind die vier Ecken auf der Grundebene $x_3 = 0$ einfach, die Spitze $(1.5, 1.5, 1)$ ist eine nicht-einfache Ecke. ○

Das Simplex-Verfahren (in *Phase II*) beginnt mit der Bestimmung einer zulässigen Basislösung, d. h. mit *Phase I*.

Phase I des Simplex-Verfahrens: Auffinden einer zulässigen Basislösung

Die Strategie besteht darin, ein Hilfsproblem in Form eines linearen Optimierungsproblems (LP_{aux}) zu definieren, für das sich sofort eine zulässige Basislösung angeben lässt und das die Eigenschaft hat: Aus der optimalen Lösung von (LP_{aux}) lässt sich entweder eine zulässige Basislösung von (LP) ablesen oder schließen, dass diese nicht existieren. Wenn die *Phase II*, d. h. die Lösung von (LP) bei vorhandener zulässiger Basislösung, sich durchführen lässt wie im Folgenden zu zeigen ist, gilt dies auch für Phase I.

Ausgehend von einem Polyeder P der Form (6.20) lautet das Hilfsproblem in seinem Einschränkungspolyeder P_{aux}:

$$\begin{aligned} \boldsymbol{x} &\in \mathbb{R}^n\,, \quad \boldsymbol{y} \in \mathbb{R}^m\,, \\ \boldsymbol{x} &\geq \boldsymbol{0}\,, \quad \boldsymbol{y} \geq \boldsymbol{0}\,, \\ A\boldsymbol{x} &+ \boldsymbol{y} = \boldsymbol{b}\,. \end{aligned} \tag{6.21}$$

Ist $\boldsymbol{x} \in \mathbb{R}^n$ zulässige Basislösung von P, dann offensichtlich $(\boldsymbol{x}, \boldsymbol{0})$ auch von P_{aux}. Ist umgekehrt $(\boldsymbol{x}, \boldsymbol{0})$ zulässige Basislösung von P_{aux}, so ist $\boldsymbol{x}$ auch zulässige Basislösung von P.

Das kann man folgendermaßen einsehen: Zu $(\boldsymbol{x}, \boldsymbol{0})$ gehören die Basismenge $\widetilde{B}$ und Nicht-Basismenge $\widetilde{N}$. Dann enthält $\widetilde{N}$ genau n Indizes. Im Fall $\widetilde{B} \subset \{1, \ldots, n\}$ sind wir fertig. Andernfalls seien etwa $1, \ldots, l \leq k$ Indizes zu Basis-Variablen $y_1, \ldots, y_l$. Zur Basis gehören dann $m - l$ linear unabhängige Spalten der Matrix A. Weil diese Matrix den Rang m hat, können wir diese $m - l$ Spalten ergänzen zu einer Basis, die aus Spalten dieser $m \times n$-Matrix besteht. Dafür lassen wir die Variablen $y_1, \ldots, y_l$ aus der Basis weg. Wir haben eine neue Basis $\widetilde{B} \subset \{1, \ldots, n\}$ mit der zulässigen Basislösung $(\boldsymbol{x}, \boldsymbol{0})$.

Eine solche zulässige Basislösung von P_{aux} existiert also genau dann, wenn das lineare Optimierungsproblem (LP_{aux})

$$\begin{gathered} \tilde{f}(\boldsymbol{x}, \boldsymbol{y}) := \sum_{i=1}^{m} y_i = \boldsymbol{1}^t \boldsymbol{y} \\ (\boldsymbol{x}, \boldsymbol{y}) \in P_{\text{aux}} \end{gathered} \tag{6.22}$$

eine Lösung mit $\boldsymbol{y} = \boldsymbol{0}$ hat.

Andernfalls kann es keine zulässige Basislösung $(\boldsymbol{x}, \boldsymbol{0})$ (von (6.21)) und damit auch keine zulässige Basislösung von (LP) geben.

(LP_{aux}) hat die zulässige Basislösung

$$(\boldsymbol{0}, \boldsymbol{b}) \tag{6.23}$$

wegen $\boldsymbol{b} \geq \boldsymbol{0}$ und hat eine Lösung, da

$$\inf_{(\boldsymbol{x}, \boldsymbol{y}) \in P_{\text{aux}}} \tilde{f}(\boldsymbol{x}, \boldsymbol{y}) \geq 0 \, .$$

Dadurch wurde gezeigt:

Theorem 6.59: Phase I des Simplex-Verfahrens

Eine zulässige Basislösung für ein lineares Optimierungsproblem mit zulässiger Menge

$$A\boldsymbol{x} = \boldsymbol{b}, \; \boldsymbol{x} \geq \boldsymbol{0} \, ,$$

wobei $A \in \mathbb{R}^{(m,n)}$, $\boldsymbol{x} \in \mathbb{R}^n$, $\boldsymbol{b} \in \mathbb{R}^m$, $n \geq m$ und $\text{Rang}(A) = m$ liegt genau dann vor, wenn das lineare Optimierungsproblem (6.22) das Minimum $z = 0$ hat. Für (6.22) ist eine zulässige Basislösung durch (6.23) gegeben.

Für eine **Umsetzung der Phase II** in Aufgaben der linearen Algebra beachte man:

Zu jeder Basis B gehört eine *Auflösung* des LGS

$$A\boldsymbol{x} = (A_B, A_N)\begin{pmatrix}\boldsymbol{x}_B\\ \hline \boldsymbol{x}_N\end{pmatrix} = A_B\boldsymbol{x}_B + A_N\boldsymbol{x}_N = \boldsymbol{b}$$

vermöge

$$\boldsymbol{x}_B = (A_B)^{-1}(\boldsymbol{b} - A_N\boldsymbol{x}_N)\,.$$

Dadurch zusammen mit den Vorzeichenbedingungen

$$\boldsymbol{x}_B \geq \boldsymbol{0}, \quad \boldsymbol{x}_N \geq \boldsymbol{0}$$

bekommt man eine *explizite Parametrisierung* des Polyeders P. Damit ist auch das Kostenfunktional

$$f(\boldsymbol{x}) = \sum_{\nu=1}^{n} c_\nu x_\nu$$

nur ein affines Funktional von $\boldsymbol{x}_N$, nämlich: Sei

$$f(\boldsymbol{x}) = \boldsymbol{c}\boldsymbol{x} = \boldsymbol{c}_B\boldsymbol{x}_B + \boldsymbol{c}_N\boldsymbol{x}_N$$

mit einem *Zeilenvektor* $\boldsymbol{c} = (\boldsymbol{c}_B, \boldsymbol{c}_N)$. Hier setzen wir $\boldsymbol{x}_B$ ein:

$$f(\boldsymbol{x}) = \boldsymbol{c}_B A_B^{-1}\boldsymbol{b} - \boldsymbol{c}_B A_B^{-1} A_N\boldsymbol{x}_N + \boldsymbol{c}_N\boldsymbol{x}_N = \boldsymbol{c}_B A_B^{-1}\boldsymbol{b} + (\boldsymbol{c}_N - \boldsymbol{c}_B A_B^{-1} A_N)\boldsymbol{x}_N\,.$$

Zu $\boldsymbol{x}_N = \boldsymbol{0}$ gehört die Ecke $\boldsymbol{p} = (\boldsymbol{p}_B, \boldsymbol{0})$ mit $\boldsymbol{p}_B = A_B^{-1}\boldsymbol{b}$. Deswegen ist

$$\boldsymbol{c}_B A_B^{-1}\boldsymbol{b} = f(\boldsymbol{p})\,.$$

Wir kürzen ab:

$$\widetilde{\boldsymbol{c}}_N := \boldsymbol{c}_N - \boldsymbol{c}_B A_B^{-1} A_N\,.$$

Dann haben wir das Kostenfunktional in die Form

$$f(\boldsymbol{x}) = f(\boldsymbol{p}) + \widetilde{\boldsymbol{c}}_N\boldsymbol{x}_N \tag{6.24}$$

gebracht. Den variablen Anteil $\widetilde{\boldsymbol{c}}_N\boldsymbol{x}_N$ nennt man die *reduzierten Kosten.*

Satz 6.60: Optimalitätskriterium reduzierte Kosten

Wenn für $\widetilde{\boldsymbol{c}}_N$ in der Formel für die reduzierten Kosten gilt

$$\widetilde{\boldsymbol{c}}_N \geq \mathbf{0}\,,$$

dann ist die Ecke $\boldsymbol{p}$ für f optimal.

Beweis: Für alle $\boldsymbol{x} \in P$ ist $\boldsymbol{x}_N \geq \mathbf{0}$. Daraus folgt $\widetilde{\boldsymbol{c}}_N \boldsymbol{x}_N \geq 0$ und $f(\boldsymbol{x}) \geq f(\boldsymbol{p})$ für alle $\boldsymbol{x} \in P$. □

Alle relevanten Größen kann man sehr übersichtlich in einem sogenannten *Tableau* zusammenfassen, das speziell für die (frühere) Handrechnung kleinerer Probleme nützlich ist. Das ist eine Matrix, welche die Koeffizientenmatrix A als Teilmatrix enthält, aber zusätzlich noch eine weitere Zeile und eine weitere Spalte. Wie oben zerlegen wir $A = (A_B, A_N)$ und $\boldsymbol{c} = (\boldsymbol{c}_B, \boldsymbol{c}_N)$ und beginnen mit dem Tableau

$$\left(\begin{array}{cc|c} A_B & A_N & \boldsymbol{b} \\ \hline \boldsymbol{c}_B & \boldsymbol{c}_N & 0 \end{array}\right).$$

Wir passen dieses Tableau an die Basis B an, indem wir die Spalten von A_B als neue Basis für den Spaltenraum von A wählen. Für das Tableau bedeutet dies eine Multiplikation von links wie folgt:

$$\begin{pmatrix} A_B^{-1} & \mathbf{0} \\ \mathbf{0} & 1 \end{pmatrix}\left(\begin{array}{cc|c} A_B & A_N & \boldsymbol{b} \\ \hline \boldsymbol{c}_B & \boldsymbol{c}_N & 0 \end{array}\right) = \left(\begin{array}{cc|c} \mathbb{1}_B & A_B^{-1}A_N & A_B^{-1}\boldsymbol{b} \\ \hline \boldsymbol{c}_B & \boldsymbol{c}_N & 0 \end{array}\right)$$

Bei Handrechnung erreicht man diese Form durch das Gauss-Jordan-Verfahren (was eventuell Zeilenvertauschungen zur Folge hat). Durch Einbeziehung der letzten Zeile bringen wir den Vektor $\boldsymbol{c}_B$ unter $\mathbb{1}_B$ auf Null. Das ist dasselbe, wie eine Multiplikation des Tableaus von links:

$$\begin{pmatrix} \mathbb{1}_B & \mathbf{0} \\ -\boldsymbol{c}_B & 1 \end{pmatrix}\left(\begin{array}{cc|c} \mathbb{1}_B & A_B^{-1}A_N & A_B^{-1}\boldsymbol{b} \\ \hline \boldsymbol{c}_B & \boldsymbol{c}_N & 0 \end{array}\right) = \left(\begin{array}{cc|c} \mathbb{1}_B & A_B^{-1}A_N & A_B^{-1}\boldsymbol{b} \\ \hline \mathbf{0} & \boldsymbol{c}_N - \boldsymbol{c}_B A_B^{-1} A_N & -\boldsymbol{c}_B A_B^{-1}\boldsymbol{b} \end{array}\right)$$

Wegen $A_B^{-1}\boldsymbol{b} = \boldsymbol{p}_B$ enthält unser resultierendes Tableau

$$\left(\begin{array}{cc|c} \mathbb{1}_B & A_B^{-1}A_N & \boldsymbol{p}_B \\ \hline \mathbf{0} & \widetilde{\boldsymbol{c}}_N & -f(\boldsymbol{p}) \end{array}\right)$$

noch die reduzierten Kosten und – bis auf das Vorzeichen – den Wert $f(\boldsymbol{p})$. Die obige (Handrechen-)Prozedur entspricht der Berechnung von A_B^{-1} durch Berechnung einer LR-Zerlegung und simultane Lösung von $(|N| + 1)$ vielen LGS durch Vorwärts-/Rückwärtssubstitution. Zeitgemäße Programme verzichten auf die Aufstellung des Tableaus und bestimmen nur die relevanten Größen durch Lösen von LGS (auf verschiedene Art).

Was Sie in diesem Abschnitt gelernt haben sollten

Begriffe:

- Basis, Basis-Menge, Basis-Koordinaten
- (Zulässige) Basislösung
- (Nicht-)entartete Ecke
- Reduzierte Kosten

Zusammenhänge:

- Ecke entspricht zulässiger Basislösung (Theorem 6.56)
- Phase I des Simplex-Verfahrens durch Lösen eines linearen Optimierungsproblems (Theorem 6.59)
- Optimalität und reduzierte Kosten (Satz 6.60)

Aufgaben

Aufgabe 6.14 (K, Dantzig 1966, p. 105) Gegeben sei das System

$$\begin{cases} \begin{pmatrix} 2 & 3 & -2 & -7 \\ 1 & 1 & 1 & 3 \\ 1 & -1 & 1 & 5 \end{pmatrix} \begin{pmatrix} x_1 \\ \vdots \\ x_4 \end{pmatrix} = \begin{pmatrix} 1 \\ 6 \\ 4 \end{pmatrix} \\ \boldsymbol{x} \geq \boldsymbol{0} \end{cases}$$

Bestimmen Sie die Basislösungen für die Basismengen

$$B = \{1,2,3\} \quad \text{bzw.} \quad \{1,2,4\}, \quad \{1,3,4\}, \quad \{2,3,4\}.$$

Welche dieser Basislösungen sind zulässig?

Aufgabe 6.15 (K) Gegeben sei das System

$$\begin{pmatrix} 1 & 1 \\ 1 & -1 \\ -1 & -1 \\ -1 & 1 \end{pmatrix} \begin{pmatrix} x_1 \\ x_2 \end{pmatrix} \leq \begin{pmatrix} 1 \\ 1 \\ 1 \\ 1 \end{pmatrix}.$$

Bestimmen Sie rechnerisch alle zulässigen Basislösungen und verifizieren Sie Ihr Ergebnis anhand einer Skizze der zulässigen Menge.

Aufgabe 6.16 (K) Man zeige, dass $(1,1)^t$ eine entartete Ecke des Polyeders $P \subset \mathbb{R}^2$ ist, das durch die Ungleichungen gegeben ist:

$$x_1 + x_2 \leq 2, \quad x_1 - x_2 \leq 0, \quad x_1 - 2x_2 \leq -1$$

6.6 Das Simplex-Verfahren

Das Optimierungsproblem sei in der Form

$$\begin{cases} \boldsymbol{c}\boldsymbol{x} = \min \\ A\boldsymbol{x} = \boldsymbol{b} \\ \boldsymbol{x} \geq \boldsymbol{0} \end{cases} \tag{6.25}$$

vorgelegt. Wie immer sei A eine $m \times n$ Matrix, $n \geq m$, mit Rang$(A) = m$. Eine Ecke $\boldsymbol{p}$ sei gegeben, und zwar in Form einer zulässigen Basislösung $\boldsymbol{p} = (\boldsymbol{p}_B, \boldsymbol{0})$. Dazu gehört eine Zerlegung $A = (A_B, A_N)$ der Matrix A mit einer invertierbaren $m \times m$-Teilmatrix A_B von A. Wie am Ende von Abschnitt 6.5 gehen wir von A über zu der Matrix

$$A_B^{-1}A = (\mathbb{1}_B, A_B^{-1}A_N)\,. \tag{6.26}$$

Das ändert nichts an den Restriktionen, wenn wir gleichzeitig von $\boldsymbol{b}$ zur neuen rechten Seite $A_B^{-1}\boldsymbol{b} =: \boldsymbol{p}_B$ übergehen. Der Iterationsschritt, der einen zulässigen Punkt (eine Ecke) mit kleinerem Funktionalwert f liefern soll, startet also bei Umbenennung von $A_B^{-1}A_N$ zu A_N mit der Matrix $A = (\mathbb{1}_B, A_N)$ und dem Tableau

$$\left(\begin{array}{cc|c} \mathbb{1}_B & A_N & \boldsymbol{p}_B \\ \hline \boldsymbol{0} & \widetilde{\boldsymbol{c}}_N & -f(\boldsymbol{p}) \end{array}\right)\,. \tag{6.27}$$

Es gilt demnach

$$\boldsymbol{b} = \boldsymbol{p}_B \geq \boldsymbol{0}\,.$$

Nach dem Optimalitätstest Satz 6.60 gilt: Ist $\widetilde{\boldsymbol{c}}_N \geq \boldsymbol{0}$, so ist $\boldsymbol{p} = (\boldsymbol{p}_B, \boldsymbol{0})$ optimal und das Verfahren beendet. Andernfalls besitzt $\widetilde{\boldsymbol{c}}_N$ einen Koeffizienten $\widetilde{c}_s < 0$, $s \in N$. Für den Vektor

$$\boldsymbol{x}_N := (0, \ldots, x_s, \ldots, 0), \quad x_j = 0 \quad \text{für } j \in N,\ j \neq s \tag{6.28}$$

haben wir

$$\widetilde{\boldsymbol{c}}_N \boldsymbol{x}_N = \widetilde{c}_s x_s < 0, \quad \text{falls } x_s > 0\,.$$

Wenn wir $x_s > 0$ wählen, wird $f(\boldsymbol{x}) < f(\boldsymbol{p})$, so dass auf diese Weise ein Abstieg möglich ist. Es ist $\boldsymbol{x} = (\boldsymbol{x}_B, \boldsymbol{x}_N)$ für $\boldsymbol{x}_N$ nach (6.28) so zu wählen, dass

- $\boldsymbol{x}$ zulässig ist,
- auf einer Kante verläuft bis zur nächsten Ecke (falls die Kante eine weitere hat).

Wählt man notwendigerweise

$$\boldsymbol{x}_B := \boldsymbol{b} - A_N \boldsymbol{x}_N = \boldsymbol{b} - x_s \boldsymbol{a}^{(s)}\,,$$

wobei $\boldsymbol{a}^{(s)}$ die s-te Spalte von A_N darstellt, so ist

$$Ax = \boldsymbol{b}$$

immer erfüllt und

$$\boldsymbol{x} \geq \boldsymbol{0}$$

ist zu überprüfen.

$$\boldsymbol{x}_N \geq \boldsymbol{0} \quad \text{für alle } x_s > 0 \,,$$

so dass man x_s maximal wählen sollte unter der Bedingung

$$\boldsymbol{x}_B = \boldsymbol{b} - x_s \boldsymbol{a}^{(s)} \geq \boldsymbol{0} \,. \tag{6.29}$$

Geometrisch bedeutet dies, dass die Ecke $(\boldsymbol{b}, \boldsymbol{0})$ verlassen wird und man sich auf einer Kante bis zu einer Ecke $(\boldsymbol{b} - x_s \boldsymbol{a}^{(s)}, x_s \boldsymbol{e}_s)$ bewegt. Die Punkte

$$\boldsymbol{q} = \boldsymbol{q}(t) := \begin{pmatrix} \boldsymbol{b} \\ \boldsymbol{0} \end{pmatrix} + t \begin{pmatrix} -\boldsymbol{a}^{(s)} \\ \boldsymbol{e}_s \end{pmatrix}$$

bilden nämlich für $t \geq 0$ einen Strahl der immer

$$A\boldsymbol{q} = \boldsymbol{b}$$

erfüllt und es gilt: $\boldsymbol{q}(0) = (\boldsymbol{b}, \boldsymbol{0})$ ist eine Ecke, d. h. es sind n linear unabhängige Gleichungsbedingungen erfüllt, nämlich

$$\begin{aligned} \text{die } m \text{ Bedingungen } A\boldsymbol{q} &= \boldsymbol{b} \,, \\ n - m \text{ Bedingungen aus } \boldsymbol{q} &= \boldsymbol{0} \,. \end{aligned}$$

Für $t > 0$, solange noch alle Komponenten von $\left(\boldsymbol{b} - t\boldsymbol{a}^{(s)}\right)$ positiv sind, fällt eine dieser Bedingungen weg, d. h. man bewegt sich auf einer Kante. Verschwindet erstmals eine Komponente von $\left(\boldsymbol{b} - t\boldsymbol{a}^{(s)}\right)$ für $t = x_s$, d. h. dass sie für $t > x_s$ negativ ist, wird eine neue Ecke erreicht: Durch die hinzugekommene Gleichung $x_r = 0$ sind wieder n Gleichungsbedingungen erfüllt und die Linearform x_r kann nicht linear abhängig von den $n-1$ Linearformen

$$\sum_{\nu=1}^{n} a_{\mu,\nu} x_\nu \, (\mu = 1, \ldots, m), \qquad x_j \, (j \in N, \ j \neq s)$$

sein, denn dann wäre $x_r = 0$ auch für $t \neq x_s$. Genauer ergibt sich:

1. Fall: $\boldsymbol{a}^{(s)} \leq \boldsymbol{0}$. (6.30)

Dann ist die Vorzeichenbedingung wegen $\boldsymbol{b} \geq \boldsymbol{0}$ erfüllt für *alle* $x_s > 0$. Das Funktional f nimmt für $x_s \to \infty$ beliebig kleine Werte an, d. h. das Optimierungsproblem ist nicht lösbar. Insbesondere ist somit (6.30) ein hinreichendes Kriterium für diese Situation.

2. Fall: Es gibt Koeffizienten $a_i^{(s)} > 0$ von $\boldsymbol{a}^{(s)}$. Dann gehört $\boldsymbol{x}$ solange zu P, wie die Vorzeichenbedingungen

$$x_s a_i^{(s)} \le b_i \quad \text{bzw.} \quad x_s \le \frac{b_i}{a_i^{(s)}}$$

für diese i gelten. Wenn $b_i = 0$ für einen dieser Koeffizienten ist, so kann entlang dieses Strahls nicht abgestiegen werden, da sofort das Polyeder verlassen wird. Gilt dies für jede Wahl des Index s in (6.28), so gibt es keinen solchen von $\boldsymbol{p}_B = \boldsymbol{b}$ ausgehenden Strahl, entlang diesem in P abgestiegen werden kann.

Der Vektor $\boldsymbol{b} = \boldsymbol{p}_B$ hat solche verschwindenden Komponenten genau dann, wenn die Ecke $\boldsymbol{p}$ entartet ist. Dieser Fall wird in Bemerkung 6.62 behandelt.

Andernfalls sei

$$x_s := \min_{i=1}^{m} \left\{ \frac{b_i}{a_i^{(s)}} : a_i^{(s)} > 0 \right\} > 0 \,. \tag{6.31}$$

Sei nun r eines der $i \in B$ mit

$$x_s = \frac{b_r}{a_r^{(s)}} \,.$$

$s \in \{\mu \in N : \widetilde{c}_\mu < 0\}$ kann wiederum so gewählt werden, dass für $t = x_s$ nach (6.31)

$$f(\boldsymbol{x}) - f(\boldsymbol{p}) = \widetilde{\boldsymbol{c}}_N \boldsymbol{x}_N = \widetilde{c}_s x_s$$

minimal wird. Wir setzen nun

$$B' := B \setminus \{r\} \cup \{s\}, \qquad N' := N \setminus \{s\} \cup \{r\} \tag{6.32}$$

und erhalten eine Darstellung der neuen Ecke $\boldsymbol{q}(x_s)$ als zulässige Basislösung zur Menge B'. Der Übergang von der zulässigen Basislösung $\boldsymbol{p}$ zur zulässigen Basislösung $\boldsymbol{q}$ geschieht, indem man zwischen B und N einen Index $r \in B$ gegen einen Index $s \in N$ austauscht. Daher spricht man auch von *Austauschschritt*. Man tauscht die Gleichung $x_s = 0$, welche zusammen mit den anderen Gleichungen die Ecke $\boldsymbol{p}$ beschreibt, aus gegen die Gleichung $x_r = 0$, welche zusammen mit den anderen Gleichungen die Ecke $\boldsymbol{q}$ beschreibt. Das ist nur eine Umgruppierung der Indizes. Unser Tableau ändert sich dabei in

$$\left(\begin{array}{cc|c} A_{B'} & A_{N'} & \boldsymbol{p}_B \\ \hline \widetilde{\boldsymbol{c}}_{B'} & \widetilde{\boldsymbol{c}}_{N'} & -f(\boldsymbol{p}) \end{array} \right),$$

wobei

$$\begin{aligned} A_{B'} &= (\boldsymbol{e}_1, \ldots, \boldsymbol{e}_{r-1}, \boldsymbol{a}^{(s)}, \boldsymbol{e}_{r+1}, \ldots, \boldsymbol{e}_m)\,, \\ A_{N'} &= (\ldots, \boldsymbol{a}^{(\nu)}, \ldots, \boldsymbol{a}^{(s-1)}, \boldsymbol{e}_r, \boldsymbol{a}^{(s+1)}, \ldots, \boldsymbol{a}^{(\nu)}, \ldots) \end{aligned}$$

und

$$\widetilde{\boldsymbol{c}}_{B'} = (0, \ldots, 0, \widetilde{c}_s, 0, \ldots, 0), \quad \widetilde{\boldsymbol{c}}_{N'} = (\ldots, \widetilde{c}_\nu, \ldots, \widetilde{c}_{s-1}, 0, \widetilde{c}_{s+1}, \ldots, \widetilde{c}_\nu, \ldots)\,.$$

Wie am Ende von Abschnitt 6.5 müssen wir das Tableau durch Zeilenumformungen so behandeln, dass $A_{B'}$ in die Einheitsmatrix $\mathbb{1}_{B'}$ übergeht. Die entstehende eigentliche Koeffizientenmatrix nennen wir

$$A' = (\mathbb{1}_{B'}, A'_{N'}) .$$

Gleichzeitig wird die rechte Seite $\boldsymbol{p}_B$ abgeändert in $\boldsymbol{q}_{B'}$. Schließlich kümmern wir uns auch um die letzte Zeile des Tableaus mit den reduzierten Kosten. Hier stört der Eintrag $\widetilde{c}_s$ in der r-ten Spalte von $\widetilde{\boldsymbol{c}}_{B'}$. Wir beseitigen ihn, indem wir $\widetilde{c}_s$-mal die r-te Zeile des Tableaus von der letzten abziehen. Wir bezeichnen mit $\widetilde{\boldsymbol{c}}'_{N'}\boldsymbol{x}_{N'}$ die neuen reduzierten Kosten und erhalten das neue Tableau

$$\left(\begin{array}{cc|c} \mathbb{1}_{B'} & A'_{N'} & \boldsymbol{q}_{B'} \\ \hline \boldsymbol{0} & \widetilde{\boldsymbol{c}}'_{N'} & -f(\boldsymbol{p}) - \widetilde{c}_s q_r \end{array}\right) . \tag{6.33}$$

Und es fügt sich alles so, dass

$$q_r = t = \frac{b_r}{a_r^{(s)}}, \quad -f(\boldsymbol{q}) = -f(\boldsymbol{p}) - \widetilde{\boldsymbol{c}}_N \boldsymbol{x}_N = -f(\boldsymbol{p}) - \widetilde{c}_s \frac{b_r}{a_r^{(s)}} .$$

In der rechten unteren Ecke des Tableaus haben wir folglich den Wert $-f(\boldsymbol{q})$. Damit ist wieder die Ausgangssituation des Iterationsschritts, aber mit verbessertem Funktionalwert, erreicht. Es wurde also bewiesen:

Hauptsatz 6.61: Austauschschritt

Der Austauschschritt des Simplex-Verfahrens ((6.27)–(6.33)) entdeckt entweder eine Kante, entlang der der Funktionalwert beliebig klein wird oder die Optimalität der vorliegenden Ecke $\boldsymbol{p}$ oder er findet (im Fall der Nichtentartung von $\boldsymbol{p}$) eine Kante des Polyeders ausgehend von $\boldsymbol{p}$, die mit einer Ecke $\boldsymbol{q}$ mit kleinerem Funktionalwert begrenzt ist. Dies geschieht durch einen Wechsel von Basis- und Nichtbasis-Koordinaten.

Das ganze ist (mittels Tableaus) schwerer zu beschreiben, als durchzuführen. Bei der Beschreibung muss man die Indizes (B, N) zu (B', N') umgruppieren. Dies wird analog zum GAUSS-Verfahren mit Zeilenpivotisierung (siehe Abschnitt 2.5.2) dadurch durchgeführt, dass die Spaltenvertauschungen in einem Vektor notiert werden, mit dessen Hilfe dann auf die richtige Spalte zugegriffen werden kann. Die ganzen Zeilenumformungen nennt man dann *Pivotoperation* zum *Pivotelement* $a_r^{(s)}$.

Bemerkung 6.62 Abstieg im Austauschschritt ist möglich, wenn die Komponenten von $\boldsymbol{b} = \boldsymbol{p}_B$ positiv sind. Dies ist genau dann nicht erfüllt, wenn die Ecke $\boldsymbol{p}$ nicht einfach ist. Es gibt zwei Möglichkeiten, damit umzugehen:

1) Nichtbehandlung, da das Problem durch Datenstörung beseitigt wird: Wegen der unvermeidlichen Rechenungenauigkeit kommt es praktisch nie vor, dass sich mehr als n Hyperebenen des $\mathbb{R}^n$ in einem Punkt schneiden. Die nicht-einfache Ecke z. B. der Standard-

pyramide wird approximativ in einfache Ecken aufgelöst, z. B. so wie in Abbildung 6.8 gezeichnet.

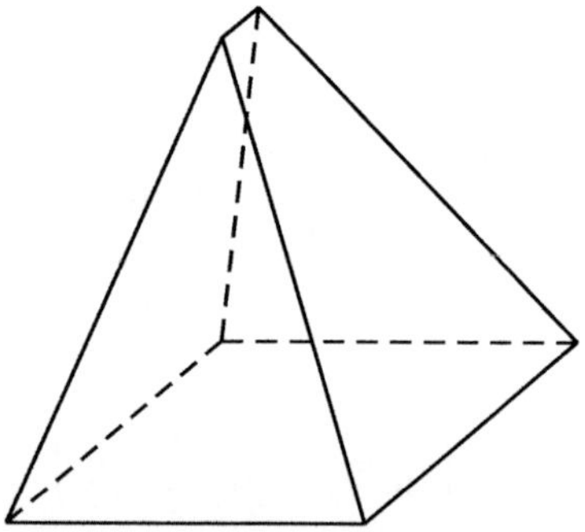

Abb. 6.8: Die Spitze der Pyramide wird durch Datenstörungen zu einer Kante mit einfachen Ecken.

2) Es gibt eine Modifizierung, das sogenannte *lexikographische Simplex-Verfahren* (siehe z. B. JARRE und STOER 2004). Dann ist auch theoretisch garantiert, dass der Algorithmus nicht in einer nicht-einfachen Ecke terminiert (siehe *Optimierung*). △

Bemerkung 6.63 Wenn man sich das Simplex-Verfahren genauer ansieht, stellt man fest, dass viel Schreibarbeit überflüssig ist. Alle Spalten zu Basisvariablen sind Einheitsvektoren und bleiben es auch nach der Umformung, bis auf die Spalte $\boldsymbol{e}_r$, die man umformt und dann gegen die Spalte $\boldsymbol{a}^{(s)}$ der Nicht-Basis-Variablen austauscht. Die ganzen B-Spalten bräuchte man eigentlich nicht hinschreiben. Wenn man sie weglässt, nennt man das das *kondensierte Simplex-Verfahren*. Zur Sicherheit muss man allerdings die B-Indizes und die N-Indizes ins Tableau aufnehmen. Man schreibt die Tableaus in der Form

$$\left(\begin{array}{c|c|c} & & N \\ \hline & -f(\boldsymbol{p}) & \widetilde{\boldsymbol{c}}_N \\ \hline B & \boldsymbol{b} & A_N \end{array}\right) . \qquad \triangle$$

Auf die Tableaus kann man ganz verzichten, wenn man berücksichtigt, dass zur Vorbereitung des *Austauschschritts* mittels (6.26) und (6.27) nur das Lösen folgender LGS nötig ist:

$$A_B \boldsymbol{p}_B = \boldsymbol{b} \,, \tag{6.34}$$

$$A_B^t \hat{\boldsymbol{c}}^t = \boldsymbol{c}_B^t \tag{6.35}$$

(zur Bestimmung von $\widetilde{\boldsymbol{c}}_N = \boldsymbol{c}_N - \boldsymbol{c}_B A_B^{-1} A_N$) und für die $s \in N$ mit $\widetilde{c}_s < 0$

$$A_B \boldsymbol{a}^{(s)} = \overline{\boldsymbol{a}}^{(s)} \,, \tag{6.36}$$

wobei $\overline{\boldsymbol{a}}^{(s)}$ die s-te Spalte von A_N ist. Insgesamt ist hierfür nur eine LR-Zerlegung von A_B (über das GAUSS-Verfahren) nötig:

$$PA_B = LR$$

mit einer Permutationsmatrix P, woraus (siehe (2.138)) (6.34) und (6.36) direkt durch Vorwärts- und Rückwärtssubstitution gelöst werden kann und auch (6.35) unter Beachtung von

$$A_B^t P^t = R^t L^t \ .$$

Zusätzlich wird A_B ab dem zweiten Schritt nur in einer Spalte modifiziert durch den Austausch, d. h. (ohne explizite Multiplikation mit A_B im vorigen Schritt)

$$A_{B'} = A_B + (\overline{\boldsymbol{a}}^{(s)} - \hat{\boldsymbol{a}}^{(r)}) \otimes \boldsymbol{e}_r \ ,$$

wobei $\hat{\boldsymbol{a}}^{(r)}$ die r-te Spalte von A_B bezeichnet, die also mit der s-ten Spalte von A_N ausgetauscht wird (und entsprechend)

$$A_{N'} = A_N + (\hat{\boldsymbol{a}}^{(r)} - \overline{\boldsymbol{a}}^{(s)}) \otimes \boldsymbol{e}_s \ .$$

Wenn (einmal) A_B^{-1} bestimmt ist (etwa durch eine LR-Zerlegung von A_B vorliegt), kann $(A_{B'})^{-1}$ durch die Rang-1-Update Formel nach (2.70) bestimmt werden oder direkter durch folgende Überlegung:

Es gilt offensichtlich $A_B^{-1} A_B = \mathbb{1}$, bei $A_B^{-1} A_{B'}$ wird nur die r-te Spalte ausgetauscht und zwar im Produkt durch $A_B^{-1} \overline{\boldsymbol{a}}^{(s)} = \boldsymbol{a}^{(s)}$.

$$A_B^{-1} A_{B'} = \left(\boldsymbol{e}_1, \ldots, \boldsymbol{e}_{r-1}, \boldsymbol{a}^{(s)}, \boldsymbol{e}_{r+1}, \ldots, \boldsymbol{e}_m\right) =: E \ .$$

Da $\boldsymbol{a}_r^{(s)} > 0$, kann nach Bemerkungen 2.86 $F := E^{-1}$ berechnet werden und damit

$$A_{B'}^{-1} = E^{-1} A_B^{-1} = F A_B^{-1} \tag{6.37}$$

und für $\boldsymbol{d} := \left(-\frac{1}{a_r^{(s)}} a_i^{(s)}\right)_i + \left(1 + \frac{1}{a_r^{(s)}}\right) \boldsymbol{e}_r$

$$F = \begin{pmatrix} 1 & & d_1 & & & \\ & \ddots & & & & \\ & & 1 & & & \\ & & d_i & & & \\ & & & 1 & & \\ & & & & \ddots & \\ & & d_m & & & 1 \end{pmatrix} \ . \tag{6.38}$$

r-te Spalte

Die zusätzlich notwendige Multiplikation mit F braucht daher nur $O(n)$ Elementaroperationen.

Wir fassen nochmal das Simplex-Verfahren für ein Optimierungsproblem in der komprimierten Normalform (6.25) mit $\boldsymbol{b} \geq \boldsymbol{0}$ als Algorithmus zusammen:

Die Eingabeargumente seien hierbei $\mathtt{A} \in \mathbb{R}^{(m,n)}$ die Restriktionsmatrix mit $n \geq m$, Rang $\mathtt{A} = m$ und $\mathtt{c} \in \mathbb{R}^{(1,n)}$ der Vektor des Zielfunktionals, $\mathtt{x} \in \mathbb{R}^{(n,1)}$ eine zulässige Basislösung und `basis` $\in \mathbb{R}^{(1,m)}$ der Basisindexvektor, d. h. er enthält diejenigen $i \in \{1, \ldots, n\}$, für die die Menge

$$\left\{ \boldsymbol{a}^{(i)} \;\middle|\; i = \mathtt{basis(j)} \text{ für genau ein } j \in \{1, \ldots, m\},\ \boldsymbol{a}^{(i)} \text{ ist Spalte von } \mathtt{A} \right\}$$

eine Basis des $\mathbb{R}^m$ bildet. Die rechte Seite b wird nicht benötigt, da x bereits `A*x = b` erfüllt. Der Ausgabeparameter opt $\in \mathbb{R}^{(m,1)}$ des Algorithmus gibt eine optimale Ecke des Problems zurück oder aber NaN, falls das Problem unbeschränkt ist.

Algorithmus 4 (Simplex-Verfahren)

```
function opt = simplex(A, c, x, basis)
ecke      = x;
[m, n]    = size(A);
AB        = A(:, basis);
[L, R, P] = gausszerlegungpivot(AB);
mult      = eye(m);
while true
  b    = ecke(basis);
  h    = zeros(m,1);
  N    = 1 : n;  N(basis) = 0;  N = N(N > 0);
  AN   = A(:, N);
  cB   = c(basis);  cB = cB*mult;
  cN   = c(N);
  cHat = vorwrueckwsubs(R', L', eye(size(R')), cB');
  cHat = cHat'*P;          % cHat = cB*ABInv;
  cTilde = (cN - cHat*AN); % reduzierte Kosten
  if min(cTilde) >= 0      % x ist optimal
    opt = ecke;
    break
  else
    s  = N(cTilde < 0);  % eins aus s beliebig waehlbar
    s  = s(1);           % waehle das erste Element
    aQ = A(:, s);        % s-te Spalte von A
    aS = vorwrueckwsubs(L, R, P, aQ); % aS = ABInv*aQ;
    aS = mult*aS;
    if max(aS) <= 0      % LP nicht loesbar, da
      opt = NaN;         % f nach unten unbeschraenkt
      break
    else
      h(aS>0) = b(aS > 0)./aS(aS > 0);
      h(aS <=0 ) = Inf;
      xS = min(h);
      if xS == 0         % degenerierte Ecke
        opt = NaN;
        break
```

```
        else
          ecke(basis) = ecke(basis) - xS*aS;  ecke(N) = 0;  ecke(s) = xS
              ;
          r           = basis(xS == h);  r = r(1);
          basis(basis == r) = s;
          F           = eye(m);
          pos         = 1 : m;
          r           = pos(basis == s);
          F(:, r)     = -aS./aS(r);  F(r, r) = 1/aS(r);
          mult        = F*mult;
        end
      end
    end
  end
end
```

Was Sie in diesem Abschnitt gelernt haben sollten

Begriffe:

- Austauschschritt

Zusammenhänge:

- Abstieg im Zielfunktional durch den Austauschschritt entlang einer Kante zu einer neuen Ecke (Hauptsatz 6.61)

Aufgaben

Aufgabe 6.17 (K) Gegeben sei das System

$$\begin{cases} \begin{pmatrix} 2 & 1 & 3 \\ 0 & 1 & 1 \end{pmatrix} \begin{pmatrix} x_1 \\ x_2 \\ x_3 \end{pmatrix} = \begin{pmatrix} 1 \\ 1 \end{pmatrix} \\ \boldsymbol{x} \geq \boldsymbol{0} \,. \end{cases}$$

Ermitteln Sie mit Phase I des Simplex-Verfahrens eine zulässige Basislösung.

Aufgabe 6.18 (K) Lösen Sie das Optimierungsproblem

$$\begin{cases} -x_1 + 2x_2 + 4x_3 = \max \\ 2x_1 + x_2 + x_3 + y_1 = 7 \\ -x_1 - x_2 + x_3 + x_4 + y_2 = 1 \\ -3x_1 + 2x_2 + x_3 - x_5 + y_3 = 8 \\ \boldsymbol{x} \geq \boldsymbol{0} \,,\ \boldsymbol{y} \geq \boldsymbol{0} \end{cases}$$

mit dem Simplex-Verfahren.

Aufgabe 6.19 (K) Lösen Sie das Optimierungsproblem

$$\begin{cases} x_1 - x_2 + x_3 = \min \\ 2x_1 + x_2 + x_3 \quad = 4 \\ x_1 + x_2 \quad = 2 \\ \boldsymbol{x} \geq \boldsymbol{0} \end{cases}$$

mit dem Simplex-Verfahren.

6.7 Optimalitätsbedingungen und Dualität

In Analogie und Erweiterung von Abschnitt 4.7.2 betrachten wir im Folgenden Charakterisierungen von Lösungen von linearen Optimierungsproblemen mittels LAGRANGE-Multiplikatoren, und darauf aufbauend den Zusammenhang von *primalen* und *dualen* Optimierungsaufgaben. Dies hilft bei der effizienten Realisierung das Simplex-Verfahrens.

Es werde immer das Zielfunktional

$$f(\boldsymbol{x}) = \boldsymbol{c}^t\boldsymbol{x} \qquad \text{für } \boldsymbol{x} \in \mathbb{R}^n \tag{6.39}$$

und vorgegebenes $\boldsymbol{c} \in \mathbb{R}^n$ betrachtet. Vorerst beginnen wir mit dem eher untypischen Fall reiner Gleichungseinschränkungen

$$U_{\text{ad}} := \{\boldsymbol{x} \in \mathbb{R}^n : B^t\boldsymbol{x} = \boldsymbol{d}\}\,, \tag{6.40}$$

wobei in Analogie zu (4.118) $B \in \mathbb{R}^{(n,m)}$, $\boldsymbol{d} \in \mathbb{R}^m$ und typischerweise $m < n$.

Analog zu Satz 4.148 gilt:

Satz 6.64: Gleichungsbedingung

Sei $\overline{\boldsymbol{x}} \in \mathbb{R}^n$. Dann sind äquivalent:

(i) $\overline{\boldsymbol{x}}$ löst das lineare Optimierungsproblem (6.39), (6.40).

(ii) Es gibt ein $\overline{\boldsymbol{y}} \in \mathbb{R}^m$, einen LAGRANGE-Multiplikator, so dass gilt

$$\begin{aligned} \boldsymbol{c} + B\overline{\boldsymbol{y}} &= \boldsymbol{0} \\ B^t\overline{\boldsymbol{x}} &= \boldsymbol{d}\,. \end{aligned} \tag{6.41}$$

$\boldsymbol{y}$ ist eindeutig, wenn B vollen Spaltenrang hat.

Beweis: „(ii) $\Rightarrow$ (i)": Es gilt: Es gibt ein $\overline{\boldsymbol{y}} \in \mathbb{R}^m$, so dass

$$\boldsymbol{c} + B\overline{\boldsymbol{y}} = \boldsymbol{0} \Leftrightarrow \boldsymbol{c} \in \text{Bild}\, B = (\text{Kern}\, B^t)^\perp\,.$$

Sei $\bar{\boldsymbol{x}} \in U_{\text{ad}}$ beliebig. Beachte, dass $U_{\text{ad}} = \bar{\boldsymbol{x}} + \text{Kern}\, B^t$ und daher jedes $\boldsymbol{x} \in U_{\text{ad}}$ dargestellt werden kann als $\boldsymbol{x} = \bar{\boldsymbol{x}} + \boldsymbol{z}$ mit $\boldsymbol{z} \in \text{Kern}\, B^t$, also $\boldsymbol{c}^t\boldsymbol{z} = 0$ und so

$$f(\boldsymbol{x}) = f(\overline{\boldsymbol{x}} + \boldsymbol{z}) = \boldsymbol{c}^t\overline{\boldsymbol{x}} = f(\overline{\boldsymbol{x}})\,,$$

d. h. f ist konstant auf U_{ad} und nimmt trivialerweise in $\overline{\boldsymbol{x}}$ sein Minimum an, somit gilt (i).

„(i) ⇒ (ii)“: Ist $\boldsymbol{c} \notin (\operatorname{Kern} B^t)^\perp$, dann gibt es ein $\boldsymbol{z} \in \operatorname{Kern} B^t$, so dass $\boldsymbol{c}^t\boldsymbol{z} \neq 0$, d. h. o. B. d. A. $\boldsymbol{c}^t\boldsymbol{z} > 0$. Demnach gilt für $t < 0 : f(\overline{\boldsymbol{x}} + t\boldsymbol{z}) < f(\overline{\boldsymbol{x}})$, d. h. $\overline{\boldsymbol{x}}$ ist kein (lokales) Minimum. Damit ist die Kontraposition von (i)⇒(ii) bewiesen. □

Bemerkungen 6.65

1) Die charakterisierenden Bedingungen (4.119) und (6.41) können vereinheitlicht

$$\begin{aligned} \nabla f(\overline{\boldsymbol{x}}) + B\overline{\boldsymbol{y}} &= \mathbf{0} \\ B^t\overline{\boldsymbol{x}} &= \boldsymbol{d} \end{aligned} \tag{6.42}$$

geschrieben werden unter Beachtung von Bemerkungen 4.145, 2 a) und der elementaren Analysis-Tatsache $\nabla f(\overline{\boldsymbol{x}}) = \boldsymbol{c}$ für (6.39).

2) Man kann das Funktional in (6.39) durch ein differenzierbares $f : \mathbb{R}^n \to \mathbb{R}$ ersetzen. Dann bleibt von Satz 6.64 die Implikation (i)⇒(ii) in der Form (6.42) (sogar für ein lokales Minimum) gültig, i. Allg. aber nicht (ii)⇒(i). △

Was wir uns schon vorher klargemacht haben, wurde noch einmal bestätigt: In der speziellen Situation (6.39), (6.40) kann ein Minimum nur vorliegen, wenn f konstant auf U_{ad} ist (siehe Abbildung 6.9).

Betrachten wir dagegen Ungleichungsnebenbedingungen

$$A^t\boldsymbol{x} \geq \boldsymbol{b}\,,$$

wobei $A \in \mathbb{R}^{(n,k)}$, $\boldsymbol{b} \in \mathbb{R}^k$.

Wird dann (bei $n = 2$) das Minimum auf einer Kante angenommen, etwa der, die durch die erste Zeile $\boldsymbol{a}^{(1)^t}\boldsymbol{x} = b_1$ gegeben ist, so gilt:

Ist $\overline{\boldsymbol{x}}$ keine Ecke, dann erwarten wir

$$\boldsymbol{c} = \overline{\lambda}_1\boldsymbol{a}^{(1)}\,,$$

wobei aber $\overline{\lambda}_1 \geq 0$ gelten sollte, da die Abstiegsrichtung $-\boldsymbol{c}$ heraus aus dem Polyeder zeigen sollte bzw.

$$\boldsymbol{c} = A^t\overline{\boldsymbol{\lambda}}\,,$$

wobei $\overline{\lambda}_1 \geq 0$, $\overline{\lambda}_2 = \ldots = \overline{\lambda}_k = 0$.

Ist dagegen $\overline{\boldsymbol{x}}$, eine Ecke, etwa durch die erste und zweite Zeile von A definiert (siehe Abbildung 6.9), so legt die Anschauung nahe:

$$\boldsymbol{c} = \overline{\lambda}_1\boldsymbol{a}^{(1)} + \overline{\lambda}_2\boldsymbol{a}^{(2)}\,,$$

$\overline{\lambda}_1 \geq 0, \overline{\lambda}_2 \geq 0$, d. h. $\boldsymbol{c}$ liegt in dem Kegel zu $M = \{\boldsymbol{a}^{(1)}, \boldsymbol{a}^{(2)}\}$ mit Spitze $\mathbf{0}$. Diese Beziehung soll im Folgenden allgemein entwickelt werden. Als Vorbereitung wird eine Variante des Lemma von FARKAS bewiesen.

Vorher haben wir Bild $A = (\operatorname{Kern} A^\dagger)^\perp$ benutzt, expliziter geschrieben folglich die Charakterisierung bei $A \in \mathbb{K}^{(m,n)}$:

$$\begin{gathered} \boldsymbol{x} = A\boldsymbol{\alpha} \text{ für ein } \boldsymbol{\alpha} \in \mathbb{K}^n \Leftrightarrow \\ \text{Für alle } \boldsymbol{p} \in \mathbb{K}^m : A^\dagger \boldsymbol{p} = \boldsymbol{0} \Rightarrow \langle \boldsymbol{p} \,.\, \boldsymbol{x} \rangle = 0\,. \end{gathered}$$

Das Lemma von FARKAS beinhaltet eine analoge Charakterisierung für $\mathbb{K} = \mathbb{R}$ und

$$\boldsymbol{x} = A\boldsymbol{\alpha} \qquad \text{für ein } \boldsymbol{\alpha} \in \mathbb{R}^n,\ \boldsymbol{\alpha} \geq \boldsymbol{0}\,, \tag{6.43}$$

nämlich durch

$$\text{Für alle } \boldsymbol{p} \in \mathbb{R}^m : A^t \boldsymbol{p} \geq \boldsymbol{0} \Rightarrow \boldsymbol{p}^t \boldsymbol{x} \geq 0\,.$$

Durch (6.43) wird nach Bemerkungen 6.44, 3) gerade

$$\operatorname{cone}_{\boldsymbol{0}} \operatorname{conv}\{\boldsymbol{a}^{(1)}, \ldots, \boldsymbol{a}^{(n)}\}$$

beschrieben, im Folgenden auch der *konvexe Kegel* über den Spalten von A mit Spitze $\boldsymbol{0}$ genannt.

Theorem 6.66: Lemma von FARKAS[2]

Seien $\boldsymbol{a}^{(1)}, \ldots, \boldsymbol{a}^{(n)} \in \mathbb{R}^m$, $A = (\boldsymbol{a}^{(1)}, \ldots, \boldsymbol{a}^{(n)}) \in \mathbb{R}^{(m,n)}$. Dann gilt:

$$K := \operatorname{cone}_0 \operatorname{conv}\{\boldsymbol{a}^{(1)}, \ldots, \boldsymbol{a}^{(n)}\} = \{\boldsymbol{x} \in \mathbb{R}^m : A^t \boldsymbol{p} \geq \boldsymbol{0} \Rightarrow \boldsymbol{p}^t \boldsymbol{x} \geq 0 \text{ für alle } \boldsymbol{p} \in \mathbb{R}^m\}\,.$$

Beweis: Sei $\boldsymbol{x} \in K := \operatorname{cone}_0(\operatorname{conv}\{\boldsymbol{a}^{(1)}, \ldots, \boldsymbol{a}^{(n)}\})$, d. h. $\boldsymbol{x} = A\boldsymbol{\alpha}$ und $\boldsymbol{\alpha} \geq \boldsymbol{0}$. Sei $\boldsymbol{p} \in \mathbb{R}^m$, so dass $A^t \boldsymbol{p} \geq \boldsymbol{0}$, dann folgt sofort $\boldsymbol{p}^t \boldsymbol{x} = (A^t \boldsymbol{p})^t \boldsymbol{\alpha} \geq 0$, daher:

$$K \subset K' := \{\boldsymbol{x} \in \mathbb{R}^m : A^t \boldsymbol{p} \geq \boldsymbol{0} \Rightarrow \boldsymbol{p}^t \boldsymbol{x} \geq 0 \text{ für alle } \boldsymbol{p} \in \mathbb{R}^m\}\,.$$

Zum Nachweis von $K' \subset K$ wird angenommen, dass ein $\boldsymbol{x} \in K' \setminus K$ existiert.

K ist ein konvexer Kegel nach Satz 6.45 und abgeschlossen nach Satz 6.23. Nach Hauptsatz 7.50 existiert somit eindeutig die orthogonale Projektion $\boldsymbol{u} := p_K(\boldsymbol{x})$ und ist charakterisiert nach Bemerkungen 7.51, 3) durch

$$\begin{aligned} &(\boldsymbol{x} - \boldsymbol{u})^t \boldsymbol{u} = 0 \\ &(\boldsymbol{x} - \boldsymbol{u})^t \boldsymbol{v} \leq 0 \qquad \text{für alle } \boldsymbol{v} \in K\,. \end{aligned}$$

Sei $\boldsymbol{p} := \boldsymbol{u} - \boldsymbol{x} \neq \boldsymbol{0}$, dann folgt also aus der Wahl $\boldsymbol{v} = \boldsymbol{a}^{(i)}$, $i = 1, \ldots, n$:

$$A^t \boldsymbol{p} \geq \boldsymbol{0}\,.$$

[2] Gyula FARKAS ∗28. März 1847 in Sárosd †27. Dezember 1930 in Pestszentlörinc

Somit muss wegen $\boldsymbol{x} \in K'$ auch $\boldsymbol{p}^t\boldsymbol{x} \geq 0$ gelten. Es ist aber

$$\boldsymbol{p}^t\boldsymbol{x} = \boldsymbol{p}^t(-\boldsymbol{p} + \boldsymbol{u}) = -\|\boldsymbol{p}\|_2^2 < 0$$

und damit ein Widerspruch erreicht. □

Bemerkungen 6.67 Gegeben sei $A \in \mathbb{R}^{(m,n)}$, $\boldsymbol{b} \in \mathbb{R}^n$.

1) Eine alternative Formulierung für das Lemma von FARKAS ist: Von den beiden folgenden linearen Ungleichungssystemen

(i) Gesucht ist $\boldsymbol{x} \in \mathbb{R}^n$, so dass $A\boldsymbol{x} = \boldsymbol{b}$, $\boldsymbol{x} \geq \boldsymbol{0}$.

(ii) Gesucht ist $\boldsymbol{y} \in \mathbb{R}^m$, so dass $A^t\boldsymbol{y} \geq \boldsymbol{0}$, $\boldsymbol{y}^t\boldsymbol{b} < 0$.

ist genau eines lösbar.

Es ist (i) äquivalent zu $\boldsymbol{b} \in K$ und nach Theorem 6.66 (ii) zu $\boldsymbol{b} \notin K$.

2) Eine Variante von Theorem 6.66 ist

$$A\boldsymbol{x} \leq \boldsymbol{b},\ \boldsymbol{x} \geq \boldsymbol{0} \text{ ist lösbar in } \mathbb{R}^n$$

genau dann, wenn:

$$\text{Jedes } \boldsymbol{p} \in \mathbb{R}^m, \text{ für das } \boldsymbol{p} \geq \boldsymbol{0},\ A^t\boldsymbol{p} \geq \boldsymbol{0}, \text{ erfüllt } \boldsymbol{p}^t\boldsymbol{b} \geq 0\,.$$

Das kann man wie folgt einsehen: Einführung von Schlupfvariablen schreibt die erste Aussage äquivalent um zu

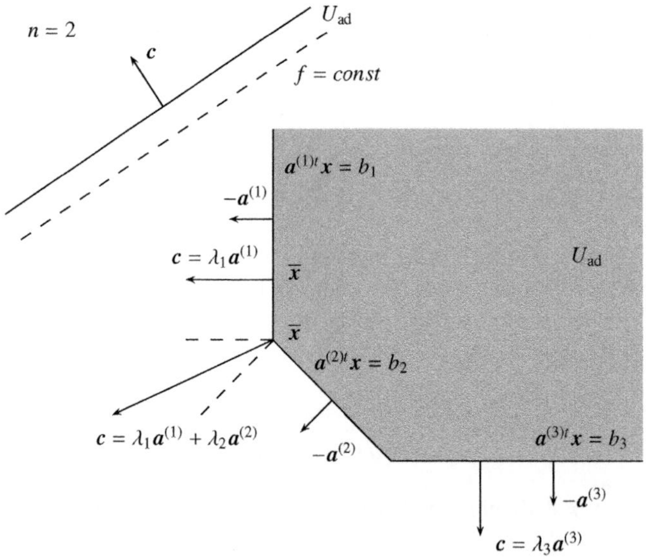

Abb. 6.9: Optimallösungen und LAGRANGE-Multiplikatoren.

$$x \in \mathbb{R}^n,\ y \in \mathbb{R}^m \quad mit \quad Ax + y = b\,,\ x \geq 0\,,\ y \geq 0\,,$$

was nach Theorem 6.66 äquivalent ist zu: Für alle $p \in \mathbb{R}^m$ *gilt: Aus* $\begin{pmatrix} A^t \\ \hline \mathbb{1} \end{pmatrix} p \geq 0$ *folgt* $p^t b \geq 0$. *Dies ist die zweite Aussage.*

3) Eine weitere Variante ist:

$$\begin{gathered} Ax \leq b \text{ ist lösbar in } \mathbb{R}^n \\ \text{genau dann, wenn} \\ \text{jedes } p \in \mathbb{R}^m, \text{ für das } p \geq 0,\ A^t p = 0, \text{ erfüllt } p^t b \geq 0\,. \end{gathered}$$

Dies kann durch die Umformulierung

$$A(x^+ - x^-) \leq b,\ x^+ \geq 0,\ x^- \geq 0$$

für die erste Aussage auf 2) zurückgeführt werden.

4) Auch 2) oder 3) können als Alternativsätze für lineare Ungleichungssysteme formuliert werden.

5) Theorem 6.66 kann auch mittels des Trennungssatzes in Bemerkungen 7.52 gezeigt werden. △

Wir können jetzt das (lineare) Optimierungsproblem mit linearen Gleichungs- und Ungleichungsbedingungen betrachten. Abweichend von den restlichen Abschnitten schreiben wir diese als

$$\begin{aligned} &U_{\text{ad}} := \{x \in \mathbb{R}^n : B^t x = d,\ C^t x \geq e\}, \text{ wobei} \\ &B \in \mathbb{R}^{(n,m_1)},\ C \in \mathbb{R}^{(n,m_2)},\ d \in \mathbb{R}^{m_1},\ e \in \mathbb{R}^{m_2}\,. \end{aligned} \tag{6.44}$$

Die Notationsänderung gegenüber den vorigen Abschnitten ist ein Kompromiss mit der Notation in Abschnitt 4.7.3.

Hauptsatz 6.68: Karush-Kuhn-Tucker[3]-Bedingungen

Sei $\overline{x} \in \mathbb{R}^n$. Dann sind äquivalent:

(i) $\overline{x}$ löst das Optimierungsproblem (6.39), (6.44).

(ii) Es gibt $\overline{y} \in \mathbb{R}^{m_1}$, $\overline{z} \in \mathbb{R}^{m_2}$, Lagrange-Multiplikatoren, so dass gilt:

$$\begin{aligned} c + B\overline{y} + C\overline{z} &= \mathbf{0} \\ B^t\overline{x} = d, \quad C^t\overline{x} &\geq e\,, \\ \overline{z} \leq \mathbf{0}, \quad (C^t\overline{x} - e)^t\overline{z} &= 0\,. \end{aligned} \tag{6.45}$$

Gilt (i) oder (ii), so ist

$$f(\overline{x}) = -d^t\overline{y} - e^t\overline{z}\,.$$

Bemerkung 6.69 Die letzten drei Bedingungen in (6.45) bilden eine *Komplementaritätsbedingung*. Mit dem Begriff der aktiven bzw. inaktiven Bedingung nach Definition 6.24 lässt sich die letzte Bedingung äquivalent ersetzen durch

$$z_i = 0 \qquad \text{für } i \in I(\overline{x})\,. \qquad \triangle$$

Beweis (von Hauptsatz 6.68): Beim Beweis kann die Gleichungsbedingung weggelassen werden, da diese in eine Ungleichungsbedingung umgeschrieben werden kann und das volle Ergebnis dann aus der reduzierten Aussage folgt. Zur Vereinfachung wird $m = m_2$ gesetzt.

„(i) $\Rightarrow$ (ii)“: Wir zeigen dies durch Kontraposition: Angenommen (ii) gilt nicht, dann gilt für alle $z \in \mathbb{R}^m$ mit $-z \geq \mathbf{0}$, $z_i = 0$ für $i \in I(\overline{x})$ (unter Beachtung von Bemerkung 6.69):

$$c \neq C(-z) = \sum_{i \in \mathcal{A}(\overline{x})} (-z_i) c^{(i)}\,,$$

wobei $C = \left(c^{(1)}, \ldots, c^{(m)}\right)$ die Spaltendarstellung von C sei. Damit gilt

$$c \notin \operatorname{cone}_0\left(\operatorname{conv}\{c^{(i)} : i \in \mathcal{A}(\overline{x})\}\right)\,.$$

Theorem 6.66 kann nun genutzt werden, um zu zeigen, dass eine Abstiegsrichtung $p \in \mathbb{R}^n$ existiert, so dass

$$\overline{x} + tp \in U_{\text{ad}} \qquad \text{für kleine } t > 0$$

[3] William Karush *1. März 1917 in Chicago †22. Februar 1997
Harold W. Kuhn *29. Juli 1925 in Santa Monica
Albert W. Tucker *28. November 1905 in Oshawa †25. Januar 1995 in Highstown, New Jersey

gilt, $\overline{x}$ also kein (lokales) Minimum ist.

Nach Theorem 6.66 (siehe auch Bemerkungen 6.67, 1)) gibt es ein $\boldsymbol{p} \in \mathbb{R}^n$, so dass

$$\widetilde{C}^t \boldsymbol{p} \geq \boldsymbol{0} \quad \text{und} \quad \boldsymbol{p}^t \boldsymbol{c} < 0 \, .$$

Dabei besteht $\widetilde{C}$ aus den Spalten i von C mit $i \in \mathcal{A}(\overline{\boldsymbol{x}})$. Die letzte Bedingung bedeutet, dass $\boldsymbol{p}$ eine Abstiegsrichtung für f ist:

$$f(\overline{\boldsymbol{x}} + t\boldsymbol{p}) = f(\overline{\boldsymbol{x}}) + t\boldsymbol{c}^t \boldsymbol{p} < f(\overline{\boldsymbol{x}}) \quad \text{für } t > 0 \, .$$

Die erste Bedingung sorgt dafür, dass ein $t_0 > 0$ existiert, so dass $\overline{\overline{\boldsymbol{x}} + t_0 \boldsymbol{p}} \subset U_{\text{ad}}$. Es gilt nämlich für $i \in \mathcal{A}(\overline{\boldsymbol{x}})$:

$$(C^t(\overline{\boldsymbol{x}} + t\boldsymbol{p}))_i = (\boldsymbol{e})_i + t(C^t \boldsymbol{p})_i \geq (\boldsymbol{e})_i \quad \text{für alle } t \geq 0$$

und für $i \in I(\overline{\boldsymbol{x}})$

$$(C^t(\overline{\boldsymbol{x}} + t\boldsymbol{p}))_i = (C^t \overline{\boldsymbol{x}})_i + t(C^t \boldsymbol{p})_i \, .$$

Wegen $(C^t \overline{\boldsymbol{x}})_i > (\boldsymbol{e})_i$, kann t klein, aber positiv gewählt werden, so dass die rechte Seite größer oder gleich $(\boldsymbol{e})_i$ ist.

„(ii) $\Rightarrow$ (i)“:

$$\boldsymbol{c}^t \overline{\boldsymbol{x}} = -\overline{\boldsymbol{x}}^t (B\overline{\boldsymbol{y}} + C\overline{\boldsymbol{z}}) = -\boldsymbol{d}^t \overline{\boldsymbol{y}} - \boldsymbol{e}^t \overline{\boldsymbol{z}}$$

und damit gilt die Zusatzbehauptung.

Sei $\boldsymbol{x} \in U_{\text{ad}}$ beliebig, dann gilt

$$f(\boldsymbol{x}) = -\boldsymbol{x}^t (B\overline{\boldsymbol{y}} + C\overline{\boldsymbol{z}}) = -\boldsymbol{d}^t \overline{\boldsymbol{y}} - (C^t \boldsymbol{x})^t \overline{\boldsymbol{z}} \geq -\boldsymbol{d}^t \overline{\boldsymbol{y}} - \boldsymbol{e}^t \overline{\boldsymbol{z}} = f(\overline{\boldsymbol{x}})$$

wegen $C^t \boldsymbol{x} \geq \boldsymbol{e}$ und $-\overline{\boldsymbol{z}} \geq \boldsymbol{0}$, demzufolge ist $\overline{\boldsymbol{x}}$ (globales) Minimum von f auf U_{ad}. □

Bemerkungen 6.70

1) Ersetzt man das Funktional in (6.39) durch ein differenzierbares $f : \mathbb{R}^n \to \mathbb{R}$, so bleibt bei Ersatz von $\boldsymbol{c}$ durch $\nabla f(\overline{\boldsymbol{x}})$ die Implikation (i)$\Rightarrow$(ii) (sogar für ein lokales Minimum) gültig.

Es ist nur zu berücksichtigen, dass dann ein $\boldsymbol{p}$ mit $\boldsymbol{p}^t \nabla f(\overline{\boldsymbol{x}}) < 0$ eine Abstiegsrichtung für f ist, da für $\varphi : \mathbb{R} \to \mathbb{R}$, $t \mapsto f(\overline{\boldsymbol{x}} + t\boldsymbol{p})$ gilt $\varphi'(0) = \boldsymbol{p}^t \nabla f(\overline{\boldsymbol{x}}) < 0$, und somit:

Es gibt ein $E > 0$, so dass $\varphi(t) < \varphi(0)$ für $t \in (0, E]$.

Eine Bezeichnung für die notwendige Optimalitätsbedingung in (ii) ist *KKT-Bedingung* als Kurzform für *Karush-Kuhn-Tucker-Bedingung*.

2) Bei Anwendung von 1) auf

$$f(\boldsymbol{x}) = \frac{1}{2}\boldsymbol{x}^t A \boldsymbol{x} - \boldsymbol{b}^t \boldsymbol{x}$$

für ein $A \in \mathbb{R}^{(n,n)}$, $A > 0$ wird die (notwendige) Optimalitätsbedingung zu

$$\begin{aligned} A\overline{\boldsymbol{x}} + B\overline{\boldsymbol{y}} + C\overline{\boldsymbol{z}} &= \boldsymbol{b} \\ B^t\overline{\boldsymbol{x}} = \boldsymbol{d}, \quad C^t\overline{\boldsymbol{x}} &\geq \boldsymbol{e} \\ \overline{\boldsymbol{z}} \leq \boldsymbol{0}, \quad (C^t\overline{\boldsymbol{x}} - \boldsymbol{e})^t\overline{\boldsymbol{z}} &= 0\,. \end{aligned} \tag{6.46}$$

Nach Bemerkungen 4.145, 2 a) ist nämlich

$$\nabla f(\overline{\boldsymbol{x}}) = A\boldsymbol{x} - \boldsymbol{b}\,.$$

3) Ist $f : \mathbb{R}^n \to \mathbb{R}$ differenzierbar und konvex in dem Sinn, dass für alle $\boldsymbol{x}, \boldsymbol{y} \in \mathbb{R}^n$ gilt

$$f(\boldsymbol{x}) + \nabla f(\boldsymbol{x})^t(\boldsymbol{y} - \boldsymbol{x}) \leq f(\boldsymbol{y})\,, \tag{6.47}$$

dann sind die Bedingungen (6.45) (mit $\nabla f(\overline{\boldsymbol{x}})$ statt $\boldsymbol{c}$) auch hinreichend für ein (globales) Minimum.

Dazu reicht es nämlich zu zeigen

$$\nabla f(\overline{\boldsymbol{x}})^t(\boldsymbol{x} - \overline{\boldsymbol{x}}) \geq 0 \quad \textit{für alle } \boldsymbol{x} \in U_{\mathrm{ad}}\,,$$

was bei (6.45) äquivalent ist zu

$$-(B\overline{\boldsymbol{y}} + C\overline{\boldsymbol{z}})\boldsymbol{h} \geq \boldsymbol{0} \quad \textit{für } \boldsymbol{h} := \boldsymbol{x} - \overline{\boldsymbol{x}}\,.$$

Der erste Summand ist $-(B^t\boldsymbol{h})^t\overline{\boldsymbol{y}} = \boldsymbol{0}$ *wegen* $B^t\boldsymbol{x} = B^t\overline{\boldsymbol{x}} = \boldsymbol{d}$, *für den zweiten Summand gilt*

$$= -(C^t\boldsymbol{h})^t\overline{\boldsymbol{z}} = -\sum_{i\in\mathcal{A}(\overline{\boldsymbol{x}})}(C^t\boldsymbol{h})_i\overline{z}_i \tag{6.48}$$

nach Bemerkung 6.69. Für $i \in \mathcal{A}(\boldsymbol{x})$ *ist* $(C^t\boldsymbol{h})_i = (C^t\boldsymbol{x})_i - e_i \geq 0$ *und damit ist auch die Summe in (6.48) nicht negativ.*

Ist f *strikt konvex* in dem Sinn, dass in (6.47) für $\boldsymbol{x} \neq \boldsymbol{y}$ die strikte Ungleichung gilt, so fallen lokale und globale Minima von f auf U_{ad} zusammen und sind eindeutig.

Ein lokales Minimum erfüllt die KKT-Bedingungen und ist nach den obigen Überlegungen das eindeutige globale Minimum.

4) In der Situation von 2) ist die Bedingung (6.46) auch hinreichend für ein (globales) Minimum, lokale und globale Minima sind identisch und eindeutig.

Nach 3) ist nun zu zeigen, dass das quadratische Funktional strikt konvex ist:

$$f(\boldsymbol{y}) = f(\boldsymbol{x}) + \boldsymbol{h}^t(A\boldsymbol{x} - \boldsymbol{b}) + \frac{1}{2}\boldsymbol{h}^t A\boldsymbol{h} > f(\boldsymbol{x}) + \nabla f(\boldsymbol{x})^t\boldsymbol{h} \quad \textit{für } \boldsymbol{h} := \boldsymbol{y} - \boldsymbol{x} \neq \boldsymbol{0}\,.$$

5) Die Frage nach der Existenz lokaler oder globaler Minima ist von den obigen Überlegungen nicht berührt. Da U_{ad} abgeschlossen ist nach Satz 6.23, reicht nach Satz C.11, 2) und C.12, 2) zu wissen, dass U_{ad} beschränkt ist. Ist dies nicht der Fall, sind Wachs-

tumsbedingungen an f notwendig, um sicherzustellen, dass ein Minimum nur auf einer beschränkten Teilmenge angenommen werden kann (siehe *Optimierung*). △

Analog zu Satz 4.150 kann man einer linearen Optimierungsaufgabe eine lineare Maximierungsaufgabe als *duales Problem* zuordnen.

Wir betrachten dazu die Standardform aus den Abschnitten 6.5 ff., d. h.

$$\begin{aligned} &\text{Minimiere } f(\boldsymbol{x}) := \boldsymbol{c}^t \boldsymbol{x} \\ &\text{auf } U_{\text{ad}}^p := \{\boldsymbol{x} \in \mathbb{R}^n : B^t \boldsymbol{x} = \boldsymbol{d},\ \boldsymbol{x} \geq \boldsymbol{0}\}\,, \end{aligned} \tag{6.49}$$

wobei $B \in \mathbb{R}^{(n,m)}$, $\boldsymbol{c} \in \mathbb{R}^n$, $\boldsymbol{d} \in \mathbb{R}^m$, und nennen dies das *primale Problem*. Diesem wird als *duales Problem* das lineare Optimierungsproblem

$$\begin{aligned} &\text{Maximiere } g(\boldsymbol{\lambda}) := \boldsymbol{d}^t \boldsymbol{\lambda} \\ &\text{auf } U_{\text{ad}}^d := \{\boldsymbol{y} \in \mathbb{R}^m : B\boldsymbol{\lambda} \leq \boldsymbol{c}\} \end{aligned}$$

zugeordnet.

Offensichtlich ist die *schwache Dualität*, d. h. falls $U_{\text{ad}}^p \neq \emptyset$ und $U_{\text{ad}}^d \neq \emptyset$

$$S := \sup_{\boldsymbol{\lambda} \in U_{\text{ad}}^d} g(\boldsymbol{\lambda}) \leq I := \inf_{\boldsymbol{x} \in U_{\text{ad}}^p} f(\boldsymbol{x})\,, \tag{6.50}$$

denn für $\boldsymbol{\lambda} \in U_{\text{ad}}^d$ und $\boldsymbol{x} \in U_{\text{ad}}^p$ gilt

$$0 \geq (B\boldsymbol{\lambda} - \boldsymbol{c})^t \boldsymbol{x} = (B^t \boldsymbol{x})^t \boldsymbol{\lambda} - \boldsymbol{c}^t \boldsymbol{x} = \boldsymbol{d}^t \boldsymbol{\lambda} - \boldsymbol{c}^t \boldsymbol{x}\,.$$

Setzt man

$$\begin{aligned} S &:= -\infty \quad \text{falls } U_{\text{ad}}^d = \emptyset\,, \\ I &:= +\infty \quad \text{falls } U_{\text{ad}}^p = \emptyset\,, \end{aligned}$$

gilt (6.50) allgemein.

Darüber hinaus gilt:

Theorem 6.71: Dualitätssatz

Es gelte $U_{\text{ad}}^p \neq \emptyset$ oder $U_{\text{ad}}^d \neq \emptyset$, dann gilt:

$$\inf_{x \in U_{\text{ad}}^p} f(\boldsymbol{x}) = \sup_{\lambda \in U_{\text{ad}}^d} g(\boldsymbol{\lambda}) .$$

Insbesondere gilt:

1) Ist $I = \inf_{x \in U_{\text{ad}}^p} f(\boldsymbol{x}) \in \mathbb{R}$ oder $S = \sup_{\lambda \in U_{\text{ad}}^d} g(\boldsymbol{\lambda}) \in \mathbb{R}$, dann gibt es $\overline{\boldsymbol{x}} \in U_{\text{ad}}^p$, $\overline{\boldsymbol{\lambda}} \in U_{\text{ad}}^d$, so dass $f(\overline{\boldsymbol{x}}) = \min_{x \in U_{\text{ad}}^p} f(\boldsymbol{x})$, $g(\overline{\boldsymbol{\lambda}}) = \max_{\lambda \in U_{\text{ad}}^d} g(\boldsymbol{\lambda})$ und $\overline{\boldsymbol{\lambda}} = -\overline{\boldsymbol{y}}$, $\overline{\boldsymbol{x}} = -\overline{\boldsymbol{\mu}}$, wobei $\overline{\boldsymbol{y}}$ den (Gleichungs-)LAGRANGE-Multiplikator zum primalen Problem und $\overline{\boldsymbol{\mu}}$ den LAGRANGE-Multiplikator zum dualen Problem darstellen, jeweils nach (6.45).

2)

$$U_{\text{ad}}^p = \emptyset \Leftrightarrow S = +\infty$$
$$U_{\text{ad}}^d = \emptyset \Leftrightarrow I = -\infty .$$

Beweis: Sei $I \in \mathbb{R}$, dann existiert nach Hauptsatz 6.48 eine Lösung $\overline{\boldsymbol{x}} \in \mathbb{R}^n$ des primalen Problems und zu diesem nach Hauptsatz 6.68 LAGRANGE-Multiplikatoren $\overline{\boldsymbol{y}} \in \mathbb{R}^m$, $\overline{\boldsymbol{z}} \in \mathbb{R}^m$, so dass

$$\begin{aligned} \boldsymbol{c} + B\overline{\boldsymbol{y}} + \overline{\boldsymbol{z}} &= \boldsymbol{0} \\ B^t\overline{\boldsymbol{x}} = \boldsymbol{d}, \quad \overline{\boldsymbol{x}} &\geq \boldsymbol{0} \\ \overline{\boldsymbol{z}} \leq \boldsymbol{0}, \quad \overline{\boldsymbol{x}}^t\overline{\boldsymbol{z}} &= 0 . \end{aligned}$$

Durch Elimination von $\overline{\boldsymbol{z}}$ geht dies äquivalent über in

$$\begin{aligned} \boldsymbol{c} + B\overline{\boldsymbol{y}} &\geq \boldsymbol{0} \\ B^t\overline{\boldsymbol{x}} = \boldsymbol{d}, \quad \overline{\boldsymbol{x}} &\geq \boldsymbol{0} \\ \boldsymbol{x}^t(\boldsymbol{c} + B\overline{\boldsymbol{y}}) &= 0 . \end{aligned}$$

Das System (6.45) für das duale Problem (als Minimierungsproblem geschrieben) für eine Lösung $\overline{\boldsymbol{\lambda}}$ und einen LAGRANGE-Multiplikator $\overline{\boldsymbol{\mu}}$ lautet

$$\begin{aligned} -\boldsymbol{d} - B^t\overline{\boldsymbol{\mu}} &= \boldsymbol{0} \\ -B\overline{\boldsymbol{\lambda}} &\geq -\boldsymbol{c} \\ \overline{\boldsymbol{\mu}} \leq \boldsymbol{0}, \quad (\boldsymbol{c} - B\boldsymbol{\lambda})^t\overline{\boldsymbol{\mu}} &= 0 . \end{aligned}$$

Dies ist erfüllt, setzt man

$$\overline{\lambda} := -\overline{y}, \quad \overline{\mu} := -\overline{x} ,$$

so dass nach Hauptsatz 6.68 $\overline{\lambda}$ eine Lösung des dualen Problems ist, also

$$f(\overline{x}) = -d^t\overline{y} = d^t\overline{\lambda} = g(\overline{\lambda})$$

und damit

$$I = S .$$

Insbesondere kann bei $U^d_{\text{ad}} = \emptyset$ weder $I \in \mathbb{R}$ gelten, da dies die Existenz einer Lösung des dualen Problems zur Folge hätte, noch $I = +\infty$, da dann auch $U^p_{\text{ad}} = \emptyset$ wäre. Es gilt demzufolge $I = S = -\infty$. Ist $I = -\infty$, dann nach (6.50) auch $S = -\infty$ und $U^d_{\text{ad}} = \emptyset$.

Ist $S \in \mathbb{R}$, kann infolgedessen nicht $I = -\infty$ gelten, d. h. das primale Problem hat eine Lösung (und auch das duale) und wie oben gezeigt gilt $I = S$ und die Aussage über die LAGRANGE-Multiplikatoren.

Insbesondere kann bei $U^p_{\text{ad}} = \emptyset$ weder $S \in \mathbb{R}$ gelten noch $S = -\infty$, also $I = S = +\infty$. Ist $S = +\infty$, dann muss nach (6.50) auch $I = +\infty$ sein, sodann $U^p_{\text{ad}} = \emptyset$. □

Bemerkungen 6.72

1) Da ein beliebiger Polyeder durch Dimensionserhöhung in die Standardform von (6.49) gebracht werden kann, gilt ein Dualitätssatz auch allgemein:

Für das primale Problem

$$\text{Minimiere } f(x) := c_1^t x_1 + c_2^t x_2$$

$$\text{auf } U^p_{\text{ad}} := \{x \in \mathbb{R}^n : B^t x = d,\ C^t x \le e,\ x = \begin{pmatrix} x_1 \\ x_2 \end{pmatrix},\ x_1 \ge 0\} ,$$

$$\text{wobei } B = \begin{pmatrix} B_1 \\ B_2 \end{pmatrix},\ C = \begin{pmatrix} C_1 \\ C_2 \end{pmatrix},\ B_i \in \mathbb{R}^{(n_i,m_1)},\ C_i \in \mathbb{R}^{(n_i,m_2)},\ x_i, c_i \in \mathbb{R}^{n_i},\ i = 1,2$$

und das duale Problem

$$\text{Maximiere } g(\lambda) := d^t\lambda_1 - e^t\lambda_2$$

$$\text{auf } U^d_{\text{ad}} := \{\lambda \in \mathbb{R}^m : B_1\lambda_1 - C_1\lambda_2 \le c_1,\ B_2\lambda_1 - C_2\lambda_2 = c_2,\ \lambda_2 \ge 0\} ,$$

$$\text{wobei } m := m_1 + m_2$$

gelten Aussagen analog zu Theorem 6.71. Ungleichungs- und Gleichungsbedingungen entsprechen sich also dabei, entsprechend Variablen mit Vorzeichen und freie Variable.

2) Die reduzierten Kosten $\widetilde{c}_N$ (nach (6.24)), die die Optimalität einer Ecke bei $\widetilde{c}_N \ge 0$ anzeigen bzw. den Austauschschritt steuern (siehe (6.28) ff.) stehen in Relation zu den LAGRANGE-Multiplikatoren nach (6.45):

Sei U_{ad} in komprimierter Normalform gegeben, dann gelten bei Nichtdegeneriertheit der Ecke $-z_N = \widetilde{c}_N$ für die reduzierten Kosten (in Abschnitt 6.5 ist $\boldsymbol{c}$ eine Zeile, hier eine Spalte).

$$U_{\text{ad}} = \{\boldsymbol{x} \in \mathbb{R}^n : \quad A\boldsymbol{x} = \boldsymbol{b} \,,\ \boldsymbol{x} \geq \boldsymbol{0}\}$$

mit $A = (A_B|A_N) \in \mathbb{R}^{(m,n)}$, $A_B \in \mathbb{R}^{(m,m)}$ *sei invertierbar. Sei* $\boldsymbol{x} = \begin{pmatrix} \boldsymbol{x}_B \\ \hline \boldsymbol{x}_N \end{pmatrix}$ *eine zulässige Basislösung dazu, d. h.* $\boldsymbol{x}_N = \boldsymbol{0}$ *und*

$$A_B\boldsymbol{x}_B = \boldsymbol{b} \,, \quad \boldsymbol{x}_B \geq \boldsymbol{0} \,.$$

Die KKT-Bedingungen haben nach (6.45) *die Form*

$$\begin{aligned} \boldsymbol{c} + \begin{pmatrix} A_B^t \\ \hline A_N^t \end{pmatrix} \boldsymbol{y} + \boldsymbol{z} &= \boldsymbol{0} \\ \boldsymbol{z} &\leq \boldsymbol{0} \\ \boldsymbol{x}^t \boldsymbol{z} &= 0 \,. \end{aligned}$$

Mit $\boldsymbol{z} = \begin{pmatrix} \boldsymbol{z}_B \\ \hline \boldsymbol{z}_N \end{pmatrix}$ *liegt der* Ansatz $\boldsymbol{z}_B = \boldsymbol{0}$ *nahe (zwingend bei Nichtentartung der Ecke) und es ist zwingend*

$$\begin{aligned} A_B^t \boldsymbol{y} + \boldsymbol{c}_B &= \boldsymbol{0} \,, \\ \textit{wobei } \boldsymbol{c} &= \begin{pmatrix} \boldsymbol{c}_B \\ \hline \boldsymbol{c}_N \end{pmatrix} \end{aligned}$$

und somit

$$-\boldsymbol{z}_N = \boldsymbol{c}_N + A_N^t \boldsymbol{y} = \boldsymbol{c}_N - A_N^t A_B^{-t} \boldsymbol{c}_B = \tilde{\boldsymbol{c}}_N \,.$$

Erfüllt sein der Optimalitätsbedingung $\tilde{\boldsymbol{c}}_N \geq \boldsymbol{0}$ und der KKT-Bedingungen, die sich auf $\boldsymbol{z}_N \leq \boldsymbol{0}$ reduzieren, sind also das Gleiche.

3) Schreibt man das duale Problem aus 1) um durch Multiplikation der Nebenbedingungen mit (-1) und analog im Zielfunktional, bei Vertauschung in der Partitionierung in primaler Normalform, und bildet dann das duale Problem, so erhält man das primale Ausgangsproblem, kurz: „Das Dualproblem zum Dualproblem ist das Primalproblem".

4) Die Lösung eines primalen Problems (etwa mit dem Simplex-Verfahren) liefert über die LAGRANGE-Multiplikatoren auch eine Lösung des dualen Problems bzw. durch Lösung des dualen Problems (mit dem Simplex-Verfahren) (siehe 2)) erhält man analog eine Lösung des primalen Problems. Dieser Zugang liefert das *duale Simplex-Verfahren*. Dies kann wegen der Vertauschung von Nebenbedingungs- und Variablenanzahl von der Komplexität von Vorteil sein.

5) Verändert man in einem primalen LP die Nebenbedingungen bei Beibehaltung des Zielfunktionals, so ist eine primale zulässige Basislösung i. Allg. nicht mehr zulässig, während eine duale zulässige Basislösung zulässig bleibt und i. Allg. eine „gute Startnäherung" für das duale Simplex-Verfahren für das neue Problem darstellt. Solche Situationen treten bei *Schnittebenenverfahren* oder *Branch-and-Cut-Verfahren* auf (siehe WOLSEY 1998).

6) Die obigen Überlegungen beachten nicht die Dünnbesetztheit der Matrizen der Nebenbedingungen, was für Anwendungsprobleme typisch ist. Angepasste LR-Zerlegungen und Update-Strategien gehören zur *Numerik von Optimierungsproblemen* (siehe z. B. CHVATAL 1983). Anwendungsprobleme haben insbesondere oft eine große Variablenanzahl (typische Größenordnung: 10^5). Das *revidierte Simplex-Verfahren* ist hierfür eine effizientere Weiterentwicklung. △

Was Sie in diesem Abschnitt gelernt haben sollten

Begriffe:

- LAGRANGE-Multiplikator
- duales Problem
- Komplementaritätsbedingung

Zusammenhänge:

- Lemma von FARKAS (Theorem 6.66)
- KARUSH-KUHN-TUCKER-Bedingungen (Hauptsatz 6.68)
- Dualitätssatz (Theorem 6.71)

Aufgaben

Aufgabe 6.20 (T) Zeigen Sie anhand eines Gegenbeispiels, dass die Implikation „(ii)⇒(i)" in Satz 6.64 i. Allg. nicht für ein beliebiges differenzierbares Funktional f gilt d. h. (6.42) impliziert nicht, dass ein lokales Extremum vorliegt (vgl. auch Bemerkungen 6.65,2).

Aufgabe 6.21 (T) Sei A ein affiner Raum zu dem $\mathbb{R}$-Vektorraum V. $f : A \to \mathbb{R}$ heißt *konvex*, wenn

$$f(\alpha x + (1-\alpha)y) \leq \alpha f(x) + (1\alpha) f(y) \quad \text{für alle } \alpha \in [0,1]\,, \quad x, y \in A\,.$$

Zeigen Sie: Ist $A = \mathbb{R}^n$ und f differenzierbar, so ist f konvex im Sinn von (6.47).

Aufgabe 6.22 (T) Formulieren und beweisen Sie Alternativsätze nach Bemerkungen 6.67, 4).

Aufgabe 6.23 (T) Verifizieren Sie Bemerkungen 6.67, 5).

Aufgabe 6.24 (T) Entwickeln Sie die in Bemerkungen 6.72, 1) angekündigte Aussage und beweisen Sie diese durch Rückführung auf die Standardform von Theorem 6.71. Dabei kann $\boldsymbol{x}_2$ durch $\boldsymbol{x}_2 = \boldsymbol{x}_2^1 - \boldsymbol{x}_2^2$, $\boldsymbol{x}_2^i \geq \boldsymbol{0}$ ausgedrückt werden.

Kapitel 7
Lineare Algebra und Analysis

7.1 Normierte Vektorräume

7.1.1 Analysis auf normierten Vektorräumen

In Definition 1.91 wurde mit dem Begriff der Norm eine abstrakte Längenmessung auf einem $\mathbb{R}$-Vektorraum eingeführt. Dies geht genauso auf einem $\mathbb{K}$-Vektorraum, $\mathbb{K} \in \{\mathbb{R}, \mathbb{C}\}$.

Definition 7.1

Sei V ein $\mathbb{K}$-Vektorraum. Eine *Norm* auf V ist eine Abbildung von V nach $\mathbb{R}$ mit den Eigenschaften

1) $\|\boldsymbol{v}\| \geq 0,\ \|\boldsymbol{v}\| = 0 \Leftrightarrow \boldsymbol{v} = \boldsymbol{0}$ für $\boldsymbol{v} \in V$ *(Definitheit)*
2) $\|\gamma\, \boldsymbol{v}\| = |\gamma|\, \|\boldsymbol{v}\|$ für $\gamma \in \mathbb{K}, \boldsymbol{v} \in V$ *(Homogenität)*
3) $\|\boldsymbol{v} + \boldsymbol{w}\| \leq \|\boldsymbol{v}\| + \|\boldsymbol{w}\|$ für $\boldsymbol{v}, \boldsymbol{w} \in V$ *(Dreiecksungleichung)*

Normen können, müssen aber nicht, durch innere Produkte $\langle\, .\, \rangle$ erzeugt werden

$$\|\boldsymbol{v}\| := \sqrt{\langle \boldsymbol{v} \,.\, \boldsymbol{v} \rangle}$$

(siehe Satz 1.92 für $\mathbb{K} = \mathbb{R}$), wobei dann die CAUCHY-SCHWARZ-Ungleichung

$$|\langle \boldsymbol{v} \,.\, \boldsymbol{w} \rangle| \leq \|\boldsymbol{v}\|\, \|\boldsymbol{w}\| \qquad \text{für } \boldsymbol{v}, \boldsymbol{w} \in V$$

gilt (siehe (1.59)). Zu den in den Bemerkungen 1.93 schon genannten Beispielen fügen wir hinzu:

P. Knabner und W. Barth, *Lineare Algebra*,
https://doi.org/10.1007/978-3-662-55600-9_7

Bemerkungen 7.2

1) $(\mathbb{K}^n, \|\,.\,\|_p)$, $p \in \mathbb{R}$, $p \geq 1$, wobei

$$\|\boldsymbol{x}\|_p := \left(\sum_{i=1}^n |x_i|^p\right)^{1/p} \quad \text{für } \boldsymbol{x} = (x_i) \in \mathbb{K}^n\,, \tag{7.1}$$

ist ein normierter $\mathbb{K}$-Vektorraum. Für $p = 2$ handelt es sich um die euklidische Länge und $\|\,.\,\|_2$ wird vom euklidischen inneren Produkt

$$\langle \boldsymbol{x}\,.\,\boldsymbol{y}\rangle = \sum_{i=1}^n x_i\overline{y}_i\,, \quad \boldsymbol{x}, \boldsymbol{y} \in \mathbb{K}^n$$

erzeugt. Bei den Normeigenschaften ist nur die Dreiecksungleichung nicht offensichtlich, die hier auch MINKOWSKIsche Ungleichung heißt. Sie wird für $p > 1$ aus der

HÖLDER[1]schen Ungleichung

$$|\langle \boldsymbol{x}\,.\,\boldsymbol{y}\rangle| = \left|\sum_{i=1}^n x_i\overline{y}_i\right| \leq \|\boldsymbol{x}\|_p\|\boldsymbol{y}\|_q \quad \text{für } \boldsymbol{x}, \boldsymbol{y} \in \mathbb{K}^n \tag{7.2}$$

gefolgert, dabei ist

$$q := \left(1 - \frac{1}{p}\right)^{-1} = \frac{p}{p-1}\,, \qquad \text{für } p > 1$$
$$\text{und } q := \infty \text{ für } p = 1 \quad \text{bzw.} \quad q := 1 \text{ für } p = \infty$$

die zu p *konjugierte Potenz*, also gilt $\frac{1}{p} + \frac{1}{q} = 1$, setzt man $1/\infty := 0$. Ein Beweis findet sich z. B. in AMANN und ESCHER 1998, S. 343. Für $p = 2$ ist also (7.2) wieder die CAUCHY-SCHWARZ-Ungleichung.

Die Dreiecksungleichung $\|\boldsymbol{x} + \boldsymbol{y}\|_p \leq \|\boldsymbol{x}\|_p + \|\boldsymbol{y}\|_p$ kann auf diese Weise gefolgert werden: Für $p = 1$ ist sie offensichtlich, für $p > 1$ sei o. B. d. A. $\|\boldsymbol{x} + \boldsymbol{y}\|_p > 0$. Wegen

$$|x_i + y_i|^p \leq (|x_i| + |y_i|)\,|x_i + y_i|^{p-1} =: (a_i + b_i)\ c_i$$

folgt mit (7.2)

$$\begin{aligned}\|\boldsymbol{x} + \boldsymbol{y}\|_p^p &= \langle \boldsymbol{a}\,.\,\boldsymbol{c}\rangle + \langle \boldsymbol{b}\,.\,\boldsymbol{c}\rangle \leq \|\boldsymbol{a}\|_p\,\|\boldsymbol{c}\|_q + \|\boldsymbol{b}\|_p\,\|\boldsymbol{c}\|_q = \left(\|\boldsymbol{x}\|_p + \|\boldsymbol{y}\|_p\right)\left(\sum_{i=1}^n |x_i + y_i|^p\right)^{\frac{p-1}{p}} \\ &= \left(\|\boldsymbol{x}\|_p + \|\boldsymbol{y}\|_p\right)\,\|\boldsymbol{x} + \boldsymbol{y}\|_p^{p-1}\end{aligned}$$

d. h. die Behauptung.

2) Ein analoges Beispiel mit unendlich vielen Komponenten ergibt sich durch

[1] Otto Ludwig HÖLDER ∗22. Dezember 1859 in Stuttgart †29. August 1937 in Leipzig

$$(l^p(\mathbb{K}), \|\,.\,\|_p),\, p \in \mathbb{R},\, p \geq 1.$$

Dabei ist $l^p(\mathbb{K})$ der Folgenraum

$$l^p(\mathbb{K}) := \{(x_n)_n : (x_n)_n \text{ ist Folge in } \mathbb{K} \text{ und } \sum_{n=1}^{\infty} |x_n|^p \text{ konvergiert}\}\,.$$

Auf $l^p(\mathbb{K})$ ist also die folgende Abbildung nach $\mathbb{R}$ wohldefiniert:

$$\|(x_n)_n\|_p := \left(\sum_{n=1}^{\infty} |x_n|^p\right)^{1/p} \tag{7.3}$$

für die Definitheit und Homogenität offensichtlich sind, so dass nur noch die Dreiecksungleichung zu zeigen ist, die analog zu 1) aus

der HÖLDERschen Ungleichung für

$$\langle (x_n)_n\,.\,(y_n)_n \rangle := \sum_{n=1}^{\infty} x_n \overline{y}_n\,, \tag{7.4}$$

d. h. für $\frac{1}{p} + \frac{1}{q} = 1$ bei $p, q \geq 1$. aus

$$|\langle (x_n)_n\,.\,(y_n)_n \rangle| \leq \|(x_n)_n\|_p \|(y_n)_n\|_q \tag{7.5}$$

folgt. Ein Beweis dafür folgt sofort aus (7.2), angewendet auf die Partialsummen. Für $p = 2$ ist (7.4) ein inneres Produkt auf $l^2(\mathbb{K})$ (wegen (7.5) wohldefiniert) und (7.5) wird wieder zur CAUCHY-SCHWARZ-Ungleichung. Also:
$(l^2(\mathbb{K}), \langle\,.\,\rangle)$ ist ein euklidischer bzw. unitärer Raum mit $\|\,.\,\|_2$ als erzeugter Norm. Die $l^p(\mathbb{K})$ sind also auch als Menge unterschiedlich. Es gilt

$$p_1 < p_2 \Rightarrow l^{p_1}(\mathbb{K}) \subsetneq l^{p_2}(\mathbb{K})\,.$$

Die $l^p(\mathbb{K})$ sind unendlichdimensional.

3) Das kontinuierliche Analogon zu 1) oder 2) könnte dann, z. B. auf einem abgeschlossenen Intervall $[a, b], a < b$, sein:

$$(C([a, b], \mathbb{K}), \|\,.\,\|_p)\,.$$

Dabei ist $C([a, b], \mathbb{K})$ (siehe (3.10)) der Raum der stetigen Funktionen $f : [a, b] \to \mathbb{K}$ und

$$\|f\|_p := \left(\int_a^b |f(t)|^p dt\right)^{1/p} .$$

$\|\,.\,\|_p$ ist eine Norm auf $(C[a,b],\mathbb{K})$, wobei die Dreiecksungleichung wieder aus der HÖLDERschen Ungleichung

$$\langle f\,.\,g\rangle \leq \|f\|_p\|g\|_q ,$$

für $p,q \geq 1$ mit $\frac{1}{p}+\frac{1}{q}=1$ folgt. Ein Beweis dafür findet sich z. B. in AMANN und ESCHER 1998, S. 343.

$$\langle f\,.\,g\rangle := \int_a^b f(t)\overline{g(t)}dt$$

ist dabei das für $\mathbb{K}=\mathbb{R}$ schon in Bemerkung 1.90 und für $\mathbb{K}=\mathbb{C}$ in (3.21) eingeführte innere Produkt. Also:
$C([a,b],\mathbb{K}),\langle\,.\,\rangle)$ ist ein euklidischer bzw. unitärer Raum und $\|\,.\,\|_2$ ist die erzeugte Norm.

4) Ist $\|\,.\,\|$ eine Norm auf $\mathbb{R}^n$, dann ist $\|\boldsymbol{x}+i\boldsymbol{y}\| := \|\boldsymbol{x}\|+\|\boldsymbol{y}\|$ eine Norm auf $\mathbb{C}^n$. Dabei kann $|a|+|b| = \left\|\binom{a}{b}\right\|_1$ durch jede Norm auf $\mathbb{R}^2$ ersetzt werden.

△

Sei nun $(V,\|\,.\,\|)$ ein beliebiger (insbesondere auch unendlichdimensionaler) $\mathbb{K}$-Vektorraum.
– Ein (abstrakter) Vektor $\boldsymbol{v}$ in V kann also ein Zahlentupel, eine Folge oder eine Funktion sein.–
Mit der durch $\|\,.\,\|$ definierten Abstandsfunktion

$$d(\boldsymbol{v},\boldsymbol{w}) := \|\boldsymbol{v}-\boldsymbol{w}\| ,$$

die eine Metrik (siehe Anhang Definition C.1) auf V darstellt, kann genau so Analysis betrieben werden, wie es in der Analysis für $V=\mathbb{K}^n, \|\,.\,\| = \|\,.\,\|_2$ entwickelt wird. Auf der Basis von d definiert man also in V:

- abgeschlossene Kugel
- offene Kugel
- abgeschlossene Menge
- offene Menge
- beschränkte Menge
- Konvergenz von Folgen $(\boldsymbol{v}_n)_n$ in V
- CAUCHY-Folge in V
- Stetigkeit von Abbildungen $\Phi : V \to W$,
  wobei V, W normierte $\mathbb{K}$-Vektorräume mit Normen $\|\,.\,\|_V, \|\,.\,\|_W$ sind.

Viele aus der Analysis bekannten Aussagen gelten auch hier (siehe Anhang C).
Sei $\Phi \in \mathrm{Hom}(\mathbb{K}^n,\mathbb{K}^m)$ dargestellt durch

$$A = (a_{i,j}) \in \mathbb{K}^{(m,n)} .$$

Dann folgt durch Anwendung der CAUCHY-SCHWARZ-Ungleichung auf $\langle \boldsymbol{a}_{(i)} \,.\, \boldsymbol{x} \rangle^2$, wobei $\boldsymbol{a}_{(i)}$ die i-te Zeile von A bezeichnet, und Aufsummation der Quadrate:

$$\|A\boldsymbol{x}\|_2 \leq C\|\boldsymbol{x}\|_2 \text{ für alle } \boldsymbol{x} \in \mathbb{K}^n ,$$

wobei

$$C := \left(\sum_{i,j=1}^{n} |a_{i,j}|^2 \right)^{1/2} , \tag{7.6}$$

also insbesondere

$$\|A\boldsymbol{x} - A\boldsymbol{y}\|_2 \leq C\|\boldsymbol{x} - \boldsymbol{y}\|_2 .$$

Auf $\mathbb{K}^n$ ist also jede lineare Abbildung stetig (bezüglich $\|\,.\,\|_2$), sogar LIPSCHITZ[2]-stetig:

Definition 7.3

Seien $(V, \|\,.\,\|_V)$, $(W, \|\,.\,\|_W)$ normierte $\mathbb{K}$-Vektorräume. Sei $\Phi : V \to W$ eine Abbildung (i. Allg. nichtlinear). Φ heißt *LIPSCHITZ-stetig* (mit LIPSCHITZ-Konstante $L > 0$), wenn gilt

$$\|\Phi(\boldsymbol{v}_1) - \Phi(\boldsymbol{v}_2)\|_W \leq L\|\boldsymbol{v}_1 - \boldsymbol{v}_2\|_V \quad \text{für } \boldsymbol{v}_1, \boldsymbol{v}_2 \in V .$$

Bei LIPSCHITZ-stetigen Abbildungen ist die „ε-δ-Beziehung“ folglich nicht lokal und nur qualitativ, sondern überall durch $\delta := \varepsilon/L$ gegeben, i. Allg. ist also LIPSCHITZ-Stetigkeit eine viel schärfere Forderung als Stetigkeit. Das gilt nicht für lineare Abbildungen.

Theorem 7.4: stetig $\leftrightarrow$ beschränkt für lineare Operatoren

Seien $(V, \|\,.\,\|_V)$ und $(W, \|\,.\,\|_W)$ normierte $\mathbb{K}$-Vektorräume, $\Phi \in \mathrm{Hom}(V, W)$. Dann sind äquivalent:

(i) Φ ist *beschränkt*, d. h. es existiert ein $L > 0$, so dass

$$\|\Phi\boldsymbol{v}\|_W \leq L\|\boldsymbol{v}\|_V \quad \text{für } \boldsymbol{v} \in V .$$

(ii) Φ ist LIPSCHITZ-stetig mit LIPSCHITZ-Konstante $L > 0$.

[2] Rudolf Otto Sigismund LIPSCHITZ $*$14. Mai 1832 in Königsberg †7. Oktober 1903 in Bonn

(iii) Φ ist stetig in v_0 für ein $v_0 \in V$.

(iv) Φ ist stetig in $v = \mathbf{0}$.

Beweis: Auf die Normindizierung wird verzichtet. (i) $\Rightarrow$ (ii) $\Rightarrow$ (iii) sind klar, (iii) $\Rightarrow$ (iv) gilt, da zu $\varepsilon > 0$ ein $\delta > 0$ existiert, so dass

$$\|\Phi v - \Phi \mathbf{0}\| = \|\Phi(v + v_0) - \Phi v_0\| \leq \varepsilon$$

gilt, wenn $\|v - \mathbf{0}\| = \|v + v_0 - v_0\| \leq \delta$, so dass nur (iv) $\Rightarrow$ (i) zu zeigen bleibt.

Sei Φ stetig in $v = \mathbf{0}$. Dann gibt es zu $\varepsilon = 1$ ein $a := \delta(1) > 0$, so dass

$$\|\Phi v - \Phi \mathbf{0}\| \leq 1 \quad \text{für } \|v - \mathbf{0}\| \leq a\,.$$

Sei $v \in V$, $v \neq \mathbf{0}$, dann $\left\|\frac{a}{\|v\|} v\right\| = a$ und daher $\frac{a}{\|v\|}\|\Phi v\| = \|\Phi\left(\frac{a}{\|v\|} v\right)\| \leq 1$, so dass für alle $v \in V$ gilt

$$\|\Phi v\| \leq \frac{1}{a}\|v\|\,. \qquad \square$$

Bemerkungen 7.5

1) Sei $\Phi, \Psi : V \to W$ linear, wobei V, W normierte $\mathbb{K}$-Vektorräume seien.
Sind Φ, Ψ beschränkt, dann sind auch $\Phi + \Psi$ und $\lambda\Phi$ für $\lambda \in \mathbb{K}$ beschränkt.

2) Sei $(V, \|\,.\,\|)$ ein n-dimensionaler normierter $\mathbb{K}$-Vektorraum, $\mathcal{B} := [v_1, \ldots, v_n]$ eine festgewählte Basis von V, $\Psi_{\mathcal{B}}$ die Koordinatenabbildung, d. h. das durch

$$\Psi_{\mathcal{B}}(v_i) = e_i, i = 1, \ldots, n$$

eindeutig festgelegte $\Psi_{\mathcal{B}} \in \mathrm{Hom}(V, \mathbb{K}^n)$.
Dann ist $\Psi_{\mathcal{B}}^{-1} \in \mathrm{Hom}(\mathbb{K}^n, V)$ stetig, wenn $\mathbb{K}^n$ mit der euklidischen Norm versehen wird.

Das kann man folgendermaßen einsehen:
Sei

$$v = \sum_{i=1}^{n} a_i v_i \in V, \qquad a = (a_i)_i \in \mathbb{K}^n\,,$$

also $\Psi_{\mathcal{B}}(v) = a$ *und*

$$\|v\| = \|\sum_{i=1}^{n} a_i v_i\| \leq \sum_{i=1}^{n} |a_i|\,\|v_i\| \leq L\|a\|_2 \tag{7.7}$$

nach der CAUCHY-SCHWARZ*-Ungleichung auf* $\mathbb{R}^n$, *wobei*

$$L := \left(\sum_{i=1}^{n} \|v_i\|^2\right)^{1/2}\,.$$

$\triangle$

Eine weitere wichtige (nichtlineare) stetige Abbildung auf $(V, \|\,.\,\|)$ wird durch die Norm selbst definiert. Aus der Dreiecksungleichung folgt die umgekehrte Dreiecksungleichung

$$\big|\,\|\boldsymbol{v}\| - \|\boldsymbol{w}\|\,\big| \leq \|\boldsymbol{v} - \boldsymbol{w}\| \qquad \text{für } \boldsymbol{v}, \boldsymbol{w} \in V$$

(Beweis als Übung), also:

Satz 7.6: Norm LIPSCHITZ-stetig

Sei $(V, \|\,.\,\|)$ ein normierter $\mathbb{K}$-Vektorraum.
Die Abbildung

$$f : (V, \|\,.\,\|) \to (\mathbb{R}, |\,.\,|), \quad \boldsymbol{v} \mapsto \|\boldsymbol{v}\|$$

ist LIPSCHITZ-stetig mit LIPSCHITZ-Konstante 1.

Bemerkung 7.7 Verwandt mit Satz 7.6 ist im Fall eines euklidischen bzw. unitären Raums $(V, \langle\,.\,\rangle)$ auch die Abbildung

$$\langle\,.\,\rangle : V \times V \to \mathbb{K}, (\boldsymbol{v}, \boldsymbol{w}) \mapsto \langle \boldsymbol{v}\,.\,\boldsymbol{w}\rangle$$

stetig (aber nicht LIPSCHITZ-stetig). Dabei ist auf $V \times V$ eine Norm durch

$$\|(\boldsymbol{v}, \boldsymbol{w})\| := (\|\boldsymbol{v}\|^2 + \|\boldsymbol{w}\|^2)^{1/2}$$

definiert. Diese Aussage ergibt sich aus der CAUCHY-SCHWARZ-Ungleichung:

$$|\langle \boldsymbol{v}_1\,.\,\boldsymbol{w}_1\rangle - \langle \boldsymbol{v}_2\,.\,\boldsymbol{w}_2\rangle| \leq \|(\boldsymbol{v}_1, \boldsymbol{w}_2)\|\,\|(\boldsymbol{v}_1 - \boldsymbol{v}_2, \boldsymbol{w}_1 - \boldsymbol{w}_2)\| \qquad \triangle$$

Argumentationen über Satz 7.6 sind sehr nützlich. Aus der Stetigkeit der Norm zusammen mit der Charakterisierung von Stetigkeit in Satz C.9 ergibt sich z. B. sofort die Offenheit der offenen Kugel $K := \{\boldsymbol{v} : \|\boldsymbol{v} - \boldsymbol{a}\| < \varepsilon\}$ über

$$K = f^{-1}((-1, \varepsilon))\,,$$

wobei $f(\boldsymbol{v}) := \|\boldsymbol{v} - \boldsymbol{a}\|$ eine stetige Abbildung von V nach $\mathbb{R}$ ist.

Etwas Vorsicht ist mit dem Begriff der Kompaktheit geboten. Hier verallgemeinert sich das HEINE-BOREL[34]-Kriterium (siehe Anhang C, Definition C.10 ff.), aber nur für den endlichdimensionalen Fall.

[3] Heinrich Eduard HEINE ∗18. März 1821 in Berlin †21. Oktober 1881 in Halle (Saale)

[4] Félix Édouard Justin Émile BOREL ∗7. Januar 1871 in Saint-Affrique †3. Februar 1956 in Paris

7.1.2 Normen und Dimension

Ist es notwendig verschiedene Normen auf einem Raum zu betrachten? Lineare Skalierungen einer Norm, wie etwa

$$\|\boldsymbol{v}\|' := \alpha\|\boldsymbol{v}\| \quad \text{für } \boldsymbol{v} \in V$$

für festes $\alpha > 0$ und einen normierten $\mathbb{K}$-Vektorraum, ändern nur die Längenwerte, nicht aber Konvergenz-, Stetigkeits-, etc. -aussagen. Das Gleiche gilt für nichtlineare Skalierungen, wenn diese durch lineare abschätzbar sind.

Definition 7.8

Sei V ein $\mathbb{K}$-Vektorraum, $\|\,.\,\|$, $\|\,.\,\|'$ seien Normen auf V.
$\|\,.\,\|$ heißt *stärker* als $\|\,.\,\|'$, wenn ein $\beta > 0$ existiert, so dass

$$\|\boldsymbol{v}\|' \leq \beta\|\boldsymbol{v}\| \quad \text{für alle } \boldsymbol{v} \in V\,.$$

Ist $\|\,.\,\|$ stärker als $\|\,.\,\|'$ und $\|\,.\,\|'$ stärker als $\|\,.\,\|$, d. h. gibt es $\alpha, \beta > 0$, so dass

$$\alpha\|\boldsymbol{v}\| \leq \|\boldsymbol{v}\|' \leq \beta\|\boldsymbol{v}\| \quad \text{für alle } \boldsymbol{v} \in V\,,$$

dann heißen $\|\,.\,\|$ und $\|\,.\,\|'$ *äquivalent.*

Bemerkungen 7.9

1) Ist also $\|\,.\,\|$ stärker als $\|\,.\,\|'$ auf einem Vektorraum V, so folgt für eine beliebige Folge $(\boldsymbol{v}_n)_n$ in V:

$$\begin{aligned} \text{Gilt } \boldsymbol{v}_n \to \boldsymbol{v} \text{ für } n \to \infty \text{ bezüglich } \|\,.\,\| \quad & (\text{also } \|\boldsymbol{v}_n - \boldsymbol{v}\| \to 0 \text{ für } n \to \infty),\\ \text{dann gilt auch } \boldsymbol{v}_n \to \boldsymbol{v} \text{ für } n \to \infty \text{ bezüglich } \|\,.\,\|' \quad & (\text{also } \|\boldsymbol{v}_n - \boldsymbol{v}\|' \to 0 \text{ für } n \to \infty) \end{aligned}$$

Man betrachte dazu $\|\boldsymbol{v}_n - \boldsymbol{v}\|' \leq \beta\|\boldsymbol{v}_n - \boldsymbol{v}\|$.

Dasselbe gilt für CAUCHY-Folgen oder beschränkte Folgen. Eine äquivalente Formulierung ist:

$$\Phi : (V, \|\,.\,\|) \to (V, \|\,.\,\|'), \ \boldsymbol{v} \mapsto \boldsymbol{v} \qquad \text{(die \textit{Einbettung} von } (V, \|\,.\,\|) \text{ nach } (V, \|\,.\,\|'))$$

ist stetig (vergleiche Theorem 7.4).

2) Bei äquivalenten Normen sind also die konvergenten Folgen identisch, und damit auch die offenen, abgeschlossenen, kompakten, ... Mengen und die stetigen Abbildungen. Man sagt auch: Die von den Normen erzeugten *Topologien* sind gleich.

3) Die Äquivalenz von Normen ist eine Äquivalenzrelation auf der „Kategorie" der normierten $\mathbb{K}$-Vektorräume, d. h.

- $(V, \|\,.\,\|)$ ist äquivalent zu $(V, \|\,.\,\|)$.
- Ist $(V, \|\,.\,\|)$ zu $(V, \|\,.\,\|')$ äquivalent, dann auch $(V, \|\,.\,\|')$ zu $(V, \|\,.\,\|)$.
- Ist $(V, \|\,.\,\|)$ zu $(V, \|\,.\,\|')$ äquivalent, $(V, \|\,.\,\|')$ zu $(V, \|\,.\,\|'')$ äquivalent, dann auch $(V, \|\,.\,\|)$ zu $(V, \|\,.\,\|'')$. △

Im Sinne der Äquivalenz von Normen gibt es auf einem endlichdimensionalen Vektorraum im Wesentlichen nur eine Norm:

Hauptsatz 7.10: alle Normen äquivalent auf endlichdimensionalem Raum

Sei V ein endlichdimensionaler $\mathbb{K}$-Vektorraum, $\|\,.\,\|$ und $\|\,.\,\|'$ seien Normen auf V. Dann sind $\|\,.\,\|$ und $\|\,.\,\|'$ äquivalent.

Beweis: Wegen Bemerkungen 7.9, 3) reicht es, eine feste Norm $\|\,.\,\|'$ auf V anzugeben und die Äquivalenz einer beliebigen Norm $\|\,.\,\|$ dazu zu zeigen.
Sei $\{\boldsymbol{v}_1, \ldots, \boldsymbol{v}_n\}$ eine fest gewählte Basis von V. Dann definiert

$$\|\boldsymbol{v}\|' := \left\| \textstyle\sum_{i=1}^n a_i \boldsymbol{v}_i \right\|' := \left(\textstyle\sum_{i=1}^n |a_i|^2 \right)^{1/2} = \|\boldsymbol{a}\|_2$$

eine Norm auf V (Übung).

Sei $\|\,.\,\|$ eine beliebige Norm auf V. Dann folgt aus (7.7), dass $\|\,.\,\|'$ stärker ist als $\|\,.\,\|$. Es fehlt somit noch die Umkehrrichtung, also die Existenz einer Konstanten $\alpha > 0$, so dass

$$\alpha \|\boldsymbol{v}\|' \leq \|\boldsymbol{v}\| \quad \text{für alle } \boldsymbol{v} \in V \tag{7.8}$$

bzw. äquivalent die Stetigkeit der Koordinatenabbildung aus Bemerkungen 7.5, 2). Betrachte dazu die Abbildung f von $\mathbb{K}^n$ nach $\mathbb{R}$, definiert durch

$$\boldsymbol{a} = (a_i)_i \mapsto \sum_{i=1}^n a_i \boldsymbol{v}_i \to \left\| \sum_{i=1}^n a_i \boldsymbol{v}_i \right\| .$$

Nach Bemerkungen 7.5, 2) und Satz 7.6 ist f die Komposition zweier stetiger Abbildungen und damit stetig. Sei

$$K := \{\boldsymbol{x} \in \mathbb{K}^n : \|\boldsymbol{x}\|_2 = 1\} ,$$

wobei $\|\,.\,\|_2$ die euklidische Norm auf $\mathbb{K}^n$ bezeichnet. K ist abgeschlossen und beschränkt, also kompakt (siehe Satz C.11, 2)). Daher nimmt f auf K sein Infimum m an (siehe Satz C.12, 2)), etwa an der Stelle $\widehat{\boldsymbol{x}} \in K$, also gilt für alle $\boldsymbol{x} \in K$:

$$f(\boldsymbol{x}) \geq f(\widehat{\boldsymbol{x}}) = m .$$

Es ist $m > 0$, da sonst $\sum_{i=1}^n \widehat{x}_i \boldsymbol{v}_i = \boldsymbol{0}$ und damit auch $\widehat{\boldsymbol{x}} = \boldsymbol{0}$ im Widerspruch zu $\widehat{\boldsymbol{x}} \in K$.

Für beliebige $\boldsymbol{v} \in V$, $\boldsymbol{v} \neq \boldsymbol{0}$, $\boldsymbol{v} = \sum_{i=1}^n x_i \boldsymbol{v}_i$ folgt also: Für

$$w := \frac{1}{\|v\|'} v = \sum_{i=1}^{n} y_i v_i = \sum_{i=1}^{n} \frac{x_i}{\|v\|'} v_i$$

ist $\|w\|' = 1$, also $\|y\|_2 = 1$ und damit $y \in K$ und somit

$$\frac{1}{\|v\|'} \|v\| = \left\| \sum_{i=1}^{n} y_i v_i \right\| = f(y) \geq m \, ,$$

so dass $\alpha := m$ gewählt werden kann. □

Bemerkungen 7.11

1) Mit (7.8) ist also gezeigt: Die Koordinatenabbildung $\Psi_B : (V, \|\,.\,\|) \to (\mathbb{K}^n, \|\,.\,\|_2)$ ist stetig (nicht nur ihre Umkehrabbildung, wie schon in (7.7) gezeigt).

2) Auf $\mathbb{K}^n$ reicht es also, Konvergenz bezüglich einer spezifischen Norm zu betrachten, z. B.

$$\|x\|_\infty := \max\{|x_i| : i = 1, \ldots, n\}$$

der Maximumsnorm (oder auch einer der p-Normen). Da aber für $x \in \mathbb{K}^n, x = (x_i)_i$ offensichtlich gilt

$$\|x\|_\infty \leq \varepsilon \Leftrightarrow |x_i| \leq \varepsilon \quad \text{für } i = 1, \ldots, n \, ,$$

folgt:

Sei $(x_k)_k$ eine Folge in $\mathbb{K}^n, k = 1, 2, \ldots, x_k = (x_{i,k})_i$. Dann sind äquivalent:

(i) $(x_k)_k$ ist konvergent gegen x [ist CAUCHY-Folge] bezüglich einer Norm $\|\,.\,\|$ für $k \to \infty$.

(ii) $(x_k)_k$ ist konvergent gegen x [ist CAUCHY-Folge] bezüglich $\|\,.\,\|_\infty$ für $k \to \infty$.

(iii) Die Komponentenfolgen $(x_{i,k})_k$ sind konvergent gegen x_i [sind CAUCHY-Folgen] für $k \to \infty$ und alle $i = 1, \ldots, n$.

Auf Grund dessen können wir die Definitionen von (1.50), (3.10) bzw. (3.11) verallgemeinern zu

$$\begin{aligned} C([a,b], \mathbb{K}^n) &:= \{f : [a,b] \to \mathbb{K}^n : f \text{ ist stetig}\} \\ C^q((a,b), \mathbb{K}^n) &:= \{f : [a,b] \to \mathbb{K}^n : f \text{ ist stetig auf } [a,b] \, , \\ &\qquad q\text{-mal stetig differenzierbar auf } (a,b)\} \quad \text{für } q \in \mathbb{N} \, . \end{aligned} \tag{7.9}$$

Dabei kann Stetigkeit als Stetigkeit der Komponentenfunktion f_i von $f = (f_i)_i$ verstanden werden und analog Differenzierbarkeit (siehe auch Definition 7.75 ff.).

3)

Seien $(V, \|\,.\,\|_V), (W, \|\,.\,\|_W)$ beliebige normierte $\mathbb{K}$-Vektorräume, $\Phi \in \mathrm{Hom}(V, W)$. Weiter sei V endlichdimensional. Dann ist Φ stetig.

Das kann man folgendermaßen einsehen:
Da nach Satz 2.3 $\dim \mathrm{Bild}\,\Phi \leq \dim V < \infty$ *kann auch* W *als endlichdimensional angenommen werden. Wegen der Stetigkeit der Koordinatenabbildungen und ihrer Umkehrabbildungen reicht es, die Stetigkeit der durch die Darstellungsmatrix definierten Abbildung, d. h. von*

$$A : (\mathbb{K}^n, \|\,.\,\|_2) \to (\mathbb{K}^m, \|\,.\,\|_2)$$

zu betrachten, $(n := \dim V, m := \dim W)$*, da*

$$\Phi = \Xi_{\mathcal{B}_2}^{-1} \circ A \circ \Psi_{\mathcal{B}_1} ,$$

wenn $\mathcal{B}_1$ *eine fest gewählte Basis von* V *und* $\mathcal{B}_2$ *von* W *ist.*

Für $A = (a_{i,j}) \in \mathbb{K}^{(m,n)}$ gilt (siehe (7.6))

$$\|A\boldsymbol{x}\|_2 \leq L\|\boldsymbol{x}\|_2 ,$$

wobei

$$L := \left(\sum_{i=1}^{n} \sum_{j=1}^{n} |a_{i,j}| \right)^{1/2} .$$

A ist also beschränkt mit LIPSCHITZ-Konstante L und nach Theorem 7.4 stetig.

4) Mögliche Äquivalenzkonstanten für $\|\,.\,\|_1, \|\,.\,\|_2$ und $\|\,.\,\|_\infty$ auf $\mathbb{K}^n$ ergeben sich aus:

$$\|\boldsymbol{x}\|_\infty \leq \|\boldsymbol{x}\|_1 \leq n\|\boldsymbol{x}\|_\infty$$
$$\|\boldsymbol{x}\|_\infty \leq \|\boldsymbol{x}\|_2 \leq n^{1/2}\|\boldsymbol{x}\|_\infty .$$

△

Bemerkungen 7.12 Seien V_1, V_2 (oder auch $V_1, \ldots, V_n$) (nicht notwendig endlichdimensionale) $\mathbb{K}$-Vektorräume.

1) Dann ist auch $V_1 \times V_2$ (bzw. $V_1 \times \ldots \times V_n$) nach Beispiele 3.15, 5) mit einer $\mathbb{K}$-Vektorraumstruktur versehen. Seien $\|\,.\,\|_i$ Normen auf V_i, dann wird für $(\boldsymbol{v}_1, \ldots, \boldsymbol{v}_n) \in V_1 \times \ldots \times V_n$ durch

$$\|(\boldsymbol{v}_1, \ldots, \boldsymbol{v}_n)\| = \left\|(\|\boldsymbol{v}_1\|_1, \ldots, \|\boldsymbol{v}_n\|_n)^t\right\|_*$$

eine Norm auf $V_1 \times \ldots \times V_n$ definiert. Dabei ist $\|\,.\,\|_*$ eine beliebige Norm auf $\mathbb{K}^n$ und die Normen sind für alle Wahlen von $\|\,.\,\|_*$ äquivalent.
Die Normeigenschaften rechnet man sofort nach, die Äquivalenz folgt aus Hauptsatz 7.10.

Eine mögliche Wahl ist also

$$\|(\boldsymbol{v}_1, \ldots, \boldsymbol{v}_n)\| := \max_{i=1}^{n} \|\boldsymbol{v}_i\|_i \ . \tag{7.10}$$

2) Die Charakterisierung von Stetigkeit (bei $\mathbf{0}$) durch Beschränktheit aus Theorem 7.4 lässt sich von linearen Abbildungen auf nichtlineare übertragen. Dabei seien $V_1 \times \ldots \times V_n$, W normierte $\mathbb{K}$-Vektorräume,

$$\Phi : V_1 \times \ldots \times V_n \to W$$

sei multilinear, d. h. bei Festhalten von $n-1$ Variablen (außer $\boldsymbol{v}_i$) entsteht eine lineare Abbildung von V_i nach W. $V_1 \times \ldots \times V_n$ sei mittels (7.10) normiert.

Dann sind äquivalent:

(i) Φ ist beschränkt, d. h. es gibt ein $L > 0$ so dass

$$\|\Phi(\boldsymbol{v}_1, \ldots, \boldsymbol{v}_n)\| \le L \prod_{i=1}^{n} \|\boldsymbol{v}_i\|_i \tag{7.11}$$

(ii) Φ ist stetig auf $V_1 \times \ldots \times V_n$

(iii) Φ ist stetig in $(\mathbf{0}, \ldots, \mathbf{0})$

Der Beweis verläuft analog zu dem von Theorem 7.4. Wir beschränken uns auf $n = 2$.
(i) $\Rightarrow$ (ii):

$$\begin{aligned}\|\Phi(\boldsymbol{v}_1, \boldsymbol{v}_2) - \Phi(\boldsymbol{w}_1, \boldsymbol{w}_2)\| &= \|\Phi(\boldsymbol{v}_1, \boldsymbol{v}_2) - \Phi(\boldsymbol{w}_1, \boldsymbol{v}_2) + \Phi(\boldsymbol{w}_1, \boldsymbol{v}_2) - \Phi(\boldsymbol{w}_1, \boldsymbol{w}_2)\| \\ &\le L(\|\boldsymbol{v}_1 - \boldsymbol{w}_1\|_1 \|\boldsymbol{v}_2\|_2 + \|\boldsymbol{w}_1\|_1 \|\boldsymbol{v}_2 - \boldsymbol{w}_2\|_2)\end{aligned}$$

und daraus folgt die Behauptung
(ii) $\Rightarrow$ (iii): ist klar
(iii) $\Rightarrow$ (i): Die Behauptung ist für beliebige $L > 0$ richtig, sofern $\boldsymbol{v}_i = \mathbf{0}$ für ein i gilt, da dann $\Phi(\boldsymbol{v}_1, \boldsymbol{v}_2) = \mathbf{0}$. Zu $\epsilon = 1$ existiert $\delta > 0$, so dass $\|\Phi(\boldsymbol{v}_1, \boldsymbol{v}_2)\| \le 1$ für $\max(\|\boldsymbol{v}_1\|_1, \|\boldsymbol{v}_2\|_2) \le \delta$. Also ist für beliebige $\boldsymbol{v}_i \in V_i, \boldsymbol{v}_i \neq \mathbf{0}$

$$\left\| \Phi\left(\frac{\delta}{\|\boldsymbol{v}_1\|_1} \boldsymbol{v}_1, \frac{\delta}{\|\boldsymbol{v}_2\|_2} \boldsymbol{v}_2 \right) \right\| \le 1$$

und damit

$$\|\Phi(\boldsymbol{v}_1, \boldsymbol{v}_2)\| \le \frac{1}{\delta^2} \|\boldsymbol{v}_1\|_1, \|\boldsymbol{v}_2\|_2 \ .$$

3) Neben linearen sind uns auch schon einige nichtlineare Abbildungen begegnet: Linear (und damit stetig) sind z. B.

$$\begin{aligned}&\boldsymbol{x} \mapsto A\boldsymbol{x} \in \mathbb{K}^m \text{ für } \boldsymbol{x} \in \mathbb{K}^n, \text{ und festes } A \in \mathbb{K}^{(m,n)} \ , \\ &A \mapsto A\boldsymbol{x} \in \mathbb{K}^m \text{ für } A \in \mathbb{K}^{(m,n)} \text{ und festes } \boldsymbol{x} \in \mathbb{K}^n \ .\end{aligned}$$

Nichtlinear sind dagegen

(1) $(A, \boldsymbol{x}) \mapsto A\boldsymbol{x}$ als Abbildung von $\mathbb{K}^{(m,n)} \times \mathbb{K}^n$ nach $\mathbb{K}^m$.

(2) $(\boldsymbol{a}, \boldsymbol{b}) \mapsto \boldsymbol{a} \times \boldsymbol{b}$ als Abbildung von $\mathbb{R}^3 \times \mathbb{R}^3$ nach $\mathbb{R}^3$.

(3) $(A, B) \mapsto AB$ als Abbildung von $\mathbb{K}^{(m,p)} \times \mathbb{K}^{(p,n)}$ nach $\mathbb{K}^{(m,n)}$.

(4) $A \mapsto \det A$ als Abbildung von $\mathbb{K}^{(n,n)}$ nach $\mathbb{K}$.

Dann sind aber die ersten drei Abbildungen bilinear (siehe Hauptsatz 2.130, 2)) und alle stetig.

Die Stetigkeit kann im bilinearen Fall über (7.11) bewiesen werden. Im Fall (2) folgt etwa aus Satz 2.131, 3):

$$\|\boldsymbol{a} \times \boldsymbol{b}\| = \sin\alpha \, \|\boldsymbol{a}\| \, \|\boldsymbol{b}\| \leq \|\boldsymbol{a}\| \, \|\boldsymbol{b}\| ,$$

d. h. die Beschränktheit. Ein anderer Zugang besteht darin, auszunutzen, dass für alle $\mathbb{K}^n$ bzw. $\mathbb{K}^{(m,n)}$ alle Normen jeweils äquivalent sind und daher nur Folgenstetigkeit in den Komponenten der Urbilder und Bilder betrachtet werden muss. Im Fall (4) gilt nach Definition 2.105

$$\det A = \sum_{\sigma \in \Sigma_n} \operatorname{sign}(\sigma) \, a_{1,\sigma(1)} \ldots a_{n,\sigma(n)} \, .$$

Für eine konvergente Matrizenfolge $A_n \to A$ konvervieren also alle Komponentenfolgen, damit auch die einzelnen Summanden und damit schließlich die Summe, d. h. $\det A_n \to \det A$ für $n \to \infty$.

Betrachtet man statt (4)

(4)' $\left(\boldsymbol{a}^{(1)}, \ldots, \boldsymbol{a}^{(n)}\right) \mapsto \det\left(\boldsymbol{a}^{(1)}, \ldots, \boldsymbol{a}^{(n)}\right)$

d. h. det als Abbildung von $\mathbb{K}^n \times \ldots \times \mathbb{K}^n$ (n-mal) nach $\mathbb{K}$, so ist diese multilinear nach Theorem 2.106, Theorem 2.111, 3). Die Äquivalenzaussagen aus 2) sichert also ein $L > 0$, so dass

$$|\det(A)| \leq L \prod_{i=1}^{n} \left\|\boldsymbol{a}^{(i)}\right\|$$

für eine fest gewählte Norm $\|\,.\,\|$ auf $\mathbb{K}^n$.
Eine implizit gegebene nichtlineare Abbildung ist:

4) $A \mapsto A^{-1}$

als Abbildung von $\mathrm{GL}(n, \mathbb{K})$ in sich. Diese ist stetig.

Dies kann über die explizite Darstellung Satz 2.118 und unter Berücksichtigung der Stetigkeit der Zuordnung der Determinante zu einer Matrix eingesehen werden.

Schließlich stellt sich die Frage nach der stetigen Abhängigkeit der Eigenwerte von der Matrix, z. B. der Abbildung

$$A \mapsto (\lambda_1, \ldots, \lambda_n)^t$$

als Abbildung von der Menge der selbstadjungierten Matrizen in $\mathbb{K}^{(n,n)}$ nach $\mathbb{R}^n$, wobei die Eigenwerte λ_i z. B. absteigend angeordnet sind:

$$\lambda_1 \geq \lambda_2 \geq \ldots \geq \lambda_n \,.$$

△

Auf unendlichdimensionalen Räumen werden verschiedene Normen wesentlich:

Bemerkungen 7.13

1)

> $\|\,.\,\|_\infty$ ist stärker als $\|\,.\,\|_2$ auf $C([a,b],\mathbb{K})$, aber nicht umgekehrt.

Dabei ist

$$\|f\|_\infty := \max\{|f(t)| : t \in [a,b]\}$$

die *Maximumsnorm* auf $C([a,b],\mathbb{K})$ (siehe (1.68)).
Es gilt nämlich:

$$\|f\|_2 = \left(\int_a^b |f(t)|^2 dt\right)^{1/2} \leq \left(\int_a^b \|f\|_\infty^2 dt\right)^{1/2} = (b-a)^{1/2}\|f\|_\infty \,.$$

Um zu sehen, dass die umgekehrte Abschätzung nicht möglich ist, betrachte man für $[a,b] = [0,1]$ *die Funktionenfolge*

$$f_n(t) = \begin{cases} n(1-n^2t) & \text{für } 0 \leq t \leq \frac{1}{n^2} \\ 0 & \text{für } \frac{1}{n^2} < t \leq 1 \end{cases},$$

da für diese

$$\|f_n\|_\infty = n, \text{ aber}$$

$$\|f_n\|_2^2 = \int_0^{1/n^2} n^2(1-n^2t)^2 dt = -\frac{1}{3}(1-n^2t)^3 \Big|_0^{1/n^2} = \frac{1}{3} \,.$$

Aus *gleichmäßiger Konvergenz* einer Folge (stetiger) Funktionen (d. h. bezüglich $\|\,.\,\|_\infty$) folgt also *Konvergenz im quadratischen Mittel* (d. h. bezüglich $\|\,.\,\|_2$), aber i. Allg. nicht umgekehrt.

2) Auf unendlichdimensionalen Räumen ist nicht jede lineare Abbildung stetig.
Man betrachte als Beispiel

$$V := C([a,b],\mathbb{K}), \quad \|\,.\,\|_V := \|\,.\,\|_\infty$$
$$W := \{f \in C^1((a,b),\mathbb{K}) : f(a) = 0\}, \ \|\,.\,\|_W = \|\,.\,\|_\infty$$

(siehe (3.10)) und die linearen Abbildungen

$$S : V \to W, f \mapsto g \text{ mit } g(t) := \int_a^t f(s)ds, \quad \text{d. h. die Stammfunktion.}$$
$$D : W \to V, g \mapsto f \text{ mit } f(t) := g'(t), \quad \text{d. h. die Ableitung,}$$

dann $S^{-1} = D$ und $D^{-1} = S$, und S ist stetig, da

$$\begin{aligned} \|Sf\|_\infty &= \max\left\{\left|\int_a^t f(s)ds\right| : t \in [a,b]\right\} \\ &\le \max\left\{\int_a^t \|f\|_\infty ds : t \in [a,b]\right\} = (b-a)\,\|f\|_\infty . \end{aligned}$$

Aber D ist nicht stetig, wie für $[a,b] = [0,2\pi]$ die Beispielfolge

$$f_n(t) := \sin(nt)$$

zeigt, für sie gilt

$$\|f_n\|_\infty = 1, \;\; \|Df_n\|_\infty = \|f_n'\|_\infty = n .$$

Die Aussagen bleiben gleich, wenn V und W mit $\|\,.\,\|_2$ versehen werden.

△

Definition 7.14

Seien $(V, \|\,.\,\|_V)$, $(W, \|\,.\,\|_W)$ normierte $\mathbb{K}$-Vektorräume.

$$L[V,W] := \{\Phi \in \mathrm{Hom}(V,W) : \Phi \text{ ist beschränkt}\}$$

bezeichnet den $\mathbb{K}$-Vektorraum der linearen, beschränkten Abbildungen von V nach W. Ist speziell $W = \mathbb{K}$, so setzt man auch

$$V' := L[V, \mathbb{K}]$$

für den Raum der beschränkten und linearen Funktionale.

Die Vektorraumeigenschaft ergibt sich daraus, dass $L[V,W]$ nach Bemerkungen 7.5, 1) ein linearer Unterraum von $\mathrm{Hom}(V,W)$ ist. Ist V endlichdimensional, ist also

$$L[V,W] = \mathrm{Hom}(V,W) ,$$

i. Allg. aber nur

$$L[V,W] \subset \mathrm{Hom}(V,W) .$$

Nur für endlichdimensionales V gilt somit

$$V' = V^*,$$

wenn V^* den (algebraischen) Dualraum von V bezeichnet, i. Allg. ist

$$V' \subsetneq V^* .$$

Eine wesentliche Eigenschaft des normierten $\mathbb{R}$-Vektorraums $(\mathbb{R}, |\,.\,|)$ ist seine Vollständigkeit und dies ist der Grund, weshalb wir ihn $(\mathbb{Q}, |\,.\,|)$ vorziehen:

Definition 7.15

Sei $(V, \|\,.\,\|)$ ein normierter $\mathbb{K}$-Vektorraum. $(V, \|\,.\,\|)$ heißt *vollständig* bzw. ein *BANACH*[5]*-Raum*, wenn für jede CAUCHY-Folge $(\boldsymbol{v}_n)_n$ in V ein $\boldsymbol{v} \in V$ existiert, so dass $\boldsymbol{v}_n$ gegen $\boldsymbol{v}$ konvergiert für $n \to \infty$.
Ist $\|\,.\,\|$ von einem inneren Produkt $\langle\,.\,\rangle$ erzeugt, so heißt $(V, \langle\,.\,\rangle)$ ein *HILBERT-Raum.*

Die Vollständigkeit eines (Funktionen-)Raums ist unverzichtbar, um auf ihm Analysis wie auf $\mathbb{K}$ (oder $\mathbb{K}^n$) zu machen.

Satz 7.16: endlichdimensional → vollständig

Sei $(V, \|\,.\,\|)$ ein normierter $\mathbb{K}$-Vektorraum.

1) Ist V endlichdimensional, dann ist V vollständig.

2) Ist W ein vollständiger Unterraum von V, so ist W abgeschlossen in V.

3) Ist W ein endlichdimensionaler Unterraum, so ist W abgeschlossen.

Beweis: Zu 1): (Skizze) Vollständigkeit wird durch stetige Isomorphismen Φ übertragen, deren Umkehrabbildungen Φ^{-1} auch stetig sind (Stetigkeit von Φ^{-1}: Zur Übertragung der CAUCHY-Folge, Stetigkeit von Φ: Zur Übertragung der Konvergenz). Da die Koordinatenabbildung einen stetigen Isomorphismus mit stetiger Umkehrabbildung darstellt (nach Bemerkungen 7.11, 1)), reicht die Vollständigkeit von $(\mathbb{K}^n, \|\,.\,\|_2)$, die über Bemerkungen 7.11, 2) aus der Vollständigkeit von $\mathbb{K}$ folgt (siehe auch *Analysis*).
Zu 2): Sei $(\boldsymbol{v}_n)_n$ eine Folge in W, so dass

$$\boldsymbol{v}_n \to \boldsymbol{v} \text{ für } n \to \infty .$$

Da $(\boldsymbol{v}_n)_n$ auch eine CAUCHY-Folge in W ist, konvergiert $(\boldsymbol{v}_n)_n$ in W, also $\boldsymbol{v} \in W$.
Zu 3): folgt sofort aus 1) und 2).

□

[5] Stefan BANACH ∗30. März 1892 in Krakau †31. August 1945 in Lemberg

Bemerkungen 7.17

1) $(C([a,b],\mathbb{K}), \|\,.\,\|_\infty)$ ist vollständig (siehe *Analysis*).

2) $(C([a,b],\mathbb{K}), \|\,.\,\|_p)$ ist nicht vollständig für $1 \leq p < \infty$. Es gibt also CAUCHY-Folgen stetiger Funktionen bezüglich $\|\,.\,\|_p$ (für $p = 2$ also bezüglich des quadratischen Mittels), die nicht bezüglich $\|\,.\,\|_p$ gegen eine stetige Funktion konvergieren. $(C([a,b],\mathbb{K}), \|\,.\,\|_p)$ ist also zu „klein". Eine angemessene, da vollständige Erweiterung ist

$$L^p([a,b],\mathbb{K}) := \{f : [a,b] \to \mathbb{K} : |f|^p \text{ ist integrierbar}\}.$$

Dafür muss aber der Integrationsbegriff richtig gefasst werden (LEBESGUE[6]*-Integration* statt RIEMANN-Integration: Siehe *Analysis*).

3) Sei $(V, \|\,.\,\|)$ ein normierter Raum, U ein abgeschlossener Unterraum. Dann wird auf V/U durch

$$\|\boldsymbol{v} + U\| := \inf\{\|\boldsymbol{w}\| : \boldsymbol{w} \in \boldsymbol{v} + U\}$$

eine Norm definiert.

Dreiecksungleichung und Homogenität folgen direkt und allgemein. Für die Definitheit wird die Abgeschlossenheit gebraucht: Bei $0 = \|\boldsymbol{v} + U\| = \inf\{\|\boldsymbol{w}\| : \boldsymbol{w} \in \boldsymbol{v} + U\}$ *existiert eine Folge* $(\boldsymbol{w}_n)_n$, $\boldsymbol{w}_n \in \boldsymbol{v} + U$, *so dass* $\|\boldsymbol{w}_n\| \to 0$ *für* $n \to \infty$, $\boldsymbol{w}_n = \boldsymbol{v} + \boldsymbol{u}_n$ *also* $\boldsymbol{u}_n \to -\boldsymbol{v}$ *für* $n \to \infty$ *und damit* $\boldsymbol{v} \in U$, *d. h.* $\boldsymbol{v} + U = U$.

△

Auch für gewisse lineare Operatoren auf unendlichdimensionalen Vektorräumen lässt sich Spektralanalyse betreiben.

Definition 7.18

Sei $(V, \|\,.\,\|)$ ein BANACH-Raum über $\mathbb{K}$ und $\Phi \in L[V, V]$.

1) $\varrho(\Phi) := \{\lambda \in \mathbb{C} : \Phi - \lambda\,\mathrm{id}$ ist bijektiv und $(\Phi - \lambda\,\mathrm{id})^{-1}$ist beschränkt$\}$ heißt die *Resolventenmenge* von Φ.
2) $\sigma(\Phi) := \mathbb{C} \backslash \varrho(A)$ heißt das *Spektrum* von Φ.

Bemerkungen 7.19

1) Alle komplexen Eigenwerte von Φ gehören zu $\sigma(\Phi)$.

2) Ist V endlichdimensional, so fällt die Definition mit Definition 4.16 für $K = \mathbb{C}$ zusammen, d. h. die Elemente von $\sigma(\Phi)$ sind die komplexen Eigenwerte von Φ.

Wegen der Endlichdimensionalität ist Φ *beschränkt und analog unter Beachtung von Hauptsatz 2.31*

$$\sigma(\Phi) = \{\lambda \in \mathbb{C} : \Phi - \lambda\,\mathrm{id} \text{ ist nicht injektiv}\}.$$

[6] Henri Léon LEBESGUE ∗28. Juni 1875 in Beauvais †26. Juli 1941 in Paris

3) Das folgende Beispiel zeigt, dass bei unendlichdimensionalem V die Menge $\sigma(\Phi)$ nicht nur aus Eigenwerten bestehen muss.

Sei $\Phi : l^2(\mathbb{K}) \to l^2(\mathbb{K})$ definiert durch $\Phi((x_i)_i) = (y_i)_i$ mit $y_1 = 0$, $y_k := x_{k-1}$ für $k \geq 2$, dann ist Φ linear und beschränkt und für $\lambda = 0$ gilt: $\lambda \in \sigma(\Phi)$, da Φ nicht surjektiv ist, aber λ ist kein Eigenwert.

△

***Satz 7.20: Zusammensetzung des Spektrums**

Unter den Voraussetzungen von Definition 7.18 gilt

$$\sigma(\Phi) = \sigma_p(\Phi) \cup \sigma_s(\Phi) \cup \sigma_r(\Phi) ,$$

wobei:

$\sigma_p(\Phi) := \{\lambda \in \mathbb{C} : \Phi - \lambda \,\mathrm{id}$ ist nicht injektiv$\}$, das *Punktsprektrum* von Φ, bestehend aus den komplexen Eigenwerten.

$\sigma_s(\Phi) := \{\lambda \in \mathbb{C} : \Phi - \lambda \,\mathrm{id}$ ist injektiv, aber nicht surjektiv, und Bild$(\Phi - \lambda \,\mathrm{id})$ ist dicht in $V\}$, das *stetige Spektrum*.

$\sigma_r(\Phi) := \{\lambda \in \mathbb{C} : \Phi - \lambda \,\mathrm{id}$ ist injektiv, aber Bild$(\Phi - \lambda \,\mathrm{id})$ ist nicht dicht in $V\}$, das *Residualspektrum*.

Beweis: Es reicht zu zeigen, dass

$$\varrho(\Phi) = \{\lambda \in \mathbb{C} : \Phi - \lambda \,\mathrm{id} \text{ ist bijektiv}\} ,$$

d. h. es ist „$\supset$“ zu zeigen. Dies folgt aus dem Satz von der inversen Abbildung (siehe z. B. ALT 2006, S. 221). □

Bemerkungen 7.21

1) Im Beispiel von Bemerkungen 7.19, 2) ist $\sigma(\Phi) = \sigma_r(\Phi) = \{0\}$.

2) Hinsichtlich einer möglichen Spektraldarstellung kommen für unendlichdimensionale BANACH-Räume noch kompakte Operatoren der Situation im Endlichdimensionalen am nächsten:

$$\Phi \in L[V, V] \text{ heißt } \textit{kompakt}, \text{ wenn } \mathrm{cl}(\Phi(B_1(0))) \text{ kompakt in } V \text{ ist.}$$

Ist $\Phi \in \mathrm{Hom}(V, V)$ und Bild Φ endlichdimensional, dann ist Φ kompakt.

Nach Theorem 7.4 ist Φ beschränkt, d. h. $\mathrm{cl}(\Phi(B_1(0)))$ ist beschränkt und abgeschlossen in Bild Φ, nach Satz C.11, 2) also kompakt.

Insbesondere ist also für endlichdimensionales V jedes $\Phi \in \mathrm{Hom}(V, V)$ kompakt. Andererseits lässt sich jedes kompakte Φ durch Φ_n mit $\dim \mathrm{Bild}\, \Phi_n < \infty$ beliebig gut in der erzeugten Norm auf $L[V, V]$ approximieren (siehe ALT 2006, S. 316)

3) a) Für kompakte $\Phi \in L[V, V]$ gilt: $\sigma(\Phi)\backslash\{0\}$ besteht aus abzählbar vielen Eigenwerten, die sich höchstens bei 0 häufen.

b) Jedes $\lambda \in \sigma(\Phi)\backslash\{0\}$ hat einen FITTING-Index k_λ (siehe (4.71)), der Hauptraum ist endlichdimensional. Es gilt die Φ-invariante Zerlegung $V = \text{Kern}((\Phi - \lambda\,\text{id})^{k_\lambda}) \oplus \text{Bild}(\Phi - \lambda\,\text{id})^{k_\lambda}$ (siehe z. B. ALT 2006, S. 377).

4) Ist Φ kompakt und normal, kann für jedes $\lambda \in N := \sigma(\Phi)\backslash 0$ ein Eigenvektor $\boldsymbol{v}_\lambda \in V$ gewählt werden, so dass

$$\mathcal{B} := \{v_\lambda : \lambda \in N\}$$

orthogonal ist (eine Orthonormalbasis bildet im Sinn von Satz 7.61) und $V = \text{Kern}\,\Phi \oplus \text{cl}(\text{span}(\mathcal{B}))$ ist eine orthogonale Zerlegung, für die gilt:

$$\Phi\boldsymbol{v} = \sum_{\lambda \in N} \lambda \langle \boldsymbol{v} \,.\, \boldsymbol{v}_\lambda \rangle \boldsymbol{v}_\lambda$$

(siehe z. B. ALT 2006, S. 391).

△

Was Sie in diesem Abschnitt gelernt haben sollten

Begriffe

- HÖLDERsche Ungleichung in $(\mathbb{K}^n, \|\,.\,\|_p)$, $(l^p(\mathbb{K}), \|\,.\,\|_p)$ und $(C([a,b],\mathbb{K}), \|\,.\,\|_p)$
- LIPSCHITZ-Stetigkeit einer Abbildung
- Beschränktheit einer Abbildung
- Äquivalenz von Normen
- $L[V, W]$, V' für normierte $\mathbb{K}$-Vektorräume V, W
- BANACH-Raum, HILBERT-Raum

Zusammenhänge

- stetig = beschänkt bei linearen Operatoren (Theorem 7.4)
- Auf endlichdimensionalen Räumen sind alle Normen äquivalent (Hauptsatz 7.10)

Beispiele

- $(\mathbb{K}^n, \|\,.\,\|_p)$, $1 \le p \le \infty$
- $(l^p(\mathbb{K}), \|\,.\,\|_p)$, $1 \le p < \infty$
- $C([a,b],\mathbb{K}), \|\,.\,\|_p)$, $1 \le p \le \infty$
- $\|\,.\,\|_2$ ist nicht stärker als $\|\,.\,\|_\infty$ auf $C([a,b],\mathbb{K})$.
- Die Zuordnung der Ableitung ist unstetig bezüglich $\|\,.\,\|_\infty$.

Aufgaben

Aufgabe 7.1 (T) Gegeben sei ein normierter $\mathbb{K}$-Vektorraum $(V, \|\,.\,\|)$. Zeigen Sie:

$$\big|\, \|\boldsymbol{v}\| - \|\boldsymbol{w}\| \,\big| \le \|\boldsymbol{v} - \boldsymbol{w}\|$$

für $\boldsymbol{v}, \boldsymbol{w} \in V$.

Aufgabe 7.2 (T)

a) Man zeige die HÖLDERsche Ungleichung

$$\langle \boldsymbol{x}\,.\,\boldsymbol{y}\rangle \le \|\boldsymbol{x}\|_p \|\boldsymbol{y}\|_q$$

auf dem euklidischen Raum $(\mathbb{K}^n, \langle\,.\,\rangle)$ für den Spezialfall $p = 1$, $q = \infty$.

b) Zeigen Sie die Dreiecksungleichung für die in Bemerkungen 7.17, 3) definierte Norm auf V/U.

Aufgabe 7.3 (T) Sei V ein n-dimensionaler $\mathbb{K}$-Vektorraum. Zeigen Sie: Für eine fest gewählte Basis $\{\boldsymbol{v}_1, \ldots, \boldsymbol{v}_n\}$ ist $\|\,.\,\|'$ eine Norm auf V, wobei

$$\|\boldsymbol{v}\|' := \Big\| \sum_{i=1}^{n} a_i \boldsymbol{v}_i \Big\|' := \Big(\sum_{i=1}^{n} |a_i|^2 \Big)^{1/2} = \|\boldsymbol{a}\|_2 \,.$$

Aufgabe 7.4 (T) Im Folgenraum $l^2(\mathbb{R})$ mit der vom inneren Produkt $\langle\,.\,\rangle$ induzierten Norm $\|(x_n)_n\|_2 := \left(\sum_{n=1}^{\infty} x_n^2\right)^{1/2}$ betrachte man die lineare Abbildung

$$T : l^2(\mathbb{R}) \to l^2(\mathbb{R}),\ A := (a_n)_n \mapsto B := (b_n)_n \quad \text{mit } b_n = \begin{cases} 0 & \text{für } n = 1\,, \\ a_{n-1} & \text{sonst}\,. \end{cases}$$

a) Zeigen Sie, dass für alle $A, B \in l^2(\mathbb{R})$ gilt: $\langle TA\,.\,TB\rangle = \langle A\,.\,B\rangle$.
b) Zeigen Sie, dass T injektiv ist.
c) Geben Sie eine Abbildung $\tilde{T}$ an mit $\tilde{T} \circ T = \mathrm{id}$. Ist T bijektiv?

Aufgabe 7.5 (T) Sei $1 \le p \le q < \infty$. Zeigen Sie $(l^p(\mathbb{K}), \|\,.\,\|_p) \subset (l^q(\mathbb{K}), \|\,.\,\|_q)$, indem Sie die Abschätzung

$$\|(x_n)_n\|_q \le \|(x_n)_n\|_p \text{ für alle } (x_n)_n \in l^p(\mathbb{K})$$

beweisen.

7.2 Normierte Algebren

7.2.1 Erzeugte und verträgliche Normen

Seien $(V, \|\,.\,\|_V)$, $(W, \|\,.\,\|_W)$ normierte $\mathbb{K}$-Vektorräume. Dann ist auch $L[V, W]$ ein $\mathbb{K}$-Vektorraum und damit i. Allg. auch normierbar. Es ist nützlich, wenn eine auf $L[V, W]$ eingeführte Norm verträglich ist in folgendem Sinn:

Definition 7.22

Seien $(V, \|\,.\,\|_V)$ und $(W, \|\,.\,\|_W)$ normierte $\mathbb{K}$-Vektorräume. Eine Norm $\|\,.\,\|$ auf $L[V, W]$ heißt *verträglich* mit $\|\,.\,\|_V$ und $\|\,.\,\|_W$, wenn für alle $\Phi \in L[V, W]$ gilt

$$\|\Phi \boldsymbol{v}\|_W \leq \|\Phi\|\, \|\boldsymbol{v}\|_V \quad \text{für alle } \boldsymbol{v} \in V\,.$$

Speziell für $V = \mathbb{K}^n$, $W = \mathbb{K}^m$, d. h. dem Abbildungsraum $\mathbb{K}^{(m,n)}$ wird durch jede Tupelnorm auch eine Norm auf $\mathbb{K}^{(m,n)}$ definiert (da $\mathbb{K}^{(m,n)}$ auch als $\mathbb{K}^{mn}$ auffassbar ist), also etwa durch

$$\|A\|_F := \left(\sum_{i,j=1}^{n} |a_{i,j}|^2 \right)^{1/2}$$

für $A \in \mathbb{K}^{(m,n)}$, die FROBENIUS-Norm.

Die Abschätzung vor (7.6) zeigt die Verträglichkeit von $\|\,.\,\|_F$ mit $\|\,.\,\|_2$ auf $\mathbb{K}^n$ bzw. $\mathbb{K}^m$. Bei einer verträglichen Norm ist $\|\Phi\|$ eine mögliche (LIPSCHITZ-)Konstante in der Beschränktheitsabschätzung von Φ, aber nicht immer die kleinstmögliche:

Zum Beispiel für $\Phi = A = \mathbb{1} \in \mathbb{K}^{(n,n)}$ ist wegen

$$\|\Phi \boldsymbol{x}\|_2 = \|\boldsymbol{x}\|_2$$

$L = 1$ die kleinste Konstante, aber es gilt

$$\|A\|_F = n^{1/2}\,.$$

Die minimale LIPSCHITZ-Konstante definiert ebenfalls eine Norm auf $L[V, W]$, also die minimale Norm auf $L[V, W]$, die mit den Normen von V und W verträglich ist.

Theorem 7.23: Erzeugte Norm

Seien $(V, \|\,.\,\|_V)$ und $(W, \|\,.\,\|_W)$ normierte $\mathbb{K}$-Vektorräume.

1) Sei $\Phi \in L[V, W]$. Dann gilt:

$$\begin{aligned} L : &= \inf\{\alpha > 0 : \|\Phi \boldsymbol{v}\|_W \le \alpha \|\boldsymbol{v}\|_V \quad \text{für alle } \boldsymbol{v} \in V\} \qquad (7.12)\\ &= \sup\left\{\frac{\|\Phi \boldsymbol{v}\|_W}{\|\boldsymbol{v}\|_V} : \boldsymbol{v} \in V, \boldsymbol{v} \neq \mathbf{0}\right\} \\ &= \sup\{\|\Phi \boldsymbol{v}\|_W : \boldsymbol{v} \in V, \|\boldsymbol{v}\|_V = 1\} \\ &= \sup\{\|\Phi \boldsymbol{v}\|_W : \boldsymbol{v} \in V, \|\boldsymbol{v}\|_V \le 1\} \end{aligned}$$

Insbesondere gilt also

$$\|\Phi \boldsymbol{v}\|_W \le L \|\boldsymbol{v}\|_V \quad \text{für alle } \boldsymbol{v} \in V\,,$$

d. h. das inf in (7.12) kann durch min ersetzt werden.

2) Durch $\|\Phi\| := L$ nach (7.12) wird eine Norm auf $L[V, W]$ definiert, die von $\|\,.\,\|_V$, $\|\,.\,\|_W$ *erzeugte Norm*.
Insbesondere ist also für $\Phi \in L[V, W]$:

$$\|\Phi \boldsymbol{v}\|_W \le \|\Phi\|\,\|\boldsymbol{v}\|_V \quad \text{für } \boldsymbol{v} \in V\,, \qquad (7.13)$$

d. h. eine erzeugte Norm ist verträglich.

Beweis: Zu 1): Die behauptete Identität wird mit $L = A = B = C$ abgekürzt. Sei $\alpha > 0$ aus der Menge $M \subset \mathbb{R}$, worüber in (7.12) das Infimum genommen wird, dann

$$\begin{aligned} \frac{\|\Phi \boldsymbol{v}\|_W}{\|\boldsymbol{v}\|_V} \le \alpha \text{ für } \boldsymbol{v} \in V, \boldsymbol{v} \neq 0 \quad &\Rightarrow \quad A := \sup\left\{\frac{\|\Phi \boldsymbol{v}\|_W}{\|\boldsymbol{v}\|_V} : \boldsymbol{v} \in V, \boldsymbol{v} \neq \mathbf{0}\right\} \le \alpha \\ &\Rightarrow \quad A \le L\,. \end{aligned}$$

Wegen $\|\Phi \boldsymbol{v}\|_W \le A \|\boldsymbol{v}\|_V$ für alle $\boldsymbol{v} \in V$ ist aber auch $L \le A$, also $A = L$. Wegen

$$\frac{\|\Phi \boldsymbol{v}\|_W}{\|\boldsymbol{v}\|_V} = \left\|\Phi \frac{\boldsymbol{v}}{\|\boldsymbol{v}\|_V}\right\|_W$$

gilt ebenso $A = B$, da die Mengen gleich sind, über die das Supremum gebildet wird. Weiter gilt offensichtlich

$$L = A = B \le C\,.$$

Sei andererseits $\boldsymbol{v} \in V$, $\|\boldsymbol{v}\|_V \le 1$, o. B. d. A. $\boldsymbol{v} \neq \mathbf{0}$, dann

$$\|\Phi \boldsymbol{v}\|_W \le \frac{\|\Phi \boldsymbol{v}\|_W}{\|\boldsymbol{v}\|_V} \le A\,, \text{ also } C \le A.$$

Zu 2): Definitheit und Homogenität folgen sofort z. B. aus der Darstellung als Term A. Die Dreiecksungleichung folgt aus

$$\begin{aligned}\|(\Phi + \Psi)\boldsymbol{v}\|_W &= \|\Phi\boldsymbol{v} + \Psi\boldsymbol{v}\|_W \leq \|\Phi\|\,\|\boldsymbol{v}\|_V + \|\Psi\|\,\|\boldsymbol{v}\|_V \\ &= (\|\Phi\| + \|\Psi\|)\|\boldsymbol{v}\|_V \quad \text{für alle } \boldsymbol{v} \in V\end{aligned}$$

und damit

$$\|\Phi + \Psi\| \leq \|\Phi\| + \|\Psi\|.$$

□

Bemerkungen 7.24

1) Das „sup" in den verschiedenen Darstellungsformen von $\|\Phi\|$ wird i. Allg. nicht angenommen, aber es gilt:
Sei $(V, \|\,.\,\|_V)$ endlichdimensional, dann gilt für $\Phi \in L[V, W]$ und einen Vektorraum $(W, \|\,.\,\|_W)$:

$$\begin{aligned}\|\Phi\| &= \max\left\{\frac{\|\Phi\boldsymbol{v}\|_W}{\|\boldsymbol{v}\|_V} : \boldsymbol{v} \in V, \boldsymbol{v} \neq \boldsymbol{0}\right\} \\ &= \max\{\|\Phi\boldsymbol{v}\|_W : \boldsymbol{v} \in V, \|\boldsymbol{v}\|_V = 1\} \\ &= \max\{\|\Phi\boldsymbol{v}\|_W : \boldsymbol{v} \in V, \|\boldsymbol{v}\|_V \leq 1\}\,.\end{aligned}$$

Wie schon erwähnt, sind die Mengen im 1. und 2. Fall gleich, so dass nur die Annahme des sup *im 2. und 3. Fall geklärt werden muss. Mit*

$$\boldsymbol{v} \mapsto \|\Phi\boldsymbol{v}\|_W$$

wird eine stetige Abbildung von V nach $\mathbb{R}$ betrachtet, und zwar auf einer in V beschränkten und abgeschlossenen, nach Satz C.11, 2) also kompakten Menge, so dass dort das Supremum angenommen wird (siehe Satz C.12, 2)).

Diese Situation liegt unabhängig von der Dimension von V vor, wenn es ein $\alpha > 0$ und ein $\overline{\boldsymbol{v}} \in V, \overline{\boldsymbol{v}} \neq \boldsymbol{0}$ gibt, so dass $\|\Phi\boldsymbol{v}\|_W \leq \alpha\|\boldsymbol{v}\|_V$ für alle $\boldsymbol{v} \in V$ und $\|\Phi\overline{\boldsymbol{v}}\|_W = \alpha\|\overline{\boldsymbol{v}}\|_V$.

2) Seien $(V, \|\,.\,\|_V)$, $(W, \|\,.\,\|_W)$ normierte Räume und Φ bzw. Ψ lineare Isomorphismen auf V bzw. W. Dann:

a) $\|\boldsymbol{v}\|'_V := \|\Phi\boldsymbol{v}\|_V$ bzw. $\|\boldsymbol{w}\|'_W := \|\Psi\boldsymbol{w}\|_W$ sind Normen auf V bzw. W.

b) Ist $\|\,.\,\|$ eine Norm auf $L[V, W]$, dann ist auch

$$\|\chi\| := \|\Psi\chi\Phi^{-1}\| \text{ für } \chi \in L[V, W]$$

eine Norm auf $L[V, W]$.

c)

Ist $\|\,.\,\|$ die von $\|\,.\,\|_V$ und $\|\,.\,\|_W$ erzeugte Norm auf $L[V, W]$, dann ist die durch $\|\,.\,\|'_V$ und $\|\,.\,\|'_W$ (nach a)) erzeugte Norm gegeben durch

$$\|\chi\|' := \|\Psi\chi\Phi^{-1}\| \text{ für } \chi \in L[V, W]\,.$$

Bei a) und b) lassen sich die Normeigenschaften sofort verifizieren, bei c) beachte man

$$\|\chi v\|'_W = \|\Psi\chi v\|_W = \|\Psi\chi\Phi^{-1}(\Phi v)\|_W \leq \|\Psi\chi\Phi^{-1}\| \, \|v\|'_V ,$$

also gilt $\|\chi\|' \leq \|\Psi\chi\Phi^{-1}\|$.
Ist andererseits $\alpha > 0$, *so dass* $\|\Psi\chi v\|_W \leq \alpha\|\Phi v\|_V$ *für alle* $v \in V$ *bzw.* $\|\Psi\chi\Phi^{-1}w\|_W \leq \alpha\|w\|_V$ *für alle* $w \in V$ *dann auch* $\|\Psi\chi\Phi^{-1}\| \leq \alpha$ *und so* $\|\Psi\chi\Phi^{-1}\| \leq \|\chi\|'$.

3) Sei $\Phi : (C([a,b],\mathbb{K}), \|\,.\,\|_\infty) \to (\mathbb{K}, |\,.\,|)$ definiert durch

$$f \mapsto \int_a^b f(x)dx.$$

Dann gilt:

$$|\Phi(f)| = \left|\int_a^b f(x)dx\right| \leq (b-a)\|f\|_\infty$$

und damit $\|\Phi\| \leq b-a$. Da aber für $\widetilde{f}$, definiert durch $\widetilde{f}(x) = 1$, gilt

$$|\Phi(\widetilde{f})| = (b-a)1 = (b-a)\|\widetilde{f}\|_\infty,$$

folgt $\|\Phi\| = b-a$ und die Suprema werden hier angenommen (durch $\widetilde{f}$).

△

Im Fall $V = W$ ist mit $\Phi, \Psi \in \operatorname{Hom}(V,V)$ bzw. $L[V,V]$ auch $\Phi \circ \Psi \in \operatorname{Hom}(V,V)$ bzw. $L[V,V]$ und diese innere Verknüpfung erfüllt mit $+$ alle Eigenschaften eines Körpers mit Ausnahme der Kommutativität von $\circ$ und der Existenz von Inversen (das neutrale Element bezüglich $\circ$ ist id). Insbesondere handelt es sich um eine *K-Algebra* (siehe Definition 3.17). Ist diese im Fall $K = \mathbb{K}$ mit einer Norm versehen, so ist eine Verträglichkeit dieser Norm mit der (inneren) Multiplikation wünschenswert.

Definition 7.25

Sei $(V, \|\,.\,\|)$ ein normierter $\mathbb{K}$-Vektorraum mit zusätzlicher innerer Multiplikation, so dass $(V, +, \lambda\cdot, \cdot)$ eine $\mathbb{K}$-Algebra ist.
Ist die Norm *bezüglich* $\cdot$ *submultiplikativ*, d. h.

$$\|v \cdot w\| \leq \|v\| \, \|w\| \quad \text{für alle } v, w \in V ,$$

dann heißt $(V, +, \lambda\cdot, \cdot, \|\,.\,\|)$ *normierte Algebra*. Ist diese bezüglich $\|\,.\,\|$ vollständig, spricht man von einer *BANACH-Algebra*.

Satz 7.26: Erzeugte Norm submultiplikativ

Seien $(U, \|\,.\,\|)$, $(V, \|\,.\,\|)$, $(W, \|\,.\,\|)$ normierte $\mathbb{K}$-Vektorräume, $\|\,.\,\|$ sei die auf $L[U, W]$, $L[V, W]$ bzw. $L[U, V]$ erzeugte Norm. Dann gilt

$$\|\Phi \circ \Psi\| \leq \|\Phi\|\, \|\Psi\| \quad \text{für } \Psi \in L[U, V], \Phi \in L[V, W]\,,$$

d. h. eine erzeugte Norm ist submultiplikativ, insbesondere ist $(L[V, V], +, \lambda\cdot, \circ)$ eine normierte Algebra.

Beweis:

$$\|\Phi \circ \Psi \boldsymbol{v}\| = \|\Phi(\Psi \boldsymbol{v})\| \leq \|\Phi\|\, \|\Psi \boldsymbol{v}\| \leq \|\Phi\|\, \|\Psi\|\, \|\boldsymbol{v}\| \quad \text{für alle } \boldsymbol{v} \in V$$

und damit

$$\|\Phi \circ \Psi\| \leq \|\Phi\|\, \|\Psi\|\,.$$

□

Bemerkungen 7.27

1) In einer normierten Algebra gilt für Potenzen $\boldsymbol{v}^n = \boldsymbol{v} \cdot \ldots \cdot \boldsymbol{v}$ (n-fach):

$$\|\boldsymbol{v}^n\| \leq \|\boldsymbol{v}\|^n\,,$$

so dass sofort folgt

$$(\boldsymbol{v}^n)_n \text{ ist eine Nullfolge, falls } \|\boldsymbol{v}\| < 1\,.$$

2) Ist $\|\,.\,\|$ eine erzeugte Norm auf $L[V, V]$, dann gilt für die Identität id:

$$\|\,\mathrm{id}\,\| = 1\,.$$

3) Für $n > 1$ ist also die FROBENIUS-Norm nicht erzeugt, aber sie ist submultiplikativ. (Übung)

4) Sei $\|\,.\,\|_M$ eine submultiplikative Norm auf $\mathbb{K}^{(n,n)}$, dann gibt es eine damit verträgliche Norm $\|\,.\,\|_V$ auf K^n.

Sei $\|\boldsymbol{x}\|_V := \|X\|_M$, wobei $X := (\boldsymbol{x}, \ldots, \boldsymbol{x}) \in \mathbb{K}^{(n,n)}$. Da $\Phi : \boldsymbol{x} \mapsto X$ linear und injektiv ist, sind die Normeigenschaften klar. Die Verträglichkeit der Normen folgt wegen $A\Phi(x) = A(\boldsymbol{x}, \ldots, \boldsymbol{x}) = (A\boldsymbol{x}, \ldots, A\boldsymbol{x}) = \Phi(A\boldsymbol{x})$, denn

$$\|A\boldsymbol{x}\|_V = \|\Phi(A\boldsymbol{x})\|_M = \|A\Phi(\boldsymbol{x})\|_M \leq \|A\|_M \|\Phi(\boldsymbol{x})\|_M = \|A\|_M \|\boldsymbol{x}\|_V$$

△

Bemerkungen 7.28 Für die Dualräume V' folgt insbesondere:
Sei $V = (\mathbb{K}^n, \|\,.\,\|_p), 1 \leq p \leq \infty$.
Es gilt $V' = V^* \cong V$, wobei nach Theorem 3.48 ein (anti)linearer Isomorphismus durch

$$J : V \to V' \text{ durch } \boldsymbol{a} \mapsto (\boldsymbol{x} \mapsto \langle \boldsymbol{x} \,.\, \boldsymbol{a} \rangle)$$

gegeben ist. Für die auf V' erzeugte Norm gilt

$$\|\varphi\| = \|\boldsymbol{a}\|_q \text{ für } \boldsymbol{a} := J^{-1}(\varphi) ,$$

wobei q zu p konjugiert ist.

Das kann man folgendermaßen einsehen: Sei $1 < p < \infty$. Es gilt nach der HÖLDER*schen Ungleichung*

$$|\varphi(\boldsymbol{x})| = |\langle \boldsymbol{x} \,.\, \boldsymbol{a} \rangle| \leq \|\boldsymbol{x}\|_p \|\boldsymbol{a}\|_q \qquad \text{und damit} \quad \|\varphi\| \leq \|\boldsymbol{a}\|_q .$$

Um die Gleichheit zu zeigen, muss ein $\boldsymbol{x} \in \mathbb{K}^n$ mit

$$|\langle \boldsymbol{x} \,.\, \boldsymbol{a} \rangle| = \|\boldsymbol{x}\|_p$$

für $\boldsymbol{a} \in \mathbb{K}^n$ mit $\|\boldsymbol{a}\|_q = 1$ angegeben werden. Der Ansatz $x_i = a_i |a_i|^{\alpha-1}$ (bzw. $x_i = 0$ für $a_i = 0$) führt zu

$$\langle \boldsymbol{x} \,.\, \boldsymbol{a} \rangle = \sum_{i=1}^{n} x_i \overline{a}_i = \sum_{i=1}^{n} |a_i|^{\alpha+1} ,$$

was die Wahl $\alpha = q - 1$ nahelegt, also $\langle \boldsymbol{x} \,.\, \boldsymbol{a} \rangle = \|\boldsymbol{a}\|_q^q = 1$ und

$$\|\boldsymbol{x}\|_p^p = \sum_{i=1}^{n} (|a_i|\, |a_i|^{q-2})^p = \|\boldsymbol{a}\|_q^q = 1$$

wegen $(q-1)p = q$. Für $p = 1$ und $q = \infty$ oder umgekehrt kann die obige Argumentation modifiziert oder direkt Theorem 7.30 1), 2) angewendet werden.

△

Speziell für $V = \mathbb{K}^n$ und $W = \mathbb{K}^m$ berechnen wir einige auf $\mathrm{Hom}(V, W)$ erzeugte Normen. Dabei identifizieren wir $\Phi \in \mathrm{Hom}(V, W)$ mit der Darstellungsmatrix $A \in \mathbb{K}^{(m,n)}$, jeweils für die Einheitsbasis, d. h. $\Phi \boldsymbol{x} = A\boldsymbol{x}$. Dafür setze man:

Definition 7.29

Sei $A \in \mathbb{K}^{(n,n)}$.

$$\rho(A) = \max\{|\lambda| : \lambda \in \mathbb{C} \text{ ist Eigenwert von } A\}$$

heißt *Spektralradius* von A.

Theorem 7.30: Erzeugte Matrixnormen

Sei $V = (\mathbb{K}^n, \|\,.\,\|_p)$, $W = (\mathbb{K}^m, \|\,.\,\|_p)$ für $p \geq 1$ oder $p = \infty$. Sei $A \in \mathbb{K}^{(m,n)}$: Dann ist die auf $\mathbb{K}^{(m,n)}$ erzeugte Norm gegeben durch

1) für $p = \infty$:

$$\|A\| = \|A\|_\infty := \max\left\{\sum_{j=1}^{n} |a_{i,j}| : i = 1, \ldots, m\right\} ,$$

die *Zeilensummennorm* ,

2) für $p = 1$:

$$\|A\| = \|A\|_1 := \max\left\{\sum_{i=1}^{m} |a_{i,j}| : j = 1, \ldots, n\right\} ,$$

die *Spaltensummennorm*,

3) für $p = 2$:

$$\|A\| = \|A\|_2 := \rho(A^\dagger A)^{1/2} ,$$

die *Spektralnorm*. Es ist also

$$\|A\|_2 = \sigma_1 ,$$

wenn $\sigma_1 > 0$ der größte Singulärwert von A in einer normierten SVD ist.

4) Ist $A \in \mathbb{K}^{(n,n)}$ normal, gilt

$$\|A\|_2 = \rho(A) .$$

Beweis: Zu 1):

$$\|A\boldsymbol{x}\|_\infty = \max\left\{\left|\sum_{j=1}^{n} a_{i,j}x_j\right| : i = 1, \ldots, m\right\} \leq \max\left\{\sum_{j=1}^{n} |a_{i,j}|\, \|\boldsymbol{x}\|_\infty : i = 1, \ldots, m\right\}$$
$$\leq \|A\|_\infty \|\boldsymbol{x}\|_\infty$$

und sei $k \in \{1, \ldots, m\}$, so dass

$$\sum_{j=1}^{n} |a_{k,j}| = \|A\|_\infty .$$

Sei $x_j \in \mathbb{K}$, so dass $|x_j| = 1$ und $a_{k,j}x_j = |a_{k,j}|$, dann gilt für $\boldsymbol{x} = (x_j) \in \mathbb{K}^n$:

$$\|x\|_\infty = 1 \quad \text{und} \quad \left|\sum_{j=1}^n a_{k,j} x_j\right| = \sum_{j=1}^n |a_{k,j}| = \|A\|_\infty .$$

Also:

$$\|Ax\|_\infty = \|A\|_\infty = \|A\|_\infty \|x\|_\infty , \qquad \text{und damit } \|A\| = \|A\|_\infty .$$

Zu 2): analog zu 1)
Zu 3):

$$\|A\| = \sup\left\{ \frac{\|Ax\|_2}{\|x\|_2} : x \in \mathbb{K}^n, x \neq \mathbf{0} \right\}$$

Sei $A = U\Sigma V^\dagger$ eine normierte SVD von A, d.h. $U \in \mathbb{K}^{(m,m)}$, $V \in \mathbb{K}^{(n,n)}$ orthogonal bzw. unitär, $\Sigma \in \mathbb{K}^{(m,n)}$ eine verallgemeinerte Diagonalmatrix mit den positiven Singulärwerten $\sigma_1 \geq \ldots \geq \sigma_r > 0$, dann

$$\begin{aligned} \|Ax\|_2 &= \|U\Sigma V^\dagger x\|_2 = \|\Sigma y\|_2 \leq \sigma_1 \|y\|_2 \qquad \text{für } y := V^\dagger x \\ \|x\|_2 &= \|V^\dagger x\|_2 = \|y\|_2 , \end{aligned}$$

also

$$\|A\| \leq \sigma_1 = \rho(A^\dagger A)^{1/2}$$

und die Schranke wird für $y = e_1$ angenommen.
Zu 4): Es gibt eine ONB $v_1, \ldots, v_n \in \mathbb{K}^n$ aus Eigenvektoren zu den Eigenwerten $\lambda_1, \ldots, \lambda_n \in \mathbb{K}$, der betragsgrößte werde mit $\lambda_{\max}$ bezeichnet. Ist also $x = \sum_{i=1}^n \alpha_i v_i \in V$, dann

$$\begin{aligned} \|x\|_2 &= \left(\sum_{i=1}^n |\alpha_i|^2\right)^{1/2} = \|\alpha\|_2 \text{ mit } \alpha = (\alpha_i)_i \in \mathbb{K}^n \text{ und} \\ Ax &= \sum_{i=1}^n \alpha_i \lambda_i v_i, \text{ so dass } \|Ax\|_2 = \left(\sum_{i=1}^n |\alpha_i|^2 |\lambda_i|^2\right)^{1/2} \leq |\lambda_{\max}| \, \|\alpha\|_2 . \end{aligned}$$

Daraus ergibt sich

$$\|A\|_2 \leq \rho(A)$$

und die Gleichheit durch Wahl $x = v_k$ bei $|\lambda_{\max}| = |\lambda_k|$: $\|Ax\|_2 = |\lambda_k| = |\lambda_k| \, \|x\|_2$.

□

Bemerkungen 7.31

1) Es folgt für $A \in \mathbb{K}^{(m,n)}$: $\rho(A^\dagger A) \leq \|A\|_F^2$,
da links das Quadrat einer erzeugten und rechts einer verträglichen Norm steht.

2) $\|A\|_\infty = \|A^\dagger\|_1$ für $A \in \mathbb{K}^{(m,n)}$.

3) $\|A\|_2 = \|A^\dagger\|_2$,
da $A^\dagger A$ und $A\,A^\dagger$ die gleichen von 0 verschiedenen Eigenwerte haben.

*4) $\|A\|_2 = \|A^\dagger A\|_2^{1/2}$ mittels Theorem 7.30, 3) und 4), da $A^\dagger A$ normal ist.
In Erweiterung von $\|A\|_2 = \sigma_1$ können die KY-FAN[7]-*Normen* von $A \in \mathbb{K}^{(m,n)}$ definiert werden durch

$$\|A\|_{KF,p} := \sum_{i=1}^{p} \sigma_i \qquad \text{für } 1 \le p \le l := \min(m,n)\,,$$

wobei $A = U\Sigma V^\dagger$ eine normierte SVD von A ist und $\sigma_1 \ge \ldots \ge \sigma_l \ge 0$ die nicht negativen Singulärwerte von A sind (Normeigenschaften ohne Beweis). Es ist also

$$\|A\|_{KF,1} = \|A\|_2\,,$$

Für $p \ge k$, wenn k die Anzahl der positiven Singulärwerte bezeichnet, gilt

$$\|A\|_{KF,p} = \mathrm{sp}\left((A^\dagger A)^{\frac{1}{2}}\right)\,. \tag{7.14}$$

Wegen $A^\dagger A = V\Sigma\Sigma V^\dagger$ gilt $(A^\dagger A)^{\frac{1}{2}} = V\widetilde{\Sigma}V^\dagger$ und $\widetilde{\Sigma} = \mathrm{diag}(\widetilde{\sigma}_i) \in \mathbb{R}^{(m,m)}$, $\widetilde{\sigma}_i = \sigma_i^2$ für $i = 1,\ldots,k$ und $\widetilde{\sigma}_i = 0$ sonst.
Somit gilt nach Satz 4.30

$$\mathrm{sp}(A^\dagger A)^{\frac{1}{2}} = \mathrm{sp}(\widetilde{\Sigma}) = \sum_{i=1}^{k} \sigma_i.$$

*5) Die FROBENIUS-Norm erfüllt nach (4.7)

$$\|A\|_F = \left(\mathrm{sp}(A^\dagger A)\right)^{\frac{1}{2}} = \left(\sum_{i=1}^{k} \sigma_i^2\right)^{\frac{1}{2}}\,,$$

wobei die σ_i die positiven Singulärwerte einer normierten SVD sind. Daraus folgt nochmals 1). In Verallgemeinerung davon lassen sich die SCHATTEN[8]-p-Normen definieren durch

$$\|A\|_{S,p} := \left(\sum_{i=1}^{k} \sigma_i^p\right)^{\frac{1}{p}} \tag{7.15}$$

für $p \ge 1$ (Normeigenschaften ohne Beweis). Es gilt also

$$\|A\|_{S,1} = \|A\|_{KF,n}\,.$$

Alle Normen aus 4) und 5) sind invariant gegenüber der Multiplikation mit orthogonalen bzw. unitären Matrizen,

---

[7] Ky FAN *19. September 1914 in Hangchow †22. März 2010 in Santa Barbara
[8] Robert SCHATTEN *28. Januar 1911 in Lemberg †26. August 1977 in New York City

da die Singulärwerte einer normierten SVD diese Eigenschaft besitzen.

6) Die von $\|\,.\,\|_p$ erzeugten Matrixnormen sind, wie schon für $p = 1, 2, \infty$ bekannt, im Allgemeinen verschieden. Ist aber $A = D = \mathrm{diag}(\lambda_i) \in \mathbb{K}^{(n,n)}$ eine Diagonalmatrix, so gilt immer

$$\|D\|_p = \max\{|\lambda_i| : i = 1, \ldots, n\} .$$

7) Für $A = \boldsymbol{u} \otimes \boldsymbol{v}$ im Fall $\|\,.\,\| = \|\,.\,\|_2$ gilt

$$\|A\|_2 = \|\boldsymbol{v}\|_2 \|\boldsymbol{u}\|_2 . \tag{7.16}$$

Das kann man folgendermaßen einsehen:

$$\|A\boldsymbol{x}\| = \|\boldsymbol{u}\boldsymbol{v}^\dagger \boldsymbol{x}\| = \|\langle \boldsymbol{v} \,.\, \boldsymbol{x}\rangle \boldsymbol{u}\| = |\langle \boldsymbol{v} \,.\, \boldsymbol{x}\rangle| \, \|\boldsymbol{u}\| \le \|\boldsymbol{x}\| \, \|\boldsymbol{v}\| \, \|\boldsymbol{u}\| \Rightarrow \|A\|_2 \le \|\boldsymbol{v}\|_2 \|\boldsymbol{u}\|_2 .$$

Bei $\boldsymbol{x} = \boldsymbol{v}$ gilt Gleichheit. Alternative Berechnung der erzeugten Norm über die Eigenwerte von $A^\dagger A$:

$$\begin{aligned} A^\dagger A &= \boldsymbol{v}\boldsymbol{u}^\dagger \boldsymbol{u}\boldsymbol{v}^\dagger = \|\boldsymbol{u}\|^2 \boldsymbol{v}\boldsymbol{v}^\dagger \\ A^\dagger A\boldsymbol{v} &= \|\boldsymbol{u}\|^2 \|\boldsymbol{v}\|^2 \boldsymbol{v} \\ A^\dagger A\boldsymbol{w} &= \boldsymbol{0} \text{ für } \boldsymbol{w} \in \boldsymbol{v}^\perp . \end{aligned}$$

Somit ist die Wurzel aus dem betragsmäßig größten Eigenwert gerade $\|\boldsymbol{u}\| \, \|\boldsymbol{v}\|$.

8) Sei $A \in \mathbb{K}^{(n,n)}$, A sei invertierbar, dann gilt

$$\|A^{-1}\|_2 = 1/\sigma_n ,$$

wobei σ_n der kleinste Singulärwert einer normierten SVD ist,

bzw.

für normale A:

$$\|A^{-1}\|_2 = 1/|\lambda_n| ,$$

wobei λ_n der betragsmäßig kleinste Eigenwert von A ist.

Ist $A = U\Sigma V^\dagger$ eine normierte SVD von A, so wird aus $A^{-1} = V\Sigma^{-1}U^\dagger$ nach entsprechender Umordnung der Diagonalwerte eine normierte SVD von A^{-1} mit $1/\sigma_n$ als größtem Singulärwert, so dass Theorem 7.30, 3) das Ergebnis liefert. Analog ergibt sich die zweite Aussage aus Theorem 7.30, 4).

9) Ist $A \in \mathbb{K}^{(n,n)}$ normal, so gilt für die Spektralnorm

$$\|A^k\| = \|A\|^k \text{ für alle } k \in \mathbb{N} .$$

Mit A ist auch A^k normal und somit nach Theorem 7.30, 4): $\|A^k\| = \rho(A^k) = \rho(A)^k = \|A\|^k$.

10) Für eine orthogonale bzw. unitäre Matrix A gilt

$$\|A\|_2 = \rho(A) = 1 \; .$$

Damit ist $O(n, \mathbb{K})$ und auch $SO(n, \mathbb{K})$ in $GL(n, \mathbb{K})$ oder $\mathbb{K}^{(n,n)}$ beschränkt. Da sie auch abgeschlossen sind, sind also

$$O(n, \mathbb{K}) \text{ und } SO(n, \mathbb{K}) \text{ kompakte Mengen in } GL(n, \mathbb{K}) \text{ oder } \mathbb{K}^{(n,n)} \; .$$

Für die Abgeschlossenheit beachte man, dass (nach Bemerkungen 7.12, 3) aus $A^\dagger A = \lim_{n\to\infty} A_n^\dagger A_n = \mathbb{1}$ *bzw.* $\det A_n = 1$ *auch* $A^\dagger A = \mathbb{1}$ *bzw.* $\det A = 1$ *folgt.*

△

7.2.2 Matrixpotenzen

Der Spektralradius $\rho(A)$ und $\|A\|$ hängen also eng zusammen für $A \in \mathbb{K}^{(n,n)}$. Falls A normal ist, gibt es eine Norm auf $\mathbb{K}^n$ (nämlich $\|\,.\,\| = \|\,.\,\|_2$), so dass $\rho(A)$ eine erzeugte Norm ist. Im Allgemeinen gilt das nicht, $\rho(A)$ ist aber das Infimum aller erzeugten Normen auf $\mathbb{K}^{(n,n)}$ angewendet auf A.

Theorem 7.32: Spektralradius und erzeugte Norm

Sei $A \in \mathbb{K}^{(n,n)}$.

1) Ist $\|\,.\,\|$ eine Norm auf $\mathbb{C}^{(n,n)}$, die verträglich mit einer Norm auf $\mathbb{C}^n$ ist, dann gilt

$$\rho(A) \le \|A\| \; .$$

2) Zu $\epsilon > 0$ und $A \in \mathbb{K}^{(n,n)}$ gibt es eine erzeugte Norm $\|\,.\,\|$, so dass

$$\|A\| \le \rho(A) + \epsilon \; .$$

Beweis: Zu 1): Sei $\lambda \in \mathbb{C}$ ein Eigenwert von A, $\boldsymbol{x} \in \mathbb{C}^n$ ein Eigenvektor dazu. Dann gilt

$$|\lambda|\,\|\boldsymbol{x}\| = \|A\boldsymbol{x}\| \le \|A\|\,\|\boldsymbol{x}\| \text{ und damit } |\lambda| \le \|A\| \; .$$

Zu 2): Ein $A \in \mathbb{R}^{(n,n)}$ kann im Folgenden als $A \in \mathbb{C}^{(n,n)}$ aufgefasst werden, so dass o. B. d. A. $\mathbb{K} = \mathbb{C}$. Sei $J = C^{-1}AC$ eine JORDAN-Normalform nach Hauptsatz 4.112, d. h.

$$J = D + N \; ,$$

wobei D eine Diagonalmatrix mit den Eigenwerten als Diagonaleinträgen und N eine aus JORDAN-Blöcken zum Eigenwert 0 zusammengesetzte Matrix ist, die also höchstens auf der oberen Nebendiagonale den Eintrag 1 hat und sonst immer 0. Sei $\widetilde{D} := \operatorname{diag}(\varepsilon^{-i})_i$ und auf $\mathbb{C}^n$ werde die Norm $\|\boldsymbol{x}\|' := \|\widetilde{D}\boldsymbol{x}\|_\infty$ betrachtet (siehe Bemerkungen 7.24, 2a)), so dass die davon erzeugte Norm (nach Bemerkungen 7.24, 2c))

$$\|B\|' := \|\widetilde{D}B\widetilde{D}^{-1}\|_\infty \quad \text{für } B \in \mathbb{C}^{(n,n)}$$

mit der Zeilensummennorm $\|\,.\,\|_\infty$ ist. Nach Bemerkungen 7.24, 2c) ist

$$\|B\|'' := \|C^{-1}BC\|' \quad \text{für } B \in \mathbb{C}^{(n,n)}$$

eine erzeugte Norm. In dieser Norm gilt (siehe Bemerkungen 7.31, 6))

$$\|A\|'' = \|J\|' \leq \|D\|' + \|N\|' = \rho(A) + \|\tilde{D}N\tilde{D}^{-1}\|_\infty \leq \rho(A) + \varepsilon\,,$$

da im letzten Term durch die Ähnlichkeitstransformation der (i, j)-te Eintrag mit ϵ^{j-i} multipliziert wird, d.h. aus den Einsern von N wird ϵ. □

Bemerkungen 7.33

1) Für jede Norm $\|\,.\,\|$ auf $\mathbb{K}^{(n,n)}$ gilt:

$$\rho(A) = \lim_{k\to\infty}\left(\|A^k\|\right)^{1/k}\,.$$

Es reicht, eine spezielle Norm $\|\,.\,\|_\sim$ zu finden, so dass $\lim_{k\to\infty}(\|A^k\|_\sim)^{1/k}$ existiert und gleich $\rho(A)$ ist. Dies gilt dann wie folgt auch für jede andere Norm $\|\,.\,\|$:
Die Normen $\|\,.\,\|$ und $\|\,.\,\|_\sim$ sind äquivalent, d. h. es gibt $\alpha, \beta > 0$

$$\alpha\,\|B\|_\sim \leq \|B\| \leq \beta\,\|B\|_\sim \quad \text{für } B \in \mathbb{K}^{(n,n)}$$

und damit

$$\alpha^{1/k}\,\|A^k\|_\sim^{1/k} \leq \|A^k\|^{1/k} \leq \beta^{1/k}\,\|A^k\|_\sim^{1/k}\,,$$

woraus wegen $\lim_{k\to\infty}\gamma^{1/k} = 1$ für $\gamma \in \mathbb{R}, \gamma > 0$ die Behauptung folgt. Die Norm kann submultiplikativ gewählt werden, also gilt nach 2)

$$\rho(A) \leq \left\|A^k\right\|^{\frac{1}{k}} \quad \text{für } k \in \mathbb{N}\,.$$

Sei $\epsilon > 0$, $A_\epsilon := \frac{1}{\rho(A)+\epsilon}A$. Wegen $\rho(A_\epsilon) < 1$ folgt nach Hauptsatz 7.34

$$\frac{1}{(\rho(A)+\epsilon)^k}A^k \to 0 \quad \text{für } k \to \infty\,,$$

insbesondere gibt es ein $k_\epsilon \in \mathbb{N}$, so dass für $k \geq k_\epsilon$ gilt

$$\left\|A^k\right\| \leq (\rho(A)+\epsilon)^k$$

also

$$\rho(A) \leq \left\|A^k\right\|^{\frac{1}{k}} \leq \rho(A) + \epsilon \quad \text{für } k \geq k_\epsilon \,.$$

2) Ist $\|\,.\,\|$ submultiplikativ auf $\mathbb{K}^{(n,n)}$, dann gilt sogar

$$\rho(A) \leq \left(\|A^k\|\right)^{1/k} \quad \text{für } k \in \mathbb{N}\,.$$

Nach Bemerkungen 7.27, 4) gibt es eine Norm auf $\mathbb{K}^n$*, die verträglich ist mit* $\|\,.\,\|$ *auf* $\mathbb{K}^{(n,n)}$*, also gilt nach Theorem 7.32, 1) angewendet auf* A^k $\rho(A) \leq \left(\|A^k\|\right)^{1/k}$.

△

Wir hatten schon gesehen, dass das Konvergenzverhalten von A^k wichtig ist für diskrete (oder diskretisierte) dynamische Systeme. In Kapitel 8 folgt eine weitere Anwendung. Eine wichtige Charakterisierung lautet:

Hauptsatz 7.34: Konvergenz der Matrixpotenz gegen 0

Sei $A \in \mathbb{K}^{(n,n)}$. Es sind äquivalent:

(i) $\lim_{k\to\infty} A^k = 0$

(ii) $\rho(A) < 1$.

Beweis: Sei $\|\,.\,\|$ die erzeugte Norm auf $\mathbb{K}^{(n,n)}$ nach Theorem 7.32, 2). Die Konvergenz kann o. B. d. A. darin betrachtet werden.

„(i) ⇒ (ii)“: Aus (i) folgt nach Theorem 7.32, 1)

$$\rho(A)^k = \rho(A^k) \leq \|A^k\| < 1$$

für k groß genug, also $\rho(A) < 1$.
„(ii) ⇒ (i)“: Gilt umgekehrt (ii), d. h. $\rho(A) + \varepsilon < 1$ für ein $\varepsilon > 0$, also nach Theorem 7.32, 2)

$$\|A^k\| \leq \|A\|^k \leq (\rho(A) + \varepsilon)^k$$

so dass $\lim_{k\to\infty} \|A^k\| = 0$ folgt.

□

Bemerkungen 7.35 Die Beschränktheit von Lösungen von Differenzengleichungen wird charakterisiert durch:

Sei $A \in \mathbb{K}^{(n,n)}$. Dann sind äquivalent:

(i) A^k ist beschränkt für $k \in \mathbb{N}$

(ii) $\rho(A) \leq 1$ und Eigenwerte λ mit $|\lambda| = 1$ sind halbeinfach.

Das kann man folgendermaßen einsehen:
Wegen der Äquivalenz der Normen darf eine beliebige herangezogen werden. Sei $J = C^{-1}AC$ *eine* JORDAN*-Normalform, dann werde die Norm durch*

$$\|B\| := \|C^{-1}BC\|_\infty$$

definiert. Nach Bemerkungen 7.24, 2c) handelt es sich dabei um eine erzeugte Norm und

$$\|A^k\| := \|C^{-1}A^kC\|_\infty = \|J^k\|_\infty .$$

J^k *ist eine Blockdiagonalmatrix mit Blöcken* $J^k_{i,j}$ *nach (4.75) (o. B. d. A. sei* $\mathbb{K} = \mathbb{C}$*).*

„(i) $\Rightarrow$ *(ii)": Durch Kontraposition: Ist* $\rho(A) > 1$*, d. h.* $|\lambda_i| > 1$ *für ein* i*, so folgt nach (4.75)*

$$\|J^k\|_\infty \geq \|J^k_{i,j}\|_\infty \geq |\lambda_i|^k \to \infty \quad \text{für } k \to \infty .$$

Ist $\rho(A) = 1$*, aber ein* λ_i *mit* $|\lambda_i| = 1$ *nicht halbeinfach, so folgt analog nach (4.75)*

$$\|J^k\|_\infty \geq |\lambda_i|^k + k\,|\lambda_i|^{k-1} = 1 + k \to \infty \quad \text{für } k \to \infty .$$

„(ii) $\Rightarrow$ *(i)": Ist* $\rho(A) < 1$*, so folgt die Aussage insbesondere aus Hauptsatz 7.34. Im allgemeinen Fall hat* J *o. B. d. A. die Gestalt*

$$J = \left(\begin{array}{c|c} D & 0 \\ \hline 0 & \widetilde{J} \end{array}\right),$$

wobei $D = \operatorname{diag}(\lambda_1, \ldots, \lambda_s)$ *und* $|\lambda_i| = 1$, $i = 1, \ldots, s$ *und* $\rho(\widetilde{J}) < 1$*. Es ist*

$$J^k = \left(\begin{array}{c|c} D^k & 0 \\ \hline 0 & \widetilde{J}^k \end{array}\right),$$

$\|D^k\|_\infty = 1$ *und die nichtverschwindenden Einträge von* $\widetilde{J}^k$ *haben nach (4.75) die Gestalt* $\binom{k}{l}\lambda^{k-l}$*, wobei* $|\lambda| < 1$ *und* $l \leq s$ *für einen festen Wert* s*. Mit der Abschätzung*

$$\binom{k}{l}|\lambda|^{k-l} \leq ck^l|\lambda|^{k-l} \to 0 \text{ für } k \to \infty$$

(man beachte $x^l \exp(-x) \to 0$ *für* $x \to \infty$*) ergibt sich* $\|\widetilde{J}^k\|_\infty \to 0$ *für* $k \to \infty$ *und damit ist also* J^k *beschränkt.*

△

Bemerkungen 7.36

1) Für die Konvergenz von Lösungen von Differenzengleichungen ist die folgende Aussage wichtig:

Sei $A \in \mathbb{K}^{(n,n)}$, dann sind äquivalent:

(i) A^k konvergiert für $k \to \infty$.

(ii) $\rho(A) \leq 1$ und Eigenwerte λ mit $|\lambda| = 1$ sind halbeinfach und erfüllen $\lambda = 1$.

Für den Grenzwert gilt: P ordnet jedem $\boldsymbol{x} \in \mathbb{K}^n$ den Grenzwert der Iteration nach (4.12) mit $\boldsymbol{x}^{(0)} = \boldsymbol{x}$ zu.

$$P = P^2 = PA = AP ,$$

d. h. P ist eine mit A vertauschbare Projektion. Es handelt sich um die Projektion auf $\mathrm{Kern}(\mathbb{1} - A)$ längs $\mathrm{Bild}(\mathbb{1} - A)$. Insbesondere gilt im Konvergenzfall $\mathrm{Kern}(\mathbb{1} - A) \oplus \mathrm{Bild}(\mathbb{1} - A) = \mathbb{K}^n$.

Der Beweis ist eine Fortsetzung des Beweises von Bemerkungen 7.35.

(i) $\Rightarrow$ (ii): Gäbe es einen Eigenwert λ mit $|\lambda| = 1$, $\lambda \neq 1$, so würde für einen zugehörigen Jordan-*Block $J_{i,j}$ gelten: $J_{i,j}^k$ hat die Diagonalelemente λ^k, die also nicht konvergieren für $k \to \infty$, also auch nicht $J_{i,j}^k$ und damit auch nicht die* Jordan*sche Normalform J^k (in der Zeilensummennorm), also auch nicht A^k in der wie in Bemerkungen 7.35 definierten Norm.*

(ii) $\Rightarrow$ (i): Wie im entsprechenden Teil von Bemerkungen 7.35 folgt wegen $D = \mathbb{1}$

$$J^k \to \left(\begin{array}{c|c} \mathbb{1} & 0 \\ \hline 0 & 0 \end{array}\right) \quad \text{für } k \to \infty$$

und damit die Behauptung. Sei $\boldsymbol{x}^{(k)}$ die nach (4.12) zu $\boldsymbol{x}^{(0)} = \boldsymbol{x}$ definierte Folge, dann gilt

$$x^{(k)} = A^k \boldsymbol{x} \to P\boldsymbol{x} \text{ für } k \to \infty .$$

Die Zusatzbehauptung folgt sofort aus

$$P = \lim_{k\to\infty} A^{2k} = \lim_{k\to\infty} A^k \lim_{k\to\infty} A^k = P^2 \quad \text{bzw.} \quad P = \lim_{k\to\infty} A^{k-1}A = PA = \lim_{k\to\infty} AA^{k-1} = AP .$$

Aus $P = AP$ bzw. $(\mathbb{1} - A)P = 0$ folgt $\mathrm{Bild}\, P \subset \mathrm{Kern}(\mathbb{1} - A)$ und aus $P = PA$ bzw. $P(\mathbb{1} - A) = 0$ folgt $\mathrm{Bild}(\mathbb{1} - A) \subset \mathrm{Kern}\, P$. Ist andererseits $\boldsymbol{x} \in \mathrm{Kern}(\mathbb{1} - A)$, dann ist $\boldsymbol{x}^{(k)} = \boldsymbol{x}$ für alle $k \in \mathbb{N}$, also $\boldsymbol{x} = P\boldsymbol{x}$ und damit $\mathrm{Kern}(\mathbb{1} - A) = \mathrm{Bild}\, P$. Da wegen $\mathbb{K}^n = \mathrm{Bild}\, P \oplus \mathrm{Kern}\, P$ gilt

$$n = \dim \mathrm{Bild}\, P + \dim \mathrm{Kern}\, P$$

und wegen der Dimensionsformel Theorem 2.32 auch

$$n = \dim \mathrm{Kern}(\mathbb{1} - A) + \dim \mathrm{Bild}(\mathbb{1} - A)$$

gilt auch die Gleichheit $\mathrm{Kern}\, P = \mathrm{Bild}(\mathbb{1} - A)$.

2) Sei V ein normierter $\mathbb{K}$-Vektorraum, sei $\boldsymbol{v}_k$ eine Folge in V und $\boldsymbol{v} = \lim_{k\to\infty} \boldsymbol{v}_k$. Zu $(\boldsymbol{v}_k)$ sei

$$\boldsymbol{s}_k := \frac{1}{k} \sum_{i=1}^{k} \boldsymbol{v}_i ,$$

dann gilt auch $\lim_{n\to\infty} \boldsymbol{s}_n = \boldsymbol{v}$

Der Beweis aus der Analysis ($V = \mathbb{R}$) überträgt sich wörtlich, siehe z.B. AMANN und ESCHER 1998.

Aus der Existenz von $\lim_{k\to\infty} \boldsymbol{s}_k$ folgt i. Allg. nicht die Existenz von $\lim_{k\to\infty} \boldsymbol{v}_k$. Existiert $\lim_{k\to\infty} \boldsymbol{s}_k$, so heißt $(v_k)_k$ (CESARO-)[9] *summierbar.*

3) Sei $A \in \mathbb{K}^{(n,n)}$, dann wird äquivalent:

(i) $\left(A^k\right)_{k=0,\dots}$ ist summierbar

(ii) A^k ist beschränkt für $k \in \mathbb{N}$

In Fortführung der Beweise von Bemerkungen 7.35 und oben 1) reicht es, Matrizen in JORDANscher Normalform und hier jeweils nur einem JORDAN-Block

$$J = \begin{pmatrix} \lambda & 1 & & \\ & \ddots & \ddots & \\ & & \ddots & 1 \\ & & & \lambda \end{pmatrix} \in \mathbb{K}$$

zu betrachten. Sei $S_k := \frac{1}{k}\sum_{i=0}^{k-1} J^i$, wobei J^i durch (4.75) gegeben ist. Sei A^k unbeschränkt für $k \in \mathbb{N}$, dann ist nach Bemerkungen 7.35 entweder $|\lambda| > 1$ für einen Eigenwert λ oder $|\lambda| = 1$, aber λ nicht halbeinfach. Im ersten Fall lauten die jeweils gleichen Diagonaleinträge von S_k

$$\frac{1}{k}\sum_{i=0}^{k-1} \lambda^i =: f_k(\lambda) = \frac{1}{k}\left(\frac{1-\lambda^k}{1-\lambda}\right),$$

d.h. $f_k(\lambda)$ ist unbeschränkt für $k \to \infty$ und daher kann $(S_k)_k$ nicht konvergieren. Im zweiten Fall ist die Vielfachheit *$s > 1$ und die gleichen Einträge auf der oberen Nebendiagonalen sind*

$$\frac{1}{k}\sum_{i=1}^{k-1} \binom{i}{1} \lambda^{i-1} = \frac{1}{k}\sum_{i=1}^{k-1} i\lambda^{i-1} =: g_k(\lambda) .$$

Für $\lambda = 1$ ist also $g_k(1) = \frac{1}{k}\sum_{i=1}^{k-1} i = \frac{k-1}{2} \to \infty$ für $k \to \infty$, für $\lambda \neq 1$ gilt $g_k(\lambda) = f_k'(\lambda)$ und damit sind die Einträge gleich

$$\frac{1}{k}\left(\frac{-k\lambda^{k-1}(1-\lambda) + \left(1-\lambda^k\right)}{(1-\lambda)^2}\right) = \left(-\lambda^{k-1} + \frac{1}{k}\frac{1-\lambda^k}{1-\lambda}\right)/(1-\lambda) ,$$

d.h. neben einer Nullfolge liegt eine oszillierende Folge vor, so dass für S_k keine Konvergenz vorliegt. Sei andererseits A^k beschränkt, d.h. nach Bemerkungen 7.35 ist für jeden Eigenwert λ entweder $|\lambda| < 1$ oder $\lambda = 1$ und halbeinfach. Im ersten Fall ist nach Hauptsatz 7.34 $J^k \to 0$ für $k \to \infty$ und damit auch nach 2) $S_k \to 0$ für $k \to \infty$, im zweiten Fall ist $s = 1$ und die Diagonalelemente von S_k sind

$$f_k(1) = 1 \to 1 \text{ für } k \to \infty .$$

[9] Ernesto CESARO, *12. März 1859 in Neapel †12. September 1906 in Torre Annunziata

4) Im Fall der Konvergenz sei

$$P := \lim_{k\to\infty} S_k := \lim_{n\to\infty} \frac{1}{k}\sum_{i=0}^{k-1} A^i ,$$

dann gilt

$$P = P^2 = PA = AP$$

und P ist die Projektion auf $\mathrm{Kern}(\mathbb{1} - A)$ längs von $\mathrm{Bild}(\mathbb{1} - A)$. Die Aussage wird auch der *Ergodensatz* genannt.

Das kann man folgendermaßen einsehen:

$$S_{k+1} = \frac{1}{k+1}\left(A\sum_{i=1}^{k} A^{i-1} + \mathbb{1}\right) = \frac{k}{k+1}AS_k + \frac{1}{k+1}\mathbb{1}$$

und wegen $S_k \to P$ *für* $k \to \infty$ *folgt daraus* $P = AP$, *d.h. insbesondere* $\mathrm{Bild}\,P \subset \mathrm{Kern}(\mathbb{1} - A)$. *Sei andererseits* $\boldsymbol{v} \in \mathrm{Kern}(\mathbb{1} - A)$, *d.h.* $\boldsymbol{v} = A\boldsymbol{v}$ *und damit* $A^i\boldsymbol{v} = \boldsymbol{v}$ *für alle* $i \in \mathbb{N}$, *d.h.*

$$S_k\boldsymbol{v} = \boldsymbol{v} \text{ für alle } k \in \mathbb{N}$$

und somit $P\boldsymbol{v} = \boldsymbol{v}$ *also* $\mathrm{Kern}(\mathbb{1} - A) = \mathrm{Bild}\,P$ *und* $P^2 = P$. *Sei* $\boldsymbol{v} \in \mathrm{Bild}\,A$, $\boldsymbol{v} = A\boldsymbol{w}$ *für* $\boldsymbol{w} \in \mathbb{K}^n$, *und damit*

$$S_k\boldsymbol{v} = AS_k\boldsymbol{w} \text{ für alle } k \in \mathbb{N}$$

und damit im Grenzwert

$$PA\boldsymbol{w} = P\boldsymbol{v} = AP\boldsymbol{w}$$

also $PA = AP$ *und damit* $P = PA$, *d.h. insbesondere* $\mathrm{Bild}(\mathbb{1} - A) \subset \mathrm{Kern}\,P$. *Der Beweis kann nun wörtlich wie bei 1) abgeschlossen werden.*

In JORDANscher Normalform ist der Grenzwert der JORDAN-Block-Folge für Eigenwerte λ mit $|\lambda| < 1$ gleich der Nullmatrix (wie schon bei Hauptsatz 7.34) mit $\lambda = 1$ und λ ist halbeinfach die 1×1-Matrix 1 (wie schon bei 1)) und zusätzlich für λ mit $|\lambda| = 1$, λ halbeinfach, die 1×1-Matrix 0, d.h. die oszillierenden Komponenten werden im Mittel durch 0 ersetzt. △

Nach diesen Vorbereitungen können nicht nur Polynome von Matrizen, sondern auch Potenzreihen definiert werden (siehe *Analysis*).

Satz 7.37: Matrix-Potenzreihe

Sei $f(z) = \sum_{n=0}^{\infty} a_n z^n$ mit $a_n \in \mathbb{K}$ eine Potenzreihe mit Konvergenzradius $R > 0$. Sei $A \in \mathbb{K}^{(n,n)}$ mit $\rho(A) < R$. Dann existiert

$$f(A) := \sum_{n=0}^{\infty} a_n A^n := \lim_{n\to\infty} \sum_{i=0}^{n} a_i A^i .$$

Beweis: Sei $\varepsilon > 0$, so dass $\rho(A) + \varepsilon < R$. Sei $\|\,.\,\|$ die erzeugte Norm auf $\mathbb{K}^{(n,n)}$, nach Theorem 7.32, 2). Damit gilt für $m > n$

$$\left\| \sum_{i=n}^{m} a_i A^i \right\| \leq \sum_{i=n}^{m} |a_i|\, \|A^i\| \leq \sum_{i=n}^{m} |a_i|\, \|A\|^i \leq \sum_{i=n}^{m} |a_i| (\rho(A) + \varepsilon)^i \to 0 \text{ für } m, n \to \infty ,$$

da f in $z = \rho(A) + \varepsilon$ absolut konvergiert. Damit ist die Partialsummenfolge zu $f(A)$ eine CAUCHY-Folge, die wegen der Vollständigkeit von $\mathbb{K}^n$ konvergiert. □

Bemerkungen 7.38 Die Doppelbenutzung von n als Dimension des Tupelraums und als symbolischer Laufindex der Reihen sollte (hoffentlich) nicht zu Verwechslungen führen.

Bei angemessener Vorsicht übertragen sich viele aus der reellen Analysis bekannte Eigenschaften von Reihen:
Seien $A_k \in \mathbb{K}^{(m,n)}$, $k \in \mathbb{N}_0$,

1) Falls $\sum_{n=0}^{\infty} A_n$ konvergiert, dann ist $(A_k)_k$ eine Nullfolge, d. h. $\lim_{h\to\infty} A_k = 0$.

$$A_k = \sum_{l=0}^{k} A_l - \sum_{l=0}^{k-1} A_l \tag{7.17}$$

und beide Partialsummenfolgen haben den gleichen Grenzwert.

2)

$$\left\| \sum_{n=0}^{\infty} A_n \right\| \leq \sum_{n=0}^{\infty} \|A_n\|$$

und die Konvergenz der reellen Reihe rechts hat die Konvergenz von $\sum_{n=0}^{\infty} A_n$ zur Folge (Übung).

3) Sei $(A_k)_{i,j} \geq 0$ für alle $i = 1, \ldots, m$, $j = 1, \ldots, n$, $k \in \mathbb{N}_0$, sei $S_k := \left(\sum_{l=0}^{k} A_l\right)_{i,j} \leq (A)_{i,j}$ für eine $A \in \mathbb{K}^{(m,n)}$ und alle $i = 1, \ldots, m$, $j = 1, \ldots, n$, dann konvergiert $\sum_{n=0}^{\infty} A_n$.
Die Partialsummenfolge S_k ist komponentenweise monoton wachsend und auch beschränkt, daher ist sie komponentenweise (und so in jeder Norm) konvergent.

4) Als Entwicklungspunkt der Potenzreihe kann statt $z_0 = 0$ auch $z_0 \in \mathbb{K}$ gewählt werden mit den Ersetzungen $\rho(A - z_0 \mathbb{1})$ statt $\rho(A)$ und $(A - z_0 \mathbb{1})^n$ statt A^n.

5) Sei $A \in \mathbb{K}^{(n,n)}$ diagonalisierbar über $\mathbb{K}$, d. h. $A = CDC^{-1}$ mit $C \in \mathrm{GL}(n, \mathbb{K})$ und $D = \mathrm{diag}(\lambda_i)$, dann gilt für eine Potenzreihe $f(z) = \sum_{n=0}^{\infty} a_n z^n$ mit Konvergenzradius $R > 0$, sofern $\rho(A) < R$

$$f(A) = Cf(D)C^{-1} = C\, \mathrm{diag}(f(\lambda_i))C^{-1} , \tag{7.17a}$$

denn

$$\sum_{n=0}^{\infty} a_n (CDC^{-1})^n = \sum_{n=0}^{\infty} a_n CD^n C^{-1} = Cf(D)C^{-1}\,,$$

da $B \mapsto CBC^{-1}$ *stetig ist und* $\rho(A) = \rho(D)$ *und* $f(D) = \sum_{n=0}^{\infty} a_n \operatorname{diag}(\lambda_i^n) = \operatorname{diag}(f(\lambda_i))$.

Diese Darstellung ist bis auf die Reihenfolge der Eigenwerte eindeutig, da weiter gilt (nach Bemerkungen 4.43, 2)): Seien $E_i := \operatorname{Kern}(A - \lambda_i \mathbb{1})$, $i = 1, \ldots, k$, die Eigenräume für die paarweise verschiedenen Eigenwerte, dann gilt

$$f(A) = \sum_{i=1}^{k} f(\lambda_i) P_i\,, \tag{7.17b}$$

wobei $P_i : \mathbb{K}^n \to E_i$ die (Darstellungsmatrizen der Normalform) Projektionen zur Zerlegung $V = \bigoplus_{i=1}^{k} E_i$ seien.

△

Theorem 7.39: NEUMANNsche Reihe

Seien $A, B \in \mathbb{K}^{(n,n)}$.

1) Sei $\rho(A) < 1$, dann ist $\mathbb{1} - A$ invertierbar und

$$(\mathbb{1} - A)^{-1} = \sum_{k=0}^{\infty} A^k \qquad \textit{(NEUMANN}^{10}\textit{sche Reihe).}$$

2) Ist $\|A\| < 1$ für eine submultiplikative Norm auf $\mathbb{K}^{(n,n)}$, dann ist $\mathbb{1} - A$ invertierbar und

$$\|(\mathbb{1} - A)^{-1}\| \le \frac{1}{1 - \|A\|}\,.$$

3) Ist A invertierbar und $\rho(A^{-1}B) < 1$, dann ist $A + B$ invertierbar und

$$(A + B)^{-1} = A^{-1} - A^{-1}BA^{-1} + \sum_{n=2}^{\infty} (-1)^n (A^{-1}B)^n A^{-1}\,.$$

4) Ist $\|\,.\,\|$ eine submultiplikative Norm, für die

$$\|A^{-1}B\| < 1 \qquad [\,\text{bzw.}\quad \|A^{-1}\|\,\|B\| < 1]$$

gilt, so folgt

$$\|(A+B)^{-1}\| \le \|A^{-1}\|(1-\|A^{-1}B\|)^{-1} \left[\le \|A^{-1}\|(1-\|A^{-1}\|\,\|B\|)^{-1}\right] .$$

Beweis: Zu 1): Nach Satz 7.37 (für $a_n = 1$, d. h. $R = 1$) gilt:

$$S := \sum_{k=0}^{\infty} A^k = \lim_{k\to\infty} S_k \text{ existiert, wobei } S_k = \sum_{i=0}^{k} A_i .$$

Dann folgt mit Hauptsatz 7.34

$$\begin{array}{rl} S_k(\mathbb{1}-A) = & \mathbb{1} - A^{k+1} \\ \downarrow k\to\infty & \downarrow k\to\infty \\ S(\mathbb{1}-A) = & \mathbb{1} \end{array}$$

und analog $(\mathbb{1}-A)S = \mathbb{1}$ und damit $S^{-1} = \mathbb{1} - A$.
Zu 2): Da nach Voraussetzung gilt

$$\sum_{k=0}^{\infty} \|A^k\| = \frac{1}{1-\|A\|} < \infty$$

unter Beachtung der geometrischen Reihe in $\mathbb{R}$, ist nach Bemerkungen 7.38, 2) auch $\sum_{k=0}^{\infty} A^k$ konvergent und nach 1) also

$$\sum_{k=0}^{\infty} A^k = (\mathbb{1}-A)^{-1}$$

und somit

$$\|(\mathbb{1}-A)^{-1}\| \le \sum_{k=0}^{\infty} \|A\|^k = \frac{1}{1-\|A\|} .$$

Zu 3): Nach 1) ist $\mathbb{1} + A^{-1}B$ invertierbar und damit auch

$$A(\mathbb{1} + A^{-1}B) = A + B ,$$

so dass gilt

$$(A+B)^{-1} = (A(\mathbb{1}+A^{-1}B))^{-1} = (\mathbb{1}+A^{-1}B)^{-1}A^{-1} = \sum_{n=0}^{\infty}(-1)^n(A^{-1}B)^nA^{-1}.$$

Die letzte Gleichheit folgt aus 1) und damit die Behauptung.
Zu 4): Unter Verwendung von 3) und Bemerkungen 7.38, 2) gilt

---

[10] Carl Gottfried NEUMANN ∗7. Mai 1832 in Königsberg †27. März 1925 in Leipzig

$$\|(A+B)^{-1}\| = \left\| \sum_{n=0}^{\infty} (-1)^n (A^{-1}B)^n A^{-1} \right\| \leq \sum_{n=0}^{\infty} \|(A^{-1}B)^n A^{-1}\|$$
$$\leq \sum_{n=0}^{\infty} \|A^{-1}B\|^n \|A^{-1}\| = (1 - \|A^{-1}B\|)^{-1} \|A^{-1}\|$$

und unter der stärkeren Voraussetzung die analoge Aussage.

□

Bemerkungen 7.40

1) Ist bei Theorem 7.39, 3) $\|A^{-1}\|\,\|B\| < 1$ bezüglich einer submultiplikativen Norm $\|\,.\,\|$, dann kann die Norm der Reihe abgeschätzt werden durch

$$\sum_{n=2}^{\infty} \left(\|A^{-1}\|\,\|B\|\right)^n \|A^{-1}\| = \left(\sum_{n=1}^{\infty} \left(\|A^{-1}\|\,\|B\|\right)^n \|A^{-1}\|^2 \right) \|B\| = \left(\frac{\|A^{-1}\|^3 \|B\|}{1 - \|A^{-1}\|\,\|B\|} \right) \|B\|\,,$$

so dass dieser letzte Summand in 3) ein Term $g(B)$ ist, für den gilt

$$\|g(B)\| / \|B\| \to 0 \text{ für } \|B\| \to 0\,.$$

Damit ist also die nichtlineare Abbildung

$$F : \mathrm{GL}(\mathbb{K}^n) \to \mathrm{GL}(\mathbb{K}^n), \quad A \mapsto A^{-1}\,,$$

die die Inverse der Matrix zuordnet, differenzierbar. Für $A \in \mathrm{GL}(\mathbb{K}^n)$ ist die (Fréchet[11]-) Ableitung $DF(A) \in L[\mathrm{GL}(\mathbb{K}^n), \mathrm{GL}(\mathbb{K}^n)]$ gegeben durch

$$B \mapsto -A^{-1} B A^{-1}\,.$$

2) Theorem 7.39, 3) bzw. 4) zeigt, dass $\mathrm{GL}(\mathbb{K}^n)$ offen ist in $\mathbb{K}^{(n,n)}$ (bezüglich einer beliebigen Norm). △

Aus der reellen Analysis (siehe z. B. Amann und Escher 1998, S. 217) überträgt sich sofort

Satz 7.41: Cauchy-Produkt

Seien $f(z) = \sum_{n=0}^{\infty} a_n z^n$, $g(z) = \sum_{n=0}^{\infty} b_n z^n$ mit $a_n, b_n \in \mathbb{K}$ Potenzreihen mit Konvergenzradius $R > 0$.
Seien $A, B \in \mathbb{K}^{(n,n)}$ mit einem Spektralradius jeweils kleiner R. Dann konvergiert in $\mathbb{K}^{(n,n)}$ die Reihe

[11] Maurice René Fréchet *2. September 1878 in Maligny †4. Juni 1973 in Paris

$$C := \sum_{n=0}^{\infty} \sum_{k=0}^{n} a_k A^k b_{n-k} B^{n-k} \qquad \text{das } \textit{Cauchy-Produkt}\,,$$

und es ist

$$\sum_{i=0}^{\infty} a_i A^i \sum_{j=0}^{\infty} b_j B^j = C\,.$$

Theorem 7.42: exp(Matrix)

Sei $A \in \mathbb{K}^{(n,n)}$, dann ist

$$\exp(A) = \sum_{n=0}^{\infty} \frac{1}{n!} A^n$$

wohldefiniert und es gilt

1) $\exp(0) = \mathbb{1}$.
2) Seien $A, B \in \mathbb{K}^{(n,n)}$, so dass

$$A\,B = B\,A\,,$$

dann gilt

$$\exp(A + B) = \exp(A)\exp(B)\,.$$

3) $\exp(A)$ ist invertierbar und

$$\exp(A)^{-1} = \exp(-A)\,.$$

Beweis: Die Wohldefinition folgt aus Satz 7.37 und $R = \infty$ für die reelle Exponentialreihe.

1) ist offensichtlich und 3) eine Folge von 2).
Zu 2): Wegen der Kommutativität gilt mit dem gleichen Beweis wie in $\mathbb{R}$ die binomische Formel (siehe Definition B.7)

$$(A + B)^n = \sum_{k=0}^{n} \binom{n}{k} A^{n-k} B^k$$

und daher mit Satz 7.41:

$$
\begin{aligned}
\exp(A+B) &= \sum_{n=0}^{\infty} \frac{1}{n!}(A+B)^n = \sum_{n=0}^{\infty} \frac{1}{n!} \sum_{k=0}^{n} \binom{n}{k} A^{n-k} B^k \\
&= \sum_{n=0}^{\infty} \frac{1}{n!} \sum_{k=0}^{n} \frac{n!}{k!(n-k)!} A^{n-k} B^k = \sum_{n=0}^{\infty} \sum_{k=0}^{n} \frac{1}{(n-k)!} A^{n-k} \frac{1}{k!} B^k \\
&= \sum_{i=0}^{\infty} \frac{1}{i!} A^i \sum_{j=0}^{\infty} \frac{1}{j!} B^j = \exp(A)\exp(B)\,.
\end{aligned}
$$

□

Satz 7.43

Sei $A \in \mathbb{K}^{(n,n)}$.

1) $\rho(t) := \exp(At)$ ist stetig auf $\mathbb{R}$.

2) ρ ist differenzierbar und $\rho'(t) = \exp(At)A = A\exp(At)$.

Beweis: Zu 1): Seien $t_0, \Delta t \in \mathbb{R}$.
Wegen $\rho(t_0 + \Delta t) - \rho(t_0) = \exp(At_0)\exp(A\Delta t) - \exp(At_0) = \exp(At_0)(\exp(A\Delta t) - \mathbb{1})$ nach Theorem 7.42, 2) ist nur die Stetigkeit für $t_0 = 0$ zu prüfen:

$$\exp(A\Delta t) = \mathbb{1} + \sum_{n=1}^{\infty} \frac{1}{n!}(\Delta t)^n A^n =: \mathbb{1} + B(\Delta t)$$

und

$$\|B(\Delta t)\| \le \sum_{n=1}^{\infty} \frac{1}{n!}(\Delta t)^n \|A\|^n = \exp(\|A\|\Delta t) - 1 \to 0 \quad \text{für} \quad \Delta t \to 0\,.$$

Zu 2): Analog zu 1) ist wegen

$$\frac{1}{\Delta t}(\rho(t_0 + \Delta t) - \rho(t_0)) = \exp(At_0)\frac{1}{\Delta t}(\exp(A\Delta t) - \mathbb{1})$$

nur Differenzierbarkeit bei $t_0 = 0$ zu prüfen und:

$$\frac{1}{\Delta t}(\exp(A\Delta t) - \mathbb{1}) = \frac{1}{\Delta t}B(\Delta t) = A + \Delta t \sum_{n=2}^{\infty} \frac{1}{n!}(\Delta t)^{n-2} A^n =: A + \Delta t C(\Delta t)$$

und

$$\|C(\Delta t)\| \le \sum_{n=2}^{\infty} \frac{1}{n!}(\Delta t)^{n-2} \|A\|^n \le \|A\|^2 \exp(\|A\|\Delta t)\,,$$

und somit folgt für $\Delta t \to 0$

$$\rho'(0) = A \quad \text{bzw.} \quad \rho'(t_0) = \exp(At_0)A = A\exp(At_0)\,.$$

□

Beispiel 7.44 (Anfangswertaufgabe für gewöhnliche Differentialgleichungen)

1) Sei $A \in \mathbb{K}^{(n,n)}, \boldsymbol{y}_0 \in \mathbb{K}^n$ und

$$\boldsymbol{y}(t) := \exp(A\,t)\boldsymbol{y}_0\,, \quad t \in \mathbb{R} \tag{7.18}$$

eine Abbildung von $\mathbb{R}$ nach $\mathbb{K}^n$. Dann ist $\boldsymbol{y}$ differenzierbar und es gilt

$$\dot{\boldsymbol{y}}(t) = A\exp(A\,t)\boldsymbol{y}_0\,, \quad t \in \mathbb{R}$$

(als Komposition einer differenzierbaren und einer linearen Abbildung), also ist (7.18) eine Lösung des *homogenen linearen Systems gewöhnlicher Differentialgleichungen mit konstanten Koeffizienten*

$$\dot{\boldsymbol{y}}(t) = A\boldsymbol{y}(t)\,, \quad t \in \mathbb{R}\,. \tag{7.19}$$

Sei ein *Anfangswert* $\boldsymbol{y}_0 \in \mathbb{K}^n$ gegeben.
Aufgrund des Satzes von PICARD-LINDELÖF[12][13] (siehe *Analysis*) oder auch durch die direkte Verifikation (siehe Bemerkungen 8.66, 7)) ist die Lösung der *Anfangswertaufgabe*

$$\begin{aligned} \dot{\boldsymbol{y}}(t) &= A\boldsymbol{y}(t), \quad t \in [t_0, T] \\ \boldsymbol{y}(t_0) &= \boldsymbol{y}_0 \end{aligned} \tag{7.20}$$

eindeutig (und existiert). Folglich ist

$$\boxed{\boldsymbol{y}(t) = \exp(A(t - t_0))\boldsymbol{y}_0}$$

die eindeutige Lösung von (7.20).

2) Betrachte die Anfangswertaufgabe für das *inhomogene lineare System* gewöhnlicher Differentialgleichungen zu $A \in \mathbb{K}^{(m,n)}, \boldsymbol{y}_0 \in \mathbb{K}^n, \boldsymbol{f} : [t_0, T] \to \mathbb{K}^n$ (z. B.) stetig:
Gesucht ist $\boldsymbol{y} : [t_0, T] \to \mathbb{K}^n$, so dass

$$\begin{aligned} \dot{\boldsymbol{y}}(t) &= A\boldsymbol{y}(t) + \boldsymbol{f}(t),\ t \in [t_0, T] \\ \boldsymbol{y}(t_0) &= \boldsymbol{y}_0\,. \end{aligned}$$

Die (eindeutige) Lösung wird durch die *Variation der Konstanten-Formel* gegeben:
Sei $Y(t) := \exp(A(t - t_0))$, dann:

[12] Charles Émile PICARD ∗24. Juli 1856 in Paris †11. Dezember 1941 in Paris

[13] Ernst Leonard LINDELÖF ∗7. März 1870 in Helsingfors †4. Juni 1946 in Helsinki

$$\boldsymbol{y}(t) = Y(t)\boldsymbol{y}_0 + \int_{t_0}^{t} \exp(A(t-s))\boldsymbol{f}(s)ds = Y(t)\boldsymbol{y}_0 + \int_{t_0}^{t} Y(t)Y(s)^{-1}\boldsymbol{f}(s)ds \, .$$

Für $t_0 = 0$ lässt sich dies auch schreiben als:

$$\boxed{\boldsymbol{y}(t) = Y(t)\boldsymbol{y}_0 + \int_{t_0}^{t} Y(t-s)\boldsymbol{f}(s)ds \, .}$$

Dabei ist das Integral komponentenweise definiert.

3) Man betrachte *lineare Systeme gewöhnlicher Differentialgleichungen mit variablen Koeffizienten:* Sei $A : [t_0, T] \to \mathbb{K}^{(n,n)}$ (z. B.) stetig, $\boldsymbol{f} : [t_0, T] \to \mathbb{K}^n$ (z. B.) stetig, $\boldsymbol{y}_0 \in \mathbb{K}^n$, dann lautet die (inhomogene) Anfangswertaufgabe:
Gesucht $\boldsymbol{y} : [t_0, T] \to \mathbb{K}^n$, so dass

$$\begin{aligned} \dot{\boldsymbol{y}}(t) &= A(t)\boldsymbol{y}(t) + \boldsymbol{f}(t), t \in [t_0, T] \\ \boldsymbol{y}(t_0) &= \boldsymbol{y}_0 \, . \end{aligned}$$

Hier lässt sich eine „explizite“ Lösung nicht allgemein angeben, aber viele „strukturelle“ Eigenschaften der Lösungen sind gleich und werden in Abschnitt 8.6 untersucht. Man kann auch weitere und höhere Ableitungen betrachten, d. h. z. B. für $m \in \mathbb{N}$

$$\boldsymbol{y}^{(m)}(t) = \sum_{i=0}^{m-1} A^{(i)}(t)\boldsymbol{y}^{(i)}(t) + \boldsymbol{f}(t) \tag{7.21}$$

mit matrix-wertigen Funktionen $A^{(i)}$ und $\boldsymbol{y}^{(i)}$ zur Bezeichnung der i-ten (komponentenweisen) Ableitung. Durch die Einführung von $\dot{y}, \ldots, y^{(m-1)}$ als weiteren Unbekannten kann (7.21) auf ein System 1. Ordnung (aber im $\mathbb{K}^{nm}$) zurückgeführt werden. Für eine allgemeine Theorie sind also (lineare) Gleichungen höherer Ordnung „nicht nötig“. Es ist aber praktisch, mindestens den oft auftretenden skalaren Fall direkt zu behandeln:
Gesucht ist $y : [t_0, T] \to \mathbb{K}$, so dass

$$y^{(m)}(t) = \sum_{i=0}^{m-1} a^{(i)}(t)y^{(i)}(t) + f(t) \, . \tag{7.22}$$

Dies lässt sich als ein System 1. Ordnung schreiben für

$$\boldsymbol{y}(t) = \begin{pmatrix} y(t) \\ \dot{y}(t) \\ \vdots \\ y^{(m-1)}(t) \end{pmatrix} = (y_i)_i \in \mathbb{K}^m \, .$$

Wegen $\dot{y}_i = y_{i+1}$ für $i = 1, \ldots, m-1$ und

$$\dot{y}_m = \sum_{i=0}^{m-1} a^{(i)} y_{i+1} + f$$

ist

(7.22) äquivalent zu

$$\dot{\boldsymbol{y}}(t) = \begin{pmatrix} 0 & 1 & 0 & \cdots & 0 \\ \vdots & \ddots & \ddots & & \\ 0 & & & 0 & 1 \\ a^{(0)}(t) & \cdots & \cdots & \cdots & a^{(m-1)}(t) \end{pmatrix} \boldsymbol{y}(t) + \begin{pmatrix} 0 \\ \vdots \\ 0 \\ f(t) \end{pmatrix} =: A(t)\boldsymbol{y}(t) + \boldsymbol{f}(t)\,. \quad (7.23)$$

Die Matrix(funktion) $A(t)$ heißt die *Begleitmatrix* von (7.22). Sie ist schon in (4.5) eingeführt worden und tritt auch in (4.34) bei der Umschreibung einer Differenzengleichung m-ter Ordnung in ein Differenzensystem 1. Ordnung auf.

4) Schon für konstante Koeffizienten kommt es darauf an, $\exp(At)$ wirklich zu „berechnen“. (Siehe auch Bemerkungen 7.38, 4): diese sind direkt anwendbar, einige Überlegungen werden aber noch einmal durchgeführt.) Hierbei gilt:

a) $\exp(\text{diag}(\lambda_i)) = \text{diag}(\exp(\lambda_i))$ für $\lambda_i \in \mathbb{K}$ bzw. allgemein:

Sei A eine Blockdiagonalmatrix, bestehend aus den Blöcken B_i, $i = 1, \ldots, k$, dann

$$\exp(A) = \begin{pmatrix} \exp(B_1) & & \\ & \ddots & \\ & & \exp(B_k) \end{pmatrix}. \quad (7.24)$$

Wegen $A^n = \text{diag}(B_1^n, \ldots, B_k^n)$ und einer analogen Darstellung für die Partialsummen folgt auch die behauptete Grenzwertbeziehung, da Matrixkonvergenz komponentenweise aufgefasst werden kann.

b)

Ist $A' = C^{-1} A\, C$ eine Ähnlichkeitstransformation von A, dann

$$\exp(A') = C^{-1} \exp(A) C\,.$$

Es ist nämlich

$$C^{-1}A^nC = (C^{-1}A\,C)^n$$

für alle $n \in \mathbb{N}$, *so dass für die jeweiligen Partialsummen gilt:*

$$\sum_{i=0}^{n} \frac{1}{i!}(A')^i = C^{-1}\left(\sum_{i=0}^{n} \frac{1}{i!}A^i\right)C$$

und damit das gleiche für die Grenzwerte, da

$$B \mapsto C^{-1}B\,C \text{ eine stetige Abbildung auf } \mathbb{K}^{(n,n)} \text{ ist.}$$

Ist also im Fall „diagonalisierbar in $\mathbb{K}$“ $C = (\boldsymbol{v}_1, \ldots, \boldsymbol{v}_n)$, wobei $\boldsymbol{v}_i$ Eigenvektor zu den Eigenwerten $\lambda_i \in \mathbb{K}$ ist und damit $A' = \operatorname{diag}(\lambda_i)$, so folgt

$$\exp(A(t - t_0)) = C \operatorname{diag}(\exp(\lambda_i(t - t_0)))C^{-1}$$

und somit ist mit der Lösung

$$\boldsymbol{y}(t) = \exp(A(t - t_0))\boldsymbol{y}_0 = \sum_{i=1}^{n} \alpha_i \exp(\lambda_i(t - t_0))\boldsymbol{v}_i\,, \tag{7.25}$$

wobei $\boldsymbol{\alpha} := C^{-1}\boldsymbol{y}_0$,

die Darstellung (4.86) wiederentdeckt worden.
Ist $A \in \mathbb{R}^{(n,n)}$ zwar diagonalisierbar in $\mathbb{C}$, aber nicht in $\mathbb{R}$, so gibt es eine reelle Blockdiagonalform als Spezialfall von Theorem 4.55 oder Theorem 4.118 (siehe Aufgabe 4.14), d. h. es gibt eine invertierbare Matrix $C \in \mathbb{R}^{(n,n)}$ (aus Real- und Imaginärteilen von Eigenvektoren als Spalten), so dass

$$A = CDC^{-1}$$

und D eine Blockdiagonalmatrix ist, entweder mit (1,1) Diagonalblöcken, die genau den reellen Eigenwerten entsprechen, oder mit (2,2) Blöcken B der Form (4.29), die genau den konjugiert komplexen Eigenwerten entsprechen.
Zur Berechnung von $\exp(D(t - t_0))$ reicht nach a) die Bestimmung von $\exp(B\bar{t})$, wobei $\bar{t} := t - t_0$.

Dies ergibt für $B = \begin{pmatrix} \mu & \nu \\ -\nu & \mu \end{pmatrix} \in \mathbb{R}^{(2,2)}$

$$\exp(B\bar{t}) = \exp(\mu\bar{t})\begin{pmatrix} \cos(\nu\bar{t}) & \sin(\nu\bar{t}) \\ -\sin(\nu\bar{t}) & \cos(\nu\bar{t}) \end{pmatrix}. \tag{7.26}$$

Es ist

$$\begin{pmatrix} \mu & \nu \\ -\nu & \mu \end{pmatrix} = \begin{pmatrix} \mu & 0 \\ 0 & \mu \end{pmatrix} + \begin{pmatrix} 0 & \nu \\ -\nu & 0 \end{pmatrix}$$

und die beiden Summanden sind multiplikativ kommutativ. Nach Theorem 7.42, 2) und 1) gilt also

$$\exp(B\bar{t}) = \exp(\mu\bar{t})\exp\left(\left(\begin{smallmatrix} 0 & \nu\bar{t} \\ -\nu\bar{t} & 0 \end{smallmatrix}\right)\right) .$$

Sei $A := \left(\begin{smallmatrix} 0 & \nu \\ -\nu & 0 \end{smallmatrix}\right)$, *dann kann man sofort mittels vollständiger Induktion zeigen:*

$$A^{2m} = (-1)^m \nu^{2m} \mathbb{1}, \quad A^{2m+1} = (-1)^m \nu^{2m} A \quad \text{für } m \in \mathbb{N} ,$$

und damit

$$S_{2m} := \sum_{k=0}^{2m} \frac{1}{k!} \begin{pmatrix} 0 & \nu\bar{t} \\ -\nu\bar{t} & 0 \end{pmatrix}^k = \begin{pmatrix} a_m & b_m \\ -b_m & a_m \end{pmatrix}$$

mit

$$a_m = \sum_{l=0}^{m} (-1)^l \frac{(\nu\bar{t})^{2l}}{(2l)!} , \quad b_m = \sum_{l=0}^{m-1} (-1)^l \frac{(\nu\bar{t})^{2l+1}}{(2l+1)!} .$$

Also: $S_{2m} \to \left(\begin{smallmatrix} a & b \\ -b & a \end{smallmatrix}\right)$ *mit* $a = \cos(\nu\bar{t})$, $b = \sin(\nu\bar{t})$ *und damit gilt* (7.26).

Hiermit ergibt sich die Lösungsdarstellung für die Anfangswertaufgabe

$$\begin{aligned} \boldsymbol{y}(t) = \exp(A\bar{t})\boldsymbol{y}_0 &= \textstyle\sum_{i=1}^k \alpha_i \exp(\lambda_i\bar{t})\boldsymbol{v}_i + \\ &+ \textstyle\sum_{i=1}^l \exp(\mu_i\bar{t})\Big(\beta_i(\cos(\nu_i\bar{t})\boldsymbol{u}_i - \sin(\nu_i\bar{t})\boldsymbol{w}_i) + \gamma_i(\cos(\nu_i\bar{t})\boldsymbol{w}_i + \sin(\nu_i\bar{t})\boldsymbol{u}_i)\Big) \end{aligned} \tag{7.27}$$

mit $C = (\boldsymbol{v}_1, \ldots, \boldsymbol{v}_k, \boldsymbol{u}_1, \boldsymbol{w}_1, \ldots, \boldsymbol{u}_l, \boldsymbol{w}_l)$ und $(\alpha_1, \ldots, \alpha_k, \beta_1, \gamma_1, \ldots, \beta_l, \gamma_l) = C^{-1}\boldsymbol{y}_0$.

Die exponentiell wachsenden oder fallenden Lösungskomponenten aus (7.25) werden also von Schwingungen überlagert.
Im allgemeinen Fall mit paarweise verschiedenen Eigenwerten $\lambda_1, \ldots, \lambda_k \in \mathbb{K}$ kann analog zu Beispiel 4.117 C als eine Basis aus Hauptvektoren gewählt werden und die Ähnlichkeitstransformation ergibt

$$J = D + N ,$$

wobei D eine Diagonalmatrix mit den Diagonaleinträgen λ_i gemäß ihrer algebraischen Vielfachheit und N eine Blockdiagonalmatrix aus JORDAN-Blöcken $N_{i,j}$ zum Eigenwert 0 ist. Da D und N nach Theorem 4.114 kommutieren, folgt aus Theorem 7.42, 2) mit $\bar{t} := t - t_0$

$$\exp(J\bar{t}) = \exp(D\bar{t})\exp(N\bar{t}) . \tag{7.28}$$

Nach a) ist

$$\exp(N\bar{t}) = \operatorname{diag}(\exp(N_{i,j}\bar{t}) ,$$

so dass also eine Blockdiagonalmatrix entsteht, für die die Blöcke $\exp(N_{i,j}\bar{t})$ mit einem festen $\exp(\lambda_i\bar{t})$ zu multiplizieren sind. Sei $N_{i,j}$ zu einer Kette der Länge $s_{i,j}$ gehörig, die also von einem Hauptvektor der Stufe $s_{i,j}$ ausgeht, d. h. $N_{i,j}$ habe Dimension $s_{i,j}$, dann

$$\exp(N_{i,j}\bar{t}) = \begin{pmatrix} 1 & \bar{t} \dots & \frac{\bar{t}^{s_{i,j}-1}}{(s_{i,j}-1)!} \\ & \ddots \quad \ddots & \vdots \\ & \ddots & \bar{t} \\ & & 1 \end{pmatrix} . \tag{7.29}$$

Da $N_{i,j}^l = 0$ für $l \geq s_{i,j}$ reduziert sich die Exponentialfunktion zu

$$\exp(N_{i,j}\bar{t}) = \sum_{l=0}^{s_{i,j}-1} \frac{1}{l!}\bar{t}^l N_{i,j}^l$$

und für $l < s_{i,j}$ ist bei $N_{i,j}^l$ nur die l-te obere Nebendiagonale besetzt, und zwar mit 1 (nach Beispiel 4.80).

Daraus lassen sich die Darstellungen (4.89) bzw. (4.87) wiedergewinnen.
Ist schließlich $A \in \mathbb{R}^{(n,n)}$, hat aber komplexe Eigenwerte, kann auf Theorem 4.114 zurückgegriffen werden und $\exp(\lambda\bar{t})$ ist analog zu (7.26) zu ersetzen.

5) Man betrachte eine skalare Gleichung m-ter Ordnung nach (7.22) mit konstanten Koeffizienten. Die Begleitmatrix wurde schon in 3) entwickelt. Die Eigenwerte der Begleitmatrix sind nach Bemerkungen 4.27 gerade die Nullstellen der *charakteristischen Gleichung*

$$\lambda^m - \sum_{i=0}^{m-1} a^{(i)}\lambda^i = 0 .$$

Genau dann wenn in $\mathbb{K}$ m paarweise verschiedene Nullstellen existieren, kann dann also direkt ein Lösungsansatz mit der Basislösung

$$\exp(\lambda(t - t_0))$$

gemacht werden.

○

Bemerkung 7.45

Es gilt für $A \in \mathbb{K}^{(n,n)}$

$$\det(\exp(A)) = \exp(\operatorname{sp}(A)) .$$

Insbesondere: $\det(\exp(A) = 1$ genau dann, wenn $\operatorname{sp}(A) = 0$.

Für eine Diagonalmatrix $D = \mathrm{diag}(\lambda_i)$ *folgt die Behauptung wegen*

$$\det(\exp(D)) = \det(\mathrm{diag}(e^{\lambda_i})) = \prod_{i=1}^{n} e^{\lambda_i} = \exp\left(\sum_{i=1}^{n} \lambda_i\right) = \exp(\mathrm{sp}(D)) .$$

Sei $A = CJC^{-1}$ *eine Darstellung in* JORDAN*-Normalform und*

$$J = D + N$$

die JORDAN*-Zerlegung. Dann gilt nach (7.29)*

$$\exp(J) = \exp(D) \begin{pmatrix} 1 & & * \\ & \ddots & \\ 0 & & 1 \end{pmatrix}$$

und damit

$$\det(\exp(J)) = \det(\exp(D)) \det \begin{pmatrix} 1 & & * \\ & \ddots & \\ 0 & & 1 \end{pmatrix} = \exp(\mathrm{sp}(D)) = \exp(\mathrm{sp}(J)) .$$

Da nach Satz 4.30 det *und* sp *invariant unter Ähnlichkeitstransformationen sind, gilt die Aussage also allgemein.*

Bei einer Anfangsaufgabe (7.20) wird also bei $\mathrm{sp}(A) = 0$ das Volumen erhalten (genauer siehe (8.109)ff). △

Beispiel 7.46 (Geometrie) In Beispiele 4.70 sind die räumlichen Drehungen $D(\varphi, \boldsymbol{a})$ untersucht worden. Sei im Folgenden die Drehachse $\boldsymbol{a} \in \mathbb{R}^3$, $\|\boldsymbol{a}\|_2 = 1$, fest gewählt. Durch

$$G(\boldsymbol{a}) := \{D(\varphi, \boldsymbol{a}) : \varphi \in [0, 2\pi)\} ,$$

d. h. die Drehgruppe in $\mathbb{R}^3$ zur festen Drehachse $\boldsymbol{a}$ wird eine Untergruppe von $\mathrm{SO}(3, \mathbb{R})$ definiert. Ein $J \in \mathbb{R}^{(3,3)}$ heißt *Erzeugende* von $G(\boldsymbol{a})$, wenn gilt

$$D(\varphi, \boldsymbol{a}) = \exp(\varphi J) \quad \text{für} \quad \varphi \in [0, 2\pi) .$$

Dann gilt:

1) $D(\varphi, \boldsymbol{a})$ ist nach φ differenzierbar und

$$\frac{d}{d\varphi} D(\varphi, \boldsymbol{a})_{|\varphi=0} = J ,$$

d. h. J beschreibt die Drehung um einen „infinitesimalen" Winkel.

Aus Satz 7.43, 2) folgt

$$\frac{d}{d\varphi} D(\varphi, a) = \frac{d}{d\varphi} \exp(\varphi J) = J \exp(\varphi J)$$

und damit die Behauptung.

2) Sei J Erzeugende einer Drehgruppe, so ist J schiefsymmetrisch, d. h. insbesondere $\mathrm{sp}(J) = 0$.

$$J = \lim_{\varphi\to 0} \frac{1}{\varphi}(D(\varphi, \boldsymbol{a}) - \mathbb{1}) \quad \textit{und daher}$$

$$J^t = \lim_{\varphi\to 0} \frac{1}{\varphi}(D(\varphi, \boldsymbol{a})^t - \mathbb{1}) = \lim_{\varphi\to 0} \frac{1}{\varphi}(D(-\varphi, \boldsymbol{a}) - \mathbb{1}) = -J ,$$

da $A \mapsto A^t$ als lineare Abbildung stetig ist.

3) Für die Drehungen um die z-Achse ist

$$J_z = \begin{pmatrix} 0 & -1 & 0 \\ 1 & 0 & 0 \\ 0 & 0 & 0 \end{pmatrix}$$

eine Erzeugende und analog für die Drehungen um die x- und y-Achse

$$J_x = \begin{pmatrix} 0 & 0 & 0 \\ 0 & 0 & -1 \\ 0 & 1 & 0 \end{pmatrix}, \quad J_y = \begin{pmatrix} 0 & 0 & 1 \\ 0 & 0 & 0 \\ -1 & 0 & 0 \end{pmatrix}.$$

J_x, J_y, J_z sind linear unabhängig und bilden eine Basis des Unterraums der schiefsymmetrischen Matrizen von $\mathbb{R}^{(3,3)}$.

$$\exp(\varphi J_z) = \begin{pmatrix} \exp\begin{pmatrix} 0 & -\varphi \\ \varphi & 0 \end{pmatrix} & \\ & \exp(0) \end{pmatrix}$$

nach Beispiel 7.44, 4a) (7.24) *und so nach* (7.26)

$$\exp(\varphi J_z) = \begin{pmatrix} \cos(\varphi) & -\sin(\varphi) & 0 \\ \sin(\varphi) & \cos(\varphi) & 0 \\ 0 & 0 & 1 \end{pmatrix}.$$

4) Sei $S \in \mathrm{SO}(3, \mathbb{R})$, dann lässt sich S schreiben als

$$S = \exp(\varphi J), \quad \text{wobei} \quad J = \sum_{i=1}^{3} (a \times \boldsymbol{e}_i) \otimes \boldsymbol{e}_i .$$

Wie im Beweis von Beispiele 4.70, 2) (Notation wie dort) ist mit 2)

$$S = AD(\varphi, \boldsymbol{e}_3)A^{-1} = A\exp(\varphi J_z)A^{-1} = \exp(\varphi A J_z A^{-1}) .$$

Die Berechnung von AJ_zA^{-1} entspricht der von $AD(\varphi, \boldsymbol{e}_3)A^{-1}$, wenn in $D(\varphi, \boldsymbol{e}_3)$ der Eigenwert 1 durch 0 ersetzt und $\varphi = \frac{\pi}{2}$ gesetzt wird. Damit ergibt sich aus (4.50) *die Behauptung.*

○

Beispiel 3(9) – Massenkette In (MM.74) wird zur Beschreibung des dynamischen Verhaltens eine Anfangswertaufgabe für eine gewöhnliche Differentialgleichung 2. Ordnung formuliert. In Verallgemeinerung davon soll im Folgenden die Anfangswertaufgabe

$$\begin{aligned} &\text{Gesucht ist } \boldsymbol{x} : [t_0, \infty) \to \mathbb{R}^m, \text{ so dass} \\ &M\ddot{\boldsymbol{x}} + A\boldsymbol{x} = \boldsymbol{0} \text{ auf } [t_0, \infty) \\ &\text{und } \boldsymbol{x}(t_0) = \boldsymbol{x}_0, \ \dot{\boldsymbol{x}}_0(t_0) = \boldsymbol{x}'_0 \end{aligned} \tag{MM.96}$$

für vorgegebene $\boldsymbol{x}_0, \boldsymbol{x}'_0 \in \mathbb{R}^m$ betrachtet werden.

Dabei entspricht M konkret einer Diagonalmatrix $M = \operatorname{diag}(m_i)$ mit Einzelmassen $m_i > 0$ als Diagonalelementen, A ist (bei beidseitiger Einspannung) eine Matrix vom Typ (MM.11) bzw. (bei einseitiger Einspannung) vom Typ (MM.12). Man spricht auch von der *diskreten Wellengleichung* (siehe Abschnitt 8.6.4) Wegen (1.87) bzw. (MM.52) bzw. (MM.82) ist es also sinnvoll vorerst allgemein vorauszusetzen:

M ist positiv definit, A positiv semidefinit

(MM.96) lässt sich analog zu (7.23) als ein System 1. Ordnung schreiben für

$$\boldsymbol{y}(t) := \begin{pmatrix} \boldsymbol{x}(t) \\ \hline \dot{\boldsymbol{x}}(t) \end{pmatrix} \in \mathbb{R}^{2m},$$

nämlich

$$\dot{\boldsymbol{y}}(t) = B\boldsymbol{y}(t),\ t \geq t_0,\ \boldsymbol{y}(t_0) = \boldsymbol{y}_0 := \begin{pmatrix} \boldsymbol{x}_0 \\ \hline \boldsymbol{x}'_0 \end{pmatrix} \tag{MM.97}$$

mit

$$B := \left(\begin{array}{c|c} 0 & \mathbb{1} \\ \hline -M^{-1}A & 0 \end{array}\right) \in \mathbb{R}^{(2m,2m)} . \tag{MM.98}$$

Dabei ist nach Bemerkungen 4.137, 3) $M^{-1}A$ diagonalisierbar und hat nicht negative Eigenwerte. Über die Konsequenz für B gibt der folgende Satz Auskunft:

Satz 7.47

Sei $A \in \mathbb{C}^{(n,n)}$ und

$$B := \left(\begin{array}{c|c} 0 & \mathbb{1} \\ \hline A & 0 \end{array}\right) \in \mathbb{C}^{(2n,2n)} .$$

1) Dann gilt für die charakteristischen Polynome:

$$P_B(\lambda) = P_A(\lambda^2) \text{ für } \lambda \in \mathbb{C}, \text{ d. h.}$$

hat A die paarweise verschiedenen Eigenwerte $\lambda_1, \ldots, \lambda_k \in \mathbb{C}$, so hat B die 2. Einheitswurzeln $\pm\sqrt{\lambda_1}, \ldots, \pm\sqrt{\lambda_k} \in \mathbb{C}$ als Eigenwerte.

2) Ist A diagonalisierbar und invertierbar, so auch B. Ist W_i der Eigenraum von A zu λ_i und

$$\widetilde{W}_i := \left\{ \begin{pmatrix} \boldsymbol{v}_i \\ \hline \boldsymbol{0} \end{pmatrix}, \begin{pmatrix} \boldsymbol{0} \\ \hline \boldsymbol{v}_i \end{pmatrix} : \boldsymbol{v}_i \in W_i \right\}, \text{ dann } U_i^+ \oplus U_i^- = \widetilde{W}_i ,$$

wobei $U_i^\pm$ die Eigenräume von B zu $\pm\sqrt{\lambda_i}$ sind.

Beweis: Zu 1)

$$p_B(\lambda) = \det\left(\begin{array}{c|c} -\lambda\mathbb{1} & \mathbb{1} \\ \hline A & -\lambda\mathbb{1} \end{array}\right) = \det(\lambda^2\mathbb{1} - A) = p_A(\lambda^2)$$

nach Aufgabe 2.36.

Zu 2) Sei $C = (\boldsymbol{v}_1, \ldots, \boldsymbol{v}_n)$, wobei die $\boldsymbol{v}_i$ eine Eigenvektorbasis zu den Eigenwerten $\lambda_1, \ldots, \lambda_n \in \mathbb{C}$ von A bilden, also

$$C^{-1}AC = \mathrm{diag}(\lambda_i) ,$$

dann gilt mit

$$E := \left(\begin{array}{c|c} C & 0 \\ \hline 0 & C \end{array}\right) \qquad F := E^{-1}BE = \left(\begin{array}{c|c} 0 & \mathbb{1} \\ \hline D & 0 \end{array}\right) \qquad \text{bzw. } BE = EF, \text{ also} \tag{MM.99}$$

$$B\begin{pmatrix} \boldsymbol{v}_i \\ \hline \boldsymbol{0} \end{pmatrix} = \lambda_i \begin{pmatrix} \boldsymbol{0} \\ \hline \boldsymbol{v}_i \end{pmatrix}, \; B\begin{pmatrix} \boldsymbol{0} \\ \hline \boldsymbol{v}_i \end{pmatrix} = \begin{pmatrix} \boldsymbol{v}_i \\ \hline \boldsymbol{0} \end{pmatrix} \text{ für } i = 1, \ldots, n ,$$

d. h. $U_i := \mathrm{span}\left(\begin{pmatrix} \boldsymbol{v}_i \\ \hline \boldsymbol{0} \end{pmatrix}, \begin{pmatrix} \boldsymbol{0} \\ \hline \boldsymbol{v}_i \end{pmatrix}\right)$ sind zweidimensionale B-invariante Unterräume. $B_{|U_i}$ hat die Darstellungsmatrix in der angegebenen Basis

$$\begin{pmatrix} 0 & 1 \\ \lambda_i & 0 \end{pmatrix}$$

und damit die Eigenwerte $\pm\sqrt{\lambda_i}$. Da $\lambda_i \neq 0$, hat $B_{|U_i}$ zwei verschiedene Eigenwerte, ist also diagonalisierbar und damit B. B ist invertierbar, da alle Eigenwerte von Null verschieden sind. Es ist

$$\sum_{i=1}^{n} \dim U_i^+ + \dim U_i^- = 2n . \tag{MM.100}$$

Es folgt wegen

$$B^2\begin{pmatrix} \boldsymbol{v}_i \\ \hline \boldsymbol{0} \end{pmatrix} = \lambda_i B\begin{pmatrix} \boldsymbol{0} \\ \hline \boldsymbol{v}_i \end{pmatrix} = \lambda_i \begin{pmatrix} \boldsymbol{v}_i \\ \hline \boldsymbol{0} \end{pmatrix}$$

und wegen der analogen Aussage für $(\boldsymbol{0}, \boldsymbol{v}_i^t)^t$

$$\widetilde{W}_i \subset V_i .$$

Dabei ist V_i der Eigenraum von B^2 zu λ_i und

$$\sum_{i=1}^{n} \dim \widetilde{W}_i = 2\sum_{i=1}^{n} \dim W_i = 2n. \tag{MM.101}$$

Sei $\boldsymbol{x}_i^\pm \in U_i^\pm$, dann gilt auch

$$B^2\boldsymbol{x}_i^\pm = \lambda_i \boldsymbol{x}_i^\pm ,$$

also $U_i^+ \oplus U_i^- \subset V_i$. Wegen (MM.100) und (MM.101) muss die Gleichheit $\widetilde{W}_i = V_i = U_1^+ \oplus U_2^+$ gelten. □

Bemerkung 7.48 Wird auch der Eigenwert $\lambda = 0$ zugelassen, so muss die Aussage in 2) folgendermaßen modifiziert werden:
B hat $\lambda = 0$ als doppelten Eigenwert und $B|_{U_i}$ hat eine Kettenbasis der Länge 2. Damit folgt für $\lambda_i = 0$:

$$\widetilde{W}_i = U_i$$

△

Damit lässt sich also die Lösung von (MM.96) angeben.

Sei A positiv definit. Seien $\lambda_1, \ldots, \lambda_m$ die Eigenwerte von $M^{-1}A$, d. h. $-M^{-1}A$ ist diagonalisierbar und hat die negativen Eigenwerte $-\lambda_j$. B nach (MM.98) ist also nach Satz 7.47 diagonalisierbar und hat die zwei imaginären Eigenwerte $\pm\sqrt{\lambda_j}i,\ j = 1, \ldots, m$. Nach (7.27) gilt also mit $\bar{t} := t - t_0$:

$$\boldsymbol{y}(t) = \sum_{i=1}^{m} \beta_i^+ \cos\left(\sqrt{\lambda_i \bar{t}}\right)\boldsymbol{x}_i^+ + \beta_i^- \cos\left(\sqrt{\lambda_i \bar{t}}\right)\boldsymbol{x}_i^+ ,$$

wobei $C := (\boldsymbol{x}_1^+, \boldsymbol{x}_1^-, \ldots, \boldsymbol{x}_m^+, \boldsymbol{x}_m^-)$ eine Eigenvektorbasis zerlegt in Real- und Imaginäranteil von B zu den Eigenwerten $\pm\sqrt{\lambda_j}i$ darstellt und

$$(\beta_1^+, \beta_1^-, \ldots, \beta_m^+, \beta_m^-)^t = C^{-1}\boldsymbol{y}_0 .$$

Man beachte dabei, dass nach Satz 7.47 die Basis von $U_i^+ \oplus U_i^-$ trotz $\mathbb{C}$-Vektorraum reell gewählt werden kann, so dass in (7.27) die Anteile mit $\boldsymbol{w}_i$ und γ_i wegfallen.

Nach Satz 7.47, 2) gibt es also Koeffizienten $\delta_i^\pm$, so dass

$$\boldsymbol{x}(t) = \sum_{i=1}^{n} \left(\delta_i^+ \cos\left(\sqrt{\lambda_i \bar{t}}\right) + \delta_i^- \sin\left(\sqrt{\lambda_i \bar{t}}\right)\right)\boldsymbol{v}_i , \tag{MM.102}$$

wobei $\boldsymbol{v}_i,\ i = 1, \ldots, m$ eine Eigenvektorbasis von $M^{-1}A$ zu den Eigenwerten λ_i ist.

Wie zu erwarten, besteht die Lösung also aus einer Überlagerung ungedämpfter Schwingungen. Ist speziell $M = m\mathbb{1} = \mathbb{1}$ (durch Skalierung) und A durch (MM.11) gegeben, so sind λ_i und $\boldsymbol{v}_i$ nach (MM.81) explizit bekannt.

Sei A nur positiv semidefinit.
Für jeden Eigenvektor $\boldsymbol{v}_i$ von A zu $\lambda = 0$ kommen also in (MM.102) noch die Summanden

$$(\delta_i^+ + t\delta_i^-)\boldsymbol{v}_i$$

dazu. ◇

Beispiel 2(6) – Elektrisches Netzwerk Hier soll die allgemeine Lösung für den Einschwingvorgang des elektrischen Schwingkreises (Abbildung 2.10, (MM.66)) entwickelt werden. Nach (7.23), Bemerkungen 4.27 ist nach den Nullstellen von

$$p(\lambda) = \lambda^2 + 2a\lambda + b$$

mit $a = \frac{R}{2L}$, $b = \frac{1}{LC}$, d. h. nach

$$\lambda_{1,2} = -a \pm \sqrt{a^2 - b}$$

zu unterscheiden: Sei $\bar{t} := t - t_0$.

Fall 1: $b < a^2$: Beide Nullstellen sind reell und negativ, d. h. die allgemeine Lösung ist für $\alpha, \beta \in \mathbb{R}$:

$$y(t) = \alpha \exp(\lambda_1 \bar{t}) + \beta \exp(\lambda_2 \bar{t}) .$$

Fall 2: $b > a^2$: Beide Nullstellen sind komplex:

$$\lambda_{1,2} = -a \pm i\omega,\ \omega := \sqrt{b - a^2} : y(t) = \exp(-a\bar{t})(\alpha \cos(\omega \bar{t}) + \beta \sin(\omega \bar{t})) .$$

Fall 3: $b = a^2$ hat die doppelte Nullstelle $\lambda = -a$:

$$y(t) = \exp(-a\bar{t})(\alpha + \beta \bar{t}) .$$

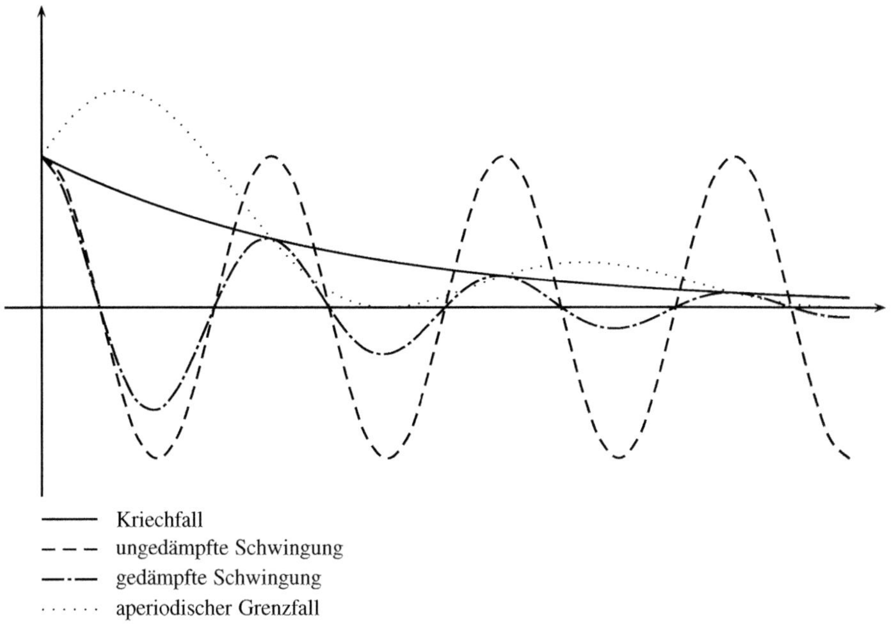

Abb. 7.1: Der elektrische Schwingkreis: Kriechfall, ungedämpfte Schwingung, gedämpfte Schwingung, aperiodischer Grenzfall.

Da $b \lesseqgtr a^2$ genau dann, wenn $\frac{R^2C}{4L} \gtreqless 1$, ist Fall 1 der Fall dominierender Dämpfung, in dem die Lösung sich dem stationären Zustand $y = 0$ exponentiell annähert (*Kriechfall*). In Fall 2 liegt eine *Schwingung* vor, die für $a = 0\,(R = 0)$ *ungedämpft* und für $a > 0$ *gedämpft* ist und sich der Ruhelage nähert. Dazwischen, im (Grenz-)Fall 3, haben wir den Übergang aus einer Schwingung in den Kriechfall (*aperiodischer Grenzfall*). ◇

Was Sie in diesem Abschnitt gelernt haben sollten

Begriffe

- verträgliche Operatornorm
- erzeugte Operatornorm (Theorem 7.23)
- submultiplikative Norm (*Algebrennorm*)
- Spektralradius
- $f(A)$ für Potenzreihen f und Matrix A
- NEUMANNsche Reihe (Theorem 7.39)

Zusammenhänge

- Spektralradius und erzeugte Norm (Theorem 7.32)
- $A^k \to 0 \Leftrightarrow \rho(A) < 1$ (Hauptsatz 7.34)
- $\rho(A) <$ Konvergenzradius von Potenzreihe $f \Rightarrow f(A)$ existiert (Satz 7.37)
- $\exp(At)$ ist für alle $A \in \mathbb{K}^{(n,n)}$, $t \in \mathbb{R}$, definiert und erfüllt $Y' = AY$ (Theorem 7.42, Satz 7.43)
- $\mathrm{GL}(\mathbb{K}^n)$ ist offen in $\mathbb{K}^{(n,n)}$ und $A \mapsto A^{-1}$ ist differenzierbar auf $\mathrm{GL}(\mathbb{K}^n)$ (Theorem 7.39)

Beispiele

- Zeilensummennorm (Theorem 7.30)
- Spaltensummennorm (Theorem 7.30)
- Spektralnorm (Theorem 7.30)

Aufgaben

Aufgabe 7.6 (T) Sei V ein n-dimensionaler $\mathbb{K}$-Vektorraum. Zeigen Sie, dass für $n > 1$ die FROBENIUS-Norm eine submultiplikative Norm auf $L[V, V]$ ist, aber keine erzeugte Norm.

Aufgabe 7.7 (T) Die Gesamtnorm $\|\cdot\|_G$ einer Matrix $A \in \mathbb{K}^{(n,n)}$ sei definiert durch

$$\|A\|_G := n \max_{1\le i,j\le n} |a_{ij}| \,.$$

Zeigen Sie, dass die Gesamtnorm $\|\cdot\|_G$ zur Maximumsnorm $\|\cdot\|_\infty$ und zur 1-Norm $\|\cdot\|_1$ verträglich ist.

Aufgabe 7.8 (T) Sei $\|\cdot\|$ eine submultiplikative Norm auf $\mathbb{K}^{(n,n)}$ und $A \in \mathbb{K}^{(n,n)}$. Zeigen Sie, dass die folgenden Aussagen äquivalent sind:

(i) $\rho(A) = \|A\|$.

(ii) Es gilt $\|A^k\| = \|A\|^k$ für alle $k = 1, 2, \ldots$

Aufgabe 7.9 Sei $\|\,.\,\|$ eine Norm auf $\mathbb{K}^{(n,n)}$, die nicht notwendigerweise erzeugt ist. Zeigen Sie, dass es eine Konstante $C > 0$ gibt, so dass gilt:

$$\|AB\| \leq C\|A\|\,\|B\| \text{ für alle } A, B \in \mathbb{K}^{(n,n)} .$$

Aufgabe 7.10 (K) Zeigen Sie, dass für

$$A = \begin{pmatrix} 2 & 0 \\ 0 & 3 \end{pmatrix} \text{ und } B = \begin{pmatrix} 0 & 1 \\ 0 & 0 \end{pmatrix}$$

gilt:

$$AB \neq BA \quad \text{und} \quad \exp(A + B) \neq \exp(A)\exp(B) .$$

Aufgabe 7.11 (K) Betrachtet wird die Matrix

$$A = \begin{pmatrix} a+1 & 1 \\ -1 & a-1 \end{pmatrix} \quad \text{mit } a \neq 0 .$$

a) Zeigen Sie mit dem Satz von CAYLEY-HAMILTON und vollständiger Induktion, dass gilt:

$$A^k = a^{k-1}(kA - a(k-1)\mathbb{1}) , \quad k \geq 1 .$$

b) Lösen Sie die Anfangswertaufgabe

$$\dot{\boldsymbol{y}}(t) = A\boldsymbol{y}(t) , \quad t \in \mathbb{R} , \quad \boldsymbol{y}(t_0) = \begin{pmatrix} 1 \\ -1 \end{pmatrix} .$$

Aufgabe 7.12 Seien $A, B \in \mathbb{K}^{(n,n)}$ und es gelte $A = \exp(B)$. Zeigen Sie:

$$A \text{ ist unitär} \quad \Leftrightarrow \quad B \text{ ist schief-hermitesch} .$$

Aufgabe 7.13 (T) Leiten Sie mittels (7.29) eine Lösungsdarstellung her für die Anfangswertaufgabe (7.20) bei allgemeinem $A \in \mathbb{K}^{(n,n)}$ mit Eigenwerten in $\mathbb{K}$.

Aufgabe 7.14 (T) Leiten Sie mittels (7.26) und (7.29) eine reelle Lösungsdarstellung her für die Anfangswertaufgabe (7.20) für allgmeines $A \in \mathbb{R}^{(n,n)}$.

Aufgabe 7.15 (T)

a) Zeigen Sie, dass für $\boldsymbol{x} \in \mathbb{K}^n$ gilt: $\|\boldsymbol{x}\|_2 \leq \|\boldsymbol{x}\|_1 \leq \sqrt{n}\|\boldsymbol{x}\|_2$.
b) Zeigen Sie, dass die Normen

$$\|u\|_\infty := \max_{x \in [0,1]} |u(x)| \quad \text{und} \quad \|u\|_1 := \int_0^1 |u(x)|\, dx$$

im Raum $V = C([0, 1], \mathbb{K})$ der stetigen Funktionen auf dem Intervall $[0, 1]$ nicht äquivalent sind.

7.3 HILBERT-Räume

7.3.1 Der RIESZsche Darstellungssatz und der adjungierte Operator

Manche Ergebnisse der vorherigen Kapitel setzen die Endlichdimensionalität des Vektorraums voraus, wie etwa bei der orthogonalen Projektion. Hier werden wir untersuchen, inwieweit im speziellen Fall einer von einem inneren Produkt erzeugten Norm und der Vollständigkeit des Raums, d. h. eines HILBERT-Raums, auf die Endlichdimensionalität verzichtet werden kann.

Euklidischem bzw. unitäre Räume erfüllen nach (1.62) die Parallelogrammgleichung. Tatsächlich charakterisiert diese das Vorliegen eines inneren Produkts:

Satz 7.49: inneres Produkt = Parallelogrammgleichung

Sei $(V, \|\,.\,\|)$ ein normierter $\mathbb{K}$-Vektorraum. Bei Gültigkeit der Parallelogrammgleichung

$$\|\boldsymbol{x}+\boldsymbol{y}\|^2 + \|\boldsymbol{x}-\boldsymbol{y}\|^2 = 2\left(\|\boldsymbol{x}\|^2 + \|\boldsymbol{y}\|^2\right) \quad \text{für alle } \boldsymbol{x}, \boldsymbol{y} \in V$$

gibt es ein inneres Produkt $\langle\,.\,\rangle$, das $\|\,.\,\|$ erzeugt.

Beweis: $\mathbb{K} = \mathbb{R}$: Sei

$$\langle \boldsymbol{x}\,.\,\boldsymbol{y}\rangle := \frac{1}{4}\left(\|\boldsymbol{x}+\boldsymbol{y}\|^2 - \|\boldsymbol{x}-\boldsymbol{y}\|^2\right), \tag{7.30}$$

wie durch die Polarisationsformel (3.23) nahegelegt. Definitheit und Symmetrie folgen direkt. Um die Linearität in der ersten Komponente zu zeigen, gehe man aus von

$$\begin{aligned}
\langle \boldsymbol{x}\,.\,z\rangle + \langle \boldsymbol{y}\,.\,z\rangle &= \frac{1}{4}\left(\|\boldsymbol{x}+z\|^2 - \|\boldsymbol{x}-z\|^2 + \|\boldsymbol{y}+z\|^2 - \|\boldsymbol{y}-z\|^2\right)\\
&\overset{(1.62)}{=} \frac{1}{8}\left(\|\boldsymbol{x}+\boldsymbol{y}+2z\|^2 + \|\boldsymbol{x}-\boldsymbol{y}\|^2 - \|\boldsymbol{x}+\boldsymbol{y}-2z\|^2 - \|\boldsymbol{x}-\boldsymbol{y}\|^2\right)\\
&= \frac{1}{2}\left(\left\|\frac{1}{2}(\boldsymbol{x}+\boldsymbol{y})+z\right\|^2 - \left\|\frac{1}{2}(\boldsymbol{x}+\boldsymbol{y})-z\right\|^2\right)\\
&= 2\left\langle \frac{1}{2}(\boldsymbol{x}+\boldsymbol{y})\,.\,z\right\rangle .
\end{aligned} \tag{7.31}$$

Für $\boldsymbol{y} = \boldsymbol{0}$ folgt daraus

$$\langle \boldsymbol{x}\,.\,z\rangle = 2\left\langle \frac{1}{2}\boldsymbol{x}\,.\,z\right\rangle$$

und daraus für $\boldsymbol{x}+\boldsymbol{y}$ statt $\boldsymbol{x}$

$$\langle \boldsymbol{x}+\boldsymbol{y} \,.\, z\rangle = 2\left\langle \frac{1}{2}(\boldsymbol{x}+\boldsymbol{y}) \,.\, z\right\rangle ,$$

also mit (7.31) die Verträglichkeit mit der Addition. Damit gilt auch

$$\langle n\boldsymbol{x} \,.\, \boldsymbol{y}\rangle = n\,\langle \boldsymbol{x} \,.\, \boldsymbol{y}\rangle \quad \text{für } n \in \mathbb{N} \tag{7.32}$$

und somit (7.32) auch für $q \in \mathbb{Q}$; denn sei $q = \frac{n}{m}$, $n, m \in \mathbb{N}$, dann

$$m^2 \left\langle \frac{n}{m}\boldsymbol{x} \,.\, \boldsymbol{y}\right\rangle = \langle n\,m\,\boldsymbol{x} \,.\, \boldsymbol{y}\rangle = n\,m\,\langle \boldsymbol{x} \,.\, \boldsymbol{y}\rangle$$

und $\langle -\boldsymbol{x} \,.\, \boldsymbol{y}\rangle = -\langle \boldsymbol{x} \,.\, \boldsymbol{y}\rangle$, da $\langle \boldsymbol{x} \,.\, \boldsymbol{y}\rangle + \langle -\boldsymbol{x} \,.\, \boldsymbol{y}\rangle = 0$ nach (7.31). Da $\|\,.\,\|$ nach Satz 7.6 eine stetige Abbildung ist und damit auch $\langle\ .\ \rangle$ nach (7.30), folgt wegen der Dichtheit von $\mathbb{Q}$ in $\mathbb{R}$:

$$\langle \lambda\boldsymbol{x} \,.\, \boldsymbol{y}\rangle = \lambda\,\langle \boldsymbol{x} \,.\, \boldsymbol{y}\rangle \quad \text{für alle } \boldsymbol{x}, \boldsymbol{y} \in V,\ \lambda \in \mathbb{R}\,.$$

$\mathbb{K} = \mathbb{C}$: Insbesondere ist V auch ein normierter $\mathbb{R}$-Vektorraum $(V_{\mathbb{R}}, \|\,.\,\|)$, so dass also ein Skalarprodukt $(\,.\,)$ auf $(V_{\mathbb{R}}, \|\,.\,\|)$ existiert, das die Norm induziert. Es bleibt zu zeigen, dass auch auf dem $\mathbb{C}$-Vektorraum V ein inneres Produkt existiert, das ebenfalls die Norm induziert. (3.20) legt die Definition

$$\langle \boldsymbol{x} \,.\, \boldsymbol{y}\rangle := \frac{1}{2}\left((\boldsymbol{x} \,.\, \boldsymbol{y}) + i\,(\boldsymbol{x} \,.\, i\boldsymbol{y})\right) \tag{7.33}$$

nahe. $\langle\,.\,\rangle$ ist HERMITE-symmetrisch, weil

$$2\overline{\langle \boldsymbol{y} \,.\, \boldsymbol{x}\rangle} = (\boldsymbol{y} \,.\, \boldsymbol{x}) - i\,(i\boldsymbol{x} \,.\, \boldsymbol{y}) = (\boldsymbol{x} \,.\, \boldsymbol{y}) - i\,(i\boldsymbol{x} \,.\, \boldsymbol{y}) = (\boldsymbol{x} \,.\, \boldsymbol{y}) + i\,(\boldsymbol{x} \,.\, i\boldsymbol{y}) = 2\,\langle \boldsymbol{x} \,.\, \boldsymbol{y}\rangle\,,$$

da gilt

$$(i\boldsymbol{x} \,.\, \boldsymbol{y}) = -\,(\boldsymbol{x} \,.\, i\boldsymbol{y})\ , \tag{7.34}$$

denn

$$(i\boldsymbol{x} \,.\, \boldsymbol{y}) = \frac{1}{4}\left(\|i\boldsymbol{x}+\boldsymbol{y}\|^2 - \|i\boldsymbol{x}-\boldsymbol{y}\|^2\right) = \frac{1}{4}\left(\|\boldsymbol{x}-i\boldsymbol{y}\|^2 - \|\boldsymbol{x}+i\boldsymbol{y}\|^2\right) = -\,(\boldsymbol{x} \,.\, i\boldsymbol{y})\ .$$

Weiter ist $\langle\,.\,\rangle$ mit + und der Multiplikation mit reellen Skalaren in der ersten Komponente verträglich, da dies auf $(\,.\,)$ zutrifft. Es fehlt also nun die Verträglichkeit mit der Multiplikation mit i, d. h.

$$\langle i\boldsymbol{x} \,.\, \boldsymbol{y}\rangle = i\,\langle \boldsymbol{x} \,.\, \boldsymbol{y}\rangle\ ,$$

was mit (7.34) gilt wegen

$$\langle i\boldsymbol{x} \,.\, \boldsymbol{y}\rangle = \frac{1}{2}((i\boldsymbol{x} \,.\, \boldsymbol{y}) + i\,(i\boldsymbol{x} \,.\, i\boldsymbol{y})), \quad i\,\langle \boldsymbol{x} \,.\, \boldsymbol{y}\rangle = \frac{1}{2}(-\,(\boldsymbol{x} \,.\, i\boldsymbol{y}) + i\,(\boldsymbol{x} \,.\, \boldsymbol{y}))\,.$$

Schließlich gilt:

$$\langle \boldsymbol{x} \,.\, \boldsymbol{x}\rangle = \frac{1}{2}((\boldsymbol{x} \,.\, \boldsymbol{x}) - i\,(i\boldsymbol{x} \,.\, \boldsymbol{x})) = \frac{1}{2}((\boldsymbol{x} \,.\, \boldsymbol{x}) + (\boldsymbol{x} \,.\, \boldsymbol{x})) = \|\boldsymbol{x}\|^2 \,.$$

□

Hauptsatz 7.50: Orthogonale Projektion

Sei $(V, \langle\ .\ \rangle)$ ein $\mathbb{K}$-HILBERT-Raum, $\|\,.\,\|$ die erzeugte Norm, $K \subset V$ abgeschlossen und konvex. Dann existiert zu jedem $\boldsymbol{x} \in V$ eindeutig ein $\boldsymbol{u} \in K$, so dass für das Fehlerfunktional

$$\varphi(\boldsymbol{v}) := \|\boldsymbol{x} - \boldsymbol{v}\|$$

gilt:

$$\varphi(\boldsymbol{u}) = \min\{\varphi(\boldsymbol{v}) : \boldsymbol{v} \in K\} \,.$$

$P_K(\boldsymbol{x}) := \boldsymbol{u}$ heißt die *orthogonale Projektion* von $\boldsymbol{x}$ auf K. Für alle $\boldsymbol{u} \in K$ gilt:

$$\boldsymbol{u} = P_K(\boldsymbol{x}) \Leftrightarrow \operatorname{Re}\langle \boldsymbol{x} - \boldsymbol{u} \,.\, \boldsymbol{v} - \boldsymbol{u}\rangle \leq 0 \text{ für alle } \boldsymbol{v} \in K \,. \tag{7.35}$$

Eine solche Bedingung nennt man *Variationsungleichung*.

Beweis: $d(\boldsymbol{x}, K) := \inf\{\varphi(\boldsymbol{v}) : \boldsymbol{v} \in K\} \geq 0$ ist wohldefiniert, also existiert eine Folge $\boldsymbol{v}_n$ in K, so dass

$$\|\boldsymbol{x} - \boldsymbol{v}_n\| \to d(\boldsymbol{x}, K) \text{ für } n \to \infty.$$

Ein solches $(\boldsymbol{v}_n)$ heißt *Minimalfolge*. Aufgrund der Parallelogrammgleichung (1.62) ist

$$\begin{aligned}\|\boldsymbol{v}_m - \boldsymbol{v}_n\|^2 &= \|(\boldsymbol{x} - \boldsymbol{v}_n) - (\boldsymbol{x} - \boldsymbol{v}_m)\|^2 \\ &= 2(\|\boldsymbol{x} - \boldsymbol{v}_n\|^2 + \|\boldsymbol{x} - \boldsymbol{v}_m\|^2) - \|(\boldsymbol{x} - \boldsymbol{v}_n) + (\boldsymbol{x} - \boldsymbol{v}_m)\|^2 \\ &= 2(\|\boldsymbol{x} - \boldsymbol{v}_n\|^2 + \|\boldsymbol{x} - \boldsymbol{v}_m\|^2) - 4\|\boldsymbol{x} - \frac{1}{2}(\boldsymbol{v}_n + \boldsymbol{v}_m)\|^2 \,.\end{aligned}$$

Da wegen der Konvexität von K $\frac{1}{2}(\boldsymbol{v}_n + \boldsymbol{v}_m) \in K$ gilt, folgt

$$\|\boldsymbol{v}_m - \boldsymbol{v}_n\|^2 \leq 2\left(\|\boldsymbol{x} - \boldsymbol{v}_n\|^2 + \|\boldsymbol{x} - \boldsymbol{v}_m\|^2 - 2d(\boldsymbol{x}, K)^2\right) \to 0 \text{ für } n, m \to \infty,$$

so dass $(\boldsymbol{v}_n)_n$ eine CAUCHY-Folge in K ist. Wegen der Vollständigkeit existiert

$$\boldsymbol{u} := \lim_{n\to\infty} \boldsymbol{v}_n$$

und wegen der Abgeschlossenheit von K ist $\boldsymbol{u} \in K$. Aus der Stetigkeit der Norm folgt

$$\|\boldsymbol{x} - \boldsymbol{v}_n\| \to \|\boldsymbol{x} - \boldsymbol{u}\| \text{ für } n \to \infty\,, \qquad \text{also} \quad \|\boldsymbol{x} - \boldsymbol{u}\| = d(\boldsymbol{x}, K)\,,$$

und damit ist $\boldsymbol{u}$ eine Lösung der Minimierungsaufgabe.
Ist $\overline{\boldsymbol{u}}$ eine weitere Lösung, so folgt wie oben aus der Parallelogrammgleichung

$$\|\boldsymbol{u} - \overline{\boldsymbol{u}}\|^2 \leq 2\left(\|\boldsymbol{x} - \boldsymbol{u}\|^2 + \|\boldsymbol{x} - \overline{\boldsymbol{u}}\|^2 - 2d(\boldsymbol{x}, K)^2\right) = 0\,.$$

Somit ist $P_K(\boldsymbol{x}) := \boldsymbol{u}$ wohldefiniert. Sei $\boldsymbol{v} \in K$, dann $(1-\varepsilon)P_K(\boldsymbol{x}) + \varepsilon\boldsymbol{v} \in K$ für $0 \leq \varepsilon \leq 1$, also

$$\begin{aligned}\|\boldsymbol{x} - P_K(\boldsymbol{x})\|^2 &\leq \|\boldsymbol{x} - (1-\varepsilon)P_K(\boldsymbol{x}) - \varepsilon\boldsymbol{v}\|^2 \\ &= \|\boldsymbol{x} - P_K(\boldsymbol{x})\|^2 - 2\,\varepsilon\,\mathrm{Re}\,\langle \boldsymbol{x} - P_K(\boldsymbol{x})\,.\,\boldsymbol{v} - P_K(\boldsymbol{x})\rangle + \varepsilon^2 r\end{aligned}$$

für ein $r \geq 0$. Also für $\varepsilon \to 0$

$$\mathrm{Re}\,\langle \boldsymbol{x} - P_K(\boldsymbol{x})\,.\,\boldsymbol{v} - P_K(\boldsymbol{x})\rangle \leq 0\,.$$

Gilt andererseits diese Bedingung für ein $P_K(\boldsymbol{x})$, dann gilt für beliebiges $\boldsymbol{v} \in K$

$$\begin{aligned}\|\boldsymbol{x} - \boldsymbol{v}\|^2 &= \|\boldsymbol{x} - P_K(\boldsymbol{x}) + P_K(\boldsymbol{x}) - \boldsymbol{v}\|^2 \\ &= \|\boldsymbol{x} - P_K(\boldsymbol{x})\|^2 + 2\,\mathrm{Re}\,\langle \boldsymbol{x} - P_K(\boldsymbol{x})\,.\,P_K(\boldsymbol{x}) - \boldsymbol{v}\rangle + \|P_K(\boldsymbol{x}) - \boldsymbol{v}\|^2 \\ &\geq \|\boldsymbol{x} - P_K(\boldsymbol{x})\|^2\,,\end{aligned}$$

folglich ist $P_K(\boldsymbol{x})$ die orthogonale Projektion. □

Bemerkungen 7.51

1) Ein affiner Unterraum ist offensichtlich konvex. Nach Satz 7.16 ist er abgeschlossen, wenn er vollständig ist, d. h. insbesondere wenn er endlichdimensional ist. Sei K ein affiner Unterraum, $K = \boldsymbol{w} + U$ mit einem Unterraum U, dann ist die Charakterisierung (vgl. Hauptsatz 1.102[I] (S. 375), Bemerkungen 1.106, 2))

$$\langle \boldsymbol{x} - P_K(\boldsymbol{x})\,.\,\boldsymbol{v}\rangle = 0 \qquad \text{für alle } \boldsymbol{v} \in U\,, \tag{7.36}$$

$P_K : V \to V$ ist dann affin-linear.
Dies folgt aus (7.35) durch Wahl von $\boldsymbol{v} := \tilde{\boldsymbol{v}} + P_K(\boldsymbol{x}) \in K$ für beliebiges $\tilde{\boldsymbol{v}} \in U$, so dass auch $\mathrm{Re}\,\langle \boldsymbol{x} - P_K(\boldsymbol{x})\,.\,\tilde{\boldsymbol{v}}\rangle = 0$ folgt für $\tilde{\boldsymbol{v}} \in U$ und mit Lemma 3.23, 2) (für $\mathbb{K} = \mathbb{C}$) auch (7.36).

Die Affin-Linearität von P_K folgt sofort aus

$$\langle \alpha\boldsymbol{x} + (1-\alpha)\boldsymbol{y} - \alpha P_K(\boldsymbol{x}) - (1-\alpha)P_K(\boldsymbol{y})\,.\,\boldsymbol{v}\rangle = \boldsymbol{0} \quad \textit{und} \quad \alpha P_K(\boldsymbol{x}) + (1-\alpha)P_K(\boldsymbol{y}) \in K$$

für $\boldsymbol{x}, \boldsymbol{y} \in V, \alpha \in [0, 1]$.

Bei der Bezeichnung für $P_K(\boldsymbol{x})$ haben wir uns also von diesem Spezialfall und den hier, aber nicht allgemein, gültigen Fehlerothogonalitäten leiten lassen. Alternativ kann man auch vom *Element bester Approximation* in K sprechen (bezüglich $\|\cdot\|_V$).

2) Ist also U ein abgeschlossener Unterraum in einem auch unendlichdimensionalen $\mathbb{K}$-HILBERT-Raum V, dann ist P_U wohldefiniert und es gilt

$$V = U \oplus U^\perp .$$

$P_{U^\perp}$ ist wohldefiniert und

$$\begin{aligned} P_{U^\perp}(\boldsymbol{v}) &= \boldsymbol{v} - P_U(\boldsymbol{v}) , \\ (U^\perp)^\perp &= U . \end{aligned}$$

Man vergleiche den Beweis von Satz 1.105. Die dortigen Beweise lassen sich übertragen, auch ist $U^\perp$ immer abgeschlossen.

Hauptsatz 7.50 erweitert also Hauptsatz 1.102 auf unendlichdimensionale, aber abgeschlossene und konvexe Projektionsmengen in HILBERT-Räumen.

3) Die Charakterisierung von $P_K(\boldsymbol{x})$ durch (7.35) gilt allgemein für jede konvexe Teilmenge U eines euklidischen bzw. unitären $\mathbb{K}$-Vektorraums.
Sei K ein Kegel über M mit Spitze $\boldsymbol{a}$, $K = \mathrm{cone}_{\boldsymbol{a}}(M)$, wobei $M \subset V$ konvex ist. Dann ist die Charakterisierung von $P_K(\boldsymbol{x})$ äquivalent mit

$$\begin{aligned} \mathrm{Re}\,\langle \boldsymbol{x} - \boldsymbol{u} \,.\, \tilde{\boldsymbol{u}} \rangle &= 0 \quad \text{wobei } \boldsymbol{u} = \tilde{\boldsymbol{u}} + \boldsymbol{a} \\ \mathrm{Re}\,\langle \boldsymbol{x} - \boldsymbol{u} \,.\, \tilde{\boldsymbol{v}} \rangle &\le 0 \quad \text{für alle } \tilde{\boldsymbol{v}} \in \mathrm{cone}_0(M - \boldsymbol{a}) . \end{aligned} \tag{7.37}$$

Das kann man folgendermaßen einsehen: Nach Satz 6.45 ist K konvex. Weiter gilt

$$K = \boldsymbol{a} + \mathrm{cone}_0(\tilde{M}) , \quad \text{wobei } \tilde{M} := M - \boldsymbol{a} ,$$

das ebenfalls konvex ist. Für $\boldsymbol{v} = \boldsymbol{a} \in K$ folgt $\mathrm{Re}\,\langle \boldsymbol{x} - \boldsymbol{u} \,.\, \tilde{\boldsymbol{u}} \rangle \ge 0$. Für $\boldsymbol{v} = \boldsymbol{a} + 2\tilde{\boldsymbol{u}} \in K$ ist $\mathrm{Re}\,\langle \boldsymbol{x} - \boldsymbol{u} \,.\, \tilde{\boldsymbol{u}} \rangle \le 0$, d. h. die erste Behauptung. Für die zweite Ungleichung wähle man zu $\tilde{\boldsymbol{v}} \in \mathrm{cone}_0(\tilde{M})$ $\boldsymbol{v} := \boldsymbol{u} + \tilde{\boldsymbol{v}} \in K$.
Die Rückrichtung ist offensichtlich.

4) Für beliebige Normen existiert die orthogonale Projektion i. Allg. nicht.

5) Geometrisch bedeutet die Charakterisierung, dass der Winkel zwischen $\overrightarrow{ux}$ und $\overrightarrow{uv}$ für beliebige $\boldsymbol{v} \in K$ im Fall $\boldsymbol{u} = P_K(\boldsymbol{x})$ stumpf ($\ge \pi/2$) sein muss, mit $= \frac{\pi}{2}$ im Fall eines affin-linearen K (vgl. Abbildung 7.2).

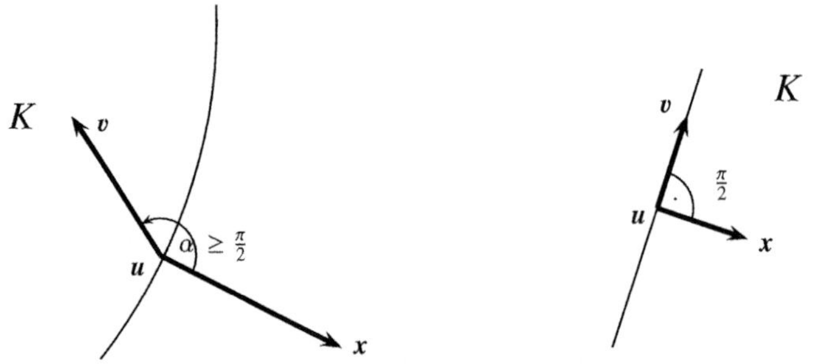

Abb. 7.2: Orthogonale Projektion auf allgemeines, konvexes K und affin-lineares K.

6) Ist $\| . \|$ nicht von einem inneren Produkt erzeugt, wie z. B. $\| . \|_\infty$ auf $\mathbb{R}^2$, dann hat z. B. $(3,0)$ für $K = \{(x,y) : \|(x,y)\|_\infty \leq 1\}$ von allen $(1,y) \in K$ mit $|y| \leq 1$, den gleichen Abstand 2 (siehe Abbildung 7.3).

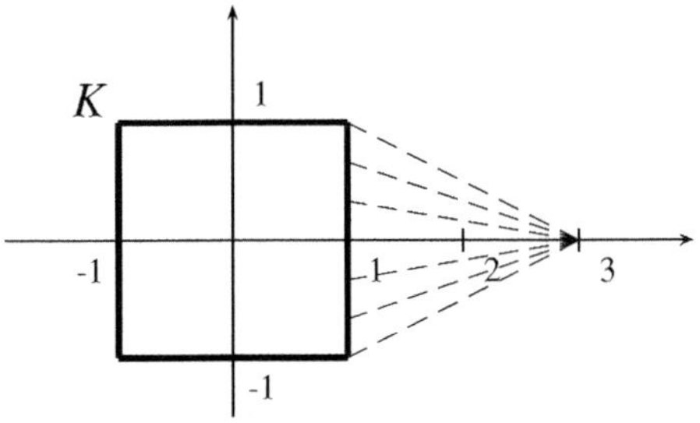

Abb. 7.3: Orthogonalprojektion von $(3,0)$ bezüglich $\| . \|_\infty$ auf K.

△

***Bemerkungen 7.52** Die orthogonale Projektion hängt eng mit *Trennungssätzen* zusammen. Sei V ein $\mathbb{K}$-HILBERT-Raum.

1) Sei $K \subset V$ konvex und abgeschlossen, $\boldsymbol{x} \notin K$. Dann gibt es ein $\boldsymbol{a} \in V$, so dass

$$\operatorname{Re} \langle \boldsymbol{v} \,.\, \boldsymbol{a} \rangle < \operatorname{Re} \langle \boldsymbol{x} \,.\, \boldsymbol{a} \rangle \quad \text{für alle } \boldsymbol{v} \in K \,.$$

Sei $\boldsymbol{u} := P_K(\boldsymbol{x})$, dann folgt aus Hauptsatz 7.50

$$\operatorname{Re} \langle \boldsymbol{x} - \boldsymbol{u} \,.\, \boldsymbol{v} \rangle \leq \operatorname{Re} \langle \boldsymbol{x} - \boldsymbol{u} \,.\, \boldsymbol{u} \rangle < \operatorname{Re} \langle \boldsymbol{x} - \boldsymbol{u} \,.\, \boldsymbol{u} \rangle + \|\boldsymbol{x} - \boldsymbol{u}\|^2 = \operatorname{Re} \langle \boldsymbol{x} - \boldsymbol{u} \,.\, \boldsymbol{x} \rangle \,,$$

sodass also $\boldsymbol{a} = \boldsymbol{x} - \boldsymbol{u}$ gewählt werden kann.

2) Seien K, L konvex und abgeschlossen, L sei kompakt, $K \cap L = \emptyset$. Dann gibt es ein $\boldsymbol{a} \in V$, so dass

$$\operatorname{Re} \langle \boldsymbol{v}_1 \,.\, \boldsymbol{a} \rangle < \operatorname{Re} \langle \boldsymbol{v}_2 \,.\, \boldsymbol{a} \rangle \quad \text{für } \boldsymbol{v}_1 \in K,\ \boldsymbol{v}_2 \in L \,.$$

Mit K und L ist auch

$$K - L := \{\boldsymbol{v}_1 - \boldsymbol{v}_2 : \boldsymbol{v}_1 \in K,\ \boldsymbol{v}_2 \in L\}$$

konvex und nach Voraussetzung $\boldsymbol{0} \notin K - L$. $K - L$ ist abgeschlossen, d. h. konvergiert eine Folge aus $K - L$: $\boldsymbol{k}_n - \boldsymbol{l}_n \to \boldsymbol{a}$ für $n \to \infty$, $\boldsymbol{k}_n \in K, \boldsymbol{l}_n \in L$, so hat $\boldsymbol{l}_n$ eine in L konvergente Teilfolge: $\boldsymbol{l}_{n_i} \to \boldsymbol{l}$ für $i \to \infty$ und daher $\boldsymbol{k}_{n_i} \to \boldsymbol{a} + \boldsymbol{l} =: \boldsymbol{k} \in K$, also $\boldsymbol{a} = \boldsymbol{k} - \boldsymbol{l} \in K - L$. Nach 1) existiert folglich $\boldsymbol{a} \in V$, so dass

$$\operatorname{Re} \langle \boldsymbol{v}_1 - \boldsymbol{v}_2 \,.\, \boldsymbol{a} \rangle < \operatorname{Re} \langle \boldsymbol{0} \,.\, \boldsymbol{a} \rangle = 0 \quad \text{für } \boldsymbol{v}_1 \in K,\ \boldsymbol{v}_2 \in L \,.$$

△

Die Stetigkeit von P_K wird später untersucht.

Theorem 7.53: RIESZscher Darstellungssatz, endgültige Fassung

Sei $(V, \langle\,.\,\rangle)$ ein $\mathbb{K}$-HILBERT-Raum. Sei $\varphi \in V'(= L[V, \mathbb{K}])$.
Dann gibt es ein eindeutiges $\boldsymbol{a} \in V$, so dass

$$\varphi(\boldsymbol{x}) = \langle \boldsymbol{x} \,.\, \boldsymbol{a} \rangle \quad \text{für alle } \boldsymbol{x} \in V\,.$$

Die Zuordnung $J : V \to V', \boldsymbol{a} \to \langle\,.\,.\,\boldsymbol{a}\rangle$ ist ein antilinearer Isomorphismus von V nach V' mit

$$\|J(\boldsymbol{a})\| = \|\boldsymbol{a}\|. \tag{7.38}$$

Die Norm in V' ist dabei die erzeugte Norm. J ist also eine Isometrie.
Antilinear bedeutet:

$$J(\lambda\boldsymbol{x} + \boldsymbol{y}) = \overline{\lambda}\, J(\boldsymbol{x}) + J(\boldsymbol{y}) \text{ für } \lambda \in \mathbb{K}, \quad \boldsymbol{x}, \boldsymbol{y} \in V\,.$$

Beweis: (nach ALT 2006, S. 163) Wegen $|J(\boldsymbol{a})(\boldsymbol{x})| \leq \|\boldsymbol{a}\|\;\|\boldsymbol{x}\|$ für $\boldsymbol{a}, \boldsymbol{x} \in V$ ist $J(\boldsymbol{a}) \in V'$ (die Linearität ist klar) und

$$\|J(\boldsymbol{a})\| \leq \|\boldsymbol{a}\|\,.$$

Weiter ist

$$|J(\boldsymbol{a})\boldsymbol{a}| = \|\boldsymbol{a}\|^2 = \|\boldsymbol{a}\|\;\|\boldsymbol{a}\|$$

und damit auch

$$\|J(\boldsymbol{a})\| = \|\boldsymbol{a}\| \quad \text{für alle } \boldsymbol{a} \in V\,.$$

Wegen der Eigenschaften des inneren Produkts in der zweiten Komponente ist J antilinear (insbesondere linear für $\mathbb{K} = \mathbb{R}$). Da J eine Isometrie ist, ist es insbesondere injektiv:

$$J(\boldsymbol{a}) = J(\overline{\boldsymbol{a}}) \Leftrightarrow 0 = J(\boldsymbol{a}) - J(\overline{\boldsymbol{a}}) = J(\boldsymbol{a} - \overline{\boldsymbol{a}}) \Leftrightarrow \|\boldsymbol{a} - \overline{\boldsymbol{a}}\| = \|J(\boldsymbol{a} - \overline{\boldsymbol{a}})\| = 0\,.$$

Es fehlt also noch der Nachweis der Surjektivität von J.
Sei $\varphi \in V' \setminus \{\boldsymbol{0}\}$ und P die orthogonale Projektion von V auf $\operatorname{Kern}\varphi$ nach Hauptsatz 7.50. Diese ist wohldefiniert, da der $\operatorname{Kern}\varphi$ abgeschlossen ist. Zur geometrischen Interpretation der folgenden Beweisstruktur siehe Bemerkungen 7.54. Sei $\boldsymbol{v} \in \boldsymbol{V}$, so dass $\varphi(\boldsymbol{v}) \neq 0$, und dann

$$\boldsymbol{e} := \frac{1}{\varphi(\boldsymbol{v})}\boldsymbol{v}, \text{ also } \varphi(\boldsymbol{e}) = 1\,.$$

Für $\widetilde{\boldsymbol{a}}_\varphi := \boldsymbol{e} - P\boldsymbol{e}$ ist $\varphi(\widetilde{\boldsymbol{a}}_\varphi) = 1$, insbesondere also $\widetilde{\boldsymbol{a}}_\varphi \neq \boldsymbol{0}$. Aufgrund der Fehlerorthogonalität ist

$$\left\langle \boldsymbol{y} \,.\, \widetilde{\boldsymbol{a}}_\varphi \right\rangle = 0 \quad \text{für alle } \boldsymbol{y} \in \operatorname{Kern} \varphi\,,$$

also für $\boldsymbol{x} \in V$

$$\boldsymbol{x} = \boldsymbol{x} - \varphi(\boldsymbol{x})\widetilde{\boldsymbol{a}}_\varphi + \varphi(\boldsymbol{x})\widetilde{\boldsymbol{a}}_\varphi$$

und damit wegen $\boldsymbol{x} - \varphi(\boldsymbol{x})\boldsymbol{a}_\varphi \in \operatorname{Kern}\varphi$

$$\left\langle \boldsymbol{x} \,.\, \widetilde{\boldsymbol{a}}_\varphi \right\rangle = \left\langle \varphi(\boldsymbol{x})\widetilde{\boldsymbol{a}}_\varphi \,.\, \widetilde{\boldsymbol{a}}_\varphi \right\rangle = \varphi(\boldsymbol{x})\|\widetilde{\boldsymbol{a}}_\varphi\|^2\,.$$

Folglich ist $\quad \boldsymbol{a} := \widetilde{\boldsymbol{a}}_\varphi / \|\widetilde{\boldsymbol{a}}_\varphi\|^2 \quad$ das gesuchte Darstellungselement für φ. □

Bemerkungen 7.54

1) Die geometrische Motivation für die Beweiskonstruktion ist die folgende: Ist $V = \mathbb{R}^n$ (und dann schon bekannt, dass $\varphi(\boldsymbol{x}) = \langle \boldsymbol{x} \,.\, \boldsymbol{a} \rangle$) geht es nur darum, $\boldsymbol{a} \in \mathbb{R}^n$ zu „identifizieren".
$U := \{\boldsymbol{x} : \varphi(\boldsymbol{x}) = 0\} = \boldsymbol{a}^\perp$ ist also eine Hyperebene mit $\dim U := n-1$, auf der $\boldsymbol{a}$ senkrecht steht. Wegen $\dim U^\perp = \dim(\boldsymbol{a}^{\perp\perp}) = \dim \operatorname{span}\{\boldsymbol{a}\} = 1$ reicht es demzufolge, einen auf U senkrecht stehenden Vektor $\boldsymbol{a}$ zu bestimmen und diesen eventuell in der Länge anzupassen. Aufgrund der Fehlerorthogonalität ist als $\widetilde{\boldsymbol{a}}$ jedes $P\boldsymbol{e} - \boldsymbol{e}$ für $\boldsymbol{e} \notin U$ möglich. Der Beweis zeigt, dass diese Argumentation auch im unendlichdimensionalen HILBERT-Raum-Fall möglich ist (ohne $U^{\perp\perp} = U$ zur Verfügung zu haben).

2) Der Begriff der Isometrie wird allgemein in Definition 5.23 eingeführt und bedeutet auf HILBERT-Räumen die Erhaltung des inneren Produkts, die die Normerhaltung nach (7.38) sofort nach sich zieht. Andererseits folgt nach der Polarisationsformel (allgemein Theorem 5.29 oder schon (3.23)) auch aus der Normerhaltung die Erhaltung des inneren Produkts.

3) Sei $\Phi \in \operatorname{Hom}_{\mathbb{K}}(V, W)$ für $\mathbb{K}$-Vektorräume V, W. Eine lineare oder antilineare Isometrie Φ ist stetig.

Der erste Fall ist klar und sogar $\|\Phi\| = 1$. Im zweiten Fall beachte man, dass auch hier aus Beschränktheit Stetigkeit folgt:

$$\|\Phi\boldsymbol{x} - \Phi\boldsymbol{y}\| = \|\Phi(\boldsymbol{x} - \boldsymbol{y})\| \leq K\|\boldsymbol{x} - \boldsymbol{y}\|\,.$$

4) Eine Anwendung von RIESZ ist die folgende Aussage über näherungsweise Integration *(Quadraturformeln)*:
Seien $a \leq x_1 < \ldots < x_n \leq b$ reelle Zahlen, $m_i \in \mathbb{R}, i = 1, \ldots, n$ *(Quadraturgewichte)* beliebig. Dann gibt es eindeutig ein $q \in V := \mathbb{R}_{n-1}[a, b]$, so dass

$$I(p) = \int_a^b q(x)p(x)dx = \sum_{i=1}^n m_i p(x_i) =: I_n(p)$$

für alle $p \in V$ gilt.

Das kann man folgendermaßen einsehen: Sei $\varphi_i(p) := p(x_i), i = 1, \dots, n$, dann ist wegen $|\varphi_i(p)| \le \|p\|_\infty$

$$\varphi_i \in V' ,$$

erst einmal für $\| . \| = \| . \|_\infty$, dann wegen der Endlichdimensionalität von V auch für $\| . \| = \| . \|_2$. Also $I_n \in V'$ und damit gibt es eindeutig ein $q \in V$, so dass

$$\langle p \,.\, q \rangle = I_n(p) \quad \text{für } p \in V \qquad \text{für das } L^2\text{-Skalarprodukt } \langle \, . \, \rangle .$$

△

Damit kann allgemein (aber nur) für $\Phi \in L[V, W]$ der adjungierte Operator definiert werden (vgl. Definition 2.60).

Definition 7.55

Seien V, W $\mathbb{K}$-HILBERT-Räume mit inneren Produkten $\langle \, . \, \rangle$ (in der Schreibweise nicht unterschieden). Sei $\Phi \in L[V, W]$. Der *Adjungierte* $\Phi^\dagger \in L[W, V]$ wird definiert durch die Eigenschaft

$$\langle \Phi \boldsymbol{v} \,.\, \boldsymbol{w} \rangle = \left\langle \boldsymbol{v} \,.\, \Phi^\dagger \boldsymbol{w} \right\rangle \qquad \text{für alle } \boldsymbol{v} \in V, \boldsymbol{w} \in V .$$

Satz 7.56: Adjungierte

Seien V, W $\mathbb{K}$-HILBERT-Räume, $\Phi \in L[V, W]$.
Dann existiert $\Phi^\dagger \in L[W, V]$ eindeutig und es gilt für die erzeugte Norm

$$\|\Phi\| = \|\Phi^\dagger\| .$$

Die Zuordnung: $\dagger : L[V, W] \to L[W, V], \Phi \mapsto \Phi^\dagger$ ist antilinear und eine Isometrie.

Beweis: Sei $\Phi \in L[V, W]$. Für ein beliebiges, festes $\boldsymbol{w} \in W$ definiere man

$$\Psi_{\boldsymbol{w}} : V \to \mathbb{K} \text{ durch } \boldsymbol{v} \mapsto \langle \Phi \boldsymbol{v} \,.\, \boldsymbol{w} \rangle ,$$

dann ist $\Psi_{\boldsymbol{w}} \in V^*$ und wegen

$$| \langle \Phi \boldsymbol{v} \,.\, \boldsymbol{w} \rangle | \le \|\Phi\| \, \|\boldsymbol{v}\| \, \|\boldsymbol{w}\| \qquad \text{auch} \qquad \Psi_{\boldsymbol{w}} \in V', \|\Psi_{\boldsymbol{w}}\| \le \|\Phi\| \, \|\boldsymbol{w}\|.$$

Durch $\widetilde{\Phi} : W \to V', \boldsymbol{w} \mapsto \Psi_{\boldsymbol{w}}$ wird also eine antilineare Abbildung von W nach V' definiert und

$$\|\widetilde{\Phi} \boldsymbol{w}\| = \|\Psi_{\boldsymbol{w}}\| \le \|\Phi\| \, \|\boldsymbol{w}\| .$$

Es gilt damit:

$$\widetilde{\Phi}(\boldsymbol{w})(\boldsymbol{v}) = \langle \Phi\boldsymbol{v} \,.\, \boldsymbol{w} \rangle \ .$$

Man setze also $\Phi^\dagger(\boldsymbol{w}) := J^{-1}(\widetilde{\Phi}(\boldsymbol{w}))$, wobei J der Isomorphismus von V nach V' aus dem RIESZschen Darstellungssatz ist, somit

$$\left\langle \boldsymbol{v} \,.\, \Phi^\dagger(\boldsymbol{w}) \right\rangle = \langle \Phi\boldsymbol{v} \,.\, \boldsymbol{w} \rangle \ ,$$

wie gewünscht und $\Phi^\dagger : W \to V$ ist linear als Komposition zweier antilinearer Abbildungen. Es ist:

$$\|\Phi^\dagger(\boldsymbol{w})\| = \|\widetilde{\Phi}(\boldsymbol{w})\| \leq \|\Phi\| \ \|\boldsymbol{w}\|$$

und damit ist $\Phi^\dagger$ auch beschränkt,

$$\Phi^\dagger \in L[W, V] \qquad \text{und} \qquad \|\Phi^\dagger\| \leq \|\Phi\| \ . \tag{7.39}$$

Der Adjungierte ist auch eindeutig, denn sind Ψ_1 und Ψ_2 Adjungierte zu Φ, dann

$$\begin{aligned} & \langle \boldsymbol{v} \,.\, \Psi_1\boldsymbol{w} \rangle = \langle \boldsymbol{v} \,.\, \Psi_2\boldsymbol{w} \rangle && \text{für alle } \boldsymbol{v} \in V, \boldsymbol{w} \in W \\ \text{also} \quad & \langle \boldsymbol{v} \,.\, \Psi_1\boldsymbol{w} - \Psi_2\boldsymbol{w} \rangle = 0 && \text{für alle } \boldsymbol{v} \in V, \boldsymbol{w} \in W \ , \\ \text{d. h.} \quad & \Psi_1\boldsymbol{w} - \Psi_2\boldsymbol{w} = 0 && \text{für alle } \boldsymbol{w} \in W \ . \end{aligned}$$

Damit gilt insbesondere:

$$\Phi^{\dagger\dagger} = \Phi \qquad \text{und aus (7.39) folgt ebenso} \qquad \|\Phi\| = \|\Phi^{\dagger\dagger}\| \leq \|\Phi^\dagger\|$$

und damit die Isometrie der Zuordnung $\dagger$. Die Antilinearität folgt sofort aus der Eindeutigkeit (siehe Bemerkungen 7.57, 1)). □

Bemerkungen 7.57

1) Es gelten die Rechenregeln für $\Phi, \Psi \in L[V, W]$:

- $\Phi^{\dagger\dagger} = \Phi$.
- $(\Phi + \Psi)^\dagger = \Phi^\dagger + \Psi^\dagger, (\lambda\Phi)^\dagger = \overline{\lambda}\Phi^\dagger$ für $\lambda \in \mathbb{C}$.
- $(\Phi \circ \Psi)^\dagger = \Psi^\dagger \circ \Phi^\dagger$ für $\Psi \in L[U, V], \Phi \in L[V, W]$

2) Seien V, W normierte $\mathbb{K}$-Vektorräume.

Analog zu Definition 3.52 kann auch für $\Phi \in L[V,W]$ der *duale Operator* Φ' : $L[W',V']$ definiert werden durch

$$\varphi \mapsto \varphi \circ \Phi \, .$$

Φ' ergibt sich aus der (algebraischen) dualen Abbildung $\Phi^* \in$ Hom(W^*, V^*) durch

$$\Phi' = \Phi^*|_{W'} \, .$$

Es ist nur $\Phi'(\varphi) \in V'$ und die Beschränktheit von Φ' zu prüfen, die sofort aus Satz 7.26 folgen in der Form

$$\|\Phi'(\varphi)\| = \|\varphi \circ \Phi\| \le \|\varphi\| \, \|\Phi\| \qquad \text{und hieraus} \qquad \|\Phi'\| \le \|\Phi\| \quad \text{für die erzeugten Normen folgt.}$$

Tatsächlich gilt sogar

$$\boxed{\|\Phi'\| = \|\Phi\| \, .}$$

Dazu nutzt man aus, dass für $\boldsymbol{v} \in V$, $\|\boldsymbol{v}\| = 1$ ein $\psi \in W'$ existiert, so dass $\|\psi\| = 1$ und $\psi(\Phi\boldsymbol{v}) = \|\Phi\boldsymbol{v}\|$, nämlich gegeben durch $\psi(\boldsymbol{w}) := \langle \boldsymbol{w} \, . \, \Phi(\boldsymbol{v}/\|\Phi\boldsymbol{v}\|)\rangle$ (siehe Theorem 7.53), und daher

$$\|\Phi'\| \ge \|\Phi'(\psi)\| = \|\psi \circ \Phi\| \ge |(\psi \circ \Phi)\boldsymbol{v}| = |\psi(\Phi\boldsymbol{v})| = \|\Phi\boldsymbol{v}\| \quad \text{und damit noch} \quad \|\Phi\| \le \|\Phi'\| \, .$$

3) Der Zusammenhang zwischen dem Adjungierten $\Phi^\dagger$ und dem dualen Operator Φ' ergibt sich durch

$$\Phi^\dagger = J_V^{-1} \circ \Phi' \circ J_W$$

mit den RIESZschen Darstellungsoperatoren J_V bzw. J_W. Die Hilfskonstruktion $\widetilde{\Phi}$ im Beweis von Satz 7.56 ist also

$$\widetilde{\Phi} = \Phi' \circ J_W \, . \qquad \triangle$$

Beispiel 7.58 Sei $V = H_0^1[a,b]$ ein Raum von reellwertigen stetigen Funktionen auf $[a,b]$, die in einem verallgemeinerten Sinn differenzierbar seien, so dass

$$v' \in L^2(a,b) \text{ für } v \in H_0^1[a,b]$$

und für die $v(a) = v(b) = 0$. Also ist für $W = L^2([a,b],\mathbb{R}) =: L^2[a,b]$

$$\Phi : V \to W \, , \qquad v \mapsto v'$$

ein linearer Operator, der dann auch beschränkt ist für $\|v\|_V := (\|v\|_{L^2}^2 + \|v'\|_{L^2}^2)^{\frac{1}{2}}$. Nach dem RIESZschen Darstellungssatz (Theorem 7.53) ist $(L^2[a,b])'$ mit $L^2[a,b]$ durch

$$w_\varphi \in L^2[a,b] \mapsto \varphi(w) := \int_a^b w(x) w_\varphi(x) dx, \; \varphi \in (L^2[a,b])'$$

identifizierbar. Auch $\| \,.\, \|_V$ wird durch ein inneres Produkt erzeugt und aus der Vollständigkeit von $L^2[a, b]$ folgt die von V, also gilt eine analoge Identifikation.
Für den dualen Operator gilt $\Phi' : W' \to V'$ und für $\psi := \Phi'(\varphi)$: $\psi(v) = \varphi(v')$ für $v \in V$. Ist $w_\varphi \in W$ das darstellende Element zu φ, dann

$$\psi(v) = \int_a^b v'(x) w_\varphi(x) dx$$

also für $w_\varphi \in C^1\big((a, b), \mathbb{R}\big)$:

$$\psi(v) = -\int_a^b v(x) w'_\varphi(x) dx$$

und in diesem (formalen) Sinn

$$\Phi'(\varphi) = -w'_\varphi \,.$$

Ersetzt man (a, b) durch eine offene Menge $\Omega \subset \mathbb{R}^N$, dann entsprechen sich

$$\Phi : v \mapsto \nabla v$$

wobei $\nabla v = (\partial_{x_1} v, \ldots, \partial_{x_N} v)^t$, der *Gradient von* v und

$$\Phi' : \varphi \mapsto -\operatorname{div} \boldsymbol{w}_\varphi \,,$$

wobei $\operatorname{div} \boldsymbol{w} := \sum_{i=1}^N \partial_{x_i} w_i$, die *Divergenz von* $\boldsymbol{w}$. ◦

Definition 3.29 überträgt sich zu

Definition 7.59

Sei V ein $\mathbb{K}$-HILBERT-Raum, $\Phi \in L[V, V]$.

1) Φ heißt *unitär*, wenn Φ invertierbar ist und

$$\Phi^{-1} = \Phi^\dagger \,.$$

2) Φ heißt *selbstadjungiert* (bzw. für $\mathbb{K} = \mathbb{R}$: *symmetrisch*, für $\mathbb{K} = \mathbb{C}$ *hermitesch*), wenn

$$\Phi = \Phi^\dagger \,.$$

3) Φ heißt *normal*, wenn

$$\Phi\,\Phi^\dagger = \Phi^\dagger \Phi \,.$$

Bemerkung 7.60 Wie aus Bemerkungen 7.13, 2) ersichtlich, ist für unendlichdimensionale Räume für $\Phi \in L[V, W]$ bei Existenz von $\Phi^{-1} \in \text{Hom}(W, V)$ nicht zwingend $\Phi^{-1} \in L[W, V]$.
Bei unitären Φ wird die Beschränktheit von Φ^{-1} durch $\Phi^{-1} = \Phi^\dagger$ erzwungen. Allerdings folgt es hier auch automatisch wegen der Vollständigkeit von $V = W$ (Dies ist eine Aussage der *Funktionalanalysis*: Satz von der inversen Abbildung, siehe z. B. ALT 2006, S. 221).

Im Beispiel aus Bemerkungen 7.13, 2) muss also immer einer der beteiligten Räume nicht vollständig sein. △

Satz 7.61: Unitäre Operatoren

Seien V, W $\mathbb{K}$-HILBERT-Räume, $L[V, W]$, $L[W, V]$ jeweils mit der erzeugten Norm versehen, $\Phi \in L[V, W]$. Dann gilt:

1) $\|\Phi\|^2 = \|\Phi\,\Phi^\dagger\| = \|\Phi^\dagger\Phi\|$.
2) Die Zuordnung $\Phi \mapsto \Phi^\dagger$ von $L[V, W]$ nach $L[W, V]$ ist stetig.
3) Ist Φ unitär, dann $\|\Phi\| = 1$.

Beweis: Zu 1): Es ist

$$\|\Phi^\dagger\Phi\| \leq \|\Phi^\dagger\|\,\|\Phi\| \leq \|\Phi\|^2$$

$$\text{und} \quad \|\Phi v\|^2 = \langle \Phi v \,.\, \Phi v\rangle = \left\langle v \,.\, \Phi^\dagger\Phi v\right\rangle \leq \|v\|\,\|\Phi^\dagger\Phi\|\,\|v\|,$$

$$\text{also} \quad \|\Phi\|^2 \leq \|\Phi^\dagger\Phi\| \quad \text{und somit} \quad \|\Phi^\dagger\Phi\| = \|\Phi\|^2 = \|\Phi^\dagger\|^2 = \|\Phi\,\Phi^\dagger\|\,.$$

Zu 2): Klar, da $\Phi \mapsto \Phi^\dagger$ sogar eine Isometrie ist.
zu 3): Klar wegen $\|\Phi v\|^2 = \langle \Phi v \,.\, \Phi v\rangle = \left\langle v \,.\, \Phi^\dagger\Phi v\right\rangle = \|v\|^2$ für $v \in V$.

□

Bemerkung 7.62 Es gilt für $\Phi \in L[V, V]$:

$$\Phi \text{ ist normal} \Leftrightarrow \|\Phi v\| = \|\Phi^\dagger v\| \quad \text{für alle } v \in V$$

(Übung). △

Satz 7.63

Sei V ein $\mathbb{K}$-HILBERT-Raum, $\Phi \in L[V, V]$ selbstadjungiert. Dann:

$$\|\Phi\| = \sup\{|\langle \Phi v \,.\, v\rangle| : v \in V, \|v\| \leq 1\}\ . \tag{7.40}$$

Beweis: Sei $M := \sup\{|\langle \Phi v \,.\, v\rangle| : v \in V, \|v\| \le 1\}$, dann ist wegen

$$|\langle \Phi v \,.\, v\rangle| \le \|\Phi\| \, \|v\|^2 \qquad \text{auch} \qquad M \le \|\Phi\| \,.$$

Zum Nachweis von $M = \|\Phi\|$ muss noch

$$\|\Phi v\| \le M$$

für alle $v \in V$, $\|v\| = 1$ gezeigt werden. O. B. d. A. kann also $\Phi v \neq \mathbf{0}$ angenommen werden. Setze $w := \frac{1}{\|\Phi v\|}\Phi v$, also $\|w\| = 1$, dann ist wegen $\left|\langle \Phi u \,.\, u\rangle\right| \le M\|u\|^2$ für beliebige $u \in V$

$$\begin{aligned}
4M &= M(2\|v\|^2 + 2\|w\|^2) = M(\|v+w\|^2 + \|v-w\|^2) \quad \text{nach (1.62)}\\
&\ge |\langle \Phi(v+w) \,.\, v+w\rangle| + |\langle \Phi(v-w) \,.\, v-w\rangle|\\
&\ge |\langle \Phi(v+w) \,.\, v+w\rangle - \langle \Phi(v-w) \,.\, v-w\rangle|\\
&= 2|\langle \Phi v \,.\, w\rangle + \langle \Phi w \,.\, v\rangle| = 2|\langle \Phi v \,.\, w\rangle + \langle w \,.\, \Phi v\rangle|\\
&= 2\left|\left\langle \Phi v \,.\, \frac{1}{\|\Phi v\|}\Phi v\right\rangle + \left\langle \frac{1}{\|\Phi v\|}\Phi v \,.\, \Phi v\right\rangle\right|\\
&= \frac{4}{\|\Phi v\|}\|\Phi v\|^2 = 4\|\Phi v\| \,.
\end{aligned}$$

□

Bemerkungen 7.64

1) Ist V endlichdimensional, kann in (7.40) sup durch max ersetzt werden, da ein stetiges Funktional auf einer kompakten Menge betrachtet wird. Demzufolge gibt es ein $v_0 \in V$ mit $\|v_0\| \le 1$, so dass

$$\|\Phi\| = |\langle \Phi v_0 \,.\, v_0\rangle| \,. \tag{7.41}$$

2) In der Situation von (7.41) gilt

$$\Phi v_0 = \langle \Phi v_0 \,.\, v_0\rangle v_0 = \pm\|\Phi\| v_0 \,,$$

d. h. v_0 ist Eigenvektor zum betragsgrößten Eigenwert $\pm\|\Phi\|$.

Das kann folgendermaßen eingesehen werden: Da $\langle \Phi v_0 \,.\, v_0\rangle = \langle v_0 \,.\, \Phi v_0\rangle = \overline{\langle \Phi v_0 \,.\, v_0\rangle}$ ist somit $\langle \Phi v_0 \,.\, v_0\rangle \in \mathbb{R}$ (richtig für jedes $v_0 \in V$ wegen der Selbstadjungiertheit). Deshalb gilt

$$\langle \Phi v_0 \,.\, v_0\rangle = \|\Phi\| \quad \text{oder} \; = -\|\Phi\| \,.$$

Dann folgt die Behauptung aus:

$$\begin{aligned}
\langle \Phi v_0 - \langle \Phi v_0 \,.\, v_0\rangle v_0 \,.\, \Phi v_0 - \langle \Phi v_0 \,.\, v_0\rangle v_0\rangle &= \|\Phi v_0\|^2 - 2\langle \Phi v_0 \,.\, v_0\rangle^2 + \langle \Phi v_0 \,.\, v_0\rangle^2 \|v_0\|^2\\
&\le \|\Phi v_0\|^2 - \langle \Phi v_0 \,.\, v_0\rangle^2 \le \|\Phi v_0\|^2 - \|\Phi\|^2 \le 0
\end{aligned}$$

Für endlichdimensionale V folgt die Aussage auch aus Satz 4.15.

△

Satz 7.65: Norm von Projektionen

Sei V ein euklidischer bzw. unitärer Raum, $P \in \mathrm{Hom}(V, V)$ eine Projektion, d. h. $P^2 = P$. Dann sind äquivalent:

(i) Es gilt $P \in L[V, V]$ mit $\|P\| \leq 1$ in der erzeugten Norm bzw.

$$\langle P\boldsymbol{v} \,.\, P\boldsymbol{v}\rangle \leq \langle \boldsymbol{v} \,.\, \boldsymbol{v}\rangle \qquad \text{für alle } \boldsymbol{v} \in V\,.$$

(ii) P ist orthogonale Projektion auf Bild P.

Bei der Gültigkeit von (i) bzw. (ii) ist für $P \neq 0$ sogar $\|P\| = 1$.

Beweis: „(i) $\Rightarrow$ (ii)“: Für $\boldsymbol{x} \in V$ ist zu zeigen:

$$\boldsymbol{x} - P\boldsymbol{x} \in (\mathrm{Bild}\, P)^{\perp} \quad \text{bzw.} \quad \mathrm{Kern}\, P \subset (\mathrm{Bild}\, P)^{\perp}\,.$$

Angenommen, es gäbe ein

$$\boldsymbol{v} \in \mathrm{Kern}\, P \quad (\text{mit } \|\boldsymbol{v}\| = 1), \quad \text{so dass } \boldsymbol{v} \notin (\mathrm{Bild}\, P)^{\perp}\,,$$

d. h. es gäbe ein $\boldsymbol{w} = P\boldsymbol{w} \in \mathrm{Bild}\, P$, so dass

$$\langle \boldsymbol{v} \,.\, \boldsymbol{w}\rangle \neq 0 \quad \text{bzw. o. B. d. A.} \quad = 1.$$

Dann:

$$\begin{aligned}\langle \boldsymbol{v} - 2\boldsymbol{w} \,.\, \boldsymbol{v} - 2\boldsymbol{w}\rangle &= \langle \boldsymbol{v} \,.\, \boldsymbol{v}\rangle - 2\,\langle \boldsymbol{v} \,.\, \boldsymbol{w}\rangle - 2\,\langle \boldsymbol{w} \,.\, \boldsymbol{v}\rangle + 4\,\langle \boldsymbol{w} \,.\, \boldsymbol{w}\rangle \\ &= 1 - 4 + 4\,\langle \boldsymbol{w} \,.\, \boldsymbol{w}\rangle \\ &< 4\,\langle \boldsymbol{w} \,.\, \boldsymbol{w}\rangle = \langle P(\boldsymbol{v} - 2\boldsymbol{w}) \,.\, P(\boldsymbol{v} - 2\boldsymbol{w})\rangle\end{aligned}$$

im Widerspruch zu $\|P\| \leq 1$.
„(ii) $\Rightarrow$ (i)“: Nach Satz 2.64 ist P selbstadjungiert, also

$$\|P\boldsymbol{v}\|^2 = \langle P\boldsymbol{v} \,.\, P\boldsymbol{v}\rangle = \left\langle \boldsymbol{v} \,.\, P^2\boldsymbol{v}\right\rangle = \langle \boldsymbol{v} \,.\, P\boldsymbol{v}\rangle \leq \|\boldsymbol{v}\|\,\|P\boldsymbol{v}\|\,,$$

folglich

$$\|P\boldsymbol{v}\| \leq \|\boldsymbol{v}\| \qquad \text{für alle } \boldsymbol{v} \in V\,.$$

Für den Zusatz beachte man für eine Projektion

$$\|P\| = \|P^2\| \leq \|P\|\,\|P\|\,.$$

□

Theorem 7.66: BESSEL[14]sche Ungleichung

Seien V ein $\mathbb{K}$-HILBERT-Raum, $\boldsymbol{v}_1, \ldots, \boldsymbol{v}_n \in V$ orthonormal und $\boldsymbol{v} \in V$.
Sei $U_n := \operatorname{span}(\boldsymbol{v}_1, \ldots, \boldsymbol{v}_n)$, P die orthogonale Projektion V auf U_n. Dann:

1) $$\sum_{i=1}^{n} |\langle \boldsymbol{v} \,.\, \boldsymbol{v}_i \rangle|^2 \leq \|\boldsymbol{v}\|^2 .$$

2) $$\inf\{\|\boldsymbol{v} - \boldsymbol{u}\| : \boldsymbol{u} \in \operatorname{span}(\boldsymbol{v}_1, \ldots, \boldsymbol{v}_n)\} = \left(\|\boldsymbol{v}\|^2 - \sum_{i=1}^{n} |\langle \boldsymbol{v} \,.\, \boldsymbol{v}_i \rangle|^2\right)^{1/2} = \left(\|\boldsymbol{v}\|^2 - \|P\boldsymbol{v}\|^2\right)^{1/2} .$$

Beweis: Zu 1): Ist eine direkte Folge von 2).
Zu 2): Der linke Ausdruck quadriert ist

$$\|\boldsymbol{v} - P\boldsymbol{v}\|^2 = \left\|\boldsymbol{v} - \sum_{i=1}^{n} \langle \boldsymbol{v} \,.\, \boldsymbol{v}_i \rangle \boldsymbol{v}_i\right\|^2 = \|\boldsymbol{v}\|^2 - 2\sum_{i=1}^{n} |\langle \boldsymbol{v} \,.\, \boldsymbol{v}_i \rangle|^2 + \sum_{i=1}^{n} |\langle \boldsymbol{v} \,.\, \boldsymbol{v}_i \rangle|^2 .$$

Unter Beachtung von Bemerkungen 1.110, 1): $P\boldsymbol{v} = \sum_{i=1}^{n} \langle \boldsymbol{v} \,.\, \boldsymbol{v}_i \rangle \boldsymbol{v}_i$ und damit nach PYTHAGORAS (Satz 1.96) $\|P\boldsymbol{v}\|^2 = \sum_{i=1}^{n} |\langle \boldsymbol{v} \,.\, \boldsymbol{v}_i \rangle|^2$.

□

7.3.2 *SCHAUDER-Basen*

Schon in Abschnitt 1.4 wurde erwähnt, dass auch in einem unendlichdimensionalen Vektorraum die Existenz einer Basis gezeigt werden kann. Zumindest in BANACH-Räumen wird der Begriff aber unhandlich, da gilt (ohne Beweis):

Sei $(V, \|\,.\,\|)$ ein BANACH-Raum mit einer abzählbaren Basis. Dann ist V endlichdimensional.

Insbesondere in einem HILBERT-Raum kann somit eine solche (algebraische) Basis, hier auch HAMEL-Basis genannt, nur überabzählbar sein. Um wieder zu einer handhabbaren, abzählbaren Menge zu gelangen, reduziert man die Anforderung von „Darstellbarkeit“ durch eine endliche Linearkombination auf „Approximierbarkeit“ durch endliche Linearkombinationen in folgendem Sinn:

---

[14] Friedrich Wilhelm BESSEL ∗22. Juli 1784 in Minden (Westfalen) †17. März 1846 in Königsberg (Preußen)

Definition 7.67

Sei $(V, \|\,.\,\|)$ ein normierter $\mathbb{K}$-Vektorraum. Eine Folge $\boldsymbol{v}_1, \boldsymbol{v}_2, \ldots$ in V heißt *SCHAUDER*[15]*-Basis von* V, wenn gilt:
Zu jedem $\boldsymbol{v} \in V$ gibt es eindeutige $\alpha_i \in \mathbb{K}, i \in \mathbb{N}$ so dass

$$\boldsymbol{v} = \sum_{n=1}^{\infty} \alpha_n \boldsymbol{v}_n$$

(im üblichen Sinn der Konvergenz der Partialsummenfolge, d. h. von

$$\boldsymbol{s}_n := \sum_{i=1}^{n} \alpha_i \boldsymbol{v}_i \to \boldsymbol{v} \quad \text{für } n \to \infty) .$$

Die α_i heißen *Koeffizienten* von $\boldsymbol{v}$ bezüglich $\mathcal{B}$.

Bemerkungen 7.68 Sei $\mathcal{B} := \{\boldsymbol{v}_i : i \in \mathbb{N}\}$ eine SCHAUDER-Basis.

1) $\mathcal{B}$ ist linear unabhängig.

Sei $\sum_{j=1}^{N} \alpha_{i_j} \boldsymbol{v}_{i_j} = \mathbf{0}$ *für beliebige* $\boldsymbol{v}_{i_j} \in \mathcal{B}$*, dann können die* α_{i_j} *mit* $\alpha_k := 0$ *für* $k \neq i_j$ *zu einer Folge* $(\alpha_i)_i$ *in* $\mathbb{K}$ *ergänzt werden, für die gilt*

$$\sum_{n=1}^{\infty} \alpha_n \boldsymbol{v}_n = \mathbf{0} ,$$

d. h. wegen der Eindeutigkeit der Koeffizienten

$$\alpha_n = 0 \quad \text{für alle } n \in \mathbb{N} .$$

2) Sei $\boldsymbol{v} = \sum_{n=1}^{\infty} \alpha_n \boldsymbol{v}_n$ die eindeutige Darstellung, dann folgt für $\varphi \in V'$:

$$\varphi(\boldsymbol{v}) = \varphi\left(\sum_{n=1}^{\infty} \alpha_n \boldsymbol{v}_n\right) = \sum_{n=1}^{\infty} \alpha_n \varphi(\boldsymbol{v}_n)$$

d. h. φ ist durch $\varphi(\boldsymbol{v}_n), n \in \mathbb{N}$, eindeutig definiert. Die Funktionale

$$\varphi^k : V \to \mathbb{K}, \boldsymbol{v} \mapsto \alpha_k, k \in \mathbb{N}$$

sind wohldefiniert und linear. Ohne Beweis halten wir fest, dass die φ^k sogar beschränkt sind, d. h. $\varphi^k \in V'$. Es ist also $\varphi^i(\boldsymbol{v}_j) = \delta_{ij}$ für $i, j \in \mathbb{N}$. Insgesamt ergibt sich

[15] Juliusz Paweł SCHAUDER ∗21. September 1899 in Lemberg †September 1943 in Lemberg

$$\varphi = \sum_{n=1}^{\infty} \alpha_n \varphi^n \Leftrightarrow \varphi(\boldsymbol{v}_m) = \sum_{n=1}^{\infty} \alpha_n \varphi^n(\boldsymbol{v}_m) \quad \text{für alle } m \in \mathbb{N}$$

$$\Leftrightarrow \varphi(\boldsymbol{v}_m) = \alpha_m \quad \text{für alle } m \in \mathbb{N} \text{ (vergleiche Satz 3.50).}$$

$\varphi \in V'$ lässt sich folglich auf eindeutige Weise durch $\mathcal{B}' = \{\varphi^n : n \in \mathbb{N}\}$ darstellen. $\mathcal{B}'$ ist also eine SCHAUDER-Basis von V', die zu $\mathcal{B}$ *duale Basis*.

3) Anscheinend ist die Forderung nach Eindeutigkeit der Darstellung, anders als im endlichdimensionalen Fall, stärker als die lineare Unabhängigkeit von $\mathcal{B}$.

△

So wie die ONB unter den Basen besonders übersichtlich sind, so sind sie es auch unter den SCHAUDER-Basen:

Definition 7.69

Sei $(V, \langle\, .\, \rangle)$ ein euklidischer bzw. unitärer Raum. Sei $\mathcal{B} := \{\boldsymbol{v}_i : i \in \mathbb{N}\} \subset V$.

1) $\mathcal{B}$ heißt *Orthonormalsystem*, wenn gilt

$$\left\langle \boldsymbol{v}_i \,.\, \boldsymbol{v}_j \right\rangle = \delta_{ij} \quad \text{für } i, j \in \mathbb{N}\,.$$

2) $\mathcal{B}$ heißt *(SCHAUDER-)Orthonormalbasis* (SONB), wenn gilt:

(i) $\mathcal{B}$ ist Orthonormalsystem.
(ii) $\mathcal{B}$ ist SCHAUDER-Basis.

Bemerkungen 7.70 Sei $\mathcal{B} := \{\boldsymbol{v}_i : i \in \mathbb{N}\}$ eine SONB.

1) Für die Koeffizienten von $\boldsymbol{v} \in V$ bezüglich $\mathcal{B}$ gilt:

$$\alpha_n = \langle \boldsymbol{v} \,.\, \boldsymbol{v}_n \rangle\,, n \in \mathbb{N}\,, \qquad \text{die } \textit{FOURIER-Koeffizienten}\,.$$

Ist nämlich $\boldsymbol{v} = \sum_{n=1}^{\infty} \alpha_n \boldsymbol{v}_n$, dann folgt für $m \in \mathbb{N}$ wegen der Stetigkeit des inneren Produkts (nach Bemerkung 7.7)

$$\langle \boldsymbol{v} \,.\, \boldsymbol{v}_m \rangle = \left\langle \sum_{n=1}^{\infty} \alpha_n \boldsymbol{v}_n \,.\, \boldsymbol{v}_m \right\rangle = \sum_{n=1}^{\infty} \alpha_n \langle \boldsymbol{v}_n \,.\, \boldsymbol{v}_m \rangle = \sum_{n=1}^{\infty} \alpha_n \delta_{nm} = \alpha_m\,.$$

Man vergleiche Bemerkungen 1.110, 1) $(r = n)$ für den endlichdimensionalen Fall.

2) Für ein Orthonormalsystem muss also die Eindeutigkeit der Darstellung nicht gefordert werden, da sie automatisch folgt.

3) Sei $U_n := \operatorname{span}(\boldsymbol{v}_1, \ldots, \boldsymbol{v}_n)$, d. h. U_n ist eine aufsteigende Folge von n-dimensionalen Unterräumen, für die für $\boldsymbol{v} \in V$ gilt:

$$\boldsymbol{v}^{(n)} := P_{U_n}\boldsymbol{v} = \sum_{i=1}^{n} \langle \boldsymbol{v} \,.\, \boldsymbol{v}_i \rangle \boldsymbol{v}_i \tag{7.42}$$

ist die orthogonale Projektion auf U_n und nach 1) ist $\boldsymbol{v}^{(n)}$ auch die n-te Partialsummenfolge von $\boldsymbol{v}$ in der SCHAUDER-Basisdarstellung, d. h.

$$\boldsymbol{v}^{(n)} \to \boldsymbol{v} \quad \text{für } n \to \infty \,.$$

4) Sei $V = l^2(\mathbb{K})$, dann ist eine SCHAUDER-Basis definiert durch $(v_i)_j = \delta_{i,j}$ für $i, j \in \mathbb{N}$.

△

Der folgende Satz liefert eine Charakterisierung der SCHAUDER-Basis-Eigenschaft, auch *Vollständigkeit* genannt, eines Orthonormalsystems.

Theorem 7.71: Charakterisierung SONB

Sei $(V, \langle\,.\,\rangle)$ ein $\mathbb{K}$-HILBERT-Raum, $\mathcal{B} := \{\boldsymbol{v}_i : i \in \mathbb{N}\}$ ein Orthonormalsystem in V. Dann sind folgende Aussagen äquivalent:

(i) $\operatorname{span} \mathcal{B}$ ist dicht in V.

(ii) $\mathcal{B}$ ist eine SCHAUDER-Basis von V.

(iii) $\langle \boldsymbol{v} \,.\, \boldsymbol{w} \rangle = \sum_{n=1}^{\infty} \langle \boldsymbol{v} \,.\, \boldsymbol{v}_n \rangle \overline{\langle \boldsymbol{w} \,.\, \boldsymbol{v}_n \rangle}$ für alle $\boldsymbol{v}, \boldsymbol{w} \in V$, die PARSEVAL[16]-*Identität*.

(iv) $\|\boldsymbol{v}\|^2 = \sum_{n=1}^{\infty} |\langle \boldsymbol{v} \,.\, \boldsymbol{v}_n \rangle|^2$ für $\boldsymbol{v} \in V$, die *Vollständigkeitsrelation*.

(v) Die Abbildung $J : V \to l^2(\mathbb{K}), \boldsymbol{v} \mapsto (\langle \boldsymbol{v} \,.\, \boldsymbol{v}_n \rangle)_n$, die jedem Vektorraumelement die Folge der FOURIER-Koeffizienten zuordnet, ist wohldefiniert und isometrisch.

Beweis: „(i) ⇒ (ii)“: Sei $\boldsymbol{v} \in V$. Nach Voraussetzung gibt es eine Folge natürlicher Zahlen $m_n \to \infty$ für $n \to \infty$, o. B. d. A. monoton wachsend, und für diese

$$\alpha_{n,k} \in \mathbb{K},\ k = 1, \ldots, m_n, \qquad \text{so dass} \quad \boldsymbol{w}^{(n)} := \sum_{k=1}^{m_n} \alpha_{n,k} \boldsymbol{v}_k \to \boldsymbol{v} \text{ für } n \to \infty \,.$$

Sei $\boldsymbol{v}^{(m)}$ die m-te Partialsumme nach (7.42), $\varepsilon > 0$ beliebig, so folgt für $n, m \in \mathbb{N}$, $m \geq m_n$

$$\|\boldsymbol{v}^{(m)} - \boldsymbol{v}\| = \inf\{\|\boldsymbol{u} - \boldsymbol{v}\| : \boldsymbol{u} \in U_m\} \leq \|\boldsymbol{w}^{(n)} - \boldsymbol{v}\| \leq \varepsilon \,,$$

falls n groß ist, und damit $\|\boldsymbol{v}^{(m)} - \boldsymbol{v}\| \to 0$ für $m \to \infty$.
„(ii) ⇒ (i)“: Folgt sofort aus der Definition mittels (7.42).

[16] Marc-Antoine PARSEVAL DES CHÊNES ∗27. April 1755 in Rosières-aux-Salines †16. August 1836 in Paris

„(ii) ⇒ (iii)“: Unter Beachtung von Bemerkungen 7.70, 1) und der Stetigkeit des inneren Produkts folgt für $\boldsymbol{v}, \boldsymbol{w} \in V$:

$$\begin{aligned}\langle \boldsymbol{v} \,.\, \boldsymbol{w}\rangle &= \left\langle \sum_{n=1}^{\infty} \langle \boldsymbol{v} \,.\, \boldsymbol{v}_n\rangle \boldsymbol{v}_n \,.\, \sum_{k=1}^{\infty} \langle \boldsymbol{w} \,.\, \boldsymbol{v}_k\rangle \boldsymbol{v}_k \right\rangle \\ &= \sum_{n=1}^{\infty}\sum_{k=1}^{\infty} \langle \boldsymbol{v} \,.\, \boldsymbol{v}_n\rangle \overline{\langle \boldsymbol{w} \,.\, \boldsymbol{v}_k\rangle} \langle \boldsymbol{v}_n \,.\, \boldsymbol{v}_k\rangle = \sum_{n=1}^{\infty} \langle \boldsymbol{v} \,.\, \boldsymbol{v}_n\rangle \overline{\langle \boldsymbol{w} \,.\, \boldsymbol{v}_n\rangle} \,.\end{aligned}$$

„(iii) ⇒ (iv)“: Folgt sofort für $\boldsymbol{v} = \boldsymbol{w}$.
„(iv) ⇒ (ii)“: Mit der Notation von Bemerkungen 7.70, 3) und Theorem 7.66, 2) gilt

$$\|\boldsymbol{v} - P_{U_n}\boldsymbol{v}\|^2 = \|\boldsymbol{v}\|^2 - \sum_{i=1}^{n} |\langle \boldsymbol{v} \,.\, \boldsymbol{v}_i\rangle|^2 \to 0 \quad \text{für } n \to \infty \,.$$

(v) ist eine Umformung von (iv). □

Da die Orthonormalität einer Folge linear unabhängiger Vektoren $\boldsymbol{v}_1, \ldots, \boldsymbol{v}_n, \ldots$ bei Beibehaltung der erzeugten n-dimensionalen Unterräume U_n durch das SCHMIDTsche Orthonormalisierungsverfahren (siehe Theorem 1.112) hergestellt werden kann, ergibt sich folgende Existenzcharakterisierung:

Satz 7.72: Existenz SONB

Sei $(V, \langle\,.\,\rangle)$ ein $\mathbb{K}$-HILBERT-Raum. Dann sind äquivalent:

(i) V hat eine SONB.

(ii) Es gibt eine linear unabhängige Menge $\mathcal{B}' := \{\boldsymbol{w}_i : i \in \mathbb{N}\}$, so dass $\operatorname{span} \mathcal{B}'$ dicht liegt in V.

Bemerkungen 7.73

1) Zu Aussage (ii) ist weiterhin äquivalent (ohne Beweis):

Es gibt eine abzählbare Teilmenge von V, die dicht in V liegt. Solche normierten Räume heißen *separabel*. Also haben separable HILBERT-Räume eine SONB.

2) Für separable HILBERT-Räume $(V, \langle\,.\,\rangle)$ gilt demnach:
Es gibt einen isometrischen Isomorphismus

$$J : V \to l^2(\mathbb{K}), \; \boldsymbol{v} \mapsto (\langle \boldsymbol{v} \,.\, \boldsymbol{v}_i\rangle)_i \,,$$

wobei $\mathcal{B} = \{\boldsymbol{v}_i : i \in \mathbb{N}\}$ eine SONB von V ist.

Für einen separablen HILBERT-Raum V kann also ein Problem äquivalent betrachtet werden als

a) Problem in V: im *Zustandsraum*.

b) Problem in $l^2(\mathbb{K})$: im *Frequenzraum*. Dabei gelten folgende Bezeichnungen:

(i) $\langle \boldsymbol{v} \,.\, \boldsymbol{v}_i \rangle$ heißt i-ter *FOURIER-Koeffizient*.

(ii) $P_n \boldsymbol{v} := \sum_{i=1}^{n} \langle \boldsymbol{v} \,.\, \boldsymbol{v}_i \rangle \boldsymbol{v}_i$ heißt n-te *FOURIER-Summe*.

(iii) $\sum_{i=1}^{\infty} \langle \boldsymbol{v} \,.\, \boldsymbol{v}_i \rangle \boldsymbol{v}_i$ heißt *FOURIER-Reihe*.

△

Die Begrifflichkeiten aus der letzten Bemerkung werden klarer durch das folgende, wichtige Beispiel einer SONB, das schon in Mathematische Modellierung 4, S. 126 angeklungen ist.

Man betrachte dazu $V := L^2([a,b], \mathbb{K})$, wobei o. B. d. A. $a = -\pi, b = \pi$ gewählt seien. V repräsentiert also „allgemeine" periodische Funktionen der Periode $b - a$ (2π), wie sie durch direkte Fortsetzung einer Funktion auf $[a, b]$ zu einer Funktion auf $\mathbb{R}$ entstehen.

Inwieweit ist es möglich, ein beliebiges $f \in V$ durch Linearkombinationen aus Grund- und Oberschwingungen darzustellen (*FOURIER-Analyse*)? Eine erste Antwort gibt folgender Satz:

Satz 7.74: SONB aus sin, cos Funktionen

Sei $V := L^2([-\pi, \pi], \mathbb{K})$. Dann bilden

1) für $\mathbb{K} = \mathbb{C}$:

$$f_k(x) := \frac{1}{(2\pi)^{1/2}} \exp(ikx) \qquad \text{für } k \in \mathbb{Z} \,,$$

2) für $\mathbb{K} = \mathbb{R}$

$$g_k(x) := \begin{cases} \frac{1}{\pi^{1/2}} \sin(kx) & \text{für } k = 1, 2, \ldots \\ \frac{1}{(2\pi)^{1/2}} & \text{für } k = 0 \\ \frac{1}{\pi^{1/2}} \cos(kx) & \text{für } k = -1, -2, \ldots \end{cases}$$

eine SONB in V (bezüglich des L^2-inneren Produkts).

Beweis: Sei $\mathcal{B} := \{f_k : k \in \mathbb{Z}\}$ bzw. $\mathcal{B} := \{g_k : k \in \mathbb{Z}\}$.
Es ist zu zeigen: 1) $\mathcal{B}$ ist orthonormal und 2) $\mathcal{B}$ ist vollständig.

Zu 1): $\mathbb{K} = \mathbb{C}$:

$$\langle f_k \,.\, f_l\rangle = \frac{1}{2\pi}\int_{-\pi}^{\pi} e^{ikx}e^{-ilx}dx = \begin{cases} \frac{1}{2\pi}\int_{-\pi}^{\pi} 1dx = 1 & \text{für } k = l \\ \frac{1}{2\pi i(k-l)}\int_{-\pi}^{\pi}\frac{d}{dx}\left(e^{i(k-l)x}\right)dx = 0 & \text{für } k \neq l\,. \end{cases}$$

$\mathbb{K} = \mathbb{R}$:
Entweder rechnet man die Integralbeziehungen direkt nach (mit partieller Integration) oder man nutzt, dass

$$g_k(x) = \begin{cases} 2^{1/2}\,\mathrm{Im}\, f_k(x) & \text{für } k = 1,2,\ldots \\ f_0(x) & \text{für } k = 0 \\ 2^{1/2}\,\mathrm{Re}\, f_k(x) & \text{für } k = -1,-2,\ldots \end{cases}$$

(Übung).
Zu 2): Sei $P_n f := \sum_{|k|\leq n}\langle f \,.\, f_k\rangle f_k$ für $\mathbb{K} = \mathbb{C}$ und analog für $\mathbb{K} = \mathbb{R}$. Zu zeigen ist also

$$P_n f \to f \quad \text{für } n \to \infty \text{ in } \|\,.\,\|_2\,.$$

Nach der BESSELschen Ungleichung (Theorem 7.66) gilt

$$\sum_{|k|\leq n} |\langle f \,.\, f_k\rangle|^2 \leq \|f\|_2^2 (< \infty)$$

und damit auch

$$\sum_{k\in\mathbb{Z}} |\langle f \,.\, f_k\rangle|^2 \leq \|f\|_2^2\,,$$

wobei $\sum_{k\in\mathbb{Z}} |a_k|$ eine absolut konvergente Reihe mit Indexbereich $\mathbb{Z}$ (statt $\mathbb{N}$) bezeichnet. Man beachte, dass bei absolut konvergenten Reihen in $\mathbb{R}$ Permutationen des Indexbereichs ohne Einfluss auf Konvergenz und Grenzwert sind, so dass die obige Reihe wohldefiniert ist. Damit ist $(P_n f)_n$ eine CAUCHY-Folge in $L^2([-\pi,\pi],\mathbb{K})$, denn

$$\|P_m f - P_n f\|^2 \leq \sum_{|k|=n+1}^{m} |\langle f \,.\, f_k\rangle|^2 \leq \sum_{|k|>n} |\langle f \,.\, f_k\rangle|^2 \to 0 \quad \text{für } m \geq n,\ n,m \to \infty\,.$$

Also

$$P_n f \to \widetilde{f} \text{ für } n \to \infty \quad \text{für ein } \widetilde{f} \in L^2([-\pi,\pi],\mathbb{K})\,,$$

so dass nur noch der Nachweis von $f = \widetilde{f}$ fehlt. Diesen können wir nicht vollständig führen. Eine Skizze ist:
Die unendlich differenzierbaren Funktionen (mit kompaktem Träger) liegen dicht in $L^2([-\pi,\pi],\mathbb{K})$, so dass bei der obigen Überlegung f als so glatt vorausgesetzt werden kann. Für solche f konvergiert die FOURIER-Reihe punktweise gegen f und $P_n f$ hat (wegen der L^2-Konvergenz) auch eine Teilfolge, die punktweise gegen $\widetilde{f}$ konvergiert, folglich ist $f = \widetilde{f}$.

□

Was Sie in diesem Abschnitt gelernt haben sollten

Begriffe

- Adjungierter Operator $\Phi^\dagger$
- Dualer Operator Φ'
- Unitärer, selbstadjungierter oder normaler Operator
- BESSELsche Ungleichung
- SCHAUDER-Basis, SCHAUDER-Orthonormalbasis
- PARSEVAL-Identität, Vollständigkeitsrelation
- FOURIER-Analyse

Zusammenhänge

- Orthogonale Projektion auf konvexe, abgeschlossene Menge existiert eindeutig im HILBERT-Raum und ist durch eine Variationsungleichung charakterisiert (Hauptsatz 7.50)
- RIESZscher Darstellungssatz (Theorem 7.53)
- Für Projektionen P gilt: $\|P\| \leq 1$ für die erzeugte Norm $\Leftrightarrow$ P orthogonal
- BESSELsche Ungleichung gilt für jedes Orthonormalsystem (Theorem 7.66)
- SCHAUDER-Basis $\Leftrightarrow$ PARSEVAL $\Leftrightarrow$ Vollständigkeitsrelation (Theorem 7.71)

Aufgaben

Aufgabe 7.16 (T) Es sei $(V, \langle\,.\,\rangle)$ ein euklidischer oder unitärer Vektorraum. Zeigen Sie:

a) Für konvergente Folgen $(v_n)_n$ und $(w_n)_n$ gilt

$$\left\langle \lim_{n\to\infty} v_n \,.\, \lim_{n\to\infty} w_n \right\rangle = \lim_{n\to\infty} \langle v_n \,.\, w_n\rangle\,.$$

b) Für konvergente Reihen $\sum_{n=1}^{\infty} v_n$ gilt

$$\left\langle \sum_{n=1}^{\infty} v_n \,.\, w \right\rangle = \sum_{n=1}^{\infty} \langle v_n \,.\, w\rangle\,.$$

Aufgabe 7.17 (T) Sei $(V, \langle\,.\,\rangle)$ ein $\mathbb{K}$-HILBERT-Raum, $\|\,.\,\|$ die erzeugte Norm. Zeigen Sie:

$$\|\boldsymbol{x}\| = \sup_{\|\boldsymbol{y}\|=1} |\langle \boldsymbol{y} \,.\, \boldsymbol{x}\rangle|\,.$$

Aufgabe 7.18 (T) Sei V ein $\mathbb{C}$-HILBERT-Raum und $\Phi \in L[V, V]$. Man zeige:

$$\Phi \text{ selbstadjungiert} \Leftrightarrow \langle \Phi\boldsymbol{x} \,.\, \boldsymbol{x}\rangle \in \mathbb{R} \text{ für alle } \boldsymbol{x} \in V\,.$$

Aufgabe 7.19 (K) Verifizieren Sie, dass

$$g_k(x) := \begin{cases} \frac{1}{\sqrt{\pi}} \sin(kx) & \text{für } k = 1, 2, \ldots \\ \frac{1}{\sqrt{2\pi}} & \text{für } k = 0 \\ \frac{1}{\sqrt{\pi}} \cos(kx) & \text{für } k = -1, -2, \ldots \end{cases}$$

mit $k \in \mathbb{Z}$ ein Orthonormalsystem in $L^2([-\pi, \pi], \mathbb{R})$ ist.

Aufgabe 7.20 (T) Sei $(X, \|\cdot\|)$ ein normierter $\mathbb{C}$-Vektorraum und $\mathcal{B} = \{\boldsymbol{v}_i \;:\; i \in \mathbb{N}\}$ eine SCHAUDER-Basis von X. Zeigen Sie, dass X separabel ist.
Hinweis: Zeigen Sie, dass $M := \{\sum_{n=1}^{N} \alpha_n \boldsymbol{v}_n \;:\; N \in \mathbb{N},\ \alpha_1, \alpha_2, \ldots \in \mathbb{Q} + i\mathbb{Q}\}$ abzählbar und dicht in X ist.

Aufgabe 7.21 (T) Zeigen Sie, dass $\mathcal{B} = \{(e_n^i)_n \;:\; i \in \mathbb{N}\}$ mit

$$(e_n^i)_n = (0, \ldots, 0, \overset{i}{1}, 0, \ldots)$$

eine SCHAUDER-Orthonormalbasis des HILBERT-Raums $(l^2(\mathbb{K}), \langle\,.\,\rangle)$ ist.

7.4 Ausblick: Lineare Modelle, nichtlineare Modelle, Linearisierung

Lineare Algebra ist die Theorie linearer Strukturen: Was darunter zu verstehen ist, ist hoffentlich in den letzten 7 Kapiteln entwickelt worden. So standen lineare (und affine) Räume im Mittelpunkt sowie (affin-)lineare Abbildungen und insbesondere Funktionale. Aber auch Nichtlinearität spielte ein Rolle: Als wesentliches Untersuchungsinstrument haben sich die Eigenwerte einer Matrix herausgestellt, die nichtlinear von dieser abhängen. Mit quadratischen Funktionalen (und Polyedern) wurden auch nichtlineare Objekte direkt untersucht. Quadratische Funktionale erzeugten in Abschnitt 5.3 Quadriken und erlaubten deren Untersuchung durch ihre Darstellung mittels Matrizen. In Abschnitt 4.7.2 stellte sich die Minimierung quadratischer Funktionalen ohne Einschränkungen oder mit Gleichungsnebenbedingungen als äquivalent zum Lösen von LGS heraus. Erst bei Ungleichungsnebenbedingungen traten in Abschnitt 6.7 mit Komplementaritätsbedingungen echt nichtlineare Probleme auf. In der Polyedertheorie wurden die (für das Lösen linearer Optimierungsprobleme wichtigen) Randpunkte über LGS beschrieben. Aber auch bei allgemeinen nichtlinearen Problemen, wie dem Lösen eines Systems nichtlinearer Gleichungen, etwa

$$\boxed{\boldsymbol{f}(x_1,\ldots,x_n)=\mathbf{0}\,,} \tag{7.43}$$

wobei $\boldsymbol{f}=(f_i)_i$, $f_i:\mathbb{R}^n\to\mathbb{R}$, $i=1,\ldots,n$ oder der Minimierung eines nichtlinearen Funktionals

$$\begin{aligned}&\text{Minimiere } f(\boldsymbol{x}) \text{ unter}\\ &B^t\boldsymbol{x}=\boldsymbol{d}, \qquad C^t\boldsymbol{x}\geq\boldsymbol{e}\end{aligned} \tag{7.44}$$

wobei $f:\mathbb{R}^n\to\mathbb{R}$ und wie in (6.44) $B\in\mathbb{R}^{(n,m_1)}$, $C\in\mathbb{R}^{(n,m_2)}$, $\boldsymbol{d}\in\mathbb{R}^{m_1}$, $\boldsymbol{e}\in\mathbb{R}^{m_2}$ können wesentliche Aussagen mittels *linearen Ersatzaufgaben* gemacht werden. Für *quadratische* Funktionale (bzw. orthogonale Projektionen)

$$f(\boldsymbol{x})=\frac{1}{2}\langle A\boldsymbol{x}\,.\,\boldsymbol{x}\rangle-\langle\boldsymbol{x}\,.\,\boldsymbol{b}\rangle+c$$

(siehe z. B. Satz 4.144, Bemerkungen 4.145) ist dies lange bekannt. Darüber hinaus hilft als wesentliches Konzept der für die Analysis zentrale Begriff der Differenzierbarkeit, der die lokale Approximierbarkeit einer Abbildung durch eine affin-lineare Abbildung mit gewisser Güte beinhaltet.

Definition 7.75

Sei $\boldsymbol{f}:\Omega\to\mathbb{R}^m$, $\Omega\subset\mathbb{R}^n$ offen. $\boldsymbol{f}$ heisst in $\boldsymbol{x}_0\in\Omega$ *differenzierbar*, wenn ein $D\boldsymbol{f}(\boldsymbol{x}_0)\in L[\mathbb{R}^n,\mathbb{R}^m]$ existiert, dass

$$\boldsymbol{f}(\boldsymbol{x})=\boldsymbol{f}(\boldsymbol{x}_0)+D\boldsymbol{f}(\boldsymbol{x}_0)(\boldsymbol{x}-\boldsymbol{x}_0)+\mathrm{o}(\boldsymbol{x}-\boldsymbol{x}_0)\,.$$

Der Begriff könnte so wörtlich auch für unendlich dimensionale Vektorräume gefasst werden. Die benutzte Notation $\mathrm{o}(h^k)$ (sprich: klein o von h^k) ist dabei in normierten Räumen $(V, \| \, \|_V)$, $(W, \| \, \|_W)$ für $g : V \to W$ definiert durch:

$$g(h) = \mathrm{o}(h^k) \quad \text{genau dann, wenn} \quad \|g(h_n)\|_W / \|h_n\|_V^k \to 0 \text{ für jede Folge } (h_n)_n \text{ in } V, \; h_n \neq 0, \text{ so dass } h_n \to 0 \text{ für } n \to \infty \, .$$

Die dann eindeutige *(FRECHET-)Ableitung* $\boldsymbol{Df}(\boldsymbol{x}_0)$ lässt sich also (bei gleicher Notation) über ein $\boldsymbol{Df}(\boldsymbol{x}_0) \in \mathbb{R}^{(m,n)}$ darstellen und notwendigerweise existieren die partiellen Ableitungen $\partial_{x_i} f_j$ und

$$\boldsymbol{Df}(\boldsymbol{x}_0) = \left(\partial_{x_j} f_i(\boldsymbol{x}_0)\right)_{i,j} \text{ , die } \textit{JACOBI-Matrix}.$$

$f \in C^1(\Omega, \mathbb{R}^m)$ bezeichne die Funktionen, für die alle $\partial_{x_i} f$ auf Ω stetig existieren. (siehe Lehrbuch über mehrdimensionale Differentialrechnung, z. B. AMANN und ESCHER 1999) Dies bedeutet für $n = 1$

$$\boldsymbol{Df}(x_0) = \begin{pmatrix} f_1'(x_0) \\ \vdots \\ f_m'(x_0) \end{pmatrix}$$

gemäß dem bei Differentialgleichungen benutzten Ableitungsbegriff (siehe (4.83))

und für $m = 1$

$$\begin{aligned} Df(\boldsymbol{x}_0) &= (\partial_{x_1} f(\boldsymbol{x}_0), \ldots, \partial_{x_n} f(\boldsymbol{x}_0)) \\ \text{mit} \quad Df(\boldsymbol{x}_0)^t &=: \nabla f(\boldsymbol{x}_0) \, , \quad \text{der } \textit{Gradient} \text{ von } f \text{ bei } \boldsymbol{x}_0 \\ \text{und } Df(\boldsymbol{x}_0)\boldsymbol{h} &= \langle \nabla f(\boldsymbol{x}_0) \, . \, \boldsymbol{h} \rangle \end{aligned}$$

im euklidischen SKP $\langle \; . \; \rangle$.

Gegebenenfalls lässt sich die lokale Approximation verbessern:
Sei $\boldsymbol{f} \in C^2(\Omega, \mathbb{R}^m)$ in dem Sinn, dass alle partiellen Ableitungen von $\boldsymbol{f}$ bis zur 2. Ordnung in Ω existieren und stetig sind. Dann gibt es eine bilineare Abbildung $D^2\boldsymbol{f}(\boldsymbol{x}_0) : \mathbb{R}^n \times \mathbb{R}^n \to \mathbb{R}^m$, so dass

$$\boldsymbol{f}(\boldsymbol{x}) = \boldsymbol{f}(\boldsymbol{x}_0) + \boldsymbol{Df}(\boldsymbol{x}_0)\boldsymbol{h} + D^2\boldsymbol{f}(\boldsymbol{x}_0)(\boldsymbol{h}, \boldsymbol{h}) + \mathrm{o}(h^2) \, . \tag{7.45}$$

Ist $m = 1$ kann auch $D^2 f(\boldsymbol{x}_0)$ (nach Satz 5.9) mit einer gleichbezeichneten Matrix dargestellt werden. $Df^2(\boldsymbol{x}_0)$ heisst dann *HESSE-Matrix*, hat die Darstellung $Df^2(\boldsymbol{x}_0) = (\partial_{x_i, x_j} f)_{i,j=1\ldots,n}$ und ist damit symmetrisch.

Für ein nichtlineares, differenzierbares Funktional ist $\pm \nabla f(\boldsymbol{x}_0)$ die (lokale) Richtung des stärksten Anstiegs (Abstiegs), so dass für ein Minimum von (7.44) das Komplementaritätssystem

$$\begin{aligned} \nabla f(\overline{x}) + B\overline{y} + C\overline{z} &= \mathbf{0} \\ B^t\overline{x} &= d \\ C^t\overline{x} &\geq e \\ \overline{z} &\leq \mathbf{0} \\ (C^t\overline{x} - e)^t\overline{z} &= \mathbf{0} \end{aligned} \tag{7.46}$$

(siehe Hauptsatz 6.68, Bemerkungen 6.70, 1)) notwendig wird. Dies kann z. B. iterativ durch eine Folge von Gleichungssystemen angenähert werden, bzw. reduziert sich ohne Ungleichungsbedingung auf ein solches bzw. ohne Nebenbedingung auf die bekannte *Stationaritätsbedingung*

$$\nabla f(\overline{x}) = \mathbf{0} . \tag{7.47}$$

Diese Bedingungen sind aber im Allgemeinen nur notwendig (siehe Bemerkungen 6.70, 3), 4)) und sind für quadratisches f linear (siehe Bemerkungen 4.145, 2)).

Als eine Grundaufgabe ergibt sich also ein System von n nichtlinearen Gleichungen für n Unbekannte, wie in (7.43). Eine Lösung davon kann oft iterativ durch das Lösen approximativer LGS angenähert werden. Ist $x^{(0)}$ „nahe" an einer Lösung $\overline{x}$ von (7.43), so konvergiert unter bestimmten Bedingungen (siehe z. B. DEUFLHARD 2006) das *NEWTON-Verfahren*, bei dem eine neue Näherung

$$x^{(k+1)} = x^{(k)} + \delta^{(k)}$$

dadurch bestimmt wird, dass die Gleichung bei $x^{(k)}$ *linearisiert* und die Nullstelle dieser affin-linearen Funktion bestimmt wird:

$$f(x^{(k)}) + Df(x^{(k)})\,\delta^{(k)} = \mathbf{0} .$$

Eine Implementierung eines einfachen NEWTON-Verfahrens findet sich in Algorithmus 5.

Algorithmus 5 (NEWTON-Verfahren)

```
function x = newton(f, Df, x0, tol, maxit)
x = x0;
for k = 1 : maxit
  [L, R, P] = gausszerlegungpivot(Df(x));
  d         = vorwrueckwsubs(L, R, P, f(x));
  x         = x - d;
  if norm(f(x)) < tol
    break
  end
end
end
```

Die Eingabeargumente `f` und `Df` sollten dabei der Klasse `function_handle` angehören, z. B.

```
f  = @(x)[sin(x(1))*cos(x(2)); x(1)^2+x(2)^2-3] ,
Df = @(x)[cos(x(1))*cos(x(2)), -sin(x(1))*sin(x(2)); 2*x(1), 2*x(2)] .
```

Weiter sei `x0` ein Startwert nahe der vermuteten Lösung, `tol` eine kleine positive Schranke und `maxit` die Anzahl der maximal erlaubten Iterationen.

Oft wird auch das Problem selbst verändert, d. h. an einer festen, „hoffentlich guten" Näherung der Lösung $\hat{\boldsymbol{x}}$ linearisiert und das so entstehende lineare Problem gelöst, d. h.

$$\boldsymbol{f}(\hat{\boldsymbol{x}}) + D\boldsymbol{f}(\hat{\boldsymbol{x}})\boldsymbol{\delta} = \boldsymbol{0}\,, \qquad \boldsymbol{x} := \hat{\boldsymbol{x}} + \boldsymbol{\delta}\,.$$

Aber auch qualitative Aussagen übertragen sich aus der linearisierten Situation, wenn die Bedingung noch eine „kleine Störung verträgt". So ist das Vorliegen eines lokalen Minimums bei (7.44) ohne Nebenbedingungen im quadratischen Fall charakterisiert durch

$$0 = \nabla f(\overline{\boldsymbol{x}})(= A\overline{\boldsymbol{x}} - \boldsymbol{b})\,, \qquad D^2 f(\overline{\boldsymbol{x}})(= A) \text{ ist positiv definit} \tag{7.48}$$

Auch für $f \in C^2(\Omega, \mathbb{R}^m)$ ist (7.48) hinreichend für ein lokales Minimum bei $\overline{\boldsymbol{x}}$ und analog Negativdefinitheit für ein lokales Maximum und Indefinitheit dafür, dass kein lokales Extremum vorliegt.

Erlaubt die Bedingung im linearisierten Fall aber keine Störung, so ist sie i. Allg. nicht aussagekräftig für den nichtlinearen Fall. Dies sei illustriert an der Frage nach der asymptotischen Stabilität der Nulllösung (nach Definition 8.84) von

$$\begin{aligned} \dot{\boldsymbol{y}}(t) &= g(\boldsymbol{y}(t))\,, \quad t \in [t_0, T] \\ \boldsymbol{y}(t_0) &= \boldsymbol{y}_0 \end{aligned} \tag{7.49}$$

wobei $g \in C^1(\mathbb{R}^n, \mathbb{R}^n)$. $g(\boldsymbol{0}) = \boldsymbol{0}$, d. h. (7.49) ist die nichtlineare Version von (8.90). Anstatt Theorem 8.87 gilt hier für die Eigenwerte $\lambda_1, \ldots, \lambda_n$ von $Dg(\boldsymbol{0})$:

Ist $\mathrm{Re}(\lambda_i) < 0$ für alle $i = 1, \ldots, n$, dann ist die Nulllösung asymptotisch stabil.

Ist $\mathrm{Re}(\lambda_j) > 0$ für ein $j \in \{1, \ldots, n\}$, dann ist die Nulllösung nicht asymptotisch stabil.

Ist $\mathrm{Re}(\lambda_i) \leq 0$ für alle $i = 1, \ldots, n$, $\mathrm{Re}(\lambda_j) = 0$ für ein $j \in \{1, \ldots, n\}$, kann keine allgemeine Aussage zur asymptotischen Stabilität gemacht werden.

Aufgaben

Aufgabe 7.22 Sei $\Omega \subset \mathbb{R}^2$ offen, $f \in C^2(\Omega, \mathbb{R})$, sei $\nabla f(\boldsymbol{x}_0) = \boldsymbol{0}$,

$$\delta := \partial_{x_1,x_1} f(\boldsymbol{x}_0)\, \partial_{x_2,x_2} f(\boldsymbol{x}_0) - (\partial_{x_1,x_2} f(\boldsymbol{x}_0))^2 \qquad \text{und} \qquad a := \partial_{x_1,x_1} f(\boldsymbol{x}_0)\,.$$

Zeigen Sie:

a) Ist $\delta > 0,\ a > 0$, so liegt in $\boldsymbol{x}_0$ ein lokales Minimum vor.
b) Ist $\delta > 0,\ a < 0$, so liegt in $\boldsymbol{x}_0$ ein lokales Maximum vor.
c) Ist $\delta < 0$, so liegt in $\boldsymbol{x}_0$ kein lokales Extremum vor.

Kapitel 8
Einige Anwendungen der Linearen Algebra

8.1 Lineare Gleichungssysteme, Ausgleichsprobleme und Eigenwerte unter Datenstörungen

8.1.1 Lineare Gleichungssysteme

Man betrachte folgendes kleine LGS

$$\begin{pmatrix} 1 & 1 \\ 1 & 1-10^{-16} \end{pmatrix} \begin{pmatrix} x_1 \\ x_2 \end{pmatrix} = \begin{pmatrix} 20 \\ 20-10^{-15} \end{pmatrix} .$$

Die eindeutige Lösung wird von der Mathematik-Software MATLAB Version 7.11 (MATLAB-Befehl `A\b`) als

$$\begin{pmatrix} \widetilde{x}_1 \\ \widetilde{x}_2 \end{pmatrix} = \begin{pmatrix} 20 \\ 0 \end{pmatrix}$$

angegeben. Tatsächlich ist sie aber

$$\begin{pmatrix} x_1 \\ x_2 \end{pmatrix} = \begin{pmatrix} 10 \\ 10 \end{pmatrix} .$$

MATLAB erkennt zumindest, dass ein Problem vorliegt: „Matrix is close to singular or badly scaled. Results may be inaccurate.“ Bisher sind wir immer davon ausgegangen, dass Rechenoperationen im zugrunde gelegten Zahlkörper $\mathbb{R}$ exakt durchgeführt werden. Tatsächlich geht aber jedes Rechnen, egal ob mit der Hand oder auf einem Computer mit Runden einher, da es nur möglich ist, endlich viele Stellen einer Zahl zu berücksichtigen. Diese Rundungsfehler können im Sinne einer a posteriori Fehleranalyse auch als Fehler in den Eingangsdaten der rechten Seite und der Matrix interpretiert werden, die dann mit einer exakten reellen Arithmetik verarbeitet werden. Hinzu kommt, dass für (fast) jedes „reale“ Problem $\boldsymbol{b}$ oder A nur gestört vorliegen. Die Störungen von $\boldsymbol{b}$ sind als „Datenfehler“, die von A als „Modellfehler“ interpretierbar.

P. Knabner und W. Barth, *Lineare Algebra*,
https://doi.org/10.1007/978-3-662-55600-9_8

Sei $\|\,.\,\|$ eine feste Norm auf $\mathbb{K}^n$ und $\|\,.\,\|$ eine dazu verträgliche Norm auf $\mathbb{K}^{(n,n)}$, die submultiplikativ ist.

Sei also $A \in \mathbb{K}^{(n,n)}$ invertierbar und $\boldsymbol{b} \in \mathbb{K}^n$. Man betrachte das LGS $A\boldsymbol{x} = \boldsymbol{b}$. Auch wenn man von exakten Daten $A, \boldsymbol{b}$ ausgeht, wird wegen rundungsbehafteter Rechnung jedes numerische Verfahren nur eine approximative Lösung liefern in dem Sinn, dass das *Residuum*

$$\boldsymbol{r} := A\boldsymbol{x} - \boldsymbol{b}$$

nicht verschwindet, sondern nur klein ist. Auch hier liegt somit die exakte Lösung eines LGS mit gestörter rechter Seite $\boldsymbol{b} + \boldsymbol{r}$ vor.

Die Auswirkungen von Störungen $\boldsymbol{\delta b}$ und δA auf die Lösung $\boldsymbol{x}$ zu untersuchen, bedeutet die Stetigkeit der Abbildung

$$F : GL(n, \mathbb{K}) \times \mathbb{K}^n \to \mathbb{K}^n\,, \qquad (A, \boldsymbol{b}) \mapsto A^{-1}\boldsymbol{b}$$

zu untersuchen (und zu quantifizieren). Man beachte, dass für festes A (keine Modellfehler) F linear ist, sonst aber nichtlinear (vergleiche Bemerkungen 7.40, 1)).

Es seien $\delta A \in \mathbb{K}^{(n,n)}$, $\boldsymbol{\delta b}$, $\boldsymbol{\delta x} \in \mathbb{K}^n$ die absoluten Fehlergrößen, d. h.

$$(A + \delta A)(\boldsymbol{x} + \boldsymbol{\delta x}) = \boldsymbol{b} + \boldsymbol{\delta b} \quad \text{bzw.} \quad (A + \delta A)\boldsymbol{\delta x} = \boldsymbol{\delta b} - (\delta A)\boldsymbol{x}\,.$$

Ist $A + \delta A$ invertierbar, dann gilt

$$\begin{aligned}\|\boldsymbol{\delta x}\| &\le \|(A + \delta A)^{-1}\|\,\|\boldsymbol{\delta b} - (\delta A)\boldsymbol{x}\| \le \|(A + \delta A)^{-1}\|(\|\boldsymbol{\delta b}\| + \|(\delta A)\boldsymbol{x}\|)\\ &\le \|(A + \delta A)^{-1}\|(\|\boldsymbol{\delta b}\| + \|\delta A\|\,\|\boldsymbol{x}\|)\,.\end{aligned}$$

Falls etwa für eine submultiplikative Matrixnorm

$$\|A^{-1}\|\,\|\delta A\| < 1$$

gilt, so folgt aus Theorem 7.39, 4):

$$\|\boldsymbol{\delta x}\| \le \|A^{-1}\|(1 - \|A^{-1}\|\,\|\delta A\|)^{-1}(\|\boldsymbol{\delta b}\| + \|\delta A\|\,\|\boldsymbol{x}\|)\,. \tag{8.1}$$

Diese Abschätzung zeigt demnach, dass der Verstärkungsfaktor für absolute Fehler nahe bei $\|A^{-1}\|$ liegt. Für eine entsprechende Aussage für relative Fehler setzt man:

Definition 8.1

Sei $\|\,.\,\|$ eine Norm auf $\mathbb{K}^{(n,n)}$, sei $A \in \mathbb{K}^{(n,n)}$ invertierbar. Dann heißt

$$\kappa(A) := \|A\|\,\|A^{-1}\|$$

die *Konditionszahl von A* (bezüglich $\|\,.\,\|$).

Damit können wir folgenden Satz formulieren:

Theorem 8.2: Relative Fehlerverstärkung

Sei $A \in \mathbb{K}^{(n,n)}$ invertierbar, $\|\,.\,\|$ sei eine submultiplikative Norm auf $\mathbb{K}^{(n,n)}$, verträglich mit einer Norm $\|\,.\,\|$ auf $\mathbb{K}^n$, und die Matrixstörung erfülle: $\|A^{-1}\|\,\|\delta A\| < 1$. Es sei $\boldsymbol{b} \neq \boldsymbol{0}$, d. h. $\boldsymbol{x} \neq \boldsymbol{0}$.
Dann gilt für den relativen Fehler für verträgliche Normen

$$\frac{\|\boldsymbol{\delta x}\|}{\|\boldsymbol{x}\|} \leq \kappa(A)\left(1 - \kappa(A)\,\frac{\|\delta A\|}{\|A\|}\right)^{-1}\left(\frac{\|\boldsymbol{\delta b}\|}{\|\boldsymbol{b}\|} + \frac{\|\delta A\|}{\|A\|}\right).$$

Beweis: Die Abschätzung folgt aus (8.1) unter Verwendung von

$$(\|A\|\,\|\boldsymbol{x}\|)^{-1} \leq \|A\boldsymbol{x}\|^{-1} = \|\boldsymbol{b}\|^{-1}. \qquad \square$$

Bemerkungen 8.3

1) Für alle invertierbaren A und alle $\alpha \in \mathbb{K}$ mit $\alpha \neq 0$ gilt

$$\kappa(\alpha A) = \kappa(A).$$

Ist die Matrixnorm erzeugt, gilt zusätzlich:

$$\kappa(A) \geq 1 \text{ für alle invertierbaren } A.$$

2) Im Allgemeinen ist die Konditionszahl schwer zu berechnen, da A^{-1} „unbekannt" ist. Für die euklidische Norm $\|\,.\,\|_2$ und die diesbezügliche Konditionszahl κ_2 folgt sofort aus Theorem 7.30, 3)

$$\kappa_2(A) = \frac{\sigma_1}{\sigma_r},$$

wobei σ_1 den größten und σ_r den kleinsten positiven Singulärwert in einer normierten SVD von A bezeichnet.
Ist A normal, gilt insbesondere

$$\kappa_2(A) = \frac{|\lambda_{\max}|}{|\lambda_{\min}|},$$

wobei $\lambda_{\max}$ und $\lambda_{\min}$ den betragsgrößten bzw. -kleinsten Eigenwert von A bezeichnen.

3) Zur Interpretation von Theorem 8.2:
Da die relativen Eingangsfehler mindestens so groß wie die Maschinengenauigkeit τ sind, ist es – falls die normweise Sichtweise angemessen ist – hoffnungslos, ein Gleichungssystem mit $\kappa(A) > 1/\tau$ lösen zu wollen. Beim Eingangsbeispiel ist

$$\kappa(A) = 10^{17},$$

die Maschinengenauigkeit τ ist aber bei einfach genauer Arithmetik (in MATLAB `single`) $\tau = 10^{-6}$, bei doppelt genauer Arithmetik (in MATLAB `double`) $\tau = 10^{-14}$. Unabhängig vom Verfahren ist es folglich bei diesem Beispiel in üblicher Rechnerarchitektur unmöglich, eine signifikante Stelle zu errechnen, wie sich am Fehler

$$\frac{\|\delta x\|}{\|\widetilde{\boldsymbol{x}}\|} \sim 1$$

auch zeigt. Man beachte, dass das Residuum zu $\widetilde{\boldsymbol{x}}$

$$\boldsymbol{r} = \begin{pmatrix} 0 \\ 10^{-15} \end{pmatrix},$$

d. h. denkbar klein ist. △

Durch Transformation von $A\boldsymbol{x} = \boldsymbol{b}$ kann versucht werden, die Kondition von A zu senken. *Vorkonditionierung* eines Gleichungssystems bedeutet bei großer Konditionszahl $\kappa(A)$: Gesucht ist ein nichtsinguläres $B \in \mathbb{K}^{(n,n)}$, so dass

1) $\kappa(BA) < \kappa(A)$,
2) BA und $B\boldsymbol{b}$ sind „leicht" zu berechnen und die Lösung von

$$BA\boldsymbol{x} = B\boldsymbol{b}$$

ist nicht aufwändiger als die Lösung von $A\boldsymbol{x} = \boldsymbol{b}$.

Optimal für 1) ist $B = A^{-1}$, aber nicht für 2)!

Der einfachste Ansatz für B ist eine Diagonalmatrix $D = \operatorname{diag}(d_i)$ mit $d_i \neq 0$ für alle i, d. h. Multiplikation der i-ten Zeile des Gleichungssystems mit $d_i \neq 0$. Hier gilt, gleiche Zeilennormen (*Zeilenäquilibrierung*) sind optimal:

Satz 8.4: Zeilenäquilibrierung optimal

$A \in \mathbb{K}^{(n,n)}$ sei invertierbar und erfülle

$$\sum_{j=1}^{n} |a_{i,j}| = 1 \quad \text{für alle } 1 \le i \le n \,.$$

Dann gilt für jede Diagonalmatrix $D = \operatorname{diag}(d_i)$, $d_i \neq 0$ für alle i:

$$\kappa(DA) \ge \kappa(A)\,,$$

wobei κ bezüglich der von $\|\,.\,\|_\infty$ erzeugten Norm auf $\mathbb{K}^{(n,n)}$ gebildet werde.

Beweis: Nach Theorem 7.30, 1) ist die von $\|\,.\,\|_\infty$ erzeugte Norm die Zeilensummennorm. Es ist also:

$$\|DA\| = \max_{i=1,\dots,n} |d_i| \underbrace{\sum_{j=1}^{n} |a_{i,j}|}_{=1} = \max_{i=1,\dots,n} |d_i| \underbrace{\|A\|}_{=1}$$

und bei $A^{-1} = (\widetilde{a}_{i,j})_{ij}$

$$\|(DA)^{-1}\| = \|A^{-1}D^{-1}\| = \max_{i=1,\dots,n} \sum_{j=1}^{n} |\widetilde{a}_{i,j}|/|d_j|$$

$$\geq \left(\max_{i=1,\dots,n} \sum_{j=1}^{n} |\widetilde{a}_{i,j}|\right) / \max_{i=1,\dots,n} |d_i| = \|A^{-1}\| / \max_{i=1,\dots,n} |d_i| .$$

Zusammen folgt

$$\kappa(DA) = \|DA\|\,\|(DA)^{-1}\| \geq \kappa(A) .$$ □

In Theorem 7.39 haben wir gesehen, dass die Menge der invertierbaren Matrizen, d. h. $\mathrm{GL}(n, \mathbb{K})$, in $\mathbb{K}^{(n,n)}$ offen ist. Der Radius der in $\mathrm{GL}(n, \mathbb{K})$ um $A \in \mathrm{GL}(n, \mathbb{K})$ enthaltenen Kugel ist nach Theorem 7.39, 4) mindestens

$$r := \frac{1}{\|A^{-1}\|} .$$

Wir zeigen, dass dies (für die Spektralnorm) auch der maximal mögliche Radius ist bzw. als relative Abweichung ausgedrückt:

Satz 8.5: Abstand zur nächsten singulären Matrix

Sei $A \in \mathbb{K}^{(n,n)}$ invertierbar. $\|\,.\,\| = \|\,.\,\|_2$ sei die Spektralnorm. Dann gilt: Ist für $\delta A \in \mathbb{K}^{(n,n)}$ die relative Störung $\|\delta A\|_2/\|A\|_2 < 1/\kappa(A)$, dann ist $A + \delta A$ invertierbar und es gibt eine Störung δA mit $\|\delta A\|/\|A\|_2 = 1/\kappa(A)$, so dass $A + \delta A$ singulär ist. $\frac{1}{\kappa(A)}$ ist damit der relative Abstand zum nähesten singulären (d. h. nicht eindeutig lösbaren) LGS.

Beweis: Schon aus Theorem 7.39, 4) ist bekannt, dass

$$\text{aus} \quad \|\delta A\|_2 < \frac{1}{\|A^{-1}\|_2} \quad \text{folgt:} \quad A + \delta A \text{ ist invertierbar} , \tag{8.2}$$

und damit der erste Teil der Aussage.
Für den zweiten Teil muss ein $\delta A \in \mathbb{K}^{(n,n)}$ mit $\|\delta A\|_2 = 1/\|A^{-1}\|_2$ angegeben werden, so dass $A + \delta A$ nicht invertierbar ist. Es gibt ein $\boldsymbol{x} \in \mathbb{K}^n$ mit $\|\boldsymbol{x}\|_2 = 1$ und $\|A^{-1}\|_2 = \|A^{-1}\boldsymbol{x}\|_2 =:$

$\alpha > 0$. Man setze $\boldsymbol{y} := \frac{1}{\alpha}A^{-1}\boldsymbol{x}$, d. h.

$$\|\boldsymbol{y}\|_2 = 1 \quad \text{und} \quad \delta A := -\frac{1}{\alpha}\boldsymbol{x} \otimes \boldsymbol{y} ,$$

dann ist nach Bemerkungen 7.31, 7)

$$\|\delta A\|_2 = \frac{\|\boldsymbol{x}\|_2}{\alpha}\|\boldsymbol{y}\|_2 = \frac{1}{\|A^{-1}\|_2} .$$

Außerdem ist $A + \delta A$ nicht invertierbar, da $\boldsymbol{y} \in \mathrm{Kern}(A + \delta A)$, denn:

$$(A + \delta A)\boldsymbol{y} = A\boldsymbol{y} - \frac{1}{\alpha}\boldsymbol{x} \otimes \boldsymbol{y}\boldsymbol{y} = \frac{1}{\alpha}\boldsymbol{x} - \frac{1}{\alpha}\boldsymbol{x} = \mathbf{0} .$$ □

Bemerkungen 8.6

1) Die minimale Störung zum Verlust der Invertierbarkeit kann sogar durch eine Matrix vom Rang 1 erzielt werden.

2) Manchmal ist die normweise Konditionsanalyse irreführend, da sie nur den „worst case" berücksichtigt. Betrachte zum Beispiel

$$A := \begin{pmatrix} 1 & 0 \\ 0 & \varepsilon \end{pmatrix} \quad \text{für } 0 < \varepsilon < 1, \text{ so dass}$$
$$\kappa_2(A) = \|A\|_2 \cdot \|A^{-1}\|_2 = 1 \cdot \varepsilon^{-1} = \varepsilon^{-1} .$$

Dennoch ist ein LGS

$$A\boldsymbol{x} = \boldsymbol{b} \quad \text{bzw.} \quad A\boldsymbol{x}_\delta = \boldsymbol{b}_\delta$$

stabil, d. h. ohne relative *komponentenweise* Fehlerverstärkung zu lösen, da

$$\frac{x_i + x_{\delta i}}{x_i} = \frac{b_i + b_{\delta i}}{b_i} , \quad i = 1, 2 .$$

Eine komponentenweise Konditionsanalyse wird im mathematischen Teilgebiet der *Numerischen Mathematik* behandelt. △

Ist die Konditionszahl einer Matrix zu groß in Relation zu den Datenfehlern (insbesondere den unvermeidlichen, die beim numerischen Rechnen auftreten), ist es sinnlos, das gestörte LGS

$$A\boldsymbol{x}_\delta = \boldsymbol{b} + \boldsymbol{\delta b}$$

lösen zu wollen, auch wenn A invertierbar ist. Man wird i. Allg. keine sinnvolle Näherung an die Lösung von

$$A\boldsymbol{x} = \boldsymbol{b} \tag{8.3}$$

erhalten (mit $\boldsymbol{b} \neq \boldsymbol{0}$).

Eine Strategie für solche *schlecht konditionierten Probleme* besteht darin, das Problem „wenig" zu verändern durch Übergang zu einer invertierbaren Matrix A_ε, die besser als A konditioniert ist und dann als LGS

$$A_\varepsilon \boldsymbol{x}_\varepsilon = \boldsymbol{b} + \boldsymbol{\delta b} \tag{8.4}$$

zu lösen. Dabei misst $\varepsilon > 0$ die Abweichung von A, d. h.

$$\|A - A_\varepsilon\| \to 0 \text{ für } \varepsilon \to 0 \,.$$

Anwendung von Theorem 8.2 (mit (8.4) als „Originalproblem" und (8.3) als gestörtem Problem) liefert

$$\frac{\|\boldsymbol{x} - \boldsymbol{x}_\varepsilon\|}{\|\boldsymbol{x}_\varepsilon\|} \leq \kappa(A_\varepsilon)\left(1 - \kappa(A_\varepsilon)\frac{\|A - A_\varepsilon\|}{\|A_\varepsilon\|}\right)^{-1}\left(\frac{\|\boldsymbol{\delta b}\|}{\|\boldsymbol{b} + \boldsymbol{\delta b}\|} + \frac{\|A - A_\varepsilon\|}{\|A_\varepsilon\|}\right) . \tag{8.5}$$

Da zusätzlich zu (8.5) zu erwarten ist, dass

$$\kappa(A_\varepsilon) \to \kappa(A) \qquad \text{für } \varepsilon \to 0 \,,$$

wobei $\kappa(A)$ „groß" ist, ist in (8.5) weder ein zu großes ε (dann $\|A - A_\varepsilon\|$ groß) noch ein zu kleines ε (dann $\kappa(A_\varepsilon)$ groß) wünschenswert, es wird also ein die Fehlerschranke in (8.5) minimierendes, „optimales" $\varepsilon > 0$ geben.

Die schlechte Kondition einer Matrix (bezüglich $\|\,.\,\|_2$) ist nach Bemerkungen 8.3 durch sehr kleine positive Singulärwerte in einer normierten SVD verursacht. Es bietet sich folglich an, gemäß einer Schranke $\varepsilon > 0$ die Singulärwerte $0 < \sigma < \varepsilon$ wegzulassen, d. h. die SVD *abzuschneiden*. Es gilt allgemein:

Satz 8.7: Abgeschnittene SVD

Sei $A \in \mathbb{K}^{(m,n)}$, mit $m \geq n$ und $\text{Rang}(A) = r$. Sei $A = U \Sigma V^\dagger$ eine normierte SVD mit den positiven Singulärwerten $\sigma_1 \geq \ldots \geq \sigma_r > 0$.

Dann ist

$$A = \sum_{i=1}^{r} \sigma_i \boldsymbol{u}_i \otimes \boldsymbol{v}_i \,, \tag{8.6}$$

d. h. eine Summe von Rang-1-Matrizen und die Matrix von Rang $k < r$ mit kleinstem Abstand bezüglich $\|\,.\,\|_2$ zu A ist

$$A_k := \sum_{i=1}^{k} \sigma_i \boldsymbol{u}_i \otimes \boldsymbol{v}_i \,, \qquad \text{wobei} \quad \|A - A_k\|_2 = \sigma_{k+1} \,.$$

Es gilt

$$A_k = U\Sigma_k V^\dagger \ , \qquad \text{mit } \Sigma_k = \operatorname{diag}(\sigma_1, \ldots, \sigma_k, 0, \ldots, 0) \ .$$

Beweis: Die Darstellung (8.6) wurde schon in (4.101) gezeigt. Es gilt nach Definition und Theorem 7.30, 3):

$$\|A - A_k\|_2 = \left\| \sum_{i=k+1}^{r} \sigma_i \boldsymbol{u}_i \otimes \boldsymbol{v}_i \right\| = \|U \ \operatorname{diag}(0, \ldots, 0, \sigma_{k+1}, \ldots, \sigma_r) V^\dagger\| = \sigma_{k+1}$$

und $\operatorname{Rang}(A_k) = k$ (da die positiven Singulärwerte $\sigma_1, \ldots, \sigma_k$ sind). Es muss daher nur noch gezeigt werden, dass für jedes $B \in \mathbb{K}^{(m,n)}$ mit $\operatorname{Rang}(B) = k$ gilt:

$$\|A - B\|_2 \geq \sigma_{k+1} \ .$$

Sei also B eine solche Matrix, für die gilt:

$$\operatorname{Kern} B \subset \mathbb{K}^n \quad \text{und} \quad \dim \operatorname{Kern} B = n - k \ .$$

Sei $V^{(k+1)} := \operatorname{span}(\boldsymbol{v}_1, \ldots, \boldsymbol{v}_{k+1}) \subset \mathbb{K}^n$, d. h. $\dim V^{(k+1)} = k + 1$. Daher gilt:

$$\operatorname{Kern} B \cap V^{(k+1)} \neq \emptyset \ .$$

Sei $\boldsymbol{x}$ aus diesem Schnitt und $\|\boldsymbol{x}\|_2 = 1$, dann

$$\|A - B\|_2^2 \geq \|(A - B)\boldsymbol{x}\|_2^2 = \|A\boldsymbol{x}\|_2^2 = \|U \Sigma V^\dagger \boldsymbol{x}\|_2^2 = \|\Sigma V^\dagger \boldsymbol{x}\|_2^2 \ .$$

Man bezeichne mit $(\boldsymbol{v}_1, \ldots, \boldsymbol{v}_{k+1})$ die Matrix aus $\mathbb{K}^{(n,k+1)}$, deren Spalten aus den gewählten Basisvektoren von $V^{(k+1)}$ bestehen. Da insbesondere $\boldsymbol{x} \in V^{(k+1)}$, gilt $\boldsymbol{x} = \sum_{i=1}^{k+1} \alpha_i \boldsymbol{v}_i = (\boldsymbol{v}_1, \ldots, \boldsymbol{v}_{k+1})\boldsymbol{\alpha}$ mit einem Vektor $\boldsymbol{\alpha}$, der $\|\boldsymbol{\alpha}\|_2 = 1$ erfüllt (siehe (1.89)). Somit ist $V^\dagger \boldsymbol{x} = \operatorname{diag}(1, \ldots, 1, 0, \ldots, 0)\boldsymbol{\alpha}$, wobei die Diagonalmatrix in $\mathbb{K}^{(n,k+1)}$ liegt und $k + 1$ Einsen auf der Diagonalen hat. Dann folgt

$$\|A - B\|_2^2 \geq \|\Sigma V^\dagger \boldsymbol{x}\|_2^2 = \|(\sigma_1 \alpha_1, \ldots, \sigma_{k+1} \alpha_{k+1}, 0 \ldots, 0)^t\|_2^2 \geq \sigma_{k+1}^2 \|\boldsymbol{\alpha}\|_2^2 = \sigma_{k+1}^2 \ . \qquad \square$$

Sei nunmehr für (8.4)

$$A_\varepsilon := A_k \ , \tag{8.7}$$

wobei k so gewählt wird, dass $\sigma_k \geq \varepsilon, \sigma_{k+1} < \varepsilon$, also

$$\begin{aligned} \|A - A_\varepsilon\|_2 &= \sigma_{k+1} < \varepsilon \ , \\ \kappa_2(A_\varepsilon) &= \frac{\sigma_1}{\sigma_k} \leq \frac{\sigma_1}{\varepsilon} \ , \\ \|A_\varepsilon\|_2 &= \sigma_1 \ . \end{aligned}$$

Bei Anwendung von (8.5) gilt zwar

$$\kappa_2(A_\varepsilon)\|A - A_\varepsilon\|_2/\|A_\varepsilon\|_2 = \sigma_{k+1}/\sigma_k < 1 ,$$

aber nicht die Konvergenz gegen 0 für $\varepsilon \to 0$.

Bemerkungen 8.8

1) Die Modifikation eines schlecht gestellten LGS wie in (8.7) nennt man *Regularisierung*.

2) Die abgeschnittene SVD kann nicht nur zur Regularisierung, sondern auch zur *Datenkompression* genutzt werden, da analog zur reduzierten Form (4.100) der SVD bei k beibehaltenen Singulärwerten $A_{k|(\mathrm{Kern}\, A_k)^\perp}$ nur mittels jeweils k Spalten von U und V dargestellt werden kann (siehe Abbildung 8.1). △

Abb. 8.1: Bilddatenkompression durch abgeschnittene SVD.

Es kann auch die Situation auftreten, dass zwar das Problem gut konditioniert ist, das verwendete Verfahren aber schlecht konditioniert. Man betrachte das LGS

$$\begin{pmatrix} 0{,}005 & 1 \\ 1 & 1 \end{pmatrix} \begin{pmatrix} x_1 \\ x_2 \end{pmatrix} = \begin{pmatrix} 0{,}5 \\ 1 \end{pmatrix} .$$

Die Konditionszahl der Matrix ist

$$\kappa_2(A) \approx 2,6\,,$$

d. h. das LGS sollte gut konditioniert auf Rundungsfehler reagieren. Die auf drei Stellen gerundete exakte Lösung lautet

$$\mathrm{Rd}_3\begin{pmatrix} x_1 \\ x_2 \end{pmatrix} = \begin{pmatrix} 0,503 \\ 0,497 \end{pmatrix}.$$

Das GAUSS-Verfahren ohne Pivotsuche (d. h. mit Pivotelement $a_{1,1} = 0,005$) liefert bei zweistelliger (Gleitpunkt-)Rechnung

$$\begin{pmatrix} \widetilde{x}_1 \\ \widetilde{x}_2 \end{pmatrix} = \begin{pmatrix} 0,5 \\ 0 \end{pmatrix},$$

daher

$$\frac{\|\delta x\|_2}{\|x\|_2} \approx 0,70\,.$$

Das GAUSS-Verfahren mit Spaltenpivotsuche (Pivotelement $a_{2,1} = 1$) liefert

$$\begin{pmatrix} \widetilde{x}_1 \\ \widetilde{x}_2 \end{pmatrix} = \begin{pmatrix} 0,5 \\ 0,5 \end{pmatrix},$$

was der zweistelligen Rundung der exakten Lösung entspricht. Weitere Informationen zu diesem Thema findet man z. B. in GOLUB und VAN LOAN 1996, DEUFLHARD und HOHMANN 1991 oder HIGHAM 1996.

8.1.2 Ausgleichsprobleme

Wir wenden uns den Ausgleichsproblemen (mit vollem Spaltenrang) zu, wie sie bei überbestimmten LGS entstehen. Ohne Beweis halten wir fest: Für Ausgleichsprobleme $\|A\boldsymbol{x} - \boldsymbol{b}\|_2 \to \min$ für $A \in \mathbb{K}^{(m,n)}$ ist der Verstärkungsfaktor für den relativen Fehler statt Theorem 8.2 (DEMMEL 1997, S. 117):

$$\kappa_{LS} := \frac{2}{\cos\Theta}\kappa_2(A) + \tan\Theta\,(\kappa_2(A))^2\,.$$

Dabei ist die Definition der Kondition (bezüglich $\|.\|_2$) für nichtquadratische (oder nicht invertierbare) Matrizen erweitert durch

$$\kappa_2(A) := \sigma_1/\sigma_r ,$$

wenn $\sigma_1 \geq \ldots \sigma_r > 0$ die positiven Singulärwerte in einer normierten SVD sind.

Es ist $\Theta \in [0, \pi/2]$ definiert durch

$$\sin \Theta := \|Ax - b\|_2/\|b\|_2$$

für die Lösung x des ungestörten Ausgleichsproblems (für das also $\|Ax - b\|_2 \leq \|b\|_2$ gilt).

Es gibt folgende Fälle:

- Θ *klein*, d. h. $\|Ax - b\|_2$ klein:

$$\kappa_{LS} \sim \kappa_2(A)$$

analog zum gestörten LGS.

- $0 \ll \Theta \ll \pi/2$, d. h. $0 \ll \|Ax - b\|_2 \ll \|b\|_2$ und dann für große $\kappa_2(A)$:

$$\varphi\kappa_{LS} \sim (\kappa_2(A))^2 .$$

Im Vergleich zum LGS quadriert sich die Konditionszahl.

- $\Theta = \frac{\pi}{2}$, d. h. $\|Ax - b\|_2 = \|b\|_2$, somit $x = \mathbf{0}$. Dann ist wegen $\tan \Theta = \infty$

$$\kappa_{LS} \text{ unbeschränkt.}$$

Löst man das Ausgleichsproblem über die Normalgleichungen

$$A^\dagger A x = A^\dagger b ,$$

dann liegt *immer* der Verstärkungsfaktor

$$\kappa_2(A^\dagger A) = \sigma_1^2/\sigma_r^2 = (\kappa_2(A))^2$$

vor. Daher sollte man Verfahren bevorzugen, die wie die QR-Zerlegung (siehe Abschnitt 4.8) direkt das Ausgleichsproblem angehen.

Jedes LGS kann auch als Ausgleichsproblem geschrieben werden, was aber die Kondition wie gesehen nicht verbessert, durch die Formulierung über die Normalgleichungen hingegen verschlechtert. Schlecht gestellte (unendlichdimensionale) und auch schlecht konditionierte (endlichdimensionale) Probleme können auch dadurch regularisiert werden, dass eine *a priori Normschranke* an die Lösung vorgegeben wird, d. h. das Ausgleichsproblem wird modifiziert zu:

Ausgleichsproblem unter Normschranken:

Seien $A \in \mathbb{K}^{(m,n)}, b \in \mathbb{K}^n, c > 0$ gegeben.

$$\begin{gathered}\text{Minimiere } f(\boldsymbol{x}) := \|A\boldsymbol{x} - \boldsymbol{b}\|_2^2 \\ \text{unter der Nebenbedingung} \\ \|\boldsymbol{x}\|_2 \leq c\,.\end{gathered}$$

Dabei können hier und im Folgenden auch analog zu Bemerkungen 4.145, 7) $\|\,.\,\|_2$ durch Energienormen $\|\,.\,\|_C$ und $\|\,.\,\|_E$ ausgetauscht werden. In Analogie zum LAGRANGE-Multiplikator in (4.125) kann man sich die Nebenbedingung auch „angekoppelt“ denken, um zu große $\|\boldsymbol{x}\|_2$ zu bestrafen und kommt als weitere Regularisierungsmethode zum

Ausgleichsproblem mit TIKHONOV[1]*-Regularisierung*:

Seien $A \in \mathbb{K}^{(m,n)}, \boldsymbol{b} \in \mathbb{K}^m, \alpha > 0$.

$$\text{Minimiere } f(\boldsymbol{x}) := \|A\boldsymbol{x} - \boldsymbol{b}\|_2^2 + \alpha\|\boldsymbol{x}\|_2^2 \text{ auf } \mathbb{K}^n\,. \tag{8.8}$$

Es besteht ein enger Zusammenhang zum Abschneiden kleiner Singulärwerte:

Die Minimierungsaufgabe (8.8) ist das Ausgleichsproblem zu folgendem überbestimmten LGS:

Seien $\widehat{A_\alpha} \in \mathbb{K}^{(m+n,n)}$, $\widehat{\boldsymbol{b}} \in \mathbb{K}^{m+n}$ definiert durch

$$\widehat{A_\alpha} := \left(\frac{A}{\alpha^{1/2}\mathbb{1}_n}\right), \widehat{\boldsymbol{b}} := \left(\frac{\boldsymbol{b}}{\boldsymbol{0}}\right)\,, \text{ d. h. man betrachte}$$

$$\widehat{A_\alpha}\boldsymbol{x} = \widehat{\boldsymbol{b}}\,.$$

Für beliebiges A hat $\widehat{A_\alpha}$ vollen Spaltenrang, so dass (8.8) eindeutig lösbar ist und die Lösung $\boldsymbol{x}$ durch die Pseudoinverse gegeben wird:

$$\boldsymbol{x} = \widehat{A_\alpha}^+ \left(\frac{\boldsymbol{b}}{\boldsymbol{0}}\right)\,.$$

Sei

$$A = U\Sigma V^\dagger$$

eine normierte SVD mit positiven Singulärwerten $\sigma_1 \geq \ldots \geq \sigma_r > 0, r = \text{Rang}(A)$, dann gilt

$$\boldsymbol{x} = \sum_{i=1}^r q(\alpha, \sigma_i)\frac{1}{\sigma_i}\boldsymbol{v}_i \otimes \boldsymbol{u}_i\boldsymbol{b} = \sum_{i=1}^r q(\alpha, \sigma_i)\frac{1}{\sigma_i}\,\langle \boldsymbol{b}\,.\,\boldsymbol{u}_i\rangle\,\boldsymbol{v}_i\,, \tag{8.9}$$

wobei

$$q(\alpha, \sigma) := \frac{\sigma^2}{\sigma^2 + \alpha}\,,$$

da dieser Vektor die zugehörigen Normalgleichungen

[1] Andrey Nikolayevich TIKHONOV ∗30. Oktober 1906 in Gschatsk †8. November 1993 in Moskau

$$(A^\dagger A + \alpha\mathbb{1})z = A^\dagger \boldsymbol{b}$$

löst:

$$\begin{aligned}(A^\dagger A + \alpha\mathbb{1})\boldsymbol{x} &= \sum_{i=1}^{r} q(\alpha,\sigma_i)\frac{1}{\sigma_i}\langle \boldsymbol{b} \,.\, \boldsymbol{u}_i\rangle (A^\dagger A + \alpha\mathbb{1})\boldsymbol{v}_i = \sum_{i=1}^{r} \frac{\sigma_i}{\sigma_i^2+\alpha}\langle \boldsymbol{b} \,.\, \boldsymbol{u}_i\rangle (\sigma_i^2+\alpha)\boldsymbol{v}_i \\ &= \sum_{i=1}^{r} \sigma_i \langle \boldsymbol{b} \,.\, \boldsymbol{u}_i\rangle \boldsymbol{v}_i = V\Sigma^\dagger U^\dagger \boldsymbol{b} = A^\dagger \boldsymbol{b}\,.\end{aligned}$$

Also:

Theorem 8.9: TIKHONOV-Regularisierung

Seien $A \in \mathbb{K}^{(m,n)}$, $\boldsymbol{b} \in \mathbb{K}^m$, $\alpha > 0$. Dann existiert die Lösung des TIKHONOV-regularisierten Ausgleichsproblems, $\boldsymbol{x} = \boldsymbol{x}_\alpha$, eindeutig und wird durch die *gedämpfte* Pseudoinverse

$$\boldsymbol{x}_\alpha = A^+_{(\alpha)}\boldsymbol{b} := V\Sigma^+_{(\alpha)}U^\dagger \boldsymbol{b}$$

gegeben, wobei $\Sigma_{(\alpha)} \in \mathbb{K}^{(m,n)}$ die Diagonalmatrix mit den Diagonaleinträgen

$$\frac{\sigma_i}{q(\alpha,\sigma_i)} = \sigma_i + \frac{\alpha}{\sigma_i}\,, \qquad i = 1,\ldots,r$$

ist.

Wegen $0 \le q(\alpha,\sigma) \le 1$ sowie

$$\begin{aligned} q(\alpha,\sigma) &\to 0 \qquad \text{für } \sigma \to 0 \text{ und } \alpha > 0\,,\\ q(\alpha,\sigma) &\to 1 \qquad \text{für } \sigma \to \infty \text{ und } \alpha > 0\,,\end{aligned}$$

werden in $A^+_{(\alpha)}$ im Vergleich zu A^+ die durch kleine Singluärwerte erzeugten Verstärkungsfaktoren verkleinert, es werden aber alle inversen Singulärwerte verändert. Im Gegensatz dazu werden bei der abgeschnittenen SVD für alle $\sigma < \varepsilon$ die Einträge $1/\sigma$ in A^+ durch 0 ersetzt und für $\sigma \ge \varepsilon$ die Einträge $1/\sigma$ nicht verändert. Dies entspricht (8.9), aber mit ε statt α und

$$q(\varepsilon,\sigma) = \begin{cases} 1 \text{ für } \sigma \ge \varepsilon \\ 0 \text{ für } \sigma < \varepsilon\,. \end{cases}$$

Andererseits ist für die Durchführung der TIKHONOV-Regularisierung die Kenntnis einer SVD nicht nötig. Zusätzliche Informationen finden sich z. B. in DEMMEL 1997.

8.1.3 Eigenwerte

Auch wenn man von einer exakten Matrix A ausgeht, wird wegen rundungsfehlerbehafteter Rechnung jedes Verfahren nur approximative Eigenwerte und -vektoren $\lambda, \boldsymbol{v}$ liefern, in dem Sinn, dass das *Residuum*

$$\boldsymbol{r} := A\boldsymbol{v} - \lambda\boldsymbol{v}$$

nicht verschwindet, sondern nur $\|\boldsymbol{r}\|$ klein ist. Auch dieser Fall kann als eine exakte Eigenwertberechnung zu einer gestörten Matrix interpretiert werden.

Satz 8.10: Defekt = Datenstörung

Sei $A \in \mathbb{K}^{(n,n)}$, $\boldsymbol{v}, \boldsymbol{r} \in \mathbb{K}^n$, $\|\boldsymbol{v}\|_2 = 1$, $\lambda \in \mathbb{C}$, so dass

$$A\boldsymbol{v} = \lambda\boldsymbol{v} + \boldsymbol{r} .$$

Dann gibt es eine Rang-1-Matrix $\delta A \in \mathbb{K}^{(n,n)}$, so dass

1) $\|\delta A\|_2 = \|\boldsymbol{r}\|_2$ und

2) $(A + \delta A)\boldsymbol{v} = \lambda\boldsymbol{v}$.

Beweis: Sei

$$\delta A := -\boldsymbol{r} \otimes \boldsymbol{v} ,$$

dann gilt 1) nach (7.16) und

$$(A + \delta A)\boldsymbol{v} = \lambda\boldsymbol{v} + \boldsymbol{r} - \|\boldsymbol{v}\|_2^2\boldsymbol{r} = \lambda\boldsymbol{v} . \qquad \square$$

Im Fall eines gut konditionierten Eigenwertproblems (aber nur hier) kann man also von einem kleinen Residuum auf einen kleinen Eigenwert(vektor)fehler schließen. Da, wie schon mehrfach erwähnt, in realen Problemen die definierenden Matrizen i. Allg. immer fehlerbehaftet vorliegen, stellt sich auch bei der Eigenwert- bzw. Eigenvektorberechnung die Frage nach deren *Stabilität*. Wird eine Matrix nur um kleine Einträge gestört, bedeutet dies auch eine geringe Störung der Eigenwerte bzw. Eigenvektoren? Wir werden hier nur in die erste Fragestellung einführen, die zweite ist technisch zu komplex. Prinzipiell ist die Antwort positiv, denn es gilt:

Satz 8.11: Stetige Abhängigkeit der Eigenwerte

Sei $A = (a_{i,j}) \in \mathbb{K}^{(n,n)}$. Dann hängen die Eigenwerte von A in $\mathbb{C}$ stetig von den $a_{i,j} \in \mathbb{K}$ ab.

Beweisskizze: Da der Beweis zur Analysis bzw. zur Funktionentheorie gehört, soll er hier nur kurz skizziert werden. Die Eigenwerte sind nach Satz 4.23 die Nullstellen des charakteristischen Polynoms. Schreibt man dieses in der Standardform der Monombasis, so sind aufgrund der LEIBNIZschen Formel (siehe Definition 2.105) die Koeffizienten Polynome der Einträge von A. Daher hängen diese Koeffizienten stetig von den Einträgen von A ab. Um zu zeigen, dass die Nullstellen eines Polynoms stetig von den Koeffizienten abhängen, bedarf es Methoden der Funktionentheorie. □

Abbildung 8.2 lässt erwarten, dass sich (insbesondere bei reellen Eigenwerten) Unterschiede zwischen einfachen und mehrfachen Eigenwerten ergeben. Genauer kann je nach Nichtdiagonalisierbarkeit oder nach Diagonalisierbarkeit bzw. einfachen und mehrfachen Eigenwerten ein sehr unterschiedliches Stetigkeitsverhalten vorliegen. Den ersteren Fall betrachtet:

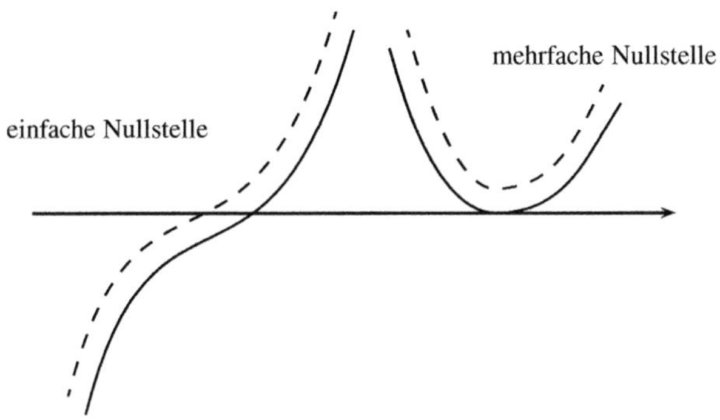

Abb. 8.2: Störung einer Funktion: Einfluss auf Nullstelle.

Satz 8.12: Beliebig schlechte stetige Abhängigkeit

Sei $A \in \mathbb{K}^{(n,n)}$, $\lambda \in \mathbb{K}$ Eigenwert von A. Im nichtdiagonalisierbaren Fall ist λ i. Allg. nicht LIPSCHITZ-stetig abhängig von den Einträgen von A und die stetige Abhängigkeit kann für große $n \in \mathbb{N}$ beliebig schlecht sein.

Beweis: Dazu betrachte man den JORDAN-Block zu $\mu \in \mathbb{C}$

$$A = \begin{pmatrix} \mu & 1 & & 0 \\ & \ddots & \ddots & \\ & & \ddots & 1 \\ 0 & & & \mu \end{pmatrix} \in \mathbb{K}^{(n,n)}$$

und als Störung

$$\delta A = (-1)^n \varepsilon \boldsymbol{e}_n \otimes \boldsymbol{e}_1 ,$$

d. h. ein $\pm\varepsilon$-Eintrag in der Position $(n, 1)$. Entwicklung nach der ersten Spalte (nach Satz 2.116) zeigt für $A_\varepsilon := A + \delta A$

$$\chi_{A_\varepsilon}(\lambda) = \det(A_\varepsilon - \lambda \mathbb{1}_n) = (\mu - \lambda)^n - \varepsilon$$

und damit hat A_ε die Eigenwerte

$$\lambda_{\varepsilon,j} = \mu - \omega^j \varepsilon^{1/n}, j = 1, \ldots, n ,$$

wobei $\omega := e^{2\pi i/n}$, d. h. die ω^j die komplexen n-ten Einheitswurzeln darstellen (siehe Satz B.32). Folglich gilt

$$|\mu - \lambda_{\varepsilon,j}| = \varepsilon^{1/n} .$$

Diese Abhängigkeit ist nicht LIPSCHITZ-stetig in ε und für große n beliebig schlecht (in dem Sinn: HÖLDER-stetig mit HÖLDER-Konstante $\alpha = 1/n \to 0$ für $n \to \infty$). □

Besser ist die Situation im diagonalisierbaren Fall:

Satz 8.13: LIPSCHITZ-stetige Abhängigkeit bei diagonalisierbaren Matrizen

Sei $A \in \mathbb{K}^{(n,n)}$ in $\mathbb{C}$ diagonalisierbar, d. h. $A = BDB^{-1}$, wobei $D = \operatorname{diag}(\lambda_i)$ eine Diagonalmatrix ist. Sei $\mu \in \mathbb{C}$ ein Eigenwert der gestörten Matrix $A + \delta A$, so dass $\mu \neq \lambda_i$ für alle $i = 1, \ldots, n$. Dann hat A einen Eigenwert λ_k, so dass

$$|\mu - \lambda_k| \leq \kappa_p(B) \|\delta A\|_p ,$$

wobei $\|\,.\,\|_p$ die gemäß Theorem 7.23 erzeugte Matrixnorm zur Norm $\|\,.\,\|_p$ aus (7.1), $1 \leq p \leq \infty$, bezeichnet.

Beweis: Sei $\boldsymbol{v}$ Eigenvektor zu μ von $A + \delta A$, d. h.

$$(A + \delta A)\boldsymbol{v} = \mu \boldsymbol{v}$$

und

$$\boldsymbol{w} := B^{-1}\boldsymbol{v} , \quad \widehat{\delta A} := B^{-1} \delta A B ,$$

dann gilt

$$(D + \widehat{\delta A})\boldsymbol{w} = \mu \boldsymbol{w} \tag{8.10}$$

und

$$\|\widehat{\delta A}\| \leq \|B^{-1}\| \, \|\delta A\| \, \|B\| = \kappa(B) \|\delta A\|$$

(für eine beliebige submultiplikative Norm). (8.10) lässt sich umformen zu

$$w = (\mu \mathbb{1}_n - D)^{-1}\widehat{\delta A}w$$

und damit

$$\|w\| \le \|(\mu \mathbb{1}_n - D)^{-1}\widehat{\delta A}\|\,\|w\| \le \|(\mu \mathbb{1}_n - D)^{-1}\|\,\|\widehat{\delta A}\|\,\|w\|$$

(für verträgliche und submultiplikative Normen), wegen $w \ne \mathbf{0}$ also

$$\|(\mu \mathbb{1}_n - D)^{-1}\|\,\|\widehat{\delta A}\| \ge 1\,.$$

Ist speziell $\|\,.\,\| = \|\,.\,\|_p$, so gilt nach Bemerkungen 7.31, 6)

$$\|(\mu \mathbb{1}_n - D)^{-1}\|_p = 1/\min\{|\mu - \lambda_i| : i = 1, \ldots, n\}$$

und damit für ein $k \in \{1, \ldots, n\}$:

$$|\mu - \lambda_k| = \|(\mu \mathbb{1}_n - D)^{-1}\|_p^{-1} \le \|\widehat{\delta A}\|_p \le \kappa(B)\|\delta A\|_p\,.$$ □

Bemerkung 8.14 Über Satz 8.13 hinaus kann gezeigt werden, dass jeder Eigenwert von A der algebraischen Vielfachheit k in der Nähe genau einen Eigenwert von $A + \delta A$ der gleichen Vielfachheit hat, falls $\|\delta A\|_p$ klein genug ist. Dies kann mit dem Satz von GERSCHGORIN[2] (siehe Aufgabe 8.6) gezeigt werden. △

Für normale Matrizen folgt sofort, dass deren Eigenwerte immer stabil sind:

Satz 8.15: Stabilität der Eigenwerte bei normalen Matrizen

Sei $A \in \mathbb{K}^{(n,n)}$ normal mit Eigenwerten $\lambda_1, \ldots, \lambda_n \in \mathbb{C}$. Sei $\mu \in \mathbb{C}$ Eigenwert der gestörten Matrix $A + \delta A$, so dass $\mu \ne \lambda_i$ für alle $i = 1, \ldots, n$ gilt. Dann hat A einen Eigenwert λ_k, so dass

$$|\mu - \lambda_k| \le \|\delta A\|_2\,.$$

Beweis: Die Eigenwertbasis, deren Spalten B bilden, kann orthonormal gewählt werden, damit

$$\|B\|_2 = \|B^{-1}\|_2 = 1\,, \quad \text{d. h.} \quad \kappa_2(B) = 1\,.$$ □

Hängt in Satz 8.13 die Konditionszahl vom Verhalten der gesamten Eigenvektor-Basis ab, lässt sich dies bei einfachen Eigenwerten lokalisieren:

[2] Semjon Aronowitsch GERSCHGORIN ∗24. August 1901 in Pruschany †30. Mai 1933

Satz 8.16: Stabilität eines einfachen Eigenwerts

Sei $A \in \mathbb{K}^{(n,n)}$ in $\mathbb{C}$ diagonalisierbar und $\lambda \in \mathbb{C}$ ein einfacher Eigenwert von A. Sei $\boldsymbol{v} \in \mathbb{K}^n$ ein Eigenvektor von A zu λ und $\boldsymbol{w} \in \mathbb{K}^n$ ein Eigenvektor von A^t zu λ, d. h. $\boldsymbol{w}^t A = \lambda \boldsymbol{w}^t$. Sei $\varepsilon > 0$ und δA eine Störung von A, so dass $\|\delta A\|_2/\|A\|_2 = \varepsilon$. Dann gibt es ein $\varepsilon_0 > 0$, so dass für $0 < \varepsilon \le \varepsilon_0$ gilt:
$A + \delta A$ hat einen Eigenwert $\lambda + \delta\lambda$, so dass die Abschätzung

$$\frac{|\delta\lambda|}{\|A\|_2} \le \|\boldsymbol{w}\|_2 \|\boldsymbol{v}\|_2 \varepsilon + O(\varepsilon^2)$$

gilt.

Beweisskizze: Wenn $\|\delta A\|$ klein genug ist, hat $A + \delta A$ auch einen einfachen Eigenwert $\lambda + \delta\lambda$ zum Eigenvektor $\boldsymbol{v} + \delta\boldsymbol{v}$ (siehe Bemerkung 8.14). Es kann gezeigt werden, dass dann auch $\|\delta\boldsymbol{v}\|_2 \le C\varepsilon$ für eine Konstante $C > 0$. Demnach mit Satz 8.13

$$A\boldsymbol{v} = \lambda\boldsymbol{v}$$
$$(A + \delta A)(\boldsymbol{v} + \delta\boldsymbol{v}) = (\lambda + \delta\lambda)(\boldsymbol{v} + \delta\boldsymbol{v})$$

und weiter

$$\delta A\boldsymbol{v} + A\delta\boldsymbol{v} = \delta\lambda\boldsymbol{v} + \lambda\delta\boldsymbol{v} + O(\varepsilon^2)\,. \tag{8.11}$$

Eventuell globale Abhängigkeiten sind somit nur im quadratischen Term enthalten. Nach den Überlegungen ab Bemerkungen 4.35 können $\boldsymbol{v}$ und ein linker Eigenvektor $\boldsymbol{w}$ so gewählt werden, dass

$$\boldsymbol{w}^t\boldsymbol{v} = 1\,.$$

Aus (8.11) folgt:
$\boldsymbol{w}^t\delta A\boldsymbol{v} + \boldsymbol{w}^t A\delta\boldsymbol{v} = \delta\lambda + \lambda\boldsymbol{w}^t\delta\boldsymbol{v} + O(\varepsilon^2)$ und mit $\boldsymbol{w}^t A = \lambda\boldsymbol{w}^t$ heben sich die jeweils zweiten Terme weg und so

$$\delta\lambda = \boldsymbol{w}^t\delta A\boldsymbol{v} + O(\varepsilon^2)\,,$$
$$\text{d. h.}\quad |\delta\lambda| \le \|\boldsymbol{w}\|_2\|\boldsymbol{v}\|_2\|\delta A\|_2 + O(\varepsilon^2)$$

und damit die Behauptung. □

Weitere Ergebnisse werden z. B. in WATKINS 2007 oder SAAD 2011 dargestellt.

Aufgaben

Aufgabe 8.1 (K) Bestimmen Sie für $0 < \varepsilon < 1$ die Konditionszahl der Matrix

$$A = \begin{pmatrix} 1 & 0 \\ 0 & \varepsilon \end{pmatrix}$$

bezüglich $\|\,.\,\|_\infty$ und $\|\,.\,\|_2$.

Aufgabe 8.2 (T) Betrachtet wird das LGS $A\boldsymbol{x} = \boldsymbol{b}$ mit $A \in \mathrm{GL}(n, \mathbb{K})$, $\boldsymbol{b} \in \mathbb{K}^n$. Sei $\|\,.\,\|$ eine erzeugte Norm auf $\mathbb{K}^n$ und $\kappa(A)$ die Konditionszahl von A bezüglich $\|\,.\,\|$. Zu $\boldsymbol{x} \in \mathbb{K}^n$ betrachte man das Residuum $\boldsymbol{r}(\boldsymbol{x}) = A\boldsymbol{x} - \boldsymbol{b}$. Man zeige die folgenden a posteriori Abschätzungen für den absoluten und relativen Fehler:

$$\frac{\|\boldsymbol{r}(\boldsymbol{x})\|}{\|A\|} \leq \|\boldsymbol{x} - A^{-1}\boldsymbol{b}\| \leq \|A^{-1}\|\,\|\boldsymbol{r}(\boldsymbol{x})\|\,,$$

$$\frac{1}{\kappa(A)}\frac{\|\boldsymbol{r}(\boldsymbol{x})\|}{\|\boldsymbol{b}\|} \leq \frac{\|\boldsymbol{x} - A^{-1}\boldsymbol{b}\|}{\|A^{-1}\boldsymbol{b}\|} \leq \kappa(A)\frac{\|\boldsymbol{r}(\boldsymbol{x})\|}{\|\boldsymbol{b}\|}\,.$$

Aufgabe 8.3 (K) Man betrachte das LGS $A\boldsymbol{x} = \boldsymbol{b}$ mit

$$A = \begin{pmatrix} 40 & 40 \\ 39 & 40 \end{pmatrix} \quad \text{und} \quad \boldsymbol{b} = \begin{pmatrix} 80 \\ 79 \end{pmatrix}.$$

Geben Sie Schranken für die relativen Fehler

$$S_A := \frac{\|\delta A\|_\infty}{\|A\|_\infty}, \quad S_b = \frac{\|\delta\boldsymbol{b}\|_\infty}{|\boldsymbol{b}\|_\infty}$$

an, damit für die Lösung $\tilde{\boldsymbol{x}} = \boldsymbol{x} + \delta\boldsymbol{x}$ des gestörten Problems $(A + \delta A)\tilde{\boldsymbol{x}} = \delta\boldsymbol{b} + \boldsymbol{b}$ der relative Fehler $\|\delta\boldsymbol{x}\|_\infty / \|\boldsymbol{x}\|_\infty$ kleiner gleich 10^{-2} ausfällt.

Aufgabe 8.4 (T) Sei $A \in \mathbb{K}^{(n,n)}$, $A = A^\dagger$, $A > 0$. Dann wissen wir laut Satz 4.142, dass A eine Cholesky-Zerlegung $A = LL^\dagger$ besitzt. Zeigen Sie:

$$\kappa_2(L) = \kappa_2(L^\dagger) = \sqrt{\kappa_2(A)} \leq \kappa_2(A).$$

Aufgabe 8.5 (T) Für $\alpha > 0$ sei $\boldsymbol{x}_\alpha$ die Lösung des Tikhonov-regularisierten Problems (8.8). Zeigen Sie

$$\|A\boldsymbol{x}_\alpha - \boldsymbol{b}\|_2 \overset{\alpha \to 0}{\longrightarrow} 0 \quad \Leftrightarrow \quad \boldsymbol{b} \in \mathrm{Bild}(A)\,.$$

Aufgabe 8.6 (T) Satz von Gerschgorin: Sei $A \in \mathbb{K}^{(n,n)}$, $\lambda \in \mathbb{C}$ ein Eigenwert von A, dann gibt es ein $j \in \{1, \ldots, n\}$, so dass

$$\left|\lambda - a_{j,j}\right| \leq \sum_{i=1, i \neq j}^{n} \left|a_{j,i}\right| =: r_j\,.$$

Die Eigenwerte liegen daher in der Vereinigung der Gerschgorin-Kreise $\overline{B}_{r_j}(a_{j,j})$ ($\subset \mathbb{C}$).

8.2 Klassische Iterationsverfahren für lineare Gleichungssysteme und Eigenwerte

8.2.1 Das Page-Rank-Verfahren von Google

Die Beliebtheit der Internet-Suchmaschine Google liegt unter anderem darin begründet, dass Google anscheinend in der Lage ist, auch bei wenigen Suchbegriffen, d. h. bei einer großen Anzahl von Internetseiten, die diese Suchbegriffe enthalten, die „relevanten" Seiten an den ersten Positionen zu platzieren. Dem liegt ein Bewertungsmodell für Internetseiten zugrunde, das in seiner ersten Form auf ein Eigenwertproblem bzw. in seiner endgültigen Form auf ein lineares Gleichungssystem führt, und das im Jahr 1998 von den Mitbegründern von Google, SERGEY BRIN[3] und LARRY PAGE[4], entwickelt worden ist, wobei der Ansatz tatsächlich historisch wesentlich älter ist. Das patentierte Verfahren in seiner algorithmischen Umsetzung ist als *PageRank-Algorithmus* bekannt und soll hier als Beispiel für iterative Lösungsverfahren von LGS besprochen werden.

Man kann sich die vernetzten Seiten des Internets vorstellen als einen gerichteten Graphen (siehe Definition 8.36), wobei die Menge der Seiten die Knoten des Graphen darstellen und genau dann eine Kante von x auf y verweist, wenn die Seite x einen Hyperlink (im Folgenden kurz: Link) auf die Seite y besitzt. Dieser Graph kann durch eine Adjazenzmatrix (siehe Definition 8.39) beschrieben werden, d. h. :
Seien $1, \ldots, n$ die (erfassten) Seiten des Internets. Sei $\widetilde{B} = (\widetilde{b}_{i,j})_{i,j} \in \mathbb{R}^{(n,n)}$ definiert durch

$$\widetilde{b}_{i,j} = \begin{cases} 1, & \text{wenn ein Link von Seite } i \text{ auf Seite } j \text{ verweist,} \\ 0, & \text{sonst}\,. \end{cases}$$

Im Folgenden soll ein Bewertungsschema von Webseiten entwickelt werden, das ausschließlich die durch diese Links definierte Vernetzungsstruktur des Internets ausnutzt, um einer Seite eine relative „Relevanz" zuzuordnen; es geht also dabei nicht um eine Bewertung des Inhalts der betreffenden Seiten. Als erstes Maß von Bedeutung könnte man die Anzahl der auf eine betreffende Seite verweisenden Links heranziehen, d. h. also zur Seite j die Summe der j-ten Spalte von $\widetilde{B}$. Ein solches Kriterium kann aber durch *Linkfarms*, d. h. Seiten, deren Aufgabe allein darin besteht, auf andere Seiten zu verlinken, manipuliert werden. Ein Ausweg aus dieser Situation ist die Begrenzung der Einflussnahme einer Seite auf eine „Stimme", d. h. durch eine Gewichtung der Einträge der i-ten Zeile durch die jeweilige Zeilensumme, so dass auf diese Weise jede Seite nur insgesamt als Summe die Bewertung 1 verteilen kann. Sei daher

$$b_i := \sum_{j=1}^{n} \widetilde{b}_{i,j},\ i = 1, \ldots, n\,,$$

---

[3] Sergey Michailowitsch BRIN $*$21. August 1973 in Moskau

[4] Lawrence Edward PAGE $*$26. März 1973 in Ann Arbor

die Summe der von i ausgehenden Links. Eine besondere Behandlung brauchen *hängende Knoten* i, von denen keine Links ausgehen, d. h. für die $b_i = 0$ gilt. Dort wird die „Stimme“ auf alle Seiten im Graphen verteilt. Die gewichtete Adjazenzmatrix $B = (b_{i,j})_{i,j}$ wird also definiert durch

$$b_{i,j} = \begin{cases} \widetilde{b}_{i,j}/b_i, & \text{falls } b_i \neq 0\,, \\ 1/n, & \text{falls } b_i = 0\,. \end{cases}$$

Die Matrix lässt sich also auch schreiben als $B = D^+B + \frac{1}{n}\boldsymbol{d} \otimes \mathbf{1}$, wobei

$$D = \operatorname{diag}(b_i),\ d_i := \begin{cases} 1, & i \text{ ist hängend} \\ 0, & \text{sonst.} \end{cases}$$

Auch dieses Bewertungsschema könnte durch die Erstellung vieler, auf eine spezielle Seite verweisende Seiten, manipuliert werden. Einen Ausweg bietet folgende implizite Definition der „Wichtigkeit“ einer Seite x_i für die Seite i dadurch, dass diese Wichtigkeit durch die auf sie verweisenden skalierten Links noch einmal skaliert mit der Wichtigkeit der Seiten, von denen sie ausgehen, definiert wird, d. h. somit:

Definition 8.17

Das *Gewicht* einer Internetseite i ist definiert als $x_i \geq 0$, wobei $\boldsymbol{x} = (x_i)_i \in \mathbb{R}^n$ folgende Gleichungen löst:

$$x_i = \sum_{j=1}^{n} b_{j,i}x_j,\ i = 1,\ldots,n, \quad \text{bzw.}$$

$$(B^t - \mathbb{1})\boldsymbol{x} = \mathbf{0}\,. \tag{8.12}$$

Es gilt

$$\sum_{j=1}^{n} b_{i,j} = 1 \quad \text{für alle } i = 1,\ldots,n$$

und damit

$$B\mathbf{1} = \mathbf{1} \quad \text{und auch} \quad \|B^t\|_1 = \|B\|_\infty = 1\,,$$

d. h. $\lambda = 1$ ist Eigenwert von B (mit Eigenvektor $\mathbf{1}$) und somit hat auch B^t den Eigenwert 1. Es handelt sich dabei um einen betragsmaximalen Eigenwert, da nach Theorem 7.32, 2) gilt:

$$\rho(B^t) \leq \|B^t\|_1 = 1\,.$$

Da insbesondere B nicht negativ ist, hat (8.12) nach dem Satz von PERRON[5] und FROBENIUS (Hauptsatz 8.51) eine nicht negative Lösung $\boldsymbol{x}$ (d. h. $x_i \geq 0$ für alle $i = 1, \ldots, n$), wie gewünscht. Ist zusätzlich B irreduzibel, so ist sogar $\boldsymbol{x} > \boldsymbol{0}$ (d. h. $x_i > 0$ für alle $i = 1, \ldots, n$) und 1 ist ein einfacher Eigenwert. Dabei ist B irreduzibel genau dann, wenn der Adjazenzgraph zusammenhängend ist (Definition 8.41, Satz 8.43), d. h. sich eine beliebige Seite zu einer anderen beliebigen Seite durch Links verbinden lässt, was so nicht zu erwarten ist. Insgesamt hat das Modell einige unerwünschte Eigenschaften: Man betrachte die Netzstruktur $3, \ldots, n$, wobei Knoten 3 viele eingehende Kanten hat. Die Situation sei so, dass eine Lösung $x_i > 0, i = 3, \ldots, n$ existiert. Es ist zu erwarten, dass x_3 „groß" ist. Ergänzt man nun dieses Netz um die Knoten $1, 2$ in folgender Weise (Abbildung 8.3), so hat B^t

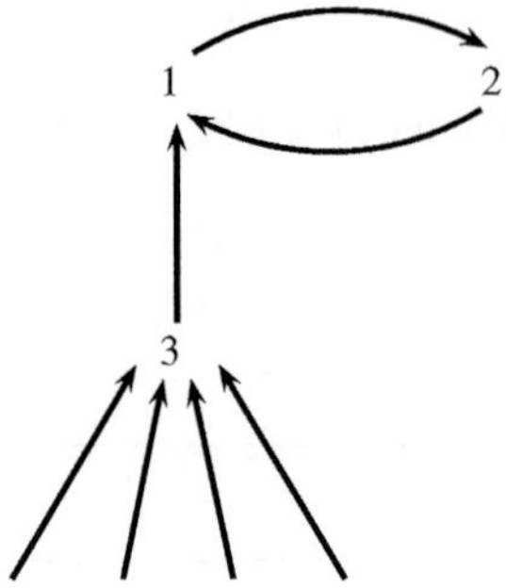

Abb. 8.3: Erweiterte Netzwerkstruktur.

folgende Gestalt:

$$B^t = \begin{pmatrix} 0\,1\,1\,0 \cdots\cdots 0 \\ 1\,0\,0\,0 \cdots\cdots 0 \\ 0\,0\,0 \\ \vdots\;\vdots\;\vdots \qquad\quad * \\ 0\,0\,0 \end{pmatrix}$$

und damit sind die ersten zwei Gleichungen in (8.12) entkoppelt und lauten

$$\begin{aligned} x_2 + x_3 &= x_1 \,, \\ x_1 &= x_2 \,, \end{aligned}$$

woraus notwendigerweise

$$x_3 = 0 \quad \text{und} \quad x_1 = x_2$$

folgt, d. h. eine „kleine" Änderung der Netzstrukturen ergibt eine „große" Änderung der Gewichte. Der Adjazenzgraph ist hier nicht zusammenhängend: Die Knoten $1, 2$ können

[5] Oskar PERRON ∗7. Mai 1880 in Frankenthal (Pfalz) † 22. Februar 1975 München

nicht verlassen werden. Hätte man B bei hängenden Knoten mit dem Wert 0 statt $1/n$ definiert, würde bei dessen Auftreten gelten: I. Allg. ist $\lambda = 1$ kein Eigenwert von B^t, d. h. (8.12) hat die eindeutige Lösung

$$\boldsymbol{x} = \boldsymbol{0} ,$$

die nicht aussagekräftig ist. Dies tritt im folgenden Beispiel auf (siehe Abbildung 8.4). Also

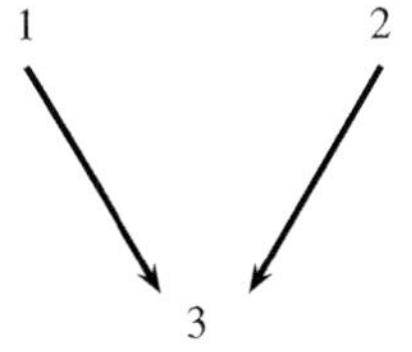

Abb. 8.4: Netzwerkstruktur ohne herausweisende Links.

$$B^t = \begin{pmatrix} 0 & 0 & 0 \\ 0 & 0 & 0 \\ 1 & 1 & 0 \end{pmatrix} , \qquad \text{d. h.} \quad B^t - \mathbb{1} = \begin{pmatrix} -1 & 0 & 0 \\ 0 & -1 & 0 \\ 1 & 1 & -1 \end{pmatrix}$$

und damit ist $B^t - \mathbb{1}$ invertierbar. Die von PAGE und BRIN vorgeschlagene Modifikation beinhaltet eine Dämpfung in folgender Art:

Definition 8.18

Sei $0 < \omega < 1$. Das *Gewicht mit Dämpfung* ω einer Internetseite i ist definiert als $x_i \geq 0$, wobei $\boldsymbol{x} = (x_i)_i \in \mathbb{R}^n$ folgende Gleichungen löst:

$$x_i = \omega \sum_{j=1}^{n} B_{j,i} x_j + (1 - \omega) , \quad i = 1, \ldots, n$$

bzw.

$$(\mathbb{1} - \omega B^t)\boldsymbol{x} = (1 - \omega)\boldsymbol{1} . \tag{8.13}$$

Hier kann für alles folgende bei B bei hängenden Knoten auch der Wert 0 statt $1/n$ gewählt werden.

Hat sodann (8.13) eine nicht negative Lösung, so gilt für diese notwendigerweise

$$x_i \geq 1 - \omega \qquad \text{für } i = 1, \ldots, n , \tag{8.14}$$

d. h. jede Seite bekommt a priori einen Bonus bei der Bewertung, man kann die Vorgehensweise auch mit dem Modell des *Zufallssurfers* erklären: Ein Websurfer startet auf einer beliebig gewählten Seite und verfolgt einen beliebig ausgewählten Link auf dieser Seite. Das Gewicht x_i ohne Dämpfung ist dann ein Maß, wie oft ein solcher Surfer auf die Seite i gelangt. Bei Hinzunahme des Dämpfungsparameters verfährt der Surfer mit der Wahrscheinlichkeit ω nach der oben genannten Strategie und mit der Wahrscheinlichkeit $1-\omega$ wählt er eine Seite beliebig aus. Im Extremfall $\omega = 0$ wählt er demnach immer beliebig Seiten aus, was damit konsistent ist, dass (8.13) dann die eindeutige Lösung $x_i = 1$ für alle i hat. Das LGS (8.13) ist ohne weitere Voraussetzungen eindeutig lösbar, da

$$\rho(\omega B^t) \le \|\omega B^t\|_1 = \omega < 1 \tag{8.15}$$

und damit nach Theorem 7.39, 1)

$$\mathbb{1} - \omega B^t \text{ invertierbar}$$

ist. Nach Hauptsatz 8.54 (mit $s = 1$) ist $\mathbb{1} - \omega B^t$ sogar eine invertierbare M-Matrix. Insbesondere ist daher wegen $(1-\omega)\mathbf{1} > 0$ die Lösung von (8.13) nicht negativ und damit gilt (8.14). Für die Konditionszahl von $\mathbb{1} - \omega B^t$ gilt wegen

$$\|(\mathbb{1} - \omega B^t)^{-1}\|_1 \le \frac{1}{1 - \|\omega B^t\|_1} \le \frac{1}{1-\omega}$$

nach (8.15) und Theorem 7.39 und

$$\|\mathbb{1} - \omega B^t\|_1 \le 1 + \omega\,, \tag{8.16}$$

denn für die i-te Spaltensumme gilt: Im Fall $b_i \neq 0$:

$$|1 - \omega b_{i,i}| + \sum_{\substack{j=1\\ j\neq i}}^{n} |\omega b_{i,j}| = 1 - \omega b_{i,i} + \omega \sum_{\substack{i=1\\ j\neq i}}^{n} b_{i,j} = 1 + \omega \sum_{j=1}^{n} b_{i,j} - 2\omega b_{i,i} \le 1 + \omega\,.$$

Im Fall $b_i = 0$:

$$|1 - \omega b_{i,i}| + \sum_{\substack{j=1\\ j\neq i}}^{n} |\omega b_{i,j}| = 1\,.$$

Da im Allgemeinen $b_k \neq 0$ für $k \in \{1, \ldots, n\}$ und auch $b_{i,i} = 0$ gilt, ist (8.16) nicht zu verbessern. Infolgedessen gilt

$$\kappa_1(\mathbb{1} - \omega B^t) \le \frac{1+\omega}{1-\omega}\,.$$

Der Dämpfungsfaktor ω sollte deswegen nicht zu dicht an 1 gewählt werden. Gebräuchlich ist bei Google anscheinend $\omega = 0.85$.

8.2.2 Linear-stationäre Iterationsverfahren für lineare Gleichungssysteme

Sei $A \in \mathbb{K}^{(n,n)}$ invertierbar. Man betrachte für $\boldsymbol{b} \in \mathbb{K}^n$ das eindeutig lösbare LGS

$$A\boldsymbol{x} = \boldsymbol{b} .$$

Carl Friedrich Gauss lobte folgendes Verfahren:
Löse die i-te Gleichung nach x_i auf, d. h.

$$x_i = \frac{1}{a_{i,i}} \left(b_i - \sum_{\substack{j=1 \\ j \neq i}}^{n} a_{i,j} x_j \right) \quad \text{für } i \in \{1, \ldots, n\} . \tag{8.17}$$

Dafür muss $a_{i,i} \neq 0$ sein für alle $i = 1, \ldots, n$, was durch eine Umordnung der Zeilen und Spalten erreicht werden kann. Aus (8.17) ist leicht x_i auszurechnen, wenn die x_j, $j \neq i$, bekannt sind, was aber nicht der Fall ist.
Man kann aber mit einer Schätzung $\boldsymbol{x}^{(0)}$, der *Startiterierten*, beginnen, dann mittels (8.17) $\boldsymbol{x}^{(1)}$ bestimmen und nun dieses *Iterationsverfahren* (zur Erzeugung einer Folge von Vektoren $\boldsymbol{x}^{(0)}, \boldsymbol{x}^{(1)}, \ldots$) fortsetzen, d. h.

$$x_i^{(k+1)} := \frac{1}{a_{i,i}} \left(b_i - \sum_{\substack{j=1 \\ j \neq i}}^{n} a_{i,j} x_j^{(k)} \right) \quad \text{für } i \in \{1, \ldots, n\},\ k \in \mathbb{N}_0 \tag{8.18}$$

und erhält das Jacobi[6]- oder *Gesamtschritt-Verfahren.* Hier ist es offensichtlich ohne Belang, in welcher Reihenfolge die n Berechnungen in (8.18) gemacht werden. Legt man sich auf die Reihenfolge $1, 2, 3, \ldots$ fest, dann liegen im i-ten Teilschritt die neuen Näherungen $x_1^{(k+1)}, \ldots, x_{i-1}^{(k+1)}$ vor, die, da ja wohl „besser“ als die alten, gleich in (8.18) benutzt werden sollten, d. h.

$$x_i^{(k+1)} := \frac{1}{a_{i,i}} \left(b_i - \sum_{j=1}^{i-1} a_{i,j} x_j^{(k+1)} - \sum_{j=i+1}^{n} a_{i,j} x_j^{(k)} \right) \quad \text{für } i = 1, 2, \ldots, n,\ k \in \mathbb{N}_0 . \tag{8.19}$$

Dies ist das Gauss-Seidel[7]- oder *Einzelschritt-Verfahren.*
Konvergieren diese Verfahren und wenn ja, mit welcher „Geschwindigkeit“?

Zu ihrer Analyse schreiben wir $A = L + D + R$ mit der strikten unteren Dreiecksmatrix L, der Diagonalmatrix D und der strikten oberen Dreiecksmatrix R (nicht zu verwechseln mit einer LR-Zerlegung $A = LR$):

[6] Carl Gustav Jacob Jacobi ∗10. Dezember 1804 in Potsdam †18. Februar 1851 in Berlin
[7] Philipp Ludwig von Seidel ∗24. Oktober 1821 in Zweibrücken †13. August 1896 in München

$$L = \begin{pmatrix} 0 & \dots & \dots & 0 \\ a_{2,1} & \ddots & & \vdots \\ \vdots & \ddots & \ddots & \vdots \\ a_{n,1} & \dots & a_{n,n-1} & 0 \end{pmatrix}, \qquad D = \begin{pmatrix} a_{1,1} & 0 & \dots & 0 \\ 0 & \ddots & \ddots & \vdots \\ \vdots & \ddots & \ddots & 0 \\ 0 & \dots & 0 & a_{n,n} \end{pmatrix},$$

$$R = \begin{pmatrix} 0 & a_{1,2} & \dots & a_{1,n} \\ \vdots & \ddots & \ddots & \vdots \\ \vdots & & \ddots & a_{n-1,n} \\ 0 & \dots & \dots & 0 \end{pmatrix}. \tag{8.20}$$

Das JACOBI-Verfahren entspricht dann der Umformung des LGS in die *Fixpunktform:*

$$D\boldsymbol{x} = -(L+R)\boldsymbol{x} + \boldsymbol{b} \quad \text{bzw.} \quad \boldsymbol{x} = D^{-1}(-(L+R)\boldsymbol{x} + \boldsymbol{b})$$

und das Verfahren ist dann das *(BANACHsche) Fixpunktverfahren* (vergleiche *Analysis*)

$$\boldsymbol{x}^{(k+1)} = D^{-1}(-(L+R)\boldsymbol{x}^{(k)} + \boldsymbol{b}) .$$

Analog entspricht das GAUSS-SEIDEL-Verfahren der Fixpunktform

$$(D+L)\boldsymbol{x} = -R\boldsymbol{x} + \boldsymbol{b} \quad \text{bzw.} \quad \boldsymbol{x} = (D+L)^{-1}(-R\boldsymbol{x} + \boldsymbol{b})$$

und das Verfahren lautet

$$\boldsymbol{x}^{(k+1)} = (D+L)^{-1}(-R\boldsymbol{x}^{(k)} + \boldsymbol{b}) . \tag{8.21}$$

Man beachte, dass die Vorwärtssubstitution für das in (8.21) zu lösende LGS zur Berechnung von $\boldsymbol{x}^{(k+1)}$ schon in (8.19) „eingebaut" ist und gegenüber (8.18) keinen Mehraufwand darstellt.

Als allgemeinen Rahmen betrachten wir die folgende Klasse von affin-linearen Iterationsfunktionen

$$\Phi(\boldsymbol{x}) := M\boldsymbol{x} + N\boldsymbol{b} \tag{8.22}$$

mit noch zu spezifizierenden $M, N \in \mathbb{K}^{(n,n)}$. Die affin-lineare Abbildung Φ ist stetig auf $\mathbb{K}^n$. Allgemein sind dabei folgende Begriffe von Bedeutung:

Definition 8.19

Sei $(V, \|\,.\,\|)$ ein normierter Raum. Man betrachte ein Problem (P) in V mit der Lösungsmenge M.
Sei $\left(\boldsymbol{v}^{(n)}\right)_n$ eine durch ein Iterationsverfahren erzeugte Folge (bei Vorgabe von $\boldsymbol{v}^{(0)}$).

1) Das Verfahren heißt *(global) konvergent* für (P), wenn $\boldsymbol{v}^{(n)} \to \boldsymbol{v}$ für $n \to \infty$ für ein $\boldsymbol{v} \in M$ bei beliebiger Wahl von $\boldsymbol{v}^{(0)}$.
2) Das Verfahren heißt *konsistent* mit (P), wenn gilt:
   Ist $\boldsymbol{v}^{(n)} \to \boldsymbol{v}$ für $n \to \infty$, dann folgt $\boldsymbol{v} \in M$.

Bei einem durch (8.22) gegebenen Fixpunktiterationsverfahren

$$\boldsymbol{x}^{(k+1)} = \Phi(\boldsymbol{x}^{(k)}) = M\boldsymbol{x}^{(k)} + N\boldsymbol{b} \tag{8.23}$$

folgt aus der Konvergenz von $\boldsymbol{x}^{(k)}$ gegen $\boldsymbol{x}$:
$\boldsymbol{x}$ ist *Fixpunkt*, d. h.

$$\boldsymbol{x} = M\boldsymbol{x} + N\boldsymbol{b} \,. \tag{8.24}$$

Bei der Form (8.22) ist Φ LIPSCHITZ-stetig bezüglich einer gegebenen Norm $\|\,.\,\|$ auf $\mathbb{R}^n$ mit LIPSCHITZ-Konstante $\|M\|$, wobei $\|\,.\,\|$ eine Norm auf $\mathbb{K}^{(n,n)}$ ist, die mit der Vektornorm verträglich ist (siehe Definition 7.22). Genauer erfüllt der *Fehler*

$$\boldsymbol{e}^{(k)} := \boldsymbol{x}^{(k)} - \boldsymbol{x} \,,$$

wobei $\boldsymbol{x}$ ein Fixpunkt ist, d. h. (8.24) erfüllt

$$\boldsymbol{e}^{(k+1)} = M\boldsymbol{e}^{(k)} \,, \tag{8.25}$$

wie sich aus Subtraktion von (8.23) und (8.24) sofort ergibt. Die Rekursion (8.25) ist äquivalent mit

$$\boxed{\boldsymbol{e}^{(k)} = M^k\boldsymbol{e}^{(0)} \,.} \tag{8.26}$$

Die gewünschte Aussage ist also

$$\boldsymbol{e}^{(k)} \to \boldsymbol{0} \qquad \text{für } k \to \infty \,.$$

Die Gültigkeit dieser Aussage wird im Allgemeinen von der Wahl des Startvektors $\boldsymbol{x}^{(0)}$ abhängen. Ist die Fixpunktgleichung eindeutig lösbar und das Verfahren global konvergent, wird mit $\boldsymbol{e}^{(0)} = \boldsymbol{x}^{(0)} - \boldsymbol{x}$ der ganze $\mathbb{K}^n$ ausgeschöpft, daher ist

$$\boldsymbol{e}^{(k)} \to \boldsymbol{0} \qquad \text{für } k \to \infty \text{ und für beliebiges } \boldsymbol{e}^{(0)} \in \mathbb{K}^n \,. \tag{8.27}$$

Dies ist äquivalent mit

$$M^k \to 0 \qquad \text{für } k \to \infty \,. \tag{8.28}$$

Das kann man folgendermaßen einsehen: Gilt (8.28), dann auch in jeder Norm auf $\mathbb{K}^{(n,n)}$ (nach Hauptsatz 7.10), so dass bezüglich einer beliebig auf $\mathbb{K}^n$ gewählten Norm $\|\,.\,\|$ und der erzeugten Norm $\|\,.\,\|$ auf $\mathbb{K}^{(n,n)}$ gilt (nach (7.13))

$$\|\boldsymbol{e}^{(k)}\| \le \|M^k\|\,\|\boldsymbol{e}^{(0)}\| \to 0 \text{ für } k \to \infty \,.$$

Gilt andererseits (8.27) für beliebige $e^{(0)}$, so etwa für die Wahl $e^{(0)} = e_1, \ldots, e_n$, d. h. die Spaltenfolgen von M^k konvergieren (komponentenweise), konvergiert M^k (komponentenweise) gegen 0 (siehe Bemerkungen 7.11, 2)).

Hinsichtlich der qualitativen Frage nach Konvergenz gibt es also keinen Unterschied zwischen den Normen (wie immer im Endlichdimensionalen), wohl aber im Konvergenzverhalten: Sei $\|\,.\,\|$ submultiplikativ und gelte

$$\|M\| < 1 ,$$

so dass dann bei verträglicher Vektornorm folgt:

$$\|e^{(n)}\| \leq \|M^n\| \, \|e^{(0)}\| \leq \|M\|^n \|e^{(0)}\| .$$

Gilt wie hier allgemein für eine Iterationsfolge und den diesbezüglichen Fehler

$$\|e^{(n)}\| \leq \rho^n \|e^{(0)}\| \tag{8.29}$$

für ein $0 < \rho < 1$, dann heißt die Folge *linear konvergent*, mit *Kontraktionszahl* ρ.

Das Ziel ist die Lösung von $Ax = b$ (dies ist also Problem (P) in Definition 8.19), also sei die Fixpunktiteration konsistent mit $Ax = b$, dann ist ein Fixpunkt die eindeutige Lösung von $Ax = b$, somit insbesondere ein eindeutiger Fixpunkt. Es gebe einen solchen Fixpunkt für jedes $b \in \mathbb{K}^n$. So muss gelten

$$x = Mx + Nb \quad \Leftrightarrow \quad x = A^{-1}b \quad \text{für beliebige} \quad b \in \mathbb{K}^n ,$$
$$\text{d. h.} \quad A^{-1}b = MA^{-1}b + Nb \Rightarrow A^{-1} = MA^{-1} + N \Rightarrow$$

$$\mathbb{1} = M + NA . \tag{8.30}$$

(8.30) ist folglich eine notwendige und bei Invertierbarkeit von N auch hinreichende Bedingung für Konsistenz.

Bei Gültigkeit von (8.30) lässt sich die Fixpunktiteration (8.23) auch schreiben als

$$\boxed{x^{(k+1)} = x^{(k)} - N(Ax^{(k)} - b) ,} \tag{8.31}$$

da $Mx^{(k)} + Nb = (\mathbb{1} - NA)x^{(k)} + Nb$.

Ist N invertierbar, ist wie gesagt die durch (8.31) definierte Iteration konsistent. Dann ist mit $W := N^{-1}$ eine wiederum äquivalente Form gegeben durch

$$\boxed{W(x^{(k+1)} - x^{(k)}) = -\left(Ax^{(k)} - b\right) .} \tag{8.32}$$

Die *Korrektur* $x^{(k+1)} - x^{(k)}$ für $x^{(k)}$ ergibt sich nunmehr aus dem *Defekt* (oder *Residuum*)

$$d^{(k)} := Ax^{(k)} - b$$

durch (8.31) oder (8.32), d. h. eventuell durch Lösen eines Gleichungssystems. Um konkurrenzfähig zu den direkten Verfahren (mit $O(n^3)$ Operationen (bei vollbesetzten Matrizen)) zu sein, sollte die Auflösung in (8.32) (bei vollbesetzter Matrix) nur $O(n)$ oder $O(n^2)$ Operationen benötigen ($O(n^2)$ Operationen werden schon bei der Berechnung von $d^{(k)}$ benötigt). Andererseits sollte das Verfahren konvergieren, und zwar möglichst schnell. Iterationsverfahren in der Form (8.23), (8.31) oder (8.32) heißen *linear-stationär*, da sich die affin-lineare Abbildungsvorschrift nicht ändert.

Theorem 8.20: Globale Konvergenz bei eindeutiger Lösbarkeit

Seien $M, N \in \mathbb{K}^{(n,n)}$, $b \in \mathbb{K}^n$. Die Fixpunktgleichung (8.24) sei lösbar.

1) Dann sind äquivalent:

(ia) Die Fixpunktgleichung (8.24) ist eindeutig lösbar,

(ib) die Fixpunktiteration (8.23) ist global konvergent;

und

(ii) $\rho(M) < 1$.

2) Wenn bezüglich einer mit einer Vektornorm $\|\,.\,\|$ verträglichen, submultiplikativen Norm $\|\,.\,\|$ auf $\mathbb{K}^{(n,n)}$ gilt

$$\|M\| < 1\,, \tag{8.33}$$

so gelten die Aussagen 1) und die Konvergenz ist *monoton* im folgenden Sinn:

$$\|e^{(n+1)}\| \le \|M\|\,\|e^{(n)}\| \tag{8.34}$$

und insbesondere linear konvergent mit Kontraktionszahl $\|M\|$.

3) Gilt (8.30) und sind A und N invertierbar, dann ist der Fixpunkt x die Lösung von $Ax = b$.

Beweis: Zu 1): „⇒“ folgt aus der Vorüberlegung im Anschluss an (8.26) und Hauptsatz 7.34. Bei „⇐“ folgt die globale Konvergenz entsprechend. Da dann jede Fixpunktfolge gegen jeden Fixpunkt konvergiert, ist dieser eindeutig.
Zu 2): Theorem 7.32, 1) und (8.29).
Zu 3): Nach den Vorüberlegungen. □

Bemerkungen 8.21

1) Ist der Fixpunkt nicht eindeutig, d. h. die Menge der Fixpunkte ist ein affiner Unterraum positiver Dimension, dann kann auch bei globaler Konvergenz, d. h. bei beliebigem

$\boldsymbol{x}^{(0)} \in \mathbb{K}^n$, sein, dass sich der Startvektor „seinen" Grenzwert „aussucht", d. h. mit $\boldsymbol{x}^{(0)} - \boldsymbol{x}$ nicht ganz $\mathbb{K}^n$ erfasst wird und somit nicht nach (8.28) notwendig $\rho(M) < 1$ gelten muss. In Abschnitt 8.6 wird ein solcher Fall betrachtet.

2) Bei linearer Konvergenz mit Kontraktionszahl ρ ist also eine Fehlerverkleinerung pro Iterationsschritt um den Faktor ρ garantiert. Nach (8.29) wird der Eingangsfehler (normmäßig) um den Faktor $\varepsilon > 0$ verkleinert, wenn

$$\rho^k \leq \varepsilon \quad \text{bzw.} \quad k \geq \frac{\log(\varepsilon)}{\log(\rho)} .$$

Um nun l signifikante Stellen in einer Dezimaldarstellung zu gewinnen, braucht man daher i. Allg.

$$k \geq \frac{-l}{\log_{10}(\rho)}$$

Iterationsschritte.

3) Die obige Aussage ist zum Teil Spezialfall des BANACHschen *Fixpunktsatzes*:
Sei $(V, \|\,.\,\|)$ ein BANACH-Raum, $\Phi : V \to V$ LIPSCHITZ-stetig mit LIPSCHITZ-Konstante $L < 1$ (also eine *Kontraktion*). Dann konvergiert die Fixpunktiteration

$$\boldsymbol{x}^{(k+1)} = \Phi(\boldsymbol{x}^{(k)})$$

linear mit Kontraktionszahl L gegen den eindeutigen Fixpunkt $\boldsymbol{x}$ von Φ.
Der Identität (8.25) entspricht hier die Normabschätzung

$$\|\boldsymbol{x}^{(k+1)} - \boldsymbol{x}\| = \|\Phi(\boldsymbol{x}^{(k)}) - \Phi\boldsymbol{x}\| \leq L\|\boldsymbol{x}^{(k)} - \boldsymbol{x}\| . \qquad \triangle$$

In der Form (8.31) gilt für die *Iterationsmatrix* M

$$M = \mathbb{1} - NA$$

bzw. bei (8.32) mit nichtsingulärem W

$$M = \mathbb{1} - W^{-1}A .$$

Zur Verbesserung der Konvergenz, d. h. zur Verkleinerung von $\rho(M)$ (oder $\|M\|$) sollte demnach

$$N \sim A^{-1} \quad \text{bzw.} \quad W \sim A$$

sein, was im Widerspruch zur leichteren Auflösbarkeit von (8.32) steht. Ein Verfahren, bei dem die Lösung von (8.32) ohne Aufwand gegeben ist, entsteht durch die Wahl

$$\begin{aligned} W &:= \mathbb{1}\,, \text{ d.h.} \\ M &= \mathbb{1} - A\,, \end{aligned}$$

das sogenannte RICHARDSON[8]-Verfahren.

Eine Wahl, für die auch die leichte Auflösbarkeit von (8.32) sichergestellt ist, lautet in Bezug auf die Zerlegung (8.20):

$$W := D\,,$$

wobei das zugehörgie konsistente Verfahren gerade das JACOBI-Verfahren ist, da in der Form (8.23) dann

$$\begin{aligned} N &= D^{-1}\,, \\ M &= \mathbb{1} - NA = \mathbb{1} - D^{-1}A = -D^{-1}(L + R) \end{aligned}$$

gilt. Das GAUSS-SEIDEL-Verfahren ergibt sich als die konsistente Iteration mit

$$W = D + L\,.$$

W ist invertierbar, weil D invertierbar ist, und in der Form (8.23) lautet die Iteration:

$$\begin{aligned} N &= W^{-1} = (D + L)^{-1}\,, \\ M &= \mathbb{1} - NA = \mathbb{1} - (D + L)^{-1}A = -(D + L)^{-1}R\,. \end{aligned}$$

Hinreichende Bedingungen für Konvergenz ergeben sich aus:

Satz 8.22: Konvergenz JACOBI-Verfahren

Das JACOBI-Verfahren konvergiert global und monoton bezüglich $\|\,.\,\|_\infty$, wenn das starke *Zeilensummenkriterium*

$$\sum_{\substack{j=1 \\ j\neq i}}^{n} |a_{i,j}| < |a_{i,i}| \quad \text{für alle } i = 1, \ldots, n\,, \tag{8.35}$$

erfüllt ist (A heißt dann auch *stark diagonal-dominant*) bzw. global und monoton bezüglich $\|\,.\,\|_1$, wenn das starke *Spaltensummenkriterium* gilt:

$$\sum_{\substack{i=1 \\ i\neq j}}^{n} |a_{i,j}| < |a_{j,j}| \quad \text{für alle } j = 1, \ldots, n\,. \tag{8.36}$$

---

[8] Lewis Fry RICHARDSON *11. Oktober 1881 in Newcastle upon Tyne †30. September 1953 in Kilmun

Beweis: Wegen $M = -D^{-1}(L+R)$ ist (8.35) äquivalent mit $\|M\|_\infty < 1$, wenn $\|\,.\,\|_\infty$ die von $\|\,.\,\|_\infty$ erzeugte Zeilensummennorm bezeichnet. Analog ist (8.36) äquivalent mit $\|M\|_1 < 1$ (Spaltensummennorm). □

Bemerkung 8.23 Wenn man auf das Problem (8.13) zur Bestimmung der Webseitengewichte mit Dämpfungsfaktor ω das RICHARDSON-Verfahren anwendet, so entsteht der sogenannte *PageRank-Algorithmus*

$$x^{(k+1)} = \omega B^t \boldsymbol{x}^{(k)} + (1-\omega)\mathbf{1}\,.$$

Wegen (8.15) und Theorem 8.20 oder auch Satz 8.22 ist dieses Verfahren global konvergent und bezüglich $\|\,.\,\|_1$ auch monoton konvergent. Die Kontraktionszahl kann mit ω abgeschätzt werden. Da nur wenig signifikante Stellen gebraucht werden, um die Anordnung der x_i sicher zu bestimmen, ist dies akzeptabel. △

Iterationsverfahren, die, wie die obigen Beispiele, in einem Iterationsschritt nur Matrix × Vektor-Operationen haben, sind besonders günstig für *dünnbesetzte* LGS, bei denen die Systemmatrix „viele" Nulleinträge besitzt. Das trifft auf das Beispiel aus Abschnitt 8.2.1 zu, aber auch auf die durchlaufenden Beispiele 2 und 3. Die durch die Nichtnulleinträge definierte Indexmenge nennt man auch das *Besetzungsmuster* der Matrix. Beim Eliminationsverfahren können aus Nulleinträgen eventuell Nichtnulleinträge werden *(fill-in)*, was in der *Numerischen Mathematik* genauer behandelt wird. Durch die explizite Berechnung der inversen Matrix für Beispiel 3 (siehe (MM.53)) zeigt sich, dass diese im Gegensatz zu A vollbesetzt ist. Solche LGS entstehen typischerweise bei der Diskretisierung von Randwertaufgaben für (partielle) Differentialgleichungen.

Beispiel 3(10) – Massenkette Das aus Beispiel 3(2), (MM.11) bekannte Modell mit

$$A := \begin{pmatrix} 2 & -1 & & & \\ -1 & \ddots & \ddots & & \\ & \ddots & \ddots & \ddots & \\ & & \ddots & \ddots & -1 \\ & & & -1 & 2 \end{pmatrix} \in \mathbb{R}^{(n-1,n-1)} \qquad \text{(MM.103)}$$

erhält man auch, wenn man die Lösung der einfachen Randwertaufgabe, nämlich: Finde eine Funktion $u : [a,b] \to \mathbb{R}$, so dass

$$\begin{aligned} -u''(x) &= f(x) \quad \text{für } x \in [a,b] \\ u(a) &= u(b) = 0 \end{aligned}$$

für eine gegebene Funktion f;
mit einem Finite-Differenzen-Ansatz approximiert. Dies bedeutet, dass u angenähert wird durch ein $u_h \in S_1(\Delta)$ (siehe (1.30)), wobei die Zerlegung Δ durch

$$x_i = a + ih,\ i = 0, \ldots, n$$

für $h := (b-a)/n$ gegeben ist. Dann sind

$$u_h(x_0) = u_h(a) = 0,\ u_h(x_n) = u_h(b) = 0$$

durch die Randbedingungen gegeben und die Approximation von $-u''(x_i)$ durch

$$\frac{1}{h^2}(-u_h(x_{i-1}) + 2u_h(x_i) - u_h(x_{i+1})) .$$

Dies führt auf

$$\frac{1}{h^2}A\boldsymbol{u}_h = (f(x_i))_i .$$

Im Gegensatz zu vollbesetzten Matrizen weist A unabhängig von der Dimension nur maximal $k = 3$ von Null verschiedene Einträge auf (siehe Bemerkungen 1.51, 5)), die noch dazu in einem *Band* um die Diagonale mit *Bandbreite* 1 angeordnet sind.
Die Forderungen von Satz 8.22 erweisen sich folglich für dieses Beispiel als zu restriktiv. Dennoch liegt auch hier Konvergenz vor.
Solche LGS werden daher i. Allg. groß sein, um das eigentlich interessierende kontinuierliche Modell hinreichend anzunähern. Hier macht sich dann für die obigen Beispielverfahren negativ bemerkbar, dass zwar für die Iterationsmatrix $M = M(n)$ gilt

$$\rho(M(n)) < 1 , \qquad \text{(MM.104)}$$

aber $$\rho(M(n)) \to 1 \quad \text{für } n \to \infty .$$

Es nimmt somit nicht nur der Aufwand für eine Iteration zu, sondern auch die Anzahl der Iterationen. In dieser Hinsicht vorteilhafte Verfahren werden in der *Numerischen Mathematik* besprochen.
Für Matrix A nach (MM.103) gilt:
Die Eigenwerte von A sind nach (MM.82):

$$\mu_k := 2\left(1 - \cos\frac{k}{n}\pi\right), \quad k = 1, \ldots, n-1 \qquad \text{(MM.105)}$$

zu den Eigenvektoren

$$x_i^{(k)} := \sin\frac{ik\pi}{n}, \quad i = 1, \ldots, n-1 ,$$

und daraus folgen als Eigenwerte der Iterationsmatrix M_J des JACOBI-Verfahrens

$$\lambda_k = \cos\frac{k}{n}\pi, \quad k = 1, \ldots, n-1 ,$$

da wegen

$$M_J = -\frac{1}{2}A + \mathbb{1}$$

beide Matrizen die gleichen Eigenvektoren haben und die Eigenwerte sich mittels

$$\lambda_k = -\frac{1}{2}\mu_k + 1, \quad k = 1, \ldots, n-1$$

transformieren. Man erhält dann bezüglich $\|\,.\,\|_2$:

JACOBI-Verfahren: $\rho(M_J) = \cos\frac{\pi}{n} \approx 1 - \frac{\pi^2}{2n^2}$.

Es kann weiter gezeigt werden (z.B. BUNSE und BUNSE-GERSTNER 1985, S. 135):
GAUSS-SEIDEL-Verfahren: $\rho(M_{GS}) = \rho(M_J)^2 = \left(\cos\frac{\pi}{n}\right)^2 \approx 1 - \left(\frac{\pi}{n}\right)^2$.

Man sieht hier deutlich das Verhalten von (MM.104) für $n \to \infty$. Das bedeutet zweierlei: Da man allgemein bei einer Kontraktionszahl ρ ca. $k = \log(\varepsilon) / \log(\rho)$ Iterationsschritte braucht (Bemerkungen 8.21,

3)), um ein *relatives Fehlerniveau* von $\varepsilon > 0$ zu erreichen, d. h.

$$\|x^{(k)} - x\| \leq \varepsilon \|x^{(0)} - x\|\,,$$

braucht das Gauss-Seidel-Verfahren (für dieses Beispiel) nur ca. die Hälfte der Iterationsschritte des Jacobi-Verfahrens. Andererseits hat sich das asymptotische Verhalten der Kontraktionszahl nicht verbessert.

Das hier vorliegende Beispiel löst man übrigens mit keinem der iterativen Verfahren, sondern mit einer an seine *tridiagonale* Besetzungsstruktur angepassten Gauss-Elimination. Iterationsverfahren werden dann überlegen, wenn das Besetzungsmuster der Matrix „unregelmäßig" wird. ◇

Weitere Informationen finden sich z. B. in Hackbusch 1991, Bunse und Bunse-Gerstner 1985 oder Golub und Van Loan 1996.

8.2.3 Gradientenverfahren

Sei $A \in \mathbb{K}^{(n,n)}$ selbstadjungiert und positiv definit ($A = A^\dagger$, $A > 0$). Satz 4.144 ergibt einen alternativen Zugang zu Lösungsverfahren, indem man versucht, das Minimierungsproblem

$$\begin{aligned} \text{Minimiere} \qquad & f : \mathbb{K}^n \to \mathbb{R}, \\ f(x) := \, & \frac{1}{2} \langle Ax \,.\, x \rangle - \operatorname{Re} \langle x \,.\, b \rangle \end{aligned} \tag{8.37}$$

zu lösen.

Im Prinzip sind solche Zugänge auch auf allgemeine invertierbare Matrizen anwendbar, da das LGS

$$Ax = b$$

dann noch äquivalent ist zum Ausgleichsproblem

$$\text{Minimiere} \qquad f(x) := \|Ax - b\|_2^2$$

bzw. äquivalent dazu zum LGS

$$A^\dagger A x = A^\dagger b$$

mit der selbstadjungierten, positiv definiten Matrix $A^\dagger A$.

Allgemein folgt aus Satz 4.140 (und Definition 4.133) für selbstadjungiertes $A \in \mathbb{K}^{(n,n)}$: Sei

$$\langle x \,.\, y \rangle_A := \langle Ax \,.\, y \rangle$$

für $x, y \in \mathbb{K}^n$ (mit dem euklidischen inneren Produkt $\langle\ .\ \rangle$). Dann sind äquivalent:

(i) A ist positiv definit: $A > 0$.

(ii) $\langle\,.\,\rangle_A$ ist ein inneres Produkt auf $\mathbb{K}^n$. $\langle\,.\,\rangle_A$ wird auch als *Energieskalarprodukt* (bezüglich A) bezeichnet aufgrund seiner konkreten Interpretation in Anwendungen der Mechanik.
Die von $\langle\,.\,\rangle_A$ erzeugte Norm wird mit $\|\,.\,\|_A$ bezeichnet und auch die *A-Norm* oder *Energienorm bezüglich* A genannt, d. h.

$$\|\boldsymbol{x}\|_A := \langle A\boldsymbol{x}\,.\,\boldsymbol{x}\rangle^{1/2}\ . \tag{8.38}$$

Bei $A = A^\dagger$ und $A > 0$ ist also $\langle\,.\,\rangle_A$ ein inneres Produkt, aber auch $\langle\,.\,\rangle_{A^{-1}}$ und $\langle\,.\,\rangle_{A^\dagger A}$. Mit $\boldsymbol{x} = A^{-1}\boldsymbol{b}$ als Lösung des LGS lässt sich (8.37) dann umschreiben zu

$$f(\boldsymbol{y}) = f(\boldsymbol{x}) + \frac{1}{2}\|\boldsymbol{y}-\boldsymbol{x}\|_A = f(\boldsymbol{x}) + \frac{1}{2}\|A\boldsymbol{y}-\boldsymbol{b}\|^2_{A^{-1}}\ . \tag{8.39}$$

(8.37) ist also äquivalent zur Minimierung des Abstands zur Lösung in der A-Norm bzw. zur Minimierung des Defekts in der A^{-1}-Norm.

Ein allgemeines Iterationsverfahren zur Lösung von (8.37) hat die Struktur:

Bestimme eine Suchrichtung $\boldsymbol{d}^{(k)}$.
Minimiere $\alpha \mapsto g(\alpha) := f(\boldsymbol{x}^{(k)} + \alpha\boldsymbol{d}^{(k)})$
exakt oder approximativ, dies ergibt α_k .
Setze $\boldsymbol{x}^{(k+1)} := \boldsymbol{x}^{(k)} + \alpha_k\boldsymbol{d}^{(k)}$.

Der Fehler der k-ten Iterierten werde mit $\boldsymbol{e}^{(k)}$ bezeichnet:

$$\boldsymbol{e}^{(k)} := \boldsymbol{x}^{(k)} - \boldsymbol{x}\ .$$

Ist f durch (8.37) gegeben, dann gilt für

$$\begin{aligned} g(\alpha) &:= f\left(\boldsymbol{x}^{(k)} + \alpha\boldsymbol{d}^{(k)}\right) : \\ g(\alpha) &= \frac{1}{2}\left\langle A(\boldsymbol{x}^{(k)} + \alpha\boldsymbol{d}^{(k)})\,.\,\boldsymbol{x}^{(k)} + \alpha\boldsymbol{d}^{(k)}\right\rangle - \mathrm{Re}\left\langle \boldsymbol{x}^{(k)} + \alpha\boldsymbol{d}^{(k)}\,.\,\boldsymbol{b}\right\rangle \\ &= \frac{1}{2}\left\langle A\boldsymbol{x}^{(k)}\,.\,\boldsymbol{x}^{(k)}\right\rangle - \mathrm{Re}\left\langle \boldsymbol{x}^{(k)}\,.\,\boldsymbol{b}\right\rangle + \mathrm{Re}\left\langle A\boldsymbol{x}^{(k)} - \boldsymbol{b}\,.\,\boldsymbol{d}^{(k)}\right\rangle\alpha + \frac{1}{2}\left\langle A\boldsymbol{d}^{(k)}\,.\,\boldsymbol{d}^{(k)}\right\rangle\alpha^2\ . \end{aligned}$$

Hierbei wurde die Selbstadjungiertheit von A ausgenutzt (man vergleiche Hauptsatz 1.102 und Bemerkungen 1.104, 1)). Aus diesem Grund liegt g in der folgenden Form vor:

$$g(\alpha) = a + b\alpha + c\alpha^2 \quad \text{mit}$$

$$a := \frac{1}{2}\left\langle A\boldsymbol{x}^{(k)}\,.\,\boldsymbol{x}^{(k)}\right\rangle - \mathrm{Re}\left\langle \boldsymbol{x}^{(k)}\,.\,\boldsymbol{b}\right\rangle,\quad b := \mathrm{Re}\left\langle A\boldsymbol{x}^{(k)} - \boldsymbol{b}\,.\,\boldsymbol{d}^{(k)}\right\rangle,\quad c := \frac{1}{2}\left\langle A\boldsymbol{d}^{(k)}\,.\,\boldsymbol{d}^{(k)}\right\rangle.$$

Damit ist die Minimalstelle α_k von g charakterisiert durch

$$g'(\alpha_k) = 0 \quad \text{bzw.} \quad \alpha_k = -\frac{b}{2c} = -\frac{\operatorname{Re}\left\langle \boldsymbol{g}^{(k)} \,.\, \boldsymbol{d}^{(k)} \right\rangle}{\left\langle A\boldsymbol{d}^{(k)} \,.\, \boldsymbol{d}^{(k)} \right\rangle} \in \mathbb{R} \,. \tag{8.40}$$

Als Abkürzung wurde hier

$$\boxed{\boldsymbol{g}^{(k)} := A\boldsymbol{x}^{(k)} - \boldsymbol{b}}$$

für das Residuum verwendet (g wie Gradient: siehe Bemerkungen 8.25). Es gilt

$$A\boldsymbol{e}^{(k)} = \boldsymbol{g}^{(k)} \,, \quad \boldsymbol{e}^{(k+1)} = \boldsymbol{e}^{(k)} + \alpha_k \boldsymbol{d}^{(k)} \,, \quad \boldsymbol{g}^{(k+1)} = \boldsymbol{g}^{(k)} + \alpha_k A\boldsymbol{d}^{(k)} \tag{8.41}$$

und damit durch Einsetzen

$$\operatorname{Re}\left\langle \boldsymbol{g}^{(k+1)} \,.\, \boldsymbol{d}^{(k)} \right\rangle = 0 \,. \tag{8.42}$$

Aus (8.39) folgt

$$\|\boldsymbol{e}^{(k)}\|_A^2 = \|\boldsymbol{g}^{(k)}\|_{A^{-1}}^2$$

und somit mit (8.41)

$$\|\boldsymbol{e}^{(k+1)}\|_A^2 = \left\langle A^{-1}\boldsymbol{g}^{(k+1)} \,.\, \boldsymbol{g}^{(k)} + \alpha_k A\boldsymbol{d}^{(k)} \right\rangle = \left\langle \boldsymbol{g}^{(k+1)} \,.\, \boldsymbol{e}^{(k)} \right\rangle + \alpha_k \left\langle \boldsymbol{g}^{(k+1)} \,.\, \boldsymbol{d}^{(k)} \right\rangle \,,$$

d. h. mit (8.42)

$$\|\boldsymbol{e}^{(k+1)}\|_A^2 = \operatorname{Re}\left\langle \boldsymbol{g}^{(k+1)} \,.\, \boldsymbol{e}^{(k)} \right\rangle \,.$$

Die bisherigen Überlegungen waren gültig für allgemeine Suchrichtungen $\boldsymbol{d}^{(k)}$.
Da $-\boldsymbol{g}^{(k)}$ die Richtung des lokal steilsten Abstiegs von f ist (siehe Bemerkungen 8.25, 2)), liegt das *Gradientenverfahren* nahe, bei dem

$$\boldsymbol{d}^{(k)} := -\boldsymbol{g}^{(k)}$$

gesetzt wird. Dann ist

$$\alpha_k = \frac{\left\langle \boldsymbol{g}^{(k)} \,.\, \boldsymbol{g}^{(k)} \right\rangle}{\langle A\boldsymbol{g}^{(k)} \,.\, \boldsymbol{g}^{(k)} \rangle} \,.$$

Weiter folgt aus den obigen Identitäten

$$\begin{aligned} \|\boldsymbol{e}^{(k+1)}\|^2 &= \operatorname{Re}\left\langle \boldsymbol{g}^{(k)} + \alpha_k A\boldsymbol{d}^{(k)} \,.\, \boldsymbol{e}^{(k)} \right\rangle = \|\boldsymbol{e}^{(k)}\|_A^2 - \alpha_k \operatorname{Re}\left\langle A\boldsymbol{g}^{(k)} \,.\, \boldsymbol{e}^{(k)} \right\rangle \\ &= \|\boldsymbol{e}^{(k)}\|_A^2 \left(1 - \alpha_k \frac{\left\langle \boldsymbol{g}^{(k)} \,.\, \boldsymbol{g}^{(k)} \right\rangle}{\langle A^{-1}\boldsymbol{g}^{(k)} \,.\, \boldsymbol{g}^{(k)} \rangle} \right) \end{aligned}$$

und damit nach Definition von α_k:

$$\|\boldsymbol{x}^{(k+1)} - \boldsymbol{x}\|_A^2 = \|\boldsymbol{x}^{(k)} - \boldsymbol{x}\|_A^2 \left(1 - \frac{\left\langle \boldsymbol{g}^{(k)} \,.\, \boldsymbol{g}^{(k)} \right\rangle^2}{\langle A\boldsymbol{g}^{(k)} \,.\, \boldsymbol{g}^{(k)}\rangle \langle A^{-1}\boldsymbol{g}^{(k)} \,.\, \boldsymbol{g}^{(k)}\rangle}\right) . \tag{8.43}$$

Mit Satz 7.63 folgt sofort:

Satz 8.24: Konvergenz Gradientenverfahren

Seien $A \in \mathbb{K}^{(n,n)}, A = A^\dagger, A > 0, \boldsymbol{b} \in \mathbb{K}^n$. Sei $\boldsymbol{x} := A^{-1}\boldsymbol{b}$.
Für das Gradientenverfahren gilt

$$\|\boldsymbol{x}^{(k)} - \boldsymbol{x}\|_A \le \left(1 - \frac{1}{\kappa}\right)^{k/2} \|\boldsymbol{x}^{(0)} - \boldsymbol{x}\|_A ,$$

wobei $\kappa := \kappa_2(A)$ die Konditionszahl von A bezüglich $\|\,.\,\|_2$ bezeichnet.
Das Gradientenverfahren ist also in der A-Norm linear und global konvergent mit Kontraktionszahl $(1 - 1/\kappa)^{1/2}$.

Beweis: Satz 7.63 liefert mit der Abschätzung aus (8.43)

$$\|\boldsymbol{x}^{(k+1)} - \boldsymbol{x}\|_A^2 \le \left(1 - \frac{1}{\|A\|_2\|A^{-1}\|_2}\right) \|\boldsymbol{x}^{(k)} - \boldsymbol{x}\|_A^2$$

und damit die Behauptung. □

Bemerkungen 8.25

1) Die Kontraktionszahl in Satz 8.24 lässt sich verbessern: Mit der *Ungleichung von* KANTOROWITSCH[9]

$$\frac{\langle A\boldsymbol{x} \,.\, \boldsymbol{x}\rangle \left\langle A^{-1}\boldsymbol{x} \,.\, \boldsymbol{x}\right\rangle}{\langle \boldsymbol{x} \,.\, \boldsymbol{x}\rangle^2} \le \left(\frac{1}{2}\kappa^{1/2} + \frac{1}{2}\kappa^{-1/2}\right)^2$$

(für eine Beweisskizze siehe z. B. SAAD 2003, S. 138f), wobei $\kappa_2 := \kappa(A)$ die spektrale Konditionszahl ist, folgt wegen

$$1 - \frac{4}{(a^{1/2} + a^{-1/2})^2} = \frac{(a-1)^2}{(a+1)^2} \quad \text{für } a > 0 \; :$$

$$\left\|\boldsymbol{x}^{(k)} - \boldsymbol{x}\right\|_A \le \left(\frac{\kappa - 1}{\kappa + 1}\right)^k \left\|\boldsymbol{x}^{(0)} - \boldsymbol{x}\right\|_A . \tag{8.44}$$

[9] Leonid Witaljewitsch KANTOROWITSCH ∗19. Januar 1912 in Sankt Petersburg †7. April 1986 in Moskau

2) Unter Verwendung von mehrdimensionaler Analysis (siehe Bemerkungen 4.145, 2)) gilt für die Ableitung $\nabla f(\boldsymbol{x})$ von f bei $\boldsymbol{x}$:

$$\nabla f(\boldsymbol{x})^t \boldsymbol{h} = \operatorname{Re} \langle A\boldsymbol{x} - \boldsymbol{b} \,.\, \boldsymbol{h} \rangle \qquad \text{für } \boldsymbol{h} \in \mathbb{K}^n$$

und damit wird in der Linearisierung

$$f(\boldsymbol{x} + \boldsymbol{h}) = f(\boldsymbol{x}) + \nabla f(\boldsymbol{x})^t \boldsymbol{h} \quad + \quad \text{Fehler höherer Ordnung}$$

f lokal am kleinsten, wenn in die Richtung

$$\boldsymbol{h} := -(A\boldsymbol{x} - \boldsymbol{b})$$

gegangen wird. $g'(\alpha)$ lässt sich demzufolge auch kürzer über die Kettenregel als

$$\begin{aligned} g'(\alpha) &= \nabla f\left(\boldsymbol{x}^{(k)} + \alpha \boldsymbol{d}^{(k)}\right)^t \boldsymbol{d}^{(k)} \\ &= \operatorname{Re}\left\langle A\left(\boldsymbol{x}^{(k)} + \alpha \boldsymbol{d}^{(k)}\right) - \boldsymbol{b} \,.\, \boldsymbol{d}^{(k)} \right\rangle \end{aligned}$$

bestimmen, woraus (8.40) folgt. Entsprechend ergibt sich (8.42).

3) Für das Beispiel 3(10) folgt aus (MM.105)

$$\kappa_2(A) = \frac{1 - \cos \frac{n-1}{n}\pi}{1 - \cos \frac{\pi}{n}} = \frac{1 + \cos \frac{\pi}{n}}{1 - \cos \frac{\pi}{n}} ,$$

so dass sich die Kontraktionszahl nach (8.44) ergibt zu

$$\frac{\kappa - 1}{\kappa + 1} = 1 - \frac{2}{\kappa + 1} = 1 - \left(1 - \cos \frac{\pi}{n}\right) = \cos \frac{\pi}{n} ,$$

so dass wir (jetzt in der A-Norm) die gleiche (schlechte) Konvergenzgeschwindigkeit wie beim JACOBI-Verfahren erhalten.

4) Wegen $\lambda_{\max} \|\boldsymbol{x}\|_2^2 \geq \langle A\boldsymbol{x} \,.\, \boldsymbol{x} \rangle \geq \lambda_{\min} \|\boldsymbol{x}\|_2^2$, wobei $\lambda_{\min}, \lambda_{\max}$ der kleinste bzw. größte Eigenwert von A ist, erhält man aus der Konvergenzabschätzung (nach 1)) für die A-Norm auch:

$$\|\boldsymbol{x}^{(k)} - \boldsymbol{x}\|_2 \leq \left(\frac{\lambda_{\max}}{\lambda_{\min}}\right)^{1/2} \left(\frac{\kappa - 1}{\kappa + 1}\right)^k \|\boldsymbol{x}^{(0)} - \boldsymbol{x}\|_2 \,.$$

5) Das Problem liegt darin, dass zwar wegen (8.42) für $\mathbb{K} = \mathbb{R}$ $\left\langle \boldsymbol{g}^{(k+1)} \,.\, \boldsymbol{g}^{(k)} \right\rangle = 0$ gilt, nicht aber im Allgemeinen $\left\langle \boldsymbol{g}^{(k+2)} \,.\, \boldsymbol{g}^{(k)} \right\rangle = 0$; vielmehr sind diese Suchrichtungen oftmals fast parallel (s. Abbildung 8.5). Insbesondere für große κ können die Suchrichtungen $\boldsymbol{g}^{(k)}$ und $\boldsymbol{g}^{(k+1)}$ bezüglich des Skalarprodukts $\langle \cdot \,.\, \cdot \rangle_A$ fast parallel sein, minimiert werden soll aber eben bezüglich $\| \,.\, \|_A$ der Abstand zur Lösung. Das Problem ist umso ausgeprägter, je „ellipsenförmiger" die Höhenlinien von f sind, d. h. je größer $\kappa_2(A)$ ist.

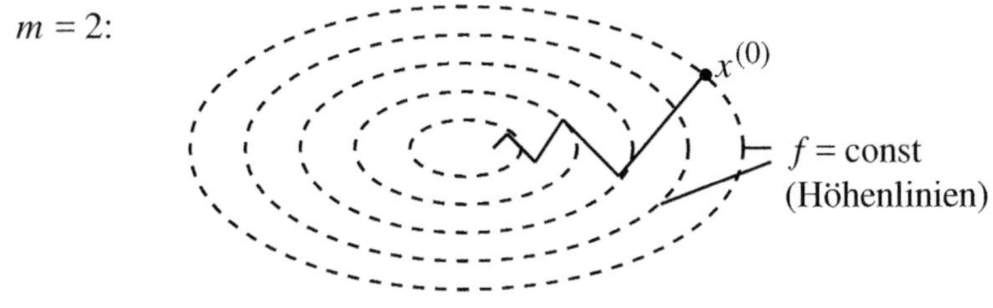

Abb. 8.5: Zick-Zack-Verhalten des Gradientenverfahrens.

6) Ein Verfahren, das auch für Matrizen vom Typ (MM.103) verbesserte Konvergenzeigenschaften hat, ist das *Konjugierte-Gradienten-Verfahren* (CG-Verfahren, siehe Algorithmus 6), bei dem Suchrichtungen konstruiert werden, die zueinander *konjugiert*, d. h. bezüglich $\langle\,.\,\rangle_A$ orthogonal sind. Die genaue Analyse dieses Verfahrens gehört zur *Numerischen Mathematik.*

– Zur Vereinfachung wird $\mathbb{K} = \mathbb{R}$ angenommen. – Zur Herleitung werde vorerst angenommen, dass die Suchrichtungen $\boldsymbol{d}^{(0)}, \dots, \boldsymbol{d}^{(n-1)}$ a priori gegeben seien, im CG-Verfahren werden sie dann durch eine Rekursion wie in (8.41) bestimmt. Wegen

$$\left\langle \boldsymbol{d}^{(i)} \,.\, \boldsymbol{d}^{(j)} \right\rangle_A = 0 \quad \text{für } i, j = 0, \dots, n-1, i \neq j$$

ist dann (siehe (1.88) für $\langle\,.\,\rangle_A$)

$$\boldsymbol{x} - \boldsymbol{x}^{(0)} = \sum_{k=0}^{n-1} \gamma_k \boldsymbol{d}^{(k)}, \quad \gamma_k = \frac{-\left\langle g^{(0)} \,.\, \boldsymbol{d}^{(k)} \right\rangle}{\left\langle \boldsymbol{d}^{(k)} \,.\, \boldsymbol{d}^{(k)} \right\rangle_A},$$

da $\left\langle \boldsymbol{x} - \boldsymbol{x}^{(0)} \,.\, \boldsymbol{d}^{(k)} \right\rangle_A = -\left\langle \boldsymbol{g}^{(0)} \,.\, \boldsymbol{d}^{(k)} \right\rangle$. Andererseits gilt

$$\boldsymbol{x}^{(k)} = \boldsymbol{x}^{(0)} + \sum_{i=0}^{k-1} \alpha_i \boldsymbol{d}^{(i)}, \quad \text{also (vgl. (8.41))}$$

$$\boldsymbol{g}^{(k)} = \boldsymbol{g}^{(0)} + \sum_{i=0}^{k-1} \alpha_i A \boldsymbol{d}^{(i)} \quad \text{und damit}$$

$$\left\langle \boldsymbol{g}^{(k)} \,.\, \boldsymbol{d}^{(k)} \right\rangle = \left\langle \boldsymbol{g}^{(0)} \,.\, \boldsymbol{d}^{(k)} \right\rangle$$

wegen der Konjugiertheit der $\boldsymbol{d}^{(i)}$ und somit

$$\gamma_k = -\frac{\left\langle \boldsymbol{g}^{(k)} \,.\, d^{(k)} \right\rangle}{\left\langle \boldsymbol{d}^{(k)} \,.\, \boldsymbol{d}^{(k)} \right\rangle_A} = \alpha_k$$

und damit ist $\boldsymbol{x}^{(n)} = \boldsymbol{x} = A^{-1}\boldsymbol{b}$, d. h. wir haben (bei exakter Rechnung) ein nach höchstens n Schritten exaktes Lösungsverfahren.

7) Aber auch die $\boldsymbol{x}^{(k)}$ für $k < n$ können als Näherungen von $\boldsymbol{x}$ interpretiert werden, was für größere n wichtig ist.

Sei $\widetilde{K}_k := \operatorname{span}(\boldsymbol{d}^{(0)}, \dots, \boldsymbol{d}^{(k-1)})$,

dann minimiert $\boldsymbol{x}^{(k)}$ (8.37) bzw. (8.89) auf $x^{(0)} + \widetilde{K}_k$ bzw. äquivalent dazu

$$\left\langle \boldsymbol{g}^{(k)} \,.\, \boldsymbol{d}^{(i)} \right\rangle = 0 \quad \text{für } i = 0, \dots, k-1 \,.$$

Die Aussagen sind äquivalent wegen Bemerkungen 4.149, 1). Die zweite Aussage gilt für $k = 1$ (bzw. $i = k - 1$), da $\boldsymbol{x}^{(k)}$ das Minimum von f auf $\boldsymbol{x}^{(k-1)} + \operatorname{span}(\boldsymbol{d}^{(k-1)})$ ist (siehe (8.42)). Im Induktionsschluss $k - 1 \to k$ beachte man wegen (8.41)

$$\left\langle \boldsymbol{d}^{(i)} \,.\, \boldsymbol{g}^{(k)} - \boldsymbol{g}^{(k-1)} \right\rangle = \alpha_{k-1} \left\langle \boldsymbol{d}^{(k-1)} \,.\, \boldsymbol{d}^{(i)} \right\rangle = 0 \,.$$

8) Nun müssen konjugierte $\boldsymbol{d}^{(i)}$ so definiert werden, dass sie während der Iteration leicht bestimmt werden können und nur wenig „gebraucht" (gespeichert) werden. Es gilt

$$\boldsymbol{x} \in \boldsymbol{x}^{(0)} + Z\left(A; \boldsymbol{g}^{(0)}\right) = K_k\left(A; \boldsymbol{g}^{(0)}\right) ,$$

wobei $k = \operatorname{grad} \mu_A^{\boldsymbol{g}^{(0)}}$.

Sei nämlich $\mu_A^{\boldsymbol{g}^{(0)}}(\lambda) = \lambda^k + \sum_{i=0}^{k-1} a_i \lambda^i$, dann $A^k \boldsymbol{g}^{(0)} + \sum_{i=0}^{k-1} a_i A^i \boldsymbol{g}^{(0)} = 0$ und damit wegen $a_0 \neq 0$ (sonst wäre $\frac{1}{\lambda} \mu_A^{\boldsymbol{g}^{(0)}}$ ein annihilierendes Polynom kleineren Grades) und mit $a_k := 1$

$$A\left(\boldsymbol{x}_0 + \frac{1}{a_0} \sum_{i=1}^{k} a_i A^{i-1} \boldsymbol{g}^{(0)}\right) = \boldsymbol{b} \,.$$

Die $\boldsymbol{d}^{(i)}$ sollten also so konstruiert sein, dass

$$\widetilde{K}_k = K_k\left(A; \boldsymbol{g}^{(0)}\right) .$$

Der folgende Ansatz führt (überraschenderweise) zum Ziel:

$$\begin{aligned} \boldsymbol{d}^{(0)} &:= -\boldsymbol{g}^{(0)} \\ \boldsymbol{d}^{(k+1)} &:= -\boldsymbol{g}^{(k+1)} + \beta_k \boldsymbol{d}^{(k)} \end{aligned}$$

mit freiem Parameter β_k. Dieser kann aber nur genutzt werden, eine der Konjugiertheitsbedingungen zu erfüllen, nämlich

$$\left\langle \boldsymbol{d}^{(k+1)} \,.\, \boldsymbol{d}^{(k)} \right\rangle_A = 0$$

was äquivalent ist mit

$$-\left\langle \boldsymbol{g}^{(k+1)} \,.\, \boldsymbol{d}^{(k)} \right\rangle_A + \beta_k \left\langle \boldsymbol{d}^{(k)} \,.\, \boldsymbol{d}^{(k)} \right\rangle_A = 0$$

$$\text{bzw.} \quad \beta_k = \frac{\left\langle \boldsymbol{g}^{(k+1)} \,.\, \boldsymbol{d}^{(k)} \right\rangle_A}{\left\langle \boldsymbol{d}^{(k)} \,.\, \boldsymbol{d}^{(k)} \right\rangle_A} \,.$$

Hier empfiehlt es sich $\boldsymbol{g}^{(k+1)}$ über (8.41) zu bestimmen, da $A\boldsymbol{d}^{(k)}$ auch in den SKP für α_k und β_k gebraucht wird.

9) Obwohl also die Konjugiertheit der so definierten $\boldsymbol{d}^{(k)}$, die also nur für den jeweils nächsten Schritt zur Bestimmung von $\boldsymbol{d}^{(k+1)}$ gebraucht werden, noch nicht gesichert ist, gilt wie gewünscht: Sei k so, dass $\boldsymbol{x}^{(k)} \neq \boldsymbol{x}$, $1 \leq k \leq n$, dann gilt

$$\widetilde{K}_k = K_k\left(A; \boldsymbol{g}^{(0)}\right) = \operatorname{span}\left(\boldsymbol{g}^{(0)}, \ldots, \boldsymbol{g}^{(k-1)}\right)$$

und damit insbesondere

$$\left\langle \boldsymbol{g}^{(k)} \,.\, \boldsymbol{g}^{(i)} \right\rangle = 0 \quad \text{für } i = 1, \ldots, k-1$$
$$\dim \widetilde{K}_k = k\,.$$

Die Zusatzaussagen folgen sofort aus den Hauptaussagen mit 7) (Bemerkungen 4.149, 1)) und 8) ($k < \operatorname{grad} \mu_A^{\boldsymbol{g}^{(0)}}$), die Hauptaussage durch vollständige Induktion: $k = 1$ ist trivial und bei $k-1 \to k$ beachte man nach (8.41)

$$\boldsymbol{g}^{(k)} \in A\left(\widetilde{K}_k\right) \subset \operatorname{span}\left(\boldsymbol{g}^{(0)}, \ldots, A^k \boldsymbol{g}^{(0)}\right)$$

und deshalb

$$\operatorname{span}\left(\boldsymbol{g}^{(0)}, \ldots, \boldsymbol{g}^{(k)}\right) = \operatorname{span}\left(\boldsymbol{g}^{(0)}, \ldots, A^k \boldsymbol{g}^{(0)}\right),$$

da „$\subset$" gilt und die Dimension des linken Raums maximal gleich $k+1$ ist wegen der Zusatzbehauptung für k und $\boldsymbol{g}^{(i)} \neq 0$ für alle $i = 0, \ldots, k$. Nach Induktionsvoraussetzung und Definition von $\boldsymbol{d}^{(k)}$ folgt

$$\operatorname{span}\left(\boldsymbol{d}^{(0)}, \ldots, \boldsymbol{d}^{(k)}\right) = \operatorname{span}\left(\boldsymbol{g}^{(0)}, \ldots, \boldsymbol{g}^{(k)}\right).$$

10) Eine effiziente Umschreibung der Parameter ist

$$\alpha_k = \frac{\left\langle \boldsymbol{g}^{(k)} \,.\, \boldsymbol{g}^{(k)} \right\rangle}{\left\langle \boldsymbol{d}^{(k)} \,.\, \boldsymbol{d}^{(k)} \right\rangle_A}, \quad \beta_k = \frac{\left\langle \boldsymbol{g}^{(k+1)} \,.\, \boldsymbol{g}^{(k+1)} \right\rangle}{\left\langle \boldsymbol{g}^{(k)} \,.\, \boldsymbol{g}^{(k)} \right\rangle},$$

denn

$$-\left\langle \boldsymbol{g}^{(k)} \,.\, \boldsymbol{d}^{(k)} \right\rangle = -\left\langle \boldsymbol{g}^{(k)} \,.\, -\boldsymbol{g}^{(k)} + \beta_{k-1} \boldsymbol{d}^{(k-1)} \right\rangle = \left\langle \boldsymbol{g}^{(k)} \,.\, \boldsymbol{g}^{(k)} \right\rangle$$
$$\left\langle \boldsymbol{g}^{(k+1)} \,.\, \boldsymbol{g}^{(k+1)} \right\rangle = \left\langle \boldsymbol{g}^{(k+1)} \,.\, \boldsymbol{g}^{(k)} + \alpha_k A \boldsymbol{d}^{(k)} \right\rangle = \alpha_k \left\langle \boldsymbol{g}^{(k+1)} \,.\, \boldsymbol{d}^{(k)} \right\rangle_A = \beta_k \left\langle \boldsymbol{g}^{(k)} \,.\, \boldsymbol{g}^{(k)} \right\rangle$$

11) Die definierten Richtungen sind tatsächlich konjugiert: Ist $\boldsymbol{g}^{(k-1)} \neq \boldsymbol{0}$, dann ist $\boldsymbol{d}^{(k-1)} \neq 0$ und $\boldsymbol{d}^{(0)}, \ldots, \boldsymbol{d}^{(k-1)}$ sind konjugiert.

Der Fall $k = 1$ ist klar und für den Indutionsschluss $k \to k+1$ beachte man: Es gilt $\boldsymbol{d}^{(k)} \neq 0$, denn andererseits folgte wegen $\boldsymbol{g}^{(k)} + \boldsymbol{d}^{(k)} = \beta_{k-1} d^{(k-1)} \in K_k(A; \boldsymbol{g}^{(0)})$ auch $\boldsymbol{g}^{(k)} \in K_k(A; \boldsymbol{g}^{(0)})$ was mit 9), d.h. $\boldsymbol{g}^{(k)} \in K_k(A; \boldsymbol{g}^{(0)})^\perp$ den Widerspruch zu $\boldsymbol{g}^{(k)} = \boldsymbol{0}$ erzeugt. Es ist noch $\left\langle \boldsymbol{d}^{(k)} \,.\, A\boldsymbol{d}^{(i)} \right\rangle = 0$ für $i = 0, \ldots k-2$ zu zeigen ($i = k-1$ gilt wegen der Definition von β_k)

$$\left\langle \boldsymbol{d}^{(i)} \,.\, A\boldsymbol{d}^{(k)} \right\rangle = -\left\langle A\boldsymbol{d}^{(i)} \,.\, \boldsymbol{g}^{(k)} \right\rangle + \beta_{k-1} \left\langle \boldsymbol{d}^{(i)} \,.\, A\boldsymbol{d}^{(k-1)} \right\rangle = -\left\langle A\boldsymbol{d}^{(i)} \,.\, \boldsymbol{g}^{(k)} \right\rangle = 0\,,$$

da $A\boldsymbol{d}^{(i)} \in A\left(K_{k-1}(A;\boldsymbol{g}^{(0)})\right) \subset K_k\left(A;\boldsymbol{g}^{(0)}\right) = \operatorname{span}\left(\boldsymbol{d}^{(0)},\ldots,\boldsymbol{d}^{(k-1)}\right)$ *und* $\left\langle \boldsymbol{g}^{(k)} \,.\, \boldsymbol{d}^{(i)} \right\rangle = 0, i = 0,\ldots,k-1$ *nach 7).*

△

Folgende Routine realisiert das CG-Verfahren für eine wie in diesem Abschnitt angenommene Matrix `A`, einer rechten Seite `b`, einem Startvektor `x` und einer (hinreichend kleinen) Toleranz `tol` (vgl. KNABNER und ANGERMANN 2000, S. 216, Tabelle 5.2):

Algorithmus 6 (CG-Verfahren)

```
function x = cgverfahren(A, b, x, tol,k_max)
d = b - A * x;
g = -d;
k=0;
gg=norm(g)xx2;
while sqrt(gg) > tol && k<k_max
  Ad=A * d;
  alpha = (gg) / (d.' * (Ad));
  x     = x + alpha * d;
  ggalt  = gg;
  g     = g + alpha * Ad;
  gg=norm(g)xx2;
  beta  = gg/ggalt;
  d     = - g + beta * d;
end
end
```

Weitere Informationen, insbesondere zum CG-Verfahren, findet man z. B. in HACKBUSCH 1991, GOLUB und VAN LOAN 1996 oder SAAD 2003.

8.2.4 Die Potenzmethode zur Eigenwertberechnung

Im Gegensatz zur Lösung eines LGS ist die Bestimmung von Eigenwerten und Eigenvektoren ein nichtlineares Problem. Insofern ist nicht zu erwarten, dass es direkte Verfahren gibt, die bei exakter Arithmetik in endlich vielen Operationen das exakte Ergebnis liefern. Vielmehr sind Algorithmen zur Bestimmung von Eigenwerten stets iterative Verfahren. Der bei der Handrechnung kleiner Beispiele gebräuchliche Weg – Bestimmung des charakteristischen Polynoms sowie dessen Nullstellen – ist i. Allg. in zweifacher Hinsicht nicht gangbar: Zum einen können die Koeffizienten des charakteristischen Polynoms nicht mit vertretbarer Komplexität bestimmt werden, zum anderen können auch bei Polynomen Nullstellen nur approximativ durch iterative Verfahren ermittelt werden (zum Stabilitätsproblem s. Abschnitt 8.1). Hier soll nur ein einfaches Verfahren zur Bestimmung einzelner Eigenwerte unter bestimmten Voraussetzungen besprochen werden, die *Potenzmethode*, auch *Vektoriteration* genannt.

Sei dazu A eine Matrix, die über $\mathbb{K}$ diagonalisierbar ist, wobei der betragsgrößte Eigenwert λ_1 eindeutig und damit *einfach* (geometrische = algebraische Vielfachheit = 1) sein soll.

Es seien also $\lambda_i \in \mathbb{K}$ die Eigenwerte von A, geordnet gemäß

$$\begin{aligned} |\lambda_1| > |\lambda_2| \geq \cdots \geq |\lambda_n| \\ \text{und} \quad \boldsymbol{v}_1, \ldots, \boldsymbol{v}_n \in \mathbb{K}^n \quad \text{mit} \quad \|\boldsymbol{v}_i\|_2 = 1 \end{aligned} \tag{8.45}$$

eine auf Länge 1 skalierte Eigenvektorbasis von $\mathbb{K}^n$.

Die *Potenzmethode* lautet in ihrer Grundform

$$\begin{aligned} \widetilde{\boldsymbol{x}}^{(0)} &\in \mathbb{K}^n \text{ gegeben,} \\ \widetilde{\boldsymbol{x}}^{(k+1)} &:= A\widetilde{\boldsymbol{x}}^{(k)} . \end{aligned}$$

Also

$$\widetilde{\boldsymbol{x}}^{(k)} := A^k \widetilde{\boldsymbol{x}}^{(0)} .$$

Sei $\alpha_1 \neq 0$ und

$$\boldsymbol{x}^{(0)} = \sum_{i=1}^{n} \alpha_i \boldsymbol{v}_i . \tag{8.46}$$

Dann:

$$\widetilde{\boldsymbol{x}}^{(k)} = \lambda_1^k \left(\alpha_1 \boldsymbol{v}_1 + \sum_{i=2}^{n} \left(\frac{\lambda_i}{\lambda_1} \right)^k \alpha_i \boldsymbol{v}_i \right) =: \lambda_1^k \left(\alpha_1 \boldsymbol{v}_1 + \boldsymbol{e}_k \right) . \tag{8.47}$$

Wegen

$$\frac{|\lambda_i|}{|\lambda_1|} \leq \frac{|\lambda_2|}{|\lambda_1|} < 1 \quad \text{für } i = 2, \ldots, n$$

gilt

$$\|\boldsymbol{e}_k\|_2 = O\left(\left| \frac{\lambda_2}{\lambda_1} \right|^k \right) \to 0 \quad \text{für } k \to \infty .$$

$\widetilde{\boldsymbol{x}}^{(k)}$ nähert sich folglich einem Eigenvektor zu λ_1 an, genauer gilt für

$$\begin{aligned} U^k &:= \{\alpha A^k \boldsymbol{x}^{(0)} : \alpha \in \mathbb{K}\} : \\ d(\boldsymbol{v}_1, U^k) &= O\left(\left| \frac{\lambda_2}{\lambda_1} \right|^k \right) \to 0 \quad \text{für } k \to \infty \end{aligned} \tag{8.48}$$

(siehe Bemerkungen 1.93, 1)), denn sei $\gamma_k := \left(\lambda_1^k \alpha_1\right)^{-1}$, dann

$$d(\boldsymbol{v}_1, U^k) \leq \|\gamma_k \widetilde{\boldsymbol{x}}^{(k)} - \boldsymbol{v}_1\|_2 = \|\boldsymbol{v}_1 + \alpha_1^{-1} \boldsymbol{e}_k - \boldsymbol{v}_1\|_2 = \alpha_1^{-1} \|\boldsymbol{e}_k\|_2 .$$

Nach (4.82) kann somit als Näherung für λ_1

$$\lambda^{(k)} := \frac{\left\langle A\widetilde{\boldsymbol{x}}^{(k)} \,.\, \widetilde{\boldsymbol{x}}^{(k)} \right\rangle}{\|\widetilde{\boldsymbol{x}}^{(k)}\|_2^2} = \frac{\left\langle \widetilde{\boldsymbol{x}}^{(k+1)} \,.\, \widetilde{\boldsymbol{x}}^{(k)} \right\rangle}{\|\widetilde{\boldsymbol{x}}^{(k)}\|_2^2} \tag{8.49}$$

angesehen werden. Tatsächlich gilt wegen $\gamma_{k+1} = \lambda_1^{-1}\gamma_k$:

$$\lambda^{(k)} = \lambda_1 \frac{\left\langle \gamma_k \widetilde{\boldsymbol{x}}^{(k+1)} \,.\, \gamma_{k+1}\widetilde{\boldsymbol{x}}^{(k)} \right\rangle}{\|\gamma_k \widetilde{\boldsymbol{x}}^{(k)}\|_2^2} = \lambda_1 \frac{\left\langle \boldsymbol{v}_1 + \alpha_1^{-1}\boldsymbol{e}_{k+1} \,.\, \boldsymbol{v}_1 + \alpha_1^{-1}\boldsymbol{e}_k \right\rangle}{\|\boldsymbol{v}_1 + \alpha_1^{-1}\boldsymbol{e}_k\|_2^2} = \lambda_1 \left(1 + O\left(\left|\frac{\lambda_2}{\lambda_1}\right|^k\right)\right) .$$

Nach (8.47) gilt

$$\|\widetilde{\boldsymbol{x}}^{(k)}\|_2 \to \infty \qquad \text{für } |\lambda_1| > 1 ,$$
$$\|\widetilde{\boldsymbol{x}}^{(k)}\|_2 \to 0 \qquad \text{für } |\lambda_1| < 1 ,$$

so dass die Skalierung $\boldsymbol{x}^{(k)} := \widetilde{\boldsymbol{x}}^{(k)}/\|\widetilde{\boldsymbol{x}}^{(k)}\|_2$ zweckmäßig erscheint. Wegen

$$\boldsymbol{x}^{(k)} = \frac{A^k \boldsymbol{x}^{(0)}}{\|A^k \boldsymbol{x}^{(0)}\|_2} ,$$

wie sich sofort durch vollständige Induktion ergibt, und der Skalierungsinvarianz in (8.48) gelten die obigen Überlegungen weiterhin für den folgenden Algorithmus 7, welcher für eine quadratische Matrix `A` und einen Spaltenvektor `x` nach `n` Iterationen eine Näherung an den betragsgrößten Eigenwert `lam` und zugehörigen Eigenvektor `x` liefert:

Algorithmus 7 (Potenzmethode)

```
function [lam, x] = potenzmethode(A, x, n)
x = x/norm(x, 2);
for k = 1 : n
  y    = A*x;
  lam  = x'*y;
  x    = y/norm(y, 2);
end
end
```

Daher:

Satz 8.26: Konvergenz der Potenzmethode

Unter den Voraussetzungen (8.45) und (8.46) konvergiert die Potenzmethode nach Algorithmus 7, im Sinne

$$\lambda^{(k)} = \lambda_1 \left(1 + O\left(\left|\frac{\lambda_2}{\lambda_1}\right|^k\right)\right) .$$

Bemerkungen 8.27

1) Die Bedingung (8.46) ist nicht einschränkend, da durch Rundungsfehler immer ein solcher Anteil an der Iterierten entsteht.

2) Ist der betragskleinste Eigenwert von A ungleich Null und eindeutig, so ist der betragsgrößte Eigenwert von A^{-1} eindeutig und einfach, so dass darauf die Potenzmethode anwendbar ist:
Wähle Startvektor $\boldsymbol{x}^{(0)}$ mit $\|\boldsymbol{x}^{(0)}\|_2 = 1$. Für $k = 0, 1, \ldots$:

$$\begin{aligned} \text{Löse} \quad A\widetilde{\boldsymbol{x}}^{(k+1)} &= \boldsymbol{x}^{(k)} \\ \lambda^{(k)} &:= \frac{1}{\left\langle \boldsymbol{x}^{(k)} \,.\, \widetilde{\boldsymbol{x}}^{(k+1)} \right\rangle} \\ \boldsymbol{x}^{(k+1)} &:= \frac{\widetilde{\boldsymbol{x}}^{(k+1)}}{\|\widetilde{\boldsymbol{x}}^{(k+1)}\|_2} \,. \end{aligned}$$

Diese *inverse Potenzmethode* liefert eine Näherung für λ_n und einen zugehörigen Eigenvektor.

3) Ist bei Diagonalisierbarkeit über $\mathbb{K}$ für den einfachen Eigenwert λ_l eine Näherung μ bekannt, so dass

$$|\mu - \lambda_l| < |\mu - \lambda_i| \qquad \text{für alle } i \neq l,$$

d. h. hat $A - \mu\mathbb{1}$ den einfachen, betragskleinsten Eigenwert $\lambda_l - \mu$, so kann darauf die inverse Potenzmethode angewendet werden.

4) Sollen die Gewichte von Internetseiten (ohne Dämpfung) nach Definition 8.17 bestimmt werden und ist $\lambda = 1$ einfacher Eigenwert von B^t, so kann dies ebenfalls mittels der Potenzmethode geschehen. △

Weitere Informationen, insbesondere zu zeitgemäßen KRYLOV-Unterraum-Verfahren findet man z. B. in GOLUB und VAN LOAN 1996, SAAD 2011 oder WATKINS 2007.

Aufgaben

Aufgabe 8.7 (K) Für die Matrizen

$$B_1 = \begin{pmatrix} 1 & -2 & 2 \\ -1 & 1 & -1 \\ -2 & -2 & 1 \end{pmatrix}, \quad B_2 = \frac{1}{2}\begin{pmatrix} 2 & -1 & -1 \\ 2 & 2 & -2 \\ 1 & 1 & 2 \end{pmatrix}$$

sollen die Gleichungssysteme $B_i\boldsymbol{x} = \boldsymbol{b}$ $(i = 1, 2)$ iterativ gelöst werden. Man überprüfe für das JACOBI- und das GAUSS-SEIDEL-Verfahren die Konvergenz für B_1 bzw. B_2.

Aufgabe 8.8 (K) Man betrachte das System $A\boldsymbol{x} = \boldsymbol{b}$ mit

$$A \in \mathbb{R}^{(n,n)} \text{ und } \boldsymbol{b} \in \mathbb{R}^n\ ,\ A \text{ nach (MM.11)}\ .$$

Die Eigenwerte der Systemmatrix $M \in \mathbb{R}^{(n,n)}$ des Iterationsverfahrens

$$\boldsymbol{x}^{(k+1)} = M\boldsymbol{x}^{(k)} + N\boldsymbol{b}, \quad k = 0, 1, 2, \ldots,$$

wobei M und N gemäß dem JACOBI-Verfahren gewählt seien, lauten $\cos\left(\frac{j\pi}{n+1}\right)$, $j = 1, \ldots, n$ nach Beispiel 3(10). Für welche Werte des Parameters $\omega \in \mathbb{R}$ konvergiert das gedämpfte JACOBI-Verfahren

$$\boldsymbol{x}^{(k+1/2)} = M\boldsymbol{x}^{(k)} + N\boldsymbol{b}, \quad \boldsymbol{x}^{(k+1)} = \boldsymbol{x}^{(k)} - \omega(\boldsymbol{x}^{(k)} - \boldsymbol{x}^{(k+1/2)})\ ?$$

Aufgabe 8.9 (T) Sei $A \in \mathbb{R}^{(n,n)}$ mit $A^t = A$ und $A > 0$ gegeben.

a) Zeigen Sie, dass für zwei Vektoren $\boldsymbol{x}, \boldsymbol{y} \in \mathbb{R}^n$ mit $\boldsymbol{x}^t\boldsymbol{y} = 0$ stets

$$\frac{\left|\langle \boldsymbol{x} \,.\, \boldsymbol{y}\rangle_A\right|}{\|\boldsymbol{x}\|_A\|\boldsymbol{y}\|_A} \leq \frac{\kappa_2(A) - 1}{\kappa_2(A) + 1}$$

gilt, wobei $\kappa_2(A)$ die Konditionszahl von A bezüglich $\|\,.\,\|_2$ bezeichne.

b) Zeigen Sie anhand eines Beispiels für $n = 2$, dass die Abschätzung aus a) scharf ist.

Aufgabe 8.10 (T) Gegeben sei die folgende Netzstruktur, für deren Knoten Gewichte bestimmt werden sollen:

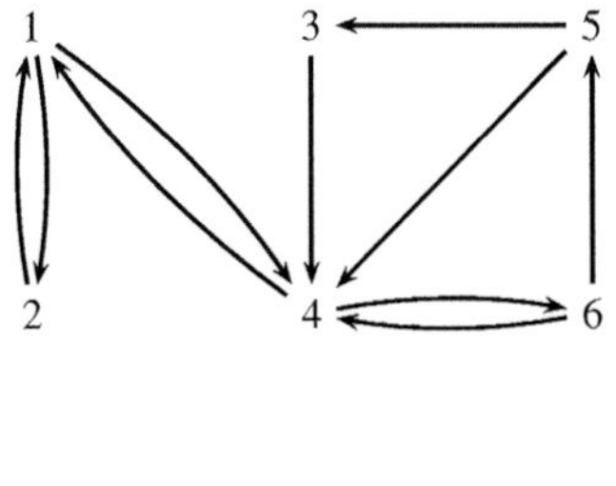

a) Stellen Sie die gewichtete Adjazenzmatrix B zu diesem Netzwerk auf und berechnen Sie durch Lösen von $(B^t - \mathbb{1})\boldsymbol{x} = \boldsymbol{0}$ Gewichte $\boldsymbol{x} = (x_1, \ldots, x_6)^t$ für die einzelnen Seiten, wobei die Normierung $\|\boldsymbol{x}\|_1 = n = 6$ gelten soll.
b) Das Netzwerk wird nun modifiziert, indem die Verbindungen zwischen den Knoten 1 und 4 entfernt werden. Welches Problem tritt nun bei der Ermittlung der Gewichte auf und warum?
c) Berechnen Sie für das modifizierte Netzwerk die Gewichte mit einer Dämpfung von $\omega = 0.85$, indem Sie die Lösung $\boldsymbol{x}$ von $(\mathbb{1} - \omega B^t)\boldsymbol{x} = (1 - \omega)\mathbf{1}$ bestimmen.

Hinweis: Für das Lösen von Gleichungssystemen können Sie ein Software-Werkzeug (z. B. MATLAB) verwenden.

Aufgabe 8.11 Beim Page-Rank-Verfahren werde zusätzlich angenommen, dass von jedem Knoten des Netzwerkes mindestens eine Kante ausgeht. Zeigen Sie:

a) Das Gleichungssystem (8.13) ist äquivalent zur Eigenvektorgleichung

$$\boldsymbol{x} = M\boldsymbol{x}\,, \quad \|\boldsymbol{x}\|_1 = n\,, \quad \boldsymbol{x} > \boldsymbol{0}\,, \tag{8.50}$$

wobei $M = (\omega B^t + (1 - \omega)S)$ und $S = (1/n)_{i,j=1,\ldots,n}$.
b) Sei $V = \{\boldsymbol{x} \in \mathbb{R}^n : \sum_{i=1}^n x_i = 0\}$. Dann gilt $M\boldsymbol{v} \in V$ für alle $\boldsymbol{v} \in V$ und

$$\|M\boldsymbol{v}\|_1 \le c\|\boldsymbol{v}\|_1 \quad \text{für alle } \boldsymbol{v} \in V$$

mit $c = \max_{1\le j\le n} |1 - 2\min_{1\le i\le n} M_{i,j}| < 1$.
c) Sei $\boldsymbol{x}_0 \ge \boldsymbol{0}$ ein beliebiger Vektor mit $\|\boldsymbol{x}_0\|_1 = n$ und sei $\overline{\boldsymbol{x}}$ die (eindeutige) Lösung von (8.13) bzw. (8.50). Zeigen Sie, dass dann $\lim_{k\to\infty} M^k\boldsymbol{x}_0 = \overline{\boldsymbol{x}}$ gilt. Die Potenzmethode konvergiert also gegen die Lösung der Eigenvektorgleichung und damit gegen die Lösung von (8.13).

Aufgabe 8.12 (K) Schreiben Sie eine MATLAB-Funktion `x = pagerank(B,omega)`, die mit Hilfe der Potenzmethode einen Gewichtsvektor $\boldsymbol{x} = (x_1, \ldots, x_n)^t$ für die Gewichte der Seiten $x_1, \ldots, x_n$ einer Netzstruktur nach dem Page-Rank-Algorithmus berechnet (siehe Aufgabe 8.11c). Eingabeparameter sind die gewichtete Adjazenzmatrix $B \in \mathbb{R}^{(n,n)}$ einer Netzstruktur und der Wichtungsfaktor $0 < \omega < 1$. Das Programm soll so viele Iterationen durchführen, bis $\|M\boldsymbol{x}_k - \boldsymbol{x}_k\|_1 < 10^{-10}$ für die k-te Iterierte $\boldsymbol{x}_k = M^k\boldsymbol{x}_0$ gilt. Überprüfen Sie Ihr Programm anhand des Beispiels aus Aufgabe 8.10c).

Aufgabe 8.13 (T) Man arbeite Bemerkungen 8.27 2) und 3) aus.

8.3 Datenanalyse, -synthese und -kompression

Datenerfassung und -speicherung geschieht heute in den verschiedensten Anwendungsbereichen in digitaler Form, die moderne Medien- und Computertechnik ist somit auf die Verarbeitung und Komprimierung erheblicher digitaler Datenmengen angewiesen. Dies erfordert typischerweise Speicherkapazität, aber oftmals auch die Möglichkeit zur Verarbeitung der Daten in Echtzeit. Zur Nutzung der enormen Datenmengen sind Analyse- und Kompressionsverfahren essentiell, etwa explizit zur Archivierung von Dateien, oder auch implizit bei Verwendung von Standarddateiformaten zur Audio-, Bild- oder Videokodierung. Auch hier spielen die Methoden der Linearen Algebra eine grundlegende Rolle. Wir greifen zunächst die Ergebnisse von Abschnitt 4.1 zum Basiswechsel nochmals auf.
Sei U ein n-dimensionaler K-Vektorraum über einen Körper K.
Gegeben seien:

$$\begin{aligned} \boldsymbol{v}_1, \ldots, \boldsymbol{v}_n \in U &: \quad \text{die „alte“ Basis.} \\ \boldsymbol{w}_1, \ldots, \boldsymbol{w}_n \in U &: \quad \text{die „neue“ Basis.} \end{aligned}$$

Dann gibt es eindeutige $a_i^j \in K$, so dass

$$\boldsymbol{w}_i = \sum_{j=1}^{n} a_i^j \boldsymbol{v}_j \qquad \text{für alle } j = 1, \ldots, n \, ,$$

d. h. für die Matrix $A = (a_j^i)_{i,j} \in K^{(n,n)}$ gilt für

$$\boldsymbol{v} = \sum_{i=1}^{n} x^i \boldsymbol{v}_i = \sum_{i=1}^{n} y^i \boldsymbol{w}_i$$

und $\boldsymbol{x} := (x_i)_i, \boldsymbol{y} := (y_i) \in K^n$:

$$A\boldsymbol{y} = \boldsymbol{x} \, .$$

Wir werden sehen, dass die Wahl einer speziellen Basis $\boldsymbol{w}_1, \ldots, \boldsymbol{w}_n$ Vorteile liefern kann.

Der Schritt

$$\boldsymbol{x} \overset{A^{-1}}{\mapsto} \boldsymbol{y}$$

wird dann als *Analyse* (bezüglich der Basis $\boldsymbol{w}_1, \ldots, \boldsymbol{w}_n$ bezeichnet), der Schritt

$$\boldsymbol{y} \overset{A}{\mapsto} \boldsymbol{x} \left(\mapsto \sum_{i=1}^{n} x_i \boldsymbol{v}_i \right)$$

wird als *Synthese* bezeichnet.

In dieser Form durchgeführt, handelt es sich um äquivalente Darstellungen in n Parametern mit gleichem „Informationsgehalt“, der aber je nach Basiswahl mehr oder weniger offensichtlich sein kann. Wenn n (sehr) groß ist, ist eine Approximation in einem

k-dimensionalen Raum mit $k \ll n$, anzustreben, um das „Signal" $\boldsymbol{v}$ besser zu speichern, bearbeiten und transportieren zu können. Dies kann am Einfachsten durch „Abschneiden", d. h. durch Projektion auf

$$U_k := \operatorname{span}\{\boldsymbol{w}_1, \ldots, \boldsymbol{w}_k\} ,$$

geschehen. Der dann noch enthaltene „Informationsgehalt" bzw. die Größe des Fehlers wird stark von der Wahl der Basis $\boldsymbol{w}_1, \ldots, \boldsymbol{w}_n$ abhängen.
Diesen Schritt, d. h.

$$\boldsymbol{x} \overset{A^{-1}}{\mapsto} \boldsymbol{y} \overset{P}{\mapsto} \hat{\boldsymbol{y}} = (y_1, \ldots, y_k) \big(\overset{A}{\mapsto} \hat{\boldsymbol{x}} = \sum_{i=1}^{n} x_i \boldsymbol{v}_i\big) ,$$

wobei $\hat{\boldsymbol{x}} = (x_1, \ldots, x_n)^t$, bezeichnet man als *Kompression*.

Man beachte, dass für allgemeine Transformationen der Analyse-Schritt (Lösen eines LGS mit A) aufwändiger ist als der Synthese-Schritt (Multiplikation mit A). Dies ist nicht der Fall, wenn die Spalten von A orthogonal sind wie in den beiden folgenden Beispielen.

Seien nun Basen $\boldsymbol{v}_1, \ldots, \boldsymbol{v}_n, \boldsymbol{w}_1, \ldots, \boldsymbol{w}_n$ gewählt, und sei

$$\widetilde{A} := A^{-1} = \left(\widetilde{\boldsymbol{a}}_1^t, \ldots, \widetilde{\boldsymbol{a}}_n^t\right)^t \in K^{(n,n)} \text{ mit den Zeilen } \widetilde{\boldsymbol{a}}_i \left(\in K^{(1,n)}\right), i = 1, \ldots, n , \text{ dann}$$

$$\boldsymbol{v} = \sum_{i=1}^{n} \widetilde{\boldsymbol{a}}_i \cdot \boldsymbol{x}\, \boldsymbol{w}_i . \tag{8.51}$$

Die neue Basis sei so, dass die Spalten von A orthogonal sind in dem Sinne

$$\boldsymbol{a}_i^t \boldsymbol{a}_j = \delta_{i,j} \|\boldsymbol{a}_i\|_2^2 \qquad \text{für } i, j = 1, \ldots, n ,$$

dann ist

$$\widetilde{A} = A^{-1} = \operatorname{diag}(1/\|\boldsymbol{a}_i\|_2^2) A^t ,$$
$$\text{d. h.} \quad \widetilde{\boldsymbol{a}}_i = \boldsymbol{a}_i^t / \|\boldsymbol{a}_i\|_2^2, \quad i = 1, \ldots, n$$

und aus (8.51) ergibt sich damit

$$\boldsymbol{v} = \sum_{i=1}^{n} \frac{1}{\|\boldsymbol{a}_i\|_2^2} \boldsymbol{a}_i^t \boldsymbol{x}\, \boldsymbol{w}_i . \tag{8.52}$$

Sei $U = K^n$ und $\boldsymbol{v}_1, \ldots, \boldsymbol{v}_n$ die Einheitsbasis, d. h. die Spalten von A entsprechen genau $\boldsymbol{w}_i$:

$$A = (\boldsymbol{w}_1, \ldots, \boldsymbol{w}_n) ,$$

dann wird aus (8.51)

$$\boldsymbol{v} = \sum_{i=1}^{n} \widetilde{\boldsymbol{a}}_i \cdot \boldsymbol{v}\, \boldsymbol{w}_i \quad \text{ und } \quad (\boldsymbol{w}_1, \ldots, \boldsymbol{w}_n)^{-1} = \left(\widetilde{\boldsymbol{a}}_1^t, \ldots, \widetilde{\boldsymbol{a}}_n^t ,\right)^t$$

und wenn $\boldsymbol{w}_1, \ldots, \boldsymbol{w}_n$ eine ONB ist für $K = \mathbb{K}$, d. h.

$$A^{-1} = A^{\dagger}$$

und damit $\widetilde{\boldsymbol{a}}_i = \overline{\boldsymbol{a}}_i^t = \overline{\boldsymbol{w}_i}^t$, $i = 1, \ldots, n$, dann ergibt sich

$$\boldsymbol{v} = \sum_{i=1}^{n} \langle \boldsymbol{v} \,.\, \boldsymbol{w}_i \rangle \, \boldsymbol{w}_i \,,$$

d. h. die aus Kapitel 1.5 bekannte (FOURIER-)Darstellung bezüglich einer ONB.

8.3.1 Wavelets

Betrachte $V = S_0(\Delta)$ auf einer Zerlegung $\Delta : a = x_0 < x_1 < \ldots < x_n = b$, den n-dimensionalen Raum der Treppenfunktionen oder Histogramme. In (1.34) wurde dafür die Basis

$$f_i(x) = \begin{cases} 1, & x \in [x_{i-1}, x_i) \\ 0, & x \text{ sonst} \end{cases} \quad , \text{ für } i = 1, \ldots, n-1,$$
$$f_n(x) = \begin{cases} 1, & x \in [x_{n-1}, x_n] \\ 0, & x \text{ sonst} \,. \end{cases} \tag{8.53}$$

eingeführt. Diese Basis ist bezüglich des L^2-inneren Produkts auf V orthogonal, da für die *Träger der Basisfunktionen* gilt:

$$\operatorname{supp} f_i \cap \operatorname{supp} f_j \text{ ist höchstens einelementig für } i \neq j \,, \tag{8.54}$$

wobei

$$\operatorname{supp} f := \operatorname{cl}\{x \in D : f(x) \neq 0\}$$

für eine Abbildung $f : D \to \mathbb{R}, D \subset \mathbb{K}^n$.

Funktionen in V sind deswegen leicht bezüglich $f_1, \ldots, f_n$ darstellbar, aber diese Basis ist nicht für eine Kompression geeignet. Dies ist anders bezüglich der *Wavelet-Basis* (aufgebaut auf das *HAAR-Wavelet*[10]):

Wir beginnen mit dem Beispiel $n = 4$. Die Basis ist dann gegeben durch Abbildung 8.6. Die Skalierung ist dabei so gewählt, dass in der L^2-Norm auf $[a, b]$:

$$\|g_i\|_2 = (b - a), i = 1, \ldots, 4 \,.$$

[10] Alfréd HAAR ∗11. Oktober 1885 in Budapest †16. März 1933 in Szeged

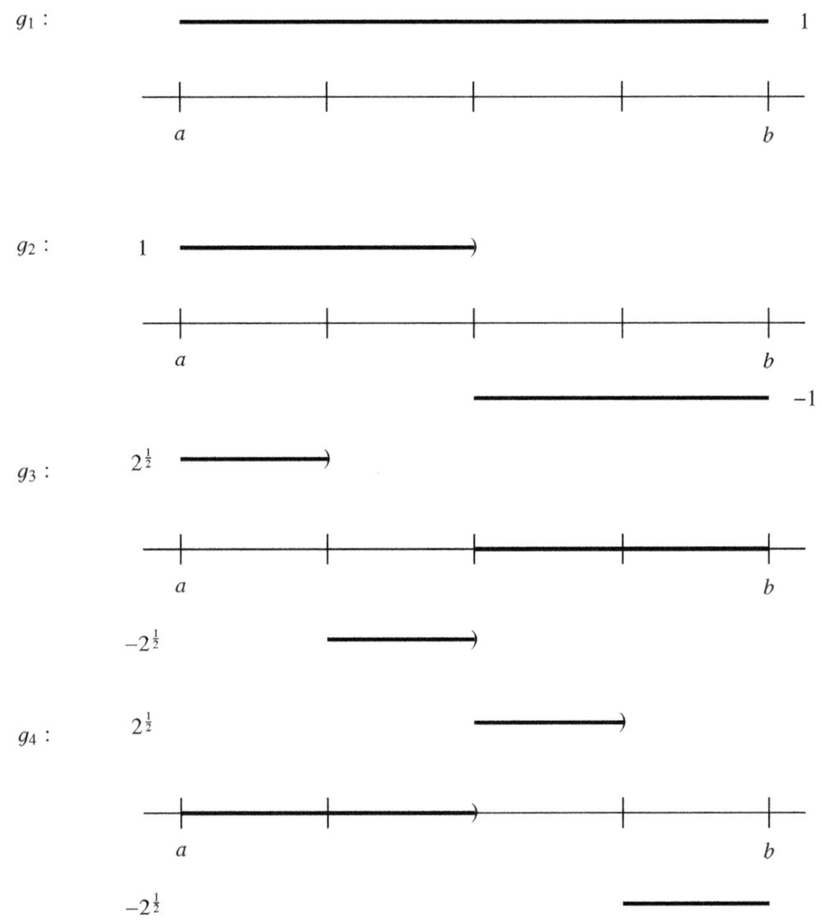

Abb. 8.6: Wavelet-Basis $g_1, \ldots, g_4$.

Man sieht folgende Eigenschaften: $g_i \in V$ für $i = 1, \ldots, 4$ und $\{g_1, \ldots, g_4\}$ ist orthogonal bezüglich des L^2-inneren Produkts, aber i. Allg. nicht normiert und damit ist $\{g_1, \ldots, g_4\}$ linear unabhängig, d. h. eine Basis von V. Dabei ist g_2 das HAAR-Wavelet. Es gilt aber nicht die Lokalität nach (8.54). Vielmehr gibt g_1 eine „Hintergrundinformation" an, auf die g_2 und dann g_3 und g_4 weitere Detailinformation aufsetzen.

Allgemein sei Δ_k eine Zerlegung von $[a, b]$ in n Teilintervalle, wobei $n = 2^k$ für ein $k \in \mathbb{N}$ und Δ_k aus Δ_{k-1} durch Einführung von weiteren 2^{k-1} Teilungspunkten in die Teilintervalle hervorgeht.

Halbiert man insbesondere fortwährend und betrachtet o. B. d. A. $[a, b] = [0, 1]$, so erhält man

$$\Delta_k = \{jh_k \mid j = 0, \ldots, 2^k\} \text{ mit } h_k := 2^{-k} .$$

Sei

$$V_k := S_0(\Delta_k) \tag{8.55}$$

der zugehörige Raum der Treppenfunktionen. Nun betrachte man $k = 0, 1, \ldots, p$. Auf diese Weise ist eine ganze *Skala* von Funktionenräumen definiert worden:

$$V_0 \subset V_1 \subset \ldots V_p .$$

Die Basisfunktionen für V_k aus (8.53) lassen sich mit Hilfe der *charakteristischen Funktion* von $[0, 1]$, in diesem Zusammenhang auch *Skalierungsfunktion* oder *Vater-Wavelet* genannt,

$$\chi(x) = \chi_{[0,1]}(x) = \begin{cases} 1, & 0 \leq x < 1 \\ 0, & \text{sonst} \end{cases} \tag{8.56}$$

wie folgt darstellen: In der Doppelindizierung $k = 0, \ldots, p$ und $j = 0, \ldots, 2^k - 1$ sei

$$\widetilde{f_{k,j}}(x) = \chi(2^k x - j) ,$$

dann entsprechen $f_1, \ldots, f_n$ für $n = 2^k$ und Δ_k wie in (8.55) $\widetilde{f_{k,0}}, \ldots, \widetilde{f_{k,n-1}}$ (mit irrelevanter Abweichung $f_n(1) = 1, \widetilde{f_{k,n-1}}(1) = 0$). Durch die Normierung

$$f_{k,j}(x) = 2^{k/2}\chi(2^k x - j)$$

wird erreicht, dass in der L^2-Norm auf $[0, 1]$

$$\|f_{k,j}\|_2 = 1 .$$

Äquivalent ist die Darstellung

$$\left.\begin{aligned} f_{k,0}(x) &= 2^{k/2}\chi(2^k x) \\ f_{k,j}(x + jh_k) &:= f_{k,0}(x) \end{aligned}\right\} \begin{aligned} &k = 0, \ldots, p , \\ &j = 0, \ldots, 2^k - 1 . \end{aligned} \tag{8.57}$$

Ausgehend von χ werden die Basisfunktionen dementsprechend durch *Stauchung* ($x \mapsto 2^k x$) und durch *Translation nach rechts* ($x \mapsto x + jh_k$) gebildet.

Alternativ lässt sich eine Basis auch *hierarchisch* aufbauen, d. h. liegt eine Basis von V_k vor, so kann diese durch Wahl eines direkten Komplements W_k, d. h.

$$V_{k+1} = V_k \otimes W_k ,$$

und einer Basis von W_k zu einer Basis von V_{k+1} ergänzen. Auf diese Weise wird erreicht, die „niederfrequenten" Funktionen V_k stärker von den „höherfrequenten" Funktionen W_k zu trennen.

Zum Beispiel ist

$$V_0 = \operatorname{span}(f_{0,0}) \quad (f_{0,0} = \chi) \tag{8.58}$$

ergänzbar mit

$$W_0 := \operatorname{span}(g_{0,0}) ,$$

wobei analog zu (8.57)

$$\left.\begin{aligned} g_{k,0}(x) &:= 2^{k/2}\psi(2^k x) \\ g_{k,j}(x + jh_k) &:= g_{k,0}(x) \end{aligned}\right\} \begin{aligned} k &= 0, \dots, p \\ j &= 0, \dots, 2^k - 1 \end{aligned} \tag{8.59}$$

und V_1 mit

$$W_1 := \operatorname{span}(g_{1,0}, g_{1,1}) .$$

Dabei ist

$$\psi(x) := \begin{cases} 1, & 0 \le x \le 1/2 \\ -1, & 1/2 < x \le 1 \\ 0, & \text{sonst,} \end{cases} \tag{8.60}$$

das HAAR-*Wavelet* (Wavelet = Ondelette = kleine Welle) und man erhält für $V_2 = V_0 \oplus W_0 \oplus W_1$ die oben angegebene Basis $\{g_1, \dots, g_4\}$. Damit allgemein $W_k := \operatorname{span}(g_{k,j} : j = 0, \dots, 2^{k-1}) \subset V_{k+1}$ gilt, muss $\psi \in S_0(\overline{\varDelta})$ mit

$$\overline{\varDelta} = \{j/2 : j \in \mathbb{Z}\}$$

gewählt werden. Allgemein gilt:

Satz 8.28: Wavelet-Basis von $S_0(\varDelta)$

Die Räume V_k, $k = 0, \dots, p$, (nach (8.55)) werden mit dem inneren Produkt

$$\langle f \,.\, g \rangle := \int_0^1 f(x)g(x)dx$$

betrachtet.
Es seien $f_{k,j}$ und $g_{k,j}$, $k = 0, \dots, p$, $j = 0, \dots, 2^k-1$ wie in (8.57) und (8.59) definiert. Dann gilt:

1) $M_k := \{f_{k,j} : j = 0, \dots, 2^k - 1\}$ ist eine ONB von V_k.

2) Sei $N_k := \{g_{k,j} : j = 0, \dots, 2^k - 1\}$, dann ist $W_k := \operatorname{span}(N_k) = V_k^{\perp}$ bezüglich V_{k+1} und N_k ist eine ONB von W_k.

Beweis: Es gilt $\operatorname{supp}(f_{k,j}) = \operatorname{supp}(g_{k,j}) = [jh_k, (j+1)h_k]$ und damit berühren sich diese Intervalle für $j \neq j'$ in höchstens einem Punkt, so dass das Integral der Produktfunktionen verschwindet, damit

$$\left\langle f_{k,j} \cdot f_{k,j'} \right\rangle = \left\langle g_{k,j} \cdot g_{k,j'} \right\rangle = \left\langle f_{k,j} \cdot g_{k,j'} \right\rangle = 0$$

für $j \neq j', j, j' \in \{0, \ldots, 2^k - 1\}$.
Weiter gilt

$$\left\langle f_{k,j} \cdot f_{k,j} \right\rangle = \int_{j2^{-k}}^{(j+1)2^{-k}} 2^k (\chi(2^k x - j))^2 dx = \int_0^1 \chi^2(x) dx = 1$$

$$\left\langle g_{k,j} \cdot g_{k,j} \right\rangle = \int_{j2^{-k}}^{(j+1)2^{-k}} 2^k (\psi(2^k x - j))^2 dx = \int_0^1 \psi^2(x) dx = 1$$

$$\left\langle f_{k,j} \cdot g_{k,j} \right\rangle = \int_{j2^{-k}}^{(j+1)2^{-k}} 2^k \chi(2^k x - j) \psi(2^k x - j) dx = \int_0^1 \chi(x) \psi(x) dx = 0 \,.$$

Folglich gilt 1), N_k ist eine ONB von W_k und $W_k \subset V_k^\perp$.
Da $\dim V_{k+1} = 2^{k+1} = \dim V_k + 2^k$ und $\dim W_k = 2^k$ folgt schließlich

$$W_k = V_k^\perp \,. \qquad \square$$

Neben der Standardbasis M_{k+1} hat folglich V_{k+1} auch die *Zweiskalenbasis* $M_k \cup N_k$, d. h.

$$V_{k+1} = \operatorname{span}(M_k \cup N_k) \,,$$

die eine Zerlegung von $f \in V_{k+1}$ bezüglich des „feinen" Gitters Δ_{k+1} darstellt in einen *Trend* $f_k \in V_k$ und eine *Fluktuation* $g_k \in W_k$ bezüglich des „groben" Gitters Δ_k. Da rekursiv Δ_k als das „feine" und Δ_{k-1} als das „grobe" Gitter betrachtet werden kann, kann die Zerlegung fortgesetzt werden, wodurch für V_p mit

$$M_0 \cup N_0 \cup \ldots \cup N_{p-1}$$

eine *Multiskalenbasis* erhältlich ist, die HAAR-*Basis* in $S_0(\Delta_p)$.

In der HAAR-Basis kann ein $f \in L^2([0,1], \mathbb{R})$ i. Allg. effizienter als in der Standardbasis von V_p, d. h. mit weniger Basisfunktionen, approximiert werden.

Zum Beispiel für $f = \chi_{[a,b]}$ setze

$$a_p := \sup\{x \in \Delta_p : x \leq a\}, b_p := \inf\{x \in \Delta_p : x \geq b\} \,,$$

dann erfüllt $f_p := \chi_{[a_p,b_p]}$ in der L^2-Norm auf $[0,1]$:

$$\|f - f_p\|_2^2 \leq |a - a_p| + |b - b_p| \leq 2 \cdot 2^{-p} \,.$$

Zur Darstellung von f_p werden die Basisfunktionen gebraucht, die nicht orthogonal sind zu f_p, d. h. in der Standardbasis alle $f_{p,j}$, $j = l, \ldots, m$ mit $l2^{-p} = a_p$, $m2^{-p} = b_p$, im Extremfall also alle Basisfunktionen. In der HAAR-Basis sind es dagegen nur $f_{0,0}$ und höchstens zwei weitere Elemente von $N_0 \cup \ldots \cup N_{p-1}$ (unabhängig von $|b - a|$), wie der obige Transformationsprozess zeigt.

Für $k = 2$ ($n = 4$) wurde oben eine Wavelet-Basis angegeben. Die Darstellungsmatrix der Transformation ist dann

$$A = \begin{pmatrix} 1 & 1 & 2^{1/2} & 0 \\ 1 & 1 & -2^{1/2} & 0 \\ 1 & -1 & 0 & 2^{1/2} \\ 1 & -1 & 0 & -2^{1/2} \end{pmatrix}$$

und

$$A^t A = \operatorname{diag}(\|\boldsymbol{a}_i\|_2^2) = \operatorname{diag}(4, 4, 4, 4)$$

und damit

$$A^{-1} = \frac{1}{4} \begin{pmatrix} 1 & 1 & 1 & 1 \\ 1 & 1 & -1 & -1 \\ 2^{1/2} & -2^{1/2} & 0 & 0 \\ 0 & 0 & 2^{1/2} & -2^{1/2} \end{pmatrix} .$$

Man beachte, dass die durch die erste Zeile von A^{-1} gegebene Skalarmultiplikation, d. h. die der Bildung des Koeffizienten zur ersten Waveletbasisfunktion entspricht, gerade das arithmetische Mittel der Werte darstellt.

Sei allgemein $A_k \in K^{(n,n)}$, $n = 2^k$ die Darstellungsmatrix der Transformation für k, dann ergibt sie sich für $k + 1$ und damit die Wavelet-Basis durch

$$A_{k+1} = (\boldsymbol{b}_1, \boldsymbol{c}_1, \boldsymbol{b}_2, \ldots, \boldsymbol{b}_n, \boldsymbol{c}_2, \ldots, \boldsymbol{c}_n) \in \mathbb{K}^{(2n,2n)} , \text{ mit}$$

$$\boldsymbol{b}_1 = (1, \ldots, 1)^t , \ \boldsymbol{c}_1 = (\underbrace{1, \ldots, 1}_{2^k = n}, \underbrace{-1, \ldots, -1}_{2^k})^t, \ \boldsymbol{b}_i = \begin{pmatrix} 2^{1/2}\boldsymbol{a}_i \\ \boldsymbol{0} \end{pmatrix}, \ \boldsymbol{c}_i = \begin{pmatrix} \boldsymbol{0} \\ 2^{1/2}\boldsymbol{a}_i \end{pmatrix}, \ i = 2, \ldots, n ,$$

wobei $\boldsymbol{a}_1, \ldots, \boldsymbol{a}_n$ die Spalten von A_k darstellen. Auch hier gilt wieder

$$A_k^{-1} = \operatorname{diag}\left(\|\boldsymbol{a}_1\|_2^{-2}, \ldots, \|\boldsymbol{a}_n\|_2^{-2}\right) A_k^t$$
$$\text{und} \quad \|\boldsymbol{a}_i\|_2^2 = n, \quad i = 1, \ldots, n .$$

Es ist zu erwarten, dass für großes n das Weglassen von Basisfunktionen mit kleinem Träger wenig Einfluss auf den „Informationsgehalt“ hat und sich daher eine solche Kompression anbietet.

Auch der Basiswechsel kann hierarchisch vollzogen werden und damit braucht A_p bzw. A_p^{-1} gar nicht aufgebaut zu werden. Es gilt:

$$2^{1/2} f_{k,j} = f_{k+1,2j} + f_{k+1,2j+1} , \tag{8.61}$$

$$2^{1/2} g_{k,j} = f_{k+1,2j} - f_{k+1,2j+1} , \tag{8.62}$$

folglich

$$\begin{pmatrix} f_{k,j} \\ g_{k,j} \end{pmatrix} = \frac{1}{2^{1/2}} \begin{pmatrix} 1 & 1 \\ 1 & -1 \end{pmatrix} \begin{pmatrix} f_{k+1,2j} \\ f_{k+1,2j+1} \end{pmatrix} .$$

Sei

$$A_{\mathrm{loc}}^{-1} = \frac{1}{2^{1/2}} \begin{pmatrix} 1 & 1 \\ 1 & -1 \end{pmatrix} ,$$

dann ist $A_{\mathrm{loc}} = A_{\mathrm{loc}}^{-1}$ und damit auch

$$\begin{pmatrix} f_{k+1,2j} \\ f_{k+1,2j+1} \end{pmatrix} = A_{\mathrm{loc}} \begin{pmatrix} f_{k,j} \\ g_{k,j} \end{pmatrix} . \tag{8.63}$$

Somit transformiert sich $f \in V_{k+1}, n := 2^k$ aus

$$f = \sum_{j=0}^{2n-1} \xi_{k+1,j} f_{k+1,j}$$

in die Zweiskalenbasis

$$f = \sum_{j=0}^{n-1} \xi_{k,j} f_{k,j} + \eta_{k,j} g_{k,j}$$

durch

$$\begin{pmatrix} \xi_{k,j} \\ \eta_{k,j} \end{pmatrix} = A_{\mathrm{loc}} \begin{pmatrix} \xi_{k+1,2j} \\ \xi_{k+1,2j+1} \end{pmatrix} \tag{8.64}$$

für $k = p-1, \ldots, 0$, $j = 0, \ldots, 2^k - 1$ und durch sukzessive Anwendung dieser Transformation auf den „Trendanteil“.

So kann die *(HAAR-)Wavelettransformation* (d. h. die Koeffizienten bezüglich der HAAR-Basis) aufgebaut werden durch sukzessive Berechnung der $\eta_{k,j}$ mittels (8.64). Dies benötigt $\sum_{k=0}^{p-1} 2\,2^k \approx 2^{p+1} = 2 \dim V_p$ Elementaroperationen (Addition + Multiplikation) im Gegensatz zur Größenordnung $(\dim V_p)^2$ bei einem nicht-rekursiven Aufbau. Wir haben hiermit eine *schnelle* Wavelet-Transformation. Die inverse Transformation (d. h. die Anwendung von A) ergibt sich direkt aus (8.63).

Theorem 8.29: Schnelle Wavelet-Transformation

Im Raum der Treppenfunktion $V_p := S_0(\varDelta_p)$ nach (8.55) kann der Übergang von der Standardbasis (8.57) zur hierarchischen Basis (8.58), (8.59), die auf das HAAR-Wavelet (8.60) und die Skalierungsfunktion (8.56) aufbaut, durch rekursive Rückführung auf die Berechnung der Trendanteile V_l auf immer gröberen Gittern $\varDelta_l$, $l < p$ mittels (8.64) erfolgen. Diese *schnelle Wavelet-Transformation* benötigt $O(\dim V_p)$ Elementaroperationen.

8.3.2 Diskrete FOURIER-Transformation

In Theorem 7.66 ff. wurde die FOURIER-Analyse einer Funktion $f \in L^2([0, 2\pi], \mathbb{K})$ als Darstellung einer 2π-periodischen Funktion auf $\mathbb{R}$ (dort das um $-\pi$ verschobene Intervall $[-\pi, \pi]$) angedeutet, d. h. der Übergang zur Darstellung im Frequenzraum $\left(\overline{f}(n)\right)_{n\in\mathbb{Z}} \in l^2(\mathbb{K})$, wobei

$$\overline{f}(k) := \frac{1}{(2\pi)^{1/2}} \int_0^{2\pi} f(x)e^{-ikx}dx,\ k \in \mathbb{Z}$$

und die Rekonstruktion von f aus $\left(\overline{f}(n)\right)_n$ durch

$$f(t) = \sum_{n\in\mathbb{Z}} \overline{f}(n) \frac{1}{(2\pi)^{1/2}} e^{int},\ t \in [0, 2\pi]$$

(Konvergenz in $L^2([0, 2\pi], \mathbb{K})$).

Im Allgemeinen kann ein „Signal" f nur zu diskreten „Zeitpunkten" t_j gemessen werden. Statt einer 2π-periodischen Funktion $f (\in L^2([0, 2\pi], \mathbb{K}))$ wird daher eine diskrete Messung *(Sampling)*

$$(f_0, \ldots, f_{N-1})^t \in \mathbb{C}^N$$

betrachtet, d. h. f_i entspricht/approximiert $f(t_j)$,

$$\boxed{t_j := \tfrac{2\pi j}{N},\ j = 0, \ldots, N-1\ .} \tag{8.65}$$

Man beachte dann wegen der Periodizität $f_N = f_0$, $f_{N+1} = f_1, \ldots$

Sei N gerade: $N = 2n$. Der SONB nach Satz 7.74

$$f_k(x) = \frac{1}{(2\pi)^{1/2}} \exp(ikx),\ k \in \mathbb{Z}$$

entsprechen in der Diskretisierung $(\cdot(2\pi)^{1/2})$

$$\boldsymbol{f}_k \in \mathbb{C}^N, f_{k,j} = \exp(ikt_j), \quad j = 0, \ldots, N-1, \ k = 1-n, \ldots, n\,.$$

Die FOURIER-Koeffizienten werden in der Diskretisierung, d. h. durch Integration von $\widetilde{f} \in S_0(\varDelta), \varDelta := \{t_j : j = 0, \ldots, N\}$,

$$\widetilde{f}\,[t_j, t_{j+1}) = f(t_j) =: f_j \text{ für } j = 0, \ldots, N-1$$

(wobei die Stetigkeit von f vorausgesetzt werden muss) zu

$$\overline{\widetilde{f}}(k) = \frac{1}{(2\pi)^{1/2}} \frac{2\pi}{N} \sum_{j=0}^{N-1} f_j e^{-ikt_j} = \frac{(2\pi)^{1/2}}{N} \sum_{j=0}^{N-1} f_j e^{-ikt_j} =: \frac{(2\pi)^{1/2}}{N} \hat{f}(n)$$

für $k \in \mathbb{Z}$. Also gilt näherungsweise durch Abschneiden der FOURIER-Reihe

$$f(t_l) \sim \sum_{k=1-n}^{n} \overline{\widetilde{f}}(k) \frac{1}{(2\pi)^{1/2}} e^{ikt_l} = \frac{1}{N} \sum_{k=1-n}^{n} \hat{f}(k) e^{ikt_l} \quad \text{für } l = 0, \ldots, N-1\,. \tag{8.66}$$

Diese als Approximation der kontinuierlichen FOURIER-Koeffizienten und -Reihen erhaltene Beziehung gilt diskret tatsächlich exakt:

Definition 8.30

Für ein allgemeines $\boldsymbol{f} = (f_j)_{j=0,\ldots,N-1} \in \mathbb{C}^N$, $N = 2n$, t_j nach (8.65) bezeichnet man $\hat{f} = \hat{f}(k)_{k=1-n,\ldots,n} \in \mathbb{C}^N$ mit

$$\hat{f}(k) := \sum_{j=0}^{N-1} f_j e^{-ikt_j}, \quad k = 1-n, \ldots, n \tag{8.67}$$

als die *diskrete FOURIER-Transformation* (DFT) von $\boldsymbol{f}$ und $\hat{f}(k)$ heißt *diskreter FOURIER-Koeffizient.*

$$f_l = \frac{1}{N} \sum_{k=1-n}^{n} \hat{f}(k) e^{ikt_l}, \quad l = 0, \ldots, N-1 \tag{8.68}$$

heißt die *inverse diskrete FOURIER-Transformation* (IDFT).

Ohne Rückgriff auf die FOURIER-Entwicklung einer Funktion f kann man $V = \mathbb{C}^N$ mit $\boldsymbol{f} = (f_0, \ldots, f_{N-1})^t \in V$ mit dem inneren Produkt

$$\boxed{\langle \boldsymbol{f} \,.\, \boldsymbol{g} \rangle := \tfrac{1}{N} \textstyle\sum_{j=0}^{N-1} f_j \overline{g}_j} \tag{8.69}$$

versehen, was (bis auf den Faktor $(2\pi)^{1/2}$) die oben beschriebene Diskretisierung des L^2-inneren Produkt ist und stellt fest für die Vektoren:

$$\boxed{\boldsymbol{f}_k \in \mathbb{C}^N \text{ mit } f_{k,j} := e^{ikt_j} \quad j,k = 0,\ldots,N-1\,.} \tag{8.70}$$

Satz 8.31

Die $\boldsymbol{f}_0,\ldots,\boldsymbol{f}_{N-1}$ nach (8.70) bilden eine ONB von $\mathbb{C}^N$ bezüglich $\langle\,.\,\rangle$ nach (8.69).

Beweis:

$$\langle \boldsymbol{f}_k \cdot \boldsymbol{f}_l \rangle = \frac{1}{N}\sum_{j=0}^{N-1} e^{ikt_j} e^{-ilt_j} = \frac{1}{N}\sum_{j=0}^{N-1}\left(e^{i(k-l)\frac{2\pi}{N}}\right)^j .$$

Folglich für $k \neq l$

$$\begin{aligned}\langle \boldsymbol{f}_k \cdot \boldsymbol{f}_l \rangle &= \frac{1}{N}\sum_{j=0}^{N-1} q^j \quad \text{für } q = e^{i(k-l)\frac{2\pi}{N}} \neq 1 \\ &= \frac{1}{N}\frac{1-q^N}{1-q} = \frac{1}{N}\frac{1-e^{i(k-l)2\pi}}{1-q} = 0\end{aligned}$$

und für $k = l$

$$\langle \boldsymbol{f}_k \cdot \boldsymbol{f}_k \rangle = \frac{1}{N}\sum_{j=0}^{N-1} 1 = 1\,. \qquad \square$$

Bemerkungen 8.32

1) Es kann auch eine „unendliche“ Folge

$$\boldsymbol{f}_k \in \mathbb{C}^N \quad \text{für } k \in \mathbb{Z}$$

nach (8.70) definiert werden, d. h.

$$f_{k,j} := e^{ikt_j},\ j = 0,\ldots,N-1,\ k \in \mathbb{Z}\,, \tag{8.71}$$

für die dann gilt

$$\boldsymbol{f}_{k+lN} = \boldsymbol{f}_k \quad \text{für } l \in \mathbb{Z},\ k = 0,\ldots,N-1\,,$$

da

$$e^{i(k+lN)\frac{2\pi}{N}j} = e^{ik\frac{2\pi}{N}j} .$$

Die höheren Frequenzen werden somit auf dem zugrunde liegenden Gitter t_j, $j = 0, \ldots, N-1$ nicht mehr wahrgenommen.

2) Für $N = 2n$, $n \in \mathbb{N}$ kann dann

$$\boldsymbol{f}_0, \ldots, \boldsymbol{f}_{N-1}$$

umgeschrieben werden zu ($l = -1$ für $\boldsymbol{f}_{n+1}, \ldots, \boldsymbol{f}_{N-1}$)

$$\boldsymbol{f}_0, \ldots, \boldsymbol{f}_n, \boldsymbol{f}_{1-n}, \ldots, \boldsymbol{f}_{-1}$$

und entsprechend die Entwicklungskoeffizienten zu dieser ONB von

$$\langle \boldsymbol{f} \,.\, \boldsymbol{f}_0 \rangle, \ldots, \langle \boldsymbol{f} \,.\, \boldsymbol{f}_{N-1} \rangle$$

zu

$$\langle \boldsymbol{f} \,.\, \boldsymbol{f}_{1-n} \rangle, \ldots, \langle \boldsymbol{f} \,.\, \boldsymbol{f}_{-1} \rangle, \langle \boldsymbol{f} \,.\, \boldsymbol{f}_0 \rangle, \ldots, \langle \boldsymbol{f} \,.\, \boldsymbol{f}_n \rangle .$$

3) Daher sind die $\frac{1}{N}\hat{f}(k)$, $k = 1 - n, \ldots, n$, $\hat{f}(k)$ nach (8.67), die (diskreten) FOURIER-Koeffizienten von $\boldsymbol{f}$ bezüglich $\boldsymbol{f}_k$, $k = n + 1, \ldots, N - 1, 0, \ldots, n$ nach (8.70) und (8.68) ist die Basisdarstellung von $\boldsymbol{f}$ mittels der $\boldsymbol{f}_k$. Die DFT stellt den Analyse-Schritt und die IDFT den Synthese-Schritt dar, die also in diesem Sinn invers sind. △

Satz 8.33: Synthese-Schritt

Sei $N = 2n, n \in \mathbb{N}$. Die diskrete FOURIER-Transformation von $\boldsymbol{f} \in \mathbb{C}^N, \hat{\boldsymbol{f}} \in \mathbb{C}^N$ ergibt sich aus der Darstellung von f in der ONB nach (8.70), angeordnet als

$$\boldsymbol{f}_{1-n}, \ldots, \boldsymbol{f}_0, \ldots, \boldsymbol{f}_n \tag{8.72}$$

über

$$\boldsymbol{f} = \textstyle\sum_{k=1-n}^{n} \frac{1}{N}\hat{f}(k)\boldsymbol{f}_i .$$

Bemerkungen 8.34

1) Allgemein stellt

$$p(t) := \textstyle\sum_{k=\underline{k}}^{\overline{k}} \alpha_k e^{ikt} = \sum_{k=\underline{k}}^{\overline{k}} \alpha_k (e^{it})^k \tag{8.73}$$

ein *trigonometrisches Polynom* dar, d. h. ein Polynom in der Variable e^{it} (man denke sich die Summanden für negative Indizes analog zu Bemerkungen 8.32, 2) zu positiven Indizes transformiert).
Wenn für $N = 2n$ gilt

$$f_j = f(t_j), \quad j = 0, \ldots, N-1\,,$$

für ein $f \in C([0, 2\pi], \mathbb{K})$, dann kann die DFT bzw. die ONB-Entwicklung als *trigonometrische Interpolation*

$$f(t_l) = \frac{1}{N} \sum_{k=1-n}^{n} \hat{f}(k) e^{ikt_l}, \quad l = 0, \ldots, N-1$$

interpretiert werden. Setzt man

$$\rho_N^l := e^{i2\pi l/N}, \quad l = 0, \ldots, N-1\,,$$

für die N-ten Einheitswurzeln (siehe Satz B.32), dann stellt die DFT die explizite Lösung der *komplexen Interpolationsaufgabe*

$$\begin{gathered} \text{Gesucht } a_l \in \mathbb{C},\ l = 0, \ldots, N-1, \\ \text{so dass } p \in \mathbb{C}_{N-1}[z],\ p(z) = \sum_{l=0}^{N-1} \alpha_l z^l\,, \\ f(t_l) = \left(\rho_N^l\right)^{1-n} p\left(\rho_N^l\right) \end{gathered}$$

dar.

2) Nimmt man in (8.73) weniger Summanden, etwa

$$p_n(t) = \sum_{k=-n}^{n} \alpha_k e^{ikt}$$

für $n < N/2$, so wird man mit den orthogonalen Vektoren $\boldsymbol{f}_{-n}, \ldots, \boldsymbol{f}_n$ ein beliebiges $\boldsymbol{f} \in \mathbb{C}^n$ nicht darstellen können (d. h. die trigonometrische Interpolationsaufgabe ist nicht lösbar). Durch Wahl der α_k als die diskreten FOURIER-Koeffizienten erhält man aber gerade die Orthogonalprojektion von $\boldsymbol{f}$ auf $\operatorname{span}(\boldsymbol{f}_{-n}, \ldots, \boldsymbol{f}_n)$. △

Sei wieder $N = 2n, n \in \mathbb{N}$. Sei

$$\omega := \omega_N := \rho_N^{-1} = e^{-2\pi i/N}\,. \tag{8.74}$$

$\omega \in \mathbb{C}$ ist eine *N-te Einheitswurzel* (siehe Satz B.32). Alle N N-ten Einheitswurzeln ergeben sich als

$$\omega^0, \omega, \ldots, \omega^{N-1}\,.$$

In dieser Notation ist

$$\boldsymbol{f}_k = \begin{pmatrix} \overline{\omega}^0 \\ \vdots \\ \overline{\omega}^{k(N-1)} \end{pmatrix}.$$

Die diskrete FOURIER-Transformation lässt sich dann schreiben als

$$\hat{\boldsymbol{f}} = F\boldsymbol{f} ,$$

wobei $F = F_N \in \mathbb{C}^{(N,N)}$ definiert ist als die symmetrische Matrix

$$F_{k,j} := \omega^{kj}, \quad k, j = 0, \ldots, N-1 . \tag{8.75}$$

F heißt auch *FOURIER-Matrix*.

Da nach Satz 8.31 im euklidischen inneren Produkt gilt

$$\langle \boldsymbol{f}_k . \boldsymbol{f}_l \rangle = N\delta_{k,l} ,$$

sind die Spalten von F orthogonal, deswegen $F^\dagger F = N\,\mathbb{1}$ und damit

$$F^{-1} = \frac{1}{N} F^\dagger .$$

Damit ergibt sich die inverse diskrete FOURIER-Transformation

$$\boldsymbol{f} = F^{-1}\hat{\boldsymbol{f}}$$

wegen der Symmetrie von F durch

$$\boldsymbol{f} = \frac{1}{N}\overline{F\overline{\hat{\boldsymbol{f}}}} ,$$

so dass beide Transformationen eine schnelle Auswertung der Matrixmultiplikation mit F brauchen. Eine solche *Schnelle FOURIER-Transformation (Fast Fourier Transform:* FFT) wurde von J. COOLEY[11] und J. W. TUKEY[12] 1965 entwickelt, siehe COOLEY und TUKEY 1965. Vorformen gehen aber schon auf C. F. GAUSS (1805) und C. RUNGE[13] (1903) zurück. Sei zur Verdeutlichung die *Fourier*-Matrix mit F_N bezeichnet, wenn N die Dimension ist (d. h. $F_N \in \mathbb{C}^{(N,N)}$). Beim Ansatz von COOLEY und TUKEY wird für gerades N, $N = 2m$, die Operation $F_{2m}\boldsymbol{y}$ im Wesentlichen auf zwei Operationen $F_m\widetilde{\boldsymbol{y}}$ zurückgeführt, was dann rekursiv ausgenutzt werden kann. Genauer:

Sei $N = 2m$ für $m \in \mathbb{N}$ und

$$\boldsymbol{y} := F_{2m}\boldsymbol{f} \text{ für } \boldsymbol{f} \in \mathbb{C}^N .$$

Dann gilt für $k = 0, \ldots, m-1$ mit ρ_n^k nach (B.18):

---

[11] James COOLEY ∗1926

[12] John Wilder TUKEY ∗16. Juni 1915 in New Bedford †26. Juli 2000 in New Brunswick

[13] Carl David Tolmé RUNGE ∗30. August 1856 in Bremen †3. Januar 1927 in Göttingen

$$
\begin{aligned}
y_{2k} &= \sum_{j=0}^{2m-1} f_j \omega_{2m}^{2jk} = \sum_{j=0}^{2m-1} f_j \rho_{2m}^{-2jk} = \sum_{j=0}^{2m-1} f_j \rho_m^{-jk} = \sum_{j=0}^{m-1} f_j \rho_m^{-jk} + f_{j+m} \rho_m^{-(j+m)k} \\
&= \sum_{j=0}^{m-1} \left(f_j + f_{j+m} \right) \rho_m^{-jk} = \sum_{j=0}^{m-1} F_{k,j} (f_j + f_{j+m})
\end{aligned}
$$

mit $F_m = (F_{k,j})_{k,j} \in \mathbb{C}^{(m,m)}$ und analog

$$
\begin{aligned}
y_{2k+1} &= \sum_{j=0}^{2m-1} f_j \rho_{2m}^{-j(2k+1)} = \sum_{j=0}^{2m-1} f_j \rho_{2m}^{-j} \rho_m^{-jk} = \sum_{j=0}^{m-1} f_j \rho_{2m}^{-j} \rho_m^{-jk} + f_{j+m} \rho_{2m}^{-j-m} \rho_m^{-jk} \\
&= \sum_{j=0}^{m-1} \left(f_j - f_{j+m} \right) \rho_{2m}^{-j} \rho_m^{-jk} = \sum_{j=0}^{m-1} F_{k,j} \rho_{2m}^{-j} (f_j - f_{j+m}) \,,
\end{aligned}
$$

jeweils mittels Satz B.32, demgemäß

$$
P\boldsymbol{y} := \begin{pmatrix} y_0 \\ y_2 \\ \vdots \\ y_{2m-2} \\ y_1 \\ \vdots \\ y_{2m-1} \end{pmatrix} = \left(\begin{array}{c|c} F_m & 0 \\ \hline 0 & F_m \end{array} \right) \left(\begin{array}{c|c} \mathbb{1} & \mathbb{1} \\ \hline D_{2m} & -D_{2m} \end{array} \right) \boldsymbol{f} \tag{8.76}
$$

mit $D_{2m} := \operatorname{diag}\left(\rho_{2m}^{-j}\right)_{j=0,\ldots,m-1} = \operatorname{diag}(\omega^j)_{j=0,\ldots,m-1}$. Dadurch wird $\boldsymbol{y} = F_{2m}\boldsymbol{f}$ auf $2m$ Additionen, $2m$ Multiplikationen, eine Umsortierung von $P\boldsymbol{y}$ zu $\boldsymbol{y}$ und 2 Anwendungen von F_m zurückgeführt, infolge dessen:

Hauptsatz 8.35: Schnelle FOURIER-Transformation (FFT)

Sei $N = 2^k$, $k \in \mathbb{N}$, dann kann für $\boldsymbol{f} \in \mathbb{C}^N$ die Multiplikation mit der FOURIER-Matrix F_N dadurch ausgeführt werden, dass rekursiv (8.76) angewendet wird. Der Aufwand in Elementaroperationen ist

$$
A(N) \leq 3N \log_2 N \,.
$$

Beweis: Nach den obigen Überlegungen gilt

$$
A(N) \leq 2N + 2A\left(\frac{N}{2}\right)
$$

und auch $A(2) \leq 6$. Mithin gilt bei einem Induktionsbeweis für $N = 2^k$ über k der Induktionsanfang $k = 1$ und der Induktionsschluss folgt wegen

$$\begin{aligned} A\left(2^{k+1}\right) &\leq 2\,2^{k+1} + 2\left(3\,2^k \log_2 2^k\right) \\ &= 3\,2^{k+1}(1+k) = 3\,2^{k+1} \log_2 2^{k+1} \,. \end{aligned}$$

□

Die Schnelle FOURIER-Transformation ist nach dem rekursiven COOLEY-TUKEY-Algorithmus in Algorithmus 8 realisiert, siehe COOLEY und TUKEY 1965. f muss hierbei die Länge $N = 2^n$ mit $n \in \mathbb{N}$ besitzen, genauer ist fftCT eine Abbildung von $\mathbb{C}^{(N,1)}$ nach $\mathbb{C}^{(N,1)}$:

Algorithmus 8 (Schnelle FOURIER-Transformation (FFT))

```
function y = fftCT(f)
N = length(f);
if N == 2 % trivialer Fall
  y = [f(1) + f(2); f(1) - f(2)];
else % halbiere f und berechne (rekursiv) FFT
  omega = exp(-2*pi*1i/N); % Basisfunktionen
  D     = diag(omega.^((0 : N/2 - 1)'));  E = eye(N/2);
  f     = [E, E; D, -D]*f; % nach (8.76)
  Py    = [fftCT(f(1:N/2)); fftCT(f(N/2+1:end))]; % nach (8.76)
  y     = Py(kron(N/2 + 1 : N, [0, 1]) + kron(1 : N/2, [1, 0]));
end
```

Aufgaben

Aufgabe 8.14 (K) Verifizieren Sie die Identitäten (8.61) und (8.62).

Aufgabe 8.15 (K) Auf dem Raum $V_2 = S_0(\Delta_2)$ der Treppenfunktionen über dem Intervall $[0, 1]$ soll der Basiswechsel von der Basis $M_2 = \{f_{2,0}, f_{2,1}, f_{2,2}, f_{2,3}\}$ in die Zweiskalenbasis $M_1 \cup N_1 = \{f_{1,0}, f_{1,1}, g_{1,0}, g_{1,1}\}$ untersucht werden, wobei die Funktionen $f_{k,j}$ und $g_{k,j}$ wie in (8.57) bzw. (8.59) definiert seien.

a) Skizzieren Sie die Basisfunktionen der Zweiskalenbasis $M_1 \cup N_1$.
b) Bestimmen Sie die Übergangsmatrix A des Basisübergangs und zeigen Sie, dass $A^{-1} = A^t$ gilt.
c) Stellen Sie die Funktion $\chi_{[0,1]}(x) = \sum_{k=0}^{3} \frac{1}{2} f_{2,k}(x)$ in der Zweiskalenbasis $M_1 \cup N_1$ dar

   (i) durch Multiplikation mit A^{-1},
   (ii) unter Verwendung der schnellen Wavelet-Transformation (8.64)

   und vergleichen Sie die Anzahl der jeweils benötigten Rechenoperationen.

Aufgabe 8.16 (T) Es sei $N = 2^p, p \in \mathbb{N}$ und $C \in \mathbb{C}^{(N,N)}$ eine *zirkulante* Matrix, d. h.

$$C = \begin{pmatrix} c_0 & c_1 & \dots & c_{N-2} & c_{N-1} \\ c_{N-1} & c_0 & c_1 & \dots & c_{N-2} \\ \vdots & \ddots & \ddots & \ddots & \vdots \\ c_2 & \dots & c_{N-1} & c_0 & c_1 \\ c_1 & c_2 & \dots & c_{N-1} & c_0 \end{pmatrix}.$$

Sei weiter F_N die N-dimensionale FOURIER-Matrix

$$F_N = \begin{pmatrix} \omega^0 & \omega^0 & \dots & \omega^0 \\ \omega^0 & \omega^1 & \dots & \omega^{N-1} \\ \omega^0 & \omega^2 & \dots & \omega^{2(N-1)} \\ \vdots & \vdots & \vdots & \vdots \\ \omega^0 & \omega^{N-1} & \dots & \omega^{(N-1)^2} \end{pmatrix} \in \mathbb{C}^{(N,N)}$$

mit den Einheitswurzeln $\omega = e^{-i2\pi/N}$. Man beweise, dass dann gilt:

$$CF_N^\dagger = F_N^\dagger D \quad \text{mit } D = \operatorname{diag}(\lambda_i)_{i=0,\dots,N-1},$$

wobei λ_i die Eigenwerte von C sind. Daraus schließe man, dass die Eigenwerte einer zirkulanten Matrix durch eine FOURIER-Transformation ihrer ersten (konjugiert komplexen) Spalte berechnet werden können.

8.4 Lineare Algebra und Graphentheorie

Zwischen Linearer Algebra und Graphentheorie besteht insofern ein enger Zusammenhang, als dass gewisse Eigenschaften von Matrizen graphentheoretisch formuliert und behandelt werden können und andererseits auch graphentheoretische Fragen als Matrixprobleme gefasst werden können. Dabei besteht ein *(gerichteter) Graph* aus einer endlichen Menge von *Knoten*, die durch *(gerichtete) Kanten* verbunden sein können, genauer:

Definition 8.36

Ein *(endlicher) gerichteter Graph* auf V ist ein Tupel (V, E), wobei V eine (endliche) Menge, die Menge der *Knoten* (vertices), und $E \subset V \times V$ die Menge der *Kanten* (edges) ist. Für eine Kante $e = (v_1, v_2)$ heißt v_2 *benachbart* zu v_1 und v_1 der *Vorgänger* von v_2 bzw. v_2 der *Nachfolger* zu v_1, v_1 heißt *Ausgangsknoten* von e bzw. v_2 *Zielknoten* von e.

Bemerkung 8.37

1) $(v_1, v_2) \in E$ zieht nicht notwendig $(v_2, v_1) \in E$ nach sich. $(v, v) \in E$ für gewisse $v \in V$, so genannte *Schleifen*, sind erlaubt. Treten keine Schleifen auf, heißt der gerichtete Graph *schleifenfrei*.

2) Neben gerichteten Graphen gibt es u. a. auch *ungerichtete Graphen*, bei denen die Kantenmenge durch $E \subset \{\{v_1, v_2\} : v_1, v_2 \in V, v_1 \neq v_2\}$ repräsentiert wird, demzufolge nicht zwischen den Kanten (v_1, v_2) und (v_2, v_1) unterschieden wird. Ein ungerichteter Graph kann als spezieller gerichteter Graph aufgefasst werden, für den nämlich gilt:

$$(v_1, v_2) \in E \Rightarrow (v_2, v_1) \in E \quad \text{für alle} \quad v_1, v_2 \in V\,,$$

um dann (v_1, v_2) und (v_2, v_1) zu identifizieren. △

Die konkrete Wahl der Knotendarstellung ist für die folgenden Aussagen irrelevant, d. h. zwei gerichtete Graphen (V, E) und (V', E') werden als gleich angesehen, wenn eine bijektive Abbildung

$$\varphi : V \to V'$$

existiert, so dass

$$(v_1', v_2') \in E' \Leftrightarrow \text{Es gibt } v_1, v_2 \in V \text{ mit } (v_1, v_2) \in E, v_i' = \varphi(v_i), i = 1, 2\,. \tag{8.77}$$

O. B. d. A. kann somit bei einem endlichen gerichteten Graph, wie sie im Folgenden nur betrachtet werden sollen,

$$V = \{1, \ldots, n\}$$

gesetzt werden. Damit sind noch Umnummerierungen möglich. Diese sind zwar für die folgenden Aussagen nicht essentiell, verändern aber mit Graphen assoziierte Matrizen (s. u.), so dass wir definieren:

Definition 8.38

Seien (V, E), (V', E') gerichtete Graphen. V und V' seien jeweils mit einer totalen Ordnung versehen, die unterschiedslos mit $\leq$ bezeichnet wird. (V, E) und (V', E') heißen *isomorph*, wenn es eine bijektive Abbildung $\varphi : V \to V'$ gibt, die ordnungserhaltend ist (d. h. $v_1 \leq v_2 \Rightarrow \varphi(v_1) \leq \varphi(v_2)$) und so (8.77) gilt.
Wir setzen daher voraus, dass die Knotenmenge immer mit einer Ordnung versehen ist und identifizieren sie bei einem endlichen Graphen im Sinn dieser Ordnung mit $\{1, \ldots, n\}$ für ein $n \in \mathbb{N}$.

Im Folgenden ist Eindeutigkeit eines Graphen immer bis auf Isomorphie zu verstehen. Einem gerichteten Graphen kann auf zwei Arten eine beschriebene Matrix zugeordnet werden:

Definition 8.39

Sei (V, E) ein endlicher gerichteter Graph, die Knoten seien gemäß ihrer Ordnung nummeriert: $v_1 \leq \ldots \leq v_n$ für ein $n \in \mathbb{N}$.
$A = (a_{i,j}) \in \mathbb{R}^{(n,n)}$, definiert durch

$$a_{i,j} = \begin{cases} 1 & \text{, falls } (v_i, v_j) \in E \\ 0 & \text{, sonst ,} \end{cases}$$

heißt dann die *Adjazenzmatrix* oder *Nachbarschaftsmatrix* zu (V, E).
Sei andererseits $A \in \mathbb{R}^{(n,n)}$ eine beliebige Matrix.
Durch

$$\widehat{a}_{i,j} := \begin{cases} 1 & \text{, falls } a_{i,j} \neq 0 \\ 0 & \text{, sonst} \end{cases}$$

wird A eine Adjazenzmatrix $\widehat{A} = (\widehat{a}_{i,j}) \in \mathbb{R}^{(n,n)}$ zugeordnet und damit ein *Adjazenzgraph*.

Die Adjazenzmatrix bzw. jedes $A = (a_{i,j}) \in \mathbb{R}^{(n,n)}$ mit $a_{i,j} \in \{0, 1\}$ legt also den zugehörigen gerichteten Graphen auf V eindeutig fest. Eine Umnummerierung, d. h. Permutation der Knoten entspricht einer simultanen Permutation der Zeilen und Spalten der Adjazenzmatrix. Da nach (2.133) die Permutation von Zeilen mit einer Permutation σ der Multiplikation von links mit P und nach (2.134) der Permutation von Spalten die Multiplikation von rechts mit $P^{-1} = P^t$ entspricht, wobei P die Permutationsmatrix zu σ^{-1} ist, bedeutet dies also für die Adjazenzmatrix den Übergang von A zu

$$PAP^t . \tag{8.78}$$

Der Adjazenzgraph A ist dadurch genau dann als ungerichteter Graph interpretierbar, wenn A symmetrisch ist.

Definition 8.40

Es gelten die Voraussetzungen von Definition 8.39 und auch die Kantenmenge E wird durchnummeriert mit $k_1, \ldots, k_m$ für ein $m \in \mathbb{N}$.
$B = (b_{i,j}) \in \mathbb{R}^{(m,n)}$, definiert durch

$$b_{i,j} := \begin{cases} 1 & \text{, falls } v_j \text{ Zielknoten von } k_i \text{ ist} \\ -1 & \text{, falls } v_j \text{ Ausgangsknoten von } k_i \text{ ist} \\ 0 & \text{, sonst ,} \end{cases}$$

heißt *Inzidenzmatrix* oder *Knoten-Kanten-Matrix* zu (V, E).

Die Inzidenzmatrix bzw. jedes $B \in \mathbb{R}^{(m,n)}$, für das $b_{i,j} \in \{0, 1, -1\}$ und $b_{i,j} = 1$ für genau ein $j \in \{1, \ldots, n\}, b_{i,j} = -1$ für genau ein $j \in \{1, \ldots, n\}$ gilt, legt den zugehörigen gerichteten Graphen auf V eindeutig fest. Die Inzidenzmatrix zu einem Graphen ist schon in Abschnitt 1.6 aufgetreten und benutzt worden.

Definition 8.41

Sei (V, E) ein endlicher gerichteter Graph, $v_1, v_2 \in V$, $v_1 \neq v_2$. Der Knoten v_1 heißt mit dem Knoten v_2 *durch einen Pfad verbindbar*, wenn Knoten $v_{i_1}, \ldots, v_{i_{l-1}}$ existieren, so dass mit $v_{i_0} := v_1$, $v_{i_l} := v_2$ alle $(v_{i_j}, v_{i_{j+1}})$, $j = 0, \ldots, l-1$ Kanten, d. h. in E sind. $l \in \mathbb{N}$ heißt die Länge des *Pfads* $(v_{i_0}, v_{i_1}), \ldots, (v_{i_{l-1}}, v_{i_l})$ von v_1 nach v_2. (V, E) heißt *zusammenhängend*, wenn sich jedes $v_1 \in V$ mit jedem $v_2 \in V$ durch einen Pfad verbinden lässt.

Die Relation

$$v_1 \sim v_2 := v_1 \text{ ist durch einen Pfad verbindbar mit } v_2$$

ist zwar transitiv, aber i. Allg. nicht symmetrisch, es sei denn (V, E) ist nicht gerichtet. Ergänzen wir die Definition, so dass immer $v \sim v$ gilt, so liegt für ungerichtete Graphen eine Äquivalenzrelation vor, so dass V sodann in Äquivalenzklassen zerfällt (siehe Satz A.22).
Ein ungerichteter Graph ist damit zusammenhängend, genau dann, wenn nur eine Äquivalenzklasse existiert. Die Äquivalenzklassen heißen auch *Zusammenhangskomponenten*.
Allgemein gilt:

Lemma 8.42: nicht zusammenhängender Graph

Sei (V, E) ein endlicher gerichteter Graph.
(V, E) ist nicht zusammenhängend genau dann, wenn gilt:
Es existiert $N \subset V, N \neq \emptyset$, $N \neq V$, so dass für jedes $v_1 \in N$ kein Pfad zu einem $v_2 \in V \setminus N$ existiert.

Beweis: „$\Rightarrow$“: Nach Voraussetzung gibt es $v_1, v_2 \in V$, $v_1 \neq v_2$, so dass v_1 nicht durch einen Pfad mit v_2 verbindbar ist.
Sei vorerst $N := \{v \in V : v_1$ ist mit v durch einen Pfad verbindbar$\}$.
Ist $v \in N$ und gibt es einen Pfad von v zu einem $\overline{v} \in V \setminus N$ dann wird v aus N entfernt. Schließlich wird v_1 zu N hinzugefügt.
Deshalb gilt $v_2 \notin N$ und $N \neq \emptyset$. V ist demnach disjunkt in N und $V \setminus N$ zerlegt, so dass kein Pfad von einem $v \in N$ zu einen $\overline{v} \in V \setminus N$ existiert. □

Die entsprechenden Matrizenbegriffe sind schon in Definition 2.71 eingeführt worden:

Satz 8.43: (ir-)reduzible Matrix

Sei $A \in \mathbb{R}^{(n,n)}$, $A \neq 0$.

1) A ist irreduzibel, genau dann, wenn der zugehörige Adjazenzgraph zusammenhängend ist.

2) A ist reduzibel genau dann, wenn eine Permutationsmatrix $P \in \mathbb{R}^{(n,n)}$ existiert, so dass

$$PAP^t = \left(\begin{array}{c|c} A_{1,1} & 0 \\ \hline A_{2,1} & A_{2,2} \end{array}\right), \tag{8.79}$$

wobei $A_{1,1} \in \mathbb{R}^{k,k}$ für ein $k \in \{1, \dots, n-1\}$ und die anderen Teilmatrizen in der Partitionierung entsprechend dimensioniert sind.

Beweis: Zu 1): Ist klar.

Zu 2): Nach Lemma 8.42 ist der Adjazenzgraph von A genau dann nicht zusammenhängend, wenn $\{1, \dots, n\}$ in N und M zerfällt, so dass $v \in N$ nicht zu $\overline{v} \in M$ durch einen Pfad verbindbar ist. Durch Umnummerierung sei $N = \{v_1, \dots, v_k\}$, $M = \{v_{k+1}, \dots, v_n\}$. Also ist äquivalent zur Reduzibilität:

$$a_{i,j} = 0 \quad \text{für} \quad i \in \{1, \dots, k\},\ j \in \{k+1, \dots, n\}\,. \tag{8.80}$$

Wäre nämlich $a_{\mu,\nu} \neq 0$ für ein $\mu \in \{1, \dots, k\}$, $\nu \in \{k+1, \dots, n\}$, dann wäre v_μ zu v_ν mit einem Pfad (der Länge 1) verbindbar, gilt andererseits (8.80), gibt es keinen Pfad von einem $v \in N$ zu einem $\overline{v} \in M$. Demzufolge hat A nach simultaner Permutation von Zeilen und Spalten die Form (8.79). □

Bemerkungen 8.44

1) Allgemein gilt:

$$A \text{ ist (ir)reduzibel } \Leftrightarrow PAP^t \text{ ist (ir)reduzibel}$$

für eine beliebige Permutationsmatrix P.

2) Im reduziblen Fall kann das LGS $A\boldsymbol{x} = \boldsymbol{b}$ durch simultane Zeilen- und Spaltenpermutation in die gestaffelte Form

$$\begin{aligned} A_{1,1}\boldsymbol{x}_1 &= \boldsymbol{b}_1 \\ A_{2,2}\boldsymbol{x}_2 &= \boldsymbol{b}_2 - A_{2,1}\boldsymbol{x}_1 \end{aligned}$$

gebracht werden. Dabei sind $\boldsymbol{x} = \left(\boldsymbol{x}_1^t, \boldsymbol{x}_2^t\right)^t$, $\boldsymbol{b} = \left(\boldsymbol{b}_1^t, \boldsymbol{b}_2^t\right)^t$ zu (8.79) kompatible Partitionierungen. Es können daher zwei kleinere LGS gelöst werden, die nur einseitig gekoppelt sind ($\boldsymbol{x}_2$ hängt von $\boldsymbol{x}_1$ ab, aber nicht $\boldsymbol{x}_1$ von $\boldsymbol{x}_2$).

3) A ist (ir)reduzibel $\Leftrightarrow \widehat{A}$ ist (ir)reduzibel.
Dabei ist $\widehat{A} = (\widehat{a}_{i,j})$ und

$$\widehat{a}_{i,j} := \begin{cases} \text{beliebig}, \neq 0 & , \text{ für } i \neq j, a_{i,j} \neq 0 \\ 0 & , \text{ für } i \neq j, a_{i,j} = 0 \\ \text{beliebig} & , \text{ für } i = j\,. \end{cases}$$

4) Mit $A \in \mathbb{R}^{(n,n)}$ ist auch A^t irreduzibel.
Um i mit j durch nichtverschwindende Einträge von A^t zu verbinden, verbinde man j mit i durch nichtverschwindende Einträge von A und kehre den Pfad dann um.

△

Sei $A \in \mathbb{R}^{(n,n)}$ und (V, E) der zugehörige Adjazenzgraph. Einen Pfad der Länge 1 von Knoten i zu Knoten j gibt es genau dann, wenn $a_{i,j} \neq 0$. Einen Pfad der Länge 2 von Knoten i zu Knoten j gibt es, wenn ein Knoten k existiert, so dass

$$a_{i,k} \neq 0 \text{ und } a_{k,j} \neq 0\,, \tag{8.81}$$

$$\text{also wenn} \qquad (A^2)_{ij} = \sum_{l=1}^{n} a_{i,l}a_{l,j} \neq 0\,. \tag{8.82}$$

Gilt andererseits (8.81) und ist zusätzlich $a_{i,j} \geq 0$ für alle $i, j = 1, \ldots, n$, dann folgt aus (8.81) auch (8.82).
Allgemein gilt aus diesem Grund:

Lemma 8.45

Sei $A \in \mathbb{R}^{(n,n)}$, $q \in \mathbb{N}$.

1) Ist $(A^q)_{i,j} \neq 0$, dann gibt es einen Pfad der Länge q vom Knoten i zum Knoten j des zugehörigen Adjazenzgraphen.

2) Ist $a_{i,j} \geq 0$ für alle $i, j \in \{1, \ldots, n\}$, dann gilt auch die Umkehrung von Aussage 1).

Beweis: Durch vollständige Induktion über q.
Für $q = 1$ ist die Behauptung klar.
Es gelte die Behauptung für q. Wegen

$$\left(A^{q+1}\right)_{i,j} = (A^q A)_{i,j} = \sum_{l=1}^{n} a_{i,l}^{(q)} a_{l,j} , \quad \text{wobei } A^q = \left(a_{i,j}^{(q)}\right) ,$$

folgt die Behauptung für $q \neq 1$ aus den obigen Überlegungen: Bei 1) etwa ist $\left(A^{q+1}\right)_{i,j} \neq 0$ und damit $a_{i,l}^{(q)} \neq 0,\ a_{l,j} \neq 0$ für ein $l \in \{1, \ldots, n\}$. Nach Induktionsvoraussetzung gibt es dann einen verbindenden Pfad vom Knoten i zum Knoten l der Länge q und vom Knoten l zum Knoten j der Länge 1, zusammen folgt die Behauptung. Bei 2) beachte man, dass auch $a_{i,j}^{(q)} \geq 0$ für alle $i, j \in \{1, \ldots, n\}$. □

Aus Lemma 8.45 folgt unmittelbar eine hinreichende bzw. bei $a_{i,j} \geq 0$ für alle $i, j \in \{1, \ldots, n\}$ äquivalente Bedingung für Irreduzibilität. Ist $a_{i,i} > 0$ für alle $i = 1, \ldots, n$, gilt verschärft:

Theorem 8.46: Positive Potenz und Irreduzibilität

Sei $A \in \mathbb{R}^{n,n}$,

$$a_{i,j} \geq 0 \text{ für } i, j \in \{1, \ldots, n\},\ a_{i,i} > 0 \text{ für } i = 1, \ldots, n .$$

Dann sind äquivalent:

(i) Es existiert ein $q \in \mathbb{N}$, so dass

$$(A^q)_{i,j} > 0 \text{ für alle } i, j \in \{1, \ldots, n\} .$$

(ii) A ist irreduzibel.

Beweis: (i) $\Rightarrow$ (ii): Folgt aus Lemma 8.45, 1).
(ii) $\Rightarrow$ (i): Sei $A^q = (a_{i,j}^{(q)})$. Nach Voraussetzung gilt für $l \in \mathbb{N}_0$:
$\left(A^{l+1}\right)_{i,j} = \sum_{k=1}^{n} a_{i,k}^{(l)} a_{k,j} > 0$, falls $a_{i,j}^{(l)} > 0$ und damit $a_{i,j}^{(l)} a_{j,j} > 0$.

Gibt es demnach einen Pfad der Länge l, den Knoten i im Adjazenzgraph mit Knoten j zu verbinden, so gibt es auch einen solchen Pfad der Länge $l+1$, d. h. es gibt einen solchen Pfad der Länge $\bar{l}$ für jedes $\bar{l} \geq l$.

Nach Definition gibt es zu den beliebigen Knoten i, j einen Pfad der Länge $q((i, j)) \in \mathbb{N}$, der i mit j verbindet. Sei

$$q := \max_{i,j=1,\dots,n} q((i, j)) .$$

Dann gibt es nach obigen Überlegungen zu beliebigen Knoten i, j Pfade der Länge q, die i mit j verbinden, mit Lemma 8.45, 2) folgt die Behauptung. □

Lemma 8.45 aus der Sicht von Graphen formuliert lautet:

Satz 8.47: Pfadlänge in Graphen

Sei (V, E) ein endlicher gerichteter Graph, sei $A \in \mathbb{R}^{(n,n)}$ die zugehörige Adjazenzmatrix, $q \in \mathbb{N}$. Seien $i, j \in \{1, \dots, n\}$. Dann gibt $(A^q)_{i,j}$ die Anzahl der Pfade der Länge q an, die den Knoten i mit dem Knoten j verbinden.

Ist (V, E) ungerichtet, d. h. A symmetrisch, dann gibt $\left(A^2\right)_{i,i}$ den *Grad* des Knotens i an, d. h. die Anzahl der Kanten, die i als Ausgangsknoten haben.

Beweis: Der erste Teil ist analog zum Beweis von Lemma 8.45, beim zweiten Teil beachte man

$$\left(A^2\right)_{i,i} = \sum_{l=1}^{n} a_{i,l} a_{l,i} = \sum_{l=1}^{n} a_{i,l}^2 = \sum_{l=1}^{n} a_{i,l}$$

wegen $a_{i,l} \in \{0, 1\}$. □

Aufgaben

Aufgabe 8.17 (K) Bestimmen Sie für den Graphen aus Aufgabe 8.10 die Adjazenzmatrix und die Inzidenzmatrix.

Aufgabe 8.18 (T) Zeigen Sie die Irreduzibilität der Matrix

$$A = \begin{pmatrix} 2 & -1 & & & \\ -1 & 2 & -1 & & \\ & \ddots & \ddots & \ddots & \\ & & -1 & 2 & -1 \\ & & & -1 & 2 \end{pmatrix} \in \mathbb{R}^{(n,n)} .$$

8.5 (Invers-)Monotone Matrizen und Input-Output-Analyse

In den Teilen des Beispiels 4 (Input-Output-Analyse, Kapitel 1.1 , 1.3 und 2.3) ist die Nützlichkeit von monotonen und invers-monotonen Matrizen klar geworden. Hier sollen einige Grundergebnisse ihrer Theorie entwickelt werden, um diese dann u. a. auf die Input-Output-Analyse anzuwenden. Wir ergänzen Definition 6.1:

Definition 8.48

Sei $\boldsymbol{x} \in \mathbb{R}^n$, $\boldsymbol{x} = (x_i)$, $\boldsymbol{y} \in \mathbb{R}^n$. $|\boldsymbol{x}| \in \mathbb{R}^n$ wird definiert durch

$$(|\boldsymbol{x}|)_i := |x_i| \text{ für } i = 1, \dots, n .$$

Seien $A = (a_{i,j})$, $B = (b_{i,j}) \in \mathbb{R}^{(m,n)}$. Analog zu Definition 6.1 definiert man

$$A \trianglerighteq 0 \text{ genau dann, wenn } a_{i,j} \geq 0 \text{ für alle } i = 1, \dots, m, \ j = 1, \dots, n,$$
$$\text{sowie } A \vartriangleright 0,\ A \trianglerighteq B,\ B \trianglelefteq A,\ A \vartriangleright B,\ B \vartriangleleft A \text{ und (auch für } A \in \mathbb{K}^{(n,n)}) \ |A| .$$

Um eine Unterscheidung zu

$A \geq 0$ für eine (symmetrische), positiv semidefinite Matrix,
$A > 0$ für eine (symmetrische), positiv definite Matrix (nach Definition 4.133)

sicherzustellen wurde eine unterschiedliche Bezeichnung gewählt.

Bemerkungen 8.49 Sei $\boldsymbol{x} \in \mathbb{R}^n$, $\boldsymbol{x} \geq \boldsymbol{0}$. $A \in \mathbb{R}^{(m,n)}$, $A \trianglerighteq 0$. Einige offensichtliche Abschätzungen sind:

1) $\boldsymbol{x} \leq |\boldsymbol{x}|$.

2) $A\boldsymbol{x} \geq \boldsymbol{0}$.

3) Ist $\boldsymbol{x} \neq \boldsymbol{0}$, $A \vartriangleright 0$, dann $A\boldsymbol{x} > \boldsymbol{0}$.

4) Ist $\boldsymbol{x} > \boldsymbol{0}$, $A \neq 0$, dann $A\boldsymbol{x} \neq \boldsymbol{0}$, aber nicht i. Allg. $A\boldsymbol{x} > \boldsymbol{0}$.

5) Sind $\boldsymbol{x} \in \mathbb{K}^n$, $A \in \mathbb{K}^{(m,n)}$ beliebig, dann $|A\boldsymbol{x}| \leq |A||\boldsymbol{x}|$.

6) Sind $\boldsymbol{x}$, $\boldsymbol{y} \in \mathbb{R}^n$, $\boldsymbol{x}, \boldsymbol{y} \geq \boldsymbol{0}$, dann:

$$(\boldsymbol{x} \,.\, \boldsymbol{y}) \geq 0, \text{ ist } \boldsymbol{x} \neq \boldsymbol{0},\ \boldsymbol{y} > \boldsymbol{0}, \text{ dann } (\boldsymbol{x} \,.\, \boldsymbol{y}) > 0.$$

7) Sei $A \in \mathbb{K}^{(n,n)}$, $B \in \mathbb{R}^{(n,n)}$ und $|A| \trianglelefteq B$. Dann gilt $\rho(A) \leq \rho(B)$.

Aus $|a_{i,j}| \leq b_{i,j}$ für alle $i, j = 1, \dots, n$ folgt durch vollständige Induktion für $k \in \mathbb{N}$

$$|(A^k)_{i,j}| \leq |(B^k)_{i,j}| \text{ für alle } i, j = 1, \dots, n$$

und daher z. B. in der Zeilensummennorm

$$\|A^k\| \leq \|B^k\| ,$$

also nach Bemerkungen 7.33, 1)

$$\rho(A) = \lim_{k\to\infty} \|A^k\|^{1/k} \leq \lim_{k\to\infty} \|B^k\|^{1/k} = \rho(B) .$$

△

In Beispiel 4(3) wurde schon im Wesentlichen gezeigt (dort nur für $m = n$ und ohne den offensichtlichen Teil (iii)):

Lemma 8.50

Sei $A \in \mathbb{R}^{(m,n)}$.

1) Dann sind äquivalent:

(i) $A \trianglerighteq 0$.

(ii) $\boldsymbol{x} \geq \boldsymbol{0} \Rightarrow A\boldsymbol{x} \geq \boldsymbol{0}$ für alle $\boldsymbol{x} \in \mathbb{R}^n$.

(iii) $\boldsymbol{x} \geq \boldsymbol{y} \Rightarrow A\boldsymbol{x} \geq A\boldsymbol{y}$ für alle $\boldsymbol{x}, \boldsymbol{y} \in \mathbb{R}^n$.

Solche Matrizen heißen *nicht negativ* oder *monoton*.

2) Sei $m = n$. Dann sind äquivalent:

(i) A ist invertierbar und $A^{-1} \geq 0$.

(ii) $A\boldsymbol{x} \geq \boldsymbol{0} \Rightarrow \boldsymbol{x} \geq 0$ für alle $\boldsymbol{x} \in \mathbb{R}^n$.

(iii) $A\boldsymbol{x} \geq A\boldsymbol{y} \Rightarrow \boldsymbol{x} \geq \boldsymbol{y}$ für alle $\boldsymbol{x}, \boldsymbol{y} \in \mathbb{R}^n$.

Solche Matrizen heißen *invers-monoton*.

Ist also ein LGS

$$A\boldsymbol{x} = \boldsymbol{b} \tag{8.83}$$

durch eine invers-monotone Matrix A gegeben, so führt eine Anordnung der Daten

$$\boldsymbol{b}^{(1)} \geq \boldsymbol{b}^{(2)}$$

zu einer Anordnung der Lösungen

$$\boldsymbol{x}^{(1)} \geq \boldsymbol{x}^{(2)} .$$

Insbesondere erzeugt eine *Oberlösung* von (8.83), d. h. ein $\overline{\boldsymbol{x}} \in \mathbb{R}^n$ mit $A\overline{\boldsymbol{x}} \geq \boldsymbol{b}$, die Abschätzung für die Lösung $\boldsymbol{x}$ von (8.83):

$$\boldsymbol{x} \leq \overline{\boldsymbol{x}}$$

und analog eine *Unterlösung*, d. h. ein $\underline{\boldsymbol{x}} \in \mathbb{R}^n$ mit $A\underline{\boldsymbol{x}} \leq \boldsymbol{b}$ die Abschätzung

$$\underline{\boldsymbol{x}} \leq \boldsymbol{x}\,,$$

zusammen dementsprechend die *Einschließung*

$$\underline{\boldsymbol{x}} \leq \boldsymbol{x} \leq \overline{\boldsymbol{x}}\,.$$

Wir beginnen mit dem Hauptsatz über monotone Matrizen, dessen Beweis bei alleinigem Interesse an den nachfolgenden Anwendungen übersprungen werden kann.

Hauptsatz 8.51: Satz von PERRON und FROBENIUS

Sei $A \in \mathbb{R}^{(n,n)}$, $A \trianglerighteq 0$.
Dann gilt:

1) $\rho(A)$ ist ein Eigenwert von A.
2) Ist zusätzlich $A \rhd 0$, so gibt es zu $\rho(A)$ einen Eigenvektor $\boldsymbol{u}$, so dass $\boldsymbol{u} > \boldsymbol{0}$.
3) Zu $\rho(A)$ gibt es einen Eigenvektor $\boldsymbol{u}$, so dass $\boldsymbol{u} \geq \boldsymbol{0}$.
4) Ist A zusätzlich irreduzibel, dann gilt:
   a) $\mathrm{Kern}(A - \rho(A)\mathbb{1}) = \mathrm{span}(\boldsymbol{u})$ für ein $\boldsymbol{u} \in \mathbb{R}^n$ mit $\boldsymbol{u} > \boldsymbol{0}$.
   b) Auch die algebraische Vielfachheit von $\rho(A)$ ist 1.
   c) $\rho(A)$ ist der einzige Eigenwert mit einem nicht negativen Eigenvektor.

Beweis (nach HELMUT WIELANDT[14]):

– in Anlehnung an HUPPERT und WILLEMS 2006, S. 339 f. –

Zu 1): Ist $\rho(A) = 0$, so ist 0 Eigenwert von A.
Sei sodann $\rho(A) > 0$. O. B. d. A. kann $\rho(A) = 1$ gesetzt werden durch Übergang zur Matrix $\widetilde{A} := \rho(A)^{-1}A$. Zu zeigen ist deswegen: 1 ist ein Eigenwert von A. Es ist für $0 \leq t < 1$:

$$\rho(tA) = t < 1$$

und damit nach Theorem 7.39

[14] Helmut WIELANDT *19. Dezember 1910 in Niedereggenen †14. Februar 2001 in Schliersee

$$(\mathbb{1} - tA)^{-1} = \sum_{k=0}^{\infty} t^k A^k \geq \sum_{k=0}^{m} t^k A^k \tag{8.84}$$

für alle $m \in \mathbb{N}$.
Angenommen 1 ist kein Eigenwert von A. Dann existiert auch $(\mathbb{1} - A)^{-1}$ und da die Abbildung $A \mapsto A^{-1}$ stetig ist auf der offenen Menge der invertierbaren Matrizen (siehe Theorem 7.39, 3)), so folgt für $t \to 1$ aus (8.84)

$$(\mathbb{1} - A)^{-1} \geq \sum_{k=0}^{m} A^k \quad \text{für alle} \quad m \in \mathbb{N} .$$

Insbesondere gilt also $\lim_{k\to\infty} A^k = 0$ nach Bemerkungen 7.38, 2), 3) und nach Hauptsatz 7.34 folgt damit der Widerspruch $\rho(A) < 1$.
Zu 2): Im Fall $\rho(A) = 0$ ist $\lambda = 0$ der einzige Eigenwert von A, so dass nach Satz 4.78, 2) $A^n = 0$ folgt im Widerspruch zu $A > 0$. Folglich ist $\rho(A) > 0$ und damit können wir uns wieder auf $\rho(A) = 1$ beschränken. Nach 1) gibt es ein $\boldsymbol{v} \in \mathbb{R}^n$, $\boldsymbol{v} \neq \boldsymbol{0}$, so dass

$$A\boldsymbol{v} = \boldsymbol{v} .$$

Wir behaupten, dass $\boldsymbol{u} := |\boldsymbol{v}| \geq \boldsymbol{0}$ auch Eigenvektor von A zu $\lambda = 1$ ist, für den dann wegen $A \rhd 0$ notwendigerweise gilt

$$\boldsymbol{u} = A\boldsymbol{u} > \boldsymbol{0} .$$

– Hier und im Folgenden wird immer wieder von den Bemerkungen 8.49 Gebrauch gemacht. –

Angenommen, $\boldsymbol{u}$ ist kein Eigenvektor von A zu $\lambda = 1$. Wegen

$$\boldsymbol{u} = |A\boldsymbol{v}| \leq |A||\boldsymbol{v}| = A\boldsymbol{u}$$

bedeutet das für

$$\boldsymbol{w} := (A - \mathbb{1})\boldsymbol{u} \geq \boldsymbol{0}$$

die Annahme $\boldsymbol{w} \neq \boldsymbol{0}$. Dann ist

$$(A - \mathbb{1})A\boldsymbol{u} = A\boldsymbol{w} \text{ und } A\boldsymbol{w} > \boldsymbol{0}$$

und damit gibt es ein $\varepsilon > 0$, so dass $A\boldsymbol{w} \geq \varepsilon A\boldsymbol{u}$.
Sei $\boldsymbol{z} := A\boldsymbol{u} > \boldsymbol{0}$, dann:

$$(A - \mathbb{1})\boldsymbol{z} = (A - \mathbb{1})A\boldsymbol{u} \geq \varepsilon\boldsymbol{z} \quad \text{bzw.} \quad A\boldsymbol{z} \geq (1 + \varepsilon)\boldsymbol{z} .$$

Insofern erfüllt die Matrix

$$B := (1 + \varepsilon)^{-1}A > 0$$

mit $Bz \geq z$ auch $B^m z \geq z$ für alle $m \in \mathbb{N}$ wegen $B^m - \mathbb{1} = (\sum_{i=0}^{m-1} B^i)(B - \mathbb{1})$.
Andererseits folgt aus Hauptsatz 7.34 wegen $\rho(B) = (1+\varepsilon)^{-1} < 1$:

$$\lim_{m\to\infty} B^m = 0$$

und damit der Widerspruch $\mathbf{0} = \lim_{m\to\infty} B^m z \geq z > \mathbf{0}$.
Zu 3): Durch eine kleine Störung in A durch

$$A_k := A + \frac{1}{k}\mathbf{1},\ k \in \mathbb{N}$$

kann auf Teil 2) zurückgegriffen werden. Dabei ist $\mathbf{1} \in \mathbb{R}^{(n,n)}$ die Matrix, die an allen Positionen den Eintrag 1 hat. Es existieren somit Eigenvektoren $\boldsymbol{u}^{(k)} \in \mathbb{R}^n$, $\boldsymbol{u}^{(k)} > \mathbf{0}$ von A_k zu $\rho_k := \rho(A_k)$.
Wegen

$$A_1 > A_2 > \ldots > A$$

gilt nach Bemerkungen 8.49, 7)

$$\rho_1 \geq \rho_2 \geq \ldots \geq \rho := \rho(A)\,.$$

Damit existiert $\mu := \lim_{k\to\infty} \rho_k$ und

$$\mu \geq \rho\,. \tag{8.85}$$

Durch Übergang zu den normierten Eigenvektoren $\boldsymbol{u}^{(k)}/\|\boldsymbol{u}^{(k)}\|_1$ (siehe Bemerkungen 7.2, 1)) liegen alle Eigenvektoren in der kompakten Menge

$$\mathcal{M} := \{\boldsymbol{x} \in \mathbb{R}^n : \boldsymbol{x} \geq \mathbf{0},\ \sum_{i=1}^n x_i = 1\}\,.$$

Nach Satz C.11 existiert deswegen eine konvergente Teilfolge von $(\boldsymbol{u}^{(k)})_k$ – wieder mit $(\boldsymbol{u}^{(k)})_k$ bezeichnet – und

$$\lim_{k\to\infty} \boldsymbol{u}^{(k)} =: \boldsymbol{u} \in \mathcal{M},\ \text{d.h. } \boldsymbol{u} \geq \mathbf{0},\ \boldsymbol{u} \neq \mathbf{0}\,.$$

Daraus folgt

$$\mu\boldsymbol{u} = \lim_{k\to\infty} \rho_k \boldsymbol{u}^{(k)} = \lim_{k\to\infty} A_k \boldsymbol{u}^{(k)} = \lim_{k\to\infty} A\boldsymbol{u}^{(k)} + \lim_{k\to\infty} (A_k - A)\boldsymbol{u}^{(k)} = A\boldsymbol{u} + \mathbf{0}\,,$$

da $\lim_{k\to\infty} A_k = A$ und $(\boldsymbol{u}^{(k)}) \in \mathcal{M}$ beschränkt ist. Also ist $\boldsymbol{u}$ Eigenvektor zum Eigenwert μ, für den nach (8.85)

$$\mu = \rho(A)$$

gilt.

Zu 4 a): Nach 3) existiert ein $\boldsymbol{u} \in \mathbb{R}^n$, $\boldsymbol{u} \geq \boldsymbol{0}$, $\boldsymbol{u} \neq \boldsymbol{0}$, so dass $A\boldsymbol{u} = \rho(A)\boldsymbol{u}$.
$\boldsymbol{u}$ hat m Komponenten mit $u_i > 0$, $1 \leq m \leq n$. Zu zeigen ist, dass $m = n$, um $\boldsymbol{u} > 0$ sicherzustellen. Diese m Komponenten werden durch eine Permutation auf den ersten m Positionen platziert und $P^{-1} \in \mathbb{R}^{(n,n)}$ sei die zugehörige Permutationsmatrix, dann

$$\boldsymbol{u} = P\boldsymbol{w} \quad \text{und} \quad \boldsymbol{w} = (w_1, \ldots, w_m, 0, \ldots, 0)^t, \quad w_i > 0 \quad \text{für} \quad i = 1, \ldots, m\,.$$

Damit gilt für $B := P^{-1}AP$:

$$B\boldsymbol{w} = \rho(A)\boldsymbol{w}\,.$$

B sei partioniert in der Form

$$B = \left(\begin{array}{c|c} B_{1,1} & B_{1,2} \\ \hline B_{2,1} & B_{2,2} \end{array}\right)$$

mit $B_{1,1} \in \mathbb{R}^{(m,m)}$ und $B_{2,2} \in \mathbb{R}^{(n-m,n-m)}$ usw., wobei dabei eventuell $B_{1,2}, B_{2,1}, B_{2,2}$ nicht vorhanden sind.
Wir nehmen an, dass dies nicht so ist, d. h. $m < n$ gilt, dann folgt für $\overline{\boldsymbol{w}} = (w_1, \ldots, w_m) \in \mathbb{R}^m$, d. h. $\overline{\boldsymbol{w}} > \boldsymbol{0}$,

$$\rho(A)\left(\frac{\overline{\boldsymbol{w}}}{\boldsymbol{0}}\right) = \left(\begin{array}{c|c} B_{1,1} & B_{1,2} \\ \hline B_{2,1} & B_{2,2} \end{array}\right)\left(\frac{\overline{\boldsymbol{w}}}{\boldsymbol{0}}\right) = \left(\frac{B_{1,1}\overline{\boldsymbol{w}}}{B_{2,1}\overline{\boldsymbol{w}}}\right), \quad \text{also:} \quad \boldsymbol{0} = B_{2,1}\overline{\boldsymbol{w}}$$

und damit wegen $B_{2,1} \geq 0$, $\overline{\boldsymbol{w}} > 0$: $\quad B_{2,1} = 0$.

Damit ist die Matrix B reduzibel und nach Satz 8.43 auch A im Widerspruch zur Annahme. Hiermit ist $\boldsymbol{u} > 0$. Es bleibt zu zeigen, dass sich jeder Eigenvektor $\boldsymbol{w}$ von A zum Eigenwert $\rho(A)$ als Vielfaches von $\boldsymbol{u}$ schreiben lässt. Wählt man $\lambda \in \mathbb{R}$ als das Maximum der w_j/u_j, dann gilt

$$\boldsymbol{v} := \lambda\boldsymbol{u} - \boldsymbol{w} \geq \boldsymbol{0} \quad \text{und} \quad (\lambda\boldsymbol{u} - \boldsymbol{w})_i = 0 \quad \text{für ein} \quad i \in \{1, \ldots, n\}\,.$$

Wenn $\boldsymbol{v} \neq \boldsymbol{0}$ ist, dann ist $\boldsymbol{v}$ wieder nicht negativer Eigenvektor von A zu $\rho(A)$, für den in der ersten Hälfte dieses Teilbeweises $\boldsymbol{v} > \boldsymbol{0}$ gezeigt wurde. Das ist im Widerspruch zur Konstruktion von $\boldsymbol{v}$, so dass mit $\boldsymbol{v} = \boldsymbol{0}$ die Behauptung folgt.
Zu 4 b): Nach Satz 4.94 und Bemerkungen 4.89, 3) ist zu zeigen:

$$\operatorname{Kern}((A - \rho(A)\mathbb{1})^2) \subset \operatorname{Kern}(A - \rho(A)\mathbb{1})\,.$$

Sei $(A - \rho(A)\mathbb{1})^2\boldsymbol{w} = \boldsymbol{0}$, dann ist nach 4 a)

$$(A - \rho(A)\mathbb{1})\boldsymbol{w} = \lambda\boldsymbol{v}$$

für ein $\lambda \in \mathbb{R}$ und einen Eigenvektor $\boldsymbol{v} > \boldsymbol{0}$ von A zu $\rho(A)$. Es ist vor diesem Hintergrund $\lambda = 0$ zu zeigen. Wegen $\rho(A) = \rho(A^t)$ und $A^t \geq 0$ gibt es nach 3) ein $\boldsymbol{u} \in \mathbb{R}^n$, $\boldsymbol{u} \geq \boldsymbol{0}$, $\boldsymbol{u} \neq \boldsymbol{0}$, so dass

$$A^t\boldsymbol{u} = \rho(A)\boldsymbol{u}\,.$$

Damit folgt

$$\lambda\,(\boldsymbol{v}\,.\,\boldsymbol{u}) = ((A - \rho(A)\mathbb{1})\boldsymbol{w}\,.\,\boldsymbol{u}) = \left(\boldsymbol{w}\,.\,(A^t - \rho(A)\mathbb{1})\boldsymbol{u}\right) = 0$$

und dann wegen $(\boldsymbol{v}\,.\,\boldsymbol{u}) > 0$ die Behauptung $\lambda = 0$.
Zu 4 c): Sei $A\boldsymbol{w} = \lambda\boldsymbol{w}$ und $\boldsymbol{w} \geq \boldsymbol{0}, \boldsymbol{w} \neq \boldsymbol{0}$. Zu zeigen ist $\lambda = \rho(A)$. Da mit A auch A^t irreduzibel ist, gibt es nach 4 a) ein $\boldsymbol{u} \in \mathbb{R}^n$, so dass $A^t\boldsymbol{u} = \rho(A)\boldsymbol{u}$ und $\boldsymbol{u} > \boldsymbol{0}$. Es ist demzufolge $(\boldsymbol{w}\,.\,\boldsymbol{u}) > 0$ und

$$\lambda\,(\boldsymbol{w}\,.\,\boldsymbol{u}) = (A\boldsymbol{w}\,.\,\boldsymbol{v}) = \left(\boldsymbol{w}\,.\,A^t\boldsymbol{u}\right) = \rho(A)\,(\boldsymbol{w}\,.\,\boldsymbol{u})$$

und damit die Behauptung. □

Als Folgerung ergibt sich folgende Abschätzung für den Spektralradius:

Korollar 8.52: Spektralradiuseinschließung

Sei $A \in \mathbb{R}^{(n,n)}$, $A \trianglerighteq 0$ und irreduzibel.

1) Sei $\boldsymbol{x} \in \mathbb{R}^n$, $\boldsymbol{x} > \boldsymbol{0}$. $\boldsymbol{y} := A\boldsymbol{x}$, $t_k := (A\boldsymbol{x})_k / x_k$. Dann gilt:
Ist $t_i = t$ für alle $i = 1, \ldots, n$, dann

$$\rho(A) = t\,.$$

Gibt es $j, k \in \{1, \ldots, n\}$, so dass $t_j < t_k$, dann

$$\min_{l \in \{1,\ldots,n\}} t_l < \rho(A) < \max_{l \in \{1,\ldots,n\}} t_l\,.$$

2) Ist $\sum_{\nu=1}^{n} a_{i,\nu} = a$ für alle $i = 1, \ldots, n$, dann

$$\rho(A) = a\,.$$

Gibt es $j, k \in \{1, \ldots, n\}$, so dass

$$\sum_{\nu=1}^{n} a_{j,\nu} < \sum_{\nu=1}^{n} a_{k,\nu}\,,$$

dann ist

$$\min_{l \in \{1,\ldots,n\}} \sum_{\nu=1}^{n} a_{l,\nu} < \rho(A) < \max_{l \in \{1,\ldots,n\}} \sum_{\nu=1}^{n} a_{l,\nu}\,.$$

3) Es gebe $\overline{\boldsymbol{x}} \in \mathbb{R}^n, \overline{\boldsymbol{x}} > \boldsymbol{0}$, so dass $A\overline{\boldsymbol{x}} \leq \overline{\boldsymbol{x}}$ und $A\overline{\boldsymbol{x}} - \overline{\boldsymbol{x}} \neq \boldsymbol{0}$. Dann gilt:

$$\rho(A) < 1\,.$$

Beweis: Zu 1): Sei $t_k := y_k/x_k$ für $k = 1, \ldots, n$. Da auch $A^t \geq 0$ und irreduzibel, gibt es nach Hauptsatz 8.51, 4) ein $\boldsymbol{u} \in \mathbb{R}^n$, $\boldsymbol{u} > \boldsymbol{0}$, so dass $A^t\boldsymbol{u} = \rho(A)\boldsymbol{u}$.
Daraus folgt

$$((x_i t_i)_i - \rho(A)\boldsymbol{x} \,.\, \boldsymbol{u}) = (A\boldsymbol{x} - \rho(A)\boldsymbol{x} \,.\, \boldsymbol{u}) = \left(\boldsymbol{x} \,.\, (A^t - \rho(A)\mathbb{1})\boldsymbol{u}\right) = 0\,,$$

$$\text{d. h.}: \quad \sum_{i=1}^{n} (t_i - \rho(A))\, x_i u_i = 0$$

und $x_i u_i > 0$ für alle $i = 1, \ldots, n$. Damit sind nur die Fälle möglich:

1. $t_i - \rho(A) = 0$ für alle $i, \ldots, n$.
2. Es gibt $j, k \in \{1, \ldots, n\}$, so dass

$$t_j - \rho(A) < 0 < t_k - \rho(A)\,.$$

Zu 2): Man wähle in 1) $\boldsymbol{x} = \boldsymbol{1} = (1, \ldots, 1)^t$.
Zu 3): Nach Voraussetzung ist $(A\overline{x})_i/\overline{x}_i \leq 1$ und für mindestens ein $j \in \{1, \ldots, n\}$ gilt echte Ungleichheit. Danach trifft der zweite Fall in 1) zu und damit

$$\rho(A) < \max_{l \in \{1,\ldots,n\}} (A\overline{x})_l/\overline{x}_l \leq 1\,.$$ □

Eine Charakterisierung von Irreduzibilität bei nicht negativen Matrizen befindet sich in Theorem 8.46.

In Beispiel 4 haben wir gesehen, dass die Frage nach Zulässigkeit bzw. Profitabilität beim offenen Input-Output-Modell äquivalent ist mit der Eigenschaft, die wir gleich „nichtsinguläre M-Matrix" nennen werden. Diese soll im Folgenden charakterisiert werden. Allgemeiner betrachten wir dazu Matrizen $B = (b_{i,j}) \in \mathbb{R}^{(n,n)}$ mit

$$b_{i,j} \leq 0 \text{ für } i, j = 1, \ldots, n, i \neq j\,. \tag{8.86}$$

Solche Matrizen können äquivalent in der Form geschrieben werden (Übung):

$$B = s\mathbb{1} - A\,, \quad \text{wobei } s > 0 \text{ und } A \trianglerighteq 0\,. \tag{8.87}$$

Definition 8.53

Sei $B \in \mathbb{R}^{n,n}$ und habe die Form (8.87). Ist B invers-monoton, so heißt B *invertierbare M-Matrix*.

Dann gilt:

Hauptsatz 8.54: Charakterisierung invertierbare M-Matrix

Betrachtet werden Matrizen der Form (8.87). Dann sind folgende Eigenschaften äquivalent:

(i) B ist invertierbare M-Matrix.

(ii) $\rho(A) < s$.

(iii) Es existiert ein $\overline{\boldsymbol{x}} \in \mathbb{R}^n$, $\overline{\boldsymbol{x}} > \mathbf{0}$, so dass $\boldsymbol{y} := B\overline{\boldsymbol{x}} \geq \mathbf{0}$ und $\boldsymbol{y} \neq \mathbf{0}$ gilt, und weiter:
Ist $y_{i_0} = 0$ für $i_0 \in \{1, \ldots, n\}$, dann gibt es $i_1, \ldots, i_r \in \{1, \ldots, n\}$, so dass

$$b_{i_{j-1}, i_j} \neq 0 \text{ für } j = 1, \ldots, r \text{ und } y_{i_r} \neq 0\,,$$

d. h. im zugehörigen Adjazenzgraphen ist der Knoten i_0 im Fall $y_{i_0} = 0$ mit einem Knoten i_r verbindbar, für den $y_{i_r} \neq 0$ gilt.

(iv) Es existiert $\overline{\boldsymbol{x}} \in \mathbb{R}^n, \overline{\boldsymbol{x}} > \mathbf{0}$, so dass

$$B\overline{\boldsymbol{x}} > \mathbf{0}\,.$$

Beweis: Wir zeigen (ii) $\Rightarrow$ (i) $\Rightarrow$ (iv) $\Rightarrow$ (iii) $\Rightarrow$ (ii).

(ii) $\Rightarrow$ (i): Sei $\widetilde{B} := s^{-1}B = \mathbb{1} - s^{-1}A$, dann kann äquivalent für $\widetilde{B}$ die Inversmonotonie gezeigt werden. Wegen $\rho(s^{-1}A) < 1$ folgt aus Theorem 7.39:

$$\widetilde{B} \text{ ist invertierbar und } \widetilde{B}^{-1} = \sum_{k=0}^{\infty} (s^{-1}A)^k \geq 0\,,$$

da $(s^{-1}A)^k \geq 0$ für alle $k \in \mathbb{N}$ gilt.
(i) $\Rightarrow$ (iv): Sei $\boldsymbol{b} \in \mathbb{R}^n$ mit $\boldsymbol{b} > \mathbf{0}$ vorgegeben. Dann existiert ein $\boldsymbol{x} \in \mathbb{R}^n, \boldsymbol{x} \geq \mathbf{0}$, so dass

$$B\boldsymbol{x} = \boldsymbol{b}\,.$$

Es ist $\boldsymbol{x} \neq \mathbf{0}$, da sonst auch $\boldsymbol{b} = \mathbf{0}$ gelten müsste. Wenn $x_i \neq 0$ für alle $i = 1, \ldots, n$, ist der Beweis beendet. Sei $j \in \{1, \ldots, n\}$ so, dass $x_j = 0$.
Mit $B = \left(\boldsymbol{b}^{(1)}, \ldots, \boldsymbol{b}^{(n)}\right)$ ist dann

$$\sum_{\substack{i=1 \\ i \neq j}}^{n} x_i \boldsymbol{b}^{(i)} = \boldsymbol{b} \text{ und damit } \sum_{\substack{i=1 \\ i \neq j}}^{n} x_i \boldsymbol{b}^{(i)} + \varepsilon \boldsymbol{b}^{(j)} = \boldsymbol{b} + \varepsilon \boldsymbol{b}^{(j)} =: \boldsymbol{c}\,.$$

Wenn $\varepsilon > 0$ klein genug gewählt wird, gilt weiterhin $\boldsymbol{c} > \mathbf{0}$ und damit liegt für die rechte Seite $\boldsymbol{c}$ eine Lösung mit positiver j-ter Komponente vor. Mit weiteren Nullkomponenten von $\boldsymbol{x}$ wird entsprechend verfahren, bis eine positive Lösung für eine positive rechte Seite vorliegt.

(iv) $\Rightarrow$ (iii): Klar.
(iii) $\Rightarrow$ (ii): Insbesondere ist $A\overline{\boldsymbol{x}} \leq s\overline{\boldsymbol{x}}$ und $\boldsymbol{y} = (s\mathbb{1} - A)\overline{\boldsymbol{x}}$. Sei $\widehat{A} = (\widehat{a}_{i,j}) \in \mathbb{R}^{(n,n)}$ definiert durch

$$\widehat{a}_{i,j} = \begin{cases} a_{i,j} & \text{, wenn } a_{i,j} \neq 0 \\ \varepsilon & \text{, wenn } a_{i,j} = 0 \text{ und } y_i \neq 0 \\ 0 & \text{, sonst.} \end{cases}$$

Dabei ist $\varepsilon > 0$. Dann ist $\widehat{A}$ irreduzibel. Seien nämlich $k, l \in \{1, \ldots, n\}$ beliebig. Ist $y_k \neq 0$, dann ist $\widehat{a}_{k,l} \neq 0$, d. h. die Knoten im Adjazenzgraphen sind durch einen einkantigen Weg verbindbar. Ist $y_k = 0$, dann ist nach Voraussetzung der Knoten k im Adjazenzraphen mit einem Knoten i_r verbindbar, für den $y_{i_r} \neq 0$ gilt, so dass dieser wieder mit einem einkantigen Weg zum Knoten l verbindbar ist.

Wenn $\varepsilon > 0$ klein genug gewählt wird, gilt weiterhin

$$\widehat{A}\overline{\boldsymbol{x}} \leq s\overline{\boldsymbol{x}}, \; \widehat{A}\overline{\boldsymbol{x}} \neq s\overline{\boldsymbol{x}} \; .$$

Nach Folgerung 8.52, 3) ergibt sich für $s^{-1}\widehat{A}$:

$$\rho(s^{-1}\widehat{A}) < 1 \; , \text{ also } \quad \rho(\widehat{A}) < s$$

und wegen $\widehat{A} \geq A$ und Bemerkungen 8.49

$$\rho(A) \leq \rho(\widehat{A}) < s \; . \qquad \square$$

Die Zusatzbedingung in (iii) ist somit eine abgeschwächte Irreduzibilitätsforderung an A (siehe Abschnitt 8.4), d. h. insbesondere bei Irreduzibilität erfüllt.

Korollar 8.55

Sei B eine Matrix der Form (8.87). Seien $z_i := \sum_{j=1}^{n} b_{i,j}$ die Zeilensummen und $s_j := \sum_{i=1}^{n} b_{i,j}$ die Spaltensummen von B. Die folgenden Eigenschaften sind hinreichend dafür, dass B eine invertierbare M-Matrix ist:

1)

$$z_i \geq 0 \text{ für alle } i = 1, \ldots, n, \; z_k > 0 \text{ für ein } k \in \{1, \ldots, n\} \tag{8.88}$$

und wenn $z_{i_0} = 0$, dann gibt es einen Pfad im Adjazenzgraph von B bzw. A zu i_r, so dass $z_{i_r} > 0$.

2) $s_j \geq 0$ für alle $j = 1, \ldots, n$, $s_k > 0$ für ein $k \in \{1, \ldots, n\}$ und wenn $s_{j_0} = 0$, dann gibt es einen Pfad im Adjazenzgraph von B^t bzw. A^t zu j_r, so dass $z_{j_r} > 0$.

Beweis: Zu 1): Man wähle $\overline{x} = \mathbf{1} = (1, \ldots, 1)^t$ in Hauptsatz 8.54, (iii).

Zu 2): Es gilt: B ist M-Matrix $\Leftrightarrow$ B^t ist M-Matrix
und Bedingung 2) geht durch Transponieren in Bedingung 1) über. □

Bemerkungen 8.56

1) Ist $B = (b_{i,j})$ nach (8.86), dann ist $z_i \overset{>}{(\geq)} 0$ äquivalent zu

$$|b_{i,i}| \overset{>}{(\geq)} \sum_{\substack{j=1\\ j\neq i}}^{n} |b_{i,j}| \, ,$$

so dass man bei der Bedingung (8.88) auch von *Diagonaldominanz* spricht. Gilt für alle $i \in \{1, \ldots, n\}$ $z_i > 0$, so spricht man von *strikter Diagonaldominanz.*

2) Es gibt noch viele weitere Charakterisierungen der Eigenschaft, invertierbare M-Matrix zu sein. In Berman und Plemmons 1994 sind insgesamt 50 (!) angegeben. Ohne Beweis seien zwei weitere erwähnt:

(v) Alle Hauptminoren von B sind positiv.
In der ökonomischen Literatur ist diese Bedingung nach Hawkins[15] und Simon[16] benannt.

(vi) B besitzt eine LR-Zerlegung

$$B = LR \, ,$$

wobei L eine untere und R eine obere Dreiecksmatrix ist, jeweils mit positiven Diagonalelementen.

Bei M-Matrizen ist daher das Gauss-Verfahren ohne (Zeilen-)Vertauschung durchführbar.

3) Bedingung Hauptsatz 8.54, (ii) bedeutet, dass alle reellen Eigenwerte von B positiv sind. Damit kann der Begriff invertierbare M-Matrix als eine Erweiterung der Positivdefinitheit bei Matrizen der Form (8.87) angesehen werden:
Sei $B \in \mathbb{R}^{(n,n)}$ von der Form (8.87) und symmetrisch, dann gilt:

$$B \text{ ist invertierbare M-Matrix } \Leftrightarrow B \text{ ist positiv definit.}$$

Dies folgt sofort aus Satz 4.135. Solche Matrizen heißen auch Stieltjes[17]-Matrizen.

4) Notwendig für eine invertierbare M-Matrix ist sodann

$$b_{i,i} > 0 \quad \text{für alle} \quad i = 1, \ldots, n \, ,$$

denn aus Hauptsatz 8.54 (iv) folgt

---

[15] David Ramon Hawkins ∗23. Juni 1927 in Milwaukee †19. September 2012 in Sedona in Arizona

[16] Herbert Alexander Simon ∗15. Juni 1916 in Milwaukee †9. Februar 2001 in Pittsburgh

[17] Thomas Jean Stieltjes ∗29. Dezember 1856 in Zwolle †31. Dezember 1894 in Toulouse

$$b_{i,i}\overline{x}_i > -\sum_{\substack{j=1\\j\neq i}}^{n} b_{i,j}\overline{x}_j \geq 0$$

und daraus wegen $\overline{x}_i > 0$: $b_{i,i} > 0$.

5) Neben direkten Verfahren stehen zur Lösung von $Bx = f$ auch iterative Verfahren zur Verfügung, falls B M-Matrix ist:
Wegen $\rho\left(\frac{1}{s}A\right) < 1$ ist nach Theorem 8.20 das folgende Iterationsverfahren konvergent:
Sei $x^{(0)} \in \mathbb{R}^n$ beliebig gewählt,

$$x^{(n+1)} := \frac{1}{s}Ax^{(n)} + \frac{1}{s}f\,. \tag{8.89}$$

Dieses RICHARDSON-ähnliche Verfahren ist stark verwandt mit der JACOBI-Iteration nach (8.18).

Man kann (8.89) auch als ein zeitdiskretes dynamisches System interpretieren, bei dem sich der Output, um eine Zeitperiode versetzt, aus den laufenden Inputs und der Endnachfrage bestimmt und die Lösung des statischen offenen Input-Output-Modells ist der sich als Grenzwert für $n \to \infty$ (d. h. große Zeiten) einstellende Gleichgewichtsfall (siehe Abschnitt 8.2.2). △

Beispiel 3(11) – Massenkette Betrachtet man die Massenkette bei beidseitiger oder einseitiger Einspannung (und allgemeinen Federkonstanten $c_i > 0$), so hat die Matrix die Form (8.87), die Zeilensummen sind 0 bis auf die beiden (bzw. eine) Randzeile, wo sie positiv sind. Da die Matrix irreduzibel ist, ist sie nach Korollar 8.55 eine invertierbare M-Matrix. Dies war (für konstante Federkonstanten) schon in (MM.53) bzw. (MM.54) durch das explizite Berechnen der Inversen verifiziert worden. Mit Bemerkungen 8.56, 3) ergibt sich ein erneuter Nachweis der Positivdefinitheit. ◇

Beispiel 4(4) – Input-Output-Analyse Für das offene Input-Output-Modell nach (MM.7) bzw. (MM.27) folgt mithin

Satz 8.57

Sei $A \in \mathbb{R}^{(n,n)}, A \geq 0$.
Es sind äquivalent:

(i) Das offene Input-Output-Modell $(\mathbb{1} - A)x = f$ ist zulässig.

(ii) Das offene Input-Outptut-Modell ist profitabel.

(iii) Es gibt ein $x \in \mathbb{R}^n, \overline{x} > \mathbf{0}$, so dass $y := (\mathbb{1} - A)x \geq \mathbf{0}, y \neq \mathbf{0}$ und:
Ist $y_{i_0} = 0$, so existiert im Adjazenzgraph von A ein Pfad zu i_r, so dass $y_{i_r} \neq 0$.

(iv) Es gibt ein $\overline{x} \in \mathbb{R}^n, \overline{x} > \mathbf{0}$ und

$$(\mathbb{1} - A)\overline{x} > \mathbf{0}\,.$$

Hinreichend für (i) (bzw. (ii)) sind die folgenden Bedingungen:
Seien $z_i := \sum_{j=1}^{n} a_{i,j}$ die Zeilensummen und $s_j := \sum_{i=1}^{n} a_{i,j}$ die Spaltensummen von A:

1) $z_i \leq 1$ für alle $i = 1, \dots, n$, $z_k < 1$ für ein $k \in \{1, \dots, n\}$ und wenn $z_{i_0} = 1$, dann gibt es einen Pfad im Adjazenzgraph von A zu i_r, so dass $z_{i_r} < 1$.

2) $s_j \leq 1$ für alle $j = 1, \dots, n$, $s_k < 1$ für ein $k \in \{1, \dots, n\}$ und wenn $s_{j_0} = 1$, dann gibt es einen Pfad im Adjazenzgraph von A^t zu i_r, so dass $s_{i_r} < 1$.

Bemerkungen 8.58

1) Insbesondere sind folglich hinreichend:

a) $z_i < 1$ für alle $i = 1, \dots, n$.

b) $s_j < 1$ für alle $j = 1, \dots, n$.

2) Einige Bedingungen haben eine direkte Interpretation innerhalb des Modells. Die von 1)b) wurde schon in Beispiel 4(1) (siehe (MM.10)) entwickelt. △

Wenn sich die Endnachfrage im Input-Output-Modell erhöht, stellt die Invers-Monotonie gerade sicher, dass sich auch der Output erhöht. Dies bedeutet aber nicht, dass bei maximaler (z. B. alleiniger) Steigerung der Nachfrage im Sektor i auch der Output in Sektor i am stärksten wächst. Dazu ist nötig, dass der „Verstärkungsfaktor“ $(B^{-1})_{k,i}$ für den Einfluss eines Inputs im Sektor i für $k = i$ am größten ist. Dazu gilt:

Lemma 8.59

Sei $B \in \mathbb{R}^{(n,n)}$ eine nichtsinguläre M-Matrix mit nicht negativen Zeilensummen, d. h. $B\mathbf{1} \geq \mathbf{0}$. Dann gilt:

$$(B^{-1})_{i,i} \geq (B^{-1})_{k,i} \quad \text{für alle} \quad i, k = 1, \dots, n\,.$$

Gilt $B\mathbf{1} > \mathbf{0}$, dann ist

$$(B^{-1})_{i,i} > (B^{-1})_{k,i} \quad \text{für alle} \quad i, k = 1, \dots, n, i \neq k\,.$$

Beweis: Der Beweis greift auf die Darstellung von B^{-1} durch Satz 2.118 (CRAMERsche Regel) zurück, siehe BERMAN und PLEMMONS 1994, S. 254 f. □

Daraus folgt sofort:

Korollar 8.60

Sei $A \in \mathbb{R}^{(n,n)}$, $A \geq 0$ und $\mathbb{1} - A$ eine nichtsinguläre M-Matrix. Sind alle Zeilensummen von A nicht größer als 1, d. h. $A\mathbf{1} \leq \mathbf{1}$, dann wächst bei einem Zuwachs der Endnachfrage in Sektor i der Output im Sektor i nicht weniger als in anderen Sektoren. Gilt sogar $A\mathbf{1} < \mathbf{1}$, dann ist das Wachstum im Sektor i sogar stärker als in anderen Sektoren.

Beweis: Übung. □

Für die Zuwächse in den Schattenpreisen gibt es analoge Aussagen, wobei Zeilensummen durch Spaltensummen zu ersetzen sind. Die dabei auftretende Bedingung (MM.10) ist schon in Beispiel 4(1) als naheliegend diskutiert worden.
Wir wenden uns nun dem geschlossenen Input-Output-Modell (MM.28) zu. Für die Existenz eines

Gleichgewichts-Outputvektors $\boldsymbol{x} \in \mathbb{R}^n$ ist daher notwendig, dass B singulär ist, während beim offenen Modell die Nichtsingularität notwendig ist. Wegen der Gleichheit der Strukturbedingungen (MM.10) ist ein Zusammenhang zu vermuten, der es wünschenswert erscheinen lässt, den Begriff der M-Matrix auch auf singuläre Matrizen zu erweitern. Wir betrachten folglich weiter Matrizen der Form (8.87) und setzen:

Definition 8.61

Sei $B \in \mathbb{R}^{(n,n)}$ von der Form (8.87). B heißt *M-Matrix*, wenn gilt

$$\rho(A) \leq s\,.$$

In Anbetracht von Hauptsatz 8.54 sind demzufolge die M-Matrizen mit $\rho(A) < s$ genau die invertierbaren, die mit $s = \rho(A)$ genau die singulären, die hier neu betrachtet werden. Der Zusammenhang zum geschlossenen Input-Output-Modell ergibt sich durch:

Satz 8.62

Sei $B \in \mathbb{R}^{(n,n)}$ von der Form $B = \mathbb{1} - A$ und $A \trianglerighteq 0$. Das zugehörige geschlossene Input-Modell sei zulässig nach Definition 1.53. Dann ist B eine M-Matrix.

Beweis: Nach Voraussetzung existiert ein $\overline{\boldsymbol{x}} > \boldsymbol{0}$, so dass $B\overline{\boldsymbol{x}} \geq \boldsymbol{0}$. Daher gilt für $B_\varepsilon := (1+\varepsilon)^{-1}(\varepsilon\mathbb{1} + B) = (\mathbb{1} - (1+\varepsilon)^{-1}A)$.

$$B_\varepsilon\overline{\boldsymbol{x}} = (1+\varepsilon)^{-1}(\varepsilon\overline{\boldsymbol{x}} + B\overline{\boldsymbol{x}}) > \boldsymbol{0}$$

und damit ist die Bedingung (iv) in Hauptsatz 8.54 erfüllt, also gilt:

$$(1+\varepsilon)^{-1}\rho(A) = \rho((1+\varepsilon)^{-1}A) < 1$$

und damit

$$\rho(A) \leq 1\,. \qquad \square$$

(Singuläre) M-Matrizen zu charakterisieren ist recht aufwändig, auch ist die Aussage in Satz 8.62 i. Allg. nicht umkehrbar. Übersichtlicher wird die Situation, wenn die Input-Output-Matrix A irreduzibel ist.

Satz 8.63

Sei $B \in \mathbb{R}^{(n,n)}$ von der Form $B = \mathbb{1} - A$ und $A \trianglerighteq 0$. B sei singulär und irreduzibel. Dann sind äquivalent:

(i) Das geschlossene Input-Output-Modell zu B ist zulässig.

(ii) Es gibt einen Output-Gleichgewichtsvektor, der eindeutig ist bis auf positive skalare Vielfache.

(iii) B ist M-Matrix.

Beweis: (i)⇒ (iii): Satz 8.62.
(iii)⇒ (ii): Folgt aus $\rho(A) = 1$ und Hauptsatz 8.51, 4).
(ii)⇒ (i): Klar. □

Insbesondere liegt eine M-Matrix vor, wenn (siehe (MM.29)) alle Spaltensummen von A gleich 1 sind, was man als Ausgleich zwischen laufendem Input und Output interpretieren kann:

Satz 8.64

Sei $B \in \mathbb{R}^{(n,n)}$ von der Form $B = \mathbb{1} - A$ und $A = (a_{i,j}) \trianglerighteq 0$. Wenn $\sum_{i=1}^{n} a_{i,j} = 1$ für alle $j = 1, \ldots, n$ gilt, dann ist B eine singuläre M-Matrix.

Beweis: Nach Voraussetzung gilt:

$$A^t \mathbf{1} = \mathbf{1} ,$$

d. h. es gilt $\rho(A) \geq 1$. Andererseits ist wegen Theorem 7.30, 2) und $A \geq 0$

$$\|A\|_1 = 1$$

und damit nach Theorem 7.32, 1)

$$\rho(A) \leq \|A\|_1 = 1 ,$$

folglich $\rho(A) = 1$. □

Unter der Voraussetzung von Satz 8.64 ist A eine stochastische Matrix nach Definition 8.102, so dass damit die Verbindung zu Abschnitt 8.6.5 hergestellt ist. ◇

Aufgaben

Aufgabe 8.19 (T) Zeigen Sie, dass Matrizen $B = (b_{i,j}) \in \mathbb{R}^{(n,n)}$ mit (8.86) äquivalent in der Form (8.87) geschrieben werden können.

Aufgabe 8.20 (T) Zeigen Sie Korollar 8.60.

Aufgabe 8.21 (T) Sei $B \in \mathbb{R}^{(n,n)}$ symmetrisch.

a) Dann gilt im euklidischen Skalarprodukt

$$(B\boldsymbol{x} \,.\, \boldsymbol{x}) = \sum_{j=1}^{n} \left(\sum_{k=1}^{n} b_{j,k} |x_j|^2 - \sum_{j<k} b_{j,k} |x_i - x_j|^2 \right)$$

Wenn B (8.86) erfüllt und nichtnegative Zeilensumme hat (d. h. diagonaldominant ist), dann ist $B \geq 0$.

b) Gilt verschärft (8.88), so ist $B > 0$.

8.6 Kontinuierliche und diskrete dynamische Systeme

8.6.1 Die Lösungsraumstruktur bei linearen Problemen

Im Kapitel 4 waren wir in der Lage, mit der dort entwickelten Eigenwerttheorie explizit Lösungen für Systeme von linearen Differenzen- bzw. Differentialgleichungen (1. Ordnung) anzugeben (siehe (4.12) und Beispiele 4.56, 4.117, 4.120 bzw. (4.83), (4.84) und Beispiel 7.44). Die Probleme seien noch einmal genannt:

Sei $n \in \mathbb{N}$, $A \in \mathbb{K}^{(n,n)}$, $\boldsymbol{x}_0 \in \mathbb{K}^n$ bzw. $\boldsymbol{y}_0 \in \mathbb{K}^n$, $t_0, T \in \mathbb{R}$, $t_0 < T$ gegeben:

Ⓐ Lineare Differenzengleichung 1. Ordnung (mit konstanten Koeffizienten)
Gesucht ist $\boldsymbol{x} \in (\mathbb{K}^n)^{\mathbb{N}_0}$, so dass

$$\begin{aligned} \boldsymbol{x}^{(k+1)} &= A\boldsymbol{x}^{(k)} \text{ für } k \in \mathbb{N}_0 , \\ \boldsymbol{x}^{(0)} &= \boldsymbol{x}_0 . \end{aligned} \tag{8.90}$$

Ⓑ Lineare Differentialgleichung 1. Ordnung (mit konstanten Koeffizienten)
Gesucht ist $\boldsymbol{y} \in C([t_0, T], \mathbb{K}^n)$, so dass

$$\begin{aligned} \dot{\boldsymbol{y}}(t) &= A\boldsymbol{y}(t) \text{ für } t \in [t_0, T] , \\ \boldsymbol{y}(t_0) &= \boldsymbol{y}_0 . \end{aligned} \tag{8.91}$$

Naheliegende Verallgemeinerungen von Ⓐ und Ⓑ sind für eine Matrizenfolge $A_k \in \mathbb{K}^{(n,n)}$, $k \in \mathbb{N}$, bzw. für eine matrixwertige Funktion

$$A : [t_0, T] \to \mathbb{K}^{(n,n)} ,$$

etwa $A \in C\left([t_0, T], \mathbb{K}^{(n,n)}\right)$,

Ⓒ Lineare Differenzengleichung 1. Ordnung (mit variablen Koeffizienten)
Gesucht ist $\boldsymbol{x} \in (\mathbb{K}^n)^{\mathbb{N}_0}$, so dass

$$\begin{aligned} \boldsymbol{x}^{(k+1)} &= A_{k+1}\boldsymbol{x}^{(k)} \text{ für } k \in \mathbb{N}_0 , \\ \boldsymbol{x}^{(0)} &= \boldsymbol{x}_0 \end{aligned} \tag{8.92}$$

bzw.

Ⓓ Lineare Differentialgleichung 1. Ordnung (mit variablen Koeffizienten)
Gesucht ist $\boldsymbol{y} \in C([t_0, T], \mathbb{K}^n)$, so dass

$$\begin{aligned} \dot{\boldsymbol{y}}(t) &= A(t)\boldsymbol{y}(t) \text{ für } t \in [t_0, T] , \\ \boldsymbol{y}(t_0) &= \boldsymbol{y}_0 . \end{aligned} \tag{8.93}$$

Für Ⓒ ist analog zu Ⓐ weiterhin offensichtlich, dass eine Lösung eindeutig existiert, auch wenn die sich ergebende Lösungsdarstellung

$$x^{(k)} = A_k \dots A_1 \boldsymbol{x}^{(0)}$$

nicht wirklich nützlich ist. Bei Ⓑ sind Existenz und Eindeutigkeit einer Lösung unklar. Dennoch ist auch Ⓓ ein eher „einfaches" Problem, da es weiterhin *linear* ist. Darunter soll allgemein Folgendes verstanden werden:

Definition 8.65

Betrachtet werde ein Problem (P), wobei zu einem *Datum* $z_0 \in D$ eine *Lösung* z gesucht wird. D sei ein $\mathbb{K}$-Vektorraum, die Menge aller Lösungen zu $z_0 \in D$ werde mit L bezeichnet. Einer Lösung z sei ein Datum z_0 eindeutig zugeordnet. (P) heißt *linear*, wenn L ein $\mathbb{K}$-Vektorraum ist und die Abbildung von L nach D, die z auf z_0 abbildet, linear ist.

Dies bedeutet also, dass jede Linearkombination von Lösungen wieder eine Lösung ist, und zwar zur Linearkombination der Daten. Daher spricht man auch vom *Superpositionsprinzip*. Ein Spezialfall davon sind Theorem 1.8 und Bemerkungen 2.6, 5). Insbesondere bedeutet die Linearität, dass zur trivialen Lösung $\mathbf{0} \in L$ der triviale Datensatz $\mathbf{0} \in D$ gehört. Die Existenz oder Eindeutigkeit einer Lösung wird nicht gefordert.

Weitere lineare Probleme sind die *inhomogenen* Varianten von Ⓐ bis Ⓓ: Dazu seien (weitere) Daten $\boldsymbol{b}_k \in \mathbb{K}^n$ für $k \in \mathbb{N}_0$ bzw. $\boldsymbol{f} \in C([t_0, T], \mathbb{K}^n)$ gegeben:

Ⓐ^{i} <u>Inhomogene lineare Differenzengleichung 1. Ordnung (mit konst. Koeff.)</u>

$$\begin{aligned} \boldsymbol{x}^{(k+1)} &= A\boldsymbol{x}^{(k)} + \boldsymbol{b}_k \text{ für } k \in \mathbb{N}_0 , \\ \boldsymbol{x}^{(0)} &= \boldsymbol{x}_0 . \end{aligned} \tag{8.94}$$

Ⓑ^{i} <u>Inhomogene Differentialgleichung 1. Ordnung (mit konst. Koeff.)</u>

$$\begin{aligned} \dot{\boldsymbol{y}}(t) &= A\boldsymbol{y}(t) + \boldsymbol{f}(t) \text{ für } t \in [t_0, T] , \\ \boldsymbol{y}(t_0) &= \boldsymbol{y}_0 . \end{aligned} \tag{8.95}$$

Ⓒ^{i} <u>Inhomogene lineare Differenzengleichung 1. Ordnung</u>

$$\begin{aligned} \boldsymbol{x}^{(k+1)} &= A_{k+1}\boldsymbol{x}^{(k)} + \boldsymbol{b}_k \text{ für } k \in \mathbb{N}_0 , \\ \boldsymbol{x}^{(0)} &= \boldsymbol{x}_0 . \end{aligned} \tag{8.96}$$

Ⓓ^{i} <u>Inhomogene Differentialgleichung 1. Ordnung</u>

$$\begin{aligned} \dot{\boldsymbol{y}}(t) &= A(t)\boldsymbol{y}(t) + \boldsymbol{f}(t) \text{ für } t \in [t_0, T] , \\ \boldsymbol{y}(t_0) &= \boldsymbol{y}_0 . \end{aligned} \tag{8.97}$$

Das Superpositionsprinzip bedeutet, dass eine Lösung gemäß der „Datenanteile“ zerlegt werden kann: So ist z. B. eine Lösung von Ⓓ^{i} dadurch erhältlich, dass man wegen

$$\begin{pmatrix} \boldsymbol{y}_0 \\ \boldsymbol{f} \end{pmatrix} = \begin{pmatrix} \boldsymbol{y}_0 \\ \boldsymbol{0} \end{pmatrix} + \begin{pmatrix} \boldsymbol{0} \\ \boldsymbol{f} \end{pmatrix}$$

eine Lösung von Ⓓ mit einer Lösung von

$$\begin{aligned} \dot{\boldsymbol{y}}(t) &= A(t)\boldsymbol{y}(t) + \boldsymbol{f}(t) , \\ \boldsymbol{y}(t_0) &= \boldsymbol{0} \end{aligned} \tag{8.98}$$

kombiniert.

Für konstante Koeffizienten ist dies in Beispiel 7.44, 2) geschehen. Werden Anteile der Daten konstant gehalten, z. B. bei Ⓓ^{i} $\boldsymbol{f}$ bei variablen Daten $\boldsymbol{y}_0$, so sind die jeweiligen Abbildungen zwischen variablen Daten und Lösungen noch affin-linear. Dem Datum $\boldsymbol{y}_0 = \boldsymbol{0}$ entspricht dann nicht die Nulllösung, sondern $\boldsymbol{y}$ nach (8.98).

Lineare Probleme müssen nicht „Anfangswertprobleme“ sein. Ein Beispiel für eine „Randwertaufgabe“ ist (1.82).

Über den Lösungsraum eines linearen Problems kann man strukturell etwas aussagen, wenn man weiß, dass zu jedem Datum eine Lösung eindeutig existiert. Für Ⓐ^{i} und auch Ⓒ^{i} ist dies offensichtlich, Ⓓ^{i} wird durch den allgemeinen Satz zur eindeutigen Existenz von Lösungen von Anfangswertaufgaben für gewöhnliche Differentialgleichungen, dem Satz von Picard-Lindelöf, erfasst (siehe *Analysis*). Da diese Überlegung zur Analysis gehört, wird sie hier nicht weiter ausgeführt, sondern vielmehr die eindeutige Existenz von Lösungen von Ⓓ^{i} vorausgesetzt.

Bemerkungen 8.66

1) Der Lösungsbegriff für Ⓓ^{i} ist abhängig von der Glattheitsvoraussetzung an A und $\boldsymbol{f}$. Für $A \in C([t_0, T], \mathbb{K}^{(n,n)})$ und $\boldsymbol{f} \in C([t_0, T], \mathbb{K}^n)$ (was im Folgenden im Zweifelsfall vorausgesetzt werden soll) ist dann notwendig

$$\boldsymbol{y} \in C^1([t_0, T], \mathbb{K}^n) ,$$

so dass (8.97) (komponentenweise) im Sinne der eindimensionalen Analysis zu verstehen ist. Hier sind Abschwächungen möglich.

2) Solange A (und $\boldsymbol{f}$) auf (a, b) (mit der nötigen Glattheit) definiert sind, können $t_0, T \in (a, b)$ beliebig gewählt werden, ohne dass Existenz und Eindeutigkeit von Lösungen dadurch verändert werden, d. h. die „Zeit“ t kann auch rückwärts durchlaufen werden.

Sei etwa $T < t_0$, *dann setze man*

$$\tilde{t} := t_0 + T - t \text{ für } t \in [T, t_0] .$$

Dadurch tauschen t_0 und T ihre Plätze, d. h. aus einer „Endwertaufgabe" wird eine Anfangswertaufgabe und

$$\tilde{y}(\tilde{t}) := y(t_0 + T - \tilde{t})$$

erfüllt (8.97) für

$$\begin{aligned} \tilde{A}(\tilde{t}) &:= -A(t_0 + T - \tilde{t}) \, , \\ \tilde{f}(\tilde{t}) &:= -f(t_0 + T - \tilde{t}) \, . \end{aligned} \tag{8.99}$$

Genauso kann der Anfangszeitpunkt durch $\tilde{t} := t - t_0 + t_0'$ verschoben werden und so (sofern $a \le 0 \le b$) o. B. d. A. auch $t_0 = 0$ gesetzt werden. Zur Verifikation sind elementare Kenntnisse der eindimensionalen Analysis nötig, die im Folgenden stillschweigend vorausgesetzt werden.

3) Analog kann bei Ⓒ^{i} der „Anfangsindex" k_0 auch beliebig in $\mathbb{Z}$ gewählt werden. Um (8.96) auch „rückwärts", d. h. für $k_0, k_0 - 1, \ldots$ zu durchlaufen, muss vorausgesetzt werden, dass die A_k invertierbar sind.

4) Bei Ⓐ bzw. Ⓑ verändert daher die Verschiebung des Anfangspunktes nicht das sonstige Problem. Man nennt ein solches Problem, das den Anfangspunkt nicht „wahrnimmt", auch *autonom*.

5) Wegen der Linearität der Abbildung Lösung↦Datum reduziert sich die Eindeutigkeit allgemein in der Situation von Definition 8.65 auf:

$$\begin{aligned} &\text{Sei } z \in L \text{ die Lösung zu } z_0 = \mathbf{0} \in D \, , \\ &\text{dann ist } z = \mathbf{0} \in L \, . \end{aligned}$$

6)

Zu (8.93) werde ein *adjungiertes Problem* definiert als das „Endwertproblem":

$$\begin{aligned} &\text{Gesucht ist } z \in C([t_0, T], \mathbb{K}^n) \, , \text{ so dass} \\ &\dot{z}(t) = -A^\dagger(t) z(t) \\ &z(T) = z_0 \, . \end{aligned} \tag{8.100}$$

Dann gilt für eine Lösung $\boldsymbol{y}$ von (8.93) und eine Lösung z von (8.100):

$$h(t) := \langle \boldsymbol{y}(t) \, . \, z(t) \rangle \text{ ist konstant auf } [t_0, T] \, .$$

Es gilt nämlich

$$\frac{d}{dt} h(t) = \langle \dot{\boldsymbol{y}}(t) \, . \, z(t) \rangle + \langle \boldsymbol{y}(t) \, . \, \dot{z}(t) \rangle = \langle A(t) \boldsymbol{y}(t) \, . \, z(t) \rangle - \left\langle \boldsymbol{y}(t) \, . \, A^\dagger(t) z(t) \right\rangle = 0 \, .$$

Ist demnach $A(t)$ schiefhermitesch bzw. -symmetrisch, dann ist $e(t) := \|\boldsymbol{y}(t)\|_2$ konstant.

Ist $\boldsymbol{y}$ eine Lösung von (8.93), kann (für $z_0 = \boldsymbol{y}(T)$) $z = \boldsymbol{y}$ gewählt werden.

7) Bei (B) ist die Existenz einer Lösung durch (7.18) gesichert. Für die Eindeutigkeit ist nach 5) zu prüfen:
Ist $\boldsymbol{y}$ eine Lösung von

$$\dot{\boldsymbol{y}}(t) = A\boldsymbol{y}(t), \quad \boldsymbol{y}(t_0) = \mathbf{0}\,,$$

dann ist $\boldsymbol{y} = \mathbf{0}$ (d. h. $\boldsymbol{y}(t) = \mathbf{0}$ für alle $t \in [t_0, T]$). Dies gilt.

Der Beweis kann (auch für (D)^i *oder allgemein) mit dem* GRONWALL*-Lemma (siehe z. B.* AMANN *und* ESCHER *1999, S. 131) angegangen werden. Hier ist auch ein algebraischer Beweis möglich:*
Statt $\boldsymbol{y} = \mathbf{0}$ zu zeigen, reicht auch $\boldsymbol{y}(T) = \mathbf{0}$, da jedes $t > t_0$ als Endzeit gewählt werden kann. Sei $z_0 \in \mathbb{K}^n$ eine beliebige Endwertvorgabe für das adjungierte Problem. Wegen 2) existiert dazu (wie zu jedem Problem (B)*) eine Lösung z. Nach 6) gilt*

$$\langle \boldsymbol{y}(T)\,.\,z_0\rangle = \langle \boldsymbol{y}(T)\,.\,z(T)\rangle = \langle \boldsymbol{y}_0\,.\,z(0)\rangle = 0 \tag{8.101}$$

für alle $z_0 \in \mathbb{K}^n$, also $\boldsymbol{y}(T) = \mathbf{0}$.

Genauer entspricht (8.101) Theorem 2.70. △

Ab jetzt betrachten wir ein lineares Problem nach Definition 8.65, bei dem für jedes Datum $z_0 \in D$ eine eindeutige Lösung $z \in L$ existiert. Damit gibt es auch die Umkehrabbildung

$$\Phi : D \to L,\ z_0 \mapsto z\,,$$

die ebenfalls linear und auch bijektiv ist, folglich ein Isomorphismus. Insbesondere gilt sodann

$$\dim L = \dim D$$

nach Theorem 2.28 bzw. :
Seien $z_0^{(1)}, \ldots, z_0^{(k)} \in D$ und $z^{(i)} := \Phi\left(z_0^{(i)}\right)$, $i = 1, \ldots, k$.
Dann:

$$\begin{gathered} z_0^{(1)}, \ldots, z_0^{(k)} \text{ sind linear unabhängig/spannen } D \text{ auf/sind Basis von } D \\ \text{genau dann, wenn} \\ z^{(1)}, \ldots z^{(k)} \text{ sind linear unabhängig/spannen } L \text{ auf/sind Basis von } L\,. \end{gathered} \tag{8.102}$$

Für (einen Spezialfall von) (A) *findet sich konkret diese Aussage in Lemma 1.42 und Satz 1.68, wo genau die Linearität des Problems und die hier offensichtliche eindeutige Lösbarkeit ausgenutzt wird.*

Definition 8.67

Sei (P) ein lineares Problem, so dass für jedes Datum $z_0 \in D$ genau eine Lösung $z \in L$ existiert. Sei $\dim D = n$ und $z_0^{(1)}, \ldots, z_0^{(n)}$ eine Basis von D, dann heißen die zugehörigen $z^{(1)}, \ldots, z^{(n)}$ ein *Fundamentalsystem* oder auch *Fundamentallösung* von (P).

Mit einer Fundamentallösung ist offensichtlich der Lösungsraum prinzipiell bekannt: Ist $z_0 \in D$ und

$$z_0 = \sum_{i=1}^{n} \alpha_i z_0^{(i)} ,$$

dann ist

$$z = \sum_{i=1}^{n} \alpha_i z^{(i)}$$

die Lösung zu z_0.

Ist speziell $D = \mathbb{K}^n$ wie in Ⓒ und Ⓓ, kann $z_0^{(i)} = \boldsymbol{e}_i$ gewählt werden. Bei Ⓐ bzw. Ⓑ ergeben sich explizit die Fundamentalsysteme für $i = 1, \ldots, n$:

$$\begin{aligned} \left(\boldsymbol{x}^{(k)}\right)^{(i)} &:= A^k \boldsymbol{e}_i \quad \text{für } k \in \mathbb{N}_0 \text{ , bzw.} \\ \boldsymbol{y}^{(i)}(t) &:= \exp\left(A(t - t_0)\right) \boldsymbol{e}_i \quad \text{für } t \in [t_0, T] \end{aligned}$$

und die dafür entwickelten Konkretisierungen.

Sei

$$\begin{aligned} X^{(k)} &:= \left(\left(\boldsymbol{x}^{(k)}\right)^{(1)}, \ldots, \left(\boldsymbol{x}^{(k)}\right)^{(n)} \right) \in \mathbb{K}^{(n,n)} \text{ , bzw.} \\ Y(t) &:= \left(\boldsymbol{y}^{(1)}(t), \ldots, \boldsymbol{y}^{(n)}(t) \right) \in \mathbb{K}^{(n,n)} \end{aligned}$$

die aus einer Fundamentallösung für Ⓒ bzw. Ⓓ gebildeten Folgen bzw. Funktionen. Diese erfüllen

bei Ⓒ

$$\begin{aligned} &X^{(0)} \text{ ist invertierbar} , \\ &X^{(k+1)} = A_{k+1} X^{(k)} \text{ für } k \in \mathbb{N}_0 , \end{aligned} \tag{8.103}$$

bei Ⓓ

$$\begin{aligned} &Y(t_0) \text{ ist invertierbar} , \\ &\dot{Y}(t) = A(t) Y(t) \text{ für } t \in [t_0, T] , \end{aligned} \tag{8.104}$$

wobei die Ableitung komponentenweise zu verstehen ist.

Es gilt:

Theorem 8.68: Fundamentallösung

1) Seien die A_k invertierbar für $k \in \mathbb{N}$.
Sei $X^{(k)} \in (\mathbb{K}^{(n,n)})^{\mathbb{N}}$ eine Lösung von (8.103).
Dann gilt für $k, l \in \mathbb{N}_0$:

$X^{(k)}$ ist invertierbar genau dann, wenn

$X^{(l)}$ ist invertierbar,

und bei Gültigkeit liegt eine Fundamentallösung von Ⓒ vor.

2) Sei $Y \in C([t_0, T], \mathbb{K}^n)$ eine Lösung von (8.104).
Dann gilt für $t, s \in [t_0, T]$

$Y(t)$ ist invertierbar genau dann, wenn

$Y(s)$ ist invertierbar,

und bei Gültigkeit liegt eine Fundamentallösung von Ⓓ vor.

3) Seien $(X^{(k)})_k$ und $(\widetilde{X}^{(k)})_k$ bzw. Y und $\widetilde{Y}$ Fundamentallösungen für Ⓒ bzw. Ⓓ.
Dann gibt es jeweils ein $C \in \mathrm{GL}(n, \mathbb{K})$, so dass

$$X^{(k)} := \widetilde{X}^{(k)} C \text{ für alle } k \in \mathbb{N}_0$$

bzw.

$$Y(t) := \widetilde{Y}(t) C \text{ für } t \in [t_0, T] \, .$$

Beweis: Zu 2): Sei $t, s \in [t_0, T]$, $t \leq s$.
Ist $Y(t)$ invertierbar, so sind $\boldsymbol{y}^{(1)}, \ldots, \boldsymbol{y}^{(n)}$ auf $[t, T]$ linear unabhängig und, da auch $Y(s)$ als Anfangsvorgabe für $t \in [s, T]$ angesehen werden kann, ist auch $Y(s)$ invertierbar. Diese Überlegung gilt auch für $t > s$, da nach Bemerkungen 8.66, 2) die Differentialgleichung auch „rückwärts in der Zeit" betrachtet werden kann.
Die Überlegung bei 1) ist identisch, die Zusatzvoraussetzung sorgt dafür, die Rekursion auch für abnehmende Indizes betrachten zu können.
Zu 3): Es reicht einen der Fälle, etwa Ⓓ, zu betrachten, der andere ist analog:
Da $Y(t_0)$, $\widetilde{Y}(t_0)$ invertierbar sind, erfüllt

$$C := \widetilde{Y}^{-1}(t_0) Y(t_0) \in \mathrm{GL}(n, \mathbb{K})$$

$$Y(t_0) = \widetilde{Y}(t_0) C \, .$$

Da auch $\widetilde{Y}C$ eine Fundamentallösung darstellt (die Spalten sind Linearkombinationen von Lösungen) zu den Daten $Y(t_0)$, muss wegen der Eindeutigkeit von Lösungen auch

$$Y(t) = \widetilde{Y}(t)C \text{ für } t \in [t_0, T]$$

gelten. □

Betrachtet man demnach zu einem Fundamentalsystem X zu Ⓒ bzw. Y zu Ⓓ

$$\begin{aligned} w^{(n)} &:= \det X^{(n)}\ , \text{ bzw.} \\ w(t) &:= \det Y(t)\ , \end{aligned} \tag{8.105}$$

dann gilt

$$w^{(n)} \neq 0 \text{ für alle } n \in \mathbb{N}\ , \text{ bzw.} \tag{8.106}$$

$$w(t) \neq 0 \text{ für alle } t \in [t_0, T]\ . \tag{8.107}$$

Dabei heißt $w^{(n)}$ die CASORATI[18]-Determinante oder CASORATIsche und $w(t)$ die WRONSKI[19]-Determinante oder WRONSKIsche.

$w^{(n)}$ bzw. $w(t)$ beschreibt demzufolge das (vorzeichenbehaftete) Volumen des von den Spalten des Fundamentalsystems aufgespannten Parallelotops im $\mathbb{K}^n$.

Konkret gilt für Ⓑ: Nach Theorem 8.68, 3) hat jede Fundamentallösung die Gestalt

$$Y(t) = \exp(At)C \tag{8.108}$$

und nach Bemerkung 7.45

$$w(t) = \det(C)\exp(\mathrm{sp}(A)t)\ . \tag{8.109}$$

Damit ist w Lösung der skalaren linearen Differentialgleichung

$$\begin{aligned} \dot{w}(t) &= \mathrm{sp}(A)w(t)\ , \\ w(0) &= \det(C)\ . \end{aligned}$$

Daraus bzw. direkt aus (8.109) folgt:

Satz 8.69: Volumenerhaltung bei $\mathrm{sp}(A) = 0$

Ist $\mathrm{sp}(A) = 0$, dann bleibt bei Ⓑ das Volumen des von der Fundamentallösung aufgespannten Parallelotops konstant.

Die Aussagen gelten auch bei Ⓓ:

---

[19] Felice CASORATI ∗17. Dezember 1835 in Pavia †11. September 1890 in Pavia

[19] Josef HOËNÉ-WRONSKI ∗23. August 1776 in Wolsztyn †9. August 1853 in Paris

Satz 8.69a

Sei Y ein Fundamentalsystem zu Ⓓ, und w die zugehörige Wronskische. Dann gilt

$$\dot{w}(t) = \mathrm{sp}(A(t))w(t)$$

und damit für $\mathbb{K} = \mathbb{R}$

$$w(t) = w(t_0)\exp\left(\int_{t_0}^{t} \mathrm{sp}(A(s))ds\right) \quad \text{für alle } t \in [t_0, T]\,.$$

Beweis: Sei $\tau \in [t_0, T]$. Analog zu (8.108) gilt nach Satz 8.68, 3)

$$Y(t) = \widetilde{Y}(t)C \text{ und } \widetilde{Y}(\tau) = \mathbb{1}$$

für ein $C \in GL(n, \mathbb{K})$ (nämlich $C = Y(\tau)^{-1}$) und damit

$$w(t) = \det(\widetilde{Y}(t)C) = \det(C)\det(\widetilde{Y}(t))$$

und wegen der Multilinearität der Determinantenfunktion, bei $\widetilde{Y}(t) = (\boldsymbol{y}_1(t), \dots, \boldsymbol{y}_n(t))$

$$(\det \widetilde{Y}(t))^{\cdot} = \sum_{j=1}^{n} \det(\boldsymbol{y}_1(t), \dots, \dot{\boldsymbol{y}}_j(t), \dots, \boldsymbol{y}_n(t)) = \sum_{j=1}^{n} \det(\boldsymbol{y}_1(t), \dots, (A\boldsymbol{y}_j)(t), \dots, \boldsymbol{y}_n(t))$$

Daraus folgt für $t = \tau$

$$(\det(\widetilde{Y}(\tau)))^{\cdot} = \sum_{j=1}^{n} \det(\boldsymbol{e}_1, \dots, \boldsymbol{a}^{(j)}(\tau), \dots, \boldsymbol{e}_n) = \mathrm{sp}(A(\tau)) = \mathrm{sp}(A(\tau))\det(\widetilde{Y}(\tau))$$

Dabei ist $A(t) = (\boldsymbol{a}^{(1)}(t), \dots, \boldsymbol{a}^{(n)}(t))$ die Spaltendarstellung der Matrix. Also folgt

$$\dot{w}(\tau) = \det(C)\det(\widetilde{Y}(\tau))^{\cdot} = \mathrm{sp}(A(\tau))\det(\widetilde{Y}(\tau))\det(C) = \mathrm{sp}(A(\tau))w(\tau)$$

Da τ beliebig war, gilt also die Differentialgleichung. Für die weitere Behauptung reicht wegen der Eindeutigkeit der Lösung der Anfangswertaufgabe der Nachweis durch Differentiation, dass w eine Lösung der gefundenen GDG ist. □

Bemerkung 8.69b Für eine skalare lineare DGL m-ter Ordnung ist nach ihrer Umschreibung nach (7.23) in ein System 1. Ordnung Satz 8.69a anwendbar. Hier ist dann

$$\mathrm{sp}(A(t)) = a^{(m-1)}(t)\,.$$

△

Betrachten wir genauer Ⓓ^{i} oder Ⓒ^{i}, so kann nicht nur $\boldsymbol{y} \in C([t_0, T], \mathbb{K}^n)$ bzw. $\boldsymbol{x} \in (\mathbb{K}^n)^{\mathbb{N}_0}$ als Lösung angesehen werden, sondern auch $\boldsymbol{y}(t)$ für $t \in (t_0, T]$ oder $\boldsymbol{x}^{(k)}$ für $k > 0$ (da auch $\boldsymbol{y} \mapsto \boldsymbol{y}(r)$ bzw. $\boldsymbol{x}^{(k)} \mapsto (\boldsymbol{x}^{(k)})_i$ linear sind). Auch können $\boldsymbol{y}(s)$ $(s \geq t_0)$ bzw. $\boldsymbol{x}^{(k)}$

($k \geq 0$) als Anfangswerte angesehen werden. Wegen der Eindeutigkeit ergeben sich auf $[s, T]$ bzw. für Indizes ab k die gleichen Lösungen.

Es gibt also auch die *(Zustands-)Übergangsoperatoren* für Ⓓ^{i}

$$U(t, s) : \begin{cases} \mathbb{K}^n \to \mathbb{K}^n \\ \boldsymbol{y}(s) \mapsto \boldsymbol{y}(t) \end{cases} \tag{8.110}$$

für $t, s \in (t_0, T]$, $t \geq s$, wobei $\boldsymbol{y}$ die Lösung von Ⓓ^{i} auf $[s, T]$ mit Anfangsvorgabe bei s, bzw. *(Zustands-)Übergangsoperatoren* für Ⓒ^{i}

$$U(l, k) : \begin{cases} \mathbb{K}^n \to \mathbb{K}^n \\ \boldsymbol{x}^{(k)} \mapsto \boldsymbol{x}^{(l)} \end{cases} \tag{8.111}$$

für $k, l \in \mathbb{N}_0$, $l \geq k$, wobei $(\boldsymbol{x}^{(i)})_i$ die Lösung von Ⓒ^{i} mit Anfangsvorgabe bei $i = k$ sei.

Diese Operatoren sind affin-linear bzw. im homogenen Fall (Ⓓ: $\boldsymbol{f} = \boldsymbol{0}$ bzw. Ⓒ: $(\boldsymbol{b}_i)_i = \boldsymbol{0}$) linear.

Zur Vereinfachung seien im Folgenden die Daten bei Ⓓ^{i} auf ganz $\mathbb{R}$ (in der nötigen Glattheit für eindeutige Existenz) definiert. Es gilt dementsprechend

$$U(t, t) = \mathrm{id} \qquad \text{bzw.} \qquad U(k, k) = \mathrm{id}$$

und wegen der eindeutigen Lösbarkeit für $r, t, s \in \mathbb{R}$, $r \geq t \geq s$ bzw. $m, l, k \in \mathbb{N}$, $m \geq l \geq k$

$$\boxed{\begin{aligned} U(r, t) \circ U(t, s) &= U(r, s) , \\ U(m, l) \circ U(l, k) &= U(m, k) . \end{aligned}} \tag{8.112}$$

Da Ⓓ^{i} auch rückwärts in t betrachtet werden kann und auch Ⓒ^{i}, wenn die A_k als invertierbar vorausgesetzt werden können (siehe Bemerkungen 8.66, 2), 3)), sind auch

$$\begin{aligned} &U(t, s) \text{ für } t < s \\ \text{bzw.} \quad &U(l, k) \text{ für } l, k \in \mathbb{Z}, l < k \end{aligned}$$

wohldefiniert und es gilt für $t, s \in \mathbb{R}$ bzw. $l, k \in \mathbb{Z}$: $U(t, s)$ bzw. $U(l, k)$ sind invertierbar, und

$$\boxed{\begin{aligned} U(t, s)^{-1} &= U(s, t) , \\ U(l, k)^{-1} &= U(k, l) . \end{aligned}} \tag{8.113}$$

Bemerkungen 8.70

1) Sei $U = U(t, s)$ der Übergangsoperator zum Problem Ⓓ, dann ist $V(s, t) = U^{\dagger}(s, t)$ der Übergangsoperator zum adjungierten Problem (8.100).

Das kann man folgendermaßen einsehen. Seien $\boldsymbol{x}_0, \boldsymbol{y}_0 \in \mathbb{K}^n$, $\bar{t}, \bar{s} \in [t_0, T]$, $\bar{t} \geq \bar{s}$ beliebig und $\boldsymbol{y}$ die Lösung zu (8.93) zum Anfangswert $\boldsymbol{x}_0$ bei $\bar{s}$, sei z die Lösung von (8.100) zum Endwert $\boldsymbol{y}_0$ bei $\bar{t}$. Nach Bemerkungen 8.66, 6) gilt

$$\left\langle \boldsymbol{y}(\bar{t}) \,.\, z(\bar{t}) \right\rangle = \langle \boldsymbol{y}(\bar{s}) \,.\, z(\bar{s}) \rangle \ , \ \text{d. h.}$$
$$\left\langle U(\bar{t}, \bar{s})\boldsymbol{x}_0 \,.\, \boldsymbol{y}_0 \right\rangle = \left\langle \boldsymbol{x}_0 \,.\, V(\bar{s}, \bar{t})\boldsymbol{y}_0 \right\rangle ,$$

woraus die Behauptung für diesen Fall folgt. Für $\bar{t} < \bar{s}$ kann analog argumentiert werden.

△

Betrachten wir den autonomen und homogenen Fall Ⓐ oder Ⓑ, so verändert die Index- bzw. Zeitverschiebung nicht die definierte Gleichung (siehe Bemerkungen 8.66, 4)), somit gilt:

$$\begin{aligned} U(t, s) &= U(t - s, 0) =: U(t - s) , \\ U(m, k) &= U(m - k, 0) =: U(m - k) . \end{aligned} \tag{8.114}$$

Die Abbildungen

$$U : \begin{cases} \mathbb{N}_0 \to \operatorname{Hom}(\mathbb{K}^n, \mathbb{K}^n) \\ m \ \mapsto U(m) \text{ bei Ⓐ} \end{cases}$$

bzw.

$$U : \begin{cases} \mathbb{R} \to \operatorname{Hom}(\mathbb{K}^n, \mathbb{K}^n) \\ t \ \mapsto U(t) \text{ bei Ⓑ} \end{cases}$$

haben folgende Eigenschaften:

Satz 8.71

1) Bei Ⓐ gilt

$$\begin{aligned} U(0) &= \text{id} , \\ U(m + k) &= U(m)U(k) = U(k)U(m) . \end{aligned}$$

Ist $A \in \mathbb{K}^{(n,n)}$ invertierbar, kann $\mathbb{N}_0$ durch $\mathbb{Z}$ in der Definition von U ersetzt werden und es gilt

$$U(m)^{-1} = U(-m) \text{ für } m \in \mathbb{Z} .$$

2) Bei Ⓑ gilt

$$\begin{aligned} U(0) &= \text{id} , \\ U(t+s) &= U(t)U(s) = U(s)U(t) , \\ U(t)^{-1} &= U(-t) . \end{aligned}$$

Beweis:

Zu 2): $U(t)U(s) = U(t,0)U(s,0) = U(t+s,s)U(s,0) = U(t+s,0) = U(t+s)$ nach (8.114), (8.112) und

$$U(-t)U(t) = U(-t,0)U(t,0) = U(0,t)U(t,0) = U(0,0) = \text{id} .$$

Der Beweis von 1) ist analog. □

Bemerkung 8.72 U bei Ⓑ ist daher ein Gruppen-Homomorphismus von $(\mathbb{R}, +, 0)$ nach $(\text{Hom}(\mathbb{K}^n, \mathbb{K}^n), \circ, \text{id})$, und damit ist der Unterraum Bild U eine kommutative Gruppe bezüglich $\circ$. Bei Ⓐ gilt unter der Voraussetzung, dass A invertierbar ist, das Analoge mit $(\mathbb{Z}, +, 0)$ statt $(\mathbb{R}, +, 0)$. Ohne diese Voraussetzung ist Bild U nur eine Halbgruppe. △

Mit Hilfe der Übergangsoperatoren für Ⓒ und Ⓓ lassen sich auch Lösungen für die inhomogenen Probleme Ⓒ^{i} und Ⓓ^{i} angeben. Diese setzen sich wegen des Superpositionsprinzip zusammen aus den Lösungen zu der Anfangsvorgabe bei homogener rechter Seite $(\boldsymbol{x}_0, \boldsymbol{0})$ bzw. $(\boldsymbol{y}_0, \boldsymbol{0})$ und aus Lösungen zu homogenen Anfangsvorgaben und beliebiger rechter Seite $(\boldsymbol{0}, (\boldsymbol{b}_k)_k)$ bzw. $(\boldsymbol{0}, \boldsymbol{f})$.

Hauptsatz 8.73: Variation der Konstanten

Eine Lösung für die inhomogenen Probleme lautet

für Ⓒ^{i}:

$$\begin{aligned} \boldsymbol{x}^{(k)} &:= U(k,0)\boldsymbol{x}_0 + \textstyle\sum_{i=1}^{k} U(k,i)\boldsymbol{b}_{i-1} \text{ für } k \geq 1 , \\ \boldsymbol{x}^{(0)} &:= \boldsymbol{x}_0 , \end{aligned} \tag{8.115}$$

für Ⓓ^{i}:

$$\boldsymbol{y}(t) := U(t,t_0)\boldsymbol{y}_0 + \int_{t_0}^{t} U(t,s)\boldsymbol{f}(s)ds \text{ für } t \in [t_0, T] . \tag{8.116}$$

Dabei sind $U(k,i)$ bzw. $U(t,s)$ die Übergangsoperatoren für Ⓒ nach (8.110) bzw. für Ⓓ nach (8.111).

– Das Integral ist komponentenweise zu verstehen. –

Beweis: Zu Ⓒ^{i}: Es ist zu verifizieren, dass

$$z^{(k)} := \begin{cases} \sum_{i=1}^{k} U(k,i)\boldsymbol{b}_{i-1} & \text{für } k \geq 1 \\ \boldsymbol{0} & \text{für } k = 0 \end{cases}$$

eine Lösung von Ⓒ^{i}zur rechten Seite $(\boldsymbol{b}_k)_k$ darstellt.

$$\begin{aligned} z^{(k+1)} &= \sum_{i=1}^{k+1} U(k+1,i)\boldsymbol{b}_{i-1} = \sum_{i=1}^{k} A_{k+1}U(k,i)\boldsymbol{b}_{i-1} + U(k+1,k+1)\boldsymbol{b}_k \\ &= A_{k+1}z^{(k)} + \boldsymbol{b}_k \quad \text{für } k \in \mathbb{N}_0 \,. \end{aligned}$$

Zu Ⓓ^{i}: Analog ist hier

$$z(t) = \int_{t_0}^{t} U(t,s)\boldsymbol{f}(s)ds \tag{8.117}$$

zu betrachten. Es ist $z(t_0) = \boldsymbol{0}$ und $\dot{z}(t)$ berechnet sich nach der LEIBNIZschen Regel (siehe *Analysis*) als

$$\begin{aligned} \dot{z}(t) &= \int_{t_0}^{t} \frac{d}{dt}(U(t,s)\boldsymbol{f}(s))ds + 1 \cdot U(t,t)\boldsymbol{f}(t) = \int_{t_0}^{t} A(t)(U(t,s)\boldsymbol{f}(s))ds + \boldsymbol{f}(t) \\ &= A(t)z(t) + \boldsymbol{f}(t) \quad \text{für } t \in [t_0, T] \,. \end{aligned}$$ □

Eine andere Bezeichnung für Lösungsansätze obigen Typs ist *Prinzip von* DUHAMEL[20].

Bemerkungen 8.74

1) Konkretisiert für Ⓐ^{i} bzw. Ⓑ^{i} lauten die Lösungsdarstellungen:

$$\begin{aligned} \boldsymbol{x}^{(k)} &= A^k\boldsymbol{x}_0 + \sum_{i=1}^{k} A^{k-i}\boldsymbol{b}_{i-1} \text{ für } k \geq 1 \text{ bzw.} \\ \boldsymbol{y}(k) &= \exp(A(t-t_0))\boldsymbol{y}_0 + \int_{t_0}^{t} \exp(A(t-s))\boldsymbol{f}(s)ds \,, \end{aligned}$$

wie schon in Beispiel 7.44, 2) erwähnt.

2) Es werden demnach für jedes $i = 1, \ldots, k$ bzw. $s \in [t_0, t]$ homogene Anfangswertaufgaben mit den Anfangswerten $\boldsymbol{b}_{i-1}$ bzw. $\boldsymbol{f}(s)$ gelöst und diese diskret oder kontinuierlich

[20] Jean-Marie Constant DUHAMEL ∗5. Februar 1797 in Saint-Malo †29. April 1872 in Paris

„gemittelt“, und zwar durch die Operatoren

$$I : \begin{cases} V_d & \to W_d \\ (\boldsymbol{x}^{(k)})_k & \mapsto \begin{cases} \sum_{i=1}^{k} \boldsymbol{x}^{(i-1)}, & k \geq 1 \\ \boldsymbol{0}, & k = 0 \end{cases} \end{cases}$$

wobei $V_d := (\mathbb{K}^n)^{\mathbb{N}_0}$ und $W_d := \left\{(z^{(k)})_k \in V_d : z^{(0)} = \boldsymbol{0}\right\}$ bzw.

$$I : \begin{cases} V_k \to W_k \\ \boldsymbol{f} \mapsto \int_{t_0}^{t} \boldsymbol{f}(s)ds \end{cases}$$

wobei $V_k = C([t_0, T], \mathbb{K}^n)$, $W_k := \{\boldsymbol{g} \in C^1([t_0, T], \mathbb{K}^n) : \boldsymbol{g}(t_0) = \boldsymbol{0}\}$.
Diese sind gerade die Umkehrabbildungen von

$$D : \begin{cases} W_d & \to V_d \\ (\boldsymbol{y}^{(k)})_k & \mapsto (\boldsymbol{y}^{(k+1)} - \boldsymbol{y}^{(k)})_k \end{cases} \quad \text{bzw.} \quad D : \begin{cases} W_k \to V_k \\ \boldsymbol{g} \mapsto \frac{d}{dt}\boldsymbol{g} \end{cases}$$

(vergleiche Bemerkungen 7.13, 2)).

3) Mit (8.115) bzw. (8.116) lassen sich Lösungsdarstellungen von (A) bzw. (B) wieder gewinnen, die auf der Basis von JORDANsche Normalformen von A bzw. $\exp(At)$ rein algebraisch hergeleitet worden sind:
Sei o. B. d. A. A ein JORDAN-Block zum Eigenwert λ der Größe s:

$$A = \begin{pmatrix} \lambda & 1 & & \\ & \ddots & \ddots & \\ & & \ddots & 1 \\ & & & \lambda \end{pmatrix} \in \mathbb{K}^{(s,s)} .$$

Betrachtet man statt $\boldsymbol{y}$ nach (A) die Komponenten in rückwärtiger Reihenfolge (d. h. in der Originalreihenfolge der Kettenelemente: siehe Theorem 4.106), also

$$z_i = y_{s-i+1}, \qquad i = 1, \ldots, s ,$$

so erfüllt $z : [t_0, T] \to \mathbb{K}^n$

$$\dot{z}(t) = \begin{pmatrix} \lambda & & & \\ 1 & \ddots & & \\ & \ddots & \ddots & \\ & & 1 & \lambda \end{pmatrix} z(t) ,$$

also $\dot{z}_1(t) = \lambda z_1(t)$ bzw. $z_1(t) = \exp(\lambda\bar{t})z_1(t_0)$, wobei $\bar{t} := t - t_0$.
Ab $i = 2$ treten einseitig gekoppelte Gleichungen

$$\dot{z}_i(t) = \lambda z_i(t) + z_{i-1}(t)$$

auf, die auch als inhomogene Probleme mit der (bekannten) rechten Seite z_{i-1} interpretiert werden können, somit ergibt sich nach (8.116) etwa für $i = 2$

$$\begin{aligned} z_2(t) &= \exp(\lambda\bar{t})z_2(t_0) + \int_{t_0}^{t} \exp(\lambda(t-s))z_1(s)ds \\ &= \exp(\lambda\bar{t})(z_2(t_0) + \bar{t}z_1(t_0)) \end{aligned}$$

und durch sukzessives Fortfahren

$$z_k(t) = \exp(\lambda\bar{t}) \left(\sum_{i=1}^{k} \frac{1}{(k-i)!} \bar{t}^{k-i} z_i(t_0) \right) .$$

Dies entspricht einer aus (7.29) abgeleiteten bzw. der in (4.87) angegebenen Lösungsdarstellung. Analog kann man bei Ⓐ mit dem gleichen A nach (8.115) auch $\boldsymbol{x}^{(k)} = A^k \boldsymbol{x}^{(0)}$ berechnen: Werden die Komponenten analog zu oben in rückwärtiger Reihenfolge bestimmt, d. h. $z_i^{(k)} := \boldsymbol{x}_{s-i+1}^{(k)}$, dann $z_1^{(k+1)} = \lambda z_1^{(k)}$ bzw. $z_1^{(k)} = \lambda^k z_1^{(0)}$ und $z_2^{(k+1)} = \lambda z_2^{(k)} + z_1^{(k)}$. Nach (8.115) mit $U(l,k) = \lambda^{l-k}$ gilt somit

$$z_2^{(k)} = \lambda^k z_2^{(0)} + \sum_{i=1}^{k} \lambda^{k-i} \lambda^{i-1} z_1^{(0)} = k\lambda^{k-1} z_1^{(0)} + \lambda^k z_2^{(0)} = \sum_{i=0}^{1} \binom{k}{i} \lambda^{k-i} z_{2-i}^{(0)}$$

und durch Fortführung dieser Überlegung

$$z_j^{(k)} = \sum_{i=0}^{j-1} \binom{k}{i} \lambda^{k-i} z_{j-1}^{(0)}, \qquad j = 1, \ldots, s ,$$

entsprechend der aus (4.76) sich ergebenden Lösungsdarstellung.

4) Nach dem Superpositionsprinzip reicht für die Herleitung von Hauptsatz 8.73 (für Ⓓ^{i}), $\boldsymbol{y}_0 = \boldsymbol{0}$ zu betrachten. Die Bezeichnung rührt daher, dass (8.116) durch folgenden Ansatz hergeleitet werden kann:

$$\boldsymbol{y}(t) := U(t, t_0)\boldsymbol{\xi}(t)$$

d. h. der „konstante" Anfangsvektor $\boldsymbol{\xi}$ wird „variiert". Dann folgt

$$\begin{aligned} \dot{\boldsymbol{y}}(t) &= U(t,t_0)^{\cdot}\boldsymbol{\xi}(t) + U(t,t_0)\dot{\boldsymbol{\xi}}(t) \\ &= A(t)\boldsymbol{y}(t) + U(t,t_0)\dot{\boldsymbol{\xi}}(t) \end{aligned}$$

Also ist $\boldsymbol{y}$ Lösung von Ⓓ^{i} mit $\boldsymbol{y}_0 = \boldsymbol{0}$, genau dann, wenn

$$\begin{aligned} U(t,t_0)\dot{\boldsymbol{\xi}}(t) &= \boldsymbol{f}(t) \\ \boldsymbol{\xi}(t_0) &= \boldsymbol{0} \end{aligned}$$

bzw.

$$y(t) = U(t, t_0) \int_{t_0}^{t} U(s, t_0)^{-1} f(s) ds$$

und damit (8.116), da (siehe Satz 8.71, 2))

$$U(t, t_0)U(s, t_0)^{-1} = U(t, t_0)U(t_0, s) = U(t, s) . \qquad \triangle$$

Bemerkungen 8.75 Eine Lösungsdarstellung für Ⓐ bzw. Ⓑ (und damit Ⓐ^{i} bzw. Ⓑ^{i}) kann auch aus der allgemeinen Kenntnis der Eigenwerte entwickelt werden, ohne die gesamte JORDANsche Normalform zu kennen. Dies kann im nichtdiagonalisierbaren Fall von Vorteil sein. Ein solcher Zugang wurde von E. J. PUTZER (PUTZER 1966) angegeben.

Seien $\lambda_1, \ldots, \lambda_n \in \mathbb{C}$ die nicht notwendigerweise paarweise verschiedenen Eigenwerte von A. Sei $M_0 = \mathbb{1}$, $M_k := (A - \lambda_k \mathbb{1})M_{k-1}$ für $k = 1, \ldots, n$, dann ist $M_n = \chi_A(A) = 0$ nach dem Satz von CAYLEY-HAMILTON (Theorem 4.81) und die Matrizen $M_1, \ldots, M_{n-1}$ singulär mit sukzessive größer werdenden Kernen.

1) Demnach ist es möglich $\exp(At)$ als eindeutige Linearkombination von $M_0, \ldots, M_{n-1}$ darzustellen:

$$\exp(At) = \sum_{i=0}^{n-1} u_{i+1}(t) M_i . \tag{8.118}$$

Dabei sind die Koeffizientenfunktionen $\boldsymbol{u} = (u_1, \ldots, u_n)^t$ als Lösung eines nur einseitig gekoppelten Problems des Typs Ⓑ gegeben, d. h.

$$\dot{\boldsymbol{u}}(t) = \widetilde{A}\boldsymbol{u}(t), \qquad \boldsymbol{u}(0) = \boldsymbol{e}_1 \tag{8.119}$$

und

$$\widetilde{A} := \begin{pmatrix} \lambda_1 & & & \\ 1 & \lambda_2 & & \\ & \ddots & \ddots & \\ & & 1 & \lambda_n \end{pmatrix} . \tag{8.120}$$

Genauer: Die Darstellung (8.118) mit $\boldsymbol{u}(0) = \boldsymbol{e}_1$ gilt genau dann, wenn $\boldsymbol{u}$ eine Lösung von (8.119) mit (8.120) ist.

Das kann man folgendermaßen einsehen:

„$\Leftarrow$“ Sei $Y(t) := \sum_{i=0}^{n-1} u_{i+1}(t)M_i$, dann ist $Y(0) = \mathbb{1}$, so dass nur noch $\dot{Y}(t) = AY(t)$ für alle $t \in \mathbb{R}$ gezeigt werden muss:

$$\dot{Y}(t) = \sum_{i=0}^{n-1} \dot{u}_{i+1}(t) M_i$$

und andererseits

$$AY(t) = \sum_{i=0}^{n-1} u_{i+1}(t) A M_i = \sum_{i=0}^{n-1} u_{i+1}(t)(M_{i+1} + \lambda_{i+1} M_i) = \lambda_1 u_1(t) M_0 + \sum_{i=1}^{n} u_i(t) M_i + \sum_{i=1}^{n-1} \lambda_{i+1} u_{i+1}(t) M_i$$

$$= \lambda_1 u_1(t) M_0 + \sum_{i=1}^{n-1} (u_i(t) + \lambda_{i+1} u_{i+1}(t)) M_i$$

wegen $M_n = 0$. Nach Definition von $\boldsymbol{u}(t)$ gilt sodann Gleichheit.

„$\Rightarrow$“ *Nach Voraussetzung ist $\boldsymbol{u}(0) = \boldsymbol{e}_1$ und es ist $\dot{Y}(t) = AY(t)$. Vergleich der obigen Identitäten erzwingt*

$$\begin{aligned} \dot{u}_1(t) &= \lambda_1 u_1(t) \\ \dot{u}_{i+1}(t) &= u_i(t) + \lambda_{i+1} u_{i+1}(t), \qquad i = 1, \ldots, n-1 \, , \end{aligned}$$

also (8.120).

2)

In analoger Weise lässt sich A^k darstellen:

$$A^k = \sum_{i=0}^{n-1} u_{i+1}^{(k)} M_i \, , \qquad \boldsymbol{u}^{(0)} = \boldsymbol{e}_1$$

genau dann, wenn

$$\boldsymbol{u}^{(k+1)} = \widetilde{A} \boldsymbol{u}^{(k)} \, , \qquad \boldsymbol{u}^{(0)} = \boldsymbol{e}_1 \tag{8.121}$$

mit $\widetilde{A}$ nach (8.120).

Der Beweis verläuft analog zu 1):

„$\Leftarrow$“ *Sei $Y^{(k)} := \sum_{i=0}^{n-1} u_{i+1}^{(k)} M_i$, dann*

$$Y^{(0)} = \mathbb{1} \quad \textit{und} \quad Y^{(k+1)} = \sum_{i=0}^{n-1} u_{i+1}^{(k+1)} M_i$$

und andererseits

$$AY^{(k)} = \sum_{i=0}^{n-1} u_{i+1}^{(k)} A M_i = \sum_{i=0}^{n-1} u_{i+1}^{(k)} (M_{i+1} + \lambda_{i+1} M_i) = \lambda_1 u_1^{(k)} M_0 + \sum_{i=1}^{n-1} (u_i^{(k)} + \lambda_{i+1} u_{i+1}^{(k)}) M_i$$

und damit Gleichheit nach Definition von $\boldsymbol{u}^{(k)}$, demzufolge $Y^{(k)} = A^k$.

„$\Rightarrow$“ *Die obigen Identitäten erzeugen durch Gleichsetzen die Gültigkeit von* (8.121).

3) Die reduzierten Probleme in (8.119) bzw. (8.121) sind zwar auch im diagonalisierbaren Fall nicht entkoppelt, doch können die Lösungskomponenten analog zu Bemerkungen 8.74, 3) mittels Hauptsatz 8.73 im Prinzip angegeben werden. So gilt für $\boldsymbol{u}$ nach (8.119)

$$\begin{aligned} u_1(t) &= \exp(\lambda_1 t) \\ u_2(t) &= \int_0^t \exp(\lambda_2(t-s))u_1(s)ds = \int_0^t \exp(\lambda_2 t)\exp((\lambda_1-\lambda_2)s)ds \\ &= \exp(\lambda_2 t)\begin{cases} t & \text{für } \lambda_1 = \lambda_2 \\ \frac{1}{\lambda_1-\lambda_2}\exp((\lambda_1-\lambda_2)t) & \text{für } \lambda_1 \neq \lambda_2 \end{cases} \end{aligned}$$

und im Prinzip lässt sich diese Lösungsdarstellung weiter entwickeln aus

$$u_i(t) = \int_0^t \exp(\lambda_i(t-s))u_{i-1}(s)ds\,, \qquad i = 2,\dots,n\,.$$

Analog gilt für $\boldsymbol{u}^{(k)}$ nach (8.121):

$$\begin{aligned} u_1^{(k)} &= \lambda_1^k \\ u_i^{(k)} &= \sum_{j=1}^{k} \lambda_i^{k-j} u_{i-1}^{(j-1)}, \qquad i = 2,\dots,n\,. \end{aligned}$$

△

Das der Fundamentallösung $\exp(A(t-t_0))$ für (B) [i] zugrunde liegende Matrixexponential wurde in Theorem 7.42, Satz 7.43, eingeführt bzw. untersucht. Unabhängig davon kann dies durch einen Differentialgleichungs-Zugang erfolgen. Anwendung der Fixpunktiteration nach (4.12) auf die integrierte Form von (D) bei $\boldsymbol{y}^{(0)} = \boldsymbol{y}_0$ liefert mit $\bar{t} := t - t_0$

$$\begin{aligned} \boldsymbol{y}^{(1)}(t) &= \boldsymbol{y}^{(0)} + \int_{t_0}^t A\boldsymbol{y}^{(0)}ds = (\mathbb{1} + \bar{t}A)\boldsymbol{y}_0 \\ \boldsymbol{y}^{(2)}(t) &= \boldsymbol{y}^{(0)} + \int_{t_0}^t A\boldsymbol{y}^{(1)}(s)ds = \mathbb{1} + (\bar{t}A + \frac{\bar{t}}{2}A^2)\boldsymbol{y}_0 \end{aligned}$$

und bei

$$\boldsymbol{y}^{(k)}(t) = \left(\sum_{l=1}^{k} \frac{\bar{t}^l}{l!}A^l\right)\boldsymbol{y}_0$$

folgt

$$\boldsymbol{y}^{k+1}(t) = \left(\sum_{l=1}^{k+1} \frac{\bar{t}^l}{l!}A^l\right)\boldsymbol{y}_0$$

Wenn gesichert werden kann, dass in $C(I, \mathbb{K}^n)$, wobei $I := [t_0, T]$ gilt

$$\boldsymbol{y}^{(k)} \to \boldsymbol{y} \quad \text{für } k \to \infty$$

dann ist $\boldsymbol{y}$ eine Lösung der Anfangswertaufgabe, es gilt also:

$$\exp(A\bar{t})\boldsymbol{y}_0 := \left(\sum_{l=1}^{\infty} \frac{\bar{t}}{l!} A^l\right) \boldsymbol{y}_0$$

existiert in $C(I, \mathbb{K}^n)$ für alle $t, t_0 \in I$ und $\boldsymbol{y}_0 \in \mathbb{K}^n$ und ist die Lösung der AWA und damit existiert auch

$$\exp(A) := \sum_{l=1}^{\infty} \frac{1}{l!} A^l$$

und $\exp(A(t - t_0))$ ist die Fundamentallösung zum Anfangswert $\mathbb{1}$.

Bemerkungen 8.75a Analog ergeben sich auch die Eigenschaften des Matrixexponentials

1) Seien $A, B \in \mathbb{K}^n$, $AB = AB$, dann gelten

   a) $A \exp(B) = \exp(B)A$

   b) $\exp(A + B) = \exp(A)\exp(B)$

Sei $X(t) := A\exp(tB)$, $Y(t) := \exp(tB)A$, dann gilt

$$X(0) = A = Y(0)$$

und

$$\dot{X}(t) = AB\exp(tB) = BA\exp(tB) = BX(t)$$
$$Y(t) = B\exp(tB)A = BY(t)$$

und wegen der Eindeutigkeit der Lösung der Anfangswertaufgabe (Bemerkungen 8.66, 7)) also $X(t) = Y(t)$ und mit $t = 1$ also die Behauptung a).

Für b) setze man analog $X(t) := \exp(t(A + B))$ und $Y(t) := \exp(tA)\exp(tB)$. Wieder gilt

$$X(0) = \mathbb{1} = Y(0)$$

und

$$\dot{X}(t) = (A + B)X(t)$$
$$\dot{Y}(t) = A\exp(tA)\exp(tB) + \exp(tA)B\exp(tB) = (A + B)Y(t) \quad \text{nach a)},$$

also wieder $X(t) = Y(t)$ und mit $t = 1$ die Behauptung ii)

2) Seien $A, B \in \mathbb{K}^{(n,n)}$, B invertierbar, dann gilt $\exp(BAB^{-1}) = B\exp(A)B^{-1}$

Analog zu 1) sei $X(t) := \exp(tBAB^{-1})$, $Y(t) := B\exp(tA)B^{-1}$, also

$$X(0) = \mathbb{1} = Y(0)$$

und

$$\dot{X}(t) = BAB^{-1}X(t)$$
$$\dot{Y}(t) = BA\exp(tA)B^{-1} = BAB^{-1}Y(t)\,,$$

also $X(t) = Y(t)$ und mit $t = 1$ die Behauptung.

△

8.6.2 Stabilität: Asymptotisches Verhalten für große Zeiten

Für Ⓒ^{i} bzw. Ⓓ^{i} soll im Folgenden das Verhalten von Lösungen für $k \to \infty$ bzw. $t \to \infty$ studiert werden: Liegt Konvergenz vor, d. h.

$$\begin{aligned} \boldsymbol{x}^{(k)} &\to \boldsymbol{x}^* \text{ für } k \to \infty \\ \text{bzw.} \quad \boldsymbol{y}(t) &\to \boldsymbol{y}^* \text{ für } t \to \infty\,, \end{aligned}$$

so folgt daraus für $z^{(k)} := \boldsymbol{x}^{(k)} - \boldsymbol{x}^*$ bzw. $z(t) := \boldsymbol{y}(t) - \boldsymbol{y}^*$

$$\begin{aligned} z^{(k)} &\to \mathbf{0} \text{ für } k \to \infty \\ \text{bzw.} \quad z(t) &\to \mathbf{0} \text{ für } t \to \infty \end{aligned}$$

und

$$\begin{aligned} z^{(k+1)} &= A_{k+1} z^{(k)} + \widetilde{\boldsymbol{b}}_k \text{ mit } \widetilde{\boldsymbol{b}}_k := A_{k+1}\boldsymbol{x}^* - \boldsymbol{x}^* + \boldsymbol{b}_k \\ \text{bzw.} \quad \dot{z}(t) &= A(t)z(t) + \widetilde{\boldsymbol{f}}(t) \text{ mit } \widetilde{\boldsymbol{f}}(t) = A(t)\boldsymbol{y}^* + \boldsymbol{f}(t)\,. \end{aligned}$$

Gilt zusätzlich

$$\begin{aligned} A_{k+1} &\to A,\ \boldsymbol{b}_k \to \boldsymbol{b} \text{ für } k \to \infty \\ \text{bzw.} \quad A(t) &\to A,\ \boldsymbol{f}(t) \to \overline{\boldsymbol{f}} \text{ für } t \to \infty\,, \end{aligned} \tag{8.122}$$

so folgt

$$\begin{aligned} \widetilde{\boldsymbol{b}}_k &\to \boldsymbol{b}^* := A\boldsymbol{x}^* - \boldsymbol{x}^* + \boldsymbol{b} = \mathbf{0} \\ \text{bzw.} \quad \widetilde{\boldsymbol{f}}(t) &\to \boldsymbol{f}^* := A\boldsymbol{y}^* + \overline{\boldsymbol{f}} = \mathbf{0}\,. \end{aligned} \tag{8.123}$$

Für die letzte Identität beachte man

$$\dot{\boldsymbol{y}}(t) = A(t)\boldsymbol{y}(t) + \boldsymbol{f}(t) \to A\boldsymbol{y}^* + \overline{\boldsymbol{f}} =: \hat{\boldsymbol{y}} \text{ für } t \to \infty$$

und damit notwendigerweise $\hat{\boldsymbol{y}} = \mathbf{0}$.

Andererseits bezeichnet eine *Gleichgewichtslösung* eine (für große k bzw. t) konstante Lösung, d. h. für Ⓒ^{i} ein $\boldsymbol{x}^*$, so dass

$$\boldsymbol{x}^* = A_{k+1}\boldsymbol{x}^* + \boldsymbol{b}_k \text{ für } k \geq k_0$$

bzw. für Ⓓ^{i} ein $\boldsymbol{y}^*$, so dass

$$A(t)\boldsymbol{y}^* + \boldsymbol{f}(t) = \mathbf{0} \text{ für } t \geq t_0\,.$$

Unter der Voraussetzung (8.122) gilt infolgedessen wie in (8.123)

$$\begin{aligned} &\text{bei Ⓒ}^{\text{i}} \quad \boldsymbol{x}^* = A\boldsymbol{x}^* + \boldsymbol{b} \\ &\text{bei Ⓓ}^{\text{i}} \quad \mathbf{0} = A\boldsymbol{y}^* + \boldsymbol{f}. \end{aligned}$$

Insbesondere im zeitunabhängigen Fall (Ⓐ$^\mathrm{i}$ bzw. Ⓑ$^\mathrm{i}$ mit zeitunabhängigen Daten) sind daher die Grenzwerte von Lösungen notwendigerweise Gleichgewichtslösungen. Im homogenen Fall Ⓒ bzw. Ⓓ ist die Nulllösung eine Gleichgewichtslösung. Ob und wie eine Lösung gegen eine Gleichgewichtslösung konvergiert, hängt vom Stabilitätsverhalten des Systems ab.

Definition 8.76

1) Das Problem Ⓒ$^\mathrm{i}$ heißt *stabil* in seiner Lösung $\left(\overline{\boldsymbol{x}}^{(k)}\right)_k$ (oder auch $\left(\overline{\boldsymbol{x}}^{(k)}\right)_k$ heißt *stabil*), wenn zu $\varepsilon > 0$ ein $\delta > 0$ existiert, so dass aus $\|\boldsymbol{x}_0 - \overline{\boldsymbol{x}}^{(0)}\| \leq \delta$ für die Lösung $\left(x^{(k)}\right)_k$ von Ⓒ$^\mathrm{i}$ zu $\boldsymbol{x}^{(0)} = \boldsymbol{x}_0$ folgt:

$$\|\boldsymbol{x}^{(k)} - \overline{\boldsymbol{x}}^{(k)}\| \leq \varepsilon \text{ für alle } k \in \mathbb{N}_0 .$$

2) Das Problem Ⓓ$^\mathrm{i}$ heißt *stabil* in einer Lösung $\overline{\boldsymbol{y}}$ (oder auch $\overline{\boldsymbol{y}}$ heißt *stabil*), wenn zu $\varepsilon > 0$ ein $\delta > 0$ existiert, so dass aus $\|\boldsymbol{y}_0 - \overline{\boldsymbol{y}}(t_0)\| \leq \delta$ für die Lösung $\boldsymbol{y}$ zu $\boldsymbol{y}(t_0) = \boldsymbol{y}_0$ folgt:

$$\|\boldsymbol{y}(t) - \overline{\boldsymbol{y}}(t)\| \leq \varepsilon \text{ für alle } t \in [t_0, T] .$$

Ist Ⓒ$^\mathrm{i}$ [Ⓓ$^\mathrm{i}$] in $\left(\overline{\boldsymbol{x}}^{(k)}\right)_k$ [$\overline{\boldsymbol{y}}$] nicht stabil, so heißt es dort *instabil*.

Bemerkungen 8.77

1) Damit ist insbesondere die Stabilität (in) einer Gleichgewichtslösung definiert. Stabilität bedeutet in Worten, dass beliebig nah an einer vorgegebenen Lösung (für alle Zeiten) verblieben werden kann, wenn man nur hinreichend nah an dieser startet.

2) Bei Ⓓ$^\mathrm{i}$ kann auch ein halbunendliches Intervall $[t_0, \infty)$ betrachtet werden.

3) Die gewählte Vektornorm $\|\,.\,\|$ hat keinen Einfluss wegen der Äquivalenz aller Normen auf $\mathbb{K}^n$ (siehe 7.10). △

Im hier vorliegenden Fall gilt verschärfend:

Theorem 8.78: Stabilität und Fundamentalsystem

Sei $\left(\overline{\boldsymbol{x}}^{(k)}\right)_k$ [$\overline{\boldsymbol{y}}$] eine beliebige Lösung von Ⓒ$^\mathrm{i}$[Ⓓ$^\mathrm{i}$], wobei die rechten Seiten $(\boldsymbol{b}_k)_k$ [$\boldsymbol{f}$] als fest vorgegeben angesehen werden. Die folgenden Aussagen sind für Ⓒ$^\mathrm{i}$ bzw. Ⓓ$^\mathrm{i}$ äquivalent:

(i) Ⓒ$^\mathrm{i}$ [Ⓓ$^\mathrm{i}$] ist stabil in $\left(\overline{\boldsymbol{x}}^{(k)}\right)_k$ [$\overline{\boldsymbol{y}}$].

(ii) Ⓒ^{i} $\left[\text{Ⓓ}^{\mathrm{i}}\right]$ ist stabil in $\left(\hat{\boldsymbol{x}}^{(k)}\right)_k$ $[\hat{\boldsymbol{y}}]$, wobei $\hat{\boldsymbol{x}}^{(k)}$ die Lösung von

$$\hat{\boldsymbol{x}}^{(k+1)} = A_{k+1}\hat{\boldsymbol{x}}^{(k)} + \boldsymbol{b}_k,\ \hat{\boldsymbol{x}}^{(0)} = \boldsymbol{0}$$

bzw. $\hat{\boldsymbol{y}}$ von (8.98) ist.

(iii) Sei $Y(n)[Y(t)]$ das Fundamentalsystem von Ⓒ [Ⓓ] mit $Y(0) = \mathbb{1}[Y(t_0) = \mathbb{1}]$, dann existiert ein $M > 0$, so dass

$$\|Y(n)\|\ [\|Y(t)\|] \le M \quad \text{für alle } n \in \mathbb{N}_0\ [t \in [t_0, T]]\ ,$$

wobei $\|\,.\,\|$ eine Norm auf $\mathbb{K}^{(n,n)}$ ist.

Beweis: Der Begriff der Stabilität ist die explizite Forderung der Stetigkeit der Abbildung

$$\Phi : D \to L,\ \boldsymbol{x}^{(0)} \mapsto \left(\boldsymbol{x}^{(k)}\right)_k [\boldsymbol{y}_0 \mapsto \boldsymbol{y}]\ ,$$

wobei die rechte Seite $(\boldsymbol{b}_k)_k$ $[f]$ als fest betrachtet wird, und zwar für $D = (\mathbb{K}^n, \|\,.\,\|)$,

$$L = \left(\left\{\left(\boldsymbol{x}^{(k)}\right)_k \in (\mathbb{K}^n)^{\mathbb{N}_0} : \left(\boldsymbol{x}^{(k)}\right)_k \text{ ist beschränkt}\right\}, \|\,.\,\|_L\right) [(C([t_0, T], \mathbb{K}^n), \|\,.\,\|_L)]$$

mit

$$\begin{aligned} \|\left(\boldsymbol{x}^{(k)}\right)\|_L &:= \sup\left\{\|\boldsymbol{x}^{(k)}\| : k \in \mathbb{N}_0\right\} \\ [\|\boldsymbol{y}\|_L &:= \sup\{\|\boldsymbol{y}(t)\| : t \in [t_0, T]\}]\ . \end{aligned}$$

Dabei ist $\|\,.\,\|$ die in der Definition benutzte Vektornorm. Da Φ affin-linear ist, reicht es den linearen Anteil zu betrachten bzw. $(\boldsymbol{b}_k)_k = \boldsymbol{0}$ $[f = \boldsymbol{0}]$ zu setzen. Der Beweis ergibt sich mit dieser Vorüberlegung sofort:

(i)⇒(ii): Theorem 7.4, (iii)⇒(iv)

(ii)⇒(iii): Theorem 7.4, (iv)⇒(i) liefert die Beschränktheit des Lösungsoperators, der im homogenen Fall dem Fundamentalsystem Y entspricht, d. h. die Existenz von $M > 0$, so dass für alle $x \in D$

$$\begin{aligned} \sup\{\|Y(n)\boldsymbol{x}\| : n \in \mathbb{N}_0\} \le M\|\boldsymbol{x}\| &\Leftrightarrow \|Y(n)\boldsymbol{x}\| \le M\|\boldsymbol{x}\| \text{ für alle } n \in \mathbb{N}_0 \\ &\Leftrightarrow \|Y(n)\| \le M \text{ für alle } n \in \mathbb{N}_0 \end{aligned}$$

für die erzeugte Norm $\|\,.\,\|$ und analog

$$\|Y(t)\| \le M \text{ für alle } t \in [t_0, T]\ .$$

(iii)⇒(i): Theorem 7.4, (i)⇒(iii). □

Bemerkung 8.79 Im homogenen Fall Ⓒ bzw. Ⓓ ist $\hat{\boldsymbol{x}}$ bzw. $\hat{\boldsymbol{y}}$ in ii) die Nulllösung.

Stabilität in einer beliebigen Lösung ist somit äquivalent mit Stabilität in der Nulllösung, die auch Gleichgewichtslösung ist. △

Im autonomen Fall ist folglich die Beschränktheit von

$$\|A^k\| \text{ für alle } k \in \mathbb{N}_0 \quad \text{bzw.} \quad \|\exp(At)\| \text{ für alle } t \in [t_0, T]$$

durch Bedingungen an A zu charakterisieren. Das Erste ist schon in Bemerkungen 7.35 geschehen, für das Zweite gilt:

Satz 8.80: Beschränktheit von $\exp(At)$

Sei $A \in \mathbb{K}^{(n,n)}$, seien $\lambda_1, \dots, \lambda_n \in \mathbb{C}$ die Eigenwerte von A. Dann sind äquivalent:

(i) Es existiert $M > 0$, so dass $\|\exp(At)\| \leq M$ für alle $t \geq 0$.

(ii) $\operatorname{Re} \lambda_i \leq 0$ für alle $i = 1, \dots, n$.
Ist $\operatorname{Re} \lambda_i = 0$, so ist λ_i halbeinfach.

Beweis: Da die Aussage von der Wahl der Norm unabhängig ist, kann diese wie im Beweis von Bemerkungen 7.35 gewählt werden, d. h. o. B. d. A. seien $A = J$, die JORDANsche Normalform, und $\| . \|$ die Zeilensummennorm. Also reicht es einen JORDAN-Block zu einem festen Eigenwert $\lambda = \mu + i\nu$ zu betrachten (siehe (7.24)). Es gilt daher (7.28) und (7.29). Weiterhin sind die Matrixeinträge betragsmäßig vom Typ

$$|\exp(i\nu t)| \exp(\mu t) |p(t)| =: h(t) \tag{8.124}$$

mit $p \in \mathbb{K}_{k-1}[x]$, wobei k die Größe des JORDAN-Blocks darstellt.

(ii)⇒ (i): Ist $\mu < 0$, so ist $h(t)$ beschränkt. Ist $\mu = 0$, dann ist $k = 1$ und damit h auch beschränkt und damit z. B. die Zeilensummennorm in diesen Einträgen.

(i)⇒(ii): Ist eine Funktion vom Typ (8.124) für $t \geq 0$ beschränkt, so kann nicht $\mu > 0$ sein und im Fall $\mu = 0$ muss p beschränkt sein, also $k = 1$ und damit λ halbeinfach. □

Also:

Hauptsatz 8.81: Stabilität im autonomen Fall

Sei $A \in \mathbb{K}^{(n,n)}$, $\lambda_1, \dots, \lambda_n \in \mathbb{C}$ die Eigenwerte von A.

1) Das Problem Ⓐ^{i} ist stabil an einer beliebigen Lösung genau dann, wenn $\rho(A) \leq 1$ und Eigenwerte von A mit $|\lambda| = 1$ halbeinfach sind.

2) Das Problem Ⓑ^{i} ist stabil auf $[t_0, \infty)$ an einer beliebigen Lösung genau dann, wenn $\operatorname{Re} \lambda_i \leq 0$ für alle $i = 1, \dots, n$ und λ_i ist halbeinfach, falls $\operatorname{Re} \lambda_i = 0$.

Beweis: 1): Theorem 8.78 und Bemerkungen 7.35.
2): Theorem 8.78 und Satz 8.80. □

Bemerkung 8.82 Können Ⓒ^{i} (falls die A_k invertierbar sind) bzw. Ⓓ^{i} nach Bemerkungen 8.66, 2) sowohl „vorwärts" als auch „rückwärts" betrachtet werden, so gibt es bei der Stabilität einen gravierenden Unterschied. Im autonomen Fall gilt:

Bei Ⓐ^{i}: Richtungsumkehr bedeutet Wechsel von A zu A^{-1} bzw. bei den Eigenwerten von λ_i zu λ_i^{-1}, mithin:

Ist Ⓐ^{i} in Vorwärtsrichtung stabil und $|\lambda_i| < 1$ für einen Eigenwert λ_i, so ist Ⓐ^{i} in Rückwärtsrichtung wegen $\rho(A^{-1}) > 1$ instabil und vice versa.

Nur wenn für alle Eigenwerte $|\lambda_i| = 1$ gilt, bleibt die Stabilität auch bei Richtungsumkehr erhalten.

Bei Ⓑ^{i}: Richtungsumkehr bedeutet Wechsel von A zu $-A$ bzw. bei den Eigenwerten von λ_i zu $-\lambda_i$, damit:

Ist Ⓑ^{i} stabil in Vorwärtsrichtung und $\operatorname{Re}\lambda_i < 0$ für einen Eigenwert λ_i, so ist Ⓑ^{i} in Rückwärtsrichtung instabil und vice versa.

Nur wenn für alle Eigenwerte $\operatorname{Re}\lambda_i = 0$ gilt, bleibt die Stabilität auch bei Richtungsumkehr erhalten. △

Bemerkung 8.83 Ein Beispiel, bei dem eine Richtungsumkehr bei Beibehaltung der Stabilität möglich ist, ist das Differentialgleichungssystem 2. Ordnung (MM.96) unter der Voraussetzung $A > 0$, $M > 0$. Physikalisch entspricht das Modell einer ungedämpften Schwingung. Genau gilt:

Ist A positiv definit, so sind nach Satz 7.47 alle Eigenwerte in der äquivalenten Formulierung 1. Ordnung ((MM.97), (MM.98)) rein imaginär und halbeinfach, so dass Stabilität vorliegt. Dies bedeutet für die Massenkette mindestens einseitige Einspannung.

Ist A nur positiv semidefinit, so ist $\lambda = 0$ nicht halbeinfacher Eigenwert, d. h. es liegt keine Stabilität vor, was auch sofort durch die unbeschränkte Lösung

$$\boldsymbol{x}(t) = t\boldsymbol{v}, \text{ für einen Eigenvektor } \boldsymbol{v} \text{ zu } \lambda = 0$$

ersichtlich ist. Dies entspricht der Massenkette ohne Einspannung.

Sobald „dissipative" Prozesse (wie z. B. Reibung) hinzukommen, geht diese Eigenschaft verloren, das Modell wird aber stabiler in Vorwärtsrichtung, nämlich *asymptotisch stabil*. Ein solches Modell, das physikalisch einem Diffusionsprozess entspricht, wird in Beispiel 3(12) besprochen. △

Stabilität sichert nicht die Konvergenz gegen eine Gleichgewichtslösung, aber:

Definition 8.84

Sei $\boldsymbol{x}^* \in \mathbb{K}^n [\boldsymbol{y}^* \in \mathbb{K}^n]$ eine Gleichgewichtslösung von Ⓒ [Ⓓ].

1) Die Gleichgewichtslösung heißt *anziehend*, wenn es ein $\rho > 0$ gibt, so dass für $\|\boldsymbol{x}^* - \boldsymbol{x}_0\| \le \rho\ [\|\boldsymbol{y}^* - \boldsymbol{y}_0\| \le \rho]$ gilt

$$\boldsymbol{x}^{(k)} \to \boldsymbol{x}^* \text{ für } k \to \infty$$
$$[\boldsymbol{y}(t) \to \boldsymbol{y}^* \text{ für } t \to \infty] ,$$

wobei $\left(x^{(k)}\right)_k$ $[y]$ die Lösung von Ⓒ [Ⓓ] zu x_0 $[y_0]$ ist.
2) Eine Gleichgewichtslösung heißt *asymptotisch stabil*, wenn sie stabil und anziehend ist.

Theorem 8.85: anziehend im linearen Fall

Für Ⓒ bzw. Ⓓ sei $Y(n)$ bzw. $Y(t)$ das Fundamentalsystem mit $Y(0) = \mathbb{1}$ bzw. $Y(t_0) = \mathbb{1}$. Dann sind äquivalent:

(i) Es gibt eine anziehende Gleichgewichtslösung $x^* \in \mathbb{K}^n$ bzw. $y^* \in \mathbb{K}^n$.

(ii)

$$Y(n) \to 0 \text{ für } n \to \infty \quad \text{bzw.}$$
$$Y(t) \to 0 \text{ für } t \to \infty\,.$$

Bei Gültigkeit ist eine Gleichgewichtslösung eindeutig ($x^* = \mathbf{0}$ bzw. $y^* = \mathbf{0}$) und die Konvergenz ist global, d. h. gilt für jedes x_0 $[y_0] \in \mathbb{K}^n$.

Beweis: Wir betrachten Ⓒ, der Beweis für Ⓓ verläuft analog.
(i)⇒(ii). Es gibt ein $\rho > 0$, so dass für x_0 mit $\|x_0 - x^*\| \le \rho$ gilt:

$$Y(n)x_0 \to x^* \text{ für } n \to \infty\,.$$

Wegen $Y(n)x^* = x^*$ (für große n) ist dies äquivalent mit

$$Y(n)x \to \mathbf{0} \text{ für } n \to \infty\,,$$

wobei $x = x_0 - x^* \in \overline{B}_\rho(\mathbf{0})$ beliebig gewählt werden kann und damit auch beliebig in $\mathbb{K}^n$ wegen der Linearität von $Y(n)$. Damit gilt etwa in einer erzeugten Norm und damit in jeder Norm:

$$\|Y(n)\| \to 0 \text{ für } n \to \infty\,.$$

(ii)⇒(i): Die obigen Argumente können umgekehrt werden: Sei x^* eine beliebige Gleichgewichtslösung:

$$\|Y(n)x_0 - x^*\| = \|Y(n)(x_0 - x^*)\| \le \|Y(n)\|\,\|x_0 - x^*\| \to 0 \text{ für } n \to \infty\,.$$

Damit muss x^* eindeutig sein und es liegt sogar globale Konvergenz für jedes x_0 vor. □

Im autonomen Fall ist sodann

$$A^n \to 0 \text{ für } n \to \infty$$
$$\text{bzw. } \exp(At) \to 0 \text{ für } t \to \infty$$

zu charakterisieren. Das Erste ist in Hauptsatz 7.34 geschehen, das Zweite folgt in Satz 8.86.

Satz 8.86: Konvergenz von $\exp(At)$ gegen 0

Sei $A \in \mathbb{K}^{(n,n)}$, seien $\lambda_1, \ldots, \lambda_n \in \mathbb{C}$ die Eigenwerte von A. Dann sind äquivalent:

(i) $\exp(At) \to 0$ für $t \to \infty$.

(ii) $\operatorname{Re} \lambda_i < 0$ für alle $i = 1, \ldots, n$.

Beweis: Da die Norm auf $\mathbb{K}^{(n,n)}$ beliebig gewählt werden kann, ist der Beweis eine leichte Modifikation des Beweises von Satz 8.80. Es ist folglich die Funktion h aus (8.124) zu beachten, und es reicht festzustellen, dass

$$h(t) \to 0 \text{ für } t \to \infty$$

äquivalent ist mit $\mu < 0$. □

Theorem 8.87: Asymptotische Stabilität im autonomen Fall

Seien $A \in \mathbb{K}^{(n,n)}$ und $\lambda_1, \ldots, \lambda_n \in \mathbb{C}$ die Eigenwerte von A.

1) Die Nulllösung ist bei Ⓐ asymptotisch stabil genau dann, wenn $\rho(A) < 1$.

2) Die Nulllösung ist bei Ⓑ asymptotisch stabil genau dann, wenn $\operatorname{Re} \lambda_i < 0$ für alle $i = 1, \ldots, n$.

Beweis: Hauptsatz 8.81, Theorem 8.85 und bei 1) Hauptsatz 7.34, bei 2) Satz 8.86. □

Bemerkung 8.88 Eine typische asymptotisch stabile Gleichung ist also vom Typ

$$\begin{aligned} \dot{\boldsymbol{y}}(t) + B\boldsymbol{y}(t) &= \boldsymbol{0} \text{ für } t \geq t_0 \\ \boldsymbol{y}(t_0) &= \boldsymbol{y}_0 , \end{aligned}$$

wobei $B > 0$ gilt. Nach Bemerkungen 4.137, 3) gilt dies auch für die Verallgemeinerung

$$\begin{aligned} M\dot{\boldsymbol{y}}(t) + B\boldsymbol{y}(t) &= \boldsymbol{0} \text{ für } t \geq t_0 \\ \boldsymbol{y}(t_0) &= \boldsymbol{y}_0 , \end{aligned}$$

wenn $B > 0$, $M > 0$. △

Stabilität wurde als (LIPSCHITZ-)stetige Abhängigkeit der Lösung von Daten eingeführt. Weitere Verschärfungen für Ⓒ^{i} werden z. B. in ELAYDI 2005, S. 173 ff. untersucht, etwa:

Definition 8.89

In der Situation von Definition 8.76 spricht man von *exponentieller Stabilität*, wenn $M > 0, \eta \in (0,1)$ existieren, so dass die Abschätzung

$$\|\boldsymbol{x}^{(k)} - \overline{\boldsymbol{x}}^{(k)}\| \leq M\|\boldsymbol{x}^{(0)} - \overline{\boldsymbol{x}}^{(0)}\|\eta^k$$

bei Ⓒ^{i} bzw.

$$\|\boldsymbol{y}(t) - \overline{\boldsymbol{y}}(t)\| \leq M\|\boldsymbol{y}_0 - \overline{\boldsymbol{y}}(t_0)\|\eta^{t-t_0}$$

bei Ⓓ^{i} gilt.

Für den autonomen Fall ergibt sich recht direkt:

Satz 8.90: Exponentielle Stabilität im lineraren Fall

Seien $A \in \mathbb{K}^{(n,n)}$ und $\lambda_1, \ldots, \lambda_n \in \mathbb{C}$ die Eigenwerte von A.

1) Die Nulllösung bei Ⓐ ist asymptotisch stabil genau dann, wenn sie exponentiell stabil ist, wobei dann $\eta \in (\rho(A), 1)$ gewählt werden kann.

2) Die Nulllösung bei Ⓑ ist asymptotisch stabil genau dann, wenn sie exponentiell stabil ist, wobei dann $\eta = \exp(\xi)$ mit $\xi \in \left(\max_{i=1}^n \operatorname{Re} \lambda_i, 0\right)$ gewählt werden kann.

Beweis: Es reicht jeweils der Nachweis der stärkeren exponentiellen Stabilität.

Bei 1) existiert nach Theorem 7.32, 2) zu η eine erzeugte Norm $\|\,.\,\|$, so dass gilt

$$\|A\| \leq \eta$$

und damit

$$\|A^n\| \leq \|A\|^n \leq \eta^n\ .$$

Bei 2) existiert nach Bemerkung 8.91 eine erzeugte Norm, so dass

$$\|\exp(At)\| \leq \exp(\xi t) = \exp(\xi)^t\ .$$

□

Bemerkung 8.91 Wendet man Theorem 7.32, 2) auf $\exp(A)$ an, erhält man nur

$$\|\exp(A)\| \leq \exp(\|A\|) \leq \exp(\rho(A) + \varepsilon) ,$$

d. h. die Tatsache $|\exp(i\nu)| = 1$ für die Imaginärteile der Eigenwerte geht verloren.

Übertragung des dortigen Beweises liefert verschärfend: Zu $\varepsilon > 0$ gibt es eine erzeugte Norm $\|\,.\,\|$, so dass

$$\|\exp(A)\| \leq \exp\left(\max_{i=1}^{n} \operatorname{Re} \lambda_i + \varepsilon\right) ,$$

wobei $\lambda_1, \ldots, \lambda_n$ die Eigenwerte von A seien.

In der Notation des Beweises von Theorem 7.32, 2) gilt

$$\begin{aligned}\exp(A) = C\exp(J)C^{-1} \text{ und damit } \|\exp(A)\|'' &= \|\exp(J)\|' = \|\exp(D+N)\|' \\ = \|\exp(D)\exp(N)\|' \leq \|\exp(D)\|'\,\|\exp(N)\|' &\leq \max_{i=1}^{n}\left(|\exp(i \operatorname{Im}\lambda_i)| \exp(\operatorname{Re}\lambda_i)\right)\exp(\|N\|')\end{aligned}$$

und damit mit $\|N\|' \leq \varepsilon$ die Behauptung.

△

Betrachten wir Ⓐ^{i} bzw. Ⓑ^{i} im Spezialfall einer konstanten Inhomogenität, d. h.

$$\begin{aligned}&Ⓐ^{\text{i}} \qquad \boldsymbol{x}^{(k+1)} = A\boldsymbol{x}^{(k)} + \boldsymbol{b},\ k \in \mathbb{N}_0 ,\\ &Ⓑ^{\text{i}} \qquad \dot{\boldsymbol{y}}(t) = A\boldsymbol{y}(t) + \boldsymbol{f},\ t \geq t_0 .\end{aligned}$$

Eine Gleichgewichtslösung $\boldsymbol{x}^*$ bzw. $\boldsymbol{y}^*$ von Ⓐ^{i} bzw. Ⓑ^{i} ist asymptotisch stabil genau dann, wenn die Nulllösung eine asymptotisch stabile Gleichgewichtslösung von Ⓐ bzw. Ⓑ ist. Daher sind dann nach Theorem 8.87 $\mathbb{1} - A$ bzw. A invertierbar und so ist die Gleichgewichtslösung eindeutig bestimmt durch

$$\begin{aligned}&Ⓐ^{\text{i}} \qquad \boldsymbol{x}^* = A\boldsymbol{x}^* + \boldsymbol{b} ,\\ &Ⓑ^{\text{i}} \qquad \boldsymbol{0} = A\boldsymbol{y}^* + \boldsymbol{f} .\end{aligned}$$

Nach Theorem 8.78 und Theorem 8.87 gilt

$$\begin{aligned}&\boldsymbol{x}^{(k)} \to \boldsymbol{x}^* \text{ für } k \to \infty\\ \text{bzw.}\quad &\boldsymbol{y}(t) \to \boldsymbol{y}^* \text{ für } t \to \infty\end{aligned}$$

für beliebige Startwerte $\boldsymbol{x}^{(0)}[\boldsymbol{y}_0]$. Es liegt deshalb (im Sinne von Definition 8.19) globale Konvergenz vor in der Form, dass der Grenzwert vom Anfangswert unabhängig ist.

Wir fragen, ob noch andere Formen von globaler Konvergenz existieren, d. h. Situationen, in denen auch $\left(\boldsymbol{x}^{(k)}\right)_k$ bzw. $\boldsymbol{y}(t)$ für $k \to \infty$ $[t \to \infty]$ und beliebige Startwerte $\boldsymbol{x}^{(0)}$ $[\boldsymbol{y}_0]$ konvergieren, der Grenzwert aber davon abhängt. Da der Grenzwert notwendigerweise Gleichgewichtslösung ist, muss somit $(\mathbb{1} - A)\boldsymbol{x}^* = \boldsymbol{b}$ bzw. $A\boldsymbol{y}^* = -\boldsymbol{f}$ lösbar sein, aber nicht eindeutig, daher muss also bei Ⓐ^{i} 1 Eigenwert von A bzw. bei Ⓑ^{i} 0 Eigenwert von A sein. Andererseits muss Ⓐ bzw. Ⓑ beschränkt sein.

Theorem 8.92: Globale Konvergenz im linearen Fall

Sei $A \in \mathbb{K}^{(n,n)}$, $\boldsymbol{b}, \boldsymbol{f} \in \mathbb{K}^n$. Die LGS $\boldsymbol{x} - A\boldsymbol{x} = \boldsymbol{b}$ bei Ⓐ^{i} bzw. $A\boldsymbol{y} = -\boldsymbol{f}$ bei Ⓑ^{i} seien lösbar. Dann sind äquivalent:
Bei Ⓐ^{i}:

(i) Die Lösungen sind bei beliebigem Startvektor $\boldsymbol{x}^{(0)}$ konvergent für $k \to \infty$.

(ii) $\rho(A) \leq 1$ und ist λ ein Eigenwert von A mit $|\lambda| = 1$, dann gilt $\lambda = 1$ und λ ist halbeinfach.

Bei Ⓑ^{i}:

(i) Die Lösungen sind bei beliebigem Startvektor $\boldsymbol{y}_0$ konvergent für $t \to \infty$.

(ii) $\mathrm{Re}(\lambda) \leq 0$ für jeden Eigenwert λ von A und ist $\mathrm{Re}(\lambda) = 0$, dann $\lambda = 0$ und λ ist halbeinfach.

Beweis: Wir betrachten Ⓑ^{i}, der Beweis für Ⓐ^{i} ist analog. Sei $\widehat{\boldsymbol{y}} \in \mathbb{K}^n$ eine fest gewählte Lösung von $A\boldsymbol{y} = -\boldsymbol{f}$.

i)⇒ii): Sei $\boldsymbol{x} \in \mathbb{K}^n$ beliebig und $\boldsymbol{y}$ die Lösung von Ⓑ^{i} zu $\boldsymbol{y}(t_0) = \boldsymbol{x} + \widehat{\boldsymbol{y}}$. Nach Voraussetzung gilt

$$\boldsymbol{y}(t) \to \boldsymbol{y}^* \text{ für } t \to \infty \text{ und ein } \boldsymbol{y}^* \in \mathbb{K}^n$$

und damit $\widetilde{\boldsymbol{y}}(t) := \boldsymbol{y}(t) - \widehat{\boldsymbol{y}} \to \boldsymbol{y}^* - \widehat{\boldsymbol{y}}$. $\widetilde{\boldsymbol{y}}$ ist eine Lösung von Ⓑ, d. h.

$$\widetilde{\boldsymbol{y}}(t) = \exp(A(t - t_0))\widetilde{\boldsymbol{y}}(t_0) = \exp(A(t - t_0))\boldsymbol{x}$$

und dies für beliebiges $\boldsymbol{x} \in \mathbb{K}^n$, also

$$\exp(At) \to B \text{ für } t \to \infty \text{ und ein } B \in \mathbb{K}^{(n,n)} .$$

Insbesondere ist deswegen $\exp(At)$ beschränkt für $t \geq 0$ und damit folgt die Behauptung aus Satz 8.80, noch mit der Möglichkeit, dass außer $\lambda = 0$ weitere halbeinfache Eigenwerte $\lambda = i\nu$, $\nu \in \mathbb{R}$, existieren könnten. Nach Beispiel 7.44, 4) gilt auch für jeden (reellen) JORDAN-Block J

$$\exp(Jt) \text{ konvergiert für } t \to \infty ,$$

was bei $J = i\nu\mathbb{1}$, $\nu \neq 0$, nach (7.26) zum Widerspruch führen würde.
ii)⇒i): Sei $\boldsymbol{y}_0 \in \mathbb{K}^n$ beliebig und $\boldsymbol{y}$ die Lösung zu Ⓑ^{i} dazu, also ist $\widetilde{\boldsymbol{y}}(t) := \boldsymbol{y}(t) - \widehat{\boldsymbol{y}}$ eine Lösung von Ⓑ zu $\widetilde{\boldsymbol{y}}(t_0) = \boldsymbol{y}_0 - \widehat{\boldsymbol{y}} =: \widetilde{\boldsymbol{y}}_0$. Sei E der Eigenraum von A zu $\lambda = 0$, sei H die Summe der zu den übrigen Eigenwerten, die folglich alle $\mathrm{Re}(\lambda) < 0$ erfüllen, gehörigen Haupträume. Sei $\widetilde{\boldsymbol{y}}_0 = \boldsymbol{v} + \overline{\boldsymbol{x}}$ die eindeutige Darstellung in $\mathbb{K}^n = E \oplus H$. Die Räume E und H sind A-invariant und damit auch $\exp(At)$-invariant für alle $t \geq 0$ (siehe (7.24)). Nach

Satz 8.86 gilt aus diesem Grund

$$\exp(At)\overline{\boldsymbol{x}} \to \boldsymbol{0} \text{ für } t \to \infty$$

und

$$\exp(At)\boldsymbol{v} = \exp(\lambda t)\boldsymbol{v} = \boldsymbol{v}\,,$$

also

$$\widetilde{\boldsymbol{y}}(t) = \exp(A(t-t_0))\widetilde{\boldsymbol{y}}_0 \to \boldsymbol{v}$$

und so

$$\boldsymbol{y}(t) = \widetilde{\boldsymbol{y}}(t) + \widehat{\boldsymbol{y}} \to \boldsymbol{v} + \widehat{\boldsymbol{y}} \text{ für } t \to \infty. \qquad \square$$

Bemerkung 8.93 Ist nun bei Ⓑ^{i} $E := \operatorname{Kern} A$ bzw. bei Ⓐ^{i} $E := \operatorname{Kern} \mathbb{1} - A$ nicht trivial, so ist der Grenzwert vom Startvektor abhängig. Ist bei beliebiger Gleichgewichtslösung $\widehat{\boldsymbol{y}}$ $[\widehat{\boldsymbol{x}}]$ der eindeutige Anteil von $\boldsymbol{y}_0 - \widehat{\boldsymbol{y}}$ $[\boldsymbol{x}_0 - \widehat{\boldsymbol{x}}]$ in E mit $\boldsymbol{v}$ bezeichnet, so ist

$$\boldsymbol{v} + \widehat{\boldsymbol{y}}\,[\boldsymbol{v} + \widehat{\boldsymbol{x}}]$$

der Grenzwert, der nicht von der Wahl von $\widehat{\boldsymbol{y}}$ $[\widehat{\boldsymbol{x}}]$ abhängt. Ist P die durch die Zerlegung definierte Projektion von $\mathbb{K}^n$ auf E, ist daher der Grenzwert

$$\boldsymbol{y}^* = P\boldsymbol{y}_0 + \widehat{\boldsymbol{y}} - P\widehat{\boldsymbol{y}} \text{ für Ⓑ}^{\mathrm{i}},$$

d. h. es wird das eindeutig bestimmte $\boldsymbol{y}^*$, für das

$$P\boldsymbol{y}^* = P\boldsymbol{y}_0$$

gilt, als Grenzwert ausgewählt [analog für Ⓐ^{i}]. △

Bemerkung 8.94 Eine typische asymptotisch stabile Gleichung ist also eine Gleichung der Art

$$\begin{aligned} M\dot{\boldsymbol{y}}(t) + B\boldsymbol{y}(t) &= \boldsymbol{0} \text{ für } t \geq t_0\,,, \\ \boldsymbol{y}(t_0) &= \boldsymbol{y}_0\,, \end{aligned}$$

wobei $M > 0$, $B > 0$ gilt (siehe Bemerkungen 4.137, 3). Ein solcher Fall wird in Beispiel 3(12) besprochen. Ist nur $B \geq 0$, so liegt nicht nur Stabilität vor, sondern möglicherweise auch globale Konvergenz nach Theorem 8.92. △

Im Folgenden sollen für die autonomen Fälle Ⓐ bzw. Ⓑ in zwei Variablen ($n = 2$) anhand der Eigenwerte von A alle Möglichkeiten aufgezeigt werden. Sei nunmehr $A \in \mathbb{R}^{(2,2)}$, die komplexen Eigenwerte seien mit λ_1, λ_2 bezeichnet:

Das jeweilige (In)Stabilitätsverhalten in der Gleichgewichtslösung $\boldsymbol{x}^* = (0,0)^t$ wird durch ein *Phasendiagramm* dargestellt, d. h. durch eine Darstellung von $\left(x_1^{(k)}, x_2^{(k)}\right)^t$ bzw.

$(y_1(t), y_2(t))^t$ in der kartesischen Ebene, parametrisiert durch k bzw. t. Wie schnell die dadurch aufgezeigten *Trajektorien* durchlaufen werden ist mithin aus der Darstellung nicht ersichtlich. Die Richtung, mit der die Lösung für wachsende k bzw. t durchlaufen wird, wird durch Pfeile angedeutet. Richtungs(Pfeil-)umkehr entspricht somit bei Ⓐ (wenn möglich, d. h. $\lambda_i \neq 0$) Wechsel von λ_i zu $\frac{1}{\lambda_i}$, bei Ⓑ allgemein Wechsel von λ_i zu $-\lambda_i$.

Es wird im Folgenden die Lösung nicht in den Originalkoordinaten (x_1, x_2) bzw. (y_1, y_2), sondern in denen einer Hauptvektorbasis dargestellt, in der A JORDANsche Normalform hat (ohne Wechsel der Bezeichnung). Die entsprechende Rücktransformation ist dann den nachfolgenden Abbildungen noch zu überlagern (siehe Abbildung 8.7).

Bei echt komplexen Eigenwerten entsprechen die Achsen Realteil und Imaginärteil

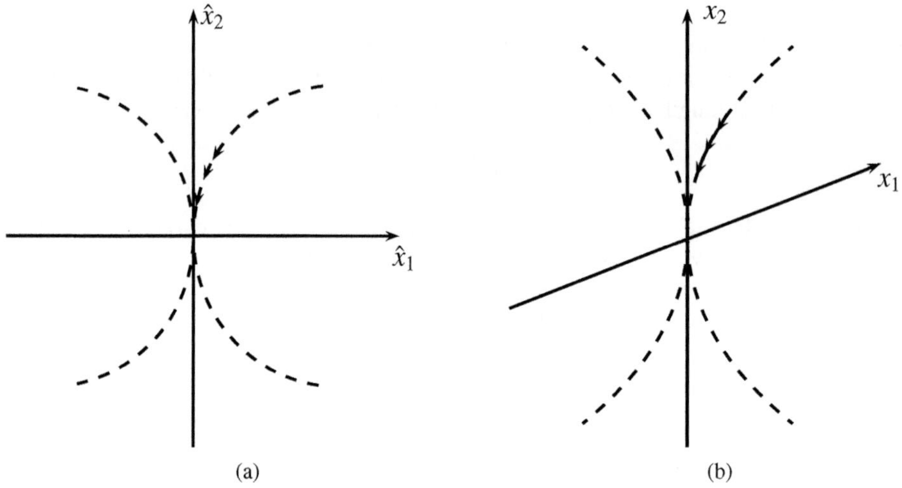

Abb. 8.7: Asymptotisches Verhalten in a) transformierten und b) ursprünglichen Koordinaten.

eines Eigenvektors zum ausgewählten Eigenwert $\lambda = \mu + i\nu$ (statt $\lambda = \mu - i\nu$). Für die Differenzengleichung Ⓐ liegt asymptotische Stabilität genau für den Fall $|\lambda_1|, |\lambda_2| < 1$ vor. Parametrisiert man bei $0 < \lambda_1 < 1$ die (transformierte) Lösung mit $\lambda_1^k =: t_k$, d. h.

$$x_1^{(k)} = x_1^{(0)} t_k, x_2^{(k)} = x_2^{(0)} \left(\frac{\lambda_2}{\lambda_1}\right)^k t_k ,$$

so konvergiert die x_2-Komponente bei $\lambda := \lambda_2/\lambda_1 > 1$ entsprechend langsam gegen 0. Analog ergeben sich die weiteren Fälle in Abbildung 8.8. Die Pfeile sind in wachsender Größe zu lesen.

Im nicht diagonalisierbaren Fall, gilt für die JORDANsche Normalform

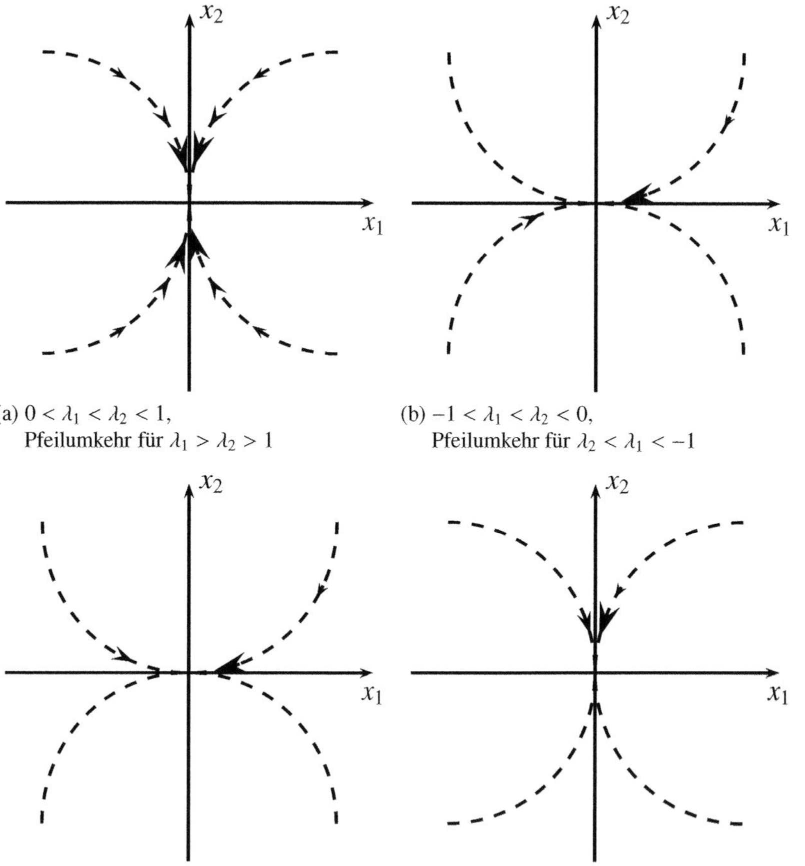

(a) $0 < \lambda_1 < \lambda_2 < 1$,
Pfeilumkehr für $\lambda_1 > \lambda_2 > 1$

(b) $-1 < \lambda_1 < \lambda_2 < 0$,
Pfeilumkehr für $\lambda_2 < \lambda_1 < -1$

(c) $-1 < \lambda_1 < 0 < \lambda_2 < 1$, $\lambda_2/\lambda_1 > -1$,
Pfeilumkehr für $\lambda_1 < -1$,
$\lambda_2 > 1$, $\lambda_2/\lambda_1 < -1$

(d) $-1 < \lambda_1 < 0 < \lambda_2 < 1$, $\lambda_2/\lambda_1 < -1$,
Pfeilumkehr für $\lambda_1 < -1$, $\lambda_2 > 1$,
$\lambda_2/\lambda_1 > -1$

Abb. 8.8: Asymptotische Stabilität bei Ⓐ bei reellen Eigenwerten, A diagonalisierbar.

$$J = \begin{pmatrix} \lambda & 1 \\ 0 & \lambda \end{pmatrix}, \text{ d. h. } J^k = \begin{pmatrix} \lambda^k & k\lambda^{k-1} \\ 0 & \lambda^k \end{pmatrix} \text{ für } k \in \mathbb{N} \text{ nach (4.75)} .$$

Parametrisiert man die (transformierte) Lösung mit $t_n = \lambda^n$, so lautet die Lösung:

$$x_2^{(k)} = x_2^{(0)} t_k, x_1^{(k)} = x_1^{(0)} t_k + k x_2^{(0)} t_k^{\frac{k-1}{k}} ,$$

d. h. es ergibt sich Abbildung 8.9. Im Fall $\lambda_1 = 0, \lambda_2 \lessgtr 0$ ist die x_1-Komponente konstant, die x_2-Komponente läuft auf die x_1-Achse zu bzw. weg. Im Fall $\lambda_1 = \lambda_2 = 0$ gibt es die Fälle $x_1^{(k)} = x_2^{(k)} = 0$ und $x_1^{(k+1)} = x_2^{(k)}, x_2^{(k+1)} = 0$, also auch $x_1^{(k)} = x_2^{(k)} = 0$ für $k \geq 2$ (Abbildung 8.9 (h)).

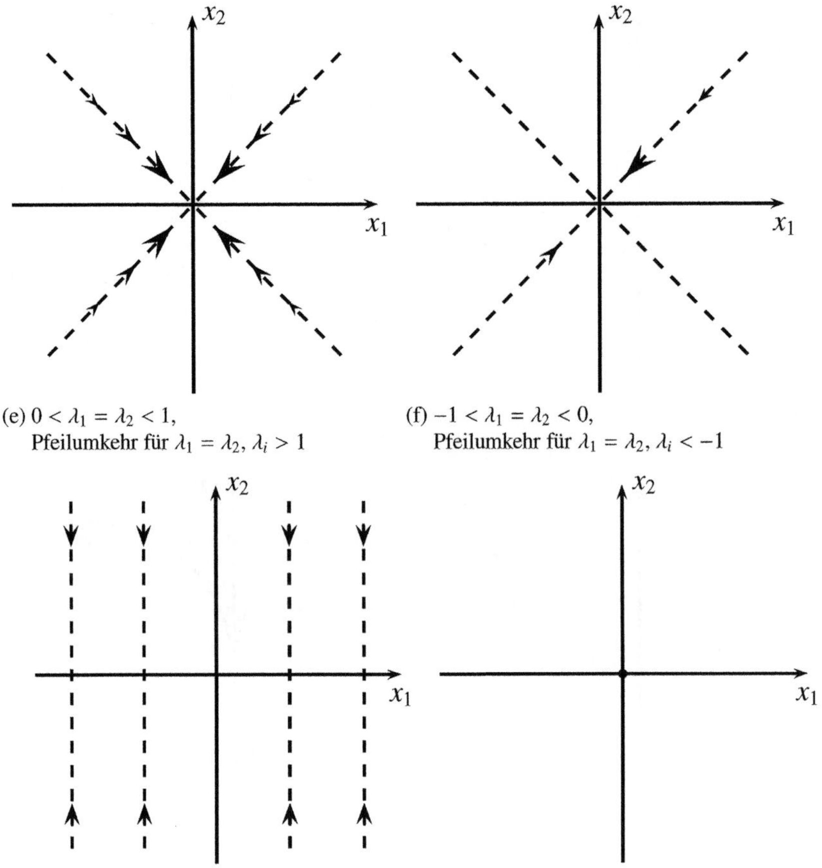

(e) $0 < \lambda_1 = \lambda_2 < 1$,
Pfeilumkehr für $\lambda_1 = \lambda_2$, $\lambda_i > 1$

(f) $-1 < \lambda_1 = \lambda_2 < 0$,
Pfeilumkehr für $\lambda_1 = \lambda_2$, $\lambda_i < -1$

(g) $\lambda_1 = 0$, $\lambda_2 < 0$, Pfeilumkehr für $\lambda_2 > 0$

(h) $\lambda_1 = \lambda_2 = 0$

Abb. 8.8: Asymptotische Stabilität bei Ⓐ bei reellen Eigenwerten, A diagonalisierbar.

Den Fall komplexer Eigenwerte zeigt Abbildung 8.10. Die stabilen, aber nicht asymptotisch stabilen Fälle sind in Abbildung 8.11 und schließlich die (in beiden Zeitrichtungen) instabilen Fälle in Abbildung 8.12 dargestellt. Hier spricht man von einem *Sattelpunkt*.

Man beachte bei Abbildung 8.11 a), dass durchaus (startwertunabhängige) Konvergenz gegen eine Gleichgewichtslösung, d. h. einen Eigenwert von A zu $\lambda = 1$, stattfindet, aber i. Allg. nicht gegen $(0, 0)^t$.

Für die Differentialgleichung Ⓑ ist die Stabilitätsklassifikation völlig analog, wobei jetzt die gestrichelten Linien den Trajektorien entsprechen, die aber nun exponentiell in der Zeit t durchlaufen werden. Anstelle von λ_i bestimmt $\mathrm{Re}\,\lambda_i$ das Stabilitätsverhalten und die Bedingung $|\lambda_i| \lesseqgtr 1$ ist durch $\mathrm{Re}\,\lambda_i \lesseqgtr 0$ zu ersetzen.

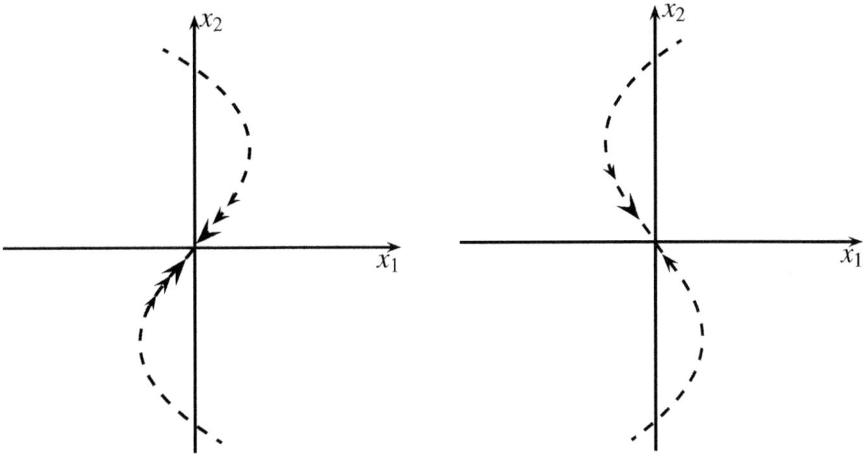

(a) $0 < \lambda < 1$, Pfeilumkehr bei $\lambda > 1$ (b) $-1 < \lambda < 0$, Pfeilumkehr bei $\lambda < -1$

Abb. 8.9: Asymptotische Stabilität bei Ⓐ im nicht diagonalisierbaren Fall.

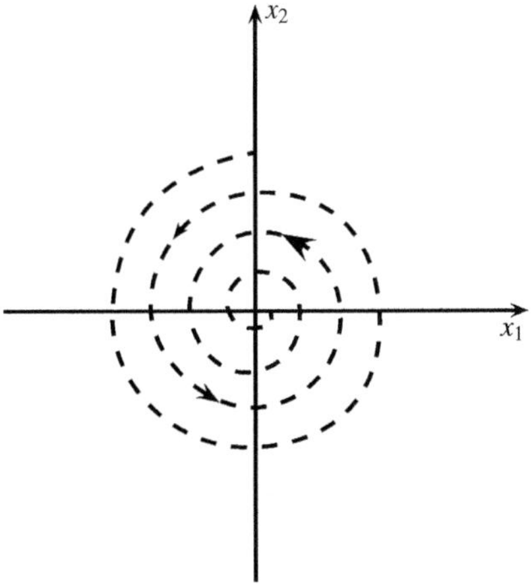

Abb. 8.10: Asymptotische Stabilität bei Ⓐ bei echt komplexen Eigenwerten, $|\lambda_i| < 1$, Pfeilumkehr und -umtausch für $|\lambda_i| > 1$.

Asymptotische Stabilität liegt also vor bei:	Pfeilumkehr bei:
$\lambda_1 < \lambda_2 < 0$: siehe Abb. 8.8, a);	$0 < \lambda_2 < \lambda_1$
$\lambda_1 = \lambda_2 < 0$: siehe Abb. 8.8, e) (diagonalisierbarer Fall);	$\lambda_1 = \lambda_2 > 0$
siehe Abb. 8.9, a) (mit x_1, durch $-x_1$, ersetzt)	
(nicht diagonalisierbarer Fall);	
$\lambda_i \in \mathbb{C}\backslash\mathbb{R}, \operatorname{Re}\lambda_i < 0, \operatorname{Im}\lambda_i \neq 0$: siehe Abb. 8.10;	$\operatorname{Re}\lambda_i > 0$.

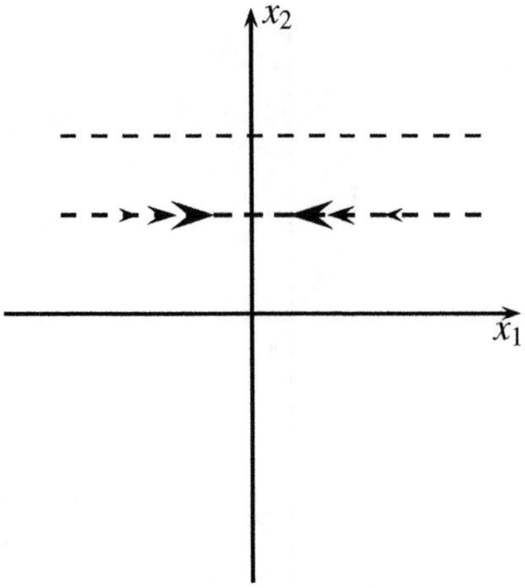

(a) $0 < \lambda_1 < \lambda_2 = 1$
Umkehrung für $1 = \lambda_2 < \lambda_1$

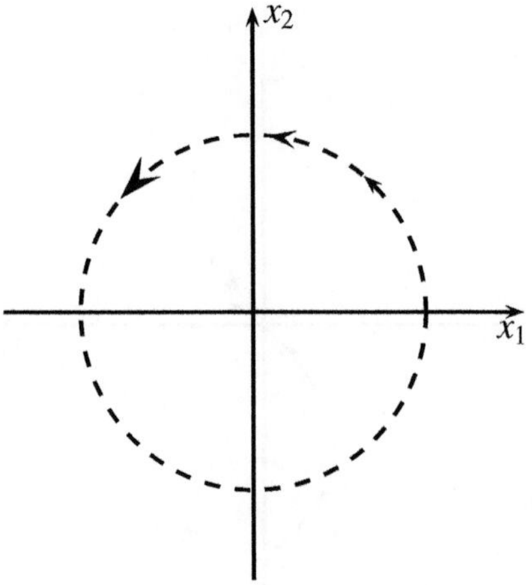

(b) $\lambda_1 \in \mathbb{C} \setminus \mathbb{R}$, $\lambda_2 = \overline{\lambda_1}$, $|\lambda_i| = 1$, $\operatorname{Im} \lambda_1 > 0$
Umkehrung für $\operatorname{Im} \lambda_1 < 0$

Abb. 8.11: Stabilität bei Ⓐ.

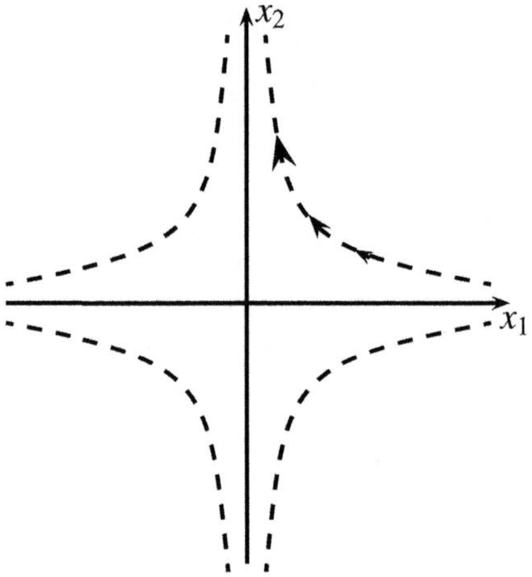

$0 < \lambda_1 < 1 < \lambda_2$, Umkehrung für $0 < \lambda_2 < 1 < \lambda_1$

Abb. 8.12: Instabilität (in beide Richtungen) bei Ⓐ.

Sattelpunktverhalten liegt vor bei; Pfeilumkehr bei
$\lambda_1 < 0 < \lambda_2$: siehe Abb. 8.12; $\lambda_2 < 0 < \lambda_1$.

Stabilität liegt vor bei;	Pfeilumkehr bei
$\lambda_i \in \mathbb{C}\backslash\mathbb{R}, \operatorname{Re}\lambda_i = 0$: siehe Abb. 8.11 b);	$\lambda_i > 0$.
$\lambda_1 < 0,\ \lambda_2 = 0$: siehe Abb. 8.11, a)	
$\lambda_1 = \lambda_2 = 0$	

Mehr Informationen, insbesondere auch zu nichtlinearen Differential- und Differenzengleichungen finden sich in den einschlägigen Lehrbüchern, von denen exemplarisch AMANN 1995 und ELAYDI 2005 genannt seien.

8.6.3 Approximation kontinuierlicher durch diskrete dynamische Systeme

In (4.25), (4.26) ist mit dem expliziten EULER-Verfahren eine erste Approximation einer gewöhnlichen Differentialgleichung 1. Ordnung durch eine Differenzengleichung 1. Ordnung angegeben worden. Diese und Alternativen bzw. die gleiche Konstellation für die Ordnung 2 sollen im Folgenden untersucht werden. Eingangs soll aber noch das Spektrum der (physikalischen) Modelle erweitert werden.

Beispiel 3(12) – Jenseits der Massenkette: Stofftransport durch Diffusion
Ein zu (MM.96) scheinbar sehr ähnliches Modell ergibt sich, wenn bei gleichen Voraussetzungen und Beispielen für die Matrizen M und A die analoge Anfangswertaufgabe für eine gewöhnliche Differentialgleichung 1. Ordnung betrachtet wird:

$$\begin{aligned} &\text{Gesucht ist } \boldsymbol{x} : [t_0, \infty) \to \mathbb{R}^m \text{, so dass} \\ &M\dot{\boldsymbol{x}}(t) + A\boldsymbol{x}(t) = \boldsymbol{f}(t) \text{ für } t \geq t_0, \\ &\text{und } \boldsymbol{x}(t_0) = \boldsymbol{x}_0. \end{aligned} \tag{MM.106}$$

Ein solches Problem entsteht, wenn man dem in Beispiel 3 bzw. allgemeiner in Abschnitt 1.6 entwickelten Modell eine andere physikalische Bedeutung gibt. Dazu werden Knoten

$$x_0 < x_1 < \ldots < x_{n-1} < x_n$$

betrachtet und das dadurch definierte Intervall $[x_0, x_n]$ und seine Zerlegung Δ (siehe Definition 1.29). In jedem Knoten denken wir uns die Masse eines Stoffes mit Konzentration u_i, $i = 0, \ldots, n$. Eine (sekundäre) Zerlegung $\widetilde{\Delta}$ von $[x_0, x_n]$ sei definiert durch

$$F_0 := [x_0, x_{\frac{1}{2}}),\ F_i := [x_{i-\frac{1}{2}}, x_{i+\frac{1}{2}}) \text{ für } i = 1, \ldots, n-1,\ F_n := [x_{n-\frac{1}{2}}, x_n],$$

wobei $x_{i+\frac{1}{2}} := \frac{1}{2}(x_i + x_{i+1})$ für $i = 0, \ldots, n-1$, siehe Abbildung 8.13. Seien (analog zu (1.35)) $h_i := x_i - x_{i-1}$, $i = 1, \ldots, n$ die Schrittweiten in der Zerlegung und $\overline{h}_i$ die Länge von F_i, gegeben durch

$$\overline{h}_0 := \frac{1}{2}h_1,\ \overline{h}_i = \frac{1}{2}(h_i + h_{i+1}),\ i = 1, \ldots, n-1,\ \overline{h}_n = \frac{1}{2}h_n. \tag{MM.107}$$

Die „Kontrollelemente" F_i können als mit einer Substanz angefüllte Behältnisse (*Compartments*) angesehen werden, deren (konstante) Konzentration u_i ist. Der Vektor $\boldsymbol{u}$ spielt hier die gleiche Rolle wie die Auslenkung $\boldsymbol{x}$ bei der Massenkette. Das hier für das Modell wesentliche Erhaltungsprinzip ist die *Erhaltung der Masse*. Dies bedeutet, dass bei der „Übergabe" von F_i zu einem benachbarten Compartment keine Masse verloren geht oder entsteht. Dies kann mit Hilfe des *Massenflusses* q_i, $i = 0, \frac{1}{2}, \ldots, n - \frac{1}{2}, n$, formuliert werden, der daher an den Eckpunkten der F_i definiert ist (und der Kraft $\boldsymbol{y}$ bei der Massenkette entspricht). $q_i > 0$ bedeutet Fluss von links nach rechts und vice versa. Betrachtet man das Compartment

F_i, $i = 1, \ldots, n-1$, so fließt bei $x_{i-\frac{1}{2}}$ der Fluss $q_{i-\frac{1}{2}}$ in F_i hinzu und bei $x_{i+\frac{1}{2}}$ der Fluss $q_{i+\frac{1}{2}}$ aus F_i heraus. Um eine stationäre Konzentrationsverteilung zu erreichen, müssen sich diese Flüsse kompensieren oder aber es muss eine (konstante) Quelldichte f_i vorhanden sein, die für den Überschuss oder Verlust verantwortlich ist, d. h. die Massenbilanz in F_i lautet

$$q_{i+\frac{1}{2}} - q_{i-\frac{1}{2}} = f_i \overline{h}_i, \; i = 1, \ldots, n-1. \tag{MM.108}$$

Hier geht man davon aus, dass $f_i > 0$ eine Quelle und $f_i < 0$ eine Senke beschreibt, da die linke Seite der Gleichung je nach Vorzeichen den Verlust oder Gewinn durch den Nettoabfluss über die Randpunkte von F_i beschreibt. Das zum HOOKEschen Gesetz analoge Gesetz ist das FICKsche[21] Gesetz und besagt, dass der Massenfluss proportional zum Konzentrationsgefälle ist. Also

$$\boldsymbol{q} := (q_{\frac{1}{2}}, \ldots, q_{n-\frac{1}{2}})^t, \; \boldsymbol{q} = C\boldsymbol{g}, \tag{MM.109}$$

wobei $C = \operatorname{diag}(c_{i+\frac{1}{2}})$, $c_{i+\frac{1}{2}} > 0$, $i = 0, \ldots, n-1$, die Matrix aus den *Diffusionskoeffizienten* darstellt und $\boldsymbol{g} = (g_{\frac{1}{2}}, \ldots, g_{n-\frac{1}{2}})^t$ also durch

$$g_{i+\frac{1}{2}} = -\frac{1}{h_{i+1}}(u_{i+1} - u_i), \; i = 0, \ldots, n-1 \tag{MM.110}$$

gegeben ist. (Dies ist exakt, wenn man den u_i die Interpolierende in $S_1(\Delta)$ zuordnet.) Durch Einsetzen erhält man aus (MM.108) $n-1$ lineare Gleichungen für die Unbekannten $u_0, \ldots, u_n$, die mithin noch durch *Randbedingungen* um zwei Gleichungen zu ergänzen sind. In den Randpunkten $a := x_0$ und $b := x_n$ kann die Konzentration (*DIRICHLET*[22]*-Randbedingung*) oder auch der Massenfluss (aus dem Intervall heraus) (*Fluss-Randbedingung*) vorgegeben werden:

Die DIRICHLET-Randbedingung lautet

$$\begin{aligned} \text{bei } x = a: &\quad u_0 = u_a, \\ \text{bei } x = b: &\quad u_n = u_b \end{aligned}$$

für gegebene u_a, $u_b \in \mathbb{R}$.

(MM.110) wird zu

$$\begin{aligned} g_{\frac{1}{2}} &= -\frac{1}{h_1}u_1 + \frac{1}{h_1}u_a, \\ g_{i+\frac{1}{2}} &= -\frac{1}{h_{i+1}}(u_{i+1} - u_i), \; i = 1, \ldots, n-2, \\ g_{n-\frac{1}{2}} &= \frac{1}{h_n}u_{n-1} - \frac{1}{h_n}u_b. \end{aligned}$$

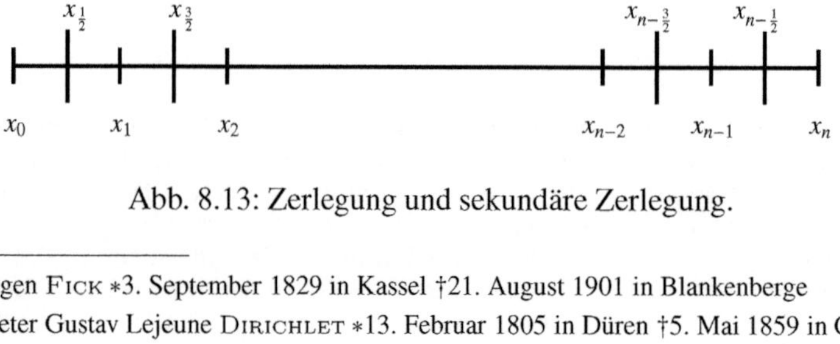

Abb. 8.13: Zerlegung und sekundäre Zerlegung.

---

[21] Adolf Eugen FICK ∗3. September 1829 in Kassel †21. August 1901 in Blankenberge

[22] Johann Peter Gustav Lejeune DIRICHLET ∗13. Februar 1805 in Düren †5. Mai 1859 in Göttingen

Hierdurch reduzieren sich die Unbekannten auf $u_1, \ldots, u_{n-1}$ und das entstehende LGS ist quadratisch. Um dessen Struktur besser einzusehen, beschränken wir uns auf den Fall einer äquidistanten Zerlegung, d. h.

$$h_i = h, \ i = 1, \ldots, n, \ \overline{h}_i = h, \ i = 1, \ldots, n-1, \ \overline{h}_0 = \overline{h}_n = \frac{h}{2},$$

wobei $h := (x_n - x_0)/n$. (MM.110) lässt sich dann unter Beachtung der DIRICHLET-Randbedingungen für $\boldsymbol{u} = (u_1, \ldots, u_{n-1})^t$ schreiben als

$$\boldsymbol{g} = -\frac{1}{h} B\boldsymbol{u} + \frac{1}{h}\boldsymbol{u}_D,$$

wobei $\boldsymbol{u}_D = (u_a, 0, \ldots, 0, -u_b)^t$ und $B \in \mathbb{R}^{(n,n-1)}$ der Matrix B aus (MM.35) entspricht. Analog schreibt sich (MM.108) als

$$-B^t\boldsymbol{q} = h\boldsymbol{f},$$

demnach folgt zusammen mit (MM.109)

$$B^tCB\boldsymbol{u} = \widetilde{\boldsymbol{f}} := h^2\boldsymbol{f} + B^tC\boldsymbol{u}_D \tag{MM.111}$$

und somit genau die Gestalt (MM.41).

Die homogene DIRICHLET-Bedingung ($u_a = u_b = 0$) entspricht damit der Einspannung der Massenkette. Man spricht auch von der stationären (diskreten) *Diffusionsgleichung*.

Die Fluss-Randbedingung lautet

$$\begin{aligned} &\text{bei } x = a: \quad -q_0 = q_a, \\ &\text{bei } x = b: \quad q_n = q_b \end{aligned}$$

für gegebene $q_a, q_b \in \mathbb{R}$.

Mit der Massenbilanz (MM.108) in F_0 bzw. in F_n, d. h.

$$q_{\frac{1}{2}} - q_0 = f_0\overline{h}_0 \text{ und } q_n - q_{n-\frac{1}{2}} = f_n\overline{h}_n,$$

erhält man

$$\begin{aligned} q_{\frac{1}{2}} &= f_0\overline{h}_0 - q_a, \\ -q_{i-\frac{1}{2}} + q_{i+\frac{1}{2}} &= f_i\overline{h}_i, \ i = 1, \ldots, n-1, \\ -q_{n-\frac{1}{2}} &= f_n\overline{h}_n - q_b. \end{aligned} \tag{MM.112}$$

Aus diesen $n+1$ Gleichungen entsteht durch Einsetzen von (MM.109) und (MM.110) ein quadratisches LGS für $u_0, \ldots, u_n$. Im äquidistanten Fall lässt sich (MM.112) schreiben als

$$-B^t\boldsymbol{q} = h\hat{\boldsymbol{f}} - \boldsymbol{q}_F,$$

wobei $\boldsymbol{q}_F := (q_a, 0, \ldots, 0, q_b)^t$, $\hat{\boldsymbol{f}} := (\frac{1}{2}f_0, f_1, \ldots, f_{n-1}, \frac{1}{2}f_n)^t$ und $B \in \mathbb{R}^{(n,n+1)}$ definiert ist durch

$$B = \begin{pmatrix} -1 & 1 & & & \\ & \ddots & \ddots & & \\ & & & & \\ & & \ddots & \ddots & \\ & & & -1 & 1 \end{pmatrix}. \tag{MM.113}$$

Aus (MM.110) folgt

$$g = -\frac{1}{h} B u,$$

daher

$$B^t C B u = \widetilde{f} := h^2 \hat{f} - h q_F. \tag{MM.114}$$

Für $C = \mathbb{1}$ ist die Systemmatrix, d. h. $B^t B$, die Matrix A aus (MM.15), d. h. die Vorgabe des Flusses an beiden Rändern entspricht bei der Massenkette der Freigabe beider Einspannungen und führt nach (MM.15) ff. bzw. allgemeiner Satz 2.72 zu einer Matrix mit eindimensionalen Kern, für die dann (MM.114) nicht eindeutig lösbar ist.

Analog führt etwa die DIRICHLET-Vorgabe bei x_n und die Flussvorgabe bei x_0 zu einem der einseitigen Einspannung analogen LGS, d. h. (bei äquidistanter Zerlegung) zu einem B wie in (MM.36).

Wird kein stationärer Zustand, sondern eine zeitliche Entwicklung der Konzentrationswerte betrachtet, so ist für $t_0,\ T \in \mathbb{R},\ t_0 < T$ eine Funktion

$$u : [t_0, T] \to \mathbb{R}^m$$

gesucht ($m = n - 1,\ n + 1,\ n$, je nach Randbedingung). Da dann $\dot{u}_i$ je nach Vorzeichen als Senke oder Quelle(ndichte) interpretiert werden kann, ist also in (MM.108) hf_i durch $h(f_i - \dot{u}_i)$ zu ersetzen (wenn die Konzentration als konstant für F_i angenommen wird). Mit dieser Modifikation und aus (MM.111) bzw. (MM.114) ergibt sich:

$$h^2 \dot{u}(t) + B^t C B u(t) = \widetilde{f}, \tag{MM.115}$$

d. h. ein lineares Differentialgleichungssystem 1. Ordnung, das mit der Vorgabe

$$u(t_0) = u_0$$

eine Anfangswertaufgabe ergibt.

Man spricht auch von der *instationären* (diskreten) *Diffusionsgleichung*. Da Quellendichte f und Randbedingungen zusammen die rechte Seite in (MM.115) bilden, kann bei zeitabhängigem f auch die Randvorgabe zeitabhängig sein (d. h. $u_a = u_a(t)$ etc.), ohne dass sich der Charakter von (MM.115) ändert. ◇

Beispiel 3(13): Diffusionsproblem Hier soll das asymptotische Verhalten für $t \to \infty$ bei (MM.115) untersucht werden. Zur Vereinfachung sei eine äquidistante Zerlegung vorausgesetzt. Sei

$$M := h^2 \mathbb{1}, \quad A := B^t C B, \quad \text{mit } C = \operatorname{diag}(c_{i+\frac{1}{2}}),\ c_{i+\frac{1}{2}} > 0.$$

Sei $f(t) = f$ für $t \geq t_0$. Bei DIRICHLET-Randbedingungen ist B durch (MM.35) gegeben und damit ist

$$A > 0, \quad M^{-1} A > 0$$

nach Bemerkungen 4.137, 3).

Das „stationäre“ Problem

$$A u^* = \widetilde{f}$$

ist somit eindeutig lösbar und nach Theorem 8.85 und Theorem 8.87 ist die Gleichgewichtslösung u^* asymptotisch stabil (man beachte den Vorzeichenwechsel in der Systemmatrix A zwischen der Formulierung (MM.106) und Problem Ⓑ^{i}(8.95)) und damit für beliebiges u_0:

$$u(t) \to u^* \text{ für } t \to \infty\,,$$

und zwar exponentiell nach Satz 8.90,2). Die stationäre Lösung existiert immer und „vergisst“ die Anfangsvorgabe $u(t_0)$, was physikalisch gerade der „Offenheit“ des Systems entspricht.

Bei einer Fluss-Randbedingung ist B durch (MM.113) gegeben und damit nach Bemerkungen 4.137, 3)

$$A \geq 0\,, \quad M^{-1}A \geq 0\,,$$

aber Kern A = Kern B = span($\mathbf{1}$) nach Satz 2.67,1). Daher ist das stationäre Problem genau dann lösbar, wenn

$$\widetilde{\boldsymbol{f}} \in \mathrm{Kern}(A^t)^\perp = \mathrm{Kern}(A)^\perp,$$

$$\text{also} \sum_{i=1}^{n+1} \widetilde{f_i} = 0 \text{ bzw. } h\left(\frac{1}{2}f_0 + \sum_{i=1}^{n} f_i + \frac{1}{2}f_{n+1}\right) = q_a + q_b.$$

Dies besagt, dass sich ein stationärer Zustand einstellen kann genau dann, wenn sich die verteilten Zuflüsse durch die Quelldichte $\boldsymbol{f}$ mit den Randzuflüssen $\boldsymbol{q}$ kompensieren. Im Fall der Lösbarkeit unterscheiden sich stationäre Lösungen in einer Konstante. Nach Theorem 8.92 konvergiert für beliebiges $\boldsymbol{u}_0$

$$\boldsymbol{u}(t) \to \boldsymbol{u}^* \quad \text{für } t \to \infty$$

und der Beweis zeigt, dass die Konvergenz auch hier exponentiell ist. Es wird die stationäre Lösung $\boldsymbol{u}^*$ ausgewählt, für die

$$\sum_{i=0}^{n} u_i^* = \sum_{i=0}^{n} u_{0,i}, \tag{MM.116}$$

die daher in diesem Sinn die gleiche Masse wie die Anfangsvorgabe hat.

Dies ergibt sich aus Bemerkung 8.93: A ist diagonalisierbar und die Eigenräume sind orthogonal (nach Satz 4.65, 6)), sodass die Projektion P auf Kern A, den Eigenraum zu $\lambda = 0$, orthogonal ist (siehe Bemerkungen 4.61) und damit

$$P\boldsymbol{u} = \frac{\left(\sum_{i=0}^{n} u_i\right)}{n+1}\mathbf{1} \text{ für } \boldsymbol{u} \in \mathbb{R}^{n+1}.$$

Die Bedingung (MM.116) ist also nur die Konkretisierung von

$$P\boldsymbol{u}^* = P\boldsymbol{u}_0.$$

Physikalisch entspricht die beschriebene Situation der „Abgeschlossenheit“ des Systems. ◇

Im Folgenden wird wegen der Beispiele 2 und 3 die Formulierung (MM.106) verwendet. Dabei sei M als positiv definit vorausgesetzt:

$$M \in \mathbb{R}^{(m,m)}, \quad M > 0.$$

Man beachte den Vorzeichenwechsel im Term $A\boldsymbol{x}(t)$ gegenüber (4.24) und der gesamten Behandlung gewöhnlicher Differentialgleichungen einschließlich der Abschnitte 8.6.1, 8.6.2. Das explizite EULER-Verfahren angewendet auf (MM.106) ist analog zu (4.25), (4.26) das Differenzenverfahren $\boldsymbol{x}^{(0)} = \boldsymbol{x}_0$ und

$$M\frac{1}{\Delta t}\left(\boldsymbol{x}^{(k+1)} - \boldsymbol{x}^{(k)}\right) + A\boldsymbol{x}^{(k)} = \boldsymbol{f}(t_k),\ k \in \mathbb{N},\ \text{bzw.}$$

$$\boldsymbol{x}^{(k+1)} = A_{\mathrm{EE}}\boldsymbol{x}^{(k)} + \boldsymbol{g}^{(k)}\,, \tag{8.125}$$

wobei $\boldsymbol{g}^{(k)} := \Delta t M^{-1} \boldsymbol{f}(t_k)$ und $A_{\mathrm{EE}} := \mathbb{1} - \Delta t M^{-1} A$. Im üblichen Fall, dass M eine Diagonalmatrix ist, erscheint dieses Verfahren insofern attraktiv, als dass für einen Schritt von (8.125) als wesentlichen Anteil nur ein Matrix-Vektor-Produkt mit einer bekannten Matrix nötig ist (daher die Benennung als „explizit").

Eine Alternative zum expliziten EULER-Verfahren ist das *implizite* EULER-Verfahren, bei dem anders als in (4.25) der Differenzenquotient als rückwärtsgenommen interpretiert wird, d. h.

$$\frac{1}{\Delta t}\left(\boldsymbol{x}(t_{k+1}) - \boldsymbol{x}(t_k)\right) \approx \dot{\boldsymbol{x}}(t_{k+1}),$$

so dass also die zu (MM.106) approximierende Differenzengleichung lautet:

$$\begin{aligned} M\frac{1}{\Delta t}\left(\boldsymbol{x}^{(k+1)} - \boldsymbol{x}^{(k)}\right) + A\boldsymbol{x}^{(k+1)} &= \boldsymbol{f}(t_{k+1}), \quad k \in \mathbb{N}, \text{ bzw.} \\ \boldsymbol{x}^{(k+1)} &= A_{\mathrm{IE}}\boldsymbol{x}^{(k)} + \boldsymbol{g}^{(k+1)}, \end{aligned} \tag{8.126}$$

wobei $\boldsymbol{g}^{(k+1)} := (M + \Delta t A)^{-1} \Delta t \boldsymbol{f}(t_{k+1})$ und $A_{\mathrm{IE}} := \left(\mathbb{1} + \Delta t M^{-1} A\right)^{-1}$. Wie üblich sollte man hier nicht die inverse Matrix berechnen, sondern $\boldsymbol{x}^{(k+1)}$ durch Lösen eines LGS bestimmen, etwa von

$$\begin{aligned} (M + \Delta t A)\, \boldsymbol{z}^{(k)} &= \Delta t\left(-A\boldsymbol{x}^{(k)} + \boldsymbol{f}(t_{k+1})\right), \\ \text{um dann} \quad \boldsymbol{x}^{(k+1)} &:= \boldsymbol{x}^{(k)} + \boldsymbol{z}^{(k)} \end{aligned}$$

zu setzen. Der Aufwand ist hier folglich höher als bei (8.125), da $\boldsymbol{x}^{(k+1)}$ nur „implizit" gegeben ist, obwohl sich dies dadurch relativiert, dass (wegen der konstanten Zeitschrittweite Δt) einmalig eine LR-Zerlegung von $M + \Delta t A$ berechnet werden kann, so dass dann für jeden Iterationsschritt nur eine Vorwärts- und Rückwärtssubstitution nötig ist. Beide Formulierungen haben aber deutlich unterschiedliches Stabilitätsverhalten, was für die implizite Variante sprechen kann. Sei dazu zunächst vorausgesetzt: $A \in \mathbb{R}^{(m,m)}$, $A \geq 0$. Dies ist die typische Situation der diskreten Diffusionsgleichung aus Beispiel 3(12). Das Stabilitätsverhalten abhängig von den Randbedingungen wurde in Beispiel 3(12) für die Diffusionsgleichung untersucht. Die Approximation (8.125) bzw. (8.126) sollte also auch (asymptotisch) stabil sein. Es gilt:

Theorem 8.95: Stabilität explizites und implizites EULER-Verfahren

Betrachtet werde (MM.106), wobei $M > 0$, $A \geq 0$. Dann gilt:

1) Das implizite EULER-Verfahren ist für alle $\Delta t > 0$ stabil, d. h. die Nulllösung ist bei $\boldsymbol{g}^{(k)} = \mathbf{0}$ (für große $k \in \mathbb{N}$) stabil und global konvergent für $k \to \infty$ bei konstanter rechter Seite. Ist $A > 0$, so ist das implizite EULER-Verfahren (im analogen Sinn) asymptotisch stabil.

2) Das explizite EULER-Verfahren ist stabil bei konstanter rechter Seite (analog zu 1)) genau dann, wenn

$$\Delta t \leq \frac{2}{\max\{\lambda_i \in \mathbb{R} : \lambda_i \text{ ist Eigenwert von } M^{-1}A\}}. \tag{8.127}$$

Ist $A > 0$, dann ist das explizite EULER-Verfahren asymptotisch stabil genau dann, wenn (8.127) mit echter Ungleichung gilt. Dann ist es auch global konvergent für $t \to \infty$.

Beweis: Nach Bemerkungen 4.137, 3) ist $M^{-1}A$ positiv (semi)definit, d. h. die Eigenwerte λ_i erfüllen $\lambda_i > 0$ ($\lambda_i \geq 0$). Die Klammer bezieht sich dabei auf die abgeschwächte Voraussetzung $A \geq 0$.

Zu 1): Die Eigenwerte μ_i von A_{IE} sind

$$\mu_i = \frac{1}{(1 + \Delta t \lambda_i)} \quad \text{für alle } i = 1, \ldots, m.$$

Damit gilt

$$0 < \mu_i \leq 1 \quad \text{für alle } i = 1, \ldots, m \tag{8.128}$$

und $\mu_i = 1$ genau dann, wenn $\lambda_i = 0$. Die Behauptung folgt aufgrund dessen aus Hauptsatz 8.81, Theorem 8.92 und Theorem 8.87. (Da $M^{-1}A$ diagonalisierbar ist, ist auch A_{IE} diagonalisierbar, damit sind insbesondere alle μ_i halbeinfach).
Zu 2): Die Eigenwerte μ_i von A_{EE} sind

$$\mu_i = 1 - \Delta t \lambda_i \quad \text{für alle } i = 1, \ldots, m$$

und damit

$$\mu_i \leq 1 \text{ für alle } i = 1, \ldots, m. \tag{8.129}$$

$\mu_i = 1$ genau dann, wenn $\lambda_i = 0$. Es bleibt $\mu_i \geq -1$ zu charakterisieren. Im Fall $\lambda_i = 0$ gilt immer $\mu_i > -1$. Im Fall $\lambda_i > 0$ gilt $\mu_i \geq -1$ genau dann, wenn $\Delta t \leq 2/\lambda_i$ und analog mit $>$, $<$. Analog zu 1) ergibt sich die Behauptung. □

Bemerkungen 8.96

1) Die Bedingung (8.127) ist eine *Stabilitätsbedingung*. Sie besagt, dass das explizite EULER-Verfahren nur für hinreichend kleine Schrittweiten Δt eine Lösung hat, deren Verhalten qualitativ dem der Lösung der Differentialgleichung entspricht, unabhängig von Anfordernissen der genauen Approximation.

2) Ist wie in Beispiel 3(12) $M = h^2 \mathbb{1}$ und der Diffusionskoeffizient c konstant gewählt, $\frac{1}{c}A$ durch (MM.11) definiert, was einem Diffusionsproblem mit Diffusionskoeffizienten 1 und DIRICHLET-Randbedingungen entspricht, so sind die Eigenwerte $\widetilde{\lambda}_i$ von A durch

(MM.82) gegeben, also

$$\widetilde{\lambda}_i \in (0, 4c],$$

wobei sich für $m \to \infty$ die $\widetilde{\lambda}_i$ immer mehr den Intervallgrenzen nähern. Analog bei A nach (MM.15), d. h. bei Fluss-Randbedingungen

$$\widetilde{\lambda}_i \in [0, 4c],$$

so dass dann die Stabilitätsbedingung

$$c\Delta t \leq \frac{1}{2}h^2 \quad \text{bzw.} \quad c\Delta t < \frac{1}{2}h^2 \tag{8.130}$$

lautet.

3) In der Situation von Beispiel 3(12) liegt, falls DIRICHLET-Randbedingungen an wenigstens einem Randpunkt gegeben sind, Konvergenz gegen die eindeutige Gleichgewichtslösung $\boldsymbol{x}^*$ von

$$A\boldsymbol{x}^* = \boldsymbol{f}$$

vor, bei Fluss-Randbedingung konvergiert $\boldsymbol{x}^{(k)}$ bei beiden Verfahren (falls die Stabilitätsbedingung erfüllt ist) gegen die Gleichgewichtslösung mit der „Masse" der Anfangsvorgabe (siehe (MM.116)). △

Abschließend betrachten wir die Approximation der diskreten Wellengleichung nach (MM.96) durch eine Differenzengleichung. Gegeben sind demnach $M, A \in \mathbb{K}^{(m,m)}$, $M > 0, A > 0$, $\boldsymbol{f} \in C([t_0, \infty), \mathbb{K}^m)$, $\boldsymbol{x}_0, \boldsymbol{x}'_0 \in \mathbb{K}^m$. Gesucht ist $\boldsymbol{x} : [t_0, \infty) \to \mathbb{K}^m$, so dass

$$\begin{aligned} M\ddot{\boldsymbol{x}}(t) + A\boldsymbol{x}(t) &= \boldsymbol{f}(t) \quad \text{für } t \geq t_0 \\ \text{und} \quad \boldsymbol{x}(t_0) = \boldsymbol{x}_0,\ &\dot{\boldsymbol{x}}(t_0) = \boldsymbol{x}'_0 . \end{aligned} \tag{8.131}$$

Eine Approximation für $\ddot{\boldsymbol{x}}(t_n)$ erhält man durch Hintereinanderausführung eines rückwärts und eines vorwärts genommenen Differenzenquotienten, was zur Differenzengleichung

$$M\frac{1}{(\Delta t)^2}\left(\boldsymbol{x}^{(k+1)} - 2\boldsymbol{x}^{(k)} + \boldsymbol{x}^{(k-1)}\right) + A\boldsymbol{x}^{(k)} = \boldsymbol{f}(t_n) \quad \text{für } k \in \mathbb{N}$$

mit den Anfangsvorgaben

$$\boldsymbol{x}^{(0)} = \boldsymbol{x}_0, \quad \frac{1}{\Delta t}\left(\boldsymbol{x}^{(1)} - \boldsymbol{x}^{(0)}\right) = \boldsymbol{x}'_0$$

führt. (Tatsächlich wird für die zweite Anfangsvorgabe meist eine andere genauere Approximation benutzt, was hier nicht weiter verfolgt werden soll.) Mit

$$\widetilde{A} := (\Delta t)^2 M^{-1} A$$

lautet nun die Differenzengleichung 2. Ordnung

$$\begin{aligned} \boldsymbol{x}^{(k+1)} - 2\boldsymbol{x}^{(k)} + \boldsymbol{x}^{(k-1)} + \widetilde{A}\boldsymbol{x}^{(k)} &= \widetilde{\boldsymbol{f}}^{(k)} \\ \text{mit} \quad \boldsymbol{x}^{(0)} = \boldsymbol{x}_0,\ \boldsymbol{x}^{(1)} &= \widetilde{\boldsymbol{x}}_0' \,(:= \Delta t \boldsymbol{x}_0' + \boldsymbol{x}_0), \end{aligned} \tag{8.132}$$

wobei $\widetilde{\boldsymbol{f}}^{(n)} := (\Delta t)^2 \boldsymbol{f}(t_n)$. Hier handelt es sich um ein explizites Verfahren, da zur Berechnung von $\boldsymbol{x}^{(k+1)}$ aus $\boldsymbol{x}^{(k)}$ und $\boldsymbol{x}^{(k-1)}$ kein LGS gelöst werden muss. Statt von 2. Ordnung spricht man vom *Zweischrittverfahren*. Analog zu Beispiel 4.57 kann (8.132) in eine Differenzengleichung 1. Ordnung im $\mathbb{K}^{2n}$ transformiert werden. Mit dem Ansatz

$$\boldsymbol{v}^{(k)} = \left(\frac{\boldsymbol{x}^{(k-1)}}{\boldsymbol{x}^{(k)}}\right) \quad \text{für } k \in \mathbb{N}$$

ist (8.132) äquivalent zu

$$\boldsymbol{v}^{(k+1)} = \left(\begin{array}{c|c} 0 & \mathbb{1} \\ \hline -\mathbb{1} & 2\mathbb{1} - \widetilde{A} \end{array}\right) \boldsymbol{v}^{(k)} + \left(\frac{\boldsymbol{0}}{\widetilde{\boldsymbol{f}}^{(k)}}\right).$$

Anwendung der entwickelten Theorie darauf liefert:

Satz 8.97: Stabilität zeitdiskrete Wellengleichung

Seien $M > 0, A > 0$, $\lambda_1, \ldots, \lambda_m$ die Eigenwerte von $M^{-1}A$. Dann ist das Zweischrittverfahren (8.132) stabil, d. h. die Nulllösung ist stabil für $\widetilde{\boldsymbol{f}}^{(k)} = \boldsymbol{0}$, genau dann, wenn

$$(\Delta t)^2 \lambda_i < 4 \quad \text{für alle } i = 1, \ldots, m$$

gilt. Das Verfahren ist nie asymptotisch stabil (im analogen Sinn).

Beweis: Es sind folglich die Eigenwerte $\mu_i, i = 1, \ldots, 2m$, von

$$B := \left(\begin{array}{c|c} 0 & \mathbb{1} \\ \hline -\mathbb{1} & 2\mathbb{1} - \widetilde{A} \end{array}\right)$$

in Abhängigkeit von den λ_i zu bestimmen:

$$0 = \det\left(\begin{array}{c|c} -\mu\mathbb{1} & \mathbb{1} \\ \hline -\mathbb{1} & (2-\mu)\mathbb{1} - \widetilde{A} \end{array}\right) = \det\left((\mu - 2)\mu\mathbb{1} + \mu\widetilde{A} + \mathbb{1}\right)$$

gilt nach Aufgabe 2.36. Also ist notwendigerweise $\mu_i \neq 0$ und damit lautet die Gleichung für die μ_i

$$0 = \mu^m \det\left(\widetilde{A} - \frac{\mu(2-\mu) - 1}{\mu}\mathbb{1}\right)$$

und somit gilt:
μ ist Eigenwert von B genau dann, wenn

$$\lambda = \frac{(2-\mu)\mu - 1}{\mu} \text{ ist Eigenwert von } \widetilde{A}.$$

Die Beziehung zwischen μ und λ lautet daher

$$\mu^2 + (\lambda - 2)\mu + 1 = 0 \quad \text{bzw.} \quad \mu_{(1),(2)} = \frac{2 - \lambda \pm (\lambda(\lambda - 4))^{\frac{1}{2}}}{2}.$$

Dies zeigt:
Für $\lambda \in (0, 4)$ sind die $\mu_{(1),(2)}$ konjugiert komplex und $|\mu_{(i)}| = 1$.
Für $\lambda = 4$ ist $\mu_{(1)} = \mu_{(2)} = -1$.
Für $\lambda > 4$ sind die $\mu_{(1),(2)}$ reell und verschieden, zudem gilt für einen Wert $|\mu_{(i)}| > 1$.
Der Eigenwert $\mu = -1$ ist nicht halbeinfach, denn wegen

$$B\begin{pmatrix} \boldsymbol{v} \\ \boldsymbol{w} \end{pmatrix} = -\begin{pmatrix} \boldsymbol{v} \\ \boldsymbol{w} \end{pmatrix} \quad \text{genau dann, wenn} \quad \boldsymbol{w} = -\boldsymbol{v},\ \widetilde{A}\boldsymbol{w} = 4\boldsymbol{w},$$

hat der Eigenraum von B zu $\mu = -1$ nur genau die Dimension des Eigenraums von $\widetilde{A}$ zu $\lambda = 4$. Andererseits ist die algebraische Vielfachheit von $\mu = -1$ für B doppelt so groß wie die von $\lambda = 4$ bei $\widetilde{A}$. Damit folgt die Behauptung aus Hauptsatz 8.81 und Theorem 8.87. □

Bemerkungen 8.98

1) Analog zu Bemerkungen 8.96,2) lautet für konkrete schwingende Massenketten bei konstanter Federkonstante c und Masse m ($1/cA$ nach (MM.11) oder (MM.12)) die Stabilitätsbedingung

$$\frac{c}{m}\left(\frac{\Delta t}{h}\right)^2 < 1. \tag{8.133}$$

Gibt man h vor und betrachtet die entstehende Restriktion für die Zeitschrittweite Δt, ist sie deutlich schwächer als (8.130).

2) Ist A nur positiv semidefinit, so hat B den Eigenwert $\mu = 1$, der nicht halbeinfach ist.
$B\begin{pmatrix} \boldsymbol{v} \\ \boldsymbol{w} \end{pmatrix} = \begin{pmatrix} \boldsymbol{v} \\ \boldsymbol{w} \end{pmatrix}$ genau dann, wenn $\boldsymbol{w} = \boldsymbol{v}$, $\widetilde{A}\boldsymbol{v} = \boldsymbol{0}$, d. h. der Eigenraum von B zu $\mu = 1$ hat nur die Dimension des Eigenraums von A zu $\lambda = 0$.

Die Massenkette ohne Einspannung (A z. B. nach (MM.15)) liefert ein immer instabiles Differenzenverfahren, analog zum Verhalten der Differentialgleichung (siehe Bemerkung 8.83). △

8.6.4 Ausblick: Vom räumlich diskreten zum räumlich verteilten kontinuierlichen Modell

Die in Beispiel 2 und 3 betrachteten Prozesse waren entweder stationär oder zeitabhängig, in ihrem räumlichen Aspekt aber immer diskret. Die diskreten räumlichen „Elemente", d. h. die Federn bei der Massenkette oder Compartments beim Diffusionsproblem (Beispiel 3) bzw. die Widerstände und Quellen beim elektrischen Netzwerk (Beispiel 2) sind dabei entweder in einer „Linie" angeordnet oder komplizierter zweidimensional. Wir betrachten hier nur die Fälle aus Beispiel 3.
Die für die Massenkette erhaltenen Modelle werden formal identisch mit denen des Diffusionsproblems, wenn die Auslenkungen $\boldsymbol{x}$ in $\boldsymbol{u}$ umbenannt werden und mit der Zerlegung

$$\Delta : x_0 < x_1 < \ldots < x_{n-1} < x_n$$

die festen Ortspositionen der Endpunkte der Federn bezeichnet werden. Die Federn entsprechen dann (bei beidseitiger Einspannung)

$$E_i := [x_{i-1}, x_i),\ i = 1, \ldots, n-1, E_n = [x_{n-1}, x_n],\ \text{jeweils mit Länge } h_i\ .$$

Das konstitutive Gesetz ist hier das HOOKEsche Gesetz, bisher geschrieben als

$$\boldsymbol{y} = C\boldsymbol{e}\ .$$

Tatsächlich ist die Dehnung aber das relative Maß der Längenänderung in Bezug auf eine Referenzlänge. Solange diese wie bisher konstant waren, spielte dies keine Rolle, da sie in die Federkonstanten inkorporiert werden können. Im Folgenden soll die Anzahl der Federn unbeschränkt wachsen und damit ihre Länge gegen 0 gehen. Daher ist $\boldsymbol{e}$ zu ersetzen durch

$$e_i := (u_i - u_{i-1})/h_i\ , \quad i = 1, \ldots, n\ , \tag{8.134}$$

was gerade (MM.110) entspricht.
Analog ist die Kräftebilanzgleichung zu ersetzen durch

$$y_i - y_{i+1} = f_i \overline{h_i}\ , \quad i = 1, \ldots, n-1 \tag{8.135}$$

mit $\overline{h}_i$ nach (MM.107), wenn f_i als eine Kraftdichte interpretiert wird. Dies entspricht gerade (MM.108). Wird $\boldsymbol{u}$ identifiziert mit der Interpolierenden in $S_1(\Delta)$ bzw. $\boldsymbol{y}$ mit der Interpolierenden in $S_1(\tilde{\Delta})$ ($\tilde{\Delta}$ sei die durch die F_i gegebene sekundäre Zerlegung), dann lassen sich (8.134), (8.135) auch schreiben als

$$e_i = (\partial_x u)(x_{i-1/2})\ ,\ i = 1, \ldots, n, \quad \text{und} \quad -(\partial_x y)(x_i) = f_i\ ,\ i = 1, \ldots, n-1\ .$$

Dabei bezeichnet ∂_x die partielle Ableitung einer Funktion nach x. Zusammen mit

$$C\boldsymbol{e} = \boldsymbol{y}$$

legt dies im Grenzfall $n \to \infty$, d. h. $h := \max\{h_i : i = 1, \ldots, n\} \to 0$, die Gleichungen nahe

$$-\partial_x(c(x)\partial_x u(x)) = f(x) \tag{8.136}$$

im stationären bzw.

$$m(x)\partial_{tt}u(x,t) - \partial_x(c(x)\partial_x u(u,t)) = f(x,t) \tag{8.137}$$

im zeitabhängigen Fall mit einer Massenverteilung m.

Für das Diffusionsproblem erhielte man ebenso (8.136) und für den zeitabhängigen Fall

$$\partial_t u(x,t) - \partial_x(c(x)\partial_x u(x,t)) = f(x,t)\,. \tag{8.138}$$

Man beachte, dass der Grenzübergang nur formal ist: Die Elemente in $S_1(\Delta)$ sind nicht einmal überall differenzierbar. Unabhängig von den diskreten Modellen lassen sich aber (8.136) - (8.138) mit den ensprechenden Randbedingungen mit gleichen Prinzipien herleiten. Hier wird $[x_0, x_n]$ als elastischer Körper interpretiert mit Auslenkung $u = u(x)$ $[u(x,t)]$ oder als „Behältnis" eines Stoffes mit Konzentration u.

Die konstitutiven Gesetze sind dann:

$$\begin{aligned} \text{HOOKE}: y(x,t) &= c(x)e(x,t) \\ e(x,t) &= (\partial_x u)(x,t)\,, \\ \text{FICK}: q(x,t) &= c(x)g(x,t) \\ g(x,t) &= -(\partial_x u)(x,t)\,. \end{aligned}$$

Die Impuls- bzw. Massenerhaltung in einem „Kontrollvolumen" lautet (in der zweiten Notation):

$$\text{Für jedes } [\alpha,\beta] \subset [x_0, x_n]: \quad q(\beta) - q(\alpha) = \int_\alpha^\beta f(x,t)dx$$

mit der Quelldichte f bzw.

$$\int_\alpha^\beta \partial_x q(x,t) - f(x.t)dx = 0$$

und nach Einsetzen des FICKschen Gesetzes

$$\int_\alpha^\beta -\partial_x(c(x)(\partial_x u))(x,t) - f(x,t)dx = 0\,.$$

Geht man davon aus, dass als Kontrollvolumen beliebige Teilintervalle von $[x_0, x_n]$ gewählt werden können, und sind die beteiligten Funktionen als genügend glatt angenommen, so muss die Beziehung für alle $x \in (x_0, x_n)$ (und $t \in (t_0, T]$) gelten, d. h. (8.136) bzw. im zeitabhängigen Fall nach Hinzukommen des Quelldichteterms

$$-\int_\alpha^\beta m(x)\partial_{tt}u(x,t)dx \qquad \text{bzw.} \qquad -\int_\alpha^\beta \partial_t u(x,t)dx$$

müssen die Gleichungen (8.137) bzw. (8.138) gelten. Die Randbedingungen übertragen sich entsprechend:

Definition 8.99

Gegeben seien $c : [a,b] \to \mathbb{R}$, $c(x) \geq c_0 > 0$ (der Diffusionskoeffizient), $f : Q_T \to \mathbb{R}$ (die Quelldichte), $Q_T := (a,b) \times (t_0, T]$, $u_0, u_0' : [a,b] \to \mathbb{R}$, $u_a, u_b \in \mathbb{R}$ bzw. $q_a, q_b \in \mathbb{R}$.
Gesucht ist $u : [a,b] \times [t_0, T] \to \mathbb{R}$, so dass die Gleichungen

$$\partial_t u(x,t) - \partial_x(c(x)\partial_x u(x,t)) = f(x,t) \text{ für } (x,t) \in Q_T \tag{8.139}$$

$$u(x,t_0) = u_0(x) \text{ für } x \in (a,b) \tag{8.140}$$

und entweder Dirichlet-Randbedingungen

$$u(a,t) = u_a, \quad u(b,t) = u_b, \quad t \in (t_0, T]\,,$$

oder Fluss-Randbedingungen

$$-q(a,t) = q_a, \quad q(b,t) = q_b, \quad t \in (t_0, T]\,,$$

wobei

$$q(x,t) := -c(x)\partial_x u(x,t)\,,$$

oder einer Kombination aus beiden gelten.
Man spricht von der *eindimensionalen (instationären) Diffusionsgleichung* samt der entsprechenden Randbedingungen.
Ist u von t unabhängig, d. h. fällt in (8.139) $\partial_t u(x,t)$ weg und auch (8.140), so spricht man von der *stationären Diffusionsgleichung*. Wird (8.139) verändert zu

$$m(x)\partial_{tt}u(x,t) - \partial_x(c(x)\partial_x u(x,t)) = f(x,t) \text{ für } (x,t) \in Q_T \tag{8.141}$$

und die Anfangsbedingung (8.140) ergänzt um

$$\partial_t u(x,t_0) = u_0{}'(x) \text{ für } x \in (a,b)\,, \tag{8.142}$$

so spricht man von der *eindimensionalen (instationären) Wellengleichung* mit den entsprechenden Randbedingungen. Dabei ist $m : [a,b] \to \mathbb{R}$, $m(x) > m_0 > 0$ (die Massendichte des Mediums).

Bemerkungen 8.100

1) Die Randbedingungen können auch wie in Abschnitt 8.6.3 zeitabhängig betrachtet werden.

2) Bei den stationären Problemen liegen nun auch gewöhnliche Differentialgleichungen vor, allerdings *Randwertaufgaben*. Bei den instationären Problemen liegen die unabhängigen Variablen x und t vor, d. h. *partielle Differentialgleichungen*, und für diese eine *Anfangs-Randwertaufgabe*. Der nächste Schritt bestünde darin, das physikalische Medium nicht eindimensional, sondern durch ein $\Omega \subset \mathbb{R}^N (N = 2, 3)$ zu modellieren.

3) Analog zu (8.94) ff. spricht man von *inhomogenen Problemen* im allgemeinen Fall und von *homogenen Problemen*, wenn Quelldichte und Randwertvorgaben verschwinden.

4) Es liegen auch hier lineare Probleme vor, in den Daten u_0, f, u_a, u_b (oder q_a, q_b) bzw. u_0, u_0', f und den Randvorgaben. Wenn aber auch alle Daten bis auf eines als fest angesehen werden (z. B. homogen), ist der Datenraum z. B. $C([a, b], \mathbb{R})$ und damit unendlichdimensional. Die Untersuchung solcher Probleme verlässt somit die Lineare Algebra endlichdimensonaler Vektorräume.

5) Es ist zu erwarten, dass die räumlich diskreten Modelle aus Beispiel 3 für $h \to 0$ eine Approximation für die Gleichungen aus Definition 8.99 erzeugen. Das ist tatsächlich der Fall: Die Herleitungsweise in Beispiel 3(12) entspricht einer Diskretisierung, die *knotenorientierte Finite-Volumen-Methode* heißt. In Beispiele 1.108, 4) wurde schon gezeigt, dass die Anwendung der (konformen) *Finite-Element-Methode* mit dem Ansatzraum $S_1(\Delta)$ für die stationäre Diffusionsgleichung mit $c = 1$ und homogener DIRICHLET-Randbedingung auf A aus (MM.11) führt (bei äquidistanter Zerlegung). Die Stabilität und Konvergenz(güte) solcher Approximationen zu untersuchen ist Aufgabe der *Numerik partieller Differentialgleichungen*. Wendet man solch eine räumliche Diskretisierung (in jedem Zeitpunkt) auf ein instationäres Problem an, so entsteht ein System gewöhnlicher Differentialgleichungen vom Typ (MM.106) oder (8.131). Um dieses approximativ zu lösen, bieten sich die in Abschnitt 8.6.3 untersuchten Differenzenverfahren an. Bei der Bewertung der dortigen Aussagen ist aber zu berücksichtigen, dass die Matrizen A (und M) in Dimension und Eigenschaften von der räumlichen Diskretisierung abhängen. In den konkreten Stabilitätsbedingungen (8.130) bzw. (8.133) wird dies ersichtlich. Auch ist zu beachten, dass für $h \to 0$ die Kondition von A unbeschränkt wächst (siehe Beispiel 3(10)), was bei klassischen Iterationsverfahren, wie in den Abschnitten 8.2.2 und 8.2.3 besprochen, für die Lösung der LGS (innerhalb impliziter Differenzenverfahren) Probleme bereitet.

6) Neben der „primalen“ Formulierung in der Variablen $\boldsymbol{x}$, d. h. der Auslenkung (siehe (MM.41)), war auf diskreter (und stationärer) Ebene auch die (natürliche) *gemischte* Formulierung (MM.40) (in Auslenkung $\boldsymbol{x}$ und Kraft $\boldsymbol{y}$) möglich. Die analoge gemischte Formulierung z. B. für die Diffusionsgleichung ist

$$\begin{aligned} \partial_t u + \partial_x q &= f \\ q &= -c\partial_x u \end{aligned} \quad \text{in } Q_T \tag{8.143}$$

bzw. unter Wegfall von $\partial_t u$ für den stationären Fall.
Hier steht also (formal gesehen) der Operator ∂_x bzw. $-\partial_x$ für B bzw.B^t in der diskreten Formulierung. In Beispiel 7.58 wurde angedeutet, dass sich ∂_x und $-\partial_x$ auch als Operator und dualer Operator entsprechen. Dort wird dies in N Raumdimensionen für ∇ und $-$ div angedeutet. Tatsächlich ist die entsprechende Variante von (8.143) für $\Omega \subset \mathbb{R}^N$:

$$\begin{aligned} \partial_t u + \operatorname{div} q &= f \\ q &= -c\nabla u \end{aligned} \quad \text{in } Q_T \tag{8.144}$$

und von (8.139)

$$\partial_t u - \operatorname{div}(c\nabla u) = f \quad \text{in } Q_T \,. \qquad \triangle$$

Neben räumlichen und zeitlichen Diskretisierungen gibt es einen klassischen Weg, eine Näherung etwa der Diffusionsgleichung (8.139) zu bestimmen. Zur Vereinfachung wird dieses nur mit homogenen DIRICHLET-Randbedingungen betrachtet. Bei gewöhnlichen Differentialgleichungen führte ein Weg zur Lösungsdarstellung über die Eigenwerte des „räumlichen“ Anteils Ax. Analog kann man hier nach den Eigenwerten und -funktionen des Differentialoperators $-\partial_x(c\partial_x)$ fragen:

Definition 8.101

$v \in C([a, b], \mathbb{R}) \cap C^2((a, b), \mathbb{R})$ heißt *Eigenfunktion* zum *Eigenwert* $\lambda \in \mathbb{R}$ zur stationären Diffusionsgleichung mit DIRICHLET-Randbedingungen, wenn gilt: v ist nicht die Nullfunktion und

$$\begin{aligned} -\partial_x(c(x)\partial_x v(x)) &= \lambda v(x) \text{ für } x \in (a, b) \\ v(a) &= v(b) = 0 \,. \end{aligned}$$

Völlig analog zu (4.85) ist

$$u(x, t) := \exp\big(-\lambda(t - t_0)\big)v(x)$$

für Eigenfunktion v und -wert λ eine Lösung von (8.139) mit homogenen DIRICHLET-Randbedingungen zur Anfangsvorgabe v. Wegen der Linearität des Problems ist eine Linearkombination solcher Lösungen wieder eine Lösung. Es kommt deswegen darauf an, die Anfangsvorgabe u_0 möglichst gut in der linearen Hülle der Eigenfunktionen zu approximieren. Asymptotische Stabilität der instationären Diffusionsgleichung würde dann die Güte der Näherungslösung

$$u(x, t) := \sum_{i=1}^{k} \alpha_i \exp(-\lambda_i(t - t_0))v_i(x)$$

sichern.

Für $c(x) = c$ können die Eigenfunktionen explizit angegeben werden. Durch Verschieben kann statt $[a, b]$ auch $[0, l]$ betrachtet werden. Direktes Nachrechnen zeigt, dass

$$v_i(x) := \frac{1}{l^{1/2}} \sin\left(\frac{i\pi}{l}x\right) \quad \text{für } i \in \mathbb{N}$$

Eigenfunktionen sind zu $\lambda_i = c\left(\frac{i\pi}{l}\right)^2$. Zusammen mit

$$w_i(x) = \frac{1}{l^{1/2}} \cos\left(\frac{i\pi}{l}x\right), \quad i \in \mathbb{N}, \quad w_0(x) = \frac{1}{(2l)^{1/2}}$$

bilden sie nach Satz 7.74 eine SONB von $L^2([-l, l], \mathbb{R})$. Setzt man die Anfangsvorgabe u_0, die demnach nur in $L^2([0, l], \mathbb{R})$ zu sein braucht, ungerade, d. h. durch $u_0(x) := -u_0(-x)$ zu einem $u_0 \in L^2([-l, l], \mathbb{R})$ fort, dann gilt für die FOURIER-Koeffizienten β_i zu w_i : $\beta_i = 0$, $i \in \mathbb{N}_0$, folglich

$$u_0 = \sum_{i=1}^{\infty} \alpha_i v_i \quad (\text{in } L^2([-l, l], \mathbb{R})) \quad \text{und} \quad \alpha_i = \int_{-l}^{l} u_0 v_i(x) dx\,.$$

Damit ist durch

$$u(x, t) := \sum_{i=1}^{k} \alpha_i \exp\left(-\lambda_i(t - t_0)\right) v_i(x)$$

eine Näherungslösung der Diffusionsgleichung gegeben, der man den exponentiellen Abfall zur Nulllösung als Gleichgewichtslösung direkt ansieht.

8.6.5 Stochastische Matrizen

Im Folgenden soll – bei naiver Benutzung von (undefinierten) Begriffen aus der Wahrscheinlichkeitsrechnung – ein einfacher stochastischer Prozess betrachtet werden, der die endlich vielen Zustände $1, \ldots, n$ annehmen kann. Zu diskreten Zeitpunkten $k \in \mathbb{N}$ finden Übergänge statt. Ist der Prozess „gedächtnislos", d. h. hängt die aus einer Wahrscheinlichkeitsverteilung $\boldsymbol{x} \in \mathbb{R}^n$ ($\boldsymbol{x} \geq 0$, $\sum_{i=1}^{n} x_i = 1$) hervorgehende Verteilung $\boldsymbol{y}$ nur von $\boldsymbol{x}$, nicht aber z. B. von k ab, so spricht man von der *MARKOV*[23]*-Kette* (1. Ordnung). Ordnet man die bedingten Wahrscheinlichkeiten $p_{i,j}$ in einer *stochastischen Übergangsmatrix* $P = (p_{i,j}) \in \mathbb{R}^{(n,n)}$ an (manchmal wird auch P^t statt P betrachtet), so dass bei Vorlage des Zustandes j Zustand i eintritt, dann gilt

$$p_{i,j} \geq 0 \text{ für alle } i, j = 1, \ldots, n\,, \quad \sum_{k=1}^{n} p_{k,j} = 1\,, \quad \text{und} \quad \boldsymbol{y} = P\boldsymbol{x}\,,$$

---

[23] Andrei Andrejewitsch MARKOV ∗14. Juni 1856 in Rjasan †20. Juli 1922 in Petrograd

und damit ist die nach k Zeitschritten erzielte Verteilung $P^k \boldsymbol{x}$.

Beispiele für solche MARKOV-Ketten finden sich in einer Vielzahl von Bereichen, von den Wirtschaftswissenschaften (Warteschlangentheorie) über die Bioinformatik (Gensequenzierung) zu den Ingenieurwissenschaften (Qualitätsmanagement).

Definition 8.102

Sei $A \in \mathbb{R}^{(n,n)}, A \trianglerighteq 0$.

1) A heißt *stochastisch*, wenn alle Spaltensummen gleich 1 sind.
2) A heißt *doppelt stochastisch*, wenn alle Spalten- und Zeilensummen gleich 1 sind.

Mit $\mathbf{1} = (1, \ldots, 1)^t \in \mathbb{R}^n$ lässt sich die Bedingung kurz als $A^t\mathbf{1} = \mathbf{1}$ bzw. $A\mathbf{1} = \mathbf{1}$ schreiben.

Bemerkungen 8.103

1) Da die Bedingungen, stochastische Matrix zu sein:

$$a_{i,j} \geq 0, \ \sum_{k=1}^{n} a_{k,j} = 1 \text{ für alle } i, j = 1, \ldots, n \,,$$

in $\mathbb{R}^{(n,n)}$ ein Polyeder definieren, ist die Menge der stochastischen Matrizen abgeschlossen und konvex (siehe Satz 6.13). Analoges gilt für doppelt stochastische Matrizen.

2) Permutationsmatrizen sind doppelt stochastisch.

3) Sind $A, B \in \mathbb{R}^{(n,n)}$ (doppelt) stochastisch, so ist auch AB (doppelt) stochastisch.
Sind $A, B \trianglerighteq 0$, so gilt auch $AB \trianglerighteq 0$ und aus $A^t\mathbf{1} = \mathbf{1}$, $B^t\mathbf{1} = \mathbf{1}$ folgt $(AB)^t\mathbf{1} = B^t\mathbf{1} = \mathbf{1}$ und analog für $AB\mathbf{1} = \mathbf{1}$.

4) Für stochastische Matrizen ist $\rho(A) = 1$ und $\lambda = 1$ ist halbeinfacher Eigenwert.
Es ist $A^t\mathbf{1} = \mathbf{1}$, d. h. $\lambda = 1$ ist Eigenwert von A^t und damit von A (es könnte auch mit Hauptsatz 8.51 argumentiert werden) und daher $\rho(A) \geq 1$. Wegen $\rho(A) \leq \|A\|_1 = 1$ (nach Theorem 7.32) gilt $\rho(A) = 1$. Aus $\|A^n\|_1 \leq 1$ folgt mit Bemerkungen 7.35 3), 4) die Halbeinfachheit von $\lambda = 1$.

5) Eine doppelt stochastische Matrix entsteht beim Mischen von m Spielkarten.
Beschreibt man eine Kartenlage durch ein Element von Σ_m, d. h. $n = m!$ für die Dimension, so wird der Übergang von $\tau \in \Sigma_m$ nach $\sigma \in \Sigma_m$ gerade durch $\sigma \circ \tau^{-1}$ beschrieben.
Sei p eine Wahrscheinlichkeitsverteilung auf Σ_m, d. h. $p(\pi) \geq 0$ für $\pi \in \Sigma_m$ und $\Sigma_{\pi \in \Sigma_m} p(\pi) = 1$, dann ist die stochastische Übergangsmatrix $P = (P_{\sigma,\tau})$ durch

$$P_{\sigma,\tau} := p\left(\sigma \circ \tau^{-1}\right)$$

gegeben. Es ist

$$\Sigma_{\sigma \in \Sigma_m} P_{\sigma,\tau} = \Sigma_{\sigma \in \Sigma_m} p\left(\sigma \circ \tau^{-1}\right) = \Sigma_{\pi \in \Sigma_m} p(\pi) = 1 \,,$$

aber genauso

$$\Sigma_{\tau \in \Sigma_m} P_{\sigma,\tau} = \Sigma_{\pi \in \Sigma_m} p(\pi) = 1 \,.$$

△

Stochastische Matrizen gehören nach Bemerkungen 7.36 gerade zu den Grenzfällen, bei denen die Konvergenz von A^k für $k \to \infty$ noch möglich ist.

Satz 8.104

Sei $A \in \mathbb{R}^{(n,n)}$ stochastisch.

1) Existiert $P := \lim_{k\to\infty} A^k$, dann ist P stochastisch.

2) Genau dann, wenn $\lambda = 1$ der einzige Eigenwert von A mit $|\lambda| = 1$ ist, existiert $\lim_{k\to\infty} A^k$.

3) Gilt $a_{i,i} > 0$ für alle $i = 1, \ldots, n$, dann existiert $\lim_{k\to\infty} A^k$.

4) Gibt es ein $m \in \mathbb{N}$, so dass $A^m \rhd 0$, dann existiert $\lim_{k\to\infty} A^k$.

Beweis: Zu 1): Folgt aus Bemerkungen 8.103, 1) und 3).
Zu 2): Folgt aus Theorem 8.92 und Bemerkungen 8.103, 4).
Zu 3): Nach Aufgabe 8.6 gilt für einen Eigenwert λ von A für ein $j \in \{1, \ldots, n\}$:

$$|\lambda - a_{j,j}| \le \sum_{\substack{i=1\\ i\neq j}}^{n} |a_{j,i}| = 1 - a_{j,j} \,.$$

Dieser Kreis (in $\mathbb{C}$) ist im Kreis $|\lambda| \le 1$ enthalten und berührt ihn nur im Punkt $\lambda = 1$. Nach 2) existiert daher $\lim_{k\to\infty} A^k$.
Zu 4): Siehe Satz 8.114. □

Bemerkungen 8.105

1) Nach Lemma 8.45 ist die Bedingung bei 4) hinreichend für Irreduzibilität und bei $a_{i,i} > 0$ für alle $i = 1, \ldots, n$ nach Theorem 8.46 äquivalent dazu.

2) Wegen $\|A^k\|_1 = 1$ für alle $k \in \mathbb{N}$ ist (A^k) immer beschränkt. Das Beispiel $A = \begin{pmatrix} 0 & 1 \\ 1 & 0 \end{pmatrix}$ mit den Eigenwerten $\lambda = \pm 1$ zeigt, dass ohne die Bedingung in Satz 8.104, 2) oszillierendes Verhalten möglich ist, auch für irreduzible Matrizen. Bemerkungen 7.36 3), 4) zeigen aber, dass die Potenzfolge immer summierbar ist. △

Satz 8.106

Sei $A \in \mathbb{R}^{(n,n)}$ stochastisch und $\lambda = 1$ sei der einzige Eigenwert mit $|\lambda| = 1$. Dann ist

$$\mathbb{R}^n = \mathrm{Kern}(A - \mathbb{1}) \oplus \mathrm{Bild}(A - \mathbb{1})$$

und für $\boldsymbol{x} \in \mathbb{R}^n$ gilt

$$\lim_{k\to\infty} A^k \boldsymbol{x} = P\boldsymbol{x} \, .$$

Dabei ist P die Projektion auf $\mathrm{Kern}(A - \mathbb{1})$ entlang $\mathrm{Bild}(A - \mathbb{1})$.

Beweis: Siehe Satz 7.26 und Bemerkungen 8.103, 4). □

Zur Interpretation einer stochastischen Matrix als Übergangsmatrix in einem stochastischen Prozess passt:

Definition 8.107

Ein Vektor $\boldsymbol{x} \in \mathbb{R}^n$ heißt *Wahrscheinlichkeitsvektor*, wenn $\boldsymbol{x} \geq 0$ und $\sum_{i=1}^n x_i = 1$.

Ein Wahrscheinlichkeitsvektor beschreibt in seiner i-Komponente die Wahrscheinlichkeit, dass ein System, das die Zustände $1, \ldots, n$ annehmen kann, sich im Zustand i befindet. Daher ist für einen durch die stochastische Matrix $A \in \mathbb{R}^{(n,n)}$ beschriebenen stochastischen Prozess $A\boldsymbol{x}$ der Wahrscheinlichkeitsvektor nach einmaligem Eintreten und $A^k\boldsymbol{x}$ nach k-maligem Eintreten des Prozesses.

Bemerkungen 8.108 Sei $A \in \mathbb{R}^{(n,n)}$ stochastisch.

1) Ist $\boldsymbol{x} \in \mathbb{R}^n$ ein Wahrscheinlichkeitsvektor, dann ist auch $A\boldsymbol{x}$ ein Wahrscheinlichkeitsvektor.

Denn $A\boldsymbol{x} \geq 0$ und $\langle A\boldsymbol{x} \,.\, \mathbf{1}\rangle = \langle \boldsymbol{x} \,.\, A^t\mathbf{1}\rangle = \langle \boldsymbol{x} \,.\, \mathbf{1}\rangle = 1$.

2) Die Menge der Wahrscheinlichkeitsvektoren ist ein Polyeder in $\mathbb{R}^n$, also konvex und abgeschlossen.

3) Ist $\boldsymbol{x}$ ein Wahrscheinlichkeitsvektor, dann auch $A^k\boldsymbol{x}$ für $k \in \mathbb{N}$ und bei Existenz auch $\lim_{k\to\infty} A^k\boldsymbol{x}$.

Dies folgt aus 1) und 2).

△

Satz 8.109

Sei $A \in \mathbb{R}^{(n,n)}$ stochastisch und $\lambda = 1$ sei einziger Eigenwert mit $|\lambda| = 1$ und einfach. Sei $\boldsymbol{x} \in \mathbb{R}^n$ ein Wahrscheinlichkeitsvektor.

1) Dann gilt

$$\lim_{k\to\infty} A^k \boldsymbol{x} = \overline{\boldsymbol{x}}$$

und $\overline{\boldsymbol{x}}$ ist der eindeutige Wahrscheinlichkeitsvektor der $A\overline{\boldsymbol{x}} = \overline{\boldsymbol{x}}$ erfüllt. $\overline{\boldsymbol{x}}$ heißt *Gleichgewichtsvektor*.

2) $P := \lim_{k\to\infty} A^k$ hat die Gestalt

$$P = (\overline{\boldsymbol{x}}, \ldots, \overline{\boldsymbol{x}}) . \tag{8.145}$$

3) Ist A doppelt stochastisch, so ist

$$\overline{\boldsymbol{x}} = \frac{1}{n}\mathbf{1} .$$

Beweis: Zu 1): Nach Bemerkungen 8.108, 3) ist $\overline{\boldsymbol{x}}$ ein Wahrscheinlichkeitsvektor, und und als solcher eindeutig im eindimensionalen Eigenraum.

Zu 2): Für jeden Wahrscheinlichkeitsvektor $\boldsymbol{x}$ gilt

$$P\boldsymbol{x} = \overline{\boldsymbol{x}} ,$$

insbesondere für die Einheitsvektoren.

Zu 3): Auch P ist doppelt stochastisch, dadurch $\mathbf{1} = P\mathbf{1} = n\overline{\boldsymbol{x}}$. □

Der Startwahrscheinlichkeitsvektor $\boldsymbol{x}$ hat deswegen keinen Einfluss auf $\lim_{k\to\infty} A^k\boldsymbol{x}$. Das System „vergisst" den Anfangszustand.

Bemerkungen 8.110

1) Für die Eindimensionalität des Eigenraums von A zu $\lambda = 1$ reicht nach Hauptsatz 8.51, 4), dass A irreduzibel ist. Irreduzibilität allein reicht aber nicht für die Konvergenz, wie das Beispiel in Bemerkungen 8.105, 2) zeigt.

2) Bei einer doppelt stochastischen Matrix sind also unter den Voraussetzungen von Satz 8.109 im Grenzwert alle Zustände gleich wahrscheinlich. Mann nennt so einen stochastischen Prozess auch *fair*, etwa beim Beispiel des Kartenmischens. △

Wir wollen zeigen: Das Kriterium in Satz 8.104, 4) charakterisiert gerade die irreduziblen stochastischen Matrizen, für die $\lim_{k\to\infty} A^k$ existiert. Nach Theorem 8.92 geht es folglich darum, zu charakterisieren, wann $\lambda = 1$ der einzige Eigenwert von A mit $|\lambda| = 1 = \rho(A)$ ist. Dazu ist hilfreich:

Satz 8.111: Satz von FROBENIUS

Sei $A \in \mathbb{R}^{(n,n)}, A \trianglerighteq 0$ und irreduzibel, $\lambda_0, \dots, \lambda_{k-1} \in C$ seien die paarweise verschiedenen Eigenwerte von A mit $|\lambda_j| = \rho(A)$. Dann gilt eventuell nach Umnummerierung

$$\lambda_j = \exp\left(\frac{2\pi i j}{k}\right)\rho(A), \; j = 0, \dots, k-1$$

und alle λ_j sind einfach.

Beweis: siehe HUPPERT 1990, S. 363, Satz IV.1.11. □

Die k Eigenwerte sind demnach bei $\rho(A)$ beginnend mit gleichem Winkelabstand über den Kreis um 0 mit Radius $\rho(A)$ verteilt, Drehung um $2\pi/k$ führt diese Eigenwerte ineinander über. Dann gilt zumindest für k

$$\lambda_j^k = e^{2\pi i j} (\rho(A))^k = (\rho(A))^k \; .$$

Lemma 8.112

Sei $A \in \mathbb{R}^{(n,n)}$, $A \trianglerighteq 0$, irreduzibel und es gelte: Ist λ ein Eigenwert von A mit $|\lambda| = \rho(A)$, so ist $\lambda = \rho(A) =: \rho$. Dann existiert

$$P := \lim_{k\to\infty} \rho^{-k} A^k \; ,$$

und $P = \boldsymbol{u} \otimes \boldsymbol{v}$, wobei $\boldsymbol{u}, \boldsymbol{v} \in \mathbb{R}^n$, $\boldsymbol{u} > \mathbf{0}$, $\boldsymbol{v} > \mathbf{0}$ Eigenvektoren von A bzw. A^t sind, so dass $(\boldsymbol{u} \,.\, \boldsymbol{v}) = 1$.

Beweis: Als erstes ist $\rho > 0$ zu zeigen. Hierfür mache man sich klar, dass wegen $A \trianglerighteq 0$ und der Irreduzibilität von A für jedes $\boldsymbol{x} \geq \mathbf{0}$ mit mindestens einem $j = 1, \dots, n$ so, dass $x_j > 0$, gilt: $A\boldsymbol{x} \geq \mathbf{0}$ und es existiert ein $k = 1, \dots, n$, so dass $(A\boldsymbol{x})_k > 0$. Andernfalls besäße A eine Nullspalte. Demnach ist A nicht nilpotent und daher $\rho > 0$.
Nach Hauptsatz 8.51, 4) ist der Eigenraum E von A zu ρ von der Form $E = \operatorname{span}(\boldsymbol{u})$ und $\boldsymbol{u} > \mathbf{0}$. Da mit A auch A^t irreduzibel ist (Bemerkungen 8.44, 4)) und die Eigenwerte genau die von A sind, ist auch hier Hauptsatz 8.51, 4) anwendbar und liefert für den Eigenraum F von A^t zu ρ die Form $F = \operatorname{span}(\boldsymbol{v})$ mit $\boldsymbol{v} > \mathbf{0}$, wobei analog zu Bemerkungen 4.35, 2) $(\boldsymbol{u} \,.\, \boldsymbol{v}) = 1$ erreicht werden kann.

Sei $\widetilde{A} := \rho^{-1}A$, d. h. $\rho(\widetilde{A}) = 1$ und $\lambda = 1$ ist der einzige Eigenwert mit $|\lambda| = 1$. Nach Bemerkungen 7.36 existiert also

$$P := \lim_{k\to\infty} (\widetilde{A})^k = \lim_{k\to\infty} \rho^{-k} A^k.$$

Um diesen Grenzwert zu berechnen sei $C \in \mathbb{R}^{(n,n)}$ aus einer Basis von $\mathbb{R}^n$ gebildet, mit $\boldsymbol{u}$ als erstem Vektor: $C = (\boldsymbol{u}, \ldots)$. Dann gilt

$$C^{-1}\widetilde{A}C = \begin{pmatrix} 1 & \boldsymbol{0}^t \\ \boldsymbol{0} & E \end{pmatrix}$$

und E hat genau die von 1 verschiedenen Eigenwerte von $\widetilde{A}$, also $\rho(E) < 1$. Daher folgt mit Satz 4.75 und Hauptsatz 7.34

$$C^{-1}PC = \lim_{k\to\infty} \left(C^{-1}\widetilde{A}C\right)^k = \lim_{k\to\infty} \begin{pmatrix} 1 & \boldsymbol{0}^t \\ \boldsymbol{0} & E^k \end{pmatrix} = \begin{pmatrix} 1 & \boldsymbol{0}^t \\ \boldsymbol{0} & 0 \end{pmatrix}.$$

Analog zu Bemerkungen 4.35, 2) (beachte die vertauschte Bedeutung von C und A) sieht man aus

$$C^t(\widetilde{A})^t C^{-t} = \begin{pmatrix} 1 & \boldsymbol{0}^t \\ \boldsymbol{0} & E^t \end{pmatrix},$$

dass die erste Zeile von C^{-1} ein Eigenvektor von $(\widetilde{A})^t$ zu $\lambda = 1$ ist, der wegen $(\boldsymbol{u} \,.\, \boldsymbol{v}) = 1$ gleich $\boldsymbol{v}$ ist. Demzufolge

$$C^{-1} = \begin{pmatrix} \boldsymbol{v}^t \\ \vdots \end{pmatrix}$$

und damit

$$P = C \begin{pmatrix} 1 & \boldsymbol{0}^t \\ \boldsymbol{0} & 0 \end{pmatrix} C^{-1} = \boldsymbol{u} \otimes \boldsymbol{v}\,.$$

□

Bemerkung 8.113 Sei $A \in \mathbb{R}^{(n,n)}$ zusätzlich zu den Voraussetzungen im Lemma 8.112 auch stochastisch. Wegen $A^t\mathbf{1} = \mathbf{1}$ und $\rho(A) = 1$ ist dann

$$\lim_{k\to\infty} A^k = \boldsymbol{u} \otimes \mathbf{1} = (\boldsymbol{u}, \ldots, \boldsymbol{u})$$

wobei $\sum_{i=1}^n u_i = 1$, was Satz 8.109, 2) reproduziert. △

Satz 8.114

Sei $A \in \mathbb{R}^{(n,n)}, A \trianglerighteq 0$. Dann sind äquivalent:

(i) Es gibt ein $m_0 \in \mathbb{N}$, so dass $A^m \vartriangleright 0$ für $m \geq m_0$.

(ii) Es gibt ein $m \in \mathbb{N}$, so dass $A^m \vartriangleright 0$.

(iii) A ist irreduzibel und $\rho(A)$ ist der einzig mögliche Eigenwert λ von A mit $|\lambda| = \rho(A)$.

Beweis: (i) $\Rightarrow$ (ii): Ist klar.
(ii) $\Rightarrow$ (i): Gilt ebenso, da aus (ii) die Irreduzibilität von A nach Lemma 8.45, 1) folgt und damit aus $A^m \rhd 0$ auch $A^{m+1} \rhd 0$, da sonst A eine Nullzeile haben müsste.
Bei (ii) $\Rightarrow$ (iii) ist folglich nur die Eigenwertaussage zu verifizieren. Seien $\lambda_0, \ldots, \lambda_{k-1}$ alle paarweise verschiedene Eigenwerte von A mit $|\lambda| = \rho(A)$, wobei $\lambda_0 = \rho(A)$. Seien $\boldsymbol{v}_i$ Eigenvektoren dazu, also $\dim \operatorname{span}(\boldsymbol{v}_0, \ldots, \boldsymbol{v}_{k-1}) = k$ nach Satz 8.111 und ebenso

$$A^k \boldsymbol{v}_i = \rho(A)^k \boldsymbol{v}_i$$

und damit für $l \in \mathbb{N}$

$$A^{lk} \boldsymbol{v}_i = \rho(A)^{lk} \boldsymbol{v}_i .$$

Wählt man l so, dass $lk \geq m$, so ist $A^{lk} \rhd 0$ und damit irreduzibel, so dass nach Hauptsatz 8.51, 4) $\rho(A)^{lk} = \rho(A^{lk})$ ein einfacher Eigenwert von A^{lk} ist und damit $k = 1$ gelten muss.
(iii) $\Rightarrow$ (i): Nach Lemma 8.112 existiert

$$P = \lim_{k \to \infty} \rho^{-k} A^k$$

und es ist $P = \boldsymbol{u} \otimes \boldsymbol{v} \rhd 0$. Somit gibt es ein $m_0 \in \mathbb{N}$, so dass $\rho^{-m} A^m \rhd 0$ und damit auch $A^m \rhd 0$ für alle $m \geq m_0$ gilt. □

Wesentlich weitergehende Informationen findet man z. B. in TUTTE 2001 oder NEWMAN 2010.

Aufgaben

Aufgabe 8.22 Versehen Sie in der Entwicklung des Diffusionsmodells in Beispiel 3(12) jede Größe mit einer konsistenten (SI-)Einheit.

Aufgabe 8.23 Wird in Beispiel 3(12) (bei äquidistanter Zerlegung) u nicht als stückweise konstant auf den F_i, sondern als Interpolierende durch (x_i, u_i), $i = 0, \ldots, n$ in $S_1(\varDelta)$ aufgefasst, ist in (MM.115) $h^2(\dot{u}(t))$ zu ersetzen durch $M(\dot{u}(t))$ für ein $M \in \mathbb{R}^{(m,m)}$. Bestimmen Sie die Matrix M explizit.

Aufgabe 8.24 Analog zu Beispiel 3(12) leite man die diskrete stationäre und *instationäre Wärmeleitungsgleichung* her, indem folgende Ersetzungen vorgenommen werden: Konzentration – Temperatur T, Ficksches Gesetz – Fouriersches Gesetz, Massenfluss – Wärmestromdichte, Diffusionskoeffizient – Wärmeleitfähigkeit, Erhaltung der Masse – Erhaltung der Energie E, was ein weiteres konstruktives Gesetz $E = E(T)$ braucht, linear auszudrücken mittels Dichte und spezifischer Wärmekapazität.

Aufgabe 8.25 Sei $A_k \in \mathbb{K}^{(n,n)}$ und $A = \lim_{k\to\infty} A_k$ existiere. Dann existiert auch $P := \lim_{k\to\infty} \frac{1}{k}\sum_{i=0}^{k-1} A_i$.

Aufgabe 8.26 Zwei sich verneinende Nachrichten der Form N_1 :=„Der alte Holzmichl lebt“ bzw. N_2 :=„Der alte Holzmichl ist tot“ werden mündlich weitergegeben und zwar mit folgender stochastischer Übergangsmatrix

$$A = \begin{pmatrix} 1-p & q \\ p & 1-q \end{pmatrix}, \text{ wobei } 0 < p,\, q < 1 .$$

Zeigen Sie

$$\lim_{k\to\infty} A^k = \frac{1}{p+q}\begin{pmatrix} q & q \\ p & p \end{pmatrix},$$

d. h. ein Gerücht wird langfristig gleich wahrscheinlich mit der Wahrheit (bei $p = q = \frac{1}{2}$). Man untersuche auch die Grenzfälle $p \in \{0, 1\}$ oder $q \in \{0, 1\}$.

Literaturverzeichnis

ALT, H. W. (2006). *Lineare Funktionalanalysis*. 5. Aufl. Berlin: Springer.
AMANN, H. (1995). *Gewöhnliche Differentialgleichungen*. Berlin: De Gruyter.
AMANN, H. und J. ESCHER (1998). *Analysis I*. 1. Aufl. Basel, Boston, Berlin: Birkhäuser.
— (1999). *Analysis II*. Berlin: Birkhäuser.
BEN-ISRAEL, A. und T. N. E. GREVILLE (2003). *Generalized Inverses: Theory and Applications*. 2. Aufl. Berlin: Springer.
BERMAN, A. und R. J. PLEMMONS (1994). *Nonnegative Matrices in the Mathematical Sciences*. Philadelphia: SIAM.
BÖRM, S. und C. MEHL (2012). *Numerical methods for eigenvalue problems*. Berlin: de Gruyter.
BOSCH, S. (2013). *Algebra*. Berlin: Springer.
BUNSE, W. und J. BUNSE-GERSTNER (1985). *Numerische lineare Algebra*. Stuttgart: Teubner.
CHVATAL, V. (1983). *Linear Programming*. New York: W. H. Freeman Publication.
COOLEY, J. W. und J. W. TUKEY (1965). „An Algorithm for the Machine Calculation of the Complex Fourier Series". In: *Math. Comp.* 19, S. 297–301.
DANTZIG, G. (1966). *Lineare Programmierung und Erweiterungen*. Berlin: Springer.
DEMMEL, J. W. (1997). *Applied Numerical Linear Algebra*. Philadelphia: SIAM.
DEUFLHARD, P. (2006). *Newton Methods for Nonlinear Problems. Affine Invariance and Adaptive Algorithms*. Berlin, Heidelberg, New York: Springer.
DEUFLHARD, P. und A. HOHMANN (1991). *Numerische Mathematik: Eine algorithmisch orientierte Einführung*. Berlin, New York: de Gruyter.
DONGARRA, J. und F. SULLIVAN (2000). „Guest Editors' Introduction: The Top 10 Algorithms". In: *Computing in Science and Engineering* 2.1, S. 22–23.
ECK, C., H. GARCKE und P. KNABNER (2011). *Mathematische Modellierung*. 2. Aufl. Berlin: Springer.
ELAYDI, S. (2005). *An Introduction to Difference Equations*. 3. Aufl. Berlin: Springer.
FISCHER, G. (1978). *Analytische Geometrie*. Reinbek bei Hamburg: Rowohlt.
FORSTER, O. (2008). *Analysis 1*. 9. Aufl. Wiesbaden: Vieweg.
GOLUB, G. H. und C. F. VAN LOAN (1996). *Matrix Computations*. Johns Hopkins University Press.
HACKBUSCH, W. (1991). *Iterative Lösung großer schwachbesetzter Gleichungssysteme*. Stuttgart: Teubner.
HIGHAM, N. J. (1996). *Accuracy and Stability of Numerical Algorithms*. Philadelphia: SIAM.
HUPPERT, B. (1990). *Angewandte lineare Algebra*. Berlin: de Gruyter.
HUPPERT, B. und W. WILLEMS (2006). *Lineare Algebra*. 1. Aufl. Wiesbaden: Teubner.
JARRE, F. und J. STOER (2004). *Optimierung*. Berlin, Heidelberg: Springer.
JECH, T. J. (1973). *The Axiom of Choice*. Amsterdam: North Holland.
KNABNER, P. und L. ANGERMANN (2000). *Numerik partieller Differentialgleichungen*. Berlin: Springer.
LAX, P. (2007). *Linear Algebra and its Applications*. Hoboken, N.J.: Wiley-Interscience.
MEYER, C. (2000). *Matrix analysis and applied linear algebra 1*. Philadelphia: SIAM.

P. Knabner und W. Barth, *Lineare Algebra*,
https://doi.org/10.1007/978-3-662-55600-9

Newman, M. E. J. (2010). *Networks: An Introduction.* Oxford: Oxford University Press.

Putzer, E. J. (1966). „Avoiding the Jordan Canonical form in the Discussion of Linear Systems with Constant Coefficients“. In: *American Mathematical Monthly* 73.1, S. 2–7.

Saad, Y. (2003). *Iterative Methods for Sparse Linear Sytems.* Philadelphia: SIAM.

— (2011). *Numerical Methods for Large Eigenvalue Problems.* 2nd. Philadelphia: SIAM.

Schumann, J. (1968). *Input-Output-Analysen.* Berlin: Springer.

Strang, G. (2003). *Lineare Algebra.* Berlin, Heidelberg: Springer.

Tutte, W. T. (2001). *Graph Theory.* Cambridge: Cambridge University Press.

Watkins, D. S. (2007). *The Matrix Eigenvalue Problem: GR and Krylov Subspace Methods.* Philadelphia: SIAM.

Wolsey, L. A. (1998). *Integer Programming.* New York: Wiley-Interscience Publication.

Sachverzeichnis

P. Knabner und W. Barth, *Lineare Algebra*,
https://doi.org/10.1007/978-3-662-55600-9

Printed by Printforce, the Netherlands